装备科技译著出版基金

湍流多相燃烧丛书

湍流多相燃烧的基础

Fundamentals of Turbulent and Multiphase Combustion

[美] 郭冠云（Kenneth K. Kuo）
[美] 拉吉尼·阿查里亚（Ragini Acharya） 著

徐滨　廖昕　译

徐复铭　审校

国防工业出版社

·北京·

内 容 简 介

本书是"湍流多相燃烧丛书"的第一册,主要内容为湍流和多相燃烧的基础知识。全书共分为 8 个章节:第 1 章是湍流简介和守恒方程介绍,后面 7 章分别详细阐述层流预混火焰、层流非预混火焰、湍流的背景、湍流预混火焰、湍流非预混火焰、带反应的多相流的背景和喷雾雾化与燃烧等内容,为湍流多相燃烧提供了基本原理的综合论述和实验技术。

本书可以作为机械、化学和航空航天工程等专业的研究生参考用书,也可以供相关专业工程师和研究人员参考。

著作权合同登记　图字:军-2019-041 号

图书在版编目(CIP)数据

湍流多相燃烧的基础 / (美)郭冠云,(美)拉吉尼·阿查里亚著;徐滨,廖昕译. —北京:国防工业出版社, 2023.5
书名原文:Fundamentals of Turbulent and Multiphase Combustion
ISBN 978-7-118-12681-5

Ⅰ.①湍…　Ⅱ.①郭…②拉…③徐…④廖…　Ⅲ.①火药—燃烧—研究　Ⅳ.①TJ41

中国国家版本馆 CIP 数据核字(2023)第 068506 号

Fundamentals of Turbulent and Multiphase Combustion by Kenneth K. Kuo and Ragini Acharya
ISBN 978-0-470-22622-3
All rights reserved. This translation published under John Wiley & Sons license. No part of this book may be reproduced in any form without the written permission of the original copyrights holder. Copies of this book sold without a Wiley sticker on the cover are unauthorized and illegal.

本书简体中文版由 John Wiley & Sons, Inc. 授权国防工业出版社独家出版。版权所有,侵权必究。

※

国防工业出版社出版发行
(北京市海淀区紫竹院南路 23 号　邮政编码 100048)
北京龙世杰印刷有限公司印刷
新华书店经售

*

开本 710×1000　1/16　印张 51½　字数 950 千字
2023 年 5 月第 1 版第 1 次印刷　印数 1—2000 册　定价 280.00 元

(本书如有印装错误,我社负责调换)

国防书店:(010)88540777　　书店传真:(010)88540776
发行业务:(010)88540717　　发行传真:(010)88540762

中译本序

湍流、燃烧和多相反应流对许多工程师和科学家来说都不陌生，它们广泛存在于发电、火箭推进、污染控制、防火和安全以及材料加工等行业，涉及能源、环境、交通、工业安全、纳米技术等多个研究领域，是广大研究人员面临的复杂问题。

湍流本身就是科学界最为复杂的问题之一。自然界和工业应用中的大多数流动都是湍流。而燃烧是另一个复杂的问题。在基础研究和实际应用中，人们通常将燃烧分为预混燃烧和非预混燃烧。根据流动的特性，燃烧又可以分为层流燃烧和湍流燃烧。层流预混火焰一直受到燃烧界的广泛关注，学者们通常利用不同构造的层流预混火焰来研究燃料的层流火焰速度、火焰结构和化学反应机理。一些湍流燃烧模型假设湍流火焰的局部结构是由层流火焰组成的，因此，对层流火焰结构的研究能够促进人们对湍流燃烧的了解。

但实际应用中的燃烧过程通常是湍流而不是层流的，这增加了解决问题的难度。当湍流流场中发生化学反应的时候，湍流和燃烧的相互耦合将使问题变得更为复杂，如果再考虑多相流，问题将变得异常复杂。

美国著名燃烧学专家、多相流内弹道理论专家Kenneth K. Kuo在2005年出版了《燃烧原理》(第2版)(*Principles of Combustion*)后，受到了学界的高度认可和评价。此后，他又先后撰写出版了两册专著：第一册为《湍流多相燃烧的基础》，重点介绍相关的基础理论；第二册为《湍流多相燃烧的应用》，在《湍流多相燃烧的基础》内容之上，详细介绍了一些前沿的实验技术和应用实例，扩展了《燃烧原理》(第2版)中有关层流火焰的内容。书中内容覆盖有关湍流、燃烧、化学反应等基础理论，并辅以固体火药、燃烧行为和化学边界层流等前沿应用问题，注重在转向更高阶段应用前对基本概念的讨论，而且从作者的经验中提取了大量的实例、问题以及解决方案,为读者提供了解决当今科学界面临的最复杂燃烧问题所需的工具。正是基于这一原因,这两册书的中文译本的出版,将为我国化学和机械工程及材料科学领域的工程技术人员和研究人员在湍流和多相燃烧技术领域提供不可或缺的学习指南。

2020 年 1 月

王泽山,含能材料专家,南京理工大学教授,中国工程院院士。

译 者 序

燃烧是现代社会获取能量的主要方式,它是反应、流动、传热和传质并存与相互作用的综合现象。根据流动特性,燃烧可以分为层流燃烧和湍流燃烧。湍流燃烧是实际应用中最为普遍的燃烧形式,如电站锅炉、内燃机、燃气轮机中的喷雾/煤粉燃烧,推进剂在火箭发动机中的燃烧,发射药在枪/炮膛内燃烧等。

近年来,随着对能源需求的激增和航空航天技术的迅速发展,了解并掌握有关湍流多相燃烧的知识,是相关专业工程师和研究人员亟待解决的问题。

本书的第一作者郭冠云(Kenneth K. Kuo)教授是湍流多相燃烧领域的知名专家。他长期从事化学推进和火药燃烧方面的研究,在业内享有很高声誉。他的《燃烧原理》于1992年由中国科学技术大学陈义良教授主译在国内出版;2005年郭冠云教授又出版了《燃烧原理》(第2版)。近年来,随着对火焰研究的长足进展及计算机模拟计算技术的进步,郭冠云教授将湍流和多相燃烧单独出书,即本次出版的"湍流多相燃烧丛书"。本丛书由两册组成:第一册《湍流多相燃烧的基础》和第二册《湍流多相燃烧的应用》。第一册《湍流多相燃烧的基础》重点介绍湍流燃烧和多相反应流的基础知识,以及建立在这些基础知识之上的其他相关内容;第二册《湍流多相燃烧的应用》的内容建立在第一册内容基础之上,更侧重于实际应用。第一册侧重介绍基础知识,第二册侧重介绍基础知识的应用,相辅相成,对燃烧科学领域的工程师和研究人员很有帮助。中译本第二册《湍流多相燃烧的应用》已先行出版,本书是第一册。

在翻译本书时,译者力求保证原著的原汁原味,因此未删除原文中各处标出的引用文献,但仍有一些地方需要特别说明。

(1) 由于部分原文单词在中文中具有多种释义,因此在译文中结合上下文语境会有不同的翻译方式,如描述火焰的"dense"一词,在本书前6章中主要译作"浓的",而在第7章、第8章中,火焰中出现了颗粒或液滴,该词被译作"稠密的"。

(2) 对一些以人名命名的量或定律,如果有广为接受的中文音译,则采用了中文音译,并在第一次出现时保留了原文,否则仍保持原文。如"Reynolds number",译作"雷诺数",而"Zel'dovich approach",译作"Zel'dovich 法"。

(3)对于一些具有多个公认释义的专业词,译文中尽量采用统一的翻译方式。如"coflow"一词,专业词释义为"协流""共流""同向流动"等,在译文中采用的是"协流"这一释义。

在翻译本书过程中,得到了南京理工大学化学与化工学院 331 教研室的大力支持与帮助,本书的出版得到了国防工业出版社和装备科技译著出版基金的支持。在此表示衷心的感谢。

本书由南京理工大学徐滨和廖昕共同翻译,徐复铭审校了译稿。由于译者学识、经验所限,译文中难免会出现不妥和错误之处,敬请读者予以批评指正。

译者

2022 年 11 月

作者简介

郭冠云(Kenneth K. Kuo),著名燃烧学专家、多相流内弹道理论专家。他1961年毕业于中国台湾大学机械工程专业,1964年获得美国加利福尼亚州州立大学伯克利分校机械工程专业硕士学位,1964—1968年在美国 Garrett 公司的 AiResearch 部担任设计工程师参与了"阿波罗"计划和超声速冲压发动机研究,1971年获得美国普林斯顿大学航空航天与机械科学博士学位。自1972年成为美国宾夕法尼亚州州立大学机械工程学助理教授以来,他一直是国际公认的化学推进和火药燃烧研究领域的权威。他建立的高压燃烧实验室,为美国宾夕法尼亚州州立大学在含能材料研究和化学推进领域处于领先地位奠定了基础。他先后共撰写了4部专著,编写了11种有关含能材料燃烧和化学推进的讲义和教材,发表论文475篇以上,并从2008年起担任 *International Journal of Energetic Materials and Chemical Propulsion* 杂志的主编。他曾担任过90多个项目的首席科学家,培养了85位硕士、40多位博士、16位博士后。他是美国航空航天学会(American Institute of Aeronautics and Astronautics,AIAA)、美国机械工程师协会(American Society of Mechanical Engineers,ASME)和国际弹道学会(International Ballistics Society,IBS)的会员,获得过1995年 AIAA 的火药与燃烧奖、美国宾夕法尼亚州州立大学工程学院学者奖章、2009年 AIAA 的 Pendray 航空文学奖、2011年 AIAA 的 Wyld 推进奖、美国国防部军械技术联盟和能源联合体表彰奖等多个奖励。此外,他的9篇合著论文获得了不同专业团体的最佳论文奖。他还曾在美国国家科学院的两个特别小组任过职。2011年,在美国宾夕法尼亚州州立大学高压燃烧实验室退休,2016年逝世。

拉吉尼·阿查里亚(Ragini Acharya),美国联合技术研究中心(United Technologies Research Center)高级研究员。2000年获得印度贝拿勒斯印度教大学(Banaras Hindu University,BHU)机械工程学士学位,2004年获得美国宾夕法尼亚州州立大学硕士学位,2008年获得美国宾夕法尼亚州州立大学博士学位。她擅长的研究领域有多相流、多尺度、多相模型、着火动力学、数字方法和科学计算。

Ken Kuo 愿把这本书献给他的妻子 Olivia(Jeon-lin)和他们的女儿 Phyllis 和 Angela,为她们的爱、理解、耐心和支持,同时献给他的母亲 Wen-Chen Kuo 夫人,为她的爱和鼓励。

Ragini Acharya 愿把这本书献给她的父母 Meenakshi 和 Krishnama Acharya,为他们的爱、耐心和支持,以及对她的无限信心。

前　言

由于湍流和多相燃烧广泛应用于能源、环境、推进、交通、工业安全、纳米技术等行业，因此人们迫切希望对它们有深入的理解。越来越多这些行业的工程师及专家需要解决多层面的湍流和多相燃烧问题。湍流本身就是科学界所面临的最为复杂的问题之一，化学反应的加入会使问题更加复杂，如果再考虑多相流，问题就会变得异常复杂。

近年来出版了不少关于湍流理论、多相流体动力学、湍流燃烧，以及火药燃烧方面的书籍，如 Poinsot 和 Veynant 的《燃烧的理论和数值方法》(Theoretical and Numerical Combustion)、Pope 的《湍流》(Turbulent Flows)、Mathieu 和 Scott 的《湍流导论》(Introduction to Turbulent Flow)、Peters 的《湍流燃烧》(Turbulent Combustion)、Kolev 的《多相流体动力学》(Multiphase Flow Dynamics)、Law 的《燃烧物理》(Combustion Physics)、Sirignano 的《液滴和喷雾的流体动力学及输运》(Fluid Dynamics and Transport of Droplet and Sprays)、Gatski 和 Bonnet 的《可压缩、湍流和高速流体》(Compressible, Turbulence, and High-Speed Flow) 及 Glassman 和 Yetter 的《燃烧》(Combustion) 等。

本书的第一作者 Kenneth K. Kuo，先前已经出版了《燃烧原理》(Principles of Combustion) 一书。在 2005 年出版的该书第 2 版中，对层流火焰、化学热力学、反应动力学和多组分混合物的输运特性进行了详细介绍。由于对层流火焰的研究已很充分，所以 Kenneth K. Kuo 决定单独撰写两本书，专门介绍湍流和多相燃烧。

数十年以来，湍流、湍流燃烧和多相反应流一直是主要的研究课题，对这些领域的研究工作可能还将持续更长的时间。通常情况下，这些课题的研究多集中在用现象学的方法进行实验研究，并由此推进了经验修正方法的发展。理论研究也取得了一定程度的结果。在过去的 20 年里，计算技术的进步使复杂的理论模型和数值模拟取得了长足的发展。实验诊断技术，特别是无损光探测技术也取得了发展，能够获得更精确的实验结果以验证模型。这大大促进了实验和理论/数值方法的共同发展。正是有了这些方面不断的发展和进步，理论建模和数值模拟将会成为未来解决问题的重要方式。在这两本新书中，我们力图把湍流、燃烧的基本理论和多相现象以及实验技术整合起来，使读者能够对当下和传统的研究途径有一个坚实的认识基础。丛书的第一册名为《湍流多相燃烧的基础》，第二册名为《湍流多相燃烧的应用》。第一册介绍了湍流燃烧和多相反应流，以及建立在这些基础知识之上的其他相关内容，可作为研究生的教材。这册书对研究也很有帮助，书中主要介绍了燃烧、湍流、多相流及湍流射流的理论，并尽可能在合适的位置给出实验装置和结果。第一册着重介绍了燃烧和多相流的8个基础重要领域，如层流预混和非预混火焰、湍流理论、湍流预混和非预混火焰、多相流的基础、喷雾雾化和燃烧等。深入了解这几个主题对于燃烧科学领域的研究人员而言是非常必要的。

第二册的6个章节建立在第一册内容基础之上，包括固体火药及其燃烧特性、硝胺的热分解与燃烧、均质火药的燃烧行为、化学反应边界层流动、单个含能固体颗粒的点火与燃烧、多相流中固体颗粒的燃烧等。书中固体火药燃烧的内容主要是为介绍凝聚相燃烧建模的概念提供例子。硝胺作为炸药或火药的成分，它的分解和反应机理也可以为凝聚相物质的燃烧性能提供良好例子。书中的各章着重于基本概念的应用，可以作为研究生有关凝聚相物质燃烧的高级课程的主体内容。当然，教学的内容可根据教师和学生的兴趣进行选择。尽管书中很多章节偏重于介绍固体火药的燃烧，但本书并非是一本固体火药燃烧的教科书，很多内容由于篇幅原因并未在书中体现。

第一册 湍流多相燃烧的基础

第1章介绍并强调了燃烧和多相流在研究中的重要性，并简要回顾了几个主要的守恒方程。附录A给出了常用于这些方程的建立和推演过程中的矢量和张量的运算方法。

第2章的内容包括层流预混火焰的基本结构、守恒方程、各种关于多组分气相体系复杂性不断增加的扩散速度模型、层流火焰厚度、渐近分析和火焰速度，并对火焰拉伸对层流火焰速度、Karlovitz数、马克斯坦（Markstein）长度的影响连同层流预混火焰中烟灰的形成进行了详细探讨。

混合分数是研究非预混火焰的一个非常重要的参数，因此第3章讨论了层流非预混火焰的基本结构，并对混合分数的定义、混合分数的平衡方程、温度-混合分数的关系进行了详细说明并给出了例子。本章还对层流小火焰单元的结构和方程、临界标量耗散率、稳态燃烧、层流扩散火焰的方程和解法示例进行了探讨。由于污染，特别是烟灰的形成，已经成为了一个主要的研究主题，本章在讨论层流扩散火焰的同时也对此进行了讨论。附录D中详细说明了Wang和Frenklanch提出的烟灰形成机理和速率常数。

第4章内容全是湍流，涵盖了统计学角度上湍流的基本概念；均匀和（或）各向同性的湍流、平均过程、统计矩和相关函数；Kolmogorov假设、湍流尺度；滤波和大涡模拟概念（large-eddy simulation，LES）以及各种亚网格模型；以及一些有助于读者理解接下来章节中出现的概率密度函数(probability density function,PDF)方法的一些基本定义。本章中也包含了用于可压缩流的控制方程。本章的结尾还对直接数值模拟(direct numerical simulation,DNS)方法进行了简要介绍。

第5章和第6章分别重点介绍湍流预混和非预混火焰。其中第5章内容由物理解释、湍流火焰-速度相关性研究进展、各种物理环境的Borghi图和物理解释、涡破碎模型、预混湍流火焰的测量、火焰-湍流的相互作用(湍流对火焰的作用以及火焰对湍流的影响)、湍流燃烧建模方法、Bray-Moss-Libby模型(梯度和逆梯度输运)、水平集法和火焰表面的G-方程、概率密度函数法和化学反应源项的闭合等组成。

第6章主要讨论非预混湍流燃烧的主要问题,湍流达姆科勒数(Damköhler number)和雷诺数(Reynolds number)、非预混湍流火焰的尺度、物理条件图表、目标火焰、湍流-化学相互作用、概率密度函数法、小火焰单元模型、火焰-涡流相互作用、火焰不稳定性、部分预混火焰以及"边缘"火焰。

第7章的内容是多相流的基本原理,各小节分别是多相流的分类、均质物与多相混合物、均值法、当地瞬时表达式、欧拉-欧拉(Eulerian-Eulerian)建模、欧拉-拉格朗日(Eulerian-Lagrangian)建模、界面输运(跟踪及捕捉)法(流体体积、表面拟合法、界面标记)以及离散颗粒方法。本章还介绍了当下不少两相流的建模方法。

喷雾燃烧是燃烧学中一个极其重要的课题,在第8章中列举了喷雾燃烧的建模方法,这些方法包括单液滴性能、液滴破碎机理、射流破碎模型、群燃烧模型、液滴-液滴碰撞和稠密喷雾。本章同样还介绍了相关实验方法和结果。

第二册 湍流多相燃烧的应用

第1章介绍了固体火药及其燃烧特性的基础知识,包含要求的特性、氧平衡、均质与非均质火药、燃料黏结剂、氧化剂成分、固化和交联剂,以及老化;危险等级分类、固体火药的材料表征,以及炮/枪性能参数,如推力、比冲和稳态/非稳态燃烧性能。

第2章重点介绍硝胺的分解和燃烧、相转变以及黑索今(royal demolition explosive,RDX)热分解的3条不同途径及其气相反应。本章还介绍了用于极佳爆破炸药RDX燃烧建模的方法。

第3章的内容是均质火药(如双基火药)的燃烧特性,描述了研究和预测普通固体火药燃速和温度敏感度的实验和建模方法,并详细介绍了一种典型均质火药的瞬时燃烧特性,如Zel'dovich图解技术和Novozhilov稳定性参数。

第4章的内容是反应性湍流边界层流,这也是近60多年来①研究领域内的一个主题。本章讨论了从20世纪40年代起直至现在的各种反应性湍流边界层流动的建模方法,并详细介绍了多相化学反应生成的高温燃烧气体产物对石墨喷管的烧蚀过程,同时还对湍流壁火进行了介绍。

第5章对单个含能颗粒(如微米级硼和铝颗粒)的点火和燃烧进行介绍,包括含/不含氧化层的多级燃烧模型、动力学机理、判断是扩散控制燃烧还是动力学控制燃烧的标准、氧化剂(如含氧和含氟物质)的作用、纳米级含能颗粒的燃烧以及它们对动力学速率的强烈依赖性。

第6章介绍了两相反应流模拟,并着重介绍颗粒床燃烧控制方程的不同解决方案,并对计算结果进行了实验验证。

许多燃烧与湍流领域的同行们对本丛书的很多章节进行了审阅并提出了宝贵意见,在此对他们的贡献表示感谢,他们是美国加州州立大学圣地亚哥分校的Forman A. Williams教授、美国康奈尔大学的Stephen B. Pope教授、桑迪亚国家实验室的Richard Behrens, Jr.博士、美国陆军研究实验室的William R. Anderson博士、意大利米兰理工大学的Luigi T. De Luca教授,以及美国宾夕法尼亚州州立大学的James G. Brasseur教授、Daniel C. Haworth教授和Micheal M. Micci教授。他们抽出宝贵的时间来审阅并帮助我们修改这两册书稿。我们也感谢美国加州大学伯克利分校的Micheal Frenklach教授,他为本丛书第一册附录D提供了详尽的烟灰生成动力学的材料。我们也感谢美国加州大学欧文分校的William A. Sirignano教授为我们提供了宝贵的液滴阵列蒸发和燃烧材料。德国亚琛工程力学研究所的Norbert Peters教授在访问美国宾夕法尼亚州州立大学时非常慷慨地将他的书稿提供给郭冠云(Kenneth K. Kuo),他的书稿对本书介绍湍流燃烧有很大帮助。

第一作者在美国陆军研究实验室(Army Research Lab, ARL)的学术休假期间,ARL的Brad E. Forch博士和陆军研究办公室(Army Research Office, ARO)的Ralph A. Anthenien Jr.博士组织和主持了一系列讲座。这些由我们共同准备的讲课材料,用于第二册的很多章节的扩展补充,我们对Forch博士和Anthenien博士的鼓励和支持表示深深的感谢。

郭冠云(Kenneth K. Kuo)也希望借此机会对许多研究项目的资助者表示感激,他对湍流和多相燃烧领域的许多问题的深入理解正是源于多年来的研究。这些资助者有:美国海军ONR②的Richard S. Miller博士、Judah Goldwasser博士、Clifford D. Bedford博士;ARO的David M. Mann博士、Robert W. Shaw博士、

---

① 原书出版于2012年,成稿时间可能更早,从20世纪40年代算起至成稿时间。——译者注
② ONR:Office of Naval Research,美国海军研究局。——译者注

Ralph A. Anthenien Jr.博士；ARL 的 Martin S. Miller 博士；NSWC-印地安角的 Carl Gotzmer 先生；美国海军 NAVSEA① 的 Rich Bowen 博士；国防威胁压制局（DTRA）的 William H. Wilson 博士和 Suhithi Peiris 博士；NASA② 的 Jeff Rybak 博士、Claudia Meyer 博士和 Matthew Cross 博士。作者还要感谢 ARDEC③ 的 Henry T. Rand 先生和 Savit 公司的 Jack Sacco 先生对粒状火药燃烧项目的支持。

Ragini Acharya 对美国宾夕法尼亚州州立大学的很多教授们表示感谢，感谢他们对她在书稿写作过程中在形成大纲框架和知识基础方面所给予的帮助，他们是 André L. Boehman 教授、James G. Brasseur 教授、John H. Mahaffy 教授、Daniel C. Haworth 教授和 Richard A. Yetter 教授。

我们两人同样感激美国匹兹堡大学的 Peyman Givi 教授，他慷慨地授权我们在第一册封面上使用他的湍流射流火焰的 RANS、LES 和 DNS 的一些数字模拟结果。第二册封面上含金属火药燃烧的照片，是由美国创新科学解答股份有限公司的 Larry P. Goss 博士和美国宾夕法尼亚州州立大学（PSU）高压燃烧实验室的 J. Eric Boyer 博士拍摄的，我们同样在此表示感激。意大利米兰理工学院的 Luigi De Luca 教授和他的同事 Filippo Maggi 博士也授权我们使用他们拍摄的含金属火药燃烧表面区域的特写照片，照片上能够看出铝/Al_2O_3 颗粒燃烧的动态运动。

感谢 Petek Jinkins 女士和 Aqsa Ahmed 女士在书稿准备过程中参与了参考文献录入、初步校对等多种事务。感谢 John Wiley & Sons 出版公司的耐心和合作。最后，对我们的家人在整个稿件漫长而艰难的准备过程中做出的牺牲表示由衷的感谢。

郭冠云（Kenneth K. Kuo）和拉吉尼·阿查里亚（Ragini Acharya）
美国宾夕法尼亚州州立大学大学园

---

① NAVSEA：The Naval Sea Systems Command，美国海军海上系统司令部。——译者注
② NASA：National Aeronautics and Space Administration，美国国家航空航天局。——译者注
③ ARDEC：U. S. Army Armament Research，Development，Engineering Center，美国军队武器装备研发工程中心。——译者注

目 录

第1章 简介及守恒方程 ………………………………………………………… 1
1.1 为什么湍流和多相燃烧很重要? ……………………………………………… 3
1.2 湍流多相燃烧的不同应用 ……………………………………………………… 3
  1.2.1 在推进系统高燃烧速率材料中的应用 ………………………………… 4
  1.2.2 在发电中的应用 ………………………………………………………… 5
  1.2.3 在加工工业中的应用 …………………………………………………… 6
  1.2.4 在家庭和工业供暖中的应用 …………………………………………… 6
  1.2.5 在针对有害燃烧的安全防护中的应用 ………………………………… 7
  1.2.6 在多种可燃材料点火中的应用 ………………………………………… 7
  1.2.7 在燃烧产物排放控制中的应用 ………………………………………… 7
  1.2.8 在主动控制燃烧过程中的应用 ………………………………………… 7
1.3 燃烧建模的目的 ………………………………………………………………… 7
1.4 与燃烧相关的组成学科 ………………………………………………………… 8
1.5 解决燃烧问题的一般方法 ……………………………………………………… 8
1.6 燃烧模型的控制方程 …………………………………………………………… 10
  1.6.1 守恒方程 ………………………………………………………………… 10
  1.6.2 输运方程 ………………………………………………………………… 10
  1.6.3 燃烧模型中所做的常用假设 …………………………………………… 10
  1.6.4 状态方程 ………………………………………………………………… 11
1.7 浓度的定义 ……………………………………………………………………… 13
1.8 能量和焓几种表达形式的定义 ………………………………………………… 14
1.9 化学物质的速度 ………………………………………………………………… 17
  1.9.1 绝对以及相对质量通量和摩尔通量的定义 …………………………… 18
1.10 无量纲数 ………………………………………………………………………… 21
1.11 多组分混合物物质质量守恒方程和连续性方程的推导 …………………… 21
1.12 混合物的动量守恒方程 ……………………………………………………… 26
1.13 多组分混合物的能量守恒方程 ……………………………………………… 29
1.14 总未知量与控制方程 ………………………………………………………… 35

习题 ······ 36
第2章　层流预混火焰 ······ 37
2.1 一维预混层流火焰的基本结构 ······ 39
2.2 一维预混层流火焰的守恒方程 ······ 41
2.2.1 扩散速度的几种模型 ······ 42
2.2.2 灵敏度分析 ······ 56
2.3 具有单个全局反应的预混层流火焰的分析关系 ······ 58
2.3.1 预混层流火焰的3个分析程序 ······ 65
2.3.2 层流火焰速度的通用表达式 ······ 68
2.3.3 层流火焰速度对温度和压力的依赖性 ······ 70
2.3.4 预混层流火焰厚度 ······ 70
2.4 火焰拉伸对层流火焰速度的影响 ······ 73
2.4.1 拉伸因子和Karlovitz数的定义 ······ 73
2.4.2 预混层流火焰表面积的控制方程 ······ 80
2.4.3 无拉伸预混层流火焰速度和马克斯坦长度的确定 ······ 81
2.5 层流预混火焰中烟灰形成的建模 ······ 88
2.5.1 烟灰的形成及氧化的反应机理 ······ 88
2.5.2 烟灰形成模型的数学公式 ······ 97
习题 ······ 106
第3章　层流非预混火焰 ······ 108
3.1 非预混层流火焰的基本结构 ······ 110
3.2 火焰薄层模型 ······ 111
3.3 混合分数定义及举例 ······ 112
3.3.1 元素质量分数的平衡方程 ······ 115
3.3.2 温度-混合分数间的关系 ······ 119
3.4 扩散火焰的小火焰结构 ······ 122
3.4.1 瞬时标量耗散率的物理意义 ······ 125
3.4.2 稳态燃烧和临界标量耗散率 ······ 127
3.5 扩散火焰中的时间尺度和长度尺度 ······ 130
3.6 层流扩散火焰举例 ······ 132
3.6.1 不稳定混合层 ······ 132
3.6.2 逆流扩散火焰 ······ 134
3.6.3 协流扩散火焰或射流火焰 ······ 144
3.7 层流扩散火焰中烟灰的形成 ······ 148
3.7.1 烟灰形成模型 ······ 149

		3.7.2 烟灰的形貌 ……………………………………………… 151

        3.7.2　烟灰的形貌 ……………………………………………… 151
        3.7.3　使用协流燃烧器的实验研究 ………………………… 152
  习题 …………………………………………………………………… 176
第4章　湍流的背景 ……………………………………………………… 178
  4.1　湍流的特征 …………………………………………………… 182
        4.1.1　一些图片 …………………………………………………… 184
  4.2　湍流的统计理解 ……………………………………………… 185
        4.2.1　系综平均 …………………………………………………… 185
        4.2.2　时间平均 …………………………………………………… 186
        4.2.3　空间平均 …………………………………………………… 186
        4.2.4　统计矩 ……………………………………………………… 186
        4.2.5　均匀湍流 …………………………………………………… 187
        4.2.6　各向同性湍流 ……………………………………………… 188
  4.3　常规平均法 …………………………………………………… 188
        4.3.1　雷诺平均 …………………………………………………… 188
        4.3.2　Favre 平均 ………………………………………………… 194
        4.3.3　时间平均量与质量加权平均量之间的关系 ……………… 196
        4.3.4　质量加权守恒与输运方程 ………………………………… 197
        4.3.5　涡量方程 …………………………………………………… 211
        4.3.6　涡度拟能与湍流耗散率之间的关系 ……………………… 213
  4.4　湍流模型 ……………………………………………………… 214
  4.5　概率密度函数 ………………………………………………… 217
        4.5.1　分布函数 …………………………………………………… 217
        4.5.2　联合概率密度函数 ………………………………………… 219
        4.5.3　贝叶斯定理 ………………………………………………… 220
  4.6　湍流尺度 ……………………………………………………… 222
        4.6.1　对 Kolmogorov 假设的评论 ……………………………… 225
  4.7　大涡模拟 ……………………………………………………… 231
        4.7.1　滤波 ………………………………………………………… 232
        4.7.2　滤后动量方程和亚网格尺度应力 ………………………… 235
        4.7.3　亚网格尺度应力张量的建模 ……………………………… 237
  4.8　直接数值模拟 ………………………………………………… 243
  习题 …………………………………………………………………… 244
第5章　湍流预混火焰 …………………………………………………… 247
  5.1　物理解释 ……………………………………………………… 253

- 5.2 相关性进展的一些早期研究 255
  - 5.2.1 Damköhler 的分析(1940) 256
  - 5.2.2 Shchelkin 的分析(1943) 258
  - 5.2.3 Karlovitz, Denniston 和 Wells 的分析(1951) 259
  - 5.2.4 Summerfield et al.(1955)的分析 260
  - 5.2.5 Kovasznay et al.(1956)的特征时间法 261
  - 5.2.6 先前方法的局限性 263
- 5.3 湍流预混火焰中褶皱的特征尺度 266
  - 5.3.1 纹影照片 267
  - 5.3.2 褶皱层流火焰结构的观察 268
  - 5.3.3 未燃烧和已燃烧气体团尺度的测量 269
  - 5.3.4 皱褶的长度尺度 272
- 5.4 预混湍流火焰 Borghi 图的发展 273
  - 5.4.1 Borghi 图中各模式的物理解释 273
  - 5.4.2 Klimov-Williams 准则 276
  - 5.4.3 Borghi 图的构成 277
  - 5.4.4 褶皱火焰 280
- 5.5 预混湍流火焰的测量 284
- 5.6 涡旋破碎模型 294
  - 5.6.1 Spalding 的 EBU 模型 295
  - 5.6.2 Magnussen 和 Hjertager 的 EBU 模型 296
- 5.7 间歇性 297
- 5.8 火焰-湍流的相互作用 299
  - 5.8.1 火焰对湍流的作用 300
- 5.9 Bray-Moss-Libby 模型 301
  - 5.9.1 控制方程 307
  - 5.9.2 梯度输运 311
  - 5.9.3 逆梯度输运 312
  - 5.9.4 输运项的闭合 314
  - 5.9.5 压力波动梯度的作用 318
  - 5.9.6 DNS 结果汇总 321
- 5.10 湍流燃烧建模方法 325
- 5.11 湍流预混火焰和 G 方程的几何描述 325
  - 5.11.1 波纹小火焰模式的水平集法 327
  - 5.11.2 薄层反应区模式的水平集法 330

5.12	湍流燃烧中的尺度	332
5.13	化学反应源项的闭合	335
5.14	湍流燃烧的概率密度函数方法	335
	5.14.1 概率密度函数输运方程的推导	340
	5.14.2 矩方程和PDF方程	344
	5.14.3 流体颗粒的拉格朗日方程	345
	5.14.4 组分PDF方法中的梯度输运模型	348
	5.14.5 总反应速率的确定	349
	5.14.6 拉格朗日蒙特卡罗颗粒法	350
	5.14.7 密度函数滤波法	350
	5.14.8 PDF法的展望	351
习题		351

第6章 非预混湍流火焰 354

6.1	非预混湍流火焰中的主要问题	356
6.2	湍流达姆科勒数	358
6.3	湍流雷诺数	359
6.4	非预混湍流火焰中的尺度	359
	6.4.1 直接数值模拟和尺度	363
6.5	湍流非预混燃烧模式图	365
6.6	湍流非预混目标火焰	368
	6.6.1 简单射流火焰	370
	6.6.2 引射火焰	381
	6.6.3 钝体火焰	401
	6.6.4 旋流稳态火焰	403
6.7	湍流-化学相互作用	404
	6.7.1 无限化学假设	404
	6.7.2 有限速率化学	406
6.8	湍流非预混燃烧的概率密度法	409
	6.8.1 物理模型	411
	6.8.2 速度-组分PDF方法中的湍流输运	412
	6.8.3 分子输运与标量混合模型	415
6.9	小火焰模型	421
	6.9.1 层流小火焰假设	422
	6.9.2 非稳态小火焰建模	422
	6.9.3 小火焰模型与PDF	424

6.10 火焰与涡流的相互作用 ·· 424
    6.10.1 单个涡流中的卷曲火焰 ·· 426
    6.10.2 剪切层中的火焰 ·· 427
    6.10.3 射流火焰 ·· 427
    6.10.4 Kármán 涡街/ V 形火焰相互作用 ·· 427
    6.10.5 燃烧的涡环 ·· 428
    6.10.6 火焰/涡流的迎面相互作用 ·· 428
    6.10.7 火焰/涡流相互作用研究的实验装置 ·· 429
6.11 涡量效应的产生与耗散 ·· 435
6.12 非预混火焰-涡流相互作用的燃烧图 ·· 436
6.13 非预混湍流火焰中的火焰不稳定性 ·· 439
6.14 部分预混火焰或"边缘"火焰(edge flames) ·· 442
    6.14.1 "边缘"火焰的形成 ·· 444
    6.14.2 悬举扩散火焰的三重火焰稳定 ·· 444
    6.14.3 "边缘"火焰分析 ·· 445
习题 ·· 447

第7章 带反应的多相流背景 450

7.1 多相流系统的分类 ·· 453
7.2 涉及多相系统的实际问题 ·· 455
7.3 均质混合物与多组分/多相混合物 ·· 456
7.4 CFD 和多相模拟 ·· 457
7.5 平均方法 ·· 459
    7.5.1 欧拉平均-欧拉平均值 ·· 461
    7.5.2 拉格朗日平均-拉格朗日平均值 ·· 462
    7.5.3 玻尔兹曼统计平均 ·· 463
    7.5.4 Anderson 和 Jackson 对密相流化床的平均 ·· 463
7.6 当地瞬时表达式 ·· 470
7.7 欧拉-欧拉建模 ·· 472
    7.7.1 流体-流体建模 ·· 473
    7.7.2 流体-固体建模 ·· 476
7.8 欧拉-拉格朗日建模 ·· 485
    7.8.1 流体-固体建模 ·· 485
7.9 相间输运(跳跃条件) ·· 489
7.10 界面跟踪/捕捉 ·· 493
    7.10.1 界面跟踪 ·· 495

  7.10.2 界面捕捉 ·············· 499
7.11 离散颗粒法 ·············· 504
习题 ·············· 505

第8章 喷雾雾化与燃烧 ·············· 506

8.1 喷雾燃烧简介 ·············· 507
8.2 喷雾-燃烧系统 ·············· 510
8.3 燃料雾化 ·············· 512
  8.3.1 喷头类型 ·············· 512
  8.3.2 雾化特性 ·············· 513
8.4 喷雾统计学 ·············· 514
  8.4.1 颗粒表征 ·············· 514
  8.4.2 分布函数 ·············· 514
  8.4.3 分布函数的输运方程 ·············· 519
  8.4.4 液体燃料火箭发动机的简化喷雾燃烧模型 ·············· 520
8.5 喷雾燃烧特性 ·············· 522
8.6 喷雾燃烧过程模型的分类 ·············· 529
  8.6.1 简单关系式 ·············· 529
  8.6.2 液滴弹道模型 ·············· 529
  8.6.3 一维模型 ·············· 530
  8.6.4 搅拌反应器模型 ·············· 530
  8.6.5 局部均匀流模型 ·············· 531
  8.6.6 两相流(分散流)模型 ·············· 531
8.7 局部均匀流模型 ·············· 531
  8.7.1 LHF模型的分类 ·············· 532
  8.7.2 LHF模型的数学公式 ·············· 534
8.8 两相流(分散流)模型 ·············· 560
  8.8.1 单元内颗粒源模型(离散液滴模型) ·············· 560
  8.8.2 液滴破碎过程和机制 ·············· 573
  8.8.3 确定性离散液滴模型 ·············· 580
  8.8.4 随机离散液滴模型 ·············· 585
  8.8.5 DDDM和SDDM之间结果的比较 ·············· 588
  8.8.6 稠密喷雾 ·············· 599
8.9 Chiu的群燃烧模型 ·············· 614
  8.9.1 群燃烧数 ·············· 615
  8.9.2 喷雾火焰中群燃烧的模式 ·············· 616

8.10	液滴碰撞	619
	8.10.1 液滴-液滴碰撞	619
	8.10.2 液滴-壁面碰撞	622
	8.10.3 多液滴系统中相互作用的液滴	622
8.11	用于粒度测量的光学技术	622
	8.11.1 光学粒度测量方法的类型	623
	8.11.2 单颗粒计数法	623
	8.11.3 集成粒度测量技术	626
8.12	液滴间距对喷雾燃烧的影响	628
	8.12.1 滴液阵列的蒸发和燃烧	628
习题		631
附录 A	相关矢量与张量的运算	633
附录 B	燃烧中常用的常量与转换因子	657
附录 C	烃类的命名	661
附录 D	芳烃形成的详细气相反应机理	665
附录 E	粒度——U.S. 筛孔尺寸与 Tyler 筛目的对照	705
参考文献		708
索引		785

第1章 简介及守恒方程

符 号 表

符号	含 义 说 明	量纲①
B_i	i方向单位体积的体积力(矢量)	F/L^3
C	摩尔浓度	N/L^3
C_i	第i种物质的摩尔浓度	N/L^3
d	分子直径	L
D_{Ab}	A—B体系的二元质量扩散系数	L^2/t
e_{ij}	应变速率张量	t^{-1}
Ea_k	第k个反应的活化能	Q/N
f_i	作用在第i种物质上的单位质量外力(矢量)	F/M
F	力(矢量)	F
F_S	表面力(矢量)	F
h	单位质量焓	Q/M
h_t	单位质量总焓	Q/M
I	单位矩阵或克罗内克函数(Kronecker delta)δ_{ij}的矢量形式	—
J_i	物质i相对于质量平均速度的质量通量(矢量)	M/L^2t
J_i^*	物质i相对于摩尔平均速度的摩尔通量(矢量)	N/L^2t
K	玻尔兹曼常数(Boltzmann constant)	$(Q/T)/$分子
l	平均自由程	L
$\dot{m}$	质量通量(矢量)	M/L^2t
m_i	混合物中第i种物质的质量	M
m_t	多组分气体混合物的总质量	M
Mw_i②	第i种物质的相对分子质量	M/N
$\dot{n}$	摩尔通量(矢量)	NL^2t
n_i	气体混合物中第i种物质的量	N
N_i	物质i的物质的量	—

① 原文量纲并非国际单位制规定的量纲,译文沿用。——译者注
② 原文统一用了Mw表示相对分子质量,译文沿用。——译者注

(续)

符号	含 义 说 明	量纲①
N_A	阿伏伽德罗常数(Avogadro's number),6.02252×10^{23}分子/mol	—
$\boldsymbol{q}$	热通量矢量(矢量)	Q/L^2t
T	固定标准参考温度,298.15 K	T
$\bar{u}$	算术平均分子速度	L/t
u_i	第i方向上的速度分量	L/t
$\boldsymbol{v}$	质量平均速度(矢量)	L/t
V	控制体积	L^3
$\boldsymbol{v}_i$	第i种物质相对于静止坐标轴的速度(矢量)	L/t
$\boldsymbol{v}^*$	摩尔平均速度(矢量)	L/t
V_i	第i种物质的质量扩散速度(矢量)	L/t
V_i^*	第i种物质的摩尔扩散速度(矢量)	L/t
X_i	第i种物质的摩尔分数	—
y	y方向上的空间坐标	L
Y_i	第i种物质的质量分数	—
z	z方向上的空间坐标	L
Z	单位表面积上气态物质的分子碰撞频率	$L^{-2}t^{-1}$
希腊符号		
α	热扩散系数	L^2/t
α_i	物质i的热扩散系数	L^2/t
λ	热导率或第二黏度	Q/tLT 或 Ft/L^2
μ	动态黏度或第一黏度	Ft/L^2
μ'	体黏滞系数	Ft/L^2
μ_{ij}	物质i和j的分子折合质量	M
$\sigma_{ij}, \tilde{\sigma}$	总应力张量	F/L^2
τ_{ij}	黏性应力张量	F/L^2
$\dot{\Omega}_i$	物质i的摩尔速率或摩尔生成量	$N/(tL^3)$
$\dot{\omega}_i$	物质i的质量速率或质量生成量	$M/(tL^3)$

本章首先将湍流和多相燃烧作为一个研究的主要领域进行讨论,以此理解并解决与能源、环境、交通和化学推进以及其他领域相关的具有多重挑战性和

有趣的重要性问题。其次,为燃烧科学领域研究人员使用的主要守恒方程提供了一个综述。

1.1 为什么湍流和多相燃烧很重要?

目前,有非常高百分比(约80%)的能源由液体(如汽油和碳氢化合物燃料)、固体(如煤炭和木材)以及气体(如主要由甲烷及其他碳氢化合物,如乙烷、丙烷、丁烷和戊烷组成的天然气)的燃烧而生成。举个例子,在21世纪的前十几年,美国超过50%的电力由燃煤炉产生。预计这种趋势还将持续数十年。因此,能源的生产仍将继续严重依赖于燃烧技术。大多数实际设备都涉及湍流燃烧,这就需要了解湍流和燃烧,以及它们之间的相互作用。工业炉、柴油发动机、液体火箭发动机以及使用固体火药的设备都涉及多相和湍流燃烧。单相湍流反应流对建模和数值求解来说已足够复杂,这些流动中的一些甚至在当今仍然是未能解决的问题。多相的存在更进一步增加了问题的复杂性。

近年来,在保持尽可能低的排放水平的同时,对提高燃烧效率已经有了一个很大的进步。我们生活在能源已成为一个非常关键的商品的时代。因此,理解并解决尚未解决的燃烧问题是很重要的。需要训练有素的燃烧领域工程师和科学家来应对众多具有挑战性的燃烧问题。本章为湍流和多相燃烧的应用、建模的一般概念,以及含有多种物质的气相混合物的基本守恒方程提供了一些一般背景。

1.2 湍流多相燃烧的不同应用

有很多湍流和多相燃烧的应用与我们的日常生活密切相关,例如:

(1) 燃烧发电。一个通过燃煤燃烧器用两相湍流燃烧发电的例子见图1.1;

(2) 用于各种推进系统的含能材料的高速率燃烧;

(3) 生产工程材料(如陶瓷、H_2、纳米尺寸的颗粒)的加工工业;

(4) 家庭和工业供暖;

(5) 燃烧过程的主动控制;

(6) 对有害燃烧的安全防护;

(7) 紧急情况下为提高安全性进行的各种凝聚相可燃材料(如汽车中的固体火药安全气囊)的点火;

(8) 燃烧产物的污染物排放控制(美国约1/3的碳排放来自燃煤发电厂,1/3来自交通运输,其余来自工业、商业和住宅)。

图1.2所示为美国2008年特定污染物按来源类别的总排放估算分布。

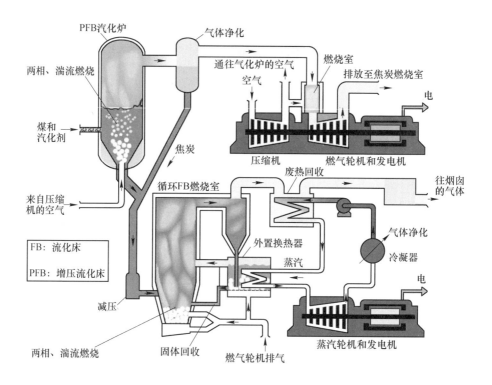

图 1.1 使用煤-空气燃烧的混合发电系统示意图

(改自 http://fossil.energy.gov)

其主要空气污染物是颗粒物、CO、CO_2、SO_x、NO_x、VOC(挥发性有机化合物)、NH_3、汞和铅。电厂设施占全国 SO_2 排放量的 70% 左右。农业经营(其他加工业)占全国 NH_3 排放量的 80% 以上。全国几乎 50% 的 VOC 排放来自溶剂的使用(其他加工业)和公路车辆。公路车辆和非公路移动源(如飞机、农用车辆、船舶等)一起贡献了大约 80% 的全国 CO 排放。化石燃料的燃烧是 CO_2 排放的主要来源。2007 年,化石燃料燃烧贡献了 CO_2 排放总量的近 94%。化石燃料燃烧的主要来源包括发电、交通(包括私家车和重型车辆)、工业加工、住宅和商业。发电在化石燃料燃烧造成的 CO_2 排放量中贡献了约 42%,而交通贡献了大约 33%。燃烧技术的进步能够提高燃烧效率,减少有害化合物的产生。

1.2.1 在推进系统高燃烧速率材料中的应用

许多推进系统采用凝聚相材料燃烧生成热能,例如:

(1) 飞机使用的燃气涡轮发动机;

(2) 液体火箭发动机使用的液体燃料和氧化剂(图 1.3);

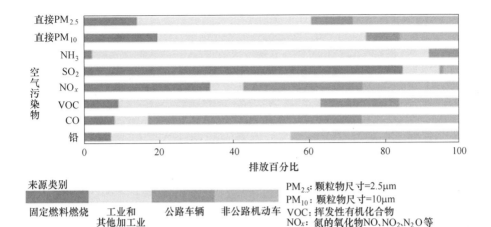

图1.2　2008年特定污染物按来源类别在全美总排放的估算分布

(改自 EPA[①] 报告)

(3) 柴油发动机、双组元火箭和冲压式喷气发动机等使用的液体燃料喷雾;
(4) 往复式发动机使用的预蒸发碳氢化合物;
(5) 用于太空和导弹推进的火箭发动机中的固体推进剂;
(6) 混合火箭发动机、冲压式喷气发动机、超燃冲压喷气发动机使用的固体燃料;
(7) 太空推进器使用的单元推进剂;
(8) 枪支和火炮推进系统使用的固体发射药。

图1.3 所示为化学能通过燃烧转变为热能。推进系统的推力与排气射流的动量成正比。比冲量(I_{sp}),定义为推进剂重量流率的推力,与火焰温度除以燃烧产物平均相对分子质量的平方根成正比,如式(1.1)所示。

$$I_{sp} \propto \sqrt{T_f/Mw} \tag{1.1}$$

对这个关系的更详细描述在 Kuo 和 Acharya 的著作《湍流多相燃烧的应用》的第1章中给出。

1.2.2　在发电中的应用

凝聚相和气相材料在各种发电系统中转化,例如:
(1) 煤颗粒:在发电站的炉子中燃烧产生蒸汽,驱动涡轮机发电(图1.1);
(2) 液体燃料:在汽车、飞机和船舶中用作运输的能源;
(3) 天然气:用于燃气轮机和往复式发动机;

---

① EPA 是 Environmental Protection Agency 的缩写,即(美国)环境保护署。——译者注

(4) 废料焚烧。

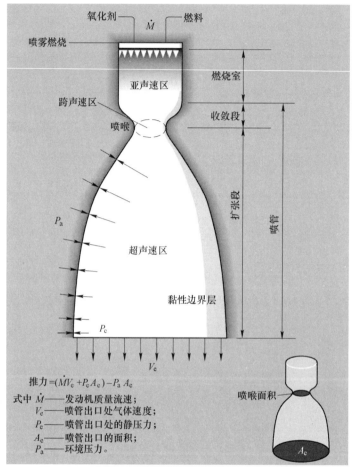

图1.3 双元推进液体发动机喷嘴中的燃烧与能量转换
(改自 O'Leary 和 Beck, 1992)

1.2.3 在加工工业中的应用

在材料加工工业中,已经使用不同类型燃料的燃烧得到制造过程中的高温条件。例如:

(1) 通过热加工工艺生产铁、钢、玻璃、陶瓷、水泥、炭黑和精炼燃料;

(2) 通过自蔓延高温合成(self-propagating high-temperature synthesis, SHS)工艺直接制造陶瓷材料;

(3) 燃烧合成纳米尺寸的粉末。

1.2.4 在家庭和工业供暖中的应用

对于各种供热系统,燃料和氧化剂的化学能通过湍流和多相燃烧过程转化成热能。例如:燃烧产生的热能用于住宅、工厂、办公室、医院、学校和各类建筑物的供暖,以及国际空间站和许多特殊设施的供暖。

1.2.5 在针对有害燃烧的安全防护中的应用

湍流和多相燃烧知识对各种火灾和危害预防系统也非常有用,例如:

(1) 森林火灾的防火;
(2) 建筑物火灾的防火;
(3) 减少工业爆炸;
(4) 降低导致灾难性危害的爆燃-爆炸转化(deflagration-to-detonation transition,DDT)和冲击-爆炸转化(shock-to-detonation transition,SDT)的敏感性。

1.2.6 在多种可燃材料点火中的应用

许多安全保护系统依赖于各种燃烧材料的可靠点火,例如:

(1) 在紧急情况下提高安全性;
(2) 汽车碰撞期间安全气囊的充气;
(3) 弹射飞行员座椅和其他紧急逃生系统的执行;
(4) 强流气体发生器灭火。

1.2.7 在燃烧产物排放控制中的应用

燃烧产物排放控制的成功在很大程度上取决于湍流和多相燃烧的知识在不同方面的应用,例如:

(1) 用于减少燃烧产生的污染物;
(2) 降低NO_x、SO_x和CO_2的形成;
(3) 降低烟灰和焦炭等微粒的形成;
(4) 控制燃烧产物的温度和化学成分。

1.2.8 在主动控制燃烧过程中的应用

为了在各种推进系统中实现更好的燃烧性能并降低燃烧不稳定性,可以采用某些主动控制系统:

(1) 通过外部能量源如释放声能来提高反应器的燃烧效率;
(2) 通过注入纳米尺寸的含能颗粒来提高某些系统的燃烧效率。

1.3 燃烧建模的目的

近年来,随着计算能力和数值求解方法的显著进步,已经能够应对复杂燃烧问题的模拟了。下面列出了燃烧建模的几个主要目标。

(1) 模拟某些涉及单相和(或)多相可燃材料的湍流燃烧过程;
(2) 开发在各种工况条件下对燃烧系统的预测能力;
(3) 帮助解释和理解观察到的燃烧现象;

(4) 替代困难或花费昂贵的实验；
(5) 指导燃烧实验的设计；
(6) 通过参数研究确定燃烧过程中各个参数的影响。

1.4 与燃烧相关的组成学科

湍流和多相燃烧科学经常涉及许多组成学科之间错综复杂的相互耦合和相互作用。了解以下领域的背景知识，对科学家和工程师获取并将其应用到各种尚未解决的燃烧问题非常有帮助。

(1) 热力学；
(2) 化学动力学；
(3) 流体力学；
(4) 传热和传质学；
(5) 湍流；
(6) 输运现象；
(7) 统计力学；
(8) 仪器与诊断技术；
(9) 量子化学和物理学；
(10) 材料结构和行为；
(11) 数学和统计理论；
(12) 数值方法；
(13) 燃烧试验装置设计；
(14) 数据分析和相关性方法；
(15) 安全和危害分析。

1.5 解决燃烧问题的一般方法

对于求解燃烧问题，可以考虑以下方法：
(1) 理论和数值方法；
(2) 实验方法；
(3) 以上方法的任意组合。

燃烧问题的理论模型由一组必须使用多个输入参数以及初始和边界条件求解的控制方程组成，如图1.4所示。从该图可以看出，在控制方程的中间解与输入参数之间存在深度的耦合，如反应机理、湍流闭合条件以及扩散/输运机理。模型的主要输出包括火焰结构、火焰速度、火焰表面积、燃烧速率、流场结构等。

燃烧问题可以用不同的数值方法求解。目前，这些方法主要有3类，即雷

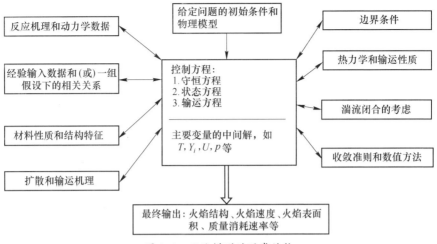

图 1.4　理论模型的通常结构

诺(Reynolds)平均 Navies-Stokes(RANS)模拟、大涡模拟(large-eddy simulation,LES)和直接数值模拟(direct numerical simulation,DNS)。第 4 章对这些方法进行了讨论。这些不同的数值方法对最终解的影响可以在图 1.5 中看到,它显示了对扩散火焰的预测结果。目前,RANS 最常用于工业,但其有效范围有限。DNS 是最详细的,但它对大多数实际工程问题的计算要求太高。LES 是两者之间的折中方案,具有出色的可靠性和适用性。

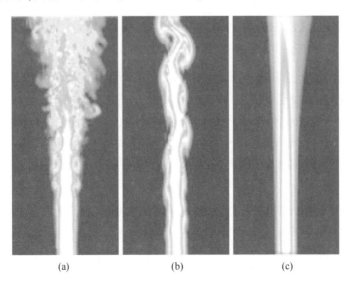

图 1.5　对扩散火焰使用
(a)DNS 的预测结果;(b)LES 的预测结果;(c)RANS 的预测结果。
(引自 Givi,2009;http://cfd.engr.pitt.edu)

1.6 燃烧模型的控制方程

1.6.1 守恒方程

5组守恒方程如下：
(1) 质量守恒(连续性方程)；
(2) 分子物质守恒(或原子物质守恒)；
(3) 动量守恒(对于每个独立的空间方向)；
(4) 能量守恒；
(5) 角动量守恒。

这些方程与输运方程和状态方程一起用来求解流动特性分布,包括温度、密度、压力、速度和化学物质的浓度。注意,除非问题涉及具有大量涡流的外部扭矩或在磁场中流动的极性流体,否则不经常使用角动量守恒方程。

1.6.2 输运方程

湍流燃烧问题通常需要输运方程,包括：
(1) 湍流动能的输运；
(2) 湍流耗散速率(或湍流动能耗散速率)的输运；
(3) 湍流雷诺应力的输运；
(4) 概率密度函数的输运；
(5) 动量的输运,如 $\widetilde{u''Y_i''}$、$\widetilde{Y_i''^2}$、$\widetilde{T''^2}$、$\overline{u'Y_i'}$、$\overline{Y_i'^2}$、$\overline{T'^2}$ 等。

1.6.3 燃烧模型中所做的常用假设

下面列出了一些常用的假设。读者必须认识到,由于数值预测方法和(或)热性质以及输运性质数据的可用性上有了进步,现在可以放松其中一些假设。
(1) 可以将反应流视为连续体。
(2) 无限快的化学(化学平衡)可用于高温燃烧问题。
(3) 简单、一步、正向不可逆全局反应有时可用于不太全面的模型。
(4) 理想气体定律可用于低压中等高温反应流问题。
(5) 在某些燃烧条件下,路易斯数(Lewis number)、施密特数(Schmidt number)和普朗特数(Prandtl number)可假设等于1。
(6) 当没有可用的扩散系数数据时,许多研究人员使用了所有物质的等质量扩散系数。
(7) 菲克(Fick)物质质量扩散定律在许多情况下都可以认为是有效的。
(8) 当没有可用的热数据时,假设气相物质具有恒定的比热容。
(9) 有时假设反应固体表面是能量均匀的。

（10）对于低速燃烧情况下的区域，可以假设压力是均匀的。
（11）Dufour 效应和 Soret 效应通常可忽略。
（12）通常假设体积黏度可忽略不计。
（13）在某些条件下，可以假设燃烧产生的湍流忽略不计。
在建模工作中采用这些假设之前，必须检验这些假设的有效性。

1.6.4 状态方程

最简单的状态方程是理想气体状态方程。它适用于纯组分和混合物，建立在经验观察基础上，对低密度的气体或高达数十大气压下的多数气体混合物都较为准确。对于非离解分子，这种关系适用于中低压力。

$$pV = nR_u T = m\frac{R_u}{Mw}T = mRT \tag{1.2}$$

式中：R_u 为普适气体常数 [R_u = 8.3144 J/(mol·K)]。

理想气体定律的其他形式：

$$\rho = \frac{m}{V} = \frac{p}{RT} = \frac{p\overline{Mw}}{R_u T} = \frac{p}{R_u T \sum_{i=1}^{N}\frac{Y_i}{Mw_i}} \tag{1.3}$$

$$c = \frac{n}{V} = \frac{p}{R_u T} = \frac{p}{RT\overline{Mw}} \tag{1.4}$$

用比容 v 来表示，理想气体定律可以写作：

$$pv = RT \tag{1.5}$$

式中：$v = \dfrac{V}{m}$。

1.6.4.1 高压修正

（1）范德华（van der Waals）状态方程。范德华状态方程是最著名的广义状态方程之一。它基本上是式（1.5）所示的理想气体定律的修正版本，不同之处在于它考虑了分子之间存在的分子间力（用 a/v^2 项表示），并且对由分子自身所占的余容 b 做了校正。范德华状态方程为

$$\left(p + \frac{a}{v^2}\right)(v - b) = RT \tag{1.6}$$

式中：a,b 从气体一般行为评估得到。这些常数与纯物质的临界温度和压力有如下关联：

$$a = \frac{27}{64}\frac{R^2 T_c^2}{p_c}, b = \frac{RT_c}{8p_c} \tag{1.7}$$

如果 $a=0$，那么范德华状态方程就被称为 Nobel-Abel 状态方程，有

$$p = \frac{RT}{(\nu - b)} \tag{1.8}$$

（2）Redlich-Kwong 状态方程。Redlich-Kwong 状态方程(及其许多变体)是常用的经验三次状态方程的代表。它比范德华方程精确得多,不仅对纯物质,而且对混合物计算和相平衡相关关系都非常适用。初始的 Redlich-Kwong 方程为

$$p = \frac{R_u T}{\nu - b} - \frac{a}{\nu(\nu + b)T^{1/2}} \tag{1.9}$$

式中

$$a = \frac{0.42748 R_u^2 T_c^{2.5}}{p_c}, b = \frac{0.08664 R_u T_c}{p_c} \tag{1.10}$$

各种烃燃料的临界压力(p_c)和临界温度(T_c)的值列于 Kuo(2005)附录 C 中。

（3）Soave-Redlich-Kwong 和 Peng-Robinson 状态方程。Soave 修正 RK 方程(SRK 方程)和 Peng-Robinson 状态方程,都是为了改进 Redlich-Kwong 形式而开发的"三次"状态方程。两种方法都使用了相同的方式来设置参数 a 和 b。也就是说,正如先前对 Redlich-Kwong 状态方程所做的那样,将压力对比容的一阶和二阶偏导数都设为零。简洁起见,表 1.1 列出了常见"三次"状态方程的三次表达形式及其系数。

表 1.1　4 种常见"三次"状态方程及其常量的汇总

方程	u	w	b	a
范德华	0	0	$\dfrac{RT_c}{8p_c}$	$\dfrac{27}{64}\dfrac{R^2 T_c^2}{p_c}$
Redlich-Kwong	1	0	$\dfrac{0.08664 R_u T_c}{p_c}$	$\dfrac{0.42748 R_u^2 T_c^{2.5}}{p_c}$
Soave 或 Soave-Redlich-Kwong (SRK)	1	0	$\dfrac{0.08664 R_u T_c}{p_c}$	$\dfrac{0.42748 R_u^2 T_c^2}{p_c}[1 + f(\omega)(1 - T_r^{0.5})]^2$ 其中:$f(\omega) = 0.48 + 1.574\omega - 0.176\omega^2$
Peng-Robinson	2	−1	$\dfrac{0.07780 R_u T_c}{p_c}$	$\dfrac{0.42748 R_u^2 T_c^2}{p_c}[1 + f(\omega)(1 - T_r^{0.5})]^2$ 其中:$f(\omega) = 0.37464 + 1.5423\omega - 0.26992\omega^2$

注意:各种物质的 ω 值可以在 R. C. Reid,J. M. Prausnitz 和 B. E. Poling 所著的 *The Properties of Gases and Liquids*,4th ed. McGraw Hill,1987 一书的附录 A 中找到。

上面讨论的最后 4 个状态方程可以归类为"三次"状态方程。也就是说,如果将它们展开,则方程式将包含体积的一次项、二次项,或三次项。这些方程

(含两个参数 a 和 b)可以用下面的方程表示：

$$p = \frac{R_u T}{\overline{v} - b} - \frac{a}{\overline{v}^2 + ub\overline{v} + wb^2} \tag{1.11}$$

对状态方程和多组分混合物混合规则的更详细的讨论在 Kuo(2005)附录 A 中给出。

1.7 浓度的定义

有 4 种表达多组分气体混合物中各种物质浓度的方法。

（1）质量浓度 ρ_i：每单位体积混合物或溶液中第 i 种物质的质量。

（2）摩尔浓度：$C_i \equiv \rho_i/Mw_i$，每单位体积第 i 种物质的物质的量。

（3）质量分数：$Y_i \equiv \rho_i/\rho = m_i/m_t$，第 i 种物质的质量除以混合物的总质量。

（4）摩尔分数：$X_i \equiv C_i/C$，第 i 种物质的摩尔浓度除以气态混合物或液体溶液的总摩尔浓度。

物质的量：用物质的量可以方便地计算气体分子和原子。1mol 化合物对应于 6.02252×10^{23} 个分子（或原子）。因此，阿伏伽德罗常数（N_A）为 6.02252×10^{23} 分子/mol。

摩尔分数：

$$X_i = \frac{n_i}{\sum_{i=1}^{N} n_i} = \frac{n_i}{n} \tag{1.12}$$

质量分数：

$$Y_i = \frac{m_i}{\sum_{i=1}^{N} m_i} = \frac{m_i}{m} \tag{1.13}$$

平均相对分子质量：

摩尔分数 X_i 和质量分数 Y_i 间的关系：$X_i = Y_i(\overline{Mw}/Mw_i)$，式中：$\overline{Mw}$ 为控制体积内多组分气体混合物的平均相对分子质量。可以通过下式估算：

$$\overline{Mw} = \sum_{i=1}^{N} X_i Mw_i = 1 / \sum_{i=1}^{N} (Y_i/Mw_i) \tag{1.14}$$

下面给出 Y_i 和 X_i 的关系：

$$Y_i = \frac{Mw_i n_i}{\sum_{j=1}^{N} Mw_j n_j} = \frac{Mw_i X_i}{\sum_{j=1}^{N} Mw_j X_j} = \frac{Mw_i X_i}{\overline{Mw}} \tag{1.15}$$

$$X_i = \frac{Y_i}{Mw_i}\overline{Mw} = \frac{Y_i}{Mw_i} \bigg/ \sum_{j=1}^{N} \frac{Y_j}{Mw_j} \tag{1.16}$$

燃料-氧化剂比(F/O)为

$$F/O \equiv \frac{F}{O} = \frac{燃料质量}{氧化剂质量} \tag{1.17}$$

当量比：

$$\phi = \frac{F/O}{(F/O)_{st}} \begin{cases} 0 < \phi < 1 & (贫燃) \\ \phi = 1 & (化学计量条件) \\ 1 < \phi < \infty & (富燃) \end{cases} \tag{1.18}$$

表 1.2 所列为质量分数、摩尔分数、摩尔浓度的物理定义及数学表达式。

表 1.2 质量分数、摩尔分数、摩尔浓度的物理定义及数学表达式

量	物理定义	数学表达式
质量分数 Y_i	第 i 种物质的质量/总质量	$Y_i = m_i/m_t$
摩尔分数 X_i	第 i 种物质的物质的量/总物质的量	$X_i \equiv n_i/n_t = Y_i(\overline{Mw}/Mw_i)$
摩尔浓度 C_i	第 i 种物质的物质的量/总体积	$C_i \equiv n_i/V_t = \overline{\rho}(Y_i/Mw_i)$ $= \overline{\rho}(X_i/\overline{Mw})$

接下来的章节为读者提供守恒方程中使用的许多重要参数的基本定义，以及这些方程在不同坐标系中的各种形式。对这些守恒方程的详细推导在 Kuo(2005) 第 3 章中给出。守恒方程中各项的物理意义也在这些章节中进行了描述。

1.8 能量和焓几种表达形式的定义

能量的几个定义在守恒方程中是很有用的。清楚地理解每种能量形式的物理意义和数学表达式以及它们之间的关系是非常重要的。第 i 种物质的显式内能($e_{s,i}$)可以通过温度测量来确定；因此，它被称为显式的。当第 i 种物质的生成热加入到显式内能时，它们的总和用 e_i 表示，如表 1.3 所列。第 i 种物质的总内能($e_{t,i}$)包括显能、动能和化学能。总非化学能($e_{tnc,i}$)只包括显能和动能，如表 1.3 所列。对焓也使用了相同的定义。

表 1.3 第 i 种物质内能和焓几种表达形式的定义

量	内能	焓
显式	$e_{s,i} = \int_{T_{ref}}^{T} C_{V,i} dT + \underbrace{e_{s,i}(T_{ref})}_{=-R_u T_{ref}/Mw_i}$	$h_{s,i} = \int_{T_{ref}}^{T} C_{p,i} dT + \underbrace{h_{s,i}(T_{ref})}_{=0}$

(续)

量	内 能	焓
显式+化学	$e_i = e_{s,i} + \Delta h_{f,i}^0 = \int_{T_{ref}}^{T} C_{V,i} dT + \Delta e_{f,i}^0$	$h_i = h_{s,i} + \Delta h_{f,i}^0$
总	$e_{t,i} = e_i + \dfrac{u_j u_j}{2}$	$h_{t,i} = h_i + \dfrac{u_j u_j}{2}$
总非化学	$e_{tnc,i} = e_{s,i} + \dfrac{u_j u_j}{2}$	$h_{tnc,i} = h_{s,i} + \dfrac{u_j u_j}{2}$

焓和内能间的关系为

$$e_{s,i} = h_{s,i} - p_i/\rho_i \tag{1.19}$$

$$e_i = h_i - p_i/\rho_i \tag{1.20}$$

$$h_i = h_{s,i} + \Delta h_{f,i}^\circ = \int_{T_{ref}}^{T} C_{p,i} dT + \underbrace{h_{s,i}(T_{ref})}_{=0} + \Delta h_{f,i}^\circ \tag{1.21}$$

显式内能的定义要满足 $h_{s,i} = e_{s,i} + p_i/\rho_i$。第 i 种物质的显式内能定义为

$$e_{s,i} = \int_{T_{ref}}^{T} C_{V,i} dT + e_{s,i}(T_{ref}) \tag{1.22}$$

由于将在 298.15K 的参考温度下的显焓定为 0,即 $h_{s,i}(T_{ref}) = 0$,我们可以从式(1.19)中得到 $e_{s,i}(T_{ref}) = -p_i/\rho_i = -R_u T_{ref}/Mw_i$。从而,有

$$e_i = e_{s,i} + \Delta e_{f,i}^\circ = h_i - \frac{p_i}{\rho_i} = h_{s,i} + \Delta h_{f,i}^\circ - \frac{p_i}{\rho_i} = e_{s,i} + \Delta h_{f,i}^\circ \tag{1.23}$$

因此,有

$$\Delta e_{f,i}^\circ = \Delta h_{f,i}^\circ \tag{1.24}$$

第 i 种物质的质量生成焓($\Delta h_{f,i}^\circ$)通过式(1.25)与摩尔生成焓($\Delta h_{f,i}^{\circ,m}$)关联起来:

$$\Delta h_{f,i}^\circ = \Delta h_{f,i}^{\circ,m}/Mw_i \tag{1.25}$$

生成焓的负值表明,当 1 摩尔的第 i 种物质由处于 $T_{ref} = 298.15K$ 和 $p = 1bar$[①] 的标准状态下的元素形成时,有热量释放。元素的标准状态是处于室温和 1bar 压力下的该元素的稳定形态。例如:$H_2(g)$、$O_2(g)$、$N_2(g)$、$Hg(l)$、$C(s,石墨)$ 在热化学术语中被称为元素。各种化合物的生成热在多种来源中都有列出。例如:Kuo(2005)第 1 章。

第 i 种物质的质量定压热容($C_{p,i}$)与摩尔热容($C_{p,i}^m$)的关系为

$$C_{p,i} = C_{p,i}^m/Mw_i \tag{1.26}$$

对于完美的双原子气体:

---

① 1bar=0.1MPa。——译者注

$$C_{p,i}^{\mathrm{m}} = 3.5R_{\mathrm{u}}, C_{p,i} = 3.5R_{\mathrm{u}}/Mw_i \tag{1.27}$$

在许多燃烧问题中，$C_{p,i}$ 随 T 的变化在化学反应流中是非常明显的。C_p 的值通常被列为温度的多项式函数（参见由 Stull 和 Prophet 编写的 JANAF 表，1971）。通常，C_p 随着温度的增加而增加，这是由于不同类型存储的内能增加了，这些类型包括在较高温度下的振动、旋转和平移。在室温附近，如 N_2 和 H_2 等双原子气体的摩尔热容非常接近 $3.5 R_{\mathrm{u}}$；然而，它们的热容在高温下迅速增加。

质量定容比热容和摩尔定容比热容与定压比热容间的关系为

$$C_{V,i} = C_{p,i} - R/Mw_i, C_{V,i}^{\mathrm{m}} = C_{p,i}^{\mathrm{m}} - R_{\mathrm{u}} \tag{1.28}①$$

混合物的定压比热容 C_p 定义为

$$C_p = \sum_{i=1}^{N} C_{p,i} Y_i = \sum_{i=1}^{N} C_{p,i}^m \frac{Y_i}{Mw_i} \tag{1.29}$$

混合物的定容比热容 C_V 定义为

$$C_V = \sum_{i=1}^{N} Y_i C_{V,i} = \sum_{i=1}^{N} Y_i \frac{C_{V,i}^{\mathrm{m}}}{Mw_i} \tag{1.30}$$

混合物的比焓定义为

$$h = \sum_{i=1}^{N} h_i Y_i = \sum_{i=1}^{N} Y_i \left(\int_{T_{\mathrm{ref}}}^{T} C_{p,i} \mathrm{d}T + \Delta h_{\mathrm{f},i}^{\circ} \right) = \int_{T_{\mathrm{ref}}}^{T} C_p \mathrm{d}T + \sum_{i=1}^{N} Y_i \Delta h_{\mathrm{f},i}^{\circ} \tag{1.31}$$

混合物的比内能 $e = h - p/\rho$ 可以写为

$$e = \sum_{i=1}^{N} Y_i \left(\underbrace{\int_{T_{\mathrm{ref}}}^{T} C_{p,i} \mathrm{d}T}_{h_{\mathrm{s},i}} - \underbrace{R_{\mathrm{u}} T / Mw_i}_{p_i / \rho_i} + \Delta h_{\mathrm{f},i}^{\circ} \right)$$

$$= \sum_{i=1}^{N} Y_i e_i = \sum_{i=1}^{N} Y_i \left(\underbrace{\int_{T_{\mathrm{ref}}}^{T} C_{V,i} \mathrm{d}T - R_{\mathrm{u}} T_{\mathrm{ref}} / Mw_i + \Delta h_{\mathrm{f},i}^{\circ}}_{e_{\mathrm{s},i}} \right)$$

$$= \underbrace{\int_{T_{\mathrm{ref}}}^{T} C_V \mathrm{d}T - R_{\mathrm{u}} T_{\mathrm{ref}} / \overline{Mw}}_{e_s} + \sum_{i=1}^{N} Y_i \Delta h_{\mathrm{f},i}^{\circ} \tag{1.32}$$

表 1.4 汇总了含多组分化学物质的混合物的能量和焓的不同形式下的定义。

---

① 原式有误。——译者注

表 1.4　能量和焓不同形式下的定义

量	内 能	焓
显式	$e_s = \int_{T_{ref}}^{T} C_V dT + \underbrace{e_s(T_{ref})}_{= -R_u T_{ref}/M_w}$	$h_s = \int_{T_{ref}}^{T} C_p dT + \underbrace{h_s(T_{ref})}_{= 0}$
显式+化学	$e = e_s + \sum_{i=1}^{N} Y_i \Delta h_{f,i}^{\circ}$	$h = h_s + \sum_{i=1}^{N} Y_i \Delta h_{f,i}^{\circ}$
总	$e_t = e + \dfrac{u_j u_j}{2}; \ j = 1,2,3$	$h_t = h + \dfrac{u_j u_j}{2}; \ j = 1,2,3$
总非化学	$e_{tnc} = e_s + \dfrac{u_j u_j}{2}; \ j = 1,2,3$	$h_{tnc} = h_s + \dfrac{u_j u_j}{2}; \ j = 1,2,3$

1.9　化学物质的速度

在多组分系统中,各种化学物质以不同的平均速度移动。对于在相对静止坐标系中由 N 种物质组成的混合物,本地质量平均速度 $\boldsymbol{v}$ 可以定义为:

$$\boldsymbol{v} = \frac{\sum_{i=1}^{N} \rho_i \boldsymbol{v}_i}{\sum_{i=1}^{N} \rho_i} = \frac{\sum_{i=1}^{N} \rho_i \boldsymbol{v}_i}{\rho} = \sum_{i=1}^{N} Y_i \boldsymbol{v}_i \tag{1.33}$$

本地摩尔平均速度 $\boldsymbol{v}^*$ 可以定义为

$$\boldsymbol{v}^* = \frac{\sum_{i=1}^{N} C_i \boldsymbol{v}_i}{\sum_{i=1}^{N} C_i} = \frac{\sum_{i=1}^{N} C_i \boldsymbol{v}_i}{C} = \sum_{i=1}^{N} X_i \boldsymbol{v}_i \tag{1.34}$$

摩尔平均速度 $\boldsymbol{v}^*$ 在大小和方向上均不同于质量平均速度 $\boldsymbol{v}$。通常我们是对给定物质相对于整体的质量平均速度或整体摩尔平均速度感兴趣,而不是对相对于固定坐标的速度感兴趣。因此,引入了两种扩散速度。

(1) 第 i 种物质的质量扩散速度定义为

$$\boldsymbol{V}_i \equiv \boldsymbol{v}_i - \boldsymbol{v} \tag{1.35}$$

(2) 第 i 种物质的摩尔扩散速度定义为

$$\boldsymbol{V}_i^* \equiv \boldsymbol{v}_i - \boldsymbol{v}^* \tag{1.36}$$

这些扩散速度表示在控制体积中组分 i 相对于混合物本地运动的平均运动。这些速度分量显示在图 1.6 中,并在表 1.5 中进行了汇总。

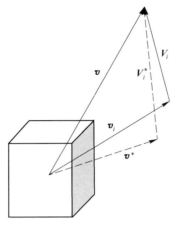

图 1.6 多物质体系中多种本地速度的矢量描述

表 1.5 扩散速度的定义

量	物理定义	数学表达式
第 i 种物质的质量扩散速度	$V_i \equiv \boldsymbol{v}_i - \boldsymbol{v}$,其中:$\boldsymbol{v}$ 为本地质量平均速度	$\boldsymbol{v} = \dfrac{\sum_{i=1}^{N} \rho_i \boldsymbol{v}_i}{\sum_{i=1}^{N} \rho_i} = \dfrac{\sum_{i=1}^{N} \rho_i \boldsymbol{v}_i}{\rho} = \sum_{i=1}^{N} Y_i \boldsymbol{v}_i$
第 i 种物质的摩尔扩散速度	$V_i^* \equiv \boldsymbol{v}_i - \boldsymbol{v}^*$,其中:$\boldsymbol{v}^*$ 为本地摩尔平均速度	$\boldsymbol{v}^* = \dfrac{\sum_{i=1}^{N} C_i \boldsymbol{v}_i}{\sum_{i=1}^{N} C_i} = \dfrac{\sum_{i=1}^{N} C_i \boldsymbol{v}_i}{C} = \sum_{i=1}^{N} X_i \boldsymbol{v}_i$

1.9.1 绝对以及相对质量通量和摩尔通量的定义

物质 i 的绝对质量通量或摩尔通量是表示单位时间内通过单位面积的物质 i 的质量或物质的量的矢量,定义为

质量通量:
$$\dot{\boldsymbol{m}}_i \equiv \rho_i \boldsymbol{v}_i \tag{1.37}$$

摩尔通量:
$$\dot{\boldsymbol{n}}_i \equiv C_i \boldsymbol{v}_i \tag{1.38}$$

相对质量通量和摩尔通量定义为

$$\boldsymbol{J}_i \equiv \rho_i (\boldsymbol{v}_i - \boldsymbol{v}) = \rho_i \boldsymbol{V}_i \tag{1.39}$$

$$\boldsymbol{J}_i^* \equiv C_i (\boldsymbol{v}_i - \boldsymbol{v}^*) = C_i \boldsymbol{V}_i^* \tag{1.40}$$

在多组分体系中,相对摩尔通量 $\boldsymbol{J}_i^*$ 和绝对摩尔通量 $\dot{\boldsymbol{n}}_i$ 彼此间有关联。从 $\boldsymbol{v}^*$ 和 $\boldsymbol{J}_i^*$ 的定义,有

$$\boldsymbol{J}_i^* \equiv C_i (\boldsymbol{v}_i - \boldsymbol{v}^*) = C_i \boldsymbol{v}_i - \dfrac{C_i}{C} \sum_{j=1}^{N} C_j \boldsymbol{v}_j \tag{1.41}$$

从 $\dot{n}_i$ 和 X_i 的定义,有

$$J_i^* = \dot{n}_i - X_i \sum_{j=1}^{N} \dot{n}_j \tag{1.42}$$

其中

$$\sum_{i=1}^{N} J_i^* = 0 \tag{1.43}$$

菲克扩散定律。在有两种化学物质的二元体系中,物质 A 总是从高浓度向低浓度方向扩散,物质 B 同样从高浓度向低浓度方向扩散。二元质量扩散系数可以用 D_{BA} 或 D_{AB} 来表示,其量纲为(L^2/t),通常以(m^2/s)给出。二元体系菲克第一扩散定律用摩尔扩散通量 J_A^* 表示为

$$J_A^* = -CD_{AB} \nabla X_A \tag{1.44}$$

式(1.44)表明物质 A 沿 A 摩尔分数降低的方向扩散。这与热量沿温度降低的方向上通过热传导传递类似。现在可以将相对于静止坐标的摩尔通量用两个摩尔通量的总和给出,即

$$\dot{n}_A = C_A \boldsymbol{v}^* - CD_{AB} \nabla X_A \tag{1.45}$$

第一项表示从流体整体运动中流出的 A 的摩尔通量,而带有负号的第二项表示因物质 A 扩散产生的 A 的相对摩尔通量。就相对于静止坐标的质量通量而言,菲克定律也可以写为两个质量通量的总和,即

$$\dot{m}_A = \rho_A \boldsymbol{v} + \boldsymbol{J}_A \tag{1.46}①$$

式中:$\boldsymbol{J}_A = -\rho D_{AB} \nabla Y_A$。

注意到在恒定密度时,二元体系横向(y 方向)上的菲克质量传递定律的数学形式类似于横向上的牛顿(Newton)动量传递定律和傅里叶(Fourier)能量传递定律。

$$q_y = -\alpha \frac{\partial}{\partial y}(\rho C_p T) \quad (\rho C_p \text{ 为常数时的傅里叶定律}) \tag{1.47}$$

$$\tau_{yx} = -v \frac{\partial}{\partial y}(\rho v_x) \quad (\rho \text{ 为常数时的牛顿定律}) \tag{1.48}$$

$$\boldsymbol{J}_{Ay} = -D_{AB} \frac{\partial}{\partial y}(\rho_A) \quad (\rho \text{ 为常数时的菲克定律}) \tag{1.49}$$

根据动力学理论,可预测非极性气体(没有任何偶极矩)二元混合物的质量扩散率 D_{AB},误差约在5%以内。对于含有两个具有相同质量 m_A 与相同尺寸和形状的分子物质 A 和 A^* 的非极性气体,在恒定温度 T 和摩尔浓度 C 下,随机运

---

① 根据下面内容对表达式进行了调整。——译者注

动分子速度相对于流体速度 $\boldsymbol{v}$ 有平均的大小:

$$\bar{u} = \sqrt{\frac{8k_{\rm B}T}{\pi m_A}} \tag{1.50}$$

式中:$k_{\rm B}$ 为玻耳兹曼常数等于 $R_{\rm u}/N_A$。其中:阿伏伽德罗数 $N_A = 6.02252\times10^{23}$ 分子/mol;普适气体常数 $R_{\rm u} = 8.3144$ J/(mol·K)。平均速度和随机速度的示意图如图 1.7 所示。

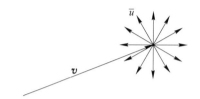

图 1.7 平均速度和随机速度的示意图

暴露于气体的静止表面上单位面积分子碰撞频率(Z)为

$$Z = \frac{1}{4}\tilde{n}\bar{u} \tag{1.51}$$

式中:$\tilde{n}$ 表示单位体积中的分子,为常数,因为摩尔浓度 C 是个常数且 $\tilde{n} = C \times N_A$。由动力学理论,平均自由程 l 为

$$l = \frac{1}{\sqrt{2}\pi d_A^2 \tilde{n}} \tag{1.52}$$

式中:d_A 为分子 A 的直径。根据 y 方向上菲克扩散定律获得新的摩尔通量方程,D_{AA^*} 近似为

$$D_{AA^*} = \frac{1}{3}\bar{u}l \tag{1.53}$$

将 $\bar{u}$ 和 l 代入式(1.53),有

$$D_{AA^*} = \frac{1}{3}\sqrt{\frac{8k_{\rm B}T}{\pi m_A}}\frac{1}{\sqrt{2}\pi d_A^2 \tilde{n}} = \frac{2}{3}\sqrt{\frac{k_{\rm B}^3}{\pi^3 m_A}}\frac{T^{3/2}}{d_A^2}\frac{1}{\tilde{n}k_{\rm B}T} \tag{1.54}$$

使用理想气体定律 $p = CR_{\rm u}T = \tilde{n}k_{\rm B}T$ 进一步进行替换,则 D_{AA^*} 的近似值为

$$D_{AA^*} = \frac{2}{3}\sqrt{\frac{k_{\rm B}^3}{\pi^3 m_A}}\frac{T^{3/2}}{pd_A^2} \propto \frac{T^{3/2}}{p} \tag{1.55}$$

D_{AA^*} 表示两种具有相同质量和直径的刚性球混合物的质量扩散系数。质量和直径不相等的刚体球混合物 D_{AB} 按下式计算:

$$D_{AB} = \frac{2}{3}\left(\frac{k_B^3}{\pi^3}\right)^{1/2}\left(\frac{1}{2m_A}+\frac{1}{2m_B}\right)^{1/2}\frac{T^{3/2}}{p\left(\dfrac{d_A+d_B}{2}\right)^2} \quad (1.56)$$

1.10 无量纲数

质量扩散系数(D)、动量扩散系数(v)和热扩散系数(α)都具有相同的量纲。那么可以将施密特数、普朗特数和路易斯数定义为这些量之间的比(表1.6)。

$$Sc \equiv v/D \quad (1.57)$$
$$Pr \equiv v/\alpha \quad (1.58)$$
$$Le \equiv \alpha/D \quad (1.59)$$

表1.6 3种重要的无量纲数的定义

量	物理定义	数学表达式
施密特数	动量传递与质量传递的比	$Sc \equiv v/D$
普朗特数	动量传递与热传递的比	$Pr \equiv v/\alpha$
路易斯数	热传递与质量传递的比	$Le \equiv \alpha/D$

1.11 多组分混合物物质质量守恒方程和连续性方程的推导

从二元混合物中的一个无限小的微分流体单元的质量平衡开始,来推导多组分混合物中每种物质的质量守恒方程。然后,将物质 A 的质量守恒定律应用于由 A 和 B 组成的二元混合物流经的固定在空间中的体积单元 $\Delta x \Delta y \Delta z$(图1.8)。

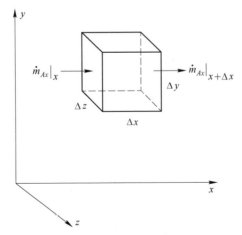

图1.8 流体流经的固定的无限小控制体积 $\Delta x \Delta y \Delta z$

物质 A 的质量累积速率为

$$\frac{\partial \rho_A}{\partial t}\Delta x\Delta y\Delta z$$

x 位置处由于 x 方向的质量通量而流入控制体积的物质 A 的质量速率为

$$\dot{m}_{Ax}|_x \Delta y\Delta z$$

$x+\Delta x$ 位置处由于 x 方向的质量通量而流出控制体积的物质 A 的质量速率为

$$\dot{m}_{Ax}|_{x+\Delta x}\Delta y\Delta z = \dot{m}_{Ax}|_x \Delta y\Delta z + \frac{\partial \dot{m}_{Ax}}{\partial x}\Delta x\Delta y\Delta z$$

在这个无限小的控制体积内,物质 A 可以通过化学反应以净速率 $\dot{\omega}_A(\mathrm{kg}\cdot\mathrm{m}^{-3}\cdot\mathrm{s}^{-1})$ 生成。通过化学反应生成物质 A 的净产生速率为

$$\dot{\omega}_A\Delta x\Delta y\Delta z$$

加上 y 和 z 方向上的流入和流出的项,并将整个质量平衡除以 $\Delta x\Delta y\Delta z$,得

$$\frac{\partial \rho_A}{\partial t} + \left(\frac{\partial \dot{m}_{Ax}}{\partial x} + \frac{\partial \dot{m}_{Ay}}{\partial y} + \frac{\partial \dot{m}_{Az}}{\partial z}\right) = \dot{\omega}_A \tag{1.60}$$

这就是二元混合物中物质 A 的质量守恒方程。式(1.60)可以写作矢量形式,如

$$\frac{\partial \rho_A}{\partial t} + (\nabla \cdot \dot{\boldsymbol{m}}_A) = \dot{\omega}_A \tag{1.61}$$

其中: $\dot{\boldsymbol{m}}_A = (\dot{m}_{Ax},\dot{m}_{Ay},\dot{m}_{Az})$,是用直角坐标系上 $\dot{m}_{Ax},\dot{m}_{Ay},\dot{m}_{Az}$ 分量表示的质量通量矢量。

类似地,物质 B 的质量守恒方程为

$$\frac{\partial \rho_B}{\partial t} + (\nabla \cdot \dot{\boldsymbol{m}}_B) = \dot{\omega}_B \tag{1.62}$$

将组分 A 和组分 B 的连续性方程加在一起,得

$$\frac{\partial \rho}{\partial t} + \nabla \cdot (\rho \boldsymbol{v}) = 0 \tag{1.63}$$

这就是混合物的连续性方程。该方程利用了 $\dot{\boldsymbol{m}}_A + \dot{\boldsymbol{m}}_B = \rho\boldsymbol{v}$ 这一关系以及 $\dot{\omega}_A + \dot{\omega}_B = 0$ 形式的质量守恒定律,这是因为燃烧过程既不会产生也不会消灭质量。燃烧过程将一组物质(反应物)转化为另一组物质(产物)。

使用式(1.46)所示的菲克定律来替换式(1.61)中的质量通量项($\dot{\boldsymbol{m}}_A$),有

$$\frac{\partial \rho_A}{\partial t} + \nabla \cdot \rho_A \boldsymbol{v} = \nabla \cdot \rho D_{AB}\nabla Y_A + \dot{\omega}_A \tag{1.64}$$

使用多组分系统的 $\rho_i = Y_i\rho$ 和 $\boldsymbol{v}_i = \boldsymbol{v} + \boldsymbol{V}_i$ 关系,式(1.61)可以推广为这种形式:

$$\frac{\partial(\rho Y_i)}{\partial t} + \nabla \cdot [\rho Y_i(\boldsymbol{v} + \boldsymbol{V}_i)] = \dot{\omega}_i \quad (1.65)$$

式(1.65)中的散度形式可以首先通过扩展左侧项来简化为欧拉(Euler)形式:

$$\rho\frac{\partial Y_i}{\partial t} + Y_i\frac{\partial \rho}{\partial t} + Y_i \nabla \cdot (\rho\boldsymbol{v}) + \rho\boldsymbol{v} \cdot \nabla Y_i + \nabla \cdot (\rho Y_i \boldsymbol{V}_i) = \dot{\omega}_i \quad (1.66)$$

然后,使用整体连续性方程,得到欧拉形式:

$$\rho\frac{\partial Y_i}{\partial t} + \rho\boldsymbol{v} \cdot \nabla Y_i + \nabla \cdot (\rho Y_i \boldsymbol{V}_i) = \dot{\omega}_i \quad (i = 1,2,\cdots,N) \quad (1.67)$$

在一般多组分系统中,存在 N 个欧拉形式的方程。在数值解中,所有 Y_i 的值都认为是未知的。但没有必要求解关于 Y_i 的所有 N 个偏微分方程,因为

$$\sum_{i=1}^{N} Y_i = 1 \quad (1.68)$$

这使得 N 个物质守恒方程中有一个能被式(1.68)替代。

通常这($N-1$)个相互独立的关于 Y_i 的方程能用化学反应混合物的其他守恒方程求解。

用 C_A 表示摩尔浓度,$\dot{\Omega}_A$ 表示单位体积的摩尔生成速率,物质 A 的连续性(或质量守恒)方程可写为

$$\frac{\partial C_A}{\partial t} + \nabla \cdot \dot{\boldsymbol{n}}_A = \dot{\Omega}_A \quad (1.69)$$

代入摩尔通量方程,得

$$\frac{\partial C_A}{\partial t} + \nabla \cdot C_A \boldsymbol{v}^* = \nabla \cdot CD_{AB} \nabla X_A + \dot{\Omega}_A \quad (1.70)$$

以通用化的形式,第 i 种物质的物质守恒方程用摩尔浓度的形式可以写为

$$\frac{\partial C_i}{\partial t} + \nabla \cdot \dot{\boldsymbol{n}}_i = \dot{\Omega}_i \quad (1.71)$$

代入摩尔通量方程,得

$$\frac{\partial C_i}{\partial t} + \nabla \cdot C_i \boldsymbol{v}^* = \nabla \cdot CD_{im} \nabla X_i + \dot{\Omega}_i \quad (1.72)$$

式中:D_{im} 为第 i 种物质相对于混合物中的其他物质的质量扩散系数。

第2章给出了对扩散速度表达式和质量扩散系数的详细处理,在那里还给

出了 D_{im} 的表达式。还显示了为满足总质量守恒需要采用一个校正速度 V_c。通过对从 1 到 N 的所有物质加和,总的物质守恒方程为

$$\sum_{i=1}^{N} \frac{\partial(\rho Y_i)}{\partial t} + \sum_{i=1}^{N} \nabla \cdot [\rho Y_i (\boldsymbol{v} + \boldsymbol{V}_i)] = \sum_{i=1}^{N} \dot{\omega}_i \qquad (1.73)$$

求和可得

$$\frac{\partial}{\partial t}\left(\rho \sum_{i=1}^{N} Y_i^{=1}\right) + \nabla \cdot \left[\rho\left(\boldsymbol{v} \sum_{i=1}^{N} Y_i^{=1} + \sum_{i=1}^{N} Y_i \boldsymbol{V}_i\right)\right] = \sum_{i=1}^{N} \dot{\omega}_i^{=0}$$

或

$$\underbrace{\frac{\partial \rho}{\partial t} + \nabla \cdot (\rho \boldsymbol{v})}_{=0} + \nabla \cdot \left[\rho \left(\sum_{i=1}^{N} Y_i \boldsymbol{V}_i\right)\right] = 0$$

这个方程意味着依据扩散速度的定义,为满足总质量守恒,必须满足下面的关系式:

$$\sum_{i=1}^{N} Y_i \boldsymbol{V}_i = 0 \qquad (1.74)$$

读者必须参考 2.1 节来理解校正速度的必需性以及校正速度表达式的推导过程。简便起见,下面给出校正速度的表达式:

$$\boldsymbol{V}_c = -\sum_{i=1}^{N} Y_i \boldsymbol{V}_i \qquad (1.75)$$

有了这个校正速度,物质守恒方程变为

$$\frac{\partial(\rho Y_i)}{\partial t} + \nabla \cdot [\rho Y_i (\boldsymbol{v} + \boldsymbol{V}_i + \boldsymbol{V}_c)] = \dot{\omega}_i \qquad (1.76)$$

使用多组分物质扩散、Hirschfelder-Curtiss 近似、菲克定律、恒定的第 i 种物质路易斯数、或相等的路易斯数等方法得到的 $\boldsymbol{V}_i$ 的不同模型在表 2.1 列出。

表 1.7 给出了不同坐标系中总质量守恒方程(或连续性方程)的汇总。

表 1.7 多种坐标系中的连续性方程

直角坐标系 (x,y,z): $$\frac{\partial \rho}{\partial t} + \frac{\partial}{\partial x}(\rho u_x) + \frac{\partial}{\partial y}(\rho u_y) + \frac{\partial}{\partial z}(\rho u_z) = 0 \qquad (1.77)$$
圆柱坐标系 (r,θ,z) [①]: $$\frac{\partial \rho}{\partial t} + \frac{1}{r}\frac{\partial}{\partial r}(\rho r u_r) + \frac{1}{r}\frac{\partial}{\partial \theta}(\rho u_\theta) + \frac{\partial}{\partial z}(\rho u_z) = 0 \qquad (1.78)$$
球坐标系 (r,θ,ϕ) [②]: $$\frac{\partial \rho}{\partial t} + \frac{1}{r^2}\frac{\partial}{\partial r}(\rho r^2 u_r) + \frac{1}{r\sin\theta}\frac{\partial}{\partial \theta}(\rho u_\theta \sin\theta) + \frac{1}{r\sin\theta}\frac{\partial}{\partial \phi}(\rho u_\phi) = 0 \qquad (1.79)$$

① $r \geq 0, 2\pi \geq \theta \geq 0$。
② $r \geq 0, 2\pi \geq \phi \geq 0, \pi \geq \theta \geq 0$。

不同坐标系中的物质质量守恒方程的汇总,如表 1.8 所列。

在 Hirschfelder, Curtiss 和 Bird(1954)的模型中,通过下式计算了第 i 种物质对混合物剩余部分的近似扩散系数:

$$D_{im}^* = (1 - Y_i)\left(\overline{Mw}\sum_{j=1, j\neq i}^{N}\frac{Y_j}{Mw_j D_{ij}}\right)^{-1} = \frac{(1 - Y_i)}{\sum_{j=1, j\neq i}^{N} X_j/D_{ij}} \quad (1.80)$$

表 1.8 在几种坐标系中第 i 种物质的质量守恒方程

直角坐标系 (x,y,z): $$\rho\left(\frac{\partial Y_i}{\partial t} + u_x\frac{\partial Y_i}{\partial x} + u_y\frac{\partial Y_i}{\partial y} + u_z\frac{\partial Y_i}{\partial z}\right)$$ $$+ \frac{\partial}{\partial x}(\rho Y_i V_{ix}) + \frac{\partial}{\partial y}(\rho Y_i V_{iy}) + \frac{\partial}{\partial z}(\rho Y_i V_{iz})$$ $$+ \frac{\partial}{\partial x}(\rho Y_i V_{c,x}) + \frac{\partial}{\partial y}(\rho Y_i V_{c,y}) + \frac{\partial}{\partial z}(\rho Y_i V_{c,z}) = \dot{\omega}_i \quad (1.81)$$ 用 Hirschfelder-Curtiss 近似得到的质量扩散速度: $$V_{ix} = -\frac{D_{im}^*}{Y_i}\frac{\partial Y_i}{\partial x},\ V_{iy} = -\frac{D_{im}^*}{Y_i}\frac{\partial Y_i}{\partial y},\ V_{iz} = -\frac{D_{im}^*}{Y_i}\frac{\partial Y_i}{\partial z}$$
圆柱坐标系 (r,θ,z): $$\rho\left(\frac{\partial Y_i}{\partial t} + u_r\frac{\partial Y_i}{\partial r} + \frac{u_\theta}{r}\frac{\partial Y_i}{\partial \theta} + u_z\frac{\partial Y_i}{\partial z}\right)$$ $$+ \frac{1}{r}\frac{\partial}{\partial r}(r\rho Y_i V_{ir}) + \frac{1}{r}\frac{\partial}{\partial \theta}(\rho Y_i V_{i\theta}) + \frac{\partial}{\partial z}(\rho Y_i V_{iz})$$ $$+ \frac{1}{r}\frac{\partial}{\partial r}(r\rho Y_i V_{c,r}) + \frac{1}{r}\frac{\partial}{\partial \theta}(\rho Y_i V_{c,\theta}) + \frac{\partial}{\partial z}(\rho Y_i V_{c,z}) = \dot{\omega}_i \quad (1.82)$$ 用 Hirschfelder-Curtiss 近似得到的质量扩散速度: $$V_{ir} = -\frac{D_{im}^*}{Y_i}\frac{\partial Y_i}{\partial r},\ V_{i\theta} = -\frac{D_{im}^*}{Y_i r}\frac{\partial Y_i}{\partial \theta},\ V_{iz} = -\frac{D_{im}^*}{Y_i}\frac{\partial Y_i}{\partial z}$$
球坐标系 (r,θ,ϕ): $$\rho\left(\frac{\partial Y_i}{\partial t} + u_r\frac{\partial Y_i}{\partial r} + \frac{u_\theta}{r}\frac{\partial Y_i}{\partial \theta} + \frac{u_\theta}{r\sin\theta}\frac{\partial Y_i}{\partial \phi}\right)$$ $$+ \frac{1}{r^2}\frac{\partial}{\partial r}(r^2\rho Y_i V_{ir}) + \frac{1}{r\sin\theta}\frac{\partial}{\partial \theta}(\sin\theta \rho Y_i V_{i\theta}) + \frac{1}{r\sin\theta}\frac{\partial}{\partial \phi}(\rho Y_i V_{i\phi})$$ $$+ \frac{1}{r^2}\frac{\partial}{\partial r}(r^2\rho Y_i V_{c,r}) + \frac{1}{r\sin\theta}\frac{\partial}{\partial \theta}(\sin\theta \rho Y_i V_{c,\theta}) + \frac{1}{r\sin\theta}\frac{\partial}{\partial \phi}(\rho Y_i V_{c,\phi}) = \dot{\omega}_i$$ $$(1.83)$$ 用 Hirschfelder-Curtiss 近似得到的质量扩散速度: $$V_{ir} = -\frac{D_{im}^*}{Y_i}\frac{\partial Y_i}{\partial r},\ V_{i\theta} = -\frac{D_{im}^*}{Y_i r}\frac{\partial Y_i}{\partial \theta},\ V_{i\phi} = -\frac{D_{im}^*}{Y_i r\sin\theta}\frac{\partial Y_i}{\partial \phi}$$

1.12 混合物的动量守恒方程

在本小节中,我们以偏微分方程的形式给出动量方程。基本假设是我们处理的是连续的、各向同性的、均匀的牛顿流体。对于牛顿流体,剪切应力和变形速率之间存在线性关系。对用各种方法推导动量方程的过程感兴趣的读者可以参考 Kuo(2005)第 3 章。

对于牛顿流体,应力张量可写为

$$\sigma_{ij} = -p\delta_{ij} + \tau_{ij} = -p\delta_{ij} + \left[\left(\mu' - \frac{2}{3}\mu\right)\frac{\partial u_k}{\partial x_k}\delta_{ij} + \mu\left(\frac{\partial u_i}{\partial x_j} + \frac{\partial u_j}{\partial x_i}\right)\right] \quad (1.84)$$

在这个应力和应变率之间的本构关系中,系数 μ 通常称为动态黏度或第一黏度,μ' 称为体积黏度。对于单原子气体混合物,动力学理论表明 $\mu' = 0$。对于大多数实际应用,可以将 μ' 视为零。式(1.84)中,克罗内克 δ 函数(Kronecker delta function)δ_{ij} 是这样定义的:

$$\delta_{ij} = \begin{cases} 1 & (i = j) \\ 0 & (i \neq j) \end{cases} \quad (1.85)$$

式(1.84)中,总应力张量表示为流体静压力分量和黏性应力分量的和,并进一步用 $\partial u_k/\partial x_k$ 引起的体积膨胀贡献和应变率张量 e_{ij} 的贡献来表示,其中

$$e_{ij} \equiv (\partial u_i/\partial x_j + \partial u_j/\partial x_i)/2 \quad (1.86)$$

第 i 个方向动量方程可以用欧拉形式写为

$$\underbrace{\rho\left[\frac{\partial u_i}{\partial t} + u_j\frac{\partial u_i}{\partial x_j}\right]}_{\text{惯性力}} = \frac{\partial \sigma_{ji}}{\partial x_j} + B_i = \underbrace{-\frac{\partial p}{\partial x_i}}_{\text{压力梯度力}} + \underbrace{\frac{\partial \tau_{ji}}{\partial x_j}}_{\text{黏性应力}} + \underbrace{\rho\sum_{k=1}^{N}(Y_k f_k)_i}_{\text{体积力}} \quad (1.87)$$

这个等式表示 4 种不同力:惯性力、压力梯度力、黏性应力和体积力的平衡。由于重力或远距离起作用的洛伦兹力,体积力作用在控制体积上。如果控制体积中的流体混合物由 N 种物质组成,那么作用在不同化学物质上的体积力可能会有不同。例如:某些物质可能会被离子化。如果反应混合物流过磁场,那么这些离子化的物质将受到洛伦兹力的作用,这取决于离子化的程度及每个物质的质量。因此,对于多组分系统,有

$$B_i = \rho\sum_{k=1}^{N}(Y_k f_k)_i \quad (1.88)$$

式中:$f_{k,i}$ 为第 k 种物质在第 i 方向上的单位质量的力。

动量守恒方程在直角坐标系、圆柱坐标系和球坐标系中的汇总分别在表1.9、表 1.10 和表 1.11 中给出。在每个表中都有两组动量方程:第一组用黏性应力分量表示;第二组在密度和黏度为常数的假设下,用速度分量表示。对可压缩流体和(或)黏度变化情况感兴趣的读者可以用相应的表达式替代式

(1.84)给出的本构关系。不同坐标系中的应力张量分量在Bird,Stewart和Lightfoot(1960)第3章,以及Kuo(2005)第3章给出。

表1.9 直角坐标系中的动量守恒方程(改自Bird,Stewart和Lightfoot,1960)

用黏性应力 τ 表示:	
$x: \rho\left(\dfrac{\partial u_x}{\partial t} + u_x\dfrac{\partial u_x}{\partial x} + u_y\dfrac{\partial u_x}{\partial y} + u_z\dfrac{\partial u_x}{\partial z}\right) = -\dfrac{\partial p}{\partial x} + \left(\dfrac{\partial \tau_{xx}}{\partial x} + \dfrac{\partial \tau_{yx}}{\partial y} + \dfrac{\partial \tau_{zx}}{\partial z}\right) + B_x$	(1.89)
$y: \rho\left(\dfrac{\partial u_y}{\partial t} + u_x\dfrac{\partial u_y}{\partial x} + u_y\dfrac{\partial u_y}{\partial y} + u_z\dfrac{\partial u_y}{\partial z}\right) = -\dfrac{\partial p}{\partial y} + \left(\dfrac{\partial \tau_{xy}}{\partial x} + \dfrac{\partial \tau_{yy}}{\partial y} + \dfrac{\partial \tau_{zy}}{\partial z}\right) + B_y$	(1.90)
$z: \rho\left(\dfrac{\partial u_z}{\partial t} + u_x\dfrac{\partial u_z}{\partial x} + u_y\dfrac{\partial u_z}{\partial y} + u_z\dfrac{\partial u_z}{\partial z}\right) = -\dfrac{\partial p}{\partial z} + \left(\dfrac{\partial \tau_{xz}}{\partial x} + \dfrac{\partial \tau_{yz}}{\partial y} + \dfrac{\partial \tau_{zz}}{\partial z}\right) + B_z$	(1.91)
用具有恒定 ρ 和 μ 的牛顿流体的速度梯度表示:	
$x: \rho\left(\dfrac{\partial u_x}{\partial t} + u_x\dfrac{\partial u_x}{\partial x} + u_y\dfrac{\partial u_x}{\partial y} + u_z\dfrac{\partial u_x}{\partial z}\right) = -\dfrac{\partial p}{\partial x} + \mu\left(\dfrac{\partial^2 u_x}{\partial x^2} + \dfrac{\partial^2 u_x}{\partial y^2} + \dfrac{\partial^2 u_x}{\partial z^2}\right) + B_x$	(1.92)
$y: \rho\left(\dfrac{\partial u_y}{\partial t} + u_x\dfrac{\partial u_y}{\partial x} + u_y\dfrac{\partial u_y}{\partial y} + u_z\dfrac{\partial u_y}{\partial z}\right) = -\dfrac{\partial p}{\partial y} + \mu\left(\dfrac{\partial^2 u_y}{\partial x^2} + \dfrac{\partial^2 u_y}{\partial y^2} + \dfrac{\partial^2 u_y}{\partial z^2}\right) + B_y$	(1.93)
$z: \rho\left(\dfrac{\partial u_z}{\partial t} + u_x\dfrac{\partial u_z}{\partial x} + u_y\dfrac{\partial u_z}{\partial y} + u_z\dfrac{\partial u_z}{\partial z}\right) = -\dfrac{\partial p}{\partial z} + \mu\left(\dfrac{\partial^2 u_z}{\partial x^2} + \dfrac{\partial^2 u_z}{\partial y^2} + \dfrac{\partial^2 u_z}{\partial z^2}\right) + B_z$	(1.94)

注:这些等式的编号与正文中的公式编号相连续。

表1.10 圆柱坐标系中的动量守恒方程(改自Bird,Stewart和Lightfoot,1960)

用黏性应力 τ 表示	
$r: \rho\left(\dfrac{\partial u_r}{\partial t} + u_r\dfrac{\partial u_r}{\partial r} + \dfrac{u_\theta}{r}\dfrac{\partial u_r}{\partial \theta} - \dfrac{u_\theta^2}{r} + u_z\dfrac{\partial u_r}{\partial z}\right)$ $= -\dfrac{\partial p}{\partial r} + \left(\dfrac{1}{r}\dfrac{\partial}{\partial r}(r\tau_{rr}) + \dfrac{1}{r}\dfrac{\partial \tau_{r\theta}}{\partial \theta} - \dfrac{\tau_{\theta\theta}}{r} + \dfrac{\partial \tau_{rz}}{\partial z}\right) + B_r$	(1.95)
$\theta: \rho\left(\dfrac{\partial u_\theta}{\partial t} + u_r\dfrac{\partial u_\theta}{\partial r} + \dfrac{u_\theta}{r}\dfrac{\partial u_\theta}{\partial \theta} + \dfrac{u_r u_\theta}{r} + u_z\dfrac{\partial u_\theta}{\partial z}\right)$ $= -\dfrac{1}{r}\dfrac{\partial p}{\partial \theta} + \left(\dfrac{1}{r^2}\dfrac{\partial}{\partial r}(r^2\tau_{r\theta}) + \dfrac{1}{r}\dfrac{\partial \tau_{\theta\theta}}{\partial \theta} + \dfrac{\partial \tau_{\theta z}}{\partial z}\right) + B_\theta$	(1.96)
$z: \rho\left(\dfrac{\partial u_z}{\partial t} + u_r\dfrac{\partial u_z}{\partial r} + \dfrac{u_\theta}{r}\dfrac{\partial u_z}{\partial \theta} + u_z\dfrac{\partial u_z}{\partial z}\right)$ $= -\dfrac{\partial p}{\partial z} + \left(\dfrac{1}{r}\dfrac{\partial}{\partial r}(r\tau_{rz}) + \dfrac{1}{r}\dfrac{\partial \tau_{\theta z}}{\partial \theta} + \dfrac{\partial \tau_{zz}}{\partial z}\right) + B_z$	(1.97)
用具有恒定 ρ 和 μ 的牛顿流体的速度梯度表示	
$r: \rho\left(\dfrac{\partial u_r}{\partial t} + u_r\dfrac{\partial u_r}{\partial r} + \dfrac{u_\theta}{r}\dfrac{\partial u_r}{\partial \theta} - \dfrac{u_\theta^2}{r} + u_z\dfrac{\partial u_r}{\partial z}\right)$ $= -\dfrac{\partial p}{\partial r} + \mu\left[\dfrac{\partial}{\partial r}\left(\dfrac{1}{r}\dfrac{\partial}{\partial r}(ru_r)\right) + \dfrac{1}{r^2}\dfrac{\partial^2 u_r}{\partial \theta^2} - \dfrac{2}{r^2}\dfrac{\partial u_\theta}{\partial \theta} + \dfrac{\partial^2 u_r}{\partial z^2}\right] + B_r$	(1.98)

$$\theta: \rho\left(\frac{\partial u_\theta}{\partial t} + u_r \frac{\partial u_\theta}{\partial r} + \frac{u_\theta}{r}\frac{\partial u_\theta}{\partial \theta} - \frac{u_r u_\theta}{r} + u_z \frac{\partial u_\theta}{\partial z}\right)$$

$$= -\frac{1}{r}\frac{\partial p}{\partial \theta} + \mu\left[\frac{\partial}{\partial r}\left(\frac{1}{r}\frac{\partial}{\partial r}(r u_\theta)\right) + \frac{1}{r^2}\frac{\partial^2 u_\theta}{\partial \theta^2} + \frac{2}{r^2}\frac{\partial u_r}{\partial \theta} + \frac{\partial^2 u_\theta}{\partial z^2}\right] + B_\theta \tag{1.99}$$

$$z: \rho\left(\frac{\partial u_z}{\partial t} + u_r \frac{\partial u_z}{\partial r} + \frac{u_\theta}{r}\frac{\partial u_z}{\partial \theta} + u_z \frac{\partial u_z}{\partial z}\right)$$

$$= -\frac{\partial p}{\partial z} + \mu\left[\frac{1}{r}\frac{\partial}{\partial r}\left(r\frac{\partial u_z}{\partial r}\right) + \frac{1}{r^2}\frac{\partial^2 u_z}{\partial \theta^2} + \frac{\partial^2 u_z}{\partial z^2}\right] + B_z \tag{1.100}$$

表1.11 球坐标系中的动量守恒方程(改自 Bird, Stewart 和 Lightfoot, 1960)

用黏性应力 τ 表示
$r: \rho\left(\dfrac{\partial u_r}{\partial t} + u_r \dfrac{\partial u_r}{\partial r} + \dfrac{u_\theta}{r}\dfrac{\partial u_r}{\partial \theta} + \dfrac{u_\phi}{r\sin\theta}\dfrac{\partial u_r}{\partial \phi} - \dfrac{u_\theta^2 + u_\phi^2}{r}\right)$ $= -\dfrac{\partial p}{\partial r} + \left(\dfrac{1}{r^2}\dfrac{\partial}{\partial r}(r^2 \tau_{rr}) + \dfrac{1}{r\sin\theta}\dfrac{\partial}{\partial \theta}(\tau_{r\theta}\sin\theta) + \dfrac{1}{r\sin\theta}\dfrac{\partial \tau_{r\phi}}{\partial \phi} - \dfrac{\tau_{\theta\theta} + \tau_{\phi\phi}}{r}\right) + B_r$ (1.101)
$\theta: \rho\left(\dfrac{\partial u_\theta}{\partial t} + u_r \dfrac{\partial u_\theta}{\partial r} + \dfrac{u_\theta}{r}\dfrac{\partial u_\theta}{\partial \theta} + \dfrac{u_\phi}{r\sin\theta}\dfrac{\partial u_\theta}{\partial \phi} + \dfrac{u_r u_\theta}{r} - \dfrac{u_\phi^2 \cot\theta}{r}\right)$ $= -\dfrac{1}{r}\dfrac{\partial p}{\partial \theta} + \left(\dfrac{1}{r^2}\dfrac{\partial}{\partial r}(r^2 \tau_{r\theta}) + \dfrac{1}{r\sin\theta}\dfrac{\partial}{\partial \theta}(\tau_{\theta\theta}\sin\theta) + \dfrac{1}{r\sin\theta}\dfrac{\partial \tau_{\theta\phi}}{\partial \phi} + \dfrac{\tau_{r\theta}}{r} - \dfrac{\cot\theta}{r}\tau_{\phi\phi}\right) + B_\theta$ (1.102)
$\phi: \rho\left(\dfrac{\partial u_\phi}{\partial t} + u_r \dfrac{\partial u_\phi}{\partial r} + \dfrac{u_\theta}{r}\dfrac{\partial u_\phi}{\partial \theta} + \dfrac{u_\phi}{r\sin\theta}\dfrac{\partial u_\phi}{\partial \phi} + \dfrac{u_\phi u_r}{r} + \dfrac{u_\theta u_\phi}{r}\cot\theta\right)$ $= -\dfrac{1}{r\sin\theta}\dfrac{\partial p}{\partial \phi} + \left(\dfrac{1}{r^2}\dfrac{\partial}{\partial r}(r^2 \tau_{r\phi}) + \dfrac{1}{r}\dfrac{\partial \tau_{\theta\theta}}{\partial \theta} + \dfrac{1}{r\sin\theta}\dfrac{\partial \tau_{\phi\phi}}{\partial \phi} + \dfrac{\tau_{r\phi}}{r} - \dfrac{2\cot\theta}{r}\tau_{\phi\phi}\right) + B_\phi$ (1.103)
用具有恒定 ρ 和 μ 的牛顿流体的速度梯度表示
$r: \rho\left(\dfrac{\partial u_r}{\partial t} + u_r \dfrac{\partial u_r}{\partial r} + \dfrac{u_\theta}{r}\dfrac{\partial u_r}{\partial \theta} + \dfrac{u_\phi}{r\sin\theta}\dfrac{\partial u_r}{\partial \phi} - \dfrac{u_\theta^2 + u_\phi^2}{r}\right)$ $= -\dfrac{\partial p}{\partial r} + \mu\left(\nabla^2 u_r - \dfrac{2}{r^2}u_r - \dfrac{2}{r^2}\dfrac{\partial u_\theta}{\partial \theta} - \dfrac{2}{r^2}u_\theta\cot\theta - \dfrac{2}{r^2\sin\theta}\dfrac{\partial u_\phi}{\partial \phi}\right) + B_r$ (1.104)
$\theta: \rho\left(\dfrac{\partial u_\theta}{\partial t} + u_r \dfrac{\partial u_\theta}{\partial r} + \dfrac{u_\theta}{r}\dfrac{\partial u_\theta}{\partial \theta} + \dfrac{u_\phi}{r\sin\theta}\dfrac{\partial u_\theta}{\partial \phi} + \dfrac{u_r u_\theta}{r} - \dfrac{u_\phi^2 \cot\theta}{r}\right)$ $= -\dfrac{1}{r}\dfrac{\partial p}{\partial \theta} + \mu\left(\nabla^2 u_\theta + \dfrac{2}{r^2}\dfrac{\partial u_r}{\partial \theta} - \dfrac{u_\theta}{r^2 \sin^2\theta} - \dfrac{2\cos\theta}{r^2 \sin^2\theta}\dfrac{\partial u_\phi}{\partial \phi}\right) + B_\theta$ (1.105)
$\phi: \rho\left(\dfrac{\partial u_\phi}{\partial t} + u_r \dfrac{\partial u_\phi}{\partial r} + \dfrac{u_\theta}{r}\dfrac{\partial u_\phi}{\partial \theta} + \dfrac{u_\phi}{r\sin\theta}\dfrac{\partial u_\phi}{\partial \phi} + \dfrac{u_\phi u_r}{r} + \dfrac{u_\theta u_\phi}{r}\cot\theta\right)$ $= -\dfrac{1}{r\sin\theta}\dfrac{\partial p}{\partial \phi} + \mu\left(\nabla^2 u_\phi - \dfrac{u_\phi}{r^2 \sin^2\theta} + \dfrac{2}{r^2 \sin\theta}\dfrac{\partial u_r}{\partial \phi} + \dfrac{2\cos\theta}{r^2 \sin^2\theta}\dfrac{\partial u_\theta}{\partial \phi}\right) + B_\phi$ (1.106)

r 方向动量方程(式(1.95)和式(1.98))中的 $\rho u_\theta^2/r$ 项为离心力。它给出了因 θ 方向上的流体运动而产生的 r 方向上的有效力。这一项在从直角坐标转换

到圆柱坐标时自动产生。θ 方向动量方程式(1.96)和式(1.99)中的 $\rho u_r u_\theta / r$ 项为科里奥利力(Coriolis force)。当在 r 和 θ 方向上都有流动时,它是 θ 方向上的有效力。这一项也是在坐标变换中自动出现的。科里奥利力出现在旋转盘附近的流动问题中(Schlichting,1968:第 5 章)。

表 1.10 中,拉普拉斯算子 ∇^2 为

$$\nabla^2 = \frac{1}{r^2}\frac{\partial}{\partial r}\left(r^2 \frac{\partial}{\partial r}\right) + \frac{1}{r^2 \sin\theta}\frac{\partial}{\partial \theta}\left(\sin\theta \frac{\partial}{\partial \theta}\right) + \frac{1}{r^2 \sin^2\theta}\left(\frac{\partial^2}{\partial \phi^2}\right) \quad (1.107)$$

1.13 多组分混合物的能量守恒方程

能量守恒方程因其存在多种形式而需要引起读者极大的关注。首先请注意,因为连续,式(1.108)中所示的关系(可用于所有的焓、能量或温度方程的左侧)适用于任何量 f:

$$\rho \frac{\mathrm{D}f}{\mathrm{D}t} = \rho\left(\frac{\partial f}{\partial t} + u_i \frac{\partial f}{\partial x_i}\right) = \frac{\partial \rho f}{\partial t} + \frac{\partial \rho u_i f}{\partial x_i} \quad (1.108)$$

式中:$\mathrm{D}/\mathrm{D}t$ 称为物质导数或随体导数。以拉格朗日(Lagrangian)的观点,这个时间导数是随一个具有固定质量的流体颗粒的运动而取的。在欧拉参照系中,由于欧拉坐标中有 4 个独立的变量,$\mathrm{D}/\mathrm{D}t$ 算子可以用式(1.109)右边 4 个项的和表示。因此,有

$$\frac{\mathrm{d}}{\mathrm{d}t} \equiv \frac{\mathrm{D}}{\mathrm{D}t} \equiv \frac{\partial}{\partial t} + u_1 \frac{\partial}{\partial x_1} + u_2 \frac{\partial}{\partial x_2} + u_3 \frac{\partial}{\partial x_3} \quad (1.109)$$

如表 1.4 所示,气体混合物有 8 种不同形式的能量。能量守恒方程可以用这 8 种形式中的任何一种写出。此外,还可以以温度的形式给出能量守恒方程。尽管写出能量守恒方程有多种不同的选择,但由于所有形式的能量都是相互关联的,因此对气体混合物只能使用一个能量方程。读者可以在 Kuo(2005)第 3 章中找到能量方程的详细推导。接下来介绍不同形式的能量方程。用总能量(含化学能和动能的内能)e_t,能量守恒方程可以写为

$$\underbrace{\rho \frac{\partial e_t}{\partial t}}_{\substack{\text{控制体积内储存的}\\\text{单位体积内能和}\\\text{动能的积累速率}}} + \underbrace{\rho u_i \frac{\partial e_t}{\partial x_i}}_{\substack{\text{由平流带来的}\\\text{输运出控制体积}\\\text{的能量的净速率}}} = \underbrace{-\frac{\partial q_i}{\partial x_i}}_{\substack{\text{由传导、相互扩散}\\\text{和 Dufour 通量为控制}\\\text{体积增加的热的净速率}}} + \underbrace{\dot{Q}}_{\substack{\text{控制体积中}\\\text{单位体积的}\\\text{外部能量输入}\\\text{的净速率}}} + \underbrace{\frac{\partial \sigma_{ji} u_i}{\partial x_j}}_{\substack{\text{由表面应力在}\\\text{控制体积上引起}\\\text{的力所做的功}}}$$

$$+ \rho \underbrace{\sum_{k=1}^{N} Y_k f_{k,i}(u_i + V_{k,i})}_{\text{体积力的功}} \quad (1.110)$$

式中:q_i 为通量矢量 $\boldsymbol{q}$ 的第 i 个分量,该通量包括传导热通量、相互扩散热通量,以及 Dufour 热通量,即

$$\boldsymbol{q} = \boldsymbol{q}_{\text{传导}} + \boldsymbol{q}_{\text{互相扩散}} + \boldsymbol{q}_{\text{Dufour}}$$
$$= -\lambda \nabla T + \rho \sum_{k=1}^{N} h_k Y_k \boldsymbol{V}_k + R_{\text{u}} T \sum_{k=1}^{N} \sum_{j=1}^{N} \left(\frac{X_j D_{T_k}}{Mw_k D_{kj}} \right) (\boldsymbol{V}_k - \boldsymbol{V}_j) \qquad (1.111)$$

忽略 Dufour 效应, q_i 可写作为

$$q_i = -\lambda \frac{\partial T}{\partial x_i} + \rho \sum_{k=1}^{N} h_k Y_k V_{k,i} \qquad (1.112)$$

通过使用 u_i 与动量守恒方程的积, 动能方程可写为

$$\rho \frac{\partial \left(\frac{1}{2} u_i u_i \right)}{\partial t} + \rho u_j \frac{\partial \left(\frac{1}{2} u_i u_i \right)}{\partial x_j} = u_i \frac{\partial \sigma_{ji}}{\partial x_j} + \rho \sum_{k=1}^{N} Y_k f_{k,i} u_i \qquad (1.113)$$

将式(1.113)代入式(1.110), 得到显能和化学能 e 的守恒方程:

$$\rho \frac{\text{D}e}{\text{D}t} = -\frac{\partial q_i}{\partial x_i} + \sigma_{ji} \frac{\partial u_i}{\partial x_j} + \dot{Q} + \rho \sum_{k=1}^{N} Y_k f_{k,i} V_{k,i} \qquad (1.114)$$

显内能 e_{s} 的方程为

$$\rho \frac{\text{D}e_{\text{s}}}{\text{D}t} = \underbrace{-\sum_{k=1}^{N} \dot{\omega}_k \Delta h_{\text{f},k}^{\circ}}_{\dot{\omega}_T} - \frac{\partial q_i}{\partial x_i} + \sigma_{ji} \frac{\partial u_i}{\partial x_j} + \dot{Q} - \sum_{k=1}^{N} \Delta h_{\text{f},k}^{\circ} \frac{\partial}{\partial x_i} \underbrace{\left(\rho D_k \frac{\partial Y_k}{\partial x_i} \right)}_{=-Y_k V_{k,i}}$$
$$+ \rho \sum_{k=1}^{N} Y_k f_{k,i} V_{k,i}$$
$$= \dot{\omega}_T + \frac{\partial}{\partial x_i} \left(\lambda \frac{\partial T}{\partial x_i} \right) + \sigma_{ji} \frac{\partial u_i}{\partial x_j} + \dot{Q} - \frac{\partial}{\partial x_i} \left(\rho \sum_{k=1}^{N} h_{\text{s},k} Y_k V_{k,i} \right)$$
$$+ \rho \sum_{k=1}^{N} Y_k f_{k,i} V_{k,i} \qquad (1.115)$$

式(1.115)中, 因化学反应造成的放热的源项为 $\dot{\omega}_T$, 其定义为

$$\dot{\omega}_T \equiv -\sum_{k=1}^{N} \dot{\omega}_k \Delta h_{\text{f},k}^{\circ} \qquad (1.116)$$

总非化学能(显能+动能) e_{tnc} 的方程为

$$\rho \frac{\text{D}e_{\text{tnc}}}{\text{D}t} = \dot{\omega}_T + \frac{\partial}{\partial x_i} \left(\lambda \frac{\partial T}{\partial x_i} \right) + \frac{\partial \sigma_{ij} u_i}{\partial x_j} + \dot{Q} - \frac{\partial}{\partial x_i} \left(\rho \sum_{k=1}^{N} h_{\text{s},k} Y_k V_{k,i} \right)$$
$$+ \rho \sum_{k=1}^{N} Y_k f_{k,i} (u_i + V_{k,i}) \qquad (1.117)$$

(显式+化学)焓的守恒方程为

$$\rho \frac{\text{D}h}{\text{D}t} = \frac{\text{D}p}{\text{D}t} - \frac{\partial q_i}{\partial x_i} + \underbrace{\tau_{ji} \frac{\partial u_i}{\partial x_j}}_{\Phi = \text{黏性耗散}} + \dot{Q} + \rho \sum_{k=1}^{N} Y_k f_{k,i} V_{k,i}$$
$$= \frac{\text{D}p}{\text{D}t} + \frac{\partial}{\partial x_i} \left(\lambda \frac{\partial T}{\partial x_i} \right) - \frac{\partial}{\partial x_i} \left(\rho \sum_{k=1}^{N} h_k Y_k V_{k,i} \right) + \tau_{ji} \frac{\partial u_i}{\partial x_j} + \dot{Q}$$
$$+ \rho \sum_{k=1}^{N} Y_k f_{k,i} V_{k,i} \qquad (1.118)$$

总焓(显能+化学能+动能)的守恒方程为

$$\rho \frac{\mathrm{D} h_\mathrm{t}}{\mathrm{D} t} = \frac{\partial p}{\partial t} + \frac{\partial (\tau_{ji} u_i)}{\partial x_j} + \dot{Q} - \frac{\partial q_i}{\partial x_i} + \rho \sum_{k=1}^N Y_k f_{k,i}(u_i + V_{k,i})$$

$$= \frac{\partial p}{\partial t} + \frac{\partial (\tau_{ji} u_i)}{\partial x_j} + \dot{Q} + \frac{\partial}{\partial x_i}\left(\lambda \frac{\partial T}{\partial x_i}\right) - \frac{\partial}{\partial x_i}\left(\rho \sum_{k=1}^N h_k Y_k V_{k,i}\right)$$

$$+ \rho \sum_{k=1}^N Y_k f_{k,i}(u_i + V_{k,i}) \tag{1.119}$$

显焓的守恒方程为

$$\rho \frac{\mathrm{D} h_\mathrm{s}}{\mathrm{D} t} = \dot{\omega}_T + \frac{\mathrm{D} p}{\mathrm{D} t} - \frac{\partial q_i}{\partial x_i} + \underbrace{\tau_{ji} \frac{\partial u_i}{\partial x_j}}_{\Phi = 黏性耗散} + \dot{Q} - \sum_{k=1}^N \Delta h_{\mathrm{f},k}^\circ \frac{\partial}{\partial x_i}\underbrace{\left(\rho D_k \frac{\partial Y_k}{\partial x_i}\right)}_{=-Y_k V_{k,i}}$$

$$+ \rho \sum_{k=1}^N Y_k f_{k,i} V_{k,i}$$

$$= \dot{\omega}_T + \frac{\mathrm{D} p}{\mathrm{D} t} + \frac{\partial}{\partial x_i}\left(\lambda \frac{\partial T}{\partial x_i}\right) - \frac{\partial}{\partial x_i}\left(\rho \sum_{k=1}^N h_{\mathrm{s},k} Y_k V_{k,i}\right) + \tau_{ji} \frac{\partial u_i}{\partial x_j}$$

$$+ \dot{Q} + \rho \sum_{k=1}^N Y_k f_{k,i} V_{k,i} \tag{1.120}$$

总非化学(显焓+动能)焓的守恒方程为

$$\rho \frac{\mathrm{D} h_\mathrm{tnc}}{\mathrm{D} t} = \dot{\omega}_T + \frac{\partial p}{\partial t} + \frac{\partial}{\partial x_i}\left(\lambda \frac{\partial T}{\partial x_i}\right) + \frac{\partial \tau_{ij} u_i}{\partial x_j} + \dot{Q} - \frac{\partial}{\partial x_i}\left(\rho \sum_{k=1}^N h_{\mathrm{s},k} Y_k V_{k,i}\right)$$

$$+ \rho \sum_{k=1}^N Y_k f_{k,i}(u_i + V_{k,i}) \tag{1.121}$$

温度形式的能量守恒方程式很有用的。焓(显式的+化学的)的表达式为

$$h = \int_{T_\mathrm{ref}}^T C_p \mathrm{d} T + \sum_{i=1}^N Y_i \Delta h_{\mathrm{f},i}^\circ = \int_{T_\mathrm{ref}}^T \left(\sum_{i=1}^N C_{p,i} Y_i\right) \mathrm{d} T + \sum_{i=1}^N Y_i \Delta h_{\mathrm{f},i}^\circ$$

$$= \sum_{i=1}^N h_i Y_i \tag{1.122}$$

由于第 i 种物质的质量分数是个独立的变量,焓(显式的+化学的)的分数变化可写为

$$\mathrm{d} h = C_p \mathrm{d} T = \left(\sum_{i=1}^N C_{p,i} Y_i\right) \mathrm{d} T \tag{1.123}$$

$$\mathrm{d} h_k = C_{p,k} \mathrm{d} T \quad 或 \quad \frac{\partial h_k}{\partial x_i} = C_{p,k} \frac{\partial T}{\partial x_i} \tag{1.124}$$

第 i 种物质的定压比热容是温度的函数,因此,有

$$C_p = C_p(Y_i, T), \quad h = h(Y_i, T) \tag{1.125}$$

应用链式法则,焓(显式的+化学的)的时间导数和空间梯度可写为

$$\frac{\partial h}{\partial t} = \frac{\partial h}{\partial T}\frac{\partial T}{\partial t} + \frac{\partial h}{\partial Y_i}\frac{\partial Y_i}{\partial t} \tag{1.126}$$

$$\frac{\partial h}{\partial x_i} = \frac{\partial h}{\partial T}\frac{\partial T}{\partial x_i} + \frac{\partial h}{\partial Y_k}\frac{\partial Y_k}{\partial x_i} \tag{1.127}$$

由式(1.123),有

$$\frac{\partial h}{\partial T} = C_p(Y_k, T) \tag{1.128}$$

$$\frac{\partial h}{\partial Y_k} = \frac{\partial}{\partial Y_k}\left(\sum_{k=1}^{N} h_k(T) Y_k\right) = \sum_{k=1}^{N}\left(Y_k \frac{\partial h_k(T)}{\partial Y_k}^{=0} + h_k(T)\frac{\partial Y_k}{\partial Y_k}\right) = \sum_{k=1}^{N} h_k(T) \tag{1.129}$$

因此,有

$$\frac{\partial h}{\partial t} = C_p(Y_k, T)\frac{\partial T}{\partial t} + \sum_{k=1}^{N} h_k(T)\frac{\partial Y_k}{\partial t} \tag{1.130}$$

$$\frac{\partial h}{\partial x_i} = C_p(Y_k, T)\frac{\partial T}{\partial x_i} + \sum_{k=1}^{N} h_k(T)\frac{\partial Y_k}{\partial x_i} \tag{1.131}$$

焓(显式的+化学的)的物质导数可写为

$$\frac{\mathrm{D}h}{\mathrm{D}t} = \frac{\partial h}{\partial t} + u_i \frac{\partial h}{\partial x_i} \tag{1.132}$$

将式(1.130)和式(1.131)代入式(1.132),有

$$\frac{\mathrm{D}h}{\mathrm{D}t} = C_p(Y_k, T)\frac{\partial T}{\partial t} + \sum_{k=1}^{N} h_k(T)\frac{\partial Y_k}{\partial t} + u_i\left(C_p(Y_k, T)\frac{\partial T}{\partial x_i} + \sum_{k=1}^{N} h_k(T)\frac{\partial Y_k}{\partial x_i}\right)$$

$$= C_p(Y_k, T)\frac{\mathrm{D}T}{\mathrm{D}t} + \sum_{k=1}^{N} h_k(T)\frac{\mathrm{D}Y_k}{\mathrm{D}t} \tag{1.133}$$

因此,有

$$\rho C_p(Y_k, T)\frac{\mathrm{D}T}{\mathrm{D}t} = \rho \frac{\mathrm{D}h}{\mathrm{D}t} - \rho \sum_{k=1}^{N} h_k(T)\frac{\mathrm{D}Y_k}{\mathrm{D}t} \tag{1.134}$$

代入物质守恒方程,有

$$\rho C_p(Y_k, T)\frac{\mathrm{D}T}{\mathrm{D}t} = \rho \frac{\mathrm{D}h}{\mathrm{D}t} - \sum_{k=1}^{N} h_k(T)[\dot{\omega}_k - \nabla \cdot (\rho Y_k V_k)] \tag{1.135}$$

接下来,将能量守恒方程式(1.118)代入式(1.135),得

$$\rho C_p(Y_k, T)\frac{\mathrm{D}T}{\mathrm{D}t} = \frac{\mathrm{D}p}{\mathrm{D}t} + \frac{\partial}{\partial x_i}\left(\lambda \frac{\partial T}{\partial x_i}\right) - \frac{\partial}{\partial x_i}\left(\rho \sum_{k=1}^{N} h_k Y_k V_{k,i}\right) + \tau_{ji}\frac{\partial u_i}{\partial x_j}$$

$$+ \dot{Q} + \rho \sum_{k=1}^{N} Y_k f_{k,i} V_{k,i} - \sum_{k=1}^{N} h_k(T)\left[\dot{\omega}_k - \frac{\partial}{\partial x_i}(\rho Y_k V_{k,i})\right]$$

$$\tag{1.136}$$

式(1.136)可以通过以下步骤简化:

$$\rho C_p(Y_k,T) \frac{\mathrm{D}T}{\mathrm{D}t} = \frac{\mathrm{D}p}{\mathrm{D}t} + \frac{\partial}{\partial x_i}\left(\lambda \frac{\partial T}{\partial x_i}\right) - \frac{\partial}{\partial x_i}\left(\rho \sum_{k=1}^{N} h_k Y_k V_{k,i}\right)$$

$$+ \tau_{ji} \frac{\partial u_i}{\partial x_j} + \dot{Q} + \rho \sum_{k=1}^{N} Y_k f_{k,i} V_{k,i} \underbrace{- \sum_{k=1}^{N} h_k(T) \dot{\omega}_k}_{=\dot{\omega}'_T}$$

$$+ \sum_{k=1}^{N} h_k(T) \frac{\partial}{\partial x_i}(\rho Y_k V_{k,i}) \quad (1.137)$$

式(1.137)右侧最后一项可写为

$$\sum_{k=1}^{N} h_k(T) \frac{\partial}{\partial x_i}(\rho Y_k V_{k,i}) = \sum_{k=1}^{N} \frac{\partial}{\partial x_i}(\rho Y_k V_{k,i} h_k(T)) - \sum_{k=1}^{N} \rho Y_k V_{k,i} \frac{\partial h_k(T)}{\partial x_i}$$

$$= \frac{\partial}{\partial x_i} \sum_{k=1}^{N} (\rho Y_k V_{k,i} h_k(T)) - \sum_{k=1}^{N} \rho Y_k V_{k,i} \frac{\partial h_k(T)}{\partial x_i}$$

$$(1.138)$$

将式(1.138)代入式(1.137),得

$$\rho C_p \frac{\mathrm{D}T}{\mathrm{D}t} = \dot{\omega}'_T + \frac{\mathrm{D}p}{\mathrm{D}t} + \frac{\partial}{\partial x_i}\left(\lambda \frac{\partial T}{\partial x_i}\right) + \tau_{ji} \frac{\partial u_i}{\partial x_j} + \dot{Q} + \rho \sum_{k=1}^{N} Y_k f_{k,i} V_{k,i}$$

$$- \sum_{k=1}^{N} \rho Y_k V_{k,i} \frac{\partial h_k}{\partial x_i} \quad (1.139)$$

其中

$$\dot{\omega}'_T \equiv - \sum_{k=1}^{N} h_k(T) \dot{\omega}_k = - \sum_{k=1}^{N} h_{s,k}(T) \dot{\omega}_k - \sum_{k=1}^{N} \Delta h^\circ_{f,k}(T) \dot{\omega}_k \quad (1.140)$$

使用式(1.124)并将其代入式(1.139),有

$$\rho C_p \frac{\mathrm{D}T}{\mathrm{D}t} = \dot{\omega}'_T + \frac{\mathrm{D}p}{\mathrm{D}t} + \frac{\partial}{\partial x_i}\left(\lambda \frac{\partial T}{\partial x_i}\right) + \tau_{ji} \frac{\partial u_i}{\partial x_j} + \dot{Q} + \rho \sum_{k=1}^{N} Y_k f_{k,i} V_{k,i}$$

$$- \left(\rho \sum_{k=1}^{N} Y_k V_{k,i} C_{p,k}\right) \frac{\partial T}{\partial x_i} \quad (1.141)$$

相似地,通过使用定容比热容,可以将式(1.141)写为

$$\rho C_V \frac{\mathrm{D}T}{\mathrm{D}t} = \dot{\omega}''_T + \frac{\partial}{\partial x_i}\left(\lambda \frac{\partial T}{\partial x_i}\right) + \sigma_{ji} \frac{\partial u_i}{\partial x_j} + \dot{Q} + \rho \sum_{k=1}^{N} Y_k f_{k,i} V_{k,i}$$

$$- \left(\rho \sum_{k=1}^{N} Y_k V_{k,i} C_{p,k}\right) \frac{\partial T}{\partial x_i} - R_{\mathrm{u}} T \frac{\partial}{\partial x_i}\left(\rho \sum_{k=1}^{N} \frac{Y_k V_{k,i}}{Mw_k}\right) \quad (1.142)$$

式中

$$\dot{\omega}''_T \equiv - \sum_{k=1}^{N} e_k(T) \dot{\omega}_k = - \sum_{k=1}^{N} e_{s,k}(T) \dot{\omega}_k - \sum_{k=1}^{N} \Delta h^\circ_{f,k}(T) \dot{\omega}_k \quad (1.143)$$

所有 10 种形式的能量守恒方程在表 1.12 中进行了汇总。这些是能量守恒方程的最常见形式,式中的比热容被认为是温度依赖量。而且,认为流体是可压缩的。

表 1.12 多种形式的能量守恒方程

用能量表示	
$e_t : \rho \dfrac{\partial e_t}{\partial t} + \rho u_i \dfrac{\partial e_i}{\partial x_i} = -\dfrac{\partial q_i}{\partial x_i} + \dot{Q} + \dfrac{\partial \sigma_{ji} u_i}{\partial x_j} + \rho \sum_{k=1}^{N} Y_k f_{k,i}(u_i + V_{k,i})$	(1.144)
$e : \rho \dfrac{\mathrm{D}e}{\mathrm{D}t} = -\dfrac{\partial q_i}{\partial x_i} + \sigma_{ji}\dfrac{\partial u_i}{\partial x_j} + \dot{Q} + \rho \sum_{k=1}^{N} Y_k f_{k,i} V_{k,i}$	(1.145)
$e_s : \rho \dfrac{\mathrm{D}e_s}{\mathrm{D}t} = \dot{\omega}_T + \dfrac{\partial}{\partial x_i}\left(\lambda \dfrac{\partial T}{\partial x_i}\right) + \sigma_{ji}\dfrac{\partial u_i}{\partial x_j} + \dot{Q} - \dfrac{\partial}{\partial x_i}\left(\rho \sum_{k=1}^{N} h_{s,k} Y_k V_{k,i}\right)$ $\quad + \rho \sum_{k=1}^{N} Y_k f_{k,i} V_{k,i}$	(1.146)
$e_{\mathrm{tnc}} : \rho \dfrac{\mathrm{D}e_{\mathrm{tnc}}}{\mathrm{D}t} = \dot{\omega}_T + \dfrac{\partial}{\partial x_i}\left(\lambda \dfrac{\partial T}{\partial x_i}\right) + \dfrac{\partial \sigma_{ij} u_i}{\partial x_j} + \dot{Q} - \dfrac{\partial}{\partial x_i}\left(\rho \sum_{k=1}^{N} h_{s,k} Y_k V_{k,i}\right)$ $\quad + \rho \sum_{k=1}^{N} Y_k f_{k,i}(u_i + V_{k,i})$	(1.147)
用焓表示	
$h_t : \rho \dfrac{\mathrm{D}h_t}{\mathrm{D}t} = \dfrac{\partial p}{\partial t} + \dfrac{\partial (\tau_{ji} u_i)}{\partial x_j} + \dot{Q} + \dfrac{\partial}{\partial x_i}\left(\lambda \dfrac{\partial T}{\partial x_i}\right) - \dfrac{\partial}{\partial x_i}\left(\rho \sum_{k=1}^{N} h_k Y_k V_{k,i}\right)$ $\quad + \rho \sum_{k=1}^{N} Y_k f_{k,i}(u_i + V_{k,i})$	(1.148)
$h : \rho \dfrac{\mathrm{D}h}{\mathrm{D}t} = \dfrac{\mathrm{D}p}{\mathrm{D}t} + \dfrac{\partial}{\partial x_i}\left(\lambda \dfrac{\partial T}{\partial x_i}\right) - \dfrac{\partial}{\partial x_i}\left(\rho \sum_{k=1}^{N} h_k Y_k V_{k,i}\right) + \tau_{ji}\dfrac{\partial u_i}{\partial x_j} + \dot{Q}$ $\quad + \rho \sum_{k=1}^{N} Y_k f_{k,i} V_{k,i}$	(1.149)
$h_s : \rho \dfrac{\mathrm{D}h_s}{\mathrm{D}t} = \dot{\omega}_T + \dfrac{\mathrm{D}p}{\mathrm{D}t} + \dfrac{\partial}{\partial x_i}\left(\lambda \dfrac{\partial T}{\partial x_i}\right) - \dfrac{\partial}{\partial x_i}\left(\rho \sum_{k=1}^{N} h_{s,k} Y_k V_{k,i}\right) + \tau_{ji}\dfrac{\partial u_i}{\partial x_j} + \dot{Q}$ $\quad + \rho \sum_{k=1}^{N} Y_k f_{k,i} V_{k,i}$	(1.150)
$h_{\mathrm{tnc}} : \rho \dfrac{\mathrm{D}h_{\mathrm{tnc}}}{\mathrm{D}t} = \dot{\omega}_T + \dfrac{\partial p}{\partial t} + \dfrac{\partial}{\partial x_i}\left(\lambda \dfrac{\partial T}{\partial x_i}\right) + \dfrac{\partial \tau_{ij} u_i}{\partial x_j} + \dot{Q} - \dfrac{\partial}{\partial x_i}\left(\rho \sum_{k=1}^{N} h_{s,k} Y_k V_{k,i}\right)$ $\quad + \rho \sum_{k=1}^{N} Y_k f_{k,i}(u_i + V_{k,i})$	(1.151)
温度	
$T, C_p : \rho C_p \dfrac{\mathrm{D}T}{\mathrm{D}t} = \dot{\omega}'_T + \dfrac{\mathrm{D}p}{\mathrm{D}t} + \dfrac{\partial}{\partial x_i}\left(\lambda \dfrac{\partial T}{\partial x_i}\right) + \tau_{ji}\dfrac{\partial u_i}{\partial x_j} + \dot{Q} + \rho \sum_{k=1}^{N} Y_k f_{k,i} V_{k,i}$ $\quad - \left(\rho \sum_{k=1}^{N} Y_k V_{k,i} C_{p,k}\right)\dfrac{\partial T}{\partial x_i}$	(1.152)

(续)

$$T, C_V : \rho C_V \frac{\mathrm{D}T}{\mathrm{D}t} = \dot{\omega}_T'' + \frac{\partial}{\partial x_i}\left(\lambda \frac{\partial T}{\partial x_i}\right) + \sigma_{ji}\frac{\partial u_i}{\partial x_j} + \dot{Q} + \rho \sum_{k=1}^{N} Y_k f_{k,i} V_{k,i}$$
$$- \left(\rho \sum_{k=1}^{N} Y_k V_{k,i} C_{p,k}\right)\frac{\partial T}{\partial x_i} - R_{\mathrm{u}} T \frac{\partial}{\partial x_i}\left(\rho \sum_{k=1}^{N} \frac{Y_k V_{k,i}}{Mw_k}\right) \quad (1.153)$$

除了表 1.12 所列的守恒方程之外,还有一组独立的方程来表示角动量守恒。在没有外部扭矩的情况下,角动量是自动守恒的,这是因为它可以取线性动量守恒方程的力矩得到。如果存在外部扭矩,仅取线性动量守恒方程的力矩不能直接获得角动量守恒方程。角动量守恒方程的主要应用包括磁场中的极性流体以及具有外部施加扭矩的燃烧系统。对角动量守恒方程推导感兴趣的读者可以参见 Yamaguchi(2008) 第 2 章。

1.14 总未知量与控制方程

根据对扩散速度的处理方式,层流中燃烧问题的未知量和所需控制方程的总数列于表 1.13 和表 1.14 中。

表 1.13 菲克方程用于扩散速度时未知量与可得到的方程

未知量	方程
ρ, p, T $u_i = (u_1, u_2, u_3)$ $Y_k = (Y_1, Y_2, \cdots, Y_N)$ 未知量的数量 = $N+6$	1 个连续性方程,1 个能量方程,1 个状态方程,3 个线性动量方程,$N-1$ 个物质守恒方程,以及 $\sum_{k=1}^{N} Y_k = 1$ 方程的数量 = $N+6$

表 1.14 Hirschfelder–Curtiss 近似用于扩散速度时未知量与可得到的方程

未知量	方程
ρ, p, T $u_i = (u_1, u_2, u_3)$ $Y_k = (Y_1, Y_2, \cdots, Y_N)$ $V_{k,i} = \begin{pmatrix} V_{1,1}, V_{2,1}, \cdots, V_{N,1} \\ V_{1,2}, V_{2,2}, \cdots, V_{N,2} \\ V_{1,3}, V_{2,3}, \cdots, V_{N,3} \end{pmatrix}$ $X_k = (X_1, X_2, \cdots, X_N)$ 未知量的数量 = $5N+6$	1 个连续性方程,1 个能量方程,1 个状态方程,3 个线性动量方程,$N-1$ 个物质守恒方程,$\sum_{k=1}^{N} Y_k = 1$ 所有物质的 $3N$ 个扩散方程,以及 X_k 和 Y_k 之间的 N 个关系 方程的数量 = $5N+6$

对于湍流反应流,必须考虑湍流输运方程和闭合问题。

习题

1. 证明物质守恒方程 $\dfrac{\partial(\rho Y_k)}{\partial t} + \nabla \cdot [\rho Y_k(\boldsymbol{v} + \boldsymbol{V}_k + \boldsymbol{V}_c)] = \dot{\omega}_k$ 中校正速度 $\boldsymbol{V}_c$ 的第 j 个分量的表达式可以写为

$$V_{c,j} = \sum_{k=1}^{N} D_k \frac{Mw_k}{\overline{Mw}} \frac{\partial X_k}{\partial x_j}$$

式中:D_k 基于 Hirschfelder-Curtiss 对扩散速度的近似可写作以下形式:

$$D_k = \frac{1 - Y_k}{\sum\limits_{l \ne k}^{N} X_l / D_{lk}}$$

开始求解问题时先采用上述的 D_k 表达式,然后将扩散速度代入下面的物质守恒方程:

对于 $k = 1, 2, \cdots, N; \dfrac{\partial \rho Y_k}{\partial t} + \dfrac{\partial}{\partial x_i}[\rho(u_i + V_{ki})Y_k] = \dot{\omega}_k$

2. 确定你理解了连续性方程的这两种形式间的等价性:

$$\frac{\partial \rho}{\partial t} + \nabla \cdot (\rho \boldsymbol{v}) = 0 \quad \text{和} \quad \frac{D\rho}{Dt} + \rho \nabla \cdot \boldsymbol{v} = 0$$

此外,为了理解体积膨胀的含义,用随时间变化的密度表示 $\nabla \cdot \boldsymbol{v}$。

3. 证明以矢量形式给出的动量方程可以写为

$$\rho \frac{D\boldsymbol{v}}{Dt} = \rho\left[\frac{\partial \boldsymbol{v}}{\partial t} + (\boldsymbol{v} \cdot \nabla)\boldsymbol{v}\right] = \rho\left[\frac{\partial \boldsymbol{v}}{\partial t} + \nabla\left(\frac{\boldsymbol{v} \cdot \boldsymbol{v}}{2}\right) - \boldsymbol{v} \times (\nabla \times \boldsymbol{v})\right]$$
$$= \boldsymbol{f} + \nabla \cdot \boldsymbol{\sigma} = \boldsymbol{f} - \nabla p + \nabla \cdot \boldsymbol{\tau}$$

式中:$\boldsymbol{\sigma}$ 为总应力张量;$\boldsymbol{\tau}$ 为黏性应力张量;$\boldsymbol{f}$ 为体积力。

在笛卡儿坐标系中,有

$$\nabla \cdot \boldsymbol{\tau} = \left(\frac{\partial \tau_{xx}}{\partial x} + \frac{\partial \tau_{xy}}{\partial y} + \frac{\partial \tau_{xz}}{\partial z}\right)\boldsymbol{e}_x + \left(\frac{\partial \tau_{yx}}{\partial x} + \frac{\partial \tau_{yy}}{\partial y} + \frac{\partial \tau_{yz}}{\partial z}\right)\boldsymbol{e}_y$$
$$+ \left(\frac{\partial \tau_{zx}}{\partial x} + \frac{\partial \tau_{zy}}{\partial y} + \frac{\partial \tau_{zz}}{\partial z}\right)\boldsymbol{e}_z$$

4. 熟悉接下来的向量代数和一组含有 del 算子(∇)的矢量恒等式。在附录 A 的 A.14 节给出的列表末尾,有几个与高斯散度定理相关的方程。确定你会使用它们。

第 2 章　层流预混火焰

符 号 表

符号	含 义 说 明	量纲
A	阿伦尼乌斯因子(对于级数为 m 的反应)	$(N/L^3)^{1-m}/t$
a_f	气体混合物单位质量的火焰面积	L^2/M
D_k^T	第 k 种物质的热扩散系数	$M/(Lt)$
f_V	烟灰体积分数	—
Ka	式(2.142)定义的 Karloviz 数	—
Ka^*	式(2.162)定义的修正后的 Karloviz 数	—
K_C	平衡常数,见式(2.36)和式(2.37)	—
k	比反应速率常数(对于级数为 m 的反应)	$(N/L^3)^{1-m}/t$
Le	式(1.59)和式(2.27)定义的路易斯数	—
L_M	马克斯坦(Markstein)长度,见式(2.158)和式(2.159)	L
Ma	式(2.160)定义的马克斯坦数	—
N	化学物质的总种类数	—
N_i	第 i 个单体链节形成的烟灰颗粒的数密度	$1/(L^3L)$
P 或 p	压力	F/L^2
Pr	式(1.58)和式(2.26)定义的普朗特数	—
PSDF	烟灰颗粒尺寸分布函数	—
Q_F	燃料的热值,放热反应为正值,见式(2.48)	Q/M
$\dot{q}_r''$	辐射热通量	$Q/(L^2t)$
Q_F^m	燃料的摩尔热值,对于燃料通常是正值	Q/N
RR_i	第 i 个基元反应的反应速率,见式(2.34)	$N/(L^3t)$
S	烟灰颗粒表面积	L^2
S_a	火焰表面的绝对速度,见式(2.109)	L/t
Sc	式(1.57)和式(2.25)定义的施密特数	—
S_{cons}	层流预混火焰的消耗速度,见式(2.95)	L/t

(续)

符号	含 义 说 明	量纲
S_d	火焰表面的位移速度,见式(2.109)	L/t
S_j	S_L 对比反应速率常数 k_j 的百分敏感度,见式(2.41)	—
S_L	相对于未燃烧混合物的层流火焰速度	L/t
T_a	活化温度 $\equiv E_a/R_u$	T
TSI	式(2.170)定义的阈值烟灰指数,表明形成烟灰的趋势	—
V_c	式(1.75)和式(2.20)定义的校正速度	L/t
Y	式(2.59)定义的约简的燃料质量分数	—
希腊符号		
α	式(2.70)定义的无量纲温度比	—
α_s	化学反应可用的烟灰颗粒表面积分数	—
β	式(2.71)或式(2.167)定义的无量纲温度参数	—
$\beta_{i,j}$	依赖于尺寸的频率因子	L^3/t
δ	预混层流火焰厚度	L
$\delta_{L,B}$	Blint 提出的预混层流火焰厚度	L
$\delta_{L,slope}$	基于温度斜率的预混层流火焰厚度	L
$\delta_{L,total}$	预混层流火焰的总厚度	L
δ_r	预混层流火焰的反应区厚度,见式(2.105)	L
$\dot{\varepsilon}_V$	单位体积内单步全局反应的进展速率	$1/(L^3 t)$
Θ	式(2.60)定义的约简的温度参数	—
κ	式(2.106)定义的火焰拉伸因子	1/t
Λ	表征燃烧器或火焰的流体动力长度	L
ν_k	第 k 种物质的运动黏度	L^2/t
ν'_k	第 k 种反应物的化学计量系数	-或 N
ν''_k	第 k 种生成物的化学计量系数	-或 N
ν_{ik}	对于第 i 个反应中的第 k 种物质,$\nu_{ik} \equiv \nu''_{ik} - \nu'_{ik}$	-或 N
Σ	式(2.146)定义的火焰表面密度	1/L
ϕ_c	临界等价比,高于这个值开始形成烟灰	—
χ_k^*	式(2.22)定义的无量纲热扩散比	—
Ω_F	火焰单位面积的总燃料消耗速率,见式(2.53)	$M/(L^2 t)$
$\dot{\omega}_T$	由化学反应造成的热释放速率,见式(2.45)	$Q/(L^3 t)$

(续)

符号	含义说明	量纲
	下标	
a	活化	
b	逆向反应或已燃	
e	平衡	
f	正向反应	
p	压力	
t	总	
u	未燃	

本章为读者给出了预混层流火焰理论的快速概要,以便为预混湍流火焰(第5章)提供足够的背景。读者可参考《燃烧原理》(Kuo,2005;第5章),这部分内容专门介绍预混层流火焰。这一主题的另一个最新信息来源是《理论和数值燃烧》(Poinsot 和 Veynante,2005)。本章涵盖了预混层流火焰的最新研究成果,并对预混小火焰理论进行了全面的描述。为理解湍流火焰,读者必须掌握层流火焰的全面背景。传统上,湍流火焰中化学动力学的闭合是通过使用概率密度函数方法实现的,该方法最初由 O'Brien(1980)提出,后来由 Pope(1985)进行了重大的改进(见第4章中的概率密度函数(probability density function,PDF)方法)。为降低求解湍流火焰的计算成本,F. A. Williams(1975)提出了另一种称为小火焰理论的方法,这个方法后来由 N. Peters(1984)进一步发展。在这个理论中,化学反应发生在薄的小火焰中,在这里湍流效应可以忽略不计。在这些区域中,可以使用层流火焰的概念;这体现出了研究层流火焰理论的重要意义。层流小火焰方法在降低湍流火焰数值模拟的计算成本方面也非常有用。本章后面将详细讨论这种方法。

2.1 一维预混层流火焰的基本结构

层流火焰速度(S_L)定义为流入火焰区的预混反应混合物的法向速度(图 2.1(a))。请注意,这是最简单的情况,其中流动垂直于火焰锋面。通常未燃混合物的流速可以与层流火焰锋面形成任何角度。图 2.1(b)显示了一个与来流形成一个倾斜角 α 的静态火焰。层流火焰的厚度(δ_L)可视为预热区和化学反应区的总和。在未燃烧区和燃烧区之间通常存在一个小的压力差。然而,混合物的温度在穿越层流火焰方向上有明显升高,因而使燃烧区中的气体密度显著降低。为满足整个火焰的连续性条件,燃烧区的气体速度必须远高于 S_L。

预混层流火焰的一般结构如图 2.2 所示。反应区中的温度升高源自化学反应的放热过程。反应物浓度在通过火焰区时降低,而产物浓度却随之升高。一些中间产物(某些自由基和较小的分子)可以在反应区中达到其峰值并在预热区或反应区中降低至接近于零。通常对预混层流火焰的研究主要集中在求解化学物质和温度的详细分布以及层流火焰的速度上。研究还涉及诸如初始温度、燃烧室压力和反应物浓度等这些参数对操作条件的依赖性。Warnatz(1981)对 1atm①和环境温度条件下的氢—氧预混火焰做出了典型的求解,如图 2.3 所示。近年来,由于对气相动力学的广泛研究,通常通过使用 CHEMKIN 软件来获得层流火焰的解。关于化学动力学和求解技术的内容在 Kuo 的著作(2005:第 2 章和第 5 章)中进行了讨论。

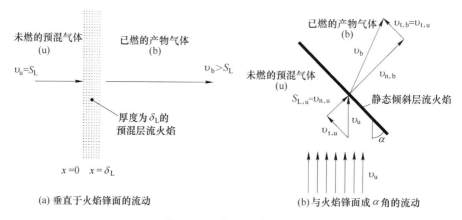

图 2.1 一维预混层流火焰

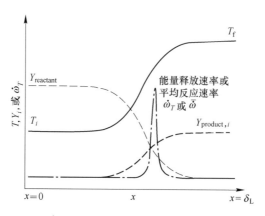

图 2.2 预混层流火焰的一般结构

---

① 1atm=101.325kPa。——译者注

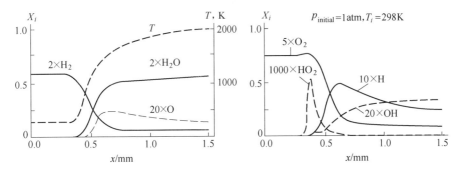

图 2.3　H_2-O_2 预混层流火焰的计算解

（改自 Warnatz,1981）

2.2　一维预混层流火焰的守恒方程

求解层流预混火焰的意义如下：
（1）可以进行试验和理论/数值结果之间的详细比较。
（2）可用于对提出的化学反应机理的有效性进行仔细比较。
（3）它构成了研究火焰锋面不稳定性的基础。
（4）它是湍流火焰的基石之一；预混层流火焰是迈向更复杂情况的第一步。

出于对化学和输运性质的复杂性的考虑，计算预混层流火焰的结构与速度（S_L）有很多种方法。对于复杂的化学反应动力学，需要使用数值技术。对涉及动力学的详细介绍见《燃烧原理》（Kuo,2005：第 2 章）或其他化学动力学的书籍。

（1）质量守恒方程：

$$\frac{\partial \rho}{\partial t} + \frac{\partial}{\partial x}(\rho u) = 0 \tag{2.1}$$

（2）物质守恒方程：

$$\frac{\partial \rho Y_k}{\partial t} + \frac{\partial}{\partial x}(\rho(u+V_k)Y_k) = \dot{\omega}_k \tag{2.2}$$

（3）能量守恒方程：

$$\rho C_p \left(\frac{\partial T}{\partial t} + u\frac{\partial T}{\partial x} \right) = \dot{\omega}'_T + \frac{\partial}{\partial x}\left(\lambda \frac{\partial T}{\partial x} \right) - \rho \left(\sum_{k=1}^{N} C_{p,k} Y_k V_k \right) \frac{\partial T}{\partial x}$$

$$+ \underbrace{\dot{Q}}_{\substack{\text{较小}\\\text{没有外部热源}}} + \underbrace{\Phi}_{\substack{\text{较小}\\\text{黏性耗散}}} + \rho \underbrace{\sum_{k=1}^{N} Y_k f_{x,k} V_k}_{\substack{\text{较小}\\\text{体积力的功}}} \tag{2.3}$$

式中

$$\dot{\omega}'_T = -\sum_{k=1}^{N} \dot{\omega}_k h_k \quad (2.4)$$

以及

$$h_k = h_{s,k} + \Delta h^\circ_{f,k} = \underbrace{\int_{T_{ref}}^{T} C_{p,k} \mathrm{d}T}_{显焓} + \underbrace{\Delta h^\circ_{f,k}}_{化学焓} \quad (2.5)$$

注意 $\dot{\omega}'_T$ 项不同于 $\dot{\omega}_T$，后者定义为

$$\dot{\omega}_T = -\sum_{k=1}^{N} \dot{\omega}_k \Delta h^\circ_{f,k} \quad (2.6)$$

在稳态条件下，有

$$\rho u = 常数 = \rho_u S_L \quad (2.7)$$

$$\frac{\mathrm{d}}{\mathrm{d}x}(\rho(u + V_k) Y_k) = \dot{\omega}_k \quad (2.8)$$

$$\rho C_p u \frac{\mathrm{d}T}{\mathrm{d}x} = \dot{\omega}'_T + \frac{\mathrm{d}}{\mathrm{d}x}\left(\lambda \frac{\mathrm{d}T}{\mathrm{d}x}\right) - \left(\rho \sum_{k=1}^{N} C_{p,k} Y_k V_k\right) \frac{\mathrm{d}T}{\mathrm{d}x} \quad (2.9)$$

在最后一组方程中，有 $(N+1)$ 个耦合的常微分方程需要求解。式(2.8)中第 k 种化学物质的源项可以给出为

$$\dot{\omega}_k = Mw_k \sum_{i=1}^{M} (\nu''_{k,i} - \nu'_{k,i}) A_i T^{n_i} \exp\left(-\frac{E_{ai}}{R_u T}\right) \prod_{j=1}^{N} \left(\frac{X_j p}{R_u T}\right)^{\nu'_{j,i}} \quad (2.10)$$

对扩散速度和反应动力学有多种程度的近似法。在实际系统中，层流火焰包含涉及多个基元反应的多种物质。就概念及求解两者而言，要处理这些具有相当复杂性的每一项是一件很有挑战性的工作。我们首先讨论物质扩散速度建模中的几种模型。

2.2.1 扩散速度的几种模型

Hibert et al. (2004)对扩散速度进行了很好的综述。历史上，早在1949年Hirschfelder 和 Curtiss 就已经认识到了分子扩散对燃烧问题的重要性。通常说来，在多组分系统中表达扩散速度不是一件容易的事，并会在实际模拟中耗费大量的中央处理单元(central processing unit, CPU)时间。在这一节中，从较通用的表达式直至最简单的模型，展示了当前使用的不同程度的近似法。

2.2.1.1 多组分扩散速度(一阶近似)

混合物中的第 k 种物质的扩散速度可用通用形式表述为

$$X_k \boldsymbol{V}_k = -\sum_{j=1}^{N} D_{kj} \boldsymbol{d}_j - D^T_k (\nabla T/T) \quad (2.11)$$

式中：矢量 $\boldsymbol{d}_j$ 为摩尔分数和压力的梯度，以及各种物质体积力的差。

$$d_j = \nabla X_j + (X_j - Y_j) \nabla p/p + \frac{\rho}{p} \sum_{k=1}^{N} Y_j Y_k (f_k - f_j) \qquad (2.12)$$

D_{kj}为多组分扩散系数,它是所有状态变量(如温度、压力和物质浓度)的函数。因此,可以说D_{kj}是$N \times N$矩阵中的一个分量。D_k^T项为第k种物质的热扩散系数。最后一项出现了温度梯度,称为Soret效应(或热扩散)。这种效应解释了由于温度梯度引起的质量扩散,并且倾向于将较轻的分子驱向较热的区域,而较重的分子则朝向较冷的区域流动。在简单模型中它经常被忽略,因为它相对而言非常占用计算时间。然而,已经知道它是比较重要的,特别是对于氢燃烧,以及更一般地像H或H_2这样非常轻的自由基起主要作用的情况而言(de Charentenay 和 Ern,2002;Ern 和 Giovangigli,1998)。Soret效应和Dufour效应实际上不仅同源而且互补。然而,所有已发表的结果似乎都认为,在燃烧模拟中Soret效应的影响远远高于Dufour效应的影响。

扩散速度式(2.11)需要对输运系数进行估算,输运系数是混合物的当地组成、温度和压力的非线性函数。就CPU时间而言,这种估算可能会非常耗时。气体动力学理论并未明确给出多组分混合物中的那些输运系数。用Stefan-Maxwell-Boltzmann方程来估算多组分扩散矩阵,Ern 和 Giovangigli(1994)(1995)(1996)在一般假设下获得了大小为$N \times N$的输运线性系统。这些作者已经证明扩散矩阵D可以以收敛级数的形式展开。这个级数通过截断高阶项来得到输运系数的近似表达式,接着就能得到多组分输运性质不同程度的近似值,近似程度取决于扩散矩阵的扩展式在哪一阶上被截断。这种方法和所得算法的优点在于它们保持了对称形式,这使得输运线性系统体系减小,能够使用更好的迭代技术,并改进了矢量化(Ern 和 Giovangigli,1996)。

在大多数情况下,忽略由压力引起的扩散,且外力对所有物质的作用相同。在这种情况下,式(2.12)简化为

$$d_j = \nabla X_j \qquad (2.13)$$

一阶近似。保留前面提到的扩散矩阵D扩展的收敛级数的两个首项即得到二元扩散系数最为准确的表达式(Ern 和 Giovangigli,1996;Giovangigli,1999)。在这种情况下,考虑了交叉扩散、Soret效应和Dufour效应。Ern 和 Giovangigli(1996)开发了一个名为EGLIB的计算机库用来确定具有一阶近似的扩散矩阵。对于已然非常耗时的计算(如具有详细化学的直接数值模拟(DNS)),这个模型的CPU时间开销似乎是广为接受的(Charentenay 和 Ern,2002)。EGLIB的开发人员甚至声称,在矢量计算机上,这个一阶近似的运行速度与零阶近似一样快。

Hirschfelder-Curtiss(或零阶)近似。在Hirschfelder, Curtiss 和 Bird(1954)的模型中,第k种物质对混合物的近似扩散系数通过下式计算:

$$D_{km}^* = (1 - Y_k)\left(\overline{Mw}\sum_{j=1, j\neq k}^{N}\frac{Y_j}{Mw_j D_{kj}}\right)^{-1} \quad (2.14)$$

式(2.14)的另一个形式为

$$D_{km}^* = \frac{1 - Y_k}{\sum_{k=1, j\neq k}^{N} X_k/D_{kj}} \quad (2.15)$$

这是基于 X_k 和 Y_k 间的以下关系:

$$X_k = Y_k \frac{\overline{Mw}_{混合物}}{Mw_k} = \frac{Y_k/Mw_k}{\sum_{k=1}^{N}(Y_k/Mw_k)} \quad 或 \quad Y_k = \frac{X_k Mw_k}{\sum_{k=1}^{N} X_k Mw_k}, k = 1,2,\cdots,N$$

$$(2.16)$$

在式(2.15)中,D_{kj} 是二元扩散系数。它取决于物质对性质、压力和温度。已经证明,这种近似等价于仅保留扩散矩阵 $\boldsymbol{D}$ 级数展开的第一项 $D^{[0]}$(Ern 和 Giovangigli,1994;Giovangigli,1999),因此,它也称为零阶近似。注意,二元扩散系数 D_{kj} 不同于扩散矩阵 $\boldsymbol{D}$ 中的元素。二元扩散系数 D_{kj} 是在仅存在两种物质时确定的,而扩散矩阵 $\boldsymbol{D}$ 中的元素是在混合物中所有 N 种物质都存在时确定的。这个模型仅考虑扩散矩阵 $\boldsymbol{D}$ 中的对角线项,并未考虑交叉扩散、Soret 效应和 Dufour 效应。

由于这种近似,不再能确保质量守恒,且物质方程可能会带来非物理条件,表明分子扩散可能会导致违反质量守恒方程,即

$$\sum_{k=1}^{N} Y_k \boldsymbol{V}_k \neq 0 \quad (2.17)$$

为克服以上问题,将第 k 种物质的扩散速度分为两部分:

$$\boldsymbol{V}_k = \boldsymbol{V}_k^* + \boldsymbol{V}_c \quad (2.18)$$

式中:$\boldsymbol{V}_k^*$ 为预测项;$\boldsymbol{V}_c$ 为修正项。

通过引入 $\boldsymbol{d}_k = \nabla X_k$,预测项给出为

$$X_k \boldsymbol{V}_k^* = -D_{km}^* \boldsymbol{d}_k \quad (2.19)$$

再计算校正速度 $\boldsymbol{V}_c$,使得如果将所有的物质方程加和,就恢复了质量守恒:

$$\boldsymbol{V}_c = -\sum_{k=1}^{N} Y_k \boldsymbol{V}_k^* \quad (2.20)$$

采用热扩散比 χ_k^* 添加一个明确的项来考虑热扩散,热扩散比以这种方式定义:热扩散速度由 $-D_{km}^* \chi_k^* \dfrac{\nabla T}{T}$ 给出。那么预测项给出为

$$X_k V_k^* = - D_{km}^* d_k - D_{km}^* \chi_k^* \frac{\nabla T}{T} \qquad (2.21)$$

并使用式(2.20)计算校正速度。

在式(2.21)中,χ_k^* 为无量纲热扩散比,定义为

$$\chi_k^* \equiv [\rho/(C^2 Mw_k Mw_j)](D_k^T/D_{kj}) \qquad (2.22)$$

式中:C 为混合物的摩尔浓度,第 k 种物质的热扩散系数 D_k^T 具有 ρD_{kj} 的单位。注意热扩散系数 D_k^T 与热扩散率 $\alpha(\equiv \lambda/\rho C_p)$ 不同。热扩散率与热传导有关,而热扩散系数给出了由于温度梯度而引起的质量扩散过程的量度。

这种程度的近似在由 Kee, Dixon‐Lewis, Warnatz et al.(1986)所开发的 CHEMKIN 代码中的 TRANSPORT 库,以及类似程序(Mass 和 Warnatz,1989)中被经典使用。它也可以在 EGLIB 包中获得(Ern 和 Giovangigli,1996)。在最近的燃烧建模工作中使用了这种程度的近似,但通常忽略热扩散项,这就不需要确定 χ_k^* 的值,从而提高了计算效率。Hilbert et al.(2004)确定,与未考虑热扩散的情况相比,用零阶近似的扩散系数对热扩散加以考虑,CPU 时间增加了 3 倍。

菲克定律(Fick's Law)。许多燃烧代码对基于菲克定律近似的扩散速度表达式采用了简化的方法。在这种方法中,混合物中第 k 种物质的扩散速度用下列形式写出:

$$Y_k V_k = - D_{km} \nabla Y_k \qquad (2.23)$$

式中:D_{km} 为第 k 种物质对混合物的扩散系数。注意,这个扩散项现在是基于质量分数的梯度而不是摩尔分数的梯度,它对应于精确的扩散方程。使用这种方法的主要难点在于确定和定义扩散系数 D_{km}。在考虑高度稀释的火焰时,可以得到简单的解。在大多数情况下,混合物中第 k 种物质的扩散系数近似于第 k 种物质在像 N_2 这样的稀释剂中的扩散系数。另外,应用菲克定律需要 D_{km} 的显式表达式。例如,如下一小节所述,扩散系数可以通过使用指定的路易斯数推导出来。除了相对标准的情况,即 D_{km} 的所有值都相等以外,这种方法显然无法保证质量守恒(Poinsot 和 Veynante,2005)。因此需要一个校正速度。

文献中对如何在采用菲克定律时估算 D_{km} 没有真正的共识。对于许多作者而言,菲克定律近似对应于一个更为简单的模型,这个模型中所有的扩散系数 D_{km} 都相等($D_{km} = D$)并且 $\rho D =$ 常数。这是估算扩散系数的一个非常特殊的情况。在这个简单的模型中,$\rho D \nabla Y_k$ 项可以被直接代入物质方程中的扩散项。物质扩散速度不需要求解,这是因为与它们相关的项被 $\rho D \nabla Y_k$ 代替了。换句话说,就是未知变量的总数大大减少了。例如:一维稳态物质方程(式(2.8))可以写为

$$\frac{\mathrm{d}}{\mathrm{d}x}(\rho u Y_k - \rho D \nabla Y_k) = \dot{\omega}_k \tag{2.24}$$

这种近似在理论研究中非常常见。它非常简单,并且具有不需要校正速度就能直接确保质量守恒的优点。再强调一下,如果所有物质的 D_{km} 不相等,依然需要校正速度。

固定路易斯数法。通过使用第 k 种物质的质量、动量和能量输运性质 (D_{km},ν_k 和 α_k),可以定义 3 个无量纲数:

(1) 第 k 种物质的施密特数(Sc_k)定义为混合物的黏性扩散(有时称为动量扩散)与第 k 种物质分子扩散间的比:

$$Sc_k \equiv \frac{\nu}{D_{km}} = \frac{\mu}{\rho D_{km}} \tag{2.25}$$

(2) 混合物的普朗特数(Pr)定义为动量和能量的扩散输运比:

$$Pr \equiv \frac{\nu}{\alpha} = \frac{\mu C_p}{\lambda} \tag{2.26}$$

(3) 第 k 种物质的路易斯数(Le_k)定义为混合物的热扩散率与第 k 种物质的分子扩散系数之比:

$$Le_k \equiv \frac{\alpha}{D_{km}} = \frac{\lambda}{\rho C_p D_{km}} = \frac{Sc_k}{Pr} \tag{2.27}$$

在先前定义的无量纲数的基础上,表达扩散系数 D_{km} 的一个简单且有吸引力的方法是假设第 k 种物质的路易斯数是恒定的。这意味着,如果已知混合物的热扩散率,就可以通过使用所有物质预先给定的路易斯数用以下方程确定所有物质的扩散系数:

$$D_{km} = \frac{\lambda}{\rho C_p Le_k} \tag{2.28}$$

这种方法非常简单,可以计算物质之间的微分扩散效应,同时为数学处理守恒方程提供了可能。如果所有的 Le_k 不相等,则必须添加一个校正速度来确保质量守恒。注意,这种计算系数 D_{km} 的方式可以与质量分数梯度(标准菲克定律,如前所述)或摩尔分数梯度组合,类似于更真实的输运模型。

路易斯数为 1 法。更简单的方法是路易斯数为 1 法,该方法基于所有路易斯数 Le_k 都是恒定且等于 1 的假设(每种物质具有与混合物热扩散率相同的扩散系数)。这种假设在简单的情况下非常有用,特别是只考虑两个反应物质时。该方法允许简单火焰结构的解析解。此外,用代码实现这种方法是一件非常容易的事,而且它不会显著增加计算时间。因此,大多数现有的湍流燃烧模型都基于这种假设。然而,与更实际的输运模型相比,这种假设可能会导致在局部火焰结构和热化学性质方面的巨大差异。

表 2.1 汇总了所有多组分扩散过程的不同建模方法及相应的扩散速度的定义。

表 2.1 扩散速度的不同模型（改自 Hilbert,Tap,El-Rabii et al.,2004）

近似程度	扩散速度	扩散系数
多组分扩散速度（一阶）	$X_k V_k = -\sum_{j=1}^{N} D_{kj} d_j - D_k^T (\nabla T/T)$ 其中：$d_j = \nabla X_j + (X_j - Y_j) \nabla p/p$ $+ \dfrac{\rho}{p} \sum_{k=1}^{N} Y_j Y_k (f_k - f_j)$ 通常，$d_j = \nabla X_j$	二元扩散系数由扩散矩阵 D_{kj} 的一阶近似 $D^{[1]}$ 给出。考虑了 Soret 效应、Dufour 效应和交叉扩散效应。
使用热扩散的 Hirschfelder-Curtiss 近似（零阶 + 热）	$X_k V_k = -D_k^* d_k - D_k^* \chi_k^* \dfrac{\nabla T}{T} + V_c$ 其中：$d_k = \nabla X_k$，$V_c = \sum_{k=1}^{N} D_k \nabla Y_k$	混合物中第 k 种物质的近似扩散系数 D_k^* 对应于扩散矩阵 D_{kj} 的零阶近似 $D^{[0]}$。需要校正速度 V_c 来确保质量守恒。
Hirschfelder-Curtiss 近似（零阶）	$X_k V_k = -D_k^* d_k + V_c$ 其中：$d_k = \nabla X_k$，$V_c = \sum_{k=1}^{N} D_k \nabla Y_k$	混合物中第 k 种物质的近似扩散系数 D_k^* 对应于扩散矩阵 D_{kj} 的零阶近似。需要校正速度 V_c 来确保质量守恒。
菲克定律	$Y_k V_k = -D_k \nabla Y_k$ 校正速度：$V_c = \sum_{k=1}^{N} D_k \nabla Y_k$	第 k 种物质用一个扩散系数 D_k。如果 $D_k \neq$ 常数，则需要校正速度 V_c 来确保质量守恒。
固定路易斯数法	$D_k = \lambda/(\rho C_p Le_k)$	每种物质都可以有一个分别指定的路易斯数的值；质量扩散系数与混合物的热扩散率有关。
路易斯数为 1 法	$D_k = \alpha_{\text{th},k} = \lambda/(\rho C_p)$	所有物质都具有与热扩散率相同的扩散系数，$Le_k = Le = 1$。

2.2.1.2 用于描述化学反应源项的多种模型

在通常的实际情况下，化学反应系统需要几个输入参数。这些参数包括一组基元化学反应、这些反应的动力学参数以及化学物质的热化学性质，这些信息称为燃烧问题的反应机理。反应机理的规范说明是求解火焰结构和火焰速度的一个非常重要的步骤。在本节中，讨论了表示反应系统中化学反应的各种方法，目的在于表述物质守恒方程中的化学源项 $\dot{\omega}_k$。

燃烧中使用的所有化学模型都具有相同的基元化学反应描述,这些描述以阿仑尼乌斯定律为基础,得到的速率系数为

$$k = AT^n \exp\left(-\frac{E_a}{R_u T}\right) \tag{2.29}$$

式中:A 为指前因子;E_a 为活化能;R_u 为普适气体常数($R_u = 8.3144 \text{J}/(\text{mole} \cdot \text{K})$);$n$ 为温度指数;T 为温度。

每个基元反应的 A、E_a 和 n 的值都是分别指定的。在这个表达式基础上,可以定义不同程度的近似来描述动力学。

综合反应机制 在综合反应机制中,需要考虑到所有涉及所关注构型中存在的全部化学物质的全部单步反应来建立反应机理(Lindstedt,1998;Warnatz,1992;Warnatz, Maas 和 Dibble,1996)。

考虑一个由进行 N_r 个可逆基元反应的 N 种物质组成的完整化学体系。每个基元反应都可以写为这个形式:

$$\sum_{k=1}^{N} \nu'_{ik} M_k \underset{k_{b_i}}{\overset{k_{f_i}}{\rightleftharpoons}} \sum_{k=1}^{N} \nu''_{ik} M_k \quad (i = 1,\cdots,N_r) \tag{2.30}$$

式中:M_k 为第 k 种物质。对于每一个第 i 个反应,都验证了摩尔化学计量系数间的以下关系(参见 Kuo,2005:第 1 章,第 2 章),这一关系对应于由各基元反应达成的全局质量守恒:

$$\sum_{k=1}^{N} \nu'_{ik} M w_k = \sum_{k=1}^{N} \nu''_{ik} M w_k \tag{2.31}$$

也可以写为

$$\sum_{k=1}^{N} \nu_{ik} M w_k = 0 \, (i = 1,\cdots,N_r) \tag{2.32}$$

其中

$$\nu_{ik} \equiv \nu''_{ik} - \nu'_{ik} \tag{2.33}$$

化学计量系数还满足与所有单个化学元素守恒相关的线性关系。第 i 个基元反应的反应速率(RR_i)定义为

$$RR_i = k_{f_i} \prod_{k=1}^{N} C_k^{\nu'_{ik}} - k_{b_i} \prod_{k=1}^{N} C_k^{\nu''_{ik}} \tag{2.34}$$

式中:C_k 为第 k 种物质的摩尔浓度;第 i 个基元反应的正向和逆向常数(k_{f_i},k_{b_i})用半经验阿仑尼乌斯定律表示为

$$k_i = A_i T^{n_i} \exp\left(-\frac{E_{a_i}}{R_u T}\right) \tag{2.35}$$

反应的正向和逆向常数通过平衡常数 K_{C_i} 联系起来:

$$K_{C_i} \equiv \frac{k_{f_i}}{k_{b_i}} \qquad (2.36)$$

热化学分析对平衡常数给出以下表达式：

$$K_{C_i} = \left(\frac{p_k}{R_u T}\right)^{\sum_{k=1}^{N} \nu_{ki}} \exp\left[\frac{\Delta S_i^\circ}{R_u} - \frac{\Delta H_i^\circ}{R_u T}\right] \qquad (2.37)$$

式中：参数 ΔS_i°，ΔH_i° 分别对应于第 i 个基元反应中从反应物到产物的转变期间熵和焓的变化；p_k 项对应于混合物中第 k 种物质的分压。这些量是从基于实验测得结果的表格中获得的。

第 k 种物质的生成速率是所有基元反应贡献的总和：

$$\dot{\omega}_k = Mw_k \sum_{i=1}^{N_r} \nu_{ki}(RR)_i \qquad (2.38)$$

如果在反应系统中存在第 k 种物质的净消耗，那么 $\dot{\omega}_k$ 就是一个负数。在反应系统中，一些物质被消耗了而另一些物质生成了，但总的净生成质量或消耗质量应该等于零。根据总质量守恒，有

$$\sum_{k=1}^{N} \dot{\omega}_k = 0 \qquad (2.39)$$

对反应流的数值模拟，必须指定化学反应机制。这意味着在进行计算之前，应该知道所有基元反应中涉及的全部化学物质及其各自的阿仑尼乌斯参数。在燃烧学领域，CHEMKIN 格式（Kee, Rupley 和 Miller, 1989）已成为一种实用标准。在这种格式中，使用规定的格式列出了反应，同时列出 A_i（以 CGS 单位表示）、n_i 和 $E_{a,i}$（用 cal/mol 表示）的值。使用式（2.36）和式（2.37）计算了逆向速率。更复杂的表达式——例如，可以用 Lindemann 或 Troe 公式（Warnatz, Maas 和 Dibble, 1996）来特别地描述速率系数对压力的依赖性（如衰减曲线，Kuo, 2005：第 2 章）。

例如，对氢/氧燃烧来说，用综合动力学机制来描述化学过程需要大约 8 种物质和 40 个不可逆的基元反应，对于甲烷/空气燃烧，需要大约 50 种物质和几百个化学反应。对于更加复杂的燃料，如正癸烷或十六烷，需要几百种物质和数千个基元反应。

如前所述，理想情况下，应该求解每一种物质的输运方程，以便准确地描述燃烧过程中发生的物理和化学过程，这就很清楚为什么在反应流的数值模拟中极少采用完整的反应机理。由于计算成本和内存需求巨大，因此几乎不可能使用这种完整的机理来进行多维模拟。但涉及臭氧的反应过程例外，这个过程可以用很少的物质来描述，但燃烧学界对此不太感兴趣。一些文献使用了完整的氢/氧反应机理，这是因为氢/氧反应是最简单的反应系统，"仅"

包含 8 种物质。如果混合物含有 N 的其他化学物质，为描述 NO_x 的生成就必须考虑相关的反应。注意，H_2/O_2 反应机理通常可用于研究一些实际的火焰，因为它们是整个反应机理的一部分（参见 Kuo，2005：第 2 章，图 2.30）。还考虑了合成气（CO/H_2 混合物）的燃烧，因为对它的基本完整机理的描述所涉及的物质少于 20 种。

从事实际应用的科学家和工程师希望研究的至少是甲烷，更多的是研究天然气或正癸烷，它们是复杂的化合物，涉及 100~1000 种中间化学物。在这种情况下，完整反应机理不可能用于湍流反应流计算，这是因为即使只是一维模拟也对 CPU 时间需求极高的缘故。为将完整机理简化为更为简单的子集，已开发出了几种技术。

根据 Hilbert et al.（2004）的综述，定义了 4 类具有不同复杂程度的化学模型。

（1）完整机理（或详细反应机理）。此类别对应于已考虑所有动力学过程的情况。这是一项艰巨的任务，在这种情况下存在相当大的不确定性。在没有进行有意简化，以及研究人员尽其所能考虑了所有存在的反应时，得到的机理就属于这一类。对于后面章节中所讨论的湍流火焰的模拟，详细反应机理通常仅限于臭氧、氢、CO 和一些甲烷的燃烧。

（2）简化机理。从完整机理可以推导出简化机理。简化机理对应于这种情况：研究人员有意降低完整机理中所考虑的化学反应的复杂性，同时保留了对应于指定操作条件下主要反应途径。敏感度分析（Kuo，2005：第 2 章）被广泛应用于从完整反应机理来确定简化机理（Warnatz，Maas 和 Dibble，1996）。通常，简化机理仍然考虑了完整机理所考虑的 20%~50% 的物质。如同在燃烧学文献中所见到的，简化机理一般考虑 5~20 种物质。依赖于简化反应机理的研究不会（也不能）宣称其具有完美的定量准确性，这是因为简化的反应机理总是有化学过程的明确简化。简化反应机理有时在文献中称为骨架机理。这种程度的简化常对应于化学过程仍然由一组基元反应直接描述的情况，而这组基元反应反映了一种非常简化了的机理。从这个意义上讲，骨架机理构成了简化机理的下限。

（3）半全局机理。如果进一步简化骨架反应机理，就得到了半全局机理。半全局机理通常考虑少于 5 个涉及 5~10 种物质的反应，且忽略了大多数化学路径。依赖于半全局机理的研究对获得定性趋势很有用，并仍然考虑到了一些重要的中间自由基的存在。半全局机理通常需要求解与稳态和/（或）部分平衡假设相关的互补非线性方程组（表 2.2）。

（4）单步机理。最后，进一步简化得到了单步机理，它不考虑任何中间基团。单步机理主要用来获得解析解，在数值研究中较为少见。

表2.2 简化化学反应机理的几种技术的比较

	经典技术		最新技术
准稳态分析 (quasi-steady state analysis, QSSA)	非常活泼的物质的净生成速率或净消耗速率等于0($\dot{\omega}_{I,k}=0$)。通过使用以上假设,这些中间物质的浓度能够用其他主要物质的浓度来表示。这种方法的详细示例在 Kuo (2005:第2章)中给出	计算奇异摄动(computational singular perturbation, CSP)法(Goussis 和 Lam, 1992; Lam 和 Goussis, 1994)	基本策略是将化学时间尺度分为慢速组和快速组。通过大规模并行计算机程序连续监测各物质和基元反应对物质质量分数和温度变化率的影响,以此获得反应系统的最佳表述。 无需事先消除物质或基元反应
局部平衡分析	假设一部分正向和逆向基元反应的反应速率非常快。可以推导出这些反应中物质浓度的代数关系式。这个假设更适用于相对高温的情况	本征低维流型(intrinsic low-dimensional manifolds, ILDM)法(Maas 和 Pope, 1992)	在合成空间中识别本征低维流型(数学空间),这些流型对应于使用更少的坐标来描述完整的反应体系。在制成表后,将这些流型用在反应流模拟中,这时只需要求解坐标,而不需要求解所有化学物质了。通过查表,在整个计算过程中仍能得到所有的中间物质
敏感度分析	通过摄动输入动力学参数检验最终产物浓度是否受到该动作的影响,以此来确定限速步骤。从这个步骤获得的信息用来识别和消除不太重要的反应,并得到一个简化机理	速率控制约束平衡(rate-controlled constrained equilibrium, RCCE)法(Yousefian, 1998)	分享了 CSP 和 ILDM 方法理念的另一种替代方法

这种分类很有用,但并不能认为普遍适用。事实上,不同类别之间的界限并不十分明确。正如所提到的,很少有湍流火焰的模拟依赖于完整反应机理。现在列出了用于对完整机理进行简化从而得到一种详细机理,或最终得到一种半全局机理或单步机理的主要技术。

近年来,已经开发了几种其他技术来降低求解由反应产生的常微分方程的计算成本。这些技术有:Goussis 和 Lam(1992)、Lam 和 Goussis(1994)的计算奇异摄动(computational singular perturbation, CSP)法、Turányi(1994)的重复建模法(repro-modeling)、Pope(1997)的原位自适应列表法(in-situ adaptive tabulation, ISAT)、Bell et al.(2000)的解映射的分段复用实施法(piecewise reusable implementation of solution mapping, PRISM)以及 J. Chen et al.(2000)的人工神经网络法(artificial neuralnetworks, ANN)。

一维预混 H_2/O_2 层流火焰求解示例。在一般实践中,化学反应系统需要几个输入参数。这些参数包括一组基元化学反应、这些反应的动力学参数,以及化学物质的热化学性质。这些信息称为燃烧问题的反应机理。反应机理的说明是求解火焰结构和火焰速度的一个非常重要的步骤。对于预混 H_2/O_2 火焰,Ó Conaire,Curran,Simmie et al.(2004)提出的反应机理如表 2.3 所列。

这一反应机理由 19 个可逆的基元反应组成,如表中所列。

表 2.3　Ó Conaire et al.(2004)的 H_2/O_2 反应机理(单位:cm^3、mol、s、kcal、K)

	反应	A	n	E_a	参考文献
	H_2/O_2 链反应				
1	$\dot{H} + O_2 = \dot{O} + \dot{O}H$	1.91×10^{14}	0.00	16.44	Pirraglia,Michael,Sutherland et al.,1989
2	$\dot{O} + H_2 = \dot{H} + \dot{O}H$	5.08×10^4	2.67	6.292	Sutherland et al.,1986
3	$\dot{O}H + H_2 = \dot{H} + H_2O$	2.16×10^8	1.51	3.43	Michael 和 Sutherland,1988
4	$\dot{O} + H_2O = \dot{O}H + \dot{O}H$	2.97×10^6	2.02	13.4	Sutherland,Patterson 和 Klemm,1990
	H_2/O_2 解离/重组反应				
5[a]	$H_2 + M = \dot{H} + \dot{H} + M$	4.57×10^{19}	-1.40	105.1	Tsang 和 Hampson,1986
6[b]	$\dot{O}+\dot{O}+M=O_2+M$	6.17×10^{15}	-0.50	0.00	Tsang 和 Hampson,1986
7[c]	$\dot{O} + \dot{H} + M = \dot{O}H + M$	4.72×10^{18}	-1.00	0.00	Tsang 和 Hampson,1986
8[d,e]	$\dot{H} + \dot{O}H + M = H_2O + M$	4.50×10^{22}	-2.00	0.00	Tsang 和 Hampson,1986[①]
	$H\dot{O}_2$ 的形成与消耗				
9[f,g]	$\dot{H} + O_2 + M = H\dot{O}_2 + M$	3.48×10^{16}	-0.41	-1.12	Mueller 和 Schefer,1998
	$\dot{H} + O_2 = H\dot{O}_2$	1.48×10^{12}	0.60	0.00	Cobos,Hippler 和 Troe,1985
10	$H\dot{O}_2 + \dot{H} = H_2 + O_2$	1.66×10^{13}	0.00	0.82	Mueller,Kim,Yetter et al.,1999
11	$H\dot{O}_2 + \dot{H} = \dot{O}H + \dot{O}H$	7.08×10^{13}	0.00	0.30	Mueller,Kim,Yetter et al.,1999
12	$H\dot{O}_2 + \dot{O} = \dot{O}H + O_2$	3.25×10^{13}	0.00	0.00	Baulch et al.,1994
13	$H\dot{O}_2 + \dot{O}H = H_2O + O_2$	2.89×10^{13}	0.00	-0.50	Baulch et al.,1994
	H_2O_2 的形成与消耗				
14[h]	$H\dot{O}_2 + H\dot{O}_2 = H_2O_2 + O_2$	4.2×10^{14}	0.00	11.98	Hippler,Troe 和 Willner,1993

(续)

	反应	A	n	E_a	参考文献
	$H\dot{O}_2 + H\dot{O}_2 = H_2O_2 + O_2$	1.3×10^{11}	0.00	-1.629	Hippler,Troe 和 Willner,1993
$15^{i,f}$	$H_2O_2 + M = \dot{O}H + \dot{O}H + M$	1.27×10^{17}	0.00	45.5	Warnatz et al.,1985
	$H_2O_2 = \dot{O}H + \dot{O}H$	2.95×10^{14}	0.00	48.4	Brouwer et al.,1985
16	$H_2O_2 + \dot{H} = H_2O + \dot{O}H$	2.41×10^{13}	0.00	3.97	Tsang 和 Hampson,1986
17	$H_2O_2 + \dot{H} = H_2 + H\dot{O}_2$	6.03×10^{13}	0.00	7.95	Tsang 和 Hampson,1986②
18	$H_2O_2 + \dot{O} = \dot{O}H + H\dot{O}_2$	9.55×10^{6}	2.00	3.97	Tsang 和 Hampson,1986
19^h	$H_2O_2 + \dot{O}H = H_2O + H\dot{O}_2$	1.0×10^{12}	0.00	0.00	Hippler 和 Troe,1992
	$H_2O_2 + \dot{O}H = H_2O + H\dot{O}_2$	5.8×10^{14}	0.00	9.56	Hippler 和 Troe,1992

注:[a] 效率因子为 $H_2O = 12.0$;$H_2 = 2.5$。

[b] 效率因子为 $H_2O = 12$;$H_2 = 2.5$;$Ar = 0.83$;$He = 0.83$。

[c] 效率因子为 $H_2O = 12$;$H_2 = 2.5$;$Ar = 0.75$;$He = 0.75$。

[d] 原始的指前因子 A 在这里乘以 2。

[e] 效率因子为 $H_2O = 12$;$H_2 = 0.73$;$Ar = 0.38$;$He = 0.38$。

[f] Troe 的参数:反应 9,$a = 0.5$,$T^{***} = 1.0 \times 10^{-30}$,$T^* = 1.0 \times 10^{30}$,$T^{**} = 1.0 \times 10^{+100}$;反应 15,$a = 0.5$,$T^{***} = 1.0 \times 10^{-30}$,$T^* = 1.0 \times 10^{+30}$。

[g] 效率因子为 $H_2 = 1.3$;$H_2O = 14$;$Ar = 0.67$;$He = 0.67$。

[h] 反应 14 和反应 19 表示为两个速率表达式的总和。

[i] 效率因子为 $H_2O = 12$;$H_2 = 2.5$;$Ar = 0.45$;$He = 0.45$。

①这里的指前因子 A 是原始值乘以 2.0(不确定因子)的结果。

②这里的指前因子 A 是原始值乘以 1.25(不确定因子)的结果。

表 2.4 列出了反应体系中涉及的所有化学物质的生成热、熵值和温度依赖的比热容。

表 2.4 298.15 K 时的生成热(kcal/mol)、300 K 时的熵,以及作为温度函数的恒压比热容(cal/(mol·K))

物质	ΔH_f^{298K}	S^{300K}	比热容 C_p					
			300K	400K	500K	800K	1000K	1500K
$\dot{H}$	52.098	27.422	4.968	4.968	4.968	4.968	4.968	4.968
$\dot{O}$	59.56	38.500	5.232	5.139	5.080	5.016	4.999	4.982
$\dot{O}H$	8.91	43.933	6.947	6.992	7.036	7.199	7.341	7.827
H_2	0.00	31.256	6.902	6.960	6.997	7.070	7.209	7.733
O_2	0.00	49.050	7.010	7.220	7.437	8.068	8.350	8.721

(续)

物质	ΔH_f^{298K}	S^{300K}	比热容 C_p					
			300K	400K	500K	800K	1000K	1500K
H_2O	-57.77	45.154	8.000	8.231	8.446	9.223	9.875	11.258
$H\dot{O}_2$	3.00	54.809	8.349	8.886	9.465	10.772	11.380	12.484
H_2O_2	-32.53	55.724	10.416	11.446	12.346	14.294	15.213	16.851
N_2	0.00	45.900	6.820	7.110	7.520	7.770	8.280	8.620
Ar	0.00	37.000	4.900	4.900	4.900	4.900	4.900	4.900
He	0.00	30.120	4.970	4.970	4.970	4.970	4.970	4.970

数据来源：ÓConaire,Curran,Simmie et al.(2004)。

用于稳定、一维、层状预混火焰的数值模拟的一种流行计算机代码名为Premix(Kee,Grear,Smooke et al.,1985)。Ó Conaire et al.(2004)使用 Premix 代码对稳定、绝热自由传播(球形膨胀)的火焰速度进行建模，来确定燃烧器稳定火焰中主要物质及中间物质的浓度分布。通过使用包含热扩散系数的标准 Chemkin 输运包确定了输运性质。使用了混合物平均的输运性质。其他几个建模研究小组，如资源研究所和利兹大学，更倾向于使用多组分输运方案。劳伦斯·利弗莫尔国家实验室的研究人员使用混合物平均的输运性质。网址 http://webbook.nist.gov/chemistry/fluid/为确定许多气态物质和液态物质的热物理性质和输运性质提供了有用的参考。读者还可以参考 Kuo(2005:附录 A)来了解使用基线法、高压校正和混合规则估算各种物质和混合物的热性质和输运性质的方法。Ó Conaire et al.(2004)计算得到的稳定、一维、层流预混氢气-氧气-空气体系的火焰速度如图 2.4 所示。除了Ó Conaire et al.(2004)提出的反应机理外，还计算了其他 4 个研究组提出的反应机理的火焰速度。这些机理包括 Mueller et al.(1999)提出的机理；利兹大学的甲烷氧化机理 0.5 版；天然气研究所的机理 3.0 版(GRI-Mech 3.0)；Konnov 机理 0.5 版(2000)。由于氢是反应机理层次结构中最简单的组分(Kuo,2005:第 2 章)，甲烷氧化机理还包括了氢的氧化机理。比较结果表明，这些反应机理在基元反应数量和反应速率常数表达上彼此间非常不同。正如读者可以从图 2.4 中看到的那样，最大火焰速度在当量比大于 1(富燃混合物)时发生。主要燃烧产物分解成为更简单的分子，并且需要额外的燃料与解离反应的产物反应。因此，最大反应速率发生在混合物富含燃料时，从而使得最大火焰速度出现在当量比高于 1 的时候。Saxena 和 Williams(2006)还测试了层流预混火焰中氢气和一氧化碳与氧气燃烧的反应动力学机理(11 种物质的 30 步机理)。他们计算出的层流燃烧速度也与各研究组测得的数据非常吻合。建议读者参考原始论文，来了解反应机理和数值程序的更多详细信息。

Vandooren 和 Bian(1990)进行了一组预混 $H_2/O_2/Ar$ 的平焰燃烧器试验，

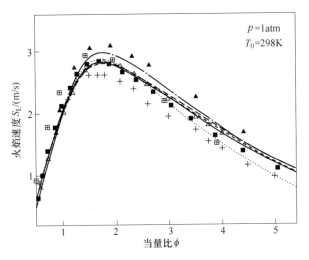

图 2.4　计算得到的 $H_2/O_2/$空气的火焰速度与当量比的结果与测得数据的比较

($p = 1\text{atm}, T_0 = 298\text{K}$)

▲ Takahashi Mizomoto 和 Ikai,1983; △ Tse,Zhu 和 Law,2000;
■ Dowdy,Smith 和 Taylor,1990; + Aung,Hassan 和 Faeth,1997; ⊞ Iijima 和 Takeno,1986;
—— Ó Conaire et al.,2004; - · - · - Mueller et al.,1999; - - - - - 利兹版本 0.5;
· · · · · · GRI-Mech 3.0; - - - - - - - Konnov 0.5 版(改自 Ó Conaire et al.,2004)

并在当量比为 1.91,压力为 35.5 托①时测得了物质浓度与燃烧器上方距离的函数关系。Ó Conaire et al.(2004)使用 Vandooren 和 Bian(1990)测得的试验火焰温度曲线来模拟稳定一维层流预混火焰。试验数据与使用 Ó Conaire et al. 反应机理的计算结果的比较如图 2.5 所示。计算和实测的主要物质分布曲线之间符合得比较好,特别是在远离燃烧器表面的区域中。然而,在靠近燃烧器火焰锋面的预热区中,氧气分布的计算结果和试验结果之间存在一些差异。水最大浓度的测量结果与计算结果是相同的。测得的中间物质,如 $H、O$ 和 OH 的浓度曲线与 Ó Conaire et al.(2004)预测结果的比较表明,计算得到的自由基浓度高于测量值。计算得到的中间物质的分布显示出与测量数据的分布类似,但是对于火焰中和后火焰区中的 H 和 OH 自由基,其浓度被高估了 2 倍,对于这两个区域中的 H 原子,被高估了 5 倍。

Ó Conaire et al.(2004)提出测得的和计算的 OH 曲线与燃烧器表面附近 OH 的双峰分布之间的差异可归因于燃烧器表面附近的自由基淬熄效应。他们的反应机理没有考虑在燃烧器稳定的氢火焰中发生的自由基淬熄效应。

---

① 1 托 = 133.322Pa。——译者注

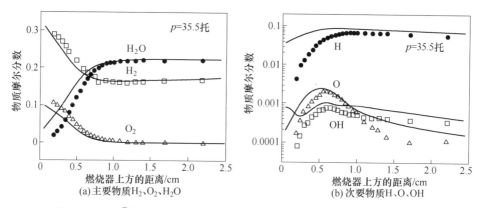

图 2.5 39.9①托下 39.7% H_2 + 10.3% O_2 + 平衡 Ar 的燃烧器稳定火焰中物质分布的计算结果与 Vandooren 和 Bian(1990)实测结果的比较(改自 Ó Conaire et al.,2004)

2.2.2 灵敏度分析

灵敏度分析是定量理解模型的解是如何依赖于模型中参数的一种途径(Kuo,2005,第 2 章)。模型的解是指层流火焰速度、火焰温度、物质摩尔分数等。Stewart 和 Sorenson(1976)以及 Saito 和 Scriven(1981)致力于开发灵敏度分析技术已有多年了。灵敏度分析是解释火焰模型结果的一种有用工具,有助于确定反应体系的关键机理。通常,未知变量 χ_i 相对于参数 p_j 的灵敏度由式(2.40)所示的雅可比(Jacobian)S_{ij} 计算得到。

$$S_{ij} \equiv \left(\frac{\partial \ln \chi_i}{\partial \ln p_j}\right) \tag{2.40}$$

式(2.40)以 $i \times j$ 矩阵的一般形式写出。如果用户希望知道单一未知参数相对于所感兴趣的参数的灵敏度,那么它将是一个矢量。例如:层流火焰速度 S_L 相对于特定反应速率常数 k_j 的灵敏度可写为

$$S_j \equiv \left(\frac{\partial \ln S_L}{\partial \ln k_j}\right) \tag{2.41}$$

Ó Conaire et al.(2004)在当量比为 1.0~3.0、自由传播的层流火焰速度,对 H_2/O_2 反应机理进行了灵敏度分析。这是通过将每个反应的速率常数乘以 2 并计算受到所考察反应扰动的反应动力学机理下的新的、经受"扰动"的火焰速度来实现的。他们在两种不同的压力水平下,得到的灵敏度分析结果分别如图 2.6 和图 2.7 所示。"百分灵敏度"这一术语与由式(2.41)给出的 S_j 相同,并且也称为归一化灵敏度。S_j 的物理意义是相对于第 j 个特定反应速率常数的百分变化所产生的火焰速度的百分变化。

---

① 原文 39.9 有误,应为 35.5。——译者注

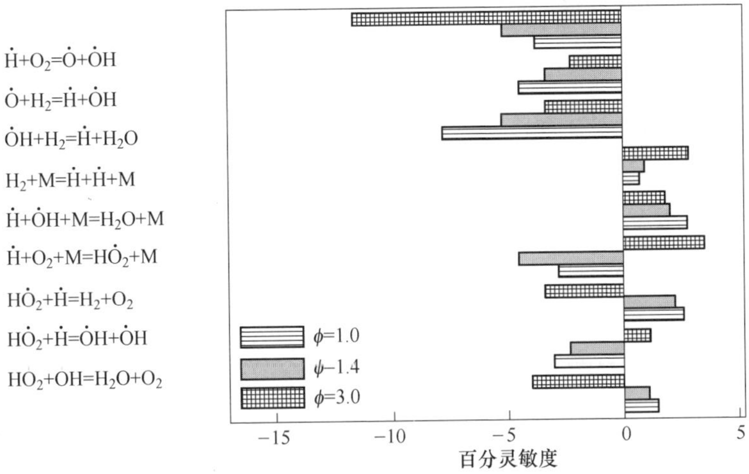

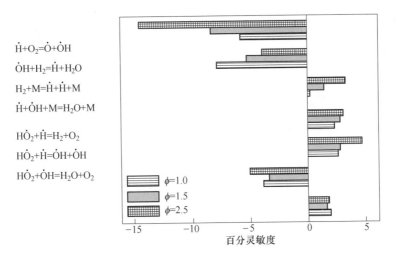

图 2.6　1 atm 下自由传播的 $H_2/O_2/$空气火焰的火焰速度灵敏度分析

（改自 Ó Conaire et al., 2004）

图 2.7　5 atm 下自由传播的 $H_2/O_2/$空气火焰的火焰速度灵敏度分析

（改自 Ó Conaire et al., 2004）

如表 2.3 所列，Ó Conaire et al.（2004）提出的 $H_2/O_2/M$ 反应机理由 19 个可逆基元反应组成。他们对 19 个 H_2/O_2 反应中的每一个都进行了灵敏度分析——不仅限于自由传播的火焰，而且还用于将他们的结果与激波管和流动反应器的实验数据进行了比较。根据他们的研究，他们发现火焰模型的解只对这 9 个反应敏感。反应的序号与表 2.3 中的序号相对应，如下：

1. $\dot{H} + O_2 = \dot{O} + \dot{O}H$
2. $\dot{O} + H_2 = \dot{H} + \dot{O}H$
3. $\dot{O}H + H_2 = \dot{H} + H_2O$
4. $\dot{O} + H_2O = \dot{O}H + \dot{O}H$
8. $\dot{H} + OH + M = H_2O + M$
9. $\dot{H} + O_2 + M = H\dot{O}_2 + M$
10. $H\dot{O}_2 + \dot{H} = H_2 + O_2$
11. $H\dot{O}_2 + \dot{H} = \dot{O}H + \dot{O}H$
17. $H_2O_2 + \dot{H} = H_2 + H\dot{O}_2$

从图2.6和图2.7可以看出,不同基元反应的百分灵敏度可以是正值或负值。百分灵敏度的绝对值表示这个特定反应对层流火焰速度的影响程度。负的百分灵敏度意味着特定反应速率常数的任何增加都会降低层流火焰速度,反之亦然。值得注意的是,特定基元反应的重要性可能会随着压力而发生变化。例如,基元反应 $\dot{O}+ H_2 = \dot{H}+ \dot{O}H$ 在 1 atm 压力下表现出对火焰速度的敏感性,但在化学计量和富燃条件下,在 5 atm 压力下却没有表现出相同的行为。类似地,反应 $\dot{H}+ O_2+ M = H\dot{O}_2+ M$ 对 5 atm 的火焰速度也不敏感。然而,反应 $\dot{H}+ O_2+ M = H\dot{O}_2+ M$ 对处于容器中的 H_2/O_2 反应系统的爆炸图起着重要作用(Kuo,2005:第2章)。

2.3 具有单个全局反应的预混层流火焰的分析关系

尽管当今研究燃烧问题的趋势是将复杂的化学反应与对输运特性的详细考虑结合起来,但仍有很多理由来处理基于对其全局反应考虑的与预混层流火焰相关的分析关系。主要理由如下:

(1) 从理论概念的角度来看,理解预混层流火焰中各种参数之间的相互依赖性是有用的。在初学者层面,求解一个只有一步正向反应的简化问题可能会是一个很好的练习来获得基本的理解。由于包含多种物质和多个反应,且所有物质都具有不同的热和输运性质,一维稳态预混层流火焰仍然是一个复杂的问题。处理这些物质中每一种物质的反应化学和扩散过程都会是一项艰巨的工作。

(2) 有时,当化学反应流场非常复杂时,不可能处理到每个方面。通过考虑因贯穿于火焰的全局反应导致的局部放热,可以避免考虑详细的化学反应。在这种情况下,可以对流动结构模拟投入更多的精力。当然,这种简化的有效性取决于化学和流场发展的相对时间尺度。

(3)可以容易地建立操作参数(如初始温度、反应物浓度和压力)与溶液参数(如层流火焰速度、绝热火焰温度等)之间的函数关系。这些关系可以为燃烧系统提供基本知识。

下面的理论分析遵循 F. A. Williams(2005)以及 Poinsot 和 Veynante(2005)的研究结果。一个稳定的一维预混层流火焰模型可以用4个假设来进行简化：

(1)只有一个不可逆反应。

(2)所有物质都具有相同且恒定的比热容。

(3)所有物质具有相同且恒定的质量扩散系数,因此所有的路易斯数都相等。

(4)路易斯数等于1。

通过使用这4个假设,可以通过以下步骤推导出与反应化学有关的源项。

单步不可逆的全局反应可以表示为

$$\sum_{i=1}^{N} \nu'_i M_i \xrightarrow{k_f} \sum_{i=1}^{N} \nu''_i M_i \quad (2.42)$$

接下来给出了单步正向化学守恒方程的推导。特定反应速率可以写为

$$k_f = AT^\beta \exp(-E_a/R_u T) = AT^\beta \exp(-T_a/T) \quad (2.43)$$

第 i 种物质的反应速率可以表示为

$$\dot{\omega}_i = (\nu''_i - \nu'_i) Mw_i \dot{\varepsilon}_V = \nu_i Mw_i \dot{\varepsilon}_V \quad (2.44)$$

式(2.44)中, $\dot{\varepsilon}_V$ 表示每单位体积的单步全局反应的进度。用温度表示的能量方程中的热释放项 $\dot{\omega}_T$ 变为：

$$\underbrace{\dot{\omega}_T}_{\left[\frac{Q}{L^3 t}\right]} = -\sum_{i=1}^{N} \underbrace{\Delta h^\circ_{f,i}}_{\left[\frac{Q}{M}\right]} \underbrace{\dot{\omega}_i}_{\left[\frac{M}{L^3 t}\right]} = -\underbrace{\dot{\varepsilon}_V}_{\left[\frac{1}{L^3 t}\right]} \sum_{i=1}^{N} (\underbrace{\Delta h^\circ_{f,i}}_{\left[\frac{Q}{M}\right]} \underbrace{Mw_i}_{\left[\frac{M}{N}\right]} \underbrace{\nu_i}_{[N]}) \quad (2.45)$$

对于放热反应,式中 $\dot{\omega}_T$ 是正数。在燃烧问题中,总目标是产生热量。因此, $\dot{\omega}_T$ 也可以写为燃料的摩尔发热值(Q_F^m,逻辑上应该是个正数),即

$$\underbrace{\dot{\omega}_T}_{\left[\frac{Q}{L^3 t}\right]} = \underbrace{|\nu_F|}_{[N]} \underbrace{Q_F^m}_{\left[\frac{Q}{N}\right]} \underbrace{\dot{\varepsilon}_V}_{\left[\frac{1}{L^3 t}\right]} \quad (2.46)$$

在燃烧过程中,燃料通常是被消耗的,因此 $\nu_F(=\nu''_F - \nu'_F)$ 且 $\dot{\omega}_F$ 通常为负值。比较式(2.45)和式(2.46),有

$$|\nu_F|Q_F^m = -\sum_{i=1}^{N} \Delta h^\circ_{f,i} Mw_i \nu_i \quad 或 \quad Q_F^m = -\sum_{i=1}^{N} \underbrace{\Delta h^\circ_{f,i} Mw_i}_{=\Delta H^\circ_{f,i}} \left|\frac{\nu_i}{\nu_F}\right| = \sum_{i=1}^{N} \Delta H^\circ_{f,i} \frac{\nu_i}{\nu_F}$$

$$(2.47)$$

1kg 燃料的放热(放热反应为正值,见表2.5)定义为

$$Q_{\mathrm{F}} = \frac{Q_{\mathrm{F}}^{\mathrm{m}}}{Mw_{\mathrm{F}}} = \sum_{j=1}^{N}\left(\Delta H_{\mathrm{f},i}^{\circ}\frac{\nu_j}{Mw_{\mathrm{F}}\nu_{\mathrm{F}}}\right) \tag{2.48}$$

表 2.5 一些燃料的摩尔热值($Q_{\mathrm{F}}^{\mathrm{m}}$)和质量热值($Q_{\mathrm{F}}$)以及化学计量比($s$)的值

全局反应	$Q_{\mathrm{F}}^{\mathrm{m}}$ /(kJ/mole)	Q_{F} /(kJ/kg)	$s = \frac{\nu_{\mathrm{O}} Mw_{\mathrm{O}}}{\nu_{\mathrm{F}} Mw_{\mathrm{F}}}$	$Y_{\mathrm{F}}^{\mathrm{ST}}$
$CH_4 + 2O_2 \rightarrow CO_2 + 2H_2O$	802	50100	4.00	0.055
$C_3H_8 + 5O_2 \rightarrow 3CO_2 + 4H_2O$	2060	46600	3.63	0.060
$2C_8H_{18} + 25O_2 \rightarrow 16CO_2 + 18H_2O$	5225	45800	3.51	0.062
$2H_2 + O_2 \rightarrow 2H_2O$	241	120500	8.00	0.028

数据来源:改自 Poinsot 和 Veynante(2005)。

放热源项 $\dot{\omega}_T$ 与燃料消耗速率 $\dot{\omega}_{\mathrm{F}}$ 的关联如下:

$$\underbrace{\dot{\omega}_T}_{(+)} = -\underbrace{Q_{\mathrm{F}}}_{(+)} \underbrace{\dot{\omega}_F}_{(-)} \tag{2.49}$$

一维稳定层流预混火焰的控制方程如式(2.7)~式(2.9)所示。通过使用本节中描述的假设,这些方程可以写为

$$\rho u = \text{常数} = \rho_1 u_1 = \rho_u S_{\mathrm{L}} \tag{2.50}$$

$$\underbrace{\rho_u S_{\mathrm{L}}}_{=\rho u}\frac{\mathrm{d}Y_{\mathrm{F}}}{\mathrm{d}x} = \frac{\mathrm{d}}{\mathrm{d}x}\left(\rho D \frac{\mathrm{d}Y_{\mathrm{F}}}{\mathrm{d}x}\right) + \dot{\omega}_{\mathrm{F}} \tag{2.51}$$

$$\underbrace{\rho_u S_{\mathrm{L}}}_{=\rho u} C_p \frac{\mathrm{d}T}{\mathrm{d}x} = \frac{\mathrm{d}}{\mathrm{d}x}\left(\lambda \frac{\mathrm{d}T}{\mathrm{d}x}\right) - \underbrace{Q_{\mathrm{F}}}_{(+)}\underbrace{\dot{\omega}_{\mathrm{F}}}_{(-)} \tag{2.52}$$

对式(2.50)~式(2.52)从 $x = -\infty$ 到 $x = +\infty$ 积分,有

$$\rho_u S_{\mathrm{L}} Y_{\mathrm{F,u}} = -\int_{-\infty}^{\infty}\underbrace{\dot{\omega}_{\mathrm{F}}}_{(-)}\mathrm{d}x = \underbrace{\Omega_{\mathrm{F}}}_{(+)} \tag{2.53}$$

或

$$S_{\mathrm{L}} = \Omega_{\mathrm{F}}/(\rho_u Y_{\mathrm{F,u}}) \tag{2.54}$$

式中:Ω_{F} 为火焰的单位面积的总燃料消耗速率。

同样地,通过积分能量方程可以获得总能量平衡:

$$\rho_u C_p S_{\mathrm{L}}(T_{\mathrm{b}} - T_{\mathrm{u}}) = -Q_{\mathrm{F}}\int_{-\infty}^{\infty}\dot{\omega}_{\mathrm{F}}\mathrm{d}x = Q_{\mathrm{F}}\Omega_{\mathrm{F}} \tag{2.55}$$

从式(2.54)和式(2.55)中消去 Ω_{F},有

$$C_p(T_{\mathrm{b}} - T_{\mathrm{u}}) = Q_{\mathrm{F}} Y_{\mathrm{F,u}} \quad \text{或} \quad T_{\mathrm{b}} = T_{\mathrm{u}} + Q_{\mathrm{F}} Y_{\mathrm{F,u}}/C_p \tag{2.56}$$

式中:T_{b} 为绝热火焰温度;$Y_{\mathrm{F,u}}$ 为未燃烧的混合物中燃料的质量分数。

绝热条件下的总能量平衡也可以写为

$$\underbrace{C_p(T_u - T_0)}_{\text{反应物的显焓}} + \underbrace{\sum_{i=1}^{N} \Delta h_{f,i}^{\circ} Y_{i,u}}_{\text{反应物的化学焓}} = \underbrace{C_p(T_b - T_0)}_{\text{生成物的显焓}} + \underbrace{\sum_{i=1}^{N} \Delta h_{f,i}^{\circ} Y_{i,b}}_{\text{生成物的化学焓}} \quad (2.57)$$

式中：T_0 = 298.15K。式(2.57)也可以写为

$$C_p(T_b - T_u) = \sum_{i=1}^{N} \Delta h_{f,i}^{\circ}(Y_{i,u} - Y_{i,b}) \quad (2.58)$$

这个方程表示通过燃烧过程，化学能转化成了热能。根据式(2.56)，读者可以看到层流预混火焰的绝热火焰温度 T_b 仅由燃料的热值和气态混合物的比热容决定。类似地，根据式(2.54)，读者可以观察到层流火焰速度仅取决于每单位面积的总燃料消耗速率、燃料的初始浓度和未燃烧的燃料-氧化剂混合物的密度。因此，改变反应速率不会对得到更高的绝热火焰温度起任何有意义的作用。同样地，为了改变层流火焰速度，需要关注反应速率参数，例如指前因子和(或)活化能。

如前所述，这种分析是为建立预混层流火焰的物理理解所做的很大的简化。将简化分析的预测结果与考虑所有化学物质的温度依赖性比热容的全化学模型预测结果进行比较将非常有趣。这对于考量将所有化学物质都使用恒定比热容的这个假设2对计算绝热火焰温度的影响也是有用的。Poinsot 和 Veynante(2005)对初始温度为 300 K 的预混丙烷-空气火焰进行了这种比较，如图 2.8 所示。该图表明，简化情况下作为 ϕ 的函数的预测绝热火焰温度(T_b)与其他两种情况下的解比较一致。

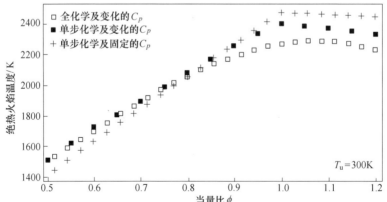

图 2.8 使用多种假设下的大气压条件下丙烷-空气火焰的绝热火焰温度

(改自 Poinsot 和 Veynante, 2005)

燃料质量分数和温度可以通过下面的操作关联起来：让我们分别定义两个简化的参数 Y 和 Θ，一个用来表示燃料质量分数，另一个用来表示温度。

$$Y \equiv Y_F/Y_{F,u} \quad (2.59)$$

$$\Theta \equiv \frac{C_p(T - T_u)}{Q_F Y_{F,u}} = \frac{(T - T_u)}{(T_b - T_u)} \tag{2.60}$$

通过这种简化,我们有两个从 0 变化到 1 的参数。变量 Y 在未燃烧的混合物中是 1,在燃烧过的气体中是 0。变量 Θ 在未燃烧的混合物中为 0,在燃烧过的气体中为 1。物质守恒方程(式(2.51))和能量守恒方程(式(2.52))可以用这些简化的变量重写。用 Y 和 Θ 表示的等式具有相似的形式,如下所示:

$$\rho_u S_L \frac{dY}{dx} = \frac{d}{dx}\left(\rho D \frac{dY}{dx}\right) + \dot{\omega}_F / Y_{F,u} \tag{2.61}$$

$$\rho_u S_L \frac{d\Theta}{dx} = \frac{d}{dx}\left(\frac{\lambda}{C_p} \frac{d\Theta}{dx}\right) - \dot{\omega}_F / Y_{F,u} \tag{2.62}$$

将这两个等式相加并假设 $Le = \lambda/(\rho C_p D) = 1$,得

$$\rho_u S_L \frac{d}{dx}(\Theta + Y) = \frac{d}{dx}\left(\rho D \frac{d}{dx}(\Theta + Y)\right) \tag{2.63}$$

这种齐次微分方程(ordering differential equation, ODE)的解为

$$\Theta + Y = 1 \tag{2.64}$$

这种简单的代数关系说明 Θ 和 Y 不是独立的量;为了获得火焰区中的变量分布,只需要求解一个微分方程。简化的温度 Θ 从火焰的未燃烧侧到火焰区的已燃烧侧由 0 变化到 1;因此,它也可以被视为是一个反应进度变量。第 k 个化学物质的源项由式(2.10)给出。对于单步正向反应,可以给出全局反应:

$$\nu'_F F + \nu'_O O \xrightarrow{k_f} \nu''_p P \tag{2.65}$$

在混合物非常稀的情况下,氧化剂的质量分数保持恒定,且反应速率仅取决于燃料的质量分数。在这种情况下,燃料反应速率只是燃料质量分数的函数。因此,$\nu''_F = 0$ 且 $\nu'_F = 1$。式(2.62)中燃料的反应源项可给出为

$$\dot{\omega}_F = -A T^n Y_F \rho \exp\left(-\frac{E_a}{R_u T}\right) \tag{2.66}$$

使用式(2.60),T 可以用 Θ 写为

$$T = T_u + \Theta(T_b - T_u) \tag{2.67}$$

将 T 代入式(2.66)并用 $Y_{F,u} Y = Y_{F,u}(1 - \Theta)$ 代替 Y_F,得

$$\dot{\omega}_F = A[T_u + \Theta(T_b - T_u)]^n \rho Y_{F,u}(1 - \Theta) \exp\left(-\frac{E_a}{R_u[T_u + \Theta(T_b - T_u)]}\right) \tag{2.68}$$

则式(2.62)变为

$$\rho_u S_L \frac{d\Theta}{dx} = \frac{d}{dx}\left(\frac{\lambda}{C_p} \frac{d\Theta}{dx}\right) + A[T_u + \Theta(T_b - T_u)]^n \\ \times \rho(1 - \Theta) \exp\left(\frac{-T_a}{T_u + \Theta(T_b - T_u)}\right) \tag{2.69}$$

为了更清楚地了解层流火焰的结构,可以用稍微不同的形式重新写出 Θ 方程中的源项。引入两个新的参数,α 和 β,它们的定义如下:

$$\alpha \equiv (T_b - T_u)/T_b = Q_F Y_{F,u}/(C_p T_b) \tag{2.70}$$

$$\beta \equiv \alpha T_a / T_b \tag{2.71}$$

参数 α 是火焰中所释放热的一种度量。参数 β 为热释放项和反应活化能的乘积。F. A. Williams(1985)使用渐近分析和这两个参数来表示式(2.72)①给出的源项。这个表达式对于层流火焰中的全面数值计算非常有用。将参数 α 和 β 代入 Θ 方程,得

$$\rho_u S_L \frac{d\Theta}{dx} = \frac{d}{dx}\left(\frac{\lambda}{C_p}\frac{d\Theta}{dx}\right) + \underbrace{A[T]^n \rho(1-\Theta)\exp(-\beta/\alpha)\exp\left[\frac{-\beta(1-\Theta)}{1-\alpha(1-\Theta)}\right]}_{\exp(-T_a/T)} \tag{2.72}$$

其中括号上方标注 $= -\dot{\omega}_F / Y_{F,u}$

对于 $T_u = 300K$,在表 2.6 中给出了典型层流火焰的值。火焰 1 已用于湍流燃烧的数值模拟(将在第 5 章中讨论),在某些情况下,为便于计算,化学参数是从真正的层流火焰修改得到的。火焰 2 用于典型的预混烃-空气层流火焰。

表 2.6 预混火焰中 α 和 β 的典型值

参数	T_b/T_u	E_a/kJ/mole	T_a/T_u	α	β
火焰 1	4	110	44.10	0.750	8.269
火焰 2	7	375	150.35	0.857	18.41

反应速率的最大值可以通过以下步骤确定:流场的压力可以认为是恒定的。由以下状态关系方程,密度 ρ 可以认为是 Θ 的函数:

$$\rho = \rho_u \frac{T_u}{T} = \rho_u \frac{1-\alpha}{1-\alpha(1-\Theta)} \tag{2.73}$$

然后将式(2.73)中的表达式代入式(2.68)。将式(2.68)对 Θ 微分,并将导数设为 0,得到相应于最大简化反应速率的 Θ 值为

$$\Theta|_{\dot{\omega}_{max}} = 1 - \frac{1}{\alpha + \beta} \approx 1 - \frac{1}{\beta} (\because \alpha \ll \beta) \tag{2.74}$$

于是得到最大反应速率为

$$|\dot{\omega}_F|_{max} = \rho_u Y_{F,u} A T^n \frac{1-\alpha}{\beta}\exp\left(-1-\frac{\beta}{\alpha}\right) \tag{2.75}$$

图 2.9 所示为典型碳氢化合物-空气混合物的预混层流火焰的简化反应速率($-\dot{\omega}_F/\rho_u Y_{F,u} A$)与简化温度的曲线图。对于这种混合物,$\alpha$ 和 β 值的选取应

---

① 原文有误,应为式(2.62)。——译者注

使其简化反应速率成为只是 Θ 的函数(见表 2.6 中的火焰 2)。

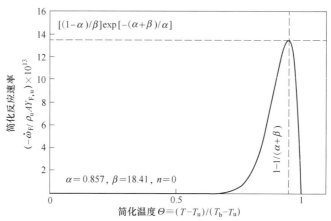

图 2.9　简化反应速率 $(-\dot{\omega}_F/\rho_u Y_{F,u} A)$ 随 $\Theta \equiv (T-T_u)/(T_b-T_u)$ 的变化

从图 2.9 所示的曲线可以看出反应速率对温度的依赖性。为了检验 β 对简化反应速率的影响,在图 2.10 中绘出了 β 为 2.45~18.41 时 4 种不同取值下,简化反应速率与 Θ 的曲线图。每一种情况下的反应速率都用最大值进行了归一化。在所有 4 种情况中,α 值恒定,为 0.857。从图 2.9 可以看出,较低的活化能值(对应于较低的 β 值)给出了较宽的燃料反应速率分布,而随着活化能增加分布变窄,并伴随着峰值向较高的 Θ,即较高的温度偏移。该图表明,活化能值的增加将使反应区变窄。在数值上,这意味着问题随着热释放和反应速率局限在非常小的区域而变得更加困难。在这种情况下,需要划分更精细的网格来求解物质方程和能量方程中的源项。

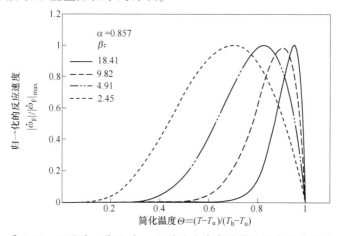

图 2.10　不同的 β 值下,归一化的反应速率随简化温度 Θ 的变化

预混层流火焰可分为两个独立的区域。预混合的反应物主要在较低温度的区域(称为区域 1 或预热区)由对流和传导过程加热。与较高温度区(称为区域 2 或反应区)相比,这个区域中释放的热较少。两个区域间界面处的温度可以认为是反应物的着火温度。Θ 空间中的反应区厚度可以大致认为是峰值反应速率和 Θ 值等于 1 两者间区域的两倍。由于 α 远小于 β,Θ 空间中区域 2 的厚度可以近似取作 $2/\beta$。此时 Θ 空间中预热区厚度等于 $(1-2/\beta)$。在区域 1 和区域 2 中普遍存在化学物质的扩散。

2.3.1 预混层流火焰的 3 个分析程序

层流火焰研究中的一个重要参数是层流火焰速度(S_L)。已经有好几种经典的方法来获得 S_L 的解析表达式,将其表示为预混层流火焰的热化学性质和操作条件的函数。俄罗斯科学家 Zel'dovich、Frank-Kamenetskii 和 Semenov 在 20 世纪 40 年代提出了其中一种理论。关于这种方法的详细讨论可以在 Kuo (2005:第 5 章)中找到。在这种方法中,将预混火焰分成了两个区,即预热区和反应区(图 2.11)。假设与预热区中的其他项相比,该区中与化学反应有关的项可以忽略不计。而且假设由于反应区中化学反应的存在,与热释放项相比,对流传热可忽略不计。使用这些假设,并应用预热区和反应区之间界面处的热通量平衡,得到层流火焰速度的表达式为

$$S_L = \sqrt{\frac{\lambda}{\rho_u C_p} \frac{2}{(T_b - T_u)} I} \; ; I \equiv \frac{1}{a_u} \int_{T_u}^{T_b} \dot{\omega}_F dT \tag{2.76}$$

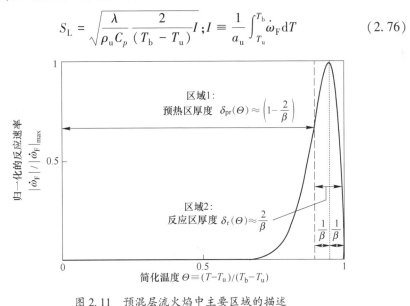

图 2.11 预混层流火焰中主要区域的描述

a_u 为未燃烧状态下反应物分子的数密度。

这个理论没有给出非常准确的结果,但可以从表达式得出一个主要结论。

式(2.76)表明,层流火焰速度与未燃烧反应物的热扩散系数和反应速率乘积的平方根成正比,即

$$S_L \propto \sqrt{\alpha_{th,u}(RR)_{T_b}} \quad (2.77)$$

$\dot{\omega}_F$ 的表达式在式(2.66)中给出,用于预估参数 I。$\dot{\omega}_F$ 对温度 T 的积分得到 I 表达式中的动力学参数 A 和 E_a,这就是为什么火焰温度下预估的反应速率 $(RR)_{T_b}$ 在式(2.77)中为平方根的原因。

在 Zel'dovich 和 Frank-Kamenetskii(ZFK)的渐近分析中,使用空间变量 ξ 来代替物理距离 x。ξ 定义为

$$\xi \equiv \int_0^x \frac{\rho_u S_L C_p}{\lambda} dx \Rightarrow \frac{d}{dx} = \frac{\rho_u S_L C_p}{\lambda} \frac{d}{d\xi} \quad (2.78)$$

将这个变换代入式(2.72),Θ 变为:

$$\frac{d\Theta}{d\xi} = \frac{d^2\Theta}{d\xi^2} - \Lambda\dot{\omega} \quad (2.79)$$

式中:$\dot{\omega}$ 为简化反应速率参数;Λ 为无量纲火焰参数。

$$\dot{\omega} \equiv (1-\Theta)\exp\left[-\frac{\beta(1-\Theta)}{1-\alpha(1-\Theta)}\right] \quad (2.80)$$

以及

$$\Lambda \equiv -\frac{\rho\lambda}{\rho_u^2 S_L^2 C_p} A T^n e^{-\beta/\alpha} \quad (2.81)①$$

热导率和密度是温度的函数。因此,为了简化式(2.79)的积分,ZFK 假设参数组 $\rho\lambda A T^n = $ 常数 $= \rho_u \lambda_u A T_u^n$。将这个关系代入式(2.81),火焰参数 Λ 可表示为

$$\Lambda \equiv -\frac{\rho_u \lambda_u A T_u^n}{\rho_u^2 S_L^2 C_p} e^{-\beta/\alpha} = \frac{\alpha_{th,u}}{S_L^2} A T_u^n e^{-\beta/\alpha} \quad (2.82)$$

求解式(2.79),ZFK 得到了 Λ 的简单解:

$$\Lambda = 0.5\beta^2 \quad (2.83)$$

将这个简单解代入式(2.82),推导出层流火焰速度的表达式:

$$S_L = \frac{1}{\beta}\sqrt{2\alpha_{th,u} A T_u^n e^{-\beta/\alpha}} = \frac{R_u T_b^2}{E_a(T_b - T_u)}\sqrt{2\alpha_{th,u} A T_u^n e^{-E_a/R_u T_b}} \quad (2.84)$$

F. A. Williams(1985)导出如下表达式作为火焰参数:

$$\Lambda = 0.5\beta^2\left[1 + \frac{2}{\beta}(3\alpha - 1.344)\right] \quad (2.85)$$

① 原式有误。——译者注

式中:方括号里"非1"的项来自于 ZFK 采用形式渐近法进行的二阶近似渐近分析。将该结果代入式(2.82),层流火焰速度 S_L 的表达式可以推导为

$$S_L = \frac{1}{\beta}\sqrt{2\alpha_{th,u}AT_u^n e^{-\beta/\alpha}}\left[1 + \frac{(1.344-3\alpha)}{\beta} + O\left(\frac{1}{\beta^2}\right)^{\approx 0}\right]$$

$$= \frac{R_u T_b^2}{E_a(T_b - T_u)}\sqrt{2\alpha_{th,u}AT_u^n e^{-E_a/R_u T_b}}\left[1 - \frac{(1.656T_b - 3T_u)}{(T_b - T_u)(E_a/R_u T_b)}\right]$$

(2.86)

层流火焰速度的显式表达式可能随着组分复杂程度而变化。但是,定性结果与式(2.77)所表达的相同。

式(2.62)中 Poinsot 和 Veynante(2005)所用源项的简单表达式为

$$\dot{\omega}_F = -\rho_u Y_{F,u}(RR)(1-\Theta)H(\Theta - \Theta|_{\dot{\omega}_{max}})$$

(2.87)

式中:H 为 Heaviside 函数,且 $\Theta|_{\dot{\omega}_{max}}$ 对应于 $\Theta|_{\dot{\omega}_{max}} = 1 - 1/\beta$ 时的临界温度。

使用这个表达式有助于得到预混层流火焰方程更为简单的解析解。Poinsot 和 Veynante(2005)还假设热导率恒定在与未燃烧气体温度相关的一个值($\lambda = \lambda_u$)。从他们的求解中得到的火焰速度表达式为

$$S_L = \sqrt{\frac{\alpha_{th,u}}{\beta(\beta-1)}RR_{T_b}} = \frac{R_u T_b^2}{E_a(T_b - T_u)}\sqrt{2A\alpha_{th,u}e^{-E_a/R_u T_b}}\sqrt{\frac{1}{[E_a(T_b-T_u)/R_u T_b^2]-1}}$$

(2.88)

式中:$RR_{T_b} = \frac{2A}{\beta}\exp\left(-\frac{\beta}{\alpha}\right)$。

再一次地,这个分析的定性结果与式(2.77)所表示的相同。通过这些练习,读者可以认识到,需要对输运系数,如热导率使用假设来应用渐近和分析技术。表2.7汇总列出了各种方法、输运假设以及火焰速度的表达式。

表2.7 贫焰的火焰速度表达式、输运假设和反应速率表达式

方法	燃料反应速率 $\dot{\omega}_F$	热导率 λ	火焰速度 S_L
ZFK	$-AT^n e^{-\frac{\beta}{\alpha}}\rho Y_{F,u} \times$ $(1-\Theta)e^{\left[-\frac{\beta(1-\Theta)}{1-\alpha(1-\Theta)}\right]}$	$\lambda_u\left(\frac{T}{T_u}\right)^{n-1}$	$\frac{\sqrt{2\alpha_{th,u}AT_u^n e^{-\beta/\alpha}}}{\beta}$
Williams	$-AT^n e^{-\frac{\beta}{\alpha}}\rho Y_{F,u} \times$ $(1-\Theta)e^{\left[-\frac{\beta(1-\Theta)}{1-\alpha(1-\Theta)}\right]}$	$\lambda_u\left(\frac{T}{T_u}\right)^{n-1}$	$\frac{\sqrt{2\alpha_{th,u}AT_u^n e^{-\beta/\alpha}}}{\beta}\left[1 + \frac{(1.344-3\alpha)}{\beta}\right]$
Poinsot 和 Veynante	$-\rho_u Y_{F,u}(RR_{T_b}) \times$ $(1-\Theta)\times H(\Theta-\Theta|_{\dot{\omega}_{max}})$	λ_u	$\sqrt{\frac{\alpha_{th,u}}{\beta(\beta-1)}RR_{T_b}}$

2.3.2 层流火焰速度的通用表达式

Mitani(1980)考虑了以下全局反应,开发得到了用于处理 $Le \neq 1$ 反应条件下的一个更为通用的表达式:

$$\nu'_F F + \nu'_O O \xrightarrow{k_f} P \quad (2.89)$$

燃料反应速率为

$$\dot{\omega}_F = -\nu'_F Mw_F AT^n \left(\frac{\rho Y_F}{Mw_F}\right)^{n_F} \left(\frac{\rho Y_O}{Mw_O}\right)^{n_O} \exp\left(-\frac{E_a}{R_u T}\right) \quad (2.90)$$

式中:指数 n_F 和 n_O 与化学计量系数 ν'_F 和 ν'_O 并不相同。当量比与化学计量比 s 有关:

$$\phi = \frac{Y_{F,u}/Y_{O,u}}{(Y_{F,u}/Y_{O,u})_{st}} = s\frac{Y_{F,u}}{Y_{O,u}}$$

式中

$$s = \frac{1}{(Y_{F,u}/Y_{O,u})_{st}} = \left(\frac{Y_{O,u}}{Y_{F,u}}\right)_{st} = \left(\frac{m_{O,u}}{m_{F,u}}\right)_{st} = \left(\frac{\nu'_O Mw_O}{\nu'_F Mw_F}\right)$$

或

$$\phi = \frac{\nu'_O Mw_O}{\nu'_F Mw_F} \frac{Y_{F,u}}{Y_{O,u}} \quad (2.91)$$

在假设乘积 $\rho\lambda AT^n =$ 常数 $= \rho_u \lambda_u AT_u^n$ 后,推导出贫燃火焰的层流火焰速度为

$$S_L = \sqrt{\frac{2\lambda_b \nu'_F (\nu'_O/\nu'_F)^{n_O} \rho_b^{n_F+n_O} AT_b^n (Y_{F,u})^{n_F+n_O-1} Le_F^{n_F} Le_O^{n_O}}{\rho_u^2 C_p Mw_F^{n_F+n_O-1} \beta^{n_F+n_O-1}}}$$

$$\times \sqrt{G(n_F, n_O)} \exp\left(-\frac{\beta}{2\alpha}\right) \quad (2.92)$$

式中:G 定义为

$$G(n_F, n_O) = \int_0^\infty y^{n_F} \left(y + \beta\frac{\phi-1}{Le_O}\right)^{n_O} e^{-y} dy \quad (2.93)$$

尽管式(2.92)比在表 2.7 中给出的表达式更为通用,但它仅对贫燃火焰给出了令人满意的准确度。对于富燃火焰,可以交换式(2.92)中 F 和 O 的标记来得到层流火焰速度的表达式。然而,从这样的表达式得到的准确度是比较差的,这一点从计算结果与实验数据的比较就能看出。总的来说,式(2.92)对富燃火焰和贫燃火焰的准确度相似。还需注意到表 2.7 所列出的所有表达式对化学计量火焰给出了相似的结果。

由于假设乘积 $\rho\lambda AT^n =$ 常数,式(2.92)中的 $\rho_b \lambda_b AT_b^n$ 集合可以用 $\rho_u \lambda_u AT_u^n$ 来替代,方程可以写为

$$S_L = \sqrt{\frac{2\alpha_{th,u}\nu_F'(\nu_O'/\nu_F')^{n_O}AT_u^n Le_F^{n_F} Le_O^{n_O}}{\beta^{n_F+n_O-1}}\left(\frac{\rho_b Y_{F,u}}{Mw_F}\right)^{n_F+n_O-1}}$$

$$\times \sqrt{G(n_F,n_O)}\exp\left(-\frac{\beta}{2\alpha}\right) \tag{2.94}$$

考虑到燃料消耗速率,消耗速度 S_{cons} 定义为火焰燃烧掉反应物的速度。对于一维平板火焰,可以用下式预估:

$$S_{cons} = -\frac{1}{\rho_u Y_{F,u}}\int_{-\infty}^{\infty}\dot{\omega}_F dx \tag{2.95}$$

这是确定层流火焰速度 S_L 的一种替代方法。

2.3.2.1 HC-空气火焰简化反应机理

人们普遍认为,渐近分析中所考虑的全局反应是一种主要的简化机理。为了得到更为准确的火焰速度计算结果,Westbrook 和 Dryer(1981)对在一个较宽比率范围内的 HC-空气火焰提出了简化反应机理。这些简化机理有助于实现计算结果与测得的层流火焰速度间更为紧密的一致性。这些简化反应机理对燃料反应速率给出了以下表达式,其中 n_F 为对燃料的总反应级数,它可以具有分数值。

$$\frac{\dot{\omega}_F}{Y_{F,u}} = -A[T]^n\rho(1-\Theta)^{n_F}\underbrace{\exp(-\beta/\alpha)\exp\left[\frac{-\beta(1-\Theta)}{1-\alpha(1-\Theta)}\right]}_{\exp(-T_a/T)} \tag{2.96}$$

较低的 n_F 值可以获得与实验数据较好的比较结果;但是由于反应区变窄,它们也会导致数值刚性增加。n_F 的影响如图 2.12 所示。Westbrook 和 Dryer(1981)建议对于贫燃 C_3H_8/空气火焰,取 $n_F = 0.1$ 以及 $n_O = 1.65$。

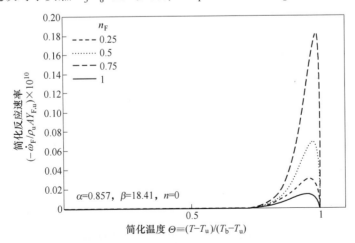

图 2.12 多个 n_F 值下简化反应速率 $-\dot{\omega}_F/(\rho_u Y_{F,u}A)$ 对 Θ 的变化情况

2.3.3 层流火焰速度对温度和压力的依赖性

从式(2.94)给出的层流火焰的广义表达式直观推出:

$$S_L \propto \sqrt{\alpha_{th,u} (\rho_b)^{n_F+n_O-1}} \tag{2.97}$$

由于 $\alpha_{th,u} \propto 1/P$ 和 $\rho_b \propto P$,有

$$S_L(P) = S_L(P_0) \left(\frac{P}{P_0}\right)^{\frac{n_F+n_O-2}{2}} \tag{2.98}$$

对温度变化的评估是困难的,因为式(2.94)指数项与 T_b 有关,而如果只考虑了简单化学反应,这一温度是很难确定的。实验数据通常用以下一个简单指数定律表示:

$$S_L(P, T_u) = S_L(P_0, T_{u,0}) \left(\frac{P}{P_0}\right)^{\eta_P} \left(\frac{T}{T_{u,0}}\right)^{\eta_T} \tag{2.99}$$

表2.8所列为甲烷/空气混合物以及丙烷/空气混合物 η_P 和 η_T 的值。这些值是由 Gu,Hag,Lawes et al.(2002)(甲烷/空气火焰)以及 Metghalchi 和 Keck (1980)(丙烷/空气混合物)得到的实验关系确定的。在不同压力下测得的化学计量甲烷-空气火焰和丙烷-空气火焰的层流火焰速度分别如图2.13(a)、(b)所示。正如我们所见,层流火焰速度随压力增加而降低,但如果未燃混合物的初始温度升高,层流火焰速度随之增加。

表2.8 预混碳氢-空气混合物层流火焰速度的实验相关压力和温度指数

燃料	$S_L(P_0, T_{u,0})/(m/s)$	η_T	η_P
甲烷($\phi=0.8$)	0.259	2.105	-0.504
甲烷($\phi=1$)	0.360	1.612	-0.374
甲烷($\phi=1.2$)	0.314	2.000	-0.438
丙烷($\phi=0.8\sim1.5$)	$0.34-1.38\times(\phi-1.08)^2$	$2.18-0.8(\phi-1)$	$-0.16-0.22(\phi-1)$

数据来源:Metghalchi 和 Keck(1980)。

2.3.4 预混层流火焰厚度

火焰厚度的知识对于数值计算是有用的(并且可能是必要的),因为它给出了计算域的估计并且能够选择合适的网格分辨率。给定的层状预混火焰的厚度可以基于以下几点来定义:

(1) 火焰中的温度分布;
(2) 火焰中化学物质的分布;
(3) 考虑标度律。

这些定义中有一些不需要关于已燃混合物或计算结果的信息,并且可以基于未燃烧混合物的性质和层流火焰速度来估计层流火焰的厚度。

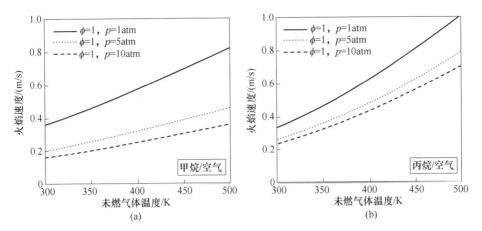

图2.13 实验数据拟合的化学计量甲烷/空气火焰的速度(图(a))(Gu et al.,2000)
和丙烷/空气火焰(图(b))(Metghalchi 和 Keck,1980)的速度
(改自 Poinsot 和 Veynante,2005)

为了估算使用碳氢化合物燃料的预混层流火焰的厚度,可以从量纲分析中得到下面的简单表达式。由于烃燃料燃烧具有较高的活化能和较薄的反应区厚度,其特征火焰厚度与未燃烧混合物的热性质和输运性质有关。

$$\delta \approx \frac{\alpha_{\mathrm{th},u}}{S_\mathrm{L}} = \frac{\lambda}{\rho_u C_p S_\mathrm{L}} \quad (2.100)$$

使用未燃烧混合物的性质很方便,因为与预混层流火焰中的任何其他点相比,这些性质对于特定的反应物混合物是已知的。式(2.100)也可以从火焰雷诺数中获得。层流火焰的火焰雷诺数定义为

$$Re_\mathrm{f} \equiv \frac{\rho_u S_\mathrm{L} \delta}{\mu_u} \quad (2.101)$$

如果 $Re_\mathrm{f} \sim O(1)$ 且 $Pr = 1$,则有

$$\frac{S_\mathrm{L}\delta}{\nu_u} = \frac{S_\mathrm{L}\delta}{\alpha_{\mathrm{th},u}} = 1 \quad 且 \quad \delta = \frac{\alpha_{\mathrm{th},u}}{S_\mathrm{L}} \quad (2.102)$$

Blint(1986)提出了另一种预混层流火焰厚度的定义,以解释温度对火焰厚度的影响。该定义为

$$\delta_{\mathrm{L,B}} = 2\frac{\alpha_{\mathrm{th},u}}{S_\mathrm{L}}\left(\frac{T_b}{T_u}\right)^{0.7} = 2\delta\left(\frac{T_b}{T_u}\right)^{0.7} \quad (2.103)$$

一个更有意义的火焰厚度是以温度曲线为基础,即

$$\delta_{\mathrm{L,slope}} = \frac{T_b - T_u}{\max\left(\left|\frac{\partial T}{\partial x}\right|\right)} \quad (2.104)$$

总厚度 $\delta_{L,tatal}$ 可以在 Θ 从 0.01 变化到 0.99 的情况下定义,但 $\delta_{L,slope}$ 对网格分辨率更为有用。图 2.14 描述了这两种层流火焰的厚度。

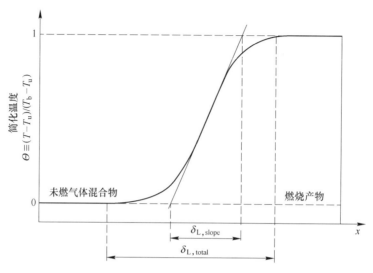

图 2.14 两种预混层流火焰厚度的定义

物理上,基于温度分布的层流火焰厚度是最为有用的定义。但它事先需要层流火焰的解。除了 $\delta_{L,slope}$ 之外,还需要反应区厚度(δ_r)。该厚度由以下等式定义:

$$\delta_r = \frac{\delta_{L,slope}}{\beta} \quad (2.105)$$

表 2.9 所列为各种火焰厚度的汇总。注意到在火焰区,某些自由基可能在远小于 $\delta_{L,slope}$ 的距离上存在,因此网格分辨率必须考虑这种影响。

表 2.9 火焰厚度定义及其在网格划分中的用途

热波厚度	$\delta_{L,slope} = (T_b - T_u)/\max\left(\frac{\partial T}{\partial x}\right)$	数值工作中划分网格的最佳定义
全局(总)厚度	$\delta_{L,tatal} = $ 取 Θ 从 0.01 变化到 0.99 时的距离	不是很有用
扩散厚度	$\delta = \dfrac{\alpha_{th,u}}{S_L}$	不精确,太小
Blint 厚度	$\delta_{L,B} = 2\delta\left(\dfrac{T_b}{T_u}\right)^{0.7}$	与 $\delta_{L,slope}$ 相近;有用
反应厚度	$\delta_r = \dfrac{\delta_{L,slope}}{\beta}$	最小几何尺寸

数据来源:改自 Poinsot 和 Veynante(2005)。

2.4 火焰拉伸对层流火焰速度的影响

多维结构或非均匀流场中的预混火焰可能会经受到各种物理的相互作用。例如:非均匀流场引起的火焰曲率或应变速率可导致层流火焰的表面积增加。这个过程称为火焰拉伸。读者可参考 Kuo(2005:第5章)来了解对拉伸预混层流火焰动态分析的详细讨论。为方便读者,以下章节将简要介绍火焰拉伸对层流火焰行为的影响。

2.4.1 拉伸因子和 Karlovitz 数的定义

在非均匀流场中传播的预混火焰的表面受到应变和曲率影响,这导致火焰表面积随时间而变化。Karlovitz(1953)开启了拉伸预混火焰的研究,并说明了空气动力学拉伸对火焰稳定性的重要性。火焰拉伸因子(κ)定义为火焰表面积相对于时间的百分比变化,并在数学上表示为

$$\kappa \equiv \frac{1}{\delta A}\frac{\mathrm{d}(\delta A)}{\mathrm{d}t} = \frac{1}{A}\frac{\mathrm{d}A}{\mathrm{d}t} \tag{2.106}$$

物理上,拉伸对火焰的作用是减小了火焰锋面的厚度;因此,拉伸会影响火焰速度。火焰厚度的减小通过其与质量和热扩散的耦合效应明显地改变了火焰的结构。火焰拉伸的概念可用于在火焰稳定性、层流火焰速度确定、可燃性极限,甚至湍流火焰建模等领域更深入地拓展与层流火焰研究相关的几个物理过程的理解。Markstein(1964b)还考虑了火焰拉伸对不稳定火焰在预混气体混合物中传播的影响。在过去的几十年里,一些重要的论文(Buckmaster, 1979; Matalon, 1983; Chung 和 Law, 1984; Law, 1988; Candel 和 Poinsot, 1990)已经阐明了与火焰拉伸行为有关的数学关系和物理过程。

我们总能将任意速度分解成两个部分,其中一部分与火焰表面($\boldsymbol{v}_\mathrm{t}$)相切,另一部分与火焰表面垂直,即

$$\boldsymbol{v} = \boldsymbol{v}_\mathrm{n} + \boldsymbol{v}_\mathrm{t} = (\boldsymbol{v} \cdot \boldsymbol{n})\boldsymbol{n} + \boldsymbol{v}_\mathrm{t} \tag{2.107}$$

垂直于火焰表面的单位法向量 $\boldsymbol{n}$ 可以定义为

$$\boldsymbol{n} \equiv -\frac{\nabla\Theta}{|\nabla\Theta|} \tag{2.108}$$

式中:Θ 为式(2.60)定义的无量纲温度。

在这个定义的基础上,可以看出,单位法矢 $\boldsymbol{n}$ 总是从燃烧的气体指向未燃烧的气体。定义火焰表面位置有多种选择。从层流火焰速度(S_L)的基本定义来看,它应该对应于等温线 $\Theta = 0$。如果我们将达到完全反应状态作为火焰位置,那么它对应于等温线 $\Theta = 1$。通常,反应发生在一个 Θ 表现出明显梯度的有限厚度区域中。最高温度梯度的点也可以作为火焰表面的位置。在这种情况下,火焰表面不能被定义为等温的,因为最大的 Θ 梯度位置处的温度可以具

有不同的 Θ 值。另一种定义火焰表面位置的合理方法可能是 $\Theta = \Theta|_{\dot{\omega}_{\max}}$,它对应于反应速率最大的位置(图 2.10)。对应于预热区(区域 1)和反应区(区域 2)之间分界的 Θ 也可以被认为是火焰表面的位置(图 2.11)。根据研究人员所使用的火焰表面位置的定义,火焰表面的 Θ 值可以认为是 $\Theta = \Theta_{\mathrm{fs}}$。在这些选择中,最后 3 个定义(尤其是那个基于 Θ 最大值的定义)比前两个定义具有更重要的物理意义。火焰表面的位移速度 S_{d} 定义为

$$S_{\mathrm{d}} \equiv \frac{1}{|\nabla\Theta|}\frac{\mathrm{D}\Theta}{\mathrm{D}t} = \frac{1}{|\nabla\Theta|}\frac{\partial\Theta}{\partial t} + \boldsymbol{v}\cdot\frac{\nabla\Theta}{|\nabla\Theta|} = \underbrace{\frac{1}{|\nabla\Theta|}\frac{\partial\Theta}{\partial t}}_{=S_{\mathrm{a}}} - \boldsymbol{v}\cdot\boldsymbol{n} \quad (2.109)$$

式中:S_{a} 为火焰表面的绝对速度。

式(2.109)右侧的最后一项 ($\boldsymbol{v}\cdot\boldsymbol{n}$) 表示垂直于火焰表面的流体速度分量。如果将未拉伸的平面火焰表面位置与对应于等温线 $\Theta = 0$(未燃烧的混合物)的表面相同,则位移火焰速度(S_{d})与未拉伸的层流火焰速度(S_{L}^{0})相同。在所有其他情况下,位移火焰速度 S_{d} 可以通过密度比与未拉伸的层流火焰速度相关联:

$$S_{\mathrm{d}} = S_{\mathrm{L}}^{0}\frac{\rho_{\mathrm{u}}}{\rho} \quad (2.110)$$

下面考虑以当地速度 $\boldsymbol{w}$ 移动的火焰表面 $A(t)$(注意,每个空间点都有自己的速度)。当地火焰表面速度 $\boldsymbol{w}$(图 2.15)可以通过以下等式以当地流体速度 $\boldsymbol{v}$ 和在垂直于当地火焰表面方向上的层流火焰位移速度 S_{d} 的矢量和给出,即

$$\boldsymbol{w} = \boldsymbol{v} + S_{\mathrm{d}}\boldsymbol{n} \quad (2.111)$$

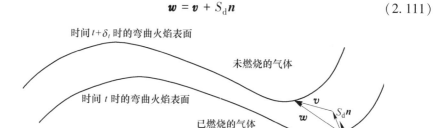

图 2.15　与传播中的弯曲层状火焰锋面有关的各种速度的说明

然后,基于雷诺输运定理,式(2.112)给出了火焰表面上的矢量 $\boldsymbol{G}$ 的通量变化率:

$$\frac{\mathrm{d}}{\mathrm{d}t}\int_{A(t)}\boldsymbol{G}\cdot\boldsymbol{n}\mathrm{d}A = \int_{A(t)}\left[\frac{\partial\boldsymbol{G}}{\partial t} + \boldsymbol{w}\cdot\nabla\boldsymbol{G} - \boldsymbol{G}\cdot\nabla\boldsymbol{w} + \boldsymbol{G}\nabla\cdot\boldsymbol{w}\right]\cdot\boldsymbol{n}\mathrm{d}A \quad (2.112)$$

令 $\boldsymbol{G} = \boldsymbol{n}$,有

$$\frac{d}{dt}\int_{A(t)} dA = \int_{A(t)} \left[\frac{\partial \boldsymbol{n}}{\partial t} + \boldsymbol{w} \cdot \nabla \boldsymbol{n} - \boldsymbol{n} \cdot \nabla \boldsymbol{w} + \boldsymbol{n} \nabla \cdot \boldsymbol{w}\right] \cdot \boldsymbol{n} dA \quad (2.113)$$

将式(2.113)代入式(2.106),得

$$\kappa \equiv \frac{1}{\delta A}\frac{d(\delta A)}{dt} = -\boldsymbol{nn}:\nabla \boldsymbol{v} + \nabla \cdot \boldsymbol{v} + S_d \nabla \cdot \boldsymbol{n}$$

$$= \underbrace{-n_i n_j \frac{\partial v_i}{\partial x_j}}_{\text{第1项}} \underbrace{-\frac{1}{\rho}\frac{D\rho}{Dt}}_{\text{第2项}} \underbrace{\pm \frac{S_d}{R}}_{\text{第3项}} \quad (2.114)$$

对于圆柱火焰

式中:第1项与应变率张量有关;第2项与扩张有关;第3项与火焰曲率有关。

对于半径为 R 的圆柱形火焰,可以得到 $\nabla \cdot \boldsymbol{n} = (1/r)[\partial(rn_r)/\partial r] = \pm 1/R$,其中: $n_r = \pm 1$,正号表示向外传播的火焰,负号表示向内传播的火焰。有关圆柱形火焰的说明,请参见图 2.16。

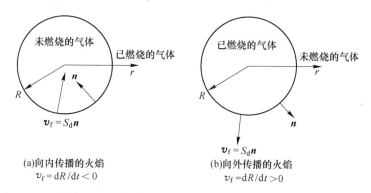

(a)向内传播的火焰
$v_f = dR/dt < 0$

(b)向外传播的火焰
$v_f = dR/dt > 0$

图 2.16 两个在无任何外界流场下沿不同方向传播的圆柱形预混层流火焰

式(2.113)和式(2.114)之间的详细步骤可以在 Kuo(2005:第 5 章)中找到。

同样,对于球形火焰, $\nabla \cdot \boldsymbol{n} = (1/r^2)[\partial(r^2 n_r)/\partial r] = \pm 2/R$。通常, $\nabla \cdot \boldsymbol{n}$ 项是火焰锋面的曲率,它与火焰表面的曲率半径有关。它用下面的等式以火焰表面曲率半径 R_1 和 R_2(图 2.17)给出:

$$\nabla \cdot \boldsymbol{n} = \pm\left(\frac{1}{R_1} + \frac{1}{R_2}\right) \quad (2.115)$$

同样,正号表示向外移动的火焰,反之亦然。

有几个火焰在预混火焰中拉伸的例子,如图 2.18 所示。图 2.18(c)所示的火焰被在 V 形火焰稳定器紧挨着的下游所产生的回流区稳定了。从回流区到未燃烧气体的能量传输对火焰起到了锚固作用。在几个实际燃烧器中,当基于

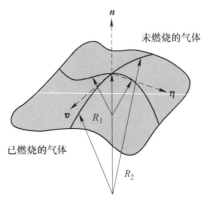

图 2.17 定义火焰曲率半径
(改自 Poinsot 和 Veynante, 2005)

V 形槽宽度的雷诺数大于临界值时, V 形槽上游的火焰可为湍流。在这种情况下, 火焰表面位置(图 2.18(d) 中的反应速率轮廓)可以高度起皱。

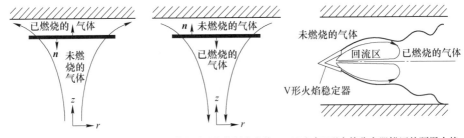

(a)正向传播至滞留面的火焰　(b)从滞留面反向传播的火焰　(c)来自V形火焰稳定器锚固的预混火焰

(d)基于丙烷-空气混合物3D LES喷出分析的由V形火焰稳定器锚固的预混火焰中的反应速率轮廓 (改自Smith et at., 2007)

图 2.18 拉伸预混火焰的几个例子

显然, 火焰可以被流体的应变、体积膨胀(扩张)和火焰曲率的耦合效应拉伸, 这是由于流动的不均匀性以及火焰传播到未燃烧的混合物中而产生的。

通过考虑与火焰表面相切的两个独立单位矢量 $\boldsymbol{v}$ 和 $\boldsymbol{\eta}$, 有以下关系:

$$\boldsymbol{n} = \boldsymbol{v} \times \boldsymbol{\eta} \equiv \boldsymbol{e}_{\boldsymbol{v}} \times \boldsymbol{e}_{\boldsymbol{\eta}} \tag{2.116}$$

在张量表示法中, 有

$$\boldsymbol{v}_j \boldsymbol{v}_i + \eta_j \eta_i = \delta_{ji} - n_j n_i \tag{2.117}$$

式(2.114)可以用张量表示法写为

$$\kappa = -\boldsymbol{nn} : \nabla \boldsymbol{v} + \nabla \cdot \boldsymbol{v} + S_\mathrm{d} \nabla \cdot \boldsymbol{n} = (\delta_{ij} - n_i n_j)\frac{\partial v_i}{\partial x_j} + S_\mathrm{d}\frac{\partial n_i}{\partial x_i} \quad (2.118)$$

将式(2.117)代入式(2.118),有

$$\kappa \equiv \frac{1}{\delta A}\frac{\mathrm{d}(\delta A)}{\mathrm{d}t} = (vv + \eta\eta) : \nabla \boldsymbol{v} + S_\mathrm{d} \nabla \cdot \boldsymbol{n} \quad (2.119)$$

式(2.119)右侧的第一项对应于平行于局部火焰表面的平面中的应变,可以写为切向散度算子的形式,其定义如下:

$$\nabla_\mathrm{t} \cdot \boldsymbol{v} \equiv (vv + \eta\eta) : \nabla \boldsymbol{v} = -\boldsymbol{nn} : \nabla \boldsymbol{v} + \nabla \cdot \boldsymbol{v} \quad (2.120)$$

将切向算子 ∇_t) 用于法向量 $\boldsymbol{n}$,可表示为

$$\nabla_\mathrm{t} \cdot \boldsymbol{n} = (vv + \eta\eta) : \nabla \boldsymbol{n} = (\delta_{ij} - n_i n_j)\frac{\partial n_i}{\partial x_j}$$

$$= \delta_{ij}\frac{\partial n_i}{\partial x_j} - n_i n_j \frac{\partial n_i}{\partial x_j} = \frac{\partial n_i}{\partial x_i} - \frac{1}{2}n_j \frac{\partial n_i n_i}{\partial x_j} = \nabla \cdot \boldsymbol{n}$$

因此,有

$$\nabla_\mathrm{t} \cdot \boldsymbol{n} = \nabla \cdot \boldsymbol{n} \quad (2.121)$$

将式(2.120)和式(2.121)代入式(2.119),有

$$\kappa = \nabla_\mathrm{t} \cdot \boldsymbol{v} + S_\mathrm{d}(\nabla_\mathrm{t} \cdot \boldsymbol{n}) \quad (2.122)$$

式(2.122)右侧的第一项是由于局部流场不均匀而导致的火焰拉伸;该侧的第二项是由于火焰表面的局部弯曲引起的火焰拉伸。

另一种计算拉伸因子的方法(C. K. Law,2006)使用下式:

$$\kappa \equiv \frac{1}{\delta A}\frac{\mathrm{d}(\delta A)}{\mathrm{d}t} = \frac{1}{\delta A(t)}\lim_{\delta t \to 0}\frac{\delta A(t+\delta t) - \delta A(t)}{\delta t} \quad (2.123)$$

式中

$$\delta A(t) = (\boldsymbol{e}_v \times \boldsymbol{e}_\eta)\mathrm{d}v\mathrm{d}\eta = (\mathrm{d}v\mathrm{d}\eta)\boldsymbol{e}_n = (\mathrm{d}v\mathrm{d}\eta)\boldsymbol{n} \quad (2.124)$$

在 $(t + \delta t)$ 时刻,位置矢量 $\boldsymbol{r}(v, \eta, n, t + \delta t)$[①]为

$$\boldsymbol{r}(v,\eta,n,t+\delta t) = \boldsymbol{r}(v,\eta,n,t) + \frac{\mathrm{d}\boldsymbol{r}}{\mathrm{d}t}\delta t = \boldsymbol{r}(v,\eta,n,t) + \boldsymbol{w}\delta t \quad (2.125)$$

位置矢量的微分可以写为

$$\mathrm{d}\boldsymbol{r}(v,\eta,n,t+\delta t) = \mathrm{d}\boldsymbol{r}(v,\eta,n,t) + \mathrm{d}\boldsymbol{w}\delta t$$

$$= \mathrm{d}\boldsymbol{r}(v,\eta,n,t) + \left(\frac{\partial \boldsymbol{w}}{\partial v}\mathrm{d}v + \frac{\partial \boldsymbol{w}}{\partial \eta}\mathrm{d}\eta + \frac{\partial \boldsymbol{w}}{\partial n}\mathrm{d}n\right)\delta t \quad (2.126)$$

$\mathrm{d}\boldsymbol{r}$ 的另一种形式可以表示为

$$\mathrm{d}\boldsymbol{r} = \mathrm{d}v\boldsymbol{e}_v + \mathrm{d}\eta\boldsymbol{e}_\eta + \mathrm{d}n\boldsymbol{e}_n \quad (2.127)$$

---

① 原文有误。——译者注

比较式(2.126)和式(2.127),可见 d$r(\nu, \eta, n, t+\delta t)$在$\nu$和$\eta$方向上的分量为

$$d\nu(t+\delta t) = d\nu(t) + e_\nu \cdot \frac{\partial w}{\partial \nu} d\nu \delta t \qquad (2.128)$$

$$d\eta(t+\delta t) = d\eta(t) + e_\eta \cdot \frac{\partial w}{\partial \eta} d\eta \delta t \qquad (2.129)$$

因此,$(t+\delta t)$时刻的局部火焰表面积为

$$\delta A(t+\delta t) = e_\nu d\nu(t+\delta t) \times e_\eta d\eta(t+\delta t)$$
$$= \left(e_\nu + \frac{\partial w}{\partial \nu}\delta t\right) d\nu(t) \times \left(e_\eta + \frac{\partial w}{\partial \eta}\delta t\right) d\eta(t) \qquad (2.130)$$

或

$$\delta A(t+\delta t) = \left(e_\nu + \frac{\partial w}{\partial \nu}\delta t\right) \times \left(e_\eta + \frac{\partial w}{\partial \eta}\delta t\right) d\nu d\eta \qquad (2.131)$$

时间间隔δt中局部表面积的变化为

$$d(\delta A) = [\delta A(t+\delta t) - \delta A(t)] \cdot n \qquad (2.132)$$

将式(2.124)和式(2.131)代入式(2.123),有

$$\kappa = \left(e_\nu \times \frac{\partial w}{\partial \eta} + \frac{\partial w}{\partial \nu} \times e_\eta\right) \cdot n = \left(e_\eta \cdot \frac{\partial w}{\partial \eta} + e_\nu \cdot \frac{\partial w}{\partial \nu}\right) \qquad (2.133)$$

式(2.133)使用了三重标量积的轮换律[$(a \times b) \cdot c = (b \times c) \cdot a = (c \times a) \cdot b$]。

此外还有另一种表达拉伸因子的形式。将切向算子∇_t应用于局部火焰速度w得到:

$$\nabla_t \cdot w = \frac{\partial(e_\nu \cdot w)}{\partial \nu} + \frac{\partial(e_\eta \cdot w)}{\partial \eta} = \left(e_\nu \cdot \frac{\partial w}{\partial \nu} + e_\eta \cdot \frac{\partial w}{\partial \eta}\right) + w \cdot \left(\frac{\partial e_\nu}{\partial \nu} + \frac{\partial e_\eta}{\partial \eta}\right) \qquad (2.134)$$

且

$$\left(\frac{\partial e_\nu}{\partial \nu} + \frac{\partial e_\eta}{\partial \eta}\right) = -\frac{\partial e_n}{\partial n} = -(\nabla \cdot n)n \qquad (2.135)$$

将式(2.135)和式(2.133)代入式(2.134),有

$$\nabla_t \cdot w = \left(e_\nu \cdot \frac{\partial w}{\partial \nu} + e_\eta \cdot \frac{\partial w}{\partial \eta}\right) - w \cdot (\nabla \cdot n)n = \kappa - w \cdot (\nabla \cdot n)n$$

或

$$\kappa = \nabla_t \cdot w + w \cdot (\nabla \cdot n)n = \nabla_t \cdot w + (w \cdot n)(\nabla \cdot n) \qquad (2.136)$$

如果我们将局部火焰速度分解为法向和切向分量,有

$$\boldsymbol{w} = \boldsymbol{w}_t + \boldsymbol{w}_n = \boldsymbol{w}_t + (\boldsymbol{w} \cdot \boldsymbol{n})\boldsymbol{n} \tag{2.137}$$

局部火焰速度的切向分量与局部流体速度的切向分量相同,即

$$\boldsymbol{w}_t = \boldsymbol{v}_t \tag{2.138}$$

此外,$\nabla_t \cdot \boldsymbol{w} = \nabla_t \cdot \boldsymbol{w}_t$。使用式(2.138),$\nabla_t \cdot \boldsymbol{w} = \nabla_t \cdot \boldsymbol{v}_t$。将这个关系代入式(2.136),得

$$\kappa = \nabla_t \cdot \boldsymbol{v}_t + (\boldsymbol{w} \cdot \boldsymbol{n})(\nabla \cdot \boldsymbol{n}) \tag{2.139}$$

式(2.139)表明火焰可以受两个源的拉伸。右侧的第一项表示沿火焰表面的流动不均匀性的影响。第二项表示因火焰速度 $\boldsymbol{w}$ 的法向分量和由 $\nabla \cdot \boldsymbol{n}$ 表示的火焰曲率的耦合效应而产生的非稳态火焰的拉伸。这些效应分别称为空气动力学应变、火焰运动和火焰曲率效应。如果流动垂直于火焰表面($\boldsymbol{v}_t = 0$ 或 $\boldsymbol{v} \times \boldsymbol{n} = 0$),则式(2.139)的右侧第一项不存在。流速的切向分量 $\boldsymbol{v}_t$ 也可写为

$$\boldsymbol{v}_t = \boldsymbol{n} \times (\boldsymbol{v} \times \boldsymbol{n}) \tag{2.140}$$

附录 A 中给出的矢量乘法恒等式 $[\boldsymbol{A} \times (\boldsymbol{B} \times \boldsymbol{C}) = \boldsymbol{B}(\boldsymbol{A} \cdot \boldsymbol{C}) - \boldsymbol{C}(\boldsymbol{A} \cdot \boldsymbol{B})]$ 可用于验证最后一个 $\boldsymbol{v}_t$ 的表达式。另外请注意,算子 ∇ 可以分为两个正交的分量,即

$$\nabla = \nabla_t + \nabla_n$$

根据定义,$\nabla_n \cdot \boldsymbol{v}_t = 0 \Rightarrow \nabla_t \cdot \boldsymbol{v}_t = \nabla \cdot \boldsymbol{v}_t$。因此,式(2.139)可以写为

$$\kappa = \nabla \cdot [\boldsymbol{n} \times (\boldsymbol{v} \times \boldsymbol{n})] + (\boldsymbol{w} \cdot \boldsymbol{n})(\nabla \cdot \boldsymbol{n}) = -\boldsymbol{n} \cdot \nabla \times (\boldsymbol{v} \times \boldsymbol{n}) + (\boldsymbol{w} \cdot \boldsymbol{n})(\nabla \cdot \boldsymbol{n}) \tag{2.141}$$

该等式与 Matalon(1983)得出的表达式相同。

Karlovitz 数(Ka)定义为无量纲火焰拉伸因子。物理上,Karlovitz 数是两个时间尺度的比率:流体通过未拉伸火焰的停留时间和与火焰拉伸因子相关的时间尺度之比。流体通过未拉伸火焰的停留时间可以用基于热扩散过程的质量的火焰厚度(δ)和未拉伸火焰层流火焰速度(S_L^0)写出。与火焰拉伸相关的时间尺度是拉伸因子的倒数。因此,有

$$Ka \equiv \frac{\delta}{S_L^0}\kappa = \frac{\text{穿过未拉伸火焰的停留时间}}{\text{与火焰拉伸有关的时间尺度}} \tag{2.142}$$

为方便起见,根据应变和曲率的贡献,Karlovitz 数可以写成两部分的总和,即

$$Ka \equiv Ka_s + Ka_c \tag{2.143}$$

式中

$$Ka_s \equiv \frac{\delta}{S_L^0}(\boldsymbol{vv} + \boldsymbol{\eta\eta}):\nabla\boldsymbol{v}, \quad Ka_c \equiv \frac{\delta}{S_L^0}S_d \nabla \cdot \boldsymbol{n} \tag{2.144}$$

对于圆柱火焰表面,有

$$Ka_c = \pm \frac{\delta}{R} \frac{S_d}{S_L^0} = \pm \frac{\delta}{R} \frac{S_L}{S_L^0} \tag{2.145}$$

式中:正号表示向外运动的火焰,反之亦然。

2.4.2 预混层流火焰表面积的控制方程

本节中我们将跟随 Candel 和 Poinsot 的步骤,利用雷诺输运定理和前面提到的几个数学关系来推导预混层流火焰区的平衡方程。这个平衡方程描述了瞬态条件下火焰表面密度的变化率。它不仅适用于层流火焰,还可以应用到使用小火焰概念的湍流火焰研究中。现在让我们首先将火焰表面密度定义为 Σ。

$$\Sigma \equiv \delta A / \delta V \tag{2.146}$$

雷诺输运定理用于确定标量函数 f 的体积积分的时间导数。体积的边界(火焰表面)以速度 $\boldsymbol{w}(\boldsymbol{x}(t))$ 移动。这个流体单元的瞬时体积和表面积分别为 $V(t)$ 和 $S(t)$。因此,有

$$\frac{d}{dt}\int_{V(t)} f dV = \int_{V(t)} \frac{\partial f}{\partial t} dV + \int_{S(t)} f \boldsymbol{w} \cdot \boldsymbol{n} dA \tag{2.147}$$

将 $f = 1$ 代入式(2.147),并利用散度定理,有

$$\frac{d}{dt}\int_{V(t)} dV = \int_{V(t)} \nabla \cdot \boldsymbol{w} \, dV \tag{2.148}$$

对于一个流体单元 δV,式(2.148)变为

$$\frac{1}{\delta V} \frac{d(\delta V)}{dt} = \nabla \cdot \boldsymbol{w} \tag{2.149}$$

将火焰表面密度 Σ 对时间求导,有

$$\frac{1}{\Sigma}\frac{d\Sigma}{dt} = \frac{1}{A}\frac{dA}{dt} - \frac{1}{V}\frac{dV}{dt} = [-\boldsymbol{nn}:\nabla\boldsymbol{w} + \nabla\cdot\boldsymbol{w}] - [\nabla\cdot\boldsymbol{w}] = -\boldsymbol{nn}:\nabla\boldsymbol{w} \tag{2.150}$$

将 $\boldsymbol{w} = \boldsymbol{v} + S_d \boldsymbol{n}$ 代入上面的等式,有

$$\frac{1}{\Sigma}\frac{d\Sigma}{dt} = -\boldsymbol{nn}:\nabla\boldsymbol{v} - \boldsymbol{n} \cdot \nabla S_d \tag{2.151}$$

此外,Σ 的拉格朗日(Lagrangian)导数可以分解为这些分量:

$$\frac{d\Sigma}{dt} = \frac{\partial \Sigma}{\partial t} + \boldsymbol{w} \cdot \nabla\Sigma = \frac{\partial \Sigma}{\partial t} + \boldsymbol{v} \cdot \nabla\Sigma + S_d \boldsymbol{n} \cdot \nabla\Sigma \tag{2.152}$$

将式(2.151)代入式(2.152),有

$$\underbrace{\Sigma(-\boldsymbol{nn}:\nabla\boldsymbol{v} - \boldsymbol{n} \cdot \nabla S_d)}_{=\frac{d\Sigma}{dt}} = \frac{\partial \Sigma}{\partial t} + \boldsymbol{v} \cdot \nabla\Sigma + S_d \boldsymbol{n} \cdot \nabla\Sigma$$

或

$$\frac{\partial \Sigma}{\partial t} + \nabla \cdot (\boldsymbol{v}\Sigma) = -(\boldsymbol{nn}:\nabla \boldsymbol{v} - \nabla \cdot \boldsymbol{v})\Sigma - \boldsymbol{n} \cdot \nabla(S_d\Sigma) \qquad (2.153)$$

使用式(2.120),式(2.153)也可写为

$$\frac{\partial \Sigma}{\partial t} + \nabla \cdot (\boldsymbol{v}\Sigma) = [(vv + \eta\eta):\nabla \boldsymbol{v}]\Sigma - \boldsymbol{n} \cdot \nabla(S_d\Sigma) \qquad (2.154)$$

火焰表面区的控制方程也可以用单位质量的火焰面积 a_f 表示,其定义为

$$a_f \equiv \Sigma/\rho \qquad (2.155)$$

将式(2.155)代入式(2.154),有

$$\frac{\partial(\rho a_f)}{\partial t} + \nabla \cdot (\rho \boldsymbol{v} a_f) = \rho[(vv + \eta\eta):\nabla \boldsymbol{v}]a_f - \boldsymbol{n} \cdot \nabla(\rho S_d a_f) \qquad (2.156)$$

使用式(2.119)给出的火焰拉伸因子,式(2.156)变为

$$\frac{\partial(\rho a_f)}{\partial t} + \nabla \cdot [\rho(\boldsymbol{v} + S_d\boldsymbol{n})a_f] = \rho \kappa a_f \qquad (2.157)$$

5.11 小节给出了与这些方程相关的 G 方程的话题。

2.4.3 无拉伸预混层流火焰速度和马克斯坦长度的确定

根据 Markstein(1964)早期的观点,Matalon 和 Matkowsky(1982)与 Clavin (1985)的渐近理论,以及实验测量都表明,火焰速度和火焰拉伸因子之间存在线性关系。这种依赖性可以用一个火焰厚度量级的系数来表示,这个系数称为马克斯坦(Markstein)长度。

$$S_d(\Theta = 0) = S_L^0 - L_M \kappa \qquad (2.158)$$

或

$$S_L = S_L^0 - L_M \kappa \qquad (2.159)$$

式中:$S_d(\Theta = 0)$——当 $\Theta = 0$ 时的火焰位移速度;

S_L——拉伸层状火焰速度;

S_L^0——未拉伸一维层状火焰速度;

κ——火焰拉伸因子;

L_M——马克斯坦长度。

通常长度是个正值。但马克斯坦长度 L_M 可能是负数(我们将在后面看到)。马克斯坦长度是一个具有与长度同样单位的参数,因此它在燃烧领域称为马克斯坦长度。由于长度在日常应用中是一个正数,读者不应该对这个名词感到困惑。

正火焰拉伸意味着火焰表面积增加($\kappa > 0$);负火焰拉伸意味着火焰表面积减小($\kappa < 0$)。在物理上,两种主要作用(热量损失和反应物的质量扩散)可能由于火焰拉伸而影响火焰速度。为了便于讨论,让我们考虑一个具有正火焰拉伸的稀薄混合物的情况。当火焰表面积增加时,从温度高的已燃气体至温度

低的未燃气体的热传导速率增加。当火焰拉伸为正时,反应物质从冷未燃烧区到热燃烧区的质量扩散速率也增加了。由于混合物比较稀薄,燃料的输运性能和浓度决定了火焰区中的反应。如果燃料的路易斯数(Le_F)大于1,那么热效应远超质量扩散效应。在这种情况下,火焰的热损失大于因反应气体流入量增加而产生的热量。因此,由于火焰拉伸,层状火焰的速度降低(图2.19(a)和(b))。

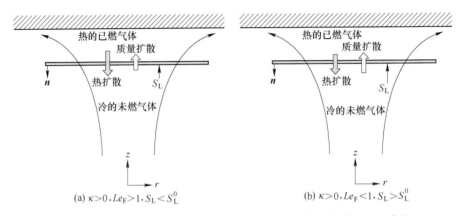

图 2.19　拉伸因子和路易斯数对拉伸火焰层状火焰速度影响的示意图

已经用多尺度方法描述了一般流场中预混火焰的结构,其中一个长度尺度 δ 表征扩散火焰厚度,而另一个长度尺度 Λ 是表征火焰"大小"的流体动力学长度。例如,燃烧器的直径可以是在该燃烧器中火焰的特征尺寸 Λ。通常情况下 δ 远小于 Λ。从流体动力学长度尺度 Λ 来看,可以认为火焰是密度不连续的表面,被流动平流输送和扭曲。在火焰锋面附近,燃烧场可用局部分析来描述,这时候长度用 δ 的单位来度量。在这种尺度上,火焰结构是准稳定和准一维的,其变化主要沿着火焰表面的法线方向发生,但对局部横向速度和火焰锋面曲率具有参数依赖性。如果火焰采用具有高活化能的单步总反应,那么会发现火焰温度会接近其绝热值,即 $T_a = T_u + Q/C_p$,式中:T_u 为未燃气体的温度,C_p 为比热容(在恒定压力下),Q 为单位质量燃料(当混合物较稀时,$Q = Q_F Y_{F,u}$)或氧化剂(当混合物较浓时,$Q = Q_O Y_{O,u}$)所释放的热量。但火焰速度可能与层流火焰速度有显著差异,由式(2.158)或式(2.159)给出。

Kwon, Tseng 和 Faeth(1992)认为马克斯坦长度 L_M 与特征火焰厚度 δ 成比例,因为两者都代表在这样的距离尺度上发生质量和热量在火焰中的扩散。这个假设使无量纲参数马克斯坦数(Ma)定义为

$$Ma \equiv \frac{L_M}{\delta} \tag{2.160}$$

将式(2.160)和式(2.142)代入式(2.159),给出无量纲关系:

$$\frac{S_L}{S_L^0} = 1 - \frac{L_M \kappa}{S_L^0} = 1 - \left(\frac{L_M}{\delta}\right)\left(\frac{\kappa\delta}{S_L^0}\right) = 1 - MaKa$$

或

$$S_L = S_L^0(1 - MaKa) \tag{2.161}$$

对Karlovitz数的定义略做改变,就能使用拉伸层流火焰的速度,即

$$Ka^* = \frac{\delta}{S_L}\kappa \tag{2.162}$$

有了这个定义,就能将拉伸层状火焰速度与未拉伸火焰速度用以下等式联系起来:

$$\frac{S_L^0}{S_L} = \frac{S_L}{S_L} + \frac{L_M \kappa}{S_L} = 1 + \frac{L_M \kappa \delta}{\delta S_L} = 1 + \frac{L_M}{\delta}\frac{\kappa\delta}{S_L} \tag{2.163}$$

或

$$\frac{S_L^0}{S_L} = 1 + MaKa^* \tag{2.164}$$

通过式(2.161)或式(2.164),显然可见,火焰速度与两个无量纲参数即Karlovitz数和马克斯坦数有关。

根据对应于层流火焰位移速度和消耗速度的马克斯坦长度,Clavin 和 Joulin(1983)对具有可变密度和恒定黏度的稀薄单步火焰给出了马克斯坦数(Ma^d 和 Ma^c)的解析表达式:

$$Ma^d = \frac{T_b}{T_b - T_u}\ln\left(\frac{T_b}{T_u}\right) + \frac{1}{2}\beta(Le_F - 1)\frac{T_u}{T_b - T_u}\int_0^{\frac{T_b - T_u}{T_u}}\frac{\ln(1 + x)}{x}dx \tag{2.165}$$

$$Ma^c = \frac{1}{2}\beta(Le_F - 1)\frac{T_u}{T_b - T_u}\int_0^{\frac{T_b - T_u}{T_u}}\frac{\ln(1 + x)}{x}dx \tag{2.166}$$

参数 β 定义为

$$\beta \equiv \left(\frac{T_b - T_u}{T_b}\right)\left(\frac{T_a}{T_b}\right) \tag{2.167}$$

位移马克斯坦长度的符号控制了层流火焰锋面的稳定性。根据 F. A. Williams(1985),负的马克斯坦长度会产生自然固有的锋面不稳定性,这会导致蜂窝小室(cell)的形成。总的来说,已证明马克斯坦长度的测量是困难的。

不同于Markstein的现象学方法,渐近方法是系统地从守恒方程导出的(Clavin 和 Joulin,1983;Matalon 和 Matkowsky,1982),并为马克斯坦长度提供了一个显式表达式。这个表达式用包括低浓度反应物(稀薄混合物中的燃料)的有效路易斯数和化学反应全局活化能在内的物理化学参数来表示。实验人员

发现这个理论很有用,他们从火焰速度测量获得的原始数据与火焰速度对拉伸因子的线性依赖性吻合得很好。一些人利用这一事实将数据外推至零拉伸,然后从拉伸火焰测量结果中提取出了层流火焰速度的值(Wu 和 Law,1985;Yamaoka 和 Tsuji,1985)。另一些人(Aung,Hassan 和 Faeth,1997; Bradley,Gaskell 和 Gu,1996;Dowdy,Smith 和 Taylor,1990;Kwon,Tseng 和 Faeth,1992;Tseng,Ismail 和 Faeth,1993)直接测量了马克斯坦长度来量化拉伸效应,并将它们结合到湍流预混火焰的数值模拟中。

渐近理论假设所得到的马克斯坦长度仅取决于单一的稀混合物中燃料的路易斯数或浓混合物中氧化剂的路易斯数。由这些表达式计算出的马克斯坦长度值对于稀混合物和浓混合物来说可能有很大差别,特别是对可能具有非常大的燃料路易斯数的极浓的烃/空气混合物而言。基于该理论的预测结果显然在接近化学计量条件时无效。实际上,实验表明:马克斯坦长度会以混合物化学计量值的函数而变化很大。尽管不同研究组用于测量火焰速度的实验配置和火焰表面位置存在不同,但是他们的数据表现出了类似的定性趋势。通常,对于氢气-空气和甲烷-空气混合物,马克斯坦长度倾向于随其当量比单调增加,但对于其他烃-空气混合物则倾向于单调减小。已经发现这些趋势会持续存在,例如:在球形膨胀火焰和驻点流动的火焰上进行的测量都具有这种趋势(Wu 和 Law,1985)。

Tseng,Ismail 和 Faeth(1993)使用向外传播的球形火焰来研究拉伸对层流火焰速度的影响。他们的实验装置是一个"近球形"的带有窗口的测试燃烧室,其体积为 0.011 m³,中心横截面直径为 260 mm。为了点火,他们使用的电极从燃烧室顶部和底部延伸至两根钨丝。假设火焰是从点火源传播开的球形爆燃波。未燃烧气体的运动被认为忽略不计。此外,还认为非稳态火焰厚度的时间变化可忽略不计。为了最小化火焰厚度的瞬时影响,必须使 $\delta/r_f \ll 1$。

为了简化混合物中物质的多组分扩散,在方程中考虑了燃料进入稀释剂(氮气)的二元扩散系数。拉伸因子 κ 可以通过测量瞬时火焰半径 $r_f(t)$ 及其时间导数来计算:

$$\kappa = \frac{1}{A}\frac{dA}{dt} = \frac{2}{r_f}\frac{d}{dt}r_f(t) \qquad (2.168)$$

层状火焰速度可使用下式来确定:

$$S_L = \frac{\rho_b}{\rho_u}\frac{dr_f}{dt} \qquad (2.169)$$

对于当量比为 0.8~1.8 的丙烷/空气层流预混火焰,测得的火焰半径与时间的函数关系如图 2.20(a)所示,推导出的层流火焰速度与火焰半径的关系如图 2.20(b)所示。每个数据点的马克斯坦数可以用式(2.164)来确定。发现在马克斯坦数为 0 或为负($Ma \leq 0$)的条件下,火焰是中性的或不稳定的。在不稳定的优先扩散条件下,火焰形成较大的半径上的不规则表面。这些数据点在图 2.20(a)、(b)中用实心圆表示。对于正马克斯坦数($Ma>0$)的条件,火焰稳定;这些数据点在这些图中用空心圆表示。Tseng et al.(1993)对 4 种碳氢化合物-空气火焰测得的层流火焰速度与当量比的函数关系,与其他研究人员在早期工作中测得的实验数据基本一致。

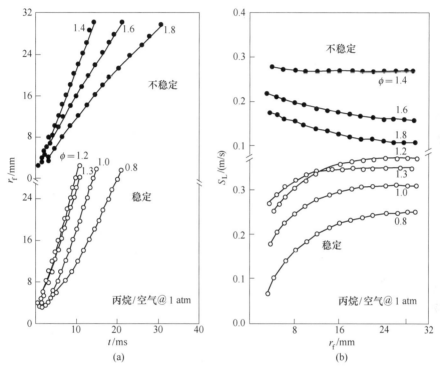

图 2.20 测得的不同当量比下丙烷/空气混合物的
火焰半径与时间关系以及推导出的层状火焰速度
(a)火焰半径与时间的关系;(b)层状火焰与半径的关系。

从式(2.164)和式(2.168)中可以很容易地看出优先扩散/拉伸的相互作用与薄火焰稳定性之间的关系。当马克斯坦数为负时,由式(2.164)可见,层流燃烧速度随着火焰拉伸(或 Ka^*)的增加而增加。在球形火焰表面上产生的任何褶皱都表现为如同在局部点处的火焰拉伸。如果局部火焰表面的凹面朝向燃烧产物,那么火焰拉伸为正,使 Ka^* 为正值。在这种情况下,局部拉伸的结果将使局部层流火焰速度增加,使得突起的表面进一步生长。对于局部火焰表面朝向燃烧产物是凸面的情况,火焰拉伸为负,使 Ka^* 为负值。在这种情况下,局部拉伸的结果将使局部层流火焰速度降低,使得在该位置处的火焰表面发生较慢的位移,结果是火焰表面将变得更皱褶。因此,负的马克斯坦数将导致火焰锋面不稳定。相反,如果马克斯坦数为正,则层流燃烧速度随拉伸(Ka^*)的增大而减小,并且火焰表面上类似的凸起变小,使得火焰对优先扩散效应稳定。

值得指出的是,稳定火焰下层流火焰速度随半径增加的原因。当火焰半径增加时,r_f对时间的曲线斜率增加;但是由式(2.168),拉伸因子减小,这是因为斜率的增加远不如火焰半径的增加那么明显。这意味着Ka^*也随着火焰半径而减小。由于马克斯坦数为正,那么由式(2.164),拉伸的层流火焰速度(S_L)应该随着火焰半径的增加而增加,最终接近在较大火焰半径(或较小Ka^*)的未拉伸层流火焰速度S_L。

根据测得的层流火焰速度和Ka^*,Tseng et al.(1993)构建了甲烷、乙烷、丙烷和乙烯/空气火焰在各种当量比下S_L^0/S_L对Ka^*的曲线,分别如图2.21(a)~

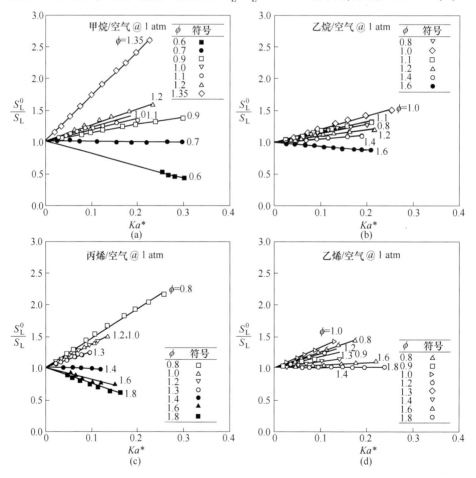

图2.21 (a)甲烷/空气混合物、(b)乙烷/空气混合物、(c)丙烷/空气混合物和(d)乙烯/空气混合物的层流燃烧速度与Karlovitz数和当量比间的函数关系

(Tseng,Ismail和Faeth,1993)

(d)所示。这些图显示 S_L^0/S_L 和 Ka^* 之间的线性关系。因此,可以从这些图的斜率推导出马克斯坦数。还可以看出,马克斯坦数与 Ka^* 无关,但强烈依赖于燃料的类型和当量比。如果 Karlovitz 数太大,火焰则可能由于过度拉伸而熄灭。然而,在 Tseng,Ismail 和 Faeth(1993)测试的情况下,Ka^* 的这一范围并未接近熄灭条件。在这些图上,空心符号(稳定火焰)表示具有正马克斯坦数的情况,而实心符号表示具有负马克斯坦数(不稳定火焰)的情况。

对这 4 种碳氢化合物-空气火焰中的每一种所推断出的马克斯坦长度与当量比的函数关系如图 2.22 所示。这 4 张图表现出了有趣的行为。在这 4 种火焰中,甲烷/空气混合物在马克斯坦数与当量比的图上显示出正斜率。与其他

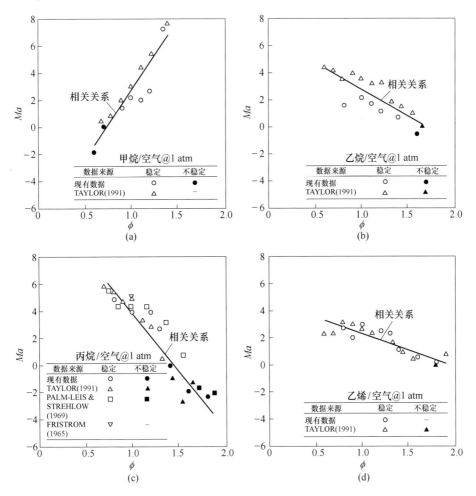

图 2.22 (a)甲烷/空气混合物、(b)乙烷/空气混合物、(c)丙烷/空气混合物和(d)乙烯/空气混合物的马克斯坦数与当量比的函数关系
(Tseng,Ismail 和 Faeth,1993)

碳氢化合物-空气燃料不同,甲烷/空气混合物在贫燃条件下表现出了不稳定的火焰。这种行为类似于 Kwon,Tseng 和 Faeth(1992)观察到的 $H_2/O_2/N_2$ 火焰的行为。这可以用优先扩散不稳定性的经典现象学理论进行定性解释。

另一幅图显示了马克斯坦数对多种烃-空气火焰和 H_2/空气混合物当量比的依赖关系,如图 2.23 所示。同样地,可以清楚地看到 CH_4/空气和 H_2/空气火焰显示出了与其余碳氢化合物/空气火焰相反的趋势。

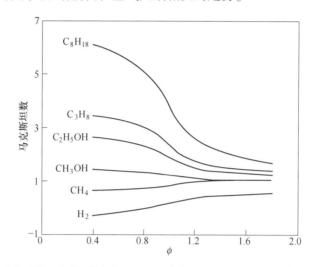

图 2.23 多种碳氢化合物/空气火焰和 H_2/空气火焰的当量比对马克斯坦数的影响
(Bechtold 和 Matalon,2001)

2.5 层流预混火焰中烟灰形成的建模

环境问题促使燃烧学界研究碳氢化合物-空气火焰中的污染物形成,特别是烟灰的形成。由于湍流反应流的复杂性且对它的了解有限,对火焰中烟灰生成现象的大多数基础研究都是在层流火焰中进行的。在湍流火焰中,有明显烟灰反应的区域很薄,且烟灰生成的过程也是一个不稳定的过程,因此对测量和数值模拟都带来了困难。所以,使用稳定层流火焰来研究火焰中的烟灰的生成过程是一种非常有吸引力且较基本的替代方法。

2.5.1 烟灰的形成及氧化的反应机理

复杂烃燃料燃烧过程中烟灰的形成在以往已经有了广泛的研究。烟灰形成的一般机理如图 2.24 所示。为了解释烟灰的形成过程和烟灰的氧化途径,让我们考虑一种重质碳氢化合物($C_{12}H_{23}$)在燃烧器中的燃烧。绝大多数燃料经过氧化生成最终产物,如图 2.24 的粗箭头所示。然而,预混火焰(或扩散火焰)富燃区的一部分燃料遵循热解反应的反应路径产生了烟灰。这些反应将燃料分子分解成不饱和自由基和像乙炔(C_2H_2)这样的中间体,它们称为烟灰前驱体。然后这些烟灰前驱体反应形成小的多环芳烃(polycyclic aromatic hydrocarbon,PAH)。PAH 物质通过乙炔加入芳环结构的反应继续生长。这些 PAH 相互碰撞并形成更大的 PAH,直到它们变成称为初期烟灰颗粒的液体粒子。这些初期烟灰颗粒通过与乙炔和较小 PAH 的反应继续生长,这一过程称为表面生长。它们同样发生碰撞并聚结,导致了烟灰颗粒的形成。无论所用的燃料或燃烧系统为何,这些单个烟灰颗粒(称为原生烟灰颗粒)的尺寸通常为 30~50nm;但尚不清楚将原生颗粒限制在此尺寸范围内的过程。原生颗粒碰撞并粘结在一起形成复杂的、卷曲的簇,其尺寸可达到几百纳米。在沿着形成最终烟灰颗粒的整个反应路径中,发生了竞争性氧化过程,消耗了生长物质 PAH 和烟灰颗粒本身。这些氧化过程主要通过涉及高反应性自由基物质如羟基(OH)和氧原子的反应发生。图 2.25 显示了在乙烯-氧气预混富燃火焰中烟灰形态结构的显微照片。柴油发动机尾气中的单个烟灰颗粒的组成如图 2.26 所示。

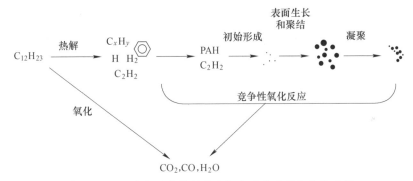

图 2.24　烃-空气混合物燃烧中烟灰形成过程和氧化路径

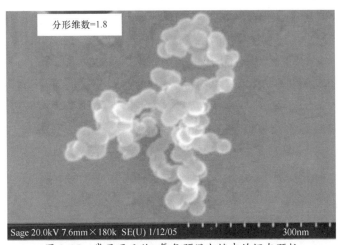

图 2.25　常见于乙炔-氧气预混火焰中的烟灰颗粒

(改自 Chakrabarty,2009)

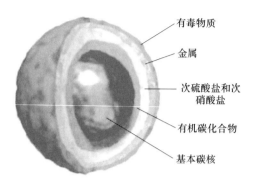

图 2.26 柴油发动机尾气中单个烟灰颗粒的结构(不按比例)
(改自 http://www.catf.us/diesel/dieselhealth/faq.php?site=0)

就基础科学而言,烟灰形成可被视为由 4 个主要过程组成,如 Frenklach(2002)所述:①烟灰颗粒的均匀成核;②颗粒凝聚;③颗粒表面反应(生长和氧化;两个相互竞争的反应过程);④颗粒团聚。Calcote(1981)、Haynes 和 Wagner(1981)、Glassman(1988)、Kennedy(1997)、Palmer 和 Cullis(1965)、Richter 和 Howard(2000)也在先前讨论过这些主要过程。Kennedy(1997)对烟灰形成和氧化模型进行了详细的综述,并将这些模型分为 3 类:①经验关系式;②通过输入一些来自实验数据的值[①]来求解烟灰形成速率方程的半经验方法;③求解导致烟灰形成的基元反应的速率方程的详细模型。Kennedy(1997)的综述对烟灰在预混火焰和扩散火焰中的形成都做了讨论。其中,一些火焰也是湍流扩散火焰,然而详细模型都与层流火焰有关。在本章中,对烟灰形成和氧化的讨论集中在层流预混火焰上。烟灰在层流扩散火焰中的形成将在下一章介绍。

2.5.1.1 烟灰形成的经验模型

Calcote 和 Manos(1983)研究了分子结构对预混火焰和扩散火焰中发生烟灰形成的影响,发现了很大的相似性。他们定义了一个"阈值烟灰指数"(threshold soot index,TSI),它将燃料从 0 到 100(0 = 烟灰最少)排序,并且与获得数据的具体实验装置无关。TSI 的引入和应用有利于用所有文献数据来解释燃料的分子结构对烟灰形成起始的影响,从而为预测尚未测试的化合物分子结构的影响,或将一个实验系统的结果与另一个实验系统相关联确立了原则。在预混火焰中,临界碳氧比(C/O)越低或临界当量比 ϕ_c 越低,燃料形成烟灰的倾向越大。临界当量比定义为在此值之上开始发生烟灰生成的当量比。在所研究的烃-空气预混火焰中,ϕ_c 的值通常大于 1,表明在大多数富含燃料的混合物中会形成烟灰。因此,TSI 应该由反映初期烟灰与燃料氧化化学相关关系的参

[①] 原文为 with some input from experimental data。——译者注

数来定义,而不是用取决于测量装置的输运特性来定义。这样的参数就是临界当量比 ϕ_c。TSI 定义为

$$\text{TSI} = a - b\phi_c \tag{2.170}$$

式中:参数 a、b 为与设备相关的常数;ϕ_c 来自于不同实验的报道结果。

在两种不同的操作条件下,同一燃料的临界当量比可以是两个不同的值。TSI 与测试设备和条件无关。对确定常数 a 和 b 的方法感兴趣的读者可以参考 Calcote 和 Manos(1983)。烃燃料中碳原子数对 TSI 的影响如图 2.27 所示。不同家族的烃燃料中氢的重量百分比对 TSI 的影响在 Olson 和 Pickens(1984)[①]的图 2.28 中用不同区域表示。

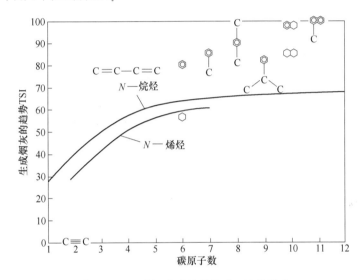

图 2.27　不同烃的碳原子数对 TSI 的影响
(Calcote 和 Manos,1983)

在此之前,Street 和 Thomas(1955)得出了预混火焰中碳氢化合物烟灰生成的定性、相对趋势排序:

乙炔 < 烯烃 < 异烷烃 < 正烷烃 < 单环芳烃 < 萘

Gill 和 Olson(1984)采用式(2.170)的 TSI 定义,通过使用每个组分的单个 TSI 来预测燃料混合物的烟灰阈值。他们为预混火焰选择的混合规则为

$$(1.1)^{\text{TSI}_{\text{mix}}} = \sum_j X_j (1.1)^{\text{TSI}_j} \tag{2.171}$$

式中:TSI_j,X_j 分别为燃料混合物中第 j 个组分的 TSI 值和摩尔分数。

对预混火焰中烟灰形成起始点的临界 C/O 比已经进行过许多测量。Taka-

---

① 原文有误。——译者注

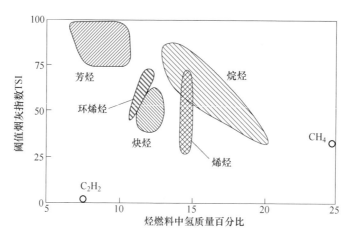

图 2.28　预混火焰中不同烃的氢质量百分比对 TSI 的影响
(改自 Olson 和 Pickens,1984)

hashi 和 Glassman(1984)试图通过考虑一个有效当量比 $\psi=[C+H/2]/O$ 来解读预混火焰数据。他们对烟灰起始生成时临界 ψ 的实验结果的分析使他们得出结论,燃料的烟灰生成趋势是其火焰温度、C/H 比和 C 原子数的函数,而不是燃料结构的函数。他们考虑了多种脂肪族和芳香族燃料,这些燃料在预混火焰中以绝热火焰温度的固定值燃烧。将临界 ψ 值作为 C—C 键数的函数作图,其中双碳键计为 2,三键计为 3。这种简单的分析与实验数据产生了极好的相关性。

2.5.1.2　烟灰形成及氧化的详细模型

气相机理描述了燃料分子的热解和氧化以及形成二氧化碳和水的主要燃烧反应。多环芳烃(PAH)的气相形成和生长反应的详细机理由 527 个反应和 99 种化学物质组成(Wang 和 Frenklach,1997)。这些反应及其正向速率系数在附录 D 中给出。用一个详细化学机理来描述线性脂肪族和 PAH 的形成与生长直至生成称为芘的分子。芘由 4 个稠合苯环组成,形成了一个扁平的芳香体系。假设芳族分子的进一步生长遵循夺氢—C_2H_2 加成(HACA)反应顺序(Frenklach 和 Wang,1991)。这种反应机理用引入一个新的乙烯基氧化子机理得到了扩展。这类反应包括所有那些显示中间 H-自由基迁移的乙炔加成过程,如 Frenklach 和 Carmer(1999)中所述。颗粒的初始步骤用 PAH 的聚结进行建模。固体烟灰相的动力学包括凝结、PAH 附着到烟灰表面以及非均相表面反应。气相物质与烟灰表面的反应决定了颗粒的生长或收缩速率,这取决于周围气体混合物的组成和温度。这些颗粒被 OH-自由基和 O_2 氧化,而通过乙炔加成而生长,它们已被 Bockhorn(1994)证明是层流预混火焰中主要的生长物质。

2.5.1.3 芳烃的形成

正如Frenklach(2002)所讨论的那样,气相物质向固体颗粒的转变可能是烟灰形成过程中被人们理解最少的部分。在初始反应模型(Frenklach,Clary,Gardiner et al.,1985)中,"烟灰"定义为一定大小以上的PAH物质上所积累的质量。换句话说,气态物质向固体颗粒的转变是假设为纯化学生长的结果。虽然这个定义主要考虑了烟灰的质量,但它大大低估了颗粒尺寸。在后续工作中(Wang和Frenklach,1997),对成核模型进行了扩展。在临界尺寸下,PAH物质在碰撞过程中开始相互黏附,从而形成PAH二聚体。PAH二聚体与PAH分子碰撞,形成PAH三聚体,或与其他二聚体碰撞,形成PAH四聚体等,而与此同时,单个PAH物质经由分子化学生长反应,其尺寸在持续增大。通过这种方式,PAH簇团演变成了固体颗粒。在Wang和Frenklach的模型中是假设二聚体的形成标志着"固体"颗粒相的出现。这个模型的本质是在颗粒尺寸通过PAH分子物质和簇之间的碰撞增加的同时,颗粒质量经由与气态前体的化学反应得到了积累。这个模型为气相芳烃化学向颗粒表面反应和聚集动力学提供了较符合的过渡过程。因此,在随后的段落中描述了两种烟灰形成机理(化学生长和分子碰撞)。

让我们考虑PAH物质在边缘处进行化学生长,同时在碰撞时形成了簇。我们可以设想到有两种机制。在当化学生长受到反应可逆性很大程度限制时,就能出现第一种机制。在这些条件下,芳烃生长的反应途径迅速转换为以乙炔为基础的HACA,且生长中的PAH物质主要是取决于对热力学上最为稳定的物质(稳定集聚体①)的压缩,因此只有那些稳定集聚体可以在这种条件下存在,其他键合较弱的化学物质会分解。稳定集聚体在碰撞时形成物理结合的簇。这种机制看起来能够描述较高温度燃烧中的烟灰形成(Appel, Bockhorn和Wulkow, 2000; Yoshihara, Kazakov, Wang et al., 1994; Markatou, Wang和Frenklach,1993; Frenklach 和 Wang, 1991; Wang, Sung 和 Law, 1996; Mauss 和Bockhorn,1995;Balthasar,Heyl,Mauss et al.,1996)。另一种机制是,当化学键的形成没有被碎片化严重抵消时,对生长中的分子可以不考虑其结构形成的热力学限制。这使得不同气相物质间的碰撞形成了各种各样的化学结构。具有不同的分子基很可能会导致形成芳香族-脂肪族相连的网状结构。

这两条烟灰形成的路径都是在实际情况下发生的。读者应当理解这两种成核模型不应该被认为是两个独立的模型,而是在本质上对同一存在机理的不同认识。这也遵循了行为的多种模式,在可以预见的两个极端之间的不同条件下表现出了不同的机制。

---

① 原文为 stabilomer。——译者注

2.5.1.4 芳烃的生长

HACA 机理是描述芳烃生长的常用方法。它由两个主要步骤的两个重复反应序列组成：①通过气态氢原子从反应烃中夺取一个氢原子；②气态乙炔分子加成到形成的自由基点。

$$A_i + H \longrightarrow A_{i-} + H_2 \quad (R2.1)$$

$$A_{i-} + C_2H_2 \longrightarrow 产物 \quad (R2.2)$$

式中：A_i 为一种具有 i 个周环并合的芳香族分子，A_{i-} 为其自由基。

术语"周环并合"是指有 3 个或更多个环共享共同碳原子的芳族化合物。接下来描述两步特征的本质。第一步(R2.1)通过将分子转化为自由基来激活分子以进一步生长。当然，这可以通过许多不同的方式实现，其中不少这样的可能性已经被测试过了。事实证明，在提供最新实验数据的典型激波管和火焰实验(Frenklach 和 Warnatz，1987)的条件下，夺 H 步骤通常主导了这个过程。HACA 第一步的关键特征是其可逆性。反向步骤可以是夺 H 本身或其他反应的反方向反应，例如与一个气态 H 原子的结合反应：

$$A_{i-} + H_2 \longrightarrow A_i + H \quad (R2.3)$$

$$A_{i-} + H \longrightarrow A_i \quad (R2.4)$$

与反应(R2.3)相比，反应(R2.4)的贡献随压力和相对分子质量增加(如反应(R2.4)的速率系数接近其高压极限)。乙炔加成步骤反应(R2.2)的可逆性，或更准确地说，其可逆程度决定了这个步骤是否有助于分子生长。根据 Frenklach 及其同事的计算结果，反应(R2.2)带来了熵的损失，这使得这个反应高度可逆。通过加入一个氢原子来作为一种产物来改进反应(R2.2)(如反应(R2.5)和(R2.6)所示)，使其具有比反应(R2.2)更少的熵损失。这些反应仍然是可逆的：

$$A_{i-} + C_2H_2 \longrightarrow 产物 + H \quad (R2.5)$$

$$A_{i-} + C_2H_2 \rightleftharpoons A_iC_2H + H \quad (R2.6)$$

反应中熵的恢复不足以阻止反应变得可逆。除了熵以外，能量的恢复应该很大。在这种情况下，反应变得更不可逆，因此导致了稳定集聚体的形成。反应可逆性的热力学阻力与动力学驱动力之间的耦合是 HACA 模型的基础。正如 Frenklach et al.(1985)所展示的，从动力学模拟的一开始，这种耦合对芳烃生长的关键作用就变得明显了。在众多可能的反应路径中，作为主要路径出现的那一个路径不一定是最短的或不需要代价较大的再激活的路径，而是具有最大反应亲和力的那条路径(Prigogine 和 Defay，1954)。也就是说，具有最小的热力学阻力的路径。后者在 PAH 生长的情况下是这样最为有效地实现的，它通过氢原子的重复再活化而从一个稳定的岛跳跃到另一个稳定的岛。这种热力学-动力学耦合解释了克服 PAH 生长能量壁垒(Stein 和 Fahr，1985)的原因，以及在生长过程中稳定集聚体序列的出现(Bockhorn,Fetting 和 Wenz,1983)。

乙炔显然不是唯一可以被设想用来扩大芳香环生长的物质。已经出现了几种这样的提议,包括那些含有甲基、炔丙基和环戊二烯基的物质。这些提议的重点在于反应基团的共振稳定结构,在一般意义上,它遵循 Glassman(1979)的假设,即具有共轭结构的烃类及其衍生物是烟灰成核的关键中间体。实际上,尽管芳族化合物的初始形成可以通过使用一定的燃料和采用一定条件下的不同反应进行,但数值模拟表明,这种初始路径快速地拓展至乙炔加成路径。例如,在苯的热解中,芳族化合物的生长是由联苯的形成引发的:

$$\text{C}_6\text{H}_5\cdot + \text{C}_6\text{H}_6 \longrightarrow \text{C}_6\text{H}_5\text{-C}_6\text{H}_5 + \text{H} \tag{R2.7}$$

但随后的生长是通过乙炔加成进行的:

$$\text{C}_6\text{H}_5\text{-C}_6\text{H}_4\cdot + \text{C}_2\text{H}_2 \longrightarrow \text{菲} + \text{H} \tag{R2.8}$$

同样的模式也出现在不同条件和燃料的情况下,以及加大化学计量比和压力的火焰中。

2.5.1.5 迁移反应

最近的理论研究揭示了芳环生长的新的反应途径,比如增强的五元芳环的形成:

$$\tag{R2.9}$$

反应(R2.10)描述了六元芳环的增强形成:

$$\tag{R2.10}$$

反应(R2.11)描述了五元环和六元环的相互转换：

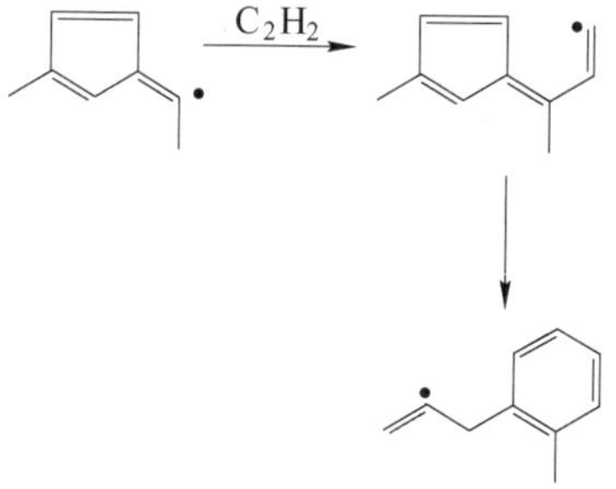

(R2.11)

反应(R2.12)显示了环戊二烯环沿锯齿形芳烃边缘的迁移：

(R2.12)

所有这些路径都有一个共同的关键机理特征:反应路径是由氢原子的迁移诱发或辅助的。Moriarty,Brown 和 Frenklach(1999)对反应式(R2.13)在量子从头计算理论的几个等级上研究了这种迁移的动力学和热力学。

(R2.13)

最可靠的理论水平使反应速率足够快,以此在高温芳烃化学中起作用。对于较大的芳族结构,如凝聚的多环烟灰前驱体或那些在烟灰颗粒表面边缘形成的物质,氢迁移的步骤为反应路径(R2.9)和(R2.10)开辟了另外一个更快的通道,其结果至少将环化的速率提高了 2 倍。对于某些芳烃,H 迁移可能是无效的,因为当它们反应时,旋转时可能存在过大的能量壁垒(Moriarty 和 Frenklach, 2000①),甚至会因为反应(R2.13)的平衡常数显著低于 1(在 1500 K 时约为 0.2),而可能会使反应逆向进行,形成环的碎片(Moriarty, Brown 和 Frenklach, 1999)。可用反应(R2.14)表示：

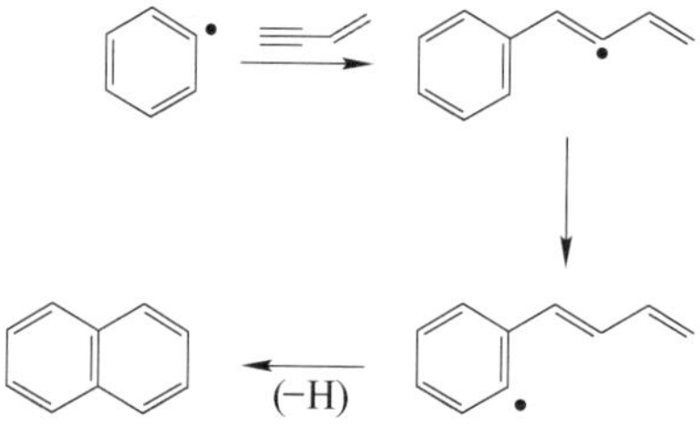

(R2.14)

2.5.1.6 芳烃的氧化

与芳烃生长平行进行的是芳烃的氧化。其主要机理似乎是 O_2 对芳香族自由基的氧化。正如层流预混火焰数值模拟所推断的那样,OH 的氧化作用相当

---

① 原文有误。——译者注

不重要(Frenklach 和 Warnatz,1987)。芳烃氧化中最大的影响发生在芳烃生长的最初阶段,即苯基阶段。这是由于在富燃环境中 O_2 浓度迅速降低,维持了芳烃的生长。根据 HACA 模型,这种生长受 H 原子产出的控制,但 H 原子也破坏了 O_2。因此,在芳烃生长的过程中,应该伴有 O_2 的消耗。后一个结果可以解释为什么烟灰起始生成通常出现在主燃烧区的附近(时间或空间上),这个环境中富含 H 原子而较少 O_2 分子。现在仍然对烟灰被 OH 氧化的机理知之甚少。芳烃的氧化移去了碳的质量,使其不能进一步生长。然而,更重要的是,在芳烃形成之前的早期阶段去除碳的质量。数值模拟确定 C_2H_3 的氧化是碳生长和碳氧化之间关键的分支点。在这个小分子水平上氧化的影响是双重的。一方面,它转移了碳的质量组织其进一步生长;另一方面,在高温热解环境中加入相对少量的分子氧,通过构建自由基池,特别是通过 H 原子,实际上促进了烟灰的形成。后一种现象在实验激波管研究(Frenklach et al.,1985)和平行计算分析中被确认,它在扩散火焰分析中反复出现(Pels Leusden 和 Peters,2000)。

2.5.2 烟灰形成模型的数学公式

烟灰形成和氧化的详细模型应该对气相和固相分别进行处理,并且还应提供它们之间相互作用的有关信息。对于层流预混火焰,用动力学模型预测烟灰的形成和氧化,需要对相关化学物质的浓度和火焰温度的了解。因此,应该求解相应化学物质的能量和质量分数的守恒方程。Appel,Bockhorn 和 Wulkow (2001)对乙炔/氧气/氩气层流预混火焰中烟灰粒度分布的演变进行了理论研究。对于一维稳态层流预混火焰,气相控制方程为

$$\rho u C_p \frac{dT}{dy} = \frac{d}{dy}\left(\lambda \frac{dT}{dy}\right) - \frac{dT}{dy}\sum_{i=1}^{N_s} C_{p,i}\rho Y_i V_i - \sum_{i=1}^{N_s} h_i^m \dot{\omega}_i - \dot{q}_r'' \quad (2.172)$$

$$\rho u \frac{dY_i}{dy} = -\frac{d}{dy}(\rho Y_i V_i) + \dot{\omega}_i Mw_i \quad (2.173)$$

式中:Y_i——第 i 种物质的质量分数;

V_i——第 i 种物质的扩散速度;

$\dot{\omega}_i$——具有分子量 Mw_i 的第 i 种物质的化学生成速率;

$C_{p,i}$——第 i 种物质的热容量;

h_i^m——第 i 种物质的摩尔焓;

$\dot{q}_r''$——辐射热通量。

化学速率项还包括了由于与烟灰表面的非均相反应而产生的化学物质的生成和破坏的速率。

非均相表面反应的机理如下:

$$C_i^{soot}H + H \rightleftharpoons C_i^{soot} + H_2 \quad (R2.15)$$

$$C_i^{soot}H + OH \rightleftharpoons C_i^{soot} + H_2O \quad (R2.16)$$

$$C_i^{soot} + H \longrightarrow C_i^{soot}H \quad (R2.17)$$

$$C_i^{soot} + C_2H_2 \longrightarrow C_{i+1}^{soot}H + H \quad (R2.18)$$

$$C_i^{soot} + O_2 \longrightarrow C_{i-1}^{soot} + 2CO \quad (R2.19)$$

$$C_i^{soot} + OH \longrightarrow C_{i-1}^{soot} + HCO + CH \quad (R2.20)$$

由于烟灰颗粒主要通过一个乙炔分子的加成而生长,因此两个烟灰颗粒之间的最小差异是两个碳原子的质量。烟灰表面生长而消耗乙炔的速率表达为

$$\dot{\omega}_{C_2H_2} = -\alpha_s k_{R18} X_{C_2H_2} \cdot \chi_{C^{soot}} \frac{Mw_{C_2H_2}}{N_A} \cdot S \quad (2.174)$$

式中:$\chi_{C^{soot}}$——烟灰颗粒表面自由基位点的分数;

α_s——化学反应可用的表面积 S 的分数(Appel et al.,2000);

N_A——阿伏伽德罗常数。

假设颗粒是球形的,因此具有 i 个单体(C = C 单元)的烟灰颗粒的表面积可以通过式(2.175)确定:

$$S_i = 4\pi \left(\frac{3m_1}{4\pi\rho_{soot}}\right)^{2/3} i^{2/3} \quad (2.175)$$

式中:m_1 为一个单体单元的质量,它是 C_2-基团。

这些颗粒的直径为

$$d_i = 2\left(\frac{3m_1}{4\pi\rho_{soot}}\right)^{1/3} i^{1/3} \quad (2.176)$$

由烟尘颗粒辐射造成的热损失($\dot{q}_r''$)可以用烟灰辐射系数的温度变化来建模,给出以下简单的表达式:

$$\dot{q}_r'' = Cf_V T^5 \quad (2.177)$$

式中:C 为常数;f_V 为烟灰的体积分数。

对式(2.172)和式(2.173)求解,由 Frenklach et al.(1995)以及 Mebel,Diau,Lin et al.(1996)提出的化学机理所确定的多化学物质就构成了对 PAH 和烟灰颗粒集合的动力学模拟的框架。

如前所述,表面生长机理认为乙炔是主要的生长物质。因此,烟灰颗粒的尺寸分布是按两个碳原子质量来离散化的。根据这个提法,可以推导出一组不同粒径的烟灰颗粒数密度的平衡方程:

$$\rho u \frac{d(N_i/\rho)}{dy} = \frac{d}{dy}\left(\rho D_i \frac{d(N_i/\rho)}{dy}\right) + \frac{d}{dy}\left(0.55u \frac{1}{T}\frac{dT}{dy}N_i\right) + S(N_i) \quad (2.178)$$

式(2.178)中,右侧第二项描述了由热泳引起的烟灰颗粒的输运。当由两

种或更多种类型的颗粒构成的混合物经受到温度梯度,进而这一温度梯度诱导这些颗粒发生运动,就可以观察到热泳现象。这与气体混合物中的 Soret 效应类似。在层流预混火焰中,温度急剧变化的区域表现出了较低的烟灰颗粒数密度,因此热泳对烟尘颗粒集合体的影响很小。单一尺寸类别中烟灰颗粒的扩散系数由 D_i 表示。Seinfeld(1986)的研究表明,颗粒非常小的气溶胶的扩散系数与 d^{-2} 成正比,其中 d 为颗粒的直径。$S(N_i)$ 项表示来自烟灰形成模型中所有基础化学和物理过程的颗粒源 N_i(由 i 个单体单元构成)。烟灰颗粒可由约 10^7 个碳原子组成。因此,烟灰颗粒尺寸的组数及其平衡方程将具有相同的数量级,这使得求解如此大的偏微分方程(PDE)系统是不可能的。

Frenklach 和 Harris(1987)介绍了一种从这组微分方程中导得信息的有效方法。这种方法通常称为矩量法。粒度分布函数(particle size distribution function,PSDF)的统计矩量法定义如下:

$$M_r = \sum_{i=1}^{\infty} i^r N_i \tag{2.179}$$

由式(2.179)可引出对第 r 个尺寸分布矩的一组新的平衡方程:

$$\rho u \frac{d}{dy}\left(\frac{M_r^{Soot}}{\rho}\right) = \frac{d}{dy}\left(\rho D_1 \frac{d}{dy}\left(\frac{M_{(r-2/3)}^{Soot}}{\rho}\right)\right) \\ + \frac{d}{dy}\left(0.55 u \frac{1}{T}\frac{dT}{dy} M_r^{Soot}\right) + S(M_r^{Soot}) \tag{2.180}$$

矩量法是颗粒数密度和烟灰体积分数计算的一个很有力的数值工具。然而,并没有提供关于烟尘颗粒和 PAH 尺寸分布的全部细节,并且难以量化不同模型或潜在的物理现象对 PSDF 的影响。此外,从数值的观点来看,矩量法存在这样的缺点:通常不可能得到矩方程的闭合形式。这些问题可以用对数拉格朗日插值来解决(Frenklach 和 Harris,1987)。

从这些考虑来看,能够提供高精度解的全粒度分布的数值方法是烟灰形成建模的必要组成部分。高精度解是 Gelbard 和 Seinfeld(1978)分段方法的主要计算问题。Wulkow(1996)为聚合反应构建了一种离散的 hp-Galerkin(Solin,Segeth 和 Dolezel,2003)方法。它是一种可以用来计算任何聚合度或颗粒大小不同分布的强大算法。对于烟灰形成的建模,该算法能够求解描述拉格朗日坐标中特定尺寸颗粒动力学的微分方程系统。

$$\frac{dN_i}{dt} = f(N_1, N_2, \cdots, N_m) \quad (i = 1, 2, \cdots, m) \tag{2.181}$$

式中:N_i 为颗粒的数密度,它是由 i 个单体单元构成的。这个算法由具有工作导向改进策略的多级 hp-Galerkin 方法来近似预估粒度大小的分布。粒度轴被细分为几个区间,在这些区间的每一个区间上,都用一个展开式 N_i^j 来近似表示

粒度尺寸分布函数 N_i^j,即

$$N_i^j|_{l_i} = \sum_{k=0}^{p_l^i} a_{k_l} t_{k_l}(i) \tag{2.182}$$

式(2.182)中,j 为级的编号,l 为尺寸分布间隔的编号。多项式 $t_{k_l}(i)$ 为 k 次离散 Chebyshev 多项式。区间与区间之间的展开系数 p_l^i 的编号可以不同,因此通过改变网格和顺序可以求解尺寸分布。这种近似的一个重要特征是自由度的数量很少,这在凝聚因子的存在下尤其重要,因为用任意核函数评估卷积和的计算成本非常高。

Smoluchowski 方程描述了凝聚作用(Smoluchowski,1917),即

$$\frac{dN_i}{dt} = \frac{1}{2}\sum_{j=1}^{i-j}\beta_{j,i-j}N_jN_{i-j} - \sum_{i=1}^{\infty}\beta_{i,j}N_iN_j \tag{2.183}$$

式中:$\beta_{i,j}$ 为与尺寸相关的频率因子,可以由布朗(Brownian)运动的公式确定:

$$\beta_{i,j} = 2.2\left(\frac{3m_1}{4\pi\rho_s}\right)^{1/6}\left(\frac{6k_bT}{\rho_s}\right)^{1/2} \cdot \sqrt{\frac{1}{i}+\frac{1}{j}} \cdot (i^{1/3}+j^{1/3})^2 \tag{2.184}$$

在 Appel,Bockhorn 和 Wulkow(2001)的工作中,假设烟灰的质量密度为 $\rho_s = 1.8\text{g}/\text{cm}^3$(Frenklach 和 Wang,1991),$m_1$ 表示单体单元的质量,它是一个 C_2-基团。尺寸类别的 hp 离散化与时间离散化通过 Rothe 方法(Rothe,1930)结合在一起。这种技术由 Bornemann(1991)引入,用来求解抛物线型微分方程,并在 Wulkow(1996)的工作中被转化并扩展用于多反应动力学。

对于从 t 到 $t+\tau$ 的时间之间的尺寸分布函数 $N(t+\tau)$ 的近似解(N_1),半-(线性)-隐式欧拉格式可用于预测步骤,并给出:

$$(I - \tau A)\Delta N = \tau f(\varphi)$$
$$N^1 = \varphi + \Delta N \tag{2.185}$$

且校正步骤如下:

$$(I - \tau A)\eta^1 = -\frac{1}{2}\tau^2 A f(\varphi)$$
$$N^2 = N^1 + \eta^1 \tag{2.186}$$

因此不需要再处理额外的线性体系(Deuflhard,1985)。在这两组方程中,矢量 N 包含了 PSDF 的信息(尺寸等级为 i 时的数密度 N_i),I 为单位矩阵,矩阵 A 包含了导数(dN_i/dN_j),它描述了体系的动力学,$f(\varphi)$ 为式(2.181)右侧的源矢量。

对乙炔/氧气/氩气预混火焰计算得到的主要气相物质和温度曲线(Appel,Bockhorn 和 Wulkow,2001)与实验曲线(Bockhorn,Fetting 和 Wenz,1983),在图 2.29 中进行了比较。

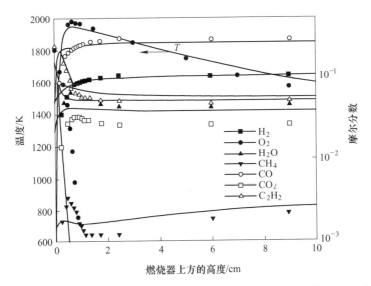

图 2.29 乙炔/氧气/氢气火焰中火焰温度和主要燃烧物质的摩尔分数的
计算曲线与测得结果的比较
(Appel,Bockhorn 和 Wulkow,2001)

除 CO_2 的摩尔分数外,模拟结果和实验结果间的一致性非常好。CO_2 被高估了约 20%。计算的温度也与测得的温度吻合。从图 2.29 可以看出,火焰温度随着距燃烧器上方高度的增加而降低。在模拟中,这个影响结果是通过对式(2.177)给出的辐射进行模拟得到的。

图 2.30 中,将较大的线性烃、苯和萘的测量摩尔分数与数值模拟的预测结果进行了比较。尽管与测得数据相比,计算结果普遍偏向左侧,但吻合结果仍可接受。这个结果的原因可能是实验中采样探针对火焰产生了扭曲。

对气相中化学反应描述的质量对于模拟烟灰形成至关重要,因为依赖于氢原子的非均相表面生长反应是低压预混火焰中最重要的烟灰物质的来源。图 2.29 和图 2.30 给出的结果表明,气相反应模型对所研究火焰的结构给出了很好的描述。这些结果增加了对他们用来研究 PAH 生长和烟灰颗粒动力学的模型的信心。

接下来给出 PAH 形成、生长及其氧化机理。

PAH 的形成:
$$C_{14}H_9 + C_2H_2 \longrightarrow PAH_8 + H \tag{R2.21}$$

其中:PAH_8 是指由八个单体(C=C)单元组成的芘($C_{16}H_{10}$)。

PAH 的生长:
$$PAH_i + H \longrightarrow PAH_i \cdot + H_2 \tag{R2.22}$$

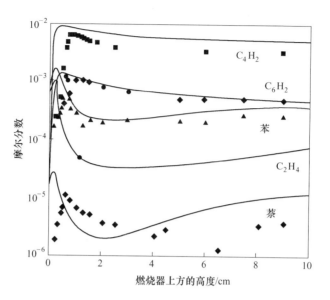

图 2.30 较大线性脂肪族和芳香族烃的摩尔分数的
计算曲线和测得结果的比较
(Appel,Bockhorn 和 Wulkow,2001)

$$PAH_i + OH \longrightarrow PAH_i \cdot + H_2O \quad (R2.23)$$
$$PAH_i \cdot + H_2 \longrightarrow PAH_i + H \quad (R2.24)$$
$$PAH_i \cdot + H_2O \longrightarrow PAH_i + OH \quad (R2.25)$$
$$PAH_i \cdot + H \longrightarrow PAH_i \quad (R2.26)$$
$$PAH_i \cdot + C_2H_2 \longrightarrow PAH_{i+1} + H \quad (R2.27)$$

PAH 的氧化:

$$PAH_i \cdot + O_2 \longrightarrow PAH_{i-1} + 产物 \quad (R2.28)$$
$$PAH_i + OH \longrightarrow PAH_{i-1} + 产物 \quad (R2.29)$$

颗粒开始形成:

$$PAH_i + PAH_j \longrightarrow Soot_{i+j} \quad (R2.30)$$
$$PAH_i \cdot + PAH_j \longrightarrow Soot_{i+j} \quad (R2.31)$$

PAH 的加成:

$$PAH_i + Soot_j \longrightarrow Soot_{i+j} \quad (R2.32)$$

颗粒的起始形成和 PAH 加成至表面对 PAH 粒度分布演变的影响如图 2.31 所示。该图中的 3 个子图显示了从 3 种不同 PAH 形成(和氧化)机理的预测结果。图 2.31(a)显示了仅考虑 PAH 生长和氧化(从反应(R2.21)到反应(R2.29))而未考虑颗粒起始生成和 PAH 加成至烟灰中的预测结果。图 2.31(b)显示了考虑包括 PAH 生长和氧化以及颗粒起始生成反应的预测结果。图 2.31(c)显示了包含 PAH

形成、氧化、颗粒起始生成和加成至烟灰的完整模型的预测结果。

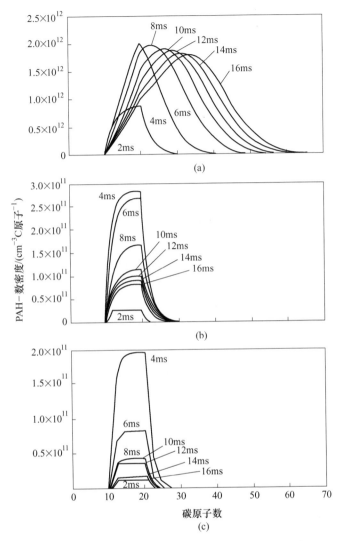

图 2.31 不同模型假设下计算得到的 PAH 尺寸分布
（改自 Appel,Bockhorn 和 Wulkow,2001）

在图 2.31(a)中,由于生长反应形成了大的 PAH 分子。几毫秒后,氧化反应不再与 PAH 生长反应竞争,因为分子氧和氢自由基的浓度很低。随着反应时间的增加,峰值向具有更多碳原子数的 PAHs[①] 移动。在图 2.31(b)中,PAH

---

① PAHs:大型多环芳烃。——译者注

的尺寸分布完全不同。由于烟灰颗粒的形成,PAHs 从分布中除去了。随着 PAH 浓度的增加,这种效应更加明显。在 12ms 后,烟灰的形成与 PAH 的形成反应(R2.21)开始竞争。在这种情况下,最大 PAH 数密度比图 2.31(a)中所示的最大 PAH 数密度低约一个数量级。在反应时间为 10~16ms 时,形成了最多具有 20 个碳原子的较大的 PAHs。在生长速率衰减之后,PAH 形成反应再次控制 PAH 分布的形状,因此 PAH 数密度的峰值为 16~20 个碳原子。当考虑 PAH 表面加成(反应(R2.32))时,由于 PAH 转移至固体烟灰相,从而使 PAH 消耗的影响更加明显。在图 2.31(c)中,考虑了整个 PAH 反应模型中的所有子模型。PAH 烟灰碰撞的速率取决于火焰中烟灰颗粒的数密度及其尺寸。因此,在这种情况下,整个反应时间内的 PAH 分布相当窄。从这些模拟中,可以理解单个过程——即 PAH 形成、PAH 生长、颗粒起始形成以及 PAH 加成至烟灰表面——对 PAH 尺寸分布演变的影响。颗粒起始生成和 PAH 的形成似乎对 PAH 动力学有着最大影响,而 PAHs 的生长在所研究的火焰中相对不那么明显。由于 PAHs 在烟灰表面的加成与颗粒起始形成开始竞争,前者对于烟灰粒度分布的形状更重要。

Bockhorn,Fetting 和 Wenz(1983)以及 Wenz(1983)通过使用分子束取样和耦合气相色谱/质谱法测量了许多芳香物质在火焰中的浓度分布。Appel,Bockhorn 和 Frenklach(2000)将其使用矩量法和离散 hp-Galerkin 法的计算结果与这些实验数据进行了比较。图 2.32 所示为不同反应时间下的总烟灰颗粒数密度

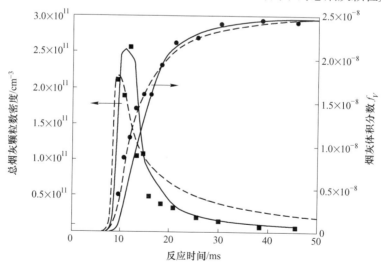

图 2.32 总颗粒数密度和烟灰体积分数与实验数据的比较。
虚线表示矩量法得到的结果,实线表示使用离散 hp-Galerkin 法的结果
(改自 Appel,Bockhorn 和 Wulkow,2001)

和烟灰体积分数与实验结果的比较。可以看出,颗粒初始形成模型能够再现所研究火焰中的颗粒数。还可以看出,两种数值方法都得到了可与实验数据进行定量比较的结果。

图2.33所示为由Appel,Bockhorn和Wulkow(2001)计算的各个反应时间下烟灰粒度分布的演变。颗粒起始形成和凝聚主导了预混火焰中烟灰颗粒形成和生长的演变。根据Appel et al.的工作,表面生长(PAH加成到烟灰中)影响反应时间为10~16ms的烟灰颗粒尺寸的分布。在这个时间内,烟灰颗粒直径主要通过烟灰与乙炔的非均相表面反应而增加(由反应(R2.18)表示)。在此过程中,分布的宽度迅速增加,如图2.33所示。在较窄表面生长区域之后,凝聚成为了PSDF演化的主要控制源。

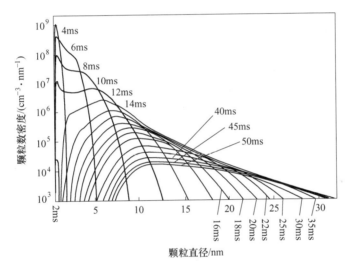

图2.33 烟灰粒度分布的演变
(改自Appel,Bockhorn和Wulkow,2001)

计算得到的粒度分布(Appel,Bockhorn和Wulkow,2001)与实验测定的分布(Heddrich,1986;Bockhorn et al.,1988;Bockhorn,Fetting和Wenz,1983)的比较如图2.34所示。实验结果来自对预混乙炔/氧气/氩气火焰中烟灰的分子束取样和烟灰颗粒的TEM显微照片。相对颗粒数密度为一定尺寸的颗粒数与实验中所测颗粒总数之比。计算结果和测量结果间的比较是在燃烧器出口平面上方的4个不同高度(14mm、20mm、30mm和40mm)下进行的。在燃烧器上方的较低高度处,计算得到的烟灰颗粒尺寸分布显示出比实验数据更小的颗粒。在燃烧器上方30mm和40mm处的计算结果和测得的尺寸分布之间具有更好的一致性。

读者可以参阅Blanquart和Pitsch(2009)发表的论文中,由体积-表面-氢气

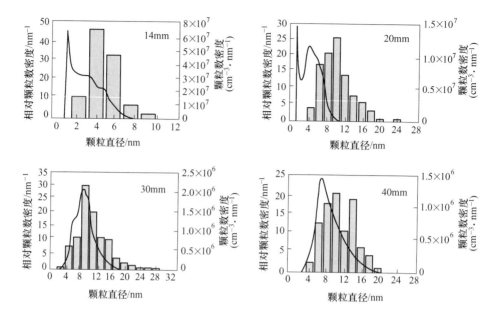

图 2.34 燃烧器出口平面上方不同高度下烟灰颗粒尺寸分布的
实验结果(条形图)与计算结果(实线)的比较
(改自 Appel, Bockhorn 和 Wulkow, 2001)

联合模型分析获得的温度对烟灰颗粒形成影响的结果。

习题

1. 从预混层流火焰理论推导出以下重要关系:
$$S_L \propto \sqrt{\alpha (RR)_{T_f}}$$

2. 评论表 2.1 中给出的各种扩散速度表达式。另外,讨论每个模型的相对优点。

3. 使用 $\alpha = 0.80$ 和 $\beta = 15.0$,绘出简化反应速率($-\dot{\omega}_F/(\rho_u Y_{F,u} A)$)及归一化的反应速率对简化温度 $\Theta \equiv (T - T_u)/(T_b - T_u)$ 的曲线。

4. 推导出对应于表 2.7 中所示的 ZFK、Williams、Poinsot 和 Veynante 模型的 3 种燃料反应速率($\dot{\omega}_F$)表达式。

5. 推导出层流火焰速度表达式(2.92)。

6. 如果反应的总级数为二阶,层流火焰速度对压力和温度的典型依赖是什么?

7. 讨论表 2.9 中给出的各种火焰厚度的定义。

8. 推导式(2.118)中给出的拉伸因子 κ 的表达式,并讨论每一项的物理解释。

9. 证明与圆柱火焰表面曲率相关的 Karlovitz 数可由式(2.145)给出。

10. 阈值烟灰指数(TSI)的定义是什么?

第3章　层流非预混火焰

符 号 表

符号	含 义 说 明	量纲
a	应变速率,见式(3.117)①	$1/t$
a_{kj}	第k种物质中第j种元素的原子数量	—
a_0	燃料射流虚拟原点的位置,见图3.20	L
b	燃料喷注槽的高度,见图3.20	L
D	烟灰颗粒的平均直径	L
Da	式(3.1)和式(3.87)中定义的达姆科勒(Damköhler)数	—
F	无量纲流函数,$F = \gamma f$	—
f	式(3.144)定义的无量纲流函数	—
f_V	烟灰体积分数,见式(3.167)	—
H_k	式(3.43)定义的第k种物质的总焓	Q
L	扩散火焰的长度,见式(3.166)	L
M^k	式(3.176)定义的第k个数密度矩	M^k/L^3
N	烟灰颗粒的数量	$\#/L^3$
N_k	第k种化学物质的物质的量	N
N_s	化学物质的总数	—
Q	化学反应获得的热能,正数表示放热反应,见式(3.54)	Q
R	多孔圆柱体的半径,见图3.12和式(3.114)	L
s	式(2.91)和3.4节中定义的化学计量比	—
W_j	第j种元素的相对原子质量	M/N
y	拉伸无量纲温度,见式(3.81)	—
Z	式(3.2)定义的混合分数,也见于式(3.11)和式(3.13)	—
Ze	式(3.83)定义的Zel'dovich数	—
Z_j	式(3.24)定义的第j种元素的质量分数	—

① 原文有误。——译者注

(续)

符号	含 义 说 明	量纲
希腊符号		
α	式(3.65)定义的热扩散率	L^2/t
α_{st}	烟灰颗粒生长的经验空间因子,见式(3.174)	—
β	式(3.88)定义的无量纲活化能	—
β^*	式(3.37)定义的无量纲元素质量分数参数	—
γ	式(3.88)定义的无量纲参数,或式(3.157)中的一个常数	—
$(\Delta Z)_F$	式(3.102)定义的无量纲小火焰厚度,$\sim Z_{st}$,见图3.8	—
δ	式(3.92)定义的无量纲参数,表示缩比达姆科勒数	—
ε	具有反应区宽度量级 O 的小无量纲参数,见式(3.80)	—
ζ	式(3.10)定义的守恒的标量	—
η	式(3.122)定义的相似坐标	—
μ	动态黏度	Ft/L^2 或 $M/(Lt)$
μ^k	式(3.177)定义的归一化的第 k 个数密度矩	$M^{(k-1)}$
ξ_2 和 ξ_3	小火焰表面切向方向的空间坐标	L
τ	小火焰式(3.71)和式(3.74)的时间坐标	t
ϕ	式(3.18)定义的当量比	—
χ	式(3.72)定义的瞬态标量耗散率	1/t
Ψ	式(3.88)定义的无量纲温度参数	—
ψ	式(3.116)定义的流函数	$M/(Lt)$
Ψ_s	颗粒生长表面点位的数密度,见式(3.175)	$\#/L^2$
$\psi_{C_{soot-H}}$	单位烟灰颗粒面积上点位的数量,见式(3.175)	—
ω	通过式(3.158)与混合分数相关的无量纲参数	—
下标		
b	已燃	
fuel	燃料	
i	点燃	
ox	氧化剂	
q	淬熄	
st	化学计量条件	
u	未燃	

气态燃料火焰通常分为两类,即预混火焰和非预混(也称为扩散)火焰。在

预混火焰中,反应物(燃料和氧化剂)在进入反应区之前预混合。如果指定了可燃气体的组成(燃料和氧化剂的种类及其混合比)和物理条件(压力和温度),那么就可以按第 2 章中所讨论的那样来确定燃烧气体在最终燃烧状态下的组成、压力和温度以及火焰的特性(如火焰速度或燃烧速度)。与层流预混火焰不同,反应物的混合在非预混火焰中起主要作用。而且,由于扩散火焰的结构强烈地取决于反应物的流动构型,因此定义燃烧速率和火焰传播方向并不容易。在扩散火焰中,燃料和氧化剂从起始就是分离的,反应物在燃烧发生的同一区域中进行混合。在扩散火焰中,燃烧发生在燃料和氧化剂之间的界面附近。在大多数扩散火焰中,燃烧过程更多地取决于混合速率而不是所涉及的化学过程的速率。一个与扩散火焰相关的非常重要的无量纲数称为达姆克勒数(Da)。在理解扩散火焰之前,了解达姆科勒数的定义对读者是有利的。

Da 是个无量纲数,它将化学反应时间尺度与系统中发生的混合现象联系起来。它以德国化学家格哈德·达姆克勒(Gerhard Damköhler,1908—1944)命名。在连续化学过程中,Da 的一般定义为

$$Da \equiv \frac{化学反应的速率}{物质扩散带来的混合速率} \\
= \frac{与混合相关的特征时间}{与化学反应性相关的特征时间} = \frac{t_d}{t_{ch}} \tag{3.1}$$

这个参数出现在本章中多个部分及其他与湍流扩散火焰相关的章节中。

3.1 非预混层流火焰的基本结构

如前所述,燃料和氧化剂在进入燃烧区之前没有混合,产生的是非预混火焰。燃料和氧化剂的混合通过扩散(与燃烧同时)而发生,因此,非预混火焰也称为扩散火焰。在燃烧和流体动力学中,平流起着重要的作用。然而,扩散和平流是两种不同的物理过程。平流与体积运动相关,而质量扩散由不同化学物质的浓度梯度驱动。在非预混火焰中,扩散过程是火焰区中反应物混合的主要驱动因素。2.1 节已经十分详细地讨论了扩散速度。平流在确定火焰形状和结构方面也起着重要作用。扩散火焰的一个典型例子如图 3.1 所示,图中描绘了一个在静止环境空气中燃烧的燃料射流。因为浮力,火焰本身会引起环境空气卷吸进入火焰区。层流扩散火焰的另一个常见例子是蜡烛火焰。蜡烛的石蜡首先因从火焰到蜡烛的辐射加热而熔化,然后由毛细管力驱动进入烛芯并在那里蒸发成为石蜡蒸气,石蜡蒸气在燃烧过程中用作气体燃料。

在扩散火焰中,化学反应速率通常比气态反应物的扩散速率快得多(特征化学反应时间 t_{ch} 远小于特征扩散时间 t_d,对应于一个较高达姆科勒数的情况)。因此,①化学反应发生在气体燃料和氧化剂之间界面附近的一个狭窄区域中;

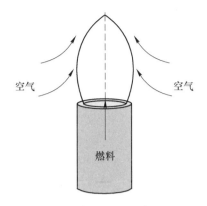

图 3.1 基于无侧风的环境空气中燃烧的燃料射流的层流扩散火焰示意图

②燃料和氧化剂的浓度在反应区(在这里生成大部分产物)中非常低;③燃烧速率由燃料和氧化剂流入反应区的速率所控制。在化学反应速率被认为是无限快的极限情况下(特征扩散时间 t_d 与特征化学反应时间 t_{ch} 的比率无限大时),可以得到以下 3 点结论:

(1) 反应区变得无限薄(燃烧区变成一个火焰薄层)。

(2) 在火焰表面,燃料和氧化剂的消耗速率是满足化学计量比的。

(3) 如果燃料和氧化剂输运到火焰表面的扩散速率满足化学计量比,那么燃料和氧化剂的浓度在火焰表面变为零,火焰的燃料一侧没有氧化剂,而在火焰的氧化剂一侧也没有燃料。

3.2 火焰薄层模型

Burke 和 Schumann 在 1928 年用这个火焰薄层模型给出了扩散火焰的首次成功的详细分析(Kuo,2005;第 6 章)。他们对从一个圆柱形管中流出并进入到流动在更粗的同心圆柱形管道空气中的燃料,并在内管口部形成层流扩散火焰的问题进行了分析。在这种情况下,火焰要么扩展至管道的壁面(通风不足的情况),要么收聚在轴线(通风过度的情况),并且可以定义火焰的高度(从管口到火焰到达管壁或轴线那一点间的轴向距离)。通过这种方式,Burke 和 Schumann 得到了对火焰高度和形状相当准确的预测结果。因此,证明了火焰薄层模型对层流扩散火焰的研究非常有用。从那时起,在扩散火焰中化学反应速率无限快的假设下,使用火焰薄层模型研究了许多层流扩散火焰的燃烧问题。事实上,这种火焰薄层模型已广泛用于燃料液滴燃烧以及层流扩散火焰中的流动和传热问题(如反应边界层问题)的理论研究了。这种技术使得研究人员能够计算火焰的位置和形状、向固体或液体表面的传热速率、固体或液体燃料的燃烧速率,以及获得关于层流扩散火焰结构的其他重要信息。

然而,关于扩散火焰的几个重要问题无法依赖火焰薄层模型得到阐明。在扩散火焰中,燃烧速率由燃料和氧化剂扩散到反应区的速率控制,且这个燃烧速率随扩散速率而增加,而这在很大程度上取决于特定流动的结构,尤其是对流速度。随着流速增加,特征平流(或流动)和特征扩散时间变短。由于这一原因,与扩散时间相比,化学反应时间不能忽略。如果燃料和氧化剂流进扩散火焰反应区的流速进一步增加并超过一个临界值,由于化学反应不能与燃料和氧化剂的供给保持同步,那么反应将突然停止,结果是发生扩散火焰的熄灭。例如,如果空气流速超过临界值,那么悬浮在空气流中的液体燃料液滴锋面周围的扩散火焰熄灭,且包络火焰突然转变成了尾焰。看起来,由于空气流速增加而经常观察到的扩散火焰的熄灭是由化学反应速率限制引起的。这种火焰熄灭不能用火焰薄层模型来解释,因为这个模型假定反应速度无限快。这个事实表明了以下两点:

(1)在较高空气气流流速条件下,有必要考虑扩散火焰有限反应区的火焰结构。

(2)对应于火焰熄灭的临界空气流速,可以认为是火焰区中总反应速率的一种度量。

为了解决这些复杂问题,很多研究人员开发出了小火焰模型。小火焰模型中的一个重要参数为混合分数 Z,它表示混合物中燃料(已燃烧的和未燃烧的)的质量分数。有时用符号 f 来表示混合分数(Kuo,2005)。扩散火焰的建模需要了解混合分数。因此,我们将在描述建模方法之前讨论混合分数。

3.3 混合分数定义及举例

混合分数是非预混燃烧研究中一个极为有用的变量。混合分数定义为局部控制体积内在燃料流中具有其源头的混合物质量与局部控制体积内的混合物质量之比,即

$$Z \equiv \frac{\text{局部控制体积内在燃料流中具有其源头的混合物质量}}{\text{局部控制体积内混合物的质量}} \quad (3.2)$$

在烃燃料(C_xH_y)与纯氧燃烧的情况下,产物将由许多物质组成,如 H_2O、CO_2、CO、OH、H、H_2、O、CH_4、C_2H_2 等。在流场中给定的控制体积内,可能存在燃料物质 C_xH_y 未燃烧的部分。如果已知控制体积内所有物质的质量分数,那么就可以从燃烧产物确定已燃燃料的量。例如:水蒸气质量的 1/9 来自燃料,CO_2 质量的 3/11 来自燃料,CO 质量的 3/7 来自燃料,OH 质量的 1/17 来自燃料,而 H、H_2 和 CH_4 质量全部来自燃料。将所有这些源自燃料的物质的质量相加,就得到了控制体积内燃烧的燃料的量。将这个质量与控制体积中未燃烧的

碳氢化合物质量相加,就能确定式(3.2)中的分子。将这个数除以控制体积中的总质量,就能确定混合分数 Z。

如以下部分所示,引入混合分数有几个固有的优点。混合分数是一个守恒的标量变量,这意味着混合分数的守恒方程将没有源项。通常,物质守恒方程的化学源项是高度非线性的并且难以求解。火焰表面的位置是依据混合分数等于其化学计量值的地方来确定的。根据这个事实,通过将混合分数作为独立变量,可以把扩散火焰的控制方程转换进入一个垂直于当地火焰表面的新坐标系。因此,混合分数是一个需要理解的非常重要的参数。

通常将扩散火焰描述为双进流系统,即质量流量为 $\dot{m}_1$ 的燃料流(下标为1)和质量流量为 $\dot{m}_2$ 的氧化剂流(下标为2)的系统。混合分数表示混合物中燃料流的质量分数(图 3.2)。

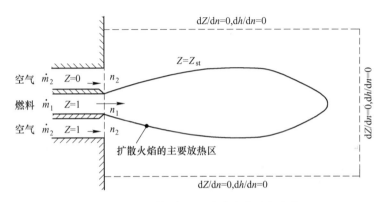

图 3.2 双流燃料-空气体系中产生的扩散火焰

对于烃-空气的燃烧,全局反应可以写为

$$\underbrace{\nu'_F C_xH_y}_{燃料} + \underbrace{\nu'_{O_2} O_2}_{氧化剂} + \underbrace{\nu'_{N_2} N_2}_{稀释剂} \rightarrow \underbrace{\nu''_{CO_2} CO_2 + \nu''_{H_2O} H_2O}_{产物} + \underbrace{\nu''_{N_2} N_2}_{稀释剂}$$

(R3.1)

由于系统中的总质量与化学反应无关(而总摩尔数不是),质量分数增量变化之间的关系为

$$\frac{dY_k}{\nu'_k Mw_k} = \frac{dY_F}{\nu'_F Mw_F} = \frac{dY_{O_2}}{\nu'_{O_2} Mw_{O_2}} = 常数 \quad (3.3)$$

定义一个化学计量比 s 为

$$s \equiv \left(\frac{\nu'_{O_2} Mw_{O_2}}{\nu'_F Mw_F}\right)_{st} \quad (3.4)$$

使用 s 的定义和式(3.3),可以得到式(3.5):

$$sdY_F = dY_{O_2} \quad 或 \quad d(sY_F - Y_{O_2}) = 0 \quad 或 \quad sY_F - Y_{O_2} = 常数 \quad (3.5)$$

燃料和氧化剂的物质守恒方程可以写为

$$\frac{\partial \rho Y_F}{\partial t} + \frac{\partial \rho u_i Y_F}{\partial x_i} = \frac{\partial}{\partial x_i}\left(\rho D_F \frac{\partial Y_F}{\partial x_i}\right) + \dot{\omega}_F \quad (3.6)$$

$$\frac{\partial \rho Y_{O_2}}{\partial t} + \frac{\partial \rho u_i Y_{O_2}}{\partial x_i} = \frac{\partial}{\partial x_i}\left(\rho D_{O_2} \frac{\partial Y_{O_2}}{\partial x_i}\right) + \dot{\omega}_{O_2} \quad (3.7)$$

由于燃料和氧化剂按化学计量比反应,即

$$\dot{\omega}_{O_2} = s\dot{\omega}_F \quad (3.8)$$

将式(3.6)乘以 s 后再减去式(3.7),得

$$\frac{\partial \rho \zeta}{\partial t} + \frac{\partial \rho u_i \zeta}{\partial x_i} = \frac{\partial}{\partial x_i}\left(\rho D \frac{\partial \zeta}{\partial x_i}\right) \quad (3.9)$$

式中

$$\zeta \equiv sY_F - Y_{O_2} \quad (3.10)$$

另外,还假设燃料和氧化剂的扩散率相等。从式(3.9)可以看出,ζ 是一个守恒的标量,这是因为 ζ 的控制方程没有源项。将归一化的 ζ 变量定义为

$$Z \equiv \frac{\zeta - \zeta_{O_2,u}}{\zeta_{F,u} - \zeta_{O_2,u}} \quad (3.11)$$

$$\zeta_{O_2,u} = -Y_{O_2,2}; \quad \zeta_{F,u} = sY_{F,1} \quad (3.12)$$

将式(3.10)中的 ζ 的定义代入式(3.11),并利用式(3.12),可以得到混合分数,它是一个耦合了燃料和氧气局部质量分数的变量:

$$Z = \frac{sY_F - Y_{O_2} + Y_{O_2,2}}{sY_{F,1} + Y_{O_2,2}} \quad (3.13)$$

从式(3.13)可以看出燃料流中 $Z = 1(Y_F = Y_{F,1}; Y_{O_2} = 0)$ 且氧化剂流中 $Z = 0(Y_F = 0; Y_{O_2} = Y_{O_2,2})$。可以观察到,变量 Z 也将满足式(3.9)所给出的守恒标量 ζ 的控制方程。对于具有燃料和氧化剂化学计量条件下的局部控制体积,有

$$\left.\frac{Y_{O_2}}{Y_F}\right|_{st} = s \quad (3.14)$$

因此,混合分数对应的化学计量数为

$$Z_{st} = \frac{Y_{O_2,2}}{sY_{F,1} + Y_{O_2,2}} = \left[1 + \frac{sY_{F,1}}{Y_{O_2,2}}\right]^{-1} \quad (3.15)$$

如果燃料流和氧化剂流分别仅含有燃料和氧化剂(没有任何稀释剂),那么 $Y_{F,1} = 1$, $Y_{O_2} = 1$ 且 $Z_{st} = 1/(1+s)$。由 $Z = Z_{st}$ 定义的表面应该表示火焰表面,

这是因为燃料和氧化剂在这个表面上具有化学计量比。可以用这个信息来建立物质质量分数和混合分数之间的关系,如本节剩余部分所示。

如果在局部控制体积中 $Z < Z_{st}$,那么可认为这个混合物在这个特定位置是贫燃的。当这个区域中所有的燃料都被消耗完时(已燃区中的 $Y_{F,b} = 0$),那么认为这个区域中的混合物已燃(下标记作 b)。使用式(3.13)给出的混合分数的定义以及式(3.15)给出的化学计量混合分数的定义,我们可以计算已燃气体中剩余的氧气质量分数:

$$Y_{O_2,b} = Y_{O_2,2}\left(1 - \frac{Z}{Z_{st}}\right), \ Z < Z_{st} \tag{3.16}$$

类似地,如果在局部控制体积中 $Z > Z_{st}$,那么可认为混合物是富燃的。在这种情况下,当这个区域中的所有氧气都被消耗完时($Y_{O_2,b} = 0$),认为该区域中的混合物已燃完,有

$$Y_{F,b} = Y_{F,1}\frac{Z - Z_{st}}{1 - Z_{st}}, \ Z > Z_{st} \tag{3.17}$$

注意:混合分数的概念是针对双进流系统定义和说明的。如果有两股以上的流进入燃烧区,则需要定义多个混合分数。这种复杂性使得混合分数变量对扩散火焰的建模就不那么具有吸引力了。在这种情况下,可以使用一种基于元素质量分数守恒的不同方法。

双进流系统中燃料和氧化剂供应速率的当量比可定义为

$$\phi \equiv \frac{Y_{F,u}/Y_{O_2,u}}{(Y_{F,u}/Y_{O_2,u})_{st}} = \frac{Y_{F,1}/Y_{O_2,2}}{(Y_{F,1}/Y_{O_2,2})_{st}} = \frac{sY_{F,1}}{Y_{O_2,2}} \tag{3.18}$$

使用这个关系,式(3.13)给出的局部混合分数可以表示为

$$Z = \frac{sY_F - Y_{O_2} + Y_{O_2,2}}{sY_{F,1} + Y_{O_2,2}} = \frac{1}{(1+\phi)}\left(\phi\frac{Y_F}{Y_{F,1}} - \frac{Y_O}{Y_{O_2,2}} + 1\right) \tag{3.19}$$

注意:式(3.19)中的 φ 不是基于局部质量分数的当量比,而是由式(3.18)根据燃料和氧化剂在各自供应线中的质量分数来定义的。就混合分数 Z 而言,未燃混合物中燃料和氧化剂的质量分数可由两个线性关系表示,如图 3.3 所示。在图 3.3 中,燃料流为纯燃料($Y_{F,1} = 1$),而氧化剂流中含有稀释剂(如氮气)。已燃混合物中燃料、氧化剂和产物的质量分数如图 3.4 所示。

由式(3.20)得到产物质量分数 Y_P 为

$$Y_P = 1 - (Y_F + Y_{O_2} + Y_D) \tag{3.20}$$

式中:Y_D 为稀释剂的质量分数。

3.3.1 元素质量分数的平衡方程

定义混合分数更为常见方法是使用元素质量平衡的概念。反应体系中分

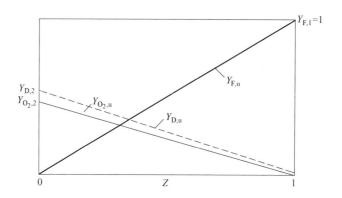

图 3.3 用混合分数表示的混合组分的质量分数(未燃气体)

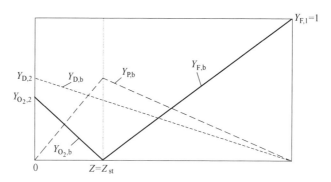

图 3.4 用混合分数表示的混合组分的质量分数(已燃气体)

子物质的质量可能因化学反应而发生变化。然而,原子物质的质量仍然是守恒的。具有 N 种物质的反应体系中第 j 个原子元素的质量可以表示为

$$m_j = \left(\sum_{k=1}^{N_s} a_{kj} N_k\right) W_j \tag{3.21}$$

式中:a_{kj} 为第 j 种元素在第 k 种分子物质中的原子数量;N_k 为第 k 种物质的物质的量;W_j 为第 j 种元素的相对原子质量[1]。

式(3.21)用摩尔分数的形式可以写为

$$N_k = X_k \left(\frac{m}{\overline{Mw}}\right) \tag{3.22}$$

式中:m 为混合物中所有物质的总质量;$\overline{Mw}$ 为混合物的平均相对分子质量。

---

[1] 原文有误。——译者注

将式(3.22)代入式(3.21),有

$$m_j = \left(\sum_{k=1}^{N_s} a_{kj} X_k\right) W_j \left(\frac{m}{Mw}\right) = \left(\sum_{k=1}^{N_s} a_{kj} \frac{Y_k}{Mw_k}\right) W_j m \quad (3.23)$$

第 j 种元素的质量分数为

$$Z_j \equiv \frac{m_j}{m} = \left(\sum_{k=1}^{N_s} a_{kj} \frac{Y_k}{Mw_k}\right) W_j \quad (3.24)$$

元素质量分数的重要性在于它们在燃烧过程中保持守恒。通过这种类比,混合分数和元素分数起到了相同的作用:它们都是守恒的标量。物质守恒方程如下:

$$\rho \frac{\partial Y_k}{\partial t} + \rho u_i \frac{\partial Y_k}{\partial x_i} + \frac{\partial}{\partial x_i}(\rho V_{k,i} Y_k) = \dot{\omega}_k \quad (3.25)$$

式(3.25)乘以 a_{kj}/Mw_k 并对所有物质($k=1,\cdots,N_s$①)求和,得到元素质量平衡守恒方程:

$$\rho \frac{\partial Z_j}{\partial t} + \rho u_i \frac{\partial Z_j}{\partial x_i} + \frac{\partial}{\partial x_i}\left(\sum_{k=1}^{N_s} \frac{a_{kj} Y_k}{Mw_k} \rho V_{k,i}\right) W_j = 0 \quad (3.26)$$

请注意,由于元素质量在燃烧过程中不会发生变化,因此源项自动消失。这意味着元素质量分数在燃烧过程中保持守恒。假设所有二元质量扩散系数相等($D_{k,m} = D$),那么元素质量分数的平衡方程可以写为

$$\rho \frac{\partial Z_j}{\partial t} + \rho u_i \frac{\partial Z_j}{\partial x_i} = \frac{\partial}{\partial x_i}\left(\rho D \frac{\partial Z_j}{\partial x_i}\right) \quad (3.27)$$

式中:第 k 种物质在第 i 个方向上的扩散速度为

$$V_{k,i} = -\frac{D}{Y_k} \frac{\partial Y_k}{\partial x_i} \quad (3.28)$$

因此,有

$$\left(\sum_{k=1}^{N_s} \frac{a_{kj} Y_k}{Mw_k} \rho V_{k,i}\right) W_j = -\left(\sum_{k=1}^{N_s} \frac{a_{kj}}{Mw_k} \rho D \frac{\partial Y_k}{\partial x_i}\right) W_j$$

$$= -\rho D \frac{\partial}{\partial x_i}\left(\sum_{k=1}^{N_s} \frac{a_{kj} Y_k}{Mw_k}\right) W_j = -\rho D \frac{\partial Z_j}{\partial x_i}$$

$$(3.29)$$

用式(3.24)可以得到烃燃料(C_xH_y)-空气体系(反应(R3.1))的元素质量分数。

$$Z_j = \left(\sum_{k=1}^{N_s} a_{kj} \frac{Y_k}{Mw_k}\right) W_j \quad (3.30)$$

---

① 原文有误。——译者注

在这种情况下,主要关注的元素为氢(H)、碳(C)和氧(O)。在未燃的混合物中,$Y_{产物} = 0$。因此,有

$$Z_C = x\frac{W_C}{Mw_F}Y_{F,u}, \quad Z_H = y\frac{W_H}{Mw_F}Y_{F,u}, \quad Z_O = 2\frac{W_O}{Mw_{O_2}}Y_{O_2,u} = Y_{O_2,u} \quad (3.31)$$

对于当量比不等于1的已燃混合物,有

$$\begin{aligned}
Z_C &= x\frac{W_C}{Mw_F}Y_{F,b} + x\frac{W_C}{Mw_{CO_2}}Y_{CO_2,b}, \\
Z_H &= y\frac{W_H}{Mw_F}Y_{F,b} + 2\frac{W_H}{Mw_{H_2O}}Y_{H_2O,b}, \\
Z_O &= 2\frac{W_O}{Mw_{O_2}}Y_{O_2,b} + 2\frac{W_O}{Mw_{CO_2}}Y_{CO_2,b} + \frac{W_O}{Mw_{H_2O}}Y_{H_2O,b}
\end{aligned} \quad (3.32)$$

对于具有化学计量比的燃料-氧气已燃混合物:

$$\begin{aligned}
Z_C &= \frac{W_C}{Mw_{CO_2}}Y_{CO_2,b}, \\
Z_H &= 2\frac{W_H}{Mw_{H_2O}}Y_{H_2O,b}, \\
Z_O &= 2\frac{W_O}{Mw_{CO_2}}Y_{CO_2,b} + \frac{W_O}{Mw_{H_2O}}Y_{H_2O,b}
\end{aligned} \quad (3.33)$$

如同前面所讨论的,在具有化学计量比的混合物中,有

$$\left.\frac{Y_{O_2,u}}{Y_{F,u}}\right|_{st} = \frac{\nu'_{O_2}}{\nu'_F}\frac{Mw_{O_2}}{Mw_F} = s \quad (3.34)$$

因此,以下函数在化学计量条件下降至0:

$$\frac{Y_{F,u}}{\nu'_F Mw_F} - \frac{Y_{O_2,u}}{\nu'_{O_2} Mw_F} = 0 \quad (3.35)$$

使用式(3.31),我们可以得到未燃混合物中燃料和氧化剂质量分数的如下表达式:

$$\frac{Y_{F,u}}{Mw_F} = \frac{Z_C}{xW_C} = \frac{Z_H}{yW_H}, \quad Y_{O_2,u} = Z_O \quad (3.36)$$

定义一个参数 β^*,作为C、H和O元素质量分数的组合,即

$$\beta^* \equiv \frac{Z_C}{xW_C} + \frac{Z_H}{yW_H} - \nu'_F\frac{2Z_O}{\nu'_{O_2}Mw_{O_2}} \quad (3.37)$$

由于 Z_C,Z_H 和 Z_O 为独立守恒的标量,它们由参数 β^* 定义的线性组合也应该是一个守恒的标量。在化学计量条件下,守恒标量 β^* 减为0,这就是为什么它被如此定义的原因。β^* 的这种特性与混合分数类似。为了将 β^* 的值限制在

0~1,可以将 β^* 归一化为

$$Z \equiv \frac{\beta^* - \beta_2^*}{\beta_1^* - \beta_2^*} \tag{3.38}$$

式中:下标 1 和 2 分别对应于燃料流和氧化剂流。

归一化的 β^* 表现得与混合分数完全相同。因此,它也被称为混合分数。将 β,β_1 和 β_2 的表达式代入式(3.38),得

$$Z = \frac{(Z_C/xW_C) + (Z_H/yW_H) + 2\nu_F'(Y_{O_2,u} - Z_O)/(\nu_{O_2}'Mw_{O_2})}{(Z_{C,1}/xW_C) + (Z_{H,1}/yW_H) + 2\nu_F'(Y_{O_2,2})/(\nu_{O_2}'Mw_{O_2})} \tag{3.39}$$

式(3.39)可能看起来很复杂,但它是一种用 C、H 和 O 的元素质量分数表示混合分数的简单方法。这些量可以通过激光-火花光谱类型的诊断测得。因此,元素质量分数在混合分数的实验测量中可能更有用。这种分析的一个意义为第 j 种元素的元素质量分数 Z_j 可以表达为混合分数 Z 的线性函数:

$$Z_j = Z_{j,2} + Z(Z_{j,1} - Z_{j,2}) \tag{3.40}$$

这个关系式是一个很有用的概念。其他参数,如温度,也可以用相似的形式来表达,如下一节所述。

3.3.2 温度-混合分数间的关系

热力学第一定律可以用焓表达为

$$\delta \hat{Q} = dH - Vdp \tag{3.41}$$

式中:$\delta\hat{Q}$ 为环境给系统增加的热;H 为体系的总焓;V 为体系的体积;p 为体系的压力。

在由 N_s 个物质组成的多组分体系中,系统的总焓可以表示为所有物质总焓的质量加权和,即

$$H = \sum_{k=1}^{N_s} Y_k H_k \tag{3.42}$$

式中:H_k 为第 k 种物质的总焓,定义为该物质生成热和显焓的和,即

$$H_k = \Delta H_{f,k}^\circ + \int_{T_{ref}}^{T} m_k C_{p,k} dT \tag{3.43}$$

用其比值来表示,热力学第一定律可以改写为

$$\delta \hat{q} = dh - vdp \tag{3.44}$$

在一个多组分体系中,体系的特征焓为所有物质特征焓的质量加权和,即

$$h = \sum_{k=1}^{N_s} Y_k h_k \tag{3.45}$$

特征焓为温度的函数。它也可以用化学焓(生成焓)和显焓表示为

$$h_k = \Delta h_{f,k}^\circ + \int_{T_{ref}}^{T} C_{p,k} \mathrm{d}T \qquad (3.46)$$

式中:$C_{p,k}$ 为第 k 种物质的定压比热容;$\Delta h_{f,k}^\circ$ 为第 k 种物质在参考状态 T_{ref} 下的比生成焓。通常选择 $T_{ref} = 298.15\mathrm{K}$ 作为参考温度。

让我们考虑恒压($\mathrm{d}p = 0$)下一个绝热系统($\delta \hat{q} = 0$)的第一定律。从式(3.44)得到 $\mathrm{d}h = 0$,它可以从未燃烧状态积分到已燃烧状态,如

$$h_\mathrm{u} = h_\mathrm{b} \qquad (3.47)$$

或

$$\sum_{k=1}^{N_s} Y_{k,\mathrm{u}} h_{k,\mathrm{u}} = \sum_{k=1}^{N_s} Y_{k,\mathrm{b}} h_{k,\mathrm{b}} \qquad (3.48)$$

将式(3.46)代入式(3.48),得

$$\sum_{k=1}^{N_s} \left(Y_{k,\mathrm{u}} \Delta h_{f,k}^\circ + \int_{T_{ref}}^{T_\mathrm{u}} C_{p,\mathrm{u},k} Y_{k,\mathrm{u}} \mathrm{d}T \right) = \sum_{k=1}^{N_s} \left(Y_{k,\mathrm{b}} \Delta h_{f,k}^\circ + \int_{T_{ref}}^{T_\mathrm{b}} C_{p,\mathrm{b},k} Y_{k,\mathrm{b}} \mathrm{d}T \right) \qquad (3.49)$$

或

$$\sum_{k=1}^{N_s} (Y_{k,\mathrm{u}} - Y_{k,\mathrm{b}}) \Delta h_{f,k}^\circ = \int_{T_{ref}}^{T_\mathrm{b}} C_{p,\mathrm{b}} \mathrm{d}T - \int_{T_{ref}}^{T_\mathrm{u}} C_{p,\mathrm{u}} \mathrm{d}T \qquad (3.50)$$

其中

$$C_p \equiv \sum_{k=1}^{N_s} C_{p,k} Y_k \qquad (3.51)$$

对于单步全局反应,式(3.50)的左侧可以通过式(3.3)积分计算得到:

$$Y_{k,\mathrm{u}} - Y_{k,\mathrm{b}} = (Y_{\mathrm{F},\mathrm{u}} - Y_{\mathrm{F},\mathrm{b}}) \frac{\nu_k' M w_k}{\nu_\mathrm{F}' M w_\mathrm{F}} \qquad (3.52)$$

因此,有

$$\sum_{k=1}^{N_s} (Y_{k,\mathrm{u}} - Y_{k,\mathrm{b}}) \Delta h_{f,k}^\circ = \frac{(Y_{\mathrm{F},\mathrm{u}} - Y_{\mathrm{F},\mathrm{b}})}{\nu_\mathrm{F}' M w_\mathrm{F}} \sum_{k=1}^{N_s} \nu_k' M w_k \Delta h_{f,k}^\circ \qquad (3.53)$$

化学反应得到的热能(Q)定义为

$$Q = -\sum_{k=1}^{N_s} \nu_k M w_k \Delta h_{f,k}^\circ = -\sum_{k=1}^{N_s} \nu_k \Delta H_{f,k}^\circ, \quad \nu_k = \nu_k'' - \nu_k' \qquad (3.54)$$

注意:Q 对于放热反应为正值,对于吸热反应为负值。

为简单起见,令 $T_\mathrm{u} = T_{ref}$ 并假设 $C_{p,\mathrm{b}}$ 近似恒定。对于在空气中的燃烧,氮的贡献在计算 $C_{p,\mathrm{b}}$ 时占主导地位。在大约 2000K 的温度下,其比热容约为 1.30kJ/(kg·K)。CO_2 的 C_p 值略大,O_2 的略小,而 H_2O 的 C_p 值则为其 2 倍。那么,对较稀薄且满足化学计量的混合物的已燃气体的比热容的一级近似值为

$C_p = 1.40 \text{kJ/(kg·K)}$。

假设 C_p 是一个常数($C_{p,b} = C_{p,u} = C_p$),绝热火焰温度可以从式(3.50)和式(3.54)确定为

$$T_b - T_u = -\frac{Q}{C_p \nu_F Mw_F}(Y_{F,u} - Y_{F,b}) \quad (3.55)$$

对于较稀薄的或化学计量的混合物($Y_{F,b} = 0$ 且 $\nu_F'' = 0$),有

$$T_b - T_u = -\frac{QY_{F,u}}{C_p \nu_F' Mw_F} \quad (3.56)$$

对于较浓的混合物,将式(3.52)替换为

$$Y_{k,u} - Y_{k,b} = (Y_{O_2,u} - Y_{O_2,b})\frac{\nu_k' Mw_k}{\nu_{O_2}' Mw_{O_2}} \quad (3.57)$$

在式(3.50)的左侧使用此式,得

$$T_b - T_u = -\frac{Q}{C_p \nu_{O_2}' Mw_{O_2}}(Y_{O_2,u} - Y_{O_2,b}) \quad (3.58)$$

对于富燃或化学计量的混合物,氧气将完全消耗掉($Y_{O_2,b} = 0$ 且 $\nu_{O_2}'' = 0$),有

$$T_b - T_u = -\frac{QY_{O_2,u}}{C_p \nu_{O_2}' Mw_{O_2}} \quad (3.59)$$

如果燃料和氧化剂混合(部分或完全混合)并且没有燃烧(未燃烧状态),燃料和氧化剂的质量分数可以通过以下等式与局部混合分数相关联:

$$Y_{F,u} = ZY_{F,1}, Y_{O_2,u} = (1-Z)Y_{O_2,2} \quad (3.60)$$

这些关系可以代入式(3.56)和式(3.59):

$$\text{对于 } Z \leq Z_{st}, T_b(Z) = T_u(Z) + \frac{QY_{F,1}}{C_p \nu_F' Mw_F} Z$$

$$\text{对于 } Z \geq Z_{st}, T_b(Z) = T_u(Z) + \frac{QY_{O_2,2}}{C_p \nu_{O_2}' Mw_{O_2}}(1-Z) \quad (3.61)$$

图 3.5 所示为局部绝热火焰温度与混合分数的关系。$Z = Z_{st}$ 处的最高温度由式(3.61)中的任何一个计算得出

$$T_{b,st} = T_u(Z_{st}) + \frac{Y_{F,1}Z_{st}Q}{C_p \nu_F' Mw_F} = T_u(Z_{st}) + \frac{Y_{O_2,2}(1-Z_{st})Q}{C_p \nu_{O_2}' Mw_{O_2}} \quad (3.62)$$

未燃烧混合物的温度应该为燃料流温度和氧化剂流温度的质量平均值,即

$$T_u(Z) = ZT_1 + (1-Z)T_2 = T_2 - Z(T_2 - T_1) \quad (3.63)$$

对于纯燃料($Y_{F,1} = 1$)在 $Y_{O_2,2} = 0.232$ 和 $T_{u,st} = 300K$ 的氧化剂流中的燃烧,表 3.1 所列为 $C_p = 1.40 \text{kJ/(kg·K)}$ 时的 $T_{b,st}$ 值。

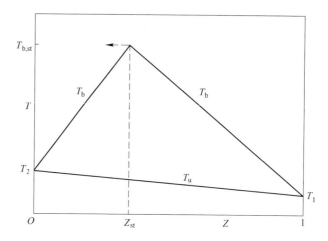

图 3.5 绝热火焰温度与混合分数之间的关系

表 3.1 烃-空气混合物的化学计量混合分数和火焰温度

燃料类型	Z_{st}	$T_{f,st} = T_{b,st}/K$
CH_4	0.05496	2263.3
C_2H_6	0.05864	2288.8
C_2H_4	0.06349	2438.5
C_2H_2	0.07021	2686.7
C_3H_8	0.06010	2289.7

数据来源:改自 Peters(2000)。

3.4 扩散火焰的小火焰结构

层流小火焰的概念在湍流燃烧的模型构建中有重要作用。如果化学反应很快(与对流和扩散等输运过程相比),则反应发生嵌入于湍流中的渐近薄层中。这些薄层称为小火焰或层状小火焰。如果相关的化学反应比输运过程快一个/多个数量级,那么就可以假设化学平衡。这种情况发生在许多实际的燃烧系统中,包括燃气轮机燃烧室和内燃机。在这种情况下,可以说燃烧发生在表面附近的一个薄层中,该处混合分数等于化学计量值($Z = Z_{st}$)且局部混合分数梯度非常高。层流小火焰的结构可以通过混合分数和温度的守恒方程来确定。如 3.3 节所示,混合分数的输运方程可写为

$$\rho\frac{\partial Z}{\partial t} + \rho u_j \frac{\partial Z}{\partial x_j} = \frac{\partial}{\partial x_i}\left(\rho D \frac{\partial Z}{\partial x_i}\right) \tag{3.64}$$

这个等式没有化学源项。等式中的扩散系数 D 应由 2.2.1 小节所讨论的

模型确定。但是,为简单起见,令其等于热扩散系数 α:

$$D = \frac{\lambda}{\rho C_p} = \alpha \tag{3.65}$$

这个等式意味着路易斯数(Le)被假设为1。温度守恒方程可写为

$$\rho C_p \frac{\partial T}{\partial t} + \rho C_p u_j \frac{\partial T}{\partial x_j} = \frac{\partial}{\partial x_i}\left(\rho C_p D \frac{\partial T}{\partial x_i}\right) + \dot{\omega}_T' + \frac{\partial p}{\partial t} \tag{3.66}$$

在得到该等式的过程中,通过假设低马赫数的流动已经忽略了空间压力梯度和耗散项,但是保留了时间压力的变化 $\partial p/\partial t$ (见式(1.141))。相互扩散项也被认为很小,因此在式(3.66)中被忽略不计。为简单起见,假设热容 C_p 恒定。请注意:在第1章中,给出的几个能量方程是带有源项的,如 $\dot{\omega}_T$、$\dot{\omega}_T'$、$\dot{\omega}_T''$。如果假设热容恒定,那么源项可简写作 $\dot{\omega}_T$。混合分数 Z 可以作为 x_i 和 t 的函数通过沿着图3.2中所示的边界条件求解式(3.64)来获得。然后可以从式(3.67)确定化学计量混合物的表面:

$$Z(x_i, t) = Z_{st} \tag{3.67}$$

由于燃烧发生在由式(3.67)所定义的表面周围的薄层中,因此在坐标系中变换式(3.64)和式(3.66)非常方便,它们都有一个坐标为混合分数。因此,引入附着在化学计量混合物表面上的当地正交坐标系 x_1, x_2, x_3, t,其中 x_1 在垂直于表面 $Z = Z_{st}$ 的方向上,x_2 和 x_3 在当地一个点上与表面相切。为了在该系统中引入混合分数,将坐标 x_1 替换为混合分数 Z;x_2, x_3 和 τ 保持原样。那么新坐标系为 (Z, x_2, x_3, τ)。新时间坐标与旧时间坐标相同($\tau = t$)。为了使新坐标系保持正交,将坐标 Z 定义为在当地向外垂直于表面 $Z = Z_{st}$。这是 Crocco 类型的坐标转换。可以使用以下转换规则:

$$\frac{\partial}{\partial t} = \frac{\partial}{\partial \tau} + \frac{\partial Z}{\partial t}\frac{\partial}{\partial Z}; \quad \frac{\partial}{\partial x_1} = \frac{\partial Z}{\partial x_1}\frac{\partial}{\partial Z}; \quad \frac{\partial}{\partial x_k} = \frac{\partial}{\partial \xi_k} + \frac{\partial Z}{\partial x_k}\frac{\partial}{\partial Z} (k = 2, 3) \tag{3.68}$$

其中:$\xi_2 = x_2$ 且 $\xi_3 = x_3$。

通过使用前面的变换规则,温度 T 的控制方程可以表示为混合分数 Z 的函数:

$$\rho\left(\frac{\partial T}{\partial \tau} + u_2 \frac{\partial T}{\partial \xi_2} + u_3 \frac{\partial T}{\partial \xi_3}\right)$$
$$- \rho D\left[\left(\sum_{i=1}^{3}\left(\frac{\partial Z}{\partial x_i}\right)^2\right)\frac{\partial^2 T}{\partial Z^2} + 2\frac{\partial Z}{\partial x_2}\frac{\partial^2 T}{\partial Z \partial \xi_2} + 2\frac{\partial Z}{\partial x_3}\frac{\partial^2 T}{\partial Z \partial \xi_3} + \sum_{k=2}^{3}\frac{\partial^2 T}{\partial \xi_k^2}\right]$$
$$- \frac{\partial(\rho D)}{\partial x_2}\frac{\partial T}{\partial \xi_2} - \frac{\partial(\rho D)}{\partial x_3}\frac{\partial T}{\partial \xi_3} = \frac{\dot{\omega}_T}{C_p} + \frac{1}{C_p}\frac{\partial p}{\partial \tau} \tag{3.69}$$

如果小火焰在 Z 方向上很薄(垂直于平面),那么数量级分析可以说明,对 Z 的二阶导数应该为式(3.69)左侧的控制项。可以忽略所有包含在 x_2 和 x_3 方

向(或 ξ_2 和 ξ_3 方向)上的空间导数的其他项,即

$$\frac{\partial^2}{\partial Z^2} \gg \frac{\partial^2}{\partial \xi_k^2} \quad (k = 2, 3) \tag{3.70}$$

这相当于假设垂直于火焰表面的温度梯度远大于切向方向的温度梯度。式(3.69)中的时间导数项仅在突然变化,如火焰淬熄或熄灭的情况下才比较显著。通过保留时间导数项并假设小火焰在垂直于其表面的方向上相对较薄,可以忽略包含在 ξ_2 和 ξ_3 方向上的空间导数项。因此,小火焰结构可以表示为一维的与时间有依赖关系的温度方程:

$$\left(\frac{\partial T}{\partial \tau} - \frac{\chi}{2}\frac{\partial^2 T}{\partial Z^2}\right) = \frac{\dot{\omega}_T}{\rho C_p} \tag{3.71}$$

式中: χ 为瞬时标量耗散率,它由以下等式定义:

$$\chi \equiv 2D \sum_{i=1}^{3} \left(\frac{\partial Z}{\partial x_i}\right)^2 = 2D\left[\left(\frac{\partial Z}{\partial x_1}\right)^2 + \left(\frac{\partial Z}{\partial x_2}\right)^2 + \left(\frac{\partial Z}{\partial x_3}\right)^2\right] \tag{3.72}$$

χ 的量纲为 $1/s$。标量耗散率是扩散火焰分析的一个重要参数。将混合分数 Z 加入作为一个坐标,我们考虑了式(3.71)中垂直于化学计量混合物表面方向上输运过程的影响。在后面的部分中对几个例题展示了小火焰方程的解。

在极限 $\chi \to 0$ 中,获得了均相反应器的方程:

$$\frac{dT}{dt} = \frac{\dot{\omega}_T}{\rho C_p} \tag{3.73}$$

质量分数的控制方程也可以用混合分数坐标进行转换:

$$\rho \frac{\partial Y_k}{\partial \tau} + Y_k\left[\frac{\partial \rho}{\partial t} + \frac{\partial \rho u_i}{\partial x_i}\right] + \frac{\partial Y_k}{\partial Z}\left[\rho\frac{\partial Z}{\partial t} + \rho u_i\frac{\partial Z}{\partial x_i} - \frac{\partial}{\partial x_i}\left(\rho D\frac{\partial Z}{\partial x_i}\right)\right]$$

$$- \rho D\left(\frac{\partial Z}{\partial x_i}\frac{\partial Z}{\partial x_i}\right)\frac{\partial^2 Y_k}{\partial Z^2} = \dot{\omega}_k$$

因此,有

$$\left(\frac{\partial Y_k}{\partial \tau} - \frac{\chi}{2}\frac{\partial^2 Y_k}{\partial Z^2}\right) = \frac{\dot{\omega}_k}{\rho} \tag{3.74}$$

变换后的物质方程几乎与式(3.71)中所示的小火焰能量方程相同。

图 3.6 所示为具有简单四步化学反应的甲烷-空气扩散火焰的小火焰方程的典型解。Peters(1985)以及 Peters 和 Williams(1987)给出了简化的四步反应机理,即

$$CH_4 + 2H + H_2O = CO + 4H_2 \tag{R3.2}$$

$$CO + H_2O = CO_2 + H_2 \tag{R3.3}$$

$$H + H + M = H_2 + M \tag{R3.4}$$

$$O_2 + 3H_2 = 2H + 2H_2O \qquad (R3.5)$$

这些反应中的等号表明,将它们看作全局反应。这个机理是通过对中间体 OH、HO_2、CH_3、CH_2O 和 CHO 使用稳态假设,以及对反应 H_2+ OH = H + H_2O 和 OH + OH = O + H_2O 使用部分平衡推导得到的。氢原子 H 由于其较高的质量扩散率而未被假设为处于稳定状态。

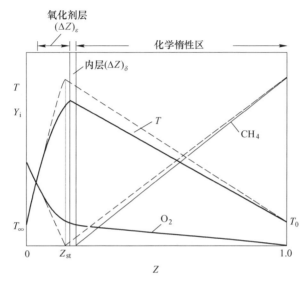

图 3.6 小火焰模型的火焰结构与火焰薄层模型的
火焰结构的比较,用虚线表示混合分数等于化学计量值的火焰表面
(改自 Seshadri 和 Peters,1988)

在图 3.6 中,虚线表示扩散火焰问题的 Burke-Schumann 解,而实曲线表示来自小火焰模型的解。Burke-Schumann 求解假设了一个单步全局反应 CH_4+ $2O_2$ = CO_2+ $2H_2O$。如前所述,Burke-Schumann 求解也称为火焰薄层模型,其火焰位置为 $Z = Z_{st}$。在如图 3.6 所示的小火焰模型中,发生化学反应的区域包括一个略微偏于富燃一侧($Z > Z_{st}$)厚度为 $(\Delta Z)_\delta$ 的薄内层,和一个位于贫燃一侧($Z < Z_{st}$)厚度为 $O[(\Delta Z)_\varepsilon]$ 的薄 H_2-CO 氧化层。在内层之外,富燃侧是化学惰性的,因为所有的自由基都被化学反应消耗掉了。扩散火焰结构与预混火焰结构的比较表明,扩散火焰的富燃部分对应于预混火焰的上游预热区。

3.4.1 瞬时标量耗散率的物理意义

瞬时标量耗散率 χ 是一个证明火焰稳定性和淬熄时非常有用的参数。标量耗散率的化学计量值对应于化学计量混合分数,即 $\chi_{st} = \chi(Z_{st})$。在物理上,它可以被解释为特征扩散速率或特征扩散时间的倒数。χ_{st} 的倒数也与达姆科勒数 Da 成比例。因此,增大 Da 意味着减小 χ_{st} 或增大 χ_{st}^{-1}。Da 和 χ_{st} 之间的关系如式(3.75)所示。

$$\underbrace{\begin{matrix} Da\uparrow \Rightarrow t_d \uparrow \text{ 或 } t_{\text{chem}} \downarrow \Rightarrow \begin{matrix}\text{因热扩散导致的热散失速率}\downarrow \\ \text{因化学反应导致的热生成速率}\uparrow\end{matrix} \Rightarrow T_{\max} \\ \chi_{\text{st}}\uparrow \Rightarrow t_d \downarrow \Rightarrow \text{因热扩散导致的热散失速率}\uparrow \Rightarrow T_{\max} \end{matrix}}$$

$$\Downarrow$$

$$Da\uparrow \Rightarrow \chi_{\text{st}}^{-1}\uparrow (\text{ 或 } \chi_{\text{st}}\downarrow) \Rightarrow T_{\max}\uparrow$$

(3.75)

扩散小火焰方程的渐近解是由 Fendell(1965) 和 Liñán(1974) 对在大活化能限制条件下具有单步阿伦尼乌斯型不可逆反应的逆流扩散火焰得到的。这个解以最高温度对 χ_{st}^{-1}(或 Da)之比的形式得到,并且看起来像 S 形曲线(图 3.7)。小火焰的燃烧对应于该曲线的上部分支(称为剧烈燃烧状态分支)。一些物理过程(如火焰拉伸)会导致标量耗散率增加。由于这个过程,最大温度降低,直到小火焰在临界值 $\chi_{\text{st}}=\chi_q$ 处淬熄,因为这时从小火焰内层到两侧的热损失不再能用化学反应产生的热量来平衡了。此时,火焰熄灭。在 S 形曲线上,这表现为从处于状态 Q 突然下降到下部分支。S 形曲线的下部分支从化学冻结状态开始,对应于无限标量耗散率(或 $Da=0$)。它可能对应于无限长的化学反应时间或无限高的标量耗散率,会导致没有化学反应发生或无限快的热损失速率。从这种化学冻结状态,如果增大 χ_{st}^{-1}(或 Da),可能发生一些化学反应,尽管不足以产生自持续点火。当 χ_{st}^{-1}(或 Da)达到状态 I(对应于混合物的点火)时,混合物跳跃到上部分支来达到剧烈燃烧状态。非预混体系中自点火的一个例子是柴油发动机中的点火和燃烧。这里,来自柴油喷雾的燃料与周围热空气的相互扩散导致混合分数梯度不断降低,从而降低了标量耗散率。这对应于从 S 形曲线下部分支向上转移到点 I,并在点 I 发生点火。

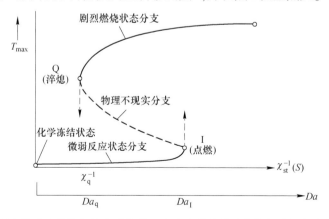

图 3.7 S 形曲线显示扩散火焰中的最高温度为化学计量混合物标量耗散率倒数的函数
(改自 Peters,2000)

S形曲线的中间分支对应于最高温度随 Da 增加而降低的区域。这种现象在物理上是不现实的,因为增加 Da 意味着要么化学反应速率更高(因此,产热速率也更高),要么由于扩散而导致的热损失速率降低,这些条件中的任何一个都应导致最高温度升高。请注意,T_{max} 与 Da 的曲线仅在高活化能量情况下为 S 形关系;对于低活化能的情况,可能没有任何明显的 Q 和 I 状态,或者它们也可能合并为单个状态。Q 和 I 状态下的跳跃条件类似于物理化学过程的滞后特性。

参数 χ_q 和 Da_q 可以解释为描述扩散火焰中非平衡效应的全局动力学量。它是一个当有限速率动力学通过扩散与热损失恰好平衡时的一个临界值。从这个意义来说,它相当于预混火焰中的火焰速度,也是一个表示全局动能的量。这两个量原则上是相互关联的,但对预混火焰和扩散火焰使用等效化学模型时必须加以注意。

3.4.2 稳态燃烧和临界标量耗散率

如果在式(3.71)和式(3.74)中忽略不稳定项,这些控制方程就变成了一对描述垂直于化学计量混合物表面的稳态小火焰结构的常微分方程。它们可以通过数值或渐近分析求解一般的反应速率。通过使用稳态燃烧的假设,可以得到临界标量耗散率(χ_q)的解析表达式。为简单起见,假设完全燃烧,此时化学反应被限制在 $Z = Z_{st}$ 周围一个无限薄的层中,这里 C_p 被视为常数,温度为 Z 的分段线性函数,如式(3.61)~式(3.63)所示。我们还假设了一个具有高活化能的单步反应化学和恒定压力。通过使用式(3.62),反应热可以用最高温度 $T_{b,st}$ 或更简单地用 T_{st}、未燃气体的温度、化学计量混合分数 Z_{st} 和流 1 中燃料的质量分数来表示为

$$\frac{Q}{C_p} = \frac{(T_{st} - T_u)\nu'_F Mw_F}{Y_{F,1} Z_{st}} \tag{3.76}$$

在反应速率相对于燃料和氧气均为一阶的假设下,单步反应的反应速率可写为

$$\dot{\omega} = -B \frac{\rho Y_{O_2} \rho Y_F}{Mw_{O_2} Mw_F} \exp\left(-\frac{E_a}{R_u T}\right) \tag{3.77}$$

式中:B 为指前常数。

因此,有

$$\frac{\dot{\omega}_T}{C_p} = \sum_{j=1}^{N_R} \frac{Q_j}{C_p} \dot{\omega}_j = \frac{Q}{C_p} \dot{\omega} \,(\text{因为 } N_R = 1)$$

$$= -\frac{\nu'_F (T_{st} - T_u)}{Y_{F,1} Z_{st} Mw_{O_2}} B\rho^2 Y_{O_2} Y_F \exp\left(-\frac{E_a}{R_u T}\right) \tag{3.78}$$

将式(3.78)和其他简化假设(如稳态和相等的质量扩散系数)代入式(3.71),得

$$\frac{d^2 T}{dZ^2} = \frac{2B\nu'_F(T_{st} - T_u)}{\chi Y_{F,1} Z_{st} M w_{O_2}} \rho Y_{O_2} Y_F \exp\left(-\frac{E_a}{R_u T}\right) \quad (3.79)$$

如前所述,燃烧发生在 $Z = Z_{st}$ 表面周围的一个薄层中。为了更好地理解这个薄区域中的物理过程,引入一个拉伸坐标 ζ,其定义为

$$\zeta = (Z - Z_{st})/\varepsilon \quad (3.80)$$

式中: ε 为一个反应区宽度量级的小的无量纲参数。

由于它出现在式(3.80)的分母中,因此它也可以被看作是坐标 Z 的一个扩展参数。燃料和氧气的混合温度和质量分数围绕 Z_{st} 扩展为

$$\begin{cases} T = T_{st} - \varepsilon(T_{st} - T_u)y \\ Y_F = Y_{F,1}[Z - (1-\varepsilon)Z_{st}] = Y_{F,1}\varepsilon(Z_{st} + \zeta) \\ Y_{O_2} = Y_{O_2,2}[(1-Z) - (1-\varepsilon)(1-Z_{st})] = Y_{O_2,2}\varepsilon[(1-Z_{st}) - \zeta] \end{cases}$$

$$(3.81)$$

式中: y 为拉伸的无量纲温度。

反应速率的指数项可以扩展为

$$\exp\left(-\frac{E_a}{R_u T}\right) = \exp\left(-\frac{E_a}{R_u T_{st}} \frac{T_{st}}{T}\right) = \exp\left(-\frac{E_a}{R_u T_{st}}\right)\exp(-\varepsilon y Ze) \quad (3.82)$$

Zel'dovich 数定义为

$$Ze \equiv \frac{E_a(T_{st} - T_u)}{R_u T_{st}^2} \quad (3.83)$$

从以下步骤得到这个扩展式:

$$\frac{T_{st}}{T} = \left[1 - \varepsilon\frac{(T_{st} - T_u)}{T_{st}}y\right]^{-1} = 1 + \varepsilon\frac{(T_{st} - T_u)}{T_{st}}y + H.O.T \approx 1 + \varepsilon\frac{(T_{st} - T_u)}{T_{st}}y$$

$$(3.84)$$

$$\exp\left(-\frac{E_a}{R_u T_{st}}\frac{T_{st}}{T}\right) = \exp\left(-\frac{E_a}{R_u T_{st}}\left[1 + \varepsilon\frac{(T_{st} - T_u)y}{T_{st}}\right]\right)$$

$$= \exp\left(-\frac{E_a}{R_u T_{st}}\right)\exp\left(-\varepsilon y \underbrace{\frac{E_a(T_{st} - T_u)}{R_u T_{st}^2}}_{Ze}\right) \quad (3.85)$$

如果式(3.79)中的所有其他的量围绕它们在化学计量火焰温度下的值进行扩展,也就是说,如果将式(3.80)~式(3.83)代入式(3.79),得

$$\frac{d^2 y}{d\zeta^2} = -2Da\varepsilon^3[(1-Z_{st}) - \zeta](Z_{st} + \zeta)\exp(-\varepsilon y Ze) \quad (3.86)$$

Da 定义为

$$Da \equiv \frac{B\rho_{st}\nu'_{O_2}Y_{F,1}}{\chi_{st}Mw_F(1-Z_{st})}\exp\left(-\frac{E_a}{R_uT_{st}}\right) = \frac{B\rho_{st}\nu'_F Y_{O_2,2}}{\chi_{st}Mw_{O_2}(1-Z_{st})}\exp\left(-\frac{E_a}{R_uT_{st}}\right) \tag{3.87}$$

为得到解析解,进一步简化式(3.86),定义以下转换:

$$\begin{cases} \Psi = 2y(1-Z_{st})Z_{st} - \gamma\zeta \\ \gamma = 2Z_{st} - 1 \\ \beta = Ze/[2Z_{st}(1-Z_{st})] \end{cases} \tag{3.88}$$

将式(3.88)代入式(3.86),得到以下简化形式:

$$\frac{d^2\Psi}{d\zeta^2} = Da\varepsilon^3(\Psi^2 - \zeta^2)\exp[-\beta\varepsilon(\Psi+\gamma\zeta)] \tag{3.89}$$

显然有两种方法来定义扩展参数 ε:

要求:
$$Da\varepsilon^3 = 1 \Rightarrow \varepsilon = \frac{1}{Da^{1/3}} \tag{3.90}$$

相似地,要求:
$$\beta\varepsilon = 1 \Rightarrow \varepsilon = \frac{1}{\beta} \tag{3.91}$$

第一个条件称为大 Da 扩展,第二个条件称为高活化能扩展。为了使用 ε 的两个定义,让我们以这种方式引入参数 δ:

$$\delta = Da/\beta^3 \tag{3.92}$$

使用式(3.90),有

$$\varepsilon = \frac{1}{Da^{1/3}} = \frac{1}{\delta^{1/3}\beta} \tag{3.93}$$

通过使用式(3.93),可以关联式(3.90)和式(3.91)。参数 δ 可以称为缩比达姆科勒数,它被 β^3 所缩放。将式(3.92)代入式(3.89),得到这个简单的形式:

$$\frac{d^2\Psi}{d\zeta^2} = (\Psi^2 - \zeta^2)\exp[-\delta^{-1/3}(\Psi+\gamma\zeta)] \tag{3.94}$$

为了理解火焰淬熄,讨论式(3.86)中所示的火焰温度方程。如果 Zel'dovich 数太高,以至于它与 ε 的乘积不可忽略,那么式(3.86)右侧的指数项将成为控制项。这意味着简化温度(y)将呈指数衰减,并且火焰将更接近淬熄。较高的 Zel'dovich 数对应于较高的活化能和较高的 β 值。因此,即使 Da 比较高,较高的活化能也会导致火焰不稳定。在物理上,较高的活化能意味着较低的反应速率,这可能导致在燃烧过程中产生热量较慢。Da 的降低意味着火焰区输出能量的速度加快。这种来自火焰的能量损失与较慢的热量产生相结合,会导致火焰淬熄。在这种情况下,缩比达姆科勒数 δ 达到 δ_q 值,并且临界标量

耗散率可以通过以下步骤获得

$$\delta = \delta_q \Rightarrow Da = Da_q = \delta_q \beta^3 \tag{3.95}$$

将 Da 和参数 β 的表达式代入最后一个等式,有

$$\frac{B\rho_{st}\nu'_{O_2}Y_{F,1}}{\chi_{st}Mw_F(1-Z_{st})}\exp\left(-\frac{E_a}{R_u T_{st}}\right) = \delta_q Ze^3 / [2Z_{st}(1-Z_{st})]^3 \tag{3.96}$$

或

$$\chi_{st} = \chi_q = \frac{B\rho_{st}\nu'_{O_2}Y_{F,1}}{Ze^3 Mw_F \delta_q} 8Z_{st}^3(1-Z_{st})^2 \exp\left(-\frac{E_a}{R_u T_{st}}\right) \tag{3.97}$$

或

$$\chi_q = Da\frac{8\chi_{st}Z_{st}^3(1-Z_{st})^3}{\delta_q Ze^3} = Da\frac{\chi_{st}}{\delta_q \beta^3} \tag{3.98}$$

在式(3.94)的基础上,温度对混合分数 Z 的特征曲线示意性地展示在图 3.8 中。这个方程的解有两条限制曲线。如果 $\delta \to \infty$,就可以得到平衡解,它对应于 Burke-Schumann 解(火焰薄层模型);如果 $\delta \to \delta_q$,就会得到另一条限制曲线,它对应于临界标量耗散率 χ_q。在这条曲线以下的任何解都是不稳定的,小火焰将会熄灭。因此,只能在这两个极限之间得到火焰温度的解。

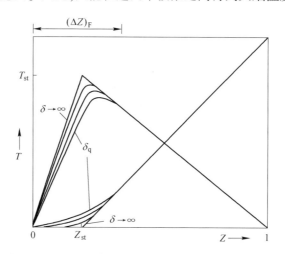

图 3.8 缩比达姆科勒数 δ 对温度的影响以及燃料质量
分数对扩散小火焰混合分数 Z 所绘制的曲线

(改自 Peters,1992)

3.5 扩散火焰中的时间尺度和长度尺度

对于预混层流火焰,由于 $S_L \propto \sqrt{\alpha \cdot RR} \propto \sqrt{\alpha/t_F}$,与火焰相关的特征时

间可写为 $t_F = \alpha/S_L^2$。根据 Peters(1991)的观点,预混火焰时间可以通过以下等式与扩散小火焰的临界标量耗散率相关:

$$t_F = Z_{st}^2 (1 - Z_{st})^2 / \chi_q \tag{3.99}$$

在扩散火焰中,至少有两个时间尺度:一个时间尺度可以与流动或速度梯度($\partial u_i / \partial x_j$)相关联;另一个时间尺度 t_{ch} 可以与速率控制的化学反应相关联。在火焰熄灭的条件下,两个时间尺度在火焰熄灭条件的物理解释下应该相等。熄灭时扩散火焰的化学时间尺度可以与预混火焰的特征火焰时间相关,而预混火焰的特征火焰时间又对应于预混层流火焰速度 S_L。这表明熄灭时预混火焰和扩散火焰之间存在基本联系。在熄灭时的扩散火焰中,反应区向稀薄侧和浓稠侧的热扩散与化学反应产生的热相平衡。然而,在预混火焰中,对于特定的燃烧速度,向未燃烧混合物的热传导也与化学反应产生的热相平衡。可以看出,这两个过程是等效的,并因此强调了熄灭时预混火焰和扩散火焰之间的相似性。扩散火焰和预混火焰之间的根本区别在于扩散火焰可以以较低的标量耗散率存在,并因此可以在较低的特征流动时间内存在。然而,预混火焰由燃烧速度控制,而燃烧速度是问题的特征值。因此,扩散火焰中的燃烧提供了一个额外的自由度:输运与反应时间的比率可以变化,只要 χ_{st} 小于 χ_q,它就可以用由式(3.87)定义的 Da 表示,这使得非预混火焰比预混火焰更可控且更稳定,这也是为什么在非预混状态下运行的柴油发动机比燃料和空气在点火前预混的火花点火发动机更强劲且更不依赖于燃料质量的原因之一。

现在可以使用式(3.99)来计算接近淬熄时的扩散火焰的化学时间尺度。对于 $Z_{st} = 0.055$ 的甲烷-空气火焰,逆互补误差函数 $\mathrm{erfc}^{-1}(2Z_{st})$ 为 1.13,对于 $Z_{st} = 0.0284$ 的 H_2-空气火焰,$\mathrm{erfc}^{-1}(2Z_{st})$ 为 1.34(逆互补误差函数是作为非定常一维小火焰模型的解得到的,参见下一节)。H_2-空气扩散火焰的熄灭发生在 14260/s 的应变速率下,对于 CH_4-空气火焰,应变速率为 420/s。这可导得对于氢气-空气扩散火焰,$t_{ch} = 0.0064$ms,而对于甲烷-空气扩散火焰,$t_{ch} = 0.29$ms。后者的预估值与化学计量预混甲烷-空气火焰的 t_{ch} 具有相同的数量级。对于预混甲烷-空气火焰,熄灭时的速度梯度为 2275/s,这个值明显高于甲烷-空气扩散火焰的值。这个比较结果表明,虽然扩散火焰和预混火焰在熄灭时的化学时间尺度具有可比性,但预混火焰在熄灭时的速度梯度明显更高(为7倍)。这意味着从施加应变速率(或速度梯度)的角度,扩散火焰比预混火焰更容易熄灭。对这种现象的物理解释是扩散火焰的内部结构可以向稀薄和浓稠两侧都失去热量,而预混火焰仅能向其预热区失去热量。

与预混火焰不同,扩散火焰不具有明确定义的速度尺度,例如层流燃烧速度,通过该速度尺度可以定义特征长度尺度(如预混火焰厚度)。然而,可以使用速度梯度(g_v)和质量扩散率(D)来定义扩散火焰的特征长度尺度。速度梯度的倒数

可以解释为流动时间。在量纲分析基础上,扩散火焰厚度 l_F 可定义为

$$l_F = \sqrt{\frac{D_{ref}}{g_v}} \tag{3.100}$$

这里,质量扩散系数 D 应在合适的基准条件下评估(如在化学计量条件下)。假设非稳态混合层在 y 方向上具有一维混合分数分布,混合分数空间内的扩散火焰厚度可以定义为

$$(\Delta Z)_F = \left(\frac{\partial Z}{\partial y}\right)_F l_F \tag{3.101}$$

式中:$(\partial Z/\partial y)_F$ 为垂直于小火焰表面的混合分数梯度。

这个火焰厚度包括反应区和周围的氧化层(图 3.8)。将式(3.101)与式(3.100)和式(3.72)相结合,得

$$(\Delta Z)_F = \sqrt{\frac{\chi_{ref}}{2g_v}} \tag{3.102}$$

式中:χ_{ref} 为基准条件(如化学计量条件)下的标量耗散率,且沿火焰表面的混合分数梯度被认为远小于法线方向上的梯度。

对于逆流扩散火焰,Peters(1991;2000)给出:如果基准条件为化学计量条件,那么当 Z_{st} 很小时,$(\Delta Z)_F$ 将大约为 $2Z_{st}$ 大小。

3.6 层流扩散火焰举例

3.6.1 不稳定混合层

为了获得瞬时标量耗散率的物理解释,让我们考虑一个最初由燃料流和氧化剂流之间的分流板隔开的二维层流混合层(图 3.9)。由于 y 方向上的梯度比 x 方向上的梯度要大得多,因此可以用一维控制方程来描述火焰区,即

$$\rho \frac{\partial Z}{\partial t} = \frac{\partial}{\partial y}\left(\rho D \frac{\partial Z}{\partial y}\right) \tag{3.103}$$

$$\rho \frac{\partial T}{\partial t} = \frac{\partial}{\partial y}\left(\rho D \frac{\partial T}{\partial y}\right) + \frac{\dot{\omega}_T}{C_p} \tag{3.104}$$

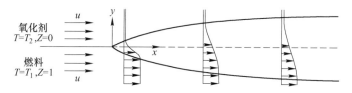

图 3.9 分流板下游流动的混合分数分布

还假设压力相对于时间是恒定的。因此,在式(3.104)中不包含压力的时

间导数。

这个问题的初始条件和边界条件为

$t = 0$：$Z = 1$,对于 $y < 0, T = T_1$；$Z = 0$,对于 $y > 0, T = T_2$

$t > 0$：$Z = 1$,对于 $y \to -\infty$, $T = T_1$；$Z = 0$,对于 $y \to +\infty$, $T = T_2$

$$\text{(3.105)}$$

假设 $\rho^2 D = (\rho^2 D)_{\text{ref}}$ 并引入以下相似性坐标：

$$\eta = \frac{1}{2}(D_{\text{ref}} t)^{-1/2} \int_0^y \frac{\rho}{\rho_{\text{ref}}} \mathrm{d}y; \tau = t \tag{3.106}$$

将这个坐标代入控制方程中取代 y,得到以下方程组：

$$\tau \frac{\partial Z}{\partial \tau} - \frac{1}{2}\eta \frac{\partial Z}{\partial \eta} = \frac{\partial^2 Z}{\partial \eta^2} \tag{3.107}$$

$$\tau \frac{\partial T}{\partial \tau} - \frac{1}{2}\eta \frac{\partial T}{\partial \eta} = \frac{\partial^2 T}{\partial \eta^2} + \tau \frac{\dot{\omega}_T}{C_p} \tag{3.108}$$

Peters(2000)得到的混合分数解为

$$Z = \frac{1}{2}\text{erfc}(\eta) \tag{3.109}$$

式中：erfc 为互补误差函数。

误差函数和互补误差函数用以下等式定义为

$$\text{erf}(\eta) = \frac{2}{\sqrt{\pi}}\int_0^\eta e^{-u^2} \mathrm{d}u, \text{erfc}(\eta) = 1 - \text{erf}(\eta) = \frac{2}{\sqrt{\pi}}\int_\eta^\infty e^{-u^2} \mathrm{d}u \tag{3.110}$$

瞬时标量耗散率可以用下式得到：

$$\chi(Z,t) = 2D\left(\frac{\partial Z}{\partial y}\right)^2 = \frac{1}{2\pi t}\exp(-2[\eta(Z)]^2) \tag{3.111}$$

对于较小的 Z 值(较大的 χ 值),互补误差函数可以用 $\pi^{-1/2}\eta^{-1}\exp(-\eta^2)$ 取代,因此 χ 可表示为

$$\chi(Z,t) = 2Z^2[\text{erfc}^{-1}(2Z)]^2/t \tag{3.112}$$

式中：erfc^{-1} 为逆互补误差函数(不是互补误差函数的倒数)。

对于固定的 Z 值,标量耗散率因此与时间成反比。逆互补误差函数和逆误差函数由下面的等式给出：

$$\text{erfc}^{-1} Z = \frac{\sqrt{\pi}}{2}\left[-(Z-1) - \frac{1}{12}\pi(Z-1)^3 + O([Z-1]^5)\right]$$

$$\text{erf}^{-1} Z = \frac{\sqrt{\pi}}{2}\left[Z + \frac{\pi Z^3}{12} + O(Z^5)\right] \tag{3.113}$$

这些结果也适用于湍流非预混燃烧中的小火焰。

3.6.2 逆流扩散火焰

在本小节中,我们将讨论非预混火焰的另一种重要的结构,称为逆流扩散火焰,其燃料和氧化剂来自相反的方向。火焰几何结构对于理论建模来说相对简单。逆流扩散火焰实验中常常使用,因为它能展示一维扩散火焰的结构。逆流扩散火焰可分为两大类:①两个相对的气体射流,即燃料射流和氧化剂射流之间的逆流扩散火焰;②在沉浸于均匀氧化剂流中的多孔燃烧器的前滞止区中形成的逆流扩散火焰。此外,逆流扩散火焰又可进一步细分为4种类型(图3.10):

(1)源自圆形管或矩形喷嘴的两个逆向射流之间形成的三维或平面逆流扩散火焰(Ⅰ型火焰)(Otsuka 和 Niioka,1972;Potter 和 Butler,1959)。

(2)在两个相对的喷射各自反应物的蜂窝基体燃烧器之间形成的平面逆流扩散火焰(Ⅱ型火焰)(Pandya 和 Weinberg,1963)。

(3)在球形或半球形多孔燃烧器前滞止区中形成的逆流扩散火焰(Ⅲ型火焰)(Simmons 和 Wolfhard,1957;Spalding,1953)。

(4)圆柱形多孔燃烧器的前滞止区中形成的逆流扩散火焰(Ⅳ型火焰)(Tsuji 和 Yamaoka,1967)。

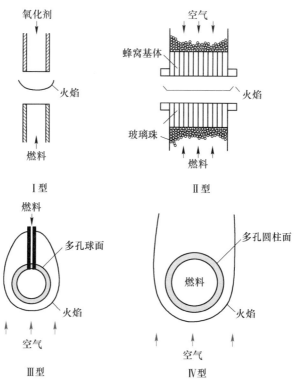

图 3.10 逆流扩散火焰分为 4 类

(Tsuji,1982)

50多年来,应用这4种类型的逆流扩散火焰来研究各种不同燃料和氧化剂组合的总反应速率以及层流扩散火焰的详细结构和反应机理。

图3.11所示为具有扩散火焰(图3.10中的Ⅳ型火焰)的滞止流的颗粒条纹图像的一个示例。将颗粒引入空气流中,使得它们能够通过火焰,就可以看到滞止点了。如图所示,滞止点位于火焰的燃料侧。蓝色火焰位置位于滞止点的空气侧。这表明在多孔圆柱燃烧器的前滞止区形成的逆流扩散火焰的流场非常简单。在这种结构中,氧化剂的流速通常远高于燃料的流速。尽管火焰在形状上并不平坦,但它是二维火焰,并且滞止点通常位于圆柱表面(由虚线曲线表示)和蓝色火焰之间。此外,在一个很宽范围的燃料和氧化剂流速下,形成和控制火焰的实验步骤相对容易。而且,由于圆柱形燃烧器前滞止区中的流场非常稳定,火焰也非常平静且稳定,这使其非常适用于火焰结构的详细研究(Tsuji,1982)。

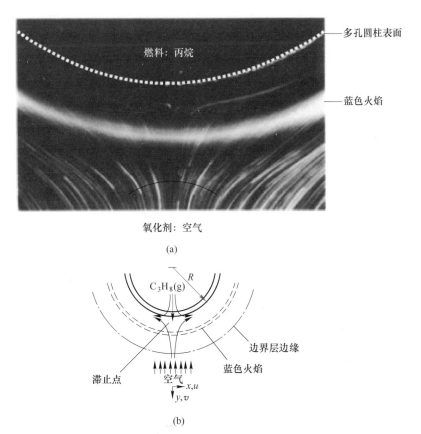

图3.11 (a)多孔圆柱燃烧器前滞止区内逆流丙烷/空气扩散火焰的颗粒条纹图($R=1.5$cm, $V_{ox}=80$cm/s, $V_{fuel}=8.6$cm/s)(改自Tsuji和Yamaoka,1971)以及(b)Tsuji火焰和流动方向示意图(改自Peters,1992)

Tsuji 和 Yamaoka 使用甲烷、丙烷和城市燃气作为燃料,详细研究了该火焰的熄灭极限以及流场结构、温度和稳定物质的浓度场。利用均一的气流速度 V_{ox} 和燃料喷射速度 V_{fuel} 的适当条件,在距圆柱表面有一定距离的前滞止区建立了一个薄的层状二维蓝色火焰。随着燃料喷射速度降低或气流速度增加,火焰接近圆柱表面,随后从滞止区吹熄并转变成了所谓的尾流。当烃燃料或含烃的混合燃料(称为城市燃气)以较小的 V_{ox} 和相对较大的 V_{fuel} 使用时,火焰厚度显著增加,火焰显示出一个发光的黄色内区(燃料侧)和一个蓝色外区(空气侧)。

图 3.12 所示为甲烷/空气、丙烷/空气和城市燃气/空气火焰的吹熄极限,其中无量纲燃料喷射速率 $(-f_w)$ 定义为

$$-f_w = (V_{fuel}/V_{ox})(Re_R/2)^{1/2} \tag{3.114}$$

式中:$Re_R \equiv V_{ox}R/\nu$。

平均运动黏度 ν 是取决于形成稳定火焰时横跨滞止区边界层的平均温度。

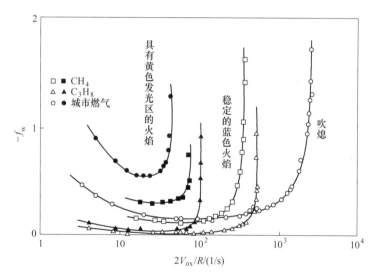

图 3.12　多孔燃烧器逆流扩散火焰前滞止区内的火焰稳定性图($R=1.5$cm;燃料:丙烷、甲烷和城市燃气)
(改自 Tsuji 和 Yamaoka,1971)

如图 3.12 所示,在滞止速度梯度$(2V_{ox}/R)$的一个较宽范围内,处于吹熄极限的无量纲燃料喷射速率很小。请注意,横坐标为对数刻度,而纵坐标是一个具有很小间隔(0~2)的线性刻度。当滞止速度梯度接近临界值时,处于吹熄极限的燃料喷射速率急剧增加并且存在一个临界滞止速度梯度$(2V_{ox}/R)_{crit}$,超过这个临界值后火焰将不再稳定。Tsuji 和 Yamaoka 提出,在较低的燃料喷射率下火焰的吹熄主要是由于圆柱表面附近的火焰的热淬灭。相反,在临界滞止速度梯度附近的吹熄是由火焰区中燃烧速率的化学限制引起的。该吹熄机理不同

于由热淬灭引起的吹熄。图 3.13 所示为甲烷/空气逆流扩散火焰测得的温度分布对无量纲距离 η 的曲线。无量纲距离 η 定义为

$$\eta \equiv (2Re_R)^{1/2} \frac{y}{R} \tag{3.115}$$

式中:y 为到圆柱表面的法向距离。

如图 3.13 所示,最高温度(称为扩散火焰温度)对应于发光火焰区,并且温度向燃料侧和空气侧都迅速降低。在发光火焰区的内边缘(燃料侧)附近可以看到温度分布的小凹坑。这种凹坑通常能在烃类燃料的层流扩散火焰中观察到,它是由这个区域中燃料的热解引起的。

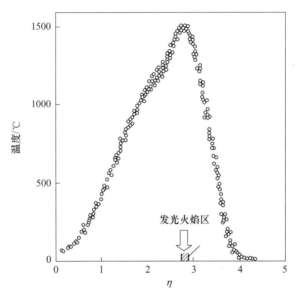

图 3.13 甲烷/空气扩散火焰中的温度分布($2V_{ox}/R = 100 1/s$,
$-f_w = 1.5$)

(改自 Tsuji 和 Yamaoka,1971)

图 3.14 所示为用石英微探针和气相色谱仪测得的多种稳定物质的浓度分布。在该图中,绘出了每种物质的摩尔分数对无量纲距离 η 的曲线。甲烷浓度向着发光火焰区迅速降低,在发光火焰区的外边缘(空气侧)甲烷几乎完全消失。氧气浓度从空气侧向发光火焰区迅速降低,但在火焰的燃料侧总是存在着一些氧气。众所周知,少量的氧气能强烈地增加烃的热解速率,因此可以想象在逆流扩散火焰的燃料侧也有着这种相同的机理。除了逆流扩散火焰的这一几何形状外,在锥形甲烷/空气扩散火焰中也观察到火焰锥中总是存在一些氧气。因此,少量氧气通过火焰区扩散到燃料侧是烃和空气的层流扩散火焰的一

般特征。这个过程与火焰类型无关。

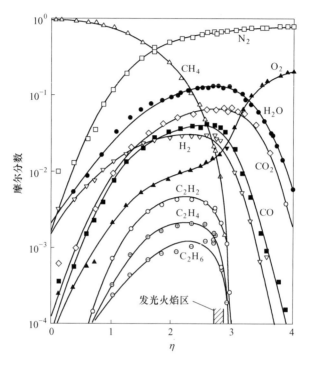

图 3.14 甲烷/空气扩散火焰中的物质浓度分布($2V_{ox}/R = 100 1/s, -f_w = 1.5$)

(改自 Tsuji 和 Yamaoka,1971)

二氧化碳和水蒸气是扩散火焰的最终燃烧产物;在中间产物中氢气和一氧化碳具有相当高的浓度,在发光火焰区达到其最高浓度。它们的浓度朝火焰的燃料侧和空气侧都降低,但这些物质存在于燃料侧和空气侧的一个相当宽的区域内。在火焰的燃料侧,发现存在有较低浓度的各种烃类中间体(C_2H_2、C_2H_4、C_2H_6),它们是燃料的热解产物,并且在发光火焰区的外边缘处几乎完全消失。最后,氢气浓度向圆柱表面单调降低,但在圆柱表面处有一个有限值。因此,层流扩散火焰的结构,特别是烃/空气火焰的化学结构非常复杂。这一发现表明,扩散火焰的真实火焰结构可能与火焰薄层模型的火焰结构完全不同。

对于具有 I 型结构的对向射流,扩散火焰可能具有一个扁平状的几何形状,如图 3.15 所示。燃料可以是气态或液态。如该图的右侧所示,燃料蒸气由液态燃料池产生。

无摩擦平面可压缩滞止点流动(远离靠近滞止点的剪切层,见图 3.15)的流函数可以用以下等式定义:

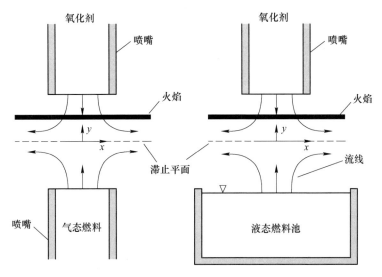

图 3.15 产生平面逆流扩散火焰的两种实验装置的示意图
(改自 Peters,1992)

$$\frac{\partial \psi}{\partial y} = \rho u, \frac{\partial \psi}{\partial x} = -\rho v \quad (3.116)$$

式中:$y \to +\infty$ 为氧化剂侧,$y \to -\infty$ 为燃料侧。

在这种结构中,氧化剂和燃料具有不同的密度。如果假设氧化剂流和燃料流的源头远离滞止点($y \to \pm\infty$)且滞止点为原点($x=0,y=0$),那么在远离靠近滞止平面的黏性剪切层的区域中,对氧化剂的 x 和 y 速度以及混合分数可写为

$$y \to \infty: v = -ay, u = ax, Z = 0 \quad (3.117)$$

式(3.117)中的参数 a 为应变速率,因为它分别代表 x 方向和 y 方向上 x 和 y 速度的速度梯度。因此,a 也可以解释为平行于滞止平面(x 方向)的应变速率。这两支流的滞止点压力相等要求燃料侧的速度应具有以下形式:

$$y \to -\infty: v = -\sqrt{\rho_{ox}/\rho_{fuel}}\, ay, u = \sqrt{\rho_{ox}/\rho_{fuel}}\, ax, Z = 1 \quad (3.118)$$

x 方向的压力梯度可以通过 $\partial p/\partial x = -\rho u \partial u/\partial x$ 与速度梯度相关,其中:$(\partial u/\partial x) = a$ 在剪切层以外。因此,$\partial p/\partial x = -\rho a^2 x$。

接下来给出平面扩散火焰的控制方程:

$$\frac{\partial(\rho u)}{\partial x} + \frac{\partial(\rho v)}{\partial y} = 0 \quad (3.119)$$

$$\rho\left(u\frac{\partial u}{\partial x} + v\frac{\partial u}{\partial y}\right) = -\frac{\partial p}{\partial x} + \frac{\partial}{\partial y}\left(\mu\frac{\partial u}{\partial y}\right) \quad (3.120)$$

$$\rho\left(u\frac{\partial Z}{\partial x}+v\frac{\partial Z}{\partial y}\right)=\frac{\partial}{\partial y}\left(\rho D\frac{\partial Z}{\partial y}\right) \tag{3.121}$$

现在引入相似坐标 $[\xi(x),\eta(x,y)]$：

$$\xi=x,\quad \eta=\frac{1}{2}\left(\frac{a}{(\rho\mu)_{\mathrm{ox,ref}}}\right)^{1/2}\int_0^y\rho\mathrm{d}y \tag{3.122}$$

这种坐标变换称为 Dorodnitsyn-Howarth 变换，在 Stewartson(1964)中有描述。

无量纲流函数可以写为

$$f\equiv\frac{\psi}{\rho_{\mathrm{ox,ref}}x[a\mu_{\mathrm{ox,ref}}]}=-\frac{\rho v}{[(\rho\mu)_{\mathrm{ox,ref}}a]^{1/2}} \tag{3.123}$$

归一化的切向速度：

$$u=ax\frac{\mathrm{d}f}{\mathrm{d}\eta}=axf'$$

$$v=-\frac{\rho_{\mathrm{ox,ref}}}{\rho}(a\nu_{\mathrm{ox,ref}})^{1/2}f \tag{3.124}$$

定义 Chapman-Rubesin 参数 C 为

$$C\equiv\frac{\rho\mu}{(\rho\mu)_{\mathrm{ox,ref}}} \tag{3.125}$$

假设 $\rho^2 D=(\rho^2 D)_{\mathrm{ox,ref}}$，经过坐标变换，式(3.120)和式(3.121)可写为

$$\frac{\mathrm{d}}{\mathrm{d}\eta}\left(C\frac{\mathrm{d}f'}{\mathrm{d}\eta}\right)+f\frac{\mathrm{d}f'}{\mathrm{d}\eta}+\frac{\rho_{\mathrm{ox,ref}}}{\rho}-f'^2=0 \tag{3.126}$$

$$\frac{\mathrm{d}}{\mathrm{d}\eta}\left(\frac{C}{Sc}\frac{\mathrm{d}Z}{\mathrm{d}\eta}\right)+f\frac{\mathrm{d}Z}{\mathrm{d}\eta}=0 \tag{3.127}$$

施密特(Schmidt)数定义为

$$Sc\equiv\frac{\mu}{\rho D} \tag{3.128}$$

新坐标系中的边界条件为

$$\begin{aligned}&\eta\to+\infty:f'=1,Z=0\\&\eta\to-\infty:f'=\sqrt{\rho_{\mathrm{ox,ref}}/\rho_{\mathrm{fuel,ref}}},Z=1\end{aligned} \tag{3.129}$$

在 $C=1$ 时，用式(3.129)中的边界条件求解式(3.126)和式(3.127)，可以得到如下解：

$$Z=\frac{1}{2}\mathrm{erfc}\left(\frac{\eta}{\sqrt{2}}\right) \tag{3.130}$$

瞬时标量耗散率为

$$\chi(Z,t)=2D\left(\frac{\partial Z}{\partial y}\right)^2=\frac{a}{\pi}\exp(-[\eta(Z)]^2) \tag{3.131}$$

对于较小的 Z,χ 可以写为

$$\chi(Z) = 2\left(\frac{Sc}{C}\right)af^2Z^2 \qquad (3.132)$$

式(3.132)中的标量耗散率与分流板后的非稳态混合层和二维流具有相同的 Z 依赖性(见式(3.112))。这一观察结果突显了这两种流动结构间在标量耗散对混合分数依赖性方面的共同特征。

图 3.16 所示为 CH_4/空气逆流扩散火焰中计算得到的温度和物质质量分数对在两种不同应变速率 100/s 和 400/s(分别对应于 χ_{st} 等于 4/s 和 16/s)下的混合分数的关系曲线(Peters 和 Kee,1987)。在较高的应变速率 400/s 下,由于

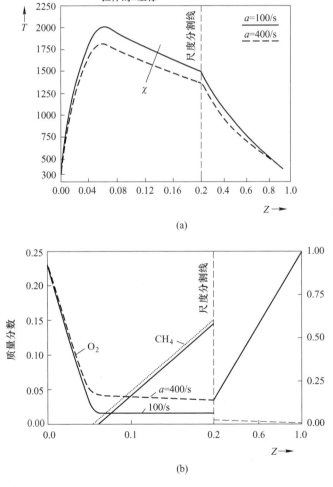

图 3.16 CH_4/空气逆流扩散火焰在两种不同应变速率下的温度和物质质量分数的分布,显示了应变速率 a 的影响

(改自 Peters,2000)

标量耗散率χ较高,其峰值温度比应变速率100/s时的峰值温度低200K。从图3.16(b)中的质量分数曲线也可以看出,在高应变速率情况下,氧气向富燃区的泄漏也增加了约2.5倍。注意,燃料并没有通过反应区泄漏。较高的应变速率导致速度梯度增加,这使得在内层(图3.6中的燃料消耗层)中的停留时间减少。因此,在内层中消耗的氧气减少,从而导致较多的氧气泄漏到富燃区域中。由于反应速率和温度之间的耦合,该过程反过来降低了内层中的温度。反应速率高度依赖于温度,因温度较低,它们甚至进一步降低直至扩散火焰接近淬熄条件。这意味着火焰淬熄有两种机理:①由于高标量耗散率导致火焰区热损失较大的热机理;②由于内层氧气向富燃区泄漏导致燃料消耗层中的反应速率降低和温度较低的化学机理。

图3.17所示为两种不同应变速率下,CH_4/空气逆流扩散火焰的产物质量分数对混合分数的分布。令人惊奇的是,当a(和χ)增加时,中间体和产物的质量分数曲线差别不大。

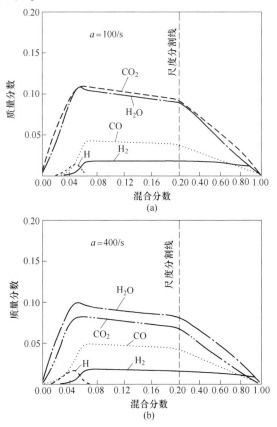

图3.17 CH_4/空气逆流扩散火焰在应变速率
(a)a = 100/s 和(b)a = 400/s 下产物质量分数的分布
(改自 Peters,2000)

图 3.18 所示为计算的火焰温度峰值与 $1/a$ 的函数关系。应变速率的倒数与特征流体动态停留时间成正比,并因此与达姆科勒数成正比。随着应变速率倒数($1/a$)的增加(a 减小),Da 也增加,即

$$Da \propto t_d \propto t_{\text{residence}} \propto (1/a)$$
(3.133)
$$(1/a) \uparrow \Rightarrow Da \uparrow$$

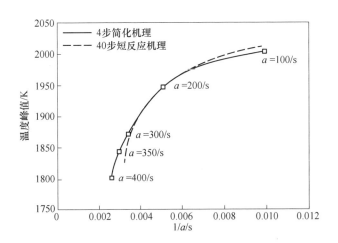

图 3.18 CH_4/空气逆流扩散火焰的计算火焰温度峰值与
应变速率倒数的函数关系
(改自 Peters 和 Kee,1987)

图 3.18 所示的曲线构成了前述的 S 形特征曲线的上部分支。随着停留时间的减少,最高温度下降,直到稳态火焰不再存在。这一点为熄灭极限(Q)且对应于曲线上的垂直相切的那一点。在实验中,这些火焰条件下的熄灭极限发生在 a = 330/s 时(Tsuji 和 Yamaoka,1971)。Peters 和 Kee(1987)计算了一个 a = 400/s 的稳定火焰,发现其熄灭应变速率为 a = 450/s。Miller et al. (1984) 使用一个包含有 40 个反应的短机理对这个火焰计算的结果显示,该火焰将在 330/s 和 350/s 之间熄灭,这与 Tsuji 和 Yamaoka 得到的实验值更加接近。在这里证明了反应机理对熄灭极限预测结果的影响。用 4 步简化机理和更详细的 40 个反应的机理,除了在熄灭极限处之外,计算得到的火焰温度都非常好。这可以解释为由于在接近熄灭点时温度较低,4 步机理中的原子氧自由基 O 的部分平衡近似变得不太准确的缘故。

另一条火焰温度对化学计量标量消耗率倒数的曲线如图 3.19 所示。该曲线与图 3.18 中所示的曲线明显相似,而且也表示出了 S 形曲线的上部分支。这是由 $(1/a) \propto \chi^{-1} \propto \chi_{st}^{-1}$ 的事实造成的。

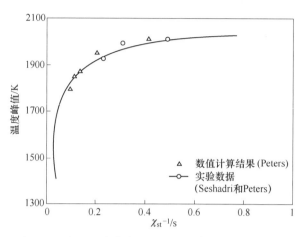

图 3.19 火焰温度峰值与标量耗散率倒数的函数关系
(改自 Peters,2000)

3.6.3 协流扩散火焰或射流火焰

对于非预混燃烧,射流火焰是最常见的流动构型。令人感兴趣的有两种构型:一是以燃料射流在中心而空气射流作为外部流的同轴流动(图 3.20(a));另一种构型为燃料射流从圆柱形端口(或矩形槽)流出,而空气是从周围环境夹带到燃料射流中(图 3.20(b))。槽式燃烧器也称为 Wolfhard-Parker 槽式燃烧器(Wolfhard,1952)。通常射流速度太大以至于射流变成了湍流,而湍流混合决定了混合分数场。在这里,我们希望导得槽式燃烧器所流出的层流平面射流的相似解。为了获得相似解,必须忽略浮力。这里我们将恒定密度平面射流的经典解扩展到非恒定密度射流火焰。流线模式和速度分布如图 3.20(b)所示。射流从壁面上一个狭小的槽(高度为 b,宽度均一)中流出,并由于黏性效应而夹带了周围的空气。射流中心的最大速度随着与壁面距离的增加而减小。简单起见,我们将忽略壁面表面上的边界层。因此,夹带的空气只能从法线方向进入射流。我们假设边界层的假设有效,并且流场中的压力恒定。

二维流场中的流函数定义为

$$\rho u = \frac{\partial \psi}{\partial y}, \rho v = -\frac{\partial \psi}{\partial x} \tag{3.134}$$

流函数自动满足连续性方程。剪切层中不含浮力影响的简化控制方程为

$$\frac{\partial(\rho u)}{\partial x} + \frac{\partial(\rho v)}{\partial y} = 0 \tag{3.135}$$

$$\rho\left(u\frac{\partial u}{\partial x} + v\frac{\partial u}{\partial y}\right) = \frac{\partial}{\partial y}\left(\mu\frac{\partial u}{\partial y}\right) \tag{3.136}$$

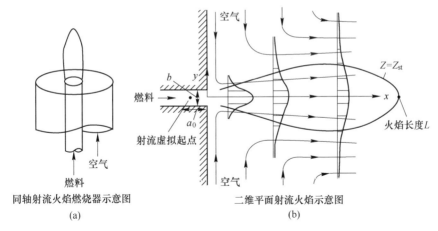

图 3.20 层流扩散火焰射流的两种构型

(图(b)部分改自 Peters,2000)

$$\rho\left(u\frac{\partial Z}{\partial x}+v\frac{\partial Z}{\partial y}\right)=\frac{\partial}{\partial y}\left(\rho D\frac{\partial Z}{\partial y}\right) \quad (3.137)$$

由于混合分数和温度具有直接关系(如前面章节所示),因此不需要在建模时包含能量方程。这个构型的边界条件为

$$y\to 0: v=0, \partial u/\partial y=0, \partial Z/\partial y=0 \quad (3.138)$$
$$y\to \infty: u=0, \partial u/\partial y=0, \partial Z/\partial y=0, Z=0$$

将动量方程对 y 从 0 到 ∞ 进行积分,并将动量方程与连续性方程结合起来,得

$$\frac{\partial}{\partial x}\underbrace{\int_0^\infty \rho u^2 \mathrm{d}y}_{=f(y)}+[\rho u v]_0^\infty=\left(\mu\frac{\partial u}{\partial y}\right)_0^\infty \quad (3.139)$$

对式(3.139)应用边界条件,得

$$\frac{\partial}{\partial x}\int_0^\infty \rho u^2 \mathrm{d}y=0 \Rightarrow \int_0^\infty \rho u^2 \mathrm{d}y=f(y) \quad (3.140)$$

式(3.139)和式(3.140)左侧的积分必定与 x 无关,因此它应该在 x 方向上恒定。所以,它可以等同于 $x=0$ 处射流的动量,即

$$\int_0^\infty \rho u^2 \mathrm{d}y=\rho_0 u_0^2 b \quad (3.141)$$

式中:b 为槽的高度。

类似地,可以对混合分数方程进行积分,来确立积分质量流率与 x 无关,即

$$\frac{\partial}{\partial x}\int_0^\infty \rho u Z \mathrm{d}y=0 \Rightarrow \int_0^\infty \rho u Z \mathrm{d}y=\rho_0 u_0 b \quad (3.142)$$

式中:ρ_0,u_0 分别为 $x=0$ 处燃料流的密度和 x 方向上的速度分量。

引入以下相似坐标 (ζ,η)：

$$\zeta = x + a_0, \eta = \frac{1}{3}\left(\frac{u_0}{\nu_0\zeta^2}\right)^{1/3}\int_0^y \frac{\rho}{\rho_0}\mathrm{d}y \qquad (3.143)$$

式中:a_0 为 $x=0$ 和射流表观原点(也称为虚拟原点,如图 3.20(b)所示)之间的距离。

再将以下函数定义为无量纲流函数:

$$f(\eta) = \frac{\psi}{\rho_0(\nu_0^2 u_0 \zeta)^{1/3}} \qquad (3.144)$$

将这一函数用于式(3.134),得

$$u = \frac{1}{3}\left(\frac{u_0^2 \mu_0}{\rho_0 \zeta}\right)^{1/3} f' \qquad (3.145)$$

从 x-y 到 ζ-η 坐标系的一般转换规则为

$$\frac{\partial}{\partial x} = \frac{\partial \zeta}{\partial x}\frac{\partial}{\partial \zeta} + \frac{\partial \eta}{\partial x}\frac{\partial}{\partial \eta} = \frac{\partial}{\partial \zeta} + \frac{\partial \eta}{\partial x}\frac{\partial}{\partial \eta}$$
$$\frac{\partial}{\partial y} = \frac{\partial \eta}{\partial y}\frac{\partial}{\partial \eta} \qquad (3.146)$$

在动量方程中引入以上变换,得到左侧(LHS)和右侧(RHS)项分别为

$$\text{LHS}: \left(\rho u \frac{\partial u}{\partial x} + \rho v \frac{\partial u}{\partial y}\right) = \frac{\partial \eta}{\partial y}\left(\frac{\partial \psi}{\partial \eta}\frac{\partial u}{\partial \zeta} - \frac{\partial \psi}{\partial \zeta}\frac{\partial u}{\partial \eta}\right) = -\frac{1}{9}\frac{\mu_0 u_0}{\zeta}\frac{\partial \eta}{\partial y}(f'^2 + ff'')$$

$$\text{RHS}: \frac{\partial}{\partial y}\left(\mu \frac{\partial u}{\partial y}\right) = \frac{1}{9}\frac{\mu_0 u_0}{\zeta}\frac{\partial \eta}{\partial y}\frac{\partial}{\partial \eta}\left(C\frac{\partial f'}{\partial \eta}\right) \qquad (3.147)$$

式中:C 为 Chapman-Rubesin 参数。它定义为

$$C \equiv \frac{\rho \mu}{\rho_0 \mu_0} = \frac{\rho^2 \nu}{\rho_0^2 \nu_0} \qquad (3.148)$$

令式(3.147)的 LHS 和 RHS 项两者相等。得到以下常微分方程:

$$f'^2 + ff'' + (Cf'')' = 0 \qquad (3.149)$$

将式(3.149)对 η 积分一次,得

$$ff' + Cf'' = 0 \qquad (3.150)$$

边界条件变换为

$$\begin{cases} \eta = 0: f = 0, f'' = 0 \\ \eta \to \infty: f' = 0 \end{cases} \qquad (3.151)$$

通过假设 $C=1$ 并且引入 $F \equiv f/2\gamma, \xi \equiv \gamma\eta$,式中:$\gamma$ 为常数,对式(3.150)积分,令积分常数为 1 时,得

$$F' + F^2 = 0 \qquad (3.152)$$

进一步积分,得

$$F = \tanh\xi = \frac{1 - \exp(-2\xi)}{1 + \exp(-2\xi)} \tag{3.153}$$

为得到常数 γ 的解,对动量平衡使用式(3.141)。可以得到 x 速度分量 u 的表达式为

$$f' = 2\gamma^2 \frac{\partial F}{\partial \xi} = 2\gamma^2(1 - \tanh^2\xi)$$

$$u = \frac{2}{3}\gamma^2 \left(\frac{u_0^2 \mu_0}{\rho_0 \zeta}\right)^{1/3} (1 - \tanh^2\xi) \tag{3.154}$$

将 u 代入式(3.141),得

$$\frac{4}{3}\gamma^3 \mu_0 u_0 \int_0^\infty (1 - \tanh^2\xi)^2 d\xi = \rho_0 u_0^2 b \tag{3.155}$$

其中

$$\int_0^\infty (1 - \tanh^2\xi)^2 d\xi = \int_0^\infty (1 - F^2) dF = \frac{2}{3} \tag{3.156}$$

这使得

$$\gamma^3 = \frac{9}{8}\frac{\rho_0 u_0 b}{\mu_0} = \frac{9}{8}Re_0 \tag{3.157}$$

式中:Re_0 为射流出口雷诺数。

用相似分析也可以得到混合分数的解。引入以下变量:

$$\omega = Z\frac{1}{\alpha}\left(\frac{\rho_0 u_0 \zeta}{\mu_0}\right)^{1/3} \tag{3.158}$$

将此式代入式(3.149)①,有

$$f'\omega + f\omega' + \left(\frac{C}{Sc}\omega'\right)' = 0 \tag{3.159}$$

式中:施密特数 $Sc = \nu/D$。

对上式再积分一次,得

$$f\omega + \frac{C}{Sc}\omega' = 0 \tag{3.160}$$

将式(3.150)中的 C 代入式(3.160),可以建立 ω 和 f' 之间的关系为

$$\frac{d\ln f'}{d\eta} = \frac{1}{Sc}\frac{d\ln\omega}{d\eta} \tag{3.161}$$

上式积分,得

---

① 原文有误。——译者注

$$\omega = (f')^{Sc} \tag{3.162}$$

对于 $C = 1$,得到混合分数的以下解:

$$Z = \alpha (2\gamma^2)^{Sc} \left(\frac{\mu_0}{\rho_0 u_0 \zeta}\right)^{1/3} [1 - \tanh^2(\gamma\eta)]^{Sc} \tag{3.163}$$

为了确定常数 α,可以将混合分数的解代入式(3.142),得

$$\alpha (2\gamma^2)^{Sc} \int_0^1 (1 - F^2)^{Sc} dF = \frac{4}{9}\gamma^2 \tag{3.164}$$

对于施密特数为1的情况,得到 $\alpha = 1/3$。在这种情况下,混合分数场与速度场成正比,即

$$Z = \frac{u}{u_0} \tag{3.165}$$

式(3.163)可以用来确定射流扩散火焰的火焰长度。令 $Z = Z_{st}$ 且 $\eta = 0$,有

$$L = \left[\frac{\alpha (2\gamma^2)^{Sc}}{Z_{st}}\right]^3 \frac{\mu_0}{\rho_0 u_0} - a = \left(\frac{\alpha}{Z_{st}}\right)^3 \left(\frac{9}{\sqrt{8}} Re_0\right)^{2Sc} \frac{\mu_0}{\rho_0 u_0} - a \tag{3.166}$$

对从圆柱形管射入到静止氧化剂或氧化剂流的燃料射流的扩散火焰结构已经有了广泛的研究。这种构型的相似解在 Kuo(2005:第6章)中给出。在二维平面射流扩散火焰的实验研究中,不仅已经测量了温度和稳定物质浓度的分布,而且在火焰区的发射和吸收光谱测量帮助下,还已详细研究了平面扩散火焰的反应区结构。这些实验结果提供了有关层流扩散火焰结构的宝贵信息。然而,众所周知,在燃烧器的边缘附近存在一个死空间,那里由于热量和活性自由基两者在壁面上的损失而不能形成火焰。因此,燃料和氧气的直接相互扩散发生在这个死空间中,在底部一个小区域中产生了预混气体,它支撑了火焰。因此,这种类型扩散火焰的特性和结构同时受到预混火焰和燃烧产物楔入的影响,当离燃烧器边缘更远时,燃烧产物楔变得更厚。因此,认为燃烧器端口上的层流扩散火焰不适合于研究扩散火焰的某些基本过程。

3.7 层流扩散火焰中烟灰的形成

第2章中讨论了预混火焰中烟灰的形成过程。本节讨论扩散火焰背景下的烟灰形成。燃烧过程中形成和排放的烟灰造成了严重的问题。实际燃烧设备排放出的烟灰反映了不良的燃烧条件和效率损失。它不仅会降低大气的能见度,还会增加颗粒尘埃。烟灰的排放已经与致癌的多环芳烃(PAH)关联了起来。此外,由辐射热损失造成的火焰温度的降低会影响火焰高度和其他依赖于温度的过程,如 NO_x 的形成。类似地,当可观部分的燃料碳转化为烟灰时,会使

得气相碳被暂时去除,这可以改变局部 H_2/H_2O 和 CO/CO_2 转化率并影响火焰中的局部温度分布。

绝大多数大型工业燃烧设备利用非预混火焰,包括燃气涡轮发动机、熔炉和汽车中的柴油发动机。这种系统中的温度介于 1500K 和 2500K 之间,并且通常有足够的氧气可用于燃料的充分燃烧。与消耗的燃料中存在的碳量相比,在这些条件下形成的烟灰总量通常非常小。在这些条件下,可用于烟灰形成的时间约为几毫秒。在设计条件下运行的实际装置中,烟灰应在燃烧器出口之前氧化至接近完全。不幸的是,操作条件的暂时变化(以及湍流波动)可能即刻导致火焰氧化部分的当量比急剧减小。由于非预混火焰中的局部当量比变化,形成烟灰的倾向也变化了。较低的当量比会使烟灰颗粒通过火焰而未被氧气所消耗。即使在扩散火焰中形成的所有烟灰都被氧化成 CO,暂时局部的当量比降低也可能抑制烟灰完全氧化成 CO_2,例如导致较多的废气排放(Puri,Santoro 和 Smith,1994)。因此,从实际、经济、环境和安全角度以及对基本的烟灰形成与排放控制过程的纯科学兴趣来看,含烟火焰的研究仍然很重要。

尽管实际燃烧系统和火灾中的大部分扩散火焰基本上都是湍流,但由于所涉过程的间歇性和较短的停留时间,因此并不总是能对这些火焰进行详细的直接研究。但是可通过层流小火焰概念,使用层流和湍流扩散火焰中的已知相似性(Cavaliere 和 Ragucci,2001;Moss,Stewart 和 Young,1995)来简化湍流火焰的分析。由于这种相似性,层流扩散火焰的研究可以为真实的燃烧系统提供一个较易处理的火焰模型。因此,可以在层流扩散火焰和激波管中进行更容易控制的实验室实验。激波管的一个缺点是与实际火焰相比它们的停留时间非常短。因此,主要用协流层流扩散火焰燃烧器来研究烟灰形成过程。

3.7.1 烟灰形成模型

关于非预混火焰中烟灰形成的化学机理有大量科学文献存在。烟灰形成以 4 个主要阶段发生:①烟灰颗粒开始出现;②表面生长;③凝聚/聚集;④氧化。烟灰生长与凝聚和聚集同时发生。凝聚是小颗粒聚结形成较大的初级颗粒的过程,而聚集是多个初级颗粒串联排列形成类似于一串珍珠的更大结构的过程。烟灰颗粒可以被输运到火焰锋面,在那里它们通过氧化区,在其中烟灰的质量由于与气相分子的氧化反应而减小了。任何没有被完全氧化的烟灰都会作为"烟"从火焰包络面释放出来。

传统建模人员普遍认为,扩散火焰中微粒形成的简化模型应该考虑到所有这些过程(Lindstedt,1994)。这种想法基于扩散火焰中烟灰形成的经典观点,即直径为几纳米的初始烟灰颗粒通过起始或成核在略微富含燃料的火焰区中形成。然后这些颗粒经历表面生长,可能通过① C_2H_2 加成夺氢(HACA)机理(Frenklach 和 Wang,1990)或②PAH 加成等路径。由于 HACA 由 H·原子引发,因此在 H·原子浓度通常超过平衡值的主火焰反应区中,HACA 可能是最重要的。经由 PAH 加成的表面生长的第二种机理在 H·原子浓度较低的富含烃的区域(远离主反应区)中变得重要。这些竞争机理明显不同,HACA 机理(将在本章后面详述)由非均相表面反应控制,而 PAH 加成机理由均相气相反应控制。这些化学问题很复杂,且远未被完全解决。幸运的是,从工程的角度来看,由于这些类型的火焰固有的简单性,非预混火焰中烟灰形成的问题可以处理。火焰锋面的位置和峰值温度由反应物的化学计量条件控制,而不是由预混火焰复杂的化学动力学控制。非预混火焰的总热释放速率是由反应物向分离富燃料区和富氧化剂区的一个薄火焰区的扩散来控制的。由于非预混火焰中的烟灰形成/氧化时间比主反应时间长得多,因此只需要考虑特征扩散时间和烟灰形成/氧化时间,并且通常可以将化学反应认为是瞬时的。这对应于高 Da 的条件。

3.7.1.1 颗粒初现

最早的凝聚相物质源自燃料分子的氧化和(或)热解产物。这些产物通常包括各种不饱和烃,特别是乙炔及其高级类似物($C_{2n}H_2$),以及多种 PAH。这些物质在分解成元素方面相对稳定,并且与链烷烃甚至烯烃相比它们在动力学上更稳定。这两种类型的分子通常被认为是火焰中最可能的烟灰前体。例如:萘基通过顺序乙炔加成、H 原子消除、夺氢和乙炔的二次加成以及随后的闭环而生长成芘基。反应可以写为 $C_{10}H_7 + 3C_2H_2 \rightleftharpoons C_{16}H_9 + 2H + H_2$。这个序列可以以 $C_{10}H_7 + 3nC_2H_2 \rightleftharpoons C_{10+6n}H_{7+2n} + 2nH + nH_2$ 的总平衡继续形成更大的 PAH 结构(Lautenberger, de Ris, Dembsey et al., 2005)。气相物质凝结形成最初可识别的烟灰颗粒(通常称为核,这一术语由于其物理凝结现象的内涵,应谨慎使用)。这些最初的颗粒非常小($\delta < 20nm$),更大量的这些颗粒的形成也仅在它们的形成区域中占有可忽略的烟灰负荷,这个区域通常局限于火焰反应性较强的部位(在主反应区附近)。

3.7.1.2 表面生长和氧化

表面生长和氧化是大块固相物质的生成机理。表面生长包括气相物质附着到颗粒表面以及它们结合到颗粒相。图 3.21 所示为物质相对分子质量的对数相对于其氢原子摩尔分数 X_H 的曲线,可以看到这个过程的一些定性趋势。烟灰颗粒的 X_H 通常在 0.1~0.2。从该图可以看出,在 X_H 范围在 0.1~0.2 时,聚乙炔和 PAH 的相对分子质量都不接近烟灰(如该图所示烟灰、PAH 和聚乙炔的不同趋势)。因此,可以得出结论,烟灰不是仅由聚乙炔或仅由 PAH 组成的。这意味着表面生长也通过与具有比这两种物质更高氢含量的化学物质缩合,然后脱氢,或两者的组合而发生。除聚乙炔外,一些多环且饱和的小片状体(如 $C_{27}H_{27}$)是表面生长的主要缩合物质。

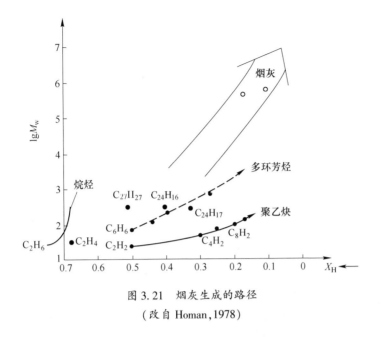

图 3.21 烟灰生成的路径

(改自 Homan,1978)

烟灰形成用烟灰体积分数 $f_V \sim$（cm^3烟灰$/cm^3$），烟灰颗粒的数密度 N（cm^{-3}）和颗粒大小 D 来表征。烟灰颗粒也具有尺寸分布,但通常相对比较狭窄,大多数时候考虑的是平均尺寸。量 $\sim f_V$、N 和 D 是相互依赖的,这 3 个参数中的任意两个已足以表征系统。对于球形颗粒,有

$$f_V = \frac{N\pi D^3}{6} \tag{3.167}$$

表面生长反应使烟灰的量($\sim f_V$)增加,但颗粒的数密度(N)通过该过程保持不变。对于凝聚生长而言则正好相反,在该过程中颗粒碰撞并聚结,从而降低了 N,而 f_V 保持恒定。颗粒生长(D 增加)是表面生长反应和凝聚同时发生的结果。颗粒产生和生长的这些阶段构成了烟灰形成过程。通常这个过程之后是烟灰的氧化,烟灰在氧化物质的存在下燃烧以形成气态产物,如 CO 和 CO_2。任何燃烧装置最终排放的烟灰都将取决于这些形成过程和燃尽过程之间的平衡。

3.7.2 烟灰的形貌

对燃烧过程中产生的烟灰的定义并不唯一。它通常看起来是黑色的,主要由碳组成,但它与石墨完全不同。除碳以外,烟灰颗粒还含有高达 10 摩尔的氢,在它们新生时期含量甚至更高。可以在有机溶剂中提取大部分这种氢,它主要是以稠合芳环化合物的形态出现。有时会从燃烧器中排出焦油状物质;这些排出的物质看起来像玻璃状,呈黑色、棕色、甚至黄色。这些物质是烟灰形成

过程的淬熄中间体。有时它们是燃烧中形成的重烃或燃料液滴的冷凝产物,其通过了燃烧区而或多或少地未被燃尽。最后,它们也可能是表面凝结了重烃的正常烟灰颗粒,就像柴油烟雾那样的情况。

烟灰的扫描电子显微镜(SEM)和透射电子显微镜(TEM)图像(图 3.22)显示,烟灰的基本单元是直径为 30~50nm 范围内球形或接近球形的颗粒,相当于超过 100 万个碳原子的大小。这些颗粒通常称为基本烟灰颗粒。这些基本颗粒聚集在一起形成直链或支链,如图所示。基本烟灰颗粒表现出的尺寸分布,通常与对数正态分布很接近。然而,从各种各样的燃烧过程,如锅炉火焰、活塞发动机、燃气轮机燃烧室或预混火焰(在正常操作条件下)收集到的颗粒,在尺寸上没有太大差别,平均直径通常为 20~40nm。早期使用 X 射线衍射的工作结果表明,在颗粒内,存在着像石墨平行层那样的随机排列的区域。这些层之间的间距略大于石墨中的间距。

图 3.22 (a)丁二烯烟灰聚集体的 SEM 图;单颗、固体、球形颗粒,直径 50~70nm;
(b)丁二烯烟灰聚集体的 TEM 图,直径 30~50nm,排列成分支簇
(Penn,Murphy,Barker et al.,2005)

图 3.23 所示为生物柴油发动机在 3 个不同时间间隔产生的烟灰颗粒的 TEM 图像。图中还显示了这些时间间隔的粒度分布。这些图表明,尺寸分布接近对数正态分布。然而,随着时间的增加,平均烟灰直径减小。

3.7.3 使用协流燃烧器的实验研究

从前面对扩散火焰中烟灰形成的定性讨论可以明显看出,烟灰形成涉及许多竞争过程,这些过程可以极简地区分为表面生长和烟灰氧化(或燃尽)。因此,对诸如火焰高度、烟点或烟灰产量等整体效果的研究,不太可能给出烟灰在扩散火焰中如何以及在哪里形成的清晰信息。燃料的烟点对应于其在空气中

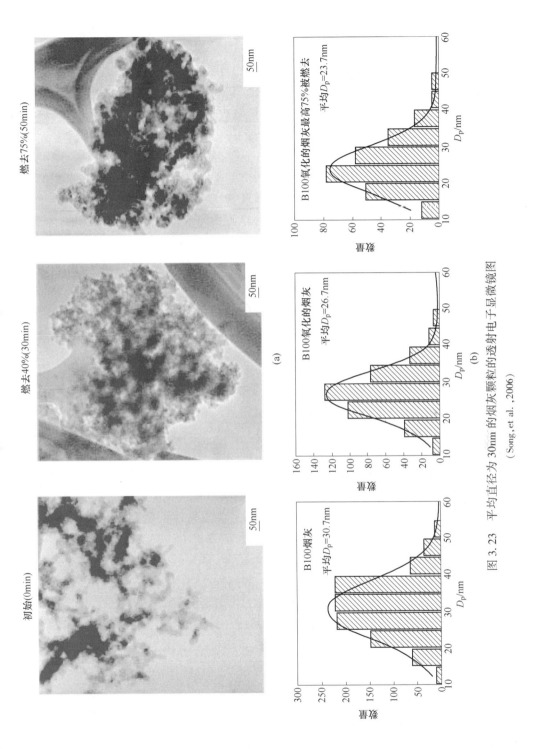

图 3.23 平均直径为 30nm 的烟灰颗粒的透射电子显微镜图
(Song, et al., 2006)

燃烧的层状扩散火焰的最大高度,在这种情况下烟灰不会从焰舌中释放出来。它是烃类燃料形成烟灰倾向的独特衡量指标,长期以来一直被航空工程师用作燃料相对成烟性的经验测量指标(ASTM标准D1322—75)。烟点较高说明形成烟灰的倾向较低。

烟灰研究人员常用3种类型的层流扩散火焰燃烧器,即协流燃烧器、逆流燃烧器和 Wolfhard-Parker 燃烧器。Wolfhard 和 Parker(1950)在烟灰形成方面进行了一些早期工作,并开发了以他们名字命名的矩形槽式燃烧器,来检测甲烷氧气火焰和乙烯氧气火焰。在这一点上,需要提一下 Burke-Schumann 型扩散火焰和成烟火焰间的重要区别。Burke 和 Schumann(1928)在基于所有物质的热扩散率恒定且稳态流场中路易斯数等于1的简单模型基础上,预测了理想火焰锋面的位置($Z = Z_{st}$)。该理论的主要贡献之一是在假设适当的扩散系数时能够成功地预测各种轴对称火焰的可见高度。该模型被成功扩展用来描述各种尺寸的不同协流燃烧器的火焰。这就是有烟灰生成的真实扩散火焰与 Burke-Schumann 理想扩散火焰的不同之处。成烟火焰的可见高度不一定与 Burke-Schumann 扩散火焰的高度相同。问题在于火焰发光度同时取决于烟灰的总产量和其被氧化的总去除率。烟灰生成过程发生在火焰内,通常受热扩散和物质扩散的控制。层流情况下烟灰颗粒的明显燃尽只能在燃料被大量消耗之后才开始——这种燃尽至少部分地受到化学控制,因此高浓度的烟灰会导致可见火焰高度的增加。火焰是否生烟取决于烟灰在一旦形成后,是否有足够的时间在辐射损失和新鲜冷空气的扩散淬灭其氧化过程之前燃烧掉。Roper,Smith 和 Cunningham(1977)研究表明,当烟灰氧化长度与 Burke-Schumann 扩散火焰高度的比接近1时,这种情况就会预期发生,无关燃料的性质。在图 3.24 中可以看到烟灰形成区、烟灰颗粒生长区和烟灰氧化区在协流燃烧器上方的扩散火焰中的相对位置。在火焰中形成的所有烟灰颗粒不一定会被氧化,有一些可能从火焰中分离出来,在焰舌附近形成烟灰侧翼。

3.7.3.1 烟灰形成区

通常,局部扩散火焰表面区由富氧化剂侧和富燃侧组成,这两侧由反应区和热产物的峰值浓度区分开来。在燃烧器上方的给定高度处,O_2 浓度从氧气侧稳定地下降到燃料侧,且该物质在烟灰形成发生处的浓度较低。类似地,OH 浓度在接近最高温度位置(大致对应于 Burke-Schumann 火焰区)附近时达到最大值,然后向富燃侧迅速减小。尽管文献报道的绝对 OH 浓度受到了质疑,但这种化学物质在烟灰形成区的浓度也很低。

烟灰形成区自身出现在富燃侧一个很短的距离(毫米)处,接近最高温度区。它的特点是其明亮度和强吸收性。较弱的吸收一直远远地延伸到相对较冷的未燃烧的燃料中,但这不能归为单独的颗粒相,因为小颗粒的吸光度随 $1/\lambda$

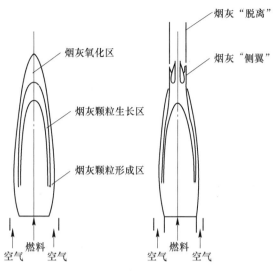

图 3.24 层流扩散火焰中的烟灰形成区、颗粒生长区和烟灰氧化区
(改自 Turns,1996)

(λ = 波长)而变化。在各种纯烃的流管热解实验中观察到了类似的"热解吸收"(Parker 和 Wolfhard, 1950)。对该区域的详细光谱检测显示在 λ 分别为 210nm、300nm、380nm 和 450nm 处出现广义吸收最大值,进一步支持了深入至燃料侧的吸收不是由烟灰引起的这种解释。

烟灰颗粒的数密度在最接近反应区处最大($N > 10^{12} \text{cm}^{-3}$),然后急剧降低至富燃侧。颗粒在反应区附近的富燃的混合物中形成,那里温度和自由基浓度仍然足够高,与预混生烟火焰的火焰区中的相同。颗粒形成速率峰值为 $10^{14} \sim 10^{15} \text{cm}^{-3} \cdot \text{s}^{-1}$。从 Wolfhard-Parker 燃烧器得到的乙烯-氧气火焰的烟灰体积分数、粒度尺寸分布和数密度分布如图 3.25 所示。颗粒数密度在靠近富氧化剂侧的成烟区边缘单调增加至超过 10^{12}cm^{-3}。标记为"火焰表面"的箭头表示在此高度下化学计量燃料空气界面的位置。

所有典型碳氢化合物/空气火焰的一个重要结构特征在将新颗粒的形成限制在一个相当接近主反应区的狭窄区域时起了作用。因为 1mol 的燃料需要多于 1mol 的氧化剂来完全燃烧,所以化学计量的燃料-空气界面从分流线(从燃烧器的燃料空气隔板发出的流线)向外移动到了空气侧。从空气侧穿过火焰区的流线在距离燃烧器更远的距离处接收到越来越高的燃料浓度。然而,远离火焰区后,温度和自由基浓度很快降至太低以致不能促进新颗粒生成,尽管烟灰生成量仍然可以忽略不计,颗粒形成阶段结束了(在非常大的火焰或易于热解的燃料中,较低温度的热解会形成烟灰;远离主反应区时,数十及数百毫秒时间

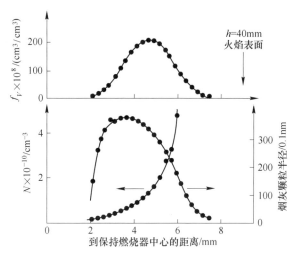

图 3.25 在 Wolfhard-Parker 燃烧器上形成的层流乙烯/
空气扩散火焰早期阶段的成烟区中烟灰生成量、粒度和数密度的分布曲线
(Haynes 和 Wagner,1980)

范围内的运行对内部区域变得重要)。新形成的颗粒沿着流线进入富含燃料的火焰内部。同时,热泳通过将颗粒更深地驱动到较冷的燃料侧,来增强这种效果从而远离热反应区。在这些条件下,颗粒的氧化几乎不明显,但是容易发生表面生长,烟灰体积分数迅速增加。进入内部太深处后,甚至表面生长也停止了,烟灰生成量再次下降。在该生长阶段,颗粒聚结并且其数密度下降。颗粒尺寸同时通过聚结和表面生长而增大。

从扩散火焰中取出的样品通常被分析并以此检验它们的化学结构。结果与理解成烟火焰所涉及的过程也有直接关系。已经对多种燃料进行了研究,包括 CH_4(Smith 和 Gordon,1956,1959;Tsuji 和 Yamaoka,1969),C_2H_4、C_3H_8(Dearden 和 Long,1968;Tsuji 和 Yamaoka,1969),正戊烷(Gollahalli 和 Brzustowski,1973),正己烷(Kern 和 Spengler,1970),正庚烷(Aldred,Patel 和 Williams,1971;Kent 和 Williams,1975),以及各种醇。在所有情况下,母体燃料在接近火焰区时会迅速分解并产生各种烃类产物,图 3.26 所示为沿正己烷-空气火焰轴线进行的测量结果。通常,热解主要的产物为 C_2H_2、C_2H_4、CH_4 和 C_3H_6。苯也是该区域的一个重要产物,而且就是在这里出现了多环芳烃,尽管它们的浓度很低(小于 $10\mu g/g$)。几乎没有人尝试将这些烃的降解产物的类型和浓度与火焰中烟灰的形成联系起来。Kern 和 Spengler(1970)注意到,C_2H_2 和 C_6H_6 似乎最有可能持续进入碳形成区,并且这两种物质中的任何一种都以这样的浓度存在,它们足够用来解释这些物质消失时所出现的烟灰量(图 3.26)。然而,当苯加入到甲烷/氧扩散火焰中时,它在到达碳形成区之前很久就会分解(如其特征吸收峰消失所示)。类似地,苯和氢/空气火焰中的苯在烟灰开始生成之前就几乎完全消失了。Smith 和 Gordon(1956)发现烟灰生成速率与测得的苯或乙炔的浓度之间几乎没有相关性。因此,乙醇扩散火焰仅产生一个微弱的黄色焰舌,而丙醇(正丙醇和异丙醇)产生大量的烟灰,尽管在所有情况下苯的浓度(≈0.1%)和乙炔的浓度(1%~2%)都是相似的,温度也很相似。Cole 和 Minkoff(1957)在 Wolfhard-Parker 燃烧器上测量了甲烷/氧气和乙烯/氧气火焰中不同点的 C_2H_2 吸收光谱。他们在所有情况下都发现了大量的 C_2H_2,特别是在烟灰形成区的燃料侧。然而,向燃料中添加 C_2H_2 引起的 C_2H_2 吸收的增加并未改变火焰的发光度,他们得出 C_2H_2 不是烟灰前体的结论。与此结果相反,Dearden 和 Long(1968)确实发现烟灰的形成速率依赖于 C_2H_4 和 C_3H_8 火焰热解区中存在的乙炔的量。氧化剂的行为也令人感兴趣。空气侧的 O_2 浓度向火焰区降低,但现在似乎毫无疑问地确定有一些 O_2 渗透到了未燃烧的燃料区且没有被消耗。在反应强度较低的火焰稳定区中可能涉及对流效应。还测量了燃烧产物 CO、CO_2、H_2 和 H_2O(Smith 和 Gordon,1954,1956;Dearden 和 Long,1968;Kern 和 Spengler,1970)。CO_2 和 H_2O 的浓度在接近最高温度的区域中达到峰值,而 CO 和 H_2 更多地在富燃侧达到其最大浓度。与 O_2 的情况一样,这些物质在富燃区存在很广。

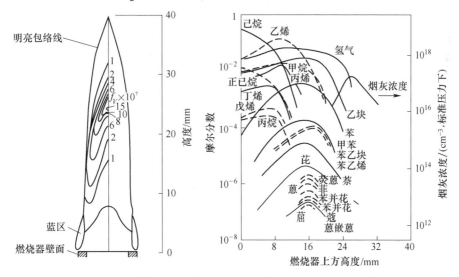

图 3.26　在正己烷/空气扩散火焰中的烟灰体积分数分布
以及测得的物质浓度与燃烧器上方距离的函数关系[①]
(改自 Haynes 和 Wagner,1981;基于 Kern 和 Spengler 1970 年的原始工作)

---

① 原文右图左上角为"hexane"(己烷),根据上下文推测有误,应为己烯(hexene)。——译者注

3.7.3.2 燃料结构和压力的影响

用给定燃烧器上火焰开始生烟的高度的倒数值和极限无烟燃料的流速来衡量不同燃料成烟的趋势。这种趋势从石蜡到单烯烃和二烯烃、苯、萘逐渐增加。通常,分子越小,释放烟的阻力就越大。类似地,更紧凑的异构体,如支链形物质,更易于产生烟灰。乙炔在扩散火焰中会产生大量烟灰。

从火焰发光度测量中已经得到了类似的结果(Coward 和 Woodhead,1949),尽管这种方法严格要求不同的火焰要具有相同的温度来进行正确的比较。此外,在较高烟灰浓度时,排放率接近 1,从而火焰发光度变得与烟灰量无关。Glassman 和 Yaccarino(1980)已经证实了燃料结构在确定生烟趋势中的重要性,并且证明了燃料的 C/H 比不是燃料成烟倾向的主要参数,尽管这个量被用来关联从实际系统获得的结果。当乙炔以少量(不足以显著改变火焰温度)加入到氢/空气扩散火焰时,乙炔显示出比环己烷更弱的成烟倾向。在同一个实验中,Tesner,Snegiriova 和 Knorre(1971)以及 Tesner et al. (1971)发现,对于包括环己烷、苯、甲苯和萘在内的一系列燃料,较大的颗粒其烟灰生成量增加。Scully 和 Davies(1965,1966)早些时候采用了类似的技术,他们将大量的碳氢化合物/氮气混合物(物质的量比为 1∶3)轴向注入到约 1300K 的富含燃料的城市燃气/空气湍流燃烧的火焰中。他们测得的烟灰生成量也表明,芳香环在热解主导条件下产生烟灰的趋势。如果有 O、S 和 N 等原子包含在环结构中或与环结构相邻,这些杂原子会强烈地抑制烟灰的形成,这可能是因为它们有利于环断裂。这些对成烟倾向的定性描述与 Buckendahl(1970),Geck(1975),Fussey、Gosling 和 Lampard(1978)以及 Maryasin 和 Nabutovskii(1970)得到的激波管热解的详细结果吻合很好。

脂肪族燃料对烟灰排放倾向的影响为

$$CH_4 \sim C_2H_6 < C_3H_8 \ll C_2H_4 \lll C_2H_2 \qquad (3.168)$$

芳香族燃料具有较高的成烟倾向。定性地,湍流扩散火焰中的烟灰形成与预混层流火焰中的该过程有许多相似之处。

对广泛条件下压力对扩散火焰中烟灰形成的影响也开展了研究。一般来说,低压条件会减少烟灰的形成(Milberg,1959),而高压条件会促进烟灰形成(Schalla 和 McDonald,1955)。

3.7.3.3 添加物的影响

对向燃料流中添加各种气态物质的效果也进行了研究。用惰性气体如 Ar、He 和 N_2 的直接稀释通常会降低成烟的倾向。如果添加了足够的稀释剂,可以完全抑制烟灰的发光(Arthur 和 Napier,1955),可能是因为火焰区的温度显著降低了。稀释在性质上类似于压力的降低,还可以预期由于这种效应对烟灰形成一定的抑制。向燃料中加氢也会抑制烟灰的排放。加氢对烟灰抑制的影响比惰性稀释略大。当向燃料中添加 CO_2 或 H_2O 时,烟灰形成趋势显著降低;浓度为 45% 的 CO_2 完全抑制了甲烷/空气扩散火焰的发光(Arthur 和 Napier,1955)。类似地,可以观察到用 CO_2 替换空气中的 N_2 时,会引起氧气指数(Oxygen Index,OI)在 0.17(熄灭)< OI < 0.45 之间时出现无烟火焰。OI 定义为氧气流速/(氧气流速+惰性气体流速)。McLintock(1968)提出,CO_2 和 H_2O 的影响主要发生在烟灰氧化区,在那里这些物质可能会促进烟灰燃尽。对 SO_2 提出了类似的机理,SO_2 在阻碍烟灰形成方面比 CO_2 和 H_2O 更为有效。烟灰抑制能力是以在不出现烟雾的情况下所能提供的最大燃料流速来确定的。图 3.27 和图 3.28 中的乙烯流速是无烟时的最大流速。可以看出,与其他气体例如氦气相比,SO_2 可以支持明显更高的乙烯流速(无烟)(图 3.27)。然而,对各种添加物对临界燃料流速的影响的研究表明,在大多数情况下,烟灰生成趋势的降低是由热引起的。因此,当基于热容考虑时,如此多种不同的添加物到诸如 He、Ar、N_2、H_2O、CO_2 和 SO_2 等,它们都同样有效,如图 3.28 所示。所有图 3.27 所示的不同曲线,在图 3.28 中萎缩成了单一的曲线。

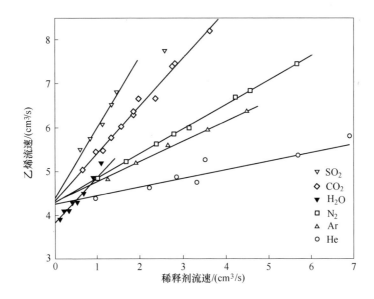

图 3.27　各种燃料中添加物对抑制烟灰生成的影响,由烟点处燃料流速随着添加物流量的增加而增加所测定

(改自基于 1980 年 Schug,Manheimer-Timnat 和 Yaccarino 原始工作基础上的 Haynes 和 Wagner1981 年的研究)

一些添加物会促进烟灰形成。其中最重要的是卤素,特别是溴(Garner,

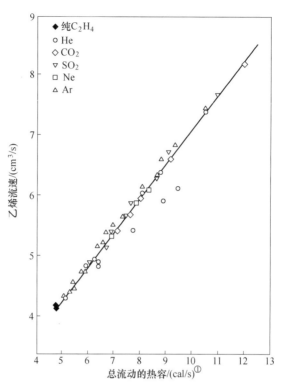

图 3.28 图 3.27 所示的相同数据对平均火焰温度下燃料+添加物流的总显热容所做的曲线
(改自基于 1980 年 Schug, Manheimer-Timnat 和 Yaccarino 原始工作基础上的
Haynes 和 Wagner1981 年的研究)

Long, Graham et al., 1957; Ibiricu 和 Gaydon, 1964; Ray 和 Long, 1964; Schug, Manheimer-Timnat 和 Yaccarino, 1980)。有人提出, 这些物质通过催化自由基重组而起作用, 从而中和了过量的 OH 自由基, 否则 OH 自由基会氧化烟灰或烟灰前体。据报道, 有机亚硝酸盐等点火促进剂要么对烟灰释放没有影响, 要么对烟灰释放有强烈的增强作用。

氧气的添加对燃料的影响比较复杂。在乙烯火焰中, 少量添加氧气会导致烟灰排放明显增加。对于过度通风的火焰, 在混合物中氧/碳比约为 0.4 时烟灰生成率最高(Chakraborty 和 Long, 1968a, 1968b; Wright, 1974)。在通风不足的 Wolfhard-Parker 燃烧器上, 当碳一旦形成后其随后的氧化是有限的, 随着氧气的进一步加入, 烟灰生成量将持续增加, 甚至可高达理论预混成烟的极限 O/C=1。这种增加生成量的效果不是纯热的, 因为它比在相同的最高火焰温度

---

① 1cal=4.18J。——译者注

下由空气富氧产生的热大得多(Dearden和Long,1968)。有人提出,氧气的存在加速了乙烯中发生的热解(Dearden和Long,1968)或聚合反应(Wright,1974)——温度在800K时,氧气加速了热解而没有显著改变产物的分布。如果将氧气作为空气加入,那么这些过程的效果显然超过了那些由于惰性稀释(用N_2)的效果,并且能观察到烟灰排放的净减少(Wright,1974)。在其他燃料的情况下,添加氧气后促进和抑制烟灰生成这两种结果都观察到了。Jones和Rosenfeld(1972)得出了除乙烯外,其他燃料如丙烷、丁烷甚至丙烯等,氧气都会抑制烟灰释放的结论。与此结果相反,其他研究人员(Schug,Manheimer-Timnat和Yaccarino,1980;Wright,1974)发现,当将氧气添加到乙烷、丙烷、丁烷、丙烯和苯扩散火焰中时,增强效果是个规律。其他一些研究者(Chakraborty和Long,1968a,1968b)也观察到了乙烷对成烟速率的增强作用,但在丙烷的情况下观察到了相反的情况。探针分析总是表明,在扩散火焰的燃料侧存在一些氧气,可能是由燃烧器附近的稳定区中的对流效应所致。根据氧气添加结果判断,这些氧气可能对火焰中烟灰的形成有显著的影响:这些影响(在某种程度上)取决于燃烧器的几何构型。对向燃料中添加其他碳氢化合物也进行了测定。烟灰生成量增加越多,添加剂在扩散火焰环境中产生烟灰的必然趋势越大。

到目前为止,添加物最明显的影响是各种金属所表现出的效果,这些金属中的一些在商业上用作液体燃料燃烧的抑烟剂。Salooja(1972)对这方面进行了综述,他得出结论,尽管不同的添加剂在不同条件下更为有效,但锰通常非常有效,而铁和其他过渡金属,如镍、钴和铜,可以在某些情况下显著降低烟雾。广泛用作柴油烟雾抑制剂的钡在较高浓度(燃料重量的0.5%)下似乎非常有效,但在较低浓度下,它比其他添加物的效果较差。这些类别的添加物的作用方式尚不清楚,但有证据表明,一旦镍结合到烟灰相中,就能化学催化烟灰的汽化。对锰的作用也提出了类似的氧化催化(Fenimore,Jones和Moore,1957;Fenimore和Jones,1967;Friswell,1972)。Bartholome和Sachsse(1949)的早期研究表明,这些金属可以大大减少甚至抑制扩散型局部燃烧器的烟灰排放。他们提出金属促进烟灰颗粒的电离,从而抑制它们的聚结,使得它们更容易被氧化。Addecott和Nutt(1969)发现测得的离子浓度与烟雾减少之间存在微弱的关联。他们提出更容易电离的添加物会通过电荷转移降低"离子前体"的浓度,即

$$C_nH_m^+ + M = C_nH_m + M^+ \tag{R3.6}$$

从而抑制烟灰的形成。

在烟灰形成的中性机理(非离子)的大量证据基础上,也用中性化学来描述金属添加物的影响。因此,Cotton et al.(1971)提出碱土金属的活性是由于它们已知的催化自由基平衡 $H_2O \Longleftrightarrow H + OH$ 的能力。如果通过与烟灰和未燃烧的碳氢化合物的快速反应将OH抑制到低于其在烟灰生成区中的平衡浓度,那么

金属可以改善 OH 的供给,从而促进烟灰的氧化。

$$C_{烟灰} + OH \longrightarrow \frac{1}{2}H_2 \quad (R3.7)$$

Cotton,Friswell 和 Jenkins(1971)通过证明抗烟灰效应与 Ba、SO_2 和 NO 等广泛变化的物质催化自由基平衡的能力定量上是相关的,支持了这种解释。

3.7.3.4　协流乙烯/空气层流扩散火焰

尽管逆流(对向射流)和 Wolfhard-Parker 燃烧器能产生近乎一维的火焰,但它们在加压下可能会遇到稳定性问题。此外,在逆流燃烧器火焰中,滞止点的位置非常关键,它可以根据流动条件的选择而变化。协流燃烧器火焰是径向轴对称火焰,已证明其在高压下具有稳定性。出于这个原因,对协流层流扩散进行了大量关于烟灰形成和烟灰氧化的研究工作。

Santoro,Semerjian 和 Dobbins(1983)用大气压条件下的协流燃烧器来研究燃烧乙烯(C_2H_4)和乙烷(C_2H_6)的层流扩散火焰。用激光散射/熄灭系统获得烟灰颗粒场的数据,这是研究这种火焰中烟灰形成/氧化过程的常用实验技术。用乙烯作燃料,获得了多种燃料流速的测试结果。以乙烯为燃料,研究了 3 种流速条件;第一种是未观察到烟灰从火焰尖端排出;第二种是烟灰的排放被限制在发光火焰边缘附近的环形圈(图 3.24 所示的侧翼)内;第三种是烟灰颗粒在横跨整个火焰区排放的情况。这 3 种情况称为无烟灰形成(NS),烟灰形成初期(IS)和烟灰形成(S)条件。然而,在所有情况下,观察到火焰具有强烈的黄色光亮,这表明烟灰形成了。刚刚使用的术语仅指烟灰是否在实际上从火焰尖端排放出来。

结果表明,火焰可以大致分为两个区域:烟灰形成过程占主导地位的生长区;氧化过程占主导地位的区域。测试结果表明,首先观察到烟灰在主反应区内的环形区域中靠近燃烧器边缘处形成。在较高的位置,该环形区域变宽,直到观察到整个火焰都含有烟灰颗粒。

图 3.29 和图 3.30 所示为乙烯/空气火焰的烟灰体积分数、数密度和粒度测试结果。如前所述,烟灰颗粒直径显示出一个分布(通常是对数正态分布)。因此,常用平均值来表示烟灰的颗粒直径,即

$$D_{pq} = \left[\frac{\int_0^\infty p(D) D^p \mathrm{d}D}{\int_0^\infty p(D) D^q \mathrm{d}D} \right]^{\frac{1}{p-q}} \quad (3.169)$$

式中:$P(D)$ 为粒度概率密度函数。

因此,$P(D)\mathrm{d}D$ 表示在 $D \sim D+\mathrm{d}D$ 的区间中所包含的所有颗粒的分数,由此得出:

$$\int_0^\infty p(D) \mathrm{d}D = 1 \quad (3.170)$$

这个定义对应于第 p 阶和第 q 阶的矩比。例如：D_{63} 为对应于第六阶和第三阶矩比的平均直径。另一个参数称为索特（Sauter）平均直径，它实际上是 D_{32}（对应于第三阶和第二阶矩比的平均直径）；它们分别表示颗粒的平均体积和平均表面积。类似地，D_{30} 表示体积平均直径。

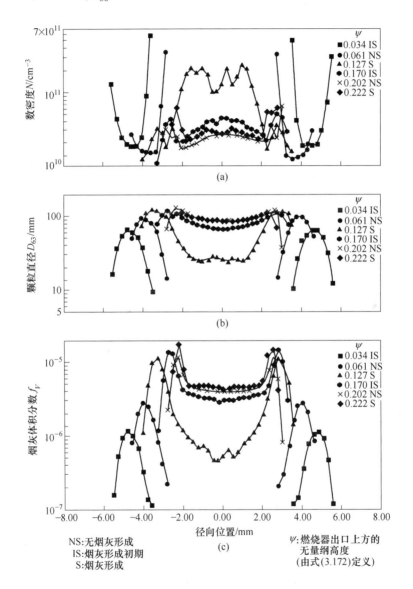

图 3.29 在 3 种乙烯/空气扩散火焰中火焰下部不同轴向位置测得的(a)数密度、(b)颗粒直径和(c)烟灰体积分数的径向分布
（改自 Santoro, Semerjian 和 Dobbins, 1983）

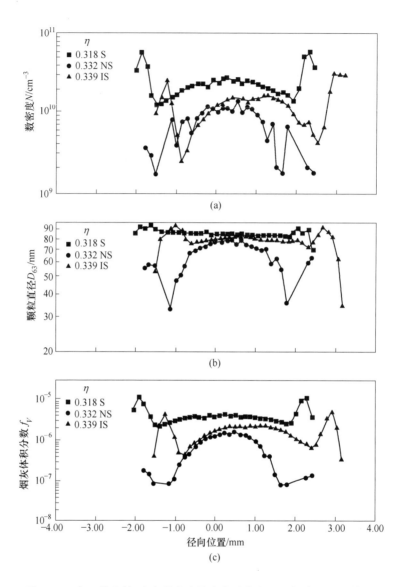

图 3.30 在 3 种乙烯/空气扩散火焰中火焰上部不同轴向位置测得的
(a)数密度、(b)颗粒直径和(c)烟灰体积分数的径向分布
(改自 Santoro,Semerjian 和 Dobbins,1983)

Santoro,Semerjian 和 Dobbins(1983)使用 D_{63} 作为平均烟灰直径;他们从激光散射中确定了这个参数,散射截面与颗粒直径的第六个矩成正比。Graham 和 Robinson(1970)建立了 D_{63} 和 D_{30} 之间的关系。他们发现 $(D_{63}/D_{30})^3$ 等于 2.0。烟灰体积分数可以用下式与 D_{30} 或 D_{63} 关联起来:

$$f_V = \frac{\pi}{6}ND_{30}^3 = \frac{\pi}{12}ND_{63}^3 \tag{3.171}$$

烟灰体积分数曲线表明,首先在火焰的环形区域中观察到可测量的烟灰量。烟灰体积分数在这个环形区域中稳定地增加,在 $\eta = 0.17$ 和 0.22 之间达到最大值。火焰的中心区域在 $\eta = 0.10$ 时首先观察到含有烟灰颗粒,这比环形区域要明显的高。无量纲高度 η 定义为

$$\eta \equiv z\frac{D}{\dot{Q}} \tag{3.172}$$

式中 z——燃烧器出口上方的高度;

D——燃料的质量扩散系数;

$\dot{Q}$——燃料的体积流速。

然后,中心区域中的颗粒在随后的高度处快速生长,但是不会达到在环形区域中看到的水平。在这个区域之上($\eta > 0.24$),随着氧化过程开始占主导,可以观察到 f_V 对所有火焰都降低了。烟灰颗粒氧化的程度和速率由火焰的烟灰排放特性区分(图 3.30(a)——无烟灰生成(NS),烟灰形成初期(IS)或烟灰形成(S))。粒径和数密度测试结果表明,最大 f_V 区域与粒径相对较大且数密度几乎恒定的区域(约 $10^{11}\mathrm{cm}^{-3}$)一致。粒径大到 60nm 的颗粒在火焰下部的出现表明,在这个环形区域内共存有强烈的成核、聚结和(或)颗粒生长。火焰下部($\eta = 0.034$)的一个有趣的特征是在与 f_V 和 D_{63} 最大值几乎相同的径向位置处出现了 N 的最小值(图 3.29(c))。这种情况可能的解释是强烈的烟灰形成和颗粒聚结导致了最大体积分数和粒径以及最小数密度重合在了一起。其他用 Wolfhard-Parker 型燃烧器的扩散火焰研究(在本章前面有描述)表明,观察到数密度在略微进入最高温度区内一点点处达到最大值,并随着接近中心线而降低。在火焰中较高的环形区域中,观察到颗粒生长至 120nm 的最大 D_{63},而 N 保持在 $10^{10}\mathrm{cm}^{-3}$ 附近。颗粒较小($D_{63} \approx 10\mathrm{nm}$)但数密度较大($N \approx 10^{11}\mathrm{cm}^{-3}$)的区域向中心线靠近,最终填充了火焰的中心。随着 η 的增加,这个中心区表现出粒径大幅增加,并伴随有烟灰体积分数增加而数密度降低。

在观察到颗粒氧化的区域中,颗粒生长停止。图 3.30(b)显示 3 种火焰中沿中心线的粒径都非常相似($D_{63} \approx 80\mathrm{nm}$)。然而,数密度以类似于烟灰体积分数的方式降低。在无烟灰形成和烟灰形成初期的火焰中心内,颗粒尺寸和数密度随着火焰半径的增加而减小。对所有火焰,氧化区中的粒径和数密度随着高度的增加而降低。然而,特定 η 下颗粒的尺寸和数密度有着这样的规律,其生成烟灰的火焰具有最大值而无烟灰形成的火焰具有最小值(图 3.30)。

从烟灰体积分数测试结果中也可以看到各种火焰之间的这种关系。积分的烟灰体积分数 Φ 是对应于 η 的高度处在半径 R 的横截面中存在的烟灰总量的量度,即

$$\Phi = 2\pi \int_0^R f_V(r,\eta) r \mathrm{d}r \quad (3.173)$$

所有3种火焰以及乙烷/空气协流扩散火焰的积分烟灰体积如图3.31(a)所示。图3.31(b)显示了在环形区域和沿中心线位置烟灰体积分数的最大值与 η 的函数关系。观察到烟灰体积稳定增长,3种火焰之间只有很小的差异。然而,对于 $\eta > 0.16$,趋势显示火焰之间存在明显差异。可以清楚地看到从烟灰被完全氧化到仅在环形区域中存在的情况以及到稍后整个火焰尖端表现出烟灰排放的情况的转变。该图也说明了先前所描述的这些火焰的环形区和中心区之间的进化关系。图3.31(a)中所示的乙烷(C_2H_6)扩散火焰是一种无烟灰形成火焰。对乙烷和乙烯(C_2H_4)火焰中的颗粒场的比较表明,乙烷火焰中

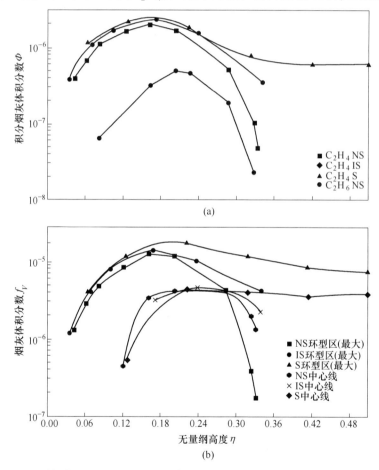

图3.31 乙烯/空气和乙烷/空气火焰中局部和积分烟灰体积分数与 η 的函数关系
(a)积分的烟灰体积分数 Φ;(b)中心线和环(最大)局部烟灰体积分数 f_V 的比较。

(改自 Santoro, Semerjian 和 Dobbins, 1983)

的烟灰体积分数和数密度始终较低。然而,在火焰的环形区($D_{63} \approx 100$nm)和中心区($D_{63} \approx 70$nm)中观察到了最大的粒径,这与在乙烯火焰中观察到的非常接近。另一个不同之处如图 3.30(a)所示,与乙烯火焰相比,观察到乙烷火焰中烟灰体积分数的起始和最大值出现在后期。然而,一旦形成和生长过程停止,两种火焰都表现出一个快速氧化区。

3.7.3.5 烟灰形成的建模

烟灰建模应该包括初始形成、表面生长、氧化和烟尘颗粒聚结的模型。在烟灰模型中还应包括热辐射、气相生长的颗粒洗涤和氧化物质的影响。一个烟灰形成的成功模型应该能够预测扩散火焰中烟灰的生成量或扩散火焰的烟点。经由其通过辐射热损失对火焰温度的影响,烟灰生成也与火焰结构密不可分。烟点高度的预测仍然是建模者面临的最大挑战。由于氧化或表面生长等过程的基本速率的不确定性,阻碍了建模的进展。但是可以从相对粗糙的模型中获得烟灰形成的一些有用的预测。烟灰模型可分为三大类:①经验相关模型;②半经验模型;③详细模型。表 3.2 所列为所有 3 个类别的模型。

大多数经验相关性都基于从燃气涡轮发动机和柴油发动机获得的实验数据。基于现象学描述的相关性已在研究界获得了广泛使用。半经验烟灰模型是烟灰建模的下一个层次,它们试图结合现象的物理和化学的某些方面,而不是实验数据的相关性(尽管有物理上的思考)。这种方法通常会导致发展烟灰前体和烟灰颗粒反应速率方程并有简单的化学描述。这两类模型都依赖于烟灰成核、生长和氧化速率的经验输入值,并且它们本身也受到特定条件的限制。它们不能适用于远离速率测得条件下的情况。因此,它们不能容易地被扩展到不同的燃料或不同的压力。一般都要求要有 PAH 和烟灰生长动力学的完整描述。详细模型将颗粒生成的动力学方程与流动和气体物质守恒方程联系起来。Frenklach 和 Wang(1994)、Yoshihara, et al. (1994)、Wang 和 Frenklach(1997)在过去 20 年中致力于开发详细烟灰模型。他们的模型(1997)达到了现有模型的最复杂成熟的水平。它能处理现象的全部细节,从最初的燃料热解到烟灰颗粒的成核、颗粒生长和聚结,以及最终氧化。模型开发的早期阶段大部分注意力都集中在模拟层流预混火焰中的烟灰形成。Yoshihara et al. (1994)将该模型应用到柴油发动机中烟灰形成和熄火的工业重要问题上。Frenklach et al. (1994)认为由脂肪族燃料形成第一个芳环的发生,主要途径是通过乙烯基加成到乙炔而发生的,最终通过未配对电子与三碳键的相互作用形成环化。然后芳环通过HACA 途径(H 夺取-C_2H_2 加成)生长,在其中形成了热力学稳定的物质如萘和蔻烯,随后通过 H 原子夺取再活化(图 3.32)。PAH 的反应性聚结也可能比较重要(一个或多个 PAH 融合形成更大的实体)。当母体燃料为芳族化合物,如苯时,这个机理可能特别重要。

表 3.2 扩散火焰中烟灰形成建模方法汇总

文献	主要变量	燃料	化学模型	应用
经验模型				
Hudson 和 Heicklen(1968)	碳簇的浓度	—	—	在等温流动反应器中热解
Edelman 和 Harsha(1978)	摩尔烟灰浓度	煤油	烟灰形成和氧化的阿伦尼乌斯表达式	燃气涡轮发动机
Khan, Greeves 和 Probert (1971)	排烟浓度	柴油	—	柴油发动机
Mehta 和 Das(1992)	排烟浓度	柴油	—	柴油发动机
Rizk 和 Mongia(1990,1991)	烟数密度/烟灰质量浓度	航空涡轮机燃料	—	燃气涡轮发动机
半经验模型				
Fairweather et al. (1992)	烟灰质量分数和颗粒数密度	天然气	基于详细化学反应的小火焰库	湍流扩散火焰
Fairweather et al. (1992)	烟灰质量分数和颗粒数密度	丙烷	基于详细化学反应的小火焰库	湍流扩散火焰
Honnery 和 Kent(1992)	烟灰质量分数	乙烷和乙烯	气相平衡；烟灰形成和氧化的经验速率	层流扩散火焰
Jensen 和 Wilson(1975)	15 种尺寸的碳浓度	硝酸异丙酯	12 步气相反应机理	火箭发动机
Kennedy et al. (1990)	烟灰体积分数	乙烯/空气	约束平衡（包括混合分数和焰 - 辐射热损失的标量函数）	层流乙烯/空气扩散火焰（1 atm）
Kennedy et al. (1996)	烟灰质量分数和颗粒数密度	乙烯/空气	C_1 和 C_2 化学反应的短机理	层流乙烯/空气扩散火焰（1 atm）
Kollman et al. (1994)	平均烟灰体积分数	乙烯/空气	约束平衡（包括混合分数和焰 - 辐射热损失的标量函数）	湍流扩散火焰（1 atm）
Kouremenos et al. (1990)	Hiroyasu 模型的平均烟灰	柴油	平衡	柴油发动机

(续)

文献	主要变量	燃料	化学模型	应用
半经验模型				
Kyriakides, Dent 和 Mehta (1986)	核和烟灰颗粒数密度(假设颗粒质量)	柴油	—	直喷柴油发动机
Leung, Lindstedt 和 Jones (1991)	烟灰质量分数和数密度			逆流层流扩散火焰
Makel 和 Kennedy (1994)	烟灰体积分数	$C_2H_4/O_2/N_2$	111 步 C_1-C_3 烃机理	反向层流扩散火焰(空气进入燃料中)
Moss, Stewart 和 Young (1995)	烟灰体积分数和颗粒数密度	乙烯/空气	平衡	层流扩散火焰
Said, Garo 和 Borghi (1997)	烟灰前体质量分数;烟灰质量分数	$C_2H_4/O_2/Ar$	小火焰库	层流和湍流扩散火焰
Syed, Steward 和 Moss (1990)	烟灰体积分数和颗粒数密度	甲烷/空气	单步燃料氧化	湍流扩散火焰
Tesner, Snegiriova 和 Knorre (1971);Tesner et al. (1971)	自由基核和烟灰颗粒的浓度	乙炔/空气	小火焰库	层流扩散火焰
Young 和 Moss (1995)	烟灰颗粒数密度和体积分数	乙烯/空气	—	湍流乙烯扩散火焰(1 atm)
详细模型			密度的小火焰库;温度和煤灰前体浓度	
Balthasar et al. (1996)	烟灰体积分数	空气中32%乙炔(68%N_2)	用于热化学的小火焰模型以及烟灰体积分数的源项	层流扩散火焰
Colket 和 Hall (1994)	物质和烟灰质量分数	$C_2H_4-O_2-Ar(1\ atm)$;$C_2H_2(12\ kPa)$;$C_3H_8(15\ kPa)$	直至苯的详细动力学;各种烟灰生长模型	层流预混火焰

169

(续)

文献	主要变量	燃料	化学模型	应用
		详细模型		
Frenklach 和 Wang(1994)	烟灰生成量	1.09%乙炔/Ar	乙炔热解的详细动力学；PAH生长	激波管
Frenklach 和 Wang(1990)	物质质量分数；烟灰数量，大小和体积分数	$C_2H_2-O_2-Ar(12\ kPa)$；$C_2H_4-O_2-Ar(101\ kPa)$	乙炔热解的详细动力学；PAH生长	层流预混火焰
Frenklach 和 Wang(1994)	物质质量分数；烟灰数量，大小和体积分数	$C_2H_2-O_2-Ar(12\ kPa)$	乙炔热解的详细动力学；PAH生长	层流预混火焰
Hall, Smooke 和 Colket(1996)	物质和烟灰质量分数	甲烷/空气	用于脂肪族化学和苯形成的102个反应	层流逆流扩散火焰(1atm)
Kazakow, Wang 和 Frenklach(1995)	物质质量分数；烟灰体积分数	乙烯/空气	Frenklach–Wang 用于 PAH 和烟灰的详细气相动力学	层流预混火焰(10bar)
Lindstedt(1994)	烟灰质量分数和颗粒数密度	$C_2H_4/O_2/N_2$；甲烷/空气	292 步动力学	层流预混和协流火焰
Markatou, Wang 和 Frenklach(1993)	气相物质和烟灰的摩尔分数；临界当量比	乙烷，乙烯和乙炔/空气	脂肪族和 PAH 的详细动力学	层流预混火焰(1atm)
Mauβ et al. (1994)	气相质量分数；烟灰气溶胶矩的分布；烟灰体积分数	乙炔/空气/O_2	详细气相动力学；改进的 Frenklach–Wang 关于 PAH 生长和烟灰生长机理	层流预混火焰；针对纯氧气逆流(1atm)的后火焰烟灰
Mauβ et al. (1994)	气相质量分数；烟灰气溶胶矩的分布；烟灰体积分数	$C_2H_2/O_2/Ar$	详细气相动力学；改进的 Frenklach–Wang 关于 PAH 生长和烟灰生长机理	层流逆流预混火焰(1atm)
Yoshihara et al. (1994)	排烟质量分数	88%CH_4 + 6%C_2H_2 + 6%C_3H_8/空气	燃料/空气反应的简化机理；Frenklach 和 Wang 的烟灰机理	在 p = 9~18kPa 下的层流预混火焰
				直喷柴油发动机

改自 Kennedy(1997)。

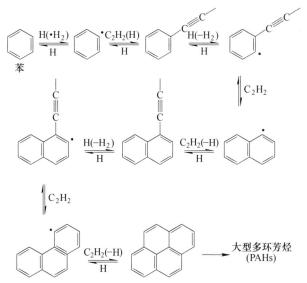

图3.32 多环芳烃(PAH)形成的H-夺取-C_2H_2-加成(HACA)机理

(改自Law,2006,基于Frenklach和Wang,1994)

计算模型由3个逻辑部分组成:

(1) 初始PAH形成,包括乙炔热解和氧化的详细化学动力学描述、第一个芳环的形成,以及随后生长到规定的尺寸。

(2) 平面PAH生长,包括超出规定尺寸的PAHs的复制型生长。

(3) 球形颗粒的形成和生长,包括在第2步形成的PAHs的聚结,随后所得颗粒通过聚结和表面反应生长。

初始PAH形成的详细化学反应机理是一个有337个反应、70种物质的机理(Frenklach和Wang,1990)。附录D显示了PAH的形成反应以及与其他两个步骤(生长和烟灰氧化)相关的反应机理,从而形成了包含527个反应和99种物质的完整气相反应机理(Wang和Frenklach,1997)。

烟灰模型的第二部分PAH生长(图3.33),描述了PAHs通过HACA反应序列的平面生长。当两个PAH分子结合形成二聚体(当两个分子通过弱键连接时形成)时,就生成了一个烟灰颗粒。PAH生长的其他关键反应如下:

$$n - C_4H_3 + C_2H_2 \longrightarrow C_6H_5(苯基) \quad (R3.8)$$

$$n - C_4H_5 + C_2H_2 \longrightarrow C_6H_6(苯) + H \quad (R3.9)$$

$$ArylH + H \longrightarrow Aryl\cdot + H_2 \quad (R3.10)$$

$$Aryl\cdot + H \longrightarrow ArylH \quad (R3.11)$$

$$Aryl + C_2H_2 \longrightarrow Aryl - C_2H + H \quad (R3.12)$$

$$Aryl\cdot + O_2 \longrightarrow 产物 \quad (R3.13)$$

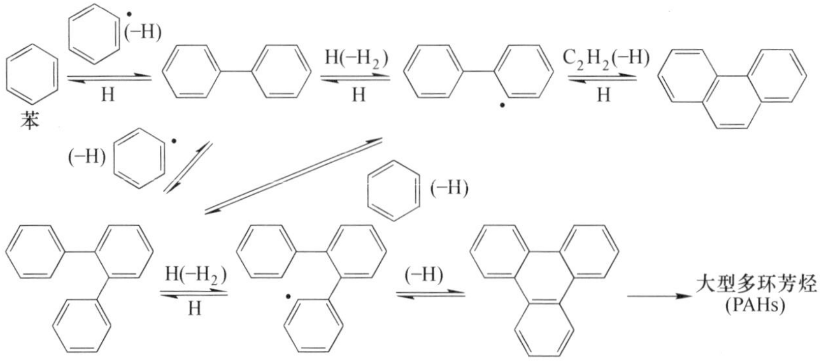

图 3.33 另一种多环芳烃(PAH)的生长机理
(改自 Law,2006,基于 Frenklach 和 Wang,1994)

"Aryl(芳基)"指代任何苯衍生的芳族化合物(如苯基、甲苯基、二甲苯基)。从二聚体开始,形成簇被认为是"固相"并且允许通过若干表面反应添加和减少质量:

$$C_{soot,i+1}-H + H \underset{k_{-1}}{\overset{k_1}{\rightleftharpoons}} C_{soot,i} \cdot + H_2 \quad (R3.14)$$

$$C_{soot,i} \cdot + H \xrightarrow{k_2} C_{soot,i}-H \quad (R3.15)$$

$$C_{soot,i} \cdot + C_2H_2 \xrightarrow{k_3} C_{soot,i+1}-H + H \quad (R3.16)$$

最后,经过与 O_2 和 OH_a 的氧化形成了烟灰产物,具体如下:

$$C_{soot,i} \cdot + O_2 \xrightarrow{k_4} 产物 \quad (R3.17)$$

$$C_{soot}-H + OH \xrightarrow{k_5} 产物 \quad (R3.18)$$

其中:$C_{soot,i}-H$ 表示烟灰颗粒表面上的扶手椅位点,$C_{soot,i} \cdot$ 表示相应的基团。这一机理的采纳是基于这样的假设,即 HACA 反应序列是所有形式含碳材料高温生长的原因。

颗粒生长速率计算如下:

$$\dot{\omega}_g = kC_g\alpha_{st}\psi_s \cdot (S \times n) \quad (3.174)$$

式中:k 为每位点速率系数;C_g 为生长物质的浓度;α_{st} 为经验空间因子;ψ_s 为表面位点的数密度;S 为一颗球形颗粒的表面积;n 为一个给定尺寸等级的颗粒数密度。

在式(3.174)中,假设烟灰颗粒可以表示为球体,其直径基于其质量和烟灰的体积密度(取 $1800kg/m^3$)。将颗粒的表面积乘以 ψ_s 计算单位表面积上表面自由基的数量。这个因子可以从应用于反应(R3.14)~反应(R3.17)的 $C_{soot} \cdot$ 的稳态假设得到,因此,有

$$\psi_s = \frac{k_1 X_H}{k_{-1}X_{H_2} + k_2 X_H + k_3 X_{C_2H_2} + k_4 X_{O_2}} \psi_{C_{soot,i}-H} \quad (3.175)$$

烟灰颗粒单位面积上的位点数 $\psi_{C_{soot},i}\text{-H}$ 可以基于 PAH 环的大小和烟灰中 PAH 层之间的距离来估算,其值约 $2.3\times10^{19} \sim 2.9\times10^{19}$ m^{-2}。烟灰因 O_2 与自由基位点的反应和 OH 对烟灰表面的攻击而被氧化,如前面的反应(R3.17)和反应(R3.18)所示。

Neoh,Howard 和 Sarofim(1981)在实验研究中使用了上述模型,并将 OH 与烟灰的反应概率取为 0.13。没有明确给出 O_2 和 OH 与烟灰反应的产物,因为它们在所研究条件下的化学反应中起的作用不重要。然而,正如 Kennedy(1997)所指出的,这个问题就火焰结构而言可能很重要。在一个重负载的扩散火焰中,烟灰氧化的气相产物可以以一种重要的方式参与整体火焰化学反应。目前,对 OH 与烟灰反应细节的理解仍然不足。

与经历同时成核、聚结和表面反应的烟灰颗粒的演变相关的颗粒动力学可以用线性集总法解释,其方程可用数密度和粒度分布的矩的变化推导出来。数密度的第 k 个矩定义为

$$M^k = \sum_{i=1}^{\infty} m_i^k N_i \tag{3.176}$$

式中:M^k 为数密度的第 k 个矩;m_i 为第 i 等级 PAH 的质量;N_i 为烟灰颗粒的数密度。

尺寸矩(μ^k)定义为归一化的数密度矩:

$$\mu^k = \frac{M^k}{M^1} \tag{3.177}$$

化学集总技术为无限大小 PAH 的生长过程提供了一个严格的数学描述,可以表示为

$$A_l \to A_{l+1} \to A_{l+2} \to \cdots \to A_\infty \tag{3.178}$$

式中:A_l 为含有 l 个稠合环的芳族物质。

然后式(3.178)中形成的 PAH 物质就可以聚结,即所有 $A_i(i=1,l+1,\cdots,\infty)$ 彼此碰撞形成二聚体;进而,二聚体与 A_i 碰撞形成三聚体,或与其他二聚体碰撞形成四聚体等。聚结反应可以认为是不可逆的,其黏附系数为 1。Frenklach 和 Wang(1990)根据 Harris 和 Kennedy(1988)的结果,使用了与尺寸无关的增强因子 2.2 来计算碰撞频率。

层流扩散火焰中烟灰质量分数的公式可写为

$$\frac{\partial}{\partial x_j}(\rho u_j Y_{\text{soot}}) = \frac{\partial}{\partial x_j}\left(\rho D \frac{\partial Y_{\text{soot}}}{\partial x_j}\right) + \frac{\partial}{\partial x_j}\left(0.54\mu \frac{1}{T}\frac{\partial T}{\partial x_j} Y_{\text{soot}}\right) + \frac{\text{D}}{\text{D}t}(\rho_{\text{soot}} f_V) \tag{3.179}$$

左侧项表示烟灰从本地控制体积中向外的对流传质。右侧第一项表示烟灰扩散,第二项表示热泳,最后一项是净源项。热泳是由气相中的温度梯度引

起的物理现象。温度梯度场中的气溶胶(如一颗烟灰颗粒)在温度降低的方向上受力。这是由于气溶胶颗粒被气体分子连续轰击所致。由于热侧气体分子比冷侧分子具有更高的动量,因此气溶胶向冷侧转向。

Balthasar et al.(1996)用流体动力学模型实现了 Frenklach 和 Wang(1994)的化学模型,并在氮稀释的轴对称乙炔/空气扩散火焰中预测了烟灰的形成,Gomez, Littman 和 Glassman(1987)也对此进行了实验研究。图 3.34(a)~(c)所示为各因素对烟灰体积分数源项的不同贡献与混合分数的相关关系。这些结果对应于燃烧器上方 7mm 的高度和 10/s 的标量耗散率,如图 3.34(d)所示。标量耗散率是燃烧器上方高度的函数。烟灰主要由混合分数(Z)在 0.23~0.60 之间发生的非均相表面生长反应形成。在 Z_{st} = 0.267 时,发现最大表面生长速率接近化学计量混合分数,此处 H 基团的浓度较高且温度约为 1800K。烟灰生长速率在一个较宽的混合分数范围(Z = 0.267~0.6)上变化。对于较低的 Z 值,温度升高,碳加成的逆反应阻止了进一步的表面生长,使得表面生长变得略微为负向。颗粒初始生成对烟灰体积分数源项的贡献很小。烟灰在小火焰的贫燃区 Z = 0.1~0.2 之间被氧化。

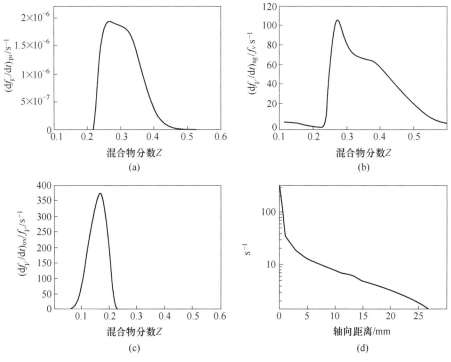

图 3.34 (a)颗粒初始生成速率,(b)归一化的表面生长速率,(c)氧化速率和(d)标量耗散速率的分布(Balthasar et al., 1996)

图 3.35 所示为几个标量耗散率下烟灰生长过程速率的计算曲线。在较高标量耗散率(4/s~10/s 之间)和较大混合分数(燃烧器上方高度较低)时,最大表面生长速率随耗散率的降低而降低。这是由于温度升高,导致碳加成的逆反应速率较高。在较低的标量耗散率(在 0.5/s~1.5/s 之间,对应于增加燃烧器上方的高度)和较小的混合分数时,最大表面生长速率随着耗散率的降低而再次增加,这是因为小火焰的最高温度由于辐射热损失而降低了。

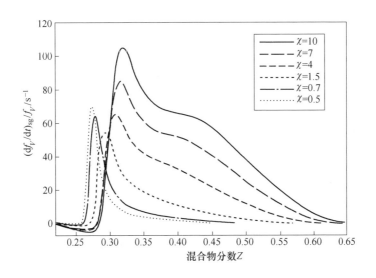

图 3.35　各标量耗散率下的表面生长(surface growth,sg)速率的分布
(改自 Balthasar et al.,1996)

图 3.36 所示为在乙炔/空气扩散火焰中心线处得到的颗粒初始生成(particle inception,pi)速率、表面生长(surface growth,sg)速率和氧化(oxidation,ox)速率曲线。颗粒初始生成始于 10mm 处,并在高度为 18mm 时有一个 $1.4×10^{-5}/s$ 的最大值。在第一颗颗粒形成后出现了表面生长。表面生长速率分布曲线的斜率首先在达到 20mm 高度前增加,然后在 20mm 和 25mm 高度之间再次减小。在 25mm 处,标量耗散率达到 1.5/s 的值。在该轴向位置上方,表面生长速率分布曲线的斜率再次增加至其最大值 32mm。在这个高度,局部混合分数高于 0.22 且表面生长反应突然停止。超过这个距离,烟灰被主要与 OH 的快速非均相反应氧化。

烟灰体积分数的二维等高线如图 3.37 所示。烟灰首先出现在 4mm 的径向距离处,且最大的烟灰体积分数出现在中心线上。

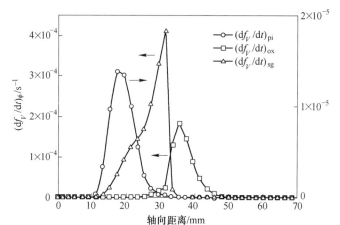

图 3.36 颗粒初始生成(pi),表面生长(sg)和氧化(ox)速率在中心线的分布
(Balthasar et al.,1996)

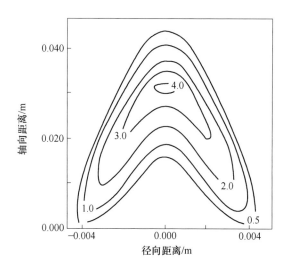

图 3.37 烟灰体积分数 $f_V \times 10^6 [\text{cm}^3/\text{cm}^3]$ 的二维分布
(Balthasar et al.,1996)

习题

1. 证明在层流扩散射流中,恒定轴向速度分量 u 和恒定混合分数 f 所在的位置可以用下式表示:

$$r = \frac{16}{\sqrt{3}} \frac{x}{Re_{d_0}} \sqrt{\sqrt{\frac{3}{32}\left(\frac{Re_{d_0} d_0}{x}\right) \frac{u_0}{u}} - 1}, Re_{d_0} = \frac{u_0 d_0}{\nu}$$

式中:u_0 和 d_0 为喷射器出口处燃料射流的轴向速度和直径。

2. 证明在薄小火焰假设下，Y_k 在时间和空间坐标(t, x_i) 下的物质守恒方程可以在混合分数 Z 和 t 的坐标中写成如下形式：

$$\rho \frac{\partial Y_k}{\partial t} = \dot{\omega}_k + \rho D \left(\frac{\partial Z}{\partial x_i} \frac{\partial Z}{\partial x_i} \right) \frac{\partial^2 Y_k}{\partial Z^2} = \dot{\omega}_k + \frac{1}{2} \rho \chi \frac{\partial^2 Y_k}{\partial Z^2}$$

式中：χ 表示标量耗散速率，定义为 $\chi \equiv 2D \left(\frac{\partial Z}{\partial x_i} \frac{\partial Z}{\partial x_i} \right)$。

3. 证明在 Burke-Schumann 火焰结构中燃料和氧化剂的质量分数以及混合物温度可以通过以下等式用混合分数表示：

在燃料侧($Z > Z_{st}$)：

$$Y_F(Z) = Z Y_F^0 + (Z-1) \frac{Y_O^0}{s} = Y_F^0 \frac{Z - Z_{st}}{1 - Z_{st}}; Y_O(Z) = 0$$

$$T(Z) = Z Y_F^0 + (1-Z) T_O^0 + \frac{Q Y_F^0}{C_p} Z_{st} \frac{1-Z}{1-Z_{st}}$$

在氧化剂侧($Z < Z_{st}$)：

$$Y_F(Z) = 0; Y_O(Z) = Y_O^0 \left(1 - \frac{Z}{Z_{st}} \right)$$

$$T(Z) = Z Y_F^0 + (1-Z) T_O^0 + \frac{Q Y_F^0}{C_p} Z$$

4. 如果燃料是稀释的丙烷（按质量比为 60% C_3H_8 和 40% N_2）且氧化剂是空气，那么与 1mol C_3H_8 的化学计量反应的总体化学反应是什么？计算 Y_F^0、Y_O^0、ν_F'、ν_O'、s（质量化学计量比）、ϕ_s（与 s 相关的当量比）和 Z_{st}（在化学计量条件下的混合分数）的值。

5. 混合分数(f 或 Z）的定义是什么，为什么在模拟非预混反应流场中的物质变化时经常使用这一参数？

6. 证明用于 Crocco 型变换的式(3.68)所表示的变换规则。提示：从坐标系(x_1, x_2, x_3, t) 变换为 (ξ_1, ξ_2, ξ_3, τ) 开始，然后令 $\xi_1 = Z$，($\xi_2 = x_2$, $\xi_3 = x_3$)，$\tau = t$，其中 $Z = Z(x_1, x_2, x_3, t)$。

7. 证明对于由式：$\{1\text{kg 燃料(F)}\} + \{s \text{ kg 氧化剂(O)}\} \to \{(1+s)\text{kg 产物(P)}\}$ 给出的一步单个反应，在燃料进料流中没有氧化剂且氧化剂进料流中也没有燃料时，化学计量混合分数可以用式(3.15)给出的形式写为

$$Z_{st} = \frac{Y_{O_2,2}}{s Y_{F,1} + Y_{O_2,2}} = \left[1 + \frac{s Y_{F,1}}{Y_{O_2,2}} \right]^{-1}$$

第4章 湍流的背景

符 号 表

符号	含 义 说 明	量纲
C_D	式(4.149)中使用的常数	—
C_d	式(4.257)、式(4.260)、式(4.264)中使用的常数	—
C_{ij}	式(4.239)定义的交叉项应力	F/L^2
C_{ε_1}	常数 = 1.44	—
C_{ε_2}	常数 = 1.92	—
C_ε^1 和 C_ε^3	湍流闭合系数,见式(4.127)	—
C_μ	湍流系数 = 0.9	—
D	扩散率	L^2/t
D/Dt	物质导数或全导数算子	$1/t$
D_{ij}	动量输运和扩散比速率,见式(4.102)	L^2/t^3
$D(\kappa)$	每 κ 个波数的湍流能量耗散率	QL/t
$E(\kappa)$	每 κ 个波数的湍流能量	L^3/t^2
F_i	第 i 阶结构函数	L^2/t^2
F_u	式(4.159)定义的分布函数	—
$F(\kappa)$	函数 $f(x)$ 的傅里叶(Fourier)变换	任意单位
$f*g$	f 和 g 两个函数的卷积	—
G	滤波函数	任意单位
Gr	式(4.2)中定义的格拉斯霍夫(Grashof)数	—
h	比焓	Q/M
I	式(4.46)和式(4.47)中定义的湍流强度	—
k	湍流动能(turbulent kinetic energy, TKE),见式(4.103)和式(4.104)	L^2/t^2
L	特征长度尺度	L
L_{ij}	式(4.238)定义的伦纳德(Leonard)应力	F/L^2

(续)

符号	含 义 说 明	量纲
$\mathcal{L}_{ij}$	Germano 等式	F/L^2
l	长度尺度	L
l_{DI}	对应于能量耗散区和惯性子区之间边界的长度尺度	L
l_{IE}	对应于惯性子区和含能区之间边界的长度尺度	L
l_m	混合长度	L
l_0	湍流的积分长度尺度	L
l_{PK}	特征长度	L
l_T	欧拉积分长度尺度	L
M_{ij}	质量通量对动量贡献的比速率,见式(4.102)	L^2/t^3
n	黏度定律中的温度指数	—
P_{ij}	动量生成比速率,见式(4.101)和式(4.102)	L^2/t^3
P_r	概率,见式(4.154)和式(4.158)	—
$\mathcal{P}(U)$	样品空间变量 U 的概率密度函数,见式(4.161)	—
p	压力	F/L^2
q	任意流场变量,见式(4.161)	变化的
$\dot{q}_j$	通过传导的热通量	$Q/(L^2 t)$
R	两点一次相关函数,见式(4.37)	—
Re_L	雷诺数 $= Re_L \equiv \rho UL/\mu$	—
$\bar{R}_{ij}$	雷诺应力张量,见式(4.29)和式(4.240)	F/L^2
$R_{u'v'}$	单点双相关系数	—
S_{ij}	应变率张量(对称部分)	$1/t$
$(T_{ij})_{sgs}$	亚网格测试尺度张量	$M/L\text{-}t^2$
T	温度	T
$\mathcal{T}_{r_T}$	尺度之间的能量输运率	Q/t
t	时间	t
$\hat{U}$	变量 U 的解析分量	任意单位
u,v,w	分别为 x_1, x_2 和 x_3 方向上的速度分量	L/t
u'_{rms}	均方根速率波动 ≡ 积分尺度涡旋的周转速度	L/t
u_η	科尔莫戈罗夫(Kolmogorov)速度尺度	L/t
$\boldsymbol{x}$ 或 $\boldsymbol{x}_i$	空间向量	L

(续)

符号	含义说明	量纲
Y_k	第k种物质的质量分数	—
希腊符号		
α	虚拟变量	任意单位
α_{ij}	亚网格测试尺度张量$(T_{ij})_{sgs}$的偏差部分	F/L^2
β_{ij}	应力张量$(T_{ij})_{sgs}$的偏差部分	F/L^2
γ	比热容比	—
Δ	滤波宽度	L
δ	网格间距	L
δ_{ij}	克罗内克(Kronecker)的Delta	—
ε_{ij}	残余张量$= \mathcal{L}_{ij} - \frac{1}{3}\mathcal{L}_{kk}\delta_{ij} - C_d(\alpha_{ij} - \hat{\beta}_{ij})$	F/L^2
ε	湍流耗散率,见式(4.118)	L^2/t^3
ζ	任意变量或虚拟变量	任意单位
ζ_{en}	涡度拟能	$1/t^2$
η	Kolmogorov长度尺度	L
Λ_T	泰勒微尺度	L
K_n	第n个涡旋尺度的波数	$1/L$
λ	热导率	$Q/(tLT)$
μ	动力黏度	$M/(Lt)$ 或 Ft/L^2
ν	运动黏度	L^2/t
π_{ij}	动量再分配比,见式(4.102)	L^2/t^3
ρ	密度	M/L^3
σ_q	变量q的标准偏差,见式(4.12)	与q一致
σ_ε	常数 = 1.3	—
σ_κ	常数 = 1.0	—
τ	时间尺度	t
τ_{ij}	应力张量,见式(4.29)	F/L^2
τ_{turb} 或 τ_t 或 τ_0	特征湍流时间尺度 $\approx k/\varepsilon$	t
τ_η	Kolmogorov时间尺度	L/t
ϕ	指示函数,见式(4.157)	—
ω_{ij}	应变速率张量(反对称部分)	$1/t$

(续)

符号		含 义 说 明	量纲
ω_k		第 k 方向上的涡度	1/t
$\dot{\omega}_k$		单位体积内第 k 种物质的生成速率	M/L^3-t
Ω_i		第 i 方向上的角速度	1/t
顶部符号			
	—	雷诺平均	
	~	Favre 平均	
	^	任何变量上有(^)说明该量已被滤波	
上标			
	′	雷诺平均波动	
	″	Favre 平均波动	
下标			
	D	耗散	
	DI	耗散区和惯性子区之间的边界	
	I	与惯性子区相关	
	IE	惯性子区与含能区之间的边界	
	rms	均方根	
	sgs	亚网格尺度	
	T	输运	
	0	与积分尺度相关	
缩略语			
	arb. units	任意单位	

在前面的章节中,我们回顾了层流火焰的一些重要概念,无论是预混还是非预混的。在早期,层流被视作流体层彼此滑动的流动。术语"层流的(laminar)"源自"薄层(lamina)"一词,意思是层。在层流中,来自给定层的流体颗粒停留在该层中,而且不会在层间穿越。层流也称为流线型流动。在专业术语中,层流是一种流动状态,它是由黏性力引起的高动量扩散速率和流动中的低动量平流速率来定义的。使用高灵敏度仪器在层流中测得的速度、温度和浓度曲线是连续的,这是因为流体颗粒不会越过流线,因此曲线也不会显示任何突然的跳跃。层流可以是稳定的或不稳定的。

随着雷诺数或格拉斯霍夫(Grashof)数的增大,通过层流中的流动不稳定性产生了向湍流的转变。雷诺数表示为流体单元单位面积上与惯性平衡的力和黏性应力的比。Grashof 数(Gr)定义为雷诺数与单位面积上浮力和黏性应力之比的乘积。下面给出这两个无量纲参数的显式形式：

$$Re_L \equiv \frac{\rho UL}{\mu} = \frac{\rho U^2}{\mu U/L} = \frac{\text{与惯性平衡的力}/\text{面积}}{\text{黏性应力}} \quad (4.1)$$

$$Gr_L \equiv \frac{\rho^2 g\beta(T_s - T_\infty)L^3}{\mu^2} = \frac{\rho g\beta(T_s - T_\infty)L}{\mu U/L}\frac{\rho U^2}{\mu U/L} = \frac{\text{浮力}/\text{面积}}{\text{黏性应力}} \times Re_L \quad (4.2)$$

在这些表达式中，正确选择特征长度 L、速度 U 和温度 T_s 对于正确估计给定问题的这些无量纲数至关重要。

在强迫对流条件下的足够高的雷诺数下或在自然对流条件下的高 Gr 数下，流动变为湍流。在湍流中，由于动量传递以连续的尺度发生，流体颗粒能够穿过流线。在实际情况下，这种尺度通常会以涡旋而被观察到。因此，湍流也被描述为包含各个尺度(受装置尺度限制)涡旋的流动。由于黏性力引起的动量扩散速率不能抑制大于分子尺度的动量平流速率，从而流体颗粒能够穿过流线。因此，在湍流中，流体颗粒可以具有任何方向上的速度(和动量)。换句话说，湍流以其具有比层流更有效的输运和混合流体的能力为特征。例如，管道中的层流将经受来自入口流动压力波动的扰动。当黏性力阻尼这些扰动时，流动可以保持为层流。然而，超过一定流速(或入口压力波动)时，黏性力就抑制不了扰动了(注意，流速增加意味着雷诺数增大)。因此，随着雷诺数的增大，流动扰动被放大。这种现象称为从层流到湍流的流动转变。不稳定性导致了层流向湍流的转变。层流和湍流之间的过渡状态是这样一种流动，它可能是具有偶尔发生湍流情况下的层流。并非所有不稳定性都会导致从层流到湍流的转变。扰动的幅度和性质对于控制从层流到湍流的流动转变非常重要。

4.1 湍流的特征

在湍流中，速度场是随机的。首先，让我们根据 Pope(2000)来定义"随机"这个词。让我们考虑一个可以在一组特定的条件下重复多次的流动实验。现在考虑一个事件 A，例如：$A \equiv \{u_1 < 10\text{m/s}\}$，其中：$u_1$ 为在一个指定位置和时间(从实验开始测量)的一个特定速度分量。如果事件 A 每次都能发生，那么 A 是"确定"或"肯定"事件。如果事件 A 从未发生或不能发生，那么 A 是"不可能"的事件。第三种可能性是 A 可能会也可能不会发生。这种情况下，事件 A 称为随机事件，变量 u_1 称为随机变量。随机变量在同一实验的每次重复中都没有唯一的值。湍流具有随机性，但它们可以通过确定性的 Navier-Stokes 和其他守恒方程来定义。为了理解这一矛盾，我们必须明白在高雷诺数下，湍流场对初始条件、边界条件和物质特性的扰动会表现出敏锐的敏感性。确定性方程表现出对初始条件敏锐的敏感性；其结果是它们的解是不可预测的(或随机的)。这就

是为什么在初始条件、边界条件或物质属性受到扰动时,诸如纳维-斯托克斯(Navier-Stokes)方程的确定性方程会给出随机湍流场解的原因。

正如 Tennekes 和 Lumley(1972)所述,要给出湍流的精确定义并不容易。列出湍流的一些特征是很有用的。

(1)不规则性。所有湍流都表现出不规则性或随机性(图 4.1 和图 4.2)。"随机性"是指湍流中的局部流场变量不能以一个单一值给出,而是以平均值和统计特性给出。因此,统计方法被用来分析湍流。

(2)大雷诺数。湍流总是在高雷诺数下发生。当雷诺数变得足够大时,由于层流中不稳定性的增长而发生了向湍流的转变。不稳定性与运动方程中黏性项和非线性惯性项的相互作用有关。

(3)连续体。湍流是一种连续体现象,受流体力学方程的支配。即使是在湍流中出现的最小尺度,通常也远大于任何分子长度尺度。

(4)湍流输运。在湍流中,与层流相比,由于输运尺度比分子尺度大,存在更为快速的混合以及动量、热量和质量传递速率的增加。

(5)耗散。湍流通常是耗散的。黏性剪切应力完成形变功,以湍流动能为代价增加流体的内能。对于静止的湍流,需要一个连续的能量供应来弥补这些黏性损失。术语"静止湍流"在后面的章节中定义。

(6)三维涡度波动。湍流是旋转且三维的。其特点为高度波动的涡度。场变量(如涡度)的波动定义为其瞬时值与其平均值之间的差。因此,涡度动力学在湍流描述中起着至关重要的作用。

(7)湍流是流动。湍流不是流体的属性,而是流体流动的属性。如果湍流的雷诺数足够大,大多数湍流动力学在所有牛顿流体中是相同的,无论它们是液体还是气体;湍流的主要特征不受湍流发生的流体的分子特性支配。

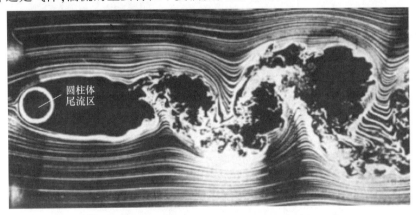

图 4.1　$Re_D = 10000$ 时圆柱体湍流尾流的可视化图

(改自 Van Dyke,1982,在 Corke 和 Nagib,1979 原始工作基础上)

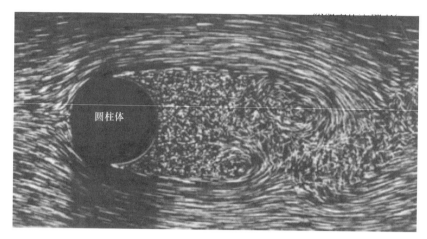

图 4.2 $Re_D = 2000$ 时圆柱体湍流尾流的可视化图

(改自 Werlé 和 Gallon,1972)

4.1.1 一些图片

图 4.3 中的照片显示了靠近网格处水平排列且垂直对齐的尾流。在下游,尾流相互作用并产生了几乎均匀的湍流状态。

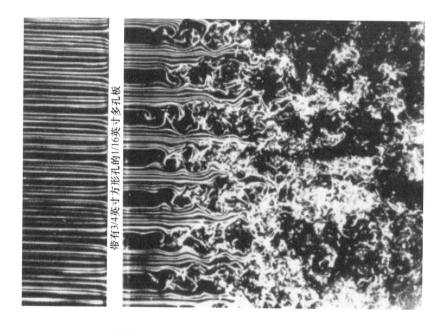

图 4.3 $Re_D = 2000$ 时由网格产生的湍流

(改自 van Dyke,1982,在 Corke 和 Nagib,1979 原始工作基础上)

考虑一个具有恒定黏度和密度的不可压缩牛顿流体。流场的连续性方程为

$$\frac{\partial u_i}{\partial x_i} = 0 \qquad (4.3)$$

这种系统在第 i 方向的 Navier-Stokes 方程为

$$\rho \underbrace{\frac{\partial u_i}{\partial t}}_{\text{流体加速度}} + \underbrace{\rho u_i \frac{\partial u_j}{\partial x_i}}_{\text{非线性平流项}} = -\underbrace{\frac{\partial p}{\partial x_i}}_{\text{压力梯度}} + \underbrace{\mu \frac{\partial^2 u_i}{\partial x_i x_j}}_{\substack{\text{黏性力项}\\(\text{二阶})}} \qquad (4.4)$$

动量方程式(4.4)中的非线性项对湍流动力学是必不可少的。动量方程中的非线性平流项对湍流的产生和维持非常重要。

4.2 湍流的统计理解

湍流被定义为一个混乱的过程。在湍流场中,在任何时间点和空间位置,场变量,如速度,表现出波动(与当地平均值有偏差)。湍流在空间中有大量的自由度。湍流在细节上是不可实验再现的,因为它对初始条件和(或)边界条件中的扰动极其敏感,并且在重现测试条件时需要无限精度来得到相同的初始条件和边界条件。由于湍流对初始/边界条件极为敏感,场变量无法在任何空间和时间点精确再现。然而,就平均值和概率密度分布(在4.5节中定义)而言,湍流在统计上是可再现的。

适用于层流的基本守恒方程也适用于湍流。与层流不同,湍流中的主要物理变量可以分解为波动分量和平均分量。为了获得平均物理特性的空间分布,对湍流的控制方程需要进行平均步骤。Navier-Stokes 方程的解给出了场变量而不是场变量的统计值。Navier-Stokes 方程是平均的,并根据统计项(例如:平均速度分量,波动速度分量叉积的平均值等)形成新的方程。守恒方程的统计平均产生新的未知量。例如:x_1 和 x_2 方向上的波动速度分量的叉积是在动量方程平均后得到的一个新的未知量(称为雷诺应力)。因此,统计方程组不是闭合的,因为它们需要对这些新未知量的试探式近似算法或闭合模型。

4.2.1 系综平均

系综平均是最常用的平均技术,因此不需要流动是静止的或均匀的(在后面的章节中定义)。

$$\langle q \rangle_e = \frac{1}{N} \sum_{n=1}^{N} \{q(\boldsymbol{x},t)\}_n, \quad q = f(\boldsymbol{x},t) \qquad (4.5)$$

式中:q 为任意场变量。

静止流是这样来定义的。如果湍流场的所有统计量在一个时间内不变,那

么这一流场称为统计学上静止的或简单地称为静止的。术语"静止湍流"并不意味着流场随时间是稳定的。湍流在全局范围内稳定而局部不稳定。像地球物理过程和爆炸过程一样,湍流不是静止的。然而,某些湍流可以模拟为静止流动。

式(4.5)做了以下假设:
(1)除了初始条件和(或)边界条件的无穷小差异外,每个系综都是相同的。
(2)N必须足够大,以使平均值与N无关。

平均值称为期望值$\langle q \rangle_e$,波动速度q'定义为

$$q'(\boldsymbol{x},t) \equiv q(\boldsymbol{x},t) - \langle q \rangle_e(\boldsymbol{x},t) \tag{4.6}$$

4.2.2 时间平均

任意场变量q的时间平均为

$$\langle q \rangle_t = \bar{q} = \frac{1}{t_P}\int_{t_0}^{t_0+t_P} q(\boldsymbol{x},t)\mathrm{d}t, \quad q = f(\boldsymbol{x},t;t_P) \tag{4.7}$$

式中:时间段(t_P)应该足够长,使$\langle q \rangle_t$与t_P无关。

时间平均适用于统计上静止的湍流。如果湍流是静止的,那么系综平均和时间平均是相同的。例如,在静止的湍流中,时间平均的均值与时间的变化无关:

$$\langle q \rangle_t(\boldsymbol{x},t) = \langle q \rangle_t(\boldsymbol{x},t+\Delta t_1) = \langle q \rangle_t(\boldsymbol{x},t+\Delta t_2) = \langle q \rangle_t(\boldsymbol{x}) \tag{4.8}$$

4.2.3 空间平均

沿线、面积或体积的空间平均定义为

$$\langle q \rangle_s = \frac{1}{L}\int_L q(x_1,t)\mathrm{d}x_1 = f(x_1,t) \tag{4.9}$$

$$\langle q \rangle_s = \frac{1}{A}\iint_A q(x_1,x_2,t)\mathrm{d}x_1\mathrm{d}x_2 = f(x_1,x_2,t) \tag{4.10}$$

$$\langle q \rangle_s = \frac{1}{V}\iiint_V q(\boldsymbol{x},t)\mathrm{d}x_1\mathrm{d}x_2\mathrm{d}x_3 = f(x_1,x_2,x_3,t) = f(\boldsymbol{x},t) \tag{4.11}$$

式中:下标s用来表示"空间"平均。

当湍流场均匀时,空间平均值最为有用。

4.2.4 统计矩

系综平均$(q')^n$称为q'的第n个矩。实际上,可测量多达4个矩。接下来给出这些矩的物理解释。

$$方差 \equiv \sigma_q^2 = \langle (q')^2 \rangle_e \tag{4.12}$$

方差是衡量一组数据与其平均值之间偏差的指标。标准偏差(σ_q)是方差的平方根。数据越分散,标准偏差越大。

$$\text{偏度} \equiv \frac{\langle (q')^3 \rangle_e}{\sigma_q^3} \tag{4.13}$$

偏度量化了一组统计数据中的任意分布(例如,正态分布、β 分布、对数正态分布等)的不对称性。偏度可以以负偏度或正偏度的形式出现,这取决于数据点究竟是偏向数据平均值的左侧(负偏)还是右侧(正偏)。

$$\text{扁平度或峰度} \equiv \frac{\langle (q')^4 \rangle_e}{\sigma_q^4} \tag{4.14}$$

峰度是衡量数据相对于正态分布是否更陡峭或更扁平的度量。具有较大峰度的数据集往往在平均值附近具有明显的尖峰,降低相当快并且具有重尾。具有较低峰度的数据集倾向于在平均值附近有一个平顶而不是尖峰。

这些参数在概率密度函数的背景下讨论时更有意义,本章后面的章节将对此进行详细讨论。

4.2.5 均匀湍流

在这一小节中,引入两个术语:统计均匀性和均匀湍流。当场变量(如速度和其他矩的方差)的所有"统计量"在位置变化时保持不变,这个场称为是统计均匀的。因此,如果通过将原点用 X 取代来变换坐标系,那么平均速度和较高的速度矩在统计均匀场中不会改变。因此,平均速度是均匀的。通常,在平均流体速度下适当选择参考系,可以有意地将平均速度降低到零。

术语"均匀湍流"与"统计均匀性"略有不同,并且它的限制性较小。"均匀湍流"是指场变量(如速度)的波动分量的均匀性,而不是场变量自身的平均值。如果波动的系综平均 $\langle (q')^n \rangle_e$ 的矩与空间变量无关,那么湍流称为是均匀的,即

$$\frac{\partial}{\partial x_i} \langle (q')^n \rangle_e = 0 \tag{4.15}$$

如果 $\langle (q')^n \rangle_e$ 与位置有关,那么湍流为不均匀湍流。由于波动场变量统计矩的空间梯度为零,均匀湍流可以简化控制方程。通常,在均匀湍流条件下,平均场变量的梯度非零但均匀(Pope,2000)。术语"均匀"不应解释为"恒定"。这里均匀表示"均匀分布",这意味着平均场变量梯度的概率密度函数分布是恒定的。因此,均匀剪切流中的平均速度分布在某一湍流流场实验中可以具有恒定的梯度,但是,如果重复该实验则具有不同的梯度常数。

均匀湍流的定义要求波动分量的叉积的统计量不随坐标中的位移而变化。例如:如果 u_1 和 u_2 是两个不同方向上的速度分量,那么在均匀湍流中,有

$$\frac{\partial}{\partial x_i} \langle u_1' u_2' \rangle_e = 0 \tag{4.16}$$

可以对均匀湍流进行谱分析,即使是最小的湍流尺度也能定量解释。因此,通常使用直接数值模拟(DNS)研究均匀湍流(DNS将在本章后面讨论)。不幸的是,真正的湍流都不是均匀的。均匀湍流的一个例子是网格产生的湍流。使均匀的流体流过具有固定网格间距的矩形网格后,能够产生一个近乎均匀的湍流流场。

如果流场变量的统计量仅在一个或两个方向上变化明显且在其他方向上不变,那么湍流可以统计地称为一维湍流或二维湍流。请注意,速度的所有3个分量在全部3个方向和时间上变化。因此,湍流场总是三维的。根据定义,湍流是三维的。只有统计量与某些坐标方向无关。

4.2.6 各向同性湍流

各向同性是另一个重要的统计特性。如果场变量的波动分量和波动分量的积的统计量在坐标系的旋转和(或)反射下是不变的,那么各向同性称为统计各向同性。"湍流具有各向同性"意味着它没有优先的方向并且具有旋转对称性。根据科尔莫戈罗夫(Kolmogorov)关于局部各向同性的假设,小规模的湍流运动在足够高的雷诺数下具有统计上的各向同性(这也将在后面的章节中详细讨论)。

4.3 常规平均法

常使用两种不同的平均过程:①传统的时间平均(也称为雷诺平均);②质量加权时间平均(也称为Favre平均)。雷诺平均对恒定密度流动更为普遍,而Favre平均用于密度变化的流动,如湍流火焰。这两种技术都已应用于燃烧领域。详细的平均过程以及用这些过程平均的量之间的关系将在下一小节中介绍。

4.3.1 雷诺平均

在传统的时间平均过程中,静止湍流场中的量 $q(\boldsymbol{x},t)$ 为

$$\overline{q}(\boldsymbol{x}) = \lim_{\Delta t \to \infty} \frac{1}{\Delta t} \int_{t_0}^{t_0+\Delta t} q(\boldsymbol{x},t) \mathrm{d}t \tag{4.17}$$

静止均值流动的物理量可以分解为两部分,即均值和波动值。

$$u_j(x_i,t) = \overline{u}_j(x_i) + u'_j(x_i,t), \quad p(x_i,t) = \overline{p}(x_i) + p'(x_i,t)$$

$$T(x_i,t) = \overline{T}(x_i) + T'(x_i,t)$$

$$\rho(x_i,t) = \overline{\rho}(x_i) + \rho'(x_i,t), \quad h_t(x_i,t) = \overline{h}_t(x_i) + h'_t(x_i,t), \quad 等 \tag{4.18}$$

式中:h_t 的下标 t 表示"总",h_t 为"总焓"或"滞止焓"。

波动量的平均值为零,即

$$\overline{\rho'} = \overline{h'_t} = \overline{h'} = \overline{T'} = 0 \tag{4.19}$$

另外，如果 f 和 g 是两个场变量，那么通过雷诺平均，有：

$$\overline{f+g} = \overline{f} + \overline{g} \tag{4.20}$$

$$\overline{\overline{f}} = \overline{f} \tag{4.21}$$

$$\overline{\overline{f}g} = \overline{f}\ \overline{g},\ \overline{fg} = \overline{f}\ \overline{g} + \overline{f'g'} \tag{4.22}$$

$$\overline{\frac{\mathrm{d}f}{\mathrm{d}s}} = \frac{\mathrm{d}\overline{f}}{\mathrm{d}s} \tag{4.23}$$

$$\overline{\int f \mathrm{d}s} = \int \overline{f} \mathrm{d}s \tag{4.24}$$

式中：s 表示独立变量 x, y, z 和 t 中的任意一个。

守恒方程可以用均值和波动相关量表示。首先考虑不可压缩流体流动的雷诺平均动量方程：

$$\rho\left[\frac{\partial \overline{u}_i}{\partial t} + \overline{u}_j \frac{\partial \overline{u}_i}{\partial x_j}\right] = -\frac{\partial \overline{p}}{\partial x_i} + \frac{\partial}{\partial x_j}\left[\mu \frac{\partial \overline{u}_i}{\partial x_j} - \rho\ \overline{u'_i u'_j}\right] + \overline{f}_i \tag{4.25}$$

式中：$\overline{f}_i$ 为第 i 方向上的平均体积力；$-\rho\ \overline{u'_i u'_j}$ 为湍流应力张量或雷诺应力张量。

扩展并重排式(4.25)，得到了3个基本方向的不可压缩方程：

$$\rho\left[\frac{\partial \overline{u}}{\partial t} + \overline{u}\frac{\partial \overline{u}}{\partial x} + \overline{v}\frac{\partial \overline{u}}{\partial y} + \overline{w}\frac{\partial \overline{u}}{\partial z}\right] = -\frac{\partial \overline{p}}{\partial x} + \nabla(\mu \nabla \overline{u}) + \overline{f}_x - \rho\left[\frac{\partial \overline{u'^2}}{\partial x} + \frac{\partial \overline{u'v'}}{\partial y} + \frac{\partial \overline{u'w'}}{\partial z}\right]$$
$$\tag{4.26}$$

$$\rho\left[\frac{\partial \overline{v}}{\partial t} + \overline{u}\frac{\partial \overline{v}}{\partial x} + \overline{v}\frac{\partial \overline{v}}{\partial y} + \overline{w}\frac{\partial \overline{v}}{\partial z}\right] = -\frac{\partial \overline{p}}{\partial y} + \nabla(\mu \nabla \overline{v}) + \overline{f}_y - \rho\left[\frac{\partial \overline{u'v'}}{\partial x} + \frac{\partial \overline{v'^2}}{\partial y} + \frac{\partial \overline{v'w'}}{\partial z}\right]$$
$$\tag{4.27}$$

$$\rho\left[\frac{\partial \overline{w}}{\partial t} + \overline{u}\frac{\partial \overline{w}}{\partial x} + \overline{v}\frac{\partial \overline{w}}{\partial y} + \overline{w}\frac{\partial \overline{w}}{\partial z}\right] = -\frac{\partial \overline{p}}{\partial z} + \nabla(\mu \nabla \overline{w}) + \overline{f}_z - \rho\left[\frac{\partial \overline{u'w'}}{\partial x} + \frac{\partial \overline{v'w'}}{\partial y} + \frac{\partial \overline{w'^2}}{\partial z}\right]$$
$$\tag{4.28}$$

这些方程中的最后3项与雷诺应力张量分量有关。在矩阵形式中，对于不可压缩流动，这些分量为

$$\underbrace{\overline{R}_{ij}}_{\text{雷诺应力张量}} = \underbrace{(\tau_{ij})_{\mathrm{T}}}_{\text{湍流应力张量}} = \begin{pmatrix} \tau_{xx} & \tau_{xy} & \tau_{xz} \\ \tau_{xy} & \tau_{yy} & \tau_{yz} \\ \tau_{xz} & \tau_{yz} & \tau_{zz} \end{pmatrix}_{\mathrm{T}} = -\begin{pmatrix} \rho \overline{u'^2} & \rho\ \overline{u'v'} & \rho\ \overline{u'w'} \\ \rho\ \overline{u'v'} & \rho\ \overline{v'^2} & \rho\ \overline{v'w'} \\ \rho\ \overline{u'w'} & \rho\ \overline{v'w'} & \rho \overline{w'^2} \end{pmatrix}$$
$$\tag{4.29}$$

在索引表示法(或爱因斯坦表示法)中,雷诺平均动量方程可以写为:

$$\rho\left[\frac{\partial \bar{u}_i}{\partial t} + \bar{u}_j \frac{\partial \bar{u}_i}{\partial x_j}\right] = -\frac{\partial \bar{p}}{\partial x_i} + \frac{\partial}{\partial x_j}\left(\mu \frac{\partial \bar{u}_i}{\partial x_j}\right) - \rho \frac{\overline{u'_i u'_j}}{\partial x_j} + \bar{f}_i$$

$$= \frac{\partial}{\partial x_j}\left[\underbrace{-\bar{p}\delta_{ij}}_{\substack{\text{平均压力}\\\text{应力张量}}} + \underbrace{\mu\left(\frac{\partial \bar{u}_i}{\partial x_j} + \frac{\partial \bar{u}_j}{\partial x_i}\right)}_{\text{平均黏性应力张量}} - \underbrace{\rho \overline{u'_i u'_j}}_{\text{雷诺应力张量}}\right] + \bar{f}_i$$

(4.30)

可以对湍流场中的平均速度方程和层流场的平均速度方程之间进行一个不太精确的比较。除了与湍流平均速度方程中的雷诺应力张量相关的项外,动量方程中似乎也包含了相似的项。一般来说,雷诺应力远大于黏性分量。因此,在许多实际情况下可以以合理的近似程度忽略后者。

$$\rho \parallel \overline{u'_i u'_j} \parallel \gg \mu \left\Vert \left(\frac{\partial \bar{u}_i}{\partial x_j} + \frac{\partial \bar{u}_j}{\partial x_i}\right)\right\Vert \tag{4.31}$$

这个最后的条件不适用于固体表面附近或朝向流动的某些边界。在这些区域中,平均速度梯度变大,并且在这些边界附近存在非常薄的层,这些薄层中的黏性效应变得相当大。这些黏性层与湍流边界层有关;黏性亚层存在于湍流边界层内。

雷诺应力张量有3个独立的非对角线项。通过绘制牛顿流体中雷诺应力张量和黏性应力张量之间的类比图,在表示湍流时应用了湍流涡黏性假设(Boussinesq近似,1877)。在这样的假设下,对用雷诺应力表示的由湍流波动引起的平均动量传递速率与根据经典黏性动力学理论由气体分子的混乱运动引起的平均动量传递速率之间进行了类比。在动力学理论中,黏性应力在微观水平上通过分子随机运动从平均动量转移中产生,从而导致了流体的牛顿宏观行为。类似地,在涡黏性近似下,我们假设湍流雷诺应力具有以平均速度梯度表示的牛顿表达式。根据这个假设,雷诺应力张量通常写为

$$\bar{R}_{ij} = -\rho \overline{u'_i u'_j} \equiv \rho \nu_\text{T} \left(\frac{\partial \bar{u}_i}{\partial x_j} + \frac{\partial \bar{u}_j}{\partial x_i}\right) = (\tau_{ij})_\text{T} \tag{4.32}$$

式中:ν_T 为一个系数,称为湍流涡黏度(类似于运动黏度)。

最后一个模型提出了一个问题,因为它表明:

$$\overline{u'_i u'_i} = (\overline{u'^2_1} + \overline{u'^2_2} + \overline{u'^2_3}) = -2\nu_\text{T}\left(\frac{\partial \bar{u}_i}{\partial x_i}\right) = 0 \tag{4.33}$$

由不可压缩流的连续性方程,式(4.33)右侧为零。

式(4.32)中的近似表明,没有与雷诺应力张量中的对角线项相关的湍流。

为了纠正这个问题,使用以下近似:

$$-\overline{u_i' u_j'} \equiv -\frac{1}{3}\overline{u_i' u_i'}\delta_{ij} + \nu_T\left(\frac{\partial \bar{u}_i}{\partial x_j} + \frac{\partial \bar{u}_j}{\partial x_i}\right) \quad (4.34)$$

在实际中使用的是这种湍流应力张量模型,而不是式(4.32)的涡黏性近似。湍流涡黏度 ν_T 可随位置和时间而变化,必须对它建模。湍流涡黏度有几种不同的模型,稍后将对其进行讨论。即使在式(4.32)被式(4.34)取代后,在考虑平行剪切流时后者仍然不成立。在这种流动中,除非 $i = 1$ 且 $j = 2$,否则 τ_{ij} 的分量为零(反之亦然)。对于非零分量,有

$$-\overline{u_1' u_2'} = \nu_T\left(\frac{\partial \bar{u}_1}{\partial x_2}\right) \quad (4.35)$$

式(4.35)表明,在 x_1 方向的平均流速相对于 x_2 具有最大值的地方,湍流剪切应力应为零。Mathieu(1959)已经在壁面射流(大致接近平行剪切流)中证明了最大平均速度的位置和零湍流剪切应力的位置彼此不一致。

从前面的讨论中可以看出,与实验数据相比,湍流涡黏性近似有明显的缺陷。Prandtl 和 von Kármán 尝试以泰勒级数的方式,用雷诺应力张量依赖于平均速度的更高阶导数来改善涡黏性近似。这种方法使描述不那么局部化,但结果仍不理想。因此,仅在以往研究中处理过此类模型。

相关性 $\overline{u'v'}$ 通常不等于零。对于 $\bar{u} = \bar{u}(y), \bar{v} = 0, \bar{w} = 0$ 且 $\partial \bar{u}/\partial y > 0$ 的平面剪切流,$\overline{u'v'}$ 的符号预期为负(图4.4),并且确实可以被如此演示出来。考虑在与表面间距离为 y 的流体颗粒运动具有正的横向波动速度($v' > 0$),并通过湍流涡动上升到更高水平。从统计的观点来看,流体颗粒向上行进是湍流波动从较低的平均轴向速度分量 $\bar{u}$ 占优势的区域到达更高层的结果。该流体颗粒基本上保持其原有的轴向动量。因此,与这种增量流体运动有关的正的 v' 向较高的层引入一个负的 u'。类似地,负的 v' 向较低的层引入正的 u'。因此,$\overline{u'v'}$ 的符号是负的。该解释是基于混合长度假设。

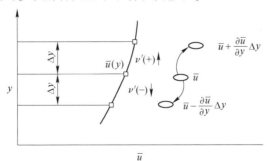

图4.4 波动速度叉积的解释

因此，可以预期时间平均 $\overline{u'v'}$ 不仅不等于零，而且实际上对于剪切流是负值。这一点也可如此表示，即在给定点处速度的纵向波动和横向波动之间存在相关性。相关函数定义为协方差与速度分量标准偏差乘积的比。

4.3.1.1 相关函数

相关函数是各个波动速度分量彼此间的依赖关系的有用指标，这种依赖关系是它们在时间或空间上间隔的函数。相关函数可用于评估样本点之间所需的距离，以使样本值有效地不相关。此外，它们还可以形成测量结果所在点处插值规则的基础。

这里定义了好几种相关函数。单点双相关系数 $R_{u'v'}$ 定义为

$$R_{u'v'} \equiv \frac{\langle u'v' \rangle}{\sqrt{\langle u'^2 \rangle}\sqrt{\langle v'^2 \rangle}} \tag{4.36}$$

式中：u', v' 在相同的空间位置测量。

两点相关函数提供了流场空间结构的统计信息。最简单的两点一次相关函数可以用点 $\boldsymbol{x}$ 和时间 t 处测量的轴向速度 $u(\boldsymbol{x},t)$，同时在离第一个点 r 距离上的第二个点 $(\boldsymbol{x}+\boldsymbol{r},t)$ 处的轴向速度 $u(\boldsymbol{x}+\boldsymbol{r},t)$ 来定义。那么这两个速度之间的相关性由平均关系定义为

$$R(\boldsymbol{x},\boldsymbol{r},t) = \langle u'(\boldsymbol{x},t)u'(\boldsymbol{x}+\boldsymbol{r},t) \rangle \tag{4.37}$$

对于均匀各向同性湍流，位置 $\boldsymbol{x}$ 是任意的，$\boldsymbol{r}$ 可以用其绝对值 $r = |\boldsymbol{r}|$ 来代替。对于这种情况，归一化的相关函数 $\mathcal{R}(r,t)$ 定义为

$$\mathcal{R}(r,t) \equiv R(r,t)/\langle u'^2(t) \rangle = \langle u'(t)u'(r,t) \rangle / \langle u'^2(t) \rangle \tag{4.38}$$

对于以位移 $\boldsymbol{r}$ 分离的点的两点双相关的一种不同形式可以定义为

$$\mathcal{R}(r) = \frac{\langle u'(\boldsymbol{x},t)u'(\boldsymbol{x}+\boldsymbol{r},t) \rangle}{\sqrt{\langle u'(\boldsymbol{x},t)^2 \rangle}\sqrt{\langle u'(\boldsymbol{x}+\boldsymbol{r},t)^2 \rangle}} \tag{4.39}$$

式中：$u'(\boldsymbol{x},t)$ 和 $u'(\boldsymbol{x}+\boldsymbol{r},t)$ 分别为点 1 和点 2 位置的时间函数。对于静止湍流，相关函数与时间无关。

同样地，两点三相关可以定义为：

$$\mathcal{R}(r) \equiv \frac{\langle u'(\boldsymbol{x},t)u'(\boldsymbol{x}+\boldsymbol{r},t)v'(\boldsymbol{x}+\boldsymbol{r},t) \rangle}{\sqrt{\langle u'(\boldsymbol{x},t)^2 \rangle}\sqrt{\langle u'(\boldsymbol{x}+\boldsymbol{r},t)^2 \rangle}\sqrt{\langle v'(\boldsymbol{x}+\boldsymbol{r},t)^2 \rangle}} \tag{4.40}$$

如果湍流是静止、均匀且各向同性的，那么相关系数为 r 或无量纲距离 $y/l_{网格}$ 的函数，如图 4.5 所示。相关函数在 $r = 0$ 或 $y = 0$ 时斜率为零。如这些图中所示，当 r 接近 0 时，$\mathcal{R}(r)$ 的值接近于 1，并且当两个点被非常小的距离 r 分开时 $\mathcal{R}(r)$ 减小。随着距离的增加，$\mathcal{R}(r)$ 减小。对于两点间距离较大的情况，从一个点传递到另一个点的信息较少，因此它们对相关性没有太大贡献。

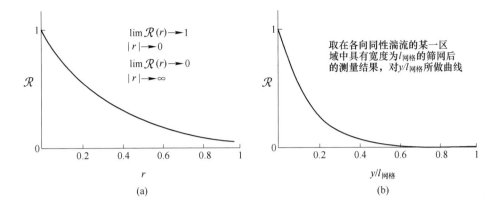

图 4.5 $\mathcal{R}$ 与(a)物理距离 r 和(b)物理距离 $=y/l_{网格}$ 间的典型关系

有必要指定一个特征长度,作为湍流长度尺度大小的量度。例如,在湍流剪切流中,这可以通过测量由横向距离 y 分开的两个点 A 和 B 处的 x 方向速度波动的相关系数而实验性地得到:

$$\mathcal{R}_{AB}(y) \equiv \frac{\langle u'_A(\boldsymbol{x},t) u'_B(\boldsymbol{x}+y,t) \rangle}{\sqrt{\langle u'_A(\boldsymbol{x},t)^2 \rangle} \sqrt{\langle u'_B(\boldsymbol{x}+y,t)^2 \rangle}} \tag{4.41}$$

可以将相关函数的显函数形式推导成湍流参数的函数。在我们介绍湍流尺度和湍流模型之后,将在本章后面讨论这个推导。

随着 r 和一个量的增加,相关系数迅速降低至零,这个量就是湍流的特征尺度,由欧拉积分长度尺度 l_T 给出:

$$l_T = \int_0^\infty R(r) \, dr \tag{4.42}$$

式中: l_T 为长度尺度的度量,在该长度尺度处,速度波动的分量之间存在某种相关性。

还可以定义在固定空间位置处但在两个不同时间测量的同一波动速度分量之间的相关函数。相关系数 $R^*(t)$ 可以定义为

$$R^*(t) \equiv \frac{\langle u'(\boldsymbol{x},t) u'(\boldsymbol{x},t+\Delta t) \rangle}{\sqrt{\langle u'(\boldsymbol{x},t)^2 \rangle} \sqrt{\langle u'(\boldsymbol{x},t+\Delta t)^2 \rangle}} \tag{4.43}$$

湍流的特征时间尺度或混合时间 $t^*_{混合}$ (也称为积分时间尺度)定义如下:

$$t^*_{混合} \equiv \int_0^\infty R^*(t) \, dt \tag{4.44}$$

特征长度尺度可以通过波动速度 u'_{rms} 的均方根值和混合时间 $t^*_{混合}$ 的积来确定大小:

$$l^*_T = u'_{rms} t^*_{混合} \tag{4.45}$$

湍流有多种长度尺度。最大的是流场的尺寸;最小的是因分子黏度产生的

扩散尺度。湍流的积分尺度可以看作是涡旋在消散且失去其特征之前经过的距离。该积分长度尺度称为混合长度。我们随后会讨论除积分长度尺度之外的其他湍流尺度。

湍流强度是表征湍流的另一个重要参数。强度 I 是流体中时间平均速度波动的度量。对于各向同性湍流,湍流强度可定义为

$$I \equiv \frac{\sqrt{\overline{u'^2_1}}}{|\overline{\boldsymbol{u}}|} = \frac{\sqrt{\overline{u'^2_2}}}{|\overline{\boldsymbol{u}}|} = \frac{\sqrt{\overline{u'^2_3}}}{|\overline{\boldsymbol{u}}|} = \frac{\sqrt{\overline{u'^2_i}}}{|\overline{u_i}\,\overline{u_i}|} \tag{4.46}$$

式中:$|\overline{\boldsymbol{u}}|$ 为平均流速的大小。

对于各向异性湍流,湍流强度定义为

$$I \equiv \frac{\sqrt{\frac{1}{3}(\overline{u'^2_1} + \overline{u'^2_2} + \overline{u'^2_3})}}{|\overline{\boldsymbol{u}}|} = \frac{\sqrt{\frac{1}{3}(\overline{u'^2_1} + \overline{u'^2_2} + \overline{u'^2_3})}}{\sqrt{(\overline{u_1^2} + \overline{u_2^2} + \overline{u_3^2})}} \tag{4.47}$$

时间平均守恒方程可以通过应用雷诺平均过程获得。然而,当应用于可压缩流场时存在两个主要的缺点。可压缩流动的雷诺平均连续性方程为

$$\frac{\partial \overline{\rho}}{\partial t} + \frac{\partial \overline{\rho}\,\overline{u_i}}{\partial x_i} + \frac{\partial \overline{\rho'u'_i}}{\partial x_i} = 0 \tag{4.48}$$

(1) 式(4.48)中有额外项($\partial \overline{\rho'u'_i}/\partial x_i$,$i = 1, 2, 3$)需要建模。

(2) 大多数采样探针测量的值对应于质量加权浓度,而不是时间平均浓度。

出于这些原因,Favre(1965)、Laufer 和 Ludloff(1970)、Bilger(1976a,1980)等强烈推荐质量加权平均过程。通过应用 Favre 平均,可以得到与不可压缩湍流控制方程形式相同的可压缩湍流的控制方程。

4.3.2 Favre 平均

质量加权平均速度定义为

$$\widetilde{u}_i \equiv \frac{\overline{\rho u_i}}{\overline{\rho}} \tag{4.49}$$

那么速度可以写为

$$u_i(x_i,t) \equiv \widetilde{u}_i(x_i) + u''_i(x_i,t) \tag{4.50}$$

式中:$u''_i(x_i,t)$ 为叠加的速度波动。

将式(4.50)乘以 $\rho(x_i, t)$ 并将速度 u_i 分解为两部分,得

$$\rho u_i = \rho(\widetilde{u}_i + u''_i) = \rho\widetilde{u}_i + \rho u''_i \tag{4.51}$$

由时间平均式(4.51),得

$$\overline{\rho u_i} = \overline{\rho \widetilde{u}_i} + \overline{\rho u''_i} \tag{4.52}$$

由式(4.49)给出的 $\widetilde{u}_i$ 的定义,它遵循:

$$\overline{\rho u_i''} = 0 \tag{4.53}$$

相似地,可以将静态焓、静态温度和总焓分解如下:

$$h(x_i,t) = \widetilde{h}(x_i) + h''(x_i,t) \tag{4.54}$$

$$T(x_i,t) = \widetilde{T}(x_i) + T''(x_i,t) \tag{4.55}$$

$$h_t(x_i,t) = \widetilde{h}_t(x_i) + h_t''(x_i,t) \tag{4.56}$$

式中

$$\widetilde{T} \equiv \frac{\overline{\rho T}}{\overline{\rho}},\ \widetilde{h} \equiv \frac{\overline{\rho h}}{\overline{\rho}},\ \widetilde{h}_t \equiv \widetilde{h} + \frac{1}{2}\widetilde{u}_i\widetilde{u}_i + \frac{1}{2}\frac{\overline{\rho u_i'' u_i''}}{\overline{\rho}} \tag{4.57}$$

$$h_t'' = h'' + \widetilde{u}_i u_i'' + \frac{1}{2}u_i'' u_i'' - \frac{1}{2}\frac{\overline{\rho u_i'' u_i''}}{\overline{\rho}} \tag{4.58}$$

同样地,有

$$\overline{\rho T''} = \overline{\rho h''} = \overline{\rho h_t''} = 0 \tag{4.59}$$

$\widetilde{h}_t$ 的表达式可以通过以下过程获得。在 $h_t = h + \frac{1}{2}u_i u_i$ 的两侧各乘以 ρ,并在得到的表达式中引入式(4.49)给出的 u_i 的定义,我们可以写出:

$$\overline{\rho h_t} = \overline{\rho h} + \frac{1}{2}\overline{\rho}\widetilde{u}_i\widetilde{u}_i + \frac{1}{2}\overline{\rho u_i'' u_i''} \tag{4.60}$$

由于 $\overline{\rho h_t} = \overline{\rho}\widetilde{h}_t$ 且 $\overline{\rho h} = \overline{\rho}\widetilde{h}$,式(4.60)可以写为

$$\widetilde{h}_t = \widetilde{h} + \frac{1}{2}\widetilde{u}_i\widetilde{u}_i + \frac{1}{2}\frac{\overline{\rho u_i'' u_i''}}{\overline{\rho}} \tag{4.61}$$

此外,我们可以按照下面给出的过程来证明式(4.59)的成立:

$$h_t = \widetilde{h}_t + h_t'' = \widetilde{h} + h'' + \frac{1}{2}(\widetilde{u}_i + u_i'')^2 = \widetilde{h} + h'' + \frac{1}{2}\widetilde{u}_i\widetilde{u}_i + \widetilde{u}_i u_i'' + \frac{1}{2}u_i'' u_i'' \tag{4.62}$$

将从式(4.61)得到的 $\widetilde{h}_t$ 的表达式代入式(4.62),得

$$h_t'' = h'' + \widetilde{u}_i u_i'' + \frac{1}{2}u_i'' u_i'' - \frac{1}{2}\frac{\overline{\rho u_i'' u_i''}}{\overline{\rho}} \tag{4.63}$$

式(4.50)~式(4.60)推导出的关系式对从湍流测量结果中导得各种量非常方便。由不同仪器测量的一些物理量对应于质量加权平均的量;其他的量的

确是时间平均的量。例如:热线风速仪测得的平均速度为 Favre 平均速度,而激光多普勒测速仪(LDV)测得的平均速度是雷诺平均速度。在热线风速测量中,低速下测得的量是 ρu_i 和 T 的波动;那些在超声速下的测量结果是 ρu_i 的波动和一个非常接近总焓的量。热线风速仪把一根非常细的金属丝(几微米的数量级)加热到环境温度以上。流过金属丝的气体混合物对这根金属丝有冷却效果。由于大多数金属的电阻取决于金属的温度(如铼),因此可以得到金属丝的电阻和流速之间的关系。由于密度效应总是包括在气体和热金属丝之间的传热速率中,因此测得的平均速度表示了 Favre 平均速度。然而,基于 LDV 技术通过夹带的颗粒越过由两个相干激光束产生的条纹图案而测得的气体速度与气体密度无关。因此,测得的速度是雷诺平均量。

几个变量,包括压力(p)、应力张量(τ_{ij})、热通量矢量($\dot{q}_j$)和密度(ρ)不需要质量加权平均,因为在这些变量的测试中固有地包含了气体密度效应。例如,压力感知的机理是气体分子连续轰击在压力计的压力感知表面上。随着气体密度升高,压力感知表面上分子碰撞的频率也增加了。因此,气体密度效应已经包含在测得的压力中了。应力张量分量通常与动态黏度($= \rho \times \nu$)和应变率的乘积有关。因此,密度效应也包含在应力张量分量中。因而,对 p, τ_{ij} 和 ρ 应用常规分解:

$$p = \overline{p} + p', \quad \tau_{ij} = \overline{\tau}_{ij} + \tau'_{ij}, \quad \rho = \overline{\rho} + \rho' \tag{4.64}$$

根据傅里叶热传导定律,局部热通量取决于气体热导率和温度梯度的乘积。根据气体动力学理论,气体热导率由平均随机分子速度、平均自由程、定容比热容(C_V)和分子数密度(因而也就是气体密度)的乘积决定,即

$$\lambda = (\overline{u}_{\text{random}} \ell C_V n^*)/3 \tag{4.65}$$

由于这个原因,对 $\dot{q}_i$ 使用常规分解为

$$\dot{q}_i = \overline{\dot{q}}_i + \dot{q}'_i \tag{4.66}$$

4.3.3 时间平均量与质量加权平均量之间的关系

$\overline{u}_i$ 和 $\widetilde{u}_i$ 之间的关系建立如下。由式(4.59),我们可以写出一个通用形式:

$$\overline{\rho \phi''} = \overline{(\overline{\rho} + \rho')\phi''} = 0 \tag{4.67}$$

式中:ϕ 可以为 u、h、h_t 或 T。这个等式可以重排给出:

$$\overline{\phi''} = -\frac{\overline{\rho' \phi''}}{\overline{\rho}} \tag{4.68}$$

取时间平均 $\phi = \widetilde{\phi} + \phi''$ 并重排,得

$$\widetilde{\phi} - \overline{\phi} = -\overline{\phi''} \tag{4.69}$$

因此,有

$$\widetilde{\phi} - \overline{\phi} = \frac{\overline{\rho'\phi''}}{\overline{\rho}} \tag{4.70}$$

回想起两个独立的平均方案,ϕ 可以写为 $\phi = \overline{\phi} + \phi' = \widetilde{\phi} + \phi''$。在表达式两边都乘以 ρ 并应用时间平均,得

$$\overline{\rho\widetilde{\phi}} + \overline{\rho\phi''} = \overline{\rho}\,\overline{\phi} + \overline{\rho\phi'} \tag{4.71}$$

如果我们回忆 $\overline{\rho\phi''} = 0$ 且 $\overline{\rho\phi'}$ 可以写为 $\overline{(\overline{\rho} + \rho')\phi'} = \overline{\rho'\phi'}$,能将此式与式(4.71)合并起来并使用式(4.70)得到:

$$\widetilde{\phi} - \overline{\phi} = \frac{\overline{\rho'\phi''}}{\overline{\rho}} = \frac{\overline{\rho'\phi'}}{\overline{\rho}} \tag{4.72}$$

式(4.72)用密度变量的相关参数给出了 Favre 平均量和雷诺平均量之间的差别。

4.3.4 质量加权守恒与输运方程

用于可压、黏性、导热理想气体的著名 Navier-Stokes 运动方程可以以这种形式写出:

连续性方程:
$$\frac{\partial \rho}{\partial t} + \frac{\partial}{\partial x_j}(\rho u_j) = 0 \tag{4.73}$$

动量方程:
$$\frac{\partial}{\partial t}(\rho u_i) + \frac{\partial}{\partial x_j}(\rho u_i u_j) = -\frac{\partial p}{\partial x_i} + \frac{\partial \tau_{ij}}{\partial x_j} \quad (\text{忽略体积力}) \tag{4.74}$$

能量方程:
$$\frac{\partial}{\partial t}(\rho h_t) + \frac{\partial}{\partial x_j}(\rho u_j h_t) = -\frac{\partial p}{\partial t} + \frac{\partial}{\partial x_j}(u_i \tau_{ij} - \dot{q}_j) \tag{4.75}$$

式中:应力张量 τ_{ij}、热通量矢量 $\dot{q}_j$ 和总焓 h_t 如下:

$$\tau_{ij} = \left(\mu' - \frac{2}{3}\mu\right)\frac{\partial u_k}{\partial x_k}\delta_{ij} + \mu\left(\frac{\partial u_i}{\partial x_j} + \frac{\partial u_j}{\partial x_i}\right) \tag{4.76}$$

$$\dot{q}_j = -\lambda \frac{\partial T}{\partial x_j} \tag{4.77}$$

$$h_t = h + \frac{1}{2}u_i u_i \tag{4.78}$$

4.3.4.1 连续性和动量方程

将式(4.64)代入式(4.73)和式(4.74),得

$$\frac{\partial}{\partial t}(\overline{p} + p') + \frac{\partial}{\partial x_j}(\overline{\rho\widetilde{u}_j} + \rho u_j'') = 0 \tag{4.79}$$

和

$$\frac{\partial}{\partial t}(\rho\widetilde{u}_i + \rho u_i'') + \frac{\partial}{\partial x_j}(\rho\widetilde{u}_i\widetilde{u}_j + \rho u_j''\widetilde{u}_i + \rho u_i''\widetilde{u}_j + \rho u_i''u_j'') = -\frac{\partial\overline{p}}{\partial x_i} - \frac{\partial p'}{\partial x_i} + \frac{\partial\tau_{ij}}{\partial x_j}$$
(4.80)

对这些方程中出现的项取时间平均,得到了可压缩湍流的 Favre 平均连续性和动量方程:

$$\underbrace{\frac{\partial\overline{\rho}}{\partial t}}_{\text{I}} + \underbrace{\frac{\partial}{\partial x_j}(\overline{\rho}\,\widetilde{u}_j)}_{\text{II}} = 0 \tag{4.81}$$

每一项的物理意义可以这样给出:

Ⅰ: $\dfrac{\partial\overline{\rho}}{\partial t}$ (单位体积质量变化的平均速率);

Ⅱ: $\dfrac{\partial}{\partial x_j}(\overline{\rho}\,\widetilde{u}_j)$ (流出控制体积的单位体积平流的平均质量通量)。

用物质导数表示为

$$\frac{\widetilde{D}\overline{\rho}}{Dt} = \frac{\partial\overline{\rho}}{\partial t} + \widetilde{u}_j\frac{\partial\overline{\rho}}{\partial x_j} = -\overline{\rho}\,\frac{\partial\widetilde{u}_j}{\partial x_j} \tag{4.82}$$

Favre 平均动量方程为

$$\overline{\rho}\,\frac{\widetilde{D}\widetilde{u}_i}{Dt} = \underbrace{\frac{\partial}{\partial t}(\overline{\rho}\,\widetilde{u}_i) + \frac{\partial}{\partial x_j}(\overline{\rho}\,\widetilde{u}_i\widetilde{u}_j)}_{\text{I}} = \underbrace{-\frac{\partial\overline{p}}{\partial x_i}}_{\text{II}} + \frac{\partial}{\partial x_j}(\underbrace{\overline{\tau}_{ij}}_{\text{III}} - \underbrace{\overline{R}_{ij}}_{\text{IV}}) \tag{4.83}$$

注意:Favre 平均物质导数定义为

$$\frac{\widetilde{D}}{Dt} = \frac{\partial}{\partial t} + \widetilde{u}_j\frac{\partial}{\partial x_j} \tag{4.84}$$

相似地,时间平均物质导数定义为

$$\frac{\overline{D}}{Dt} = \frac{\partial}{\partial t} + \overline{u}_j\frac{\partial}{\partial x_j} \tag{4.85}$$

每一项的物理意义可以这样给出:

Ⅰ: $\dfrac{\partial}{\partial t}(\overline{\rho}\,\widetilde{u}_i) + \dfrac{\partial}{\partial x_j}(\overline{\rho}\,\widetilde{u}_i\widetilde{u}_j)$ (单位体积动量变化的平均速率);

Ⅱ: $-\dfrac{\partial\overline{p}}{\partial x_i}$ (单位体积平均压力梯度力);

Ⅲ: $\overline{\tau}_{ij} = \overline{2\mu\left(S_{ij} - \dfrac{1}{3}S_{kk}\delta_{ij}\right)}$ (平均黏度应力张量);

Ⅳ: $\overline{R}_{ij}$ (由动量湍流扩散引起的平均雷诺应力)。

雷诺应力张量 $\overline{R}_{ij}$ 为

$$\overline{R}_{ij} = \overline{\rho u_i u_j} - \overline{\rho \widetilde{u}_i \widetilde{u}_j} = \overline{\rho(\widetilde{u_i u_j} - \widetilde{u}_i \widetilde{u}_j)} = \overline{\rho u_i'' u_j''} = \overline{\rho} \widetilde{u_i'' u_j''} \qquad (4.86)$$

将式(4.86)代入式(4.83),Favre平均动量方程也可以写为

$$\underbrace{\frac{\partial}{\partial t}(\overline{\rho} \widetilde{u}_i) + \frac{\partial}{\partial x_j}(\overline{\rho} \widetilde{u}_i \widetilde{u}_j)}_{\text{I}} = \underbrace{-\frac{\partial \overline{p}}{\partial x_i}}_{\text{II}} + \frac{\partial}{\partial x_j}(\underbrace{\overline{\tau}_{ij}}_{\text{III}} - \underbrace{\overline{\rho u_i'' u_j''}}_{\text{IV}}) \qquad (4.87)$$

4.3.4.2 能量方程

将式(4.50)、式(4.64)和式(4.56)代入式(4.75)并使用式(4.78),得

$$\frac{\partial}{\partial t}(\rho \widetilde{h}_t + \rho h_t'') + \frac{\partial}{\partial x_j}(\rho \widetilde{h}_t \widetilde{u}_j + \rho h_t'' \widetilde{u}_j + \rho u_j'' \widetilde{h}_t + \rho h_t'' u_j'')$$

$$= \frac{\partial}{\partial t}(\overline{p} + p') + \frac{\partial}{\partial x_j}(u_i \tau_{ij} - \dot{q}_j) \qquad (4.88)$$

从总焓方程中减去机械能($\widetilde{u}_i \times$Favre平均动量方程)后,得

$$\frac{\partial}{\partial t}(\rho \widetilde{h} + \rho h'') + \frac{\partial}{\partial x_j}(\rho \widetilde{h} \widetilde{u}_j + \rho h'' \widetilde{u}_j + \rho u_j'' \widetilde{h} + \rho u_j'' h'')$$

$$= \frac{\partial}{\partial t}(\overline{p} + p') + (\widetilde{u}_j + u_j'')\frac{\partial}{\partial x_j}(\overline{p} + p') + \tau_{ij}\frac{\partial u_i}{\partial x_j} - \frac{\partial \dot{q}_j}{\partial x_j} \qquad (4.89)$$

取方程中出现的项的时间平均,得到了静态焓表示的平均能量方程:

$$\underbrace{\frac{\partial}{\partial t}(\overline{\rho}\widetilde{h}) + \frac{\partial}{\partial x_j}(\overline{\rho}\widetilde{h}\widetilde{u}_j)}_{\text{I}} = \underbrace{\frac{\partial \overline{p}}{\partial t} + \widetilde{u}_j \frac{\partial \overline{p}}{\partial x_j}}_{\text{II}} + \underbrace{\overline{u_j'' \frac{\partial p}{\partial x_j}}}_{\text{III}} + \frac{\partial}{\partial x_j}(\underbrace{-\overline{\dot{q}}_j}_{\text{IV}} - \underbrace{\overline{\rho h'' u_j''}}_{\text{V}}) + \underbrace{\overline{\tau}_{ij}\frac{\partial \widetilde{u}_i}{\partial x_j} + \overline{\tau_{ij}\frac{\partial u_i''}{\partial x_j}}}_{\text{VI}}$$

$$(4.90)$$

每一项的物理意义如下:

Ⅰ:$\frac{\partial}{\partial t}(\overline{\rho}\widetilde{h}) + \frac{\partial}{\partial x_j}(\overline{\rho}\widetilde{h}\widetilde{u}_j)$(单位体积$\overline{\rho}\widetilde{h}$变化的平均速率);

Ⅱ:$\frac{\partial \overline{p}}{\partial t} + \widetilde{u}_j \frac{\partial \overline{p}}{\partial x_j} = \frac{\widetilde{D p}}{Dt}$(作用在随平均流移动的"虚拟"平均流体颗粒上的平均压力变化速率);

Ⅲ:$\overline{u_j'' \frac{\partial p}{\partial x_j}}$(由压力和速度波动所做的功);

Ⅳ:$-\frac{\partial}{\partial x_j}(\overline{\dot{q}}_j)$(由传导引起的净热通量梯度);

Ⅴ:$\frac{\partial}{\partial x_j}(-\overline{\rho h'' u_j''})$($\rho h$ 的湍流输运);

Ⅵ:$\overline{\tau}_{ij}\frac{\partial \widetilde{u}_i}{\partial x_j} + \overline{\tau_{ij}\frac{\partial u_i''}{\partial x_j}}$(黏性耗散)。

4.3.4.3 平均动能方程

考虑 $\tilde{u}_j$ 和 $\tilde{u}_i$ 的平均动量方程的标量积，有

$$\tilde{u}_j \left[\frac{\partial}{\partial t}(\bar{\rho}\tilde{u}_i) + \frac{\partial}{\partial x_k}(\bar{\rho}\tilde{u}_i\tilde{u}_k) = -\frac{\partial \bar{p}}{\partial x_i} + \frac{\partial}{\partial x_k}(\bar{\tau}_{ik} - \overline{\rho u_i'' u_k''}) \right] \quad (4.91)$$

以及 $\tilde{u}_i$ 和 $\tilde{u}_j$ 的平均动量方程的标量积：

$$\tilde{u}_i \left[\frac{\partial}{\partial t}(\bar{\rho}\tilde{u}_j) + \frac{\partial}{\partial x_k}(\bar{\rho}\tilde{u}_j\tilde{u}_k) = -\frac{\partial \bar{p}}{\partial x_j} + \frac{\partial}{\partial x_k}(\bar{\tau}_{jk} - \overline{\rho u_j'' u_k''}) \right] \quad (4.92)$$

再将这两个等式加和并重排，得

$$\frac{\partial}{\partial t}(\bar{\rho}\tilde{u}_i\tilde{u}_j) + \frac{\partial}{\partial x_k}(\bar{\rho}\tilde{u}_i\tilde{u}_j\tilde{u}_k) = -\tilde{u}_j\frac{\partial \bar{p}}{\partial x_i} - \tilde{u}_i\frac{\partial \bar{p}}{\partial x_j} + \tilde{u}_j\frac{\partial}{\partial x_k}(\bar{\tau}_{ik} - \overline{\rho u_i'' u_k''})$$
$$+ \tilde{u}_i\frac{\partial}{\partial x_k}(\bar{\tau}_{jk} - \overline{\rho u_j'' u_k''}) \quad (4.93)$$

对于 $i = j$，式(4.93)变为

$$\underbrace{\bar{\rho}\frac{\mathrm{D}}{\mathrm{D}t}\left(\frac{\tilde{u}_i\tilde{u}_i}{2}\right)}_{\text{I}} = \underbrace{-\tilde{u}_i\frac{\partial \bar{p}}{\partial x_i}}_{\text{II}} + \underbrace{\tilde{u}_i\frac{\partial \bar{\tau}_{ik}}{\partial x_k}}_{\text{III}} - \underbrace{\tilde{u}_i\frac{\partial}{\partial x_k}(\overline{\rho u_i'' u_k''})}_{\text{IV}} \quad (4.94)①$$

式(4.94)中的项Ⅰ～项Ⅳ具有这些物理意义：

Ⅰ：$\bar{\rho}\frac{\mathrm{D}}{\mathrm{D}t}\left(\frac{\tilde{u}_i\tilde{u}_i}{2}\right)$（平均流体颗粒动能的变化速率）；

Ⅱ：$-\tilde{u}_i\frac{\partial \bar{p}}{\partial x_i}$（平均压力梯度力所做的流动功）；

Ⅲ：$\tilde{u}_i\frac{\partial \bar{\tau}_{ik}}{\partial x_k}$（平均黏性应力所做的功）；

Ⅳ：$-\tilde{u}_i\frac{\partial}{\partial x_k}(\overline{\rho u_i'' u_k''})$

$= -\frac{\partial}{\partial x_k}(\tilde{u}_i\overline{\rho u_i'' u_k''})$（由湍流波动引起的平均动能的空间输运）；

$+ \overline{\rho u_i'' u_k''}\frac{\partial \tilde{u}_i}{\partial x_k}$（由雷诺应力张量作用在平均应变速率张量上而在平均流动中产生的动能）。

---

① 根据上下文对原式第一项中的 ρ 进行了更改。——译者注

动量方程和能量方程引入了涉及二阶矩的相关关系。在湍流闭合的最高水平,通过物理或数值研究对可压缩湍流场的分析需要描述二阶矩的输运方程,如雷诺应力,来闭合诸如式(4.87)、式(4.90)和式(4.94)的平均流动方程。湍流应力(或雷诺应力)输运方程直接导引至湍流动能方程,这对于通过项分析来理解潜在的能量流动收支特别有用。

4.3.4.4 雷诺应力输运方程

下面考虑 u_j 与 u_i 的动量方程的标量积:

$$u_j\left[\frac{\partial}{\partial t}(\rho u_i) + \frac{\partial}{\partial x_k}(\rho u_i u_k) = -\frac{\partial p}{\partial x_i} + \frac{\partial \tau_{ik}}{\partial x_k}\right] \tag{4.95}$$

以及 u_i 与 u_j 的动量方程的标量积:

$$u_i\left[\frac{\partial}{\partial t}(\rho u_j) + \frac{\partial}{\partial x_k}(\rho u_j u_k) = -\frac{\partial p}{\partial x_j} + \frac{\partial \tau_{jk}}{\partial x_k}\right] \tag{4.96}$$

这两个方程之和为

$$\frac{\partial}{\partial t}(\rho u_i u_j) + \frac{\partial}{\partial x_k}(\rho u_i u_j u_k) = -u_j\frac{\partial p}{\partial x_i} - u_i\frac{\partial p}{\partial x_j} + u_j\frac{\partial \tau_{ik}}{\partial x_k} + u_i\frac{\partial \tau_{jk}}{\partial x_k} \tag{4.97}$$

使用式(4.50),可以将式(4.97)写为

$$\frac{\partial}{\partial t}[\rho(\widetilde{u}_i + u_i'')(\widetilde{u}_j + u_j'')] + \frac{\partial}{\partial x_k}[\rho(\widetilde{u}_i + u_i'')(\widetilde{u}_j + u_j'')(\widetilde{u}_k + u_k'')]$$

$$= -(\widetilde{u}_j + u_j'')\frac{\partial p}{\partial x_i} - (\widetilde{u}_i + u_i'')\frac{\partial p}{\partial x_j} + (\widetilde{u}_j + u_j'')\frac{\partial \tau_{ik}}{\partial x_k} + (\widetilde{u}_i + u_i'')\frac{\partial \tau_{jk}}{\partial x_k}$$

$$\tag{4.98}$$

式中: $\tau_{ik} = \overline{\tau}_{ik} + \tau_{ik}'$ 且 $\tau_{jk} = \overline{\tau}_{jk} + \tau_{jk}'$ 。

对这个等式取时间平均,得

$$\frac{\partial}{\partial t}(\overline{\rho}\widetilde{u}_i\widetilde{u}_j + \overline{\rho u_i''u_j''}) + \frac{\partial}{\partial x_k}(\overline{\rho}\widetilde{u}_i\widetilde{u}_j\widetilde{u}_k + \widetilde{u}_k\overline{\rho u_i''u_j''} + \widetilde{u}_i\overline{\rho u_j''u_k''} + \widetilde{u}_j\overline{\rho u_i''u_k''} + \overline{\rho u_i''u_j''u_k''})$$

$$= -\widetilde{u}_j\frac{\partial \overline{p}}{\partial x_i} - \overline{u_j''\frac{\partial p}{\partial x_i}} - \widetilde{u}_i\frac{\partial \overline{p}}{\partial x_j} - \overline{u_i''\frac{\partial p}{\partial x_j}} + \widetilde{u}_j\frac{\partial \overline{\tau}_{ik}}{\partial x_k} + \overline{u_j''\frac{\partial \tau_{ik}}{\partial x_k}} + \widetilde{u}_i\frac{\partial \overline{\tau}_{jk}}{\partial x_k} + \overline{u_i''\frac{\partial \tau_{jk}}{\partial x_k}}$$

$$\tag{4.99}$$

从式(4.99)中减去式(4.93)并重排(理解到 τ_{jk} 中通过 μ 而包含了 ρ),我们得到了这个雷诺应力输运方程:

$$\frac{\widetilde{\mathrm{D}}\overline{R}_{ij}}{\mathrm{D}t} = -\frac{\partial}{\partial x_k}(\overline{\rho u_i''u_j''u_k''}) - \overline{u_j''\frac{\partial p}{\partial x_i}} - \overline{u_i''\frac{\partial p}{\partial x_j}} + \overline{u_j''\frac{\partial \tau_{ik}'}{\partial x_k}} + \overline{u_i''\frac{\partial \tau_{jk}'}{\partial x_k}} - \overline{\rho u_i''u_k''}\frac{\partial \widetilde{u}_j}{\partial x_k}$$

$$-\overline{\rho u_j''u_k''}\frac{\partial \widetilde{u}_i}{\partial x_k} - \overline{\rho u_i''u_j''}\frac{\partial \widetilde{u}_k}{\partial x_k} \tag{4.100}$$

雷诺应力方程的另一种形式为

$$\bar{\rho}\frac{\widetilde{D}}{Dt}(\widetilde{u''_i u''_j}) = \frac{\partial \overline{R}_{ij}}{\partial t} + \frac{\partial}{\partial x_k}(\widetilde{u}_k \overline{R}_{ij}) = \underbrace{\bar{\rho} P_{ij}}_{\text{生成}} + \underbrace{\bar{\rho} \Pi_{ij}}_{\text{再分配}} - \underbrace{\bar{\rho} \varepsilon_{ij}}_{\text{耗散}} + \underbrace{\bar{\rho} M_{ij}}_{\text{质量通量的贡献}} + \underbrace{\bar{\rho} D_{ij}}_{\text{输运&扩散}}$$

(4.101)

式中

$$\begin{cases}
\bar{\rho} P_{ij} = -\left[\overline{R}_{ik}\frac{\partial \widetilde{u}_j}{\partial x_k} + \overline{R}_{kj}\frac{\partial \widetilde{u}_i}{\partial x_k}\right] = -[\overline{R}_{ik}(\widetilde{S}_{kj} - \widetilde{w}_{kj}) + \overline{R}_{kj}(\widetilde{S}_{ik} + \widetilde{w}_{ik})] \\
\bar{\rho} \Pi_{ij} = \overline{p'\left(\frac{\partial u''_i}{\partial x_j} + \frac{\partial u''_j}{\partial x_i}\right)} = \overline{p'\left(\frac{\partial u'_i}{\partial x_j} + \frac{\partial u'_j}{\partial x_i}\right)} \\
\bar{\rho} \varepsilon_{ij} = \overline{\tau'_{ik}\frac{\partial u''_j}{\partial x_k}} + \overline{\tau'_{jk}\frac{\partial u''_i}{\partial x_k}} = \overline{\tau'_{ik}\frac{\partial u'_j}{\partial x_k}} + \overline{\tau'_{jk}\frac{\partial u'_i}{\partial x_k}} \\
\bar{\rho} M_{ij} = \overline{\rho'u''_i}\left(\frac{\partial \bar{p}}{\partial x_j} - \frac{\partial \bar{\tau}_{jk}}{\partial x_k}\right) + \overline{\rho'u''_j}\left(\frac{\partial \bar{p}}{\partial x_i} - \frac{\partial \bar{\tau}_{ik}}{\partial x_k}\right) \\
\qquad = \overline{\rho'u'_i}\left(\frac{\partial \bar{p}}{\partial x_j} - \frac{\partial \bar{\tau}_{jk}}{\partial x_k}\right) + \overline{\rho'u'_j}\left(\frac{\partial \bar{p}}{\partial x_i} - \frac{\partial \bar{\tau}_{ik}}{\partial x_k}\right) \\
\bar{\rho} D_{ij} = -\frac{\partial}{\partial x_k}[\overline{\rho u''_i u''_j u''_k} + (\delta_{ik}\overline{p'u''_j} + \delta_{jk}\overline{p'u''_i}) - (\overline{\tau'_{ik}u''_j} + \overline{\tau'_{jk}u''_i})] \\
\qquad = -\frac{\partial}{\partial x_k}[\underbrace{\bar{\rho}\widetilde{u''_i u''_j u''_k}}_{\text{湍流输运}} + (\delta_{ik}\overline{p'u'_j} + \delta_{jk}\overline{p'u'_i}) - \underbrace{(\overline{\tau'_{ik}u'_j} + \overline{\tau'_{jk}u'_i})}_{\text{黏性扩散}}]
\end{cases}$$

(4.102)

注意：$\overline{f'g''} = \overline{f'g} - f'\widetilde{g} + \overline{f'g'} = \overline{f'g'}$。

除生成项以外，所有这些项都需要建模。在可能的情况下，这些较高阶相关性也通过明确地分离出平均密度而用它们的雷诺平均对应式写出。尽管等式就其不可压缩对应式的形式保持不变，但与雷诺变量对应式相关的物理意义改变了。这种变化的根本原因是将质量通量的贡献同化成 Favre 平均变量和雷诺平均变量之间的关系。在闭合这些较高阶相关关系时，最好用雷诺平均变量将它们重新写出，这样来自它们不可压缩对应式的适应性就更明显了。

虽然湍流应力输运模型更适合于湍流模拟，但是对湍流闭合使用了双方程闭合：基于可压缩的单位质量的湍流动能(k)的闭合以及毁灭项的各向同性形式或单位质量湍流能量耗散率($\varepsilon = \varepsilon_{ii}/2$)的闭合。

4.3.4.5 湍流动能方程

式(4.103)定义了单位体积的 Favre 平均湍流动能($\bar{\rho} \times \tilde{k}$)。式(4.104)定义了单位质量的湍流动能($\tilde{k} \equiv \widetilde{u_i'' u_i''}/2$),它表示单位质量的平均波动动能。这个项($\tilde{k}$)也等于 $\frac{1}{2}\overline{\rho u_i'' u_i''}/\bar{\rho}$,如式(4.104)所示。在本书中,定义两个项,即 Favre 平均 TKE[①] 和单位质量 Favre 平均湍流动能($\tilde{k}$),分别为

$$\bar{\rho} \times \tilde{k} = \frac{1}{2}\overline{\rho u_i'' u_i''} - \frac{\overline{R_{ii}}}{2} = \frac{\overline{R_{11}} + \overline{R_{22}} + \overline{R_{33}}}{2} \quad (4.103)$$

$$\tilde{k} \equiv \frac{1}{2}\widetilde{u_i'' u_i''} = \frac{1}{2}\frac{\overline{\rho u_i'' u_i''}}{\bar{\rho}} \quad 通常 k 没有(\sim) \quad (4.104)$$

对于 $i=j$,式(4.100)成为了 TKE 方程:

$$\underbrace{\frac{\tilde{D}}{Dt}\left(\frac{1}{2}\overline{\rho u_i'' u_i''}\right)}_{\text{I}} =$$

$$-\underbrace{\frac{\partial}{\partial x_k}\overline{u_k''\left(\frac{1}{2}\rho u_i'' u_i''\right)}}_{\text{II}} - \underbrace{\overline{u_i''\frac{\partial p}{\partial x_i}}}_{\text{III}} + \underbrace{\overline{u_i''\frac{\partial \tau_{ik}'}{\partial x_k}}}_{\text{IV}} - \underbrace{\overline{\rho u_i'' u_k''}\frac{\partial \tilde{u}_i}{\partial x_k}}_{\text{V}} - \underbrace{\frac{1}{2}\overline{\rho u_i'' u_i''}\frac{\partial \tilde{u}_k}{\partial x_k}}_{\text{VI}}$$

$$(4.105)$$

式(4.105)中的项的物理意义如下:

I : $\frac{Dt}{Dt}\left(\frac{1}{2}\overline{\rho u_i'' u_i''}\right)$(平均流体颗粒 TKE 的变化速率);

II : $\frac{\partial}{\partial x_k}\overline{u_k''\left(\frac{1}{2}\rho u_i'' u_i''\right)}$(由湍流波动带来的波动运动引起的 TKE 平流输运);

III : $-\overline{u_i''\frac{\partial p}{\partial x_i}}$(压力和速度波动所做的功);

IV : $\overline{u_i''\frac{\partial \tau_{ik}'}{\partial x_k}}$(由波动运动产生的黏性应力对 TKE 产生影响(与湍流输运和耗散项相关));

V : $\overline{\rho u_i'' u_k''}\frac{\partial \tilde{u}_i}{\partial x_k}$(由平均流动速度梯度和雷诺应力产生的 TKE);

---

① TKE:turbulence kinetic energy,湍流动能。——译者注

Ⅵ：$\frac{1}{2}\overline{\rho u_i'' u_i''}\frac{\partial \widetilde{u}_k}{\partial x_k}$（由平均流体运动的扩张而产生的TKE）。

单位质量TKE方程可用$\widetilde{k}$（或简单为k）写为

$$\frac{\widetilde{\mathrm{D}}\overline{\rho}k}{\mathrm{D}t} = \frac{\widetilde{\mathrm{D}}}{\mathrm{D}t}\left(\frac{1}{2}\overline{\rho u_i'' u_i''}\right) = -\frac{\partial}{\partial x_k}\overline{u_k''\left(\frac{1}{2}\rho u_i'' u_i''\right)} - \overline{u_i''\frac{\partial p}{\partial x_i}} + \overline{u_i''\frac{\partial \tau_{ik}'}{\partial x_k}}$$

$$- \overline{\rho u_i'' u_k''}\frac{\partial \widetilde{u}_i}{\partial x_k} - \frac{1}{2}\overline{\rho u_i'' u_i''}\frac{\partial \widetilde{u}_k}{\partial x_k} \tag{4.106}$$

式(4.106)中，以下表达式可以替代波动应力张量：

$$\tau_{ik}' = 2\overline{\mu}(S_{ik}' - \frac{1}{3}S_{ll}'\delta_{ik}) + 2\mu'(S_{ik}' - \frac{1}{3}S_{ll}'\delta_{ik}) + 2\mu'(\overline{S}_{ik} - \frac{1}{3}\overline{S}_{ll}\delta_{ik})$$

$$- \overline{2\mu'(S_{ik}' - \frac{1}{3}S_{ll}'\delta_{ik})} \tag{4.107}$$

单位质量TKE($k \equiv \tau_{ii}/2$)方程的另一种形式为

$$\overline{\rho}\frac{\widetilde{\mathrm{D}}k}{\mathrm{D}t} = \underbrace{\overline{\rho}P}_{\text{生成}} + \underbrace{\overline{\rho}\Pi}_{\text{再分配}} - \underbrace{\overline{\rho}\varepsilon}_{\text{耗散}} + \underbrace{\overline{\rho}M}_{\text{质量通量的贡献}} + \underbrace{\overline{\rho}D}_{\text{输运\&扩散}} \tag{4.108}$$

式中

$$\begin{cases}\overline{\rho}P = \frac{\overline{\rho}P_{ii}}{2} = -\overline{R}_{ik}\frac{\partial \widetilde{u}_i}{\partial x_k} = -\overline{R}_{ik}\widetilde{S}_{ki} \\ \overline{\rho}\Pi = \frac{\overline{\rho}\Pi_{ii}}{2} = \overline{p'\frac{\partial u_i'}{\partial x_i}} \\ \overline{\rho}\varepsilon = \frac{\overline{\rho}\varepsilon_{ii}}{2} = \overline{\tau_{ik}'\frac{\partial u_i'}{\partial x_k}} = \overline{\tau_{ik}'S_{ki}'} \\ \overline{\rho}M = \frac{\overline{\rho}M_{ii}}{2} = \overline{\rho'u_i'}\left(\frac{\partial \overline{p}}{\partial x_i} - \frac{\partial \overline{\tau}_{ik}}{\partial x_k}\right) \\ \overline{\rho}D = \frac{\overline{\rho}D_{ii}}{2} = -\frac{\partial}{\partial x_k}\left[\underbrace{\overline{\rho u_i'' u_i'' u_k''}}{2} + (\delta_{ik}\overline{p'u_i'})}_{\text{湍流输运}} - \underbrace{(\overline{\tau_{ik}'u_i'})}_{\text{黏性扩散}}\right]\end{cases} \tag{4.109}$$

式(4.108)右侧的所有项，包括生成项，都需要闭合。生成项需要规范雷诺应力张量，这相当于指定雷诺应力的各向异性。湍流动能也可以解释为雷诺应力张量的各向同性部分，它由输运方程(4.108)控制。对于生成、湍流输运和黏性扩散项，通常通过不可压缩形式的可变密度扩展来实现闭合。对于生成

项,常用的双方程闭合是假设如下形式的应力张量的各向同性涡黏度模型:

$$\overline{R}_{ij} = \underbrace{2\overline{\rho}k\frac{\delta_{ij}}{3}}_{各向同性部分} + \underbrace{2\overline{\mu}_t\left(\widetilde{S}_{ij} - \widetilde{S}_{kk}\frac{\delta_{ij}}{3}\right)}_{各向异性部分} \qquad (4.110)$$

式中

$$\overline{\mu}_t = \overline{\rho}C_\mu k\tau_{\text{turb}} \qquad (4.111)$$

其中:μ_t 为湍流黏度;τ_{turb} 为特征湍流时间尺度(在 k-ε 模型中可以被定义为 k/ε);系数 $C_\mu = 0.09$,这个值来自假设的二维边界层流平衡层的湍流剪切应力和湍流动能之间的比例假设。

我们可以证实雷诺应力张量的迹的一半等于湍流动能,即

$$\frac{\overline{R}_{ii}}{2} = \frac{\overline{R}_{11} + \overline{R}_{22} + \overline{R}_{33}}{2} = \overline{\rho}k \qquad (4.112)$$

式(4.109)中的湍流输运项和黏性扩散项建模如下:

$$\overline{\rho}D = \frac{\partial}{\partial x_k}\left[\left(\overline{\mu} + \frac{\overline{\mu}_t}{\sigma_k}\right)\frac{\partial k}{\partial x_k}\right] \qquad (4.113)$$

式中:σ_t 被视为湍流动能扩散的湍流普朗特数,其值在 1.0 左右变化。

4.3.4.6 湍流耗散率方程

湍流耗散率定义为

$$\overline{\rho}\varepsilon \equiv \frac{\overline{\rho\varepsilon_{ii}}}{2} = \overline{\tau'_{ij}S''_{ij}} = \overline{\tau'_{ij}S'_{ij}} \qquad (4.114)$$

式中:波动速度应变率张量 $S'_{ij} \equiv \frac{1}{2}\left(\frac{\partial u'_j}{\partial x_i} + \frac{\partial u'_i}{\partial x_j}\right)$;类似地,$S''_{ij} \equiv \frac{1}{2}\left(\frac{\partial u''_j}{\partial x_i} + \frac{\partial u''_i}{\partial x_j}\right)$。

通过代入式(4.107)的 τ'_{ij},有

$$\overline{\rho}\varepsilon = (2\overline{\mu}\,\overline{S'_{ij}S'_{ij}} - \frac{2}{3}\overline{\mu}\,\overline{S'_{kk}S'_{ll}}) + 2\overline{\mu'S'_{ij}}\,\overline{S_{ij}} - \frac{2}{3}\overline{\mu'S'_{kk}}\,\overline{S_{ll}}$$
$$+ 2\overline{\mu'S'_{ij}S'_{ji}} - \frac{2}{3}\overline{\mu'S'_{kk}S'_{ll}} \qquad (4.115)$$

在平均守恒方程的发展中,常常忽略波动黏度的贡献。然而,这些贡献在定义耗散率上的作用可以进行进一步评估。在 Huang,Coleman 和 Bradshaw(1995)的冷壁管道流动模拟结果中,式(4.115)中包含波动黏度和与平均应变率相关的速度梯度的乘积,仅对非常靠近壁面的总耗散率有显著贡献(6%~16%,取决于壁温)。相比之下,据 Gatski 和 Bonnet(2009),涉及三阶波动的项

在整个流动中很小。根据这个结果,模型的开发仅关注涉及平均黏度的项。湍流耗散率项可以进一步分解为

$$\bar{\rho}\varepsilon \approx 2\bar{\mu}\,\overline{S'_{ij}S'_{ij}} - \frac{2}{3}\bar{\mu}\,\overline{S'_{kk}S'_{ll}} = 2\bar{\mu}\,\overline{w'_{ij}w'_{ij}} + 2\bar{\mu}\,\overline{\frac{\partial u'_k}{\partial x_i}\frac{\partial u'_i}{\partial x_k}} - \frac{2}{3}\bar{\mu}\,\overline{S'_{kk}S'_{ll}}$$

$$= \bar{\mu}\,\overline{\omega'_i\omega'_i} + 2\bar{\mu}\,\overline{\frac{\partial u'_k}{\partial x_i}\frac{\partial u'_i}{\partial x_k}} - \frac{2}{3}\bar{\mu}\,\overline{S'_{kk}S'_{ll}}$$

$$= \underbrace{\bar{\mu}\,\overline{\omega'_i\omega'_i}}_{\substack{\bar{\rho}\varepsilon_{\mathrm{hom}} \\ \text{(或螺线耗散率)}}} + \underbrace{2\bar{\mu}\,\frac{\partial}{\partial x_k}\left[\frac{\partial(\overline{u'_k u'_l})}{\partial x_l} - 2(\overline{u'_k S'_{ll}})\right]}_{\bar{\rho}\varepsilon_{\mathrm{inhom}}} + \underbrace{\frac{4}{3}\bar{\mu}\,\overline{S'_{kk}S'_{ll}}}_{\bar{\rho}\varepsilon_{\mathrm{dilat}}} \quad (4.116)$$

式中

$$\omega'_i \equiv \varepsilon_{ijk} w'_{ij} = \varepsilon_{ijk}\frac{1}{2}\left(\frac{\partial u'_j}{\partial x_i} - \frac{\partial u'_i}{\partial x_j}\right)$$

$$\text{置换张量 } \varepsilon_{ijk} \equiv \begin{cases} 1 & \text{(指标为偶排列时)} \\ -1 & \text{(指标为奇排列时)} \\ 0 & \text{(两个或以上的指标相等时)} \end{cases}$$

以下关系用于推导式(4.116):

$$\overline{\frac{\partial u'_k}{\partial x_i}\frac{\partial u'_i}{\partial x_k}} = \frac{\partial^2 \overline{u'_i u'_k}}{\partial x_i \partial x_k} - 2\frac{\partial}{\partial x_k}(\overline{u'_k S'_{ii}}) + \overline{S'_{ii}S'_{kk}}$$

$$\overline{S'_{ik}S'_{ki}} = \overline{w'_{ik}w'_{ki}} + \overline{\frac{\partial u'_i}{\partial x_k}\frac{\partial u'_k}{\partial x_i}} \quad (4.117)$$

来自$\varepsilon_{\mathrm{hom}}$的贡献也称为螺线耗散率(无散度或恒定密度),因为它直接类似于一个不可压缩的对应物$\varepsilon_{\mathrm{inhom}}$,这是个"非均匀的"贡献,以及$\varepsilon_{\mathrm{dilat}}$,即"扩张的"耗散率。不均匀贡献$\varepsilon_{\mathrm{inhom}}$,包含一个与波动速度二阶矩梯度相关的项和一个包含波动扩张的项。含有波动速度二阶矩的项可以在Favre变量上与湍流应力场关联,并可以假设是一个已知量。然后,由于波动扩张,这个湍流应力梯度项应该主导任何贡献。在均匀湍流中,$\varepsilon_{\mathrm{hom}}$和$\varepsilon_{\mathrm{dilat}}$两者都存在,它们的相对重要性可以通过数值模拟来评估。

如果流动是不可压缩的,那么湍流耗散率为(由于$\partial u'_i/\partial x_i = 0$):

$$\varepsilon \approx 2\bar{\nu}\,\overline{S'_{ij}S'_{ij}} = \underbrace{\bar{\nu}\,\overline{\omega'_i\omega'_i}}_{\varepsilon_{\mathrm{hom}}} + \underbrace{2\bar{\nu}\,\frac{\partial^2}{\partial x_k \partial x_l}(\overline{u'_k u'_l})}_{\text{在均匀湍流中}\varepsilon_{\mathrm{inhom}}=0} \quad (4.118)$$

螺线湍流耗散率$\varepsilon_{\mathrm{hom}}$的输运方程可以用这种方式写为

$$\frac{\widetilde{D}\varepsilon_{\text{hom}}}{Dt} = \underbrace{P_\varepsilon^1}_{\substack{\text{因}\partial\widetilde{u}_i/\partial x_j\text{而}\\\text{产生的耗散量}}} + \underbrace{P_\varepsilon^2}_{\substack{\text{因}\partial\widetilde{\omega}_i/\partial x_j\text{而}\\\text{产生的量}}} + \underbrace{P_\varepsilon^3}_{\substack{\text{来自}\partial u_i''/\partial x_j\text{的}\\\text{涡旋伸展产生的量}}} - \underbrace{\Gamma}_{\text{黏性破坏}} + \underbrace{T_\varepsilon}_{\text{湍流输运}}$$

$$+ \underbrace{D_\varepsilon}_{\text{黏性扩散}} + \underbrace{T_\varepsilon^c}_{\substack{\text{可压缩}\\\text{湍流输运}}} + \underbrace{B_\varepsilon}_{\substack{\text{因}\partial\rho/\partial x_j\text{和}\partial p/\partial x_i\\\text{而产生的斜压项}}} + \underbrace{F_\varepsilon}_{\substack{\text{因}\partial\tau_{ik}'/\partial x_k\text{的}\\\text{而产生的力项}}} + \underbrace{\frac{\varepsilon_{\text{hom}}}{\widetilde{\mu}}\frac{\widetilde{D}\overline{\mu}}{Dt}}_{\text{平均黏度变化}} \quad (4.119)$$

式中

$$\begin{cases} P_\varepsilon^1 = 2\overline{\mu}\left[\overline{(\omega_i'\omega_j'\overline{S}_{ij} + \omega_i'S_{ij}'\overline{\omega}_j)} - \overline{(\omega_i'\omega_i'\overline{S}_{jj} + \omega_i'S_{jj}'\overline{\omega}_i)}\right] \\ P_\varepsilon^2 = -2\overline{\mu}\,\overline{(u_k'\omega_i')}\,\dfrac{\partial\overline{\omega}_i}{\partial x_k} \\ P_\varepsilon^3 = 2\overline{\mu}\left[\overline{\omega_i'\omega_j'S_{ij}'} - \overline{\omega_i'\omega_i'S_{jj}'}\right] \\ \Gamma = 2\overline{\mu}\,\overline{\left[\dfrac{\partial}{\partial x_k}\left(\dfrac{\omega_l'}{\rho}\right)\right]\left(\varepsilon_{lij}\dfrac{\partial\tau_{ik}}{\partial x_j}\right)} \\ T_\varepsilon = -\overline{\mu}\,\dfrac{\partial}{\partial x_k}\overline{(u_k'\omega_i'\omega_i')} \\ D_\varepsilon = 2\overline{\mu}\,\dfrac{\partial}{\partial x_k}\left[\overline{\left(\dfrac{\omega_l'}{\rho}\right)\left(\varepsilon_{lij}\dfrac{\partial\tau_{ik}}{\partial x_j}\right)}\right] \\ T_\varepsilon^c = \overline{\mu}\,\overline{\omega_i'\omega_i'S_{kk}'} \\ B_\varepsilon = -2\overline{\mu}\,\overline{\left(\dfrac{\omega_l'}{\rho^2}\right)\left(\varepsilon_{lij}\dfrac{\partial\rho}{\partial x_j}\dfrac{\partial p}{\partial x_i}\right)} \\ F_\varepsilon = 2\overline{\mu}\,\overline{\left(\dfrac{\omega_l'}{\rho^2}\right)\left(\varepsilon_{lij}\dfrac{\partial\tau_{ik}'}{\partial x_k}\dfrac{\partial p}{\partial x_j}\right)} \end{cases} \quad (4.120)$$

B_ε 和 F_ε 都是由于作用在与密度梯度垂直的体积元上的力所做的贡献。最后,式(4.119)右边的最后一项不需要建模,只是平均黏度的变化。由于非均匀湍流耗散率和扩张湍流耗散率(分别为 $\varepsilon_{\text{inhom}}$ 和 $\varepsilon_{\text{dilat}}$)分别与雷诺应力输运方程和运动方程相关,因此不需要这两项的输运方程。

式(4.119)对开发一种严格闭合的输运方程的任何尝试都提出了严峻的挑战。然而,有了 ε_{hom} 方程的这种形式,以类似于构造用于不可压缩流的模型方程的方式来构造模型方程是合乎逻辑的。在不可压缩流的文献中存在的很多这种模型包含有源项、汇项和扩散项。以下模型是含有闭合问题和策略的那些

模型的一个例子(Gatski 和 Bonnet,2009):

$$P_\varepsilon^1 = -C_\varepsilon^1 \widetilde{(u_i'' u_j'')} \left(\frac{\widetilde{S}_{ji}}{\tau_t}\right) - C_\varepsilon^{1\prime} \bar{\rho}\varepsilon\widetilde{S}_{jj} \quad, \tau_t = \frac{k}{\varepsilon} \qquad (4.121)$$

在该模型中,C_ε^1 和 $C_\varepsilon^{1\prime}$ 为闭合系数。第一项是不可压缩模型的扩展,第二项是恰当考虑因体积压缩和膨胀而产生的扩张效应所必需的。省略平均扩张项将导致模型错误地预测出各向同性膨胀积分长度尺度的减小和各向同性压缩的增加(Lele,1994)。Coleman 和 Mansour(1991b)为用于不可压缩湍流快速球形(各向同性)压缩情况下的式(4.121)中的平均扩张项开发了一个精确的模型,并将它应用在了可压缩湍流的情况中(Coleman 和 Mansour,1991a)。在后一种情况下,也需要考虑压力扩张效应。在前一种情况下,由快速畸变理论(rapid distortion theory, RDT)产生的演化方程的精确解可以用作建模指南。Coleman 和 Mansour(1991a)对 $C_\varepsilon^{1\prime}$ 推导出一个表达式为 $C_\varepsilon^{1\prime} = [1 + 3n(\gamma - 1) - 2C_\varepsilon^1]/3$,其中:$n$ 为黏度定律中的温度指数。

第二个源项 P_ε^2 在许多双方程模型中被忽略,但正如 Rodi 和 Mansour(1993)对不可压缩流和 Kreuzinger, Friedrich 和 Gatski(2006)对可压缩流所证明那样,它相对于其他源项和湍流扩散项的组合而言具有可比较的尺寸。Rodi 和 Mansour(1993)提出的形式被推广,其用于可压缩情况下的形式如下:

$$P_\varepsilon^2 = -\bar{\mu}\tau_t \frac{\partial}{\partial x_l}\left(\widetilde{S}_{il} - \frac{1}{2}\varepsilon_{ijl}\widetilde{\omega}_j\right)\left[C_\varepsilon^2(\bar{\rho}k)\frac{\partial}{\partial x_k}\left(\widetilde{S}_{ik} - \frac{1}{2}\varepsilon_{ipk}\widetilde{\omega}_p\right)\right.$$
$$\left. + C_\varepsilon^{2\prime}\left(\widetilde{S}_{ik} - \frac{1}{2}\varepsilon_{iqk}\widetilde{\omega}_q\right)\frac{\partial(\bar{\rho}k)}{\partial x_k}\right] \qquad (4.122)$$

式中:$C_\varepsilon^2, C_\varepsilon^{2\prime}$ 为闭合系数。

式(4.122)中的汇项由涡旋拉伸项 P_ε^3 和毁灭项 $\varGamma$ 的组合表示。假设这两个项具有相同的渐近行为,并组合形成一个近似为下式的汇项:

$$P_\varepsilon^2 - \varGamma = -C_\varepsilon^3 \frac{\varepsilon}{\tau_t} \qquad (4.123)$$

湍流输运和黏性扩散项可以合并,例如在不可压缩的情况下,在一个模型中用以下的形式:

$$D_\varepsilon = \frac{1}{\bar{\rho}}\frac{\partial}{\partial x_k}\left[(\bar{\mu}\delta_{kj} + \tau_t C_\varepsilon \bar{\rho} \widetilde{u_k'' u_j''})\frac{\partial \varepsilon}{\partial x_j}\right] \qquad (4.124)$$

对于双方程模型,该模型简化为

$$D_\varepsilon = \frac{1}{\bar{\rho}}\frac{\partial}{\partial x_k}\left[\left(\bar{\mu} + \frac{\bar{\mu}_t}{\sigma_\varepsilon}\right)\frac{\partial \varepsilon}{\partial x_k}\right] \qquad (4.125)$$

其中

$$\bar{\mu}_t = \bar{\rho} C_\mu k \tau_t = \bar{\rho} C_\mu k^2 / \varepsilon \tag{4.126}$$

常数 C_μ 为闭合系数($=0.09$),$\sigma_\varepsilon (\approx 1.3)$ 为耗散率普朗特数。

这些闭合模型已根据其不可压缩形式对生成项、毁灭项和输运-扩散项进行了改造。读者可以参考 Pope(2000)、Mathieu 和 Scott(2000)以及 Launder 和 Sandham(2000)的著作,以及相关不可压缩建模最新技术概述的参考资料。大多数 ε 方程的不可压缩模型不包括式(4.122)的任何贡献,并且仅由建模项式(4.121)、式(4.123)和式(4.124)或式(4.125)组成,它们带有的闭合系数由以下值给出,具体取决于校准:

$$C_\varepsilon^1 \approx 1.44, C_\varepsilon^3 \approx 1.92, C_\varepsilon \approx 0.15, C_\mu \approx 0.09 \tag{4.127}$$

很明显,如果这些是 ε_{hom} 方程中仅有的包含项,它本质上是不可压缩形式的一种可变密度扩展。这些模型广泛用来模拟零压力梯度边界层流中的有壁面边界的流动。

为了实现由压缩效应带来的项的闭合,即式(4.120)中的 T_ε^c,B_ε 和 F_ε 项——Kreuzinger,Friedrich 和 Gatski(2006)对在管道流、边界层流和混合层流中这些项做了先验评估。在管道流(冷壁)和边界层流(绝热壁)中,这些项的最大波动幅度小于生成项/毁灭项的10%。然而,在所检验的范围内(1∶5<M<3∶2),马赫数有所增加,尽管相对贡献仍然很小。在混合层流情况下,发现在跨越层时无论是否存在密度差异,可压缩湍流输运项 T_ε^c 和来自黏性应力梯度项 F_ε 的力都可忽略不计。然而,在有密度梯度的情况下,Kreuzinger,Friedrich 和 Gatski(2006)发现斜压项增加到与生成项相当的水平。应该注意的是,在没有剪切的情况下,已发现斜压项(Pirozzoli 和 Grasso,2004)不影响 ε_{hom} 方程中的动态平衡。作为深入了解斜压项的第一步,B_ε 可以改写为:

$$B_\varepsilon \approx -\frac{2\bar{\mu}}{\bar{\rho}^2}\left[\varepsilon_{lij}\left(\overline{\omega_l' \frac{\partial \bar{\rho}}{\partial x_j} \frac{\partial \bar{p}}{\partial x_i}}\right) + \varepsilon_{lij}\overline{\omega_l' \frac{\partial \rho}{\partial x_j} \frac{\partial p}{\partial x_i} \sum_{n=1}^{\infty}(-1)^n \left(2\frac{\rho'}{\bar{\rho}} + \frac{\rho'^2}{\bar{\rho}^2}\right)^n}\right] \tag{4.128}$$

这个等式可以用第一项来近似(Kreuzinger,Friedrich 和 Gatski,2006)。Krishnamurty 和 Shyy(1997)将这个项划分成了3个部分:

$$B_\varepsilon \approx -\frac{2\bar{\mu}}{\bar{\rho}^2}\left[\varepsilon_{lij}\left(\overline{\omega_l' \frac{\partial \bar{\rho}}{\partial x_i} \frac{\partial \bar{p}}{\partial x_j}}\right)\right] = -\frac{2\bar{\mu}}{\bar{\rho}^2}\left[\left(\varepsilon_{lij}\overline{\omega_l' \frac{\partial p'}{\partial x_i} \frac{\partial \bar{\rho}}{\partial x_j}}\right) + \left(\varepsilon_{lij}\overline{\omega_l' \frac{\partial \rho'}{\partial x_j} \frac{\partial \bar{p}}{\partial x_i}}\right)\right.$$
$$\left. + \left(\varepsilon_{lij}\overline{\omega_l' \frac{\partial \rho'}{\partial x_j} \frac{\partial p'}{\partial x_i}}\right)\right] \tag{4.129}$$

从数量级分析,他们得出等式右侧第二项是主导项的结论。Aupoix(2004)分析了这些同样的贡献并总结到,对于可压缩混合层,由于在这种流动中没有压力梯度效应,第一项起主导作用。忽略涉及高阶相关的第三项。与这两项研究结论相反①,Kreuzinger,Friedrich 和 Gatski(2006)从 DNS 混合层数据的先验分析中发现,高阶三重相关项占主导地位。有趣的是,即使从相同的斜压项起点也会提出相当多样化的模型。例如:Krishnamurty 和 Shyy(1997)在式(4.129)中保留了平均压力梯度项,并提出了一个包括了质量通量的模型。相比之下,Aupoix(2004)则认为,在混合层中,平均压力是恒定的,因此斜压项与平均密度梯度成正比,将其与等熵流的假设结合后,就能将波动变化的压力梯度项与平均速度梯度联系起来。不幸的是,他们提出的模型仅适用于二维流动。第三个例子是由 Kreuzinger,Friedrich 和 Gatski(2006)提出的建议,他们为三重相关项提出了一个模型。他们根据自由剪切流以及各向同性湍流的谱分析和混合长度概念中的波动密度梯度项估算了波动变化的压力梯度项。他们提出的这 3 个模型可以总结如下(Gatski 和 Bonnet,2009):

$$B_\varepsilon \propto \begin{cases} \tau_t^{-1} \left(\dfrac{\overline{\rho' u_j'}}{\bar{\rho}} \right) \dfrac{\partial \bar{p}}{\partial x_j} & \text{Krishnamurty 和 Shyy}(1997) \\ k^{3/2} \left(\dfrac{\partial \widetilde{u_x}}{\partial y} \right) \dfrac{\partial \bar{\rho}}{\partial y} & \text{Aupoix(对于二维边界层)}(2004) \\ \tau_t^{-1} k^{3/2} \left| \dfrac{1}{\bar{\rho}} \dfrac{\partial \bar{\rho}}{\partial x_j} \right| & \text{Kreuzinger,Friedrich,和 Gatski}(2006) \end{cases}$$

(4.130)

从这个讨论中可以明显看出,尽管不可压缩耗散率模型的可变密度扩展足以满足 ε_{hom} 方程中的许多未知相关性,但与压缩性直接相关的项的模型尚未最终确定。虽然这里提出了一种广泛利用 DNS 数据来获取这些模型的合理闭合的分析和评估方法,但仍需要评估具有更宽参数范围的更多模拟研究。

大多数利用 ε_{hom}(以及其他变量)的 RANS(reynolds averaged Navier-Stokes)应用程序不包含与压缩效应直接相关的项。RANS 方程中的项要求适当考虑任意可变密度效应,并且还不能给出可以产生正确平均场变量的解。Huang,Bradshaw 和 Coakley(1992,1994)认识到可压缩壁面流的这个问题,并对不可压缩螺线耗散率方程(以及其他潜在的比例方程,如比耗散率 $\omega \equiv \varepsilon/k$)提供了一个合理的修正。这个等式由 Catris 和 Aupoix(2000)进行了扩展,并推广到各种双方程模型中。读者可以参考 Gatski 和 Bonnet(2009)来了解高速可压缩湍流流动 ε 方程闭合模型的更多描述。

---

① 原文中"Both studies"疑为排版错误,翻译时删去。——译者注

4.3.4.7 物质质量守恒方程

基于 Favre 平均的物质质量守恒方程可以表示为以下形式：

$$\underbrace{\frac{\partial}{\partial t}(\bar{\rho}\,\widetilde{Y}_k)}_{\text{I}} + \underbrace{\frac{\partial}{\partial x_i}(\bar{\rho}\,\widetilde{Y}_k\,\widetilde{u}_i)}_{\text{II}} = \underbrace{\frac{\partial}{\partial x_i}\left(\overline{D\rho}\,\frac{\partial \widetilde{Y}_k}{\partial x_i} + \overline{D\rho\frac{\partial Y_k''}{\partial x_i}}\right)}_{\text{III}} - \underbrace{\frac{\partial}{\partial x_i}\overline{\rho Y_k'' u_i''}}_{\text{IV}} + \underbrace{\dot{\bar{\omega}}_k}_{\text{V}}$$

(4.131)

这些项的物理意义如下：

Ⅰ 第 k 种化学物质的增加速率(储存项)；
Ⅱ 第 k 种物质通过平流输出控制体积的净速率；
Ⅲ 通过质量扩散带来的第 k 种物质的增加速率，其中 D 为质量扩散系数；
Ⅳ 通过湍流标量输运带来的第 k 种物质的增加速率；
Ⅴ 通过化学反应带来的第 k 种物质生成(或消耗)的速率。

4.3.5 涡量方程

湍流是旋转的，它们包含在空间和时间上具有强烈的、小尺度随机变化的涡量。涡量矢量($\boldsymbol{\omega}$)定义为

$$\boldsymbol{\omega} \equiv \nabla \times \boldsymbol{v} \tag{4.132}$$

涡量在物理上可以与流动中某一个点处的一个小流体颗粒的旋转速度相关联。流体颗粒的角(或旋转)速度矢量($\boldsymbol{\Omega}$)与涡量矢量相关：

$$\boldsymbol{\Omega} = \frac{1}{2}\boldsymbol{\omega} = \frac{1}{2}\nabla \times \boldsymbol{v} \tag{4.133}$$

通过取线性动量方程的旋度可以导出涡量方程。鼓励读者将此推导作为练习。可压缩流体的涡量方程用角速度矢量表示为

$$\underbrace{\frac{\mathrm{D}\boldsymbol{\Omega}}{\mathrm{D}t}}_{\begin{bmatrix}\text{流体颗粒角速度}\\\text{的增加速率}\end{bmatrix}} = \underbrace{\frac{\partial \boldsymbol{\Omega}}{\partial t}}_{\begin{bmatrix}\text{某一点处角速度}\\\text{的增加速率}\end{bmatrix}} + \underbrace{\boldsymbol{u}\cdot\nabla\boldsymbol{\Omega}}_{[\text{平流项}]}$$

$$= \underbrace{\boldsymbol{\Omega}\cdot\nabla\boldsymbol{u}}_{[\text{涡旋拉伸项}]} + \underbrace{\nabla\cdot(\nu\nabla\cdot\boldsymbol{\Omega})}_{[\text{黏性耗散}]} \underbrace{-\boldsymbol{\Omega}(\nabla\cdot\boldsymbol{u})}_{[\text{扩张对涡量的影响}]} \underbrace{-\frac{1}{2}\nabla\left(\frac{1}{\rho}\right)\times\nabla p}_{\begin{bmatrix}\text{由密度变化的介质中的}\\\text{压力梯度产生的涡量}\end{bmatrix}}$$

(4.134)

对于不可压缩流，涡量方程简化为

$$\frac{\partial \boldsymbol{\Omega}}{\partial t} + \boldsymbol{u}\cdot\nabla\boldsymbol{\Omega} = \boldsymbol{\Omega}\cdot\nabla\boldsymbol{u} + \nu\nabla^2\boldsymbol{\Omega} \quad \text{或} \quad \frac{\partial \boldsymbol{\Omega}_i}{\partial t} + u_j\frac{\partial \boldsymbol{\Omega}_i}{\partial x_j} = \boldsymbol{\Omega}_j\frac{\partial u_i}{\partial x_j} + \nu\frac{\partial^2 \boldsymbol{\Omega}_i}{\partial x_j \partial x_j}$$

(4.135)

龙卷风是非常大的漩涡的例子。沿其轴线拉伸一根涡流管使管内的流体旋转更快并减小其直径，以此来保持其角动量不变。这与固体力学中的角动量

守恒定律相同。一个众所周知的例子是滑冰者,当他们将手靠近身体时转得更快,反之亦然。流体力学中的一个例子是浴缸涡流,当它从流体表面到达排水管出口时会旋转得更快并且变得更小。

Batchelor 和 Townsend(1949)发现耗散发生在最小湍流尺度上集中涡量的孤立区。他们的研究表明,对于高雷诺数湍流,分子混合和耗散过程集中在孤立区。这些孤立区的总体积是流体体积的很小一部分。这些在不同位置发展的重度间歇性小尺寸结构称为涡流管或涡流蠕虫。这些涡流管可认为是流场中的许多带状物(图 4.6)。涡流蠕虫根据其当地最大拉伸条件不断从一组位置跳到其他位置。为了充分描述这些集中的高涡量区中的混合和耗散事件,必须考虑这些小尺度现象。化学反应湍流的涡流管的瞬时位置对湍流燃烧非常重要(在后面的章节中讨论)。

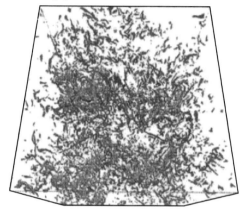

图 4.6　湍流中的小尺寸涡流管(蠕虫)

(http://www.warwick.ac.uk/~masbu/turb_symp/worms3.jpg)

正如 Chomiak(1979)所描述的那样,从两方面来研究这个问题:(a)对湍流波动能量级串进行统计建模;(b)考虑由于涡旋线拉伸而产生流体动力学涡旋的机理。Kuo 和 Corrsin(1971)通过实验证明,重度间歇性小尺寸结构是在不同的位置发展起来的。

湍流中的涡量波动可以具有比平均涡量高得多的量级,并且在任何方向上随机取向。涡矢量可以分解(如通过雷诺平均)如下:

$$\boldsymbol{\Omega} = \overline{\boldsymbol{\Omega}} + \boldsymbol{\Omega}' \quad \text{或} \quad \Omega_i = \overline{\Omega}_i + \Omega_i' \tag{4.136}$$

将此分解表达式代入式(4.135)并应用时间平均,得到平均涡量的方程如下:

$$\underbrace{\frac{\partial \overline{\Omega}_i}{\partial t}}_{\text{不稳定项}} + \underbrace{\overline{u}_j \frac{\partial \overline{\Omega}_i}{\partial x_j}}_{\text{平流项}} = \underbrace{\overline{\Omega}_j \frac{\partial \overline{u}_i}{\partial x_j}}_{\text{平均流动拉伸}} - \frac{\partial}{\partial x_j} \left\{ \underbrace{\overline{\Omega_i' u_j'}}_{\text{湍流平流}} - \underbrace{\overline{u_i' Q_j'}}_{\text{湍流拉伸}} \right\} + \underbrace{\nu \frac{\partial^2 \overline{\Omega}_i}{\partial x_j \partial x_j}}_{\text{黏性扩散}}$$

$$\tag{4.137}$$

将式(4.137)乘以 $\overline{\Omega}_i$ 并重新排列所得等式中的项,可以获得平均涡量平方的等式。这个等式及其每一项的物理意义显示如下。

$$\underbrace{\frac{\partial \frac{1}{2}\overline{\Omega}_i\overline{\Omega}_i}{\partial t}}_{\text{不稳定效应}} + \underbrace{\overline{u}_j\frac{\partial \frac{1}{2}\overline{\Omega}_i\overline{\Omega}_i}{\partial x_j}}_{\text{平均流动平流}} = \underbrace{\overline{\Omega}_i\overline{\Omega}_j\frac{\partial \overline{u}_i}{\partial x_j}}_{\text{平均流动拉伸}} - \overline{\Omega}_i\frac{\partial}{\partial x_j}\left\{\underbrace{\overline{\Omega'_i u'_j}}_{\text{湍流平流}} - \underbrace{\overline{u'_i \Omega'_j}}_{\text{湍流拉伸}}\right\}$$

$$+ \underbrace{\nu\frac{\partial^2 \frac{1}{2}\overline{\Omega}_i\overline{\Omega}_i}{\partial x_j \partial x_j}}_{\text{黏性输运}} - \underbrace{\nu\frac{\partial \overline{\Omega}_i}{\partial x_j}\frac{\partial \overline{\Omega}_i}{\partial x_j}}_{\text{黏性耗散}} \quad (4.138)$$

从式(4.135)中减去式(4.137),可以得到波动涡量的公式:

$$\frac{\partial \Omega'_i}{\partial t} + \overline{u}_j\frac{\partial \Omega'_i}{\partial x_j} = \overline{\Omega}_j\frac{\partial u'_i}{\partial x_j} + \Omega'_j\frac{\partial \overline{u}_i}{\partial x_j} - u'_j\frac{\partial \overline{\Omega}_i}{\partial x_j}$$

$$- \frac{\partial}{\partial x_j}\left\{\Omega'_i u'_j - \Omega'_j u'_i + \overline{\Omega'_j u'_i} - \overline{\Omega'_i u'_j}\right\} + \nu\frac{\partial^2 \Omega'_i}{\partial x_j \partial x_j} \quad (4.139)$$

式(4.139)可以乘以波动涡量 Ω' 来获得均方涡度波动的方程:

$$\underbrace{\frac{\partial \frac{1}{2}\overline{\Omega'_i \Omega'_i}}{\partial t}}_{\text{I. 不稳定效应}} + \underbrace{\overline{u}_j\frac{\partial \frac{1}{2}\overline{\Omega'_i \Omega'_i}}{\partial x_j}}_{\text{II. 平均流动平流}} = \underbrace{\overline{\Omega'_i \Omega'_j}\frac{\partial \overline{u}_i}{\partial x_j} + \overline{\Omega}_j\overline{\Omega'_i\frac{\partial u'_i}{\partial x_j}} - \overline{\Omega'_i u'_j}\frac{\partial \overline{\Omega}_i}{\partial x_j}}_{\text{III. 平均流动/湍流耦合}}$$

$$+ \underbrace{\overline{\Omega'_i \Omega'_j\frac{\partial u'_i}{\partial x_j}}}_{\substack{\text{IV. 波动涡量}\\\text{的湍流拉伸}}} - \underbrace{\frac{\partial}{\partial x_j}\left(\frac{1}{2}\overline{u'_j \Omega'_i \Omega'_i}\right)}_{\text{V. 由不均匀带来的传递项}} + \nu\frac{\partial^2 \frac{1}{2}\overline{\Omega'_i \Omega'_i}}{\partial x_j \partial x_j} - \underbrace{\nu\overline{\frac{\partial \Omega'_i}{\partial x_j}\frac{\partial \Omega'_i}{\partial x_j}}}_{\substack{\text{VI. 抑制涡量波动}\\\text{的黏性耗散}}} \quad (4.140)$$

式(4.140)也称为涡度拟能方程。"涡度拟能"这一术语(s_{en})定义为

$$s_{en} \equiv \frac{1}{2}\overline{\Omega_i \Omega_i} = \frac{1}{2}\overline{\Omega}_i\overline{\Omega}_i + \frac{1}{2}\overline{\Omega'_i \Omega'_i} \quad (4.141)$$

在高雷诺数下,第III项和V项远低于第IV项和VI项。因此,式(4.140)有时可以简化(Mathieu 和 Scott, 2000)。

研究人员(Gorski 和 Bernard, 1996)将涡度拟能方程与湍流动能方程一起使用作为双方程模型,与另一种流行的称为湍流动能和湍流耗散率(k-ε)方程的湍流建模方法进行比较。涡度拟能方程与湍流耗散率方程之间有很强的关联,这将在下一节中讨论。

4.3.6 涡度拟能与湍流耗散率之间的关系

对于不均匀湍流,ε 通过下式与 s_{en} 相关:

$$\frac{\varepsilon}{\nu} = 2s_{en} + \frac{\partial^2 k}{\partial x_j \partial x_j} - \varepsilon_{ijk} \frac{\partial}{\partial x_i}(\overline{u_j' \Omega_k'}) \qquad (4.142)$$

式中：ε_{ijk}为置换张量。

对于均匀湍流，右侧的最后两个项为零。因此，有

$$\frac{\varepsilon}{\nu} = 2s_{en} \qquad (4.143)$$

这种简单的代数关系表明了涡度拟能方程和湍流耗散率方程之间的紧密联系。不可压缩流动的湍流耗散率方程可以推导为

$$\begin{aligned}\frac{\partial \varepsilon}{\partial t} + \bar{u}_j \frac{\partial \varepsilon}{\partial x_j} = & -2\nu \overline{\frac{\partial u_j'}{\partial x_i} \frac{\partial u_j'}{\partial x_k} \frac{\partial \bar{u}_i}{\partial x_k}} - \varepsilon \frac{\overline{u_i' u_k'}}{k} \frac{\partial \bar{u}_i}{\partial x_k} - 2\nu \overline{u_k' \frac{\partial u_i'}{\partial x_j} \frac{\partial^2 \bar{u}_i}{\partial x_k \partial x_j}} \\ & - 2\nu \overline{\frac{\partial u_i'}{\partial x_k} \frac{\partial u_i'}{\partial x_j} \frac{\partial u_k'}{\partial x_j}} - 2\nu \frac{\partial}{\partial x_j}\left(\overline{\frac{\partial p'}{\partial x_j} \frac{\partial u_k'}{\partial x_j}}\right) - \nu \frac{\partial}{\partial x_k}\left(\overline{u_k' \frac{\partial u_i'}{\partial x_j} \frac{\partial u_i'}{\partial x_j}}\right) \\ & + \nu \frac{\partial^2 \varepsilon}{\partial x_j \partial x_j} - \nu^2 \overline{\left(\frac{\partial^2 u_i'}{\partial x_j \partial x_k}\right)^2} \end{aligned} \qquad (4.144)$$

可以看出，湍流涡度拟能方程和湍流耗散率方程有许多相似之处。然而，湍流涡度拟能方程没有涉及压力的项，这个项很难建模。Gorski 和 Bernard (1996) 已经证明，通过形式涡量输运分析可以得到涡度拟能方程中的几个生成项。用这种方式可以比 ε 方程更准确地计算生成项。如果将涡度拟能方程与 k 方程一起用于模拟湍流，那么涡度拟能方程中的生成项将影响能量收支，而对平均速度和湍流动能没有影响。因此，在新的生成项对计算的流场产生有益影响之前，必须改进对涡度拟能耗散项的建模。Gorski 和 Bernard(1996)的研究也表明，对于低雷诺数管道流，用涡度拟能方程的耗散模型可以更准确地表示涡度拟能平衡中的各个项，因而改进了湍流参数的预测。

4.4 湍流模型

模拟湍流的经典方法是基于 Navier-Stokes 方程的单点平均。它们通常称为雷诺平均 Navier-Stokes(Reynolds Averaged Navier-Stokes, RANS) 方程。尽管基于 RANS 方程的 k-ε 双方程模型在工程设计计算中非常流行，尤其是对于剪切流动。然而，它的成功是有限制的，特别是对于包含有回流区的流动。对于变密度流，Navier-Stokes 方程在式(4.73)和式(4.74)中以散度形式写出。这些方程的 Favre 平均形式由式(4.81)和式(4.83)给出。雷诺应力张量 $-(\widetilde{\rho u_i'' u_j''})$ 是未知量，它代表了湍流建模的第一个闭合问题。可以导出雷诺应力张量的 6 个分量的方程。在这些输运方程中，会出现几个不闭合的项，例如三阶相关。这些雷诺应力模型已被提出用于变密度流，例如：W. Jones(1994) 和 W. Jones 和

Kakhi(1996)。虽然雷诺应力模型包含一个更完整的物理描述,但它们并没有被广泛用于燃烧领域。处理雷诺应力张量的一种方法是通过引入以下关系来定义涡黏度 ν_t:

$$-(\overline{\rho \widetilde{u_i'' u_j''}}) = \bar{\rho}\nu_t \left[2\widetilde{S}_{ij} - \frac{2}{3}\delta_{ij}\frac{\partial \widetilde{u}_k}{\partial x_k}\right] - \frac{2}{3}\delta_{ij}\bar{\rho}\widetilde{k}$$

$$= \bar{\rho}\nu_t\left[\left(\frac{\partial \widetilde{u}_i}{\partial x_j} + \frac{\partial \widetilde{u}_j}{\partial x_i}\right) - \frac{2}{3}\delta_{ij}\frac{\partial \widetilde{u}_k}{\partial x_k}\right] - \frac{2}{3}\delta_{ij}\bar{\rho}\widetilde{k} \qquad (4.145)$$

在该等式中,δ_{ij} 表示 Kronecker delta 函数,它定义在 $i=j$ 时,$\delta_{ij}=1$,而在 $i\neq j$ 时,$\delta_{ij}=0$。涡黏度模型假设湍流是各向同性的。湍流在较小的尺度上可能变成各向同性的,但在较大尺度下不一定是这种情况。运动涡黏度(ν_t)与 Favre 平均湍流动能($\widetilde{k}$)及其局部耗散率($\widetilde{\varepsilon}$)有关。用于涡黏性有多种模型,下面阐述其中 3 种。

1. 零方程模型(普朗特混合长度模型)

不用守恒方程来求解输运方程。使用下式评估湍流黏度:

$$\mu_t = \bar{\rho}\ell_m^2 |S| \qquad (4.146)$$

式中:ℓ_m 为混合长度,$|\widetilde{S}|$ 为 Favre 平均应变率张量的大小,它定义为

$$\widetilde{S}_{ij} \equiv \frac{1}{2}\left(\frac{\partial \widetilde{u}_i}{\partial x_j} + \frac{\partial \widetilde{u}_j}{\partial x_i}\right) \qquad (4.147)$$

2. Prandtl-Kolmogorov 的单方程模型

用以下代数关系模拟湍流黏度(μ_t):

$$\mu_t = c\bar{\rho}\,\ell_{PK}\sqrt{k}, \quad c \approx 0.55 \qquad (4.148)$$

式中:ℓ_{PK} 为一个基于经验关系的特征长度。在任意空间位置上的湍流动能 k 由其控制方程(k 方程)的解确定。常数 c 的值是以在剪切流对数律区域中发生的行为正确来确定。

3. Prandtl-Kolmogorov 的双方程模型

在高雷诺数下,湍流耗散率 $\widetilde{\varepsilon}$ 与 $k^{3/2}/\ell_m$ 成正比($\widetilde{\varepsilon} = C_D k^{3/2}/\ell_m$)。比例常数 C_D 与常数 c 相关,为 $C_D = c^3 \approx 0.166$。用作为耗散率和湍流动能函数的 ℓ_m 取代式(4.148)中的 ℓ_{PK},可得

$$\nu_t = cC_D\frac{\widetilde{k}^{3/2}}{\widetilde{\varepsilon}}\sqrt{\widetilde{k}} = c^4\frac{\widetilde{k}^2}{\widetilde{\varepsilon}} = C_\mu\frac{\widetilde{k}^2}{\widetilde{\varepsilon}}, \quad C_\mu \approx 0.09 \qquad (4.149)$$

这一关系称为 Prandtl-Kolmogorov 方程,其中 Favre 平均变量 $\widetilde{k}$ 和 $\widetilde{\varepsilon}$ 的当地

值通过求解式(4.150)和式(4.151)所示的 k 方程和 ε 方程得到。这两个湍流量的控制方程已经分别在先前的式(4.106)和式(4.144)推导出来了。就雷诺应力张量而言,建模的 k-ε 方程可以写作如下。

湍流动能方程:

$$\bar{\rho}\frac{\partial \widetilde{k}}{\partial t} + \bar{\rho}\widetilde{u}_j\frac{\partial \widetilde{k}}{\partial x_j} = \underbrace{\frac{\partial}{\partial x_j}\left(\frac{\nu_t}{\sigma_k}\bar{\rho}\frac{\partial \widetilde{k}}{\partial x_j}\right)}_{\text{标量输运}} - \underbrace{\bar{\rho}\widetilde{u_i''u_j''}\frac{\partial \widetilde{u}_i}{\partial x_j}}_{\text{生成}} - \underbrace{\bar{\rho}\widetilde{\varepsilon}}_{\text{耗散}} \qquad (4.150)$$

湍流耗散率方程:

$$\bar{\rho}\frac{\partial \widetilde{\varepsilon}}{\partial t} + \bar{\rho}\widetilde{u}_j\frac{\partial \widetilde{\varepsilon}}{\partial x_j} = \underbrace{\frac{\partial}{\partial x_j}\left(\bar{\rho}\frac{\nu_t}{\sigma_\varepsilon}\frac{\partial \widetilde{\varepsilon}}{\partial x_j}\right)}_{\text{标量输运}} - \underbrace{C_{\varepsilon 1}\bar{\rho}\frac{\widetilde{\varepsilon}}{\widetilde{k}}\widetilde{u_i''u_j''}\frac{\partial \widetilde{u}_i}{\partial x_j}}_{\text{生成}} - \underbrace{C_{\varepsilon 2}\bar{\rho}\frac{\widetilde{\varepsilon}^2}{\widetilde{k}}}_{\text{耗散}}$$

$$(4.151)$$

在标准 k-ε 模型中,常数 $\sigma_k = 1.0$。通常使用 $\sigma_\varepsilon = 1.3, C_{\varepsilon 1} = 1.44, C_{\varepsilon 2} = 1.92$。模型中,在式(4.151)中,使用了以下假设,即

$$\rho|\widetilde{u_i u_j}| \gg \mu\left|\frac{\partial \widetilde{u}_i}{\partial x_j} + \frac{\partial \widetilde{u}_j}{\partial x_i}\right| \qquad (4.152)$$

在完全发展的湍流中,雷诺应力张量可以比平均黏性应力张量高 2 个数量级。用涡黏度和平均速度梯度的乘积为雷诺应力张量建模,该模型也称为梯度扩散模型,它基于 Boussinesq 近似。

$$\widetilde{u_i u_k} = -\nu_t \frac{\partial \widetilde{u}_i}{\partial x_j} \qquad (4.153)$$

在 Libby 和 Williams(1994)中可以找到关于 Favre 平均湍流动能方程中的附加项的更详细讨论。k-ε 双方程模型由于其简单性和成本效益而非常受欢迎。许多工业程序编码仍然依赖于 k-ε 模型。k-ε 模型基于湍流输运为扩散的方程,因此使用数值方法比通过使用雷诺应力输运方程闭合更容易处理。这可能是其广泛用于许多工业程序编码的最重要原因。

Rotta(1972)已经表明,通过对两点相关方程在相关坐标 r 上积分,可以导出积分长度尺度的方程。这个方程用于 k-l 模型。Rodi 和 Spalding(1970)将 l 方程或 kl 方程应用于湍流射流。从该模型以及从 l(积分长度尺度)、k 和 ε 之间的代数关系,可以导出 ε 的控制方程。Oberlack(1998)使用类似的方法推导出了雷诺应力模型中所需的耗散张量方程。耗散率 ε 在湍流理论中起着重要作用。涡流级串假设是说它等于从大漩涡到较小漩涡的能量输运速率,因此它在湍流的惯性子区内是不变的(将在本章后面讨论)。

4.5 概率密度函数

传统的湍流模型包括双方程模型和雷诺应力输运模型(二阶矩闭合),都是基于雷诺平均技术而形成统计矩模型方程。与这些模型相比,概率密度函数(probability density function, PDF)方法通过模拟湍流中某些流体性质的单点、一次的 PDF 的输运方程来实现闭合。PDF 方法的优点在于对流项和化学反应项都不需要建模假设,它们可以通过 PDF 输运方程精确求解。PDF 中包含的大量统计信息显然为湍流提供了比双方程模型或二阶矩闭合更为全面的描述。

在介绍 PDF 前,我们以这种方式定义概率(P_r)。让我们考虑一个随机变量 u 的连续分布,每个随机变量 u 都被赋予一个位于 0 和 1 之间的序号 α($\alpha \in [0,1]$)。那么 $u<c$(固定常数)的概率定义为

$$P_r\{u < c\} = \frac{u < c \text{ 的实验次数}}{\text{总实验次数}} \tag{4.154}$$

同时

$$P_r\{u < c\} = u < c \text{ 在}[0,1]\text{ 区间所占的分数} \tag{4.155}$$

例如:如果 u 对 α 的变化如图 4.7 所示,则对应于该分布的概率为

$$P_r\{u < c\} = l_1 + l_2 \tag{4.156}$$

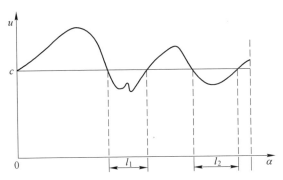

图 4.7 u 对 α 的变化举例

让我们为 $u<c$ 的点集定义一个指示函数 $\phi(\alpha)$:

$$\phi(\alpha) \equiv \begin{cases} 1 & (u < c) \\ 0 & (\text{其他}) \end{cases} \tag{4.157}$$

然后写出:

$$P_r\{u < c\} = \int_0^1 \phi(\alpha)\,d\alpha \tag{4.158}$$

4.5.1 分布函数

u 的分布函数 $F_u(U)$ 定义为发现 $u<U$ 的值的概率 P_r:

$$F_u(U) = P_r(u < U) \tag{4.159}$$

式中：U 为与随机变量 u 相关的样本空间变量。

在某个区间 $U_- < u < U_+$ 中发现 u 值的概率为

$$P_r(U_- < u < U_+) = F_u(U_+) - F_u(U_-) \tag{4.160}$$

U 的 PDF 定义为

$$\mathcal{P}(U) \equiv \frac{\mathrm{d}F_u(U)}{\mathrm{d}U}, \mathrm{d}F_u(U) = \mathcal{P}(U)\mathrm{d}U \tag{4.161}$$

由此得出 $\mathcal{P}(U)\mathrm{d}U$ 是在 $U \leq u < U+\mathrm{d}U$ 范围内发现 u 的概率。如果 u 的可能实现范围为从 $-\infty$ 到 $+\infty$，那么它遵循：

$$\int_{-\infty}^{+\infty} \mathcal{P}(U)\mathrm{d}U = 1 \tag{4.162}$$

在湍流中，任何随机变量的 PDF 取决于位置 $\boldsymbol{x}$ 和时间 t。这些函数依赖关系由 $\mathcal{P}(U;\boldsymbol{x},t)$ 表示。分号表示 $\mathcal{P}$ 是 U 空间中的概率密度，它是 $\boldsymbol{x}$ 和 t 的函数。在静止的湍流中，它与 t 无关；对于均匀湍流流场，它与 $\boldsymbol{x}$ 无关。由于湍流场是随机过程，我们不会区分随机变量 u 和样本空间变量 U，并在以下章节中将 PDF 写作 $\mathcal{P}(u;\boldsymbol{x},t)$。

在 4.2.4 小节中，我们将统计矩定义为 u' 的第 n 个矩 $(u')^n$ 的系综平均。这里定义与变量 u 的 PDF 相关的统计矩。PDF 表示某个随机变量的某个确定值的加权因子。例如：如果一个随机变量 u（它只能有两个值，a 或 b），其为 a 值的概率比 b 值高，那么将 u 的平均值计算为 a 和 b 的平均值是不正确的。在这种情况下，a 和 b 的相应概率应该用作计算均值的加权因子。因此，有

$$\bar{u} = aP_r(u = a) + bP_r(u = b), \ P_r(u = a) + P_r(u = b) = 1 \tag{4.163}$$

对于一般情况，有

$$\bar{u} = \sum_i u_i P_r(u = u_i) = \sum_i u_i F_u(u_i) = \int_{-\infty}^{+\infty} u\, \mathcal{P}(u)\mathrm{d}u \tag{4.164}$$

可以写出 u 的一阶矩（或平均值）为

$$\bar{u}(\boldsymbol{x},t) = \int_{-\infty}^{+\infty} u\, \mathcal{P}(u;\boldsymbol{x},t)\mathrm{d}u \tag{4.165}$$

在湍流的某些情况，速度场可具有正态分布。在这种情况下，速度分量 u 的 PDF 可以写为

$$\mathcal{P}(u) = \frac{1}{\sigma\sqrt{2\pi}}\mathrm{e}^{-\frac{(u-\bar{u})^2}{2\sigma^2}} \tag{4.166}$$

正态分布也称为高斯（Gaussian）分布。

方差是二阶统计矩，它是到平均值的距离的平方乘以处于该距离概率的总和。类似地定义了高阶矩、偏度（不对称）和峰度（峰值）。相应地，将这一距离分别提高到三次和四次幂。一旦知道一个给定变量的 PDF，其 n 阶矩可以由下

式定义：

$$\overline{u(\boldsymbol{x},t)^n} = \int_{-\infty}^{+\infty} u^n \mathcal{P}(u;\boldsymbol{x},t)\mathrm{d}u \qquad (4.167)$$

这里 u^n 上面的横线表示平均值，有时也称为期望值。同样地，任意连续函数 $\Psi(u)$ 的平均值可以从下式计算：

$$\overline{\Psi(\boldsymbol{x},t)} = \int_{-\infty}^{+\infty} \Psi(u) \mathcal{P}(u;\boldsymbol{x},t)\mathrm{d}u \qquad (4.168)$$

平均值周围的 n 阶中心矩定义为

$$\overline{[u(\boldsymbol{x},t) - \overline{u(\boldsymbol{x},t)}]^n} = \int_{-\infty}^{+\infty} (u - \bar{u})^n \mathcal{P}(u;\boldsymbol{x},t)\mathrm{d}u \qquad (4.169)$$

其中，二阶中心矩（方差）可以写为

$$\overline{[u(\boldsymbol{x},t) - \overline{u(\boldsymbol{x},t)}]^2} = \int_{-\infty}^{+\infty} (u - \bar{u})^2 \mathcal{P}(u;\boldsymbol{x},t)\mathrm{d}u \qquad (4.170)$$

如果将随机变量 u 用雷诺平均分解为其平均值和波动部分 u'，则有

$$u(\boldsymbol{x},t) = \bar{u}(\boldsymbol{x},t) + u'(\boldsymbol{x},t) \qquad (4.171)$$

根据定义，$\overline{u'} = 0$，发现方差与一阶矩和二阶矩相关：

$$\overline{u'^2} = \overline{(u - \bar{u})^2} = \overline{u^2 - 2u\bar{u} + \bar{u}^2} = \overline{u^2} - \bar{u}^2 \qquad (4.172)$$

4.5.2 联合概率密度函数

传统上，雷诺分解方法（见式(4.18)）用于从纳维-斯托克斯(Navier-Stokes)方程中获得湍流的控制方程，来求解流动变量的一阶矩和二阶矩。由于3个速度分量和压力通过 Navier-Stokes 方程的解而相互依赖，因此它们彼此相关。为了便于量化这些相关性，引入随机变量的联合概率密度函数。联合PDF，$\mathcal{P}(u,v;\boldsymbol{x},t)$ 是同时事件 $u(\boldsymbol{x},t) = U$ 和 $v(\boldsymbol{x},t) = V$ 的概率密度。在空间和时间的每个点，联合 PDF 函数包含了 u 和 v 的完整统计描述，但它不包含这两点的信息（它分别提供了在每个点的信息，但不提供在两个或更多个单独点的联合信息）。因此，它没有给出关于波动频率或长度尺度的任何信息。u，$\mathcal{P}(u)$ 的 PDF 可以通过对 v 的所有可能取值积分从联合 PDF 获得，即

$$\mathcal{P}(u) = \int_{-\infty}^{+\infty} \mathcal{P}(u,v)\mathrm{d}v \qquad (4.173)$$

在本书中，u 的 PDF 称为边缘 PDF。u 和 v 的任意函数的平均值可以从它们的联合 PDF 确定为

$$\overline{\psi(u,v)} = \int_{-\infty}^{+\infty}\int_{-\infty}^{+\infty} \psi(u,v) \mathcal{P}(u,v)\mathrm{d}u\mathrm{d}v \qquad (4.174)$$

在几乎均匀的湍流中，实验表明速度和诸如混合分数的标量变量的联合 PDF 是一种联合正态分布。然而，在非均匀流动，尤其是湍流反应流动中，PDF 可能远非正态分布。如果联合 PDF 中的随机变量和这两个随机变量的任意线

性组合也都是正态分布,则该分布称为联合正态分布。

两个随机变量 u 和 v 的联合正态分布由式(4.175)给出:

$$\mathcal{P}(u,v) = \frac{1}{2\pi\sigma_u\sigma_v\sqrt{1-\mathsf{s}^2}} e^{-\frac{z}{z(1-\mathsf{s}^2)}} \quad (4.175)$$

式中: $z \equiv \dfrac{(u-\bar{u})^2}{\sigma_u^2} - \dfrac{2\mathsf{s}(u-\bar{u})(v-\bar{v})}{\sigma_u\sigma_v} + \dfrac{(v-\bar{v})^2}{\sigma_v^2}$ 且 $\mathsf{s} = R_{uv} = \dfrac{\overline{u'v'}}{\sigma_u\sigma_v}$。

u' 和 v' 之间的相关性(也称为协方差)为

$$\overline{u'v'} = \int_{-\infty}^{+\infty}\int_{-\infty}^{+\infty} (u-\bar{u})(v-\bar{v})\,\mathcal{P}(u,v)\,\mathrm{d}u\mathrm{d}v \quad (4.176)$$

这可以通过 u 对 v 的散点图来说明。如果将 u 和 v 的一系列瞬时取值绘制为 u 和 v 图中的点,那么这些点将分散在一定的范围内。平均值 $\bar{u}$ 和 $\bar{v}$ 分别为 u 和 v 方向上点的平均位置。相关系数 $\overline{u'v'}/(\sigma_u\sigma_v)$ 可以通过数据点与平均直线的斜率相关。

4.5.3 贝叶斯定理

两个变量的联合 PDF 总是可以写成一个变量的条件 PDF 乘以另一个变量的边缘 PDF 的乘积:

$$\mathcal{P}(u,v;\boldsymbol{x},t) = \mathcal{P}(u|v=V;\boldsymbol{x},t)(v;\boldsymbol{x},t)$$

或

$$\mathcal{P}_{uv}(U,V;\boldsymbol{x},t) = \mathcal{P}(U|v=V;\boldsymbol{x},t)\,\mathcal{P}(V;\boldsymbol{x},t) \quad (4.177)$$

在该等式中,条件 PDF $\mathcal{P}(u|v=V;x,t)$ 描述了随机变量 u 在事件 $v=V$ 条件下的概率密度,其中 U 和 V 称为随机变量 u 和 v 对应的样本空间变量。如果 u 和 v 不相关,那么它们被称为是统计独立的。在这种情况下,联合 PDF 等于边缘 PDF 的乘积:

$$\mathcal{P}(u,v;\boldsymbol{x},t) = \mathcal{P}(u;\boldsymbol{x},t)\,\mathcal{P}(v;\boldsymbol{x},t)$$

或

$$\mathcal{P}_{uv}(U,V;\boldsymbol{x},t) = \mathcal{P}(U;\boldsymbol{x},t)\,\mathcal{P}(V;\boldsymbol{x},t) \quad (4.178)$$

将这个条件应用于式(4.176)中后积分,很容易看出,如果 u 和 v 统计独立,那么 $\overline{u'v'}$ 消失,即

$$\overline{u'v'} = \int_{-\infty}^{+\infty}(u-\bar{u})\mathcal{P}(u)\mathrm{d}u \int_{-\infty}^{+\infty}(v-\bar{v})\mathcal{P}(v)\mathrm{d}u\mathrm{d}v = \overline{u'v'} = 0 \quad (4.179)$$

然而在湍流中,$\overline{u'v'}$ 作为雷诺应力分量之一,在湍流剪切流中非零。对于 v 的一个固定值,u 的条件均值定义为

$$\langle u|v \rangle = \int_{-\infty}^{+\infty} u\,\mathcal{P}(u|v)\,\mathrm{d}u \quad (4.180)$$

由于 Navier-Stokes 方程的非线性，出现了几个闭合问题。这些不仅与速度分量彼此之间的及其与压力之间的相关性有关，而且与速度梯度（如耗散项）之间的相关性以及速度梯度与压力波动（如压力—应变相关性）之间的相关性有关。梯度的统计描述需要来自物理空间中相邻点的信息。于是，必须引入两点相关性。因此，湍流统计描述中非常重要的方面与两点相关性有关。

如前所述，对于具有大密度梯度的流动（如由于燃烧而有热量释放的流动），通过使用式(4.50)将瞬时 $u(\boldsymbol{x},t)$ 分解为 $\tilde{u}(\boldsymbol{x},t)$ 和 $u''(\boldsymbol{x},t)$，通常能方便地引入称为 Favre 平均的密度加权平均速度波动。不仅在动量方程中，而且在能量和化学物质的守恒方程中，相应的对流项和平流项对于高雷诺数流动而言是主导项。由于这些项包含因变量和密度的乘积，因此 Favre 平均比雷诺平均更好用。例如，使用雷诺平均方法会使密度 ρ 与速度分量 u 和 v 的积的平均项分为 4 项：

$$\overline{\rho u v} = \bar{\rho}\, \bar{u}\, \bar{v} + \bar{\rho}\, \overline{u'v'} + \overline{\rho' u'}\, \bar{v} + \overline{\rho' v'}\, \bar{u} + \overline{\rho' u' v'} \tag{4.181}$$

使用 Favre 平均，等式变为：

$$\rho u v = \rho(\tilde{u} + u'')(\tilde{v} + v'') = \rho\widetilde{uv} + \rho u''\tilde{v} + \rho v''\tilde{u} + \rho u''v'' \tag{4.182}$$

这里没有出现密度波动。对式(4.182)取时间平均，仅得到两项：

$$\overline{\rho u v} = \overline{\rho\widetilde{uv}} + \overline{\rho u''v''} \tag{4.183}①$$

这个表达式比式(4.181)简单得多，并且正式具有与恒定密度流的 uv 传统平均相同的结构：

$$\overline{u v} = \bar{u}\, \bar{v} + \overline{u'v'} \tag{4.184}$$

在高雷诺数的湍流反应流中，黏性输运和扩散输运项没有湍流输运项重要，通常可以忽略不计。因此，Favre 平均技术也比雷诺平均技术所带来的困难要少。

u 的 Favre PDF 可以从联合 PDF $\mathcal{P}(\rho,u)$ 中推导出来，有

$$\bar{\rho}\, \widetilde{\mathcal{P}}(u) = \int_{\rho_{\min}}^{\rho_{\max}} \rho\, \mathcal{P}(\rho,u)\, \mathrm{d}\rho = \int_{\rho_{\min}}^{\rho_{\max}} \rho\, \mathcal{P}(\rho|u)\, \mathcal{P}(u)\, \mathrm{d}\rho$$

$$= \mathcal{P}(u) \int_{\rho_{\min}}^{\rho_{\max}} \rho\, \mathcal{P}(\rho|u)\, \mathrm{d}\rho = \langle \rho | u \rangle\, \mathcal{P}(u) \tag{4.185}$$

将式(4.185)的两边都乘以 u 并积分，得

$$\bar{\rho} \int_{-\infty}^{+\infty} u\, \widetilde{\mathcal{P}}(u)\, \mathrm{d}u = \int_{-\infty}^{+\infty} \langle \rho | u \rangle u\, \mathcal{P}(u)\, \mathrm{d}u \tag{4.186}$$

它等同于 $\overline{\rho \tilde{u}} = \overline{\rho u}$。因此 u 的 Favre 平均值定义为

---

① 原式有误。——译者注

$$\widetilde{u} \equiv \int_{-\infty}^{+\infty} u\, \widetilde{\mathcal{P}}(u)\, \mathrm{d}u \tag{4.187}$$

通常,对于稳定平均流,任意量 q 的 Favre 平均值为

$$\widetilde{q}(\boldsymbol{x}) \equiv \int_0^1 q(f)\, \widetilde{\mathcal{P}}(f;\boldsymbol{x})\, \mathrm{d}f \tag{4.188}$$

对于反应变量(如温度 T 和物质质量分数 Y_i),Favre 平均值由以下等式给出,即

$$\widetilde{T}(\boldsymbol{x}) \equiv \int_0^1 T(f)\, \widetilde{\mathcal{P}}(f;\boldsymbol{x})\, \mathrm{d}f, \widetilde{Y}_i(\boldsymbol{x}) \equiv \int_0^1 Y_i(f)\, \widetilde{\mathcal{P}}(f;\boldsymbol{x})\, \mathrm{d}f \tag{4.189}$$

4.6 湍流尺度

湍流是具有非常大数目空间自由度的随机过程。湍流包含了速度、长度和时间上很广范围里的各种不同尺度。一个不同空间和时间尺度的连续体的存在,有时用来确认有湍流出现。湍流动力学涉及所有尺度,这些尺度共存并在较大尺度内的较小尺度上相互叠加。

尽管湍流在细节上是不可预测的,但其统计特性可以使用各种建模工具再现。一种方法是使用傅里叶级数来模拟湍流。这种建模的基本概念是傅立叶定理。该定理指出,有界域上的任何分析信号都可以用傅里叶级数展开。因此,沿各向同性波动三维场内线的人造或"运动"湍流状速度分量 u 可以由傅里叶级数构造为

$$u(x) = \sum_{n=1}^{N} a_n \sin(\kappa_n x + \psi_n) \tag{4.190}$$

式(4.190)中的每一项都是一个傅里叶模态,都有一个称为傅里叶系数的 a_n 和一个称为这个傅里叶模态的相位角的 ψ_n。a_n 和 ψ_n 都是随机数。这对湍流是一个很有用的表达式。它是一个级数,其中每一项都表示了具有明确定义的长度尺度 λ_n 的贡献,这里波数 $\kappa_n = 2\pi/\lambda_n$。尺度分析在理解湍流方面起着至关重要的作用。对于具有零平均速度分量的流动,波动速度与速度 u 相同。波动速度 u[①] 的曲线如图 4.8 所示。湍流速度 u 也可以表示为无限个正弦波的总和,每个正弦波都具有不同的波长 λ_n(或波数 κ_n),如式(4.190)所示。

尽管湍流具有无数个尺度,但已经对 3 个主要区域进行了非反应湍流分析。在进一步讨论湍流长度尺度之前,让我们讨论一下能量级串的概念。该概念提出大部分湍流动能是由大湍流尺度下的外力或流体动力学不稳定性产生的。这些大尺度约为湍流积分尺度(l_0)的量级,它们称为含能尺度。因此,能

[①] 对应于图4.8,应为 u'。——译者注

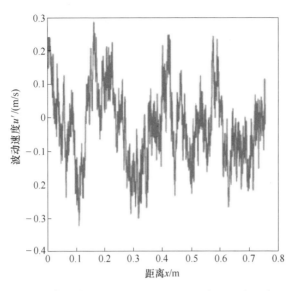

图 4.8 湍流中速度波动随距离的变化显示出无限多的空间尺度

谱中的第一个区域由最大的涡旋组成,那里湍流动能(k)由平均流动梯度产生。这些尺度与平均场耦合,它们依赖于湍流生成机理。例如:压力梯度力或 Kelvin-Helmholtz 不稳定性,Rayleigh-Taylor 不稳定性或 Richtmyer-Meshkov 不稳定性的流体动力学不稳定性等外力。大尺度涡旋具有与 u_0^2 成比例的能量和 $\tau_0 \sim l_0/u_0$ 的时间尺度,其中:u_0 为与最大涡旋相关的速度尺度;因此,能量进入级串的速率为

$$\mathcal{T}r_{\mathrm{I}} \sim \frac{u_0^2}{l_0/u_0} = \frac{u_0^3}{l_0} \tag{4.191}$$

第二个区域与中等长度尺度有关,通过无黏非线性机制将能量输运至较小的尺度,不受流体分子黏度影响。该区域称为惯性区(或惯性子区)。由于能量输运没有任何因黏度造成的损失,因此能量输运速率($\mathcal{T}r_{\mathrm{T}}$)等于能量进入级串的速率($\mathcal{T}r_{\mathrm{I}}$ 或 $\mathcal{P}$)。最后一个区域包含最小的尺度,该区域中黏性效应变得重要,且动能被耗散成了热。这个区域通常称为耗散区。如果级串中的平衡条件持续存在,则在最小尺度上的能量耗散率(ε_{D})应该等于能量输运向这些尺度的速率。从而,有

$$\mathcal{T}r_{\mathrm{I}} \approx \mathcal{T}r_{\mathrm{T}} \approx \varepsilon_{\mathrm{D}} = \varepsilon \sim O\left(\frac{u_0^3}{l_0}\right) \tag{4.192}$$

在这一点上,比较适合讨论解释上述尺度的 3 个不同的 Kolmogorov 假设。Kolmogorov 在 1941 年为均匀各向同性的湍流引入了这一理论。因此,它也称为 K41 理论。第一个假设描述了这样一个事实,即大尺度涡旋是各向异性的,并

受到流动边界条件的影响;小尺度的运动可以被认为是各向同性的。第二个假设规定,小尺度运动的统计可以用运动黏度 ν 和湍流耗散率 ε 来描述。第三个假设规定,中间尺度的统计可以仅用 ε 来描述。接下来将更详细地描述这 3 个假设。

Pope(2000)将 3 个区之间的界限定义为:l_{IE}——含能区和惯性子区之间的边界、l_{DI}——能量耗散区和惯性子区之间的边界。通过添加这两个长度尺度,惯性子区在 $l_{DI}<l<l_{IE}$ 之间。图 4.9 显示了 3 个区的概念:

（1）Kolmogorov 关于局部各向同性的假设。"在足够高的雷诺数下,小尺度的湍流运动在统计上是各向同性的"。耗散率 ε 由能量输运速率 Tr_T 确定,因此这两个速率几乎相等($\varepsilon \approx Tr_T$)。该假设的主要含义是小尺度的状态由大尺度的运动黏度 ν 和能量输运速率决定。

（2）Kolmogorov 的第一相似性假设。"在雷诺数足够高的每一个湍流中,小尺度运动的统计数据具有由 ν 和 ε 唯一确定的通用形式"。

通过使用维数分析,湍流中的最小长度尺度由 Kolmogorov 定义为

$$\eta \equiv (\nu^3/\varepsilon)^{1/4} \tag{4.193}$$

类似地,对应于此 Kolmogorov 尺度的速度尺度和时间尺度定义为

$$u_\eta \equiv (\varepsilon\nu)^{1/4} \tag{4.194}$$

$$\tau_\eta \equiv (\nu/\varepsilon)^{1/2} \tag{4.195}$$

基于 Kolmogorov 尺度的雷诺数为 1($\eta u_\eta/\nu = 1$)。耗散率用这些 Kolmogorov 尺度可写为

$$\varepsilon = \nu (u_\eta/\eta)^2 = \nu/\tau_\eta^2 \tag{4.196}$$

Kolmogorov 尺度取决于流动的雷诺数。和 Kolmogorov 尺度定义一起使用这种关系,Kolmogorov 尺度与积分尺度的比可以确定为

$$\eta/l_0 \sim Re_{l_0}^{-3/4} \sim Re_L^{-3/4} \tag{4.197}$$

$$u_\eta/u_0 \sim Re_{l_0}^{-1/4} \sim Re_L^{-1/4} \tag{4.198}$$

$$\tau_\eta/\tau_0 \sim Re_{l_0}^{-1/4} \sim Re_L^{-1/4} \tag{4.199}$$

注意:大尺度长度 L 通常与湍流波动的积分尺度 l_0 的数量级相同,因此,对任意高雷诺数流,可以通过这些方程确定 Kolmogorov 尺度。根据 Kolmogorov 假设,可以理解,这种流动的湍流在 Kolmogorov 尺度上具有统计上的各向同性。因此,所有高雷诺数湍流在小尺度统计上是相同的。

（3）Kolmogorov 的第二相似性假设。"在每一个具有足够高雷诺数的湍流中,尺度在 Kolmogorov 尺度与惯性尺度之间的运动的统计值具有由 ε 唯一确定的通用形式,并且它不依赖于 ν"。

对于惯性子区中具有尺寸 ℓ 的涡旋,这些涡旋的速度尺度和时间尺度由 ε 和 ℓ 组成:

$$u(\ell) = (\varepsilon\ell)^{1/3} = u_\eta (\ell/\eta)^{1/3} \sim u_0(\ell/\ell_0)^{1/3} \neq \nu \text{ 的函数} \quad (4.200)$$
$$\tau(\ell) = (\ell^2/\varepsilon)^{1/3} = \tau_\eta (\ell/\eta)^{2/3} \sim \tau_0 (\ell/\ell_0)^{2/3} \neq \nu \text{ 的函数} \quad (4.201)$$

将能量输运速率(每涡旋周转时间的动能)等于耗散率,可以得到这个量与惯性子区内的涡旋大小无关。对于惯性区,从积分尺度 l_0 扩展至 Kolmogorov 尺度 η,ε 是除了可用于度量相关函数 $R(r,t)$ 尺度的相关坐标 r 之外的唯一维量。接下来将讨论湍流动能能谱作为波数 k_n 的函数的推导。

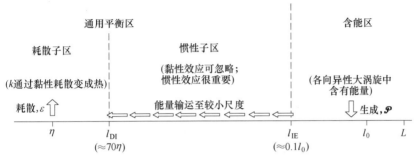

图 4.9 能量级串和各长度尺度

(改自 Pope,2000)

4.6.1 对 Kolmogorov 假设的评论

Kolmogorov 假设意味着在足够高的外尺度雷诺数下,速度差在尺度 r 上的分布:(a)在统计上是各向同性的;(b)如果 r 远小于外尺度 l_0,它仅取决于局部长度尺度 r、耗散率 ε 和运动学黏度 ν。Kolmogorov 进一步假设在比黏性尺度 η 大得多(但仍远小于 l_0)的由惯性主导的尺度 r 的子集内,δu 的分布与 ν 无关,意味着在这些尺度上没有直接的摩擦效应。尽管其基础理论被广泛应用,但 Kolomogorov 假设是为在所有尺度上都处于平衡的稳态高雷诺数湍流而构建的。这些假设的直接意思是,在大尺度分离(高雷诺数)下,外部的能量主导的尺度不会对内部的耗散主导的尺度产生影响,并且在这些迥然不同的尺度之间不会发生直接的能量输运。反过来,这意味着能量通过惯性主导的中间尺度区以可忽略不计的耗散,从大尺度运动 l_0 在"当地"尺度的交互作用下向小尺度运动 η 传递(Onsager,1979)。因此,耗散率应该在平衡湍流中的大尺度速度和时间尺度上进行测量($\varepsilon \sim u_0^2/\tau_0$)。

Brasseur 和 Wei(1994)已经证明,尽管远距三元相互作用的累积效应可能受到局部-非局部三元相互作用的级串效应的支配,但原则上总是存在大小尺度依赖关系。三元相互作用是能量从具有波数为 κ_a 的尺度传输过程的最基本过程,这是由于其波数为 κ_b 和 κ_c 的尺度间的相互作用,与 κ_a 构成了一个三角形关系,这意味着 $\kappa_c = \kappa_a - \kappa_b$(Yeung,Brasseur 和 Wang,1995)。因此,可以预期在高雷诺数湍流中非稳定非平衡湍流会偏离大-小尺度的独立性和局部各向同性。

Yeung,Brasseur 和 Wang(1995)指出,经典 Kolmogorov 级串可以通过大尺度的非平衡影响被大含能尺度和小耗散尺度(这里发生混合和化学反应)间的非 Kolmogorov 直接相互作用而瞬时打断。由于这些尺度之间有长的间隔,所以这些相互作用也称为长程过程。小尺度上的长距离相互作用的动态影响是在这些尺度上重新分配了涡度和能量。大小尺度之间的动态相互作用导致了 Kolmogorov 尺度上的各向异性。

虽然从大尺度到小尺度没有直接能量转移,但一般不能假设小尺度不受大尺度的影响。因此,小尺度总是各向同性的。这一观察结果不同于在渐近极限上统计大小尺度独立的 K41 理论。然而,偏离局部各向同性只是一个取决于多种相互作用的程度问题(Brasseur 和 Wei,1994)。如果将 Kolmogorov 假设视作现实的近似,那么在实践中,这种近似在许多情况下可能是不错的。然而,在诸如流场中存在长程动态过程(这些过程的结构和结果已经清楚)的非稳定非平衡湍流的情况下,这些假设可能会崩溃。

这种偏差在燃烧系统中并不罕见。最明显的例子就是恒压燃烧,例如:在柴油发动机中。这些长程耦合对标量反应物具有强烈影响,因此可直接影响燃烧的起始。

对于均匀湍流,有

$$\overline{u'(\boldsymbol{x},t)^2} = \overline{u'(\boldsymbol{x}+\boldsymbol{r},t)^2} = \overline{u'^2(t)} \tag{4.202}$$

因此,有

$$R(\boldsymbol{r},t) \equiv \frac{\overline{u'(\boldsymbol{x},t)u'(\boldsymbol{x}+\boldsymbol{r},t)}}{\sqrt{\overline{u'(\boldsymbol{x},t)^2}}\sqrt{\overline{u'(\boldsymbol{x}+\boldsymbol{r},t)^2}}} = \frac{\overline{u'(\boldsymbol{x},t)u'(\boldsymbol{x}+\boldsymbol{r},t)}}{\sqrt{\overline{u'(t)^2}}\sqrt{\overline{u'(t)^2}}} = \frac{\overline{u'(\boldsymbol{x},t)u'(\boldsymbol{x}+\boldsymbol{r},t)}}{\overline{u'(t)^2}} \tag{4.203}$$

二阶结构函数定义为

$$F_2(\boldsymbol{r},t) \equiv \overline{(u'(\boldsymbol{x},t)-u'(\boldsymbol{x}+\boldsymbol{r},t))^2} = \overline{u'(\boldsymbol{x},t)^2} + \overline{u'(\boldsymbol{x}+\boldsymbol{r},t)^2} - 2\overline{u'(\boldsymbol{x},t)u'(\boldsymbol{x}+\boldsymbol{r},t)} \approx 2\overline{u'^2(t)}[1-R(\boldsymbol{r},t)]$$

对于各向同性湍流,二阶结构函数可以简单地写为 $F_2(r,t)$,其量纲为 $[m^2/s^2]$,而 ε 的量纲为 $[m^2/s^3]$。因此,可以通过量纲分析,用下式表示 $F_2(r,t)$:

$$F_2(r,t) = C(\varepsilon r)^{2/3} \tag{4.204}$$

式中:C 为通用常数($=1.5$),称为大雷诺数极限的 Kolmogorov 常数。

在均匀各向同性湍流的情况下,3 个坐标方向上的速度波动彼此相等。湍流动能为

$$k = \overline{\boldsymbol{v}' \cdot \boldsymbol{v}'}/2 = 3\overline{u'^2}/2 \tag{4.205}$$

使用这个等式,我们可以利用 $F_2(r,t)$ 的两个表达式得到:

$$R(r,t) = 1 - \frac{3}{4}\frac{C}{k}(\varepsilon r)^{2/3} \tag{4.206}$$

这个相关函数绘制为图 4.10 中的虚线(Peters,2000)。

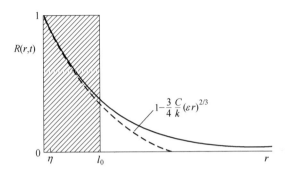

图 4.10　均匀各向同性湍流的归一化两点速度相关关系是两点之间距离 r 的函数
(引自 Peters,2000)

根据图 4.10 所示的曲线,存在特征尺寸的涡旋,它包含了大部分动能。在这些尺度上,在相关性 $R(r,t)$ 衰减到零之前它仍然比较强。这些涡旋的长度尺度称为积分长度尺度 l_0,并通过将图 4.10 中阴影区域的面积与相关关系曲线下的面积取等来定义:

$$l_0(t) = \int_0^\infty R(r,t)\,\mathrm{d}r \tag{4.207}$$

让我们用下式表示均方根(root-mean-square,rms)速度波动:

$$u'_{\mathrm{rms}} = v' = \sqrt{2k/3} \tag{4.208}$$

它表示积分尺度涡旋的周转速度。这些涡旋的周转时间与积分时间尺度成正比,即

$$\tau_0 = \frac{k}{\varepsilon} \tag{4.209}$$

对于非常小的 r 值,只有非常小的涡旋适合 x 和 $x+r$ 之间的距离。这些小涡旋的运动受黏度的影响,这为测量提供了一个额外的维度量。泰勒长度尺度 Λ_T 是积分尺度和 Kolmogorov 尺度之间的一个中间尺度。它通过用 v'/Λ_T 替换式(4.116)中耗散定义中的平均速度波动梯度来定义。获得定义如下:

$$\varepsilon = 15\nu v'^2/\Lambda_\mathrm{T}^2 \tag{4.210}$$

这里因子 15 来自对各向同性均匀湍流的考虑。可以看出, Λ_T 和积分尺度涡旋的周转速度与 Kolmogorov 时间的乘积成正比。因此, Λ_T 可以解释为涡流管

内大涡波动在其周转时间 $t_\eta \equiv (\nu/\varepsilon)^{1/2}$ 内与 Kolmogorov 涡旋相互作用的距离(图 4.11)。作为一种有点人为定义的中间尺度,它在湍流或湍流燃烧中的直接物理意义比 η 小。然而,我们将看到可能为非反应标量场定义的类似的泰勒微尺度在解释混合过程中比较有用。

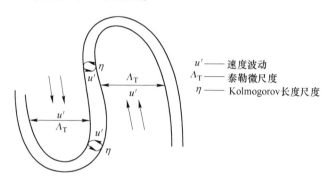

图 4.11 泰勒微尺度的物理解释

(据 Tenneks 和 Lumley,1972)

现在让我们用 $\ell_n = \ell_0/2^n \geqslant \eta$,$n = 1, 2, \cdots$ 在惯性子区内定义一个离散的漩涡序列。

对各向同性两点相关函数的傅里叶变换会得到一个动能谱 $E(\kappa)$ 的定义,它是单位波数 κ 的动能密度。波数 κ_n 与涡旋大小 ℓ_n 成反比,如下:

$$\kappa_n \propto \ell_n^{-1} \tag{4.211}$$

那么在尺度 ℓ_n 下的动能 u_n^2:

$$u_n^2 \sim (\varepsilon \ell_n)^{2/3} \propto \varepsilon^{2/3} \kappa_n^{-2/3} \tag{4.212}$$

波数空间中的动能密度为

$$E(\kappa) \equiv \frac{\mathrm{d} u^2}{\mathrm{d} \kappa} \sim \varepsilon^{2/3} \kappa^{-5/3};\text{在} \kappa = \kappa_n \text{时}, E(\kappa_n) = C \varepsilon^{2/3} \kappa_n^{-5/3}, C = 1.5 \tag{4.213}$$

式(4.213)称为惯性子区内动能谱的 $\kappa^{-5/3}$ 定律。对应于积分长度尺度和 Kolmogorov 长度尺度的波数为 κ_{ℓ_0} 和 κ_η。除了这些波数,κ_{IE} 和 κ_{DI} 定义为惯性子区的开始和结束。湍流动能谱(用其最大值归一化)如图 4.12 所示。

由于积分长度尺度的涡旋包含大部分动能,因此谱图在对应于积分尺度的波数处达到最大值。由于黏性效应在 Kolmogorov 长度尺度 η 处有一个截止点。超过这个截止长度尺度(在称为耗散区的区域内),由于黏性效应,单位波数的能量呈指数下降。

在波数范围 (κ_a, κ_b) 内的湍流动能为

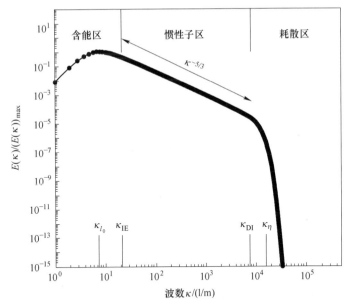

图 4.12 无量纲湍流动能谱与波数 κ 的函数关系

$$k(\kappa_a,\kappa_b) = \int_{\kappa_a}^{\kappa_b} E(\kappa)\mathrm{d}\kappa \tag{4.214}$$

在范围 (κ_a,κ_b) 内湍流从运动中的耗散率 ε 为

$$\varepsilon(\kappa_a,\kappa_b) = \int_{\kappa_a}^{\kappa_b} 2\nu\kappa^2 E(\kappa)\mathrm{d}\kappa \tag{4.215}$$

从 Kolmogorov 的第一相似性假设可以看出,能谱是 ε 和 ν 的通用函数。

除了能谱以外,对耗散率谱的研究对于理解各种湍流尺度及其贡献非常有用。对于具有积分长度尺度为 0.75m,雷诺数约为 134000 的湍流,单位波数的动能和耗散率谱显示在图 4.13 的 4 幅不同的图中。为更好地比较它们在各种波数范围内的行为,对这些谱线进行了归一化。如图 4.13 所描述的,在惯性子区内,单位波数的湍流动能 $E(\kappa)$ 随波数的变化按 $\kappa^{-5/3}$ 定律而减小($E(\kappa)\sim \kappa^{-5/3}$)。单位波数的湍流耗散率 $D(\kappa)$ 随波数变化按 $\kappa^{1/3}$ 定律而增加($D(\kappa)\sim \kappa^{1/3}$)。这些曲线的斜率在惯性子区内的对数-对数标度下应该是线性的(因为它们按幂律变化),如图 4.13(a)所示。当这些谱线以线性-对数标度绘制时,这些谱线的峰分开非常明显,如图 4.13(b)所示。虽然 $E(\kappa)$ 的峰非常接近波数 κ_{l_0},但 $D(\kappa)$ 的峰在线性-对数标度上更接近 κ_{DI},如图 4.13(b)所示。图 4.13(c)、(d)中用线性-线性标度所示的更详细的曲线表明,$E(\kappa)$ 集中在一个非常窄的范围内,而 $D(\kappa)$ 分布在一个很宽的范围内。这似乎表明,在黏性耗散为主要因素的位置,适合求解最小尺度。

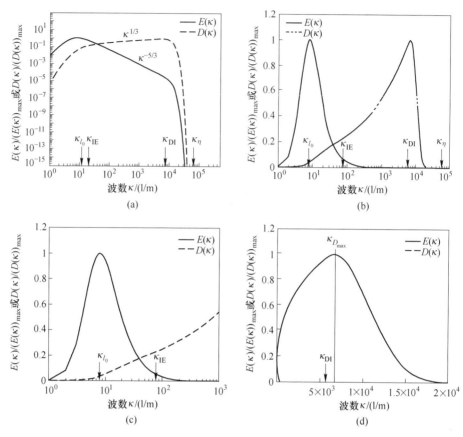

图 4.13 归一化的 $E(\kappa)$ 和 $D(\kappa)$ 谱与波数的关系
(a)对数-对数标度;(b)线性-对数标度;
(c)大涡旋区内线性-线性标度;(d)耗散区内线性-线性标度。

到波数 κ 的湍流动能(turbulent kinetic energy,TKE)是从 $\kappa=0$ 到 κ 的 $E(\kappa)$ 曲线下的面积,见图 4.13(b);因此,TKE 主要由上至 κ_{IE} 尺度的动能所贡献。换句话说,它显示了各种长度尺度对 TKE 的贡献。这个分析对于耗散率 ε 也是适用的。TKE 和耗散率随波数的分布在图 4.14 中以半对数曲线显示。该图显示归一化的 TKE 曲线的斜率急剧增加至 κ_{IE},然后在 κ_{IE} 和 κ_{DI} 之间剧烈降低,随后在 κ_{DI} 后减小至零。这意味着较小的波数(或较大的长度尺度)对 TKE 的贡献最大,而较大的波数(κ_{DI} 或最小尺度)没有贡献。中间长度尺度(对应于 κ_{IE} 和 κ_{DI} 之间的波数区域)对 TKE 的贡献小得多但并不为零。归一化的耗散率曲线显示了完全不同的行为。如图 4.14 所示,这条曲线的斜率在 κ_{IE} 之前为零,在 κ_{IE} 之后和 κ_{DI} 之前略微增大,在 κ_{DI} 和 κ_{η} 之间显著增大,并在 κ_{η} 之后减小至零。这表明大部分耗散发生在对应于波数 κ_{DI} 和 κ_η 的较小的长度尺度范围内。在大长度尺度上几乎没有耗散,并且在中间长度尺度上发生非零耗散(远低于最小尺度)。由于在高于 κ_η 的波数下,耗散和 TKE 的加入都不明显,因此基于该波数的网格分辨率应当足以求解湍流的每一个细节。

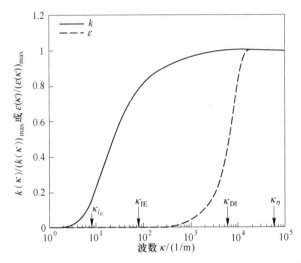

图 4.14 半对数尺度下归一化的动能和耗散率随波数的变化

4.7 大涡模拟

大涡模拟(large eddy simulation,LES)技术通过解析中间空间和时间尺度来处理流动的各向异性湍流行为,这些尺度足够小,能够明确地模拟大涡旋的动力学,而小涡旋由均匀各向同性湍流建模来处理。使用适当的低通滤波,来消除低于所选 Δx(或简单作 Δ)的尺度,并开发出适合大尺度的方程来求解流动特性在时间和空间变量方面的变化。对于大尺度下涉及不稳定性的流动(如流经钝体头的流动,涉及了不稳定分离和涡旋脱落),LES 比 RANS 模型更准确可靠。严格地说,LES 方法中有两种不同的滤波参数:滤波尺寸和网格间距。发生在小于网格间距尺度(也称为网格截止滤波)上的湍流过程在任何情况下都无法求解,因为它们始终需要被模化。这些尺度称为亚网格尺度(subgrid scales,SGS)。对于小于求解尺度(Δx)的尺度,使用 SGS 模型。这第二种尺度与将要讨论的 LES 滤波(δ)所使用的尺度有关,它可以不同于网格截止滤波(Δ)所用尺度。在实践中,选择与网格间距相一致的滤波尺度。由于亚网格尺度与亚滤波尺度(subfilter Scales,SFS)相同,即 $\Delta = \delta$,因此无需分开定义 SFS 模型和 SGS 模型。LES 方法背后的概念在图 4.15 中同时用物理空间和谱空间进行了展示。在图 4.15(a)中,用物理空间显示了亚网格尺度。在图 4.15(b)中,在傅里叶空间中显示了两个截止波数。一个是理想的截止波数,它将覆盖大部分能谱,因此只需要对耗散进行建模。然而,在实践中,这种波数可能要求非常精细的分辨率,因此在计算上更加昂贵。实际的截止波数也显示在该图中,它通常明显低于理想的截止波数。

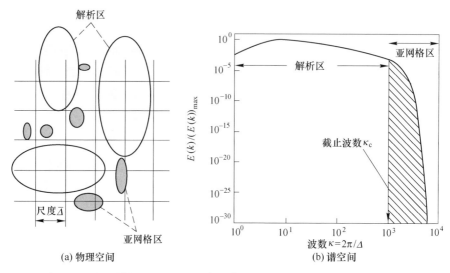

图 4.15 大涡模拟方法的描述(实际截止波数反映了当前最先进的模拟)
(引自 Sagaut,1998 的 a 部分)

滤波操作将主要变量分解为解析分量($\hat{U}$)和残余(或亚网格尺度,SGS)分量(u')或波动之和,即

$$U(\boldsymbol{x},t) = \hat{U}(\boldsymbol{x},t) + u'(\boldsymbol{x},t) \tag{4.216}$$

这种分解称为 Leonard 分解。

控制方程是为解析主要变量(密度、温度、速度等)的演化而推导出来的,这些方程包含残余分量(例如:残余应力张量(在动量方程中称为 SGS 应力张量))。这些残余分量必须建模使其实现闭合(如残余应力张量由涡黏性模型建模)。模拟滤波方程以数值方式求解以获得解析的流动特性。

通过比较图 4.16 所示的两组图,可以说明 RANS 和 LES 之间的主要差异。

4.7.1 滤波

在信号处理中,滤波是去除信号中不需要部分的一种功能或过程。滤波和滤波函数的概念在大涡模拟中非常重要。一种特别简洁的滤波方法是将信号的傅里叶变换代入谱空间,在谱空间中进行滤波操作,最后通过逆傅里叶变换将滤后信号变换回物理空间。一个函数的傅里叶变换为

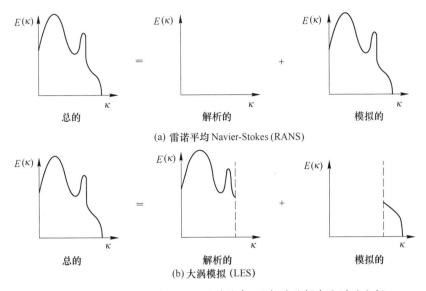

图 4.16 与(a)RANS 和(b)LES(符号表示)相关的解中能谱的分解
(改自 P. Sagaut,1998)

$$F(\kappa) = \int_{-\infty}^{\infty} f(x) e^{-2\pi i \kappa x} dx \qquad (4.217)$$

逆傅里叶变换可以将频率空间中的函数变换回到物理空间,即

$$f(x) = \int_{-\infty}^{\infty} F(\kappa) e^{2\pi i \kappa x} d\kappa \qquad (4.218)$$

让我们讨论名为卷积的数学运算。卷积是一个积分,它表示一个函数 g 在另一个函数 f 上位移时重叠量的量。因此它将一个函数与另一个"混合"。卷积有时也用其德语名称 faltung(折叠)称呼。两个函数 f 和 g 在一个有限区间 $[0,\zeta]$ 上的卷积为

$$[f*g](\varsigma) \equiv \int_0^\varsigma f(\xi) g(\varsigma - \xi) d\xi \qquad (4.219)$$

滤波操作是一个变量(如流场变量 ϕ_i)与滤波函数(如 G)的卷积。因此,这是了解大涡模拟的重要步骤。下式中的卷积积分 ϕ_i 由 Leonard 在 1974 年提出:

$$\bar{\phi}_i(\boldsymbol{x},t) = \int_0^t \left[\iiint_V \phi_i(\boldsymbol{x}',t) G(\boldsymbol{x}-\boldsymbol{x}', t-\tau; \Delta, \delta\tau) d\boldsymbol{x}' \right] d\tau \qquad (4.220)$$

式中:$\boldsymbol{x}$, $\boldsymbol{x}'$ 为共同起点的三维位置矢量,$0<\tau<t$ 和 V 表示与流体相关的总系统体积。滤波函数 G 量化了远处点($\boldsymbol{x}',\tau$)处的亚网格尺度(subgrid scale,sgs)动

力学对 $(\boldsymbol{x},t)$ 处的滤波值的影响。

滤波函数 G 必须满足以下归一化条件：

$$\int_0^t \left[\iiint_V G(\boldsymbol{x}-\boldsymbol{x}',t-\tau;\Delta,\delta\tau)\mathrm{d}\boldsymbol{x}'\right]\mathrm{d}\tau = 1 \qquad (4.221)$$

对于只有空间滤波的一维情况，Leonard 在 1974 年引入的滤波操作可以写为

$$\hat{U}(x) = \int_{-\infty}^{\infty} G(r)U(x-r,t)\mathrm{d}r \qquad (4.222)$$

在这种情况下，归一化条件变为

$$\int_{-\infty}^{\infty} G(r,x)\mathrm{d}r = 1 \qquad (4.223)$$

让我们对变密度流定义 Favre 滤波为

$$\bar{\rho}\,\tilde{\hat{\phi}}_i(\boldsymbol{x},t) = \int_0^t \left[\iiint_V \rho\phi_i(\boldsymbol{x}',t)G(\boldsymbol{x}-\boldsymbol{x}',t-\tau;\Delta,\delta\tau)\mathrm{d}\boldsymbol{x}'\right]\mathrm{d}\tau \quad (4.224)$$

根据以下这个定义：

$$\bar{\rho}\,\tilde{\hat{\phi}}_i = \widehat{\rho\phi_i} \quad \text{或} \quad \tilde{\hat{\phi}}_i = \frac{\widehat{\rho\phi_i}}{\bar{\rho}} \qquad (4.225)$$

那么，一个变量可以分解为

$$\phi_i(\boldsymbol{x},t) = \tilde{\hat{\phi}}_i(\boldsymbol{x},t) + \phi_i''(\boldsymbol{x},t) \qquad (4.226)$$

在大涡模拟中，通常采用 3 种主要滤波函数，即高斯滤波、锐截止滤波和盒滤波。它们在物理空间和谱空间的方程如表 4.1 所列。

表 4.1　在物理空间和谱空间的几种滤波函数

类型	物理空间	谱空间
高斯滤波	$\left(\dfrac{6}{\pi\Delta^2}\right)^{1/2}\exp\left(-\dfrac{6r^2}{\Delta^2}\right)$	$\exp\left(-\dfrac{\kappa^2\Delta^2}{24}\right)$
锐截止滤波	$\dfrac{\sin(\pi r/\Delta)}{\pi r}$	$H(\kappa_c - \|\kappa\|)$，其中 $\kappa_c \equiv \pi/\Delta$
盒滤波（或网格滤波）	$\dfrac{1}{\Delta}H\left(\dfrac{1}{2}\Delta - \|r\|\right)$	$\sin\left(\dfrac{1}{2}\kappa\Delta\right)\Big/\left(\dfrac{1}{2}\kappa\Delta\right)$

在谱空间中执行滤波操作的优点在于傅里叶变换将卷积变成了乘法运算。

$$F(f(x)*g(x)) = F(f(x))F(g(x)) \qquad (4.227)$$

相似地，傅里叶变换将乘法转换为卷积，即

$$F(f(x)g(x)) = F(f(x))*F(g(x)) \qquad (4.228)$$

符号 $[f*g](y)$ 表示 f 和 g 的卷积。卷积更经常是在一个无限区间上进行，即

$$[f*g](y) \equiv \int_{-\infty}^{\infty} f(\xi)g(y-\xi)\mathrm{d}\xi = \int_{-\infty}^{\infty} g(\xi)f(y-\xi)\mathrm{d}\xi \quad (4.229)$$

这 3 种滤波在能谱上的应用如图 4.17 所示。

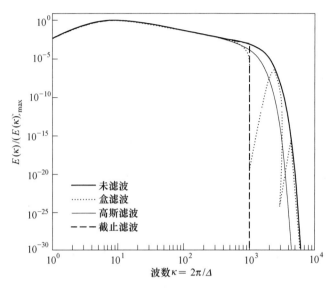

图 4.17 几种滤波在能谱上的应用

4.7.2 滤后动量方程和亚网格尺度应力

可压缩流体在 x_i 方向上的动量方程可写为

$$\frac{\partial}{\partial t}(\rho u_i) + \frac{\partial}{\partial x_j}(\rho u_i u_j) = -\frac{\partial p}{\partial x_i} + \mu\frac{\partial}{\partial x_j}\left(\frac{\partial u_i}{\partial x_j} + \frac{\partial u_j}{\partial x_i}\right) + \underbrace{\frac{\partial}{\partial x_j}\left(\mu' - \frac{2}{3}\mu\right)\frac{\partial u_k}{\partial x_k}\delta_{ij}}_{\text{扩张}\approx 0}$$

$$(4.230)$$

在这个等式上应用滤波算子后,得

$$\frac{\partial}{\partial t}(\widehat{\rho u_i}) + \frac{\partial}{\partial x_j}(\widehat{\rho u_i u_j}) = -\frac{\partial \hat{p}}{\partial x_i} + \mu\frac{\partial}{\partial x_j}\left(\frac{\partial \hat{u}_i}{\partial x_j} + \frac{\partial \hat{u}_j}{\partial x_i}\right) \quad (4.231)$$

滤后动量方程包含一个非线性项 $\widehat{\rho u_i u_j}$。为了使式(4.231)能用,它应该用滤波量 $\hat{u}_i$ 和亚网格尺度量 u_i' 表示。由于我们在这些方程中将密度作为变量,因此将使用 Favre 滤波量而不是常规滤波量。通常,控制方程中由任意随机变量 ϕ_i 和速度分量 u_j 而带来的非线性项可以分解为

$$\widehat{\rho \phi_i u_j} \equiv \widehat{\rho(\tilde{\phi}_i + \phi_i'')(\tilde{u}_j + u_j'')} = \widehat{\rho \tilde{\phi}_i \tilde{u}_j} + \widehat{\rho u_j'' \tilde{\phi}_i} + \widehat{\rho \phi_i'' \tilde{u}_j} + \widehat{\rho \phi_i'' u_j''}$$

$$(4.232)$$

如果式(4.232)中的随机变量 ϕ_i 用速度分量 u_i 替代,有

$$\widehat{\rho u_i u_j} \equiv \widehat{\rho(\tilde{u}_i + u_i'')(\tilde{u}_j + u_j'')} = \widehat{\rho \tilde{u}_i \tilde{u}_j} + \widehat{\rho u_j'' \tilde{u}_i} + \widehat{\rho u_i'' \tilde{u}_j} + \widehat{\rho u_i'' u_j''} \tag{4.233}$$

在这个方程右侧加上/减去 $\bar{\rho}\tilde{\tilde{u}}_i\tilde{\tilde{u}}_j$ 项,有

$$\widehat{\rho u_i u_j} = \bar{\rho}\tilde{\tilde{u}}_i\tilde{\tilde{u}}_j + \widehat{\rho \tilde{u}_i \tilde{u}_j} - \bar{\rho}\tilde{\tilde{u}}_i\tilde{\tilde{u}}_j + \widehat{\rho u_j'' \tilde{u}_i} + \widehat{\rho u_i'' \tilde{u}_j} + \widehat{\rho u_i'' u_j''} \tag{4.234}①$$

将这个表达式代入式(4.231),我们有滤后动量方程:

$$\frac{\partial}{\partial t}(\widehat{\rho u_i}) + \frac{\partial}{\partial x_j}(\bar{\rho}\tilde{\tilde{u}}_i\tilde{\tilde{u}}_j) = -\frac{\partial \hat{p}}{\partial x_i} + \mu\frac{\partial}{\partial x_j}\left(\frac{\partial \hat{u}_i}{\partial x_j} + \frac{\partial \hat{u}_j}{\partial x_i}\right) - \frac{\partial (\tau_{ij})_{\text{sgs}}}{\partial x_j} \tag{4.235}$$

使用式(4.225),可以将滤后动量方程写为

$$\frac{\partial}{\partial t}(\bar{\rho}\tilde{\tilde{u}}_i) + \frac{\partial}{\partial x_j}(\bar{\rho}\tilde{\tilde{u}}_i\tilde{\tilde{u}}_j) = -\frac{\partial \hat{p}}{\partial x_i} + \mu\frac{\partial}{\partial x_j}\left(\frac{\partial \hat{u}_i}{\partial x_j} + \frac{\partial \hat{u}_j}{\partial x_i}\right) - \frac{\partial (\tau_{ij})_{\text{sgs}}}{\partial x_j} \tag{4.236}$$

亚网格尺度应力 $(\tau_{ij})_{\text{sgs}}$ 为

$$(\tau_{ij})_{\text{sgs}} = \widehat{\rho u_i u_j} - \bar{\rho}\tilde{\tilde{u}}_i\tilde{\tilde{u}}_j = L_{ij} + C_{ij} + R_{ij}$$

$$= (\widehat{\rho \tilde{u}_i \tilde{u}_j} - \bar{\rho}\tilde{\tilde{u}}_i\tilde{\tilde{u}}_j) + (\widehat{\rho u_j'' \tilde{u}_i} + \widehat{\rho u_i'' \tilde{u}_j}) + \widehat{\rho u_i'' u_j''} \tag{4.237}$$

Leonard 应力为

$$L_{ij} \equiv (\widehat{\rho \tilde{u}_i \tilde{u}_j} - \bar{\rho}\tilde{\tilde{u}}_i\tilde{\tilde{u}}_j) = \bar{\rho}(\widetilde{\tilde{u}_i\tilde{u}_j} - \tilde{\tilde{u}}_i\tilde{\tilde{u}}_j) \tag{4.238}$$

交叉项应力为

$$C_{ij} \equiv (\widehat{\rho u_j'' \tilde{u}_i} + \widehat{\rho u_i'' \tilde{u}_j}) = \bar{\rho}(\widetilde{u_j''\tilde{u}_i} + \widetilde{u_i''\tilde{u}_j}) \tag{4.239}$$

交叉项应力为

$$R_{ij} \equiv \widehat{\rho u_i'' u_j''} = \bar{\rho}\widetilde{u_i''u_j''} \tag{4.240}$$

雷诺应力:

在式(4.238)~式(4.240)中,根据式(4.225)中 Favre 滤波量的定义使用了以下关系:

$$\widetilde{u_i''u_j''} = \widehat{\rho u_i'' u_j''}/\bar{\rho} \text{ 或 } \widehat{\rho u_i'' u_j''} = \bar{\rho}\widetilde{u_i''u_j''} \tag{4.241}$$

相似地,有

---

① 原式有误。——译者注

$$\widehat{\overline{\rho u_j'' \tilde{u}_i}} = \overline{\rho} \widehat{\tilde{u}_j'' \tilde{u}_i}; \quad \widehat{\overline{\rho u_i'' \tilde{u}_j}} = \overline{\rho} \widehat{\tilde{u}_i'' \tilde{u}_j} \tag{4.242}$$

同时,有

$$\widehat{\overline{\rho \tilde{u}_i \tilde{u}_j}} = \overline{\rho} \widehat{\tilde{\tilde{u}}_i \tilde{\tilde{u}}_j} \tag{4.243}$$

令 ω 和 ψ 为两个随机变量。如果算子 $\langle \rangle$ 满足以下性质,它称为雷诺算子。

$$\langle \omega + \psi \rangle = \langle \omega \rangle + \langle \psi \rangle$$

$\langle a\omega \rangle = a \langle \omega \rangle$,$a$ 为常数:

$$\langle \langle \omega \rangle \psi \rangle = \langle \omega \rangle \langle \psi \rangle \tag{4.244}$$

$$\left\langle \frac{\partial \omega}{\partial s} \right\rangle = \frac{\partial \langle \omega \rangle}{\partial s}, s \text{ 可以为 } x_i \text{ 或 } t$$

$$\left\langle \int \omega(x_i, t) \mathrm{d}x_1 \mathrm{d}x_2 \mathrm{d}x_3 \mathrm{d}t \right\rangle = \int \langle \omega(x_i, t) \rangle \mathrm{d}x_1 \mathrm{d}x_2 \mathrm{d}x_3 \mathrm{d}t$$

任何雷诺算子都将具有这些特性:

$$\langle \langle \omega \rangle \rangle = \langle \omega \rangle, \langle \omega' \rangle = 0 \tag{4.245}$$

如果滤波是雷诺算子,对 Leonard 应力和交叉项应力应用这些恒等式,有

$$L_{ij} = \overline{\rho} (\widehat{\tilde{\tilde{\phi}}_i \tilde{\tilde{u}}_j} - \hat{\tilde{\phi}}_i \hat{\tilde{u}}_j) = \overline{\rho} (\hat{\tilde{\phi}}_i \hat{\tilde{u}}_j - \hat{\tilde{\phi}}_i \hat{\tilde{u}}_j) = 0 \tag{4.246}$$

$$C_{ij} = \overline{\rho} (\widehat{u_j'' \tilde{\phi}_i} - \widehat{\phi_i'' \tilde{u}_j}) = \overline{\rho} (\hat{\tilde{u}}_i^0 \hat{\tilde{\phi}}_i + \hat{\tilde{u}}_j \hat{\tilde{\phi}}_i^0) = 0 \tag{4.247}$$

在这一节中,任何变量(或变量乘积)顶上的帽子(^)表示这个量已被滤波。它不表示在雷诺分解中所讨论过的时间平均量。应该理解 LES 滤波与 RANS 非常不同,即

$$\frac{\partial \hat{\phi}}{\partial x_i} \neq \widehat{\frac{\partial \phi}{\partial x_i}} \text{ 且 } \hat{\phi}' \neq 0 \tag{4.248}$$

已滤波的速度分量和未滤波的速度分量及其相应的波动量的比较如图 4.18 所示。Sagaut(1998)为不可压缩流的大涡模拟提供了一个很好的参考。

4.7.3 亚网格尺度应力张量的建模

通过使用涡黏性概念和基于小涡旋的相互作用和分子的完全弹性碰撞(分子黏度)间类比的 Boussinesq 近似已经对亚网格尺度应力张量进行了建模。涡黏度模型适用于小尺度。用于 LES 中 $(\tau_{ij})_{sgs}$ 项的最常见涡黏性模型为 Smagorinsky 模型(1963),它是以 Joseph Smagorinsky 这一名字命名的,他使用该模型进行了地球物理流动的计算。Lilly(1992)给出了 LES 的第一个主要结果,他证明了 Smagorinsky 模型中使用的常数应该是一个通用值,而不是一个调校常数。

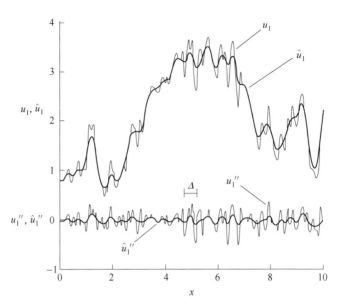

图 4.18 已滤波的和未滤波的速度分量及其相应的波动量的比较
(改自 Pope,2000)

出于这个原因,该模型也称为 Smagorinsky-Lilly 模型。

亚网格尺度应力为

$$(\tau_{ij})_{\text{sgs}} = \widehat{\rho u_i u_j} - \bar{\rho}\hat{\tilde{u}}_i\hat{\tilde{u}}_j = \mu_{\text{sgs}}\left(\frac{\partial \hat{u}_i}{\partial x_j} + \frac{\partial \hat{u}_j}{\partial x_i}\right) \approx 2\hat{\rho}\nu_{\text{sgs}}S_{ij}$$

式中

$$S_{ij} = \frac{1}{2}\left(\frac{\partial \hat{u}_i}{\partial x_j} + \frac{\partial \hat{u}_j}{\partial x_i}\right) \tag{4.249}$$

涡黏度 ν_t 用下式建模:

$$\nu_{\text{sgs}} = (C_s\Delta)^2|\bar{S}|, \Delta = (\text{体积})^{\frac{1}{3}} \text{ 且 } |\bar{S}| = \sqrt{2S_{ij}S_{ij}} \tag{4.250}$$

式中:Δ 项表示网格大小,而体积表示网格体积。

Lilly 表示,在某些假设条件下,C_s 的值应该是一个为 0.17 的通用值。但是,该常数的值根据问题在 0.1 和 0.3 之间变化。对于各向同性均匀湍流的情况,Clark et al. (1979)对二维平面管流取 C_s = 0.2,而 Deardorff(1973)取 C_s = 0.1。剪切流的数值模拟使用的 C_s 值为 0.1~0.12(Meneveau,Lund 和 Cabot,1996;O'Neil,Driscoll 和 Malmberg,1997)。Smagorinsky 模型实现起来非常简单。然而,它的主要缺点是 C_s 无法用一个通用常数值来正确地表示在旋转流或剪切流、近固壁处,或只包含有一个涡黏性方程的过渡流态中的不同湍流场。

为克服这一缺陷,Germano 及其同事(1991)提出了动态亚网格尺度模型。

在这个称为 Germano 的模型中,模型系数 C_s 在计算进行时动态计算,而不是一个先验输入值。该模型是基于两个不同滤波水平下的亚网格尺度应力与已求解的湍流应力之间的代数关系。使用 Germano 模型得到的亚网格尺度应力在层流中和固体边界处消失,并且在湍流边界层的近壁区域具有正确的渐近行为。使用 Germano 模型对过渡和湍流管道流进行大涡模拟的结果与直接模拟数据非常吻合。

在该方法中应用了两阶段滤波。为了表示这一操作,我们定义两个滤波算子:一个是网格滤波,由顶上方的 ^ 表示;另一个称为测试滤波,如下:

$$\bar{\phi}(\boldsymbol{x}) = \int \phi(\boldsymbol{x}') \bar{G}(\boldsymbol{x},\boldsymbol{x}') \mathrm{d}\boldsymbol{x}' \tag{4.251}$$

$$\hat{\phi}(\boldsymbol{x}) = \int \phi(\boldsymbol{x}') \hat{G}(\boldsymbol{x},\boldsymbol{x}') \mathrm{d}\boldsymbol{x}' \tag{4.252}$$

假设测试滤波的滤波宽度大于网格滤波的滤波宽度(测试滤波对应于比网格滤波更粗的网格)。网格滤波体积和测试滤波体积的描述如图 4.19 所示。最后,令 $\hat{\bar{G}} = \hat{G}\bar{G}$。通过对动量方程应用网格滤波,可以获得以下经过滤波的运动方程:

$$\frac{\partial}{\partial t}(\widehat{\rho u_i}) + \frac{\partial}{\partial x_j}(\bar{\rho}\hat{\tilde{u}}_i\hat{\tilde{u}}_j) = -\frac{\partial \hat{p}}{\partial x_i} + \mu\frac{\partial}{\partial x_j}\left(\frac{\partial \hat{u}_i}{\partial x_j} + \frac{\partial \hat{u}_j}{\partial x_i}\right) - \frac{\partial (\tau_{ij})_{\mathrm{sgs}}}{\partial x_j} \tag{4.253}$$

亚网格尺度张量为

$$(\tau_{ij})_{\mathrm{sgs}} = \widehat{\rho u_i u_j} - \bar{\rho}\hat{\tilde{u}}_i\hat{\tilde{u}}_j$$

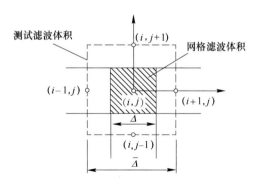

图 4.19 二维坐标系中的网格滤波体积和测试滤波体积
(改自 Wei 和 Brasseur,2010)

现在将 $\hat{G}$ 应用到式(4.253),滤后动量方程变为

$$\frac{\partial}{\partial t}(\widehat{\overline{\rho u_i}}) + \frac{\partial}{\partial x_j}(\overline{\rho}\widehat{\tilde{u}_i}\widehat{\tilde{u}_j}) = -\frac{\partial \hat{\bar{p}}}{\partial x_i} + \mu\frac{\partial}{\partial x_j}\left(\frac{\partial \hat{\bar{u}}_i}{\partial x_j} + \frac{\partial \hat{\bar{u}}_j}{\partial x_i}\right) - \frac{\partial(T_{ij})_{\text{sgs,t}}}{\partial x_j}$$

(4.254)

式中

$$(T_{ij})_{\text{sgs,t}} = \widehat{\overline{\rho u_i u_j}} - \overline{\rho}\widehat{\tilde{u}_i}\widehat{\tilde{u}_j}$$

(4.255)

这个量称为新的亚网格-测试尺度张量。最后,考虑解析的湍流应力:

$$\mathcal{L}_{ij} = (T_{ij})_{\text{sgs,t}} - \widehat{(\tau_{ij})_{\text{sgs}}} = \widehat{\overline{\rho u_i u_j}} - \overline{\rho}\widehat{\tilde{u}_i}\widehat{\tilde{u}_j} - \widehat{\overline{\rho u_i u_j}} + \widehat{\overline{\rho}\tilde{u}_i\tilde{u}_j}$$

$$= \widehat{\overline{\rho}\tilde{u}_i\tilde{u}_j} - \overline{\rho}\widehat{\tilde{u}_i}\widehat{\tilde{u}_j}$$

(4.256)

这个方程称为 Germano 等式。解析的湍流应力表示由长度介于网格滤波宽度和测试滤波宽度之间的尺度(小分辨率尺度)对亚网格尺度应力的贡献。通过确定例如最适合于流动瞬时状态的 Smagorinsky 系数的值,Germano 等式可以用来推导更准确的 SGS 应力模型。测试滤波和网格滤波与特征长度尺度 $\hat{\Delta}$ 和 Δ($\hat{\Delta} > \Delta$)有关。数值实验表明,测试滤波的最佳值是网格滤波最佳值的两倍($\hat{\Delta} = 2\Delta$)。两个亚网格尺度张量 $(\hat{\tau}_{ij})_{\text{sgs}}$ 和 $(T_{ij})_{\text{sgs,t}}$ 可以通过对两种滤波标准都使用相同的常数 C_d 来建模。在这种建模方法中,张量 $(\hat{\tau}_{ij})_{\text{sgs}}$ 和 $(T_{ij})_{\text{sgs,t}}$ 被它们的偏差部分代替,因此这些张量的迹为零:

$$(T_{ij})_{\text{sgs,t}} - \frac{1}{3}(T_{kk})_{\text{sgs,t}}\delta_{ij} = (T_{ij})^{\text{d}}_{\text{sgs,t}} = C_d \alpha_{ij}$$

(4.257)

$$(\tau_{ij})_{\text{sgs}} - \frac{1}{3}(\tau_{kk})_{\text{sgs}}\delta_{ij} = (\tau_{ij})^{\text{d}}_{\text{sgs}} = C_d \beta_{ij}$$

(4.258)

在这些等式中,α_{ij} 和 β_{ij} 表示没有常数的亚网格张量的偏差部分。注意,两个张量都是用共同常数 C_d 建模的。这个假设等效于尺度在亚网格通量和滤波上不变的假设。将这两个等式代入式(4.256)所示的 Germano 等式,得

$$\mathcal{L}_{ij} - \frac{1}{3}\mathcal{L}_{kk}\delta_{ij} \equiv \mathcal{L}^{\text{d}}_{ij} = (T_{ij})^{\text{d}}_{\text{sgs,t}} - \widehat{(\tau_{ij})^{\text{d}}_{\text{sgs}}} = C_d \alpha_{ij} - \widehat{C_d \beta_{ij}}$$

(4.259)

再一次地,张量 $\mathcal{L}_{ij}$ 被其偏差部分 $\mathcal{L}^{\text{d}}_{ij}$ 取代,这是因为我们处理的是零迹亚网格黏度建模。式(4.259)不能直接使用,因为右侧的第二项通过滤后的结果而使用了常数 C_D。为了简化这一点,做了另一种近似:

$$\widehat{C_d \beta_{ij}} = C_d \hat{\beta}_{ij}$$

(4.260)

该近似等效于常数 C_D 在一个区间内恒定的假设,这个区间间隔等于测试滤波截止长度 $\hat{\Delta}$。将式(4.260)代入式(4.259),得

$$\mathcal{L}_{ij} - \frac{1}{3}\mathcal{L}_{kk}\delta_{ij} \equiv \mathcal{L}_{ij}^{d} = C_{d}(\alpha_{ij} - \widehat{\beta}_{ij}) \tag{4.261}$$

为了确定常数 C_D，让我们将残余张量 ε_{ij} 定义为

$$\varepsilon_{ij} = \mathcal{L}_{ij} - \frac{1}{3}\mathcal{L}_{kk}\delta_{ij} - C_{d}(\alpha_{ij} - \widehat{\beta}_{ij}) \tag{4.262}$$

残余张量 ε_{ij} 的最小化将带来 6 个独立的关系，它们能为常数 C_d 提供 6 个不同的值。Lilly(1992)提出以下最小二乘法：

$$\frac{\partial}{\partial C_{d}}\varepsilon_{ij}\varepsilon_{ij} = 0 \tag{4.263}$$

$$C_{d} = \frac{m_{ij}\mathcal{L}_{ij}^{d}}{m_{kl}m_{kl}} \tag{4.264}$$

式中：$m_{ij} \equiv \alpha_{ij} - \widehat{\beta}_{ij}$。

这个过程可能产生一个负的 C_d 值或一个无界的 C_d 值。这些问题是数值求解中不稳定性的潜在原因。有 3 种主要方法可以克服这个困难。

第一种方法是在统计均匀性方向（时间或局部空间）上取常数 C_D 的统计平均值。平均过程可以通过两种非等效的方式执行，即分别对式(4.264)的分子和分母求平均值：

$$C_{d} = \frac{\langle m_{ij}\mathcal{L}_{ij}^{d}\rangle}{\langle m_{kl}m_{kl}\rangle} \tag{4.265}$$

或对商取平均：

$$C_{d} = \left\langle \frac{m_{ij}\mathcal{L}_{ij}^{d}}{m_{kl}m_{kl}} \right\rangle \tag{4.266}$$

在这两个等式中：算子 $\langle \rangle$ 指系综平均。

第二种方法是在 C_d 上应用任意边界，称为裁剪。常数 C_d 应满足以下两个条件：

$$\nu + \nu_{sgs} \geq 0 \tag{4.267}$$

$$C_{d} \leq C_{\max} \tag{4.268}$$

第一个条件确保总解析耗散 $\varepsilon = \nu S_{ij}S_{ij} - \tau_{ij}S_{ij}$ 保持为正或为零。第二个条件确立了一个上限。在实际中，Zang, Street 和 Koseff(1993)发现 $C_{\max}$ 约为 0.04。此过程称为动态亚网格尺度模型，因为系数 C_d 的计算值自动适应了流动的当地状态。来自自由衰减各向同性湍流数值模拟的系数 C_d 平方根的动态行为如图 4.20 所示。注意，在计算的初始阶段，系数较小；在接下来的阶段中，这个系数的值接近一个恒定值。这是因为在初始阶段，能谱还未完全发展，而后来数值解达到了一个完全自相似的状态。这种初始的瞬态行为对应于湍流的物理演化。

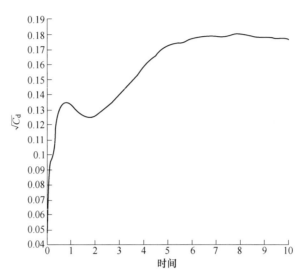

图4.20 自由衰减各向同性湍流的 LES 中动态常数的平方根的时间历程
(改自 Garnier et al.,1999)

尽管有这些限制,动态模型仍然不协调。流动在 Kolmogorov 长度尺度 η 上才被认为完全解析。因此,当且仅当以下情况时,动态过程才被认为是协调的,即

$$\lim_{\hat{\Delta}\to\eta} C_d = C_d[\eta] = 0 \tag{4.269}$$

如果不满足此条件,则称动态模型不协调。数值实验表明,Germano-Lilly 步骤是不协调的,因为当网格滤波接近 Kolmogorov 长度尺度时,常数 C_d 返回到非零值。

为改善亚网格尺度的处理方式,已经进行了 20 多年的工作。近来,You 和 Moin(2007)提出使用单级测试滤波来闭合亚网格模型的动态过程。确定模型系数的动态过程是建立在亚网格尺度耗散和黏性耗散之间的"全局平衡"基础上。Park 和 Lee(2006)早先使用这个概念来动态闭合 Vreman(2004)提出的亚网格模型。Vreman 模型使用一个固定系数来模拟亚网格尺度黏度;Park 和 Lee(2006)使用了一个动态系数模型。这 3 个模型都是协调的,因为它们预测 Kolmogorov 尺度下的亚网格尺度黏度为零。

当黏性亚层不存在(粗糙壁面)或实际不可求解(高雷诺数)时,边界层流动的大涡模拟在表面附近存在严重缺陷。Y. Zhou,Brasseur 和 Juneja(2001)已经证明近表面误差是由于代数亚滤波尺度(subfilter scale,SFS)模型在前几个网格水平上表现不佳造成的,在那里积分尺度必然是难解析的,且湍流高度各向

异性。在难解析湍流中,涡流黏度和相似性 SFS 模型在预测的解析尺度 (resolved-scale,RS) 速度和模拟的 SFS 加速度之间产生了一个虚假的反馈回路,并且不能同时捕获 SFS 加速度和 RS-SFS 能量通量。为了以动态有意义的方式突破这一虚假耦合,Zhou,Brasseur 和 Juneja 引入了一种新的建模策略,其网格解析子滤波速度是从包含 SFS 和 RS 速度间基本惯性相互作用的独立动力学方程估计的。然后将这个解析 SFS(称为 RSFS)速度作为 SFS 应力张量中的完全 SFS 速度的替代。Zhou 及其共同作者还通过比较高度难解析各向异性由浮力产生的均匀湍流的 LES 和相应的直接数值模拟来测试 RSFS 模型。新模型成功抑制了在 RS 速度和 SFS 加速度之间的虚假反馈回路,并极大地改善了 SFS 加速度的各向异性结构和解析速度场的模型预测结果。与代数模型不同,RSFS 模型准确地捕获 SFS 加速度强度和 RS-SFS 能量通量,即使在非平衡瞬态期间也是如此,并且在 SFS 应力散度和 SFS 压力之间正确地划分出了 SFS 加速度。

在最近的一项工作中,Wei 和 Brasseur(2010)描述了一个困扰高雷诺数湍流边界层大涡模拟问题的求解,这是因为它首次应用于这种情况:无法用 LES 正确预测壁面规律(如对数层)。而 DNS 不是这种情况。他们的研究中展示了这种异常的原因,并制定了解决问题的策略。有趣而重要的一点是,并非只是 SFS 模型对于 SFS 应力是个问题;实际上,模型参数和网格设计的集成才是问题的核心。他们研究中最重要的发现是确立了 3 个无量纲的关键参数,必须超过这些参数才能正确设计壁面边界的 LES。有关详细信息,建议读者参阅原始论文。

4.8 直接数值模拟

在直接数值模拟(direct numerical simulation,DNS)中,通过解析湍流整个空间和时间尺度范围在没有借助任何湍流模型的情况下数值地求解了守恒方程。与包含大部分动能的运动相关的湍流的所有空间尺度,从最小的耗散 Kolmogorov 尺度 η 到积分尺度 l_0,必须在计算网格中求解。然而,即使对非反应流,预估显示求解所有长度尺度所需的网格点数与 $Re_{l_1}^{9/4}$ 成正比,这意味着即使对于 $Re_{l_0}=10^4$ 的中等雷诺数,DNS 也需要 $N=10^9$ 个网格点。这个要求连同为获取用于统计分析的数据必须模拟流场的足够时间演变这一事实,使得 DNS 甚至对不反映中等雷诺数的流动也在可预见的未来成为几乎不可能。目前,大多数 DNS 研究局限于简单的流动几何形状和低 Re_{l_0} ($O(10^3)$)流动(Menon,2004)。

DNS 向反应流的扩展更是问题重重。在实际感兴趣的流动中,火焰结构可以非常薄(例如:在预混小火焰机制中,火焰厚度 $\pm\delta_L$ 可以比最小湍流尺度 η 小几个数量级)。因此,即使求解了Kolmogorov尺度,也无法求解薄火焰结构。有两种方法被尝试用来规避这种限制:使用化学改性来人工加厚火焰以便求解它(Baum et al.,1994;Collin et al.,2000),以及在火焰锋面被追踪而未求解时使用薄火焰模型(Kerstein,Ashurst 和 Williams,1988)。使用这些方法已经获得了对火焰-湍流相互作用的重要见解。但是,如同在实际设备中一样,高 Re 火焰仍然超出了 DNS 的范围。由于计算资源(处理时间和存储器大小)有限,DNS 主要用于理解简单几何构型中的基本燃烧现象。DNS 计算的结果可以为其他数值方法所需的湍流建模提供有用的信息。直接数值模拟已被用作在实验研究无法容易且准确地进行的情况下但允许进行数值实验时的一种工具。来自DNS 的信息可用于验证 LES 代码。当简化为在更简单的几何形状中的低雷诺数流动时,准确的 LES 代码应该给出与 DNS 代码相同的结果。大多数早期DNS 是对静止均匀湍流进行的。然而,最近它的使用已经扩展到非均匀湍流的模拟。

习题

1. 使用雷诺平均程序推导出湍流可压缩反应流动在直角笛卡儿坐标系中的 x 动量方程。再推导出 Favre 形式的动量方程。

2. 推导涡量方程式(4.134),并讨论涡量方程在二维和三维流动条件下的差异。

3. 某种物质的质量分数 Y 随时间的变化由下列正弦函数给出:

$$Y = \bar{Y} + \frac{1}{2}(Y_+ - Y_-)\sin(2\pi\omega t)$$

式中: ω 为频率。

证明分布函数 $F(Y)$ 和概率密度函数 $\mathcal{P}(Y)$ 必须遵循以下等式给出的形式:

$$F(Y) = \begin{cases} 1 & (Y > Y_+) \\ \dfrac{1}{2} + \dfrac{1}{\pi}\arcsin\left(\dfrac{Y - \bar{Y}}{Y_+ - \bar{Y}}\right) & (Y_- \leq Y \leq Y_+) \\ 0 & (Y_- > Y) \end{cases}$$

$$\mathcal{P}(Y) = \begin{cases} 0 & (Y > Y_+) \\ \dfrac{1/\pi}{\sqrt{(Y_+ - Y)(Y - Y_-)}} & (Y_- \leq Y \leq Y_+) \\ 0 & (Y_- > Y) \end{cases}$$

4. 使用如下定义的 β-pdf：
$$\mathcal{P}(f,x_i) = a\delta(f-f^+) + (1-a)\delta(f,f^-)$$
及下面给出的 $\tilde{f}$ 和 $\widetilde{f''^2}$ 定义来求解以 $\tilde{f}$ 和 $\widetilde{f''^2}$ 的形式表达的两个系数 a 和 b。
$$\tilde{f} \equiv \int_0^1 \mathcal{P} f(f,x_i)\,\mathrm{d}f$$
$$\widetilde{f''_2} \equiv \int_0^1 (f-\tilde{f})^2 \mathcal{P}(f,x_i)\,\mathrm{d}f$$

5. 将式(4.105)转换为湍流动能方程式(4.108)的最终形式，列出所有必需的假设。

6. 从瞬时动量方程和平均动量方程推导出湍流耗散率方程式(4.119)，列出所有为获得该方程精确形式的必要假设。

7. 考虑一个低速流动情况，并通过雷诺平均过程推导出 $\overline{u'_2\theta'}$ 的标量通量方程，其中 θ 为标量。除了在因密度波动而引起的体积力的波动不容忽略的情况下，密度波动通常可以忽略不计；我们可以在第 i 个方向使用 $B'_i = \rho' g_i$，且
$$\frac{\rho'}{\rho} = -\alpha_c \frac{\theta'}{\theta}$$

8. 用 Favre 平均过程推导出 $\widetilde{u''_i \theta''}$ 的标量通量方程，其中 θ 为标量。在这种情况下，考虑化学反应流动是可压缩的。

9. 大涡模拟(LES)的一般方法是什么？

10. 比较不同湍流尺度的作用，特别是在大积分尺度与最小的长度尺度方面。

11. 描述使用直接数值模拟(DNS)进行湍流模拟。DNS 方法的局限性是什么？什么时候可以采用 DNS 方法？

12. 用不同长度尺度控制的不同区间和子区间来阐述 Richardson 和 Kolmogorov 相似假设的湍流能量级串概念。

13. 证明在各向同性湍流的假设下，由下式定义的单位质量的耗散率(ε)：
$$\varepsilon = \nu \overline{\left(\frac{\partial u'_i}{\partial x_j} + \frac{\partial u'_j}{\partial x_i}\right)\frac{\partial u'_j}{\partial x_i}}$$
可写为
$$\varepsilon = 15\nu \overline{\left(\frac{\partial u'_1}{\partial x_1}\right)^2}$$
根据泰勒微尺度(Λ_T)的定义，它与速度波动(u'_{rms})的均方根有关：

$$\Lambda_{\mathrm{T}} = u'_{\mathrm{rms}} \Big/ \sqrt{\overline{\left(\frac{\partial u'_1}{\partial x_1}\right)^2}}$$

因此,单位质量耗散率可表示为

$$\varepsilon = 15\nu \frac{u'^2_{\mathrm{rms}}}{\Lambda_{\mathrm{T}}^2}$$

第 5 章 湍流预混火焰

符 号 表

符号	含 义 说 明	量纲
A	层流火焰的基元面积	L^2
A,B	式(5.58)中的模型常数	—
c	反应进程变量	—
C_{EBU}	式(5.55)中 Spalding 的 EBU 模型中的常数	—
C'_{EBU}	式(5.54)中 Spalding 的 EBU 模型中的常数	—
C_p	比热容	$Q/(MT)$
C_u	火焰曲率	$1/L$
D	直径	L
Da	达姆科勒数	—
D_k	第 k 种物质的热扩散系数	L^2/t
D_T	湍流扩散率	L^2/t
$E(\kappa)$	作为波数函数的湍流能量	—
e^*	修正的火焰厚度	L
F_1, F_2	函数	—
F/O	燃料-氧化剂比(通常按质量流率计)	—
$G(x_i)$	水平集函数	—
h	比焓	Q/M
k	湍流动能(TKE)	L^2/t^2
Ka	Karlovitz 数 $\equiv \dfrac{\delta_L}{S_L} \dfrac{1}{A} \dfrac{dA}{dt}$	—
Ka_Δ	基于燃料消耗层厚度的 Karlovitz 数	—
Kz	Kovasznay 数 $\equiv \tau_c/\tau_m$	—
L_M	马克斯坦长度,由式(5.130)定义	L
l_C	Obukhov-Corrsin 尺度,由式(5.159)定义	L
l_f	皱褶长度尺度,见式(5.30)和表 5.2	L

(续)

符号	含 义 说 明	量纲
l_G	Gibson 尺度 $\equiv S_L^3/\varepsilon$，由式(5.157)定义	L
l_m	混合长度尺度 $\equiv (\varepsilon t_F^3)^{1/2}$，见式(5.158)	L
ℓ_0	积分长度尺度	L
l_T	平均涡直径	L
m, n	数字	—
Ma	马克斯坦数(相对于未燃混合物)，见式(5.132)和(2.165)中基于层流火焰位移速度的 Ma^d；见式(2.166)中显示的基于层流火焰消耗速度的 Ma^c	—
Mw_a	第 a 种物质的相对分子质量	M/N
$\boldsymbol{n}$	单位法矢量，见式(5.123)，式(5.143)	—
N_B	Bray 数 $\equiv \dfrac{\tau S_L}{2\xi u'}$，见式(5.108)	—
p	压力	F/L²
$\mathcal{P}$	式(5.98)中使用的生成物项，由式(5.101)定义	L²/t³
$\mathcal{P}_\phi$	ϕ 的概率密度函数，由式(5.176)定义	—
Pr_T	湍流普朗特数 $\equiv v_T/\alpha_T$	—
$\dot{q}''_{rad}$	辐射热通量	Q/L²-t
R_c	曲率半径	L
Re_d	基于直径 d 的雷诺数	—
Re_{l_0}	基于 l_0 的雷诺数	—
r_f	火焰锋面半径	L
S_d	薄反应区的位移速度	L/t
S_L	层流火焰速度	L/t
S_n 和 S_r	G 方程中的波动量，见式(5.149)~式(5.151)	L/t
S_t	由湍流运动引起的燃烧波位移的平均速度	L/t
Sc_t	湍流施密特数	—
s_{jk}	应变的波动速率 $\equiv \dfrac{1}{2}\left(\dfrac{\partial u'_i}{\partial x_j}+\dfrac{\partial u'_j}{\partial x_i}\right)$，见式(5.99)	1/t
T_a	活化温度	T①

① 原文有误。——译者注

符号	含义说明	量纲
T_b	已燃气体的温度	T
$\mathcal{T}_k$	TKE的湍流输运,见式(5.100)	L^3/t^3
T_u	未燃气体的温度	T
T_m	平均温度	T
$\widetilde{T''^2}$	Favre平均的温度波动平方均值(方差)	T^2
t	时间	t
t_F	火焰穿越时间 $\equiv \delta_L/S_L$	t
u_{tf}	增厚小火焰的速度	L/t
u'	基于雷诺分解的波动速度	L/t
$u'_{fg}, v'_{fg},$ 和 w'_{fg}	分别为在x,y和z方向上由火焰引起的速度分量的雷诺平均速度波动	L/t
u'_{rms}	湍流速度的均方根波动	L/t
$\boldsymbol{v}$	局部流动速度矢量	L/t
$\boldsymbol{w}$	火焰表面速度矢量	L/t
x	x坐标	L
x_f	火焰锋面的位置,见式(5.124)	L
Y	质量分数	—
Ze	Zel'dovich数 $[\equiv E_a(T_b-T_u)/(R_u T_b^2)]$	—
希腊符号		
α	热扩散系数	L^2/t
α,β,γ	式(5.67)中的系数	—
α_T	湍流热扩散系数	L^2/t
δ_c	燃料消耗层的厚度	L
δ_f	薄反应锋面的厚度	L
δ_L	层流火焰的厚度	L
δ_r	反应区的厚度	L
δ_T	湍流火焰的厚度	L
δ_t	湍流火焰刷的厚度	L
δ_{tf}	增厚小火焰的厚度	L
$\delta(x)$	x的Dirac-delta函数	—
ε	湍流动能耗散速率	L^2/t^3

(续)

符号	含义说明	量纲
ζ	涡度	$1/t$
η	Kolmogorov 长度尺度	L
Θ	无量纲温度 $[\equiv (T-T_u)/(T_b-T_u)]$,见式(5.55)	—
θ	角度	弧度(Radians)
κ	式(5.38)和式(5.39)中的拉伸因子 $\equiv \dfrac{1}{A}\dfrac{dA}{dt}$	$1/t$
κ	波数	$1/L$
Λ_T	湍流的泰勒微尺度	L
λ	热导率	$Q/(LTt)$
λ_T	湍流热导率	$Q/(LTt)$
ν	运动黏度	L^2/t
ν_{rj}	第 j 个反应中反应物的化学计量系数	— 或 N
ν_T	湍流运动黏度	L^2/t
ξ	效率函数 ≈ 1	—
ρ	密度	M/L^3
τ	式(5.64a)中定义的放热因子	—
τ_b	热电偶暴露于已燃气体的时间段,见式(5.29)	t
τ_c	化学反应时间	t
τ_f	皱褶的时间尺度	t
τ_{ik}	应力张量	F/L^2
τ_K 或 τ_η	Kolmogorov 时间尺度	t
τ_L	基于层流火焰速度的反应时间 $(=\delta_L/S_L)$	t
τ_m	特征空气动力学时间 $\equiv \Lambda_T/u'_{rms}$	t
τ_o	涡旋周转时间的特征时间尺度	t
τ_R	在层流小火焰中停留的特征时间尺度	t
τ_r	反应时间	t
τ_T	基于湍流火焰速度的反应时间 $(=\delta_T/S_T)$	t
τ_u	热电偶暴露于未燃气体的时间段,见式(5.28)	t
$\bar{\chi}_c$	平均标量耗散速率,$\bar{\chi}_c \equiv 2D\overline{\dfrac{\partial c''}{\partial x_k}\dfrac{\partial c''}{\partial x_k}}$	$1/t$
$\bar{\dot{\omega}}_T^*$	平均能量生成速率	$Q/L^3\text{-}t$

(续)

符号	含义说明	量纲
$\overline{\dot{\omega}_\theta^*}$	Spalding 的 EBU 模型给出的平均反应速率,见式(5.57)	$1/L^3\text{-}t$
$\widetilde{\dot{\omega}}_{F,r_j}$	平均燃料消耗速率,见式(5.58)	$M/L^3\text{-}t$
$\dot{\omega}_T$	从能量生成速率推导出的温度方程(5.142)中的源项	$MT/L^3\text{-}t$
下标		
amb	环境	
avg	平均	
b	已燃的	
F	燃料	
f	流动或火焰	
fg	火焰生成的	
L	层流	
max	最大	
O	氧化剂	
P	产物	
r_j	第 j 个反应	
T	湍流	
tf	增厚的小火焰	
u	未燃的	
上标		
′	雷诺平均波动	
″	Favre 平均波动	
—	雷诺平均均值	
~	Favre 平均均值	
缩略语		
CGD	逆梯度扩散(counter gradient diffusion)	
EBU	涡旋破碎(eddy breakup)	
GD	梯度扩散(gradient diffusion)	

　　第 2 章讨论了层流中的预混火焰。在本章,我们讨论湍流中预混火焰传播的物理特性、火焰结构、几种建模方法及其应用和不足。与层流火焰不同,湍流火焰通常伴随着噪声和火焰包络面的快速波动。对于层流预混火焰,可以定义火焰速度(S_L),在合理的限度内,它与实验装置无关。同样地,也希望定义一个

与实验装置无关,仅与燃料空气比和一些对应于层流情况那般的,如 λ、ν 和 D 等输运特性有关的湍流火焰的传播速度。然而这是不可能的,因为湍流火焰的输运特性是流动的函数而不是流体的函数。在某些化学计量比下,湍流热扩散系数①可以比分子热扩散系数高几个数量级($\lambda_t \gg \lambda, \nu_t \gg \nu, D_t \gg D$)。因此,湍流火焰的理论概念并不像层流火焰那样定义明确。

与层流火焰不同,湍流火焰表面通常非常复杂,并且难以定位瞬时火焰表面。由于输运性能增强,湍流火焰速度(S_T)远大于层流火焰速度(S_L)($S_T \gg S_L$)。与层流预混火焰不同,湍流预混火焰通常很厚。随着湍流程度增加(均方根湍流强度增加和(或)湍流积分长度尺度增加),湍流火焰速度 S_T 增加。

预混火焰在湍流中传播的问题可分为两个主要的子问题:①湍流对火焰速度、火焰厚度和火焰结构的影响;②火焰对湍流的影响。对湍流火焰的研究已有70多年。大多数对预混湍流燃烧的研究都集中在第一个子问题上。几个有关燃烧的院系的研究已经形成了一些关于湍流预混燃烧机理的半经验理论分析或模型。Damköhler(1940)对这一主题做了开创性工作,他提出湍流反应区是由因流动湍流的固有性质而脉动的具有皱褶或破碎了的层流火焰形成的。当流动中存在的涡旋尺度与层流火焰厚度(δ_L)相比较小时,湍流增加了反应区内的输运速率;当湍流尺度较大时,它通过起皱增加了火焰表面积(A_f)。Damköhler认为湍流涡旋的大尺度会使火焰锋面起皱,从而增加了它的燃烧表面积和反应物消耗速率。如果湍流的最小尺度大于火焰锋面厚度,则假设瞬时火焰锋面将以层流燃烧速度在当地传播。然后湍流火焰将以等于层流燃烧速度乘以皱褶的瞬时火焰表面积与其投影面积之比的速度传播。这种模型称为皱褶火焰模型。类似于式(2.77)给出的层流火焰速度和热扩散率之间的关系,小尺度湍流(湍流涡旋小于层流火焰锋面厚度)假设是以等于小尺度的表观湍流扩散率与分子扩散率之比的 1/2 次方的因子增加瞬时火焰锋面的传播速度($S_T \propto \sqrt{\alpha_T \mathrm{RR}}$)。

达姆科勒(Damköhler)范例体现了这样的假设:湍流火焰速度和火焰结构可依赖于少量参数(如雷诺数)关联并分类。火焰速度在:(a)$Re_d \leqslant 2300$ 时,与雷诺数无关;(b)$2300 \leqslant Re_d \leqslant 6000$ 时,与雷诺数的平方根成正比;(c)$Re_d \geqslant 6000$②时,与雷诺数成正比。显然,区间(b)和(c)受湍流涡流大小的影响,因

---

① 按惯例,用两个术语使湍流输运特性区别于层流输运特性:"湍流"指的是基于湍流尺度的表观输运特性,而"实际的"指的是湍流输运特性和分子输运特性的总和。输运特性包括黏度、热扩散率和质量扩散率。

② 注意:这些值与装置有关。对于管道而言,其几何尺寸是固定的,真正依赖的是速度而不是 Re_d。

此测得的火焰速度取决于几何形状和流动条件。Summerfield et al.(1955)根据他们自己的实验结果提出了另一种物理模型,将湍流火焰视作沿流线分布依顺序发生反应的区域。这个概念与达姆科勒的皱褶火焰模型不同。

这些早期模型中的任何一个似乎都涵盖了不同流速和雷诺数下宽泛范围内的火焰构型。任意哪个模型——皱褶层流火焰和火焰锋面瓦解到分布反应区——都是可能的,这取决于雷诺数和其他无量纲参数(本章稍后讨论)的大小。此外,中间区可能适用"混合"模型。Povinelli 和 Fuhs(1960)也支持在中间区同时存在两个模型的可能性,他们证明小尺度和大尺度的涡旋可以同时在流场中发生,并且分别引起分布式和皱褶的层流火焰。Kovasznay(1970)提出了一个可以评估湍流燃烧模型的标准。该标准是基于从特征化学反应时间到湍流涡旋的特征空气动力学混合时间的大跨度知识。

许多著作都综述了湍流对火焰速度的影响,包括 Libby 和 Williams(1994)编辑的两卷《湍流反应流》(Turbulent Reacting Flows)以及 Lewis 和 Von Elbe(1961)的教科书;Shchetinkov(1965)、Williams(1985,2000)、Kuo(1986)、Chomiak(1990)、Kuznetsoz 和 Sabel'nikov(1990)、Warnatz,Mass 和 Dibble(2006)、Poinsot 和 Veynante(2005)、Peters(2000)、Glassman 和 Yetter(2008)及其他著作;还有综述论文,如 Chomiak(1979)、Borghi(1985,1988)、Clavin(1985,1994,2000)、Libby(1985)、Pope(1985,1994,1997)、Williams(1985d,2000)、Peters(1986)、Daneshyar 和 Hill(1987)、Law(1988)、Gülder(1990)、Bradley(1992,2002)、Ashurst(1994)、Heywood(1994)、Bray(1995,1996)、Poinsot,Candel 和 Trouvé(1995)、Poinsot(1996)、Candel et al.(1999)、Klimenko 和 Bilger(1999)、Bilger(2000)、Law 和 Sung(2000)、Renard et al.(2000)、Kerstein(2002)、Lipatnikov 和 Chomiak(2002,2005)、Veynante 和 Vervisch(2002)、Dinkelacker(2003)、Bilger et al.(2005)、Kadowaki 和 Hasegawa(2005)、Janicka 和 Sadiki(2005)、Westbrook et al.(2005)、Pitsch(2006)、Driscoll(2008)以及许多其他范围较窄的论文。

5.1 物理解释

湍流对火焰传播的影响可以从湍流强度和尺度,即 Kolmogorov 尺度(η)和积分长度尺度(ℓ_0)或几何长度尺度 L 的影响的角度来理解。Ballal 和 Lefebvre(1976)检测了湍流对火焰结构和传播速度的影响。湍流是否导致皱褶火焰或分布反应区,取决于湍流的强度和尺度。

如图 5.1 所示,从左到右进行,第一个图表示区域 1,这里湍流强度较低。由于 η 和 ℓ_0 都大于 δ_L,湍流涡旋仅引起火焰起皱。图 5.2 上面的照片是在这些条件下获得的典型照片。火焰具有相对光滑的外观,表面由一个球形肿胀物的聚合体组成,这种膨胀物随火焰向下游膨胀而逐渐增大。图 5.1 中的第二个图对应于火焰的最大皱褶,它发生在 $\eta=\delta_L$ 时。第三个图表示当 $\eta<\delta_L$ 时,湍流能量的一部分(E 表示为波数 κ 的函数)包含在火焰内的涡旋中,只有较小的能量可用于火焰起皱。在这些条件下(区域2),起皱不太明显,但由增厚反应区内许多新鲜混合物小袋囊的夹带和燃烧而产生的破坏表现为火焰表面的粗糙化。遇到区域 3 中较高强度水平时,起皱效应进一步减弱,几乎所有可用的能量都体现在众多的小涡旋中。湍流强度的增加伴随着 Kolmogorov 长度尺度 η 的减小(对固定积分长度尺度 ℓ_0 而言)。因此,在非常高的湍流程度下,所有小涡旋都太小而不能产生任何明显的火焰表面起皱作用。在这些条件下,燃烧区可被视为一个相当厚的散布着未燃混合物涡旋的已燃气体基体(图 5.1)。从该图中可以清楚地看出,连续且清晰明确的火焰表面的概念不再现实,并且燃烧几乎仅仅由在燃烧产物和新鲜混合物涡旋之间形成的界面处发生的反应来维持。

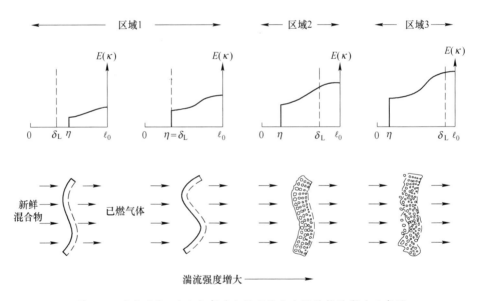

图 5.1 湍流动能 $E(\kappa)$ 分布对火焰形状和火焰结构的影响示意图

(改自 Ballal 和 Lefevbre,1976)

如图 5.1 所示,认为燃烧被限制在或邻近于一个连续的火焰表面处的相当明确定义的边界内也不再现实。相反,可将燃烧视作一个因未燃混合物涡旋在通过增厚反应区的期间内逐渐且有时剧烈消耗而深度发生的过程。在每个涡旋中,燃烧速率通过来自包络火焰锋面的热流和活性物质(如自由基物质)而增强。在某些情况下,取决于混合物的性质和湍流尺度,单个涡旋中化学反应可以加速到最终燃烧几乎在其整个体积内同时发生而超越推进着的火焰的程度。

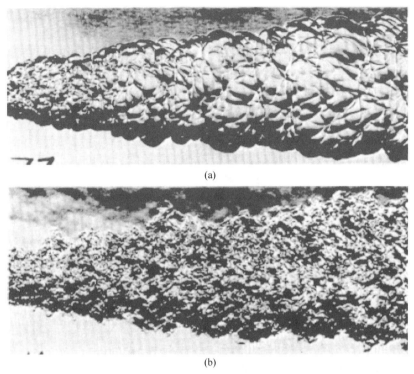

图 5.2 低和高湍流条件下的化学计量的丙烷空气火焰
(a)$u' = 31cm/s$(低湍流强度);(b)$u' = 305cm/s$(高湍流强度)。
(改自 Ballal 和 Lefevbre,1976)

这样就产生了压力脉动,它撕开并碎裂了火焰表面(图 5.2(b))。这些脉动产生了表征高强度湍流火焰的噪声,并且还为湍流燃烧的第二个子问题,即火焰引发的湍流提供了合理的解释。

5.2 相关性进展的一些早期研究

预测湍流火焰速度是最令人感兴趣的,它确定了,例如:火花点火(spark-iginition,SI)发动机中的火焰行程时间和本生灯(Bunsen-type burner)上的火焰长度。达姆科勒范例提出,在实际感兴趣的问题中,火焰起皱的程度将是主要影响,它应该是主要取决于湍流速度尺度与层流燃烧速度之比的一种运动效应。这个范例变为针对理想的湍流火焰,该火焰在平均上是一维的,而且在随湍流火焰"刷"移动的参考系中在统计上是静止的。如同在层流中,它假设可以通过考虑在垂直于平均火焰锋面方向上的传播来处理倾斜的火焰(图 5.3)。

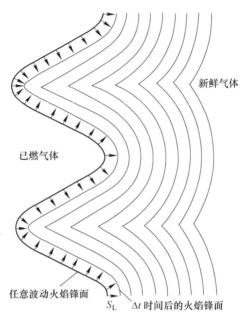

图 5.3 湍流火焰锋面的夸张视图
(改自 Karlovitz,Denniston 和 Wells,1951)

5.2.1 Damköhler 的分析(1940)

虽然在很早的时候,Mallard 和 Le Chatelier(1883)就认识到湍流会影响燃烧速度,但对湍流火焰的系统研究却仅是从 1940 年 Damköhler 的经典理论和实验研究开始的。图 5.4(a)所示为 Damköhler 在不同雷诺数下本生灯火焰速度的测量结果。他发现火焰速度(a)在 $Re_d \leqslant 2300$ 时,与雷诺数无关;(b)在 $2300 \leqslant Re_d \leqslant 6000$ 时,与雷诺数的平方根成正比,(c)在 $Re_d \geqslant 6000$ 时,与雷诺数成正比。显然,(b)项和(c)项受湍流的影响,因此测得的火焰速度与几何形状和流动有关。Williams 和 Bollinger(1948)用不同管径和不同烃燃料(C_3H_8、C_2H_4 和 C_2H_2)进行实验来测试 Damköhler 提出的方程。他们的实验结果如图 5.4(b)所示。从直观观察,他们所测曲线的大致形状在较低的雷诺数范围附近显示出较高的曲率。随着雷诺数的增大,曲率降低。还可以观察到除雷诺数之外,燃烧器直径和燃料类型对测得的湍流燃烧速度(S_T)有显著影响。

在 $2300 \leqslant Re_d \leqslant 6000$ 的范围内,积分长度尺度和混合长度远小于火焰锋面厚度。在该 Re_d 范围内,中间湍流尺度增强了燃烧波内的输运过程的强度。在这些情况下,传热和传质是由于湍流扩散而不是分子扩散造成的。

当 $Re_d \geqslant 6000$ 时,湍流积分尺度远大于层流火焰厚度。这些较大的涡旋不会像小涡旋那样增强扩散,但它们会扭曲"层流"火焰锋面,如图 5.3 所示。这

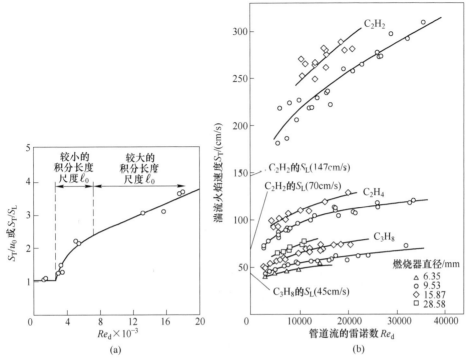

图 5.4 （a）雷诺数对湍流火焰速度的影响
（改自 Damköhler,1940）以及（b）湍流燃烧速度随雷诺数的变化
（改自 Bollinger 和 Williams,1948）

些折叠在火焰锋面中的影响增加了本生灯管单位横截面的火焰表面积。结果，表观火焰速度增加而瞬时局部火焰结构本身没有任何变化。

Damköhler(1940)指出，对于雷诺数为 2300～6000 的湍流，雷诺数的任何增量仅仅增加波的输运特性。他用以下方式研究了这些变化与雷诺数的函数关系。对于层流火焰，火焰速度 S_L 与热扩散率(α)和反应速率(RR)乘积的平方根成正比，即

$$S_L \propto \sqrt{\alpha \text{RR}} \tag{5.1}$$

可以合理地期望湍流火焰速度 S_T 为

$$S_T \propto \sqrt{\alpha_T \text{RR}} \tag{5.2}$$

式中：α_T 为湍流热扩散率。

因此，有

$$\frac{S_T}{S_L} \approx \sqrt{\frac{\alpha_T}{\alpha}} \tag{5.3}$$

如果湍流普朗特数($Pr_T \equiv \nu_T/\alpha_T$)和基于分子输运性质的普朗特数都近似等于1，那么式(5.3)变为

$$\frac{S_T}{S_L} \approx \sqrt{\frac{\nu_T}{\nu}} \tag{5.4}$$

对于管道流，湍流运动黏度(也称为涡黏度，ν_T)和分子运动黏度(ν)的比与雷诺数的关系为：$\nu_T/\nu \approx 0.01 Re_d$。因此，有

$$\frac{S_T}{S_L} \approx 0.1\sqrt{Re_d} \tag{5.5}$$

这个等式确实预测了 Damköhler 的小尺度(燃烧器直径较小)燃烧速度测试结果的趋势。然而，式(5.2)有一个严重的缺点：当 $\nu_T \rightarrow 0$ 时，$S_T \rightarrow 0$ 而不是接近 S_L。这可以通过用 $\alpha_T + \alpha$ 替换 α_T 来轻易地修复。

在较大的燃烧器直径和低强度湍流的情况下，火焰将会起皱，但分子输运性能保持不变。因此，层流火焰速度将保持不变。由于对于恒定的 S_L，火焰面积与流速成正比，因此预测因湍流引起的火焰表面积的增加与 u'_{rms} 成正比。此外，ν_T 与强度和混合长度(可认为保持不变)的乘积成正比，u'_{rms} 与 ν_T 成正比。对于恒定的 ν，也有 $\nu_T \propto Re_d$，所以有

$$\frac{S_T}{S_L} \propto 面积 \propto (波动的大小) \propto \nu_T \propto Re_d \tag{5.6}$$

因此，并不奇怪某些实验结果似乎与下式相关：

$$S_T = A Re_d + B \tag{5.7}$$

式中：A 和 B 为常数。

这个关系式非常令人满意地描述了 Damköhler 的燃烧速度。总之，达姆科勒法指出，对于给定的湍流强度，充分增加的流速仅仅会使预混层流火焰起皱而不会显著改变其内部结构。当然，这项开创性的工作并未涵盖湍流燃烧的全部内容。

5.2.2 Shchelkin 的分析(1943)[①]

Shchelkin(1943)考虑了与湍流相关的时间(τ)的重要性。对于层流火焰，有

$$S_T \propto \sqrt{\frac{\alpha}{\tau_r}} \propto \sqrt{\frac{\lambda}{\rho C_p \tau_r}} \propto \sqrt{\frac{\lambda}{\tau_r}} \tag{5.8}$$

对于湍流火焰，他提出了一个类似的关系，即

[①] 根据表5.1及文献目录，此处应为(1947)。——译者注

$$S_T \propto \sqrt{\frac{\lambda + \lambda_T}{\tau_r}} = \sqrt{\frac{\lambda}{\tau_r}\left(1 + \frac{\lambda_T}{\lambda}\right)} = S_L\sqrt{1 + \frac{\lambda_T}{\lambda}} \tag{5.9}$$

式中:τ_r 为反应时间。

Shchelkin 还考虑了大尺度、低强度的湍流。他假设表面被扭曲成锥形,这个锥体的底面积与平均涡旋直径 l_T 的平方成正比,如图5.5所示。锥体的高度与 u'_{rms} 和燃烧波的一个单元及垂直于燃烧波方向上的涡旋运动相关联的时间成比例。那么,可将这个时间等于 l_T/S_L。Shchelkin 随后提出 S_T 与 S_L 的比等于平均锥面积与平均锥底面积之比。从几何学,有

$$A_C = A_B\left(1 + \frac{4h^2}{l_T^2}\right)^{1/2} \tag{5.10}$$

式中:A_C 为锥面积;A_B 为底面积;h 为锥高。它可以表示为

$$h = u'_{rms}t = u'_{rms}\frac{l_T}{S_L} \tag{5.11}$$

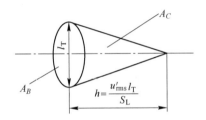

图 5.5 由扁平火焰锋面扭曲形成的锥形火焰锋面

因此,有

$$S_T = S_L\sqrt{1 + \left(\frac{2u'_{rms}}{S_L}\right)^2} \tag{5.12}$$

对于 u'_{rms}/S_L 的较大值,式(5.12)简化为 Damköhler 得到的式:$S_T \propto u'_{rms}$。

5.2.3 Karlovitz,Denniston 和 Wells 的分析(1951)

为了进一步推进对湍流燃烧速度的理解,Karlovitz, Denniston 和 Wells (1951)进行了更多的实验研究。他们将理论预测与湍流燃烧速度测量结果进行了比较,发现湍流火焰本身会产生额外的湍流。他们提出了一组方程来解释湍流火焰产生的湍流,并计算出火焰产生的湍流的强度。他们提出,为了获得总的湍流燃烧速度 S_T,必须将正常燃烧速度 S_L 与速度 S_t(定义为湍流运动引起的燃烧波位移的平均速度)加起来,即

$$S_T = S_L + S_t \tag{5.13}$$

式中:速度 S_t 由3个不同的方程给出,取决于湍流程度:

$$S_t = \begin{cases} \text{对于很强的湍流：} & (2S_L u'_{\text{rms}})^{1/2} \\ \text{对于中度湍流：} & (2S_L u'_{\text{rms}})^{1/2} \{1 - (S_L/u'_{\text{rms}}) \times \\ & [1 - \exp(-u'_{\text{rms}}/S_L)]\}^{1/2} \\ \text{对于很弱的湍流：} & u'_{\text{rms}} \end{cases} \quad (5.14)$$

火焰产生的(flame-generated)湍流强度可计算为

$$\overline{u'^2_{\text{fg}}} + \overline{v'^2_{\text{fg}}} + \overline{w'^2_{\text{fg}}} = \left(\frac{\rho_u}{\rho_b} - 1\right)^2 S_L^2 \quad (5.15)$$

在各向同性湍流的情况下，火焰产生的湍流强度可以计算为

$$\overline{u'^2_{\text{fg}}} = \overline{v'^2_{\text{fg}}} = \overline{w'^2_{\text{fg}}} = \frac{1}{3}\left(\frac{\rho_u}{\rho_b} - 1\right)^2 S_L^2 \quad (5.16)$$

将式(5.13)除以 S_L，考虑到低水平湍流强度的情况，并用经验常数 $K_1 \times S_T/S_L$ 代替 u'_{rms}/S_L，得

$$\frac{S_T}{S_L} = 1 + K_1 \sqrt{\frac{\alpha_T}{\alpha}} \quad (5.17)$$

其他研究人员改进并扩展了 Karlovitz 等的工作。对于丁烷-空气火焰，Wohl et al. (1953) 发现

$$\frac{S_T}{S_L} = 1 + K_2 U^\beta \left(\frac{u'_{\text{rms}}}{U} + 0.01\right) \quad (5.18)$$

式中：U 为燃烧器管道中的进气速度；K_2，β 仅取决于燃料-空气比。

5.2.4 Summerfield et al. (1955) 的分析

Summerfield et al. (1955) 认为，与湍流火焰相关的时间尺度不同于层流火焰的时间尺度。他们建议评估 S_T 与 S_L 的比：

$$\frac{S_T}{S_L} = \frac{\sqrt{\nu_T/\tau_T}}{\sqrt{\nu/\tau_L}} \quad (5.19)$$

新特征为反应时间受湍流影响。反应时间可以表示为

$$\tau_L = \frac{\delta_L}{S_L}, \tau_T = \frac{\delta_T}{S_T} \quad (5.20)$$

式中：δ 为火焰厚度。

该方法考虑了在湍流情况下反应区的延长。从概念上讲，S_L 仅仅是化学动力学的衡量标准。使用 τ 的表达式，它遵循：

$$\frac{S_T^2}{S_L^2} = \frac{\nu_T S_T/\delta_T}{\nu S_L/\delta_L} \quad (5.21)$$

在交叉相乘和重排后，有

$$\frac{S_\mathrm{T}\delta_\mathrm{T}}{\nu_\mathrm{T}} = \frac{S_\mathrm{L}\delta_\mathrm{L}}{\nu} \tag{5.22}$$

层流火焰的实验数据由下式给出:

$$\frac{S_\mathrm{L}\delta_\mathrm{L}}{\nu} \approx O(1) \tag{5.23}$$

从而,有

$$\frac{S_\mathrm{T}\delta_\mathrm{T}}{\nu_\mathrm{T}} = \frac{S_\mathrm{L}\delta_\mathrm{L}}{\nu} \approx O(1) \tag{5.24}$$

因此,S_T可以由湍流火焰厚度和涡黏度确定。这种关系是为小尺度湍流而开发的,也称为分布反应模型,如本章引言中所述。

5.2.5 Kovasznay et al. (1956)的特征时间法

在许多早期湍流燃烧的定性研究中,非常明确地假设湍流火焰由一个连续层流火焰组成。在Damköhler和Shchelkin的工作之后,许多其他研究人员利用了相同的皱褶火焰概念,更广泛地考虑了火焰表面的破碎,从而推导出更加复杂的公式。然而,在许多湍流火焰上得到的信息,特别是从那些小尺度、高强度湍流得到的信息清楚地表明不存在层流小火焰。这种皱褶火焰概念对某些湍流预混火焰的失效,使得其他研究人员考虑一种分布反应区。随后,关于湍流如何影响火焰结构的更精确的实验导致提出了一系列描述湍流对燃烧区影响的可能的机理。

这些假设中的一个由John和Mayer(1957)给出,他们认为这些机理可以用特征化学时间τ_c和特征空气动力学时间τ_m来解释。化学反应时间定义为

$$\tau_c = \frac{\delta_\mathrm{L}}{S_\mathrm{L}} \tag{5.25}$$

式中:δ_L为层流火焰的厚度;τ_c随压力或化学活性或两者的降低而增加。

空气动力学时间τ_m定义为

$$\tau_m = \frac{\Lambda_\mathrm{T}}{u'_\mathrm{rms}} \tag{5.26}$$

式中:Λ_T为第4章讨论过的湍流的泰勒微尺度。

从这两个时间可以形成一个称为Kovasznay数的无量纲数(Glassman,1977):

$$Kz \equiv \frac{\tau_c}{\tau_m} \tag{5.27}$$

弱湍流(u'_rms小且$\tau_m \gg \tau_c$)仅使火焰锋面起皱。在这种情况下,τ_m与表征接近火焰锋面的流动的速度梯度成反比,且τ_c与层流火焰速度成反比。较强的

湍流($\tau_m \approx \tau_c$)破坏了层流火焰锋面，τ_m和τ_c因此失去了它们成为与速度梯度倒数关系的重要性。在这种情况下，τ_m为涡旋的平均寿命，而τ_c是在这些可燃袋囊中化学反应的时间。更强的湍流($\tau_m \ll \tau_c$)通过局部稀释和预热爆燃的初始中心来显示其影响。在混合时间与化学反应时间相比可忽略不计的极限情况下，强湍流产生了均匀反应的混合物。在这种情况下，这个极限有时称为均匀搅拌反应器。

此外，许多研究小组已经开发出了以层流火焰速度和湍流强度(u'_{rms})表示的湍流火焰速度相关关系，偶尔也有同时用u'_{rms}和雷诺数Re_L的。表 5.1 汇总了其中一些相关关系。

表 5.1 湍流火焰速度相关关系的汇总

相关关系	主要假设	参考文献
$\dfrac{S_T}{S_L} = 1 + \dfrac{u'_{rms}}{S_L}$	连续皱褶层流火焰 $\delta_L \ll 1$	Damköhler(1940)
$\dfrac{S_T}{S_L} \approx Re_L^{1/2}$	小尺度、高强度的湍流	Damköhler(1940)
$\dfrac{S_T}{S_L} = \left[1 + \left(\dfrac{2u'_{rms}}{S_L}\right)^2\right]^{1/2}$	连续皱褶层流火焰 $\delta_L \ll 1$ $u'_{rms} < S_L$	Shchelkin(1947)
$\dfrac{S_T}{S_L} \approx Re_L^{0.24}$	$Re_L > 100$ 且 $S_L / u'_{rms} \to 0$	Abdel-Gayed 和 Bradley(1977)
$\dfrac{S_T}{S_L} = 2.1 \left(\dfrac{u'_{rms}}{S_L}\right)$	$u'_{rms}/S_L > 3.9$ 且受限的火焰	Libby，Bray 和 Moss(1979)
$\dfrac{S_T}{S_L} = 1 + \left(\dfrac{u'_{rms}}{S_L}\right)^2$	火焰起皱及其随之对湍流火焰速度影响的动力学方面的公式化表达	Clavin 和 Williams(1979)
$\dfrac{S_T}{S_L} = \left[1 + \dfrac{\overline{u'^2}}{S_L^2}\right]^{1/2}$	各向同性湍流	Clavin 和 Williams(1979)
$\dfrac{S_T}{S_L} = 3.5 \left(\dfrac{u'_{rms}}{S_L}\right)^{0.7}$	以单个长度尺度和单个速度尺度为特征的湍流的简化模型	Klimov(1983)
$\dfrac{S_T}{S_L} = Re_L^{1/4}$	带有外部截断和内部截断的分形火焰表面	Gouldin(1987)
$\dfrac{S_T}{S_L} = \left(\dfrac{u'_{rms}}{S_L}\right)$	带有外部截断和内部截断 Gibson 尺度的分形火焰表面	Peters(1988)
$\dfrac{S_T}{S_L} = \exp\left[\dfrac{(u'_{rms}/S_L)^2}{(S_T/S_L)^2}\right]$	通过动态重整化群法的公式化表达	Yakhot(1988)
$\dfrac{S_T}{S_L} = \left(\dfrac{u'_{rms}}{S_L}\right)^{0.5} Re_L^{1.5}$	对交换(Pair-exchange)模型	Kerstein(1988)

(续)

相关关系	主要假设	参考文献
$\dfrac{S_T}{S_L} = 1 + 5.3 \dfrac{u'_{rms}}{S_L^{0.5}}$	实验曲线拟合	Liu 和 Lenze(1989)
$\dfrac{S_T}{S_L} = 1 + 0.6 \left(\dfrac{u'_{rms}}{S_L}\right)^{1/2} Re_L^{1/4}$	各向同性湍流, $u'_{rms} \to 0 \Rightarrow S_T/S_L \to 1$	Gülder(1990)
$\dfrac{S_T}{S_L} = C \left(\dfrac{u'_{rms}}{S_L}\right)$	对于零放热 $C=2.42$; 对于大放热 $C=7.25$	Bray(1990)
$\dfrac{S_T}{u'_{rms}} = 6.4 \left(\dfrac{S_L}{u'_{rms}}\right)^{3/4}$	实验曲线拟合	Gülder(1990)
$\dfrac{S_T}{S_L} \approx \left[1 + \left(\dfrac{u'_{rms}}{S_L}\right)^2\right]^{1/2}$	对 Clavin 和 Williams 物理图像的解读	Kerstein 和 Ashurst(1992)
$\dfrac{S_T}{S_L} = 1.26 + 0.38 \left(\dfrac{u'_{rms}}{S_L}\right)$	在一个非线性模型的框架中,该模型加入了 Landau–Darrieus 不稳定机理	Cambray 和 Joulin(1994)
$\dfrac{S_T}{S_L} = 1 + \left(\dfrac{u'_{rms}}{S_L}\right)^{4/3}$	在受到随机平流或当地传播速度的随机变化影响下,对传播界面的平均通过速率进行分析和计算研究	Kerstein 和 Ashurst(1994)
$\dfrac{S_T}{S_L} = 2.53 \left(\dfrac{u'_{rms}}{S_L}\right)$	实验曲线拟合	Bedat 和 Cheng(1995)

来源:改自 Bilger et al. (2005)

5.2.6 先前方法的局限性

根据 Bilger, Pope, Bray et al. (2005) 的综述,过去 60 年来从实验数据中发展出了湍流火焰速度相关性,并且这项工作仍在继续。前面讨论的湍流范式的扩展包括对其他参数的依赖,例如湍流长度尺度和雷诺数、层流火焰厚度、体积膨胀比和非 1 的路易斯数的影响。许多作者声称取得了成功,但这些相关性的应用有限,这些结果似乎对流动构型特别敏感。

为克服湍流预混火焰特有的困难,学者们已做出了许多努力,其中包括用于模型验证的"典型"火焰几何数据的确定和湍流燃烧速度的明确定义。研究人员已经同意应当将预混湍流火焰分成倾斜类(杆状稳定 V-火焰)、包络类(对所有反应物形成包络的本生火焰)和"无附着"类(它包括低涡流扁平火焰和不附着在燃烧器硬件上的逆流火焰)。

(1) 包络火焰。是将火焰锚定在燃烧器的边缘产生的。湍流火焰刷朝向中心燃烧并在预混气体上合并形成包络。由于流动和湍流水平中等,预混气体不会在没有燃烧的情况下逸出。因此,不太可能发生明焰焰舌和局部火焰熄灭。由于燃烧器边缘不是非常有效的火焰稳定器,大多数研究使用引射火焰①来扩展试验基体(图5.6(a)、(b))。

(2)倾斜火焰。是用在燃烧器中心的火焰稳定器生成的。湍流火焰刷与入射湍流相互作用并在稳定器下游变厚。火焰稳定器的尺寸保持最小,以减少其对湍流火焰刷发展的影响。较大的稳定器通常用于研究稳定器尾流(剪切湍流)对火焰结构和吹离极限的贡献(图5.6(c)、(d))。

(3)无附着火焰。不需要火焰稳定器。由于预混火焰的传播性质,它们可以在发散流中维持。湍流火焰刷在当地垂直于迎面来流并且可以自由地响应入射湍流而不受约束或被固定在火焰附着点处(图5.6(e)、(f))。

轴对称包络火焰
又称锥形火焰

(a)

平面对称包络火焰
火焰在矩形燃烧器(或槽式燃烧器)中产生,火焰刷源自两个相对的边缘。为了保持"包络"特征,需要限制燃烧器的两个剩余侧面

(b)

平面对称倾斜火焰
由小杆稳定的V-火焰为实验室提供了最常用的平面对称倾斜火焰

(c)

轴对称倾斜火焰
小的钝体或引射火焰产生轴对称倾斜火焰,其形状像一个倒的锥体

(d)

撞击流中的无附着火焰
由流体撞击在滞止板上产生的发散流使得火焰将其自身定位在滞止点上游的一段短距离处

(e)

涡流产生的发散流中的无附着火焰
低涡流产生一个涡旋运动被限制在流体周边的发散流。在中心区,湍流火焰刷是无涡流的

(f)

图5.6 包络、倾斜和无附着火焰的图片
(引自 R. K. Cheng,2004)

每个类别都与不同的边界条件相关联,并且具有不同的火焰起皱过程。例如,在本生火焰焰舌尖附近发生小火焰的广泛合并,但是这种程度的合并不会发生在逆流构型中。因此,建议任何确定对某一类的量比关系(无论是通过计算还是实验),应该仅对该类适用,而不应用于所有类别。

---

① 原文为"pilot flame",多译作"值班火焰",为便于理解,在本书中译作"引射火焰"。——译者注

这些流动构型都不符合平均一维的理想范例。有一些在随湍流火焰"刷"移动的框架中也不是统计静止的。理解在湍流中使用理想范例的限制可以通过考虑其母体范例——对预混层流火焰的限制。当流动的特征长度尺度——火焰球直径或到壁面的距离——与层流火焰厚度具有相同数量级或流动中的应变率与穿过层流火焰的对流时间尺度的倒数相当时,没有表现出理想的行为。此外,由于热扩散的不稳定性,最初的平面火焰经常变得高度扭曲。因此,我们应该预期湍流火焰速度应该强烈依赖于类似的考虑因素。稳定在固定位置的火焰(如本生灯型、V-火焰等)应该对相应于通过一个正常湍流火焰"刷"的对流时间尺度敏感。低涡流火焰、逆流火焰和滞止火焰具有对应于通过湍流火焰"刷"的平均对流时间的平均应变率。已有大量证据表明,在这种流动中出现的外部压力梯度在很大程度上影响湍流燃烧速度。这可能是因为已燃和未燃气体的条件动量平衡在确定与湍流燃烧速度密切相关的条件速度时至关重要。

对应于不同流动构型的湍流火焰"刷"如图 5.7 所示。每一种情况下的湍流火焰"刷"被定义为一个相对较厚的区域,这个区域由薄反应区组成,它将未燃反应物与已燃产物分隔开来,并被湍流涡旋随机输运。湍流火焰"刷"的厚度用 δ_t 表示,薄反应锋面的厚度用 δ_f 表示。湍流"刷"的厚度由在湍流漩涡的影响下锋面围绕其平均位置的随机运动所控制。通常假设火焰锋面具有与拉伸层流火焰相同的局部结构。有时火焰锋面称为小火焰。一般地,"火焰锋面"和"小火焰"是用于描述湍流火焰中燃烧区的两个词。"火焰锋面"是一个更通用的术语;"小火焰"特别用于拉伸火焰的环境中。

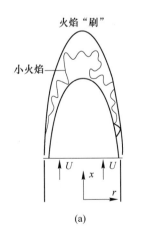 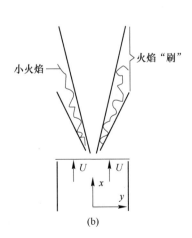

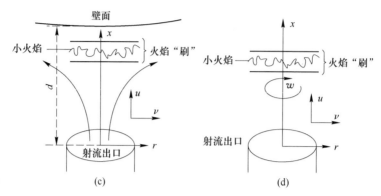

图 5.7 不同类型的湍流预混火焰中火焰"刷"和小火焰厚度
(a)本生或锥形火焰;(b)V 形火焰;(c)冲击射流火焰;(d)涡流稳定火焰。
(据 Lipatnikov 和 Chomiak,2010)

为恰当地定义湍流燃烧速度,Cheng 和 Shepherd(1991)提议使用消耗速度而不是过去所报道的位移速度。消耗速度通过定义一个控制体积——可以是局部的(Cheng 和 Shepherd,1991)也可以是全局的(Filatyev,Driscoll 和 Carter,2005)——并且计算或测量穿过所有边界的反应物的质量流速,包括与密度-速度相关关系有关的质量流速来确定。"位移速度"定义为在垂直于波的方向上,相对于波前的气体速度的波的速度(其是平均已反应物的等值面的速度)。很难确切定义应该在何处确定波前的气体速度,这导致了很大的不确定性。因此,不推荐使用位移速度。

5.3 湍流预混火焰中褶皱的特征尺度

Yoshida 和 Tsuji(1982)通过纹影摄影实验直接观察了未燃气体的湍流尺度对预混湍流火焰的褶皱尺度的影响。发现褶皱的特征尺度远大于由格栅或金属丝网产生的未燃气体的湍流特征尺度。在整个研究过程中,作者在湍流预混火焰的研究中广泛使用了热电偶;测量了温度波动的积分长度尺度,这个尺度对应于未燃和已燃气体团的平均直径。该技术用于确定火焰锋面皱褶的时间尺度,由此推导出长度尺度。

燃烧器由一个内径为 10 mm 的薄壁管组成,贫丙烷-空气混合物在管中流动。考虑到热电偶的催化作用和燃烧器的火焰稳定性极限,确定混合物的当量比为 0.724。未燃气体的当量比固定为 0.68,而平均速度 $\bar{u}$ 在 4~8m/s 之间变化。均匀的气体混合物通过一个沉降室、一个型面喷嘴和一个产生湍流的格栅。格栅下游 50 mm 燃烧器出口处的湍流的相对强度为 2.0%。每个格栅和湍流参数的详细信息如表 5.2 所列。将一个八端口点火燃烧器与燃烧器管同心放置,以稳定燃烧器边缘处的主火焰。格栅的湍流特性由热线风速仪确定,并用激光多普勒测速仪复检。为了用激光风速仪测量速度分布,将燃烧器安装在一个回转机构上,同时将激光风速仪的光学系统安装在一个平台上。

表 5.2 产生湍流的格栅、湍流参数和皱褶的长度尺度

格栅号	$\bar{u}_{avg}$ /(m/s)	u'_{rms} /(m/s)	l_0/mm	l_f/mm
G-1①	4.0	0.12	2.46	—
	8.0	0.15	1.41	4.14~5.59
G-4②	4.0	0.36	1.54	4.67~5.48
	8.0	0.45	1.79	5.23~5.75

l_0:湍流积分尺度;
l_f:火焰皱褶的长度尺度;
① 40 目金属丝网;
② 筛目尺寸 3.0mm,孔直径 1.5mm 的 1mm 厚的孔板;
来源:改自 Yoshida 和 Tsuji(1982)

用未涂覆的 50μm Pt-Pt:13%Rh 热电偶测量温度,获得高达 3kHz 的时间分辨温度信号。注意:表 5.2 中给出的值($u'_{rms}/\bar{u}_{avg}$)与实际燃烧系统相比较低。

5.3.1 纹影照片

纹影摄影在识别皱褶层流火焰的存在方面非常有用。图 5.8 所示为刚刚

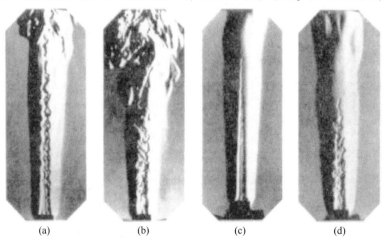

图 5.8 典型纹影照片

(a) G-1, $\bar{u}_{avg}$ = 8m/s; (b) G-4, $\bar{u}_{avg}$ = 8m/s; (c) G-1, $\bar{u}_{avg}$ = 4m/s; (d) G-4, $\bar{u}_{avg}$ = 4m/s。

(据 Yoshida 和 Tsuji,1982)

讨论过的实验研究中拍摄的纹影照片。从图中可以看出,对于 $\bar{u}_{avg}$ = 8m/s 的情况,G-1 火焰似乎具有连续的波状火焰锋面。对于 G-4 火焰,增加湍流强度会导致更加扭曲的火焰锋面并减小火焰长度,这对应于湍流燃烧速度的增加。当 $\bar{u}_{avg}$ 减小到 4 m/s 时,在 G-4 火焰中仍然可以观察到皱褶,但是它们在 G-1 火焰中消失了,即使未燃气体是湍流的,G-1 火焰也具有近似层流的外观(图5.8(c))。注意,由于 $u'_{rms}/S_L < 1$,起皱非常小。

5.3.2 褶皱层流火焰结构的观察

Yoshida 和 Tsuji(1982)使用细金属丝热电偶研究了褶皱层流火焰的热结构。图 5.9 所示为具有 $\bar{u}_{avg}$ = 8m/s 的 G-1 火焰的平均温度分布和波动温度分布。在湍流火焰的上游区(x/D 较小),在火焰轴附近没有观察到放热。沿径向向外移动,平均温度和波动温度在湍流火焰区的未燃侧都突然增加。在火焰区中心附近波动温度达到最大值,然后在已燃侧降低,而平均温度在火焰区单调增加,随后达到温度平台。在湍流火焰的下游区(x/D 较大),由于火焰区在顶部闭合,即使在火焰轴上,平均温度和波动温度也很高。

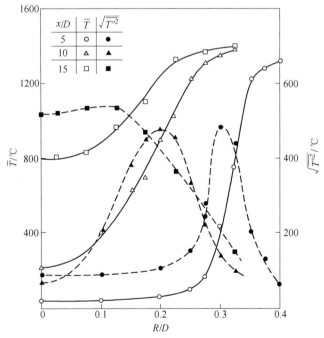

图 5.9 G-1, $\bar{u}_{avg}$ = 8m/s 火焰的平均温度和波动温度的分布
(据 Yoshida 和 Tsuji,1982)

最大波动温度近乎恒定,几乎与下游位置无关。这是褶皱层流火焰的特征之一。图 5.10 所示为同一火焰位于不同径向位置在 $x/D=10$ 处测得的典型概率密度函数(PDF)。从未燃侧到已燃烧侧(从 $R/D=0$ 到 $R/D=0.3$),热电偶暴露于未燃气体的概率降低,而暴露于已燃气体的概率增加。在火焰区中心找到未燃或已燃混合物的概率几乎相同。

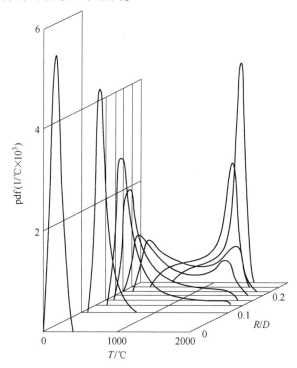

图 5.10　G-1, $\bar{u}_{avg}=8\mathrm{m/s}$ 的火焰在 $x/D=10$ 处的概率密度函数
(据 Yoshida 和 Tsuji,1982)

5.3.3　未燃烧和已燃烧气体团尺度的测量

图 5.11 所示为火焰区中心处温度信号的时间记录。在该图中,高信号水平和低信号水平分别对应于已燃烧和未燃烧的气体团。对于温度测量,可以假设温度如果高于高水平和低水平的代数平均值($T_m=(T_b+T_u)/2$),那么它对应于已燃气体团,如果低于 T_m,那么它对应于未燃气体团。因此,热电偶暴露于未燃或已燃气体的平均时长可以确定如下:

$$\tau_u = \lim_{n \to \infty} \frac{1}{n} \sum \tau_{un} \tag{5.28}$$

$$\tau_b = \lim_{n \to \infty} \frac{1}{n} \sum \tau_{bn} \tag{5.29}$$

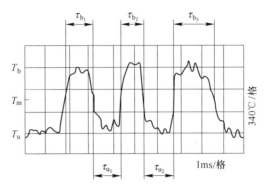

图 5.11 在固定位置处的典型温度信号的时间记录,显示出未燃-已燃的间歇性
(据 Yoshida 和 Tsuji,1982)

在 Yoshida 和 Tsuji(1982)的工作中,根据信号条件将 n 取作 150~300。对于 $\bar{u}_{avg}$ = 4m/s 的 G-1 火焰的情况,纹影照片(图 5.8(c))显示了扰动的层流火焰外观。已知在完全发展的褶皱层流火焰中,火焰皱褶的长度尺度具有比层流火焰厚度大得多的幅度。尽管发现层流火焰锋面的变形发展为略微向下游的位置,但与扰动相关的长度尺度的幅度与层流火焰厚度相当。发现该情况下得到的 PDF 分布与其他 3 种情况不同。即使在火焰区的中间,它也只有集聚于平均温度处的一个峰。对于其他 3 种情况,得到了明显的双峰 PDF。这一观察结果突显了层流预混火焰和湍流预混火焰之间的差异。

图 5.12 所示为 G-1 且 $\bar{u}_{avg}$ = 8m/s 的未燃烧和燃烧气体团的时间尺度。从未燃烧侧到已燃烧侧,已燃气体团的时间尺度在湍流火焰区域中从接近零值迅速增加到非常大的值,而未燃气体团的时间尺度从非常大的值减小到零。在湍流火焰区的焰舌附近,火焰闭合使得未燃气团和已燃气团的时间尺度即使在轴上也是有限的。对其他两种情况也观察到类似的趋势。皱褶的时间尺度是在未燃和已燃气体团尺度相等的那一点确定的。在这一点处(在湍流火焰区的中心),波动温度处于其最大值。

假设皱褶具有波状外观,皱褶的长度尺度(l_f)通常是皱褶的波长。时间尺度向长度尺度的精确转换需要皱褶沿火焰锋面传播的速度。然而,如前所述,传播速度可以忽略,且输运速度假设是轴向未燃气体的速度。因此,皱褶的时间尺度与皱褶的长度尺度(l_f)和火焰的平均轴向速度($\bar{u}_{avg}$)有关,它可以表示为

$$\tau_f \approx \frac{l_f}{\bar{u}_{avg}} \tag{5.30}$$

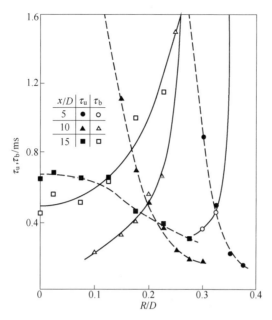

图 5.12 G-1, $\bar{u}_{avg}$ = 8m/s 火焰未燃和已燃气体团的时间尺度
（据 Yoshida 和 Tsuji,1982）

图 5.13 所示为火焰锋面皱褶的时间尺度的分布。对于 $\bar{u}_{avg}$ = 8m/s，时间尺度落在 0.45~0.62ms 的区间内。尽管 G-1 火焰比 G-4 火焰长得多，但在湍流火焰的下游区，两个火焰的皱褶的时间尺度都约为 0.6ms。虽然由 G-1 和

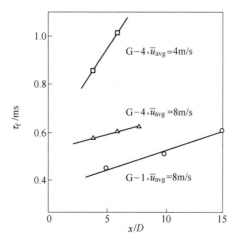

图 5.13 火焰锋面皱褶的时间尺度
（据 Yoshida 和 Tsuji,1982）

G-4格栅产生的湍流的特征不同如表 5.2 所列,但时间尺度在某种程度上不受上游湍流的影响。然而,对于 $\bar{u}_{avg} = 4\text{m/s}$,时间尺度落在 0.86~1.01ms 内,这大约为 $\bar{u}_{avg} = 8\text{m/s}$ 时的 2 倍。从图 5.13 中可以清楚地看出,在所有 3 种情况下,皱褶的时间尺度趋向于随着下游距离略微增加。

5.3.4 皱褶的长度尺度

图 5.14 所示为燃烧器出口处平均速度和波动速度的径向分布。除了管道-壁面边界层那里由于壁面剪切应力平均速度减小而波动速度增加之外,其他地方速度都是相同的。在 $\bar{u}_{avg} = 8\text{m/s}$ 的条件下,对于 G-1 格栅,确定的长度尺度落在 4.14~5.75mm 的区间;在 $\bar{u}_{avg} = 4\text{m/s}$ 的条件下,这个区间为 4.67~5.48mm。

从 Yoshida 和 Tsuji 的实验研究中可以汇总得出几个结论:

(1) 皱褶的长度尺度约为 5 mm,基本与上游湍流和未燃气体速度无关。G-1 和 G-4 火焰的积分长度尺度都在 1.41~2.46mm。

(2) 纹影照片显示火焰长度随着波动速度的增加而减小,使得湍流燃烧速度增加。对于褶皱层流火焰,湍流燃烧速度由火焰面积决定,火焰面积随波动速度增加。

(3) 发现温度信号的周期性。这一事实表明,上游出现的皱褶沿着火焰锋面向下游传输。

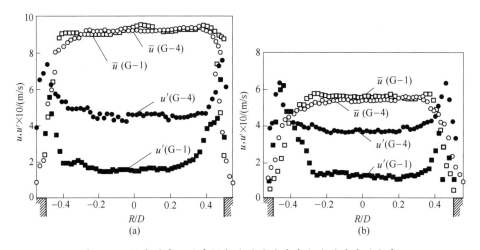

图 5.14 燃烧器出口处未燃气体的平均速度和波动速度的分布

(a) $\bar{u}_{avg} = 8\text{m/s}$,$\bar{u}_{max} = 9.27\text{m/s}$;(b) $\bar{u}_{avg} = 4\text{m/s}$,$\bar{u}_{max} = 5.43\text{m/s}$。

5.4 预混湍流火焰 Borghi 图的发展

如 2.6 节所述,将湍流火焰速度与流动参数关联起来并不容易。如果湍流火焰速度不能用如达姆科勒这样简单的范例容易地关联起来,那么应该尝试捕获湍流预混火焰的结构。为了考虑火焰速度和火焰结构、外观等对湍流的依赖,一张模式图将很有用。因此,已经构建了基于火焰结构映射到以相对速度尺度对相对长度尺度(湍流与层流)为轴的二维图。有时也用达姆科勒数对雷诺数作为轴坐标。这些模式图也称为 Borghi 图,因为 Borghi 是最早绘制它们的研究者之一。这些图上特征区被赋予诸如"褶皱小火焰""波纹小火焰(或带有袋囊的褶皱小火焰)""分布反应区""薄反应区""淬熄反应区(或破碎小火焰)"等名称。这通常是基于尺度变换和实验观察,以及对二维层流火焰-涡旋相互作用的直接数值模拟(DNS)。典型的 Borghi 图,如图 5.15(a)所示。对理想学术情况下(具有高活化能的单步化学反应;没有热损失;$Le=1$;反应物的分子扩散系数相等;未燃烧混合物具有稳定和空间上均匀的特性)绘出了经典 Borghi 图。图 5.15(b)所示为考虑实验对于湍流燃烧理论的贡献而对这种图所做改进的一种尝试。

5.4.1 Borghi 图中各模式的物理解释

5.4.1.1 褶皱火焰模式

Damköhler 将这第一种模式定义为褶皱火焰模式。这个模式发生在湍流强度低的时候,而此时包括 Kolmogorov 长度尺度 η 在内的所有长度尺度都大于 δ_L。因此,湍流具有仅使火焰锋面起皱的效应。瞬间看到的湍流火焰显示出一个薄的准层流锋面,它由于湍流运动而起皱和变长。只要 u'_{rms}(或缩写为 u')相对于 S_L 较小($u'/S_L < 1$),瞬时火焰锋面的运动由火焰传播控制,而不是由混合物的平流控制。因此,火焰前锋的皱褶要小得多,并且显示出一些朝向未燃气体的尖角。这种现象也显示在图 5.1 的区域 1 中。当然,这个薄锋面是波动的,并且平均湍流火焰看起来比层流情况下厚一些。

5.4.1.2 带有口袋的褶皱火焰模式(或称为波纹火焰模式)

当波动速度的均方根 u' 相对于 S_L 变大时,火焰锋面更像是流体颗粒组成的细丝(类似于湍流中的材料表面)。然后,由于瞬时火焰锋面的两个元素(湍流波动和火焰传播)的大规模相互作用,可能出现新鲜或已燃气体袋囊(如 Shchelkin 所强调的)。能够得到粗略估计的 u'/S_L,在此比率之上可以看到这些袋囊。

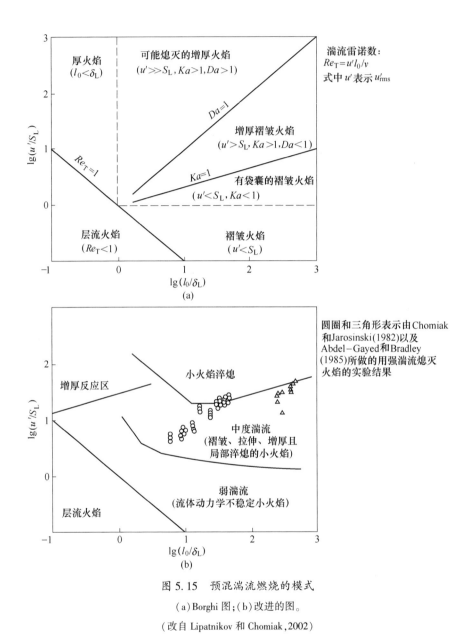

图 5.15 预混湍流燃烧的模式

(a) Borghi 图；(b) 改进的图。

(改自 Lipatnikov 和 Chomiak,2002)

让我们考虑一个例子,如一袋新鲜气体。它是由大尺度湍流运动的相互作用而产生,因此它的长度尺度为 l_0,且两个这样的袋囊诞生之间的时间为 l_0/u'。然而,这个袋囊被围绕它的层状火焰在 l_0/S_L 量级的时间内消耗掉。如果 l_0/S_L 比 l_0/u' 长,我们可以认为这些袋囊将持续存在。这对应于不等式

$u'/S_L > 1$。

如果我们接下来对已燃气体的袋囊感兴趣,不仅要考虑这个袋囊的大小,还要考虑它与连续火焰锋面的距离,这个距离会被层流火焰向着未燃混合物传播的增加而减小。剩余的推理与褶皱火焰相同,并再次显示出,如果$u'/S_L > 1$,这些袋囊可以与连续的褶皱火焰锋面保持分离。

湍流强度 u' 也由湍流动能 k 的平方根表示。

5.4.1.3 增厚褶皱火焰

再次考虑具有 $l_0 > S_L$ 和更高湍流强度 u' 的湍流,湍流对火焰锋面的影响变得更加复杂。可以用以下方式概括。

(1) 火焰锋面和湍流涡旋之间的相互作用发生得越来越频繁,因为在给定体积中,火焰锋面非常靠近并且以更大的数量存在。

(2) 由于湍流的影响,速度梯度施加于瞬时火焰锋面上并将其拉伸到更大的程度。众所周知,强烈的拉伸可以使层流火焰熄灭。

(3) 当湍流雷诺数(Re_T)增加时,Kolmogorov 尺度 η 变得越来越小,就会出现一种 $\eta = \delta_L$ 的情形,甚至湍流的积分尺度大于反应扩散的层流火焰厚度($l_0 > S_L$)。这一事实意味着最小的湍流涡旋可以影响当地火焰区结构中的输运性质。此时,Kolmogorov 尺度可能太小或具有的速度太小(与火焰速度相比)以致于无法有效地影响火焰。Poinsot 和 Veynante(2005)将这一概念理论化。Kolmogorov 尺度和火焰尺度(速度和厚度)通过相同的关系与运动黏度联系起来($\eta u'/\nu \approx \delta_L S_L^0/\nu \approx 1$)。Kolmogorov 涡旋在诱导应变速率方面是最有效的,但由于黏性耗散,它们的寿命很短,因此可能对燃烧仅有有限的影响。这个过程很复杂,但通常会导致小火焰在保持皱褶形状的同时变厚。

(4) 与湍流有关的频率变得越来越高,而准层流锋面越来越难以存在,因为它们自身的特征频率受化学反应时间尺度的倒数 $1/\tau_c$ 所控制。

等式 $\eta = \delta_L$ 可以给出"带袋囊的褶皱火焰"模式的上限。在 $\eta = \delta_L$ 曲线(相当于 $Ka = 1$ 曲线,将在下一小节讨论)上增大 u',我们进入了小火焰被湍流以复杂的方式改变的区域。

从尺度论证中可以明显看出,$\eta = \delta_L$ 也对应于 $\tau_c \propto \tau_K$,其中:τ_K 为 Kolmogorov 时间,定义为 $\tau_K = (k^{3/2}/l_0\nu)^{-1/2}$。因此,当最高湍流频率 $1/\tau_K$ 大于 $1/\tau_c$ 时,$\eta = \delta_L$ 也可视为一个极限。

此外,对拉伸层流火焰的详细研究表明,当拉伸速率 κ(火焰所经受的速度梯度的度量)大于熄灭时间(与 τ_c 成正比)的倒数时,拉伸层流火焰会熄灭;那么带有乘常数的 $\eta = \delta_L$ 也可以表示在湍流火焰中可能发生小火焰的局部和瞬时熄灭的极限,即使最高速度梯度的量度仅为 $1/\tau_K$。

只要改性小火焰的厚度(e^*)小于积分长度尺度l_0,小火焰总是褶皱的。改性小火焰的厚度e^*与湍流参数有关:

$$e^* \propto \sqrt{k^{3/2}\tau_c^3/l_0} \tag{5.31}$$

增厚褶皱火焰的模式如图5.15(a)所示,它在曲线$\eta=\delta_L$和$e^*=l_0$之间,结果是与条件$\tau_R=\tau_O$相当的,其中τ_R和τ_O分别为在层流小火焰中的停留特征时间尺度和涡旋周转时间($\tau_O=l_0/u'$)。这个条件也对应于达姆科勒数等于1。湍流的达姆科勒数被定义为这两个时间尺度的比:

$$Da \equiv \frac{\text{涡旋周转时间尺度}}{\text{层流火焰时间尺度}} = \frac{\tau_O}{\tau_R} = \frac{l_0/u'}{\delta_L/S_L} = \frac{l_0 S_L}{u'\delta_L} \tag{5.32}$$

5.4.1.4 可能熄灭的增厚火焰/厚火焰

当u'高过这个极限时,就不能再分辨出小火焰了;反应湍流混合物不再具有小火焰型的小尺度结构。在图5.15(a)中,l_0大于δ_L的模式称为增厚火焰,而l_0小于δ_L的模式称为厚火焰。在厚火焰中,所有湍流长度尺度都小于δ_L。这些模式也被Damköhler称为分布燃烧模式,并于1975年由Ballal和Lefebvre所展示(图5.1)。

5.4.2 Klimov-Williams准则

为了回答层流火焰是否可以存在于预混湍流中,Klimov(1963)和Williams(1975)从施加剪切流中的层流火焰方程的解得出,只有当所定义的无量纲拉伸因子的Karlovitz数(Ka)小于一个数量级为1的临界值时,传播的层流火焰才能存在。

Karlovitz数定义为

$$Ka \equiv \frac{\delta_L}{S_L}\frac{1}{A}\frac{\mathrm{d}A}{\mathrm{d}t} = \frac{\text{穿过未拉伸火焰的停留时间}}{\text{火焰拉伸的特征时间}} \tag{5.33}$$

式中:δ_L,S_L,A分别为层流火焰的厚度、速度和单元面积。

如第4章所述,Kolmogorov长度尺度(η)和积分长度尺度(l_0)通过湍流雷诺数相关联:

$$\frac{\eta}{l_0} \sim Re_{l_0}^{-3/4} \tag{5.34}$$

其中

$$Re_{l_0} \equiv \frac{u' l_0}{\nu} \text{ 且 } l_0 \approx \frac{k^{3/2}}{\varepsilon} \tag{5.35}$$

泰勒微尺度(Λ_T)和积分长度尺度(l_0)通过湍流雷诺数相关联:

$$\Lambda_T/l_0 \sim Re_{l_0}^{-1/2} \tag{5.36}$$

通过取式(5.34)的平方并将式(5.36)除以它,得

$$\frac{\Lambda_T}{\eta^2} \sim \frac{Re_{l_0}}{l_0} \Rightarrow \frac{\Lambda_T}{\eta^2} = \frac{\nu}{l_0} \text{ 或 } \frac{u'}{\Lambda_T} = \frac{\nu}{\eta^2} \tag{5.37}$$

已知湍流条件下的单元面积变化的百分比可以近似为

$$\kappa \equiv \frac{1}{A}\frac{dA}{dt} \approx \frac{u'}{\Lambda_T} \tag{5.38}$$

式中：u'，Λ_T 分别为湍流强度和泰勒微尺度。

将式(5.37)代入式(5.38)，得

$$\kappa \equiv \frac{1}{A}\frac{dA}{dt} \approx \frac{\nu}{\eta^2} = \frac{1}{\tau_\eta}$$

和 $\dfrac{\delta_L}{S_L} = \tau_R \Rightarrow Ka = \dfrac{\tau_R}{\tau_\eta} = \dfrac{\delta_L}{S_L}\dfrac{\nu}{\eta^2} = \underbrace{\left(\dfrac{\nu}{S_L \delta_L}\right)}_{\approx 1}\left(\dfrac{\delta_L}{\eta}\right)^2 \approx \left(\dfrac{\delta_L}{\eta}\right)^2$ (5.39)

式中：τ_η 为与 Kolmogorov 长度尺度 η 相关的时间尺度(同式(4.195)定义)；τ_R 为穿过未拉伸层流火焰的停留时间。

根据 Klimov-Williams 准则，预混湍流中层流小火焰的存在要求：

$$\delta_L \ll \eta, \text{ 它等同于 } Ka \leqslant 1 \tag{5.40}$$

这一 Klimov-Williams 准则是该模式(有和没有袋囊的褶皱小火焰)的充分条件，但它发生在一个相当宽的区域，如下所述。

5.4.3 Borghi 图的构成

在分析了 Borghi 图中的各种模式后，让我们建立雷诺数、Karlovitz 数、湍流波动速度和层流火焰参数之间的关系。

$$\frac{u'}{S_L} = \frac{u'}{S_L}\frac{Re_{l_0}}{Re_{l_0}} = \frac{u'}{S_L}\frac{\nu}{u'l_0}Re_{l_0} = \underbrace{\left(\frac{\nu}{S_L\delta_L}\right)}_{\approx 1}\frac{\delta_L}{l_0}Re_{l_0} = \frac{\delta_L}{l_0}Re_{l_0} \tag{5.41}$$

∴

$$\lg\left(\frac{u'}{S_L}\right) = \lg Re_{l_0} - \lg_{10}\left(\frac{l_0}{\delta_L}\right) \tag{5.42}$$

且

$$Ka = \frac{\delta_L}{S_L}\frac{\nu}{\eta^2}, \quad \eta = \left(\frac{\nu^3}{\varepsilon}\right)^{1/4}, \quad \varepsilon = \frac{u'^3}{l_0} \tag{5.43}$$

∴

$$\eta = \left(\frac{\nu^3 l_0}{u'^3}\right)^{1/4} \Rightarrow \eta^2 = \left(\frac{\nu l_0}{u'}\right)\left(\frac{\nu}{u'l_0}\right)^{\frac{1}{2}} \tag{5.44}$$

Karlovitz 数可以写为

$$Ka = \frac{\delta_L}{S_L}\frac{\nu}{(\nu l_0/u')}\left(\frac{u'l_0}{\nu}\right)^{\frac{1}{2}} = \frac{\delta_L}{S_L}\frac{u'}{l_0}\left(\frac{u'l_0}{\nu}\right)^{\frac{1}{2}} = \frac{\delta_L}{S_L}\frac{u'}{l_0}(Re_{l_0})^{\frac{1}{2}} \tag{5.45}$$

$$\frac{u'}{S_L} = Ka \frac{l_0}{\delta_L} (Re_{l_0})^{-\frac{1}{2}} = Ka \frac{l_0}{\delta_L} \left(\frac{u' l_0}{\delta_L S_L}\right)^{-\frac{1}{2}} \text{ 或 } \left(\frac{u'}{S_L}\right)^{3/2} = Ka \left(\frac{l_0}{\delta_L}\right)^{\frac{1}{2}} \quad (5.46)$$

$$\lg\left(\frac{u'}{S_L}\right) = \frac{2}{3}\lg(Ka) + \frac{1}{3}\lg\left(\frac{l_0}{\delta_L}\right) \quad (5.47)$$

使用式(5.42)和式(5.47),可以构建常数 Ka 和 Re_{l_0} 的模式图。Peters(2000)提出的模式图如图 5.16 所示。这个图比原始的 Borghi 图简单,只增加了一些。预混湍流火焰的另一个模式如图 5.17 所示,它基于 Damköhler 的概念,并由 Williams(2000)阐述。另一个基于燃料消耗层厚度(δ_c)的湍流 Karlovitz 数定义为

$$Ka_\Delta = \frac{\delta_c^2}{\eta^2} = \left(\frac{\delta_c}{\delta_L}\right)^2 \frac{\delta_L^2}{\eta^2} = \Delta^2 Ka, \quad \Delta \equiv \frac{\delta_c}{\delta_L} \quad (5.48)$$

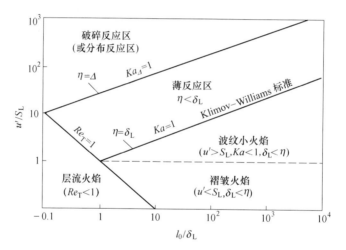

图 5.16 预混湍流燃烧的模式图
(改自 Peters,2000)

燃料消耗层厚度在第 2 章中讨论过。薄火焰区存在于 $Ka=1$ 和 $Ka_\Delta=1$ 之间,那里 η 在 δ_c 和 δ_L 之间,即

$$\delta_c \leq \eta \leq \delta_L \quad (5.49)$$

这种分类建立在燃料消耗区域比层流火焰厚度薄得多的假设上。表 5.3 所列为对应于不同类型火焰的长度尺度相对大小的汇总。

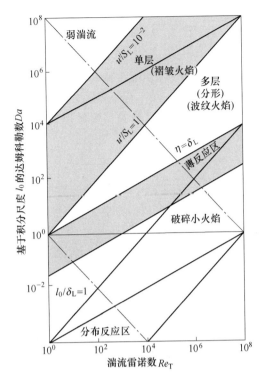

图 5.17 预混湍流燃烧的模式图

(改自 F. A. Williams, 2000)

表 5.3　各种类型湍流预混火焰的长度尺度相对大小汇总

火焰类型	长度尺度的相对大小
褶皱火焰	$\delta_L < \eta$
有薄反应区的重度褶皱火焰	$\eta < \delta_L < \Lambda_T$
有薄反应区的涡旋中的小火焰	$\Lambda_T < \delta_L < l_0$
分布反应区	$l_0 < \delta_L$

在所有模式图中都强调了两个极限模式:厚火焰(或分布反应区)和褶皱火焰。接下来给出这两种模式的物理描述。

5.4.3.1　厚火焰(或分布反应区或均匀搅拌反应区)

在厚火焰模式,控制放热的化学反应在分布于所有湍流长度尺度上的燃烧区中进行。在讨论这种模式时,通常的做法是:①以热传递和质量传递的增强来模拟湍流对燃烧的影响;②利用 Damköhler 对湍流火焰速度的经典表达。

该模式主要与小尺度、高强度湍流($u' \gg S_L$)相关,并且通常认为 $l_0 < \delta_L$ 是

该模式的充分条件。除非做出特殊安排,否则不大可能在实验室或工业燃烧器中达到此极限。在极限情况下,在 Da<1 或 Da ≪ 1 时可能存在厚火焰模式,但是,对于非绝热条件且火焰中的所有物质扩散系数不相等的更现实的情况,由于可能发生淬熄,这种模式的存在是值得怀疑的。Summerfield,Reiter,Kebely et al. (1955) 报道了某些间接表明该模式存在的实验数据,这些早期的观察结果在该领域仍然是罕见的。由于缺乏明确的实验数据证明厚火焰的存在,这种模式被认为是假设的。

5.4.4 褶皱火焰

第二种极限模式是褶皱火焰模式(也称为反应薄层或小火焰区),其中控制放热的化学反应被限制在将未燃烧的反应物与燃烧产物分开的薄的、高度褶皱的、卷曲的和受应变的界面上。这些界面通常称为小火焰,并且假设具有与扰动的层流火焰相同的局部结构。这种模式主要与大尺度、弱和中等湍流有关(参见图 5.18(a) 中的示意图描述和图 5.18(b) 中褶皱火焰的 50 幅图像的叠加边界)。

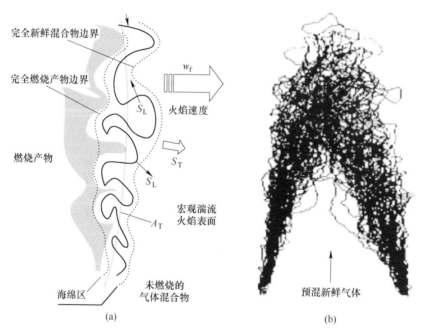

图 5.18 (a) 褶皱湍流火焰的示意图描述(改自 Kikuta, Nada 和 Miyauchi, 2004) 和 (b) 褶皱甲烷空气湍流预混火焰的 50 幅提取的火焰锋面位置图像的叠加图片(Kobayashi et al., 1996)

这个模式通常被细分为两个子模式。第一个子模式以 $u' < S_L$ 为特征,称为弱褶皱火焰或褶皱小火焰模式。它通常与简单连接的弱扰动小火焰有关。

Borghi(1985)强调火焰传播对小火焰表面的平滑效应可以防止火焰变成波纹状。第二个子模式称为带有袋囊的褶皱火焰或波纹小火焰,与高度卷曲的多个连接的小火焰有关,包括了袋囊形成。让我们在实验数据的背景下讨论这两个子模式。

燃料-空气混合物的组成是以燃料类型和当量比 ϕ 来表征的,如图 5.19 (a)所示。在该图中,曲线显示为实验数据点的三阶多项式拟合。对于丙烷-空气混合物,实线和虚线分别与 $Le>1$ 和 $Le<1$ 有关。图 5.19(b)所示为 Abdel-Gayed et al. (1984)测得的各当量比下的丙烷/空气混合物的实验数据。图中的阴影表示淬熄区。Kido et al. (1989)的测量数据如图 5.19(c)所示。该图中的曲线显示了实验点的二阶多项式拟合。Kobayashi et al. (1996)对于不同压力下的贫($\phi=0.9$)甲烷空气混合物的测量数据见图 5.19(d)。

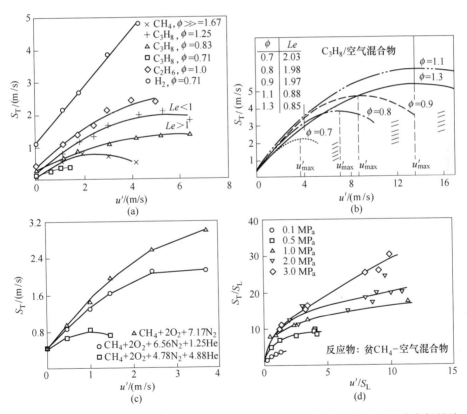

图 5.19 由(a) Karpov 和 Severin(1980);(b) Abdel-Gayed,Bradley 和 Al-Khishali(1984);(c) Kido et al. (1989);(d) Kobayashi et al. (1996)测得的湍流火焰速度对湍流波动速度 u' 均方根的依赖关系

5.4.4.1 褶皱小火焰(弱湍流)

从其表面上看,湍流对燃烧影响的基本物理机理对于两个子模式都是相同的,那就是湍流涡旋增加了小火焰的表面积,尽管在这两个子模式中表面几何构型看起来非常不同。图 5.19(a)~(c)显示 S_T 在 $u' \approx S_L$ 范围内的函数行为没有变化。这个观察结果支持了在 $u' < S_L$ 和 $u' > S_L^0$ (未拉伸层流火焰速度)下的控制机理性质都相同这一事实。然而,图 5.19(a)~(c)中所示的大多数实验数据对应于 $u' > S_L^0$,因此不表示弱湍流下火焰速度的行为。在这一点上,值得讨论 Darrieus-Landau(DL)不稳定性,这种不稳定性是弱湍流燃烧特有的。

DL 不稳定性是由于流体动力学效应引起的,如图 5.20 所示。假设最初的扁平火焰锋面略微受到干扰而具有了曲率。由于这种曲率,火焰表面的未燃烧流动速度 $u_{u,f}$ 比层流火焰速度更高(更低),其中层流火焰速度保持不变,因为它是混合物的一个化学性质,即对于凹陷区 $u_{u,f} > S_L$ (对于凸起区 $u_{u,f} < S_L$)。由于速度的这种差异,火焰锋面的凸起区具有更深入进入未燃烧混合物的趋向,而凹陷区有更深入进入已燃烧混合物中的趋势。这可能导致火焰更加弯曲(凸、凹区域都更突出)。结果,扰动的幅度增加并导致速度扰动的进一步增加。

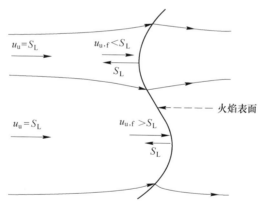

图 5.20 展示 Darrieus-Landau 不稳定性机理的示意图
(改自 Lipatnikov 和 Chomiak,2010)

Kobayashi 及其同事进行的湍流火焰实验(图 5.19(d))表明,增加压力,DL 不稳定性变得更强且得到的湍流火焰传播速度明显更高(在他们的实验中速度增加了 3~4 倍)。这些结果被解释为是由小火焰的 DL 不稳定性所产生的湍流火焰速度的额外增加。压力和湍流强度 u' 的影响用下式关联:

$$\frac{S_T}{S_L^0} \propto \left(\frac{p}{p_{amb}}\right)^m \left(\frac{u'}{S_L^0}\right)^n \tag{5.50}$$

式中：m，n 都是正数，且发现 m 等于 0.4。

为了解释压力对流体动力学 DL 不稳定性的影响，Zel'dovich et al. (1985) 和 Chomiak(1990) 对马克斯坦等式进行了稳定性分析，即

$$S_L = S_L^0 \left(1 - \frac{L_M}{R_c}\right) \tag{5.51}$$

式中：L_M 为马克斯坦长度；R_c 为火焰的曲率半径。

这种稳定性分析超出了本书的范围。它表明火焰对于短波长（$\kappa > \kappa_n$）扰动是稳定的，但对于长波长（$\kappa < \kappa_n$）扰动是不稳定的，其中 κ_n 为中点波数。Kobayashi et al. (1996) 以及 Kobayashi 和 Kawazoe(2000) 也确定 κ_n 大小为 $1/\delta_L$，不稳定域（$\kappa < \kappa_n$）随压力扩张，因为压力增加，δ_L 减小。这种效应"可能对高压环境中和小的 u'/S_L^0 下，在 S_T/S_L^0 随 u'/S_L^0 增加而快速增加中发挥重要的作用"（Lipatnikov 和 Chomiak（2005））。随着 p 增加，κ_n 增加。因此，不稳定域（从 0 到 κ_n）扩大。

膨胀因子 Θ 定义为未燃烧的燃料混合物密度与燃烧气体的密度之比（$\Theta \equiv \rho_u/\rho_b$）。如果 Θ 接近 1，则传播的火焰锋面不会影响外部湍流，这大大简化了火焰动力学问题。然而，实际上，膨胀因子 Θ 可以大到 5~10，并且火焰与湍流的相互作用可能非常强。这种相互作用导致了热扩散不稳定性（不同于 DL 不稳定性）。

Cambray，Joulain 和 Joulin(1994) 的理论研究也得出了相同的结论：实际上，燃烧气体的大的热膨胀和 DL 不稳定性导致了相当高的湍流火焰速度。Kuznetsov 和 Sabel'nikov(1990) 也评述了火焰不稳定性在湍流燃烧中的重要性。感兴趣的读者可以参考他们的书以及 Lipatnikov 和 Chomiak(2002) 的综述文章，来获得关于确定预混火焰中弱湍流的更多讨论。

5.4.4.2 波纹小火焰（强湍流）

当 u' 明显高于 S_L 时，不稳定性所起的作用减小，湍流对燃烧影响的基本物理机理是由湍流涡旋带来的小火焰表面积的增加所构成。其结果是，火焰速度因 u' 而显著增加，如图 5.19 中大多数的测量数据所示。在高湍流强度下，图 5.19(a)~(c) 中所示测得的 S_T 对 u' 的依赖关系在定性地变化。特别地，观察到 $S_T(u')$ 曲线的最大值，随后是火焰速度的降低。$S_T(u')$ 行为的这些变化意味着一些其他物理机理控制了高强度湍流燃烧。

通常强调以下两种不同的物理机理。

（1）假设最小的涡旋能够穿透到小火焰的预热区，使区域变厚，并加强其内部的热量和质量传递。只有当预热区厚度大于最小涡旋的尺度（Kolmogorov

长度尺度)时,这种穿透才是可能的。Borghi(1974)发现,如果 $Ka = (\delta_L/\eta)^2 > 1$,那么能够发生穿透。这种机理导致局部褶皱小火焰厚度增加。Zimont(1979)提出了一种理论,当 $\eta < \delta_L$ 时,涡旋可以穿入层流小火焰,这会通过小火焰的增厚来改变小火焰的结构和速度。这种增厚被燃烧和通用燃烧结构抵消。这种通用燃烧结构被很多研究人员称为增厚小火焰。该结构的厚度(δ_{tf})大于 δ_L 但远小于 l_0。该结构内增厚小火焰表面的单位面积当地燃烧速率受小尺度湍流控制。假设(a)δ_{tf} 处于 Kolmogorov 湍流谱的惯性子区内,(b)增厚小火焰的局部速度和厚度是该结构中质量扩散率和化学反应特征时间的函数,Zimont(1979)利用量纲分析并估计:

$$\delta_{tf} \sim l_0 Da^{-3/2} \text{ 且 } u_{tf} \sim u' Da^{-1/2} \tag{5.52}$$

这些关系可以从以下关系和式(4.195)中推导出来:

$$D_{tf} \sim \varepsilon^{1/3} \delta_{tf}^{4/3}, \ u_{tf} \sim (D_{tf}/\tau_c)^{1/2}, \ \delta_{tf} \sim (D_{tf}\tau_c)^{1/2} \tag{5.53}$$

(2)根据这一估计,Borghi(1985)提出跨过 $Da = 1$ 的线(图5.15(a)),增厚褶皱火焰模式变为增厚火焰模式,其控制放热的化学反应在与积分长度尺度相当的厚分布反应区中进行。

$Ka = 1$ 和 $Da = 1$ 显示在经典的 Borghi 图中(图5.15(a))。小涡旋穿透到火焰中有几种不同的判据;然而,理解在什么条件下小尺度涡旋能够显著改变局部燃烧速率比讨论这些涡旋在什么条件下可以穿透到火焰中去更为重要。从这个角度来看,有两个问题值得注意:

(1)在平面一维层流火焰的热学理论框架内,控制放热的化学反应发生在薄反应区,在高活化能的渐近情况下,该反应区厚度为 $\delta_r = \delta_T$。

(2)预热区中扩散率的变化是次要的,而为了显著改变燃烧速率,在更薄的反应区中的热和质量传递需要加强。

在这种渐近、平面、纯一维模型的框架内,湍流涡旋穿透到反应区而不是进入预热区可以限制褶皱火焰模式。如果 $\delta_r > \eta$,就会发生这种现象。通常认为这种条件相当于均匀搅拌反应器的条件。

5.5 预混湍流火焰的测量

对实验研究和方法的讨论对于理解火焰-湍流相互作用的基础物理学至关重要。如上所述,实验数据对火焰几何构型特别敏感。因此,将火焰分为四大类,如图5.6和图5.7所示。除了这4个主要分组之外,研究人员还研究了另外两种类型的火焰几何构型:其他非受限火焰,它们不适用于这4类火焰以及受限火焰。表5.4中的某些数据标有星号(*),表示 Re、Da 或 Ka 没有在所引文献中出现,而是作者在后续出版物中报道了这些缺失的数据。

表 5.4 湍流预混火焰实验研究的汇

文献	混合物	u'/S_L^0	Da	Ka	Re_0	燃烧器	技术
		本生火焰					
Yoshida 和 Tsuji(1979)	贫 C_3H_8/空气					本生火焰,格栅产生的湍流	LDA,热电偶
Yoshida 和 Günther(1980)	CH_4/空气, $\phi = 0.8, 0.9$	0.7~2.1				本生火焰,格栅产生的湍流	热电偶
Yoshida(1981)	CH_4/空气, $\phi = 0.8$	1.4				本生火焰,格栅产生的湍流	LDA,热电偶
Yoshida 和 Tsuji(1982)	C_3H_8/空气, $\phi = 0.68$	0.5~1.9	11~59	0.08~0.67	14~54	本生火焰,格栅产生的湍流	LDA,热电偶
Yoshida(1986)	C_3H_8/空气, $\phi = 0.6 \sim 0.9$	0.4~3				本生火焰,格栅产生的湍流	热电偶
Yoshida(1988)	CH_4/空气, $\phi = 0.7 \sim 1$	2.1~4.8	0.6~3.4	1.3~7.0	20	本生火焰	热电偶
Moss(1980)	C_3H_8/空气, $\phi = 0.68$	0.22	15	0.32	22	本生火焰	米氏散射,LDA
Yanagi 和 Mimura(1981)	LPG①/空气	0.5	10	0.2	4	本生火焰	LDA,热电偶
Tanaka 和 Yanagi(1983)	CH_4/空气, $\phi = 0.64$	0.5				本生火焰	LDA,热电偶
Shepherd 和 Moss(1982,1983)	CH_4/空气, $\phi = 0.6$	3.6				本生火焰	LDA,米氏散射
Chandran,S.Komerath 和 Strahle(1984)	C_3H_8/空气, $\phi = 1.6$	2.5	7.5	0.4	10	本生火焰,完全发展的管道湍流	LDA,热电偶,Pitot探针
Waldherr,de Groot 和 Strahle(1991)	C_3H_8/空气, $\phi = 0.8$	1	11	0.3	10	本生火焰,完全发展的管道湍流	LDA,瑞利散射,Pitot探针
Cheng 和 Shepherd(1987)	CH_4/空气, $\phi = 1.0$	0.8	66	0.41	725	本生火焰,格栅产生的湍流	LDA,米氏散射
Cheng 和 Shepherd(1991)	C_2H_4/空气, $\phi = 0.6$	2.9	7~60	0.14~1.4	70~98	本生火焰,格栅产生的湍流	LDA,米氏散射
	CH_4/空气, $\phi = 0.7 \sim 1.0$	1.1~3.7	70,115	0.12,0.07	70		
	C_2H_4/空气, $\phi = 0.65, 0.75$	0.8					

① LPG-液化石油气。——译者注

（续）

文献	混合物	u'/S_L^0	Da	Ka	Re_{l_0}	燃烧器	技术
Boukhalfa 和 Gökalp(1988)	CH_4/空气,ϕ = 0.7 ~ 1.0	0.83~2.0	20~67	0.1~0.38	41~130	本生火焰,完全发展的管道流	瑞利散射
Furukawa, Okamoto 和 Hirano(1996)	C_3H_8/空气,ϕ = 1.1	2	45*	0.3*	240*	本生火焰,完全发展的管道流,较低速的空气并流	静电微探针,LDA
Furukawa, Noguchi 和 Hirano(2000)	C_3H_8/空气,ϕ = 1.1	0.5*	420*	0.03*	160*	本生火焰,完全发展的管道流,较低速的空气并流	LDA,3 单元静电微探针
Furukawa et al. (2002)	C_3H_8/空气,ϕ = 0.8 ~ 1.4	0.5~1.7	100~420	0.03~0.2	160~360	本生火焰,完全发展的管道流	LDA,3 单元静电微探针
Deschamps et al. (1992)	CH_4/空气,ϕ = 0.7 ~ 1.0	0.3~3.0	27~220	0.07~0.45	30~250	本生火焰,格栅产生的湍流	瑞利散射
Smallwood et al. (1995)	CH_4/空气,ϕ = 0.7 ~ 1.0	0.8~3.2	9~42	0.3~0.9	60~230	本生火焰,格栅产生的湍流	米氏散射
Ghenai, Chauveau 和 Gökalp(1996)	CH_4/空气,ϕ = 0.7 ~ 1.0	0.3~2.0	20~190	0.03~0.6	20~150	本生火焰,格栅产生的湍流	2 点瑞利散射
Ghenai 和 Gökalp(1998)	CH_4/空气,ϕ = 0.7	0.7~1.8	13~32	0.15~0.57	23~55	本生火焰,格栅产生的湍流	2 点瑞利散射
Gagnepain, Chauveau 和 Gökalp(1998)	CH_4/空气,ϕ = 0.65 ~ 0.8	0.5~1.4	45~256	0.03~0.024	70~128	本生火焰,格栅产生的湍流	LDA,米氏散射,瑞利散射
Dumont, Durox 和 Borghi (1993)	CH_4/空气,ϕ = 1.5	1.8	25	0.42	108	本生火焰	LDA
Mansour et al. (1992)	CH_4/He/空气,ϕ = 1.0	4~7.3	5.7~10*	1.5~3.5*	224~400*	引射射流平面	2 层瑞利散射
Chen 和 Peters (1996)	CH_4/空气,ϕ = 1.0	6~13	3.4~7.3	2.6~8.1	350~750	引射射流平面	LDA,线性拉曼/瑞利/PLIF OH,瑞利散射
Mansour, Chen 和 Peters (1998)	CH_4/空气,ϕ = 1.0	6~13*	3.4~7.3*	2.6~8.1*	350~750*	引射射流平面	OH LIF,瑞利散射
Chen 和 Mansour (1998)	CH_4/空气,ϕ = 1.0	4~13*	3.4~10*	1.5~8.1*	225~750*	引射射流平面	2 层瑞利散射

(续)

文献	混合物	u'/S_L^0	Da	Ka	Re_{t_0}	燃烧器	技术
Chen 和 Mansour(1998)	CH_4/空气, $\phi = 1.0$	$4\sim8^*$	$5\sim10^*$	$1.5\sim4.2^*$	$225\sim450^*$	引射射流平面	OH-PLIF, 瑞利散射
Buschmann et al. (1996)	CH_4/空气, $\phi = 0.56 \sim 0.8$	$0.6\sim37$	$1.4\sim150$	$0.05\sim35$	$60\sim2440$	本生火焰, 格栅产生的湍流	OH LIF, 瑞利散射
O'Young 和 Bilger(1997)	LPG/空气, $\phi = 0.7$	2.4	60	0.35	450	本生火焰, 格栅产生的湍流	2层瑞利散射
Frank, Kalt 和 Bilger(1999)	CH_4/空气, $\phi = 0.61 \sim 1.3$	$2.4\sim8.8$	$2.2\sim63^*$	$0.35\sim9.6^*$	$300\sim480^*$	先导本生火焰, 格栅产生的湍流	PIV, OH LIF
Kalt, Frank 和 Bilger(1998)	LPG/空气, $\phi = 0.6 \sim 1.0$	$2.4\sim8.5$	$6.3\sim65^*$	$0.4\sim4^*$	$350\sim640^*$	先导本生火焰, 格栅产生的湍流	PIV, OH LIF
Chen 和 Bilger(2001)	CH_4/空气, $\phi = 0.65 \sim 1$	$3\sim10$	$5\sim52$	$0.5\sim5.2$	$370\sim840$	先导本生火焰, 格栅产生的湍流	OH LIF, 瑞利散射
Chen et al. (2002)	LPG/空气, $\phi = 0.7$	2.7	36	0.5	350	先导本生火焰, 各栅产生的湍流	2层瑞利散射
Chen 和 Bilger(2002)	CH_4/空气, $\phi = 0.65 \sim 1$	$3\sim10$	$5\sim52$	$0.5\sim5.2$	$370\sim840$	先导本生火焰, 格栅产生的湍流	OH LIF
Chen 和 Bilger(2004)	LPG/空气, $\phi = 0.65 \sim 1$	$2.5\sim5.9$	$15\sim77$	$0.3\sim1.7$	$360\sim833$	先导本生火焰, 格栅产生的湍流	2层瑞利散射
Chen 和 Bilger(2000)	H_2/空气, $\phi = 0.325$	$12\sim15$	$1.9\sim2.7$	$9\sim11$	$375\sim715$	先导本生火焰, 格栅产生的湍流	OH LIF, 2层瑞利散射
Chen 和 Bilger(2000)	H_2/空气, $\phi = 0.45 \sim 0.7$	$1.1\sim2.4$	$25\sim170$	$0.1\sim0.55$	$190\sim520$	本生火焰	PIV, OH LIF
Gülder et al. (2000), (2007)	C_3H_8/空气, $\phi = 0.8 \sim 1$	$0.9\sim15$	$2\sim50$	$0.1\sim10$	$40\sim470$	本生火焰, 格栅产生的湍流	米氏散射, OH LIF
Pfadler et al. (2005)	CH_4/空气, $\phi = 0.6 \sim 1$	$0.3\sim2.9^*$	$4\sim140^*$	$0.03\sim1.7$	$16\sim49^*$	具有稳定环的本生火焰, 格栅产生的湍流	体视PIV, 瑞利散射

（续）

文献	混合物	u'/S_L^0	Da	Ka	Re_{l_0}	燃烧器	技术
Pfadler et al. (2008)	CH_4/空气, $\phi=0.57\sim0.9$	0.6~2.6	3~59	0.09~1.8	16~49	具有稳定环的本生火焰,格栅产生的湍流	经调适的PIV
Steinberg, Driscoll 和 Ceccies(2008)	CH_4/空气, $\phi=0.6,0.7,1.35$	2.3,3.8	1.8,5	1,2,3,4	38	2D槽本生灯	3D电影体视PIV
V形火焰							
Bill et al. (1981), Bill, Talbot 和 Robben(1982)	C_2H_4/空气, $\phi=0.55\sim0.75$	0.7~1*	50~107*	0.09~0.2*	33~90*	V形火焰,格栅产生的湍流	LDA,瑞利散射
Namazian, Talbot 和 Robben (1984)	C_2H_4/空气, $\phi=0.6$	1.2*	50*	0.2*	90*	V形火焰,格栅产生的湍流	2点瑞利散射
Cheng 和 Ng(1983)	C_2H_4/空气, $\phi=0.66\sim0.75$	0.9~1.4	26~82	0.12~0.45	75~140	V形火焰,格栅产生的湍流	LDA
Cheng(1984)	C_2H_4/空气, $\phi=0.7$	1	75	0.12	75	V形火焰,格栅产生的湍流	LDA
Cheng, Talbot 和 Robben (1984)	CH_4/空气, $\phi=0.83$	0.9,1.5	35,75	0.12,0.19	75,103	V形火焰,格栅产生的湍流	LDA
Namazian, Talbot 和 Robben (1984)	C_2H_4/空气, $\phi=0.7$	0.9,1.5	35,75	0.12,0.19	75,103	V形火焰,格栅产生的湍流	2点瑞利散射
	C_2H_4/空气, $\phi=0.6\sim0.8$	1~2.4	17~78	0.14~0.28*	117~131*	V形火焰,格栅产生的湍流	
	CH_4/空气, $\phi=0.6,0.8$	1~3	11~78*	0.14~1	93~140	V形火焰,格栅产生的湍流	
Namazian, Shepherd 和 Talbot (1986)	CH_4/空气, $\phi=0.6,0.8$	2,4,7	2,17	0.56,4.8	93*	V形火焰,格栅产生的湍流	2点瑞利散射
	C_2H_4/空气, $\phi=0.83$	0.9,1.5	35,75	0.12,0.19	75,103	V形火焰,格栅产生的湍流	
Cheng 和 Shepherd (1986)	C_2H_4/空气, $\phi=0.7$	0.9,1.5	35,75	0.12,0.19	75,103	V形火焰,格栅产生的湍流	LDA
Gökalp, Shepherd 和 Cheng (1988)	C_2H_4/空气, $\phi=0.75\sim0.8$	1~1.6	34~106	0.1~0.31	110	V形火焰,格栅产生的湍流	LDA
Cheng et al. (1989)	CH_4/空气, $\phi=0.98$	0.24,0.42	56,48	0.1,0.2	32,84	V形火焰,格栅产生的湍流	LDA,米氏散射

(续)

文献	混合物	u'/S_L^0	Da	Ka	Re_{l_0}	燃烧器	技术
Cheng 和 Shepherd(1991)	CH_4/空气, $\phi = 0.7 \sim 1.0$	$1\sim2$	$14\sim60$	$0.14\sim0.48$	$34\sim70$	V形火焰,格栅产生的湍流	LDA,米氏散射
Dandekar 和 Gouldin(1982)	C_2H_4/空气, $\phi = 0.65, 0.75$	1, 0.8	70, 115	0.12, 0.07	70	V形火焰,格栅产生的湍流	LDA
	CH_4/空气, $\phi = 0.75 \sim 1$	$0.4\sim3$	$6\sim120$	$0.04\sim1.5$	$25\sim76$	V形火焰,格栅产生的湍流	
	C_3H_8/空气, $\phi = 0.8 \sim 1$					V形火焰,格栅产生的湍流	
	C_2H_4/空气, $\phi = 0.6, 0.7$					V形火焰,格栅产生的湍流	
Goulcin 和 Dandekar(1984)	CH_4/空气, $\phi = 0.8$	0.6	50	0.09	22	V形火焰,格栅产生的湍流	LDA,瑞利散射
Rajan, Smith 和 Rombach(1984)	C_3H_8/空气, $\phi = 0.75$	0.8	66	0.1	59	V形火焰,格栅产生的湍流	LDA,瑞利散射
Azzazy, Daily 和 Namozian(1986)	CH_4/空气, $\phi = 0.6, 0.75$					V形火焰,格栅产生的湍流	OH PLIF,瑞利散射
Bradley et al. (1992)	CH_4/空气, $\phi = 1.1$	0.65	82	0.09	200	V形火焰,格栅产生的湍流	CARS
Soika, Dinkelacker 和 Leipertz(1998)	CH_4/空气, $\phi = 0.5 \sim 0.8$	$1.6\sim9$	$1.3\sim44$	$0.3\sim9$	134	V形火焰,格栅产生的湍流	2层瑞利散射
Ghenai, Gouldin 和 Gökap(1998)	CH_4/空气, $\phi = 0.7 \sim 0.75$	$0.9\sim0.44$				V形火焰,格栅产生的湍流	LDA,热电偶
Most, Dinkelacker 和 Leipertz(2002)	CH_4/空气, $\phi = 0.7$	0.5				V形火焰,格栅产生的湍流	PIV,瑞利散射
Knaus, Satter 和 Gouldin (2005)	CH_4/空气, $\phi = 0.7$	1.3				V形火焰,格栅产生的湍流	交叉平面瑞利散射
Robin et al. (2008)	CH_4/空气, $\phi = 0.53 \sim 0.69$	$1\sim3.5$	$5\sim40$	$0.2\sim2$	53, 101	V形火焰,格栅产生的湍流	瑞利散射,丙酮 PLIF
冲击射流火焰							
Cho et al. (1986)	CH_4/空气, $\phi = 0.79, 0.9$	1.3, 1	$18, 32^*$	$0.3, 0.2^*$	40^*	冲击火焰,格栅产生的湍流	LDA

(续)

文献	混合物	u'/S_L^0	Da	Ka	Re_{l_0}	燃烧器	技术
Cho et al. (1988)	CH_4/空气，$\phi = 0.9 \sim 1.0$	0.8~1.5	32~43	0.14~0.3	40~90	冲击火焰，格栅产生的湍流	LDA，米氏散射
Cheng et al. (1989)	CH_4/空气，$\phi = 0.98$	0.24, 0.42	56, 48	0.1, 0.2	32, 84	冲击火焰，格栅产生的湍流	LDA，米氏散射
Shepherd, Cheng 和 Goix(1990), Shepherd, Cheng 和 Talbot (1992)	CH_4/空气，$\phi = 1$	1	56	0.15	70	冲击火焰，格栅产生的湍流	米氏散射
Shepherd, Cheng 和 Goix(1990)	C_2H_4/空气，$\phi = 0.75 \sim 1$	0.5~0.7	110~250	0.03~0.12	70	冲击火焰，格栅产生的湍流	米氏散射
Cheng 和 Shepherd (1991)	CH_4/空气，$\phi = 0.75 \sim 1.0$	1.1~2	17~60	0.14~0.48	70~90	冲击火焰，格栅产生的湍流	LDA，米氏散射
	C_2H_4/空气，$\phi = 0.65 \sim 1$	0.5~1.0	70~260	0.03~0.12	70		
Li, Libby 和 Williams (1994)	CH_4/空气，$\phi = 0.89$	0.6				冲击火焰，格栅产生的湍流	LDA
Stevens, Bray 和 Lecordier(1998)	CH_4/空气，$\phi = 0.6 \sim 1.3$	0.7~0.9	12~65	0.09~0.25	9~55	冲击火焰，格栅产生的湍流	PIV，米氏散射
Escudié, Aaddur 和 Brun (1999)	CH_4/空气，$\phi = 0.9$	0.28~0.84	23~69	0.13~0.65	75~224	冲击火焰，格栅产生的湍流	LDA
	CH_4/空气，$\phi = 0.73 \sim 1.0$	1.3~6.2	2~22	0.3~5	44~96		
Kalt, Chen 和 Bilger(2002)	LPG/空气，$\phi = 0.73 \sim 1$	1.2~5.4	2~37	0.2~4.3	43~134	冲击火焰，格栅产生的湍流	PIV, OH PLIF
Chen 和 Bilger (2005)	CH_4/空气，$\phi = 0.75 \sim 1$	0.75~5.5	2~28	0.2~4.6	21~94	冲击火焰，格栅产生的湍流	OH PLIF, 2层瑞利散射
Chen et al. (2008)	C_3H_8/空气，$\phi = 0.88$					旋流中的冲击火焰	PIV，米氏散射
	H_2/空气，$\phi = 0.46, 1.33$						
涡流稳定火焰							
Chan et al. (1992)	CH_4/空气，$\phi = 0.8, 1$	2, 0.75	12, 48	0.6, 0.13	60, 36	低涡流燃烧器，格栅产生的湍流	LDA，米氏散射
	C_2H_4/空气，$\phi = 0.65$	1	60	0.15	80		

（续）

文献	混合物	u'/S_L^0	Da	Ka	Re_{l_0}	燃烧器	技术
Cheng(1995)	CH_4/空气, $\phi = 0.6 \sim 1.0$	0.5~3	5~100	0.06~1.6	30~100	低涡流燃烧器	LDA, 米氏散射
Bédat 和 Cheng(1995)	C_2H_4/空气, $\phi = 0.5 \sim 0.75$	0.2~1.0	33~420	0.01~0.22	26~85	低涡流燃烧器, 格栅产生的湍流	LDA, 瑞利散射
Plessing et al. (2000)	CH_4/空气, $\phi = 0.6 \sim 0.8$	2.3~21	3~80	0.3~13	490~1600	低涡流燃烧器, 湍流发生器	PIV, OH PLIF
Cheng et al. (2002)	CH_4/空气, $\phi = 0.7$	5~25	3~17	1.6~19	700~3700	低涡流燃烧器, 湍流发生器	LDA, OH PLIF, 米氏散射
Shepherd et al. (2002)	CH_4/空气, $\phi = 0.7$	3~15	8~34	0.6~6	480~2100	低涡流燃烧器, 湍流发生器	瑞利散射
Kortschik, Plessing 和 Peters(2004)	CH_4/空气, $\phi = 0.7$	5~25	3~17	1.6~19	700~3700	低涡流燃烧器, 湍流发生器	OH PLIF, 2层瑞利散射
O'Young 和 Bilger(1997)	CH_4/空气, $\phi = 0.7$	5~25	3~17	1.6~19	700~3700	低涡流燃烧器, 湍流发生器	2层瑞利散射
Schneider, Dreizler 和 Jamika(2005)	LPG/空气, $\phi = 0.7$	4.5,6.2	32,23	0.9,1.5	840,1160	低涡流燃烧器	LDA
Pfadler et al. (2007)	CH_4/空气, $\phi = 0.833 \sim 1.0$	4~16	0.6~20	0.45~21	32~1300	带钝体的低涡流燃烧器	经调适的 PIV
	CH_4/空气, $\phi = 0.67 \sim 1$	5.6~15	1.7~1.3[①]	1.8~14	530	涡流稳定 V 形火焰	
其他非受限火焰							
Gulati 和 Driscoll (1986,1988)	CH_4/空气, $\phi = 0.7 \sim 1.0$	0.3~0.6	16~60	0.04~0.15	6	非受限倾斜火焰, 格栅产生的湍流	LDA, 瑞利散射
Heitor, Taylor 和 White law (1987)	CH_4/空气, $\phi = 0.79$	9.4	12	2.7	1000	在一个圆盘后面的非受限火焰	LDA, 热电偶

① 原文有误, 应为 13。——译者注

(续)

文献	混合物	u'/S_L^0	Da	Ka	Re_{l_0}	燃烧器	技术
Videto 和 Santavicca(1990)	C_3H_8/空气，$\phi=1.0$	0.6	280	0.04	130	传播性平面火焰	LDA
Most et al.(2002)	CH_4/空气，$\phi=0.7,0.8$	12.8				钝体稳定火焰	PIV，瑞利散射
Hartung et al.(2008)	C_2H_4/空气，$\phi=0.55\sim0.7$	15~40	7~30	2.4~14	4700~9000	钝体稳定倾斜火焰	OH PLIF，体视PIV
Troiani et al.(2009)	CH_4/空气，$\phi=0.67\sim1.12$	3.8~9.1	12~70	0.55~3.2	1500	钝体稳定火焰	OH PLIF，PIV

受限火焰

文献	混合物	u'/S_L^0	Da	Ka	Re_{l_0}	燃烧器	技术
Moreau 和 Boutier(1976)	预热的 CH_4/空气，$\phi=0.8$	约10				剪切层中的受限倾斜火焰	LDA
Moreau(1981)	预热的 CH_4/空气，$\phi=0.8$	约10				剪切层中的受限倾斜火焰	LDA
Magre et al.(1988)	预热的 CH_4/空气，$\phi=0.8$	约10				剪切层中的受限倾斜火焰	LDA,CARS
Ballal(1978,1979)	C_3H_8/空气，$\phi=1.0,p=0.2$ atm	0.52~6.6	6~80	0.04~3	12~1000	受限V形火焰，试验燃烧器	LDA
Ballal(1979)	C_3H_8/空气，$\phi=0.65$ 和 1.0，C_2H_2/空气，H_2/空气，$\phi=1.0,p=0.2$ atm	0.2~16				受限V形火焰，试验燃烧器	LDA
Lewis 和 Moss(1979)	C_3H_8/空气，$\phi=1.0$	1.5	130	0.16	410	火焰稳定器后面的受限V形火焰	热电偶
Shepherd, Moss 和 Bray(1982)	C_2H_2/空气，$\phi=1.2$	1.2~8.4	8~104	0.12~6.6	81~1680	管道火焰，后向台阶	LDA，米氏散射
Shepherd 和 Moss(1983)	C_3H_8/空气，$\phi\approx1$	11.5	7	5.5	1500	管道火焰，后向台阶	LDA，米氏散射
Katsuki et al.(1988),(1990)	CH_4/空气，$\phi=0.6,0.65$	8~16	14~24	1.8~5.1	1950~5100	剪切层中的受限V形火焰	LDA，热电偶
Yoshida(1988)	C_3H_8/空气，$\phi=0.82$					对置射流燃烧器	对置射流燃烧器
Yoshida et al.(1992)	C_3H_8/空气，$\phi=0.95$					对置射流燃烧器	热电偶

（续）

文献	混合物	u'/S_L^0	Da	Ka	Re_{l_0}	燃烧器	技术
Veynante et al. (1996)	C_3H_8/空气，$\phi=0.9$	2	30	0.42	160	受限V形火焰，格栅产生的湍流	LDA，米氏散射
Lindstedt 和 Sakhiharan (1998)	CH_4/空气，$\phi=1$	8	23	1.7	1600	在有障碍管道中的火焰膨胀	LDA
Dinkelacker et al. (1998)	预热的 CH_4/空气，$\phi=0.46\sim0.6$	23~34	1.9~3.5	12~25	1870~2250	双角燃烧器中的涡流稳定火焰	OH LIF, 2 层瑞利散射

注：粒子图像测速法（particle image velocimetry, PIV）；
OH 激光诱导荧光（OH laser-induced fluorescence, OH LIF）；
激光多普勒测速法（laser Doppler anemometry, LDA）；
相干反斯托克斯拉曼光谱（coherent Anti-stokes Raman spectroscopy, CARS）；
平面激光诱导荧光（planar laser-induced fluorescence, PLIF）。
来源：改自 Lipatnikov 和 Chomiak (2010)。

5.6 涡旋破碎模型

在我们将注意力集中在涡旋破碎(eddy-break-up,EBU)模型前,让我们考虑湍流涡旋与火焰锋面的相互作用以及由单个湍流涡旋引起的稳定火焰锋面的扭曲(图5.21)。在较高的湍流水平(图5.21(c))下,湍流涡旋和火焰锋面的相互作用引起折叠的形成;在较低的湍流水平下,它仅导致褶皱火焰表面的形成(图5.21(a)、(b))。现在考虑图5.22所示的锚固预混火焰的情况。预混气体燃料流和空气流稳定地流过管道。在管道的中心,有一个用作火焰稳定器的钝体,火焰穿过管道倾斜地蔓延到未燃流动中,最终消耗掉所有的反应物。尽管眼睛感知到一个连续而厚的火焰,但高速摄影显示反应区是高度卷曲的,带有许多孤立的热的和冷的气体混合物袋囊,它们孤立于主流。Williams,Hottel 和 Scurlock(1949);Solntsev(1961);Wright 和 Zukoski(1962);Howe,Shipman 和 Vranes(1963)及其他研究者对这种现象进行了多种研究。实验发现中最引人注目的特征是火焰展开的角度几乎不受实验条件的影响:无论混合比、接近速度、混合物初始温度和自由流湍流程度为何,从对称平面到火焰边缘的距离约等于到离火焰稳定器距离的0.1倍;即角度 θ 不是 x、F/O、$\overline{U}$、T_0 和 u'_{rms} 的函数。

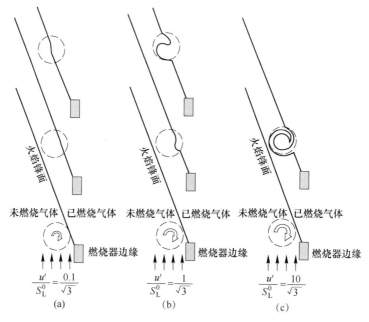

图 5.21 单个涡旋通过时稳态火焰的变形

(改自 Scurlock 和 Grover,1953)

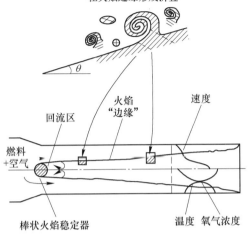

图 5.22 燃烧器中火焰边缘的结构示意图
(改自 Spalding,1971)

5.6.1 Spalding 的 EBU 模型

已经开发了几种描述湍流涡旋与火焰锋面结构相互作用现象的理论模型,其中一个是 Spalding 的涡旋破碎模型(Spalding,1971b,1976),它于 1971 年开发并于 1976 年进一步修正。Spalding 发现,当预混湍流火焰中的化学反应速率被假设为当地时间平均性质的阿伦尼乌斯型函数时,得到的结果与实验数据不一致。然而,当假设当地体积反应速率是未燃烧混合物团破碎速率的函数时,结果与实验数据更为一致。基于这一观察结果,Spalding 提出考虑化学动力学在确定预混气体当地消耗速率中的重要性。预混反应物的消耗速率应该更多地取决于未燃烧的燃料/空气混合物团的破碎速率。团的破碎速率由湍流控制。因此,运用 EBU 模型在确定燃料消耗速率(或放热速率)时强调湍流效应对化学动力学的重要性。

Spalding 认为,将注意力集中在气体混合物的相干体上可以最好地理解湍流燃烧过程,这些相干体在通过火焰时被挤压和拉伸。这个建议引出了一个反应速率的表达式,它可以与一个合适的方法一起使用来求解相关的微分方程,以便预测湍流预混火焰现象。Spalding(1970,1971b)提出 EBU 概念下反应中的平均能量生成速率($\overline{\dot{\omega}_T^*}$)为

$$\overline{\dot{\omega}_T^*} = C'_{EBU} \rho \frac{\varepsilon}{k} \sqrt{\widetilde{T''^2}} \tag{5.54}$$

这个表达式也可以从量纲论证中获得,而不需要调用 Spalding 最初使用的特定

的物理论证(可能是过于简单的)。用无量纲温度 $\Theta \equiv (T - T_u)/(T_b - T_u)$，EBU 模型可以写为

$$\overline{\dot{\omega}_{\Theta}^*} = C_{EBU} \overline{\rho} \frac{\varepsilon}{k} \sqrt{\widetilde{\Theta''^2}} \tag{5.55}$$

式中:Θ 为无量纲温度;$\widetilde{\Theta''^2}$ 为温度波动的方差。

物理上,温度波动可以解释为相对冷的未燃烧的燃料/空气混合物袋囊与热燃烧产物之间不混合程度(不要与间歇性混淆)的度量。湍流动能与湍流耗散速率的比(k/ε)可被认为是特征湍流混合时间。EBU 常数 C_{EBU} 是一个模型参数。对于无限薄的火焰,有

$$\overline{\rho \widetilde{\Theta''^2}} = \overline{\rho (\Theta - \widetilde{\Theta})^2} = \overline{\rho}(\widetilde{\Theta^2} - \widetilde{\Theta}^2) = \overline{\rho}(\widetilde{\Theta} - \widetilde{\Theta}^2) = \overline{\rho}\widetilde{\Theta}(1 - \widetilde{\Theta}) \tag{5.56}$$

式中:使用了 $\widetilde{\Theta^2} = \widetilde{\Theta}$。

这种简化基于以下论点,即对于新鲜的未燃烧气体混合物或燃烧产物,$\widetilde{\Theta}$ 可以取 0 或 1 的值(也参见 Poinsot 和 Veynante,2005)。平均反应速率的最终 EBU 模型为

$$\overline{\dot{\omega}_{\Theta}^*} = C_{EBU} \overline{\rho} \frac{\varepsilon}{k} \widetilde{\Theta}(1 - \widetilde{\Theta}) \tag{5.57}$$

式(5.57)和式(5.55)间存在不匹配,因为式(5.57)中缺少平方根。从最终 EBU 模型中移除平方根的原因源于模型实现中的各种物理和数学问题(Poinsot 和 Veynante,2005)。早期一些商业编码采用 Spalding 的 EBU 模型作为计算湍流预混火焰的选择之一。

5.6.2 Magnussen 和 Hjertager 的 EBU 模型

Magnussen 和 Hjertager(1977)也提出了一个尽管与 Spalding 模型相关,但却不同的 EBU 模型。Magnussen 和 Hjertager 的模型通过假设在大多数技术应用中,化学反应速度比混合快而开发得到的。因此,反应速率由含燃料和含氧的涡旋的互混速率(由涡旋的耗散速率)控制。对于这种情况,可以写出 EBU 模型为

$$\widetilde{\dot{\omega}}_F [\mathrm{kg/(m^3 \cdot s)}] = A \overline{\rho} \frac{\varepsilon}{k} \min\left(\widetilde{Y}_F, \frac{\widetilde{Y}_O}{\nu}, B \frac{\widetilde{Y}_P}{1+\nu}\right) \tag{5.58}$$

式中:$\widetilde{\dot{\omega}}_F$ 为平均燃料消耗速率(~表示 Favre 平均);A,B 为实验确定的模型常数;ε 为湍流耗散速率;k 为湍流动能;Y 为质量分数;ν 为以质量为基础表达的

总反应的计量系数。

产物对反应速率的依赖是距离纯快速化学假设的偏差,这是因为这里的假设是倘若没有产物,对于反应来说温度太低了。

在最近的许多研究中,使用了 EBU 的扩展形式,它允许使用有限速率化学。用这种方法,可以写出 EBU 模型:

$$\widetilde{\omega}_{F,r_j}[\text{kg}/(\text{m}^3 \cdot \text{s})] = \min(A\bar{\rho}\frac{\varepsilon}{k}\widetilde{Y}_F, A\bar{\rho}\frac{\varepsilon}{k}\frac{\widetilde{Y}_O}{\nu_{r_j}}, \widetilde{\omega}_{\text{kinetic},r_j}) \quad (5.59)$$

式中:$\widetilde{\omega}_{F,r_j}$ 为燃料消耗速率;ν_{r_j} 为第 j 个反应中反应物的化学计量系数(每摩尔燃料);下标 r_j 指的是所考虑的是第 j 个反应。

该形式意味着使用改进的 EBU 模型可以考虑多步反应动力学。此模型的一个缺点是使用了平均量(平均浓度和平均温度)来计算动力学控制的反应速率。尽管该模型存在局限性,但已经报道了使用这种形式的 EBU 模型得到的可喜结果(Magel et al.,1995)。

尽管 EBU 模型是一种特别的模型,但 Duclos,Veynante 和 Poinsot(1993)指出,在预混情况下,当火焰表面密度的生成和耗散之间存在局部平衡时,许多小火焰模型会简化为 EBU 形式。一些基于计算流体动力学(computational fluid dynamics,CFD)的商业工程软件使用了 Magnussen 和 Hjertager(1977)的 EBU 模型。其广泛使用的一个原因是它易于实现。该模型通常可以以使用多步反应机理的方式实现。EBU 模型适用于湍流预混火焰以及湍流非预混火焰,如第 6 章所述。

5.7 间歇性

Corrsin(1943)和 Townsend(1948)发现了剪切流的间歇性现象,他们从放置在自由流(Corrsin(1943)为射流,Townsend(1948)为尾流)外缘附近的热金属丝探针记录到了两种不同类型的信号。信号显示了急剧或平滑变化的速度波动。Corrsin 和 Kistler(1955)和 Townsend(1976)进一步研究了这一现象,并提出在自由湍流中,有一个将以大涡度为特征的湍流与基本上是无旋流的环境分离出来的薄褶皱界面(称为卷吸界面或黏性超层)。在这两种类型的流动中分别记录到了这两种类型的信号。Townsend 观察到完全发展的湍流区与近似层流的区域之间存在相对明显的划分,他假设完全发展的湍流区存在足够长的时间使得在几乎整个区域上建立起当地各向同性。流动图像具有湍流的间歇性分布,湍流中在近乎层流运动的区域与建立起当地各向同性的湍流运动的每一个单独的区域之间形成清晰且明显的边界。已经证实了在圆柱湍流尾流中存在当地各向同性,但是必须对流动的间歇性特性留有余地。流动在层流和湍流之间不规则地交替,但是在湍流的每一个小片区中,都建立了当地的各向同性。

图 5.23 所示为强湍流中的湍流预混火焰结构的空气热化学图。该示意图对应于反应表面破碎成被反应物背景包围且在其中生长的产物袋囊的情景。类似地,反应物袋囊被产物背景包围并在其中被消耗。

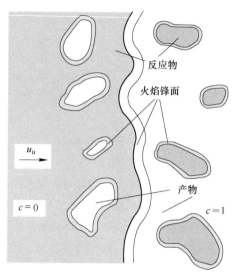

图 5.23　显示强湍流条件下预混湍流火焰结构的示意图
(改自 Libby,1989)

此时,引入涡量方程是有用的,由于湍流总是旋转的,即

$$\frac{\partial \zeta}{\partial t} + (\boldsymbol{u} \cdot \nabla)\zeta = \underbrace{(\zeta \cdot \nabla)\boldsymbol{u}}_{1} + \underbrace{\nu \nabla^2 \zeta}_{2} \underbrace{- \zeta(\nabla \cdot \boldsymbol{u})}_{3} + \underbrace{\frac{1}{\rho^2}\nabla\rho \times \nabla\rho}_{4} \quad (5.60)$$

式中:$\zeta = \nabla \times \boldsymbol{u}$。

由于涡度的黏性扩散(式(5.60)中的项2),涡旋附近的任何无旋流区都获得了涡度,然后被由湍流引起的拉伸(式(5.60)中的项1)放大。关于涡度的更详细的讨论已在第4章中给出。湍流预混燃烧的一个重要特征是未燃烧和已燃烧混合物的间歇性,该混合物由一个薄的褶皱的(或波纹的)瞬时火焰锋面隔离开来,这个锋面的厚度δ_f比湍流火焰"刷"的厚度δ_t小得多。

与此现象并行的是,Batchelor 和 Townsend(1949)发现了湍流的另一个内部间歇性,他们记录到瞬时耗散速率$2\nu s_{ij}s_{ij}$间歇性地达到远大于平均耗散速率ε的值。感兴趣的读者可参考 Monin 和 Yaglom(1975)、Pope(2000)的书以及 Bilger(2004)和 Sreenivasan(2004)的综述,来获得不可压缩流动中间歇性的更详细的讨论。总之,已观察到3种类型的间歇性:①剪切流边缘处的湍流/层流;②完全湍流中的内部间歇性;③预混湍流火焰中的已燃烧/未燃烧气体的间歇性。

5.8 火焰-湍流的相互作用

如同引言中所讨论的,火焰-湍流的相互作用有两个方面:湍流对火焰的影响以及燃烧对湍流场的影响。湍流对火焰传播的影响与平均反应速率($\overline{\dot{\omega}_c}$)的计算或湍流燃烧速度($S_T$)的评估有关。这两个参数的函数依赖关系可以假设为

$$S_T = u'_T F_1\left(\frac{u'_T}{S_L}, \frac{l_0}{\delta_L}\right) \tag{5.61}$$

$$\overline{\dot{\omega}_c} = \rho_u \frac{u'_T}{l_0} F_2\left(\frac{u'_T}{S_L}, \frac{l_0}{\delta_L}, Y_i, \tau\right), \tau \equiv \frac{\rho_u}{\rho_b} - 1 \tag{5.62}$$

式中:u'_T 为湍流燃烧速度 S_T 的均方根。

该速度可能与和湍流波动相关的均方根速度(u' 或 u'_{rms})或湍流动能相关的均方根速度($(\overline{\rho u''_i u''_i}/\overline{\rho})^{1/2}$ 或 $(2\tilde{k}/3)^{1/2}$)明显不同。均方根湍流速度由混合物的已燃烧部分和未燃烧部分的贡献计算,而湍流对火焰传播的影响通常仅与火焰锋面之前的上游湍流有关。式(5.62)中的项 τ 称为放热因子,由未燃烧到已燃烧条件的密度变化决定。函数 F_1 和 F_2 不能指定出一个通用形式。然而,许多研究人员已尝试对这些函数进行建模并取得情理之中的成功。

预混火焰对湍流的影响可以分为直接和间接两类。间接影响与控制方程中某些项由火焰引起的大小变化有关。直接影响主要与火焰中的放热和横跨燃烧区的压力降低有关。由于放热,气体密度在瞬时火焰锋面内降低,并且密度的变化通过质量守恒影响流速。这些效应不仅限于火焰,而且在火焰之前也可以很明显。例如:扰动在不可压缩流中以极高的速度传播。在火焰锋面处的这种流动的扰动即刻干扰了远离火焰的流动。

火焰产生的扰动可以由横跨燃烧区的压力降低引起的速度梯度而生成,该压力降低与通过火焰锋面的气体密度降低有关。在大多数情况下,认为这种扰动对扭曲火焰很重要。燃烧压力降导致低密度燃烧气体比未燃烧的气体更快地加速。因此,均匀的流动在通过燃烧区时转换为在火焰锋面附近具有较大速度梯度的非均匀流动。这些梯度是湍流的潜在源。在流动的雷诺数足够高的条件下,由于燃烧区附近的已燃烧气体与未燃烧气体混合而导致的所有能量损失可能使湍流增强。

火焰通过温度对湍流的另一个影响可以在图 5.24 看出。在该图中,瞬时火焰锋面位置已由黑色实线标出,它标示为 $G=0$ 的表面。G 方程模型是湍流预混燃烧的一个重要课题,它将在本章后面讨论。从 Treurniet, Nieuwstadt 和 Boersma(2006)的直接数值模拟(DNS)结果(在相对较低的雷诺数 $Re_{l_0} \approx 820$ 和

均匀各向同性湍流条件下),可以看出由于动态黏度较低(燃烧区域高温的结果),涡度在火焰后面降低。

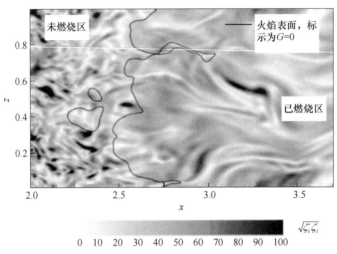

图 5.24 绘制在 (x,z) 平面的瞬时切片中的涡度模量 $\sqrt{\zeta_i\zeta_i}$ 的 DNS 结果

(改自 Treurniet、Nieuwstadt 和 Boersma,2006)

5.8.1 火焰对湍流的作用

Scurlock(1953)是一位开创性的研究者,他提出了由火焰产生湍流的一个假设。通过分析钝体后方稳态受限火焰的实验结果,他认为由热燃烧产物的加速引起的大的平均速度梯度产生了额外的湍流,它明显超过了进流湍流。Scurlock 认为,由火焰产生的湍流可以增加湍流火焰速度 S_T,就如类似于未受扰动的湍流波动速度那样。因此,应使用由火焰产生的波动速度(u'_{fg})和未受扰动的湍流波动速度之和来确定湍流的火焰速度。这个模型合理地描述了 Williams 和 Bollinger(1949)以及 Karlovitz、Denniston 和 Wells(1951)报道的湍流火焰速度的早期实验数据,由火焰产生的湍流对计算的 S_T 数据结果有很大贡献。Karlovitz、Denniston 和 Wells 还报道了稳定在充分发展的湍流管道流中的本生火焰速度的测量结果。火焰被相当速度的同轴空气流包络,以减少剪切层中的湍流产生。测得的火焰速度远高于由 Damköhler(1940)、Shchelkin(1943)以及 Karlovitz、Denniston 和 Wells(1951)早期开发的模型获得的 S_T 值。为了解释这种定量差异,物理上,由于质量守恒,垂直于瞬时火焰锋面的流动速度从 S_L 增加到 $S_L(1+\tau)$(在附着于火焰锋面的坐标系中)。由于火焰锋面是褶皱的,"火焰诱导的"速度 τS_L 的取向是波动的,因此它可以分解为平均和随机火焰引起的速度,后者的量是由火焰生成的湍流均方根速度。火焰产生的湍流在火焰锋面前方迎着流动扩散,增加了火焰锋面表面的扭曲,因此加速了火焰传播。

Karlovitz 估计 u'_{fg} 远高于他们测量条件下进流的均方根湍流速度。

正如 Sokolik(1960)所指出的,引入由火焰产生的湍流的概念的基本论据是计算和测量 S_T 之间的差异。例如:Richmond et al. (1957)应用了与 Karlovitz,Denniston 和 Wells(1951)所使用燃烧器相同的燃烧器,但改进了测量湍流火焰速度的方法。Richmond et al. 证明 Karlovitz 的方法在测量条件下大大高估了 S_T,因为 Karlovitz,Denniston 和 Wells 没有考虑燃烧器的圆柱曲率和未燃烧混合物中平均流的发散。在20世纪50年代和60年代进行的许多其他湍流火焰速度测量得到的 S_T 值与 u' 相当,因此并不意味着由火焰产生的湍流在燃烧速率中起重要作用。然而,少部分研究人员,如 Kozachenko(1962),引用了由火焰生成的湍流的假设来解释他们测得的高火焰速度。Scurlock 和 Karlovitz 的假设都要求对预混火焰中的湍流进行实验研究。使用热线风速计的测量仅限于未燃气体。Gross(1955)在敞开的 V 形火焰前方没有观察到湍流强度的显著增加。Jensen(1956)研究了在棒后方稳定的受限火焰,并报道了在燃烧情况下上游流动速度波动的增加。他将这种增加与声学现象联系起来。

预混火焰对湍流影响的模拟仍然是燃烧学界的一个主要挑战。尽管有大量具体的结果,相比于湍流对火焰影响的总体理解,对这些影响的总体理解仍然贫乏。与前一种影响相关的许多重要问题都处在科学讨论的外围,且一些基本问题在当代文献中也没有讨论。例如:应该用什么量来表征预混火焰中的湍流? Lipatnikov 和 Chomiak(2010)的一篇综述列出了有关这个问题的几个要点。这里我们总结一下由火焰产生的湍流的物理机理、多位研究人员获得的实验结果,以及与这个重要主题有关的未解决的问题。

(1)在层流预混火焰中产生的压力扰动可以增强进流中的速度扰动并在已燃烧的混合物中产生涡度,即使未燃烧混合物中的涡度场保持层流。这个机理描述了在早先层流中由火焰引起的湍流的产生。这个类比可以扩展到描述在湍流预混火焰中由火焰产生的湍流。

(2)紧挨火焰锋面前后瞬时法向流速的差对在已燃烧混合物中的火焰锋面的随机方向取平均值后的湍流有贡献。然后由火焰产生的湍流扩散到未燃烧的混合物(Karlovitz 模型)。

(3)通过自由湍流火焰内的平均压力梯度形成的燃烧混合物的间歇性和优先加速可以引起逆梯度扩散和表观能量($\tilde{k} = (\overline{\rho u''_i u''_i}/2\bar{\rho})^{1/2}$)的增加。

5.9 Bray-Moss-Libby 模型

Prudnikov(1960,1967)以及 Prudnikov,Volynski 和 Sagalorich(1971)开发了直接处理未燃烧–已燃烧间歇性的第一个预混湍流燃烧模型。在当下的文献中,常使用 Bray,Moss 和 Libby(1977)开发的方法来描述未燃烧-已燃烧的间歇性。当时引入了一个新变量,称为燃烧进度变量 c。最初,当只有两种物质被确认为反应物(质量分数 $1-c$)和产物(质量分数 c)时,燃烧进度变量是作为产物质量分数引入的。燃烧进度变量描述了在任意空间和时间点的混合物的热化学状态。根据该定义,状态 $c=0$ 表示反应物(未燃烧状态);$c=1$ 表示产物(已燃烧状态);$0\sim1$ 任意中间值表示温度和组成介于反应物和产物之间的气体-混合物,也包括部分燃烧混合物。例如:系统的平均压力可以确定为

$$\bar{p} = \rho R_u T \left(\frac{1-c}{Mw_u} + \frac{c}{Mw_b} \right) \tag{5.63}$$

在理想条件和一些假设下,反应进度变量也可以表示为

$$c \approx \frac{T - T_u}{T_b - T_u} \approx \frac{\rho_u - \rho}{\rho_u - \rho_b} \text{ 或 } c = \frac{\gamma_p}{\gamma_{p,b}} \tag{5.64}$$

在这些等式中,下标 u 和 b 分别表示未燃烧和已燃烧混合物。

式(5.64)也可以写为

$$\frac{T}{T_u} = 1 + \tau c, \frac{\rho}{\rho_u} = \frac{T_u}{T} = \frac{1}{1+\tau c} \text{ 且 } \tau \equiv \frac{q_c \gamma_u}{c_p T_u} \tag{5.64a}$$

式中:τ 为放热参数,也有 $\tau = (T_b/T_u) - 1 = (\rho_u/\rho_b) - 1 = (1-r_p)/r_e$,式中:$r_p$ 为密度比 ρ_b/ρ_u。

Bray-Moss-Libby(BML)模型引入了联合概率密度函数(PDF)的双峰近似,它表征了在空间位置 x 和时刻 t 找到燃烧进度变量 c 的值的概率。

PDF $\mathcal{P}(c;x,t)$ 由三部分组成,分别为用概率 $\alpha(x,t)$ 和 $\beta(x,t)$ 表示的未燃烧反应物和已完全燃烧的产物的袋囊,以及用概率 $\gamma(x,t)$ 表示的部分已燃混合物。

$$\mathcal{P}(c;x,t) = \underbrace{\alpha(x,t)\delta(c)}_{\text{未燃烧的气体}} + \underbrace{\beta(x,t)\delta(1-c)}_{\text{已燃烧的气体}} + \underbrace{\gamma(x,t)f(c;x)}_{\text{部分已燃的混合物}} \tag{5.65}$$

式中:δ 为 Dirac-delta 函数;$\alpha(t,x)$,$\beta(t,x)$ 分别为在时刻 t 时 x 点处找到未燃烧和已燃烧混合物的概率(图 5.25)。

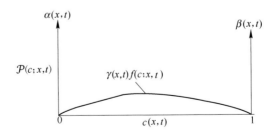

图 5.25 反应进度变量 c 的双峰概率分布函数

函数 $f(c;x)$ 满足这个条件：
$$\int_0^1 f(c;x,t)\mathrm{d}c = 1.0 \tag{5.66}$$
可认为函数 f 是产物质量分数的连续函数。

根据 PDF 的特征，可以很容易地证明系数 α, β 和 γ 必须满足这个关系：
$$\alpha(x,t) + \beta(x,t) + \gamma(x,t) = 1 \tag{5.67}$$

BML 法的核心假设是流动条件和化学系统都是化学"快速"的，因此与强度 $\gamma(x,t)$ 相关的 c 的中间值相对稀少。基于这个假设，在任意时刻 t，任意点 x 处找到气体混合物的中间状态的概率 $\gamma(x,t) \ll 1$。因此，双峰近似也基于该假设。

在快速化学或薄火焰燃烧模式，那里湍流火焰刷由被薄燃烧区分开的未燃烧和完全燃烧的气体组成，发现 $\gamma \sim O(1/Da)$，其中：Da 为湍流混合时间与化学反应时间之比的达姆科勒数。从该式得出的新概念观点暗示所有平均数量都是 3 种贡献的总和：反应物和产物中的条件均值，分别由它们的概率 α 和 β 加权，再加上由 γ 加权的燃烧区的贡献。

如速度或进度变量的量的平均值，只是它们在反应物和产物中的条件均值的加权平均值，并且与 γ 无关。

除了在薄火焰反应区外，反应速率和反应物浓度梯度在任何地方均为零，因此它们的平均值与 γ 成正比。

对于高 Da 流，$\gamma \ll 1$。因此，有
$$\mathcal{P}(c;x,t) = \underbrace{\alpha(x,t)\delta(c)}_{\text{未燃烧气体}} + \underbrace{\beta(x,t)\delta(1-c)}_{\text{已燃烧气体}} \tag{5.68}$$
式中
$$\alpha(x,t) + \beta(x,t) = 1 \tag{5.69}$$

在反应区中给定位置 x 处的未燃烧和完全燃烧气体之间的间歇性如图 5.26 所示。

进度变量 c 的双峰 PDF 分布已被 Chakraborty 和 Cant(2009) 的 DNS 结果验证，如图 5.27 所示。测得的各种 Da 下的甲烷/空气湍流本生火焰的温度 pdf 如图 5.28 所示。

几个径向和轴向位置测得的其他温度波动的 PDF 如图 5.29 所示。这些研究（DNS 和实验）证实了在湍流预混火焰中存在双峰 PDF。

通过假设反应进度变量的双峰 PDF，我们将许多项分解为来自反应物和产物之间差异的贡献。这简化了闭合，因此通过一些建模假设，BML 方法可以预测 4 件事：

（1）在较高的放热速率下，湍流动能通过火焰刷而增加。

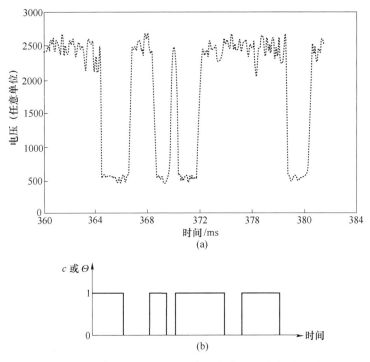

图 5.26 反应区中位置 x 处的新鲜气体与完全燃烧气体间的间歇性
(a)记录到的贫($\phi = 0.8$)甲烷/空气湍流本生火焰的瞬时瑞利散射信号
(改自 Deschamps et al.,1992);(b)间歇性函数的示意图

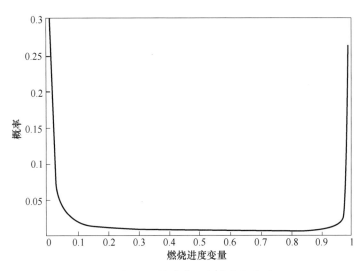

图 5.27 由 DNS 得到的燃烧进度变量的 PDF
(改自 Chakraborty 和 Cant,2009)

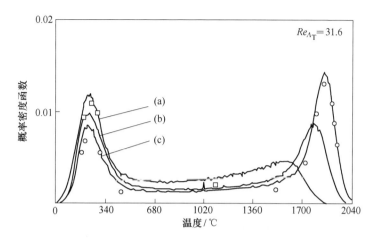

图 5.28 在达姆科勒数(a)=0.77,(b)=2.18 和(c)=4.59 时
得到的甲烷空气湍流本生火焰的温度 PDF

(改自 Yoshida,1988)

(2) 平均扩张和耗散降低湍流动能。
(3) 平均压力梯度是湍流动能的一个源。
(4) 在某些条件下,在火焰刷中盛行标量的逆梯度输运。

最初的 BML 模型只考虑了平均压力梯度,尽管忽略了波动压力有待商榷,但在后来的研究中已经包含在内了。

从式(5.70)可以得到任意量的平均值:

$$\bar{q} = \int_0^1 q \mathcal{P}(c;\boldsymbol{x},t)\mathrm{d}c = \alpha(\boldsymbol{x},t)q_\mathrm{u} + \beta(\boldsymbol{x},t)q_\mathrm{b} \tag{5.70}$$

式中

$$q_\mathrm{u} \equiv \int_0^1 q\delta(c)\mathrm{d}c \text{ 且 } q_\mathrm{b} \equiv \int_0^1 q\delta(1-c)\mathrm{d}c \tag{5.71}$$

在这些定义的基础上,混合物的平均密度比为

$$\bar{\rho}(\boldsymbol{x},t) = \int_0^1 \rho \mathcal{P}(c;\boldsymbol{x},t)\mathrm{d}c = \alpha(\boldsymbol{x},t)\rho_\mathrm{u} + \beta(\boldsymbol{x},t)\rho_\mathrm{b} = \frac{(1+\alpha\tau)}{(1+\tau)}\rho_\mathrm{u} \tag{5.72}$$

回想起 τ 为放热因子,定义为 $\tau = (\rho_\mathrm{u}/\rho_\mathrm{b}) - 1 = (T_\mathrm{b}/T_\mathrm{u}) - 1$。Favre 平均进度变量可以从下式得到:

$$\tilde{c}(\boldsymbol{x},t) = \frac{\overline{\rho c}}{\bar{\rho}} = \frac{\rho_\mathrm{u}}{\bar{\rho}}\int_0^1 \frac{c}{1+\tau c}\mathcal{P}(c;\boldsymbol{x},t)\mathrm{d}c = \frac{\rho_\mathrm{u}}{\bar{\rho}}\frac{\beta(\boldsymbol{x},t)}{(1+\tau)} \tag{5.73}$$

时间平均的平均进度变量可以表达为

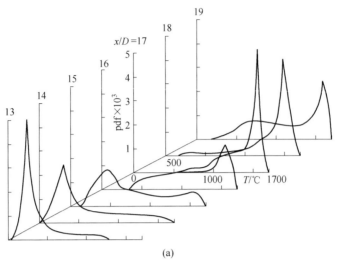

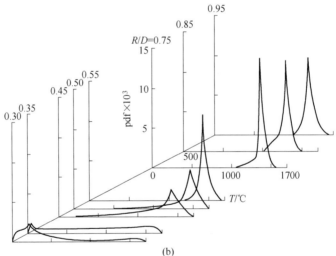

图 5.29 测得的温度概率密度函数
(a)轴向;(b)径向。
(Yoshida 和 Tsuji,1979)

$$\bar{c} = \int_0^1 c\, \mathcal{P}(c;\boldsymbol{x},t)\,\mathrm{d}c = \alpha(\boldsymbol{x},t)c_\mathrm{u} + \beta(\boldsymbol{x},t)c_\mathrm{b} = \beta(\boldsymbol{x},t) \qquad (5.74)$$

注意:未燃烧状态 $c_\mathrm{u} = 0$ 且已燃烧状态为 $c_\mathrm{b} = 1$。Favre 平均进度变量 $\tilde{c}$ 与时间平均的平均进度变量由下式相关联:

$$\tilde{c}(\boldsymbol{x},t) \equiv \frac{\bar{c}}{1 + (1-\bar{c})\tau} \qquad (5.75)$$

这也得到了一个用 τ 和 $\tilde{c}$ 表示的密度比的简单表达式:

$$\frac{\overline{\rho}(\boldsymbol{x},t)}{\rho_u} = \frac{1}{1+\tau\tilde{c}} \quad (5.76)$$

对式(5.68)引入的方法的扩展是考虑进度变量和任何速度分量的联合 PDF。例如:x 方向上的火焰法向速度 u。这可以写为

$$\mathcal{P}(u,c;\boldsymbol{x},t) = \alpha(\boldsymbol{x},t)\delta(c)\,\mathcal{P}(u_u;\boldsymbol{x},t) + \beta(\boldsymbol{x},t)\delta(1-c)\,\mathcal{P}(u_b;\boldsymbol{x},t) \quad (5.77)$$

式中:$\mathcal{P}(u_u;\boldsymbol{x},t)$,$\mathcal{P}(u_b;\boldsymbol{x},t)$ 分别为未燃烧和已燃烧混合物中速度的条件 PDF。

用 ρu 的积乘以式(5.77)并对 u 和 c 空间积分,得到 Favre 平均速度为

$$\tilde{u}(x,t) = \frac{1}{\overline{\rho}}\int_0^1\int_{-\infty}^{\infty}\rho u\,\mathcal{P}(u,c;\boldsymbol{x},t)\mathrm{d}u\mathrm{d}c = (1-\tilde{c})\overline{u_u}(x,t) + \widetilde{cu_b}(x,t) \quad (5.78)$$

式中:$\overline{u_u}$,$\overline{u_b}$ 分别为未燃烧和已燃烧混合物中的条件平均速度。

接下来讨论 BML 模型中使用的另外 10 个假设。

(1) 只考虑两种化学物质,"反应物"(质量分数 $1-c$)和"产物"(质量分数 c),它们是为给定化学计量的可燃混合物定义的,该混合物可能包含稀释剂。

(2) 单步、不可逆化学反应、反应物→产物,以全局反应速率表达式所描述的速率发生。

(3) 将反应物和产物物质作为理想气体。

(4) 反应物和产物在恒定压力下的比热容 C_p 是相同的且为一个常数。

(5) 忽略热扩散和压力扩散效应,而用菲克定律表示正常的二元扩散。

(6) 对于反应物和产物,路易斯数($Le \equiv \lambda/(\rho C_p D)$)都等于 1。

(7) 火焰内的流动以远小于 1 的马赫数出现,因此可以忽略能量平衡方程中表示压力变化和黏性耗散效应的项。

(8) 假设压力波动强度很小并忽略。

(9) 流动是绝热的。

(10) 远离燃烧区上游的流动是稳定、一维的,并且其所有性质均匀。

这些假设也用于当前对湍流预混火焰的模拟,尽管一维假设对湍流模拟已经不严格了。

5.9.1 控制方程

进度变量的输运方程可以从物质方程或能量方程推导出来:

$$\frac{\partial}{\partial t}(\rho c) + \frac{\partial}{\partial x_i}(\rho u_i c) = \frac{\partial}{\partial x_i}\left(\rho D\frac{\partial c}{\partial x_i}\right) + \dot{\omega}_c \quad (5.79)$$

其他方程如下：

$$\frac{\partial p}{\partial t} + \frac{\partial}{\partial x_i}(\rho u_i) = 0 \tag{5.80}$$

$$\frac{\partial}{\partial t}(\rho u_i) + \frac{\partial}{\partial x_j}(\rho u_i u_j) = -\frac{\partial p}{\partial x_i} + \frac{\partial \tau_{ij}}{\partial x_j} \quad 式中 \ \tau_{ij} = \mu\left(\frac{\partial u_i}{\partial x_j} + \frac{\partial u_j}{\partial x_i} - \frac{2}{3}\frac{\partial u_k}{\partial x_k}\delta_{ij}\right) \tag{5.81}$$

$$\frac{\partial}{\partial t}(\rho h) + \frac{\partial}{\partial x_j}(\rho u_j h) = \frac{\partial p}{\partial t} + \frac{\partial}{\partial x_i}\left(\rho \alpha \frac{\partial h}{\partial x_i} + \rho \sum_{k=1}^{N} D_k h_k \frac{\partial Y_k}{\partial x_i}\right) - \dot{q}_{\text{rad,loss}} \tag{5.82}$$

将 c 分解为 Favre 均值和波动分量，可以推导出反应标量的均值和方差的 Favre 平均方程：

$$c = \tilde{c} + c'' \tag{5.83}$$

在将式(5.83)代入式(5.79)后并取平均，有

$$\bar{\rho}\frac{\partial \tilde{c}}{\partial t} + \bar{\rho}\tilde{u}_i\frac{\partial \tilde{c}}{\partial x_i} = \underbrace{-\frac{\partial}{\partial x_i}\overline{\rho u_i'' c''}}_{A} + \underbrace{\overline{\dot{\omega}_c}}_{B} + \underbrace{\frac{\partial}{\partial x_i}\left(\overline{\rho D \frac{\partial c}{\partial x_i}}\right)}_{C} \tag{5.84}$$

类似地，式(5.81)变为

$$\bar{\rho}\frac{\partial \tilde{u}_i}{\partial t} + \bar{\rho}\tilde{u}_k\frac{\partial \tilde{u}_i}{\partial x_k} = -\frac{\partial \bar{p}}{\partial x_i} - \frac{\partial}{\partial x_k}\overline{\rho u_i'' u_k''} + \frac{\partial \bar{\tau}_{ik}}{\partial x_k} \tag{5.85}$$

A 项、B 项和 C 项分别称为湍流标量输运、平均化学源项和分子输运。与其他两个都需要建模的项相比，分子输运项通常很小。B 项近年来受到了相当多的关注，已经导得多种模型并将其结合到湍流燃烧的实际代码中。大多数情况下，PDF 建模用于闭合源项 B，这将在 5.13 节和 5.14 节中讨论。然而，A 项受到的关注相当少，一般用简单的经典梯度涡黏性模型（也称为梯度扩散模型）来描述：

$$\overline{\rho u_i'' c''} = \bar{\rho}\widetilde{u_i'' c''} = -\frac{\mu_t}{Sc_t}\frac{\partial \tilde{c}}{\partial x_i} \tag{5.86}$$

理论研究和实验研究（Bray et al., 1981；Bray, Moss 和 Libby, 1982；Shepherd, Moss 和 Bray, 1982）都发现在一些湍流火焰中存在逆梯度输运的证据。逆梯度输运意味着在这些火焰中，湍流通量 $\overline{\rho u_i'' c''}$ 和梯度 $\partial \tilde{c}/\partial x_i$ 具有相同的符号，这与式(5.86)的预测相反。这导致了湍流黏度应为负的可能性。有关此问题的详细信息将在下一小节中讨论。简而言之，这种效应通常源于压力梯度对冷反应物和热产物的不同影响。基于没有外部施加压力梯度的湍流预混

火焰的直接数值模拟研究(Rutland 和 Cant,1994;Trouvé 和 Poinsot,1994)已经证实梯度和逆梯度输运都是可能的。

量 $\overline{\rho a'' b''}$ 称为二阶矩,其中 a 和 b 为湍流的某些特征。雷诺应力的平衡方程为

$$\bar{\rho} \frac{\partial}{\partial t} \frac{\overline{\rho u_i'' u_j''}}{\bar{\rho}} + \bar{\rho} \tilde{u}_i \frac{\partial}{\partial x_i} \left(\frac{\overline{\rho u_i'' u_j''}}{\bar{\rho}} \right)$$

$$= \underbrace{- \overline{\rho u_i'' u_k''} \frac{\partial \tilde{u}_i}{\partial x_k} - \overline{\rho u_i'' u_k''} \frac{\partial \tilde{u}_j}{\partial x_k}}_{\text{I}} - \underbrace{\frac{\partial}{\partial x_k} \overline{\rho u_i'' u_j'' u_k''}}_{\text{II}} + \underbrace{\overline{u_j'' \frac{\partial \tau_{ik}}{\partial x_k}} + \overline{u_i'' \frac{\partial \tau_{jk}}{\partial x_k}}}_{\text{III}}$$

$$\underbrace{- \overline{u_j'' \frac{\partial p'}{\partial x_i}} - \overline{u_i'' \frac{\partial p'}{\partial x_j}}}_{\text{IV}} \underbrace{- \overline{u_j''} \frac{\partial \bar{p}}{\partial x_i} - \overline{u_i''} \frac{\partial \bar{p}}{\partial x_j}}_{\text{V}}$$

(5.87)

对式(5.87)求和得到 Favre 平均湍流动能(TKE)方程(或 $\tilde{k}$ -方程):

$$\bar{\rho} \frac{\partial}{\partial t} \tilde{k} + \bar{\rho} \tilde{u}_i \frac{\partial}{\partial x_i} (\tilde{k}) = \underbrace{- \overline{\rho u_j'' u_k''} \frac{\partial \tilde{u}_j}{\partial x_k}}_{\text{I}} - \underbrace{\frac{\partial}{\partial x_k} \overline{\rho u_k'' k}}_{\text{II}} + \underbrace{\overline{u_j'' \frac{\partial \tau_{jk}}{\partial x_k}}}_{\text{III}} - \underbrace{\overline{u_k'' \frac{\partial p'}{\partial x_k}}}_{\text{IV}} - \underbrace{\overline{u_k''} \frac{\partial \bar{p}}{\partial x_k}}_{\text{V}}$$

(5.88)

式中: $\tilde{k} \equiv \dfrac{\overline{\rho u_k'' u_k''}}{2\bar{\rho}}$。

湍流标量输运也是一个二阶矩。湍流标量输运的平衡方程为

$$\underbrace{\bar{\rho} \frac{\partial}{\partial t} \frac{\overline{\rho u_i'' c''}}{\bar{\rho}}}_{A} + \underbrace{\bar{\rho} \tilde{u}_k \frac{\partial}{\partial x_k} \left(\frac{\overline{\rho u_i'' c''}}{\bar{\rho}} \right)}_{B}$$

$$= \underbrace{\underbrace{- \overline{\rho u_i'' u_k''} \frac{\partial \tilde{c}}{\partial x_k}}_{\text{i}_1} \underbrace{- \overline{\rho u_k'' c''} \frac{\partial \tilde{u}_i}{\partial x_k}}_{\text{i}_2}}_{\text{i}} - \underbrace{\frac{\partial}{\partial x_k} \overline{\rho u_i'' u_k'' c''}}_{\text{ii}} + \underbrace{\overline{c'' \frac{\partial \tau_{ik}}{\partial x_k}}}_{\text{iii}} \quad (5.89)$$

$$+ \underbrace{\overline{u_i'' \frac{\partial}{\partial x_k} \left(\rho D \frac{\partial c}{\partial x_k} \right)}}_{\text{iv}} - \underbrace{\overline{c'' \frac{\partial p'}{\partial x_i}}}_{\text{v}} - \underbrace{\overline{c''} \frac{\partial \bar{p}}{\partial x_i}}_{\text{vi}} + \underbrace{\overline{u_i'' \dot{\omega}_c}}_{\text{vii}}$$

309

式(5.89)的右侧为通量 $\overline{\rho u_i'' c''}$，它包含 7 项。如果 Favre 平均雷诺应力 $\overline{\rho u_i'' u_k''}$ 通过求解它们的输运方程来获值，那么 i 项是闭合的。为了闭合 vi 项，可以使用式(5.90)：

$$\overline{c''} \equiv (\bar{c} - \tilde{c}) = \overline{\rho \tau} \tilde{c}(1-\tilde{c})/\bar{\rho}_u = (\rho_u - \bar{\rho})(1-\tilde{c})/\rho_u \tag{5.90}$$

其余 5 项需要其他方程来闭合。这些项是输运项 ii，交叉耗散项 iii 和项 iv，项 v（涉及波动压力梯度）和反应项 vii。

相似地，标量波动的平衡方程可以写为

$$\frac{\partial}{\partial t}\overline{\rho c''^2} + \frac{\partial}{\partial x_k}(\tilde{u}_k \overline{\rho c''^2}) = \\ -2\overline{\rho u_k'' c''}\frac{\partial \tilde{c}}{\partial x_k} - \frac{\partial}{\partial x_k}(\overline{\rho u_k'' c''^2}) + 2\overline{c'' \dot{\omega}_c} + 2\overline{c'' \frac{\partial}{\partial x_k}\left(\rho D \frac{\partial c}{\partial x_k}\right)} \tag{5.91}$$

上式右侧最后一项可以写为

$$2\overline{c'' \frac{\partial}{\partial x_k}\left(\rho D \frac{\partial c}{\partial x_k}\right)} = 2\overline{\frac{\partial}{\partial x_k}\left(\rho D c'' \frac{\partial c}{\partial x_k}\right)} - 2\overline{\rho D \frac{\partial c''}{\partial x_k}\frac{\partial \tilde{c}}{\partial x_k}} - \overline{\rho \chi_c} \tag{5.92}$$

式中：$\bar{\chi}_c$ 为平均标量耗散，它由下式定义：

$$\bar{\chi}_c \equiv 2D \overline{\frac{\partial c''}{\partial x_k}\frac{\partial c''}{\partial x_k}} \tag{5.93}$$

在高雷诺数下，式(5.92)右侧的第一项和第二项经常被忽略，因此，式(5.91)右侧的最后一项近似等于与 $-\overline{\rho \chi_c}$ 相关的标量耗散。

此时，我们可以再次看到火焰-湍流相互作用的两方面之间的差异。

(1) 模拟湍流对燃烧的影响与式(5.84)中项 B 的闭合有关。

(2) 模拟燃烧对湍流的影响与式(5.89)中的 ii ~ vii 项的闭合有关。

与湍流对燃烧的影响（式(5.84)中的单个 B）和与燃烧对湍流的影响（6 项，ii ~ vii）有关的未闭合项的数量差异清楚地表明了后一个问题压倒性的复杂性。

在非反应恒定密度流中，w_a 为混合料（混合形成的一种化合物）的重量百分数，式(5.87)~式(5.89)简化为

$$\frac{\partial}{\partial t}(\overline{u_i' w_a'}) + \tilde{u}_k \frac{\partial}{\partial x_k}(\overline{u_i' w_a'})$$

$$= \underbrace{-\overline{u_i' u_k'}\frac{\partial \bar{w}_a}{\partial x_k} - \overline{u_k' w_a'}\frac{\partial \bar{u}_i}{\partial x_k}}_{\text{i}'} - \underbrace{\frac{\partial}{\partial x_k}\overline{u_i' u_k' w_a'}}_{\text{ii}'} + \underbrace{\nu \overline{w_a' \frac{\partial^2 u_i'}{\partial x_k^2}}}_{\text{iii}'} + \underbrace{D \overline{u_i' \frac{\partial^2 w_a'}{\partial x_k^2}}}_{\text{iv}'} - \underbrace{\frac{1}{\rho}\overline{w_a' \frac{\partial p'}{\partial x_i}}}_{\text{v}'}$$

$$\tag{5.94}$$

$$\frac{\partial}{\partial t}(\overline{u'_i u'_j}) + \tilde{u}_k \frac{\partial}{\partial x_k}(\overline{u'_i u'_j})$$

$$= \underbrace{-\overline{u'_j u'_k}\frac{\partial \overline{u}_i}{\partial x_k} - \overline{u'_i u'_k}\frac{\partial \overline{u}_j}{\partial x_k}}_{i'} \underbrace{- \frac{\partial}{\partial x_k}\overline{u'_i u'_j u'_k}}_{ii'} + \underbrace{\nu\left(\overline{u'_j \frac{\partial^2 u'_i}{\partial x_k^2}} + \overline{u'_i \frac{\partial^2 u'_j}{\partial x_k^2}}\right)}_{iii'}$$

$$\underbrace{-\frac{1}{\rho}\left(\overline{u'_j \frac{\partial p'}{\partial x_i}} - \overline{u'_i \frac{\partial p'}{\partial x_j}}\right)}_{iv'} \tag{5.95}$$

$$\frac{\partial \overline{k}}{\partial t} + \tilde{u}_k \frac{\partial}{\partial x_k}(\overline{k}) = \underbrace{-\overline{u'_j u'_k}\frac{\partial \overline{u}_j}{\partial x_k}}_{i'} \underbrace{- \frac{\partial}{\partial x_k}\overline{u'_k k}}_{ii'} + \underbrace{\nu\, \overline{u'_j \frac{\partial^2 u'_j}{\partial x_k^2}}}_{iii'} \underbrace{- \frac{1}{\rho}\frac{\partial}{\partial x_k}\overline{u'_k p'}}_{iv'}$$

$$\tag{5.96}$$

在这些等式中，ii′～v′项表示混合对湍流的影响。

5.9.2 梯度输运

使用式(5.97)给出的等式，式(5.96)简化为式(5.98)：

$$u'_j \frac{\partial^2 u'_j}{\partial x_k^2} = 2\frac{\partial}{\partial x_j}(u'_k s_{jk}) - 2 s_{jk} s_{jk} \tag{5.97}$$

$$\frac{\partial \overline{k}}{\partial t} + \tilde{u}_k \frac{\partial \overline{k}}{\partial x_k} = \frac{\partial \mathcal{T}_k}{\partial x_k} + \mathcal{P} - \varepsilon \tag{5.98}$$

应变的波动速率定义为

$$s_{jk} \equiv \frac{1}{2}\left(\frac{\partial u'_k}{\partial x_j} + \frac{\partial u'_j}{\partial x_k}\right) \tag{5.99}$$

TKE 的湍流输运定义为

$$\mathcal{T}_k \equiv \frac{1}{2}\overline{u'_j u'_j u'_k} + \frac{\overline{u'_k p'}}{\rho} - 2\nu\, \overline{u'_j s_{jk}} \tag{5.100}$$

式(5.100)中的项也称为湍流动能的湍流通量。生成项定义为

$$\mathcal{P} \equiv -\overline{u'_j u'_k} S_{jk},\quad S_{jk} \equiv \frac{1}{2}\left(\frac{\partial \overline{u}_k}{\partial x_j} + \frac{\partial \overline{u}_j}{\partial x_k}\right) \tag{5.101}$$

耗散项为

$$\varepsilon \equiv 2\nu\, \overline{s_{jk} s_{jk}} \geqslant 0 \tag{5.102}$$

为闭合生成项，通常应用梯度输运近似。梯度输运近似是一个一阶湍流闭合近似，它假设任意变量的湍流通量都与该平均变量的当地梯度有关，这类似于分子输运，即

$$\overline{u'_j u'_k} = -\nu_t \left(\frac{\partial \overline{u_k}}{\partial x_j} + \frac{\partial \overline{u_j}}{\partial x_k} \right) + \frac{2}{3}\overline{k}\delta_{kj} \tag{5.103}$$

这种局部湍流闭合法假设湍流仅由小涡旋组成,只会导致类扩散的输运。在式(5.103)中,运动通量 $\overline{u'_j u'_k}$ 被模拟等于涡黏度乘以平均速度的横向梯度。这个理论也称为涡黏性理论。

5.9.3 逆梯度输运

在湍流燃烧中,对反应标量常采用梯度输运假设。速度波动与反应标量波动的湍流相关关系则采用以下形式:

$$\overline{\rho u''_i c''} = \overline{\rho} \widetilde{u''_i c''} = -\overline{\rho} D_T \frac{\partial \tilde{c}}{\partial x_i} \tag{5.104}$$

其中湍流扩散率 D_T 由湍流特性控制。例如:在 k-ε 模型的框架内 $D_T \propto \overline{k}^2/\overline{\varepsilon} > 0$。回想式(5.70),令该等式中 $q=\rho c$,可以证明 $\overline{\rho c} = \alpha \rho_u c_u + \beta \rho_b c_b = \beta \rho_b$。由于 $\overline{\rho c} = \overline{\rho}\tilde{c}$,有 $\beta \rho_b = \overline{\rho}\tilde{c}$。

将 $q=\rho$ 代入式(5.70),得到:$\overline{\rho} = \alpha \rho_u + \beta \rho_b = \alpha \rho_u + \overline{\rho}\tilde{c}$ 或 $\alpha \rho_u = \overline{\rho}(1-\tilde{c})$。因此,使用式(5.69)、式(5.74)和式(5.70),可以证明:

$$\overline{q} = (1-\overline{c})q_u + \overline{c}q_b \text{ 和 } \tilde{q} = (1-\tilde{c})q_u + \tilde{c}q_b \tag{5.105}$$

将 $q = \rho u''_i c''$ 代入式(5.105),得:

$$\overline{\rho u''_i c''} = \overline{\rho}\widetilde{u''_i c''} = \overline{\rho}\tilde{c}(1-\tilde{c})(\overline{u}_{i,b} - \overline{u}_{i,u}) \tag{5.106}$$

Libby 和 Bray(1980)分析了式(5.106),并将其应用到从右向左传播的统计平面一维火焰($\partial \tilde{c}/\partial x > 0$,这里的 x 具有从左到右或从未燃烧到已燃烧的指向),并注意到横跨火焰时,有 $u_b > u_u$ 和 $\overline{\rho u''_i c''} > 0$,这与式(5.104)所示的梯度输运近似相反。Moss(1980)和 Yanagi 和 Mimura(1981)实验证实了湍流本生火焰中的逆梯度标量输运结果。

在湍流火焰中,$\overline{\rho u''_i c''}$ 和 $\partial \tilde{c}/\partial x$ 的符号可以是相同的(标量 c 的输运可以发生在 $\overline{c}$ 增加的方向上)。对这种现象的最简单的解释是,由于压力从自由火焰的反应物侧向产物侧降低,压力梯度导致热的低密度产物比冷的高密度反应物的加速更为强烈。微分加速度使得热涡旋向产物侧优先运动,并因此导致了逆梯度输运(它有时被称为压力驱动的输运,以此突出该物理机理)。

在燃烧学文献中,逆梯度标量输运有时称为逆梯度扩散(countergradient diffusion,CGD)。为简洁起见,我们使用这个缩写以及梯度扩散(gradient diffusion, GD)。然而,值得强调的是,引起逆梯度标量输运的物理机理与湍流扩散的物理机理完全不同。因此,从基本的角度来看,CGD 似乎不是合理的项。

Veynante et al. (1997)给出以下表达式来解释梯度输运和逆梯度输运:

$$\widetilde{u_i''c''} = (-2\xi u' + \tau S_L)\tilde{c}(1-\tilde{c}) \tag{5.107}$$

式中:u'为均方根湍流速度波动;ξ为效率函数。

湍流标量通量可以看作是作用在相反方向上的两个贡献的总和,一个由湍流运动引起,另一个由热膨胀引起。然后以这种方式分析湍流输运:对于足够高的湍流水平,火焰不能将其自身的动力学强加给流场,从而湍流输运对于反应标量 c 为梯度输运型。然而,当湍流水平保持较低时,由于放热引起的热膨胀在湍流标量输运过程中占主导地位,从而火焰能够施加其自身的动力学,导致逆梯度湍流输运。当 $\widetilde{u_i''c''}$ 为正时发生逆梯度湍流输运。式(5.107)可用来推导一个阐明梯度和逆梯度模式的准则。Veynante, Trouvé, Bray et al. (1997)已经得出了一个表明在大气火焰中存在梯度或逆梯度输运的准则。这个准则引出了一个称为 Bray 数的减少数,定义如下:

$$N_B \equiv \frac{\tau S_L}{2\xi u'} \tag{5.108}$$

项 ξ 为量级为 1 的效率函数,由 Veynante et al. (1997)引入,它将小湍流涡旋影响火焰锋面的衰减能力纳入考虑。该函数作为长度尺度比 l_0/δ_L 的函数绘制在图 5.30 上。

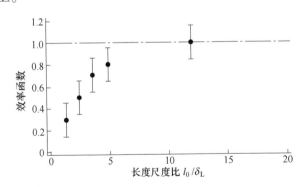

图 5.30 基于 DNS 的效率函数 ξ 的估计。该效率函数由 Veynante et al. (1997)提出以考虑小湍流涡旋影响火焰锋面的衰减能力

逆梯度输运由 $N_B > 1$ 表示,而梯度输运由 $N_B < 1$ 表示。

DNS 结果很好地验证了这个准则,如图 5.31 所示。将燃烧模式对应的 DNS 结果图绘制为速度比 u'/S_L 和长度尺度比 l_0/δ_L 的函数。同时还绘出了斯坦福大学湍流研究中心(Center for Turbulence Research, CTR)对 $\tau = 2.3$ 及 $\tau = 3$

时的 DNS 结果。由于湍流在 CTR 模拟中衰减，CTR 结果显示为几乎垂直的线。符号○($\tau=3$)和□($\tau=6$)对应于法国湍流燃烧研究中心(Centre de Recherche en Combustion Turbulente,CRCT)的 DNS 结果。实心符号表示梯度湍流输运，而空心符号表示逆梯度湍流输运。绘出了 $\tau=3$ 和 $\tau=6$ 时分离 CGD(下面)和 GD(上面)的转换准则 $N_B \equiv \tau S_L/2\xi u' = 1$。

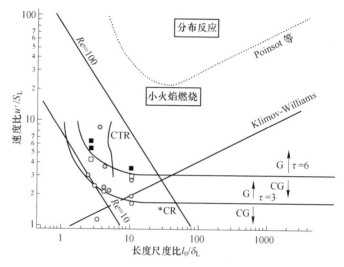

图 5.31 预混湍流燃烧示意图
(改自 Veynante et al.,1997)

5.9.4 输运项的闭合

式(5.87)和式(5.89)中分别对应的输运项 II ($\overline{\rho u_i'' u_j'' u_k''}$) 和 ii ($\overline{\rho u_i'' u_j'' c''}$)的闭合问题，包含三阶矩的建模。

5.9.4.1 梯度闭合

在早期的文献中，Bray et al.(1976,1977,1979)对式(5.87)的输运项 II 使用了式(5.104)的梯度输运闭合。其他研究人员(Bailly, Karmed 和 Champion, 1997; Bigot, Champion 和 Garret-Bruguieres, 2000; Bradley, Gaskell 和 Gu, 1994; Karmed, Champion 和 Bruel, 1999; Lindstedt 和 Vaos, 2006)也使用了三阶矩的梯度输运近似，并使用了下列等式：

$$\overline{\rho u_i'' u_j'' u_k''} = -C_s \frac{\tilde{k}}{\tilde{\varepsilon}} \overline{\rho u_k'' u_l''} \frac{\partial}{\partial x_l}\left(\frac{\overline{\rho u_i'' u_j''}}{\overline{\rho}}\right) \quad (5.109)$$

$$\overline{\rho u_i'' u_j'' c} = -C_c \frac{\tilde{k}}{\tilde{\varepsilon}} \overline{\rho u_k'' u_l''} \frac{\partial}{\partial x_l}\left(\frac{\overline{\rho u_i'' c}}{\overline{\rho}}\right) \quad (5.110)$$

式中：C_s，C_c 为常数，其值通常为 0.15~0.22。

对三阶矩使用梯度输运近似在火焰中没有基础的理由，那里不适用二阶矩的类似近似。Driscoll 和 Gulati(1988)记录到了倾斜非受限火焰中的 TKE 逆梯度输运。Chakraborty 和 Cant(2009b)的 DNS 数据不支持式(5.110)，如图 5.32 所示。目前，没有一个模型能够正确预测使用 DNS 计算的三阶矩，但是，这些模型可以预测三阶矩的总体趋势。

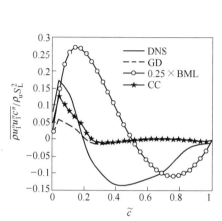

图 5.32 三阶矩的 DNS 数据与三种模型结果的比较
(改自 Chakraborty 和 Cant, 2009)

5.9.4.2 BML 闭合

为了开发更符合的方法，Libby 和 Bray(1980,1981)提出使用 BML 模型闭合式(5.89)中的输运项 ii 和式(5.87)中的输运项 II。该方法通过下式对三阶矩建模：

$$\overline{\rho u_i'' u_j'' c''} = \bar{\rho}\tilde{c}(1-\tilde{c})\left[(\overline{u_i' u_j'})_b - (\overline{u_i' u_j'})_u\right] + (1-2\tilde{c})\frac{\overline{\rho u_i'' c''} \cdot \overline{\rho u_j'' c''}}{\bar{\rho}\tilde{c}(1-\tilde{c})} \quad (5.111)$$

式中

$$\bar{\rho}\tilde{c}(\overline{u_i' u_j'})_b = \overline{\rho u_i'' u_j''} - \bar{\rho}(1-\tilde{c})(\overline{u_i' u_j'})_u - \frac{\overline{\rho u_i'' c''} \cdot \overline{\rho u_j'' c''}}{\bar{\rho}\tilde{c}(1-\tilde{c})} \quad (5.112)$$

为了完成该模型，需要未燃混合物条件下的雷诺应力 $(\overline{u_i' u_j'})_u$ 的子模型。为了对统计稳态、平面、一维火焰提出这样一个子模型，Libby 和 Bray 最初假设：

$$\frac{\overline{u_u'^2}}{\overline{u_0'^2}} = \frac{\overline{u_0^2}}{\overline{u_u^2}} \quad (5.113)$$

式中:下标 0 表示火焰前缘。

然而,这个表达式产生了一个随下游距离快速衰减的 $\overline{u'^2_u}$,而 Moss(1980)的实验数据显示 $\overline{u'^2_u}$ 在相同的方向上增加。为了修正模型,Bray,Libby,Masuya et al.(1981)提出使用以下闭合,其中 $K_3=0.1$。

$$\overline{u'^2_b} - \overline{u'^2_u} = K_3(\overline{u_b^2} - \overline{u_u^2}) \tag{5.114}$$

Masuya 和 Libby(1981)对相切于平均火焰表面的条件均方根速度建模使用了一个类似的闭合。Cheng 和 Shepherd(1987)从 V 形火焰中获得的实验数据显示 K_3 的变化范围为 -0.011~0.102,并没有对式(5.114)提供强有力的支持,而他们声称这是一个令人满意的第一近似值。Anand 和 Pope(1987)报道称,求解联合 pdf 的平衡方程得到的数值结果与式(5.114)显著不同。Driscoll 和 Gulati(1988)的测试结果也不支持这种闭合。

Libby(1985)改进了式 5.114 的闭合,有

$$\overline{u'^2_b} - \overline{u'^2_u} = -(1-K_p)(\overline{u'^2})_0 + [(1-K_r)\times(\overline{u'^2})_\infty + (1-K_p)(\overline{u'^2})_0]\tilde{c} \tag{5.115}$$

式中:$K_p=0.5$,$K_r=0.5$,为常数;下标 0 和 ∞ 表示火焰刷的前缘和后缘。

Driscoll 和 Gulati(1988)已经证明,这种闭合产生一个随 $\tilde{c}$ 降低的 $\overline{u'^2_b} - \overline{u'^2_u}$,并与他们的实验数据较为吻合。Heitor,Taylor 和 Whitelaw(1987)声明他们的实验结果既不支持式(5.114)也不支持式(5.115)。Bray,Moss 和 Libby(1985)提出使用下面这个闭合:

$$(\overline{u'_i u'_j})_b - (\overline{u'_i u'_j})_u = [(1-K_{ij1})\tilde{c} + (K_{ij0}-1)(1-\tilde{c})]\frac{\overline{\rho u''_i u''_j}}{\overline{\rho}} \tag{5.116}$$

式中:$K_{ij0}>0$ 和 $0<K_{ij1}<1$ 为常数。

Cant 和 Bray(1989)使用了该闭合,取 $K_{110}=1.1$,$K_{111}=0.9$。Driscoll 和 Gulati(1988)的测量结果不支持式(5.116)。现在让我们考虑雷诺应力方程中的三阶矩,即式(5.87)中的项 II。该项的 BML 模型为

$$\overline{\rho u''_i u''_j u''_k} = \overline{\rho}(1-\tilde{c})(\overline{u'_i u'_j u'_k})_u + \overline{\rho}\tilde{c}(\overline{u'_i u'_j u'_k})_b$$
$$+ (1-2\tilde{c})\frac{\overline{\rho u''_i c''} \cdot \overline{\rho u''_j c''} \cdot \overline{\rho u''_k c''}}{[\overline{\rho}\tilde{c}(1-\tilde{c})]^2}$$
$$+ [(\overline{u'_i u'_j})_b - (\overline{u'_i u'_j})_u]\overline{\rho u''_k c''} + [(\overline{u'_i u'_k})_b - (\overline{u'_i u'_k})_u]\overline{\rho u''_j c''}$$
$$+ [(\overline{u'_j u'_k})_b - (\overline{u'_j u'_k})_u]\overline{\rho u''_i c''} \tag{5.117}$$

为了使用这个模型来闭合三阶矩 $\overline{\rho u_i'' u_j'' u_k''}$，不仅需要知道条件雷诺应力 $(\overline{u_i' u_j'})_b$ 和 $(\overline{u_i' u_j'})_u$，还要知道条件三阶矩：$(\overline{u_i' u_j' u_k'})_b$①和 $(\overline{u_i' u_j' u_k'})_u$。最初，Libby 和 Bray(1981)通过假设条件 PDF $\mathcal{P}_u(u)$ 和 $\mathcal{P}_b(u)$ 为近高斯的，使 $(\overline{u'^3})_u = (\overline{u'^3})_b = 0$ 而忽略了这些三阶矩。Cheng 和 Shepherd(1987)从 V 形火焰中得到了 $(\overline{u'^3})_u$ 和 $(\overline{u'^3})_b$②的值较小，从而他们的结果支持这种假设。Gulati 和 Driscoll(1986,1988)、Driscoll 和 Gulati(1988)已经记录到未燃烧混合物条件下的高斯速度的 PDF $\mathcal{P}_u(u)$，但发现 $\mathcal{P}_b(u)$ 的形式是非高斯的。在 Anand 和 Pope(1987)的模拟中，条件三阶矩 $(\overline{u'^3})_u$ 和 $(\overline{u'^3})_b$ 明显不为零，并且在 $\tilde{c} > 0.6$ 时与 $\widetilde{u''^3}$ 的大小相当，如图 5.33 所示。

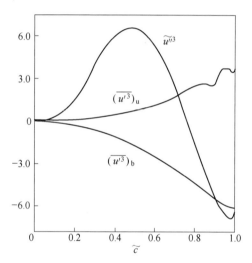

图 5.33 Anand 和 Pope(1987)计算的 $\tau=7$ 或 $T_b=8T_u$ 下的波动速度的非条件和条件三阶矩
(改自 Anand 和 Pope,1987)

Bray et al.(1981)引入了一种梯度输运近似来估计条件三阶矩为

$$(1-\tilde{c})(\overline{u_i' u_j' u_k'})_u + \overline{\rho}\tilde{c}(\overline{u_i' u_j' u_k'})_b = -C_s \frac{\tilde{k}}{\tilde{\varepsilon}}\left(\frac{\overline{\rho u_l'' u_k''}}{\overline{\rho}}\right)\frac{\partial}{\partial x_l}\left(\frac{\overline{\rho u_i'' u_j''}}{\overline{\rho}}\right) \quad (5.118)$$

式中：C_s 为一个正的常数。

---

① 原文有误。——译者注
② 原文有误。——译者注

Cant 和 Bray(1989)用 $C_s = 0.11$ 使用这个子模型。从最新湍流预混燃烧的 DNS 研究来看,似乎现有的三阶矩闭合仍没有新发展。BML 模型可以预测湍流火焰速度的正确趋势,但是,它们不能正确预测这些三阶矩的大小和分布。

5.9.5 压力波动梯度的作用

将式(5.87)和式(5.89)应用于湍流预混火焰时,最困难且仍未解决的问题包含了闭合涉及波动压力梯度的式(5.87)中的Ⅳ项和式(5.89)中的Ⅴ项。起初,Bray et al. (1982)忽略了这些项。后面的研究人员通过引用为恒密度流开发的模型将这些项考虑其中。在 Bray 和 Libby 的工作之前,Borghi 和 Dutoya (1978)这样做是为了解释式(5.89)中波动的浓度-压力梯度项Ⅴ。闭合式 (5.87)湍流火焰中波动的速度-压力梯度项Ⅳ的问题最早由 Jones(1980)解决,随后的许多模型都遵循了他的提议。图 5.34 所示为 k 方程中的各项对动能收支的贡献。从该图可以看出,与其他项相比,压力扩展项非常大,它是 TKE 方程式(5.88)中的主导项。

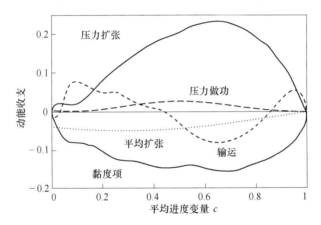

图 5.34 用于平面预混湍流火焰 TKE 方程中的归一化的项
(改自 Zhang 和 Rutland,1995)

压力梯度对湍流预混燃烧影响的另一个方面与梯度输运模型有关。发现顺压梯度(从未燃烧区到已燃区的压力降低)会降低火焰起皱、火焰刷厚度和湍流火焰速度,它还促进了逆梯度湍流输运。然而,逆压梯度倾向于增加火焰刷厚度和湍流火焰速度,并促进经典梯度湍流输运。Veyannte 和 Poinsot(1997)使用 DNS 研究了大压力梯度对预混湍流火焰的作用,如表 5.5 所列。

表 5.5 Veynante 和 Poinsot(1997)DNS 研究中的输入条件

情况	u'/S_L^0	l_0/δ_L	外部平均压力梯度
A	5	3.5	0

(续)

情况	u'/S_L^0	l_0/δ_L	外部平均压力梯度
B	5	3.5	略顺压
C	5	3.5	顺压
D	2	3.5	0
E	2	3.5	略逆压
F	2	3.5	逆压

如果存在浮力,则可能存在额外的或外部压力梯度,它可能是火焰中的顺压或逆压梯度。已经证明平均压力梯度会影响湍流-标量输运项,如 $\overline{\rho\,\widetilde{u_i''c''}}$。读者可能还记得,湍流-标量输运的梯度输运模型要求 $\widetilde{u_i''c''}/(\partial\tilde{c}/\partial x_i) < 0$。对于正的 $\partial\tilde{c}/\partial x_i$(从未燃烧的气体到已燃的气体),如果 $\widetilde{u_i''c''} < 0$,会出现梯度输运。图 5.35(a)~(c)分别显示了情况 C、D 和 F 下出现在 $\overline{\rho\,\widetilde{u_i''c''}}$ 的湍流-标量收支中各项(式(5.89))的典型 DNS 预估。因此,如果该等式中的任何项有助于使 $\overline{\rho\,\widetilde{u_i''c''}}$ 为负,那么它会促进梯度输运,反之亦然。

这些图还显示了在数值闭合湍流-标量输运收支时发现的不平衡(左手侧项的总和与右手侧项的总和之间的差)。通常,控制方程中存在由模拟和数据后处理中涉及的固有数值误差引起的一些不平衡。

情况 C 的输运方程收支见图 5.35(a)。平均顺压梯度表现为促进来自式(5.89)的项 vi 的逆梯度湍流输运。波动的压力梯度项(v)倾向于抵消项 vi。平均压力项 vi 由 3 个贡献的总和平衡:交叉耗散项(iii+iv)、压力波动项(v)和由 i_1 表示的由梯度引起的源项。可以清楚地观察到压力项(平均压力梯度和波动的压力梯度)在式(5.89)中不可忽略。没有外部压力梯度的情况 D 的 DNS 结果如图 5.35(b)所示。可以看出,耗散项 iii 和 iv 具有相同的数量级,它们促进了梯度输运。压力项 v 和 vi 以及速度-反应速率关系(vii)强烈地促进逆梯度输运。由于平均进度变量梯度(i_1)和平均速度梯度(i_2)导致的两个源项倾向于减小湍流通量并因此促进梯度输运。同样,式(5.89)中的波动压力项(v)也不能忽略。

对于情况 F 做出了类似的分析,其中由于施加了逆压梯度,湍流-标量输运变为梯度型,如图 5.35(c)所示。正如所料,平均压力梯度项倾向于促进梯度输运。同样,波动的压力项(v)不可忽略,并用于抵消平均压力梯度项(vi)。实际上,组合项(v)+(vi)基本上是负的并且对应于梯度输运。反应-速度关系项(vii)表现为促进逆梯度输运。

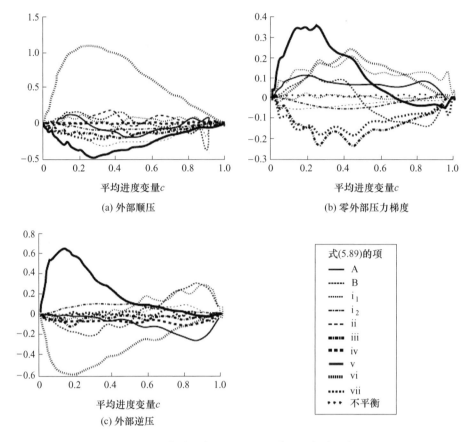

图5.35 (a)顺压梯度(情况C),(b)没有压力梯度(情况D)和(c)逆压梯度(情况F)下湍流-标量通量中出现的不同项的变化 (改自 Veynante 和 Poinsot,1997)(注意:不同的情况标注在表5.5中)

总之,外部平均压力梯度可能由于重力或由于沿着火焰传播的管道的压力下降而施加在湍流预混火焰上,可以影响湍流-标量输运,使其成为梯度或逆梯度型。外部平均逆梯度促进梯度输运,而平均顺压梯度促进逆梯度输运。波动的压力梯度倾向于抵消平均压力梯度的影响(Veynante 和 Poinsot,1997)。

湍流火焰速度 S_T(由层流火焰速度归一化)和湍流火焰刷厚度(由层流火焰厚度归一化)分别在图5.36和图5.37中显示为约简时间(由横穿层流火焰的特征停留时间归一化)的函数。顺压梯度($\partial \bar{p}/\partial x < 0$)导致更薄的湍流火焰刷和更低的湍流火焰速度。$S_T$的降低可能高达30%。然而,逆压梯度($\partial \bar{p}/\partial x > 0$)引起火焰刷厚度的增加和更高的湍流火焰速度。图5.36中的符号表示使用Libby模型(1989)计算得到的湍流火焰速度,它给出了非常合理的趋势。

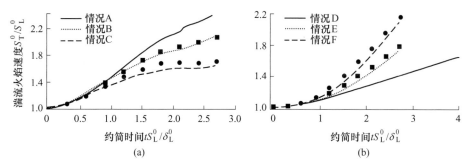

图 5.36 （a）高湍流强度情况（$u'/S_L^0 = 5$）和（b）较低湍流强度情况（$u'/S_L^0 = 2$）下湍流火焰速度与约简时间的函数关系图

（改自 Veynante 和 Poinsot,1997）（注意：不同的情况在表 5.5 中注明）

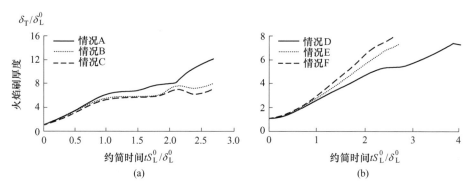

图 5.37 （a）高湍流强度情况（$u'/S_L^0 = 5$）和（b）较低湍流强度情况（$u'/S_L^0 = 2$）下湍流火焰刷厚度与约简时间的函数关系

（改自 Veynante 和 Poinsot,1997）（注意：不同的情况在表 5.5 中注明）

5.9.6 DNS 结果汇总

DNS 结果对于检验各种模型,如 BML 和梯度输运模型的有效性非常有用。为方便读者,表 5.6 汇总了 DNS 研究,表中：u_0',$l_{0,i}$ 分别为衰减湍流中的初始波动速度和积分长度尺度；$\delta_{L,slope}$ 为式（2.104）给出的预热区的厚度（见 2.3.4 小节）。该表中报道的几项 DNS 研究使用单步单反应物化学动力学,尽管一些研究也使用了更为详细的反应动力学。通过考虑不同的反应动力学机制获得的 DNS 结果可用于理解燃烧化学对湍流的影响,尽管很难通过表中所示的数据找到结论性结果。而且,与实际燃烧系统相比,大多数 DNS 研究都是针对相对较低的雷诺数进行的。因此,需要更多的 DNS 研究来获得对这一复杂现象的详细理解。

表 5.6 湍流预混火焰 DNS 结果汇总

参考文献	维度	化学	密度	湍流	数值
Ashurst, Peters 和 Smooke (1987)	二维	单步,单反应物	常数	随机流场,$u'/S_L=1$,$l_0/\delta_L=10$	$Re_t=10, Da=10, Ka=0.3$
El Tahry, Rutland 和 Ferziger (1991)	三维	单步,单反应物	常数	衰减,$u_0'/S_L=2.3\sim 7.6$,$l_{0,i}/\delta_{L,slope}=0.6\sim 0.9$	$Re_t=6.5\sim 33$,$Da=0.6\sim 1.3, Ka=2\sim 10$
Trouvé et al. (1994)	三维	单步,单反应物	变量	衰减,$u_0'/S_L=10$,$l_{0,i}\approx \delta_{L,slope}$	$Re_t=70, Da=0.7, Ka=12$
Baum et al. (1994)	二维	复杂预热 $H_2/O_2/N_2$,$\phi=0.35\sim 1.3$	变量	衰减,$u_0'/S_L=1.2\sim 3.2,31$,$l_{0,i}/\delta_L=1.3\sim 4.3$	$Re_t=275\sim 926$,$Da=0.3\sim 185, Ka=0.09\sim 56$
Rutland 和 Cant (1994)	三维	单步,单反应物	变量,$\tau=2/3$	$u_0'/S_L=1.4$,$l_{0,i}/\delta_{L,slope}\approx 7.8$	$Re_t=57, Da=29, Ka=0.26$
Zhang 和 Rutland (1995)	三维	单步,单反应物	变量,$\tau=2/3,1.5$	衰减,$u_0'/S_L=1$,$l_{0,i}/\delta_{L,slope}\approx 7$	$Re_t=39\sim 53$,$Da=54\sim 64, Ka=0.11$
Echekki 和 Chen (1996)	二维	4步简化化学,$T_u=800K$,$CH_4/空气$,$\phi=1.0$	变量	衰减,$u_0'/S_L=4.2$,$l_{0,i}/\delta_{L,slope}=3.4$	$Re_t=135, Da=8, Ka=1.5$
Veynante et al. (1997)	二维	单步,单反应物	变量,$\tau=3$	衰减,$u_0'/S_L=2\sim 10$,$l_{0,i}/\delta_{L,slope}=11$	$Re_t=22\sim 110$,$Da=1.1\sim 5.5, Ka=0.9\sim 10$
Veynante 和 Poinsot (1997)	二维	单步,单反应物	变量,$\tau=3$	衰减,$u_0'/S_L=2.5$,$l_{0,i}/\delta_{L,slope}=3.5$	$Re_t=75,190$,$Da=14,5.6, Ka=0.6,2.5$
Boger et al. (1998)	三维	单步,单反应物	变量,$\tau=0.5\sim 6$	衰减 $u_0'/S_L=4,10$,$l_{0,i}\approx \delta_{L,slope}$	$Re_t=17.6,44$,$Da=0.44,1.1, Ka=3.8,9$
Tanahashi et al. (2000,2002,2004)	三维	复杂,$H_2/空气$,$\phi=1.0, T_u=700K$	变量	衰减,$u_0'/S_L=0.85\sim 3.4$,$l_{0,i}/\delta_{L,slope}=0.85\sim 3.4$	$Re_t=140$,$Da=12\sim 200, Ka=0.06\sim 1$

(续)

参考文献	维度	化学	密度	湍流	数值
Nishiki et al. (2002,2003,2006)	三维	单步,单反应物	变量,$\tau=1.5$, 4,6.53	稳态,沿流线衰减 $u_0'/S_L = 0.9 \sim 1.3$, $l_{0,i}/\delta_{L,\text{slope}} = 16 \sim 22$	$Re_t = 95.5$, $Da = 55 \sim 115, Ka = 0.08 \sim 0.18$
Thévenin et al. (2002)	二维,三维	复杂,CH_4/空气, $\phi = 1.59$	变量	衰减,$u_0'/S_L = 17$, $l_{0,i}/\delta_{L,\text{slope}} = 2.4$	$Re_t = 74, Da = 0.23, Ka = 37$
Domingo 和 Bray(2000)	二维	单步,单反应物	变量,$\tau=3$	衰减,$u_0'/S_L = 1.5 \sim 2.85$, $l_{0,i}/\delta_{L,\text{slope}} = 2 \sim 9.2$	$Re_t = 17 \sim 57$, $Da = 4.2 \sim 11, Ka = 0.5 \sim 1.6$
Chakraborty 和 Cant(2004)	三维	单步,单反应物	变量,$\tau=3$	衰减,$u_0'/S_L = 7.2, l_{0,i}/\delta_{L,\text{slope}} = 2.4$	$Re_t = 45, Da = 0.9, Ka = 7.7$
Chakraborty 和 Cant(2005,2006)	三维	单步,单反应物	变量,$\tau=2\sim4$	衰减,$u_0'/S_L = 3.9 \sim 7.2$, $l_{0,i}/\delta_{L,\text{slope}} = 2.3 \sim 4.1$	$Re_t = 24 \sim 70$, $Da = 0.6 \sim 1.1, Ka = 4.4 \sim 11$
Jenkins et al. (2006)	三维	单步,单反应物	变量,$\tau=2\sim4$	衰减,$u_0'/S_L = 4 \sim 12, l_{0,i}/\delta_{L,\text{slope}} = 2.4$	$Re_t = 25 \sim 75$, $Da = 0.2 \sim 0.6, Ka = 3.2 \sim 16.6$
Chakraborty et al. (2008)	三维	单步,单反应物	变量,$\tau=3$	衰减,$u_0'/S_L = 7.6, l_{0,i}/\delta_{L,\text{slope}} = 2.4$	$Re_t = 41, Da = 0.6, Ka = 12$
Chakraborty et al. (2008,2009)	三维	单步,单反应物	变量,$\tau=4.5$	衰减,$u_0'/S_L = 7.5, l_{0,i}/\delta_{L,\text{slope}} = 2.45$	$Re_t = 47, Da = 0.6, Ka = 11$
Hawkes 和 Chen (2006)	二维	复杂,CH_4/空气,$\phi = 0.52$	变量	衰减,$u_0'/S_L = 28.5, l_{0,i}/\delta_{L,\text{slope}} = 0.85$	$Re_t = 40, Da = 0.05, Ka = 125$
van Oijen 和 Bastiaans (2005)	三维	复杂,CH_4/空气,$\phi = 1$	变量	衰减,$u_0'/S_L = 3, l_{0,i}/\delta_L = 45$	$Re_t = 180, Da = 15, Ka = 0.9$
van Oijen 和 Bastiaans et al. (2005)	三维	复杂,CH_4/空气,$\phi = 1$	变量	衰减,$u_0'/S_L = 4.1, 41, l_{0,i}/\delta_L = 4$	$Re_t = 23 \sim 230$, $Da = 1, 0.1, Ka = 5,150$

（续）

参考文献	维度	化学	密度	湍流	数值
Domingo et al.(2005)	二维	复杂，CH_4/空气，$\phi=1$	变量	V形火焰流，$u'/S_L = 1.25 \sim 3.75$，$l_{0,i}/\delta_L = 10$	$Re_t = 18 \sim 55$，$Da = 2.9 \sim 8.6, Ka = 0.5 \sim 2.6$
Treurniet,Nieuwstadt 和 Boersma(2006)	三维	G-方程	变量，$\tau = 0 \sim 5$	稳态，沿流线衰减，$u'/S_L = 0.16 \sim 1$	$Re_t = 200 \sim 800$
Sankaran et al.(2007)	三维	复杂，CH_4/空气，$\phi=0.7, T_u = 800K$	变量	本生火焰，$u'/S_L = 3, l_{0,i}/\delta_{L,\text{slope}} = 1$	$Re_t = 7.5, Da = 1.8, Ka = 1.5$

来源：改自 Lipatnikov 和 Chomiak(2010)。

5.10 湍流燃烧建模方法

除了 BML 理论之外,最近还开发出了另外两种模拟湍流预混火焰的主要方法。这些方法可以看作通过 G-方程模型或火焰表面密度(Σ-方程)法的一种火焰几何分析,以及通过概率密度函数方法的一种湍流燃烧的统计描述。这些方法将在 5.11 节讨论。

在几何分析中,湍流火焰被描述为一个几何表面。这种方法传统上需要薄火焰假设,这意味着与湍流反应流中的所有其他长度尺度相比,火焰表面是薄的。遵从这一观点,研究了由反应进度变量(c)表示的标量场,并且火焰表面由如 $c=c^*$ 的等值面定义,其中:c^* 可以是 0 和 1 之间的预设值。可以认为火焰表面是未燃烧和已燃烧气体之间的一个界面。这个分析中的另一种方法是考虑单位体积的火焰表面积,也称为火焰表面密度(Σ)。在 2.4 节中,给出了层流预混火焰 Σ 方程的推导。下节讨论将这个概念扩展到湍流中去。

在统计方法中,将标量场的性质作为随机变量来处理。然后通过 PDF 的知识推出平均值和相关关系。4.5 节中给出了 PDF 的介绍。从控制方程中推出了速度和速度-组分的联合 PDF 的输运方程,这些方程中只有很少项需要通过模型闭合。PDF 方法对预混和非预混湍流火焰都适用,这个方法在 5.14 节和第 6 章中讨论。自由基和中间物质,如 OH,或污染物,如 CO 的预测需要火焰结构的详细描述(预混火焰中新鲜气体和已燃烧气体之间的中间状态)。尽管 G-场和火焰表面密度(Σ-方程)需要一些统计处理,但最初它们是建立在将火焰描述为薄界面的几何视角的基础上的。在 PDF 法中,不需要该假设,并且可以求解火焰锋面内中间状态的统计性质。

5.11 湍流预混火焰和 G 方程的几何描述

虽然以进度变量(c 或 $\tilde{c}$)形式的控制方程是湍流预混燃烧中最常用的方法,但与该方程相关的复杂性表现为逆梯度扩散和源项。为了简化这个问题,提出用一种称为水平集函数的替代方法来跟踪火焰表面的演变。水平集函数 G 是一个非反应标量,它定义了火焰表面。水平集函数的控制方程可以描述火焰表面的演变。由于水平集函数是一个非反应标量,因此它没有任何源项,避免了与闭合源项有关的复杂性。然而,水平集函数的应用要求火焰是一个表面,这意味着应该使用薄火焰假设(如褶皱小火焰模式或波纹小火焰模式)。

水平集法最初由 Sethian(1982,1996,1999)引入。它是跟踪界面和表面演变的一种数学理论。常见的水平集函数是一个映射函数,其定义为

$$G(x_i) = y_k, x_i \subset \mathbb{R}^n, y_k \subset \mathbb{R}^m \text{ 因此 } G:\mathbb{R}^n \to \mathbb{R}^m \tag{5.119}$$

式中:$\mathbb{R}^n$、$\mathbb{R}^m$分别表示实数的n维和m维空间。

在湍流预混火焰中,我们遇到了域空间的三维空间和目标空间的一维空间(式(5.119)中的m维空间)。

水平集是式(5.119)所有可能的解的集合。在湍流预混火焰的背景下,水平集函数描述了如火焰表面的一个表面;水平集是该表面上所有点的集合。通常,火焰表面定义为

$$G(x_i) = G_0, x_i \subset \mathbb{R}^3, \quad G_0 \subset \mathbb{R}^1 \tag{5.120}$$

式中:G_0可以是实常数,例如0或任意其他实数。

但是,对于给定的燃烧问题,它只有一个值,即一个等式。可以认为湍流预混火焰在未燃烧区和已燃烧区之间具有一个分界,由火焰表面隔开($G<0$是未燃烧区,$G>0$是已燃烧区,如图5.38所示)。

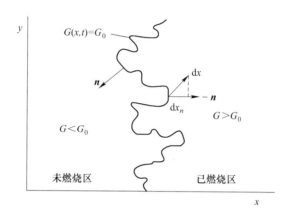

图5.38 定义火焰锋面的等标量表面

(改自 Peters,2000)

水平集函数G取决于$\boldsymbol{x}_f(t)$和时间,定义为

$$G[\boldsymbol{x}_f(t), t] = 0 \tag{5.121}$$

将式(5.121)对时间取微分并应用链式法则,得

$$\frac{\partial G}{\partial t} + \frac{d\boldsymbol{x}_f}{dt} \cdot \nabla G = 0 \tag{5.122}$$

如第2章中的层流预混火焰所示,单位法矢定义为自火焰锋面指向未燃烧区方向的矢量。用守恒标量G定义单位法矢$\boldsymbol{n}$为

$$\boldsymbol{n} = -\frac{\nabla G}{|\nabla G|} \tag{5.123}$$

该等式中的负号是必需的,因为单位法矢总是指向未燃烧区,但是G的值从未燃烧区域向已燃烧区增加,从而导致了未燃烧区到已燃烧区的正梯度。如

果 x_f 是流场内火焰锋面的位置,那么它通过场的传播速率可以定义为

$$\frac{\mathrm{d}x_f}{\mathrm{d}t} = w = v + S_L n \quad (5.124)$$

式中:w 为火焰表面速度;v 为火焰锋面的当地流速;S_L 为层流火焰速度。

类似的等式已显示在式(2.111),并在图 2.15 中得到了展示。将式(5.124)代入式(5.122),并使用 $\nabla G = - n |\nabla G|$ 得到燃烧学文献中称为 G-方程的等式:

$$\frac{\partial G}{\partial t} + v \cdot \nabla G = S_L |\nabla G| \quad (5.125)$$

G-方程包含了方程左侧的当地不稳定项和平流项,和右侧带有层流火焰速度的传播项。注意在式(5.125)中没有扩散项。v 和 S_L 使用的值是在 $G = G_0$ 的表面处定义的值。标量 G 仅在火焰表面处唯一定义,在那里它等于 G_0。距离 x_n 等于法线方向上到火焰锋面的距离,可以通过引入其朝向混合物已燃烧区的微分增量来定义。使用式(5.123)中定义的单位法矢的定义,得

$$\mathrm{d}x_n = - n \cdot \mathrm{d}x = \frac{\nabla G}{|\nabla G|} \cdot \mathrm{d}x \quad (5.126)$$

在该等式中,$\mathrm{d}x$ 为从火焰锋面指向周围流动的微分矢量。如果考虑静态或冻结的 G 场,那么 G 值的微分增量将对应于

$$\mathrm{d}G = \nabla G \cdot \mathrm{d}x \quad (5.127)$$

将式(5.127)代入式(5.126)定义了 $\mathrm{d}x_n$ 和 $\mathrm{d}G$ 之间的关系:

$$\mathrm{d}x_n = \frac{\mathrm{d}G}{|\nabla G|} \quad (5.128)$$

标量函数 G 离开火焰表面并非是唯一定义的,因此这些 $\mathrm{d}x_n$ 表达式需要求解到瞬时火焰表面的距离。

根据定义,水平集法适用于小火焰模式(图 5.16 所示燃烧模式图中的褶皱小火焰和波纹小火焰模式)。然而,水平集方法已被专门修改为描述如薄反应区和破碎反应区模式的高湍流燃烧模式。在这两种模式中,反应发生在火焰中的多个位置,从而相对于湍流尺度增加了火焰厚度。由于反应区仍比 Kolmogorov 尺度要薄,因此难以将火焰假设为一个表面并应用水平集函数来描述这类火焰的传播。Peters(2000)对这些燃烧模式提出了一种改进的水平集方法,本章随后将对此进行讨论。下面首先讨论小火焰模式的水平集方法。

5.11.1 波纹小火焰模式的水平集法

回顾层流火焰速度受火焰拉伸的影响。第 2 章提出了拉伸火焰的层流火焰速度的表达式。在湍流预混火焰中,特别是在小火焰模式下,可以应用类似的概念来解释拉伸对层流火焰速度的影响:

$$S_L = S_L^0 - L_M \kappa = S_L^0 - L_M \big[\underbrace{(vv + \eta\eta)\nabla v}_{\text{应变+扩张的影响}} + \underbrace{S_L^0 \nabla \cdot \boldsymbol{n}}_{\text{火焰卷曲的影响}} \big] \quad (5.129)$$

式中:S_L为拉伸层流火焰速度;S_L^0为未拉伸层流火焰的速度;L_M为马克斯坦长度;$\boldsymbol{v}$为当地流速。

式(2.119)给出了拉伸因子κ的定义。注意,使用S_L^0而不是位移速度S_d,这是因为我们是在确定未燃烧混合物中火焰传播的速度,在这种情况下位移速度与层流火焰速度是相同的。定义$\mathcal{S}_r \equiv (vv + \eta\eta)\nabla v$和$\mathcal{C}_u \equiv \nabla \cdot \boldsymbol{n}$并重写式(5.129)为

$$S_L = S_L^0 - L_M \mathcal{S}_r - S_L^0 L_M \mathcal{C}_u \quad (5.130)$$

火焰曲率$\mathcal{C}_u$可用水平集函数G定义为

$$\mathcal{C}_u = \nabla \cdot \boldsymbol{n} = \nabla \cdot \left(-\frac{\nabla G}{|\nabla G|} \right) = -\frac{\nabla^2 G - \boldsymbol{n} \cdot \nabla(\boldsymbol{n} \cdot \nabla G)}{|\nabla G|} \quad (5.131)$$

马克斯坦长度与扩散层流火焰厚度之比(L_M/δ或L_M/δ_L)称为马克斯坦数。未燃烧混合物的马克斯坦数的表达式为

$$Ma^d = \frac{L_M}{\delta} = \frac{T_b}{T_b - T_u} \ln\left(\frac{T_b}{T_u}\right) + \frac{1}{2} Ze(Le_F - 1) \frac{T_u}{T_b - T_u} \int_0^{\frac{T_b - T_u}{T_u}} \frac{\ln(1+x)}{x} dx$$

$$(5.132)$$

该式与式(2.165)相同,除了用Zel'dovich数Ze代替了符号β。Ze定义为

$$Ze \equiv E_a(T_b - T_u)/R_u T_b^2 \quad (5.133)$$

式中:E_a为活化能;R_u为通用气体常数。

马克斯坦数的式(5.132)由Clavin和Joulin(1983)以及Matalon和Matkowsky(1982)在具有高活化能、恒定输运性质和恒定热容的单步反应假设下得到。将层流火焰速度的表达式用来替代式(5.125)中的拉伸火焰,得

$$\frac{\partial G}{\partial t} + \boldsymbol{v} \cdot \nabla G = S_L^0 |\nabla G| - L_M \mathcal{S}_r |\nabla G| - \underbrace{S_L^0 L_M}_{\substack{D_L - \text{马克斯坦}\\ \text{扩散率}}} \mathcal{C}_u |\nabla G| \quad (5.134)$$

当将来自式(5.131)的$\mathcal{C}_u$表达式代入式(5.134)时,在G方程中引入了G的二阶导数。这个二阶项引入了扩散效应,并防止了G场中奇点以尖点形式存在,这些尖点可能是由S_L^0为恒定值引起的。

已经充分研究了应变速率和火焰曲率对准层流火焰的影响,有关这一主题存在大量文献。一个重要的发现是曲率和应变对层流火焰速度具有类似的影响,并且可以在火焰拉伸的概念中组合在一起。对火焰拉伸的影响也已经进行了透彻的研究。如第2章所述,路易斯数对火焰拉伸效应的贡献很显著。这里,路易斯数的值也会影响G-方程的数学性质(见式(5.134)和式(5.132))。如果路易斯数相对于1足够小,那么马克斯坦长度可以变为负值。如果是这种

情况,它可能导致扩散-热的不稳定性。相反,路易斯数大于 1 将对火焰锋面产生稳定作用。

在 G-方程(见式(5.134))中,这两种扩散和热效应的表现如下所述。当 $L_M>0$(稳定条件)时,G-方程与具有抛物二阶微分算子的 Hamilton-Jacobi 方程类似。然而,当 $L_M<0$ 时,G-方程变得不适定,从而导致了不稳定性。

使用 G-方程的一个例子可以用确定曲率对火焰速度的影响来展示。现在考虑一个沿径向向外传播的球形火焰。由于球形火焰内部的已燃产物的整体运动可以作为零来处理,因此式(5.134)左侧的第二项可以舍去。此外,式(5.134)右侧的第二项也可以舍去,这是因为对完全对称的球形火焰没有应变速率的影响。由于使用已燃气体作为参考介质,所以应该使用相对于已燃产物的层流火焰速度。将相对于已燃介质的层流火焰速度定义为 $S_{L,b}$。注意,我们没有使用上标 0,它用于定义未拉伸火焰的速度。这是因为球形火焰受由曲率半径变化引起的拉伸,在式(5.129)中称为曲率效应。火焰锋面的位移速度可以写为

$$\frac{dr_f}{dt} = S_{L,u} + v_u = S_{L,b} + v_b \tag{5.135}$$

由质量连续性,有

$$\rho_u S_{L,u} = \rho_b S_{L,b} \text{ 或 } \rho_u\left(\frac{dr_f}{dt} - v_u\right) = \rho_b\left(\frac{dr_f}{dt} - v_b\right) \tag{5.136}$$

令 $v_b=0$,式(5.136)变为

$$v_u = \frac{\rho_u - \rho_b}{\rho_u}\left(\frac{dr_f}{dt}\right) \tag{5.137}$$

同样地,有

$$S_{L,b} = \frac{dr_f}{dt} \text{ 和 } S_{L,u} = \frac{\rho_b}{\rho_u}S_{L,b} = \frac{\rho_b}{\rho_u}\frac{dr_f}{dt} \tag{5.138}$$

那么 G-方程变为

$$\frac{\partial G}{\partial t} = S_{L,b}^0\left(\left|\frac{\partial G}{\partial r}\right| + \frac{2L_{M,b}}{r_f}\frac{\partial G}{\partial r}\right) \tag{5.139}$$

在式(5.139)中,马克斯坦长度建立在已燃气体性质的基础上,它与式(5.132)中所示的表达式不同。对于向外传播的球形火焰,可以推导出火焰曲率等于 $2/r_f$,并且由于 G 的值在正 r 方向上横跨火焰表面而减小,∇G 总是一个负值。G-函数可以写为

$$G(r(t)) = r_f(t) - r \tag{5.140}$$

根据这个定义,当 $r>r_f$ 时,$G<0$;当 $r<r_f$ 时,$G>0$。表明已燃产物在瞬时球形火焰表面的内部,而未燃烧的气体在其外部。

将式(5.140)代入式(5.139),得

$$\frac{\mathrm{d}r_\mathrm{f}}{\mathrm{d}t} = S_{\mathrm{L,b}}^0\left(1 - \frac{2L_{\mathrm{M,b}}}{r_\mathrm{f}}\right) \tag{5.141}$$

Clavin(1985)对向外传播球形火焰推导出了一个类似的等式。这个等式描述了火焰锋面在其传播过程中的瞬时位置。如果 $r_\mathrm{f} < 2L_{\mathrm{M,b}}$,那么对式(5.141)将没有物理上有意义的解。这一事实表明,要发生火焰传播,焰核应该有一个最小半径。还应该注意,$2L_{\mathrm{M,b}}/r_\mathrm{f}$ 项的值对由曲率效应引起的 r_f 的增加速率的影响更大。

5.11.2 薄层反应区模式的水平集法

为了使式(5.134)中所示的 G-方程可用,需要一个良好定义的层流火焰速度。在薄反应区模式下,火焰预热区中涡旋的存在会使火焰表面难以定义。在这种情况下,也难以确定层流火焰速度。因此,传统的 G-方程不能应用于这样的系统;相反,需要一种改进的方法来定义该燃烧模式下的 G-方程。

火焰中的薄反应区是大多数化学反应发生的地方,因此最大的放热发生在该区域。反应区的位置可以由 $T(\boldsymbol{x},t) = T_\mathrm{R}$ 给出的表面来定义,其中 T_R 为内层的温度。这个等式类似于式(5.120)所示的水平集函数,尽管它仅定义了反应区而不是火焰表面。此外,T 不是像 G 这样的非反应标量。温度的控制方程如下:

$$\rho\frac{\partial T}{\partial t} + \rho\boldsymbol{v}\cdot\nabla T = \nabla\cdot(\rho\alpha\nabla T) + \dot{\omega}_\mathrm{T} \tag{5.142}$$

由 $T(\boldsymbol{x},t) = T_\mathrm{R}$ 定义的等标量表面与从 G-方程获得的等标量表面之间的相似性在于两个标量都可以用于定义一个向外的单位法矢量。垂直于内层的向外单位法矢如下:

$$\boldsymbol{n} = -\left.\frac{\nabla T}{|\nabla T|}\right|_{T=T_\mathrm{R}} \tag{5.143}$$

对式 $T(\boldsymbol{x},t) = T_\mathrm{R}$ 进行拉格朗日微分,得

$$\frac{\partial T}{\partial t} + \frac{\mathrm{d}\boldsymbol{x}}{\mathrm{d}t}\cdot\nabla T = 0 \tag{5.144}$$

以相似的方法定义速度 $\mathrm{d}\boldsymbol{x}/\mathrm{d}t$ 作为火焰表面的传播速度,有

$$\frac{\mathrm{d}\boldsymbol{x}}{\mathrm{d}t} = \boldsymbol{v} + S_\mathrm{d}\boldsymbol{n} \tag{5.145}$$

式中:$\boldsymbol{v}$ 为薄反应区的流动速度;S_d 可定义为薄反应区的位移速度。

通过比较式(5.144)、式(5.145)和式(5.142),可以得到薄反应区的位移速度表达式为

$$S_{\mathrm{d}} = \left[\frac{\nabla \cdot (\rho \alpha \nabla T) + \dot{\omega}_{\mathrm{T}}}{\rho |\nabla T|}\right]\Bigg|_{T=T_{\mathrm{R}}} \quad (5.146)$$

为了构建一个 G-方程来描述反应区的位置，必须使由 $G=G_0$ 和 $T=T_{\mathrm{R}}$ 定义的表面重合。在这种情况下，由式(5.143)和式(5.123)定义的法矢也应该相同。在式(5.123)和式(5.122)中使用这些条件，得

$$\frac{\partial G}{\partial t} + \boldsymbol{v} \cdot \nabla G = \left[\frac{\nabla \cdot (\rho \alpha \nabla T) + \dot{\omega}_{\mathrm{T}}}{\rho |\nabla T|}\right] |\nabla G| \quad (5.147)$$

右侧的项可以分为3个项，分别代表垂直于表面的扩散的影响、反应的影响和卷曲的影响。这一侧的第一个项可以写为

$$\nabla \cdot (\rho \alpha \nabla T) = \boldsymbol{n} \cdot \nabla(\rho \alpha \boldsymbol{n} \cdot \nabla T) - \rho \alpha |\nabla T| \nabla \cdot \boldsymbol{n} \quad (5.148)$$

式(5.147)可重写为

$$\frac{\partial G}{\partial t} + \boldsymbol{v} \cdot \nabla G = \underbrace{S_{\mathrm{n}} |\nabla G|}_{\substack{\text{垂直于反应区}\\ \text{的扩散的影响}}} + \underbrace{S_{\mathrm{r}} |\nabla G|}_{\text{反应的影响}} - \underbrace{\alpha C_{\mathrm{u}} |\nabla G|}_{\text{火焰卷曲的影响}} \quad (5.149)$$

式中

$$S_{\mathrm{n}} = \frac{\boldsymbol{n} \cdot \nabla(\rho \alpha \boldsymbol{n} \cdot \nabla T)}{\rho |\nabla T|} \quad (5.150)$$

$$S_{\mathrm{r}} = \frac{\dot{\omega}_{\mathrm{T}}}{\rho |\nabla T|} \quad (5.151)$$

$$C_{\mathrm{u}} = \nabla \cdot \boldsymbol{n} \quad (5.152)$$

应当注意，S_{n} 和 S_{r} 的总和不等于 S_{L}；相反，它表示连接 G-方程和温度控制方程的一个波动量。Peters(1999)进行的 DNS 研究发现，S_{n} 和 S_{r} 的总和与层流燃烧速度的数量级相同。式(5.149)也以这种形式写为

$$\frac{\partial G}{\partial t} + \boldsymbol{v} \cdot \nabla G = \underbrace{S_{\mathrm{L,s}}}_{=S_{\mathrm{n}}+S_{\mathrm{r}}} |\nabla G| - \alpha C_{\mathrm{u}} |\nabla G| \quad (5.153)$$

我们已经描述了小火焰(褶皱和波纹小火焰)和薄反应区这两种模式下的不同公式，下面比较这两种模式下的 G-方程。小火焰模式下的 G-方程包含一个与应变速率相关的附加项。据 Peters(2000)在数量级分析的基础上，应变速率项是可以忽略的。速度 $S_{\mathrm{L,s}}$ 与未拉伸的层流火焰速度 S_{L}^0 具有相同的数量级大小。如果马克斯坦长度与扩散层流火焰厚度具有相同的数量级，那么马克斯坦扩散率 D_{M} 与热扩散率 α 相同。因此，适用于所有3种燃烧模式的共通的 G-方程可以写为

$$\rho \frac{\partial G}{\partial t} + \rho \boldsymbol{v} \cdot \nabla G = (\rho S_{\mathrm{L}}^0) |\nabla G| - (\rho \alpha) C_{\mathrm{u}} |\nabla G| \quad (5.154)$$

这个等式可以用作湍流燃烧建模的起点。所有项都已与密度相乘,因此可以很容易地对等式中的所有项应用 Favre 平均。项 (ρS_L^0) 表示通过平面稳态火焰的质量通量,且应该是恒定的。由于项 $(\rho\alpha)$ 是温度的弱函数并且也与压力无关,因此它可以近似为常数,在温度 T_R 下进行计算。

5.12 湍流燃烧中的尺度

如第 4 章和本章开头所讨论的,湍流涉及连续尺度。一些代表性尺度为 Kolmogorov 长度尺度、泰勒微尺度和积分长度尺度。在诸如湍流预混火焰的反应流动中,出现了与反应区、氧化层、预热区、内层、消耗层和总火焰厚度有关的额外的一些长度尺度。图 5.39 所示为描述正庚烷/空气火焰中这些厚度的示意图。此图对应于层流预混火焰,但也适用于湍流预混火焰。这些层的厚度的顺序为 $\delta<\mu<\varepsilon<\nu<1$。预热区厚度与火焰厚度 δ_L 的量级相同。参数 δ、μ、ε 和 ν 表示这些相应层的厚度与火焰厚度 δ_L 的比。

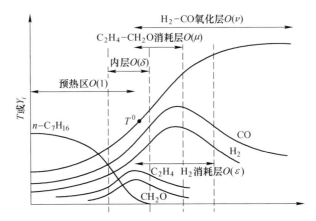

图 5.39　几个薄反应区彼此套嵌于预混正庚烷火焰的渐近结构中
(改自 Peters,2009;Seshadri,1996)

这些厚度中的每一个都可以用层流火焰速度和与火焰中这些区域的各个区域相关的时间尺度来表征。这种关系的固有假设是在湍流预混火焰中存在层状小火焰。

$$S_L = \frac{\delta_L}{t_F} = \frac{l_\delta}{t_\delta} = \frac{l_\mu}{t_\mu} = \frac{l_\varepsilon}{t_\varepsilon} = \frac{l_\nu}{t_\nu} \tag{5.155}$$

在式(5.155)中,t_F、t_δ、t_μ、t_ε 和 t_ν 是与长度尺度 δ_L、l_δ、l_μ、l_ε 和 l_ν 通过 S_L 相关的特征时间尺度。与反应相关的这些层的时间尺度是基于这些区域中控制反应的反应速率来确定的。

与湍流涡旋相关的长度、速度和时间尺度与平均耗散速率有关,如下所示。

$$\varepsilon \sim \frac{v_n^3}{l_n} \sim \frac{v_n^2}{t_n} \sim \frac{l_n^2}{t_n^3} \qquad (5.156)$$

这种关系适用于惯性子区内的所有湍流尺度。理论上,燃烧和湍流之间的相互作用可能发生在两个过程都可以发生的所有尺度上。与具有连续速度尺度的非反应湍流不同,对于预混燃烧只有一个速度尺度,即层流燃烧速度 S_L。因此,所有反应层厚度都通过该速度尺度与它们各自的化学时间尺度相关。只要火焰厚度小于 Kolmogorov 尺度($\delta_L < \eta$),就可以假设火焰厚度相对于湍流尺度表示整个火焰结构。重提一下式(5.156)中的条件对应于燃烧模式图中的波纹小火焰和褶皱火焰模式(图 5.16)。这些模式下湍流火焰相互作用的长度尺度应该由式(5.156)所示,将层流燃烧速度作为速度尺度的湍流级串方程来定义。火焰厚度不应用作湍流-火焰相互作用的长度尺度。这样的一种长度尺度称为 Gibson 尺度(L_G),它由下面的等式定义:

$$l_G \equiv \frac{S_L^3}{\varepsilon} \qquad (5.157)$$

Gibson 尺度的物理意义可用火焰-涡旋的相互作用来解释。尺寸小于 Gibson 尺度的较小涡旋的周转速度(v_n)小于 S_L;因此,这些涡旋无法使火焰锋面起皱。尺寸大于 l_G 的大涡旋的周转速度高于 S_L;因此,这些涡旋能够将火焰阵面向四周推开,造成明显的波纹或褶皱。根据式(5.156),将涡流周转速度的对数与长度尺度的对数绘制在图 5.40 中。由于 Gibson 尺度可以用周转速度等于 S_L 的涡旋长度尺度表示,所以可以用 $v_n = S_L$ 来定位该图上的 Gibson 尺度。从该图可以看出各种长度尺度的相对大小。注意,层流火焰厚度与 Gibson 长度尺度不同。此外,层流火焰厚度小于 Kolmogorov 尺度(对于波纹小火焰和褶皱火焰的模式),而因为层流火焰速度大于 Kolmogorov 速度尺度,Gibson 尺度大于 Kolmogorov 尺度。

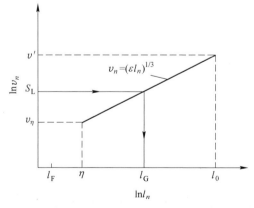

图 5.40 波纹/褶皱小火焰模式下涡旋周转速度与长度尺度之关系图

(改自 Peters,2009)

在较高湍流水平的情况下,如燃烧模式图中的薄反应区,Kolmogorov 长度尺度小于火焰厚度。因此,定义一个混合长度尺度 l_m,该尺度通过下式与火焰穿越时间 t_F 相关:

$$l_m = (\varepsilon t_F^3)^{1/2}, t_F \sim \frac{\delta_L}{S_L} \tag{5.158}$$

混合长度尺度可以解释为涡流的大小,该涡流的周转时间等于在与火焰厚度 δ_L 相等距离上扩散标量所需的时间。根据这个定义,尺寸为 l_m 的涡旋可以与前进的反应锋面相互作用,并且可以将预热的流体从反应区前方厚度为 δ_L 的区域向对应于其自身尺寸 l_m 的距离上输运。大小远小于 l_m 的涡旋也可以完成这项任务,但由于它们的尺寸较小,它们的行为被大小为 l_m 的涡旋覆盖掉了。尺寸大于 l_m 的涡旋具有更长的周转时间,并且它们将在大于 l_m 的尺度下使加宽的火焰结构起皱。因此,l_m 的物理解释是预热流体可以在火焰前方输运的最大距离。

根据式(5.156),将涡流周转时间的对数与长度尺度对数之关系绘制在图 5.41 中。由于混合尺度可以用等于 t_F 的时间尺度表示,所以我们可以用 $t_n = t_F$ 在该图上定位混合尺度。从该图可以看出各种长度尺度的相对大小。在这种情况下,混合长度尺度大于火焰厚度。此图还显示出另外一个长度尺度,这个长度尺度 l_C 称为 Obukhov-Corrsin 尺度,其定义如下:

$$L_C \equiv (D^3/\varepsilon)^{1/4} \tag{5.159}$$

这个长度尺度表示薄反应区模式下标量谱的较低截止尺度。如果我们假设 $v = D$,那么 Obukhov-Corrsin 尺度 l_C 等于 Komogorov 长度尺度 η。

因此,Gibson 尺度 l_G 在物理上与波纹小火焰/褶皱火焰模式相关,而混合尺度 l_m 物理上与稀薄的反应区模式相关。

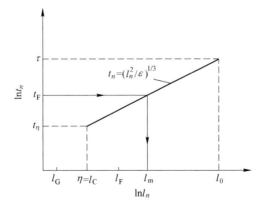

图 5.41 薄反应区模式下涡旋周转时间与长度尺度之关系图
(改自 Peters,2009)

5.13 化学反应源项的闭合

如5.9节所述,必须对反应进度变量 c 的控制方程中的源项 $\overline{\dot{\omega}_c}$ 建模(式(5.84))来闭合 Bray-Moss-Libby 模型。为了确定化学对标量时间尺度和反应通量的影响,我们必须考虑反应速率。

阿伦尼乌斯方程中的指数项可以展开成如式(5.160)所示的级数。然后使用平均程序获得几个新的项。扩展指数项会产生:

$$e^x = 1 + x + \frac{x^2}{2!} + \frac{x^3}{3!} + \cdots + \frac{x^n}{n!} + \cdots, x = -\frac{E_a}{R_u T} = -\frac{T_a}{T} \quad (5.160)$$

对指数项取平均,有

$$\overline{e^x} = 1 + \overline{x} + \frac{\overline{x^2}}{2!} + \frac{\overline{x^3}}{3!} + \cdots \text{较高阶矩} + \cdots \quad (5.161)$$

在指数项可能收敛之前,这一过程需要考虑大量较高阶矩。对指数项使用式(5.161),可以证明源项 $\overline{\dot{\omega}_c}$ 可以表示为

$$\overline{\dot{\omega}_c} = k_f \widetilde{Y}_F \widetilde{Y}_O \exp\left(-\frac{T_a}{\widetilde{T}}\right)$$

$$\left[1 + \frac{\widetilde{Y_F'' Y_O''}}{\widetilde{Y}_F \widetilde{Y}_O} + \delta_1\left(\frac{T_a}{\widetilde{T}}\right)\left(\frac{\widetilde{Y_F'' Y''}}{\widetilde{Y}_F \widetilde{T}} + \frac{\widetilde{Y_O'' Y''}}{\widetilde{Y}_O \widetilde{T}}\right) + \delta_2\left(\frac{T_a}{\widetilde{T}}\right)\left(\frac{\widetilde{T''^2}}{\widetilde{T}^2}\right)\right.$$

$$\left. + \delta_1\left(\frac{T_a}{\widetilde{T}}\right)\left(\frac{\widetilde{Y_F'' Y''^2}}{\widetilde{Y}_F \widetilde{T}^2} + \frac{\widetilde{Y_O'' Y''^2}}{\widetilde{Y}_O \widetilde{T}^2}\right) + \delta_3\left(\frac{T_a}{\widetilde{T}}\right)\left(\frac{\widetilde{T''^3}}{\widetilde{T}^3}\right) + \cdots\right] \quad (5.162)$$

式中: $\delta_i(T_a/\widetilde{T})$ 为 $T_a/\widetilde{T}$ 的第 i 个多项式。

该扩展在比值 $T''/\widetilde{T} < 1$ 时有效,并且需要保留大量的矩来获得良好的近似。因此,这种方法不是很有用。替代方法,如下一节中描述的 PDF 方法,获得了广泛使用。

5.14 湍流燃烧的概率密度函数方法

PDF 建模广泛地应用在湍流燃烧中,包括5.13节讨论的源项闭合问题。第4.5节中已讨论过一些概率数学上的一些基础知识。Haworth(2010)对湍流反应流的 PDF 方法的进展做出了全面的综述。在燃烧学文献中经常遇到术语"PDF 法"。这个术语指的是一种方法,它建立在求解一组变量的单点、单次欧

拉联合pdf模型化输运方程的基础上,那组变量描述了反应介质的流体动力学和(或)热化学状态;这就是输运的PDF方法。湍流闭合基于源自Lundgren(1967,1969)的工作的速度分量的联合PDF模型化输运方程的求解。Dopazo和O'Brien(1974b,1976)最先考虑了一组标量变量的PDF模型方程,这些变量描述了反应介质(一种组分联合PDF)的热化学状态,用以模拟湍流反应流中的混合和化学反应。随后PDF方法由Dopazo(1976,1979);O'Brien(1980);Janicka,Kolbe和Kollmann(1979);Pope(1984)以及Borghi(1985)等改进并解释。Pope(1994)建立了颗粒模型和pdf方法之间的关系。

在我们推导PDF(或P)的输运方程之前,简要地回顾一下多组分反应混合物的控制方程。质量、动量和物质的守恒方程为

$$\frac{\partial \rho}{\partial t} + \frac{\partial \rho u_i}{\partial x_i} = 0 \tag{5.163}$$

$$\frac{\partial \rho u_j}{\partial t} + \frac{\partial \rho u_j u_i}{\partial x_i} = -\frac{\partial p}{\partial x_j} + \frac{\partial \tau_{ij}}{\partial x_i} + \rho g_j \tag{5.164}$$

其中

$$\tau_{ij} = \mu \left(\frac{\partial u_i}{\partial x_j} + \frac{\partial u_j}{\partial x_i} \right) - \frac{2}{3} \mu \frac{\partial u_l}{\partial x_l} \delta_{ij}$$

$$\frac{\partial \rho Y_k}{\partial t} + \frac{\partial (\rho u_i Y_k)}{\partial x_i} = -\frac{\partial J_{k,i}}{\partial x_i} + \dot{\omega}_k, k = 1,2,\cdots,N \tag{5.165}$$

式中:$J_{k,i}$为物质通过分子扩散相对于整体流体运动的相对质量通量。

以焓形式给出的能量方程可以写为

$$\frac{\partial \rho h}{\partial t} + \frac{\partial (\rho u_i h)}{\partial x_i} = -\frac{\partial J_i^h}{\partial x_i} + \tau_{ij} \frac{\partial u_i}{\partial x_i} + \frac{\mathrm{D}p}{\mathrm{D}t} + \dot{q}''_{\mathrm{rad}} \tag{5.166}$$

式中:焓h包含了化学焓和显焓;J_i^h为焓的分子通量。h的计算公式为

$$h = \sum_{k=1}^{N} \left\{ Y_k \left[\Delta h_{\mathrm{f},k}^0 + \int_{T_{\mathrm{ref}}}^{T} C_{p,k}(T_\alpha) \mathrm{d}T_\alpha \right] \right\} \tag{5.167}$$

压力可以用状态方程计算:

$$p = p(\rho, h, Y_1, Y_2, Y_3, \cdots, Y_N) = p(\rho, h, \boldsymbol{Y}) \tag{5.168}$$

式中:$\boldsymbol{Y}$写作矢量形式,由N种物质的物质质量分数组成。

热量状态方程可写为

$$h = h(p, T, Y_1, Y_2, Y_3, \cdots, Y_N) = h(p, T, \boldsymbol{Y}) \tag{5.169}$$

对于理想气体混合物,$p = \rho RT, R = R_\mathrm{u}/Mw$。

让我们考虑一个涉及N种物质和L个基元反应的燃烧系统,如下:

$$\sum_{k=1}^{N} \nu'_{lk} M_k \underset{k_{\mathrm{b},l}}{\overset{k_{\mathrm{F},l}}{\rightleftarrows}} \sum_{k=1}^{N} \nu''_{lk} M_k \quad (l=1,2,\cdots,L) \tag{5.170}$$

第 k 种物质的化学源项可以写为

$$\dot{\omega}_k = Mw_k \sum_{l=1}^{L} \left\{ (\nu''_{lk} - \nu'_{lk}) \left[k_{\mathrm{f},l} \prod_{\beta=1}^{N} C_\beta^{\nu'_{l,\beta}} - k_{\mathrm{b},l} \prod_{\beta=1}^{N} C_\beta^{\nu''_{l,\beta}} \right] \right\} \quad (5.171)$$

比反应速率常数通常遵循阿伦尼乌斯反应速率形式。第 l 个反应的正向比反应速率常数可写为

$$k_{\mathrm{f},l} = A_{\mathrm{f},l} T^{b_{\mathrm{f},l}} \exp(-E_{\mathrm{a,f},l}/R_\mathrm{u} T) \quad (5.172)$$

这组方程是完整的。原则上，能够以空间变量和时间的函数的形式得到速度、密度、物质质量分数、温度等的解 ($u_i = u_i(\boldsymbol{x},t)$)。然而在实践中，即使在高速计算机上，这也很难实现。从本质上讲，这些高度非线性耦合方程的特征是对初始和边界条件的微小变化具有极高的敏感性，以及具有较宽动态范围的空间和时间尺度。为求解刚刚总结的守恒方程体系所需的精度而指定初始和边界条件是不可行的。因此，必须要减小原始守恒方程中固有的尺度动态范围。这可以通过对方程进行平均和滤波来实现。非线性方程的平均或滤波产生了新的项(如 5.13 节所证明)，必须对这些项进行建模。概率描述为分析和建模提供了适当的框架，它将因变量 (ρ、u_i、Y_k 等) 作为随机变量处理。在湍流反应流中，主要的困难来自对物质和焓方程中的化学源项进行平均或滤波。反应速率的系综平均 $\langle \dot{\omega}_k \rangle$ 不能由基于压力、温度和物质质量分数的系综平均来确定。

$$\langle \dot{\omega}_k \rangle \neq \dot{\omega}_k(\langle p \rangle, \langle T \rangle, \langle \boldsymbol{Y} \rangle) \quad (5.173)$$

在此等式中：运算符 $\langle \rangle$ 指系综平均。在 PDF 方法中，系综平均被概率平均取代；因此，$\langle \rangle$ 表示概率均值，简称为均值或期望值。

对于任何函数，$\phi = \phi(\boldsymbol{x},t)$，$\langle \phi \rangle = \langle \phi(\boldsymbol{x},t) \rangle$ 可以用 ϕ 的 PDF，$\mathcal{P}_\phi(\psi;\boldsymbol{x},t)$ 来定义，其中：ψ 为对应随机变量 ϕ 的样本空间变量，$\mathcal{P}_\phi$ 为 ψ 空间中的概率密度。$\mathcal{P}_\phi$ 的性质包括：

$$\mathcal{P}_\phi(\psi;\boldsymbol{x},t) \geq 0 \quad (5.174)$$

$$\int_{-\infty}^{\infty} \mathcal{P}_\phi(\psi;\boldsymbol{x},t) \mathrm{d}\psi = 1 \quad (5.175)$$

$$\int_{-\infty}^{\psi_1} \mathcal{P}_\phi(\psi;\boldsymbol{x},t) \mathrm{d}\psi = 概率\{\phi(\boldsymbol{x},t) < \psi_1\} \quad (5.176)$$

考虑两个或更多个随机变量的联合 PDF 会很有用，$u = u(\boldsymbol{x},t)$ 和 $\phi = \phi(\boldsymbol{x},t)$，即 $\mathcal{P}_{u\phi}(V,\psi;\boldsymbol{x},t)$，则有

$$\mathcal{P}_u(V;\boldsymbol{x},t) = \int_{-\infty}^{\infty} \mathcal{P}_{u\phi}(V,\psi;\boldsymbol{x},t) \mathrm{d}\psi \quad (5.177)$$

$$\mathcal{P}_\phi(\psi;\boldsymbol{x},t) = \int_{-\infty}^{\infty} \mathcal{P}_{u\phi}(V,\psi;\boldsymbol{x},t) \mathrm{d}V \quad (5.178)$$

给出 $\phi(\boldsymbol{x},t) = \psi$ 的 u 的条件 PDF 为

$$\mathcal{P}_{u|\phi}(V \mid \psi;\boldsymbol{x},t) \equiv \mathcal{P}_{u\phi}(V,\psi;\boldsymbol{x},t) / \mathcal{P}_\phi(\psi;\boldsymbol{x},t) \quad (5.179)$$

相似地，给出 $u(\bm{x},t)=V$ 的 ϕ 的条件 PDF 为
$$\mathcal{P}_{\phi|u}(\psi\mid V;\bm{x},t)\equiv\mathcal{P}_{u\phi}(V,\psi;\bm{x},t)/\mathcal{P}_u(V;\bm{x},t) \tag{5.180}$$

考虑随机变量 u 和 ϕ 的函数 $Q(u,\phi)$。Q 的概率平均为

$$\langle Q\rangle=\langle Q(u,\phi)\rangle=\int_{-\infty}^{\infty}\int_{-\infty}^{\infty}\mathcal{P}_{u\phi}(V,\psi;\bm{x},t)Q(V,\psi)\mathrm{d}V\mathrm{d}\psi$$
$$=\int_{-\infty}^{\infty}\mathcal{P}_\phi(\psi;\bm{x},t)\underbrace{\left[\int_{-\infty}^{\infty}\mathcal{P}_{u\mid\phi}(V\mid\psi;\bm{x},t)Q(V,\psi)\mathrm{d}V\right]}_{\equiv\langle Q(u,\phi)\mid\phi=\psi\rangle}\mathrm{d}\psi$$
$$\tag{5.181}$$

式中：$\langle Q(u,\phi)\mid\phi=\psi\rangle$ 为给定 $\phi(\bm{x},t)=\psi$ 时的 Q 的条件期望。

时间和空间导数的概率平均具有以下性质：

$$\left\langle\frac{\partial Q}{\partial t}\right\rangle=\frac{\partial\langle Q\rangle}{\partial t},\quad\left\langle\frac{\partial Q}{\partial x_i}\right\rangle=\frac{\partial\langle Q\rangle}{\partial x_i} \tag{5.182}$$

在低马赫数条件下，混合物质量密度和化学源项为 h、$\bm{Y}$ 和参考压力 p_0 的函数，参考压力 p_0 为常数或至多是时间的函数（$p_0=p_0(t)$）：

$$\rho=\rho(p_0,h,\bm{Y});\dot{\omega}_k=\dot{\omega}_k(p_0,h,\bm{Y}) \tag{5.183}$$

对于低马赫数的流动，可以忽略焓方程中的黏性耗散项。在焓方程中，当参考压力恒定时，$\mathrm{D}p/\mathrm{D}t\approx 0$。如果也忽略辐射，那么物质和焓方程都具有相似的形式。控制方程可以写为

$$\frac{\partial\rho}{\partial t}+\frac{\partial\rho u_i}{\partial x_i}=0 \tag{5.184}$$

$$\rho\frac{\mathrm{D}u_j}{\mathrm{D}t}=-\frac{\partial p}{\partial x_j}+\frac{\partial\tau_{ij}}{\partial x_i}+\rho g_j\equiv\rho A_j(j=1,2,3) \tag{5.185}$$

$$\rho\frac{\mathrm{D}\phi_k}{\mathrm{D}t}=-\frac{\partial J_{k,i}}{\partial x_i}+\rho\dot{S}_k\equiv\rho\Theta_k(k=1,2,\cdots,N+1) \tag{5.186}$$

式中：$\phi_k(\bm{x},t)$ 为 $N+1$ 个组分变量的矢量（N 物质质量分数加上焓），为

$$\phi_k=Y_k\quad\text{其中}\ k=1,2,\cdots,N$$
$$\phi_{N+1}=h \tag{5.187}$$

在式（5.184）~式（5.186）的这组等式中，A_j 表示第 j 方向上的加速度，Θ_k 表示组分矢量的源项（化学+分子输运）。项 $\dot{S}_k$ 以以下形式与 $\dot{\omega}_k$ 相关：

$$\rho\dot{S}_k=\dot{\omega}_k\quad(k=1,2,\cdots,N)$$
$$\rho\dot{S}_k=0\quad(k=N+1) \tag{5.188}$$

焓方程的源项为零，因为焓包括显能和化学能；$k=N+1$ 时的焓方程的通量矢量 $\bm{J}_{k,i}$ 可以写为

$$J_{N+1,i} = J_{k,j} \quad (5.189)①$$

组分变量的联合 PDF，$\phi_k(x,t)$［或用矢量符号表示为 $\Phi(x,t)$］的知识应该为确定平均混合物密度和平均物质化学生成速率提供足够的信息。密度和生成速率的期望值可以写为

$$\langle \rho \rangle = \langle \rho(x,t) \rangle = \int_{-\infty}^{\infty} \rho(\psi) \, \mathcal{P}_\Phi(\psi;x,t) d\psi \quad (5.190)$$

$$\widetilde{\dot{S}_k} = \langle \rho \dot{S}_k \rangle / \langle \rho \rangle = \frac{1}{\langle \rho \rangle} \int_{-\infty}^{\infty} \rho(\psi) \dot{S}_k(\psi) \, \mathcal{P}_\Phi(\psi;x,t) d\psi \quad (5.191)$$

我们已经讨论了化学源项的闭合问题，式(5.191)所示为这一问题使用 pdf 方法的解。对于任意详细的、梗概的或简化的化学机理，平均化学源项由该等式闭合。

波浪号表示 Favre 平均或质量平均的平均量。我们还可以引入一个 Favre PDF：

$$\widetilde{\mathcal{P}}_\Phi(\psi;x,t) \equiv \rho(\psi) \, \mathcal{P}_\Phi(\psi;x,t) / \langle \rho \rangle \quad (5.192)$$

对于任意 $Q = Q(\Phi)$，有

$$\widetilde{Q} = \widetilde{Q}(x,t) = \int_{-\infty}^{\infty} Q(\psi) \, \widetilde{\mathcal{P}}_\Phi(\psi;x,t) d\psi \quad (5.193)$$

类似地，也可以定义速度的联合 PDF。这个联合 PDF 可用于求解雷诺应力张量的闭合问题。雷诺应力张量的 Favre 平均形式为

$$-\overline{\rho u_i'' u_j''} = -\bar{\rho} \, \widetilde{u_i'' u_j''} \quad (5.194)$$

雷诺应力中的项 $\widetilde{u_i'' u_j''}$ 可以写为

$$\widetilde{u_i'' u_j''} = \int_{-\infty}^{\infty} (V_i - \widetilde{u}_i)(V_j - \widetilde{u}_j) \, \widetilde{\mathcal{P}}_u(V;x,t) dV \quad (5.195)$$

回顾关于 Favre 平均的平均波动和普通的平均波动，有

$$u_i'' = u_i - \widetilde{u}_i, \quad u_i' = u_i - \langle u_i \rangle \quad (5.196)$$

最后，通过考虑速度-组分联合 PDF，可以确定速度和组分的任意单点的联合统计信息。例如：湍流标量通量为

$$\widetilde{u_i'' \phi_k''} = \int_{-\infty}^{\infty} \int_{-\infty}^{\infty} (V_i - \widetilde{u}_i)(\psi_k - \widetilde{\phi}_k) \, \widetilde{\mathcal{P}}_{u\Phi}(V,\psi;x,t) dV d\psi \quad (5.197)$$

到目前为止，已经讨论了具有单个变量的函数 Q：组分矢量 Φ。下面考虑 Q 作为两个变量的函数：$Q = Q(u, \Phi)$。那么 Q 的期望值为

---

① 原式有误。——译者注

$$\langle Q \rangle = \int_{-\infty}^{\infty} \int_{-\infty}^{\infty} Q(\boldsymbol{V},\boldsymbol{\psi}) \, \mathcal{P}_{u\boldsymbol{\Phi}}(\boldsymbol{V},\boldsymbol{\psi};\boldsymbol{x},t) \, \mathrm{d}\boldsymbol{V}\mathrm{d}\boldsymbol{\psi} \tag{5.198}$$

函数 Q 的 Favre 平均为

$$\widetilde{Q} = \int_{-\infty}^{\infty} \int_{-\infty}^{\infty} Q(\boldsymbol{V},\boldsymbol{\psi}) \, \widetilde{\mathcal{P}}_{u\boldsymbol{\Phi}}(\boldsymbol{V},\boldsymbol{\psi};\boldsymbol{x},t) \, \mathrm{d}\boldsymbol{V}\mathrm{d}\boldsymbol{\psi} \tag{5.199}$$

5.14.1 概率密度函数输运方程的推导

基本上,大多数湍流燃烧模型在某些节点上都会引入 PDF。其中一种方法是推导出 PDF 的输运方程并求解来获得湍流的统计特性。推导和列出 PDF 输运方程有不同的方法;例如:Pope(1985)和 Lundgren(1969)的那些方法。Lundgren(1969)使用了精细的 PDF。在这里,我们采用 Pope 所用的方法来推导速度-组分联合 PDF 的输运方程。其他 PDF 的推导,如组分 PDF 和速度-组分-耗散 pdf,是类似的。

让我们考虑几乎为任意函数的 $Q = Q(\boldsymbol{u},\boldsymbol{\Phi})$。$Q$ 的拉格朗日导数可以写为

$$\rho \frac{\mathrm{D}Q}{\mathrm{D}t} = \rho \frac{\partial Q}{\partial t} + \rho u_i \frac{\partial Q}{\partial x_i} = \frac{\partial(\rho Q)}{\partial t} + \frac{\partial(\rho u_i Q)}{\partial x_i} \tag{5.200}$$

这个等式使用了连续性方程式(5.184)。对式(5.200)取平均,得

$$\left\langle \rho \frac{\mathrm{D}Q}{\mathrm{D}t} \right\rangle = \left\langle \frac{\partial(\rho Q)}{\partial t} \right\rangle + \left\langle \frac{\partial(pu_i Q)}{\partial x_i} \right\rangle = \frac{\partial}{\partial t}\langle \rho Q \rangle + \frac{\partial}{\partial x_i}\langle \rho u_i Q \rangle \tag{5.201}$$

可得到左侧项的期望值为

$$\left\langle \rho \frac{\mathrm{D}Q}{\mathrm{D}t} \right\rangle = \frac{\partial}{\partial t}\iint \rho(\boldsymbol{\psi}) Q(\boldsymbol{V},\boldsymbol{\psi}) \, \mathcal{P}_{u\boldsymbol{\Phi}}(\boldsymbol{V},\boldsymbol{\psi};\boldsymbol{x},t) \, \mathrm{d}\boldsymbol{V}\mathrm{d}\boldsymbol{\psi}$$
$$+ \frac{\partial}{\partial x_i}\iint \rho(\boldsymbol{\psi}) V_i Q(\boldsymbol{V},\boldsymbol{\psi}) \, \mathcal{P}_{u\boldsymbol{\Phi}}(\boldsymbol{V},\boldsymbol{\psi};\boldsymbol{x},t) \, \mathrm{d}\boldsymbol{V}\mathrm{d}\boldsymbol{\psi} \tag{5.202}$$

由于 $\mathcal{P}_{u\boldsymbol{\Phi}}$ 是式(5.202)的被积函数中唯一作为 t 和 $\boldsymbol{x}$ 的函数的参数,这个等式可以重写为

$$\left\langle \rho \frac{\mathrm{D}Q}{\mathrm{D}t} \right\rangle = \iint Q(\boldsymbol{V},\boldsymbol{\psi})\left[\rho(\boldsymbol{\psi})\frac{\partial \mathcal{P}_{u\boldsymbol{\Phi}}}{\partial t} + \rho(\boldsymbol{\psi})V_i \frac{\partial \mathcal{P}_{u\boldsymbol{\Phi}}}{\partial x_i}\right] \mathrm{d}\boldsymbol{V}\mathrm{d}\boldsymbol{\psi} \tag{5.203}$$

在式(5.203)中,将 $\boldsymbol{\psi}$ 和 V_i 作为独立变量处理。可以通过以下步骤得到右侧项的期望值。按链式法则,有:

$$\frac{\mathrm{D}Q}{\mathrm{D}t} = \frac{\partial Q}{\partial u_i}\frac{\mathrm{D}u_i}{\mathrm{D}t} + \frac{\partial Q}{\partial \phi_k}\frac{\mathrm{D}\phi_k}{\mathrm{D}t} \quad (k=1,2,\cdots,N+1, i=1,2,3) \tag{5.204}$$

对密度和式(5.204)的积取平均,有

$$\left\langle \rho \frac{DQ}{Dt} \right\rangle = \left\langle \rho \frac{\partial Q}{\partial u_i} \frac{Du_i}{Dt} \right\rangle + \left\langle \rho \frac{\partial Q}{\partial \phi_k} \frac{D\phi_k}{Dt} \right\rangle = \left\langle \rho \frac{\partial Q}{\partial u_i} A_i \right\rangle + \left\langle \rho \frac{\partial Q}{\partial \phi_k} \Theta_k \right\rangle$$
(5.205)

考虑式(5.205)右侧的第一项：

$$\left\langle \rho \frac{\partial Q}{\partial u_i} A_i \right\rangle = \iint \left\langle \rho \frac{\partial Q(\boldsymbol{u},\boldsymbol{\Phi})}{\partial u_i} A_i \middle| \boldsymbol{V},\boldsymbol{\psi} \right\rangle \mathcal{P}_{\boldsymbol{u}\boldsymbol{\Phi}} d\boldsymbol{V} d\boldsymbol{\psi}$$

$$= \iint \rho(\boldsymbol{\psi}) \frac{\partial Q(\boldsymbol{V},\boldsymbol{\psi})}{\partial V_i} \langle A_i | \boldsymbol{V},\boldsymbol{\psi} \rangle \mathcal{P}_{\boldsymbol{u}\boldsymbol{\Phi}} d\boldsymbol{V} d\boldsymbol{\psi} \quad (5.206)$$

分步使用两项之积的微分,有

$$\left\langle \rho \frac{\partial Q}{\partial u_i} A_i \right\rangle = \overbrace{\iint \frac{\partial}{\partial V_i}[\rho(\boldsymbol{\psi}) Q(\boldsymbol{V},\boldsymbol{\psi}) \langle A_i | \boldsymbol{V},\boldsymbol{\psi} \rangle \mathcal{P}_{\boldsymbol{u}\boldsymbol{\Phi}}] d\boldsymbol{V} d\boldsymbol{\psi}}^{=\text{Int}}$$
$$- \iint Q(\boldsymbol{V},\boldsymbol{\psi}) \frac{\partial}{\partial V_i}[\rho(\boldsymbol{\psi}) \langle A_i | \boldsymbol{V},\boldsymbol{\psi} \rangle \mathcal{P}_{\boldsymbol{u}\boldsymbol{\Phi}}] d\boldsymbol{V} d\boldsymbol{\psi}$$
(5.207)

让我们考虑标记为"Int"的项；对 $\boldsymbol{\psi}$ 积分,有

$$\text{Int} = \int \frac{\partial}{\partial V_i}[\langle \rho Q A_i | \boldsymbol{V} \rangle \mathcal{P}_{\boldsymbol{u}\boldsymbol{\Phi}}] d\boldsymbol{V} \quad (5.208)$$

这个项是散度在 $\boldsymbol{V}$ 空间中的积分,它可以用散度定理重写为 $\boldsymbol{V}$ 空间边界处 ($\boldsymbol{V} \to \infty$) 的表面积分。对于表态函数 Q 和 pdf 的 $\mathcal{P}_{\boldsymbol{u}\boldsymbol{\Phi}}$,这个积分等于零(Pope, 1985)。换句话说,如果 Q 随 $|\boldsymbol{V}| \to \infty$ 是单调函数,且 $\langle \rho Q A_i \rangle$ 是一个有限的量,那么 Int = 0。因此,有

$$\left\langle \rho \frac{\partial Q}{\partial u_i} A_i \right\rangle = -\iint Q(\boldsymbol{V},\boldsymbol{\psi}) \frac{\partial}{\partial V_i}[\rho(\boldsymbol{\psi}) \langle A_i | \boldsymbol{V},\boldsymbol{\psi} \rangle \mathcal{P}_{\boldsymbol{u}\boldsymbol{\Phi}}] d\boldsymbol{V} d\boldsymbol{\psi}$$
(5.209)

类似地,有

$$\left\langle \rho \frac{\partial Q}{\partial \phi_k} \Theta_k \right\rangle = -\iint Q(\boldsymbol{V},\boldsymbol{\psi}) \frac{\partial}{\partial \psi_k}[\rho(\boldsymbol{\psi}) \langle \Theta_k | \boldsymbol{V},\boldsymbol{\psi} \rangle \mathcal{P}_{\boldsymbol{u}\boldsymbol{\Phi}}] d\boldsymbol{V} d\boldsymbol{\psi}$$
(5.210)

为式(5.205)合并式(5.209)和式(5.210)的结果,有

$$\left\langle \rho \frac{DQ}{Dt} \right\rangle = -\iint Q(\boldsymbol{V},\boldsymbol{\psi}) \left\{ \begin{array}{l} \dfrac{\partial}{\partial V_i}[\rho(\boldsymbol{\psi}) \langle A_i | \boldsymbol{V},\boldsymbol{\psi} \rangle \mathcal{P}_{\boldsymbol{u}\boldsymbol{\Phi}}] \\ + \dfrac{\partial}{\partial \psi_k}[\rho(\boldsymbol{\psi}) \langle \Theta_k | \boldsymbol{V},\boldsymbol{\psi} \rangle \mathcal{P}_{\boldsymbol{u}\boldsymbol{\Phi}}] \end{array} \right\} d\boldsymbol{V} d\boldsymbol{\psi}$$
(5.211)

从式(5.211)中减去式(5.203),有

$$0 = \iint Q(\boldsymbol{V}, \boldsymbol{\psi})$$

$$\times \left\{ \begin{array}{l} \rho(\boldsymbol{\psi}) \dfrac{\partial \mathcal{P}_{u\Phi}}{\partial t} + \rho(\boldsymbol{\psi}) V_i \dfrac{\partial \mathcal{P}_{u\Phi}}{\partial x_i} + \dfrac{\partial}{\partial V_i}[\rho(\boldsymbol{\psi})\langle A_i \mid \boldsymbol{V}, \boldsymbol{\psi}\rangle \mathcal{P}_{u\Phi}] \\ + \dfrac{\partial}{\partial \psi_k}[\rho(\boldsymbol{\psi})\langle \Theta_k \mid \boldsymbol{V}, \boldsymbol{\psi}\rangle \mathcal{P}_{u\Phi}] \end{array} \right\} \mathrm{d}\boldsymbol{V}\mathrm{d}\boldsymbol{\psi}$$

(5.212)

对于任意函数 Q,为保持式(5.212)成立,{ }中的项必须等于 0。因此,有

$$\rho(\boldsymbol{\psi}) \frac{\partial \mathcal{P}_{u\Phi}}{\partial t} + \rho(\boldsymbol{\psi}) V_i \frac{\partial \mathcal{P}_{u\Phi}}{\partial x_i} = -\frac{\partial}{\partial V_i}[\rho(\boldsymbol{\psi})\langle A_i \mid \boldsymbol{V}, \boldsymbol{\psi}\rangle \mathcal{P}_{u\Phi}]$$

$$-\frac{\partial}{\partial \psi_k}[\rho(\boldsymbol{\psi})\langle \Theta_k \mid \boldsymbol{V}, \boldsymbol{\psi}\rangle \mathcal{P}_{u\Phi}]$$

(5.213)

Favre PDF 输运方程的推导基本相同:

$$\frac{\partial(\langle\rho\rangle \widetilde{\mathcal{P}}_{u\Phi})}{\partial t} + \frac{\partial(\langle\rho\rangle V_i \widetilde{\mathcal{P}}_{u\Phi})}{\partial x_i} = -\frac{\partial}{\partial V_i}[\langle\rho\rangle\langle A_i \mid \boldsymbol{V}, \boldsymbol{\psi}\rangle \widetilde{\mathcal{P}}_{u\Phi}]$$

$$-\frac{\partial}{\partial \psi_k}[\langle\rho\rangle\langle \Theta_k \mid \boldsymbol{V}, \boldsymbol{\psi}\rangle \widetilde{\mathcal{P}}_{u\Phi}]$$

(5.124)

将 A_i 和 Θ_k 的定义代入式(5.214),得

$$\frac{\partial(\langle\rho\rangle \widetilde{\mathcal{P}}_{u\Phi})}{\partial t} + \frac{\partial(\langle\rho\rangle V_i \widetilde{\mathcal{P}}_{u\Phi})}{\partial x_i}$$

$$= -\frac{\partial}{\partial V_i}\left[\langle\rho\rangle \left\langle \frac{1}{\rho}\left(-\frac{\partial p}{\partial x_i} + \frac{\partial \tau_{ji}}{\partial x_j} + \rho g_i\right) \bigg| \boldsymbol{V}, \boldsymbol{\psi} \right\rangle \widetilde{\mathcal{P}}_{u\Phi}\right]$$

$$-\frac{\partial}{\partial \psi_k}\left[\langle\rho\rangle \left\langle \left(-\frac{1}{\rho}\frac{\partial J_{k,i}}{\partial x_i} + \dot{S}_k\right) \bigg| \boldsymbol{V}, \boldsymbol{\psi} \right\rangle \widetilde{\mathcal{P}}_{u\Phi}\right]$$

(5.215)

压力梯度可以分解为平均分量和波动分量,即

$$\frac{\partial p}{\partial x_i} = \frac{\partial \langle p \rangle}{\partial x_i} + \frac{\partial p'}{\partial x_i}$$

(5.216)

因此,有

$$\left\langle -\frac{1}{\rho}\frac{\partial p}{\partial x_i} \bigg| \boldsymbol{V}, \boldsymbol{\psi} \right\rangle = -\frac{1}{\rho(\boldsymbol{\psi})}\left(\frac{\partial \langle p \rangle}{\partial x_i} + \left\langle \frac{\partial p'}{\partial x_i} \bigg| \boldsymbol{V}, \boldsymbol{\psi} \right\rangle\right)$$

(5.217)

控制平均压力场的方程可以通过取平均动量方程的散度并调用平均连续性方程导,得

$$\frac{\partial^2 \langle p \rangle}{\partial x_i \partial x_i} = \frac{\partial^2 \langle p \rangle}{\partial t^2} - \frac{\partial^2 \langle p \rangle \widetilde{u_i u_j}}{\partial x_i \partial x_j} + \frac{\partial (\langle \rho \rangle \widetilde{A_i^0})}{\partial x_i}, \begin{cases} \rho A_i^0 \equiv \dfrac{\partial \tau_{ij}}{\partial x_j} - \dfrac{\partial p'}{\partial x_i} + \rho g_i \\ \langle \rho \rangle \widetilde{A_i^0} \equiv \dfrac{\overline{\partial \tau_{ij}}}{\partial x_j} + \langle \rho \rangle \widetilde{g_i} \end{cases}$$

(5.218)

这个等式涉及速度场的平均密度和单点统计信息,从而确保平均压力场可以用速度-组分联合 PDF $\mathcal{P}_{u\Phi}$ 来闭合。体积力矢量 g_i 与 u 和 Φ 无关;因此,有

$$\langle g_i | V, \psi \rangle = g_i \tag{5.219}$$

化学源项 $\dot{S}_k$ 为组分变量的已知函数,因此,有

$$\langle \dot{S}_k | V, \psi \rangle = \dot{S}_k(\psi) \tag{5.220}$$

将式(5.217)、式(5.219)和式(5.220)代入式(5.215),得

$$\frac{\partial (\langle \rho \rangle \widetilde{\mathcal{P}_{u\Phi}})}{\partial t} + \underbrace{\frac{\partial (\langle \rho \rangle V_i \widetilde{\mathcal{P}_{u\Phi}})}{\partial x_i}}_{\text{I}} + \underbrace{\frac{\partial (\langle \rho \rangle \dot{S}_k \widetilde{\mathcal{P}_{u\Phi}})}{\partial \psi_k}}_{\text{II}} + \underbrace{\frac{\langle \rho \rangle}{\rho(\psi)} \left(\rho(\psi) g_i - \frac{\partial \langle p \rangle}{\partial x_i} \right) \frac{\partial \widetilde{\mathcal{P}_{u\Phi}}}{\partial V_i}}_{\text{III}}$$

$$= \underbrace{\frac{\langle \rho \rangle}{\rho(\psi)} \frac{\partial}{\partial V_i} \left[\left\langle \frac{\partial p'}{\partial x_i} - \frac{\partial \tau_{ji}}{\partial x_j} \middle| V, \psi \right\rangle \widetilde{\mathcal{P}_{u\Phi}} \right]}_{\text{IV}} + \underbrace{\langle \rho \rangle \frac{\partial}{\partial \psi_k} \left[\frac{1}{\rho(\psi)} \left\langle \frac{\partial J_{k,i}}{\partial x_i} \middle| V, \psi \right\rangle \widetilde{\mathcal{P}_{u\Phi}} \right]}_{\text{V}}$$

(5.221)

上述 PDF 输运方程包含好几个项。下面给出了这些项的物理解释:
Ⅰ 由平均流动和湍流引起的平流而导致的在物理空间中的输运;
Ⅱ 由化学反应引起的在组分空间中的输运;
Ⅲ 由体积力和平均压力梯度引起的在速度空间中的输运;
Ⅳ 波动的压力梯度和黏度的影响;
Ⅴ 物质和焓的分子扩散的影响。

由于密度和反应速率是已知的组分矢量的函数,并且平均压力梯度可以从联合 PDF 确定,因此可以精确地计算项Ⅰ、Ⅱ和Ⅲ,而不用做任何近似。式(5.221)右侧的项表示由黏性应力和波动的压力梯度在速度空间中的输运以及由分子通量在组分空间中引起的输运。在等式可以求解 $\widetilde{\mathcal{P}_{u\Phi}}$ 之前,必须确定或近似确定出现在这些项中的条件期望值。因此,项Ⅳ和Ⅴ需要建模。

Favre 平均的组分 PDF $\widetilde{\mathcal{P}_\Phi}(\psi;x,t)$ 可以通过对 Favre 平均的速度—组分联

合 PDF $\widetilde{\mathcal{P}}_{u\Phi}(V,\psi;x,t)$ 在速度空间上积分得到：

$$\widetilde{\mathcal{P}}_{\Phi}(\psi;x,t) = \int \widetilde{\mathcal{P}}_{u\Phi}(V,\psi;x,t)\mathrm{d}V \tag{5.222}$$

式(5.221)对速度空间的积分产生组分 PDF $\widetilde{\mathcal{P}}_{\Phi}(\psi;x,t)$ 的输运方程式,即

$$\frac{\partial(\langle\rho\rangle\widetilde{\mathcal{P}}_{\Phi})}{\partial t} + \underbrace{\frac{\partial(\langle\rho\rangle\widetilde{u_i}\widetilde{\mathcal{P}}_{\Phi})}{\partial x_i}}_{\text{平均流动平流}} + \underbrace{\frac{\partial(\langle\rho\rangle\dot{S}_k\widetilde{\mathcal{P}}_{\Phi})}{\partial \psi_k}}_{\text{化学反应}}$$

$$= \underbrace{-\frac{\partial}{\partial x_i}(\langle\rho\rangle\langle u_i''|\psi\rangle\widetilde{\mathcal{P}}_{\Phi})}_{\text{湍流扩散}} + \underbrace{\langle\rho\rangle\frac{\partial}{\partial \psi_k}\left[\frac{1}{\rho(\psi)}\left\langle\frac{\partial J_{k,i}}{\partial x_i}\bigg|\psi\right\rangle\widetilde{\mathcal{P}}_{\Phi}\right]}_{\text{湍流混合}} \tag{5.223}$$

在式(5.223)中,化学反应和由平均速度带来的平流的影响不用任何近似就能精确地计算出来;由湍流速度波动带来的湍流扩散和混合需要建模。

在包括辐射后,速度和组分的联合 PDF 的输运方程为

$$\frac{\partial(\langle\rho\rangle\widetilde{\mathcal{P}}_{u\Phi})}{\partial t} + \frac{\partial(\langle\rho\rangle V_i\widetilde{\mathcal{P}}_{u\Phi})}{\partial x_i} + \frac{\partial(\langle\rho\rangle\dot{S}_k\widetilde{\mathcal{P}}_{u\Phi})}{\partial \psi_k} + \frac{\langle\rho\rangle}{\rho(\psi)}\left(\rho(\psi)g_i - \frac{\partial\langle p\rangle}{\partial x_i}\right)\frac{\partial\widetilde{\mathcal{P}}_{u\Phi}}{\partial V_i}$$

$$= \frac{\langle\rho\rangle}{\rho(\psi)}\frac{\partial}{\partial V_i}\left[\left\langle\frac{\partial p'}{\partial x_i} - \frac{\partial \tau_{ji}}{\partial x_j}\bigg|V,\psi\right\rangle\widetilde{\mathcal{P}}_{u\Phi}\right] + \langle\rho\rangle\frac{\partial}{\partial \psi_k}\left[\frac{1}{\rho(\psi)}\left\langle\frac{\partial J_{k,i}}{\partial x_i}\bigg|V,\psi\right\rangle\widetilde{\mathcal{P}}_{u\Phi}\right]$$

$$+ \delta_k\frac{\partial}{\partial \psi_k}\left(\frac{\langle\rho\rangle}{\rho(\psi)}\dot{Q}_{\text{rad,em}}'\widetilde{\mathcal{P}}_{u\Phi}\right) - \delta_k\frac{\partial}{\partial \psi_k}\left(\frac{\langle\rho\rangle}{\rho(\psi)}\langle\dot{Q}_{\text{rad,ab}}''|V,\psi\rangle\widetilde{\mathcal{P}}_{u\Phi}\right)$$

$$\tag{5.224}$$

式中；$k = 1,2,\cdots,N$ 时，$\delta_k = 0$；$k = N+1$ 时，$\delta_k = 1$。

5.14.2 矩方程和 PDF 方程

可以从组分 PDF($\widetilde{\mathcal{P}}_{\Phi}$)得到用于组分场的任意单点、单次统计学的方程式(5.193)。类似地,可以用式(5.198)从速度-组分 PDF($\widetilde{P}_{u\Phi}$)得到速度场和(或)组分场的任意单点、单次联合统计学的方程。速度-组分 PDF 方程在速度-组分空间上的积分,或组分 PDF 方程在组分空间上的积分,将产生平均连续性方程。

速度和组分矢量的一阶矩分别为速度场和组分场的期望值或平均值(见式(4.14))。第 4 章中矩方程的推导应用了雷诺平均或 Favre 平均。为了将 PDF 方程与原始矩方程关联起来,可以通过将速度-组分 PDF 方程乘以 V 并在速度-组分空间上积分来推导平均动量方程。平均物质质量分数和平均焓方程可

以类似地通过将速度-组分(或组分)PDF 方程乘以组分矢量 $\boldsymbol{\psi}$ 并在速度-组分(或组分)空间上积分得到。从这一步骤得到的方程应与平均动量、组分和焓方程相同。

速度和组分矢量的二阶矩是湍流-标量通量和雷诺应力张量。湍流标量通量演化的输运方程可以通过将式(5.214)乘以 $(V_i - \widetilde{u}_i)(\psi_k - \widetilde{\phi}_k)$ 并在速度-组分空间上积分得到 $\widetilde{u_i'' \phi_k''}$ 的输运方程推导得出：

$$\frac{\mathrm{D}}{\mathrm{D}t}\widetilde{u_i'' \phi_k''} : \int_{-\infty}^{\infty}\int_{-\infty}^{\infty}(V_i - \widetilde{u}_i)(\psi_k - \widetilde{\phi}_k)\{\widetilde{\mathcal{P}_{u\Phi}} \text{的方程}\}\mathrm{d}\boldsymbol{V}\mathrm{d}\boldsymbol{\psi} \quad (5.225)$$

类似地，有：

$$\frac{\mathrm{D}}{\mathrm{D}t}\widetilde{\phi_k'' \phi_l''} : \int_{-\infty}^{\infty}(\psi_k - \widetilde{\phi}_k)(\psi_l - \widetilde{\phi}_l)\{\widetilde{\mathcal{P}_{\Phi}} \text{的方程}\}\mathrm{d}\boldsymbol{\psi} \quad (5.226)$$

二阶中心矩方程在开发 PDF 方法的模型中以及比较使用 PDF 方法得到的结果和使用更简单模型得到的结果的模型中通常很有用。

正如 Haworth(2010)所讨论的，建立在 PDF 方程基础上的矩方程的推导相比传统方法具有几个优点。PDF 方程的建立是湍流燃烧建模的出发点。概率密度函数在几乎所有湍流燃烧模型中都起着核心作用。前面的推导技术在瞬时控制 PDE①、PDF 方程和矩方程之间建立了联系。它阐明了需要建模的项的物理性质。此外，它最大程度地减小了控制方程的形式处理和实验测量中用于近似平均量的特定技术(如系综平均、时间平均、空间平均或质量加权平均)之间的混淆。

5.14.3 流体颗粒的拉格朗日方程

将 A 和 Θ 分别记为随流体颗粒的速度变化的时间速率以及组分变化的时间速率，可以立即建立流体颗粒与 pdf 输运方程间的关系。一个流体颗粒的位置、速度和组成 (x_i^*, u_i^*, ϕ_k^*) 按这些方程演化：

$$\frac{\mathrm{D}x_i^*}{\mathrm{D}t} = u_i^* \quad (5.227)$$

$$\frac{\mathrm{D}u_i^*}{\mathrm{D}t} = A_i^* = g_i - \frac{1}{\rho(\phi_k^*)}\frac{\partial \langle p \rangle^*}{\partial x_i} + a_{i,p'}^* + a_{i,\mathrm{vis}}^* \quad (5.228)$$

$$\frac{\mathrm{D}\phi_k^*}{\mathrm{D}t} = \Theta_k^* = \dot{S}_k(\phi_k^*) + \theta_{k,\mathrm{mix}}^* - \delta_k \dot{q}_{\mathrm{rad,em}}''(\phi_k^*) + \delta_k \dot{q}_{\mathrm{rad,ab}}'' \quad (5.229)$$

($k = 1, 2, \cdots, N$ 时 $\delta_k = 0$；$k = N + 1$ 时，$\delta_k = 1$)

---

① PDE：偏微分方程的英文缩写。——译者注

式中：*（上标）——任意颗粒；

　　带*（上标）的平均量——在颗粒位置处估计的平均值（如 $\partial \langle p \rangle^* / \partial x_i = \partial \langle p(x^*(t),t) \rangle / \partial x_i$）；

$a_{i,p'}^*$——由波动压力梯度引起的颗粒加速度；

$a_{i,\text{vis}}^*$——由分子黏度（速度混合）引起的颗粒加速度；

$\dot{q}_{\text{rad,abs}}''$——由辐射吸收引起的焓的增量；

$\theta_{k,\text{mix}}^*$——由分子扩散（标量混合）引起的组分增量。

颗粒位置处的平均密度 $\langle \rho \rangle^*$ 可以用来代替颗粒速度方程（式（5.228））中在平均压力梯度项中出现的颗粒密度 $\rho(\phi_k^*)$。

Pope（1985）所提出的广义 Langevin 模型（generalized Langevin model，GLM）的一种形式可用于模拟前面颗粒方程中的位置和速度：

$$dx_i^* = u_i^* dt \tag{5.230}$$

$$du_i^* = \left(g_i - \frac{1}{\rho(\phi_k^*)} \frac{\partial \langle p \rangle^*}{\partial x_i} \right) dt + G_{ij}(u_i^* - \widetilde{u}_j) dt + (C_0 \varepsilon)^{1/2} dW_i \tag{5.231}$$

在这些等式中，使用 d 代替 D，但意义保持不变。已经假设使用一些其他技术可以对组分矢量和密度建模。

式（5.231）是一个流体颗粒速度的线性马尔可夫（Markov）模型。它类似于正经受着布朗运动的一个颗粒速度的 Langevin 方程。在这个模型中，G_{ij} 是建立在局部单点速度统计的二阶张量函数基础上，$C_0 > 0$ 为模型常数。通过考虑格栅湍流中线源后面热尾流的演变，确定 $C_0 = 2.1$（Anand 和 Pope，1985）。式（5.231）中涉及 G_{ij} 和 W_i 的最后两项为式（5.228）中的项 $a_{i,p'}^* dt$ 和 $a_{i,\text{vis}}^* dt$ 提供了闭合模型。式（5.231）右侧的最后一项表示速度空间中的一种随机游走，量 $W_i(t)$ 为各向同性 Wiener 过程。最后一项中的参数 ε 表示湍流耗散速率。在 Pope（2000：附录 J）中综述了扩散过程、Langevin 方程、Wiener 过程和相关量的性质。$W_i(t)$ 的一些关键性质在下面给出：

$$\langle dW_i \rangle = 0, \quad \langle dW_i dW_j \rangle = dt \delta_{ij} \tag{5.232}$$

增量 d**W** 是具有零均值和协方差 $dt\delta_{ij}$ 的联合法向随机矢量。在数值实现中，dW_i 可以近似为 $dW_i = \eta_i \Delta t^{1/2}$，其中 η_i 为 3 个独立的标准化高斯（均值为 0，方差为 1）随机变量的矢量，Δt 为计算时间步长。为了保持系统的马尔可夫性质，dW_i 必须与式（5.231）中的系数无关。在 Haworth 和 Pope（1986a）的引言中可以找到使用 Langevin 方程和密切相关的离散马尔可夫链或随机游走来模拟湍流的综述。

对应于式（5.231）的速度 PDF 方程为 Fokker-Planck 方程：

$$\frac{\partial(\rho \mathcal{P}_u)}{\partial t} + \frac{\partial(\rho u_i \mathcal{P}_u)}{\partial x_i} + \left(\rho g_i - \frac{\partial \langle p \rangle}{\partial x_i}\right)\frac{\partial \mathcal{P}_u}{\partial V_i}$$

$$= -G_{ij}\frac{\partial}{\partial V_i}[\rho(V_j - \widetilde{u}_j)\mathcal{P}_u] + \frac{1}{2}C_0\varepsilon\frac{\partial^2 \rho \mathcal{P}_u}{\partial V_i \partial V_i} \quad (5.233)$$

式(5.233)右侧的项为隐含在式(5.231)中的闭合模型,具体是指式(5.231)右侧涉及 $\partial \tau_{ij}/\partial x_j$ 和 $\partial p'/\partial x_i$ 条件期望的项。

Haworth 和 Pope(1986)给出了二阶张量 G_{ij} 的通用模型,它是局部平均量的函数:

$$G_{ij} = f(\widetilde{u_k''u_l''}, \partial \bar{u}_i/\partial x_j, \varepsilon) \quad (5.234)$$

这种形式是建立在湍流动能演化的物理推理,二次项,如黏性应力、快速畸变极限,以及涉及张量性质的数学约束的建模基础上的。这种函数形式只有简单流才能严格证明。在均匀流动中,平均速度和雷诺应力提供了完整的流场单点统计描述,这是因为速度 pdf 具有联合正态分布。在统计稳态流中,所有欧拉统计量的当前值同样需要计及它们的过去值;因此,式(5.234)没有任何流动历史。实验观察表明,在一般流动中,G_{ij}将取决于给定位置的积分长度尺度内的速度场、当前时间的一个积分时间尺度内的流动历史,以及流动的雷诺数(Veynante et al.,1997)。对于均匀流动,唯一相关的速度场统计量为平均速度梯度和雷诺应力。因此,可以根据这两个参数推导出 G_{ij} 的函数形式。例如,提出的 G_{ij} 模型可以在平均速度梯度和雷诺应力上是线性的(或等效于归一化的各向异性张量 b_{kl}):

$$G_{ij} = \alpha_1 \frac{1}{\tau}\delta_{ij} + \alpha_2 \frac{1}{\tau}b_{ij} + H_{ijkl}\frac{\partial \langle u_k \rangle}{\partial x_l} \quad (5.235)$$

式中

$$b_{ij} \equiv \langle u_i u_j \rangle / \langle u_k u_k \rangle - \frac{1}{3}\delta_{ij} \quad (5.236)$$

$$\tau = \langle u_k u_k \rangle / 2\varepsilon = \text{特征湍流时间尺度} \quad (5.237)$$

$$H_{ijkl} = \beta_1\delta_{ij}\delta_{kl} + \beta_2\delta_{ik}\delta_{jl} + \beta_3\delta_{il}\delta_{jk} + \gamma_1\delta_{ij}b_{kl} + \gamma_2\delta_{ik}b_{jl} + \gamma_3\delta_{il}b_{jk}$$
$$+ \gamma_4 b_{ij}\delta_{kl} + \gamma_5 b_{ik}\delta_{jl} + \gamma_6 b_{il}\delta_{jk} \quad (5.238)$$

可以很容易地注意到,这个模型有几个系数。一些系数可以应用模型约束来确定(Haworth 和 Pope,1986:第Ⅳ章),其余的可以通过实验和(或)DNS 数据的校准来确定。还考虑了这个模型的几个简化版本。例如:简化的 Langevin 模型(simplified Langevin model,SLM)为

$$G_{ij} = -\left(\frac{1}{2} + \frac{3}{4}C_0\right)\omega\delta_{ij} \quad (5.239)$$

式中:频率 ω 定义为

$$\omega = -\frac{\mathrm{d}\ln\langle u_i' u_j' \rangle}{\mathrm{d}t} \tag{5.240}$$

这种形式对应于 G_{ij} 是各向同性且与平均速度梯度和雷诺应力无关,但与雷诺应力衰减速率有关的情况。模型对应于雷诺应力的 Rotta 线性回归至各向同性模型,其中 Rotta 常数的值为 $C_R = (3C_0 + 2)/2$。当 $C_0 = 2.1$(标准值)时,$C_R = 4.15$。这比 $C_R = 1.5$ 的标准值高,但是接近 $C_R = 4.5$ 的值,已发现在缺少关于快速压力项(涉及平均速度梯度的项)的显式模型的情况下,这个值对自由剪切流能给出良好的结果。Pope(1985)提出了一种针对流体颗粒加速的随机拉格朗日模型。

5.14.4 组分 PDF 方法中的梯度输运模型

在组分 PDF 方法中,必须对由湍流速度波动带来的输运建模(注意,在速度-组分 PDF 方法中不需要这样的建模)。通常在 PDF 方法中使用梯度输运假设将这一项建模为(使用符号 $\stackrel{m}{=}$):

$$-\frac{\partial(\langle \rho \rangle \langle u_i'' \mid \widetilde{\mathcal{P}}_\Phi \rangle)}{\partial x_i} \stackrel{m}{=} \frac{\partial}{\partial x_i}\left[\Gamma_{T\Phi} \frac{\partial \widetilde{\mathcal{P}}_\Phi}{\partial x_i}\right] = \Gamma_{T\Phi} \frac{\partial^2 \widetilde{\mathcal{P}}_\Phi}{\partial x_i \partial x_i} + \frac{\partial \widetilde{\mathcal{P}}_\Phi}{\partial x_i} \frac{\partial \Gamma_{T\Phi}}{\partial x_i} \tag{5.241}$$

其中:表观湍流输运系数 $\Gamma_{T\Phi}$ 为

$$\Gamma_{T\Phi} = c_\mu \langle \rho \rangle \sigma_T^{-1} k^2/\varepsilon \tag{5.242}$$

c_μ 和 σ_T 的标准值分别为 0.09 和 0.7,这意味着湍流标量通量的梯度输运为

$$-\langle \rho \rangle \widetilde{\phi_k'' u_i''} \stackrel{m}{=} \Gamma_{T\Phi} \frac{\partial \widetilde{\phi}_k}{\partial x_i} \tag{5.243}$$

与组分 PDF 梯度输运相匹配的流体颗粒模型为

$$\mathrm{d}x_i^* \stackrel{m}{=} \widetilde{u}_i^* \, \mathrm{d}t + \left(\langle \rho \rangle^{-1} \frac{\partial \Gamma_{T\Phi}}{\partial x_i}\right)^* \mathrm{d}t + (2\langle \rho \rangle^{-1} \Gamma_{T\Phi})^{*1/2} \mathrm{d}W_i \tag{5.244}$$

式中使用了 Wiener 过程矢量 W_i。在有根据时,可以将分子输运系数加到表观湍流输运系数上,尽管严格来说,该效应对应于组分 PDF 方程中的 J 项而不是对应于涉及湍流速度波动的项。

组分 PDF 方程可以用湍流扩散项的梯度扩散模型写为

$$\frac{\partial(\langle \rho \rangle \widetilde{\mathcal{P}}_\varphi)}{\partial t} + \frac{\partial(\langle \rho \rangle \widetilde{u}_i \widetilde{\mathcal{P}}_\varphi)}{\partial x_i} + \frac{\partial(\langle \rho \rangle \dot{S}_k \widetilde{\mathcal{P}}_\varphi)}{\partial \psi_k}$$

$$= \underbrace{\frac{\partial}{\partial x_i}\left[\Gamma_{T\Phi} \frac{\partial \widetilde{\mathcal{P}}_\Phi}{\partial x_i}\right]}_{\text{湍流扩散模型}} + \underbrace{\frac{c\Phi}{2\tau_T} \frac{\partial}{\partial \psi_k}[(\psi_k - \widetilde{\phi}_k)\langle \rho \rangle \widetilde{\mathcal{P}}_\Phi]}_{\text{湍流混合}} \tag{5.245}$$

式中：c_Φ 为模型常数，其标准值为 2.0，湍流时间尺度 $\tau_T \equiv k/\varepsilon$。

组分变量（$\widetilde{\phi_k}$ 和 $\widetilde{\phi_k''^2}$）的矩方程可以用组分变量矢量乘以组分 PDF 方程并在组分空间中积分得到。得到的一阶矩和二阶矩方程为

$$\frac{\partial(\langle\rho\rangle\widetilde{\phi_k})}{\partial t} + \frac{\partial(\langle\rho\rangle\widetilde{u_i}\widetilde{\phi_k})}{\partial x_i} = \frac{\partial}{\partial x_i}\left[\Gamma_{T\Phi}\frac{\partial\widetilde{\phi_k}}{\partial x_i}\right] + \langle\rho\rangle\overline{\dot{S}_k} \quad (5.246)$$

$$\frac{\partial(\langle\rho\rangle\widetilde{\phi_k''^2})}{\partial t} + \frac{\partial(\langle\rho\rangle\widetilde{u_i}\widetilde{\phi_k''^2})}{\partial x_i} = \frac{\partial}{\partial x_i}\left[\Gamma_{T\Phi}\frac{\partial\widetilde{\phi_k''^2}}{\partial x_i}\right] + 2\Gamma_{T\Phi}\frac{\partial\widetilde{\phi_k}}{\partial x_i}\frac{\partial\widetilde{\phi_k}}{\partial x_i}$$
$$+ 2\langle\rho\rangle(\widetilde{\dot{S}_k\phi_k} - \widetilde{\dot{S}_k}\widetilde{\phi_k}) - c_\Phi\langle\rho\rangle\frac{\widetilde{\phi_k''^2}}{\tau_T}$$
$$(5.247)$$

在这些等式中，对湍流闭合调用了标准 $k\text{-}\varepsilon$ 模型。然而，这不是绝对要求，因为也可以使用雷诺应力湍流模型。如果使用了速度-组分 PDF，那么有

$$\widetilde{k} = \frac{1}{2}\iint(V_i - \widetilde{u_i})(V_i - \widetilde{u_i})\widetilde{\mathcal{P}_{u\Phi}}(V,\psi;x,t)\mathrm{d}\psi\mathrm{d}V \quad (5.248)$$

在对 $\widetilde{\phi_k}$ 和 $\widetilde{\phi_k''^2}$ 求解式（5.246）和式（5.247）后，可以通过下面两式用它们的当地值确定当地 PDF 的形状：

$$\widetilde{\phi_k}(x) = \int_{-\infty}^{\infty}\psi\widetilde{\mathcal{P}_\Phi}(\psi;x)\mathrm{d}\psi \quad (5.249)$$

$$\phi_k''^2(x) = \int_{-\infty}^{\infty}(\psi - \widetilde{\Phi})^2\widetilde{\mathcal{P}_\Phi}(\psi;x)\mathrm{d}\psi \quad (5.250)$$

式中：ψ 为样本空间变量（物质质量分数或焓）。

5.14.5 总反应速率的确定

在达姆科勒数足够高的情况下，湍流火焰的局部结构可能基本上是承受相同气动热化学条件的层流火焰的结构。在这种情况下，可以将湍流火焰看作是小层流小火焰的集合。可以用具有详细化学的层流平面滞止点流的简单模型计算单位火焰表面积的消耗速率（S_c）。结果存储在小火焰库中，在那里，单位火焰表面积的层流消耗速率（S_c）被列为一系列在给定的当量比和初始温度下拉伸速率（κ）的表。湍流火焰表面上的平均小火焰消耗速度为

$$\langle S_c\rangle_s = \int_0^\infty S_c(\kappa)\widetilde{\mathcal{P}}(\kappa)\mathrm{d}k \quad (5.251)$$

在实际湍流中，必须考虑火焰相互作用和熄灭机理。平均反应速率 $\overline{\dot{\omega}_\Theta}$ 可

以用火焰表面密度 Σ、气体密度 ρ_0 和当地单位火焰面积消耗速率 $\langle S_c \rangle_s$ 的乘积来确定,即

$$\overline{\dot{\omega}_\Theta} = \rho_0 \langle S_c \rangle_s \Sigma \tag{5.252}$$

5.14.6 拉格朗日蒙特卡罗颗粒法

模拟的组分 PDF 方程是 $N+4$ 个独立变量以及时间的积分-微分方程。用常规方法求解大 N 是不实际的。蒙特卡罗法提供了另一种选择。蒙特卡罗法是一种涉及使用随机数和概率来求解问题的技术。该技术的核心思想是求解为计算大量粒子而开发的模拟颗粒方程。通过对所有颗粒进行系综平均来获得如($\widetilde{\phi}_k$, $\widetilde{\phi_k''^2}$)的量的预期值。在这种情况下,统计误差通常按 $N^{-1/2}$ 计算。对于计算在 x 和 t 上变化的 Favre 平均组分 PDF,可以使用混合拉格朗日颗粒/欧拉网格(Lagrangian particle/Eulerian mesh,LPEM)法。存在大量与这一技术相关的计算问题,包括拉格朗日/欧拉一致性、颗粒数密度控制、通过非结构化网格的颗粒跟踪、来自噪声颗粒数据平均量的估算,以及其他问题(Subramaniam 和 Haworth,2000)。

5.14.7 密度函数滤波法

另一种缩减高雷诺数和(或)高 Da 下瞬时控制方程中固有的尺度宽动态范围的概率(雷诺平均)方法是对方程在空间和(或)时间上滤波。这是湍流反应流大涡模拟(large-eddy simulation,LES)的基础(见 4.7 节)。通常的做法是仅使用空间滤波。

在 LES 中,在对亚网格尺度波动的影响建模时,可以明确获得大于滤波器宽度的尺度动态(解析尺度)。这与雷诺平均相反,雷诺平均必须对所有湍流波动在所有尺度上对局部均值的影响建模。因此,在精度和通用性上,可以预期 LES 应该比雷诺平均优秀。然而,LES 对非反应流(这种情况下大部分这些论点已经给出)和对反应流之间存在明显差异。在具有高雷诺数流体动力学湍流的恒定密度流动中,没有化学反应和任何壁面,速率控制过程由解析的大尺度确定。然而,在化学反应湍流中,基本速率控制过程(分子输运和化学反应)发生在最小的(通常是未解析的)尺度上。在这种情况下,需要用解析尺度的量来参数化亚网格尺度波动。对局部滤波反应速率影响的基于 LES 的模型,必须与需要用平均量参数化湍流波动对局部平均反应速率影响的基于雷诺平均的模型基本相同。从这个意义上来讲,在湍流反应流的情况下,LES 比雷诺平均更为有利的论点不那么令人信服。尽管如此,一系列广泛且迅速增长的证据都证明 LES 在实验室火焰建模研究以及在燃气轮机、内燃机和其他燃烧系统中应用的定量优势。

LES 中的一个与 PDF 方法类似的方法称为滤波密度函数(filtered density

Function,FDF)法。Givi(1989)提出在 LES 中使用基于 PDF 的方法进行亚网格尺度建模。Pope(1990)提出了 FDF 的公式,Gao 和 O'Brien(1993)对组分 FDF 的输运方程进行了推导和建模。Haworth(2010)在一篇综述中给出了 LES/FDF 法与雷诺平均/PDF 法的比较。

5.14.8 PDF 法的展望

PDF 法能够对控制一组变量的单点、单次 PDF 演化的方程进行建模和求解,这些变量确定了反应系统的局部热化学和(或)流体动力学状态。目前的重点在于低马赫数反应理想气体混合物的组分 PDF 和速度-组分 PDF 法。自 Pope(1985)的论文以来,在 PDF 方法上取得了重大进展。在那时,PDF 方法主要用作学术研究工具。如今,PDF 法已成为实验室规模火焰和设备规模应用的主流湍流燃烧建模方法。

概率密度函数法为化学反应湍流建模提供了引人注目的优势。特别地,它们为高度非线性化学源项和对应于瞬时控制方程中其他单点物理过程(如辐射发射)的项在平均或滤波时产生的闭合问题提供了上乘且有效的解决办法。使用 PDF 法可以用一种自然和直接的方式捕获到流体动力学湍流、气相化学、烟灰、液体燃料喷雾和热辐射之间复杂的相互作用。出于这些原因,基于 PDF 的模型在其他方法没有成功的地方取得了成功。例子包括它们甚至能够在具有强局部熄灭/再点燃火焰中捕获强烈的湍流-化学相互作用,以及在发光火焰中捕获强烈的湍流-辐射相互作用。

PDF 法的主要优点在于可在较宽气动-热-化学条件和结构范围中应用相同的物理模型,并且无需针对每种应用进行特定调整。通过遵循系统方法,用户可以避免调整针对某一物理过程(如化学动力学)的模型来补偿在另一不同物理过程(如湍流-化学相互作用)建模中的不足。目前,PDF 法主要用于使用单湍流尺度模型的反应性理想气体混合物。然而,也已经纳入了多物理、多尺度信息。

虽然 PDF 法主要应用于使用相对简单燃料的大气压力、实验室规模、统计稳态、非发光、非预混火焰,但该方法可应用于高 Da 情况和低至中等的 Da 系统、预混火焰以及非预混和部分预混火焰,以及实际燃烧装置和实验室规模的火焰。预计基于 PDF 的方法将在 21 世纪被更广泛地采用,以解决与燃烧相关的重要能源和环境问题。

习题

1. 证明增厚湍流预混火焰的特征厚度(δ_{tf})和速度(u_{tf})可以通过式(5.52)和式(5.53)与达姆科勒数、积分长度尺度和湍流强度关联起来。

2. 以彼此之间关系的角度讨论逆梯度输运近似和梯度输运近似。
3. 使用水平集法得到G-方程(式(5.125))。

题目1

考虑预混气体的两支湍流流动(流动 A 和 B 具有相同的F/O比,但速度和温度不同)在恒定面积管道中的混合和燃烧。列出你将要使用的主要控制方程。说明边界条件、闭合方法和基本假设。

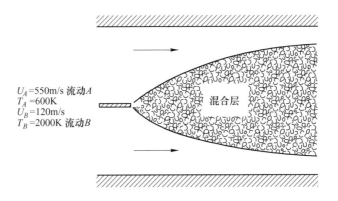

题目2

为确定层流火焰是否可以存在于预混湍流中,Klimov 和 Williams 从强制剪切流中的层流火焰方程的解证明,只有当下面的拉伸因子 κ 小于量级为 1 的临界值时,才可能存在传播的层流火焰:

$$\kappa \equiv \frac{\delta_L}{S_L} \frac{1}{A} \frac{dA}{dt} \tag{1}$$

式中: δ_L、S_L、A 分别为层流火焰的厚度、速度和单元面积。

还已知单元面积变化的百分比可近似为

$$\frac{1}{A} \frac{dA}{dt} \approx \frac{u'}{\Lambda_T} \tag{2}$$

式中: u'、Λ_T 为湍流强度和泰勒微尺度。

(1) 使用列出的等式和任何其他必要的关系来证明拉伸因子 κ 可以表示为

$$\kappa \approx \left(\frac{\delta_L}{\eta}\right)^2 \tag{3}$$

式中: η 为 Kolmogorov 微尺度。

将 κ 设定为 1,可以得到层流火焰存在于预混湍流中的如下准则:

$$\delta_L \leqslant \eta \tag{4}$$

这称为 Kilmov-Williams 准则。当满足它时,可能发生褶皱火焰。

(2) 构建无量纲强度(u'/S_L)对雷诺数的图来显示湍流预混火焰的不同模式。大致绘出对应于 η/δ_L,Da 和 $1/\delta_L$ 的恒定值(例如:0.1、1、10、100、1000)的线。注意各种雷诺数的这些定义:

$$Re_l \equiv \frac{u'l}{\nu}, Re_{\Lambda_T} \equiv \frac{u'\Lambda_T}{\nu}, Re_\eta \equiv \frac{u'\eta}{\nu}$$

它们通过下式相关联:

$$Re_\eta^4 \approx Re_{\Lambda_T}^2 \cong Re_l$$

同时也指出表示 Kilmov-Williams 准则的特殊线。

(3) 讨论各模式的物理意义。

第6章 非预混湍流火焰

符 号 表

符号	含 义 说 明	量纲
A	阿伦尼乌斯因子(对于级数为 m 的反应)	$(N/L^3)^{1-m}/t$
a	应变速率,见式(3.117)[①]	$1/t$
D	热扩散率	L^2/t
Da	达姆科勒数,式(6.1)和式(6.2)中定义	—
f	混合分数	—
Le	路易斯数	—
k	湍流动能	L^2/t^2
l	湍流长度尺度或火焰厚度	L
l_d	式(6.12)定义的扩散层火焰厚度	L
N	数字	—
r	径向坐标	L
$r_{1/2}$	径向射流的当地/局部半宽(见图6.28)	L
Re	雷诺数	—
S	式(6.26)中使用的分离因子	
S_L	层流火焰速度	L/t
u	速度分量	L/t
T	温度	T
W_j	第 j 种元素的相对原子质量	M/N
x	空间坐标	
Δx	网格间距	L
Y	质量分数	—
Z	式(3.2)定义的混合分数,也可见于式(3.11)和式(3.13)	—
z	式(6.37)定义的微分扩散参数	—

① 原文有误。——译者注

(续)

符号	含 义 说 明	量纲
Z_j	式(3.24)定义的第 j 种元素的质量分数	—
$(\Delta Z)_r$	式(6.9)定义的无量纲反应区厚度	—
$(\Delta Z)_F$	式(3.102)定义的无量纲小火焰厚度, $\approx Z_{st}$, 见图3.8	—
希腊符号		
δ	厚度	L
ε	湍流耗散率	L^2/t^3
ρ	气体密度	M/L^3
η	式(6.21)定义的 Kolmogorov 长度尺度	L
ξ_k	归一化的元素混合分数	—
τ	时间尺度	t
ϕ	式(3.18)定义的当量比	—
χ	式(3.72)定义的瞬时标量耗散率	$1/t$
$\mathcal{P}_v$	$v=V$ 的边际概率密度函数(另见式(4.177))	—
$\mathcal{P}_{uv}$	样本空间变量 u 和 v 的联合概率密度函数	—
$\dot{\omega}_F$	反应速率	$1/(L^3 t)$
ν	运动黏度	L^2/t
下标		
ch	化学的	
D	直径	
d	扩散层厚度	
f	火焰	
F	燃料	
L	层流的	
o	积分	
O_2	氧气	
q	淬熄	
m	混合	
r	反应区	
st	化学计量	
t	湍流	
l, m	湍流, 混合	
η	Kolmogorov	

(续)

符号	含 义 说 明	量纲
其他		
′	使用雷诺平均技术的波动量	
″	使用 Favre 平均技术的波动量	
~	Favre 平均的量	

非预混(或扩散)燃烧发生在燃料和氧化剂进入燃烧室前未完全预混的所有系统中。由于许多实际燃烧装置是在有湍流存在的非预混火焰情况下运行的,因此非预混湍流燃烧的建模已成为理解燃烧系统的核心问题。例如:燃气轮机和柴油发动机,燃油、燃气和燃烧粉煤的锅炉和燃烧炉,化学激光器,火箭喷焰,以及火灾。在本章中,范围仅限于气态湍流非预混火焰,重点在于对燃烧化学、湍流混合过程及其相互作用的基本理解。对湍流非预混火焰的理解有助于开发或改进许多实际燃烧系统。

6.1 非预混湍流火焰中的主要问题

湍流的特征是流场中存在连续的长度和时间尺度(见第 4 章)。由于湍流化学的相互作用和混合受湍流的影响,湍流环境中的非预混火焰与非预混层流火焰是不同的。此外,燃烧对湍流的影响也是一个重要问题。湍流具有较大的长度和时间尺度谱。最大尺度以燃烧室的物理尺寸为基础,而最小尺度反映了由黏度引起的湍流能量耗散。基元化学反应也具有时间尺度的宽谱。根据湍流时间尺度和化学时间之间的重叠,化学和湍流之间可能发生强烈或微弱的相互作用(Bray,1996)。在非预混燃烧中,燃料和氧化剂是分开供应的,这使得它们被较大尺度的涡流夹带。这个过程产生了富燃和贫燃混合物的袋囊,同时等浓度表面拉伸增强了这些袋囊之间的局部混合速率。在某些情况下,分子尺度的混合(微混合)可能比化学反应更快。产生的放热导致体积膨胀,改变了湍流。

图 6.1 区分了燃烧化学与湍流之间产生的一些相互作用。化学反应发生在分子尺度上,湍流混合(或微混合)是开始于有限体积流体被大尺度涡旋夹带并形成接触之后的小尺度混合过程。这种行为的一个很好的类比可以在图 4.15 中看到,其中大尺度涡旋包含了大部分湍流动能,这种能量在最小尺度上耗散,而在中间尺度上则是直接将这种能量从大尺度涡旋输运至最小尺度的涡旋。等浓度表面被湍流运动的拉伸和卷曲可以极大地增强分子混合,从而可以使热量和各个化学物质的扩散速率变得重要,这就是小尺度混合(或微混合)与湍流火焰的微尺度结构紧密关联的方式。在某些特定情况下,湍流非预混火

焰的这种局部行为可能与层流火焰的结构类似。在这种情况下,可以建立热化学变量的瞬时值与其梯度之间的确定性关系。在其他情况下,可以预期更随机的行为。

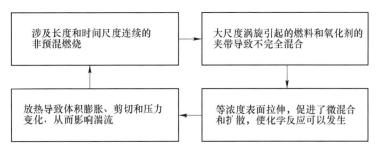

图 6.1　表明湍流-化学相互作用的流程图
(改自 Bray,1996)

由于非预混湍流燃烧的描述需要同时了解湍流混合和燃烧过程,对这些火焰建模成为众多研究主题的一项重大的科学挑战和任务(Bilger,1976a,1989;Peters,1986)。

湍流燃烧模型应由 4 个部分组成:化学动力学模型、湍流模型和两个相互作用模型——一个是燃烧对湍流的影响,另一个是湍流波动对化学反应平均速率的影响。非预混湍流火焰的稳定和点火及边缘火焰(分离燃料区和氧化剂区的物理边界或边缘附近形成的火焰)在这些过程中的特殊作用是令人感兴趣的主要主题。因此,湍流非预混燃烧研究的主要研究单元如下:

(1) 湍流-化学相互作用:
- 混合模型和化学模型;
- 火焰-涡旋相互作用。

(2) 火焰淬熄。

(3) 火焰失稳。

(4) 部分预混火焰。

(5) 边缘火焰。

在预混湍流火焰中,表征湍流和燃烧相互作用的一般尝试是根据湍流燃烧速度确定平均放热速率。这种方法需要极其谨慎。由于火焰刷的厚度,卷曲、应变或瞬态湍流火焰的湍流燃烧速度的实验值(Abdel-Gayed,Bradley 和 Lawes,1987;Shepherd 和 Kostiuk,1994)对火焰刷中选择预估其速度的位置敏感。因此,理论与实验之间的比较需要特别小心。重要的是要注意,在非预混燃烧中,没有燃烧速度的概念。

对湍流非预混燃烧过程建模的一种流行方法是将湍流火焰表示为受流动

而连续位移和拉伸的反应-扩散层(或小火焰)的集合。薄层内部结构的性质及其可能的淬熄已成为许多基础研究的主题。另一种方法建立在对火焰单点统计描述的基础上,没有引用小火焰假设。这对应于引入概率密度函数(PDF)的模型的情况。在 PDF 模型中,在闭合形式中已包含了化学效应,麻烦的是湍流微混合的闭合。直接数值模拟(DNS)已成为研究湍流非预混火焰中与微混合有关问题的标准工具。

6.2 湍流达姆科勒数

选择合适的参数来描述湍流-化学相互作用对非预混湍流火焰是一个众所周知的问题。达姆科勒数(Da)是一个强有力的备选;它定义为特征流动时间与特征化学时间的比。即使使用单步正向反应假设,化学时间也会在给定火焰内变化很大,因此在选择 Da 的相关表达式时必须加以注意。这可以用活化能渐近来实现(Liñán,1974)。这种技术能得到所有表征层流逆流燃料和氧化剂扩散火焰的量的解析表达式以及适当的 Da 表达式。

通常使用两种比率来给出预混火焰的一般分类:特征速度之比和特征长度之比(Borghi,1988)。然而,如各种 DNS 研究所示,扩散火焰通常仅用 Da 表征。由于在非预混燃烧中缺少任何参考长度尺度或时间尺度,可以将化学时间尺度与特征湍流时间进行比较来定义 Da。例如:这个数可以从活化能渐近中推导出来。湍流 Da 定义为

$$Da_t \equiv \frac{湍流时间尺度}{化学时间尺度} = \frac{\tau_t}{\tau_{ch}} \tag{6.1}$$

湍流时间尺度可以分为积分时间尺度 τ_0、湍流混合时间尺度 τ_m 或 Kolmogorov 时间尺度 τ_η。通常,用积分时间尺度或湍流混合时间尺度作为湍流时间尺度。因此,可以定义湍流 Da 为

$$Da_{t,0} = \frac{\tau_t}{\tau_{ch}} = \frac{(l_0/u')}{\delta_F/S_L} \tag{6.2}$$

式中:u' 为湍流强度;l_0 为积分长度尺度;τ_0 为积分时间尺度。

类似地,基于湍流混合时间的 Da 可以定义为

$$Da_{t,m} = \frac{\tau_m}{\tau_{ch}} = \frac{1}{(\delta_F/S_L)\widetilde{\chi}_{st}} \tag{6.3}$$

式中:$\widetilde{\chi}_{st}$ 定义为

$$\overline{\rho\widetilde{\chi}_{st}} = 2\overline{\rho D |\nabla Z|^2_{Z=Z_{st}}} \approx 2\overline{\rho D |\nabla Z''|^2_{Z=Z_{st}}} = 2\overline{\rho} D |\widetilde{\nabla Z''}|^2_{Z=Z_{st}} \tag{6.4}$$

式中:Z 为混合分数;Z'' 为混合分数的波动(见 3.3 节和 3.4 节对混合分数和标

量耗散率的描述)。

基于混合时间尺度式(6.3)的 Da 对应于局部非预混火焰结构;相反,基于积分时间尺度(τ_0)的定义对应于湍流非预混火焰的整体结构。

层流火焰速度 S_L、层流火焰厚度 δ_F 和穿越火焰的停留时间(或化学时间)τ_{ch} 通过以下关系彼此相关:

$$\tau_{ch} = \delta_F/S_L \tag{6.5}$$

式中: $S_L \delta_F/\nu \approx 1$。

含能大涡旋的积分长度尺度为

$$l_0 = \frac{u'^3}{\varepsilon} \approx \frac{k^{3/2}}{\varepsilon} \tag{6.6}$$

式中: ε 为湍流耗散率。一些研究人员倾向于使用混合分数波动 ($\widetilde{Z''^2}$) - Da。这一 Da 的定义为

$$Da_{t,Z} = \frac{\tau_t}{\tau_{ch}} \frac{1}{\widetilde{Z''^2}} \tag{6.7}$$

6.3 湍流雷诺数

很自然地会选择雷诺数作为第二个无量纲数组。雷诺数应根据湍流强度(u')、积分长度尺度(l_0)和层流黏度(ν)来定义,而不是用平均流速:

$$Re_t \equiv \frac{u' l_0}{\nu} \approx \frac{k^{1/2}}{\nu}\left(\frac{k^{3/2}}{\varepsilon}\right) = \frac{k^2}{\nu \varepsilon} \tag{6.8}$$

6.4 非预混湍流火焰中的尺度

与预混火焰不同,扩散火焰没有明确定义的参考长度,并且可以有多种选择来定义这种长度(Bilger, 1988; Bray 和 Peters, 1994; Cook 和 Riley, 1996; Lee, 1994)。但是,某些长度尺度可以从对非预混燃烧过程的理解中提取出来。如第 3 章所述,混合分数场在预混火焰结构中是一个关键变量,因为反应区宽度 l_r 在混合分数空间中与流场无关,但在物理空间中并非这样。扩散火焰中包含嵌入了一个反应区的扩散层,如图 6.2 所示。

让我们考虑 y 方向上的一维混合分数分布。对于层流扩散火焰,混合分数空间中的火焰厚度(ΔZ_F)与物理空间中的火焰厚度(l_F)之间的关系如式(3.101)所示。用湍流非预混火焰中的局部反应区厚度,这个等式可以改写为

$$l_r = \frac{(\Delta Z)_r}{\left.\frac{\partial Z}{\partial y}\right|_{Z=Z_{st}}} \tag{6.9}$$

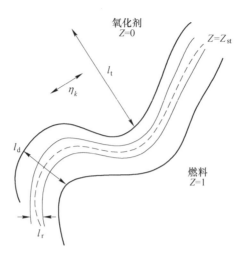

图 6.2 非预混火焰的示意图
(改自 Vervisch 和 Poinsot, 1998)

标量耗散率可以根据混合分数预估如下(也可见式(3.72)):

$$\overline{\rho\widetilde{\chi}} = \overline{\rho\chi} = 2\overline{\rho D |\nabla Z|^2} \tag{6.10}$$

假设在非预混湍流火焰中,混合层的平均厚度具有与湍流积分长度尺度相同的量级,即

$$|\nabla\widetilde{Z}|^{-1} \sim \frac{\widetilde{k}^{3/2}}{\widetilde{\varepsilon}} \tag{6.11}$$

与反应区相邻的扩散层厚度 l_d 可以用下式预估:

$$l_d \sim \left(\frac{1}{|\nabla Z''|^2}\right)^{\frac{1}{2}} \tag{6.12}$$

式(6.12)意味着标量耗散 $\widetilde{\chi}$ 量化了湍流混合的强度,它在 l_d 数量级的尺度上起作用。因此,与混合分数波动的梯度($\nabla Z''$)相比,混合分数平均值的梯度($\nabla\widetilde{Z}$)可以忽略不计。

$$\overline{\rho\widetilde{\chi}} = 2\left[\overline{\rho D|\nabla\widetilde{Z}|^2} + \overline{\rho D|\nabla Z''|^2} + 2\nabla\widetilde{Z}\cdot\overline{\rho\,\overline{D\nabla Z''}}\right] \approx 2\overline{\rho D|\nabla Z''|^2} = \overline{\rho\widetilde{\chi}_f} \tag{6.13}$$

式中: $\widetilde{\chi}_f$ 为与混合分数波动有关的平均标量耗散率。

将这个针对一维情况的分析扩展到各向同性的湍流情况(在所有 3 个方向上),总标量耗散率可以建模为

$$\overline{\rho}\,\widetilde{\chi} = 3 \times \overline{2\rho D \left(\frac{\partial Z''}{\partial y}\right)^2} = 3 \times 2\overline{\rho}\,\widetilde{D\left(\frac{\partial Z''}{\partial y}\right)^2} \tag{6.14}$$

在简单平面火焰的情况下,可以认为 y 为垂直于当地火焰表面的瞬时坐标。考虑到 y 方向上的耗散,式(6.13)的右侧项可以用一个简单的线性松弛模型来预估,给出为

$$\widetilde{\chi}_f = \widetilde{2D\,|\nabla Z''|^2} = c_D \frac{\widetilde{Z''^2}}{\tau_t} = c_D \frac{\widetilde{\varepsilon}}{\widetilde{k}} \widetilde{Z''_2} \tag{6.15}$$

式中:c_D 为量级为 1 的模型常数。

这种关系意味着湍流耗散时间和标量耗散时间大致相等。

$$\frac{\widetilde{Z''^2}}{\widetilde{\chi}_f} = \frac{1}{c_D} \frac{\widetilde{k}}{\widetilde{\varepsilon}} \tag{6.16}$$

通过组合式(6.9)、式(6.13)和式(6.16),可以证明当仅在 y 方向上有混合分数梯度时,平均反应区厚度可表示为

$$l_r = \frac{(\Delta Z)_r}{\left(\widetilde{Z''^2}\right)^{\frac{1}{2}}} \left(\frac{2D\widetilde{k}}{c_D \widetilde{\varepsilon}}\right)^{\frac{1}{2}} \tag{6.17}$$

量 $(D\widetilde{k}/\widetilde{\varepsilon})^{1/2}$ 具有长度量纲;当局部混合物受到大尺度应变速率 $\widetilde{\varepsilon}/\widetilde{k}$ 作用时,l_r 的值减小到一个较小的厚度。考虑式(6.12),典型扩散层厚度可以与在化学计量混合分数表面条件下的混合分数平均标量耗散率关联起来,如

$$l_d \sim \left(\frac{D_{st}}{\widetilde{\chi}_{st}}\right)^{1/2} \tag{6.18}$$

式中:平均混合分数梯度是在化学计量火焰表面的条件平均值。

那么湍流与扩散长度尺度之间的比为

$$\frac{l_0}{l_d} \sim \left(\frac{\widetilde{\chi}_{st}}{D_{st}}\right)^{1/2} \frac{\widetilde{k}^{3/2}}{\widetilde{\varepsilon}} \sim (\widetilde{Z''^2})^{1/2} \frac{\widetilde{k}}{(D_{st}\widetilde{\varepsilon})^{1/2}} \mathrm{Sc} = 1(\widetilde{Z''^2})^{1/2} \left(\frac{\widetilde{k}^2}{\nu_{st}\widetilde{\varepsilon}}\right)^{1/2} = (\widetilde{Z''^2}\,Re_t)^{1/2} \tag{6.19}$$

式(6.19)中,假设施密特数等于 1,而湍流雷诺数由式(6.8)给出。此式在化学计量性质条件下,并建立在平均参数 $\widetilde{k}$ 和 $\widetilde{\varepsilon}$ 基础之上。

通过类似步骤,Kolmogorov 尺度与扩散厚度尺度之比为

$$\frac{\eta}{l_d} \sim \left(\frac{\widetilde{Z''^2}}{Re_t^{1/2}}\right)^{1/2} \tag{6.20}$$

式中:Kolmogorov 长度尺度为(也可见式(4.193)①):

$$\eta \equiv \left(\frac{\nu^3}{\varepsilon}\right)^{1/4} \tag{6.21}$$

对于单步正向反应 $\nu_F F + \nu_O O \rightarrow P$,可以看出反应层厚度与扩散层厚度相关:

$$l_r \sim l_d (Da_t)^{-1/\nu_{tot}} \tag{6.22}$$

式中:$\nu_{tot} = \nu_O + \nu_F + 1$(Vervisch 和 Poinsot,1998)。那么 Kolmogorov 尺度与反应层厚度之比为

$$\frac{\eta}{l_r} \sim \left(\frac{\widetilde{Z''^2}}{Re_t^{1/2}}\right)^{1/2} (Da_t)^{1/\nu_{tot}} \tag{6.23}$$

让我们重新审视定义为混合时间与化学时间之比的湍流 Da。基于刚刚给出的物理推理,混合时间可以估算为在化学计量表面计算的标量耗散的倒数:

$$\tau_m = \frac{1}{\chi_{st}} \tag{6.24}$$

层流 Da 给出为

$$Da = \frac{1}{\tau_{ch} \chi_{st}} \tag{6.25}$$

涉及混合分数波动的湍流 Da 由式(6.7)给出。有另一种方式表达湍流 Da:用分离因子 S 表示混合分数波动。分离因子 S 给出了混合程度的指标:如果 S 接近1,则流动由富燃混合物和贫燃混合物的袋囊组成。如果 S 接近0,则反应物几乎完全混合。Da 因此变为

$$Da_{t,Z,S} = \frac{1}{\widetilde{Z}(1-\widetilde{Z})} \frac{\tau_t}{\tau_{ch}} \frac{1}{S} \tag{6.26}$$

高程度的混合分数波动导致 Da_t 减小甚至局部熄灭。这与高 $\overline{Z''}$ 值引起薄混合区而致使 l_d 值变小的事实一致。

下面讨论与湍流非预混燃烧有关的时间尺度。对于多步化学,基于淬熄时临界标量耗散率 χ_q 的值,可以方便地将 τ_{ch} 替换为 τ_{c_φ}(参见图3.7)。小尺度的 Kolmogorov 时间 τ_η 由湍流耗散能 ε 和运动黏度 ν 定义。用湍流能量 $\widetilde{k}$ 与 $\widetilde{\varepsilon}$ 的比来估计湍流时间尺度 τ_t。从渐近推导出的 Da 体现了反应区和混合分数的性质:用 $Da_{t,\eta}$ 来比较 Kolmogorov 时间与 τ_{c_φ}:

$$Da_{t,\eta} \equiv \frac{\tau_\eta}{\tau_{c_\varphi}} = \chi_q \tau_\eta \tag{6.27}$$

---

① 原文有误。——译者注

式中

$$\tau_\eta = \left(\frac{\nu}{\varepsilon}\right)^{1/2} \quad (6.28)$$

式(6.28)①也见于式(4.195)②。表6.1所列为长度尺度和时间尺度以及多种 Da 定义的汇总。

表6.1 湍流非预混燃烧中的长度尺度和
时间尺度(改自 Vervisch 和 Veynante, 1999)

尺度	燃烧	湍流	无量纲量
时间	简单化学: 由单步模型渐进定义的化学时间 τ_{ch} 复杂化学: $\tau_{c_\varphi} = \chi_q^{-1}$	积分时间: $\tau_0 = (\widetilde{k}/\widetilde{\varepsilon})$ 标量耗散时间: $\tau_m = (1/\widetilde{\chi}_{st})$ Kolmogorov 时间: $\tau_\eta = (\nu/\varepsilon)^{1/2}$	湍流达姆科勒数: $Da_{t,0} = \tau_0/\tau_{ch}$ $Da_{t,m} = \tau_m/\tau_{ch}$ $Da_{t,\eta} = \tau_\eta/\tau_{ch}$ $Da_{t,m} = \tau_m/\tau_{c_\varphi}$ $Da_{t,z} = \frac{\tau_t}{\tau_{ch}} \frac{1}{\widetilde{Z''^2}}$ 湍流雷诺数: $Re_t = \frac{u'l_0}{\nu} \approx \frac{k^2}{\nu\varepsilon}$
长度	扩散厚度: $l_d \approx \|\nabla Z\|_{Z=Z_{st}}^{-1} = (\widetilde{D}_{st}/\widetilde{\chi}_{st})^{1/2}$ 反应厚度: $l_r \approx l_d(Da_{t,m})^{-1/\nu_{tot}}$	积分尺度: $l_0 \approx \widetilde{k}^{3/2}/\widetilde{\varepsilon}$ Kolmogorov 尺度: $\eta \approx (\nu^3/\varepsilon)^{1/4}$	长度尺度比: $l_0/l_d = (\widetilde{Z''^2}Re_t)^{1/2}$ $l_0/l_r = (l_0/l_d)(Da_{t,m})^{1/\nu_{tot}}$ 其中 $\nu_{tot} = \nu_O + \nu_F + 1$ $\eta/l_d = (\widetilde{Z''^2})^{1/2}rRe_t^{-1/4}$ $\eta/l_r = (\eta/l_d)(Da_{t,m})^{1/\nu_{tot}}$

6.4.1 直接数值模拟和尺度

湍流运动中的所有尺度都假设能用 DNS 求解。因此,控制方程必须捕获表示化学反应、黏性耗散和扩散过程的长度和时间尺度。换句话说,DNS 所用的栅格(或网格)应该能够捕获长度尺度,如反应区厚度(l_r),Kolmogorov 微尺度(η)和扩散特征长度(l_d)。在实践中,一旦求解了 Kolmogorov 微尺度,扩散长度尺度也就求解出来了,但对于具有非常大的施密特数的标量不行(在这种情况下,扩散长度尺度可能会小于 Kolmogorov 微尺度)(Lesieur,1990)。这可以用式

---

① 原文有误。——译者注
② 原文有误。——译者注

(6.21)的 Kolmogorov 长度尺度表达式除以式(6.18)的扩散长度尺度表达式来得到。

考虑一个网格,它在一个方向上有 N 个网格点。如果 $\Delta x < l_r / N_r$,就可以求解反应区厚度,其中 N_r 为求解反应区性质变化所需的点数,Δx 为特征网格尺寸。网格尺寸的第二个条件可以通过 Kolmogorov 长度尺度获得。为了使网格能够捕获 Kolmogorov 尺度,需要 $\Delta x < \eta$。嵌入在计算域内的积分长度尺度数为 N_0。数量 N_0 是量化大尺度对火焰的可能影响的重要参数。特征网格中一个方向上的网格点数为

$$N = \frac{N_0 l_0}{\Delta x} \tag{6.29}$$

使用表 6.1 中总结的长度尺度比,我们能够得到如下两个不等式:

$$Re_t < \left(\frac{N}{N_0}\right)^{4/3} \tag{6.30}$$

$$(\widetilde{Z''^2} Re_t)^{1/2} (Da_{t,m})^{1/\nu_{tot}} < \frac{N}{N_0 N_r} \tag{6.31}$$

图 6.3 总结了对非预混湍流火焰 DNS 造成的限制。尽管 DNS 无法模拟典型实验室射流火焰实验所涵盖的整个范围,但这个图表明使用 DNS 可以模拟对应于某些真实火焰(具有相对较低的雷诺数和达姆科勒数)的代表性条件。在此图中,射流火焰域对应于 Dibble, Long 和 Masri(1986);Masri, Bilger 和 Dibble

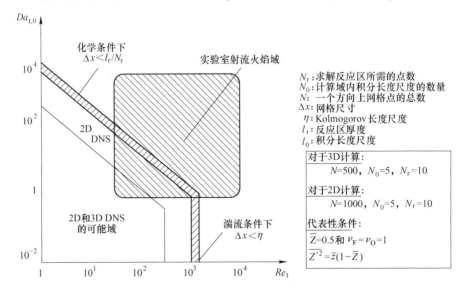

图 6.3 $Da_{t,0}$-Re_t 图中直接数值模拟(DNS)计算的限制

(改自 Vervisch 和 Poinsot,1998)

(1988b),以及 T. S. Cheng,Wehrmeyer 和 Pitz(1991)工作基础上的典型实验室实验。最近,Chen 和他的同事在美国橡树岭国家实验室(Oak Ridge National Lab)的一台名为"Jaguar"的大型超级计算机上进行了大型 DNS 计算。读者可以参考 Im et al. (2009)的报告以及 Oefelein,Chen 和 Sankaran(2009)的科技论文。

6.5　湍流非预混燃烧模式图

　　由于缺乏特征长度和速度尺度,鉴别非预混情况下的燃烧模式比较复杂。火焰结构受速度场和混合速率的影响。火焰锋面起皱并受到湍流的影响。模式分类建立在化学时间 τ_{ch} 和湍流时间 τ_t(如 6.4 节所讨论的,它具有多个定义)之间比较的基础上。合理的方法应该是用最短的湍流时间与化学时间进行比较。通常,化学时间比湍流时间短得多(Poinsot 和 Veynante,2005)。如本章前面所讨论的,基于湍流混合时间的湍流 Da,即 $Da_{t,m}$ 在湍流非预混燃烧研究中是对无量纲数的一个合理选择。第二个这样的参数可以是湍流雷诺数。湍流非预混燃烧的燃烧模式图可以根据 Re_t 和 $Da_{t,m}$ 建立。

　　如果化学反应比其他过程快得多(快速化学),那么化学反应时间较短而 Da 较大。另外,如果这些化学反应是不可逆的,则可以认为火焰非常薄($l_r \ll l_d$),并且可以将其识别为称为小火焰的层状火焰单元。对于较大化学时间(有限速率化学和低 Da),或具有可逆的化学反应,反应区厚度 l_r 可以与扩散长度尺度 l_d 具有相同的数量级。在这种情况下,火焰结构可能与层流火焰结构非常不同,可以预期有非定常效应。

　　如式(6.7)所示,高混合分数波动也会导致低 Da 数。对于低 Da 数的情况(较大化学时间,较高程度的混合分数波动),可能发生火焰熄灭。在物理上,低或高 Da 数的影响可以用混合分数波动来解释。如果混合分数波动较大,那么反应区将被分离开来并且可能存在个体的非预混小火焰。否则,反应区将连贯在一起。为了区分分离反应区模式(或小火焰模式)与连贯反应区模式,可以考虑 Kolmogorov 长度尺度与反应区厚度之比,这最初由 Bilger(1988a)提出。当比值(η/l_r)大于 1 时,反应区嵌入在 Kolmogorov 长度尺度中并且小火焰模式占优势。这个准则可以引出以下不等式:

$$存在小火焰模式,当 Da_{t,m} > \left(\frac{Re_t^{1/2}}{\widetilde{Z''^2}}\right)^{\nu_{tot}/2} \quad (6.32)$$

　　在小火焰模式,如果分离因子 S 接近 1,那么反应区将在未混合的反应物袋囊之间形成,从而可以很好地定义火焰。如果 $S<0.5$,小火焰就合并了。非小火焰模式存在的准则可以类似地定义为

$$Da_{t,m} < \left(\frac{Re_t^{1/2}}{\widetilde{Z''^2}}\right)^{\nu_{tot}/2} \tag{6.33}$$

在这种模式下,火焰变得对由湍流混合引起的不稳定性敏感。小火焰模式可以进一步分为两个子模式。

(1) 如果 $S<0.5$,则平均反应区被湍流场加厚。

(2) 如果 $S>0.5$,随 S 逼近 1,出现局部熄灭并进一步发展。

在此分析基础上,可以构建湍流非预混燃烧的燃烧模式图,如图 6.4 所示。使用这个分类时,读者应记住,该分析依托于直观的考虑并使用了近似。例如:湍流仅用 Kolmogorov 尺度进行了描述,并且忽略了非定常效应。模式之间的界限界定了一种趋势,但不应被解释为模式之间的真正边界。该分析依赖于单个化学时间尺度,而真实火焰以一系列时间尺度为特征。这个事实以及用于描述混合程度的参数 S 的使用,使得在该图中应用的物理量不容易预估,因此在实践中难以使用。

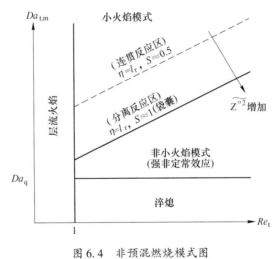

图 6.4 非预混燃烧模式图

(改自 Vervisch 和 Veynante,1999)

Poinsot 和 Veynante(2005)提出了另一种非预混燃烧模式图,它基于两个特征比:①积分尺度(l_0)和扩散尺度(l_d)的长度尺度之比和②湍流积分特征时间(τ_0)与化学时间(τ_{ch})的时间尺度之比。

基于混合时间尺度式(6.3)(对应于局部非预混火焰结构)与基于积分时间尺度(τ_0)(对应于湍流非预混火焰的整体结构)的达姆科勒数之间的关系可以建立为

$$Da_{t,0} = \frac{\tau_t}{\tau_{ch}} = \frac{\tau_t}{\tau_\eta}\frac{\tau_\eta}{\tau_{ch}} \stackrel{假设}{\approx} \frac{\tau_t}{\tau_\eta}\frac{\tau_m}{\tau_{ch}} = \frac{\tau_t}{\tau_\eta}Da_{t,m} \sim \sqrt{Re_t}\,Da_{t,m} \tag{6.34}$$

式(6.34)中的假设为湍流是均匀且各向同性的,这使得火焰仅因 Kolmogorov 尺度的湍流涡旋而拉紧,并且忽略了任何由 Kolmogorov 尺度造成的可能的压缩或黏性耗散。在这种特定情况下,假设扩散厚度(l_d)和时间尺度($1/\widetilde{\chi}_{st}$)由 Kolmogorov 长度尺度和时间尺度(η 和 τ_η)控制,即

$$\tau_m \approx (1/\widetilde{\chi}_{st}) \approx \tau_\eta, l_d \approx \eta \tag{6.35}$$

时间尺度比(τ_t/τ_η)可以与湍流雷诺数关联如下:

$$\frac{\tau_t}{\tau_\eta} \approx \frac{(k/\varepsilon)}{(\nu/\varepsilon)^{1/2}} = \sqrt{\left(\frac{k^2}{\nu\varepsilon}\right)} \approx \sqrt{Re_t} \tag{6.36}$$

让我们在式(6.34)基础上构建一张燃烧模式图。在对数-对数 $Da_{t,0} - Re_t$ 图上,常数达姆科勒数混合 $Da_{t,m}$ 对应于斜率为 1/2 的线。如果化学反应很快(高达姆科勒数),那么层流小火焰假设(laminar flamelet assumption, LFA)可以实现。这个条件可以表述为 $Da_{t,m} > Da_{t,0}^{LFA}$。如果化学反应时间(低 Da)很长,那么可能发生火焰熄灭。这个条件可以表述为 $Da_{t,m} > Da_{t,0}^{ext}$。在这两个极限之间,非定常效应是占主导的。这些条件如图 6.5 所示。

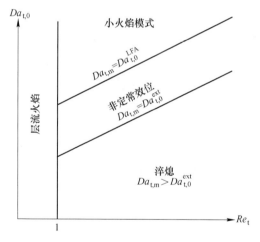

图 6.5　非预混燃烧模式图
(改自 Cuenot 和 Poinsot,1994)

除了之前的分析,Peters(2000)还给出了一个湍流非预混燃烧模式图,它是两个比率的对数-对数图:①化学计量值条件下的混合分数波动与混合分数空间中火焰厚度的比($Z'_{st}/|\Delta Z|_F$);②淬熄时临界标量耗散率的时间尺度与化学计量值条件下的平均标量耗散率的时间尺度之比($\chi_q/\widetilde{\chi}_{st}$)。重温一下标量耗散率的倒数表示一个时间尺度;所有这些量不是在本章前面就是在第 3 章中已定义过。下面描述构建燃烧模式图的物理推理。

(1)当混合分数波动大到 $Z'_{st} > |\Delta Z|_F$ 时,混合分数空间中的波动延伸至足够稀薄和足够丰富的混合物中。因此,围绕反应区的扩散层是分离的。

(2)对于小混合分数波动($Z'_{st} < |\Delta Z|_F$),当燃料流存在强烈混合或部分预混时,混合分数波动很小。在这种情况下,分隔反应区的扩散层不会相隔太远,且火焰区保持连贯。因此,准则 $Z'_{st} = |\Delta Z|_F$ 表示两种模式间的分界。

(3)如果混合分数波动小于反应区厚度,甚至反应区彼此非常接近,也可以认为它们是连贯的。这意味着混合分数区几乎是均匀的。在燃烧模式图上,线 $Z'_{st} = |\Delta Z|_F$ 的斜率为 $-1/4$(Seshadri 和 Peters,1988)。

(4)当平均标量耗散率等于或大于淬熄时的临界标量耗散率时,将发生火焰熄灭。这一准则可以用燃烧模式图上的 $\tilde{\chi}_{st} = \chi_q$ 的垂直线表示。

基于这种推理的湍流非预混燃烧模式图如图 6.6 所示。

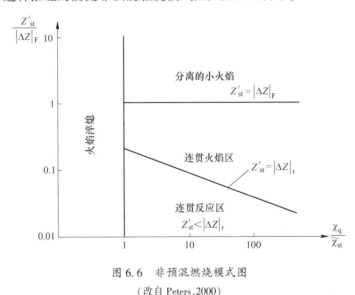

图 6.6　非预混燃烧模式图
(改自 Peters,2000)

6.6　湍流非预混目标火焰

实际系统中的湍流非预混燃烧可能具有复杂的边界条件,并且无法实施多种诊断技术。由于这些问题,复杂的系统可能对研究诸如湍流、化学动力学、辐射和污染物的形成以及它们在湍流非预混火焰中的相互作用等基本过程不是非常有用。因此,需要使用研究用燃烧器进行实验研究并获得这些过程的详细数据来促进湍流非预混燃烧数学模型的开发。精心设计的研究用燃烧器不仅要保持满足实验特定目标的火焰;它也必须具有明确的边界条件。一种常见的研究方法是将与给定实际应用相关的物理过程隔离出来,从而分别研究每一个过程或其与其他过程的简单组合。然而，在实际系统中，所有基本物理过程——湍流、化学动力学、热辐射和污染物形成——以复杂的几何学形式相互作用。研究用燃烧器具有简单的边界条件，并在火焰中存在两种，也可能是三种上述过程的相互作用。例如：层流火焰适用于研究化学动力学、烟灰形成和热辐射。无烟湍流火焰可以改造用来研究燃烧的许多方面，如与湍流的化学相互作用、复杂回流的影响以及各种燃料混合物。

在过去十年中，研究了许多用于湍流非预混火焰的燃烧器几何构型。通常，研究人员应该能够使用具有简单几何构型和明确边界条件的任意燃烧器来获得有用的信息。然而，使用一组具有严格详尽记录且相对简单的火焰作为基准案例，对于研究界内进行实验数据和模型预测的协作比较更为方便。一个好的标准火焰的记录来源是桑迪亚国家实验室(Sandia National Laboratories)管理的湍流非预混火焰测量和计算国际研讨会(TNF[①]研讨会)。TNF研讨会的一个主要目的是建立由标准火焰得到的广泛实验数据集，可用于验证和改进数学模型。已经确定了这些目标火焰，并按照复杂性增加的顺序分为4类：①简单射流火焰燃烧器；②引射火焰燃烧器；③钝体燃烧器；④旋流稳定燃烧器。这些火焰如图6.7所示。

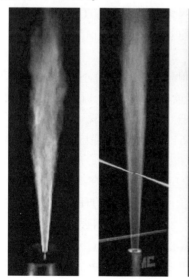

(a) DLR射流火焰　(b) 桑迪亚引射火焰　(c) Sydney钝体火焰　(d) Sydney旋流火焰

图6.7　4种不同湍流非预混目标火焰的照片

(引自桑迪亚TNF会议集，www.sandia.gov/TNF/abstract.html)

[①] 湍流非预混火焰：turbulent non-premixed flames，TNF。——译者注

建模最多且理解最为透彻的火焰之一是桑迪亚引射火焰(桑迪亚火焰 D)。目标火焰中提到的简单射流火焰也称为 DLR(也称为德国航空航天中心)CH_4/H_2/N_2 简单射流火焰。研究这些目标火焰的原因是为了增进对各种模型在解决燃烧现象方面有效性的理解。这些研究中的一个关键问题是测量的准确性和可重复性以及流动条件的可靠性。因此,实验或计算研究应比较在不同实验室进行的相同火焰的两个或多个独立测试结果。

6.6.1 简单射流火焰

简单射流火焰是最简单且最常见的燃烧器,Hawthorne,Weddell 和 Hottel (1949)以及 Wohl,Kapp 和 Gazley(1949)依靠这种燃烧器对湍流非预混火焰进行了初始研究。简单射流火焰由一股简单的燃料射流,和包围它的一股空气协流组成。燃料流要么来自简单的管道,在这种情况下,射流出口平面的流动是湍流,并且类似于完全发展的湍流管道流(Dibble,Rambach 和 Hollenbach,1981;Drake et al.,1981;Drake,Pitz 和 Shyy,1986),要么来自具有适当外形的喷嘴,在这种情况下,流动是层流且在离开燃烧器时经历变成湍流的过渡(Kent 和 Bilger,1973;Starner,1983)。向湍流的过渡和相关不稳定性已经成为许多研究论文的主题(Masri,Starner 和 Bilger,1984;Takahashi 和 Goss,1990)。这种燃烧器还用于研究微分扩散(后面将说明)对火焰结构的影响(如,Smith et al.,1995)。在非常低的射流速度下,火焰是层流的;因此可以研究烟灰的形成和热辐射。

在较高的射流速度下,碳氢化合物火焰倾向于吹脱并且不能锚定在简单射流火焰燃烧器上。然而,如果协流空气的速度非常低,那么可以在燃烧器出口平面下游的某个距离处形成稳定的悬举火焰。对悬举火焰稳定的机理有不同理论。Vanquickenborne 和 Van Tiggelen(1966)的早期理论提出火焰稳定在湍流气体速度等于且与反向传播的湍流火焰速度相反的位置。Peters 和 Williams (1983a)理论认为,在火焰稳定在离燃烧器出口一定距离的区域内,燃料和氧化剂没有完全混合;他们提出了另一种基于层流小火焰概念的理论。当局部标量耗散率超过临界极限时,小火焰在当地熄灭。认为火焰在因燃烧所放的热与因标量耗散所引起的热损失相平衡的区域内稳定。Broadwell,Dahm 和 Mungal (1984)发展了一种理论,该理论建立在大尺度运动将空气夹带入燃料射流的基础上。根据该理论,如果混合时间尺度与化学时间尺度之比(Da)降低到临界值以下,火焰将吹脱。这 3 种方法的普遍性仍然值得怀疑,Pitts(1988)对这些问题进行了详尽完全的综述。一个更可能且更现实的观点是稳定区中的反应物是部分预混的。利用这一概念,Müller,Breitbach 和 Peters(1994)将基于层流预混火焰传播和非预混火焰淬熄的方法结合起来,建立了一个用于燃烧速度的公式。

6.6.1.1 $CH_4/H_2/N_2$射流火焰

简单射流火焰的标准燃烧器使用甲烷作为燃料成分,使用环境空气作为氧化剂。加入氢气来稳定火焰,且不改变圆形射流的简单流场。在这些火焰中有几个感兴趣的量,并且需要多种诊断技术,特别是拉曼散射,来获得火焰的完整表征。向该火焰中加入氮气用来稀释,这降低了热辐射并因此改善了自发拉曼散射技术的信号质量。美国桑迪亚、德国斯图加特DLR和德国达姆施塔特理工大学的3个不同研究小组完成了测试。表6.2是他们的测试所感兴趣的量和所使用的诊断方法汇总。

表6.2 $CH_4/H_2/N_2$简单射流火焰实验方法汇总

感兴趣的量	诊断技术	组织
混合分数、温度和主要物质浓度的联合概率密度函数(JPDF)	• 单脉冲逐点自发拉曼/瑞利散射用于测定温度和主要物质浓度; • 二维瑞利散射用于确定瞬时温度分布; • OH、CH和NO的二维LIF测试火焰内的可视化结构	德国斯图加特DLR
OH、CH和NO以及温度场的分布,这些微量物质对理解湍流火焰湍流-化学间的相互作用以及评价CFD计算的质量非常重要	平面激光诱导荧光(PLIF)和平面瑞利散射得到二维分布	美国桑迪亚国家实验室
速度分布	激光多普勒测速仪(LDA)	德国达姆施塔特理工大学

1. 简易射流火焰燃烧器的几何结构

燃烧器由出口处带有薄边缘的不锈钢直管($l=350$mm,内径$=8$mm)组成。在DLR所用的协流喷嘴直径为140mm,在桑迪亚为300mm^2。燃烧器可以垂直和水平移动来改变测量位置,该位置由光学装置决定。所有3个燃烧器都具有以下流量条件:

(1) 喷嘴:内径$D=8.0$mm,壁面逐渐变薄直至端部;

(2) 燃料组成:22.1% CH_4、33.2% H_2、44.7% N_2;

(3) 化学计量混合分数:$f_{stoic}=0.167$;

(4) 绝热火焰温度:$T_{ad}=2130$K;

(5) 协流:0.3m/s、292K、0.8%摩尔分数的H_2O;

(6) 流动条件:$U_{jet}=(42.2\pm0.5)$m/s;$Re_D=15200$;$U_{jet}=(63.2\pm0.8)$m/s;$Re_D=22800$。

测量中的环境压力在DLR为953mbar,在桑迪亚为990mbar。由于压力不同,对于相同的出口速度,总质量流速略有不同。在桑迪亚实验中,协流中加入了水蒸气浓度为 0.8% 的滤后室内空气。在 DLR,协流空气是干燥的,但是在 $x/D>30$ 时,环境空气也可以到达火焰。这里 x 为到喷嘴的轴向距离,D 为管内径。这两个实验中,协流速度都为 0.3m/s。为了研究雷诺数的影响,研究了两种具有相同燃料组成、燃烧器和边界条件,但具有两种不同出口速度的简单射流火焰。与 $Re_D=15200$ 的火焰相比,第二个火焰的质量流速增加了 50%,使雷诺数达到 22800。在较高的雷诺数下,火焰接近吹脱。应该注意的是,射流速度增加,由于空气动力学时间在较高的射流速度下减小,达姆科勒数减小。这可能比雷诺数的影响更强。

2. 火焰表征

在喷嘴上方 $x/D=5、10、20、40、60$ 和 80 等 6 个高度处进行了测量。在每一个高度处,在半幅火焰上都得到了具有代表性的 15 个测量位置组成的径向分布。只测量一侧是因为假设火焰对称。另外,还测量了从 $x/D=2.5$ 到 $x/D=100$ 的轴向分布。在每个位置都进行了 400 次单脉冲测量,从中推导出温度和物质浓度的联合 PDF。图 6.8 所示为 $x/D=5、40$ 和 60 处由拉曼和瑞利散射确定的平均温度曲线和这些量的均方根波动。对于大多数测量位置,两组平均温度都很吻合,但在反应区内,它们最大相差 65K。在燃料射流出口附近($x/D=5$),温度曲线在燃料射流的中心为室温,最高平均温度为 1634K。在 $x/D=60$ 时,最高平均温度位于轴上,温度曲线变得较为平坦,并且为钟形分布。测得该轴向位置的最高平均温度为 1926K。

下游位置 $x/D=5、20$ 和 60 处的温度和混合分数之间的相关性显示在图 6.9 的散点图中。每个符号都表示一次测量的结果,3 条线表示对应于 3 种不同假设下层流非预混火焰的计算结果:①具有平衡化学的绝热火焰;②应变速率 $a=20s^{-1}$ 且 $Le=1$;③应变速率 $a=200s^{-1}$ 且 $Le\neq1$。比较右边的图和左边相应的图,可以观察到雷诺数的影响。在 $x/D=5$ 处观察到明显的差异,在那里 $Re_D=22800$ 的火焰比雷诺数较低为 15200 的湍流火焰更频繁地表现出低温。对这种低温有两种可能的解释:

(1) 空间平均,即探测体积(进行光谱测量的局部体积)可能包含不同气体的混合物,一部分 $f\approx0.05$,$T\approx1200K$,而另一部分 $f\approx0.45$,$T\approx1200K$,这将导致平均 $f\approx0.25$,$T\approx1200K$。这种效应在 $Re_D=15200$ 的火焰中不太明显,因为在较低的雷诺数下,湍流尺度的范围减小见式(4.165),使剧烈波动的可能性降低。

(2) 在较高的雷诺数下,由于局部火焰熄灭,探测体积通常仅包含部分反应的混合物。在靠近射流出口的轴向位置,两个雷诺数之间的差异更为明显,空间平均的影响不能被低估。从物质散点图(待讨论)可以看出,第二种解释可

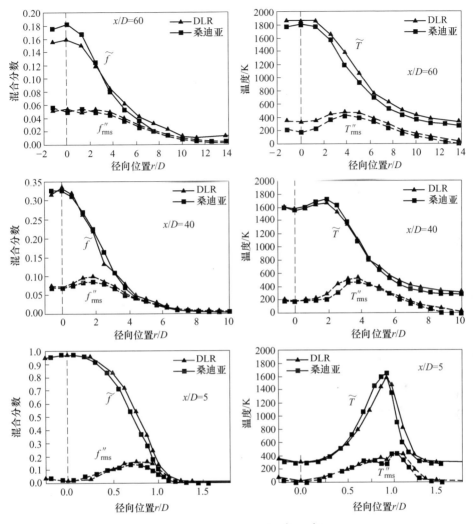

图 6.8 $Re_D = 15200$ 时在 $x/D = 5$、40 和 60 处 $\tilde{f}$、f''、$\tilde{T}$、T'' 径向分布的比较

（改自 Meier, Duan 和 Weigand, 2005）

以说明造成较高雷诺数湍流火焰更大波动的原因。

通过湍流非预混火焰测量结果与层流火焰计算结果的比较，可以对热化学状态以及火焰拉伸和路易斯数在燃烧过程中的影响进行评估。在 $x/D = 5$ 时，测量结果与绝热平衡计算结果不一致，因为与绝热平衡的比较应该仅适用于贫燃且接近化学计量的混合物，而不能用于超过化学计量混合分数的情况。有趣的是，$Le \neq 1$ 的应变层流火焰计算与实验结果并不符合，除了非常富燃的混合

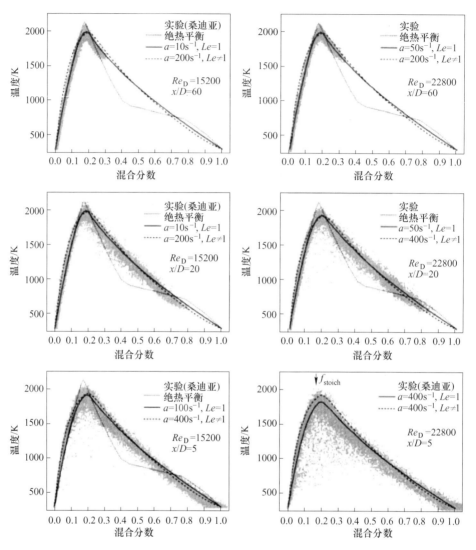

图 6.9 不同雷诺数下温度散点与层流火焰计算结果的比较

(改自 Meier et al., 2000)

物:对于 $Re_D=15200$，$f \geqslant 0.5$，对于 $Re_D=22800$，$f \geqslant 0.7$。对于较低的混合分数，计算的温度太高，特别是对于 $Re_D=22800$。接下来阐述对此结果的可能解释。

在 $Le<1$ 的层流火焰中，质量传递比热传递快；较慢的传热导致热量积聚，从而升高温度。湍流非预混射流火焰数据与层流火焰计算结果之间的差在高应变速率($a=400\mathrm{s}^{-1}$)下较低，因为火焰拉伸降低了温度。$Le=1$ 的计算结果与 $f \approx 0.15 \sim 0.5$ 的测量结果吻合得更好，在 $Re=15200$ 时，应变率 $a=100\mathrm{s}^{-1}$ 以及

$Re_D = 22800$ 时,$a = 200 \sim 400 \text{s}^{-1}$ 得到最佳拟合。火焰拉伸随雷诺数而增加,因此计算结果与 $Re_D = 22800$ 情况下的实验数据相匹配时的应变速率高于 $Re_D = 15200$ 的情况。对于 $f<f_{\text{stoich}}$,实验结果位于 $Le = 1$ 和 $Le \neq 1$ 的曲线之间,表明不能期待忽略微分扩散的模型能准确地预测近场测量结果。在射流开始处 ($x/D = 5$),湍流流场在火焰区和反应区的空气侧都被层流化(Bergmann et al.,1998)。由于反应区中的放热引起的运动黏度的增加导致射流出口四周的反应区附近的湍流层流化。这种现象解释了为什么分子扩散和路易斯数的影响很重要,特别是对于 $Re_D = 15200$ 而言。

3. 微分扩散

分子扩散和湍流输运的相对重要性可以进一步通过计算微分扩散参数来研究。微分扩散参数定义为

$$z \equiv \xi_H - \xi_C \tag{6.37}$$

式中

$$\xi_H \equiv \frac{Z_H - Z_{H,2}}{Z_{H,1} - Z_{H,2}}, \xi_C \equiv \frac{Z_C - Z_{C,2}}{Z_{C,1} - Z_{C,2}} \tag{6.38}$$

式中:Z_H,Z_C 为氢和碳的元素质量分数;下标 1 和 2 分别为燃料流和空气流。

如前所述,微分扩散不是强调分子扩散重要性的唯一参数。即使没有微分扩散,分子扩散也很重要。

轴向位置 $x/D = 5$ 和 20 处的 ξ_H 和 ξ_C 的比较分别如图 6.10(a)、(b) 所示。在没有微分扩散效应的情况下,测量值应该与虚线一致,其斜率为 1。然而,元素混合分数 ξ_H 在 $x/D = 5$ 处超过了元素混合分数 ξ_C,除非围绕火焰轴(根据定义,这里 ξ_H 和 ξ_C 均等于 1)能测得非常浓的混合物。在元素混合分数 $\xi_C \approx 0.1$ 时观察到最大偏差,其位置对应于距反应区不太远的空气侧的径向处,图中已用 f_{stoich} 标出。在这些图中还给出了包含微分扩散的应变层流逆流扩散火焰的计算结果。即使射流火焰的几何结构和流场与逆流扩散火焰完全不同,但该计算与来自湍流射流火焰的测量值之间的一致性在 $x/D = 5$ 时相当接近。ξ_H 和 ξ_C 之间的差可以用 H_2 与其他分子成分相比的高扩散率定性地解释:H_2 在径向上的扩散比 CH_4 快,因此靠近反应区的燃料被 H_2 富集;因此,ξ_H 变得比 ξ_C 大。其结果是,与所有物质都具有同等扩散性的情况相比,燃烧后的气体成分应该含有更多的 H_2O 和更少的 CO_2。在 $x/D = 20$ 时(图 6.10(b)),ξ_H 和 ξ_C 之间的差较小,但仍显示出相同的趋势。因此,可以得出结论,微分扩散效应应该对气体组成和温度有显著影响。

为理解火焰温度的剧烈波动和局部火焰熄灭的可能性,我们讨论图 6.11 所示的羟基自由基的散点图。不同雷诺数下的两个火焰间的显著差异可以在 $x/D = 5$ 处看到,在那里来自 $Re_D = 22800$ 的火焰的 OH 质量分数与 $Re_D = 15200$

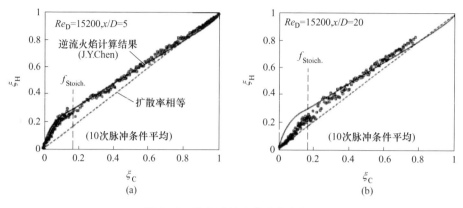

图 6.10 氢和碳的元素混合分数

（改自 Bergmann et al.，1998）

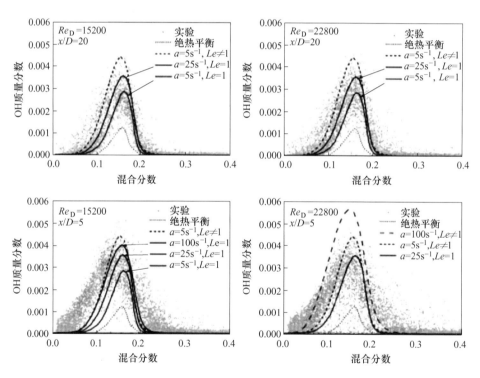

图 6.11 OH 质量分数的测量结果与层流火焰计算结果的比较

（改自 Meier et al.，2000）

时的相比表现出了更大的波动。此外，对于 $Re_D = 22800$ 的火焰，更加多的具有接近化学计量混合分数的样品的 OH 浓度非常低或为零。OH 质量分数降至零意味着局部火焰熄灭。除了部分反应的混合物,测量结果显示 OH 浓度显著高于平衡值(虚线),特别是在射流出口附近。考虑到 OH 浓度通过缓慢的三体重组反应向平衡衰减,高 OH 质量分数并非异常,并且也与应变层流火焰计算结果一致。包括路易斯数效应的计算通常产生过高的 OH 浓度,在应用 $a=5\mathrm{s}^{-1}$ 这个不切实际的低应变速率下,仅能在 $x/D=5$ 时可以实现合理的拟合。尽管应变速率非常低,但 $Le=1$ 的计算与测量数据更为吻合。

从这些结果可以看出,在雷诺数较高(如 $Re_D=22800$)的湍流火焰射流的近场,局部火焰熄灭降低了火焰中燃烧产物的温度和浓度。在射流出口附近,与应变层流火焰计算结果的比较表明,火焰的热化学状态不能用单一的路易斯数和单一的应变速率值令人满意地描述出来。微分扩散效应在一些混合分数区中起重要作用,并且在较慢的射流中更为明显。

通过比较最重分子 CO_2 的散点图与用路易斯数等于 1 和不等于 1 的层流火焰计算结果,可以进一步分析路易斯数的影响(图 6.12)。比较结果显示测量值位于 $Le=1$ 和 $Le\neq1$ 的火焰计算结果之间。用 $Le=1$ 和应变速率 $a>400\mathrm{s}^{-1}$ 计算,它们可以匹配得略好一些。两个计算结果都不能与实验结果充分吻合。在远离射流出口的轴向位置,CO_2 和 f 之间的相关性与使用绝热平衡化学的层流火焰计算结果相比要好一些。

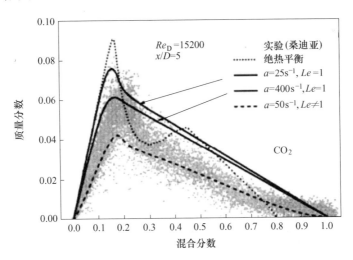

图 6.12 CO_2 质量分数的测量结果与层流火焰计算结果的比较

(改自 Meier et al., 2000)

在火焰中通过激光诱导荧光(laser-induced fluorescence, LIF)技术直接成像燃料成分(H_2、CH_4、N_2)几乎是不可能的,因此燃料通常掺杂 NO(约 70ppm),

然后可以对 NO 进行 LIF 成像。为了正确解释所得到的 LIF 图像,必须考虑 NO 荧光的猝灭。在纯燃料中,NO 荧光仅能被非常微弱地猝灭(例如:以 $Q \approx 5 \times 10^7$ s^{-1} 的速率)。然而,在燃料/NO 混合物中夹带有效猝灭剂,如 H_2O 和 CO_2,会强烈增强猝灭作用。图 6.13 的左侧第一幅显示了从 $x/D = 0$ 到 20 的下游区中种光源 NO 的 LIF 分布(由 4 个单脉冲图像合成)。明亮区域代表纯燃料,而暗区域的轮廓反映了部分已燃烧气体夹带到燃料射流中。可以看出,由于剪切层中产生的湍流结构,明暗区域之间的边界被卷曲并起皱。从 $x \approx 40mm$ ($x/D = 5$),下游燃烧产物通常出现在火焰轴上。约超过 $x \approx 80mm$,不再存在纯燃料袋囊。总体来说,这些图像反映了燃料射流的衰减和射流内核中湍流的衰减。

相应的 OH 单脉冲图像显示在图 6.13 的第二幅中。OH 在反应区中形成,在那里它的浓度高于平衡值,通常在 $T \approx 1200K$ 以下观察不到 OH。因此,OH 荧光分布反映了反应区和高温区的位置和形状。图中的 OH 分布表明,反应区很薄,而且直至 $x \approx 40mm$ 的下游位置都相当是像层状的。当将这种行为与燃料射流行为(燃料中引入种光源 NO 的图像)进行比较时,似乎出现了矛盾,这是因为在燃料射流图像中,即使在下游位置,湍流也非常明显。OH 质量分数分布的这种行为可以用反应区内的放热对流场的影响来解释。随着温度升高,黏度大大增加,使得当地雷诺数降低。其结果是,这个区域中的流动被层流化(Takagi,Shin 和 Ishio,1980;Everest et al.,1995)。该效应也是为什么微分扩散在紧挨射流出口区域明显的主要原因。超过 $x \approx 40mm$($x/D = 5$),反应区更加褶皱,层状化迅速降低。此外,OH 区随下游位置增加而变厚,并在火焰上部非常的宽(图 6.14)。从图 6.13 所示的 OH 分布也可以看出,反应区并不总是连续的。可以在射流的起始区域观察到反应区中的间隙(图 6.13 所示的 $x \approx 10mm$ 和 $x \approx 70mm$ 处)。这种行为的明显解释是火焰熄灭。对单脉冲拉曼测量结果(见图 6.9 和图 6.11)的进一步观察支持这种解释。图 6.9 中的温度散点图显示少数实验点(从 $f \approx 0.1 \sim 0.25$)的温度远低于其对应的气体成分(仅部分反应的气体)。基于拉曼和二维 LIF 的测量结果,局部火焰熄灭更可能发生在靠近射流出口的区域中。

CH 自由基是燃料和氧化剂之间反应的中间物质,并且仅在反应区中发现有相当大的量。图 6.13 显示了射流起始区中的 CH 分布。整个区域存在的少量背景中的 CH 是由瑞利散射引起的。在这个区域中,CH 分布与 OH 分布非常相似,尽管 CH 分布的宽度(在径向上)较小些。从 60 次单脉冲曝光得到的 $x/D = 5$ 处荧光区的厚度(建立在半峰全宽(full width at half maximum,FWHM)基础上,FWHM 为函数达到其最大值一半时曲线上两点间的距离)的估算结果显示,CH 的平均值为 0.8mm,OH 的平均值为 1.0mm。作用在通过火焰的二维切面上的三维影响在该下游位置应该不太重要,在那里火焰锋面主要平行于火

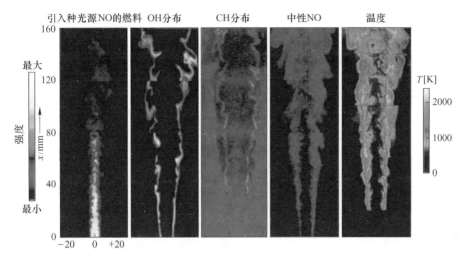

图 6.13 全部是由 4 个单脉冲图像合成的 LIF 强度和温度分布(在温度图中，为避免由燃烧器喷嘴的杂散光引起的误差，略去了 $x=0$ 到 20mm 的区域)

(改自 Bergmann et al.,1998)

焰轴，因此未被考虑。结果与关于反应机理的一般知识一致：CH 仅存在于反应区的富燃侧，而 OH 也存在于贫燃侧(Smooke et al.,1992)。在更远的下游，CH 和 OH 分布之间的相似性消失，如图 6.14 所示。这里，与 OH 分布相反，CH 荧光仍然以薄层形式出现(CH 图像中的亮点是由尘埃的米氏散射所致)(Nguyen 和 Paul,1996；Schefer et al.,1992；Starner et al.,1992)。CH 小宽度的分布支持了在整个火焰中燃烧是以小火焰状反应区发生。

燃烧产生的 NO 的荧光分布见图 6.13 的第四幅图。从与记录良好的 H_2/N_2 射流扩散火焰(Meier,Vyrodor,Bergmann et al.,1996)的比较看出，在 $x/D<30$ 的火焰下部，NO 的绝对水平估计值为 50~100ppm，而在上部为 100~150ppm。瞬态且热的 NO 主要在反应区中形成，在那里存在高温和超平衡(高于从平衡假设所得到的)自由基浓度；在反应区外的高温区中也形成一些热的 NO(J. Y. Chen 和 Kollmann,1992；Turns,1995)。因此，NO 分布大致(但不是线性地)反映了温度分布，并具有 NO 水平随 NO 在排气中积累的下游位置增加而增加的附加效果。

6.6.1.2 射流速度的影响

$x/D=0.5~20$ 的区域中具有 4 种不同出口速度($U_{jet}=10.5$m/s、21m/s、42m/s 和 63m/s，对应于 $Re_D=3800$、7600、15200 和 22800)的火焰的瑞利强度分布如图 6.15 所示。可以看出，射流出口附近火焰区的宽度随 $Re_D=3800$ 到 15200 变化而减小。这一现象可以解释为在较慢的流速下分子扩散的时间较

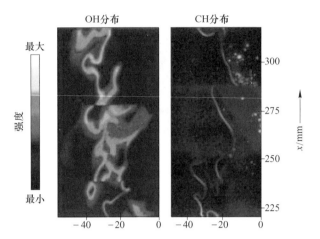

图 6.14　OH 和 CH 在火焰中等高度处的二维 LIF 分布,每一幅图都是由 3 张单脉冲图合成的
(改自 Bergmann et al.,1998)

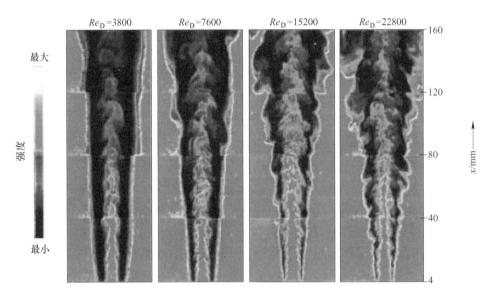

图 6.15　4 种不同射流出口速度下的二维瑞利强度分布(喷嘴直径:D=8mm)
(改自 Bergmann et al.,1998)

长。因此,径向上的扩散路径也更长,从而出现延伸的火焰区。对于 Re_D = 22800,在非常接近喷嘴 $x<20$mm 仍存在这种趋势,但是到了更远的下游,通过湍流扩散的输运优先于分子扩散,火焰区的宽度趋于增加。观察从火焰区向周围空气的转变,图像显示这种转变的形状随着 Re_D 而变化。Re_D = 3800 时,最远至 x=160mm,火焰的边界都很平滑;Re_D = 7600 时,超过 x=80mm 后火焰边界略

微卷曲;Re_D = 15200 时,超过 x = 40mm 后火焰边界卷曲并起皱;而 Re_D = 22800 时,火焰边界在 x = 20mm 以上起皱。这说明了反应区中流动的层流化程度如何随着湍流程度的增加而降低。

湍流非预混射流火焰中 H_2O 和 CO_2 的轴向分布遵循温度分布,而 H_2 和 CH_4 遵循混合分数分布。两个不同雷诺数的火焰在 $x/D \geq 50$ 时的 O_2 分布曲线之间存在显著不同,其中较低 Re_D 的火焰具有更强的空气夹带。图 6.16 所示的 OH 和 NO 的轴向分布表明,OH 定性地遵循温度分布(以非线性方式),对于较高的 Re_D,其最大值略高。NO 分布的最大值与 OH 分布的最大值几乎位于相同的下游位置,并在 Re_D = 15200 时,平均质量分数为 6.04×10^{-5},而 Re_D = 22800 时,平均质量分数为 4.86×10^{-5}。

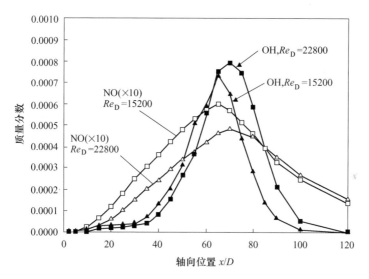

图 6.16 OH 和 NO 的 Favre 平均值的轴向分布
(Meier 和 Barlow et al.,2000)

通常使用引射火焰来防止甲烷火焰在高雷诺数下悬升或熄灭。这种火焰的缺点是使流场或化学变得复杂,因此使数学模拟复杂化。

6.6.2 引射火焰

由于在高雷诺数和低达姆科勒数下的简单射流火焰会熄灭和吹脱,因此使用引射火焰来研究雷诺数和达姆科勒数对湍流-化学相互作用的影响。引射燃烧器产生一个简单流动,并使用来自一组预混火焰的热源来把主射流稳定在燃烧器的出口平面上。燃烧器由一个位于环形中心的轴对称射流组成,在环上有许多被稳定在火焰稳定器上的预混火焰。燃烧器位于一个非受限协流空气流的中心(图 6.17)。未燃烧的引射气体是一种预混混合物,当燃烧完成时,它产生的燃烧产物具有与主燃料和空气的化学计量混合物的燃烧产物相同的 C/H 比和 O/H 比。

图 6.17 引射火焰（Sydney 火焰燃烧器，引射火焰使用 C_2H_2/H_2 预混物）

(改自 http://www.sandia.gov/TNF/DataArch/FlameD/SandiaPilotDoc21.pdf)

如果引燃器中所使用的燃料混合物与射流燃料不同，那么引射火焰的绝热温度可能与主燃料混合物的绝热温度不同。这被认为不是主要问题。它在 pdf 法的计算中得到了解释，但通常在小火焰模型中没有。边界条件已有明确定义。如果没有直接测量初始条件，那么可以假设引射气体在射流出口平面处为层流，而中心的燃料射流可认为是完全发展的湍流管道流。

无论主射流中的燃料流速如何，来自引燃器的热气体都会将射流火焰稳定在燃烧器上。在足够高的射流速度下，这迫使火焰熄灭发生在更下游的区域，在那里湍流混合时间尺度变得与化学时间尺度具有相同的量级。这使得燃烧器对研究火焰中湍流和化学之间相互作用的影响非常有用，而且没有烟灰形成和热辐射的额外复杂性。火焰复燃可能发生在熄灭区的更下游，那里湍流混合速率不太强。被引燃的烃燃料火焰虽然在上游区通常是蓝色的且没有可见的烟灰生成，但在更下游可能会变黄色并带有烟灰。蓝色火焰区的长度取决于燃料以及火焰接近吹脱的程度。

许多论文报道了多种燃料混合物的被引燃火焰的稳定性特征（Barlow 和 Frank，1998；Roomina 和 Bilger，2001）。控制火焰稳定性的参数是燃料射流速度和引射气体的化学计量数及其流速。引射气流中的混合分数保持为较稀（ϕ = 0.77）以防止对燃烧器顶端过度加热。流动的简单性和化学动力学效应明显的火焰完全湍流区的存在，是为什么这种燃烧器被认为是测试和开发计算机模型的理想情况的重要原因。可以容易地说清引射气流的存在，且引射火焰气体对熄灭发生的区域中的火焰成分没有显著影响。

有6种标准引射火焰,它们具有固定的喷嘴直径但射流速度是增加的,对应于基于喷嘴直径D的射流雷诺数为1100(层流)~44800(具有显著局部熄灭的湍流)。这些火焰称为桑迪亚火焰A、火焰B、火焰C、火焰D、火焰E和火焰F。这些标准火焰的流动参数如表6.3所列。

表6.3 标准引射火焰的流动参数

火焰	Re_D	$U_{射流}$-冷/(m/s)	$U_{引射}$-已燃烧/(m/s)	$U_{协流}$/(m/s)
A	约1100	2.44	无	0.9
B	约8200	18.2	6.8	0.9
C	约13400	29.2	6.8	0.9
D	约22400	49.6	11.4	0.9
E	约33600	74.4	17.1	0.9
F	约44800	99.2	22.8	0.9

改自Barlow et al.,2005。

这些射流火焰在燃料射流中使用25% CH_4和75%空气(按体积计)的混合物,并稳定于引射燃烧器上。在表6.3中给出的流动条件下,富燃的预混化学反应太慢而不能明显影响火焰结构,且混合速率足够高,使得火焰表现为扩散火焰,在接近化学计量混合分数时只有单一的反应区并且在富含燃料的CH_4/空气混合物中没有明显的预混反应区。在富燃射流中使用CH_4和空气的预混混合物的优点是该混合物显著减少了来自烟灰前驱体的荧光干扰问题,从而提高了标量测量的准确性。与空气的部分预混还能减少火焰长度并产生比纯CH_4或氮气稀释的CH_4更稳定的火焰,因此使得即使使用适度的引燃,也可以使火焰在相当高的雷诺数下运行而极少或没有局部熄灭。这个引射气体为C_2H_2、H_2、空气、CO_2和N_2的稀($\phi=0.77$)混合物,与该当量比的甲烷/空气具有相同的标称焓和平衡组成。主射流和引射气体的流速从火焰C到火焰F按比例调节,因此对每种火焰而言引射气体的能量释放约为主射流的6%。火焰是非受限的。

这些火焰有3个特性已证明对建模者来说既感兴趣又具有挑战性。

(1)具有最高雷诺数的情况(火焰D、火焰E和火焰F;射流出口雷诺数分别为22400、33600和44800)时,射流火焰下部具有逐渐增加的局部熄灭概率,随后在稍远的下游复燃并完全燃烧。

(2)一氧化氮的形成对富燃料侧的辐射输运效应和详细烃动力学都很敏感。

(3)由于燃料射流是与空气部分预混的,因此富含燃料的混合物中可能发生重要的化学反应。一些模型过度预测了富燃条件下反应进程。

让我们重新审视混合分数的定义,尽管它已在 3.3 节中用大篇幅讨论过。混合分数 Z 可以按照 Bilger et al.(1990) 的方法计算,但在表达式中排除了氧气:

$$Z \equiv \frac{2(Z_C - Z_{C,2})/W_C + (Z_H - Z_{H,2})/2W_H}{2(Z_{C,1} - Z_{C,2})/W_C + (Z_{H,1} - Z_{H,2})/2W_H} \quad (6.39)$$

式中:Z 为元素质量分数;W 为相对原子质量;下标 1,2 分别为主射流和协流空气流。

燃料和空气的部分预混使得 Z_0 的边界条件相对接近,如果在计算中包括氧气,那么会在混合分数中引起过大的噪声。因此,式(6.39) 的混合分数计算中不包括氧气。

让我们也重新审视一下条件概率密度函数和条件均值的定义。如果两个随机变量 u 和 v 具有联合分布,那么以事件 $v = V$ 为条件的随机变量 u 的条件 PDF 描述了当 v 为固定值时 u 的概率密度:

$$\mathcal{P}_u(u|v=V;\boldsymbol{x},t) = \frac{\mathcal{P}_{uv}(u,V;\boldsymbol{x},t)}{\mathcal{P}_v(V;\boldsymbol{x},t)} \quad (6.40)$$

式中:$\mathcal{P}_{uv}$ 为样本空间变量 u 和 v 的联合 PDF,$\mathcal{P}_v$ 为 $v=V$ 的边缘概率密度函数(也可参见式(4.177))。对于固定的 v 值,u 的条件平均定义为

$$\langle u|v=V \rangle = \int_{-\infty}^{+\infty} u\, \mathcal{P}_u(u|v=V;\boldsymbol{x},t)\,\mathrm{d}u \quad (6.41)$$

本节将讨论引射火焰中各种标量的联合 PDF 和条件平均。

火焰表征。桑迪亚引射火焰的温度与混合分数的散点如图 6.18 所示。为便于视觉比较,在这些图中包括了用实线表示应变速率 $a=50\mathrm{s}^{-1}$ 的逆流层流扩散火焰的计算温度。这些散点图为局部熄灭概率提供了定性指示,是由温度强烈压低的样品表征的。在 $x/D=15$(图 6.18(a))时,火焰 B 中没有熄灭的证据。火焰 C 和火焰 D 具有非常小的局部熄灭概率,但在火焰 E 和 F 中熄灭变得更加重要。在 $x/D=30$(图 6.18(b)),火焰 C、火焰 D 和火焰 E 的散点图均显示样品被熄灭的概率较低,说明存在一个复燃过程。相比之下,火焰 F 在 $x/D=30$ 时仍具有很高的局部熄灭概率,并且很明显在稀薄且接近化学计量的样品中,温度分布具有特征双峰。

火焰 A 中(从 $x/D=5$ 和 $x/D=10$)和火焰 B~火焰 F 中(从 $x/D=15$),以混合分数为条件的各种物质质量分数测得的条件 PDF(cPDF)显示在图 6.19 中。在靠后一些的轴向位置处,在高应变的情况下,最可能发生局部熄灭。湍流火焰中 H_2O 质量分数的 cPDF 的发展随着雷诺数增加并伴随有熄灭样品数量的增加,而反应样品的 H_2O 质量分数却没有显著变化(所有峰都处于相同的 H_2O 质量分数约 0.11 处)。相反,CO_2 质量分数的 cPDF 在大多数可能的 CO_2 质量分数

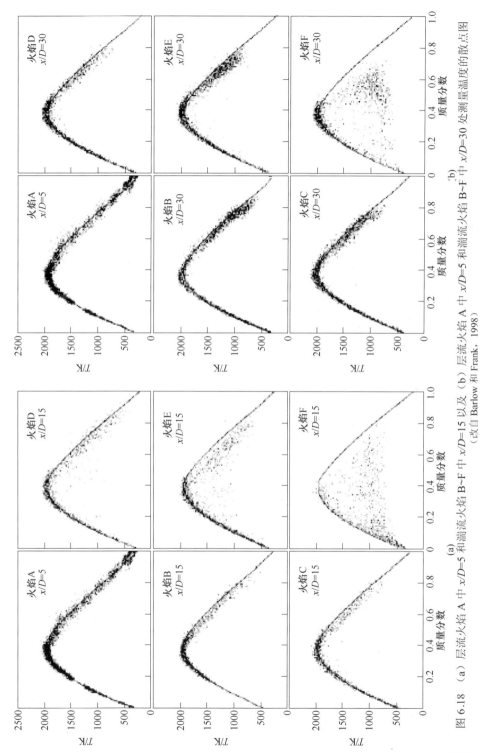

图 6.18 （a）层流火焰 A 中 $x/D=5$ 和湍流火焰 B~F 中 $x/D=15$ 以及（b）层流火焰 A 中 $x/D=5$ 和湍流火焰 B~F 中 $x/D=30$ 处测量温度的散点图（改自 Barlow 和 Frank, 1998）

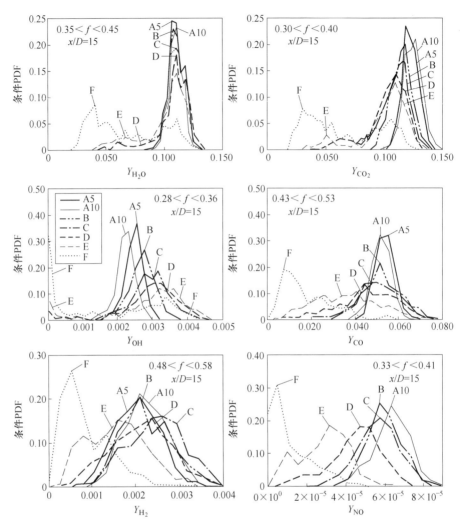

图 6.19 从湍流火焰 B~F 中 $x/D=15$ 以及层流射流火焰 A 中 $x/D=5$(火焰 A5)和 $x/D=10$(火焰 A10)测得的 H_2O、CO_2、OH、CO、H_2 和 NO 的质量分数的条件 PDF。在每个图中给出了用于形成 cPDF 的混合分数的间隔

(改自 Barlow 和 Frank,1998)

值上上显示出逐渐减小(峰值朝向较低的 CO_2 质量分数值移动)。随着雷诺数的增加,OH 质量分数的 cPDF 显示变宽并向更高的平均质量分数移动。这个趋势在局部熄灭变得重要之前显然已经存在,并且不能归因于复燃。对于 CO,湍流增加的主要影响是相对于火焰 A 加宽了 cPDF。这种加宽主要在较低质量分数的方向,但是趋势不如 OH 的趋势明显。在湍流火焰中 $x/D=15$ 处,H_2 质量分数的 cPDF 显示出对雷诺数增加的非单调响应。火焰 B 的曲线类似于火焰

A 的曲线。H_2 质量分数在火焰 C 中趋于较高一些,但在火焰 E 和火焰 F 中显著降低。随着雷诺数的增加,NO 质量分数的 cPDF 显示出质量分数降低;这可能主要是停留时间的影响。从这些结果来看,很难分辨出对流停留时间、局部标量耗散率、输运效应以及 NO 生成和再燃化学的各种路线的相对重要性(Barlow 和 Frank,1998)。

火焰 B~火焰 E 中 H_2O 质量分数的 cPDF 几乎相同,H_2O 质量分数的最可几值比火焰 A 高约 10%。火焰 F 的 cPDF 是双峰的,但对应于已反应样品的部分(H_2O 质量分数约为 0.11)与其他湍流火焰(火焰 B~火焰 E)差不多。火焰 B~火焰 E 中 CO_2 质量分数的 cPDF 表明最可几的质量分数比火焰 A 低约 10%。主要物质上的这些差异被认为反映了随雷诺数和顺流方向距离的增加,湍流输运相对于分子扩散其重要性随之增加(Smith et al.,1995)。当将所有扩散系数设为等于热扩散系数($Le=1$)时,在应变层流火焰计算中观察到了类似对 H_2O 和 CO_2 的质量分数的影响(J. Y. Chen,1989)。这种输运效应也被认为影响了所观察到的 $x/D=30$ 处的 H_2 质量分数的 cPDF。当指定扩散系数相等而不是用完全详细扩散模型时,在相同的应变速率($a=100s^{-1}$)下的层流火焰计算的比较显示 H_2O 的质量分数峰值增加 10%,二氧化碳峰值降低 9%,而 H_2 增加 60%(见表 2.1)。火焰 B~F 中 $x/D=30$ 处的 OH 质量分数的 cPDF 仍然显示出峰值处的质量分数高于在火焰 A 中的质量分数。这也可能与分子输运效应有关,因为在 $a=100s^{-1}$ 层流火焰计算中指定扩散系数相等导致 OH 质量分数峰值增加了 25%。然而,由于火焰 A 的 cPDF 中 OH 质量分数的最可几值低于全输运层流火焰的预测值,解释起来比较复杂。辐射损失和自由基重组可能对观察到 OH 水平相对于绝热逆流扩散火焰的降低有贡献。火焰 B~火焰 E 中的 CO 的 cPDF 比在火焰 A 中更宽,但是都以大致相同的质量分数为中心。

在几个径向和轴向位置测量混合分数并随后从这些测量结果中导得标量耗散率的实验装置如图 6.20 所示。该装置结合了拉曼散射、瑞利散射和激光诱导 CO 荧光(CO LIF)的线性成像,来获得温度和主要物质浓度的测量值,从而能够计算混合分数和标量耗散率。

诊断系统中的拉曼/瑞利系统使用了 4 个倍频 Nd:YAG 激光器。在每一束倍频光束(532nm)通过倍频晶体之前,二向色光学器件将其与序列中下一个激光器的 1064nm 光束依次组合。3 个激光器中的准直望远镜用来匹配 4 个光束的束腰。将激光脉冲按 150ns 的时间分隔开,并使用能将每个脉冲扩展至约 83ns(FWHM)的三腿脉冲展宽器,以减缓探测体积中的介电击穿。使用 7 个电动机驱动的镜座来实现多个 Nd:YAG 激光束在共轴上的对准,每个激光器有一个镜座,脉冲展宽器的每条腿上也有一个镜座。使用 500mm 透镜将组合光束聚焦到测试截面上。脉冲能量可以用热电焦耳计来测量。实验在探测体积中

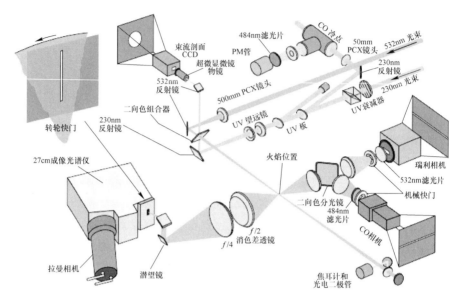

图 6.20 用于拉曼散射、瑞利散射和 CO LIF 同步测量的实验分析装置
(改自 Barlow 和 Karpetis,2004)

大约使用 1.2J/脉冲就能进行。用定制设计的一对 150mm 直径消色差透镜(光圈设置为 $f/2$ 和 $f/4$)收集拉曼散射光,透镜面对面安装,放大倍数为 2(消色差透镜是可以将两个波长聚焦在同一平面内的镜头)。$f/4$ 镜头与成像光谱仪(SPEX 270M)的入口孔径相匹配,后者配有定制的高速旋转机械快门。该快门提供 9μs 的门信号(FWHM),用来抑制火焰亮度并可以使用非增强型 CCD 阵列检测器。快门和相关的电子设备还为激光器和照相机提供了定时信号。

使用 16 位背照式低温冷却 CCD(Roper Scientific CryoTiger,1300 像素×1340 像素)来检测拉曼光谱。在量子效率、噪声和动态范围方面,这种相机的性能优于增强型相机。用潜望镜来旋转激光束的图像使之对准垂直入口狭缝。带有 588 个凹槽/mm 的光栅沿 CCD 探测器的水平轴分散斯托克斯拉曼光谱(550~700nm)。探测范围的直径由组合激光束约 0.28mm($1/e^2$)的束腰确定,激光束的图像(放大后为 0.56mm)通过 0.8mm 旋转狭缝与之适合。为使读出的噪声减到最小并因此改善整体信噪比,CCD 像素被堆叠在芯片上以形成超像素。每个拉曼超像素对应于沿激光束约 7.3mm 区段的 0.2044mm,沿 CCD 的空间维度总共 36 个超像素。CCD 探测器允许任意指定超像素列的位置和宽度,14 列被限定用来收集对应于主要物质(CO_2、O_2、CO、N_2、CH_4、H_2O、H_2)的旋转振动拉曼谱带的光子和在选定光谱位置的干扰或背景。

瑞利成像系统使用两个匹配的消色差透镜(直径82mm,fl[①]300mm),并将采集的光通过一个532nm带通滤波器聚焦到一个背照式CCD探测器(Roper Scientific Spec-10 400B,400像素×1340像素)上。门信号由机械快门(约33ms)提供。瑞利散射图像按1×3堆叠,在水平(激光束)方向上为3个像素的尺寸,在测量体积中的对应投影长度为0.0596mm。瑞利图像在垂直方向上的20μm分辨率用来在逐次拍摄的基础上监测532nm光束的位置和宽度。最后的聚焦透镜支架垂直平台上的电动机驱动器用来保持平均光束中心在瑞利CCD检测器上其参考位置的10μm内。调整拉曼超像素列来对准这个光束位置。这种精确对准对拉曼测量很重要,因为激光束的垂直移动对应于拉曼CCD检测器上的光谱尺寸的偏移。

CO的激发遵循桑迪亚国家实验室针对多尺度点测量而开发的方法(如Barlow et al.,2001)。Nd:YAG晶粒激光器泵浦出一束可调谐染料激光,然后将染料激光束倍频并与Nd:YAG基本激光混合达到230nm。使用光电二极管测量激光脉冲能量,并使用$\lambda/2$平面和格兰激光棱镜的组合来衰减脉冲能量并将其保持在约2.0mJ/脉冲范围内,使激光能量和CO荧光信号之间沿成像区域的全长产生几乎为线性的依赖关系。荧光信号功率从属性指数沿着探测体积的长度在1.1和1.2之间。该指数降低了碰撞猝灭相对于光电离作为荧光方程中损耗机理的重要性,从而降低了碰撞猝灭横截面上不确定性的影响。CO成像系统使用与瑞利系统相同的前采集透镜。准直区中的二向色分束器通过另一个匹配的消色差透镜反射来自 $B^1\Sigma^+(v''=0) \rightarrow A^1\Pi^+(v'=1)$ 带约484nm的CO荧光。以484nm(10nm FWHM)为滤光中心的干涉滤光片将CO荧光信号传递到具有512像素×512像素的增强CCD相机(品牌为Andor)。成像区沿激光束的长度分为40个0.1905mm((8×8)binning[②])的超像素。在垂直方向上使用了14个超像素,其外部像素行用于背景减除。将3个相机系统对齐,用带有一系列激光钻孔的垫片架作为目标放置在测量平面中,并用适当的波长进行背照来确定它们的放大率。在6.6.2.1小节中将讨论该系统的几个测量结果,来建立对湍流射流扩散火焰的标量结构(如混合分数、标量耗散率、温度等)的理解,并预估微分扩散、局部熄灭、复燃和湍流输运的影响。

测量物质质量分数的条件均值表明引射火焰中假设的分子扩散和湍流输运在演变趋势中的相对重要性。图6.21说明了这种影响,它将桑迪亚火焰B和火焰E测得的质量分数的条件均值与稳态逆流层流扩散火焰的计算结果进

---

① fl-fluorite lens:萤石镜片,用来补偿画面弯曲像差,缩短长焦点远摄镜头的长度。——译者注

② binning:一种图像读出模式,将相邻的像元中感应的电荷被加在一起,以一个像素的模式读出。——译者注

行了比较。虚线表示包括微分分子扩散的结果(描述所有物质扩散率的详细模型),而实线表示具有相等扩散率的结果(令所有物质的扩散率等于热扩散率,$Le=1$)。两种计算中,应变率都等于$50s^{-1}$。

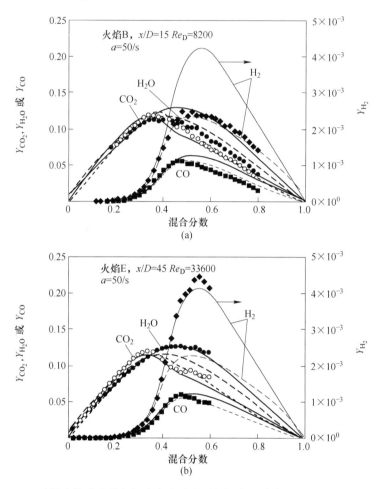

图 6.21 测得的物质质量分数的条件均值(符号)与具有完全分子输运(虚线)或 $Le=1$ 的等扩散率(实线)的层流逆流扩散火焰计算结果的比较

(改自 Barlow et al., 2005)

图 6.21(a)显示了火焰 B($Re_D=8200$)中 $x/D=15$ 处的测量值。在这个过渡射流火焰中的这个上游位置处,由于测得的条件平均质量分数是用具有完全输运的层流火焰的计算结果很好地近似得到的,可以观察到微分扩散的强烈作用。相反,在火焰 E($Re_D=33600$)中 $x/D=45$ 处的测量条件均值与应用相等扩散率的层流计算结果一致。在图 6.21 所示的任一数据集中 Barlow et al.(2005)都没有观察到局部熄灭。

随着雷诺数从火焰 B 向火焰 E 增加,标量耗散增加,并且可预测湍流输运(在大于扩散尺度的尺度下搅动)相对于分子扩散越来越重要,从而随着雷诺数的增加,低分子量物质的优先扩散对测得的质量分数的影响变得不那么显著。这一点值得引起注意,因为在湍流火焰的建模中,通常会引入所有物质具有相同扩散率的假设。随着雷诺数增加,火焰应该从受到分子输运强烈影响的标量结构(低雷诺数下)发展成湍流输运似乎占主导地位的标量结构。还应该指出的是,过去关于各种燃料的实验室规模射流火焰的研究表明,由于化学物质在低雷诺数湍流火焰中的扩散率不相等,其所引起的微分分子扩散效应可能很强(Barlow 和 Carter,1996a;Drake,Lapp 和 Penncy,1982;Smith et al.,1995)。在使用 H_2 作为燃料成分且周边的射流雷诺数为 10000 或更低的射流火焰的近场,这些效应尤为重要。建模研究表明,这种射流火焰测得的特征只能通过在模型中考虑微分扩散来再现(Chen et al.,1996;Kronenburg 和 Bilger,2001;Pitsch,2000)。

当在层流火焰计算中将扩散率设为相等时(实线),H_2 的质量分数峰值显著增加,H_2O 和 CO 的峰值仅适量增加,而 CO_2 的峰值则略有下降。在相同的应变速率下,H_2 质量分数在两种所计算的输运情况之间显示出了最大差别。因此,扩散率相等的假设对于火焰 B 就会过高预估 H_2 的质量分数,而对于高雷诺数火焰它会更准确些。图 6.22 显示了层流引射扩散火焰中 $x/D=10$ 处的微分扩散参数 z 和氢与碳的元素混合分数的条件平均值。

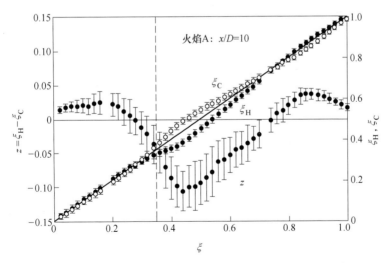

图 6.22 层流火焰(桑迪亚火焰 A)中微分扩散参数 z 和氢与碳的元素混合分数
(改自 Barlow et al.,2005)

引射火焰 B~F 中 $x/D=15$ 和 30 处的微分扩散参数 z 如图 6.23 所示。在

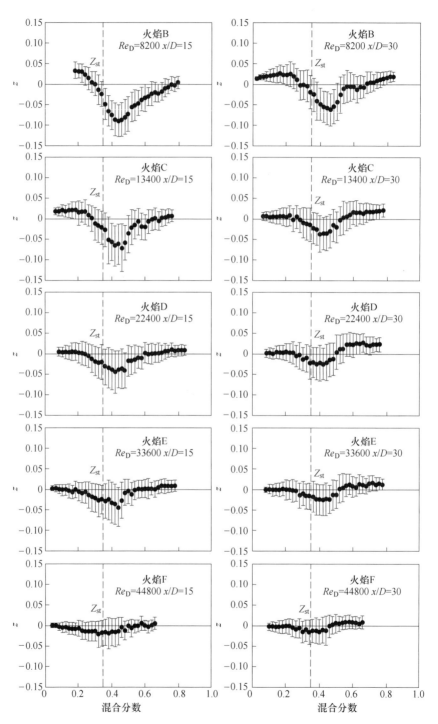

图 6.23 桑迪亚火焰 B、C、D、E 和 F 中在 $x/D=15$ 和 $x/D=30$ 处微分扩散参数 z 的条件均值和标准偏差
(改自 Barlow et al., 2005)

火焰 B 的上游位置 $x/D=15$ 处（$Re_D=8200$ 的过渡情况），反应区的标量结构基本全是扩散层流小火焰结构，它们的湍流输运影响较小。随着雷诺数增加，z 的大小降低。在 $x/D=15$ 处，在较高 Re_D 火焰中那里会发生明显的局部熄灭，z 的减小部分地归因于 CH_4 质量分数的增加，它对 z 没有贡献。从图中还可以明显看出，当我们从下游 $x/D=15$ 移到 30 时，每个火焰中 z 的大小都会减小。在火焰 F 中，在 $x/D=30$ 时仍有明显的局部熄灭，且 CH_4 的存在使测得的接近化学计量的 z 值较小。

桑迪亚火焰 D 多个径向位置的三处轴向位置（$x/D=15,30$ 和 45）混合分数的 PDF 如图 6.24 所示。在最靠近射流出口的轴向位置处，$r=0$ 时 PDF 在高混合分数（约 0.9）处出现峰值，但在混合分数低于 0.6 时降低为 0。这一现象是可以预料的，这是因为在射流轴线且接近射流出口处，混合物由燃料所主导。在较大的径向位置（如 $r=15mm$），混合物组成主要由氧化剂所主导；因此，$\mathcal{P}_z$ 以 $Z=0$ 为中心分布。注意，如式（4.162）①所指出的，每一条 PDF 曲线下的面积都等于 1。在 0～15mm 之间的径向位置，$\mathcal{P}_z$ 的峰较低但分布更宽。相较于在 $x/D=15$ 处的峰值，在轴向位置 $x/D=30$ 和 45 处，$r=0$ 时 $\mathcal{P}_z$ 的峰向较低混合分数值移动，而外部半径位置的 $\mathcal{P}_z$ 峰向略微较高混合分数值移动。这些趋势表明随 x 增加，存在燃料成分在轴向方向上的输运。桑迪亚火焰 D 在多处轴向位置和径向位置上混合分数的雷诺平均值、Favre 平均值和标准偏差由表 6.4 给出。随着 x/D 增加，较低径向位置的平均值降低；在较高径向位置，平均值趋于增加。这是由于燃料的径向输运随轴向距离增加所致。

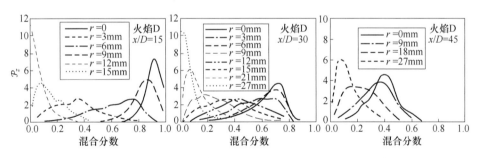

图 6.24　桑迪亚火焰 D 中混合分数的 PDF 与 x 和 r 的函数关系

测得的火焰 C、D 和 E 中 Favre 平均混合分数和温度的中心线分布曲线如图 6.25 所示。这些曲线之间有明显的差异，这被认为是局部熄灭对混合过程的影响，以及可能仅与雷诺数有关的对结构的某些影响而造成的。在 x/D 介于 10～25 时，中心线混合分数的衰减速率随雷诺数而增加。在这些引射火焰中的

---

① 原文有误。——译者注

表 6.4 桑迪亚火焰 D 中多个轴向和径向位置上混合分数的雷诺平均值和 Favre 平均值以及标准偏差

r/mm	x/D=7.5			r/mm	x/D=15			r/mm	x/D=30		
	$\bar{Z}$	$\bar{\sigma}_Z$ 或 $\sqrt{\overline{Z'^2}}$	$\tilde{Z}$	$\tilde{\sigma}_Z$ 或 $\sqrt{\widetilde{Z''^2}}$	$\bar{Z}$	$\bar{\sigma}_Z$ 或 $\sqrt{\overline{Z'^2}}$	$\tilde{Z}$	$\tilde{\sigma}_Z$ 或 $\sqrt{\widetilde{Z''^2}}$	$\bar{Z}$	$\bar{\sigma}_Z$ 或 $\sqrt{\overline{Z'^2}}$	$\tilde{Z}$	$\tilde{\sigma}_Z$ 或 $\sqrt{\widetilde{Z''^2}}$
0	0.903	0.063	0.914	0.057	0	0.652	0.113	0.676	0.106	0	0.387	0.101	0.379	0.107
3	0.834	0.091	0.859	0.079	3	0.627	0.125	0.653	0.119	—	—	—	—	—
6	0.618	0.163	0.660	0.164	6	0.554	0.146	0.579	0.151	—	—	—	—	—
9	0.341	0.161	0.319	0.179	9	0.446	0.157	0.452	0.173	9	0.338	0.110	0.318	0.119
12	0.155	0.100	0.112	0.091	12	0.345	0.151	0.321	0.166	—	—	—	—	—
15	0.069	0.063	0.043	0.048	15	0.250	0.128	0.208	0.130	18	0.228	0.105	0.192	0.106
—	—	—	—	—	27	0.063	0.054	0.043	0.042	27	0.133	0.081	0.101	0.071

改自 Barlow et al., 2005。

局部熄灭发生在这些轴向位置。火焰F中局部熄灭的可能性最高,该火焰近乎吹脱,并且在该火焰中,中心线混合分数的衰减比在较低的雷诺数火焰中快得多。在 x/D 介于25~50时,趋势是相反的,即混合分数的中心线衰减在火焰F中最慢,而在火焰C中最快。这些趋势可能是由于熄灭后紧接着放热的复燃并因此阻止了燃料和空气的混合所致。困惑来自这样一个事实,即在对这些火焰的速度测量中(Frank,Barlow 和 Lundquist,2000)或从其模型计算得到的混合分数的中心线分布曲线中似乎不存在类似的趋势。

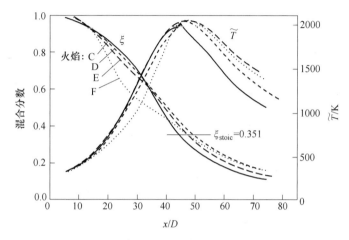

图 6.25 火焰 C、D、E 和 F 中 Favre 平均混合分数和温度的中心线分布曲线
(改自 Barlow et al.,2005)

图 6.26 所示为温度和标量耗散率的条件均值,证明密度加权条件平均标量耗散率 $[\chi_r = 2D_m (\partial Z/\partial r)^2]$ 由径向位置决定。标量耗散率在空气流和燃料流中都应该衰减为0,这是因为在这些位置混合分数的变化变得很小。混合物扩散率 D_m 用下式计算:

$$D_m(\text{cm}^2/\text{s}) = -0.12013 + 0.74818[T(\text{K})/1000] + 1.1631[T(\text{K})/1000]^2$$
(6.42)

式(6.42)是根据应变参数 $a=25\text{s}^{-1}$ 的逆流、层流、部分预混的 CH_4/空气火焰的计算,对得到的混合物平均扩散率进行曲线拟合的结果。

首先考虑 $x/D=15$ 时的结果(图 6.26(b))。条件标量耗散具有双峰结构,其当地最小值或平台值刚好位于化学计量混合分数 $Z_{st}=0.351$ 的富侧。当使用来自全径向分布的数据时,在富燃条件 $Z=0.5$ 附近发现最大的标量耗散值。图 6.26(b)中最有趣的特征是当地最大值的相对值随径向位置而变化。对于来自探测体积内部(较浓)端的数据($r=5.9$mm,图 6.26(b)中的实线),稀薄侧的最大值高于浓稠侧的最大值。对于来自探测体积外侧(较稀)端的数据($r=$

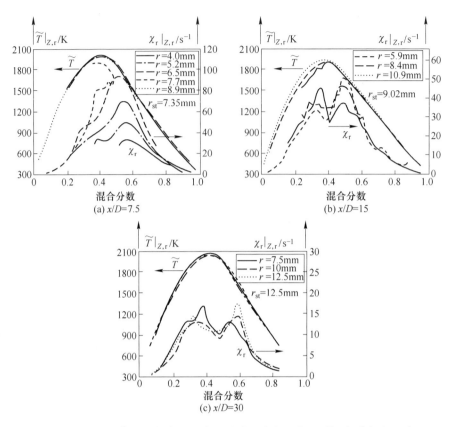

图 6.26 火焰 D 中不同轴向和径向位置的温度和径向(一维)标量耗散 χ_r 的密度加权条件平均值。每张图中均给出了 Favre 平均化学计量半径 r_{st}。每条曲线表示以图例中列出的位置为中心的 1mm 段(五个超像素)的数据
(改自 Barlow et al. ,2005)

10.9mm,短虚线),浓稠侧的最大值高于稀薄侧的最大值。对图 6.26(b)中趋势的一个可能的物理解释与湍流涡旋的动力学有关,因为它将给定混合分数的流体输送到对应于不同混合分数平均值的径向位置。例如,当富燃样品(具有相对较高的轴向速度)沿径向向外朝稀薄区域输运时,应发生强烈的相互作用。具有不同速度和混合分数的涡流发生碰撞,产生高于平均水平的标量耗散。这可能会导致对于 r = 10.9mm 处的数据(短点划线),在 Z = 0.5 附近的标量耗散产生峰值。类似地,当相对贫燃的样品(具有相对较低的速度)被径向向内输运到较浓稠的区域时,又会产生强烈的相互作用,从而产生高于平均水平的标量耗散。这可能会导致对于 r = 5.9mm 处的数据(实线),在 Z = 0.35 附近的标量耗散产生峰值。该火焰的大涡模拟(large-eddy simulation,LES)或具有相当高

的雷诺数的反应剪切流的 DNS 可以为这种湍流动力学提供深入理解。

有趣的是,火焰 D 在 $x/D=15$ 时的条件平均温度曲线(图 6.26(b))在 $0.2<Z<0.4$ 的条件下是分离的,但在 $0.4<Z<0.6$ 的条件下却落在了一起。这可能反映了对流和当地时间尺度对反应标量的综合影响。平均而言,对流时间尺度在流向速度减小时,随着半径增加而增加。但是,从图 6.26(b) 中可知标量耗散的趋势并不是那么简单。对于 $Z<0.4$,实曲线(较小半径)具有最高的标量耗散率(或最短的当地时间尺度)。这一事实趋于增强较短对流时间尺度的影响,对 $Z<0.4$(稀薄侧)产生了条件平均标量对于对流时间尺度的显著径向依赖。当 $Z>0.4$ 时,短虚线曲线(较大半径)具有最高的标量耗散,这应该抵消了较长对流时间尺度对较大半径下平均标量的影响。

在 $x/D=30$ 时,条件标量耗散率的交叉流依赖性较低(图 6.26(c))。趋势与 $x/D=15$ 时的趋势相似,但与这些测量结果中的统计不确定性相比,径向位置之间的差异可能并不明显。相反,在 $x/D=7.5$ 时,对交叉流的依赖性很大(图 6.26(a))。当从 $r=4.0$mm 移至 $r=7.7$mm 时,最大标量耗散率(在 $Z=0.55$ 附近)增加了 1 倍以上。峰值位置也从平均化学计量位置的富燃侧移动到略微贫燃侧。这种条件标量耗散率对交叉流的强烈依赖关系对射流火焰始于该区域的局部熄灭的物理和建模而言可能比较重要。

6.6.2.1 简单射流火焰与桑迪亚火焰 D 和 F 的比较

简单射流火焰在高 Re_D 时是不稳定的,引射火焰更稳定些,它们在局部熄灭时能够复燃。为了检验由数值模拟预测的射流火焰近场发展的准确性,需要可描述混合和化学动力学的详细的流场特性知识和标量测量结果。Schneider et al. (2003) 使用激光多普勒测速仪(laser Doppler velocimetry, LDV)对 3 种火焰进行了测量流场结构的实验研究。这 3 个火焰是目标火焰,且都是建模领域为模型开发和验证而非常感兴趣的。这些射流火焰的流动参数汇总在表 6.5 中。

表 6.5 射流火焰的流动参数

火焰类型	反应物组成	Re_D	$U_{射流}$-冷	$U_{引射}$-已燃	$U_{协流}$
简单射流火焰 (DLR 火焰) $D_{射流}=8$mm	33.2%H_2,22.1%CH_4, 以及 44.7%N_2	15200	42.15	N/A	0.3
引射火焰 (桑迪亚火焰 D) $D_{射流}=7.2$mm	25%CH_4,75%空气	约 22400	49.6	11.4	0.9
引射火焰 (桑迪亚火焰 F) $D_{射流}=7.2$mm	25%CH_4,75%空气	约 44800	99.2	22.8	0.9

图 6.27 所示为相应于射流出口上方 1mm($x/D=0.14$)处的归一化平均轴向速度、湍流动能以及雷诺应力分量的径向分布。这些量根据各自的平均轴向中心线速度进行了归一化。对于流出自燃烧器的内芯而言,这些分布的自相似性非常明显。对径向位置 $r \approx 4 \sim 9$ mm,引射火焰和简单射流火焰间的差异显而易见。在剪切层中可以观察到最大程度的速度波动。观察到这 3 个火焰的湍流各向异性如雷诺应力分量 $\overline{u'v'}$ 的非零分布如图所示。在火焰 D 和火焰 F 的引射区($r \approx 4 \sim 9$ mm),湍流程度相对较低。另外,在引射区到协流区的跨界没有观察到明显的切应力,这与图 6.28 中 $x/D=45$ 的轴向下游位置的观察结果相反。这种观察到的现象可能是由于剪切引起的湍流在喷嘴出口处刚开始产生所致。

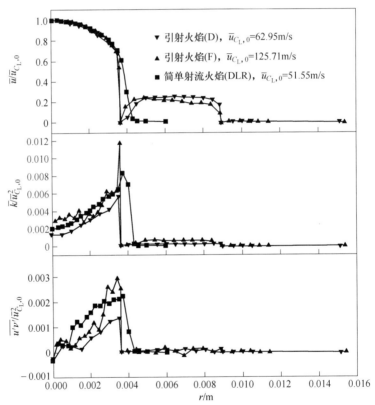

图 6.27 射流出口上方 1mm 处归一化的轴向速度($\overline{u}$)、湍流动能($\overline{k}$),以及雷诺应力分量($\overline{u'v'}$)的径向分布

(改自 Schneider et al.,2003)

图 6.28 分别比较了远场 $x/D=45$(火焰 D 和火焰 F)和 $x/D=40$(DLR 火焰)处的径向分布。径向尺寸用径向射流的当地半宽($r\frac{1}{2}$)进行了归一化。当

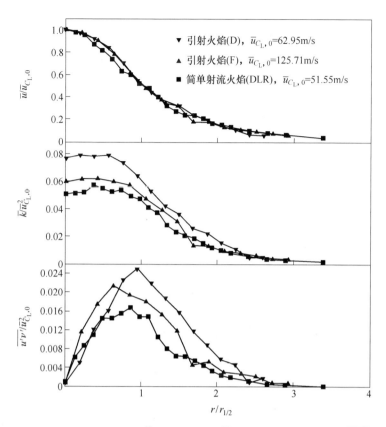

图 6.28 归一化轴向速度($\bar{u}$)、湍流动能($\bar{k}$),以及雷诺应力分量($\overline{u'v'}$)在无量纲轴线距离 $x/D=45$(火焰 D 和 F)和 $x/D=40$(DLR 简单射流火焰)处各自的径向分布
(改自 Schneider et al.,2003)

地半宽是平均速度等于其轴上速度值一半处的径向位置。比较这些火焰的轴向速度分布时,它们似乎是自相似的,尽管每个火焰的当地半宽在该轴向位置都略有不同。对于更下游位置的径向分布也观察到了类似的行为。这些火焰中的湍流各向异性可以从雷诺应力分布中观察到。在这 3 种火焰中,桑迪亚火焰 D 的湍流波动程度最高(归一化的湍流动能最高),这很有趣,因为桑迪亚火焰 F 才具有最高的雷诺数。为了更清楚地说明二次效应,在图 6.28 中也显示了剪切应力分量 $\overline{u'v'}$。在火焰 D 和 DLR 火焰中,最大的剪切应力出现在 $r \approx r_{\frac{1}{2}}$ 附近。对于火焰 F,这个最大值向内朝中心线偏移约 $0.3\,r_{\frac{1}{2}}$,并在 $r \approx 0.7 r_{\frac{1}{2}}$ 附近达到峰值。这表明了有限化学对一般流场特性的强烈影响,也意味着相似律还不足以扩展来预测二阶效应,尤其是有限速率化学效应的影响。

另一个有趣的发现来自湍流动能和平均速度的轴向分布。这些分布,如

图 6.29 所示。该图还显示了相应的归一化的射流当地半宽($r_{\frac{1}{2}}$),表明每个射流火焰的传播速度。这 3 个火焰的当地半宽在下游位置显示出了差异。如果我们仅比较火焰 D 和火焰 F(这两个火焰具有相同的初始气体成分),Tacina 和 Dahm(2000)展示了在化学反应无限快速假设下的自相似轴向分布。由于火焰 D 的传播程度比火焰 F 高,Schneider et al. (2003)的实验数据与他们的观察结果进行了对照,这种对比表明有限化学作用可以通过减小射流宽度来影响流场。

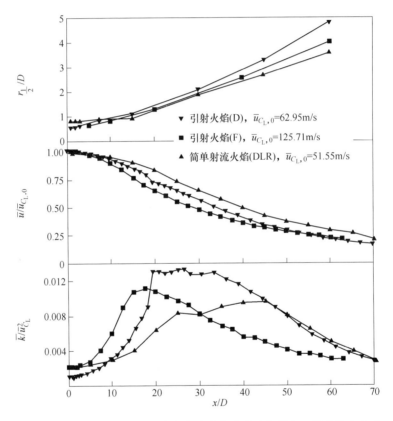

图 6.29 当地半宽($r_{\frac{1}{2}}$)、平均轴向速度和湍流动能沿中心线的轴向分布

(改自 Schneider et al. ,2003)

接下来讨论这 3 种火焰的中心线轴向速度分布。对于 $x/D>15$ 的轴向位置,与其他两个稳定火焰相比,局部熄灭的火焰(火焰 F)显示出较慢的衰减。轴向速度衰减特性主要受当地放热程度的影响。由于放热使气体膨胀较大,导致了较大的温度升高,从而轴向速度衰减较慢。在局部熄灭的火焰在下游又出现复燃的情况(火焰 F)下,在给定轴向位置上的放热比无熄灭结构的高。湍流

动能的轴向分布显示出了初始增长、明显的最大值及随之而来的衰减。初始增长归因于速度梯度(主要在径向),而衰减则归因于耗散损耗。初始增长的陡度以及最大值的轴向位置分别取决于雷诺数和燃料成分。与较慢的轴向速度衰减一样,火焰 F 在最远的下游出现湍流峰值。这表明下游的火焰熄灭和重燃可以通过影响当地放热来改变湍流场。

6.6.3 钝体火焰

钝体燃烧器是研究带有回流的湍流非预混火焰的有用工具。燃烧器的几何构型简单,边界条件定义明确,并在较宽范围的协流和射流条件下都有稳定的火焰。钝体燃烧器与引射燃烧器一样,能提供适合于湍流-化学相互作用研究的火焰。钝体燃烧器还具有与许多工业应用中使用的实际燃烧器的极其相似性。燃烧器由一根位于空气协流中心的直管组成,该协流被限制于安装在风道上的较大的圆筒之中。它通常具有一个圆形的钝体,在其中心有一个孔,用于供应主燃料(图 6.30)。这种几何构型作为建模问题是一种恰当的折中,因为它具有一些与实际燃烧器相关的复杂性,但同时又保留了相对简单且明确定义的边界条件。

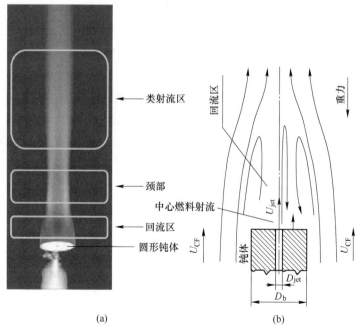

图 6.30　(a)钝体燃烧器以及(b)圆柱形钝体燃烧器的结构

(改自 Kempf, Lindstedt 和 Janicka, 2006)

在钝体表面的下游形成了复杂的流动形态,在那里回流区产生了足够的热气来稳定火焰。在足够高的燃料速度下,射流穿过回流区并在更下游的地方形成射流状的火焰,这类似于引射火焰。射流火焰会在回流区下游的一个区域中熄灭,在那个区域中湍流发展较好且有限速率化学作用非常明显。火焰可能会在湍流混合速率较低的更远的下游复燃。因此,可以得出结论,引射火焰和钝体射流火焰都由 3 个主要区域组成,即稳定区、熄灭区和复燃区。

钝体燃烧器已经使用过多种钝体直径(D_b)和燃料射流直径(D_{jet})。通常,燃料射流直径被固定为 3.6mm,但对较小的直径也有数据集。这些火焰的稳定特性用燃料射流速度(U_{jet})和外部环境协流速度(U_{CF})给出,U_{CF}对颈部区域下游的混合速率有很大影响。较高的速度会使燃烧器和钝体周围的气体动量较高,从而在颈部产生更明显的"挤压"。协流中的自由流湍流约为 2%。回流区的长度约为一个钝体直径。向 CH_4 燃料中添加 H_2 或 CO 有利于产生一个无烟尘的干净回流区。在纯 CH_4 火焰中,回流区通常有烟灰或烟灰前驱体,它们被对流到下游,会干扰下游的拉曼信号。将甲烷与空气进行部分预混会降低火焰生成烟灰的趋势,可能会得到一个洁净得多的回流区。

钝体稳定火焰(Sydney 燃烧器)的 3 个区域用 LES 代码预测的温度分布(Hahn et al.,2007)显示在图 6.31 中。仿真使用了 LES 求解器 FASTEST 的清晰、多网格版本。LES 将 RANS 结果作为初始解开始模拟,并使用了一个具有约 208 万个网格点的椭圆平滑的多块网格。这些结果展示了钝体火焰中的稳态燃烧、火焰熄灭和随后的复燃。

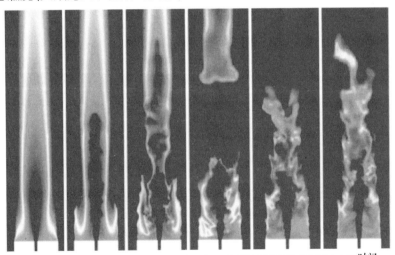

图 6.31 基于 Janicka 及其同事的工作基础,对使用空气
作为协流气的 Sydney 钝体稳定的氢气/甲烷(1∶1)
扩散火焰的模拟,D_{jet} = 108m/s,D_{CF} = 35m/s

(改自 http://www.ekt.tu-darmstadt.de/ekt/galerie_1/galerie_2.de.jsp,2007)

6.6.4 旋流稳态火焰

旋流燃烧器是钝体燃烧器的简单扩展。它设计简单,边界条件清晰,但会产生类似于实际燃烧器中存在的复杂旋流。旋流燃烧器的截面图和空气进气口的照片如图 6.32 所示。旋流空气供应通过加在钝体上的一个内径为 60mm

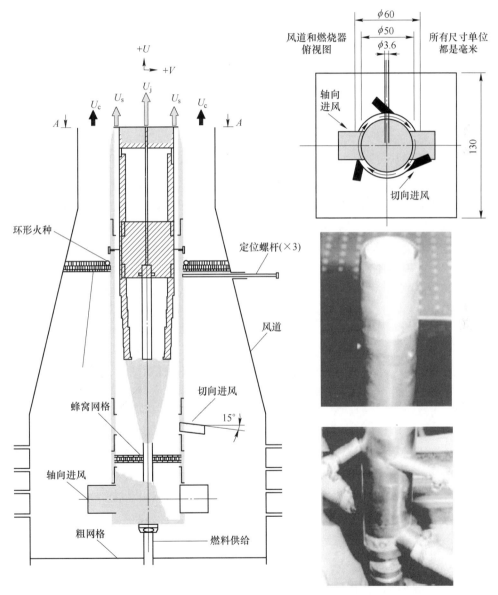

图 6.32 Sydney 旋流燃烧器的图及其细节
(改自 Masri et al., 2004)

的环带实现。环带从切向排列于燃烧器底部的进气口提供旋流空气。该旋流器额外增加了两个流体动力学参数:旋流空气的流速及其旋流数。对于有限数目的燃料组成,这种增加带来了一个四维参数空间。对该燃烧器已经进行了重要的实验和计算研究(Barlow et al.,2005)。

6.7 湍流-化学相互作用

湍流和燃烧化学的特征是时间尺度和长度尺度很宽。较大的湍流尺度直接与燃烧器的物理尺寸有关,而较小的湍流尺度则反映了由黏性带来的湍流能量耗散。当反应物以分离流动供应时,燃料和氧化剂被大尺度涡流夹带导致混合不完全。然后在较小尺度起作用的微混合机理使燃料和氧化剂在形成产物的反应区彼此接触。基元化学反应也具有较宽的时间尺度。根据湍流时间尺度和化学时间尺度之间的重叠情况,化学反应和湍流之间可能会出现强相互作用或弱相互作用(Bray,1996)。由于对非预混湍流燃烧的描述需要理解同时发生的湍流混合和燃烧过程,因此对这些火焰建模是一项科学挑战,这已成为了众多研究的主题。由许多研究人员为构建非预混湍流火焰模型所做的假设可以分为三大类:

(1) 无限快速化学反应的假设(化学平衡)。

(2) 有限速率化学反应,包括扩散和反应之间的耦合(小火焰假设)。

(3) 有限速率化学反应,将扩散与反应分开处理(PDF 方法)。

6.7.1 无限化学假设

燃烧系统中,相对于特征流动尺度,反应通常在非常薄的层中发生。在一阶近似中,可以假设化学反应无限快。然后将反应限制在接近化学计量条件的混合物中,在那里燃料和氧化剂在一个薄区内伴随着放热迅速消耗。在 Burke 和 Schumann(1928)工作的基础上,无限快化学的假设已被广泛用于描述扩散控制的燃烧。实际上,燃料和氧化剂的大尺度和小尺度混合对燃烧的放热性质非常敏感。使用无限快化学反应假设,DNS 可以关注,例如,放热效应对输运性质的改变(Higuera 和 Moser,1994),这是由于运动黏度随温度增加使得雷诺数降低所致。较低的雷诺数有助于DNS 计算。也可以以研究涉及密度和压力波动的相关性为目的进行建模(Bilger,1989)。这种方法有两个分支(例如:Vervisch 和 Poinsot,1998),路易斯数为 1 和不为 1。

6.7.1.1 路易斯数为 1

根据 Burke-Schumann 平衡条件,在扩散火焰的空气侧 $Y_F = 0$,在燃料侧 $Y_O = 0$。因此,位于反应区每一侧的对流区和扩散区的反应速率均等于零;不需要详细的动力学来描述燃烧速率,它完全由扩散控制。在这一点上,区分燃烧速率和化学反应速率很重要。"燃烧速率"指的是燃料的消耗速率;"化学反应速率"指的是1mol燃料完全被氧化剂烧掉的速率。燃烧速率取决于向反应区提供燃料的速率;因此,它是燃料通过扩散的供应速率和燃料化学反应速率的函数。因为假设化学反应速率是无限快的,所以只有燃料向反应区的扩散速率决定燃烧速率。化学反应可以通过 $\nu'_F Y_F + \nu'_O Y_O \rightarrow \nu''_P Y_P$ 形式的单步反应进行建模,其中:Y_F、Y_O 和 Y_P 分别为燃料、氧化剂和产物的质量分数,ν'_i 为摩尔化学计量系数。

如果假设所有物质的路易斯数均等于1($Le_i = 1$),那么对于无限快的化学反应,扩散火焰的描述就被简化为在反应区中守恒的物质质量分数和温度的组合的解(Kuo,2005:第6章;Liñán 和 Williams,1993a、1993b;Williams,1985)。化学源项 $\dot{\omega}_i = 0$ 的消除是参与化学反应的物质间的化学计量关系的结果。也可以通过化学元素的守恒来定义那些守恒的标量。在这种情况下,混合分数 Z 是一个守恒的标量,通常用于表征燃料和氧化剂之间的混合(参见式(3.13))。混合分数在纯氧化剂流中等于0,在纯燃料中等于1。在无限快化学反应的假设中,Z 的信息足以确定物质和火焰温度。

6.7.1.2 路易斯数不为1

具有无限快速化学反应的扩散火焰结构也可用于研究在路易斯数不为1时的扩散火焰结构。在这种情况下,DNS 很令人感兴趣,因为它可以研究微分扩散对火焰的作用,这是由于它们的结果并不显著取决于特定化学细节。Liñán et al.(1994)已经在射流和混合层的 DNS 中引入并使用了表达这些优先扩散效应的适当形式。为处理路易斯数不为1的情况,必须使用两个不同的混合分数:Z(在第3章中定义)和由下式定义的 Z_L:

$$Z_L = \frac{[\Phi(Y_F/Y_{F,1}) - (Y_{O_2}/Y_{O_2,2}) + 1]}{(\Phi + 1)} \quad (6.43)$$

式中

$$\Phi \equiv \left(\frac{Le_{O_2}}{Le_F}\right)\phi, \quad \phi \equiv s\frac{Y_{F,1}}{Y_{O_2,2}} \text{ 且 } s \equiv \left(\frac{\nu'_{O_2} Mw_{O_2}}{\nu'_F Mw_F}\right)_{st} = \frac{1}{(Y_F/Y_{O_2})_{st}} \quad (6.44)$$

$$Z_{L_{st}} = \frac{1}{(\Phi + 1)} \quad \text{以及} \quad Z_{st} = \frac{1}{(\phi + 1)} \quad (6.45)$$

在这些等式中,下标1和下标2指纯燃料流和纯氧化剂流。混合分数与化学物质之间存在分段线性关系,如表6.6所列。在无限快速化学反应的情况下,这些关系与连续性、动量和能量方程一起保证了能说明温度场和浓度场微分扩散效应的数值模拟的实现。

表6.6 路易斯数不为1时无限快化学反应的分段线性关系

氧化剂侧 $Z<Z_{st}$且$Z_L < Z_{L_{st}}$	燃料侧 $Z>Z_{st}$且$Z_L > Z_{L_{st}}$
$Z = Z_L(Z_{st}/Z_{L_{st}})$	$Z = (1-Z_{st})(Z_L - Z_{L_{st}})/(1-Z_{L_{st}}) + Z_{st}$
$Y_F = 0$	$Y_F = Y_{F,1}[(Z-Z_{st})/(1-Z_{st})]$
$Y_{O_2} = Y_{O_2,2}[1 - Z/Z_{st}]$	$Y_{O_2} = 0$
$T = (T_f - T_{O_2,2})Z/Z_{st} + T_{O_2,2}$	$T = (T_{F,1} - T_f)[(Z-Z_{st})/(1-Z_{st})] + T_f$

改自Vervisch和Veynante,1999。

6.7.2 有限速率化学

在一些实际系统中,不能随处都引用无限快化学假设。这种情况存在于化学反应系统的点火过程、湍流火焰的近稳态区以及速度梯度较高的区域中。在湍流非预混火焰中,熄灭控制了其中一些条件。因此,从无限快化学情况到淬熄极限的扩散火焰的表征在湍流非预混燃烧中非常重要。

在稳态扩散火焰中,由扩散和对流造成的热损失被反应区中释放的热量所平衡。当热损失高于化学反应产生的热量时,就会观察到熄灭。对于快速化学反应(但不一定无限快),反应区厚度相对于所有流动尺度仍较小(小火焰假设)。对流项与扩散项之比在$|u_j|\delta_r/D$量级。当该比值较小时,可以忽略对流效应。对于路易斯数为1且物理性质不变而言,化学计量表面附近的物质守恒方程变为

$$\dot{\omega}_i \sim -\rho D(\nabla^2 Y_i) = -\rho D|\nabla Z|^2 \left(\frac{d^2 Y_i}{dZ^2}\right) \quad (6.46)$$

当反应区厚度δ_r小于所有流动尺度时,在化学计量条件$Z=Z_{st}$附近,混合分数耗散速率(或标量耗散率χ)和函数$Y_i = Y_i(Z)$的二阶导数是控制燃料燃烧速率的两个关键量(Bilger,1976)。混合分数耗散率量化了混合的强度(Dopazo,1994),并体现了反应流的流体动力学特性。标量耗散率χ与在等Z_{st}面的切平面上预估的速度梯度尤其相关。这个速度梯度定义了面内应变速率[$-n_i n_j(\partial u_i/\partial x_j) + (\partial u_i/\partial x_i)$],其中:$n_i$为等$Z_{st}$面的法矢量(Nomura和Elghobashi,1992)。因此,可以根据在化学计量表面上获得的标量耗散率的值来定义力学或流动时间尺度。

对于给定的流动,扩散火焰的内部结构取决于消耗反应物所需的时间。为了估算化学时间尺度,燃料的反应速率可以重写为以下形式:

$$\dot{\omega}_F = \nu'_F \rho^{\nu'_{O_2}+\nu'_F} Y_F^{\nu'_F} Y_{O_2}^{\nu'_{O_2}} A\exp\left(-\frac{T_a}{T_{ad}}\right) \quad (6.47)$$

式中：A 为指前因子，T_a 为反应的活化能（见式(2.10)）。根据渐近分析（Cuenot 和 Poinsot，1996；Liñán，1974），达姆科勒数（Da）的一般表达式可以写为

$$Da = 16\,\phi^{\nu'_{O_2}} \rho^{\nu'_{O_2}+\nu'_F-1} (1-Z_{st})^2 \left(\frac{T_{f,ad}^2}{T_a(Q\,Y_{F,1}/C_p)}\right)^{\nu'_{O_2}+\nu'_F+1} \cdot A\exp\left(-\frac{T_a}{T_{f,ad}}\right)\Big/\chi_{st} \quad (6.48)$$

从化学反应获得的热能为 Q，对放热反应而言它为正（见式(3.54)）。逆流层流扩散火焰的最高温度对该达姆科勒数的响应在熟知的 S 形曲线的上部（见 3.4.1 小节）。从式(6.48)中得不到太多结果。如果化学反应太慢或 χ_{st} 太大，那么化学过程无法跟上较大的热损失和反应物的流入，从而发生火焰猝灭。因此，可以将熄灭定义为反应物通过化学计量区而没有燃烧的一种极限情况。这种情况对应于图 3.7 中 S 曲线上所示的淬熄点。对于一种特定的燃料，达姆科勒数是混合分数及其在化学计量条件下的耗散速率的函数。因此，一旦知道了混合分数场，就得到了扩散火焰的特定 Da 和熄灭准则。温度和质量分数可以表示为 Z 和 Da 的函数（Liñán，1974）。

对具有路易斯数不为 1 影响的层流逆流扩散火焰和总焓随反应物减少的变化进行了渐近研究（Cuenot 和 Poinsot，1996；Kim 和 Williams，1997）。这些结果表明，扩散反应层有两个稳定状态：燃烧和淬熄。这两种极端情况间的过渡对应于一种过渡且不稳定的部分燃烧情况。根据部分燃烧的锋面传播速度值的正负，沿化学计量线通过扩散、对流和反应间的不平衡，传播的要么是完全燃烧，要么是完全淬熄的稳定状态。这些传播现象更可能发生在反应区的边缘，在那里热损失可能最大。因此，边缘火焰的动力学是非预混湍流火焰中的关键问题。边缘火焰将在本章后续章节中讨论。

标量 ζ（可以是混合分数或物质质量分数）的混合时间定义为该标量的方差与该标量平均耗散率的比：

$$\tau_{m,\zeta} \equiv \frac{\overline{\zeta'^2}}{\overline{\chi_\zeta}} \quad (6.49)$$

注意：有时会将式(6.49)乘以 1/2 来定义混合时间尺度。但是在下面介绍的 DNS 结果中，混合时间由式(6.49)定义，没有乘以 1/2。

标量耗散率定义为

$$\chi_\zeta = 2D_\zeta \nabla\zeta \cdot \nabla\zeta \quad (6.50)$$

接下来定义积分时间尺度。该时间尺度表示由于大尺度湍流而产生的混合：

$$\tau_0 \equiv \frac{\widetilde{k}}{\widetilde{\varepsilon}} \quad (6.51)$$

积分时间尺度与标量混合时间尺度的比可以定义为

$$r_{t,\zeta} \equiv \int_0^{\delta_f} \tau_0 \mathrm{d}y \Big/ \int_0^{\delta_f} \tau_{m,\zeta} \mathrm{d}y \tag{6.52}$$

式中：y 为横向方向上离开射流中心线的距离；δ_f 为平均混合分数小于 0.05 处 y 的位置。沿 y 方向积分可以方便地将结果显示为一个单一的时间-尺度比，并减少了统计分散。

DNS 计算结果详细显示了扩散输运和化学作用如何影响反应标量（如物质质量分数）的混合。施密特数不为 1 的标量可能具有不同的混合时间尺度。图 6.33 显示了 H、H_2 和 CO_2 质量分数的混合时间-尺度比以及混合分数时间-尺度比与用射流特征时间（D_{jet}/U_{jet}）归一化的无量纲时间的关系。这些分子具有不同的扩散性：H 的扩散性最大，而 CO_2 的扩散性最小。该图清楚地表明了扩散率对混合时间尺度的影响。最大扩散尺度 H 的最大时间-尺度比为 6.2，而 CO_2 的最大时间-尺度比为 1.6。但是，这些值之间的差小于扩散率之间的差。结果表明，至少在中等雷诺数下，可能需要将微分扩散效应纳入混合模型。这个结论可能与雷诺数有关，因此最终需要对雷诺数进行参数研究，来确定是否存在这种依赖关系。

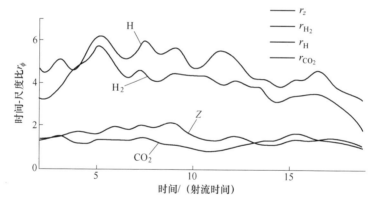

图 6.33 DNS 计算的 H、H_2 和 CO_2 质量分数以及混合分数的标量时间-尺度比与无量纲时间关系的完整结果

（改自 Hawkes，Sankaran，Sutherland et al.，2005）

非预混火焰中反应与分子混合间的强烈相互作用也会影响混合时间尺度。图 6.34 显示了 HO_2、H_2O_2、O 和 OH 的混合时间-尺度比。起初，这些时间尺度是根据扩散率排序的，但是在中间时间，O 和 OH 的时间尺度增加，而 HO_2 和 H_2O_2 的时间尺度减小，扩散率的层次不再成立。这是反应和分子混合之间相互作用的结果。

这些发现表明考虑扩散与反应相互作用的重要性，尤其是在涉及较强有限化学效应时如此。

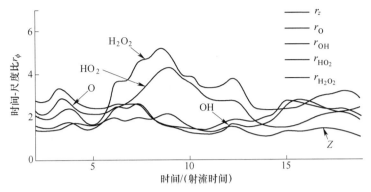

图 6.34 DNS 计算的 H_2O_2、HO_2、O 和 OH 质量分数以及混合分数的标量时间-尺度比与时间关系的完整结果

(改自 Hawkes et al.,2005)

6.8 湍流非预混燃烧的概率密度法

在速率可能由化学动力学或湍流控制的情况下,PDF 法是最有价值的方法。实际上,它们已经主要用于分子混合和化学反应之间存在弱耦合的非预混系统中。与此过程相关的数值处理称为算子分裂算法。但是,在使用 PDF 法上没有固有的限制。它们已被应用于那些分子输运与化学反应紧密耦合的预混燃烧和小火焰模式中。在实际的燃烧系统中,理想的预混或非预混火焰并不常遇到;相反,部分预混的火焰更为实际。因此,与理想的扩散火焰相反,混合分数不足以确定湍流中反应混合物的当地瞬时热化学状态。因此,考虑多个物理量的联合统计较为有用。联合 PDF 输运方程的推导已在 5.14 节中给出。那个公式对化学、混合或几何构型未作任何假设。因此,相同的方程适用于任何湍流燃烧模式下的预混、非预混和部分预混系统。在建模阶段将引入对特定燃烧模式的限制。

PDF 方法(以及许多其他湍流燃烧模型)已经经常应用于实验室规模、大气压下非预混湍流射流火焰这种单一的情况。基于对两个非预混甲烷空气引射火焰(桑迪亚火焰 D 和 F)在固定空间位置处($x/D=30,r/D=1.67$)进行激光测量得到的温度 T 对混合分数 Z 的散点图(Barlow et al.,2005),如图 6.18 所示。这些火焰已在 6.6 节讨论过。在这些火焰中,通过用空气稀释燃料射流,混合分数的化学计量值(与纯甲烷燃料和空气氧化剂的化学计量值相比)增加至 $Z_{st}=0.351$,且火焰仍以非预混火焰的形式继续燃烧。在固定的测量位置,几乎没有 $Z<0.1$ 或 $Z>0.7$ 的样本。这两种火焰的燃料射流速度和引射速度(因此分别为 Re_D 和 Da)是不同的;燃料射流的雷诺数从火焰 D 的 22400 增加到火焰

F 的 44800，而达姆科勒数(更相关的参数)从火焰 D 向火焰 F 减少。散点图中的每个点都对应一个瞬时点的测试结果，在那里同时测量了当地温度和物质质量分数(CH_4、O_2、N_2、H_2O、CO_2、CO、H_2、OH 和 NO)；然后从物质质量分数确定当地混合分数。由于数据较分散，对每一个混合分数 Z 的值 T 都不存在唯一的值。此外，对于给定的 Z 值，火焰 F 的 T 值的变化程度要大于火焰 D。

可以引入联合 PDF 来量化这些概念。具体来说，让我们考虑 T 和 Z 的联合统计，并引入温度和混合分数的联合 PDF $\mathcal{P}_{T,Z}(\tau,\psi;\boldsymbol{x},t)$，其中 τ 和 ψ 分别表示温度和混合分数的样本空间变量。这个量可以用面元划分和极限程序的二维模拟来确定。这里 $\mathcal{P}_{T,Z}(\tau,\psi;\boldsymbol{x},t)$ 具有以下性质：

$$\mathcal{P}_{T,Z}(\tau,\psi;\boldsymbol{x},t) \geq 0 \tag{6.53}$$

$$\int_{-\infty}^{\infty}\int_{-\infty}^{\infty} \mathcal{P}_{T,Z}(\tau,\psi;\boldsymbol{x},t)\,\mathrm{d}\tau\,\mathrm{d}\psi = 1 \tag{6.54}$$

对于 $\psi < 0$ 和 $\psi > 1$，$\mathcal{P}_{T,Z}(\tau,\psi;\boldsymbol{x},t) = 0$ \tag{6.55}

联合 PDF 的单位为 $\tau^{-1}\psi^{-1}$。对于温度和混合分数的联合 PDF，单位为温度的倒数，因为 ψ 是无量纲的。联合 PDF 随火焰中的空间位置 $\boldsymbol{x}$ 和时间而变化。温度的 PDF 和混合分数的 PDF("边缘 PDF")可以通过联合 PDF 确定：

$$\mathcal{P}_Z(\psi \mid \tau = T;\boldsymbol{x},t) = \int_{-\infty}^{\infty} \mathcal{P}_{T,Z}(\tau,\psi;\boldsymbol{x},t)\,\mathrm{d}\tau \tag{6.56}$$

$$\mathcal{P}_T(\tau \mid \psi = Z;\boldsymbol{x},t) = \int_{-\infty}^{\infty} \mathcal{P}_{T,Z}(\tau,\psi;\boldsymbol{x},t)\,\mathrm{d}\psi \tag{6.57}$$

任意函数 $Q = Q(T,Z) = Q[T(\boldsymbol{x},t),Z(\boldsymbol{x},t)] = Q(\boldsymbol{x},t)$ 的平均给出为

$$\overline{Q}(\boldsymbol{x},t) = \int_{-\infty}^{\infty}\int_{-\infty}^{\infty} Q(\boldsymbol{x},t)\,\mathcal{P}_{T,Z}(\tau,\psi;\boldsymbol{x},t)\,\mathrm{d}\tau\,\mathrm{d}\psi \tag{6.58}$$

实际中，很少直接比较测得的 PDF 和计算的 PDF。而是将平均值(通常只有几个低阶矩)用作实验测量值和基于 PDF 的模拟研究之间比较的基础。然后，通过将基于 PDF 的模型的结果与那些未考虑湍流波动或将其过分简化处理的模型的结果进行比较，可以清楚地看出考虑湍流波动影响的优点。

图 6.35 提供了一个示例。对于桑迪亚火焰 D，将使用 PDF 方法计算得到的平均温度和平均 O_2 质量分数分布图与使用忽略整体湍流波动的模型计算得到的分布图(当地平均化学源项根据当地平均物质组成和温度计算得到)进行了比较。这些模型将在后面的章节中讨论。注意这里使用的是简单的单步、有限速率全局甲烷空气化学机理。因此，不能期望能与实验数据有良好的定量一致性。但是，这个例子用来说明使用 PDF 方法以物质组成和温度表达湍流波动的优点。忽略湍流波动的模型会严重高估当地平均放热速率，且高估当地平均温度多达数百开氏度。尽管化学反应仍过于简化，但基于 PDF 的模型仍可显著改善计算结果。

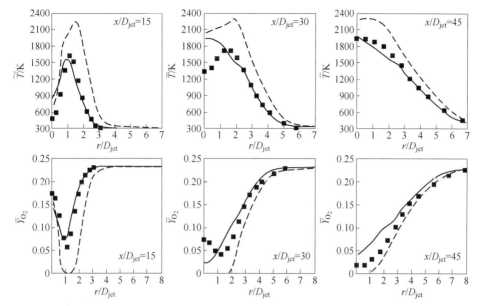

图 6.35 桑迪亚火焰 D 中 3 个轴向位置处的平均温度(上面一排)以及平均 O_2 质量分数(下面一排)的径向分布

(改自曲线:Zhang,2004 计算的计算曲线,以及 Barlow 和 Frank,1998 测得的数据)

6.8.1 物理模型

速度-组分联合 PDF 和组分 PDF 的输运方程的推导在 5.14.1 小节已述。由于相同的方程对任意燃烧系统均有效,因此也可以将它们用于非预混燃烧。这些方程如式(6.59)和式(6.60)所示。Favre 平均速度-组成联合 PDF($\mathcal{P}_{u\Phi}$)和组分 PDF($\mathcal{P}_\Phi$)早先已在 5.14 节中定义过。

速度-组分 PDF 方程:

$$\underbrace{\frac{\partial(\langle\rho\rangle\widetilde{\mathcal{P}}_{u\Phi})}{\partial t}}_{\text{联合pdf的时间变化}} + \underbrace{\frac{\partial(\langle\rho\rangle V_i \widetilde{\mathcal{P}}_{u\Phi})}{\partial x_i}}_{\substack{\text{由平均流动和湍流引起的平流}\\\text{而导致的在物理空间上的输运}}} + \underbrace{\frac{\partial(\langle\rho\rangle \dot{S}_k \widetilde{\mathcal{P}}_{u\Phi})}{\partial \psi_k}}_{\substack{\text{由化学反应引起的}\\\text{在组分空间上的输运}}}$$

$$+ \underbrace{\frac{\langle\rho\rangle}{\rho(\boldsymbol{\psi})}\left(\rho(\boldsymbol{\psi})g_i - \frac{\partial\langle p\rangle}{\partial x_i}\right)\frac{\partial \widetilde{\mathcal{P}}_{u\Phi}}{\partial V_i}}_{\text{由体积力和平均压力梯度引起的在速度空间上的输运}}$$

$$= \underbrace{\frac{\langle\rho\rangle}{\rho(\boldsymbol{\psi})}\frac{\partial}{\partial V_i}\left[\left\langle\frac{\partial p'}{\partial x_i}-\frac{\partial \tau_{ji}}{\partial x_j}\bigg|V,\psi\right\rangle\widetilde{\mathcal{P}}_{u\Phi}\right]}_{\text{波动的压力梯度和黏度的作用}} + \underbrace{\langle\rho\rangle\frac{\partial}{\partial\psi_k}\left[\frac{1}{\rho(\boldsymbol{\psi})}\left\langle\frac{\partial J_{k,i}}{\partial x_i}\bigg|V,\psi\right\rangle\widetilde{\mathcal{P}}_{u\Phi}\right]}_{\text{物质和焓的分子扩散效应}}$$

组分 PDF 方程：

$$+\underbrace{\delta_k\frac{\partial}{\partial\psi_k}\left(\frac{\langle\rho\rangle}{\rho(\boldsymbol{\psi})}\dot{Q}''_{\mathrm{rad,em}}\widetilde{\mathcal{P}_{u\boldsymbol{\Phi}}}\right)}_{\text{辐射散失效应}}-\underbrace{\delta_k\frac{\partial}{\partial\psi_k}\left(\frac{\langle\rho\rangle}{\rho(\boldsymbol{\psi})}\langle\dot{Q}''_{\mathrm{rad,ab}}\mid\boldsymbol{V},\boldsymbol{\psi}\rangle\widetilde{\mathcal{P}_{u\boldsymbol{\Phi}}}\right)}_{\text{辐射吸收效应}}\quad(6.59)$$

组分 PDF 方程：

$$\underbrace{\frac{\partial(\langle\rho\rangle\widetilde{\mathcal{P}_{\boldsymbol{\Phi}}})}{\partial t}}_{\text{pdf的时间变化}}+\underbrace{\frac{\partial(\langle\rho\rangle\widetilde{u_i}\widetilde{\mathcal{P}_{\boldsymbol{\Phi}}})}{\partial x_i}}_{\text{平均流动平流}}+\underbrace{\frac{\partial\langle\rho\rangle\dot{S}_k\widetilde{\mathcal{P}_{\boldsymbol{\Phi}}}}{\partial\psi_k}}_{\text{化学反应}}$$

$$=-\underbrace{\frac{\partial}{\partial x_i}(\langle\rho\rangle\langle u_i''\mid\boldsymbol{\psi}\rangle\widetilde{\mathcal{P}_{\boldsymbol{\Phi}}})}_{\text{湍流扩散}}+\underbrace{\langle\rho\rangle\frac{\partial}{\partial\psi_k}\left[\frac{1}{\rho(\boldsymbol{\psi})}\left\langle\frac{\partial J_{k,i}}{\partial x_i}\bigg|\boldsymbol{\Psi}\right\rangle\widetilde{\mathcal{P}_{\boldsymbol{\Phi}}}\right]}_{\text{湍流混合}}$$

$$+\underbrace{\delta\langle\rho\rangle\frac{\partial}{\partial\psi_k}\left(\frac{\dot{Q}''_{\mathrm{rad,em}}\widetilde{\mathcal{P}_{\boldsymbol{\Phi}}}}{\rho(\boldsymbol{\psi})}\right)}_{\text{辐射散失效应}}-\underbrace{\delta_k\frac{\partial}{\partial\psi_k}(\langle\rho^{-1}\dot{Q}''_{\mathrm{rad,ab}}\mid\boldsymbol{\psi}\rangle\langle\rho\rangle\widetilde{\mathcal{P}_{\boldsymbol{\Phi}}})}_{\text{辐射吸收效应}}\quad(6.60)①$$

在式(6.59)和式(6.60)中，δ_k 是一个标志，$k=1,2,\cdots,N$，时等于 0，$k=N+1$ 时为 1。在速度-组分 PDF 方程中需要建模的项为那些与黏性应力、波动的压力梯度、标量分子通量和辐射吸收相对应的项。在组分 PDF 方程中，要建模的项是与湍流速度波动、标量分子通量和辐射相对应的项。因为这些是单点/单次法，所以必须提供湍流尺度信息。这些模型可以总结如下：

（1）对速度-组分法中的黏性应力和波动的压力梯度建模。

（2）对组分法中波动的速度建模。

（3）在速度-组成和组分法中，对与湍流混合项有关的标量分子通量建模。

此外，以下与 PDF 方法相关的问题需要特别注意：

（1）PDF 方法中的小火焰。

（2）壁面建模。

（3）高速流动。

（4）RANS/PDF 和 LES 滤波密度函数（LES-filter density function，FDF）中湍流尺度的指定及替代尺度规格。

6.8.2 速度-组分 PDF 方法中的湍流输运

PDF 在物理空间中通过平流输运，包括湍流速度波动的输运，在速度-组分 PDF 方程中以闭合形式出现；这是式(6.59)的左侧第二项。需要模型来表示黏性应力和波动压力梯度的影响；这些是该等式右侧第一项。在拉格朗日参考系中，这对应于颗粒加速度或力的建模。可以从检验湍流中流体颗粒的行为（例

---

① 原文中原式最后一项括号标注有误。——译者注

如:从理论或DNS)以及从检验欧拉单点统计的行为(例如:隐含的雷诺-应力方程)中获取构建模型的指导。例如:一个重要的要求是,这些模型不能影响平均速度,只有 $\langle \tau_{ij} \rangle$ 除外,它在高 Re 时可以忽略不计;在平均动量方程中没有对应于波动压力梯度的项。

在拉格朗日参考系中,速度 PDF 和速度-组分 PDF 方法发展的早期使用了"颗粒相互作用"模型(Haworth 和 Pope,1986a)。这些模型包括随机混合和随机重新取向模型。在这些模型中,按照统计采样规则随机选择成对的假想流体颗粒对,每个颗粒的速度以这种方式改变:保持平均速度不变而(在均质衰减湍流中)使得湍流动能衰减和雷诺应力趋于各向同性,与实验观察结果一致。对于恒定密度的均质系统,N 个等质量颗粒的模型/算法可以描述为:在随机混合模型中,实现了湍流衰减和各向同性的返回,而随机重新取向模型实现了各向同性的返回,从而使湍流动能保持不变。在两个模型中,平均速度场均保持不变。

6.8.2.1 随机混合模型

根据 Haworth(2009),一对颗粒在时间间隔 dt 中相互作用的概率为 $N\omega dt$,其中:N 为颗粒总数,而 ω 为湍流频率,其定义为湍流耗散率与湍流动能之比(ε/K)。对于每个互相作用事件,随机选择两个颗粒(用 p 和 q 表示)而不替换。将两个颗粒中的每一个的时间结束步长速度设置为其时间开始步长速度的平均值:

$$\boldsymbol{u}^{(p)}(t+dt) = \boldsymbol{u}^{(q)}(t+dt) = \frac{1}{2}[\boldsymbol{u}^{(p)}(t) + \boldsymbol{u}^{(q)}(t)] \equiv \overline{\boldsymbol{u}}^{(pq)}(t) = \overline{\boldsymbol{u}}^{(pq)}(t+dt) \tag{6.61}$$

在非等质量颗粒的情况下,将使用质量加权平均值。该模型保持平均颗粒速度矢量 $\overline{\boldsymbol{u}}^{(pq)}$ 不变,且速度差的大小 $\Delta \boldsymbol{u}^{(pq)} [\Delta \boldsymbol{u}^{(pq)}(t) \equiv |\boldsymbol{u}^{(p)}(t) - \boldsymbol{u}^{(q)}(t)|]$ 趋近于零。因此,平均速度不受影响,并且可以证明湍流动能 k 和雷诺应力 $\langle u_i' u_j' \rangle$ 的时间变化率按下式发展:

$$\frac{dk}{dt} = -\varepsilon, \frac{d\langle u_i' u_j' \rangle}{dt} = -\omega \langle u_i' u_j' \rangle \tag{6.62}$$

式中:$\omega \equiv \varepsilon/k$。

由于没有平均速度梯度和零标量输运,考虑衰减湍流没有生成项,可以从式(4.150)中得到式(6.62)中流体颗粒湍流动能的时间变化。

式(6.62)中雷诺应力的变化速率可以用 Rodi(1975)提出的弱平衡假设来获得。在此假设下,雷诺应力 $\langle u_i' u_j' \rangle$ 可以分解为

$$\langle u_i' u_j' \rangle = k \frac{\langle u_i' u_j' \rangle}{k} = k(2 b_{ij} + \frac{2}{3} \delta_{ij}) \tag{6.63}$$

式中:b_{ij}为归一化的雷诺应力各向异性,定义为

$$b_{ij} = \frac{\langle u_i' u_j' \rangle}{2k} - \frac{1}{3}\delta_{ij} \quad (6.64)$$

因此,有

$$\frac{d\langle u_i' u_j' \rangle}{dt} = \frac{\langle u_i' u_j' \rangle}{k}\frac{dk}{dt} + k\frac{d}{dt}\underbrace{\frac{\langle u_i' u_j' \rangle}{k}}_{\text{弱平衡中较小}}$$

$$\approx \frac{\langle u_i' u_j' \rangle}{k}\frac{dk}{dt} = -\langle u_i' u_j' \rangle\frac{\varepsilon}{k} = -\omega\langle u_i' u_j' \rangle \quad (6.65)$$

6.8.2.2 随机重新取向模型

在时间间隔 dt 中一对颗粒相互作用的概率为 $C_R N\omega dt$,其中:C_R 为模型常数。对于每个相互作用事件,随机选择两个颗粒(用 p 和 q 表示)而不替换。两个颗粒中每个颗粒的结束时间步长速度指定为

$$\begin{cases} \boldsymbol{u}^{(p)}(t+\Delta t) = \overline{\boldsymbol{u}}^{(pq)}(t) + \frac{1}{2}\boldsymbol{\eta}\Delta\boldsymbol{u}^{(pq)}(t) \\ \boldsymbol{u}^{(q)}(t+\Delta t) = \overline{\boldsymbol{u}}^{(pq)}(t) - \frac{1}{2}\boldsymbol{\eta}\Delta\boldsymbol{u}^{(pq)}(t) \end{cases} \quad (6.66)$$

式中:$\overline{\boldsymbol{u}}^{(pq)}$ 为该颗粒对的平均起始时间步长速度;$\Delta\boldsymbol{u}^{(pq)}(t)$ 为该颗粒对的起始时间步长速度大小的差;$\boldsymbol{\eta}$ 为随机方向上的单位矢量。

对于非等质量的颗粒,应使用质量加权。通过加上和减去最后两个方程,可以看出这个模型使 $\overline{\boldsymbol{u}}^{(pq)}$ 和 $\Delta\boldsymbol{u}^{(pq)}$ 保持不变。因此,平均速度和湍流动能也保持不变。雷诺应力按照下式发展:

$$\frac{d\langle u_i' u_j' \rangle}{dt} = -(C_R - 1)\omega\left[\langle u_i' u_j' \rangle - \frac{2}{3}k\delta_{ij}\right] \quad (6.67)$$

式(6.67)对应于针对雷诺应力的 Rotta 线性回归各项同性模型(Rotta,1951a,1951b)。Launder,Reece 和 Rodi(1975)提出在雷诺应力闭合中建议 $C_R = 1.5$。

拉格朗日颗粒速度的现代模型通常基于随机微分方程(stochastic differential equation,SDE)。具体地说,是用 Langevin 方程表示的随机扩散过程(见 5.14.3 小节)。在这个模型中,每个流体颗粒都是独立发展的;颗粒之间的相互作用微弱,并且仅通过由颗粒属性估算的平均量而发生。与颗粒相互作用模型相比,基于 SDE 的模型具有理想的分析特性和实际实施中的优势。出于这些原因,在速度 PDF 或速度-组分 PDF 方法中颗粒相互作用模型不再被广泛用于颗粒速度;但是,它们在标量混合模型中仍然很常用。

6.8.3 分子输运与标量混合模型

在 PDF 方法的颗粒实现中对混合的建模涉及在组分空间中规定随机/条件颗粒的演变,以使其模拟在湍流反应流中由混合而导致的流体颗粒组成的变化。

分子混合是 PDF 方法中最重要的建模问题。在此框架内,采用了许多不同的策略,包括:

(1) 通过均值交换的相互作用(interaction by exchange with the mean,IEM)(Villermaux 和 Devillon,1972)。

(2) 线性均方估计(linear mena-square estimation,LMSE)(Dopazo 和 O'Brien,1974a)。

(3) 修正的 Curl 模型(Modified Curl, MC)(Dopazo 和 O'Brien,1976; Janicka, Kolbe 和 Kollmann,1979)。

(4) 欧几里得最小生成树(Euclidean minimum spanning tree,EMST)(Subramaniam 和 Pope,1998)。

所有这些方法中的一个共同要素是混合时间尺度。注意:模型预测结果取决于时间尺度的选择,不同的选择适用于不同的问题。已有不同的小组进行了计算,特别是,Tang,Xu 和 Pope(2000); Xu 和 Pope(2000); 以及 Lindstedt, Louloudia 和 Váos(2000)。通常,对于各个不同的标量,均假设时间尺度相同,并且与大尺度湍流时间尺度(k/ε)具有相同的数量级。在火焰中,微分扩散以及与混合和反应的强烈相互作用可能使这些假设的合理性降低。在后验实验中直接评估这些假设比较困难,而且对反应标量混合的测量目前还不可能。

标量方差衰减速率在高雷诺数湍流中受大尺度控制。在标量谱中没有标量梯度或能量输运模型的情况下,可以合理地假设标量方差衰减速率与平均湍流频率成正比。但是,标量 PDF 的演化是由向着最小尺度的湍流运动确定的。因此,在缺少小尺度的明确表征的情况下,很难对标量 PDF 的演化建模。考虑小尺度的影响也是包括物质扩散性和微分扩散影响的自然之道。但是,对这些过程的描述需要更高级的闭合和更多的计算开销。

混合模型应具有 3 个最理想的品质:

(1) 平均标量的量不应因混合而改变。

(2) 标量方差应以正确的速率衰减。

(3) 标量的量应保持有界(例如,质量分数应保持在 0~1,并且其和为 1)。

其他理想的特性是混合模型应始终是线性的。同样地,独立性会使守恒标量的 PDF 在统计均匀的系统中松弛到联合正态高斯分布,并且不应违反组分空间中局部性的概念。标量变量的线性和独立性的概念在 Pope(1982b)的一篇文章中有详细介绍。大多数混合模型并不求解微分扩散,也不包括化学反应对混合的直接影响。

独立性。在混合一组守恒的被动标量(例如:混合分数或物质质量分数或温度的某些组合)的过程中,这些标量场中的任意一个标量场 ζ_α 的统计量的演化都不受其他任意一个标量场 ζ_β(其中: $\beta \neq \alpha$)的统计量的影响。这是由 Pope(1983a)提出的独立性原则。这个概念对多标量混合的颗粒模型的含义是,一个标量 ζ_α 的颗粒特性的演化不应该依赖于其他任何标量 ζ_β(其中: $\beta \neq \alpha$)的颗粒特性(或统计量)。对于多标量混合的矩模型,其含义是涉及一个标量 ζ_α 的任意统计量的演化都不应依赖于其他任意标量 ζ_β(其中: $\beta \neq \alpha$)的统计量。

局部性。混合模型在组分空间中必须是局部的。对于颗粒相互作用模型,这意味着在组分空间中颗粒应与其紧邻区域内的其他颗粒混合。扩散火焰研究中某些混合模型失败的原因就是这些模型在组分空间中不是局部的,它们会导致颗粒在整个反应区域中混合。

颗粒相互作用混合模型是以描述守恒标量场 ζ_k 的演化为特征的,它可以写为以下形式:

$$\frac{\mathrm{d}\zeta_k^p}{\mathrm{d}t} = -\frac{1}{w_{(p)}} \sum_{q=1}^{N} M_{pq}^k \zeta_k^q \tag{6.68}$$

式中: N 为假想颗粒的总数。

矩阵 M_{ij}^k 表示颗粒 p 和 q 在第 k 个标量上的相互作用。实际上,同一矩阵描述了所有标量的相互作用,但是根据 Pope(1983)所阐述的线性规则,这并不是必需的。线性规则要求 M_{ij}^k 必须与 k 无关,至少对于具有相同扩散率的守恒被动标量而言。项 $w_{(p)}$ 是应用于颗粒 p 的加权因子。对于局部性,相互作用矩阵的带宽应该比较小。为了更容易理解,我们考虑一维空间中的单个标量。在这种情况下,颗粒按彼此之间的距离顺序编号。例如:编号为100的颗粒比编号为50的颗粒距离编号为1的颗粒更远。因此,颗粒标记的不同表示它们之间的距离。因此,较小的带宽表示颗粒仅与在其紧邻处的颗粒混合。对于混合模型的独立性,相互作用矩阵中的非对角线项应为零。这种简单的排序概念对于多个标量来说实现起来变得比较困难。

6.8.3.1 通过均值交换的相互作用模型

PDF 方法中最简单的分子混合模型是通过均值交换的相互作用(IEM)模型(Villermaux 和 Devillon,1972)。Dopazo 和 O'Brien(1974)的线性均方估计(LMSE)模型几乎等同于 IEM 模型。在 IEM 模型中,颗粒组分在式(6.49)的时间尺度 τ_ζ 上向当地平均组分松弛。速度-组分联合 PDF 和组分 PDF 方程中的分子混合项都可以建模为

$$\left\langle \frac{\partial J_{k,i}}{\partial x_i} \Big| V, \psi \right\rangle = \left\langle \frac{\partial J_{k,i}}{\partial x_i} \Big| \psi \right\rangle = -\frac{1}{2} \rho(\psi) \frac{(\psi_k - \tilde{\zeta}_k)}{\tau_{m,\zeta}} = -\frac{1}{2} \rho(\psi) C_\zeta \omega (\psi_k - \tilde{\zeta}_k)$$

(6.69)

颗粒组分的时间变化速率矢量可以建模为

$$\theta_{k,\mathrm{mix}}^{*} = -\frac{1}{2}\frac{(\psi_k - \widetilde{\zeta}_k)}{\tau_{\mathrm{m},\zeta}} = -\frac{1}{2}C_\zeta\omega(\psi_k - \widetilde{\zeta}_k) \qquad (6.70)$$

相似地,标量耗散率建模为

$$\overline{\chi_\zeta} = \frac{1}{2}\frac{\overline{\zeta_k'^2}}{\tau_{\mathrm{m},\zeta}} = \frac{1}{2}C_\zeta\omega\,\overline{\zeta_k'^2} \qquad (6.71)$$

在这些等式中,C_ζ 为模型常数。尽管根据具体公式和模型使用过不同的值,但 C_ζ 的值通常取为 2.0。理想情况下,C_ζ 应该是一个通用常数。注意:式(6.71)中使用的混合时间尺度使用了 1/2 乘以标量方差与平均标量耗散率的比,这与式(6.49)中给出的混合时间的定义有所不同。

IEM 具有混合模型的 3 个最基本特征。但是,IEM 保留了 PDF 的形状(而不是使 PDF 向高斯分布松弛),并且在速度-组分联合 PDF 的情况下没有包括对速度的显性依赖性。Pope(1998)和 Fox(1996a)提出了包括有速度依赖的变异形式;通过条件均值交换的相互作用(interaction by exchange with the conditional mean,IECM)模型于 1998 年引入,并由 Viswanathan 和 Pope(2008)进行了综述。在非均匀系统的数值实现过程中,非常重要的是在求解当地均值时需确保该值不会因混合而变化。Heinz(2003)使用基于对速度-组分 PDF 的 Fokker-Planck 方程的分析提出了对 IEM 的其他扩展。

6.8.3.2 修正的 Curl 混合模型

直接颗粒相互作用模型中最简单的是 Curl 模型(1963)或聚并-分散模型。这个对-交换模型与 6.8.2.1 小节中讨论的颗粒速度的随机混合模型基本相同。一对颗粒在时间间隔 dt 中相互作用的概率现在为 $C_\zeta N\omega\mathrm{d}t$,式(6.61)中的颗粒速度分量被颗粒标量组成所替代。Curl 模型所隐含的标量耗散率模型与 IEM(式(6.69))所隐含的标量耗散率模型相同。在这种情况下,颗粒组分以不连续的方式随时间变化。Curl 的模型也具有混合模型的 3 个最基本的特征。与 IEM 相比,Curl 的模型没有保留标量 PDF 的形状,尽管它仍未向高斯分布松弛。实际上,Curl 的模型会产生不连续的 PDF。通过引入一个控制每一个相互作用事件的混合程度的附加随机参数,已经设计出获得连续(但仍然不是高斯)分布的修正版本的模型;这种变体通常称为修正的 Curl(MC)混合模型(Dopazo 和 O'Brien,1976;Janicka,Kolbe 和 Kollmann,1979)。

MC 混合模型是颗粒相互作用模型。从集合中随机选择重量相等的成对的模型颗粒 p 和 q,其组成在时间间隔 dt 上按下式变化:

$$\zeta_k^p(t+\mathrm{d}t) = \zeta_k^p(t) + \frac{1}{2}\eta\left[\zeta_k^q(t) - \zeta_k^p(t)\right]$$

$$\zeta_k^q(t+\mathrm{d}t) = \zeta_k^q(t) - \frac{1}{2}\eta[\zeta_k^q(t) - \zeta_k^p(t)] \tag{6.72}$$

式中：η 为均匀分布在$(0,1)$中的随机数。这样，模型就以这样的方式模拟颗粒分子的扩散过程。Mitarai, Riley 和 Kosály(2005)将每个时间步长下将要混合的颗粒数确定为 $N_{\mathrm{mix}} = 3\omega(t)N\mathrm{d}t$，其中：$N$ 为模型颗粒的总数。

Hsu 和 Chen(1991)提出了一种颗粒组成连续变化的模型变体。基本模型的许多其他变体也已经提出来了。这些变体包括经时偏置，即颗粒被选取参与混合的概率取决于距离它上一次参与混合事件的时间(Pope, 1982a)。经时偏置已被证明在均匀体系中会导致被动标量的分布向接近高斯分布松弛。速度-组分 PDF 方法中还可以包括对颗粒速度的显性依赖(Pope, 1985; Bakosi, Franzese 和 Boybeyi, 2008)。对不等重量的颗粒 Nooren et al. (1997)已经开发了一种实现 MC 的方法。这种实现方法使均值守恒，并引起修正方差衰减。但是，对 PDF 的影响仍取决于颗粒重量的分布。

6.8.3.3 欧几里得最小生成树模型

欧几里得最小生成树(EMST)混合模型(Subramaniam 和 Pope, 1998)是一个更为复杂的颗粒相互作用模型，设计用来克服较简单湍流混合模型(如 IEM 模型和修正的 Curl 模型)的缺点。除了颗粒组分外，模型还涉及一个状态变量。模型包括 3 个步骤。

(1) 根据状态变量的值，选择要混合的"活"的颗粒。

(2) 形成 EMST 来连接活颗粒，以使树的总长度最小。

(3) 由 p 和 q 表示的成对颗粒由树的第 n 个分枝连接，在时间间隔 $\mathrm{d}t$ 上按下式混合：

$$\zeta_k^p(t+\mathrm{d}t) = \zeta_k^p(t) + bB_n\mathrm{d}t[\zeta_k^q(t) - \zeta_k^p(t)]$$
$$\zeta_k^q(t+\mathrm{d}t) = \zeta_k^q(t) - bB_n\mathrm{d}t[\zeta_k^q(t) - \zeta_k^p(t)] \tag{6.73}$$

这里，B_n 的值是根据分枝在树中的位置来确定(越靠近树的中心，B_n 的值越大)。确定系数 b，来得到所需的混合频率(ω)。EMST 具有前面提到的混合模型的 3 个最基本特征，并且具有局地性。但是，它不满足独立性和线性特征。

IEM 模型和 Curl 模型(包括变体)在达姆科勒数较高时表现得并不好。它们的主要缺点是它们在组分空间中不是局地的。在具有快速化学反应和初始平衡条件的非预混燃烧中，反应仅限于反应薄层。这个缺点会导致冷的燃料和氧化剂在遍及反应表面上非物理混合。观察到这一行为是因为 IEM(和其他)混合模型违反了混合的物理原理：即，是流体颗粒附近(在物理空间中)的组分场影响流体的混合。由于现实中遇到的组分场是平滑的，因此物理空间中的这个邻域对应于组分空间中的邻域。因此，如果要使混合模型在扩散火焰测试问题(它代表了非预混燃烧中反应和混合的耦合)中表现得令人满意，这个模型应该反映出来由混合引起的组分变化受组分空间邻域的影响。这促使形成了混合模型应该满足的一个新原则,即组分空间中的局地性。对于任意湍流反应流,在组分空间中都存在一个称为可实现区的区域,在其中的任意一点都对应一个流体颗粒可能达到的组分值。位于组分空间中可实现区之外的点对应于不会发生且没有物理意义的组分(例如:如果组分变量表示物质质量分数,那么这些变量可能对应于负的质量分数或大于1的质量分数)。因此,混合模型应保留组分的边界性。这个建模上所作努力的目的在于提供混合的现象学描述(不明确表示与小尺度相关的物理过程),但满足边界性和局地性这些重要原则。

在这种情况下,分子输运和化学反应紧密耦合起来,燃烧可能对应于小火焰模式。在小火焰燃烧中,反应性标量梯度会因反应而变得陡峭,因此不适合将标量耗散率χ_ξ仅仅表示为当地标量方差(见式(6.71))、k和ε的函数,因为它们是积分尺度的量。标准模型可以使颗粒在整个反应区混合而不燃烧。例如,在具有快速化学反应的非预混系统中,一个对应于纯燃料的颗粒可以与一个对应于纯氧化剂的颗粒混合,产生对应于混合但未反应的燃料和氧化剂的两个颗粒。对上述提到的基于颗粒的PDF模型的数值模拟使用了算子拆分算法,使得这一作用变差(Haworth,2009)。

认识到高达姆科勒数的问题已经很多年了,也提出并实验了几种方法来处理它。Pope(1985)指出,对于层状小火焰燃烧,可以将PDF方程中的分子混合项和化学源项组合在一起,组合项将以闭合形式出现。使用这种方法研究了小火焰模式和分布反应模式下的湍流预混火焰(Pope和Anand,1984;Anand和Pope,1987)。T. H. Chen,Goss,Taney et al. (1989);Dibble和Lucht(1989)对非预混火焰提出了一种基于混合分数值的反应区调节模式。得到颗粒相互作用混合模型中更紧密的反应/扩散耦合的第三种方法是偏向颗粒配对,使组分空间中彼此接近的颗粒比组分空间中距离较远的颗粒更容易发生混合。这就是前面提到的局地性的概念。在此方向上的早期尝试是Norris和Pope(1991)提出的有序配对法。EMST是Subramaniam和Pope(1998)开发的一个更为通用的程序。最近,Meyer和Jenny(2009a,2009b)提出了一个参数化的标量分布(parameterized scalar profile,PSP)混合模型,该模型能够提供混合分数和标量耗散率的联合统计数据。如果存在较薄的反应区,那么混合分数和标量耗散率将决定流动区域中的组分和热状态。该混合模型基于这样的论点,即在输运PDF的背景中,即使PDF方法已成功应用于模拟涉及局部熄灭的火焰,但常用的混合模型并未提供此类统计信息。

图6.36所示为在$\tau_{res}=2\times10^{-3}$ s,$\tau_{mix}/\tau_{res}=0.35$和不变当量比下得到的温度对混合分数$Z$的散点图。散点图中的线对应于化学平衡。从图6.36(a)中注

意到,混合分数空间中的反应区为约 0.24 至约 0.5。反应区中平衡线以下的散点对应于未完全燃烧的流体颗粒或熄灭的流体颗粒。图 6.36 定性地显示了 3 种混合模型的不同行为。对于 IEM 模型,图 6.36(a) 与这样的景象一致:与反应区外的组分值相对应的颗粒松弛到了平均组成,并远离其在平衡线上的初始状态;反应区中的颗粒由于快速反应而以接近其平衡值反应。显然颗粒并非都靠近平衡线,并且在这种情况下,由于非物理微混合过程,模型无法通过产生一些接近熄灭点(较低的 T 值)的结果来重现预期的物理行为。图 6.36(b) 显示,MC 模型将冷燃料与冷氧化剂混合,并在混合分数空间内的反应区中产生了冷的非反应性混合物。显然,在这种情况下,这在物理上是不正确的。图 6.36(c) 显示,EMST 模型给出的在这种情况下的所有成分都接近平衡。因此图 6.36 显示 EMST 混合模型产生了预期的物理行为,而 IEM 模型和 MC 模型则没有。相应的混合分数 PDF 也显示在图 6.36(d) 中,它们之间也有很大不同。

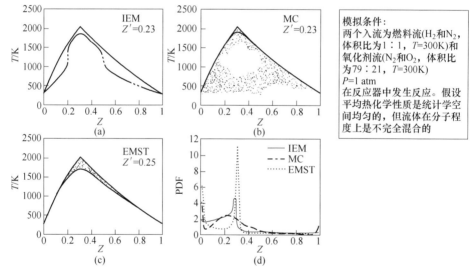

图 6.36 (a)IEM、(b)MC、(c)EMST 模型得到的温度对混合分数的散点图,实线对应于化学平衡,Z' 表示 Z 的均方根波动,以及(d)混合分数对应的 PDF

(改自 Ren 和 Pope,2004)

由于混合模型在 RANS 和 LES 方法中是 PDF 方法的一个重要元素,且当前模型仍具有一些众所周知的缺点,因此它在一段时间内应该仍然是一个活跃的研究领域。关于现有模型的性能,也还有一些要回答的问题。在非预混湍流火焰中,有限速率的化学作用是否显著取决于达姆科勒数 Da。在高 Da 下,基于平衡化学或稳态层流小火焰的简单模型可以成功。但随着 Da 的降低,与平衡和小火焰行为的偏离变得明显,局部的和最终的整体熄灭就可能发生。在非预混湍流燃烧中,熄灭和点火事件分别与标量耗散的大、小值有关。标量耗散率与达姆科勒数成反比(见式(3.75))。理想的混合模型应该能够准确计算分子混合,而与标量耗散率或达姆科勒数的范围无关。

6.9 小火焰模型

在3.4节中用长篇幅讨论了扩散火焰的小火焰建模的概念。这里讨论这个概念在湍流非预混燃烧中的应用。小火焰模型背后的基本思想是湍流数值解和从化学解得到的标量(如物质质量分数、混合分数、标量耗散率等)在空间/时间上的分布的分离。与分子碰撞时间相比,湍流时间非常长,而且也没有先验的理由说明为什么在相似的热化学条件下,湍流火焰的详细化学动力学机理应该与适合层流火焰的机理有所不同。不幸的是,在湍流燃烧计算中这种大量的细节几乎总是不切实际的。许多模型无法容纳多于一个的、全局不可逆速率表达式。有些人进一步研究并假设化学反应是无限快的,因此反应物或未燃烧的混合物以及热产物在混合时会立即发生反应。在湍流燃烧中也应用了系统简化反应模式(Peters 和 Rogg,1993;Taing,Masri 和 Pope,1993)。结合详细化学动力学的另一种方法是使用层流小火焰模型(Bray 和 Peters,1994;Peters,1986),该模型用层流火焰性质,如层流燃烧速度、马克斯坦数、熄灭时的火焰拉伸及其他参数,对动力学信息进行参数化。层流火焰的结构代表了化学反应与分子扩散之间的平衡。由此可知,如果层流火焰结构发生在湍流燃烧中,那么平均反应速率必然受分子扩散过程的影响,并因此受到湍流火焰的小尺度结构的影响。然后,反应和扩散耦合了。

应用小火焰方法就可求解守恒变量(混合分数)的矩的输运方程。然后,通过使用混合物分数的假设 PDF,其形状由其统计矩确定,可以计算化学成分质量分数的湍流平均值。除了 PDF,模型的唯一要求是混合分数与所有标量,如物质质量分数和焓,之间存在局部唯一关系。使用混合分数作为独立坐标对控制方程进行通用坐标转换,可以得到所需的以小火焰方程形式表达的物质浓度和混合分数之间的关系。如果假设小火焰在垂直于其表面的方向上相对较薄,则可以用一维的时间依赖形式表示小火焰方程:

$$\left(\frac{\partial T}{\partial \tau} - \frac{\chi_Z}{2}\frac{\partial^2 T}{\partial Z^2}\right) = \frac{\dot{\omega}_T}{\rho C_p} \quad (6.74)$$

其中:χ_Z 称为瞬时标量耗散率,由下式定义:

$$\chi_Z \equiv 2D \sum_{i=1}^{3}\left(\frac{\partial Z}{\partial x_i}\right)^2 = 2D\left[\left(\frac{\partial Z}{\partial x_1}\right)^2 + \left(\frac{\partial Z}{\partial x_2}\right)^2 + \left(\frac{\partial Z}{\partial x_3}\right)^2\right] \quad (6.75)$$

χ_Z 的量纲为 $1/s$。标量耗散率是分析扩散火焰的一个重要参数。通过将混合分数 Z 作为坐标,我们已在式(6.74)中包括了输运过程在垂直于化学计量混合物表面方向上的影响。3.4 节举了几个例子给出了小火焰方程的解。

在足够高的雷诺数和达姆科勒数下,湍流火焰的局部结构可能在本质上是属于在相同的气体流动-热-化学条件下的层状火焰的局部结构(见图6.5)。已经针对预混、非预混和(或)部分预混燃烧模式构建了小火焰模型。以复杂度增加为顺序,有两种主要方法:

(1) 层流小火焰假设。湍流火焰的局部结构对应于经受与湍流中相同的瞬时标量耗散率的稳态应变一维层流非预混火焰的局部结构。

(2) 非稳态小火焰建模。湍流火焰的局部结构对应于经受与湍流中相同的气体流动-热-化学历程的非稳态一维层流非预混火焰的局部结构。

6.9.1 层流小火焰假设

尽管非预混燃烧中的层流小火焰模型已成功地用于预测温度和物质浓度的平均值(Haworth,Drake 和 Blint,1988;Rogg,Liñán 和 Williams,1986)以及诸如 NO_x 的污染物(Sanders,Sarh 和 Gökalp,1997)和烟灰(Moss,1966)的形成,但是对在湍流燃烧中层流小火焰建模的某些方面仍不清楚。例如:尚未很好地理解瞬态效应的建模。在统计稳态湍流、用氮气稀释的氢气空气扩散火焰的情况下,辐射可以忽略不计,火焰结构几乎不受瞬态效应的影响(Pitsch,Fedotov 和 Ihme,2004)。但是对于预测缓慢过程,如 NO 的形成,必须考虑非稳态的影响。在层流小火焰假设(laminar flamelet assumption, LFA)中,小火焰方程中的瞬态项可以忽略,最终小火焰方程简化为

$$\frac{d^2 T}{dZ^2} + \frac{2\dot{\omega}_T}{\rho c_p \chi_Z} = 0 \tag{6.76}$$

6.9.2 非稳态小火焰建模

稳态小火焰方法的不足是由于标量耗散率沿射流轴线的强烈衰减以及辐射热损失所致。会显著影响小火焰的解的标量耗散率,沿轴线以 x^{-4} 减小,其中 x 为到射流出口的距离。因此,向下游输运的小火焰必须经历强烈的变化。非稳态小火焰的实验结果和模拟结果(Barlow 和 Chen,1992;Mauß,Keller 和 Peters,1990)已经表明,化学小火焰结构不能即时跟上标量耗散率的快速变化。因此,描述扩散火焰的稳定性必须包括瞬态效应。在非稳态小火焰方法中存在两个特征时间。非稳态小火焰可以作为拉格朗日参考系中小火焰时间的函数进行计算,该时间可以通过下式与到射流出口的距离关联起来:

$$\tau_{小火焰} \equiv \int_0^x \frac{1}{u(x')|_{\tilde{Z}=Z_{st}}} dx' \tag{6.77}$$

另一个特征时间是与混合分数的标量耗散率有关的混合时间 $\tau_{m,Z}$,有

$$\tau_{m,Z} \equiv \frac{\overline{Z'^2}}{\bar{\chi}_Z} \tag{6.78}①$$

---

① 结合定义对原式左侧参数做了改动。——译者注

混合时间(有时也称为扩散时间)是在混合分数空间内的火焰厚度上交换质量和能量所需的时间。如果混合时间小于小火焰时间,那么小火焰可以迅速跟上标量耗散率的变化,并且可以忽略小火焰方程中的非稳态项。Pitsch,Fedotov 和 Ihme(1998)确定在引射火焰中,该条件可一直适用至高达 30 倍射流出口直径的情况(达姆施塔特大学①称为 H3 火焰)。在更下游,标量耗散率迅速降低,扩散时间变得比拉格朗日小火焰时间大。在这个区域中,即使其余化学反应已经处于化学平衡状态,非稳态项也应保留在小火焰方程中以正确预测 NO_x 的形成过程。图 6.37 所示为 Pitsch,Fedotov 和 Ihme(1998)采用非稳态小火焰模型和 LFA 进行数值模拟得到的温度、H_2、O_2 和 H_2O 质量分数,以及 OH 和 NO 的摩尔分数的 Favre 平均值的结果与实验数据的比较。这些结果的比较表明,对预测所研究火焰中的 OH 浓度而言,瞬态效应和辐射不太重要。

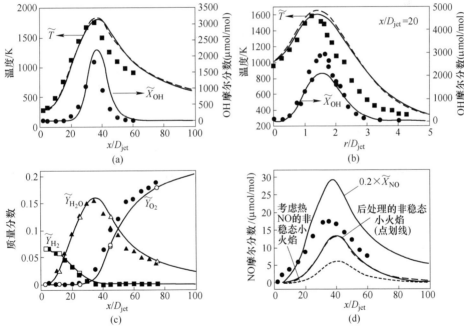

图 6.37 Favre 平均值的数值结果

(a)沿中心线的 $\tilde{T}$ 和 $\tilde{X}_{OH}$;(b) $\tilde{T}$ 和 $\tilde{X}_{OH}$ 的径向分布;(c)$r=0$ 处的 $\tilde{Y}_{H_2}$、$\tilde{Y}_{H_2O}$ 和 $\tilde{Y}_{O_2}$;(d)$r=0$ 处的 $\tilde{X}_{NO}$。(实线)非稳态小火焰模拟,(虚线)LFA,(符号)实验数据

(改自 Pitsch,Fedotov 和 Ihme,2004)

---

① 达姆施塔特大学(Darmstadt University):德国顶尖理工科大学之一。——译者注

6.9.3 小火焰模型与 PDF

在 PDF 方法中考虑小火焰已经采用过多种方式：

第一种方法是求解一个模型化 PDF 输运方程以获得一组简化的组分变量(如混合分数和(或)少量反应过程变量)，并使用预先计算的或相互作用的标准层流小火焰将当地热化学状态与该简化的变量数据组关联起来。例如：Haworth, Drake, Pope et al. (1988)使用了输运的速度-混合分数联合 PDF 和假设的标量耗散率 PDF，以及预先计算的拉伸层流扩散火焰的数据库来对非预混湍流 $CO/H_2/N_2$-空气火焰建模。这种方法可以扩展用来求解非稳态层流小火焰。

第二种方法是将标准小火焰模型与 PDF 方法组合形成一个混合模型。设计得到的混合模型适用于预混和部分预混湍流燃烧。在这种方法中，层流小火焰模型控制湍流火焰的传播和初级放热，而在初级火焰的前后都可以使用组分 PDF 方法或速度-组分 PDF 方法。可以在每个计算颗粒上都带上一个反应进度变量，来标记该颗粒是在火焰的前面还是后面，还可以从预先计算的层状小火焰库中获取颗粒在整个火焰中的性质变化。

第三种方法是将小火焰结构明确地构建到 PDF 表达式中并进行建模。为此，可以将 PDF 输运方程中的化学源项和分子输运项合并为一项。组分 PDF 见式(6.60)。

Hulek 和 Lindstedt(1996)实施了第四种方法。在这种方法中，分子输运项没有与化学源项结合在一起。取而代之的是，仅从基础的层状火焰结构中提取了化学源项，并使用了二项式 Langevin 混合模型(Valino 和 Dopazo, 1991)。(5.14.3 小节讨论了广义 Langevin 模型)。在与层流小火焰相关的小尺度梯度与源项明确组合在一起的方法中，不应使用这种混合模型(Haworth, 2009)。

表 6.7 总结了湍流混合和化学过程的建模方法。

表 6.7 非预混湍流燃烧建模方法汇总

范式	化学	混合方法
混合控制的燃烧	对主要物质很快	标度律/二阶闭合
层状小火焰	预先计算的表/拉格朗日 PDE	层状逆流/二阶闭合
PDF 方法	已经闭合/简化的机理	混合模型
条件矩闭合	用条件矩闭合	PDF 积分
多重映射条件	用条件均值闭合	映射闭合

6.10 火焰与涡流的相互作用

火焰-涡流[①]的相互作用是湍流燃烧分析中的一个基本问题。湍流是一种

---

① vortex 和 eddy 都是旋涡的意思，vortex 描述了湍流中不断绕自身轴线旋转的流动区域，也可以用来表示具体的漩涡运动；而 eddy 可以宽泛地定义为速度、涡量和压力的一个拟序结构。两者相比较，eddy 会耗散，vortex 则更为稳定，其物理描述也可脱离湍流领域。为区别原文中两个词的用法，将"vortex"译作"漩涡"或"涡流"，"eddy"译作"涡旋"。——译者注

最大尺度上有组织的运动,它叠加在了用理论概念和实验证据建立的细颗粒以小尺度随机波动的背景上。一些例子包括:在平面剪切层上进行的实验(G. L. Brown 和 Roshko,1974)以及对射流和尾流的研究(Cantwell,1986)。湍流可以描述为各种大小和强度的漩涡的集合。因此,湍流燃烧可以看作是由火焰表面被不同尺度的涡流作用产生的连续变形、拉伸、产生和耗散所主导的过程。因此,火焰-涡流的相互作用可以用作研究湍流燃烧的模型。

火焰-涡流的相互作用通常控制着燃烧速率并导致燃烧的不稳定性。例如:发现漩涡卷曲是燃烧不稳定性的主要驱动机理之一。在超声速燃烧的情况下,可以通过产生漩涡来增强混合,这些漩涡将新鲜燃料夹带到流入燃烧室的热的氧化剂流中(Marble,1994)。在自由火焰中或在火焰沿管道向下传播并遇到钝体障碍物时会观察到漩涡。在过去 40 年中进行的湍流研究表明,混合在很大程度上受到涡流运动的控制,特别是受到在流动的高剪切区域中形成的大尺度涡流的控制。因此,涡流和火焰之间的基本相互作用是湍流燃烧描述中的关键过程。

当在管道中传播的火焰与钝体障碍物相互作用时也会产生涡流结构,这种机理可能导致明显程度的火焰加速。当将大量气体突然注入或膨胀到静态介质中形成射流或羽流时,也会观察到起动涡。射流以标志性的蘑菇形涡帽为特征。在处理超声速流时,超声速燃烧的早期实验结果表明,自然混合较慢,若不采用某种增强混合的方法,燃烧器就无法在超声速范围内运行。一种提高展向混合速率的可能方案依赖于弱冲击波和氢气流之间相互作用产生的漩涡。在超声速冲压发动机燃烧器的发展过程中,已对该过程进行了相关的广泛研究(Marble,1994)。蘑菇形显示了所注入的燃料与氧化剂流之间的界面。图 6.38 所示为一些具有火焰/涡流相互作用特征的典型装置。图 6.38(a)显示了由高频"啸叫"不稳定性而产生的涡流(Rogers 和 Marble,1956);图 6.38(b)显示了后向台阶几何构型中发生的低频不稳定性(Keller et al.,1982);图 6.38(c)显示了由燃烧室轮廓突然变化的突扩燃烧室产生的低频不稳定性;图 6.38(d)显示了预混剪切层中的大尺度涡流(Ganji 和 Sawyer,1980);图 6.38(e)显示了多喷嘴射流突扩燃烧器中由涡流驱动的不稳定性(Poinsot,1987);图 6.38(f)显示了单喷嘴射流突扩燃烧器中由涡流驱动的振荡(Yu,Trouvé 和 Candel,1991);图 6.38(g)显示了在由平面声波调制的预混管道火焰中的有组织涡流运动(Yu,Trouvé 和 Candel,1991);图 6.38(h)显示了使用有组织涡流对突扩燃烧器的控制(Yu,Trouvé 和 Candel,1991);图 6.38(i)显示了脉冲燃烧器注入阶段的涡流运动(Barr et al.,1990)。

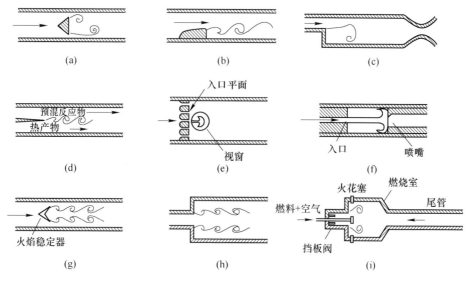

图 6.38 多种燃烧器中的涡流结构

(据 Renard, Thévenin, Rolon et al., 2000)

火焰/涡流相互作用研究中的一个基本问题是定义流场构型。理论研究仅限于简单的几何形状,这些几何形状并不总是接近于现实,但通过它们可以洞悉基本机理。实验装置应该允许实现便捷的光学观察接入和良好的可重复性。对应于不同应用的各种涡流构型总结在接下来的小节中。

6.10.1 单个涡流中的卷曲火焰

在沿燃料和氧化剂(或新鲜和已燃气体)间界面生长的单个涡流结构中的火焰卷曲构成了基本的几何形状(图 6.39)。它对应于可以进行分析研究的情况。还对这些构型进行了仿真验证。它们带来了有关火焰点火和扩散的动力学的有趣信息。在这种构型下,认为速度场仅由涡流结构引起,计算结果也给出了火焰的时间演化。

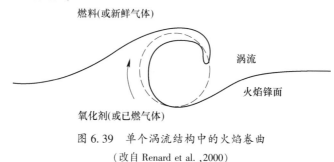

图 6.39 单个涡流结构中的火焰卷曲

(改自 Renard et al., 2000)

6.10.2 剪切层中的火焰

再进一步,研究了在二维剪切层中发展的火焰与理所应当对该层的生长负有责任的涡流结构之间的相互作用(图6.40)。在这种情况下,火焰的空间演化特别令人感兴趣。同时存在几种涡流结构。这些结构之间的相互作用以及它们与火焰的相互作用增加了湍流场中火焰-涡流相互作用的复杂性。这种情况更接近实际情况。对反应剪切层中的相干运动已进行了大量研究。

图6.40 在发展的剪切层中的火焰-涡流相互作用

(改自 Renard et al. ,2000)

6.10.3 射流火焰

射流火焰情况下的有组织的涡流运动如图6.41所示。由于大尺度结构的演化受 Kelvin-Helmholtz 不稳定性的支配,因此各种长度尺度之间的频率、相互作用和能量分布受流动的初始条件控制。燃烧过程极大地改变了失稳机理,但是在强制以优选的模态频率燃烧的环形射流扩散火焰中,可能生成与在非反应流中观察到的相似的相干结构。放大轴对称扰动并生成这些结构的同一不稳定过程会放大为更高模态的不稳定形式,并在流动中引入方向依赖性。在轴对称构型的情况下,可能被放大并彼此相互作用的方位角不稳定模式可以形成一个无限集。这使得对被调节过的射流火焰构型的分析成为了研究的一个挑战。在这种情况下,漩涡结构对正在发展的火焰的影响通常是研究的主题。

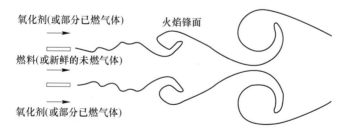

图6.41 射流火焰中的火焰-涡流相互作用

(改自 Renard et al. ,2000)

6.10.4 Kármán 涡街/ V 形火焰相互作用

前文的构型不太容易用与火焰锋面相互作用的漩涡结构来描述。相互作用发生在涡流形成的同时。火焰产生时,涡流模式会受到火焰存在的影响。通过考虑 V 形火焰与 Kármán 涡街的相互作用可以回避此问题(图 6.42)。涡街在外部发展,随后涡流与火焰相互作用。

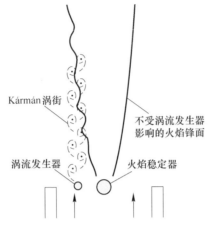

图 6.42　V 形火焰与 Kármán 涡街的相互作用

(源自 Renard et al.,2000)

6.10.5　燃烧的涡环

一项关于火焰/涡流相互作用的早期实验关注了在预混反应物涡流结构中火焰锋面的传播(图 6.43)。在预混和非预混的情况下均可使用这个构型来研究火焰/涡流的相互作用。

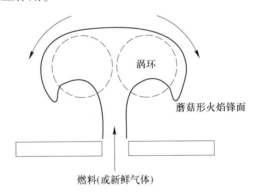

图 6.43　涡环中火焰卷曲的发展

(改自 Renard et al.,2000)

6.10.6　火焰/涡流的迎面相互作用

采用起始平焰与一对对旋的涡流对或与涡环之间的迎面相互作用,很好地满足了研究一种非常简单构造的需要。这个起始扁平(或近似扁平)的火焰为一维无应变火焰、逆流火焰或 V 形火焰(图 6.44)。已经详细研究了火焰锋面的时间演变,特别着重于火焰结构、熄灭极限、袋囊形成、涡流尺寸和强度的影响。

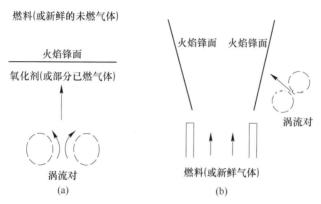

图 6.44　(a)平焰与对旋涡流对或环形涡环结构和(b) V 形火焰与涡流对之间的相互作用
(源自 Renard et al.,2000)

6.10.7　火焰/涡流相互作用研究的实验装置

前面小节中显示的几何形状用于概念性地了解火焰-涡流相互作用。实际的火焰-涡流相互作用是根据诸如射流火焰、逆流扩散火焰等的火焰形态来描述的。在本节中,我们将讨论两种这样的装置来阐述实际情况。

6.10.7.1　液体中反应锋面/涡流的相互作用

最早用来分析非预混情况下火焰/涡流相互作用动力学的实验装置是含有液体酸/碱反应的液相装置(Karagozian 和 Nguyen,1988)。带有有机玻璃壁面的铝框水箱允许光接入。涡流发生器装配在水箱的下部,由两块形成收敛二维喷管的侧板组成。一块薄铝板将碱溶液与稍轻的酸溶液隔开。引入通过下部充液阀从外部储罐泵入的碱液,可以形成涡流偶极。将充满箱体下部的该碱液的涡流结构推入酸性液体中(图 6.45)。在漩涡传播到酸溶液中的过程中,最初在侧板出口处建立的酸和碱之间的界面被涡流对拉伸和卷曲。对与酸溶液混合的染料进行平面 LIF,可以实现流动的可视化。

6.10.7.2　射流火焰

1986—1991 年,Chen 及其同事对射流火焰进行了广泛的研究。燃烧器由位于同轴射流组件中心的燃料喷嘴组成,该组件安装在一个小的垂直燃烧通道中(图 6.46)。环形空气射流具有发散段和流体导直器,该导直器由蜂窝板和细网筛组成,来为燃料射流提供低湍流的周边空气。实验对 TiO_2 颗粒使用了米

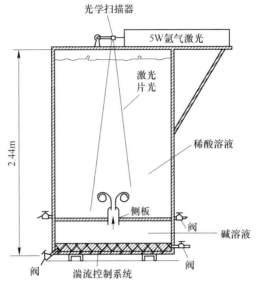

图 6.45 研究液态反应/涡流相互作用的实验装置

(改自 Karagozian,Suganuma 和 Strom,1988)

氏散射,来为火焰外部的冷空气和 $H_2O(g)$ 燃烧产物的界面以及火焰内部的冷燃料/$H_2O(g)$ 产物界面提供标记。为此,将 $TiCl_4$ 加进干燥的空气流和干燥的丙烷燃料流中。四氯化钛与反应区产生的水反应,生成 TiO_2 超细颗粒和 HCl 分子。

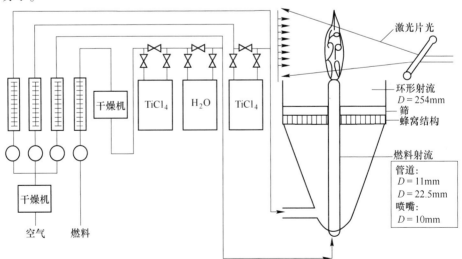

图 6.46 研究射流扩散火焰的实验装置

(改自 Chen 和 Roquemore,1986)

在该装置中,涡流是由流体动力不稳定性产生的。这些不稳定性仅在特定的激励频率下出现。用扩音器强迫其他频率来扫描更宽的频率范围非常有趣。这个实验是由 Strawa 和 Cantwell(1985)在一个能够封闭升压燃烧流的设备中进行的。将空气注入进测试区,而测试区中央的喷嘴提供燃料。燃料射流经受周期性的波动。通过迫使射流处于包含其非强迫固有频率的频率范围内,可以产生周期性可控流。Gutmark,Schadow 和 Wilson(1987)研究了基于相同原理采用对 OH 自由基使用平面 LIF 的装置。Hsu,Tsai 和 Raju(1993)针对声学驱动对同环射流装置的激发效应用米氏散射和 OH 荧光进行了研究。Hancock, Schauer, Lucht et al.(1996)用 CARS[①] 技术测量了温度。Mueller 和 Schefer (1998)也在先前实验的基础上建立了二维装置。

6.10.7.3 逆流扩散火焰

研究逆流扩散火焰与涡环相互作用的实验装置如图 6.47 所示。然而,这种相互作用在湍流燃烧的研究中最受关注。这个实验装置由 Rolon, Aguerre 和 Candel(1995)建立,它由一个逆流扩散火焰燃烧器和一个涡流发生器组成。首先建立起一个用氮气稀释的空气和氢气的稳态非预混逆流火焰。该逆流被两个氮气帘包围,以抑制外部干扰并防止在燃料流周围出现扩散火焰。涡环从安装在下部燃烧器喷嘴中的管道生成,并冲击到火焰上,使反应区在涡流及其尾流周围形成包络。轴向速度场可以通过激光多普勒风速仪(LDA)进行测量,并且可以通过使用米氏散射(Thévenin et al., 1996)、自发辐射成像和 OH 自由基的平面激光诱导荧光(PLIF)以跟随火焰的发展来获得反应区-涡流结构的直观显示(Renard, Rolon, Thévenin et al., 1999)。首先建立起稳态火焰。然后,在选定的时刻 t_0 时,通过活塞的作用来脉冲注入环形涡流。涡环迅速向火焰加速。同时,打开 ICCD 相机的快门。在快门打开后的一个精确定义的时刻,发射一个单次激光片光。图像被传输并存储在磁光盘上。可以从 OH 荧光图像推断出火焰表面,因为已证明 OH 是反应区的良好示踪剂。

涡流火焰相互作用可能导致火焰熄灭。涡流对火焰的影响是局部的。某些涡旋可能会在局部火焰表面引起较高的应变率。由于反应速率的降低,这种作用会导致局部火焰猝灭。与涡流对火焰的影响不同,当量比会整体地影响火焰。涡流结构也可能由于流动不稳而出现。越来越多的证据表明,在震荡模式下运行的燃烧器是受到有组织的涡流驱动的结果。在许多情况下,这些结构的点火和随后的反应构成了将能量馈送到振荡的维持机制。涡流卷曲通常控制着新鲜反应物向燃烧区的输运。这个过程决定了流动中的反应速率和与涡流燃尽相关的压力脉冲的幅度。

---

① CARS-相干反斯托克斯拉曼光谱学;Coherent Anti-Stokes Raman spectroscopy。——译者注

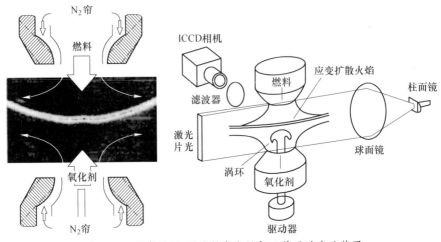

图 6.47　研究涡环/逆流扩散火焰相互作用的实验装置

(改自 Rolon, Aguerre 和 Candel, 1995)

图 6.48(a)所示为未受干扰的应变层流火焰。火焰表面因浮力而略微弯曲。感兴趣的区域靠近滞止点(发生相互作用的地方),可以认为这个区域是平面的。图 6.48(b)所示为涡流撞击在了火焰上。该火焰足够稀薄($\phi = 0.5$),即使非常弱的涡流也能将其熄灭。随后,涡流因淬熄而使孔变宽,穿过火焰,并拉伸孔的边缘。这归因于涡环中心产生的内部流动。随着涡流向上发展,它通过向上拉伸火焰来减小孔的直径(图 6.48(c))。由于旋转速度大约是涡流速度的两倍,因此火焰锋面通过涡环对流,然后围绕涡流中心卷起。同时,提高了反应速率。然后物质扩散和放热阻止火焰锋面卷曲超过一圈(图 6.48(d))。最后,由涡流穿过火焰形成的截头圆锥体与涡流留下的外部的反应中的环重新连接在了一起(图 6.48(e))。这种情况下的 OH 图像的检验表明(Renard et al.,1998),中等应变速率首先提高了反应速率;当超过临界应变速率值时,应变速率的进一步增加会导致局部火焰熄灭。

对于应变率稍高的 $55s^{-1}$ 的化学计量情况,图 6.49 所示为一组记录下来的火焰/涡流相互作用的图像。在这种情况下不会发生淬熄,因为火焰不稀薄且涡流相对较弱,因此在相互作用期间不会熄灭。其结果是,从 $t = 35ms$ 开始的火焰表面积的增加非常平滑并且陡峭(图 6.49(b)、(c))。在 $t \approx 48ms$ 时,涡环撞击在上部喷嘴上。由于火焰比之前的火焰浓厚,因此火焰锋面包络了涡流而未熄灭。因此,对于超过 46ms 的时间,测量火焰表面积不再有意义。在 $t = 65ms$ 之后,上部喷射器喷嘴中的火焰变形部分可能会熄灭,火焰表面积也会出现小幅下降。火焰仅会因涡流的通过而变形(图 6.49(b))。同样地,"蘑菇脚"上部的反应速率提高了,而"蘑菇"底部的反应速率降低了(图 6.49(c))。涡环

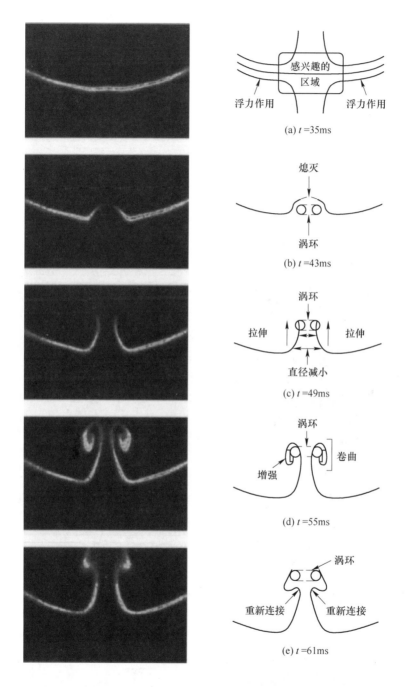

图 6.48　$\phi = 0.5, a_{eq} = 40\text{s}^{-1}$，涡流传播速度 $U_T = 1.4\text{m/s}$ 时的火焰/涡流相互作用
（据 Renard et al.，1999）

试图将"蘑菇帽"卷起来,而涡流的尾流却引起了脚侧结构的增厚(图 6.49(d))。涡流没有强烈至足以明显改变火焰的顶部;因此,"蘑菇"慢慢地破碎了。在"蘑菇脚"壁面变厚的时候,脚部变小。这可能归因于涡流后方的区域,在那里产物停滞,这可能解释了为什么"蘑菇边"的宽度随着当量比而增加。

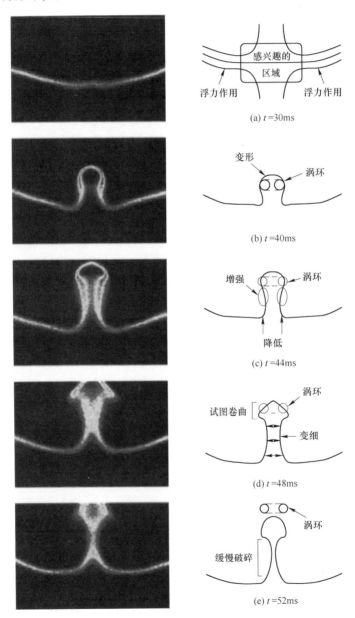

图 6.49　$\phi = 1.0, a_{eq} = 55s^{-1}$,涡流传播速度 $U_T = 2.4m/s$ 时的火焰-涡流相互作用
(据 Renard et al.,1999)

在 $\phi = 0.5$ 的情况下,进入的涡流在 $t = 40$ms 时开始与火焰相互作用。火焰表面积开始增加,但由于火焰非常稀薄,因此在 $t = 43$ms 时会迅速发生熄灭,这使得火焰表面积降至其初始值(图6.50)。当涡流进入燃料流时,火焰被拉伸并卷起(图6.48(c)、(d))。火焰表面积非常迅速地增加到约3倍。此时,火焰被最大地卷起(图6.48(e)),并且拉伸使其非常微弱,这意味着它不能再被涡流夹带。结果是,在火焰顶部发生了二次熄灭。因此,火焰表面积的增加停止了。这个时间之后的表面积的下降归因于火焰的熄灭。

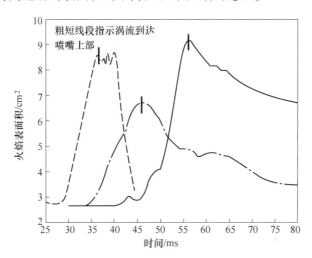

图6.50 火焰表面积的测量结果(实线:$\phi = 0.5, a_{eq} = 40\text{s}^{-1}, U_T = 1.4\text{m/s}$;虚线:$\phi = 0.7, a_{eq} = 80\text{s}^{-1}, U_T = 3.5\text{m/s}$;点划线:$\phi = 1.0, a_{eq} = 55\text{s}^{-1}, U_T = 2.4\text{m/s}$)

(据 Renard et al.,1999)

从这些观察结果中可以得出4个结论:

(1)火焰表面积的增加并不仅仅取决于涡流速度(它大约等于旋转速度)。停留时间也非常重要:快速的涡流基本上通过伸长来拉伸火焰,而慢速的涡流基本上通过卷曲来拉伸火焰。

(2)当量比很重要:稀薄的火焰比化学计量的火焰更容易熄灭。对于后一种情况,火焰被卷曲并被延长到更高的程度。

(3)火焰顶部的局部熄灭与火焰表面积的减少有关。

(4)当量比和应变率都会影响火焰/涡流相互作用过程以及火焰表面积的时间变化。

6.11 涡量效应的产生与耗散

通常认为涡量由斜压效应产生(见式(4.134)的最后一项),而由会导致体积膨胀的热膨胀衰减。Chen et al.(1997)对射流火焰的实验结果进行了理论分析,似乎可以区分出 3 种涡量产生的模式。在贫燃模式或在发光火焰之外,由斜压扭矩产生的涡量,被膨胀引起的耗散所平衡。在发光火焰内部,体积膨胀和斜压在涡量平衡中的表现都像汇项,除了靠近火焰薄层的子区域,在那里体积膨胀成为了源项。在后火焰区域中,由斜压扭矩产生的涡量可通过体积膨胀而增加或减小,体积膨胀可以是核心区中的源项或外部区域中的汇项。在后火焰区域的涡量生成与在浮力射流中发现的涡量生成定性类似;相反地,对负浮力射流来说,可预期到相反的效果。

6.12　非预混火焰-涡流相互作用的燃烧图

非预混火焰涡流相互作用的模式如图 6.51 所示,这些模式反映了物理现象的相对重要性。在这张模态图中起主要作用的物理现象包括耗散、应变、弯曲、起皱、卷起和猝灭。该图的水平轴对应于涡环的外径 D_H 与初始热火焰宽度 δ_f 的比。垂直轴与特征火焰时间 t_c 与涡流通过火焰的传播时间 δ_f/U_T 的比有关。火焰时间 t_c 很难定义。给出雷诺数为 $Re_{vortex} = (D_H U_T)/\nu$。

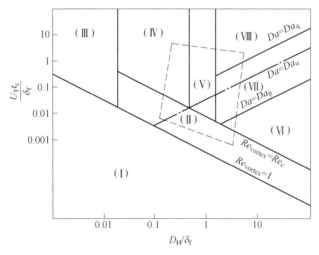

图 6.51　非预混湍流火焰涡流相互作用的模式图,虚线四边形中的
四边形表示实验装置可实现的区域

(改自 Thévenin et al.,2000)

区域 I 对应 $Re_{vortex} < 1$ 的涡流的值,这种涡流由于黏度而立即消失,因此不影响火焰。区域 II 对应于 $Re_c > Re_{vortex} > 1$ 之间的区域部分。Thévenin,Renard,Fiechtner et al.(2000)发现,即使在 Re_{vortex} 远高于 1,接近一个称为 Re_c 的临界值时,涡流对火焰的作用也可忽略不计。这个临界值计算为 $Re_c = 23$。

在区域Ⅲ中,涡流的雷诺数大于1,但这些涡流在被黏度耗散之前其存在时间不足以长至扰动火焰。这对应于以下条件:

$$\frac{D_H^2}{\nu} < t_c \tag{6.79}$$

考虑热扩散效应的特征达姆科勒数 Da_d 可以定义为

$$Da_d \equiv \frac{\delta_f^2}{\alpha t_c} \tag{6.80}$$

引入普朗特数和达姆科勒数,令 $t_c = D_H^2/\nu$,对应于涡流大小与火焰宽度之比的这个区域的极限可定义为

$$\frac{D_H}{\delta_f} = \left(\frac{Pr}{Da_d}\right)^{1/2} \tag{6.81}$$

式(6.81)给出的线是区域Ⅲ和区域Ⅳ之间的界限。

在区域Ⅳ,$D_H/\delta_f < 2$,因此曲率效应很重要。但是,当 $D_H/\delta_f < 0.5$ 时,由于涡环没有大至足以分离所引起的皱褶的两侧,因此未观察到熄灭。出于同样的原因,由于产生的火焰表面仍保持在对称轴附近,因此火焰表面积的增加不会非常大。

区域Ⅴ在水平方向上左侧以垂直线 $D_H/\delta_f = 0.5$ 为界而右侧以垂直线 $D_H/\delta_f = 2$ 为界。因此,在这个区域中曲率效应仍然很重要。但是,由于涡流的尺寸与火焰宽度的数量级相同,因此反应区变厚了。起皱效应也很重要。由于曲率效应和较强涡流的存在,即使相应的涡流很小,在该区中可能发生熄灭。图6.48(c)展示了说明反应区变厚的PLIF图像。

与区域Ⅱ相比,在区域Ⅵ中,起皱效应变强了,但由于涡流比火焰厚度大得多,曲率效应并不重要。然而,观察到了参与火焰表面积的增加的一种重要的火焰卷曲现象。在该区域没有观察到淬熄。图6.48(d)展示了表明这种卷曲的PLIF图像。

区域Ⅶ被一条斜线 $Da = Da_p$ 与区域Ⅵ分开,其中 Da_p 定义为氧化剂袋囊形成的特征时间 t_p 与火焰时间 t_c 的比。涡流后面的火焰锋面的夹断对于生成氧化剂袋囊非常重要,当涡流特征时间 $[(\delta_f/U_T) \times (D_H/\delta_f)]$ 短于与袋囊形成有关的时间 t_p 时,氧化剂袋囊的形成就发生了。这个条件对应于 $(U_T t_c)/\delta_f > (D_H/\delta_f)(1/Da_p)$。与区域Ⅵ一样,该区域中,涡流对火焰表面的起皱作用仍然很强。曲率效应仍然可以忽略不计,但卷曲仍然很重要。在区域Ⅶ中,这种卷曲最终导致氧化剂袋囊的形成,它被一个活跃的反应区所包围。

理论线 $Da = Da_u$ 穿过区域Ⅱ、区域Ⅴ和区域Ⅶ。Da_u 与非定常效应有关。当涡流时间尺度 D_H/U_T 与化学时间尺度 t_c 相比太小时,将出现非定常效应,这意味着火焰不能足够迅速地调整到流体动力的激发态。基本上,当流动时间尺度与化学时间尺度相比太小时,就会产生非定常效应。因此,火焰对标量耗散

率的快速时间演变的响应不够迅速,失去了它的层状小火焰结构;最高温度变得高于渐近值,相应地,总反应速率降至其渐近值以下。

最后,区域Ⅷ被斜线 $Da = Da_q$ 与区域Ⅶ分开,其中:Da_q 为与火焰熄灭相关的达姆科勒数。基于渐近分析,Cuenot 和 Poinsot(1994)对熄灭的达姆科勒数给出了以下表达式:

$$Da_q = \frac{2}{\pi \exp(2E_z^2)} \left[\frac{(1-Z_{st})e}{2\nu_F} \right]^{\nu_F} \cdot \frac{2}{\nu_O!} \left[1 - \frac{1-Z_{st}}{2}(1-\nu_O) \right]$$

式中

$$E_z \equiv erf^{-1}(Z_{st}) \tag{6.82}$$

因此,由于 $Da < Da_q$,在区域Ⅷ中因应变而发生熄灭。图 6.52 中显示的结果对应于该区域。

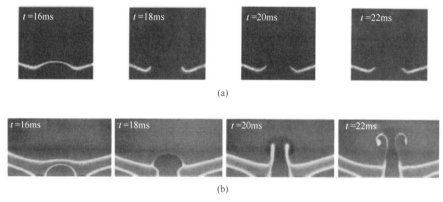

图 6.52 因火焰-涡流相互作用产生的应变引起的火焰熄灭(区域Ⅷ)。
(a)显示因涡流引起的反应区摄动导致熄灭的 OH PLIF 图;(b)显示反应区中温度场变化的瑞利图
(改自 Thévenin et al.,2000)

图 6.53 中显示的结果与区域Ⅵ、Ⅶ和Ⅷ之间的边界有关。只要 $Da > Da_q$,就会发生熄灭。在该图中,熄灭发生在环形区域中。

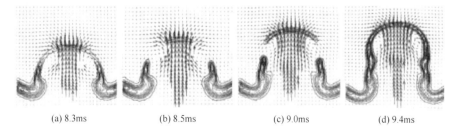

图 6.53 由 OH PLIF 和 PIV 叠加测量得到的火焰-
涡流相互作用显示出环形区域中的熄灭及之后的再点燃
(改自 Thévenin et al.,2000)

Cuenot 和 Poinsot(1994)在火焰涡流相互作用的基础上开发出了模式图的早期版本,该图也在 Poinsot 和 Veynante(2005)的书中给出了。

6.13 非预混湍流火焰中的火焰不稳定性

火焰不稳定性以不同的形式和尺度出现。当燃料浓度增加且整个火焰以几赫兹的频率膨胀和收缩时,原本稳定的丙烷或甲烷射流扩散火焰会发生自发振荡(Füri,Papas 和 Monkewitz,2000)。当改变混合物组成时,可燃混合物的向上均匀流中的名义平面火焰呈蜂窝状,巢室的大小为 0.5~1cm(Markstein,1964)。当直径达到 5~10m 的大型膨胀火焰的表面达到临界尺寸时,会自发变得粗糙,并呈现出卵石状的外观,其表面覆盖约 10~50cm 的小波纹(Lind 和 Whitson,1977)。在发生非稳态燃烧的燃烧室中观察到了声音性质的持续压力波动。这些不稳定性在实际系统中发生时可能是有害的。例如,它们会为可能导致燃烧装置损坏和机械故障的情况创造条件。但是在其他情况下,它们可能有利于增强混合并提高燃烧速率。

将火焰底部从燃烧器上抬起具有避免火焰与边缘(边缘平面)之间热接触以及增强死区中混合的优势。缺点是所产生的"边缘"火焰有可能不稳定,并可能吹脱。主要模式是振荡,但与扩散火焰在垂直于反应薄层的方向上震荡不同,"边缘"火焰沿化学计量表面来回移动,振荡沿扩散火焰尾迹向更下游衰减。

已知最早的扩散火焰中不稳定性的研究工作之一是由 Gardside 和 Jackson(1951)报道的,他们观察到当氢气-空气射流火焰用 N_2 或 CO_2 稀释时,火焰表面通常由多面体状的三角形小室组成。之后,Dongworth 和 Melvin(1976)观察到,当流速足够高且反应物在 N_2 或 Ar 中,而不是在 He 中被稀释时,通常是笔直的位于分流隔板燃烧器顶部的氢气-氧气扩散火焰的底部呈现出了蜂窝状外观。Chen et al.(1992)也报道了在用 SF_6 而不是用 N_2、CO_2 或 He 稀释的槽型燃烧器碳氢化合物空气扩散火焰上出现了蜂窝结构。类似地,Ishizuka 和 Tsuji(1981)观察到在 N_2 稀释的氢气-氧气逆流扩散火焰表面的交叉流方向上形成了条纹或细长的蜂窝单元。实验记录到的、属于另一种形式不稳定性的火焰振荡,包括凝聚相燃料(Chan 和 T'ien,1978)、微重力环境中的蜡烛和大悬浮燃料滴(Nayagam 和 Williams,1998;Ross,Sotos 和 T'ien,1991)、射流和喷雾扩散火焰(Füri,Papas 和 Monkewitz,2000;Golovanevsky,Levy,Greenberg et al.,1999)以及火焰在液床上的扩散(Ross,1994)。这些实验中的各个实验的振荡的性质都大不相同。液滴火焰表现出了径向振荡。射流火焰在一个周期内整体膨胀和收缩。对于微重力蜡烛火焰,火焰边缘沿其半球形表面来回移动。同样地,在火焰蔓延中,观察到的震荡基本上都接近前缘,并沿尾迹扩散火焰衰减。

扩散中的不稳定性主要由扩散热效应驱动,而不是由流体动力学驱动;热膨胀起次要作用。完全燃烧的 Burke-Schumann 解是无条件稳定的。同样地，等扩散情况下的火焰，$Le_F = Le_O = 1$，对于所有 Da 都是稳定的。这种不稳定性作为微分($Le \neq 1$)和优先(路易斯数不相等)扩散的结果而发生。

不等于 1 的路易斯数对燃烧场的主要结果是它们产生的温度和浓度曲线各不相似。影响温度场但不影响浓度场的体积热损失也会产生不相似的分布，并因此加剧了扩散-热的不稳定性。例如：Cheatham 和 Matalon(1996)发现，即使对于路易斯数等于 1 的情况，也可以通过明显的热损失来触发火焰振荡，并且当条件已经有利于振荡时，热损失会增加不稳定性(Kukuck 和 Matalon，2001)。当射流火焰中供应的一部分燃料以液滴形式引入液相时，观察到带宽为 1~3.5Hz 的振荡(Golovanevsky et al.，1999)。

蜂巢结构、振荡以及其他有竞争力的不稳定性模式主要由扩散-热效应驱动。尽管热膨胀对火焰的不稳定性有明显影响，但它在非预混火焰中的作用并不像在预混火焰中那样重要。这一事实为非预混火焰稳定性分析的恒定密度假设提供了依据。在考虑密度变化后，这些结果对于作为对火焰起更加稳定或更加不稳定作用的热膨胀只有轻微的改变，这取决于不稳定性模式(Matalon，2009)。即使在等密度假设下，由于涉及了大量参数，火焰稳定性分析还是一个复杂的问题。这些参数包括两个分别与燃料和氧化剂有关的路易斯数 Le_F 和 Le_O；定义为用燃料-氧化剂化学计量比归一化的各股流动中所供燃料质量与氧化剂质量的初始当量比 ϕ；以及定义为在火焰区的停留时间与化学反应时间 t_c 之比的达姆科勒数 Da 表征的流动条件。

图 6.54 所示为几种可能在路易斯数参数平面中的不稳定性阈值处观察到的模式。垂直虚线分开了相对稀薄的混合物(向左)和相对浓稠的混合物(向右)的区域，并随着初始当量比降低而向右移动。稳定的蜂窝单元出现在了包含 $0 < Le_F < 1, 0 < Le_O < 1$ 域的稳定性图的实曲线下方区域中。当降低 ϕ 时，该区域向外伸展以包括更宽范围的 Le_O，这意味着混合物更稀薄更可能容易形成蜂窝单元。不稳定开始时的特征蜂窝单元尺寸 λ 在 $3l_D$ 至 $12l_D$ 的范围内，取决于混合强度和流速。扩散长度尺度 l_D 定义为 α/U_c，其中 U_c 为平均燃料供应速度。对于与 CO_2 稀释的氢气-氧气受限火焰有关的条件，蜂窝单元的宽度可以为 0.5~2cm。预计较小的蜂窝单元接近熄灭极限(当边缘稳定性达姆科勒数接近 Da_{ext} 时)，在这种情况下，理论分析必须包含与在化学反应时间 t_c 上发展的反应区厚度相当的小波长扰动。

当两个路易斯数均小于 1($Le_F < 1, Le_O < 1$)时，就会形成稳定的蜂窝单元，但如果有一个路易斯数接近或仅仅稍大于 1，只要另一个小于 1，也可能形成稳定的蜂窝单元。特征蜂窝单元的大小由 $\lambda = 2\pi/k^*$ 给出，其中：k^* 为放大最甚的扰动的波数。典型蜂窝单元形成时间是按照扩散时间 t_D 成比例的。对于贫

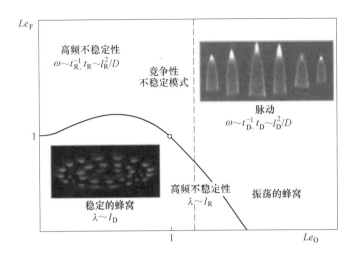

图 6.54 在燃料和氧化剂路易斯数参数平面上的几种模式。垂直虚线分开了相对稀薄(左)和相对浓稠(右)混合物的区域;实线表示在化学计量条件下的完全燃烧
(改自 Matalon,2009)

燃系统,$k^* \approx 0.5/l_D \sim 4/l_D$,它产生的蜂窝单元宽度为 0.3~2cm,这取决于特征速度。但是对于接近化学计量的条件且在稍微富燃的混合物中,蜂窝单元要小得多并与反应区厚度 l_R 成比例。现在扰动进入了反应区,需要进行单独的分析,该分析应结合随着特征化学反应时间 t_c 而演化的小波长扰动(Buckmaster et al.,1983;Kim,1997;Kim 和 Lee,1999)。这些高频模式,也称为快速时间不稳定性,仅限于非常接近熄灭极限的情况($Da^* \approx Da_q$)。相比之下,在具有 $Da^* - Da_q = O(1)$ 的更宽的流速范围内可以预期发生的是普通的蜂窝单元,这在实践中更可能被观察到。

平面脉动发生在稳定性图的右上角,并与足够大的路易斯数有关。当两个路易斯数均大于 1($Le_F > 1, Le_O > 1$)时,不稳定的首选形式是火焰在垂直于其表面的方向上来回移动的平面脉动。在富燃系统中,振荡频率与扩散时间成反比,Kukuck 和 Matalon(2001)估计其为 1~6Hz;对于稀混合物,起始点以与反应时间成反比的高频模式发生在熄灭极限附近。例如:当 $\phi \geq 1.32$ 时,观察到在氮气中稀释的丙烷空气火焰的振荡,在这种情况下,$Le_F \approx 1$,Le_F 从 1.1 变为 1.8;但在 $\phi \leq 0.76$ 时未观察到振荡,尽管燃料路易斯值较大,$Le_F = 1.86$,这是由 N_2 稀释引起的。由于垂直虚线随着 ϕ 的增加而向左移动,因此在燃料相对丰富的混合物中容易发生平面振荡。

尽管蜂窝结构和平面脉动是不稳定性的主要形式,但仍可能在各个域之间的过渡区域中,或在参数的极值下存在其他可能的模式。当 $Le_F < 1$ 且 Le_O 相对可比尺度和(或)不同尺度的竞争模式足够大时,就会产生振荡蜂窝单元。注意

到了在射流扩散火焰中以行进或旋转蜂窝单元的形式出现的(Lo Jacono,Papas 和 Monkewitz,2003),以及在平面火焰中以横向振荡或长波长的行进波传播形式出现的(Papas et al.,2004)不稳定性的混合模式。

如前所述,热膨胀在非预混火焰的火焰不稳定性中并不起主要作用。热膨胀的主要影响是不稳定程度的变化,并因此改变了边缘状态 Da^*。热膨胀在各种不稳定模式中扮演不同的角色。由于靠近蜂窝结构的热膨胀而引起的流动包括反应表面上游涡流集中的区域,且在反应表面的波峰和波谷附近具有极值(图 6.55)。该图中的实曲线表示反应薄层。在波峰和波谷附近集中的涡流运动增强了燃料向这些区域的输运,从而维持了蜂窝结构。涡流运动增强了燃料向这些区域的输运,从而维持了波纹状结构。蜂窝火焰起始的 Da^* 值明显高于使用恒定密度模型预测的值,这意味着较宽范围的物理状态易受蜂窝巢室形成的影响。然而,热膨胀降低了与平面脉动有关的增长速率。由于火焰保持平面并且其来回运动朝向更浓稠的流体,因此热膨胀会对振荡产生阻尼影响。边缘状态 Da^* 明显低于使用恒定密度模型预测的值,这意味着较窄范围的物理状态容易受到平面脉动的影响。总体而言,尽管热膨胀对扩散火焰的动力学有显著影响,但它对扩散火焰所起的作用不像对预混火焰那样重要。

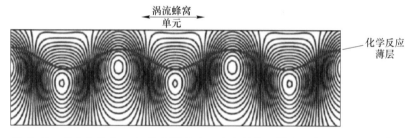

图 6.55 密度比约为 3 时,计算得到的不稳定阈值下蜂窝状火焰附近的涡量场
(改自 Matalon,2009)

6.14 部分预混火焰或"边缘"火焰(edge flames)[①]

在实际燃烧装置中,完全的非预混火焰或完全的预混火焰是特例;大多数情况下,遇到的是部分预混火焰。"边缘"火焰是一种与部分预混条件有关的基本结构。因此,它既具有预混火焰的特性又具有非预混火焰的特性。"边缘"火焰具有三分支结构(也称为三重火焰),该结构由一个具有较稀分支和较浓分支

---

① edge flame 直译作"边缘火焰"不足以概括其在火焰分类谱图(如果有该图的话)上处于非预混火焰和预混火焰交汇边界处的意思,这里的"edge"有一种抽象的位置概念,因此译作"边缘"火焰。——译者注

的高度弯曲的预混火焰和一个紧随在消耗剩余未燃烧反应物之后的扩散火焰组成。带有"边缘"的火焰以多种形式出现,在图6.56中给出了几个示例简图。图6.56(b)显示了紧随分流隔板形成的代表性"边缘"火焰,该隔板将两束平行流动分开,这两束流动一束包含燃料,另一束包含氧化剂。部分混合发生在板末端之后,而一旦混合物被点燃,燃烧就会在分层介质中发生。图6.56(c)显示了火焰在固体或液体燃料床上的蔓延。大部分来自燃料床的燃料通量(不均匀)消耗在名义上为一维的扩散火焰中,但在床表面温度下的反应可以忽略,因此在火焰和床之间存在一个死空间,从而火焰具有边缘。图6.57所示为稳定在隔板后缘的"边缘"火焰的照片,该隔板将氮气稀释的甲烷和空气协流分隔开来。

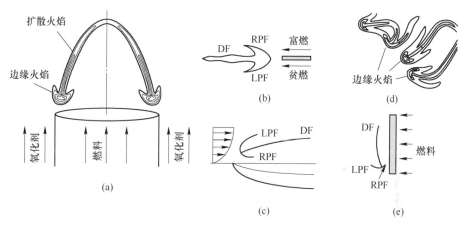

图6.56 各种流动构型中"边缘"火焰的示意图
(RPF:较浓的预混火焰;LPF:较稀的预混火焰;DF:扩散火焰)
(改自Law,2006;Matalon,2009;以及Vervisch和Poinsot,1998)

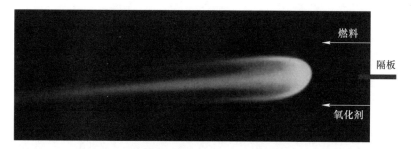

图6.57 稳定在分流隔板末端之后的"边缘"火焰,该隔板将
氮气稀释的甲烷和空气协流分隔开来
(改自Kioni et al.,1993)

6.14.1 "边缘"火焰的形成

扩散火焰的着火和熄灭必须涉及特定的火焰结构,使之从非燃烧状态过渡到燃烧状态(反之亦然)。理解被称为"边缘"火焰的结构的行为对于解释部分熄灭现象以及点火演进和湍流火焰稳定非常相关(Müller,Breitbach 和 Peters,1994)。在湍流中,非预混火焰的发展取决于强烈的混合,它输送必要的能量来完成燃烧,或者取决于与湍流相互作用的强烈反应区("边缘"火焰)的倍增。在湍流中,扩散火焰被速度波动不断变形和拉伸,使得在反应物的混合中产生了不均匀性。由于混合分数梯度(或标量耗散率χ)的局部增加会引起更大的热损失,湍流火焰拉伸的结果之一是出现导致"边缘"火焰的局部熄灭(图 6.58)。当沿着化学计量线从较低的χ值向淬熄极限移动时,混合层的局部尺寸减小,燃料和氧化剂的等浓度表面汇聚在一起,流动的预混程度局部增大,而反应活性先增加,然后发生淬熄。因此,我们应该预计能在扩散火焰的边缘看到部分预混模式下的猛烈燃烧(图 6.58)。

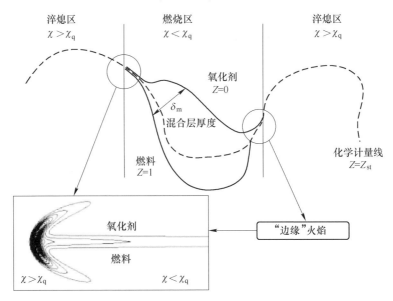

图 6.58 部分预混的"边缘"火焰发展的条件示意图
(改自 Vervisch 和 Poinsot,1998)

6.14.2 悬举扩散火焰的三重火焰稳定

"边缘"火焰的一般情况是,当层流扩散火焰从燃烧器出口向下游抬升时产生三重火焰。在这种情况下,燃烧在燃料和氧化剂已按化学计量比例混合的区域中开始。由于热扩散和化学反应之间的不平衡,所得的预混核趋向于向新鲜气体传播,这有利于尾随的扩散火焰的稳定。在混合层中,化学计量的预混核在燃料流的方向上演变为较浓的部分预混火焰,而在氧化剂侧则形成了较稀的部分预混火焰(图 6.59)。这两个预混火焰是弯曲的,因为当它们偏离化学计量条件时,它们各自的传播速度会降低。整体结构由两个预混火焰和扩散火焰组成,它通常称为三重火焰。Ruetsch,Vervisch 和 Liñán(1995)将 DNS 与单步化学结合使用时,证明三重火焰的燃烧速度要比平面预混火焰的燃烧速度大。这种增加是由于放热引起的流动在三重火焰上游偏离造成的。

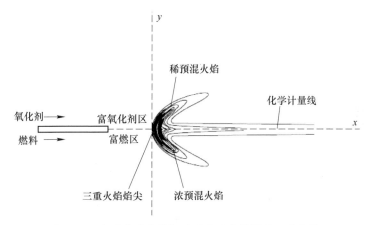

图 6.59 在没有速度剪切的混合层中传播的三重火焰
(改自 Ruetsch,Vervisch 和 Liñán,1995)

6.14.3 "边缘"火焰分析

根据燃料流和氧化剂流的速度,火焰可以附着在隔板上或从隔板上升起。附着的火焰是扩散火焰,它将主要燃料区与主要存在氧化剂的区域分隔开。当火焰抬起时,它呈现出三分支结构,该结构由稀薄的和浓的预混合部分,以及紧随后面的扩散火焰组成。边缘火焰的间隔距离取决于 5 个参数:

(1) 燃料流和氧化剂流的平均流速;
(2) 边界层的厚度;
(3) 用 Le_F 和 Le_O 表示的反应物的扩散率;
(4) 混合物当量比;
(5) 通过化学反应放的热(热膨胀)。

在没有优先扩散($Le_F = Le_O$)的情况下,且当燃料和氧化剂以化学计量比例供给时,"边缘"火焰关于轴对称,尾随的扩散火焰保持与分流板平行;否则,它大致沿着化学计量表面向两侧之一侧倾斜。

图 6.60 所示为在较宽的路易斯数范围内火焰间隔距离对 Da 的依赖性。间隔距离 x_w 定义为反应速率达到其最大值的位置。对于较大的 Da,火焰附着在分流板上。当增加流速或减小 Da 时,它从分流板离开(图 6.60)。对于足够

小的 Le 值(约低于 1.2),解有多个。在这种情况下,边缘稳定与吹脱点相同,$Da = Da_q$,不稳定解对应于较大的 x_w 值。只有当流速对应于 $Da_q < Da < \infty$ 时,"边缘"火焰才能稳定在分流板附近;对于较低的 Da 值,它会被流动吹脱。对于较大的 Le 值(约 1.4 以上),解在计算域内是单调的。然而,"边缘"火焰不会总稳定在分流板附近。存在一系列与 $Da_1^* < Da < Da_2^*$ 相对应的不稳定状态,此时火焰会随着边缘沿着轴线前后移动而自发振荡,并将尾迹扩散火焰拖到其后(见图 6.61 中以两个闭合圆为边界的两条虚曲线)。沿薄层的振荡在下游减弱,并在足够远的距离处完全衰减。当燃烧场不对称时,火焰的边缘用两个坐标 x_w 和 y_w 表征。在这种情况下,振荡与随时间周期性变化的两个坐标都有关,"边缘"火焰沿与化学计量表面大致重合的表面来回运动。

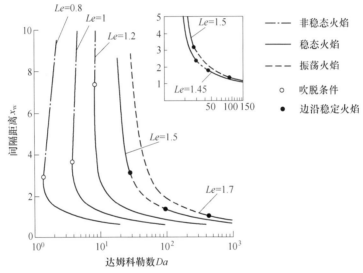

图 6.60　绝热情况下火焰间隔距离 x_w 依赖于达姆科勒数 Da 的响应曲线

(改自 Matalon,2009)

对于指定的 Da 值,x_w 对热损失参数 b 的依赖性如图 6.61 所示。尽管间隔距离 x_w 随 b 的增加而增加,但是只有当热损失相对较小时,火焰才能稳定在分流板的边沿附近。当热损失明显或 $b > b_c$ 时,火焰会自发振荡。临界值 b_c 随着 Le 降低而增加,甚至在 Le 小于 1 时也高于吹脱点。因此,辐射损失可以触发火焰振荡;即使在路易斯数等于或略小于 1 时,也会发生这种情况。

这些解释都建立在由扩散-热不稳定性引起的振荡的基础上。实验观察到的在复杂情况下发生的振荡可能受多个因素驱动。通常,它们与浮力效应有关(Won et al.,2002),与火焰在液体池上传播时在火焰前方产生的气相循环有关(Schiller 和 Sirognano,1996),或与 Marangoni 不稳定有关(Higuera 和 Garcia-

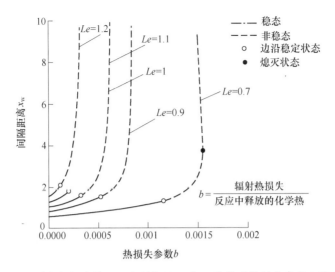

图 6.61 达姆科勒数恒定情况下火焰间隔距离 x_w 依赖于热损失参数 b 的响应曲线
（改自 Matalon, 2007）

Ybarra, 1998）。正如 Buckmaster(2002)所讨论的，"边缘"火焰也可能发生在预混系统中，显现出包括蜂窝结构在内的各种不稳定性形式。

习题

1. 证明对于单步不可逆反应 $\{1kg$ 燃料 $(F)\} + \{s\,kg$ 氧化剂 $(O)\} \rightarrow \{(1+s)kg$ 产物 $(P)\}$，Favre 平均的燃料、氧化剂和产物的质量分数可以写为

$$\widetilde{Y}_F = Y^* \int_{f_{st}}^{1} (f - f_{st}) \widetilde{\mathcal{P}}(f;\boldsymbol{x}) df$$

$$= Y_F^e(\tilde{f}) + \alpha_c Y^* \sqrt{\widetilde{f''^2}} J_1[(f_{st} - \tilde{f})/\sqrt{\widetilde{f''^2}}]$$

$$\widetilde{Y}_O = sY^* \int_0^{f_{st}} (f - f_{st}) \widetilde{\mathcal{P}}(f;\boldsymbol{x}) df$$

$$= Y_O^e(\tilde{f}) + \alpha_c r Y^* \sqrt{\widetilde{f''^2}} J_1[(f_{st} - \tilde{f})/\sqrt{\widetilde{f''^2}}]$$

$$\widetilde{Y}_P = (s+1)Y^* \left\{ (1-f_{st}) \int_0^{f_{st}} f \widetilde{\mathcal{P}}(f;\boldsymbol{x}) df + f_{st} \int_{f_{st}}^{1} (1-f) \widetilde{\mathcal{P}}(f,x) df \right\}$$

$$= Y_P^e(\tilde{f}) - \alpha_c (r+1) Y^* \sqrt{\widetilde{f''^2}} J_1[(f_{st} - \tilde{f})/\sqrt{\widetilde{f''^2}}]$$

式中函数 J_1 定义为

$$J_1[(f_{st} - \tilde{f})/\sqrt{\widetilde{f''^2}}]$$

$$\equiv \int_0^{f_{\rm st}} [(f_{\rm st}-f)/\sqrt{\widetilde{f''^2}}]\,\widetilde{\mathcal{P}}(f;\boldsymbol{x})\,{\rm d}f - H(f_{\rm st}-\tilde{f})[(f_{\rm st}-\tilde{f})/\sqrt{\widetilde{f''^2}}]$$

其中:H 为 Heaviside 函数且

$$Y^* \equiv Y_{\rm F1} + \frac{1}{s}Y_{\rm O_2} = \frac{Y_{\rm F1}}{1-f_{\rm st}}$$

2. 推导混合分数 $\tilde{f}$ 方程的 Favre 平均形式。

题目 6.1

考虑具有两种燃烧室几何构型的固体燃料冲压发动机(solid-fuel ramjet, SFRJ),如图 6.62 所示。

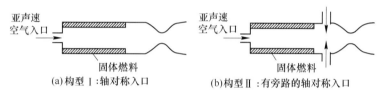

图 6.62 两种燃烧室几何构型的固体燃料冲压发动机

固体燃料药柱为燃烧室提供了一部分壁面。空气入口端的突然膨胀(轴向,有或没有旁路)可用于稳定火焰。在壁面附近的富燃区和富氧中心核之间形成了湍流边界层,而且还包括了受扩散控制的火焰。由于扩散火焰,热量通过对流输运到固体表面,从而导致燃料汽化。燃料退行速率可以用阿伦尼乌斯形式表示为

$$\dot{r} = A\exp\left(-\frac{E_{\rm a}}{R_{\rm u}T_{\rm w}}\right)$$

燃料热解和燃料蒸气与空气的烃燃烧可以近似表示为以下 4 步过程:

$$C_xH_y \longrightarrow C_xH_{y-2} + H_2$$

$$C_xH_{y-2} + \frac{x}{2}O_2 \longrightarrow xCO + \frac{y-2}{2}H_2$$

$$CO + \frac{1}{2}O_2 \longrightarrow CO_2$$

$$H_2 + \frac{1}{2}O_2 \longrightarrow H_2O$$

(a) 为准稳态、亚声速流建立一个包含有限速率化学动力学的三维模型。

(b) 列出所有假设。(注意:为简化此问题,假设辐射热传递可以忽略。)

(c) 沿构型 I 的中心线绘出 u、$Y_{\rm O_2}$、$Y_{\rm C_xH_y}$ 和 T 的预期轴向分布。

题目 6.2

举例说明守恒标量法或二变量法在湍流扩散火焰中应用。请给出:(a)问题陈述,包括参考资料的来源;(b)处理过程中用到的步骤;(c)获得的主要结果;以及(d)你对所选择描述方法的评论或优缺点。

题目 6.3

考虑一个在恒定压力(10atm)条件下由轴对称湍流扩散火焰射流燃烧加热的圆柱形燃烧炉(长度为 L,半径为 r_3)。扩散火焰的热能来自氧气和甲烷的燃烧,氧气和甲烷通过同心喷射器供应,氧气从中心端口(半径 r_1)供应,而甲烷气体从环形端口供应(图 6.63)。考虑到平均流量特性与时间无关,燃烧过程在富燃条件(当量比等于 1.5)下以准稳态进行。所供甲烷流速为 $\dot{m}_{CH_4}$。火焰区(火焰刷)可认为是热源。炉壁温度保持在固定的温度水平($T = T_w$)。为了预测化学反应流场,在你的建模中考虑这些问题:

(a) 说明模型构建所采用的基本假设。

(b) 对于具有多方程模型的 RANS 型建模,请指定求解整个流场中化学物质的浓度、温度、密度和速度分布所需的控制方程(用圆柱坐标给出守恒方程和输运方程)。(在现实问题中,与甲烷氧化有关的 42 个基元反应的比反应速率常数在 Kuo(2005)第 2 章中给出,其中考虑了 16 种不同的化学物质。)但是简化起见,可以假设为全局化学反应。

(c) 明确对湍流闭合的考虑和必要的边界条件。

(d) 大致绘出在固定点 z 处的温度、物质和速度分量的分布曲线的预期结果。

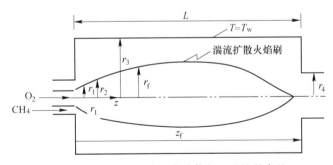

图 6.63 圆柱形燃烧炉内的氧气—甲烷扩散焰

第7章 带反应的多相流背景

符 号 表

符号	含 义 说 明	量纲
A	面积	L^2
a	式(7.45)定义的标架无关加速度	L/t^2
a_s	单个颗粒的加速度	L/t^2
b	流体性质(密度、黏度、比热容或热导率),见式(7.118)	多种
C_d	阻力系数	—
d_b	分散相聚团的平均尺寸,见式(7.42)	L
d_p	平均当地颗粒直径	L
D	图7.6中用到的特征结构长度	L
$D(x-x_f)$	以 x_f 为中心的分布函数	—
$g(r)$	式(7.15)~式(7.17)定义的加权函数	$1/L^3$
f^L	低阶通量,见式(7.134)	—
f^H	高阶通量,见式(7.135)	—
f 或 F	函数	—
f_p	式(7.12)定义的颗粒密度函数	—
F	作用在颗粒单位颗粒质量上的外力(如重力或电磁力)	L/t^2
g	重力加速度	L/t^2
G	距离函数,见式(7.116)	—
h_i	第 i 相的比焓	Q
I	单位矩阵	—
I_i	与第 i 个物理过程相关的液体和气体间界面动量输运	—
J	冲量	$M\cdot L/t$
k	刚度系数	—
ℓ	限制符	—
m	质量	M
M_k	式(7.37)定义的相之间的相间动量交换	$M/L^2\cdot t^2$

(续)

符号	含义说明	量纲
$\boldsymbol{n}_k$	与相 k 有关的单位法矢	—
n_i	与单位法矢 $\boldsymbol{n}$ 有关的方向余弦	—
n	数量	—
N	数量	—
p	压力	$M/L\text{-}t^2$
p_k	相 k 的总压力	$M/L\text{-}t^2$
R, r	径向坐标	L
$\boldsymbol{r}$	径向坐标矢量	L
S 或 s	表面	L^2
S_p	用下标 p 标识的表面	—
$\dot{S}_\psi$	性质 ψ 的界面源	ψ/t 的单位
$\boldsymbol{u}$	x 方向上的速度矢量	L/t
V_∞	式(7.18)定义的,包含固体和流体的当地空间体积	L^3
$V_{f\infty}$	当地体积中被流体占据的体积	L^3
$V_{s\infty}$	被固体物质占据的所有点的体积	L^3
$\boldsymbol{v}$	y 方向上的速度矢量	L/t
t	时间	t
T_{gr}	速度波动(或颗粒温度)的比动能,见式(7.70)	T
x, y	空间坐标	L
Δx 或 Δ	网格间距	L
$\boldsymbol{x}$	空间位置矢量	L
$\boldsymbol{X}$	式(7.9)定义的物质位置矢量	L
$\boldsymbol{x}_M^n$	记号 M 在时间 n 的拉格朗日坐标	L
希腊符号		
α	式(7.137)定义的,从平面到原点的最短距离	L
β	式(7.55)定义的相间阻力常数	$ML^{-3}t^{-1}$
δ	Dirac delta 函数	—
$\delta\Omega_n$	与由颗粒相对运动引起的在 n 方向上变化有关的立体角	球面度(sterad)
ε_s	修正因子,见式(7.56)	
ρ	气体密度	M/L^3
μ_g	气相动力黏度	$M/L\text{-}t$

(续)

符号	含义说明	量纲
μ_s	固体黏度	M/L-t
μ_{friction}	摩擦固体黏度	M/L-t
η	阻尼系数	—
σ_{12}	表面张力系数,见式(7.103)	—
θ	式(7.63)定义的碰撞输运贡献	—
ϕ	式(7.17)定义的空隙率	—
ξ	平均颗粒速度或颗粒动能	L/t 或 L^2/t^2
$\xi(\boldsymbol{x},t)$	固相中任意点的性质	—
$\psi(\boldsymbol{x},t)$	流体相中任意点的性质。例如:压力 p、速度的3个分量的其中一个,或应力张量的9个分量的其中一个	多种
Λ	流体体积函数	—
τ_k	相 k 的剪切应力张量	M/L-t^2
Ω	旋转速度	1/t
$\boldsymbol{\omega}_i$	第 i 个颗粒的旋转速度矢量	1/t
$\Delta\Phi$	变量 Φ 的增量值	Φ 的单位
∇	空间坐标的梯度算子	1/L
∇_v	速度坐标的梯度算子	t/L
下 标		
c	碰撞	
drag	黏性阻尼	
ext	外部的	
f	流体相	
friction	摩擦	
g	气相	
hist	历史(history)力或巴塞特(Basset)力	
int	界面	
k	相 k	
lift	由旋转应变引起的横向力产生的升力	
M	标识	
m	质量	
p	颗粒	
r	相对的	

(续)

符号	含义说明	量纲
s	固相	
t	切向	
turb	湍流	
其他		
⟨ ⟩	对体积的当地平均值	
"	Favre 平均波动量	
'	雷诺平均波动量	

带有和没有化学反应的多相流对各种工程系统的最佳设计和安全运行都非常重要。在许多工程系统中都可以观察到多相流现象。Drew 和 Passman(2005)、Kolev(2005)、Ishii 和 Hibiki(2006)等都对此领域进行了全面的介绍。本章对两相流热-流体动力学理论提供了基本理解,还对多相流的数值处理进行了讨论。

7.1 多相流系统的分类

在流体力学的语境下,可以将多相流简单地定义为由混合物中两个或多个同时流动的不同相组成的、具有比分子尺度大得多的相分离程度的任意流动体系。多相流可以以多种不同的形式存在。根据不同相的状态,可以将两相流分为气-固流、液-固流或气-液流。

气-固流涉及气相中悬浮固体的运动。根据颗粒的数密度,可以将这种流动表征为稀疏的或稠密的。当颗粒数密度相对较小时,颗粒-颗粒间的相互作用并不重要。这种流动称为稀疏气体-颗粒流,它主要受作用在颗粒上的表面力和体积力控制。对于具有小颗粒的特别稀的气体-颗粒流的特殊情况,固体颗粒充当了示踪剂,它们对改变气流没有贡献。当颗粒数密度足够大时,固体颗粒的运动受颗粒-颗粒间相互作用的影响。在较稠的气体-颗粒流中,固体颗粒间的碰撞会显著影响这些颗粒在气相中的运动。在有界的流域中,固体颗粒在撞击边界壁面后的运动也受到表面特性和材料特性的影响。这种效果与固体颗粒在气流中的自由飞行不同。气体-颗粒流可以称为分散流,在其中固体颗粒构成了分散相。

液-固流包括液体流动中固体颗粒的输运,称其为液体-颗粒流或浆体流更为恰当,它们也可以归类为分散流,在其中液体为连续相。相比之下,液相和固相以与气体-颗粒流相同的方式,主要受到压力梯度驱动并对其响应,这是由于其相间密度比通常低于气-固流中的相间密度比,且液-固流中的相间阻力相当高所致。固体颗粒在液体流中的沉降行为是一个值得关注的问题,该行为在很大程度上取决于分散相的颗粒大小和连续相的流动条件。

气-液流原则上会有几种不同的构型。一个例子是气泡在液体流中的运动,而另一个例子是液滴在气流中的运动。这两个例子也都可以归类为分散流。对于第一个例子,将液体作为连续相,而将气泡作为分散相的离散成分。对于第二个例子,将气体作为连续相,将液滴作为分散相的有限流体颗粒。由于气泡或液滴可以在连续相中自由变形,因此它们会有不同的几何形状:球形、椭球形、扭曲形、环形、帽形等。除了分散流以外,气-液流通常还表现出其他复杂界面结构,称为分离流和混合流或过渡流。

图7.1汇总了可在气-液流中见到的各种构型(Ishii和Hibiki,2006)。过渡流或混合流表示分散流和分离流之间的过渡,显然,它以分散流和分离流的共同存在为特征。界面结构的变化通过气泡-气泡相互作用而发生,这种相互作用是由气泡合并和破裂以及任何存在的相变过程所导致的。

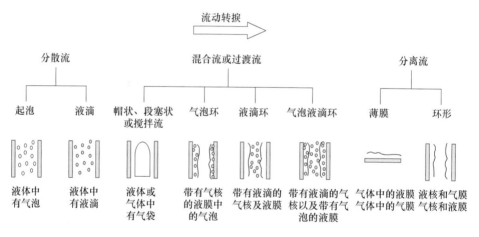

图7.1 气-液两相流的分类

(改自 Ishii 和 Hibiki,2006)

自由面流由于存在定义明确的界面而变得复杂,它属于不混溶的液体流的类别。严格来说,这种流动不属于两相流。出于实际目的,可以将它们作为两相混合物处理。与两相流的分类相反,主要由气体流动和液体流动组成的自由面流通常用将两相都视作连续的方式处理。类似地,也可以将冻结或固化过程作为两相混合物的另一种特殊情况。这样可以分别处理液体区和固体区,然后再用界面处适当的运动条件和动力学条件将它们耦合。

在许多技术相关的工程应用中也遇到了三相气-液-固流。对于这种特定类型的多相流,可以将固体颗粒和气泡作为与连续液相共同流动的分散相的离散成分处理。由于与颗粒-颗粒、气泡-气泡、颗粒-气泡、颗粒-液体以及气泡-液体间的相互作用有关的一系列现象改变了流体的物理行为,三相共存使流体流动大大复杂化。

图 7.2 所示为给定物理系统的复杂多相流建模的基本过程。下面的章节会进行更详细的讨论。

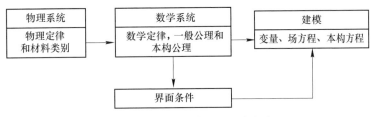

图 7.2　物理系统数学模型的基本步骤

(改自 Ishii 和 Hibiki,2006)

7.2　涉及多相系统的实际问题

现代技术行业以及我们所居住的环境中广泛存在许多涉及多相流的实际问题。接下来列出基于不同分类的多相流例子。

(1) 气体-颗粒流:

① 自然沙尘暴、火山喷发、雪崩;

② 生物气溶胶、尘埃颗粒、烟(细烟灰颗粒)、雨滴、雾的形成;

③ 工业气动输送机、除尘器、流化床、固体推进剂火箭、粉状固体颗粒、喷雾干燥、喷雾铸造、颗粒床、内弹道。

(2) 液-固流:

① 河流和海洋中沙子的自然沉降输运、土壤侵蚀、泥土滑坡、泥石流、冰山形成;

② 生物血流;

③ 工业泥浆输运、浮选、流化床、水刀切割、污水处理。

(3) 气-液流:

① 自然海浪;

② 生物血流;

③ 工业沸水和加压水核反应堆、化学反应器除盐系统、锅炉、热交换器、内燃机、液体推进剂火箭、自动喷水灭火系统。

(4) 液-液流:工业乳化剂、燃料电池系统、微通道应用、萃取系统。

(5) 气-液-固流:工业气提泵、流化床、石油输运。

在所有列出的系统中,与单相流相比,多相流的复杂属性归因于存在动态变化的界面、流体特性的显著不连续以及界面附近的复杂流场。当一个相或两个相为湍流时,湍流涡旋和界面结构之间的相互作用以及各个相之间的交换为流动现象带来了额外的复杂性。多相流的物理本质上也是多尺度的。因此,有必要在3个不同的尺度上考虑各种流动物理学的级串效应:

(1) 包含流体流动中各个不同相的大流动结构使用设备尺度。

(2) 由于离散成分的团聚/聚结和断裂过程而引起的局部结构变化采用中间尺度。

(3) 连续流体内离散成分的运动采用微观尺度。

7.3 均质混合物与多组分/多相混合物

定义为均质的材料通常满足以下标准:材料的每个部分对给定的一组刺激都具有与所有其他部分相同的响应。这种材料的一个例子是纯水。构建描述这种均质材料行为的控制方程在前面章节中已经阐述过并很熟悉了。许多其他材料,无论是制造的还是自然存在的,都是非均质的。这种材料通常称为混合物或复合物。这些材料会表现出行为的两面性。一些非均质的材料是具有对热、力或其他外部刺激具有不同响应的组分的溶液。其他的则是复合物,即这些物质的混合发生在更大的尺度上。例如:作为第一个类似例子,人的血液是血红细胞在流体血浆中的悬浮液。当这个物质在较大血管中流动时,可以将其视为均质材料。然而,在较小的血管中,相对于血管的大小,血红细胞的大小是可观的,不能再将血液视作均质材料。在更小的血管中,血红细胞的大小与血管的大小相同;在这种情况下,需要另一种理论处理方式。

通常,为了对多组分材料使用连续体描述,我们试着认为一个边界值问题的边界最小尺寸比典型的颗粒或孔隙的尺寸大。在这种情况下,当连续体的每一个颗粒被赋予一个数学结构来说明与混合物非均质属性有关的总体现象时,就适用连续体混合物的概念。但是,这不是证明连续体描述正确的唯一方法。在后面一节中,我们将阐述各种平均方法来证实这一想法。注意:连续体模型不能描述单个颗粒的运动或单个孔隙的流动。正如连续体是一种性质的理想化,适用于描述某种分辨程度上的物质而非描述其他一样,多组分混合理论也是一种理想化,它给出了某种细节上的适当描述,而不是对其他因素的描述,比如单个颗粒速度及其表面特性。

通常,术语"多组分混合物"和"多相系统"可以互换使用,如 Drew 和 Passman(1999)。一些研究小组根据组分的大小来区分多组分系统和多相系统。如果组分在微观尺度上混合,其中混合物可以用体积密度或黏度表示,就可以将该混合物作为多组分混合物来处理。如果不同组分在可分辨尺度上混合,那么应该将混合物作为多相来对待。

7.4 CFD 和多相模拟

计算流体动力学(computational fluid dynamics,CFD)已成为工程设计和分析的一个不可或缺的部分。对于大多数工程目的而言,没有必要或不希望解决所有与湍流波动有关的细节,比如在直接数值模拟(direct numerical simulation,DNS)和大涡模拟(large eddy simulation,LES)方法中以及在分隔流体中同时共存的多个相的界面的微观演变中。由于界面的复杂性以及所造成的流体性质的不连续性以及物理缩放问题,习惯上使用一个建立在某种平均过程上的宏观公式。而通过连续性公式对多相流建模,得到的这些多相模型处于可提供具有更高效和重要结果输出设计的最前沿。接下来描述一些示例,这些例子阐述了一系列多相流问题极为重要的体系。

考虑喷雾干燥器的工程系统。喷雾干燥过程将雾化的液体进料,使其受热气干燥并成为粉末形态。通过使用需要求解湍流动能和动能耗散的湍流模型,求解了建立在适当平均基础上的有效守恒方程以及湍流输运方程,来处理欧拉网格上的连续相中的流动的湍流性质。对于该特定系统,浆料或浓缩混合物由干燥器顶部引入,顶部的雾化器为压力喷嘴型。热气从顶部送入,并向下移动通过干燥器。在底部收集干燥的粉末并作为最终产物移走。通常通过拉格朗日法对喷雾的液滴行为建模,该方法可以跟踪这些液滴的经历。可以确定干燥历程的显著变化以及液滴再循环或壁面撞击的区域。这种计算模型可以进行参数研究,通过优化干燥空气和进料特性以及系统中不同雾化器及其各自的位置,并在进料组成、气体温度等引入变化的情况下重新获得最佳条件来提高当前设计的效率。

考虑另一个重要形式的工程系统——旋风分离器。这里分离器中产生的漩涡运动会导致固体由于离心加速度而向壁面迁移,然后在重力作用下掉入位于分离器下方的收集容器中。通过使用诸如雷诺应力模型这样的先进湍流模型,可以求解连续气相的有效守恒方程。粉末流的确定可以使用随机拉格朗日模型来进行模拟。这种建议的模型为研究与操作条件、旋风分离器几何构型和颗粒特性相关的变量的影响提供了一种可行方法,这对于旋风分离过程的优化设计和控制至关重要。

关于河流水力系统的设计和建设,Nguyen 和 Nestmann(2004)已成功地对明渠中河流的复杂属性进行了多相流计算,来解决河流中的许多航行问题和洪水控制管理问题。对于德国萨尔河 Lisdorf 闸上的湍流问题,采用自由面追踪法和流体体积(volume of fluid,VOF)法预测了河流的水自由面。Nguyen 和 Nestmann(2004)利用多流体公式的单流体形式和以湍流动能 k 和动能耗散 ε 形式表示的标准双方程模型来解释湍流,并指出了每种方法在计算自由面时的优点和缺点。图7.3所示为用自由面追踪法和VOF法预测的$t=120s$时变形的自由面的轮廓。自由面追踪法是一种锋面追踪方法,其中明确确定了随水流移动的自由面。对于VOF法,通过对在实质上更大的计算域中的体积分数的输移隐含地预测自由面,所用的计算域比用于自由面追踪法的域的高度几乎扩展了两倍。发现这两种方法得到的自由面形状在$t=120s$时是可比较的,但是在$t=120s$之后,由于在自由面上出现了强烈的翘曲单元,自由面追踪法崩溃了,而VOF法继续有效。

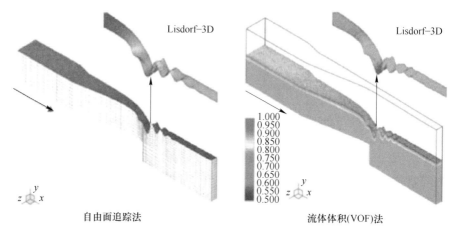

自由面追踪法　　　　　　　　　流体体积(VOF)法

图7.3　预测水的自由面形状的河流模拟

(改自Nguyen和Nestmann,2004)

上述例子仅是多相应用研究的一小部分,大量的多相建模工作是在核、石油、天然气和石化行业中开展的。多相建模能力的最新进展和不断提高的计算能力使我们能够采用更复杂的模型来更好地求解复杂多相流动现象的输运问题。

当前,对培育用直接数值模拟来求解与技术相关的湍流多相流的模型的下一步发展和应用更为重视。这样做意味着要用足够高的空间和时间分辨率来计算此类流动,这取决于计算资源的可用性。计算域需要最大和最小涡旋的分辨率,以及通过合适的微尺度演化追踪法确定分隔共存于流动中的不同相界面的确切位置。也可使用另一种基于LES的方法。在这种方法中,将湍流结构视作大尺度运动和小尺度运动的有差别输运,如图7.4所示。在此基础上,可以在基础计算网格本身允许的尺度上直接模拟大尺度运动;相应地对小尺度运动进行建模。由于大尺度运动通常比小尺度运动更有活力,并且是迄今为止最有效的守恒性质的输运方式,因此这种准确处理较大涡旋而近似处理较小尺度涡旋的方法是一种用于湍流建模的可行方法。

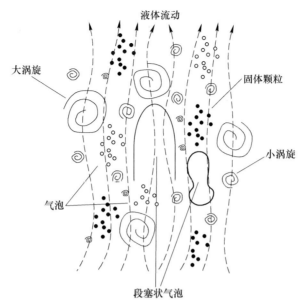

图 7.4　气-液-固湍流的示意图
(改自 Yeoh 和 Tu，2010)

与多流体模型相比，DNS 需要大量的计算资源。LES 对计算的要求很高，但与 DNS 相比仍没有那么大花费。图 7.5 是一个示意图，它突出显示了不同方法的计算工作量和建模复杂度之间的权衡关系。对于多流体模型，通常对发生在比积分长度尺度更长的长度尺度（$\Delta x > l_0$）上的物理过程进行计算，这些物理过程被有效的输运方程所捕获；那些发生在小于求解长度尺度的长度尺度上的物理过程需要建模——必须对平均方程中出现的额外的雷诺应力项和标量应力项进行建模。对于 DNS，数值计算在小于 Kolmogorov 长度尺度的长度尺度（$\Delta x < \eta$）上进行。

7.5　平均方法

在连续介质力学中，用描述质量、动量、能量等的守恒定律场方程已经能很好地构建气体或液体的单相流概念模型。然后将这些场方程用适当的本构关系进行补充，如状态、应力和化学反应的本构方程，这些方程为给定的组分材料（例如：指定的固体，液体或固体）指定了热力学、输运和化学性质。因此可以预见到，描述多相或多组分介质的稳态和动态特性的概念模型也应该能用适当的场方程和本构关系来构建。但是，对于结构化介质流动推导这样的方程比单相流的严格连续均质介质方程的推导要复杂得多。为了理解在导出具有界面不连续性的结构化非均质介质的平衡方程时遇到的困难，回想一下在连续介质力

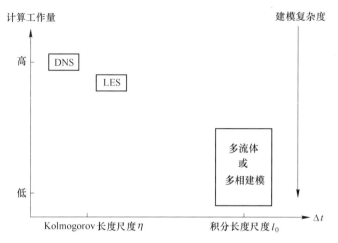

图 7.5 不同方法计算工作量和建模复杂度间权衡关系的示意图
(改自 Yeoh 和 Tu,2010)

学中,场论是建立在质量、动量和能量的整体平衡之上的。因此,如果积分区域中的变量是连续可微的,并且在物质坐标和空间坐标之间存在雅可比变换,那么使用莱布尼茨(Leibniz)定律就能获得欧拉型微分平衡;更具体地说,雷诺输运定理使我们可以互换微分运算和积分运算。积分符号下的微分规则以 Gottfried Leibniz 的名字命名,表示为

$$\frac{d}{dy}\int_{x_1(y)}^{x_2(y)} f(x,y)dx = \int_{x_1(y)}^{x_2(y)} \frac{\partial}{\partial y} f(x,y)dx + f(x_2(y),y)\frac{dx_2}{dy} - f(x_1(y),y)\frac{dx_1}{dy}$$

(7.1)

在多相或多组分流中,界面的存在给问题的数学构建和物理构建带来了很大困难。从数学角度来看,可以将多相流看作是一个以移动边界将组成相细分为多个单相区的场。每个子区域都保持着质量、动量和能量的微分平衡。但是,在不违反连续性条件的情况下,不能将其在通常意义上应用到这些子区域的集合上。从物理学的角度来看,在推导适用于多相流系统的场和本构方程时遇到的困难源于界面的存在,以及多相流的稳态和动态特性都取决于流体的界面结构这一事实。例如:分散两相流系统的稳态和动态特性取决于彼此相互作用以及与周围连续相相互作用的固体颗粒、气泡或液滴的集合动力学。在分离流的情况下,这些特性取决于界面的结构和波动力学。为了确定颗粒的集合相互作用和界面动力学,有必要首先描述流体的局部特性,然后通过适当的平均程序来获得宏观描述。对于分散流,必须确定单个液滴(气泡)的成核、蒸发或冷凝、运动和解体的速率,以及液滴(或气泡)的碰撞和聚结过程。

对于分离流,界面的结构和动力学会极大地影响质量、热量和动量传递的

速率以及系统的稳定性。例如:空间应用的凝汽器的性能和流动稳定性取决于蒸汽界面的动力学。类似地,液滴从液膜中的夹带速率以及因此带来的膜冷却的效率取决于蒸汽-液体界面的稳定性。从该讨论可以得出结论,为了推导出适用于结构化多相流的场方程和本构方程,有必要描述流动的当地特征。通过适当的平均程序应该能从该流动中得到宏观性能。

基于本地即时变量构建模型会产生界面位置未知的多边界问题。在这种情况下,在求解时遇到的数学困难非常大并且在计算上难以解决。要理解这些困难,重温一下即使在没有移动界面的单相湍流中,得到表达本地瞬时波动的精确解也是不可能的。构建当地瞬时模型遇到的巨大困难源于:

(1) 存在多个可变形移动界面而其运动是未知的。
(2) 存在因湍流和界面运动引起的变量波动。
(3) 界面上性质的明显不连续性。

第一个效应导致了每个相的场方程与界面条件之间的复杂耦合,而第二个效应不可避免地引入了一个源自 Navier-Stokes 方程和界面波的不稳定性的统计特性。第三个效应是在各种变量的空间和时间上带来了巨大的局部跳跃。由于这些困难几乎存在于所有两相流系统中,使得使用当地瞬态建模来获得解极为受限。对于具有简单界面形状的系统,如在涉及单个或多个气泡或分离流的问题的情况下,当地瞬态建模得到了广泛使用,并获得了有用的信息。由于大多数在实际工程系统中观察到的两相流都具有极其复杂的界面几何形状和运动,求解流体颗粒的当地瞬时运动极为困难。

通过适当的平均,可以得到有效消除当地瞬时波动的流体运动和特性的平均值。可以将平均过程认为是低通滤波,从当地瞬时波动中去除了不需要的高频信号。但是,重要的是要注意在基于平均的模型构建中应考虑这些影响了宏观现象的波动的统计特性。特别地,各种平均方法都可以应用于两相流中。根据用于构建热工液力问题的基本物理概念,可以将平均过程分为三大类:

(1) 欧拉平均;
(2) 拉格朗日平均;
(3) 玻耳兹曼统计平均。

根据用来定义变量所用的平均数学算子可将它们进一步分成若干子类。接下来的几节总结了几种平均的分类和定义。

7.5.1 欧拉平均-欧拉平均值

函数:
$$F = F(t, \boldsymbol{x}) \quad (7.2)$$

时间平均:
$$\frac{1}{\Delta t} \int_{\Delta t} F(t, \boldsymbol{x}) \mathrm{d}t \quad (7.3)$$

空间平均： $\quad \dfrac{1}{\Delta R}\int_{\Delta R} F(t,\boldsymbol{x})\,\mathrm{d}R$ （7.4）

体积平均： $\quad \dfrac{1}{\Delta V}\int_{\Delta V} F(t,\boldsymbol{x})\,\mathrm{d}V$ （7.5）

面积平均： $\quad \dfrac{1}{\Delta A}\int_{\Delta A} F(t,\boldsymbol{x})\,\mathrm{d}A$ （7.6）

线平均： $\quad \dfrac{1}{\Delta C}\int_{\Delta C} F(t,\boldsymbol{x})\,\mathrm{d}C$ （7.7）

统计平均或系综平均： $\quad \dfrac{1}{N}\sum_{n=1}^{N} F_n(t,\boldsymbol{x})$ （7.8）

连续介质力学中最重要且使用最广泛的平均类别是欧拉平均,因为它与人类的观察结果和大多数仪器测量密切相关。该方法强调的基本概念是对物理现象的时间-空间描述。在欧拉描述中,将时间坐标和空间坐标作为自变量,而用各种因变量来表述它们相对于这些坐标的变化。由于连续介质力学的标准场方程适合此描述,因此自然会考虑相对于这些自变量(时间和空间)的平均。而且,这些平均过程基本上都是积分算子,因此它们具有在积分范围内平滑瞬时或局部变化的效果。

7.5.2 拉格朗日平均-拉格朗日平均值

函数： $\quad F = F(t,\boldsymbol{X})\,;\boldsymbol{X} = \boldsymbol{X}(\boldsymbol{x},t)$ （7.9）

时间平均： $\quad \dfrac{1}{\Delta t}\int_{\Delta t} F(t,\boldsymbol{X})\,\mathrm{d}t$ （7.10）

统计平均或系综平均： $\quad \dfrac{1}{N}\sum_{n=1}^{N} F_n(t,\boldsymbol{X})$ （7.11）

式中: $\boldsymbol{x},\boldsymbol{X}$ 分别为空间坐标和物质坐标。

注意,真实的时间平均或统计平均是通过取极限 $\Delta t \to \infty$ 或 $N \to \infty$ 来定义的,这仅在概念上是可能的。可以将物质坐标作为所有颗粒的初始位置;因此,如果 $\boldsymbol{X}$ 是固定的,那么它表示随颗粒变化的函数值。拉格朗日平均值与力学的拉格朗日描述直接相关。当颗粒坐标 $\boldsymbol{X}$ 代替了欧拉描述的空间变量 $\boldsymbol{x}$ 时,这种平均自然适合颗粒动力学的研究。如果我们的兴趣集中在单个颗粒行为而不是一组颗粒的集合力学上,那么拉格朗日平均对分析非常重要且有用。拉格朗日时间平均是通过跟踪某个颗粒并在一定时间间隔内对其进行观测而得出的。

与刚刚说明的欧拉平均值相反,拉格朗日统计平均值是建立在统计假设之上的,因为它们涉及一个以 $F_n, n=1,2,\cdots,N$ 表示的 N 个相似的样本的集合。将时间平均作为一个消除波动的滤波过程非常有用。可以将相似的样本作为一组所有重要变量的时间平均值都在一定偏差范围内的样本。在这种情况下,平均的时间间隔和偏差范围定义了波动。因此,统计平均取决于时间间隔或样本数。

7.5.3 玻尔兹曼统计平均

颗粒密度函数:
$$f_p = f_p(x, \xi, t) \tag{7.12}$$

热动力性质或流动性质:
$$\psi(t,x) = \frac{\int \psi(\xi) f_p \mathrm{d}\xi}{\int f_p \mathrm{d}\xi} \tag{7.13}$$

式中:ξ 为平均颗粒速度或颗粒动能。

对于基于时间平均的稳态流,在时间域上进行随机采样可以构成一组合适的样本。在这种情况下,时间平均和统计平均是等效的。还需要考虑许多其他因素。当结合实验数据研究本构方程时会遇到困难。涉及无限数量的相似样本的真正统计平均仅在概念上是可能的,它无法实现。因此,如果单独考虑,系综平均面临两个困难:选择一组相似的样本以及将实验数据与模型联系起来。当对大量颗粒的集合力学有疑问时,采用颗粒数密度概念的玻尔兹曼统计平均就很重要。随着颗粒数量以及颗粒间相互作用的增加,任意单个颗粒的行为都变得如此复杂和多样化,因此无法求解每一个颗粒。在这种情况下,随着集合颗粒力学成为了控制因素,由许多颗粒组成的一个集合的行为越来越表现出与单个颗粒不同的某些特性。众所周知,将玻尔兹曼统计平均应用在具有适当平均自由程的大量分子上可能会导致场方程与连续介质力学的场方程非常相似。玻尔兹曼统计平均是这样进行的:首先对颗粒密度函数写出平衡方程,也称为玻尔兹曼输运方程(Cercignani,1988),然后需要假设颗粒相互作用项的一种形式以及颗粒密度函数的随机特征。玻尔兹曼输运方程为

$$\frac{\partial f_p}{\partial t} + \boldsymbol{v} \cdot \nabla f_p + \boldsymbol{F} \cdot \nabla_v f_p \equiv \left.\frac{\delta f_p}{\delta t}\right|_{\text{碰撞}} \tag{7.14}$$

式中:$\boldsymbol{F}$ 为作用在单位颗粒质量颗粒上的外力(如重力或电磁力);∇_v 为速度坐标的梯度算子。

量 $f_p \mathrm{d}\boldsymbol{x} \mathrm{d}\boldsymbol{v}$ 为 t 时刻在空间位置 $\boldsymbol{x}$ 附近 $\mathrm{d}\boldsymbol{x}$ 范围内,速度在 $\boldsymbol{v}$ 附近 $\mathrm{d}\boldsymbol{v}$ 范围内的颗粒的可能数量。

式(7.14)的右侧项表示由于颗粒-颗粒碰撞而导致的颗粒数密度的变化速率。式(7.14)具有与连续介质力学中质量、动量和能量的标准守恒方程相似的形式。

7.5.4 Anderson 和 Jackson 对密相流化床的平均

对于具有密集小颗粒的流化床,Anderson 和 Jackson(1967)通过使用加权函数 g 在欧拉标架中引入了体积平均步骤。他们工作的基本原理是通过在

包含有许多颗粒的区域上对点变量平均,用得到的局部平均变量来替换点的机械变量,如流体速度、流体压力,或颗粒内指定点处固体物质的速度。对点变量平均的这些区域中含有许多颗粒,但与系统中从一点到另一点的"宏观"变化尺度相比仍然很小。$r>0$ 和 $t>0$ 时定义的加权函数 $g(r)$ 具有以下 5 个属性:

(1) 对所有 $r,g(r)\geqslant 0$,且 g 随 r 增加单调减小。

(2) $g(r)$ 对每一个 r 值都有各阶导数。

(3) 对所有 n 值都存在 $\int_{V_\infty} g^{(n)}(r)\mathrm{d}V$,其中:$g^{(n)}$ 为 g 的第 n 阶导数,r 表示到三维空间中一个点的距离,V_∞ 表示整体空间(包括固体和流体区域)的体积。

(4) 加权函数是归一化的,因此有

$$\int_{V_\infty} g(r)\mathrm{d}V = 1 \tag{7.15}$$

(5) 加权函数的半径 r_0 定义为

$$4\pi\int_0^{r_0} g(r)r^2\mathrm{d}r = 4\pi\int_{r_0}^\infty g(r)r^2\mathrm{d}r = \frac{1}{2} \tag{7.16}$$

时间 t 和位置 $\boldsymbol{x}$ 处的当地空隙率 ϕ 定义为

$$\phi(\boldsymbol{x},t) = \int_{V_{f\infty}} g(\boldsymbol{x}-\boldsymbol{y})\mathrm{d}V_y \tag{7.17}$$

式中:$V_{f\infty}(t)$ 为流体在时间 t 所占据的体积;$\mathrm{d}V_y$ 为点 $\boldsymbol{x}$ 附近的单元体积。如果固体物质在时间 t 所占据的所有点的集合(所有点都位于颗粒中)由 $V_{s\infty}(t)$ 表示,则

$$V_\infty = V_{f\infty} + V_{s\infty} \tag{7.18}$$

$$1 - \phi(\boldsymbol{x},t) = 1 - \int_{V_{f\infty}} g(\boldsymbol{x}-\boldsymbol{y})\mathrm{d}V_y = \int_{V_\infty} g(\boldsymbol{x}-\boldsymbol{y})\mathrm{d}V_y - \int_{V_{f\infty}} g(\boldsymbol{x}-\boldsymbol{y})\mathrm{d}V_y$$

$$= \int_{V_{s\infty}} g(\boldsymbol{x}-\boldsymbol{y})\mathrm{d}V_y \tag{7.19}$$

令 $\psi(\boldsymbol{x},t)$ 表示流体相的任意的点属性。例如:压力 p,速度的 3 个分量之一或应力张量的 9 个分量之一。同样,令 $\xi(\boldsymbol{x},t)$ 表示固相的任意的点性质。那么,ψ 和 ξ 的局部平均值定义为

$$\langle \psi(\boldsymbol{x},t) \rangle = \frac{\int_{V_{f\infty}(t)} g(\boldsymbol{x}-\boldsymbol{y})\psi(\boldsymbol{y},t)\mathrm{d}V_y}{\int_{V_{f\infty}} g(\boldsymbol{x}-\boldsymbol{y})\mathrm{d}V_y} = \frac{\int_{V_{f\infty}(t)} g(\boldsymbol{x}-\boldsymbol{y})\psi(\boldsymbol{y},t)\mathrm{d}V_y}{\phi(\boldsymbol{x},t)}$$

$$\tag{7.20}$$

$$\langle \xi(\boldsymbol{x},t) \rangle = \frac{\int_{V_{s\infty}(t)} g(\boldsymbol{x}-\boldsymbol{y})\xi(\boldsymbol{y},t)\mathrm{d}V_y}{\int_{V_{s\infty}} g(\boldsymbol{x}-\boldsymbol{y})\mathrm{d}V_y} = \frac{\int_{V_{s\infty}(t)} g(\boldsymbol{x}-\boldsymbol{y})\xi(\boldsymbol{y},t)\mathrm{d}V_y}{1-\phi(\boldsymbol{x},t)} \quad (7.21)$$

平均量的空间导数可以用分部微分、高斯散度定理和关系 $\partial g(\boldsymbol{x}-\boldsymbol{y})/\partial x_k = -\partial g(\boldsymbol{x}-\boldsymbol{y})/\partial y_k$ 表示：

$$\frac{\partial}{\partial x_i}[\phi(\boldsymbol{x},t)\langle\psi(\boldsymbol{x},t)\rangle] = \int_{V_{f\infty}(t)} g(\boldsymbol{x}-\boldsymbol{y})\frac{\partial}{\partial y_i}\psi(\boldsymbol{y},t)\mathrm{d}V_y - \int_{S_f(t)} \psi(\boldsymbol{y},t)g(\boldsymbol{x}-\boldsymbol{y})n_i\mathrm{d}S_y$$
(7.22)

式中：$S_f(t)$ 为时间 t 时限制流体相的表面，$S_f(t)$ 可以具有许多不相交的部分，包括限制整个系统的表面 $S_{f\infty}$ 和时间 t 时分离的固体颗粒的表面 S_p；n_i 为表面 S_y 处向外的法线。

因此，有

$$\int_{S_f(t)} \psi(\boldsymbol{y},t)g(\boldsymbol{x}-\boldsymbol{y})n_i\mathrm{d}S_y = \int_{S_{f\infty}(t)} \psi(\boldsymbol{y},t)g(\boldsymbol{x}-\boldsymbol{y})n_i\mathrm{d}S_y - \sum_{p\to\infty}\int_{S_p(t)} \psi(\boldsymbol{y},t)g(\boldsymbol{x}-\boldsymbol{y})n_i\mathrm{d}S_y \quad (7.23)$$

现在，只要从点 $\boldsymbol{x}$ 到表面 $S_{f\infty}$ 的最短距离远远大于加权函数在其上具有非零值的距离 r_0，那么式(7.23)右侧的第一项将比第二项小得多。忽略此项并将式(7.23)代入式(7.22)，有

$$\frac{\partial}{\partial x_i}[\phi(\boldsymbol{x},t)\langle\psi(\boldsymbol{x},t)\rangle] = \int_{V_{f\infty}(t)} g(\boldsymbol{x}-\boldsymbol{y})\frac{\partial}{\partial y_i}\psi(\boldsymbol{y},t)\mathrm{d}V_y + \sum_{p\to\infty}\int_{S_p(t)} \psi(\boldsymbol{y},t)g(\boldsymbol{x}-\boldsymbol{y})n_i\mathrm{d}S_y \quad (7.24)$$

平均量的时间导数可以表示为

$$\frac{\partial}{\partial t}[\phi(\boldsymbol{x},t)\langle\psi(\boldsymbol{x},t)\rangle] = \frac{\partial}{\partial t}\Big[\int_{V_{f\infty}(t)} g(\boldsymbol{x}-\boldsymbol{y})\psi(\boldsymbol{y},t)\mathrm{d}V_y\Big] \quad (7.25)$$

使用莱布尼茨法则，式(7.25)的右侧可以写为

$$\int_{V_{f\infty}(t)} \frac{\partial}{\partial t}[g(\boldsymbol{x}-\boldsymbol{y})\psi(\boldsymbol{y},t)]\mathrm{d}V_y + \int_{S_f(t)} \psi(\boldsymbol{y},t)g(\boldsymbol{x}-\boldsymbol{y})v_i n_i\mathrm{d}s$$

如已经说明的那样，上式的第二项可以近似为表面 S_p 上的积分。还要注意，同一等式中第一项的被积函数等于

$$g(\boldsymbol{x}-\boldsymbol{y})\frac{\partial}{\partial t}\psi(\boldsymbol{y},t)$$

使用这两个关系,式(7.25)可以表示为

$$\int_{V_{f\infty}(t)} g(\boldsymbol{x}-\boldsymbol{y}) \frac{\partial}{\partial t}\psi(\boldsymbol{y},t)\mathrm{d}V_y = \frac{\partial}{\partial t}[\phi(\boldsymbol{x},t)\langle\psi(\boldsymbol{x},t)\rangle] + \sum_{p\to\infty}\int_{S_p(t)}\psi(\boldsymbol{y},t)g(\boldsymbol{x}-\boldsymbol{y})v_i n_i\mathrm{d}S_y \quad (7.26)$$

单位体积的平均界面表面积可以表示为

$$\sum_{p\to\infty}\int_{S_p}g\mathrm{d}S = \frac{(1-\phi)\sum_{p\to\infty}S_p}{\sum_{p\to\infty}V_p} \quad (7.27)$$

气相性质 ψ 的表面平均定义为

$$\langle\psi\rangle_{S-\mathrm{avg}} \equiv \frac{\sum_{p\to\infty}\int_{S_p}g\psi\mathrm{d}S}{\sum_{p\to\infty}\int_{S_p}g\mathrm{d}S} \quad (7.28)$$

通常,表面平均值与总体平均值完全不同。引入波动特性 ψ':

$$\psi = \langle\psi\rangle + \psi' \quad (7.29)$$

如果假设 $\langle\langle\psi\rangle\rangle = \langle\psi\rangle$,得

$$\langle\psi'\rangle = 0 \quad (7.30)$$

最终,有

$$\langle\phi\psi\rangle = \langle\phi\rangle\langle\psi\rangle + \langle\phi'\psi'\rangle \quad (7.31)$$

在某些情况下,可以将量 $\langle\phi'\psi'\rangle$ 假设为0。

为了研究两相流系统,不同研究人员已经使用了多种平均方法。平均的应用可以分为两个主要类别:

(1)定义平均性质,然后关联实验数据。

(2)获得可用于预测宏观过程的可用场方程和本构方程。

最基本的用途是用来定义平均性质和运动,包括每个相或混合物的各种浓度、密度、速度和能量。然后,这些合理定义的平均值可用于各种实验目的,并建立经验关系式。通常,由于测量值自身表示某种平均值,因此平均方法和测试仪器的选择紧密相关。

欧拉时间平均和空间平均都很常用,因为实验工作者倾向于将两相混合物视为准连续体。此外,欧拉时间平均量和空间平均量通常是流动体系中最容易测量的平均值。但是,当特定的流体颗粒是可区分且可追溯时,如在气泡或液滴流的情况下,也可测量拉格朗日平均值。只是对于静态流场而言获得这些平均值是很自然的,这些静态流场可认为具有用平均值来表示的稳态特性。然后,通过在不同数据之间进一步应用统计平均,开发得到了各种相关关系。这

是实验物理用来最小化误差的标准方法。在我们进行平均的第二个应用之前，先简要讨论两种完全不同的宏观场方程构建，即双流体模型和混合（漂移流）模型。

双流体模型是通过分别考虑每一个相来构建的。因此，它是用两组质量、动量和能量的守恒方程表示的。这6个场方程（动量方程为矢量形式）中的每一个均具有一个相互作用项，该相互作用项通过跳跃条件将两相耦合起来（将在7.9节中介绍）。混合（或漂移流）模型是通过将混合物作为一个整体考虑而构建的。因此，混合模型用质量、动量和能量的3个守恒方程和1个附加的扩散方程表示，扩散方程用来说明混合物中的浓度梯度。

然而，一个恰当的混合模型应该根据正确定义的混合量来构建。漂移流模型是一个包含了扩散模型、滑移流模型和均质模型的混合模型的例子。Hibiki 和 Ishii（2003）以及 Hibiki，Takamasa 和 Ishii（2004）发现漂移流模型是最有效的混合模型，它主要是为实际应用的正常重力（Ishii，1977）和微重力条件开发的。

这些平均方法的第二个也是更重要的应用是获得用平均值表示的宏观两相流场方程和本构方程。在这方面，尽管也用了欧拉或玻尔兹曼统计平均方法，但许多论文作者也广泛地使用了欧拉空间平均和时间平均。

通过使用欧拉体积平均，Zuber（1964）、Zuber，Staub 和 Bijwaard（1964）、Wundt（1967）、Delhaye（1968）和 Slattery（1972）对高度分散流的三维模型建立做出了重大贡献。这些分析建立在包含两相的体积单元基础上。而且，与感兴趣的整个系统相比，这个体积单元要小得多。因此，它主要应用于高度分散流。由于场方程可以简化为一维模型，因此早就认识到管道截面上的欧拉面积平均在工程应用上非常有用。通过面积平均，变量在垂直于主流方向上的变化信息基本消失了。因此，壁面和流体间的动量和能量输运应该用经验关系式或用替代确切界面条件的简化模型来表示。即使在单相流问题中，面积平均法也有广泛使用，这是因为它的简便性是许多实际工程应用中强烈所需的。例如：壁面摩擦因数或传热系数的使用与面积平均的概念紧密相关。在 Bird，Stewart 和 Lightfoot（1960）、Whitaker（1968）和 Slattery（1972）的工作中可以找到对与热力学中的开放系统方程相对应的单相流面积平均和宏观方程的很好的综述。von Kármán 的边界层积分法也是面积平均的巧妙应用。此外，在润滑膜、明渠流动和力学中的薄壳理论的文献中可以找到许多面积平均的例子。然而，在应用于两相流系统时，许多作者使用了现象学方法而不是数学上的精确面积平均；因此，Martinelli 和 Nelson（1948）、Kutateladze（1952）、Levy（1960）、Brodkey（1967）和 Wallis（1969）的结果彼此不同，但都不完整（Kocamustafaoguuari，1971）。获得一维模型的合理方法是在横截面上对单相微分场方程积分。Zuber，Staub 和 Bijwaard（1964）和 Zuber（1967）对带有附加扩散方程的一维混合场方程——漂移流模型——进行了严格的推导。他们的结果显示所得场方程与非均相化学反应单相系统的场方程非常相似。后者已经发展为基于相互作用连续体的热-力耦合扩散理论,相互作用连续体在所有空间位置和所有时刻都具有相等的存在概率,但具有两个不同的速度。许多学者都为这一理论做出了贡献,包括Fick(1855)、Stefan(1871)、von Kármán(1950)、Prigogine 和 Mazur(1951)、Hirschfelder et al. (1954)、Truesdell 和 Toupin(1960),以及 Truesdell(1969)。在这里也应指出,Maxwell(1867)从气体混合物动力学理论的完全不同的方法获得了相似的结果。

欧拉时间平均已广泛用于分析单相湍流,也用于两相流。在对混合物应用时间平均法时,许多作者将其与其他空间平均过程结合在了一起。俄罗斯研究人员在这方面做出了重要贡献(Teletov, 1945; Frankl, 1953; Teletov, 1957; Diunin, 1963),他们使用了欧拉时间-体积平均值并得到了三维场方程。Vernier 和 Delhaye(1968)显然最早提出了仅基于欧拉时间平均的分析,但是他们没有提供得出数学公式的详细研究。Panton(1968)先进行时间积分,然后再进行体积积分推导出了混合模型。其积分过程中的分析比俄罗斯研究人员的研究更为明确,但是两个结果非常相似。在 Ishii(1971)的一篇科技论文中,通过单独使用时间平均,获得了包括表面源项的双流体模型方程,然后对管道横截面进行了面积平均。Ishii 确定了所有应在标准一维两相流模型中指定的本构方程以及边界条件。Drew(1971)也使用欧拉多次混合平均程序进行了详细研究。在他的分析中,对空间域和时间域都进行了两次积分,以此消除高阶奇点。这些多重积分运算等效于连续假设。由于本构模型只能在连续假设的基础上开发得到,因此平均过程不应被当作纯粹的数学变换。读者不妨参考 Delhaye(1969,1970),他提供了基于欧拉空间平均的各种模型以及对该主题的全面综述。欧拉时间平均对于湍流或两相流的分散两相流特别有用(Ishii, 1975, 1977; Ishii 和 Mishima, 1984)。在这些流动中,输运过程高度依赖于变量相对于均值的局部波动。因此,本构方程适用于时间平均实验数据。标准单相湍流分析也支持该结论。

Vernier 和 Delhaye(1968)对使用欧拉统计平均进行了深入研究,他们得出了一个重要的结论,即在稳态流动条件下,真实时间平均($\Delta t \to \infty$ 的时间平均)得到的场方程与统计平均得到的结果相同。玻尔兹曼统计平均也被一些作者(Buevich, 1969; Buyevich, 1972; Culick, 1964; Kalinin, 1970; Murray, 1954; Pai, 1971)用于高度分散的两相流系统。通常,需考虑颗粒密度函数,然后就可以使用函数的玻尔兹曼输运方程了。Kalinin(1970)假设颗粒密度函数表示指定质量和速度的颗粒的预期数量,而 Pai(1971)将半径、速度和温度作为了函数的参数。通过对颗粒密度函数的参数(时间和空间变量除外)进行积分,从 Maxwell-

Boltzmann 方程中得到了每个相的 Maxwell 输运方程的简化形式。由于它涉及分布假设以及颗粒间和颗粒-气体相互作用项的假设,因此结果并非一般,而是表示一种特殊的连续介质。

可以从局部意义上表示 3 种不同的混合力学的方法和观点:

(1) 适用于两相混合物的欧拉时间或统计平均;

(2) 基于两个连续体的扩散热-力耦合理论;

(3) 适用于气体混合物或高度分散流的玻耳兹曼统计平均。

第一种理论认为混合物本质上是由界面限定的一组单相区域,而在第二种理论中,认为是两种组分在相同的点和时间共存。与这两个基于连续介质力学的理论相反,最后一个理论是基于统计期望和概率。更为重要的一点是,如果正确解释了这些模型的每一个输运项,那么得到的场方程将具有非常相似的形式。

Arnold,Drew 和 Lahey(1989)对使用系综单元平均进行了初步研究,他们得到了理想无黏气泡流的湍流应力和因在无扭曲气泡表面上的压力变化所导致的界面压力,讨论了空间平均技术的固有缺陷,并建议对两相流的双流体模型构建采用系综平均。Zhang 和 Prosperetti(1994a)用系综平均法导得了一种控制无黏液体中等球形可压缩气泡混合物的平均方程。他们得出结论,由于无需特别的闭合关系,该方法是系统的和通用的,并建议该方法可应用于各种热流体和固体力学的情况。Zhang 和 Prosperetti(1994b)将这种方法扩展到半径可变的球体的情况。Zhang(1993)总结了向热传导和对流、Stocks 流动和热毛细过程的其他应用。读者可参考 Prosperetti(1999),该书提供了一些使用平均方程对分散多相流建模的考虑。Kolev(2002)为主要用于基于多场法的安全分析代码的开发提出了一种两相流构建。对两相流系统进行拉格朗日平均是一种用于颗粒流的有用方法。然而通常上,由于扩散和相变,它面临相当大的困难。对于无相变的颗粒流,可以得到许多实际情况下详细的平均颗粒运动的拉格朗日方程。因此,在高度分散流中通常将单颗粒动力学的拉格朗日描述用作颗粒相的动量方程(Carrier,1958;Zuber,1964)。许多关于气泡上升和最终速度的分析都隐性地使用了拉格朗日时间平均,特别是当连续相处于湍流状态时。

根据 Anderson 和 Jackson(1967),Slattery(1967,1990)和 Whitaker(1967),给空间中的每一个点都分配一个控制体积,并将每个速度场的平均热力学特性和流动特性分配给控制体积的中心。由于存在与空间中每个点有关的控制体积,因此可以为所有热力学特性和流动特性生成平均值场。因此,平均性质的场较平滑,并存在这些平均性质的空间导数。考虑图 7.6 所示的控制体积 Vol,它是一个固定值。该控制体积中的每个相都占据一定的体积,且随时间变化,而 Vol 随时间保持不变。让我们考虑具有多个液滴的液相,液滴的典型特征长

度为 D(如液滴尺寸)。该长度比液体或气体的分子平均自由程大得多。所感兴趣的计算区域(computer region,scr)的尺寸比典型特征长度 D 的尺寸大得多,并且也比所感兴趣的流动参数的空间变化大。控制体积大小的选择,在这里为 $Vol^{1/3}$ 的量级,它对平均值的含义有重大影响。

我们考虑各种可能的情况中的两种:

(1)控制体积的尺寸大于场 l 的特征结构长度 D,即

$$\text{分子平均自由程} \ll D \approx Vol^{\frac{1}{3}} \ll \text{计算区域尺寸}$$

该尺寸选择对具有较细颗粒的分散流比较有用,如图7.6所示。

(2)控制体积的尺寸与液相或气相的特征长度 L_c 差不多,即

$$\text{分子平均自由程} \ll L_c \approx Vol^{\frac{1}{3}} \ll \text{计算区域尺寸}$$

该尺寸选择对直接数值模拟或分层型流动的模拟比较有用(图7.7)。

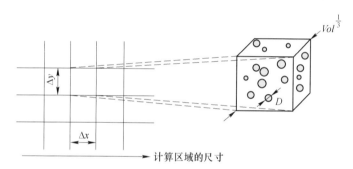

图7.6　当地体积平均的可能尺寸、测量设备的尺寸、
计算区域的尺寸以及整体流动尺寸的比较

(改自 Kolev,2007)

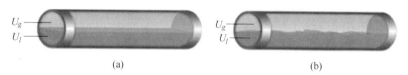

图7.7　(a)平滑分层流和(b)波浪分层流的示意图

(改自 http://drbratland.com/PipeFlow2/chapter1.html)

7.6　当地瞬时表达式

两相混合物或两种不混溶混合物的奇异特征是存在一个或几个将相或组分分开的界面。这种流动系统的例子可以在大量工程系统以及各种各样的自然现象中找到。对两相系统的流动过程和传热过程的理解在机械、化学、航空

航天和核工程以及环境和医学领域变得越来越重要。在分析两相流时,我们首先遵循连续介质力学的标准方法。于是,将两相流认为是进一步细分为具有在各相之间移动的边界的几个单相区域的场。标准微分平衡方程对每个子区域成立,这些子区域具有适当的跳跃和边界条件以匹配这些微分方程在界面处的解。因此,从理论上讲,可以根据当地瞬时变量来表达两相流问题,即 $F = F(x, t)$。为将该表达式与基于各种平均方法的表达式区分开,将该表达式称为当地瞬时表达式。由于场和边界条件的耦合,这样的表达式将带来界面位置未知的多边界问题。确实,使用该当地瞬时表达式遇到的数学困难可能会很大;在许多情况下,它们可能难以解决。

但是,当地瞬时表达式有两个基本优点。首先,它可以直接应用于诸如薄层、分层的、环状的和射流等分离流的研究。在这些情况下,表达式可用于研究压力降、传热、相变、界面的动力学和稳定性以及临界热通量。此外,该方法的其他应用还涉及单个或多个气泡动力学、单个气泡或液滴的生长或破裂,以及固化和熔化等问题。将当地瞬时表达式作为使用各种平均程序的宏观两相流模型的基础也同样有用。当以界面为边界的每个子区域都可以当作一个连续体时,当地瞬时表达式在数学上是严密的。因此,可以通过适当的平均方法从该表达式导出两相流模型。

因此,如果可以将两相系统中以界面为边界的每个子区域都视作一个连续体,那么显然当地瞬时表达式是成立的。在这个假设下,可以推导出场方程、本构定律和界面条件。由于每个流动的性质在界面处可以存在两个不同的值(对应于各个相),因此界面是连续场的一个奇点。与场方程相对应的界面处的平衡称为跳跃条件(将在 7.9 节中描述)。如 7.1 节所述,多相流以各种形式存在。为正确处理这些不同类型的多相流,需要适当的建模策略来专门定制并适应各种现象,在这些现象中,所有相都可以在流动系统内相互作用。

从计算流体动力学的角度来看,轨迹模型和双流体模型通常用于处理不同的多相流。尽管如此,在这些模型的应用上还是有很大差异。考虑一个流动系统的例子,在该系统中,有不同的小实体,如有限的固体颗粒、液滴或气泡(分散相)分布在可视作连续相的载体介质的体积中。在轨迹模型中,通过跟踪实际颗粒或代表性颗粒的整体的运动来确定输运的分散相的运动。围绕每个颗粒的流动的详细信息受阻力、升力和其他可能会显著作用于这些颗粒并改变其轨迹的力的影响。此外,由相变引起的热变化过程和质量交换也可以在运动过程中得以记录。在双流体模型中,将输运的分散相作为与载体介质混合并相互作用的另一个连续相。这种方法忽略了分散相的离散性质,因此将其对载体介质的影响近似成了另一种流体作用于流动体系中连续相的影响。为每个相都建立并求解质量、动量和能量守恒方程。从本质上讲,必须采用平均方法来表征连续相和分散相的性质。

　　反过来考虑另一个例子,对于具有不同流体的两个或多个连续相的流动系统,界面必须明确。通常可以通过两种建模方法来处理此类多相流:第一,可以通过求解控制分离相中单相流动的方程并将其通过界面处适当的运动学和动力学条件的耦合来简化模型构建。通过明确跟踪界面的形状和位置,每个相的几何形状都会连续改变。第二,可以采用混合物表达式,这需要求解混合物守恒方程,并将不同的相作为具有可变性质的单一流体。对于有两个流体共存的特定系统,界面已经明确确定,通过引入 7.7 节中描述的体积平均相指示函数的附加输运方程来说明属性的变化。通过向控制方程中引入一个相指示方程,并对每个相进行平均,就可以在互穿的连续体标架中导得控制质量、动量和能量守恒的平均形式的方程。由于体积平均和系综平均都会得到基本上相同形式的方程,因此这两种平均都能运用到平均守恒方程的构建中去。

　　不同模型的基本控制方程和适当的平均步骤使得适用于多相流的平均守恒方程得到了发展,特别是在双流体模型方面。由于几乎所有实际流动在本质上都是湍流,因此守恒方程必须用时间或质量加权平均来描述。还需要对多相流相关的边界条件的物理方面的信息及其适当的数学陈述,因为物理边界条件的适当数值形式强烈取决于所用控制方程和数值算法的特定数学形式。

　　如图 7.8 所示,各种两相流的建模方法会产生对这些流动不同的理解程度和结果。这些模型可以一起使用,来获得在其他建模方法中用到的所需的闭合模型。除 DNS 外,所有建模方法都需要某些经验输入值,而对全尺度工程设备仿真而言(在当前技术和计算能力下)DNS 计算成本昂贵。

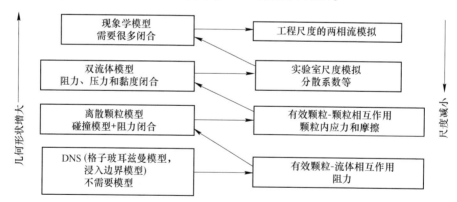

图 7.8　两相流的各种模型及其相应的可使用在其他模型中的输出量
(改自 van der Hoef et al.,2006)

7.7 欧拉-欧拉建模

推导多相系统控制方程有多种出发点,但不同推导中的固有假设限制了它们将可应用的多相流类型。对这些控制方程的闭合模型已有很多研究。欧拉-欧拉建模本质上是一种双流体建模方法,该方法将两相都作为连续体,并且分别为每个相推导出基于连续性假设的两组守恒方程。在欧拉标架中,流体-流体流和流体-固体流有不同表达式。这些表达式之间的区别在于,在流体-固体流中,每个颗粒中的点都可以在颗粒内与其他点彼此完全相关。这与具有液滴或气泡的流体-流体流的情况不同。对于体积分数梯度较小的应用,流体-流体流与流体-固体流之间的差异很小。但是,当体积分数梯度起重要作用时——例如:在稀疏流中团簇的形成——认为这两个表达式在定量上是不同的。

7.7.1 流体-流体建模

在流体-流体表达式中,两个相都可以在固定体积上平均(Ishii,1975)。与单个分子的大小相比,这个体积相对较大。在推导平均方程之前,首先引入相指示函数$\mathcal{X}_k(x,y,z,t)$来分辨流体流动中存在的相。根据定义,

$$\mathcal{X}_k(x,y,z,t) = \begin{cases} 1 & (\text{时间 } t \text{ 时点}(x,y,z) \text{ 在第 } k \text{ 相中}) \\ 0 & (\text{时间 } t \text{ 时点}(x,y,z) \text{ 在第 } j \text{ 相中,其中:} j \neq k) \\ 0 < \mathcal{X}_k < 1 & (\text{点}(x,y,z) \text{ 位于两相间的界面}) \end{cases}$$

(7.32)

Drew 和 Passman(1999)已经证明,通过跟踪以速度$\boldsymbol{u}_{\text{int}}$移动的界面运动,$\mathcal{X}_k$的物质导数($\mathrm{D}\mathcal{X}_k/\mathrm{D}t$)必然等于零。因此,有

$$\frac{\mathrm{D}\mathcal{X}_k}{\mathrm{D}t} = \frac{\partial \mathcal{X}_k}{\partial t} + u_{j,\text{int}}\frac{\partial \mathcal{X}_k}{\partial x_j} = 0 \tag{7.33}$$

在双流体标架中,$\mathcal{X}_1 = 1$和$\mathcal{X}_2 = 1$表示由界面隔开的不同相的两个不同的场。由式(7.33),可以看出$\mathcal{X}_k$的两个偏导数都从界面消失(这是因为假设$\mathcal{X}_k$取常数值1或0)。注意:如果传质持续从一个流体跨过界面流到另一个流体中,那么界面不仅通过移流而移动,而且还通过相间传质的量而移动。在这种情况下,界面速度与附近速度是不相等的。

对该函数取平均,得到两个相的体积分数:

$$\phi_k = \frac{1}{V}\int_V \mathcal{X}_k(\boldsymbol{x},t)\,\mathrm{d}V' \tag{7.34}$$

式中:V为平均体积(当地控制体积)。

容易观察到,当相指示函数的值为1(或0)时,体积分数的值也为1(或0),这表明当地控制体积仅被单一相所占据。但是,如果在控制体积中存在界面,那么在该体积中将存在两个相。在这种情况下,根据式(7.34)计算得到的体积

分数值也在 0 和 1 之间。

由于连续相和分散相都是流体,因此在平均过程中用相同的方式对其进行处理。第 k 相的连续性方程为

$$\frac{\partial \phi_k \rho_k}{\partial t} + \nabla \cdot (\phi_k \rho_k \langle \boldsymbol{u}_k \rangle) = 0 \tag{7.35}$$

第 k 相的动量平衡方程为

$$\frac{\partial \phi_k \rho_k \langle \boldsymbol{u}_k \rangle}{\partial t} + \nabla \cdot (\phi_k \rho_k \langle \boldsymbol{u}_k \rangle \langle \boldsymbol{u}_k \rangle) = - \nabla \cdot (\phi_k \langle p_k \rangle) + \nabla \cdot (\phi_k \langle \boldsymbol{\tau}_k \rangle) + \phi_k \rho_k \boldsymbol{g} + \boldsymbol{M}_k$$

$$(7.36)$$

式中:k 可以是表示任意一相的数字;M_k 为两相间交换的相间动量,有 $\sum M_k = 0$。相间动量传递定义为

$$\boldsymbol{M}_k = - \sum_{j \neq k} \frac{1}{L_j} (p_k \boldsymbol{n}_k - n_k \boldsymbol{\tau}_k) \tag{7.37}$$

式中:$1/L_j$ 为单位控制体积的界面面积;p_k 为相 k 中的总压力;$\boldsymbol{\tau}_k$ 为剪切应力。

在式(7.37)中,没有包含相间传质。通过在等式右侧加上和减去界面处的平均压力和平均剪切应力,得

$$\boldsymbol{M}_k = \sum_{j \neq k} \frac{1}{L_j} [(\langle p_{k,\text{int}} \rangle - p_k) \boldsymbol{n}_k - \langle p_{k,\text{int}} \rangle \boldsymbol{n}_k - \boldsymbol{n}_k \cdot (\langle \boldsymbol{\tau}_{k,\text{int}} \rangle - \boldsymbol{\tau}_k) + \boldsymbol{n}_k \cdot \langle \boldsymbol{\tau}_{k,\text{int}} \rangle]$$

$$(7.38)$$

或

$$\boldsymbol{M}_k = \boldsymbol{I} + \langle p_k \rangle \nabla \phi_k + (\langle p_{k,\text{int}} \rangle - \langle p_k \rangle) \nabla \phi_k - (\nabla \phi_k) \cdot \langle \boldsymbol{\tau}_{k,\text{int}} \rangle \tag{7.39}$$

式中:$\boldsymbol{I}$ 为形状阻力 $\sum_{j \neq k} \frac{1}{L_j} [(\langle p_{k,\text{int}} \rangle - p_k) \boldsymbol{n}_k]$ 和黏性阻力 $\sum_{j \neq k} \frac{1}{L_j} [-\boldsymbol{n}_k \cdot (\langle \boldsymbol{\tau}_{k,\text{int}} \rangle - \boldsymbol{\tau}_k)]$ 之和;$\langle p_{k,\text{int}} \rangle$ 为界面处相 k 的平均压力;$\langle \boldsymbol{\tau}_{k,\text{int}} \rangle$ 为界面处平均剪切应力。

式(7.39)右侧最后一项表示界面剪切应力,界面剪切应力在分离流中很重要。据 Ishii(1975),只有在压力与界面处压力非常不同时(如在分层流中),项 $(\langle p_{k,\text{int}} \rangle - \langle p_k \rangle)$ 才比较重要。

对于很多应用,界面剪切应力和压差都可忽略不计,M_k 为

$$\boldsymbol{M}_k = \boldsymbol{I} + \langle p_k \rangle \nabla \phi_k \tag{7.40}$$

7.7.1.1 闭合模型

在欧拉-欧拉建模标架(有时称为双流体法)中,连续相和分散相都被认为

是连续介质。这些模型包含双向耦合,这对高体积分数的流动尤为重要。这些模型的缺点是它们需要复杂的闭合关系。

液体和气体间的界面动量传递包括一些力的贡献,有

$$I = I_{\text{drag}} + I_{\text{m}} + I_{\text{hist}} + I_{\text{turb}} + I_{\text{lift}} \tag{7.41}$$

式中:I_{drag}为形状阻力和黏性阻力;I_{m}为附加的质量力,它是由相对加速度带来的惯性力;I_{hist}为历史(history)力或巴塞特(Basset)力(由相对加速度带来的黏性力);I_{turb}为湍流波动对有效动量传递的影响;I_{lift}为升力,表示由旋转应变、速度梯度或壁面存在而引起的横向力(Enwald,Peirano 和 Almstedt,1996)。

阻力表示平均相间动量传递,其来自分散相引起的局部扰动:

$$I_{\text{drag}} = \phi_j \rho_j \left\langle \frac{\rho_k}{\rho_j} \frac{3}{4} \frac{C_{\text{d}}}{d_{\text{b}}} |u_{\text{r}}| u_{\text{r}} \right\rangle \tag{7.42}$$

式中:d_{b}为分散相团聚物(如气泡)的平均尺寸;C_{d}为阻力系数;u_{r}为分散相和周围流体流动之间的当地相对速度。

在式(7.42)中,下标 j 表示不是第 k 个相的相。这个阻力表达式对于相对较稀的系统成立。随着分散分数的增加,分散相团聚物之间的相互阻碍作用起着越来越大的作用,但该作用并未被加以考虑。确定较大分散相分数时的阻力的表达式本质上是高度经验性的,仅适用于有限数量的系统。

附加的质量力考虑了由相间相对加速度带来的惯性力。该力的一般表达式为

$$I_{\text{m}} = \phi_j \rho_k C_{\text{m}} \left(\frac{\text{D}_k}{\text{D}t} u_k - \frac{\text{D}_j}{\text{D}t} u_j \right) \tag{7.43}$$

式中:C_{m}为附加质量系数,它是体积分数的函数(Lamb,1932)。

历史力(或巴塞特力)是由于两相间的相对加速度而产生的黏性力。通常,在连续介质建模中会忽略此力,但即使对于单气泡情况,对此式的表达也没有达成共识。Drew 和 Lahey(1993)对与升力结合起来的巴塞特力给出表达式为

$$I_{\text{hist}} = \frac{9}{d_{\text{p}}} \phi_k \sqrt{\frac{\rho_j \mu_j}{\pi}} \int_0^t \frac{a(\boldsymbol{x},t)}{\sqrt{t-\tau}} \text{d}\tau \tag{7.44}$$

式中:适当的标架无关加速度给出为

$$a(\boldsymbol{x},t) = \left(\frac{\text{D}_k}{\text{D}t} u_k - \frac{\text{D}_j}{\text{D}t} u_j \right) - (u_j - u_k) \times (\nabla \times u_j) \tag{7.45}$$

湍流对相间动量传递的影响基本上未知。湍流的重要影响表现为形状阻力和黏性阻力。该式中的相对速度 v_{r} 应该包含波动速度的平均值,该速度有时也称为湍流漂移速度。这种类型的模型通常会导致离散力($\sim \nabla \phi_j$)。升力表示因旋转应变、速度梯度或壁面的存在而产生的横向力。由旋转应变引起的升力

的一般表达式为

$$I_{\text{lift},r} = \phi_j \rho_k C_{\text{lift},r}(u_j - u_k) \times \Omega \qquad (7.46)$$

由速度梯度带来的升力的表达式为

$$I_{\text{lift},u} = \phi_j \rho_k C_{\text{lift},u}(u_j - u_{\text{int}}) \times (\nabla \times u_j) \qquad (7.47)$$

式中：u_{int}为界面速度；$C_{\text{lift},r}$为与旋转应变有关的升力系数；$C_{\text{lift},u}$为与速度梯度有关的升力系数。

对于无黏层流，可以将$C_{\text{lift},r}$的值确定为0.5。在文献中，对升力系数可以找到很大范围的值，因为式(7.47)中所示的相关关系是从围绕单个球体的无黏性流得到的。Tomiyama et al.(2002)对简单剪切流中的单个气泡进行了实验，发现升力系数值有正有负，它取决于特定的气泡特性。在欧拉标架中，对于流体-流体模型需要许多重要的闭合。在高的分散相体积分数时，这些闭合可能不是最准确的。

7.7.2 流体-固体建模

对于流体-固体欧拉闭合模型，用动力学第一定律理论推导玻尔兹曼方程和Enskog方程(van Wachem 和 Almstedt，2003)。所得方程为进一步完善闭合模型提供了有力基础(例如：对于流体相湍流与颗粒的相互作用)。可以应用一种颗粒碰撞模型，它考虑了颗粒的非弹性性质但忽略了颗粒的旋转。由于流体流动而发生的两个碰撞颗粒间的概率相关性被忽略了，但是可以预想到这是一个重要的现象，特别是在流体相起重要作用的稀流动中。接下来的章节将介绍来自颗粒流动力学理论的最终闭合，这些闭合在流体-固体计算中已经获得了相当大的成功。7.5节在"Anderson 和 Jackson 对密相流化床的平均"下讨论了Anderson 和 Jackson 得到的流体-固体表达式。

流体-流体动量平衡方程和流体-固体动量平衡方程之间的差异如表7.1所列。两种方法的连续性方程相同。

表7.1 流体-流体建模方法和流体-固体建模方法的
动量方程和连续性方程的比较

流体-流体模型和流体-固体模型中两相的连续性方程
相k和j：$\dfrac{\partial \langle \phi_k \rho_k \rangle}{\partial t} + \nabla \cdot \langle \phi_k \rho_k u_k \rangle = 0$; $\dfrac{\partial \langle \phi_j \rho_j \rangle}{\partial t} + \nabla \cdot \langle \phi_j \rho_j u_j \rangle = 0$
界面没有传质 (7.48)
流体-流体模型的动量方程
相k：$\left[\dfrac{\partial \phi_k \rho_k \langle u_k \rangle}{\partial t} + \nabla \cdot (\phi_k \rho_k \langle u_k \rangle \langle u_k \rangle)\right] = -\phi_k \nabla(\langle p \rangle) + \nabla \cdot (\phi_k \langle \tau_k \rangle) + \phi_k \rho_k \boldsymbol{g} + \boldsymbol{I}$ (7.49)
相j：$\left[\dfrac{\partial \phi_j \rho_j \langle u_j \rangle}{\partial t} + \nabla \cdot (\phi_j \rho_j \langle u_j \rangle \langle u_j \rangle)\right] = -\phi_j \nabla(\langle p \rangle) + \nabla \cdot (\phi_j \langle \tau_j \rangle) + \phi_j \rho_j \boldsymbol{g} - \boldsymbol{I}$ (7.50)

(续)

流体-固体模型的动量方程
气相: $\left[\dfrac{\partial \phi_g \rho_g \langle \boldsymbol{u}_g \rangle}{\partial t} + \nabla \cdot (\phi_g \rho_g \langle \boldsymbol{u}_g \rangle \langle \boldsymbol{u}_g \rangle)\right] = -\phi_g \nabla(\langle p \rangle) + \phi_g \nabla \cdot (\langle \tau_g \rangle) + \phi_g \rho_g \boldsymbol{g} - \boldsymbol{I}$ (7.51)
固相: $\left[\dfrac{\partial \phi_s \rho_s \langle \boldsymbol{u}_s \rangle}{\partial t} + \nabla \cdot (\phi_s \rho_s \langle \boldsymbol{u}_s \rangle \langle \boldsymbol{u}_s \rangle)\right] = -\phi_s \nabla(\langle p \rangle) + \phi_s \nabla \cdot (\langle \tau_g \rangle) + \nabla \cdot (\langle \tau_s \rangle)$ $- \nabla \cdot (\langle p_s \rangle) + \phi_s \rho_s \boldsymbol{g} + \boldsymbol{I}$ (7.52)

来源: 改自 van Wachem 和 Almstedt (2003)。

当气相剪切应力起重要作用时, 这些差异在体积分数梯度较大(如靠近界面)的地方可能很明显。一些作者使用液体-液体控制方程来描述气-固流, 两组控制方程间差异的影响取决于应用场合(van Wachen et al., 2001)。

7.7.2.1 闭合模型

相间动量传递。在稀流动中, 因形状阻力和黏性阻力引起的相间动量传递是用无限流体中单个颗粒上的阻力来建模的, 其方程与流体-流体流相同:

$$\boldsymbol{I}_{\text{drag}} = \phi_s \rho_g \left\langle \dfrac{\rho_g}{\rho_s} \dfrac{3}{4} \dfrac{C_d}{d_p} |\boldsymbol{u}_r| \boldsymbol{u}_r \right\rangle \quad (7.53)$$

式中: C_d 为阻力系数; d_p 为当地颗粒平均直径; $\boldsymbol{u}_r$ 为流体相和固相间的相对当地速度。

尽管大多数作者将此相对速度作为当地流体速度和固体速度之差, 但这在形式上是不正确的, 应该用不受干扰的湍流速度, 后面将对此进行讨论。

在更稠密的流动中, 在对两相间的动量传递建模时, 通常将形状阻力和黏性阻力合为一个经验参数, 即相间阻力常数 β。那么相间动量传递写为

$$\boldsymbol{I}_{\text{drag}} = \beta \boldsymbol{u}_r \quad (7.54)$$

相间阻力常数 β 可以通过实验从固定床、流化床或沉降床中的压降测量结果中获得。Ergun(1952) 在填充条件下对固定的液固床进行了测量, 确定了压降。在此模型基础上, Gidaspow(1994) 提出了阻力模型:

$$\beta = \begin{cases} 150 \dfrac{\phi_s^2 \mu_s}{(1-\phi_s) d_p^2} + \dfrac{7}{4} \dfrac{\phi_s \rho_s |\boldsymbol{u}_r|}{d_p} & (\text{如果 } \phi_s > 0.2) \\ \dfrac{3}{4} C_d \dfrac{(1-\phi_s) \phi_s \rho_s |\boldsymbol{u}_r|}{d_p} (1-\phi_s)^{-2.65} & (\text{其他}) \end{cases} \quad (7.55)$$

Wen 和 Yu(1966) 在很宽的固体体积分数范围上对液体中的固体颗粒进行了沉降实验, 并将他们的数据与对固体浓度应用 Richardson 和 Zaki(1954) 校正因子 $0.01 \leq \phi_s \leq 0.63$ 的其他研究者的数据关联起来:

$$\beta = \frac{3}{4} C_\mathrm{d} \frac{(1-\phi_\mathrm{s})\phi_\mathrm{s}\rho_\mathrm{g}|u_\mathrm{r}|}{d_\mathrm{p}}(1-\phi_\mathrm{s})^{-2.65} \tag{7.56}$$

颗粒流的动力学理论。固相的输运系数必须考虑到气体-颗粒之间的相互作用和颗粒-颗粒之间的碰撞。动力学理论在模拟近弹性球形颗粒密集集合运动上的应用是建立在稠密气体动力学的类似基础上的(Chapman 和 Cowling,1970)。用颗粒(粒子)流动的动力学理论模拟了由碰撞产生的固体颗粒间的相互作用(Jenkins 和 Savage,1983)。

经典稠密气体的动力学理论与快速变形的粒状材料的动力学理论之间的一个重要区别是,在粒状材料中,必须有平均流的非均质性来推动碰撞并驱动速度波动。稠密气体的温度还可能会受到其整个内部或表面上热量增加的影响。当然,在涉及粒状材料的情况下,颗粒的边界可以不依赖平均变形而单独驱动波动,或者在没有平均运动的情况下,颗粒的能量可加入到达整个体积。稠密气体的动力学理论和快速剪切颗粒材料的动力学理论间的第二个重要区别是粒状材料颗粒之间的碰撞会导致能量损失。

定义颗粒温度 θ 来表示速度波动的比动能或由颗粒速度波动产生的平移波动能。颗粒温度方程可以用剪切产生的波动、运动热流和碰撞热流引起的耗散、非弹性碰撞引起的耗散、由流体湍流或与分子碰撞引起的耗散,以及流体相互作用引起的耗散的积来表示。(Gidaspow,1994)在颗粒流动的动力学理论中,认为碰撞是二元且瞬时的。考虑了以下假设:

(1) 颗粒是光滑且球形对称的。因此,一个颗粒施加在另一颗粒上的力(反之亦然)处在沿着它们中心连线的方向上。

(2) 不考虑旋转。

(3) 与碰撞的动态影响相比,可以忽略碰撞过程中作用在颗粒上的任意外力的影响。

有了这些假设,碰撞前后的速度就有了确定的值,碰撞前表示为 u_i, u_j,碰撞后表示为 u_i', u_j'。碰撞本身的细节无关紧要;仅应该知道初始速度和最终速度之间的关系。

考虑一个以位置 r 为中心,含有 $N(r,t)\mathrm{d}V$ 个颗粒的体积单元 $\mathrm{d}V$,其中 N 为颗粒的数密度。那么单个颗粒的任意性质 ψ 的系综平均可以定义为

$$\langle \psi \rangle = \frac{1}{N} \int \psi f(u_\mathrm{p},r;t) \mathrm{d}u_\mathrm{p} \tag{7.57}$$

式中:f 为单颗粒的速度分布函数,它定义为使 $f(u_\mathrm{p},r,t)\mathrm{d}u_\mathrm{p}\mathrm{d}r$ 表示在时间 t 时在从半径 r 到 $r+\mathrm{d}r$ 的体积单元中,速度处于 $(u_\mathrm{p},u_\mathrm{p}+\mathrm{d}u_\mathrm{p})$ 范围内的可能的颗粒数。类似地,一对颗粒 i 和 j 的分布函数,$h(u_\mathrm{p}^{(i)},r^{(i)};u_\mathrm{p}^{(j)},r^{(j)};t)$ 是这样定义的,即使 $h(u_\mathrm{p}^{(i)},r^{(i)};u_\mathrm{p}^{(j)},r^{(j)};t)\mathrm{d}V^{(i)}\mathrm{d}V^{(j)}\mathrm{d}u_\mathrm{p}^{(i)}\mathrm{d}u_\mathrm{p}^{(j)}$ 表示在以点 $r^{(i)}$ 和 $r^{(j)}$

为中心的体积单元 $\mathrm{d}V^{(i)}$ 和 $\mathrm{d}V^{(j)}$ 中，发现速度处于 $(\boldsymbol{u}_\mathrm{p}^{(i)}, \boldsymbol{u}_\mathrm{p}^{(i)} + \mathrm{d}\boldsymbol{u}_\mathrm{p}^{(i)})$ 和 $(\boldsymbol{u}_\mathrm{p}^{(j)}, \boldsymbol{u}_\mathrm{p}^{(j)} + \mathrm{d}\boldsymbol{u}_\mathrm{p}^{(j)})$ 范围内的一对颗粒的可能性。$\langle N\psi \rangle$ 的变化速率可以表示为(Reif, 1965)

$$\frac{\partial}{\partial t}\langle N\psi \rangle = N\langle D_\psi \rangle - \nabla \cdot \langle N\boldsymbol{u}_\mathrm{p}\psi \rangle + \zeta_\mathrm{c}, \text{其中}: D_\psi = \frac{\mathrm{d}\boldsymbol{u}_\mathrm{p}}{\mathrm{d}t}\frac{\partial \psi}{\partial \boldsymbol{u}_\mathrm{p}} = \frac{\boldsymbol{F}_\mathrm{ext}}{m}\frac{\partial \psi}{\partial \boldsymbol{u}_\mathrm{p}}$$

(7.58)

式中：$\boldsymbol{F}_\mathrm{ext}$ 为作用在质量为 m 的颗粒上的外力；ζ_c 为由颗粒-颗粒碰撞带来的单位体积的 $\langle \psi \rangle$ 的增加速率。

让我们考虑坚硬、光滑、无弹性，且直径均为 d_p 的颗粒之间的二元碰撞。在颗粒 i 和 j 发生碰撞的时刻，我们将颗粒 j 的中心定为位置 $\boldsymbol{r}$，颗粒 i 的中心定为位置 $\boldsymbol{r} - d_\mathrm{p}\boldsymbol{n}$，其中：$\boldsymbol{n}$ 为沿两颗粒中心线的单位矢量，如图 7.9 所示。

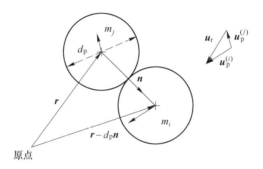

图 7.9 直径为 d_p 的碰撞固体颗粒对的示意图

下面检验颗粒 i 和 j 之间发生碰撞的要求。颗粒 j 位于位置 $\boldsymbol{r}^{(j)}$ 并正以速度 $\boldsymbol{u}_\mathrm{p}^{(j)}$ 运动。在碰撞之前，两个颗粒的相对速度为 $\boldsymbol{u}_\mathrm{r} \equiv (\boldsymbol{u}_\mathrm{p}^{(i)} - \boldsymbol{u}_\mathrm{p}^{(j)})$。在碰撞前的时间 δt 中，颗粒 i 相对颗粒 j 移动的距离为 $\boldsymbol{u}_\mathrm{r}\delta t$。

为使颗粒 i 在时间间隔 δt 中与颗粒 j 碰撞，并使碰撞时它们的中心连线 $\boldsymbol{r}^{(j)} - \boldsymbol{r}^{(i)} = d_\mathrm{p}\boldsymbol{n}$ 在立体角 $\delta \Omega_n$ 中（其中 $\delta \Omega_n$ 为与因颗粒相对运动导致的 $\boldsymbol{n}$ 方向的变化相关的立体角），第二个颗粒（颗粒 i）的中心必须位于体积为 $d_\mathrm{p}^2\delta \Omega_n(\boldsymbol{u}_\mathrm{r} \cdot \boldsymbol{n})\delta t$ 的碰撞圆柱体内(Chapman 和 Cowling,1970:16.2 节)。可能发生碰撞的另一个条件如下：如果 $\boldsymbol{n}$ 是位于连接两个颗粒中心的矢量方向上的单位法向矢量（见图 7.9），$\boldsymbol{u}_\mathrm{r} \cdot \boldsymbol{n} > 0$ 意味着颗粒互相靠近。当颗粒 j 位于体积 $\mathrm{d}V$ 内，且 $\boldsymbol{u}_\mathrm{p}^{(i)}$、$\boldsymbol{u}_\mathrm{p}^{(j)}$ 和 $\boldsymbol{n}$ 处于 $\mathrm{d}\boldsymbol{u}_\mathrm{p}^{(j)}$、$\mathrm{d}\boldsymbol{u}_\mathrm{p}^{(i)}$ 和 $\delta \Omega_n$ 的范围内时，碰撞次数为 $[d_\mathrm{p}^2(\boldsymbol{u}_\mathrm{r} \cdot \boldsymbol{n})\delta t]h(\boldsymbol{u}_\mathrm{p}^{(i)}, \boldsymbol{r}^{(j)} - d_\mathrm{p}\boldsymbol{n}; \boldsymbol{u}_\mathrm{p}^{(j)}, \boldsymbol{r}^{(j)}; t)\delta \Omega_n \delta \boldsymbol{u}_\mathrm{p}^{(i)}\delta \boldsymbol{u}_\mathrm{p}^{(j)}\delta V$，其中：$\delta V$ 表示与位置矢量 $\boldsymbol{r}$ 变化有关的增量体积。

在碰撞后，颗粒 j 的性质 ψ_j 的增加量为 $\psi_j^* - \psi_j$，其中：ψ_j^* 和 ψ_j 表示碰撞之后和之前的值。只考虑即将碰撞的颗粒（对于任意一对颗粒，都有 $\boldsymbol{u}_\mathrm{r} \cdot \boldsymbol{n} > 0$），

由碰撞带来的单位体积 ψ 的增加速率可以表示为

$$\zeta_c = d_p^2 \int_{u_r \cdot n > 0} (\psi_j^* - \psi_j)(u_r \cdot n) h(u_p^{(i)}, r^{(j)} - d_p n; u_p^{(j)}, r^{(j)}; t) d\Omega_n du_p^{(i)} du_p^{(j)} \tag{7.59}$$

通过交换下标 i 和 j 并用 $-n$ 替换 n 来交换碰撞颗粒的角色:

$$\zeta_c = d_p^2 \int_{u_r \cdot n > 0} (\psi_i^* - \psi_i)(u_r \cdot n) h(u_p^{(j)}, r^{(i)} + d_p n; u_p^{(j)}, r^{(i)}; t) d\Omega_n du_p^{(j)} du_p^{(i)} \tag{7.60}①$$

在用泰勒级数对分布函数展开并重新排列后,有

$$h(u_p^{(i)}, r^{(i)}; u_p^{(j)}, r^{(i)} + d_p n; t) = h(u_p^{(i)}, r^{(j)} - d_p n; u_p^{(j)}, r^{(j)}; t)$$
$$+ \left[d_p n \cdot \nabla - \frac{1}{2} (d_p n \cdot \nabla)^2 + \frac{1}{6} (d_p n \cdot \nabla)^3 + \cdots \right] \tag{7.61}$$
$$\times h(u_p^{(i)}, r^{(i)}; u_p^{(j)}, r^{(i)} + d_p n; t)$$

将式(7.61)代入式(7.60),得

$$\zeta_c = -\nabla \cdot \boldsymbol{\theta} + \chi \tag{7.62}$$

碰撞输运贡献 $\boldsymbol{\theta}$ 为

$$\boldsymbol{\theta} = -\frac{d_p^3}{2} \int_{u_r \cdot n > 0} (\psi_i^* - \psi_i)(u_r \cdot n) n \left[1 - \frac{1}{2}(d_p n \cdot \nabla) + \frac{1}{6}(d_p n \cdot \nabla)^2 + \cdots \right]$$
$$\times h(u_p^{(i)}, r^{(i)}; u_p^{(j)}, r^{(j)} + d_p n; t) d\Omega_n du_p^{(i)} du_p^{(j)} \tag{7.63}$$

"类源"贡献 χ 为

$$\chi = \frac{d_p^2}{2} \int_{u_r \cdot n > 0} (\psi_1^* + \psi_2^* - \psi_1 - \psi_2)(u_r \cdot n)$$
$$\times h(u_p^{(i)}, r^{(i)} - d_p n; u_p^{(j)}, r^{(j)}; t) d\Omega_n du_p^{(i)} du_p^{(j)} \tag{7.64}$$

颗粒被认为是光滑且无弹性的,并具有恢复系数 e,且 $0 \leqslant e \leqslant 1$:

$$u_r^* \cdot n = -e u_r \cdot n \tag{7.65}$$

式中: *(上标)表示碰撞后的性质。

考虑到两个碰撞颗粒的系统动量守恒,有

$$m u_p^{(i)} + m u_p^{(j)} = m u_p^{*(i)} + m u_p^{*(j)} \tag{7.66}$$

使用式(7.65)和式(7.66),碰撞过程中的平动动能变化可以表示为

$$\Delta E = \frac{1}{2} m [u_p^{*(i)2} + u_p^{*(j)2}) - (u_p^{(i)2} + u_p^{(j)2})] = -\frac{1}{4} m (1 - e^2)(u_r \cdot n)^2 \tag{7.67}$$

---

① 原式有误。——译者注

分别将 ψ 取作 m、$m\boldsymbol{u}_p$ 和 $\frac{1}{2}m\boldsymbol{u}_p^2$，得到式(7.68)和式(7.69)：

$$\frac{d\rho_s}{dt} = -\rho_s \nabla \cdot \langle \boldsymbol{u}_p \rangle, \text{式中}: \rho_s = m_p N = \phi_s \rho_p \tag{7.68}$$

式中：ρ_s 为基于当地一个单元总体积的颗粒总质量密度；ϕ_s 为所有固体颗粒的当地体积分数；ρ_p 为单一颗粒的质量密度。

$$\rho_s \frac{d\langle \boldsymbol{u}_p \rangle}{dt} = \rho_s \boldsymbol{b} - \nabla \rho_s \tag{7.69}$$

式中：$\boldsymbol{b}$ 为单位质量的体积力；p_s 为固体压力。

"固体压力"是一个新术语，不能将它与气体压力混淆。可以认为固体压力是由于颗粒流运动或自由流运动而引起的颗粒动量变化速率的一种度量。如果我们对气体动力学理论进行类比，那么可以将固体压力看作是颗粒在其所在的控制体积的壁面上施加的压力。固体压力是颗粒温度、固体体积分数和颗粒相恢复系数的函数。颗粒温度的控制方程为

$$\frac{3}{2}\rho_s \frac{dT_{gr}}{dt} = -p_s \boldsymbol{I}:\nabla \boldsymbol{u}_p - \nabla \cdot \boldsymbol{q} - \Gamma$$

其中

$$T_{gr} \equiv \frac{1}{3}\langle u_p'^2 \rangle, \quad \Gamma \equiv -\chi\left(\frac{1}{2}m\boldsymbol{u}_p \cdot \boldsymbol{u}_p\right) \tag{7.70}$$

式中：T_{gr} 为速度波动的比动能(或颗粒温度)；$\boldsymbol{q}$ 为波动能量通量；Γ 为单位体积的碰撞耗散速率；$\boldsymbol{I}$ 为单位张量。

主要有3个机理影响固体的动量和能量。

(1) 在颗粒流的稀薄处，颗粒可以随机波动和平移。与该运动有关的应力和能量称为动能。固体压力是与该运动有关的等效应力。

(2) 在颗粒浓度较高时，除了自由流平移运动外，颗粒还会相互碰撞(接触时间很短)。这引起了额外的应力和能量损失，称为碰撞损失。

(3) 在非常高的浓度下(超过体积50%)，颗粒开始承受长时间的滑动和摩擦接触，这产生了一种形式完全不同的能量损耗和应力损耗，称为摩擦损失。

颗粒流的动力学理论仅考虑了动力学机理和碰撞机理。摩擦部分还有其他本构关系。式(7.69)和式(7.70)中的固体压力张量有两个部分，即动力学部分(p_k)和碰撞部分(p_c)：

$$p_s = p_k + p_c$$

式中 $\quad p_k \boldsymbol{I} = \rho_s \langle \boldsymbol{u}_p' \boldsymbol{u}_p' \rangle; p_c \boldsymbol{I} = (m\boldsymbol{u}_p')\boldsymbol{\theta} \tag{7.71}$

类似地，波动能量通量也有两个部分，动能部分($\boldsymbol{q}_k$)和碰撞部分($\boldsymbol{q}_c$)：

$$q = q_k + q_c$$

式中
$$q_k = \frac{1}{2}\rho_s \langle u_p'^2 u_p' \rangle ; q_c = \left(\frac{1}{2}m u_p'^2\right)\theta \qquad (7.72)$$

式(7.68)~式(7.70)与流体的典型流体动力学方程具有相同形式。但是,这些等式中的压力是固体压力,而不是通常由气相施加的压力。

大量研究表明了动力学理论方法在建模方面的作用(例如:Cao 和 Ahmadi,1995;Benyahia, Syamlat 和 O' Brien, 2005; Ding 和 Gidaspow, 1990; Goldschmidt, Coopers 和 Swaaij, 2001; Hrenya 和 Sinclair, 1997; Pain, Mansoorzadeh 和 de Oliverira, 2001; Johansson, van Wachem 和 Almstedt, 2006; Patil, van Sint Annaland 和 Kuipers, 2005a; Reuge et al. , 2008; Sinclair 和 Jackson, 1989; Sun 和 Battaglia, 2006)。

7.7.2.2 稠密颗粒流

在稠密颗粒流中,例如流化床,与颗粒-颗粒间的相互作用(碰撞和摩擦)和平均流体-颗粒速度耦合(阻力)相比,流体相的波动速度及其与颗粒性质的相关关系可以忽略不计。因此,通常将流体相作为层流来模拟,且不考虑流体性质与波动的颗粒速度之间的相关关系。在高固体体积分数下,颗粒之间会发生持续接触。在固相应力的描述中必须考虑所产生的摩擦应力。Zhang 和 Rauenzahn(1997)提出,当固体体积分数很高时,不能将颗粒碰撞假设为瞬时的,这个假设是动力学理论中使用的一个假设。对于密集堆积颗粒,文献中有几种对其摩擦应力建模的方法。通常,摩擦应力 τ_{friction} 用等效摩擦固体压力和摩擦固体黏度 μ_{friction} 以不可压缩的牛顿形式表示:

$$\tau_{\text{friction}} = p_{\text{friction}}\boldsymbol{I} + \mu_{\text{friction}}\left[\nabla\boldsymbol{u}_p + (\nabla\boldsymbol{u}_p)^{\text{T}}\right] \qquad (7.73)$$

注意:颗粒流中的摩擦应力方程(7.73)与流体动量守恒方程的不可压缩牛顿形式的黏性应力具有相同的形式。但是,压力张量没有负号。这个领域中的大多数文献对摩擦固体压力都有这种表达习惯和本构方程。

对稠密颗粒系统的总应力,合适的表达式应该为摩擦应力与根据颗粒流动力学理论估算的应力之和。因此,对于 $\phi_s > \phi_{s,\min}$(其中: $\phi_{s,\min}$ 为密集堆积床的最小固体体积分数),有

$$p_{s,\text{total}} = p_s + p_{\text{friction}} \qquad (7.74)$$

$$\mu_{s,\text{total}} = \mu_s + \mu_{\text{friction}} \qquad (7.75)$$

Johnson 和 Jackson(1987)对摩擦压力 p_{friction} 提出了一个半经验方程:

$$p_{\text{friction}} = C_3 \frac{(\mu_{s,\text{total}} - \mu_{\text{friction}})^{C_1}}{(\mu_{s,\text{total,max}} - \mu_{s,\text{total}})^{C_2}} \qquad (7.76)$$

式中: C_1, C_2, C_3 为经验材料常数。

该表达式在 $\phi_s > \phi_{s,\min}$ 时成立,其中: $\phi_{s,\min}$ 为摩擦应力开始变得重要的固

体体积分数。很多学者都确定了与式(7.76)有关的摩擦压力的数量级和经验常数,如图7.10所示,所得结果对经验常数的选择有极高的依赖性。

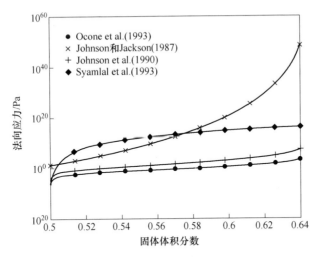

图7.10　一些研究人员得到的法向摩擦应力与经验常数的关系
(改自 van Wachem 和 Almstedt,2003)

用 Coulomb(1776)或 Schaeffer(1987)提出的线性定律可以将摩擦黏度与摩擦压力联系起来。

$$\mu_{\text{friction}} = \frac{p_{\text{friction}}\sin\alpha_{\text{friction}}}{\phi_s\sqrt{1/6\left[\left(\frac{\partial u_{p,1}}{\partial x_1} - \frac{\partial u_{p,2}}{\partial x_2}\right)^2 + \left(\frac{\partial u_{p,1}}{\partial x_1}\right)^2 + \left(\frac{\partial u_{p,2}}{\partial x_2}\right)^2\right] + 1/4\left(\frac{\partial u_{p,1}}{\partial x_2} + \frac{\partial u_{p,2}}{\partial x_1}\right)^2}}$$
(7.77)

式中: α_{friction} 为摩擦角。

摩擦应力模型预测的稠密状态下的应力通常比用动力学理论预测的要大得多。对于密实填充颗粒床燃烧,请参阅《湍流和多相燃烧的应用》中的第6章(Kuo 和 Acharya,2012)。

7.7.2.3　稀疏颗粒流

动力学理论对多种类型的复杂气体-固体流的建模非常有帮助。然而,Pita 和 Sundaresan(1991)证明这种模型对恢复系数 e 表现出了非常强的,不切实际的敏感度。为了说明这种敏感度,图7.11显示了 $e = 1.0$ 和 0.99 时在一维垂直管道流中的固体体积分数。尽管 Sinclair 和 Jackson(1989)指出,$e = 1$ 时的预测结果相当好,但是这个 e 值不现实。较低的 e 值对固体在管中的位置给出了完全不正确的预测。Ljus(2000)表明,在不应用动力学理论的水平气体-颗粒管道流中,模拟结果会使所有固体都落入管道底部。

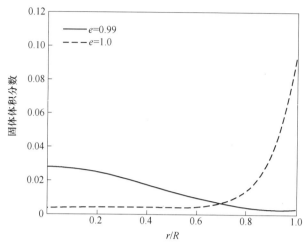

图7.11 两个不同颗粒恢复系数值的轴向固体体积分数分布图
(改自Sinclair和Jackson,1989)

气相湍流是Ljus(2000)和Sinclair,Jackson(1989)在稀疏气固流模型中未考虑的一个重要物理过程。尽管在稠密气固流中气相湍流的大小可以忽略不计,但它在更为稀疏的流动中可能起主要作用。一些学者对使用涡流黏度模型闭合后的存在于扩散项中的气相湍流项开展了研究。其中一些模型可以成功地预测极为稀疏的流动(例如:Elgobashi和Abou-Arab,1983;Louge,Mastorakos和Jenkins,1991)。但是,对稍微较稠的流动,当气体和固体间的阻力变得重要时,气相湍流变得相对不重要,并且可能会出现不实际的固体体积分数曲线。

Elgobashi和Abou-Arab(1983)对欧拉双流体方程进行了雷诺分解,发现这么做会出现很多项。Hrenya和Sinclair(1997)使用涡流混合长度梯度假设对这一分解所产生的3个时间平均项进行了建模。他们发现结果有显著改善,并且他们对固体体积分数曲线的预测更接近于实验数据。

时间平均会在连续性方程中产生一个附加项,这可能会为数值实现带来问题。除此问题外,时间平均还带来了用体积分数衡量涡流黏系数的问题。当使用Favre平均而不是雷诺平均时,动量方程中会出现其他项。最重要的是波动的颗粒速度与波动的颗粒体积分数之间的相关关系。

Balzer和Simonin(1993)对相间动量传递使用了不同的表达式。在他们的模型中,使用了未受干扰的当地流体速度来代替平均气体速度。称为湍流漂移速度(表示由较大流体涡旋的输运而带来的颗粒分散)的项,可以用分散系数以及固体和流体体积分数梯度来建模(也见于Simonin,Deutsch和Minier,1993)。使用湍流漂移速度的优点在于,它为模型中的系数提供了一个数量级的估计,以及它对其他流动特性的依赖。

7.8 欧拉-拉格朗日建模

在拉格朗日框架中,流固建模中常用硬球法和软球法两种方法。在硬球法中,假设颗粒碰撞是二元且瞬时的,就像两个台球之间的碰撞。这个模型对稀疏流可能较为适用,但对于稠密流,颗粒碰撞远非二元和瞬时的(在7.7.2.2小节也指出了)。软球法是硬球法的一种替代方法,在软球法中,颗粒可以重叠并且颗粒间的相互作用可以持久。这一方法是用滑块-弹簧-阻尼器模型进行建模的,使用了相关的摩擦因数、弹簧系数和阻尼系数。不幸的是,当使用这些系数的物理值时,方程变得刚性并在数值上难以求解。

7.8.1 流体-固体建模

随着计算能力的提高,离散颗粒模型或拉格朗日模型已成为研究颗粒流流体力学行为的一种非常有用的工具。在这些模型中,对每一个单一颗粒求解基于牛顿定律的运动方程,并在处理颗粒相遇时应用了一个碰撞模型。这种用于颗粒的建模方法与用于连续相的欧拉模型相结合,用来模拟自由鼓泡和循环流化床。

7.8.1.1 流体相

根据7.7节中给出的平均流体相控制方程来计算流体相的运动。流体相的动量方程为

$$\frac{\partial(\phi_g\rho_g u_g)}{\partial t} + \nabla\cdot(\phi_g\rho_g u_g u_g) = -\phi_g\nabla p + \phi_g\nabla\cdot\tau_g + \phi_g\rho_g g$$
$$-\sum_{k=1}^{N_p}V_{s,k}\beta(u_g-u_{s,k})\delta(x-x_{s,k})\bigg/\sum_{k=1}^{N_p}V_{s,k}$$
(7.78)

式中:$V_{s,k}$为第k个单个固体颗粒的体积;$u_{s,k}$为第k个单个固体颗粒的速度;β为量纲是$ML^{-3}t^{-1}$的相间阻力常数;τ_g为可压缩流体相的应力张量,定义为

$$\tau_g = \mu_g[\nabla u_g + (\nabla u_g)^T] - \frac{1}{3}\mu_g\text{Tr}[(\nabla u_g + (\nabla u_g)^T)]I \quad (7.79)$$

动量平衡方程式(7.78)中的最后一项表示流体相与每个第k个单个颗粒间的相间动量传递,δ表示Dirac δ函数。最后一项保证了只有在相应颗粒位置处才会在流体相动量方程中考虑相间动量传递。

拉格朗日-欧拉法的问题在于平均过程的适当长度尺度。在欧拉-欧拉方法中,平均流体相和颗粒相的长度尺度相等,并且用颗粒流的动力学理论描述了颗粒亚网格行为。在拉格朗日-欧拉方法中,流体相的长度尺度大于颗粒相的长度尺度。流体引起的颗粒运动以及颗粒引起的流体运动的信息不能在流

体相长度尺度或单个颗粒尺度上的相之间传递。因此,类似于固定的多孔介质,存在有一小簇颗粒的计算单元被流体相所贯穿,并且在一个单元内流体相并不区分均匀分布的颗粒或成簇的颗粒。实际上,流体相"闪避"了颗粒簇。因此拉格朗日-欧拉方法无法捕捉因当地流体流动引起的颗粒团聚("微尺度"团聚)。当尝试使用该模拟方法时,应该牢记所述模型在颗粒-流体相耦合中的缺点。可以执行所谓的真正直接数值模拟来求解每个颗粒周围的实际流场,但这种方法的计算成本非常高,且只能对数量非常有限的颗粒实施。

7.8.1.2 固相

可以将固体颗粒认为是非弹性球体。在拉格朗日法中,对各个单一颗粒的路径进行计算。颗粒路径的计算包括两个步骤:

(1) 计算颗粒运动;
(2) 处理一个颗粒与另一个颗粒的碰撞。

单个颗粒的运动完全取决于牛顿第二运动定律。除碰撞外,作用在每个颗粒上的力是重力和流体相在颗粒上的牵引力。因此,描述颗粒加速度的动量方程为

$$m_s \bm{a}_s = m_s \bm{g} + V_s \nabla \cdot \bm{\tau}_g - V_s \nabla p + \beta \frac{V_s}{\phi_s}(\bm{u}_g - \bm{u}_s) \tag{7.80}$$

式中:$\bm{a}_s$ 为一个颗粒的加速度;V_s 为单个颗粒的体积;$\bm{\tau}_g$ 为流体相应力张量;p 为当地气压;β 为相间动量输运(或阻力)常数;ϕ_s 为当地固体体积分数。

为描述颗粒的碰撞,可以有两种类型的方法,即硬球法和软球法。

1) 硬球法

在硬球法中,假设颗粒间的碰撞是二元且瞬时的。通过考虑碰撞中线性动量和角动量的平衡来计算颗粒从碰撞中产生的速度。在碰撞中,能量以与接触点相对于球体中心的法向和切向位移相关的弹性变形的形式储存。由于该能量的释放可能会严重影响硬球的回弹,因此应考虑与接触点速度的法向和切向分量相关的恢复系数。该模型可用于颗粒-颗粒碰撞和颗粒-壁面碰撞。

考虑两个直径为 d_1 和 d_2,质量为 m_1 和 m_2 且中心位于 $\bm{r}_1$ 和 $\bm{r}_2$ 的碰撞球体。沿两个球体中心连线的单位法矢为 $\bm{n} = (\bm{r}_1 - \bm{r}_2)/|\bm{r}_1 - \bm{r}_2|$。在碰撞过程中,球体 2 对球体 1 施加了冲量 $\bm{J}$。在碰撞之前,球体具有的平移速度为 $\bm{u}_{p,1}$ 和 $\bm{u}_{p,2}$,角速度为 $\bm{\omega}_1$ 和 $\bm{\omega}_2$。碰撞后相应的速度用星号(*)表示。碰撞前后的速度可以通过式(7.81)和式(7.82)关联起来:

$$m_1(\bm{u}_{p,1}^* - \bm{u}_{p,1}) = -m_2(\bm{u}_{p,2}^* - \bm{u}_{p,2}) = \bm{J} \tag{7.81}$$

$$\frac{2I_1}{d_1}(\bm{\omega}_1' - \bm{\omega}_1) = -\frac{2I_2}{d_2}(\bm{\omega}_2' - \bm{\omega}_2) = -\bm{n} \times \bm{J} \tag{7.82}$$

其中:$I = md^2/10$ 为围绕均质球体中心的惯性矩。为了确定冲量 $\bm{J}$,定义接触点

的相对速度 u_r 为

$$u_r = (u_{p,1} - u_{p,2}) - \left(\frac{1}{2}d_1\omega_1 + \frac{1}{2}d_2\omega_2\right) \times n \quad (7.83)$$

有了以上等式,碰撞前后的接触速度为

$$u_r^* - u_r = \frac{7}{2}\left(\frac{1}{m_1} + \frac{1}{m_2}\right)J - \frac{5}{2}\left(\frac{1}{m_1} + \frac{1}{m_2}\right)n(J \cdot n) \quad (7.84)$$

恢复系数 e 表征了 u_r 法向分量的不完全恢复:

$$u_r^* \cdot n = -e u_r \cdot n \quad (7.85)$$

其中:$0 \leq e \leq 1$。在涉及滑动的碰撞中,假设滑动受到库仑(Coulomb)摩擦的抵制,冲量的切向分量和法向分量与摩擦因数 μ 相关:

$$|n \times J| = \mu(n \cdot J) \quad (7.86)$$

式中:$\mu \geq 0$。

式(7.84)~式(7.86)结合起来给出了碰撞为滑动情况下的冲量传递表达式:

$$J^{(sl)} = \frac{(1+e)(n \cdot u_r)n + \mu(1+e)\cot\vartheta[u_r - n(u_r \cdot n)]}{1/m_1 + 1/m_2} \quad (7.87)$$

式中:ϑ 为 u_r 和 n 之间的夹角,上标"sl"表示碰撞涉及滑动。

当 ϑ 较小时,碰撞为滑动,随着 ϑ 增大,当

$$n \times u_r^* = -\xi(n \times u_r) \quad (7.88)$$

时,滑动停止。式中:$0 \leq \xi \leq 1$ 为切向恢复系数。等效地,式(7.88)可以写为

$$\cot\vartheta_0 = \frac{2(1+\xi)}{7(1+e)\mu} \quad (7.89)$$

$\vartheta \geq \vartheta_0$ 的碰撞涉及的是黏附而不是滑动。在这种情况下,组合式(7.84)、式(7.85)和式(7.88)可以得到其冲量:

$$J^{(st)} = -\frac{(1+e)(u_r \cdot n)n + (2/7)(1+\xi)[u_r - n(u_r \cdot n)]}{1/m_1 + 1/m_2} \quad (7.90)$$

在这个表达式中,上标"st"表示碰撞不涉及滑动而是涉及黏附。3个参数 e,μ 和 ξ 取常数且与速度无关。与平坦壁面的碰撞是通过将壁面作为具有无限质量且具有适当的 e,μ 和 ξ 的壁面值的一个颗粒来处理的。

2) 软球法

在软球法中,通过势力对颗粒相互作用建模。这种接触力模型最初由Cundall 和 Strack(1979)提出。软球法适用于两个颗粒在碰撞时变形的情况。这种变形用软球模型中两个颗粒的重叠位移来描述。重叠位移越大,斥力越大。在这个颗粒-颗粒相互作用模型中,颗粒损失动能。当两个颗粒因法向力滑动时,应该考虑摩擦力。考虑了这些力,软球模型由弹簧,阻尼器和摩擦滑块3个机

械单元组成(图7.12)。弹簧模拟变形的影响,阻尼器模拟阻尼的影响,滑块模拟两个颗粒间的滑动力。这些机械组件对颗粒运动的影响通过刚度 k、阻尼系数 η 和摩擦因数 μ 显现。

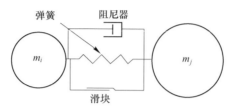

图 7.12　颗粒-颗粒碰撞软球模型的弹簧-滑块①-阻尼器系统

(改自 van der Hoef et al., 2006)

颗粒接触期间作用的力的法向分量($F_{n,ij}$)由弹簧和阻尼器模拟得到的力之和给出,即

$$F_{n,ij} = (-k_{n,ij}\mathfrak{D}_{n,ij} - \eta_{n,ij}\boldsymbol{u}_r \cdot \boldsymbol{n})\boldsymbol{n} \tag{7.91}$$

式中: $\mathfrak{D}_{n,ij}$ 为颗粒 i 和 j 之间的法向重叠位移; $\boldsymbol{u}_r$ 为两个颗粒间的相对速度。

颗粒相互作用期间作用的接触力的切向分量 $F_{t,ij}$ 给出为由弹簧和阻尼器或弹簧和滑块模拟得到的力之和,这取决于法向分量和切向分量之比的大小,该比值从物理上表明颗粒是否在滑动。

$$F_{t,ij} = \begin{cases} -k_{t,ij}\mathfrak{D} - \eta_{t,ij}\boldsymbol{J}_{ij}(|-k_{t,ij}\mathfrak{D} - \eta_{t,ij}| \leq \mu|\boldsymbol{F}_{n,ij}|) \\ -\mu|\boldsymbol{F}_{n,ij}|\dfrac{\boldsymbol{J}_{ij}}{|\boldsymbol{J}_{ij}|}(|-k_{t,ij}\mathfrak{D} - \eta_{t,ij}| > \mu|\boldsymbol{F}_{n,ij}|) \end{cases} \tag{7.92}②$$

式中: $\boldsymbol{J}_{ij}$ 为接触点的滑动速度; μ 为摩擦因数,它表示此刻两个颗粒间的相互作用被视为是滑动。系统中每个颗粒上的力由相应颗粒的重叠所引起的法向力和切向力组成。刚度系数 k 和阻尼系数 η 可以通过 Tsuji, Kawaguchi 和 Tanaka(1993)使用的 Hertzian 接触理论,以及 Mindlin 和 Deresiewicz(1953)的位移理论与物理颗粒的性质关联起来。

硬球碰撞动力学中可以采用的时间步长取决于碰撞之间的连续时间。在稠密系统中,这个时间步长可能很小,使得计算时间很长。软球碰撞动力学的时间步长由法向力和切向力的刚度决定。不幸的是,Hertzian 接触理论预测出了很高的刚度,这使得在较稠密的悬浮体系中产生非常小的时间步长。Tsuji, Kawaguchi 和 Tanaka(1993)建议使用较低的刚度系数值。据 Tsuji, Kawaguchi 和 Tanaka(1993); Hoomans et al. (1996)以及 Crowe, Sommerfeld 和 Tsuji(1998),

---

① 原文有误。——译者注
② 原式有误。——译者注

这样做的物理影响较小，但这么做的确切含义或限制尚不清楚。

7.9 相间输运（跳跃条件）

标准微分平衡方程适用于每一个相直至界面，但不能跨过界面。在两相间的界面处，性质是不连续的，尽管质量、动量和能量通量必须保持守恒。为了在各种变量中考虑奇异特征——急剧变化（或不连续）——应在界面处使用一种特殊形式的平衡方程。将界面作为一个奇异面，流体密度、能量和速度在越过该面时会经历跳跃间断，这就发展出了所谓的跳跃条件。这些条件指定了通过界面的质量、动量和能量通量的交换，并可以作为两相之间的匹配条件。因此，它们在两相流分析中必不可少。此外，由于单相流问题中的固体边界也构成界面，因此各种简化形式的跳跃条件也经常被使用。由于跳跃条件的重要性，接下来将讨论它们的推导和物理意义。

尽管一些研究人员更早地开发出了一些特殊情况下的跳跃条件，但Kotchine(1926)最先将没有任何表面性质的界面跳跃条件表示成为冲击不连续处的动态相容性条件的一般形式。通过假设该跳跃条件适用于具有不连续表面的物质体积，可以从积分平衡方程推导得到它。许多作者(Delhaye, 1968; Kelly, 1964; Scriven, 1960; Slattery, 1964; Standart, 1964)都尝试过扩展Kotchine定理。这些努力包括引入界面线通量，例如：表面张力、黏性应力和热通量，或表面材料特性。有几种解决该问题的方法，但不同作者的结果并不完全一致。Delhaye(1974)对这个问题进行了详细讨论并进行了全面分析，分析中展示了早期研究中各种差异的起源。特别强调了能量跳跃条件和界面熵生成的正确形式。Kuo(2005：第3章)也给出了燃烧的固体边界条件下穿过气-固界面的质量、物质和能量的通量平衡。

可以推导出两种跳跃条件：初级跳跃条件和次级跳跃条件。初级跳跃条件是直接从表示质量、线性动量、角动量、总能量和熵等这些基本量的全局平衡定律推导出来的。次级跳跃条件从初级条件推导而得，它们针对机械能、内能、焓和熵。

这些跳跃条件简化为在无黏流(Serrin, 1959)或在弱耗散流(Germain, 1964; Germain和Guiraud, 1960, 1961)中得到的冲击方程。

跳跃条件的标准形式给出为

$$[\rho\psi(\bm{u}-\bm{u}_{\text{int}})+\bm{F}_\psi]\cdot\bm{n}_k=\dot{S}_\psi \tag{7.93}$$

式中：ψ 为守恒的量；$\bm{F}_\psi$ 为守恒量的分子通量或扩散通量；$\bm{n}$ 为单位法矢量；$\dot{S}_\psi$ 为 ψ 的界面源。

第 k 相的质量流出量定义为

$$\dot{S}_k \equiv \rho_k(\bm{u}_k-\bm{u}_{\text{int}})\cdot\bm{n}_k \quad (k=1,2) \tag{7.94}$$

式中:n_k 为分量 k 向外的单位矢量。

如果界面处没有质量的存储或积累,那么平均界面质量平衡约束(跳跃条件)为

$$\sum_{k=1}^{2} [\rho_k (u_k - u_{int}) \cdot n_k] = 0 \qquad (7.95)$$

注意:向外的法向矢量 $n_1 = -n_2$ 和接触间断速度 u_{int} 是界面两侧所共有的。式(7.95)直接表述了界面处没有质量存储。因此,相变是两相间质量的纯交换。具有以下条件的界面称为无渗透界面:

$$u_1 \cdot n_1 = u_{int} \cdot n_2 \qquad (7.96)$$

这种表面可以是固体-流体界面或流体-流体界面。界面速度为零的表面称为无渗透固定表面:

$$n_1 = u_{int} = 0 \qquad (7.97)$$

当在界面上进行质量输运时,可以在垂直于界面的速度分量和密度之间得到以下关系:

$$(u_1 - u_2) \cdot n_1 = \left(\frac{1}{\rho_1} - \frac{1}{\rho_2}\right) \dot{m}_1'' \qquad (7.98)$$

如果没有跨过接触间断(界面)的传质,那么可以得到式(7.99)~式(7.101):

$$u_{int} = \frac{\rho_1 u_1 - \rho_2 u_2}{\rho_1 - \rho_2} \qquad (7.99)$$

$$(u_1 - u_{int}) = \frac{\rho_2}{\rho_1 - \rho_2} (u_2 - u_1) \qquad (7.100)$$

$$(u_2 - u_{int}) = \frac{\rho_1}{\rho_1 - \rho_2} (u_2 - u_1) \qquad (7.101)$$

这些关系式也称为质量的冲击间断。对于与动量平衡有关的跳跃条件,让我们考虑图 7.13 所示。通常情况下,质量通过任意物理过程(如蒸发、燃烧等)从一个相转移到另一相,空间中界面运动也由场之间转移的总质量所控制。在这种情况下,界面速度 u_{int} 不等于相邻的场速度。质量流速率 $\dot{m}_1'' \equiv \rho_1 (u_1 - u_{int}) \cdot n_1$ 进入界面控制体积,并在控制体积的单位面积上施加力 $\rho_1 u_1 (u_1 - u_{int}) \cdot n_1$。注意这个力的方向与相 1 内的压力方向相同。类似地,离开的质量流率在界面周围的控制体积(图 7.13 中用虚线表示)的单位表面积上,施加一个反作用力 $\rho_2 u_2 (u_2 - u_{int}) \cdot n_2$。假设控制体积随界面速度的法向分量移动,我们得到以下力平衡:

$$\sum_{k=1}^{2} [-\rho_k u_k (u_k - u_{int}) \cdot n_k + (\tau_k - p_k I) \cdot n_k] = F_{int,\sigma} \qquad (7.102)$$

式中:$F_{int,\sigma}$ 为界面动量源,它是混合物上的总力,特别是界面处表面张力的贡

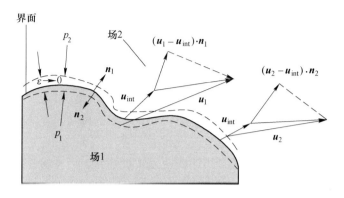

图 7.13 界面上的动量平衡
(改自 Kolev, 2005)

献。对于固定的表面张力系数,这个单独的力可以表示为

$$F_{\text{int},\sigma} = \sigma_{12}\kappa_1 \boldsymbol{n}_1 + \nabla_1 \sigma_{12} \tag{7.103}$$

式中:σ_{12} 为表面张力系数;κ 为界面平均曲率;n 为界面的单位法矢,使得 $\boldsymbol{n} = \boldsymbol{n}_1 = -\boldsymbol{n}_2$;$\nabla_1$ 为表面坐标的梯度。

式(7.102)是界面动量跳跃条件的一般形式。通过使用界面处的质量跳跃条件,可以很方便将此式重写为

$$[\rho_1(\boldsymbol{u}_1 - \boldsymbol{u}_{\text{int}})(\boldsymbol{u}_2 - \boldsymbol{u}_1) - (p_1 - p_2)\boldsymbol{I} + (\tau_1 - \tau_2)] \cdot \boldsymbol{n}_1 = \boldsymbol{F}_{\text{int},\sigma} \tag{7.104}$$

或

$$[\dot{m}_1''(\boldsymbol{u}_2 - \boldsymbol{u}_1) - (p_1 - p_2)\boldsymbol{I} \cdot \boldsymbol{n}_1 + (\tau_1 - \tau_2) \cdot \boldsymbol{n}_1] = \boldsymbol{F}_{\text{int},\sigma} \tag{7.105}$$

将式(7.105)点乘以单位矢量 $\boldsymbol{n}_1$ 标量,得到该力在法线方向上的投影,有

$$\dot{m}_1''(\boldsymbol{u}_2 - \boldsymbol{u}_1) \cdot \boldsymbol{n}_1 - (p_2 - p_1) + [(\tau_1 - \tau_2) \cdot \boldsymbol{n}_1] \cdot \boldsymbol{n}_1 = \boldsymbol{F}_{\text{int},\sigma} \cdot \boldsymbol{n}_1 \tag{7.106}$$

使用界面处的质量守恒,我们得到了垂直于界面的重要的力平衡:

$$(\dot{m}_1'')^2\left(\frac{1}{\rho_2} - \frac{1}{\rho_1}\right) - (p_1 - p_2) + [(\tau_1 - \tau_2) \cdot \boldsymbol{n}_1] \cdot \boldsymbol{n}_1 = \boldsymbol{F}_{\text{int},\sigma} \cdot \boldsymbol{n}_1 \tag{7.107}[①]$$

从这个分析可以看到,忽略所有除了因压力和界面传质引起的力,会得到令人惊讶的结论,即在传质期间,稠密流体中的压力总是大于较轻流体中的压力而与传质方向无关(Delhaye,1981:52 页,见式(2.64))。

[①] 原式有误。——译者注

对于没有界面传质和压力差占主导地位的极限情况,界面速度可以表示为压力差和大部分场中速度的函数。

$$u_{\text{int}} = u_1 - \frac{(p_2 - p_1)}{\rho_1(u_2 - u_1)} \tag{7.108}$$

这个速度称为接触间断速度。用式(7.99)替换间断速度,得

$$(u_1 - u_2)^2 = \frac{(\rho_1 - \rho_2)}{\rho_1 \rho_2}(p_1 - p_2) \tag{7.109}$$

对于 $\rho_1 \gg \rho_2$ 的情况,有预期结果,即压差等于较轻介质一侧的驻点压力,有

$$(p_1 - p_2) = \rho_2(u_1 - u_2)^2 \tag{7.110}$$

将界面作为非物质界面(它不累积质量或能量),也可以类似地得到界面能量跳跃条件。考虑界面处各种形式的能量通量(图7.14),有

$$\sum_{k=1}^{2} \left[\begin{array}{l} \rho_k(e_k + \frac{1}{2}\boldsymbol{u}_k \cdot \boldsymbol{u}_k)(\boldsymbol{u}_k - \boldsymbol{u}_{k,\text{int}}) - \lambda_k \nabla T_k + \dot{\boldsymbol{q}}''_{\text{rad}_k} \\ + \rho_k \sum_{i=1}^{N} h_{ik} Y_{ik} \boldsymbol{V}_{ik} - (\boldsymbol{u}_k - \boldsymbol{u}_{k,\text{int}}) \cdot (\boldsymbol{\tau}_k - p_k \boldsymbol{I}) \end{array} \right] \cdot \boldsymbol{n}_k = 0$$

$$(7.111)$$

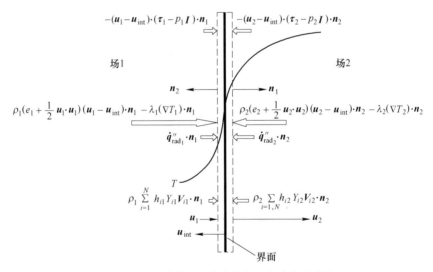

图7.14 以速度 u_{int} 移动的界面上的能量平衡

式(7.111)右侧第一项是因界面上的质量交换而产生的界面能,第二项表征了从垂直于界面的其他相传递到第 k 相的热通量。等式右侧的最后两项描述了因作用在界面上的压力和额外应力而做的界面功。

以焓的形式,界面能跳跃条件可以写为

$$\sum_{k=1}^{2}\left[\begin{array}{c}\rho_k(h_k+\frac{1}{2}\boldsymbol{u}_k\cdot\boldsymbol{u}_k)(\boldsymbol{u}_k-\boldsymbol{u}_{k,\text{int}})-\lambda_k\nabla T_k+\dot{\boldsymbol{q}}''_{\text{rad}_k}\\ +\rho_k\sum_{i=1}^{N}h_{ik}Y_{ik}\boldsymbol{V}_{ik}-(\boldsymbol{u}_k-\boldsymbol{u}_{k,\text{int}})\cdot\boldsymbol{\tau}_k\end{array}\right]\cdot\boldsymbol{n}_k=0$$

(7.112)

使用物质跳跃条件,可以简化为

$$\left[\begin{array}{c}[h_1-h_2+\frac{1}{2}(\boldsymbol{u}_1\cdot\boldsymbol{u}_2-\boldsymbol{u}_2\cdot\boldsymbol{u}_2)]\dfrac{\rho_1\rho_2}{\rho_1-\rho_2}(\boldsymbol{u}_2-\boldsymbol{u}_1)\\ +(\dot{\boldsymbol{q}}''_{\text{cond}_1}-\dot{\boldsymbol{q}}''_{\text{cond}_2})+\dfrac{\rho_1\rho_2}{\rho_1-\rho_2}(\boldsymbol{u}_2-\boldsymbol{u}_1)\cdot\left(\dfrac{\boldsymbol{\tau}_2}{\rho_2}-\dfrac{\boldsymbol{\tau}_1}{\rho_1}\right)\\ +(\dot{\boldsymbol{q}}''_{\text{rad}_1}-\dot{\boldsymbol{q}}''_{\text{rad}_2})\end{array}\right]\cdot\boldsymbol{n}_1$$

$$+\sum_{k=1}^{2}\rho_k\Big(\sum_{i=1}^{N}h_{ik}Y_{ik}\boldsymbol{V}_{\text{r},ik}\Big)\cdot\boldsymbol{n}_k=0 \qquad(7.113)$$

式中:$V_{\text{r},ik}$为第k相的第i种物质相对于运动界面的扩散速度。这个速度可以根据表2.1给出的公式,在预估得到的界面处浓度梯度的基础上预估。类似地,传导热通量可以在界面处温度梯度的基础上计算,无论它发生在哪里。将式(7.98)代入式(7.113)并忽略从一个相到另一个相的物质扩散,有

$$\dot{m}''_1=\dfrac{-[(\dot{\boldsymbol{q}}''_{\text{cond}_1}-\dot{\boldsymbol{q}}''_{\text{cond}_2})+(\dot{\boldsymbol{q}}''_{\text{rad}_1}-\dot{\boldsymbol{q}}''_{\text{rad}_2})]\cdot\boldsymbol{n}_1}{[h_1-h_2+\frac{1}{2}(\boldsymbol{u}_1\cdot\boldsymbol{u}_1-\boldsymbol{u}_2\cdot\boldsymbol{u}_2)+\boldsymbol{n}_1\cdot\left(\dfrac{\boldsymbol{\tau}_2}{\rho_2}-\dfrac{\boldsymbol{\tau}_1}{\rho_1}\right)\cdot\boldsymbol{n}_1]}$$

(7.114)

如果在界面接触间断处没有传质,那么热传导和热辐射是界面处传递能量的唯一机理。

在界面两侧均无热传导且应力张量为零的简单情况下,能量跳跃条件简化为

$$h_1-h_2+\frac{1}{2}(\boldsymbol{u}_1\cdot\boldsymbol{u}_1-\boldsymbol{u}_2\cdot\boldsymbol{u}_2)=0 \qquad(7.115)$$

7.10 界面跟踪/捕捉

在自然界和工业中都经常遇到界面多相流。提取、化学反应、传质、分离、喷雾和凝聚相材料的燃烧,以及其他一些过程都涉及界面流动。理解与这些过程相关的基本流体动力学现象,需要对两相之间的界面有一个适当而又准确的定义。基本的流体动力学现象包括液滴蒸发、液滴破碎、液滴燃烧、气泡形成和输运以及气泡的聚结。不混溶流体和自由面流的详细计算需要准确地表示分隔两种流体的界面。在自然界和工业应用中,在涉及分离、提取、混合和化学反

应的过程中通常会遇到不混溶流体的流动。例如：水波和飞溅的水滴，是在自然界和工业过程中会遇到的自由面流。这些流动问题包括流体聚结和破碎之类的现象，这进一步增加了对准确而清晰的界面定义的需求。在过去的几十年中，已经开发了许多跟踪界面的技术。最重要的技术如表 7.2 所列。计算任意欧拉网格上的两种不混溶流体之间的自由面和流体界面的方法通常分为表面法（界面跟踪或界面拟合）和体积法（界面捕捉）。

表 7.2 表面跟踪方法汇总

方　法	优　点	缺　点
界面跟踪	● 极为精确和强大； ● 考虑了界面上的实体拓扑变化	● 界面网格映射到欧拉网格上； ● 需要动态网格重划； ● 界面合并和破坏需要亚网格模型
水平集	● 概念上简单易行； ● 表面现象处理灵活	● 精度有限； ● 有质量（体积）损失，但可以通过特殊处理或网格划分来减轻
激波捕捉	● 标准实施； ● 有可用的移流模式	● 需要精细的网格； ● 有限的间断
标记颗粒	● 极为准确和强大； ● 考虑了界面上的实体拓扑变化	● 计算成本昂贵； ● 需要重新分布标记颗粒
简单线界面计算，流体体积 (simple line interface calculation, volume of fluid, SLIC VOF)	● 概念简单； ● 可直接扩展到 3D； ● 界面自动合并和破坏	● 数值较分散； ● 精度有限
分段线界面计算，流体体积 (piecewise line interface calculation, volume of fluid, PLIC VOF)	● 相对简单准确； ● 界面自动合并和破坏	● 3D 下难以实现； ● 扩展到边界拟合网格很难
压缩流体体积(volume of fluid, VOF)	● 相对简单准确； ● 边界拟合网格容易实现； ● 界面自动合并和破坏	● 为保证准确，要求 Courant 数极低

来源：改自 Gopala 和 van Wachem，2008。

表面法，可以通过使用特殊标记点（颗粒）对界面进行标记或将其附着到网格面上后强制其与界面一起移动来明确地跟踪界面（图 7.15）。体积法，通常用质量可忽略的颗粒或一个指示函数来标记界面两侧的流体。因此，界面的确切位置不是明确已知的，需要特殊技术来重建定义良好的界面。这些技术将在下面的章节中定义。体积法是跟踪少量界面（流体-流体流中液滴或气泡很少）非常好的方法。无论采用哪种方法，正确地模拟自由面和流体界面的基本特征都包括描述表面形状和位置的格式、形状和位置随时间变化的算法以及在界面处自由面边界条件的应用。

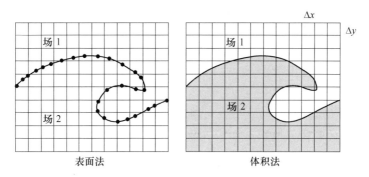

图 7.15 界面跟踪/捕捉表面法和体积法的描述
(改自 Gopala 和 van Wachem,2008)

7.10.1 界面跟踪

在表面法中,界面由特殊的标记颗粒表示。标记颗粒随流体一起移动,根据颗粒的位置重建界面。通常使用分段多项式,采用插值来近似这些颗粒之间的点。这种方法的优点是,界面位置在整个流场中都是已知的,并且在其被输移越过该域时仍保持清晰。这使得界面曲率能够精确计算,这对于将表面张力包括在界面跟踪方法中是必需的。在模拟界面表面的合并和破碎时会出现受限制的情况,因为颗粒可能会趋向于移动至彼此分开或非常靠近,从而导致界面的分辨率降低。得到的结果准确但计算成本高。而且,界面的重建可能很麻烦,尤其是界面发生破碎或合并时。表面法有好几种,下面将介绍其中两种。

在锋面跟踪法中(Unverdi 和 Tryggvason,1992),用一组相关联的无质量的标记颗粒标记界面,在固定的欧拉网格上明确地跟踪界面。用当地速度以拉格朗日方式输移这些无质量的颗粒。该方法对标记颗粒间的间距较敏感(当颗粒相距较远时,界面分辨不太好;当它们太近时,曲率会被高估)。因此,有必要动态地添加或删除标记颗粒。而且,当多个界面相互作用时会出现难题,比如在合并和破碎时需要适当的亚网格模型。

在水平集方法中(Osher 和 Sethian,1988),界面被定义为一个距界面的距离函数的零水平集。为了区分界面两侧的两种流体,在其中一种流体的距离函数上加了个负号。距离函数 G 是一种标量属性,通过求解标量移流方程,G 以当地流体速度输移:

$$\frac{\partial G}{\partial t} + \boldsymbol{u}_{\text{int}} \cdot \nabla G = 0 \tag{7.116}$$

水平集法在概念上很简单并且相对容易实现,当界面平行于一个坐标轴输移时会得到准确的结果。但是,在具有明显涡度的流场中或在界面明显变形的情况下,水平集法会有质量损失。在第5章中也对水平集技术进行了一些描述。

7.10.1.1　界面标记法(表面标记技术)

界面标记法背后的基本思想是通过用一组质量可忽略的相关联的标记颗粒标记界面来明确地跟踪固定网格上的界面(图7.15)。在界面上分配足够数量的标记,这些标记将根据当地移流速度场移动。在计算过程中,每一个标记源的位置或拉格朗日坐标 x_M^n 可以根据以下公式从时间 $t=0$ 时的某个初始位置 x_M^0 源进行数值积分得到:

$$x_M^n = x_M^0 + \int_0^t u_M \mathrm{d}t \qquad (7.117)$$

式中:u_M 相当于在欧拉网格中标记与时间相关的位置处的流体速度。表面标记(surface marker,SM)使对界面运动的细节捕捉可以在比欧拉网格的网格间距小得多的尺度上进行。

通过仅使用SM而不是按原始标记与单元格(marker and cell,MAC)方法中提出的在整个流体分布标记,Chen,Cowan和Grant(1991)开发出了初始MAC法的改进版本。被称为SM方法的新的标记移动和单元格重新标记技术是通过仅使用沿自由面的一行标记来呈现的。在每次计算中都会对沿着与自由面相邻的区域内的单元格进行重新标记。通过仅考虑SM,与MAC①方法相比,这些新技术大大减少了求解瞬态、自由面流体流动问题所需的计算时间和存储量。随着对SM方法的改进,通过引入更细的单元网格来更好地处理自由面附近的压力,特别是对涉及多值自由面和破碎流体界面的流动问题,该方法进一步发展为表面标记和微单元格(surface marker and micro-cell,SMMC)方法(Chen et al.,1997)。在SMMC中,只在自由面附近使用了较小的(微)单元格,而在整个计算域中使用的是常规(较大)单元格。注意,自由面的进步是通过使用SM实现的,而为使用压力边界条件来离散表示自由面则是通过微单元实现的。如Chen et al.(1997)的文章所讨论的,对这一方法的进一步讨论考虑包括由物理角度推动的新程序,以仔细地近似动量通量,并确保只有物理上有意义的速度和压力信息用来移动SM和输移自由面,特别是针对汇合流体前锋面。界面在整个计算过程中保持清晰。

Unverdi和Tryggvason(1992)开发了另一种锋面跟踪方法。在这种方法中,由一组相连的线段表示的拉格朗日界面被明确跟踪,并被用于重新构建欧拉网格上的流体属性场的表达式。为了避免由于属性从一个网格点突然跳到下一

---

① 原文有误。——译者注

个网格点而引入长度尺度与网格大小相等的干扰,故意使界面没有保持完全尖锐,而是赋予了一个大小等于网格尺寸的有限厚度。在这个过渡区域中,流体性质从界面一侧的值平滑过渡到另一侧的值。这一人为厚度是所用网格尺寸的函数,而它在计算过程中不会改变。因此,没有引入数值扩散。可以用指示函数 $I_f(\boldsymbol{x},t)$ 写出整个域的流体性质场的方程,此函数是标量。该函数的值为 0 和 1,用来表示两相流相应的相。那么,每个位置处的流体性质场的值为

$$b(\boldsymbol{x},t) = (1 - I_f(\boldsymbol{x},t)) b_1 + I_f(\boldsymbol{x},t) b_2 \qquad (7.118)$$

式中:$b(\boldsymbol{x},t)$ 为在空间和时间上预估的流体性质(密度、黏度、比热容或热导率);b_1 和 b_2 为对应于两个不同相的流体性质。指示函数可以用在含有界面 $\Gamma(t)$ 的整个域 $\Omega(t)$ 上的积分的形式写为

$$I_f(\boldsymbol{x},t) = \int_{V_{\text{int}}(t)} \delta(\boldsymbol{x} - \boldsymbol{x}') \, dV'_{\text{int}} \qquad (7.119)$$

式中:$\delta(\boldsymbol{x} - \boldsymbol{x}')$ 是一个 δ 函数,当 $\boldsymbol{x}' = \boldsymbol{x}$ 时其值为1,而其他位置均为零。取指示函数的梯度,并将体积积分转换为界面上的积分,得

$$\nabla I_f = \int_{S_{\text{int}(t)}} \boldsymbol{n}\delta(\boldsymbol{x} - \boldsymbol{x}') \, dS_{\text{int}} \qquad (7.120)$$

其中:$\boldsymbol{n}$ 为界面上的单位法向向量。

式(7.120)的散度为指示函数带来了需要求解的泊松(Poisson)方程:

$$\nabla^2 I_f = \nabla \cdot \int_{S_{\text{int}(t)}} \boldsymbol{n}\delta(\boldsymbol{x} - \boldsymbol{x}') \, dS_{\text{int}} \qquad (7.121)$$

因此,通过求解这个泊松方程可以重新构建指示函数,其中泊松方程的右侧是时间 t 时已知界面位置的函数。一旦确定了指示函数,就可以根据式(7.121)计算流体性质分布场。用分布函数来近似方程中的 δ 函数,该分布函数定义了分布于前锋面人为厚度上附近的网格点的界面量的分数(如两相流体性质之差、表面张力)。因此,指示函数的急剧跳跃分布在了附近的网格点之中。生成的梯度场($\boldsymbol{G}_f = \nabla I_f$)在界面的有限厚度内不为零,而在其他位置均为零。根据 Unverdi 和 Tryggvason(1992),给出梯度函数 $\boldsymbol{G}_f$ 的离散形式为

$$\boldsymbol{G}_f = \sum_f D(\boldsymbol{x} - \boldsymbol{x}_f) \, \boldsymbol{n}_f \, \nabla S_f \qquad (7.122)$$

其中:$\boldsymbol{n}_f$ 为具有以 $\boldsymbol{x}_f$ 为质心的面积为 Δs_f 的界面单元处的单位法向矢量。

式(7.122)中的分布函数 $D(\boldsymbol{x} - \boldsymbol{x}_f)$ 为 Peskin(1977)采用的形式,有

$$D(\boldsymbol{x} - \boldsymbol{x}_f) = \begin{cases} (4\Delta)^{-\alpha} \prod_{i=1}^{\alpha} \left(1 + \cos\left(\frac{\pi}{2\Delta}|\boldsymbol{x} - \boldsymbol{x}_f|\right)\right), & (|\boldsymbol{x} - \boldsymbol{x}_f| < 2\Delta) \\ 0, & \text{其他} \end{cases}$$

$$(7.123)$$

根据式(7.123),Δ 表示欧拉网格间距且 $\alpha = 2,3$(分别为二维和三维)。该函

数还可以用来从背景网格到界面前锋面对场变量进行插值,如

$$u_f = \sum_f D(x - x_f) u(x) \tag{7.124}$$

接下来,采用对下式积分来对界面以拉格朗日方式输移:

$$\frac{dx_f}{dt} = u_f \tag{7.125}$$

这种方法的优点是,界面位置在欧拉网格中移动时,它在整个数值计算中都是已知的。从这个意义上来说,这种方法减轻了界面曲率以及随后对包含表面张力的实现所需的计算工作量。这种方法的一个主要缺点是它对标记之间的间距敏感。当标记相距较远时,不能很好地求解界面。如果标记太近,这些标记在新位置上的当地波动会使界面曲率很高,使得表面张力很强。随着界面的发展,表面标记在整个计算过程中可能不会保持它们的间距,因此有必要在计算中通过添加或删除它们来动态重新分配标记。因此,这个要求需要对标记位置连续重新编号,使得它们在计算界面曲率时保持顺序,这特别为预估界面合并或破裂带来了限制。这个方法的另一个缺点是没有简单的方法对三维中的表面上的标记进行排序。可能有一些区域,其表面在扩张而空间中没有标记。若没有表面结构的先验知识,似乎就无法添加所需标记;也就是说,全局标记分布有些困难。

7.10.1.2 表面拟合法

在表面拟合法中,将网格表面而不是标记附加到界面上,因此界面曲率和位置在整个数值计算中都是已知的。促进表面拟合法的应用通常是因(a)减少界面标记所需的计算机存储空间;(b)始终保证界面清晰;以及(c)避免部分填充的单元格(或对液体和空隙间的自由面流动模拟时的空单元格)。由于允许网格和流体一起移动,因此网格会自动跟踪自由面。现在,各流体域中的每个网格系统都符合界面的形状和结构。由于自由面界面是各个流体域之间的边界,因此有效地实现了界面边界条件的精确描述。

由于界面移动随时间而增加,这个方法的关键因素是数值算法的效率和稳定性。一个基本特点是在整个计算中都需要保持定义明确的网格(无论是贴体网格还是非结构网格),这就需要应用一系列网格生成技术来在每个计算过程中构建合适的曲面网格和体积网格。特别地,由于界面上的每一个网格点都随着时间推进而移动,会出现分布不均和无约束移动,自由面上的表面网格可能会变得不规则。不合适的表面网格通常会降低流体流动的数值计算效果。为保证数值稳定性和数值解的收敛,可能有必要应用能够捕捉曲率信息并根据界面上的网格点相应地重新分布曲率的技术。对于大幅度的运动,连续重新生成包裹流体域的内部体积网格也势在必行,这给使用这种方法处理多相问题带来

了更大的复杂性。这个方法的另一个缺点是,它只能用在界面不发生大的变形的情况,这是因为该方法可能导致内部体积网格的明显变形。然而,此方法的主要局限性在于它不能用于断裂开的或与其他表面相交的界面。

7.10.2 界面捕捉

体积法有很多,这里阐述两种体积法。

7.10.2.1 流体标记法(MAC法)

在 Harlow 和 Welch(1965)的标记和单元格(MAC)方法中,最初分散的无质量的标记颗粒用来识别计算中的每种物质的区域。这些标记主要用于区分流体间的边界,但并不直接参与计算。用它们来以拉格朗日方式跟踪流体单元的轨迹。这些颗粒以拉格朗日方式与流动中的两相一起输运。最初开发这些方法是为了跟踪液滴落入静态流体的时间历程。它们在计算单元格中的存在表明标记物质的存在。用具有两相或多相标记颗粒的混合单元格中的标记颗粒密度来重新构建物质边界。那些内含标记的单元格是表面单元格(S)。所有其他具有标记的单元格被归类为满(F)单元格,并认为它们充满了流体。通常,除了满单元格和表面单元格以外,在 MAC 方法中一共定义了 4 种类型的单元格,还有不包含任何流体的空单元格(E)和位于计算域边界上的边界单元格(B)。B 单元格定义了固定边界的位置和曲率,起固定作用。这些规则应用于模拟中的每种流体,并将界面单元格同时识别为一个以上流体的 S 单元格或 F 单元格。图 7.16 所示为考虑两种不同流体的二维情况下的单元格标记的例子。由于该图没有显示整个域,因此图中没有空单元格或边界单元格。

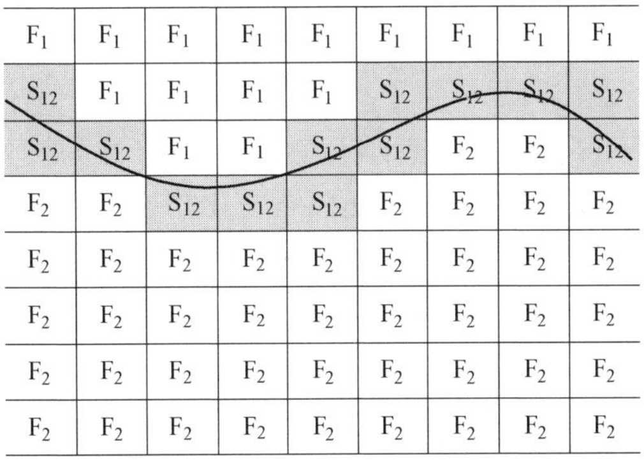

图 7.16 二维情况下单元格标记的示意图

在每个时间步长中,所有标记的位置或坐标都可通过应用式(7.117)得到。以当地插值的流体速度移动标记可以获得表面的演化。注意:在定义新填充的单元格中的流体性质和取消流空的单元格中的值时需要特别考虑。自由面边界条件的应用包括为所有表面单元格赋予气压。同样地,将速度分量赋予表面上或即刻位于表面外的所有位置,来近似零表面剪切应力的条件。

MAC法取得巨大成功的原因之一是标记没有直接跟踪表面;而是跟踪了流体体积。表面就是体积的边界。在这个意义上,表面可以像波浪破碎那种复杂现象一样随着体积分解或合并而可能出现、合并或消失。Daly(1969)采用了这种特定的方法研究了表面张力对界面稳定性的影响。表面张力的包含使这一方法扩展到了更为广泛的流动问题。尽管该方法可以很容易地扩展到三维计算,但在为容纳大量必要标记时,所涉及的已经很可观的存储和计算机时间将会显著增加。通常,为精确跟踪经历较大变形的表面,每个单元格中平均需要大约16个标记。因此,MAC法主要限用于二维模拟。另一个限制是该方法无法预估涉及收敛流或发散流的区域。例如:当将流体拉成长而卷曲的线时,标记可能就不再是流体构型的良好指示了。如果将标记大大拉开,在流体流中可能会形成非物理的空隙,并会导致对自由面流的非物理预测。

标记颗粒法极其准确且强大,可用来预测在共享界面的流体中承受相当大的剪切力和涡度的界面拓扑。然而,由于需要许多颗粒,特别是在三维中,这种方法的计算成本昂贵。此外,当界面明显拉伸时还会出现困难,这需要在流动模拟中添加新的标记颗粒。

7.10.2.2 流体体积法

流体体积(volume of fluid,VOF)法是最著名的方法之一,最早由Hirt和Nichols(1981)提出。在VOF法中,使用一个流体体积函数或颜色函数(color function)来记录流体位置,这一函数定义为

$\Lambda = 1 \Rightarrow$ 控制体积仅由相1填充;

$\Lambda = 0 \Rightarrow$ 控制体积仅由相2填充;

$0 < \Lambda < 1 \Rightarrow$ 存在界面。

在VOF算法中,颜色函数在界面上是不连续的,这为计算每个相的性质都提供了便利,还有可能为求解颜色输运方程提出了一种精确的数值方案。在流体体积法中,用小于模拟所用的气泡/液滴的平均体积对流量方程进行体积平均。只考虑没有传质的两相,对质量方程和动量方程进行体积平均,会遇到3种情况,如图7.17所示。

情况1和情况2下,平均是针对两相之中的一相。在这种情况下,有

$$\frac{\partial \langle \rho_k \rangle}{\partial t} + \nabla \cdot \langle \rho_k u_k \rangle = 0 \qquad (7.126)$$

$$\frac{\partial \langle \rho_k u_k \rangle}{\partial t} + \nabla \cdot \langle \rho_k u_k u_k \rangle = \nabla \cdot \langle \tau_k - \rho I \rangle + \langle \rho_k g \rangle \qquad (7.127)$$

情况3下,平均是针对一层界面以及两相。这种情况下,有

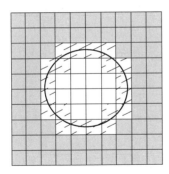

图 7.17 平均体积与气泡或液滴体积的对比
(改自 Gopala 和 van Wachem, 2008)

$$\frac{\partial \langle \Lambda \rho_1 \rangle}{\partial t} + \nabla \cdot \langle \Lambda \rho_1 \boldsymbol{u}_1 \rangle = 0 \tag{7.128}$$

$$\frac{\partial \langle (1-\Lambda)\rho_2 \rangle}{\partial t} + \nabla \cdot \langle (1-\Lambda)\rho_2 \boldsymbol{u}_2 \rangle = 0 \tag{7.129}$$

$$\frac{\partial \langle \Lambda \rho_1 \boldsymbol{u}_1 \rangle}{\partial t} + \nabla \cdot \langle \Lambda \rho_1 \boldsymbol{u}_1 \boldsymbol{u}_1 \rangle = \nabla \cdot \langle \Lambda (\boldsymbol{\tau}_1 - p_1 \boldsymbol{I}) \rangle + \langle \Lambda \rho_1 \boldsymbol{g} \rangle \\ + \frac{1}{V_{\text{cell}}} \int_{A_{\text{int}}} (\boldsymbol{\tau}_1 - p_1 \boldsymbol{I}) \cdot \boldsymbol{n}_1 \mathrm{d}A \tag{7.130}$$

$$\frac{\partial \langle (1-\Lambda)\rho_2 \boldsymbol{u}_2 \rangle}{\partial t} + \nabla \cdot \langle (1-\Lambda)\rho_2 \boldsymbol{u}_2 \boldsymbol{u}_2 \rangle \\ = \nabla \cdot \langle (1-\Lambda)(\boldsymbol{\tau}_2 - p_2 \boldsymbol{I}) \rangle + \langle (1-\Lambda)\rho_2 \boldsymbol{g} \rangle \\ + \frac{1}{V_{\text{cell}}} \int_{A_{\text{int}}} (\boldsymbol{\tau}_1 - p_1 \boldsymbol{I}) \cdot \boldsymbol{n}_2 \mathrm{d}A \tag{7.131}$$

跳跃条件: $\int_{A_{\text{int}}} (-\boldsymbol{\sigma}_1 \cdot \boldsymbol{n}_1 - \boldsymbol{\sigma}_2 \cdot \boldsymbol{n}_2) \mathrm{d}A = \int_{A_{\text{int}}} \boldsymbol{F}_{\text{int},\sigma} \mathrm{d}A \tag{7.132}$

标量 Λ 为流体随其移动的性质(如体积分数)。它的演化受简单移流方程支配:

$$\frac{\partial \Lambda}{\partial t} + \nabla \cdot \Lambda \boldsymbol{u}_{\text{int}} = 0 \tag{7.133}$$

VOF 法的关键之一是式(7.133)中移流输移项的离散化。低阶方案,如一阶迎风方案,由于数值扩散会使界面模糊,而高阶方案不稳定且会导致数值振荡。因此,有必要推导出能够保持界面清晰并产生颜色函数单调分布的移流方法。多年来,许多研究人员为有限体积和有限差分网格提出了几种体积输移技术,这些技术包括 Noh 和 Woodward(1976)的简单线界面计算; Hirt 和 Nichols

(1981)的供体-受体方案;Youngs(1982)法、Boris 和 Book(1973)的通量修正输运(flux-corrected transport,FCT)法以及 Ubbink(1977)对任意网格的压缩界面捕捉(compressive interface capturing scheme for arbitrary meshes,CICSAM)法和拉格朗日分段线性界面构造法。简要介绍一下其中的一些方法。

通量修正输运(FCT)基于这样的思想,即可以制定迎风通量和顺风通量的适当组合,来消除迎风方案的扩散性和顺风方案的不稳定性。Boris 和 Book(1973)引入了通过调节用高阶(非单调)输移方案计算得到的通量来改善最终结果单调性的想法,并被 Zalesak(1979)推广和扩展到了多维。

该方法涉及多个计算阶段。首先,使用低阶单调(并因此而扩散)输移方案来确定 Λ 的中间值,即 Λ^*。求解式(7.133)(对于网格单元 i)一维形式的方案用符号表示为

$$\Lambda_i^* = \Lambda_i^n - \frac{\Delta t}{\Delta x}(f_{i+1/2}^{\mathrm{L}} - f_{i-1/2}^{\mathrm{L}}) \tag{7.134}$$

式中:f^{L} 为低阶通量。任意表面 $(i+1/2)$ 或 $(i-1/2)$ 的通量为 $f_{i+1/2} = (u_{\mathrm{int}}\Lambda)_{i+1/2}$ 和 $f_{i-1/2} = (u_{\mathrm{int}}\Lambda)_{i-1/2}$。引入了反扩散通量,定义为高阶和低阶通量近似值之差。因此,(例如,$i+1/2$ 时)可以将反扩散通量写为

$$f_{i+1/2}^{\mathrm{ad}} = f_{i+1/2}^{\mathrm{H}} - f_{i+1/2}^{\mathrm{L}} \tag{7.135}$$

应用整个反扩散通量会导致使用不稳定的高阶通量;因此引入了限制反扩散通量的修正因子(限制因子)ℓ。通量修正输运算法的最后一步是将反扩散通量与修正因子一起应用,并得到新时间下的颜色函数的值:

$$\Lambda_i^{n+1} = \Lambda_i^* - \frac{\Delta t}{\Delta x}(\ell_{i+1/2} f_{i+1/2}^{\mathrm{ad}} - \ell_{i-1/2} f_{i-1/2}^{\mathrm{ad}}) \tag{7.136}$$

有关 FCT 的详细说明,请参阅 Oran 和 Boris(1987)。

拉格朗日 PLIC 法。van Wachem 和 Schouten(2002)在分段线性界面构造(piecewise linear interface construction,PLIC)的基础上提出了拉格朗日流体体积法。图 7.18 所示为一个计算单元,它具有将两种流体(相 1 和 2)分开的界面。

界面本身由两种流体之一的当地体积分数和法向矢量 $\boldsymbol{n}(=n_1,n_2,n_3)$ 定义;n_i 的值为单位法矢的方向余弦。两相之间的界面通过当地流体沿界面流动而传播。该方法包括两个步骤:

(1)重新构造界面。如图 7.18 所示,e_1,e_2 和 e_3 为 3 个笛卡儿方向,而 c_1,c_2 和 c_3 为正交计算网格单元的长度。平面在 3 个维度上的一般方程为

$$n_i x_i = \alpha \tag{7.137}$$

式中:α 为从平面到原点的最短距离。

原点棱柱体($OABC$)的体积为 $\alpha^3/(6n_1 n_2 n_3)$。为了只得到位于计算单元

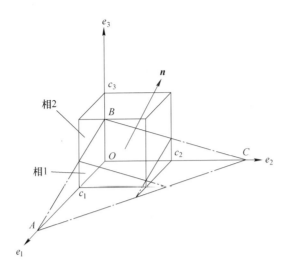

图 7.18 与界面 ABC 相交的计算单元的体积
(改自 Gopala 和 van Wachem,2008)

内界面下方的体积,需要减去两个伸出到计算单元体外部的三角棱柱体的体积①。如果 $\alpha > n_i x_i$,那么这些棱柱体的体积为 $(1 - n_i x_i/\alpha)^3$。但是,这会使图前方的小三角棱柱体的体积被减去两次;因此还应再加上这个体积一次。在 $\alpha > n_i c_i + n_j c_j$ 时,这个小棱柱体的体积为 $(1 - n_i c_i/\alpha - n_j c_j/\alpha)^3$,其中:$i \neq j$。

(2) 界面的拉格朗日传播。界面的拉格朗日传播可以用因流动运动而发生的界面方程式(7.137)的变化来最好地描述。这带来两个贡献:①因流体流动导致界面在计算单元内移动而引起的 α 和 n_i 值的变化;②因体积矩形侧的运动而导致的 c_i 值的变化,因此将原点移至界面。

在密切相关的水平集算法中,还使用了颜色函数,但该函数是连续的,且没有直接的物理意义。从颜色函数的当地值或梯度转换得到当地体积分数。

水平集算法的一个优点是它易于计算,如计算表面曲率所需的颜色函数的导数。这个方法的缺点是用于确定颜色函数值的输运方程的数值表示容易出现数值误差,并在计算当地体积分数时导致质量损失或增加。

在 VOF 法中,颜色函数是半不连续函数。但是,从数值的观点来看,通过确定颜色函数的导数来精确计算界面的曲率较为困难。读者如对其他 VOF 方法更详细的阐述有兴趣可以参阅 Gopala 和 van Wachem(2008)。

---

① 原文有误。——译者注

7.11 离散颗粒法

与有效的气体-颗粒相互作用(阻力)、颗粒-颗粒相互作用(碰撞力)和颗粒-壁面相互作用相关的现象尚未得到很好的理解。主要困难是尺度很分散：最大的流动结构可以达到米的数量级,而这些结构却直接受发生在毫米尺度上甚至微米尺度上的颗粒-颗粒和颗粒-气体相互作用的细节的影响。为描述气相和颗粒相的流体动力学,开发了连续(欧拉)型和离散(拉格朗日)型模型。为在不同尺度上模拟气-固两相流,我们可以选择适当的气相和固相模型的组合,只要根据模拟域的尺度,直接或有效地使用四路径耦合。基本思想是使用考虑多种相互作用(流体-颗粒,颗粒-颗粒)细节的较小尺度的模型来建立闭合规则,该闭合规则可以反映较大尺度模型中的有效"粗颗粒"相互作用(参见 van der Hoef 及其合著者的著作,2004,2005,2006)。

注意,原则上不能保证通过有效相互作用可以捕捉到小尺度和大尺度过程之间的所有关联。但是,经验表明,在许多情况下,使用闭合关系可以很好地描述气-固两相流的主要特征。在本节中,将简要讨论建模的中等级别。本章前面着重介绍了它与其他两个级别建模(DNS 和 TFM 或基于颗粒流动力学理论的欧拉-欧拉模型)的联系(见图 7.2)。那个框图显示了 4 个不同模型的示意图,包含了从模拟中提出的信息,这些信息通过闭合关系在实验数据或理论结果的辅助下并入了更高尺度的模型。自 Cundall 和 Strack(1979)首次提出 DPM 以来,它们已被广泛用于涉及颗粒的应用(如 Ristow,2000)。他们的方法与传

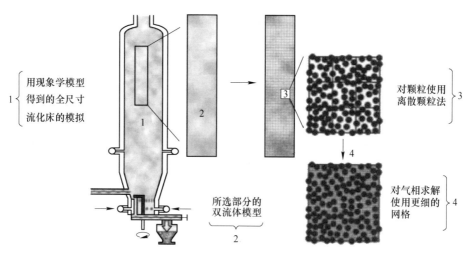

图 7.19 多级建模方案的图形表示

(改自 van der Hoof et al.,2006)

统 DPM 模型之间的主要区别在于需要气相动力学的详细细节来描述颗粒与流化气体之间的相互作用。DPM 与基于 Navier-Stokes 方程的气相有限体积描述的耦合由 Tsuji, Kawaguchi 和 Tanaka(1993)以及 Hoomans et al.(1996)分别针对软球模型和硬球模型在公开文献中首次报道(这些在本章前面已讨论过)。DPM 的多级建模方案如图 7.19 所示。箭头表示模型的变化。左侧是与实物大小一样的流化床,可以在现象学模型的辅助下建模,该模型的一部分由双流体模型(见放大图)建模,其中单元格的灰色阴影表示固相体积分数。图 7.19 右侧,使用离散颗粒对同一部分进行建模。气相在与双流体模型中相同的网格上求解。底部的图显示了最为详细的级别,其中气相在比颗粒尺寸小得多的网格上求解。

习题

1. 评论与多相流相关的工程问题的建模复杂性与计算成本,参考图 7.5。
2. 通过将压力和应力分解为平均分量和瞬时分量,从式(7.37)得到式(7.39)。
3. 使用 7.7.2.1 小节中所示的步骤,得到表示颗粒温度的式(7.70)。
4. 使用式(7.84)~式(7.86)推导式(7.87)所示的冲量传递公式。并证明通过使用适当的条件,可以得到式(7.89)和式(7.90)。
5. 在接触间断上没有传质的情况下,用式(7.98)得到式(7.99)。
6. 推导出式(7.111)所示的界面能量通量平衡。
7. 评论本章讨论的各种界面跟踪和界面捕捉方法的相对优点。

第8章 喷雾雾化与燃烧

符 号 表

符号	含 义 说 明	量纲
B	转移数	—
C_i	湍流模型中的参数 $i = \mu, \varepsilon_1, \varepsilon_2, g_1, g_2$	—
$\mathcal{D}$	扩散率	L^2/t
d_p 或 D	颗粒直径	L
E	单位质量混合物的总能量	Q/M
e_m	单位质量混合物的内能	Q/M
f	混合分数	—
F	体积力	F
F_{E_m}	单位混合物体积的能量生成速率	Q/L^3t
$F^{(qp)}$	动量输运的时间常数	$1/t$
g	混合分数波动的平方	—
g_a	重力加速度	L/t^2
$G^{(qp)}$	能量输运的时间常数	$1/t$
h_c	对流传热系数	Q/L^2Tt
h_v	蒸发热	Q/M
$J_i^{(q)}$	组分 q 的重心扩散运动	M/L^2t
k	湍流动能	L^2/t^2
$K^{(q)}$	由气相中的反应生成 q 的速率	M/L^3t
$K_p^{(s)}$	由其他颗粒物质破碎或团聚而生成 s 的速率	M/L^3t
希 腊 符 号		
$\bar{v}^0$	r 方向上的加权平均速度	L/t
μ_t	湍流黏度	L^2/t
$\mu_m^{(q)}$	混合物中 q 的黏度	L^2/t
σ_ϕ	湍流普朗特/施密特数 ($\phi = \rho, k, g, f$)	—

(续)

符号	含 义 说 明	量纲
δ	边界层厚度	L
τ_p	颗粒弛豫时间	t
ϕ	两相混合物的通用属性(标量)或空隙率	—
ϵ	发射率	
ε	湍流动能的耗散速率	L^2/t^3
ε_i	第 i 种物质的质量通量分数	
ψ_s	物质 s 的体积分数(固态)	—
Γ	单位体积生成颗粒相的总速率	$M/L^3 t$
$\Gamma^{(q)}$	单位体积 q 的生成速率	$M/L^3 t$
$(\Delta m)_{ij}$	变形张量	$1/t$
θ_m	扩张(dilation)	$1/t$
附加区别符		
—	时间平均值	
上 标		
′	基于时间平均的湍流波动分量	
(q)	混合物的特定组分	
(p)	除 q 以外的混合物组分	
$(s),(r)$	颗粒中的其他相	
下 标		
∞	环境条件	
f	液体燃料	
p	颗粒相的颗粒	
s	液滴表面的颗粒	
r_s	液滴半径	
m	混合物	

本章涵盖两个主题:首先是喷雾雾化,然后是喷雾燃烧。Kuo(2005;第 6 章)中给出了单个燃料液滴的汽化和燃烧过程,本书中不再赘述。喷雾蒸发和燃烧在发电、喷气和火箭推进,材料加工以及污染控制方面具有广泛的工业应用。

8.1 喷雾燃烧简介

考虑到液体燃料运输的便利性和存储的灵活性,喷雾燃烧过程已在许多工程应用中得到利用,这些工程应用包括推进和运输系统的能源,发电厂的发电,焚化炉的废物处理和能量回收,以及用于材料加工的燃烧炉。以喷雾喷射到燃烧室中的液体燃料的燃烧满足了总能量需求的很大一部分。在推进和运输领域,喷雾燃烧已用于各种发动机,包括液体火箭发动机(火箭发动机)、柴油发动机(汽车和卡车)、燃气轮机(飞机)、混合火箭发动机(太空运载工具)和冲压喷气机(吸气推进系统)。为进行有效率的燃烧,必须使燃料和空气充分混合。因此,对蒸发喷雾中的混合过程的研究很重要,它是喷雾燃烧研究的一个重要组成部分。在某些特殊情况下,可以将混合与燃烧分开来,但大部分时候喷雾的燃烧与混合是同时进行的,这取决于燃料液滴蒸发并进入富氧化剂区域来实现合适的混合所需要的时间。考虑到复杂且耦合的蒸发和燃烧过程,喷雾燃烧被认为是最具挑战性的工程主题之一。

喷雾燃烧发生在液体火箭发动机、燃气涡轮发动机、柴油发动机、工业燃烧炉等中。正是由于有这些多样的应用,喷雾燃烧过程预测模型的建立对于降低采用试错法来进行研发的成本非常重要。大量喷雾燃烧及其相关过程的研究帮助设计人员建立了标准来设计高效稳定的燃烧器、确定向燃烧室表面传热的速率以及检查污染物的形成,这些污染物如烟灰、未燃烧的碳氢化合物、NO_x以及CO。氮氧化物(NO_x)包括各种氮化合物,比如二氧化氮(NO_2)、一氧化氮(NO)和一氧化二氮(N_2O)。已知NO_x的形成强烈依赖于温度,可以通过降低最高火焰温度来实现NO_x排放的显著降低。而且,从各种研究中已经发现,当富燃区具有强温度梯度时,其条件最有利于生成烟灰。减少喷雾燃烧中烟尘形成的基本方法不仅要降低富燃区的温度梯度,还要减小可能出现强温度梯度和富燃料浓度的区域的大小。为了实现这些目标,必须确定燃烧喷雾中的流动特性。

较现实的燃烧喷雾分析模型必须考虑各种现象,例如喷射和喷雾形成的流体动力学特性、单个液滴的输运特性、喷雾的两相湍流流动、湍流环境中的化学反应以及辐射与火焰化学和湍流的相互作用。Faeth(1977)将涉及这些方面的一些早期综述汇总在表8.1,他为喷雾燃烧研究做出了重要贡献。因此,大部分本章涵盖的有关喷雾燃烧的讨论均来自Faeth(1977、1979和1983)的几篇优秀综述文章以及他和他的同事发表的许多论文。

表8.1 喷雾燃烧过程的评述文献

主题	参 考 文 献
喷 射 过 程	
喷射器构型、喷雾破碎、液滴尺寸相关性及分布、初始蔓延速率	Chigier(1977)、Henein(1976)、Williams(1973)、Hedley et al.(1971)、Harrje 和 Reardon(1962)、Reitz 和 Bracco(1976)、Putnam et al.(1957)、Cramer 和 Baker(1967)、Tate(1969)、Ranz(1956)、De Juhasz(1969)、Giffen 和 Muraszew(1953)、Orr(1966)、Levich(1962)、Altman et al.(1960)、Barrère et al.(1960)、Browing(1958)、Lewis(1963)、Fraser(1957)

(续)

主题	参考文献
单液滴过程	
瞬态效应、点火、蒸发和燃烧、对流效应、阻力、熄灭	Chigier(1977), Williams(1973), Williams(1968), Williams(1976), Hedley et al.(1971), Williams(1962), Williams(1965), Harrje 和 Reardon(1962), Sirignano 和 Law(1976), Odgers(1975), Putnam et al.(1957), Cramer 和 Baker(1967), Penner(1957), Lambiris et al.(1963), Barrère et al.(1960), Kumagai(1957), Bellan 和 Cuffel(1983), Bellan 和 Harstad(1988), Kuo(1996a), Sirignano(1999)
喷雾过程	
平均量和湍流量的分布、蔓延速率、模型	Chigier(1977), Caretto(1976), Mellor(1976), Henein(1976), Williams(1973), Williams(1968), Hedley et al.(1971), Williams(1962), Williams(1965), Harrje 和 Reardon(1962), Odgers(1975), Putnam et al.(1957), Cramer 和 Baker(1967), Lambiris et al.(1963), Spalding(1955), Barrère et al.(1960), Lewis(1963), Kumagai(1957), Caretto(1973), Lefebvre(1964), Sirignano(1983), Kuo(1996b), Sirignano(1999)
喷雾中的污染物	
碳氢化合物(HC)、NO_x、CO 和烟灰的形成	Caretto(1976), Mellor(1976), Henein(1976), Williams(1976), Odgers(1975), Lefebvre(1975), Caretto(1973), Warnortz, Mass 和 Dibble(1999), Watanabe et al.(2006)
实验技术	
喷雾尺寸分布、速度和温度;液滴燃烧	Chigier(1977), Williams(1973), Williams(1968), Harrje 和 Reardon(1962), Putnam et al.(1957)

对于液体火箭发动机的设计,读者可以参考 Huzel 和 Huang(1992),该书由推进领域中罗克韦尔国际公司①(Rockwell International) Rocketdyne 分部的 12 名专家组成的小组进行了进一步更新和扩展。Kuo(1996a,b) 总结了喷雾燃烧理论研究和实验测量的一些重大进展。本章摘录并介绍了这两册书中的重要主题和相关概念,着重强调了喷雾雾化和燃烧及其实验测量的基本方面。这些基本的背景信息和结果可以作为 Huzel 和 Huang(1992) 的补充材料。

总的来说,为更经济地使用燃料、更好地控制燃烧产物中的污染物、获得工程设备更长的使用寿命,多年来人们一直致力于对喷雾燃烧过程的研究。但是,由于喷雾雾化和燃烧过程的复杂性,许多实际设备都是基于试错法而设计的,因而成本非常高。在过去的 20 年中,研究人员在非侵入式诊断方法(基于

---

① 罗克韦尔国际公司:美国重要的生产军用电子系统与设备、航天系统与火箭发动机、汽车配件及其他多种工业产品的公司之一。——译者注

激光的技术、X射线摄影、高分辨率成像、相位多普勒颗粒分析、平面激光诱导荧光等)上取得了显著进步,这些方法可以对喷雾雾化和燃烧过程进行更详细的观察和测量。具有大内存和高速处理器的超级计算机的发展使理论研究者能够建立并数值求解复杂模型,这些模型更详细地考虑了喷雾燃烧中所涉及的物理和化学过程。

近年来,喷雾燃烧研究的许多领域都取得了重大进展。其中的一些领域包括液滴尺寸测量、液体射流破碎模式、稠密喷雾行为的表征、超临界蒸发和燃烧现象、具有复杂化学动力学的复杂模型的数值求解、使用现代实验技术的喷雾定量测量,以及对雾化过程中的外部诱导激发。这些领域中的一些重要进展将在本章后面介绍。此外,Sirignano(1999(第1版),2010(第2版))是一本非常有用的书,从中摘录了某些涉及液滴和喷雾的流体动力学和输运的重要特征的内容作为本章的部分背景材料。许多近期有关喷雾燃烧出版物中报导的重要结果也包含在本章内。

8.2 喷雾-燃烧系统

喷雾以各种方式燃烧,每种方式都会对可靠喷雾模型的开发提出不同的问题。如表 8.2 所列,Faeth(1977)总结了在实践中遇到的几种典型的构型范围。在预蒸发系统中(表中的第一种情况),喷雾被注入到加热的空气流中。液滴在到达火焰之前几乎已完全蒸发。这种配置的典型例子是火花点火发动机的加力燃烧器和化油器。在这种情况下,一维模型通常可以提供有用的结果,除了在喷头附近或仅使用有限数量的喷头时。流动的两相部分通常是不燃烧的。

表 8.2 喷雾燃烧系统的不同类型[①]

应用	配置	自变量[②]	结构
预蒸发系统:加力燃烧室、贫燃燃烧室、化油器、冲压发动机		z	稳态、不燃烧
液态燃料火箭发动机		z	稳态、或多或少地预混

(续)

应用	配置	自变量②	结构
燃气轮机燃烧器		z, r	稳态、扩散火焰
工业燃烧炉		x, y, z	稳态、扩散火焰
柴油发动机		t, x, y, z	瞬态、扩散火焰,需要点火特性

①来源:Faeth,1977,从 Kuo,1986 转载。
②最简单的实际近似:所有系统在喷头附近都是轴对称的或三维的。

在液体燃料火箭发动机中(表 8.2 中的第二种情况),燃料和氧化剂都从一端注入,形成了一个或多或少预混的燃烧系统。在许多设计中,一维流动在大部分流场中占主导,为性能预测提供了相对简单的模型。在喷头端面附近,以及仅使用少量喷头时,混合作用很重要,必须使用更复杂的模型。燃气轮机燃烧室可以划分为 3 个区域:一个主要区,在该区域中液体被注入到空气流中在两相流中形成近似化学计量的反应物混合物;一个次要区,在该区域中燃烧完成;以及一个稀释区,在其中燃烧产物与空气混合,将流动温度降低至通过涡轮膨胀能达到可接受的水平。由于燃料和空气在燃烧前没有充分地预混合,因此火焰具有扩散火焰的特征,即燃料和氧气的混合会强烈地影响反应速率。一维模型不适合这种配置,尽管集中参数模型已被当作粗略的近似而使用。工业燃烧炉定性上与燃气轮机相似,尽管它们的结构通常不对称,并且浮力效应通常也很重要,这是由于喷头的大的物理尺寸和相对低的气体速度所致。在工业燃烧炉中使用大型喷头的原因是为了在炉中实现更均匀的加热(参见 Kuo,2005,第 6 章)。

人们普遍认为柴油发动机(表 8.2 中的最后一种情况)代表了最难的建模问题。这个过程主要是扩散火焰,但它是瞬态的,并且燃料在表面上的碰撞可能很重要。流动是三维的,由于燃烧过程是间歇性的,因此必须预测点火特性。重要的是要注意,对于表 8.2 所示的情况,名称为"预混"或"扩散火焰"应该解释为是对主要行为的一种总体表示。对于两相燃烧流,流动的某些部分可能以与其他部分完全不同的方式燃烧,这取决于混合过程的效果。这是因为混合和燃烧过程在两相反应流中紧密地耦合。

8.3 燃料雾化

8.3.1 喷头类型

喷雾燃烧系统的性能对喷头的设计至关重要。根据喷头产生的液滴尺寸的分布、喷雾角度和喷雾模式(是否完全充满喷雾的最外边界(实心锥)或是否沿喷头轴线有一个相对没有液滴的区域(空心锥))的性质可以评估喷头。然而,燃烧室内气体的流动条件和性质也影响喷雾模式。通常,喷头可分为两大类:

(1)压力雾化喷头。顾名思义,只有液体通过此类喷头,由通过喷头的显著压力降来实现雾化。

(2)双流体喷头。液体燃料的雾化由高速气体通过喷头通道辅助实现。

尽管双流体喷头更为复杂,但与压力雾化喷头相比,它们可以实现更细的雾化,尤其是在非设计运行期间的低燃料流速下。表 8.3 所列为燃烧系统中使用的一些典型喷头类型。

表 8.3 喷头系统的不同类型

类型	配置	结构	应用
压力雾化喷头			
平口喷嘴		空心锥	柴油发动机
轴针式喷嘴		实心锥或多锥	柴油发动机、燃气轮机

(续)

类型	配置	结构	应用
旋流喷嘴（溢流型）回流式		空心锥	燃烧炉、燃气轮机
冲击射流式		扇形喷雾	火箭发动机
双流体喷头			
内部混合		实心锥或空心锥	燃烧炉、燃气轮机
外部混合		空心锥	燃烧炉、燃气轮机

来源：据 Faeth,1977,从 Kuo,1986 转载

8.3.2 雾化特性

喷雾的理论建模和数值评估需要喷头产生的液滴尺寸分布和速度的信息。然而，喷雾的形成过程使这个规范说明复杂了，因为它涉及了复杂的过程，例如初级射流的破碎、次级液滴的破碎，以及液滴之间的碰撞。所需雾化特性的说明还涉及了其他3个困难：

（1）喷雾表征通常在较冷的条件下进行；液滴蒸发以及燃烧气体对分解过程本身的影响可以改变这些特性（Dombrowski,Horne 和 Williams,1974）。

（2）很少能得到作为喷雾中稀薄部分位置的函数的液滴尺寸和速度的完整分布（Mellor,Chigier 和 Beer,1970）。

（3）测量喷头出口附近的两相流条件极为困难并具有挑战性。

由于存在这些困难，在许多情况下使用的都是喷头出口下游某一位置处的平均喷雾特性。

8.4 喷雾统计学

8.4.1 颗粒表征

根据 F. A. Williams(1965),理解喷雾燃烧机理需要这些知识:(a)单个颗粒的燃烧机理;(b)描述颗粒群的统计方法;(c)这些群以何种方式修改了流动系统中气体的行为。

当满足以下两个条件时,可以将液滴的形状认为是球形的。

条件1:液滴碰撞、团聚和微爆炸的效应很小。

条件2:韦伯(Weber)数较低:$We_g < 5$。

气相韦伯数 We_g 定义为

$$We_g \equiv \frac{\rho_g |\nu_p - \nu_g|^2 D}{\sigma_s} = \frac{动态力}{表面张力} \qquad (8.1)$$

式中:ρ_g 为气体密度;D 为液滴直径;σ_s 为表面张力;$|\nu_p - \nu_g|$ 为颗粒(液滴)与气体间合成速度大小的差。

类似地,液相韦伯数定义为

$$We_l \equiv \frac{\rho_l |\nu_p - \nu_g|^2 D}{\sigma_s} \qquad (8.2)$$

式中:ρ_l 为液体的密度。尽管在液滴表面气体与液滴之间没有实际的滑动,但是参数 $|\nu_p - \nu_g|$ 通常称为滑移速度。条件1要求凝聚相所占据的体积比总空间体积小得多。这意味着喷雾必须被稀释,以使液滴彼此间很少碰撞,从而使由碰撞引起的震动对大多数液滴能被黏滞衰减到可忽略的程度。这个条件对碳氢化合物喷雾燃烧系统通常是成立的。由液滴和气体之间的滑移速度引起的液滴的变形程度取决于韦伯数。当 $We_g < 5$ 时,液滴近乎为球形,液滴尺寸可以用颗粒直径 D 这一单个参数适当地指定。随着韦伯数的增加,液滴会变形并最终在高韦伯数时破碎。根据 Borisov et al.(1981)的研究,存在3种液滴破碎机制,即降落伞型、剥离型(stripping type)和爆炸型。这些机制受 We_g 和 $We_g Re_D^{-0.5}$ 的大小控制。在 Kuo(2005:第6章)中韦伯数由因数2定义,有所不同。读者应该注意韦伯数在文献中存在多个定义。

8.4.2 分布函数

现在让我们将稀薄喷雾的分布函数定义为 $f_j(r, \boldsymbol{x}, \boldsymbol{v}, t)$。$f_j(r, \boldsymbol{x}, \boldsymbol{v}, t) \mathrm{d}r \mathrm{d}\boldsymbol{x} \mathrm{d}\boldsymbol{v}$ 数学乘积的统计含义表示在时间 t 时,在位于以 $\boldsymbol{x}$ 为中心的 $\mathrm{d}\boldsymbol{x}$ 空间范围的、半径自 r 到 $r+\mathrm{d}r$ 区间内,具有 $\boldsymbol{v}$ 周围 $\mathrm{d}\boldsymbol{v}$ 范围内的速度的化学成分 j 的颗粒的可能数目。这里 $\mathrm{d}\boldsymbol{x}$ 和 $\mathrm{d}\boldsymbol{v}$ (图8.1)分别是物理空间和速度空间的三维元。$f_j(r, \boldsymbol{x}, \boldsymbol{v}, t)$ 的量纲为(颗粒数)/$[L L^3 (L/t)^3]$。

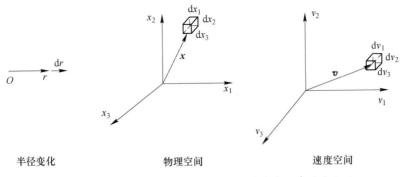

图 8.1 半径变化的长度元以及物理和速度空间中的体积元

如果分布函数的速度依赖性不是主要关注点,那么可以定义另一个分布函数 G_j,有

$$G_j \equiv \int f_i \mathrm{d}\boldsymbol{v}, j = 1, 2, \cdots, M \tag{8.3}$$

式中:G_j 为单位半径范围内单位体积内第 j 种组分的液滴数。同样,可以在物理空间上积分来定义液滴大小(半径或直径)的分布函数 F_j。如果仅存在一种液体(单组分),那么下标 j 可以忽略。因此,最简单的液滴尺寸分布函数可以写为 $F(D)$,它表示单位直径约为 D 范围的颗粒分数。Mellor,Chigier 和 Beer (1970)得到空气流中的水喷雾的液滴尺寸分布曲线如图 8.2 所示。

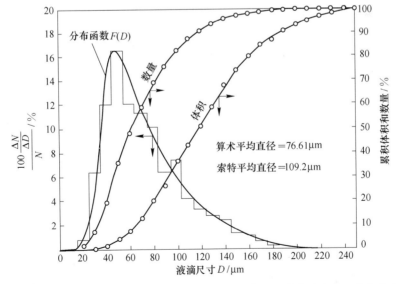

图 8.2 Mellor,Chigier 和 Beer(1970)测得的空气流中的水喷雾的液滴尺寸分布曲线
(转载自 Kuo,1986)

总体喷雾特性由分布曲线表示,分布曲线可以用液滴数、表面积或体积的累积百分比作为液滴直径的函数给出。图 8.2 除了显示分布函数 $F(D)$ 以外,还说明了几种通过旋流式压力雾化器将水注入运动的空气流中的喷雾描述方法(Mellor,Chigier 和 Beer,1970)。在许多传质和流动过程中,仅使用平均直径而不是完整的液滴尺寸分布是可以满足要求的。因此,液滴尺寸通常用平均直径或中位直径表示。但是,至少有 6 种直径可供选择。用分布函数 $F(D)$ 或 dN/dD 表示的平均直径 D_{jk} 的通用表达式可以写为

$$(D_{jk})^{(j-k)} = \frac{\int_{D_{\min}}^{D_{\max}} D^j \frac{dN}{dD} dD}{\int_{D_{\min}}^{D_{\max}} D^k \frac{dN}{dD} dD} \tag{8.4}$$

式中:j,k 为整数。液滴直径均值的 $(j-k)$ 次幂的更为通用的形式可用下式计算:

$$(D_{jk})^{(j-k)} \equiv \frac{\int_0^\infty D^j F(D) dD}{\int_0^\infty D^k F(D) dD} \tag{8.5}$$

该式得到的 D_{10} 为平均(算术)液滴直径,D_{20} 为表面积乘以液滴总数等于喷雾总面积时的液滴直径,D_{30} 为体积平均直径。索特平均直径(sauter mean diameter,SMD)D_{32} 为体积与表面积之比等于整个喷雾体积与表面积之比的液滴的直径。在进行蒸发和燃烧的近似分析时,通常用它来表示等效单分散喷雾的尺寸。表 8.4 总结了常用的平均直径及其应用领域。

表 8.4 常用平均直径及其应用领域

k	j	级数 $k+j$	名称	应用领域
0	1	1	线状	比较、蒸发
0	2	2	表面	吸收
0	3	3	体积	水文学
1	2	3	表面直径	吸收
1	3	4	体积直径	蒸发、分子扩散
2	3	5	索特	燃烧、传质,以及效率研究
3	4	7	De Brouckere	燃烧平衡

准确了解液滴尺寸分布是对喷雾燃烧系统中质量或热量输运或系统中相分离进行基本分析的前提。已经提出了许多分布函数来关联喷雾中的液滴尺寸。下面的章节将给出 4 个重要尺寸分布函数的一般特性。其中最著名的是

Rosin-Rammler 分布(1933)和 Nukiyama-Tanasawa 分布(1940)。

8.4.2.1 对数概率分布函数

液滴直径可以按指数而不是按线性进行尺寸范围分级,通过定义

$$y \equiv \ln \frac{D}{D_{30}} \tag{8.6}$$

那么体积分布方程可以写为

$$\frac{\mathrm{d}V_1}{\mathrm{d}y} = \phi_1(y) \tag{8.7}$$

式中：$\phi_1(y)$ 为液滴物质所在的体积分数。

在此基础上绘制喷雾数据集时,它们通常会在接近曲线的一个单一最大值的某个 y 值附近给出相当对称的分布。基于统计分析对 $\phi_1(y)$ 的一个很好的猜测是正态分布函数 $(\delta/\sqrt{\pi})\mathrm{e}^{-\delta^2 y^2}$。那么,有

$$\frac{\mathrm{d}V_1}{\mathrm{d}y} = \frac{\delta}{\sqrt{\pi}} \mathrm{e}^{-\delta^2 y^2} \tag{8.8}$$

式中：δ 为分布因子,必须通过反复试错将其与数据拟合。该分布的平均直径的一般表达式为

$$D_{jk} = D_{30} \mathrm{e}^{(k+j-6)/4\delta^2} \tag{8.9}$$

8.4.2.2 Rosin-Rammler 分布函数

体积分数分布方程的形式为

$$\frac{\mathrm{d}V_1}{\mathrm{d}D} = \frac{\delta D^{\delta-1}}{D_{\mathrm{ref}}^{\delta}} \mathrm{e}^{-(D/D_{\mathrm{ref}})^{\delta}} \tag{8.10}$$

式中：V_1 为直径小于或等于 D 的液滴的体积百分数(在总液滴体积中)；D_{ref} 为特征尺寸($=D_{30}$)；δ 为分布宽度因子。

平均直径的表达式为

$$(D_{jk})^{(j-k)} = (D_{\mathrm{ref}})^{(j-k)} \frac{\Gamma\left[\frac{(j-3)}{\delta}+1\right]}{\Gamma\left[\frac{(k-3)}{\delta}+1\right]} \tag{8.11}$$

式中：Γ 为常规伽玛(gamma)函数。

8.4.2.3 Nukiyama-Tanasawa 分布函数

从空气雾化实验中,Nukiyama 和 Tanasawa(1940)得到了以下形式的液滴尺寸体积分布的经验表达式：

$$\frac{\mathrm{d}V_1}{\mathrm{d}D} = \frac{b^{6/\delta}}{\Gamma(3/\delta)} D^5 \mathrm{e}^{-bD^{\delta}} \tag{8.12}$$

式中：Γ 为伽玛函数；δ 为分布宽度因子；b 为尺寸参数,其量纲为 $D^{-\delta}$。

平均直径方程为

$$(D_{jk})^{(j-k)} = b^{-(j-k)/\delta} \frac{\Gamma[(j+3)/\delta]}{\Gamma[(k+3)/\delta]} \qquad (8.13)$$

8.4.2.4　Mugele 和 Evans 的上限分布函数

可以证明，Rosin-Rammler 分布函数和 Nukiyama-Tanasawa 分布函数都具有以下通用形式：

$$F(D) = aD^p \exp(-bD^n) \qquad (8.14)$$

其中，a、p、b 和 n 为经验参数。这种类型的分布对喷雾中可能存在的最大液滴的尺寸没有限制。因此，在某些情况下，式(8.14)给出的分布外推得到的 D_{32} 的值可能比喷雾中观察到的任何液滴直径都要大，使用此方程还可能导致明显低估喷雾蒸发速率。实际上，目前为止所考虑的全部 3 个分布函数都未对液滴直径给出上限。Mugele 和 Evans(1951)提出了一个给出上限的分布函数。基本上说，它是对对数概率分布函数的一种改进。无量纲参数 y 定义为

$$y \equiv \ln \frac{aD^s}{D_m^s - D^s} \qquad (8.15)$$

或

$$y \equiv \ln \frac{D(D_m - D_{vmd})}{D_{vmd}(D_m - D)} \qquad (8.16)$$

式中：a 为无量纲常数；s 为正整数(如 1、2 或 3)；D^s 为液滴尺寸的简单函数(如直径、表面积或体积)；D_m 为最大液滴尺寸。

因此，$D_m^s - D^s$ 为"尺寸不足"或与最大液滴尺寸的差的度量。式(8.16)中的 D_{vmd} 表示体积中值直径 D_{30}。索特平均直径(SMD, D_{32})为

$$D_{32} = \frac{D_m}{1 + ae^{-4\delta^2}} \qquad (8.17)$$

体积分布可以从下式计算：

$$\frac{dV_1(D)}{dD} = \frac{\delta}{\sqrt{\pi}} \exp(-\delta^2 y^2) \qquad (8.18)$$

式中：δ 为分布宽度参数。

在 Mugele 和 Evans 的研究中，所有 4 个分布函数都与实验数据进行了严格的比较。得出 4 个一般结论：

(1) 目前对数概率分布函数是计算平均直径的最佳方法，它预测得到了相同量级均值的等值关系(如 $D_{30} = D_{21}$，$D_{40} = D_{31}$)，这与实验数据非常吻合。

(2) 当参数是从数值分布数据中计算得到时，Nukiyama-Tanasawa 分布函数有时会给出完全错误的体积分布趋势。δ 的不确定性会导致平均直径的不确定性。

(3) Rosin-Rammler 分布函数有时会得到不合理的平均直径值。

(4) 上限分布函数(upper-limit distribution function, ULDF)不但可以预测平均直径,而且可以预测对数概率密度函数(PDF),并且与实验数据非常吻合。ULDF 可能能根据基本机理用来进行最终解释。

除了分布函数,还有很多各种平均液滴尺寸参数和中位液滴尺寸参数的相关关系。这些关系对各种喷头设计都是特定的,但通常具有以下形式(Faeth,1977)

$$\frac{D_{jk}}{d_{\text{jet}}} = f_{jk}\left(\frac{L}{d_{\text{jet}}}, \phi_1, \frac{\rho u d_{\text{jet}}}{\mu}, \frac{\mu u}{\sigma_s}, \frac{\rho_\infty}{\rho}, \frac{\mu_\infty}{\mu}, \frac{u_\infty}{u}\right) \tag{8.19}$$

8.4.3 分布函数的输运方程

根据 F. A. Williams(1959,1965),可以使用与气体动力学理论中类似的推理,即从现象学上推导出 8.4.2 小节中提到的分布函数 f_j 的时间变化速率的控制方程。定义:

$R_j \equiv (\mathrm{d}r/\mathrm{d}t), (r, \boldsymbol{x}, \boldsymbol{v}, t)$ 处 j 种颗粒尺寸 r 的变化速率

$\boldsymbol{F}_j \equiv (\mathrm{d}\boldsymbol{v}/\mathrm{d}t), (r, \boldsymbol{x}, \boldsymbol{v}, t)$ 处一个 j 种颗粒上受到的单位质量力

$\hat{Q}_j$,如在液滴破碎时因颗粒形成、团聚或(从较小颗粒)凝结或(从较大颗粒)破坏而导致的 f_j 随着时间的增加速率

$\varGamma_j$,与其他颗粒碰撞引起的分布函数增加的速率(这些碰撞必须发生得很少,使空气动力学对 $\varGamma_j$ 的贡献与在 $\boldsymbol{F}_j$ 中的空气动力作用可以分离)

$-\nabla_x \cdot (\boldsymbol{v} f_j)$①,因颗粒由其速度 $\boldsymbol{v}$ 运动进出空间单元 $\mathrm{d}\boldsymbol{x}$ 而造成的 f_j 的增加

$-\nabla_v \cdot (\boldsymbol{F}_j f_j)$②,因加速度 $\boldsymbol{F}_j$ 造成的 f_j 在速度单元 $\mathrm{d}\boldsymbol{v}$ 的增加

将在 f_i 上的变化相加,有

$$\frac{\partial f_j}{\partial t} = -\frac{\partial}{\partial r}(R_j f_j) - \nabla_x \cdot (\boldsymbol{v} f_j) - \nabla_v \cdot (\boldsymbol{F}_j f_j) + \hat{Q}_j + \varGamma_j \tag{8.20}$$

对于 $j = 1, 2, \cdots, M$,其中:M 为根据颗粒化学组成分类的不同颗粒的总种类数。式(8.20)称为分布函数的输运方程或喷雾方程(F. A. Williams,1959,1965)。

在许多情况下,在雾化器附近燃烧强度相对较低,大部分燃烧发生在颗粒相互作用及其源最多只会起到次要作用的区域。由于我们将注意力集中在了燃烧过程上,因此可以合理地忽略 $\hat{Q}_j$ 和 $\varGamma_j$。如果考虑一个稳定的过程,那么 $\partial f_j/\partial t = 0$。因此,对于许多燃烧问题,一个 j 种颗粒的统计系综的稳态运动方

---

① 原式下标有误。——译者注

② 原式下标有误。——译者注

程为

$$\frac{\partial}{\partial r}(R_j f_j) + \nabla_x \cdot (\boldsymbol{v} f_j) + \nabla_v \cdot (\boldsymbol{F}_j f_j) = 0 \tag{8.21}$$

该方程通过变量 R_j 和 $\boldsymbol{F}_j$ 与气体运动的流体力学方程相耦合,这些变量取决于流体的当地特性。但是,如果喷雾足够稀薄,那么由喷雾引起的气体性质的统计波动可以忽略,并且可以使用准确的平均流动变量。然后可以用具有由平均喷雾特性确定的适当边界条件的普通流体动力学方程来描述气体的运动。

8.4.4 液体燃料火箭发动机的简化喷雾燃烧模型

如第 8.2 节所述,液体燃料火箭发动机中发生的喷雾燃烧过程有时可以用稳态或准稳态近似来处理。而且,可以认为反应物混合物是预混合的。总体的流动特性是准一维的。在这些理想条件下,已经开发出了简化的喷雾燃烧模型来研究具有变化横截面积的液体燃料火箭发动机燃烧器的燃烧效率。Probert(1946)最早研究了这个问题,随后 Tanasawa(1954)、F. A. Williams(1958,1962)、Tanasawa 和 Tesima(1958)对模型进行了改进。忽略分布函数的速度相关性,式(8.21)简化为

$$\frac{\partial}{\partial r}(\overline{R}_j G_j) + \nabla_x \cdot (\overline{\boldsymbol{v}}_j G_j) = 0 \ (j = 1, 2, \cdots, M) \tag{8.22}$$

式中:G_j 已在式(8.3)中给出,横线表示所有速度的平均值,即

$$\overline{R}_j = \frac{1}{G_j}\int R_j f_i \mathrm{d}\boldsymbol{v}, \ j = 1, 2, \cdots, M \tag{8.23}$$

和

$$\overline{v}_j = \frac{1}{G_j}\int \boldsymbol{v} f_i \mathrm{d}\boldsymbol{v}, \ j = 1, 2, \cdots, M \tag{8.24}$$

考虑到横截面积 $A(x)$ 沿燃烧器的变化,式(8.22)可以重写为式(8.25)的形式:

$$\frac{\partial}{\partial r}(\overline{R}_j G_j) + \frac{1}{A}\frac{\partial}{\partial x}(A\overline{v}_j G_j) = 0, \ j = 1, 2, \cdots, M \tag{8.25}$$

式中:$\overline{v}_j$ 为 $\boldsymbol{v}$ ①的 x 分量,并假设量 $\overline{R}_j$、G_j 和 $\overline{v}_j$ 基本与垂直于 x 的空间坐标无关。这些量可以认为是横截面上的平均值。

由液滴蒸发相关关系可知,$\overline{R}_j$ 对液滴尺寸的依赖可以由以下关系式表示:

$$\overline{R}_j = -\frac{\chi_j}{\gamma^{\alpha_j}}, \ j = 1, 2, \cdots, M \tag{8.26}$$

---

① 原文有误。——译者注

式中：$0 \leqslant \alpha_j \leqslant 1$；$\chi_j$ 为一个与 r 无关的正常数。注意：$\alpha_j = 1$ 对应于 Kuo(2005：第 6 章)中提到的 d^2 蒸发定律。

考虑到 $\bar{\nu}_j$ 对液滴尺寸的依赖，我们通常可以预期速度分布对于不同大小的颗粒可能会有所不同。但是，当液滴非常小时，它们可能会被气体完全夹带。在这种情况下，$\bar{\nu}_j$ 与 r 无关。使用这些近似或假设，可以对式(8.25)积分。F. A. Williams(1965)通过积分式(8.25)得到了分布函数 G_j 的解，得到的表达式为

$$G_j = \frac{(A_0 \bar{\nu}_{j,0})}{A \bar{\nu}_j} \left(\frac{r}{\gamma_j}\right)^{\alpha_j} G_{j,0}(\gamma_j), \quad j = 1, 2, \cdots, M \tag{8.27}$$

式中

$$\gamma_j \equiv \left[r^{\alpha_j+1} + (\alpha_j + 1) \int_0^x \frac{\chi_j}{\bar{\nu}_j} \mathrm{d}x \right]^{1/(\alpha_j+1)}, \quad j = 1, 2, \cdots, M \tag{8.28}$$

式(8.27)中的下标 0 表示 $x=0$ 处的参数。

在液体燃料火箭发动机研究中，最感兴趣的参数是从位置 L 处的尺寸分布得到的长度为 L 的燃烧室的燃烧效率。令 Q_j 为从 j 种液滴蒸发出来的物质的单位质量反应热(放热)，令 $\rho_{1,j}$ 为 j 种液滴的密度。因此，j 种喷雾的单位体积质量为

$$\int_0^\infty \frac{4}{3} \pi r^3 \rho_{1,j} G_j \mathrm{d}r$$

对应的质量流动速率为 $A\bar{\nu}_j$ 乘以这个积分项，喷头和位置 L 之间的第 j 种燃料喷雾每秒释放的总热量为

$$Q_j \left(A_0 \bar{\nu}_{j,0} \int_0^\infty \frac{4}{3} \pi r^3 \rho_{1,j} G_{j,0} \mathrm{d}r - A \bar{\nu}_j \int_0^\infty \frac{4}{3} \pi r^3 \rho_{1,j} G_j \mathrm{d}r \right)$$

因为来自所有液滴燃烧的最大可能放热为

$$\sum_{j=1}^M Q_j A_0 \bar{\nu}_{j,0} \int_0^\infty \frac{4}{3} \pi r^3 \rho_{1,j} G_{j,0} \mathrm{d}r$$

$x = L$ 处的燃烧效率可以从下式计算：

$$\eta_c = \frac{\sum_{j=1}^M Q_j \left(A_0 \bar{\nu}_{j,0} \int_0^\infty \frac{4}{3} \pi r^3 \rho_{1,j} G_{j,0} \mathrm{d}r - A_0 \bar{\nu}_j \int_0^\infty \frac{4}{3} \pi r^3 \rho_{1,j} G_j \mathrm{d}r \right)}{\sum_{j=1}^M Q_j A_0 \bar{\nu}_{j,0} \int_0^\infty \frac{4}{3} \pi r^3 \rho_{1,j} G_{j,0} \mathrm{d}r}$$

(8.29)[①]

[①] 原式有误。——译者注

使用式(8.27),燃烧效率可写为

$$\eta_c = 1 - \frac{\sum_{j=1}^{M}(Q_j\rho_{1,j}\bar{\nu}_{j,0})\int_0^\infty r^3 \left(\frac{r}{\gamma_j}\right)^{\alpha_j} G_{j,0}(\gamma_j)\mathrm{d}r}{\sum_{j=1}^{M}(Q_j\rho_{1,j}\bar{\nu}_{j,0})\int_0^\infty r^3 G_{j,0}(r)\mathrm{d}r} \tag{8.30}$$

可以通过将式(8.28)右侧的积分上限设为 L 来从式(8.28)计算式(8.30)中的γ_j。式(8.30)与式(8.28)一起给出了任意初始液滴尺寸分布$G_{j,0}(r)$的燃烧效率。

8.5 喷雾燃烧特性

尽管喷雾中液体燃料液滴的燃烧本质上受燃料蒸气和氧化剂物质的扩散控制,但预混火焰理论和扩散火焰理论都已应用于喷雾燃烧问题。通常,预混火焰理论在喷雾燃烧中的应用应该非常有限;然而,当引入的燃料流和氧化剂流都达到高度混合时,有时可以将它们应用于液体火箭发动机的喷雾燃烧。预混火焰理论也可用来研究喷雾火焰在火焰稳定器上的稳定性,并偶尔作为最保守的条件用于研究爆轰波在喷雾场中的发展。

图 8.3 所示为一维模型中预混气态火焰和喷雾燃烧火焰中温度和反应速率分布比较的示意图。在两种情况下,假设了一个简单的单步化学反应:

$$\text{燃料} + O_2 \rightarrow \text{产物}$$

预混气态火焰中的浓度和温度分布曲线显示在该图的上部①。在燃料液滴的燃烧中,我们必须考虑液滴的大小和挥发性。对于高挥发性燃料的极小液滴,液滴蒸发可能在加热过程中就会完成,因此火焰结构仅受两相流作用的轻微影响。Burgoyne 和 Cohen(1954)使用单分散四氢萘($C_{10}H_{12}$)喷雾进行了一项经典实验,表明液滴尺寸小于 10μm 时,得到的火焰速度与纯气体中的火焰速度没有明显差异。他们还证明物质燃烧速率随着初始液滴尺寸的增加而降低。这主要是因为蒸发燃料所需的时间增加了。对于较大的液滴尺寸和非挥发性燃料,燃料蒸发速率显著降低,形成在每个液滴周围有一个燃烧区。因此火焰区的结束几乎对应着液滴的消失。F. A. Williams(1965)对此过程开发并提出了一个简化的一维模型。他的理论结果与 Burgoyne 和 Cohen(1954)得到的实验数据之间较为吻合。但是,由于喷雾固有的非预混特性,在使用预混火焰理论来处理喷雾燃烧问题时必须格外谨慎。

扩散火焰理论确实可以应用于许多喷雾燃烧问题,这是因为从液滴表面蒸发的燃料蒸气需要在化学反应发生前先与环境氧化剂混合。在 Kuo(2005:第 6

---

① 原文为"左侧",结合实际的图 8.3 将其改为"上部"。——译者注

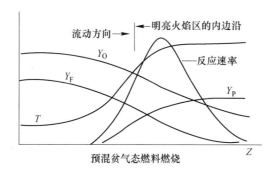

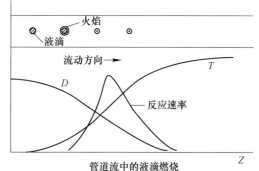

图 8.3 预混气态燃料/氧化剂燃烧与喷雾燃烧的比较
(改自 Faeth,1977)

章)中对围绕单个液滴以及射流中的扩散火焰的背景材料已有详细介绍。在继续进行以下讨论之前,希望读者熟悉这些材料。

在喷雾扩散火焰的研究中,Mizutani,Yasuma 和 Katsuki(1976)得到了稳定于加热空气流中的喷雾火焰的各个轴向位置的温度、速度和液滴质量通量的径向分布(图 8.4)。在他们的实验装置中,使用压力雾化喷头并在燃料流中产生一个适度的涡旋,从而得到了实心锥形喷雾。用专门设计的采样探针对两相流采样,并通过分离和称重来确定液体分数。尽管建立的是实心锥形喷雾,但喷雾具有一些空心锥的特征:在喷头附近,最大液滴质量通量出现在偏离喷雾轴线一定距离处。由蓝光出现确定的火焰锋面位于距喷头出口约 10mm 处。在中心线附近,温度水平较低而液滴浓度相对较高;因此,在这个较冷的中心区,液滴在蒸发而没有明显的燃烧发生。然而,在喷雾远离中心的区域,燃料液滴积极参与了燃烧过程。发现以最高温度为边界的区域比喷雾锥略小。他们总结认为喷雾火焰主要通过火焰传播机理被稳定在高温流中。因此,火焰锋面比从点火延迟数据中所预期的更为接近喷头出口。

Khalil 和 Whitelaw(1976)研究了煤油燃料的喷雾燃烧,并采用了几种喷头来得到具有不同液滴尺寸[$4.5\mu m <$ 索特平均直径(D_{32})$<100\mu m$]的喷雾。使用

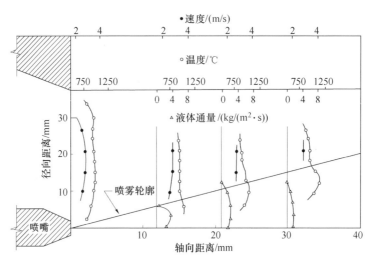

图 8.4 喷雾火焰中温度、速度和液滴通量的径向分布
(据 Mizutani,Yasuma 和 Katsuki,1976;转载自 Kuo,1986)

激光多普勒测速仪对液滴速度、速度波动和数密度进行测量。使用珠直径为 180μm 的 Pt:40%Rh-Pt:20%Rh 细线热电偶测量平均温度值。均方根温度波动的值由珠直径为 40μm 的 Pt:30%Rh 和 Pt:60%Rh 线的热电偶测定。图 8.5 所示为他们得到的 SMD = 45μm 的空心锥喷雾火焰其中之一的等速线、等湍流线和等温线的等值线。反应区的轮廓由速度和温度分布表示。它大致对应了喷头的锥角。沿轴线,在喷头附近温度和速度相对较低,表明部分喷雾在相对较冷的环境中蒸发,沿喷雾外围有主要反应区。这一观察结果与 Mizutani,Yasuma 和 Katsuki(1976)的结果相似。在液滴尺寸和锥角较大时,较冷的中心区在轴向和径向上都有扩大,表明喷头对燃烧过程有相当强烈的影响。

Khalil 和 Whitelaw 还尝试通过研究具有与喷雾相似质量速度和锥角的气体火焰来检验两相流的作用。在基于双方程湍流模型的理论计算中,使用了快速化学反应和标量波动的截尾高斯概率分布的假设。图 8.6 所示为喷雾火焰的中心线速度和温度分布与相应的气态射流模拟结果的比较。该图表明气态射流模拟达到最高温度早于喷雾火焰。气态射流火焰模拟的最高中心线温度低于喷雾火焰的最高中心线温度,但从图 8.7 可以看出,两种不同喷雾火焰都在距中心线一定距离处达到最高温度。这种情况源于由喷雾角和对应气态射流火焰模拟所带来的空心圆锥形喷雾流动的特性。图 8.7 表明,相应的气态射流火焰不能精确地模拟喷雾火焰的径向分布。即使使用精细喷雾(SMD = 45μm),建模时也必须考虑两相作用。

Onuma 和 Ogasawara(1974)在低湍流条件下进行了煤油轴向射流的喷雾火

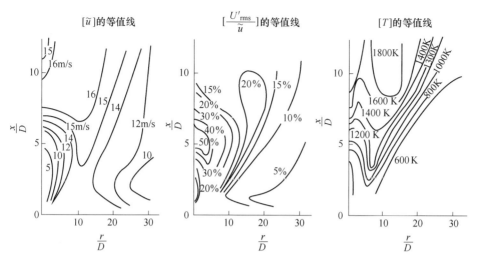

图 8.5 SMD = 45μm 的煤油喷雾火焰的速度、湍流和温度等值线
（改自 Khalil 和 Whitelaw, 1976）

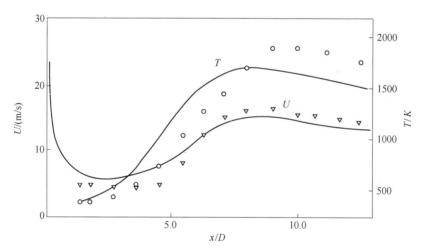

图 8.6 SMD = 45μm 的煤油喷雾火焰的速度和温度的中心线分布：
曲线为模拟的气体射流火焰；▽为 U 的测试值；○为 T 的测试值
（据 Khalil 和 Whitelaw, 1976；转载自 Kuo, 1986）

焰实验。在空气雾化燃烧器的火焰中测量了液滴和温度分布、流速以及气体成分，发现存在液滴的区域仅限在燃烧器喷头上方的一小块区域。从测得的各种分布之间的相关性，得出结论，火焰中的大多数液滴不会单独与包络火焰一起燃烧，而是来自液滴的燃料蒸气形成云状物进而像气态扩散火焰一样燃烧。在相同条件下（使用相同设备并仅将燃料从液态煤油更换为气态丙烷），发现喷

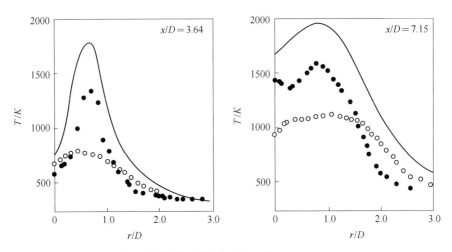

图 8.7 温度的径向分布；曲线为模拟的气体射流火焰；●为 SMD = 45μm；○为 SMD = 100μm

（据 Khalil 和 Whitelaw,1976；转载自 Kuo,1986）

雾燃烧火焰在结构上与湍流气体射流扩散火焰非常相似。图 8.8 显示了得到的两种火焰：喷雾火焰与气体射流扩散火焰沿火焰轴的各种分布。很显然这两种情况具有定性上的相似性。

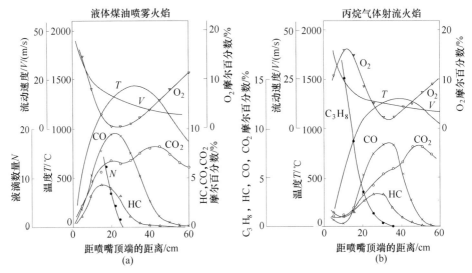

图 8.8 (a)喷雾火焰和(b)气体射流扩散火焰中沿火焰轴的各种分布

（据 Onuma 和 Ogasawara,1974；转载自 Kuo,1986）

但还是有细微差别。与喷雾火焰相比，气体扩散火焰中化学反应稍微向下游发生。这是因为丙烷的初始流速比煤油的初始流速高。在喷雾火焰中，喷头下游超过40cm处的温度降比在气体扩散火焰中的温度降略陡。这种差异可能是由于喷雾火焰较高的发射率和辐射冷却速率引起的。尽管存在这些差异,这两种火焰在各种属性分布上仍然非常相似。这种相似性为Chiu及其同事(1977,1978,1981,1982)提出的群燃烧理论提供了实验支持,群燃烧理论将在后续章节中讨论。

Onuma,Ogasawara和Inoue(1976)扩展了他们的早期研究,以类似的实验来确定在一氧化氮形成中是否还存在喷雾火焰和湍流气体射流扩散火焰之间的相似性,以及他们早期的相似性结论是否可用于具有低挥发性的重油火焰。他们观察到,煤油火焰中的NO浓度径向分布相对于火焰轴呈现出两个对称的峰。这些峰与温度曲线的峰以及局部当量比为1的位置大致一致。这种趋势与湍流气体射流扩散火焰中的趋势相同,因此可以得出结论,在NO形成过程中,喷雾火焰也类似于湍流气体射流扩散火焰。还在相同条件下对重油喷雾火焰与煤油火焰进行了实验比较。结果表明,两种火焰的多种量的形状和实测分布曲线几乎相同。这个发现证实,即使重油具有较大的液滴尺寸,重油喷雾火焰在结构上也与煤油火焰没有显著差异。Styles和Chigier(1976)还对使用鼓风雾化器的煤油喷雾火焰进行了测量。他们的照片显示,被气态扩散火焰包围着的初始稠密喷雾区中没有燃烧,得到了与Onuma和Ogasawara(1974)和Onuma,Ogasawara和Inoue(1976)基本一致的结果。

Faeth(1977)给出了从这些研究中得到的喷雾燃烧过程的总体描述,如图8.9所示。这张图显示了同轴喷雾扩散火焰冷核区、反应区、喷雾边界和射流边界的相对位置。通常理解为,离开喷头的喷雾是高度不均匀的,其外围液滴较小,而在中心线附近液滴较大。喷头出口附近,液滴与周围气体间的速度差(滑移速度)最大,液体的动量在轴上一段延伸的距离输运给气体。喷雾周围的小液滴与气体交换动量,并导致喷雾射流夹带走了周围的气体。这些小液滴也迅速蒸发,为湍流扩散火焰的外部附近的消耗提供燃料蒸气。通常,除了最大反应区之外,小液滴趋向于跟随流动,并会在很大程度上限制在富燃涡旋中,如图8.9的插图所示。这些小液滴可能会在高浓度的氧气出现在其紧邻的周围之前大量蒸发。但是,大液滴可能会在蒸发和燃烧过程开始前行进一个相当长的距离,这是由这些大液滴相对较高的惯性所致。

随着距喷头出口距离的增加,因喷雾燃烧使得中心线温度升高,从而导致靠近中心线的大液滴蒸发更快。根据Faeth(1977),各种实验的测量结果表明,液滴的消失与径向和轴向上的最高温度的位置紧密相关。对这种在类似于燃气轮机燃烧器和燃烧炉的更复杂条件下的现象已经进行了许多研究。通常的观察结果是燃料蒸发大部分发生在相对较冷、氧气浓度较低的区域。但是,这个条件可能会有一些例外。

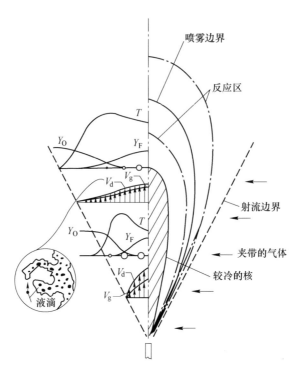

图 8.9 同轴喷雾扩散火焰的示意图
(据 Faeth,1977;转载自 Kuo,1986)

Faeth(1977)在其综述文章中总结认为,对各种实际系统中的喷雾燃烧的理解表明,尽管在某些情况下,可以通过忽略喷雾蒸发的细节并将系统作为气态扩散火焰一样处理来对喷雾燃烧建模,但在许多情况下,这样的简化没有根据,并且必须考虑湍流两相流。需要的是改进的喷头表征方法、更多有关湍流中液滴输运特性的信息以及持续发展更为完整的两相湍流模型。特别地,需要进一步考虑这 4 个方面:

(1) 尽管一维模型是设计液体火箭发动机的可接受的方法,但缺乏有关喷头附近三维作用、液体射流破碎过程、瞬态效应、模型预测结果对运行参数的敏感性以及高温回流中喷头特性的信息。

(2) 必须进行更多的工作来确立局部均匀流动模型的边界(将在本章后面讨论)。

(3) 需要一种预估两相流中液滴特性的匹配方法。需要系统的研究来解析所有的输运效应。

(4) 需要更为关注液滴着火标准和稳定包络火焰的存在。对流对燃烧的液滴的影响也很重要,需要进一步研究。

8.6节阐述已开发的各种喷雾模型和喷雾燃烧过程的最新进展。

8.6 喷雾燃烧过程模型的分类

考虑到喷雾燃烧涉及的湍流反应过程的两相性质,预测模型的开发存在许多困难。从简单关系式到复杂湍流两相反应模型,已经提出了具有不同基本假设和复杂程度的模型。本节将介绍这些模型的分类及其典型示例。

8.6.1 简单关系式

许多研究者用简单的幂律关系式总结了实验结果(例如:Bahr,1953;Rao 和 Lefebvre,1976),得到了蒸发的燃料百分比随压力、温度、空气速度、喷头特性以及距喷头的距离的函数的表达式。也得到了喷雾扩散速率的经验关系式(Bahr,1953)。对柴油发动机开发了关联喷射速率和放热速率的经验关系式。这样的关系式仅限于研究中所考虑的特定发动机和喷头。为了控制空气污染,已经开发出了多种特定发动机 NO 排放的关系式。通过考虑液滴蒸发的特征、燃料和空气的混合速率等以定义能提示在特定运行条件下适当的关系形式的特征时间,在这些 NO 排放关系式上获得了一些成功。

8.6.2 液滴弹道模型

在液滴弹道(Ballistic)模型中,假定环境气体的温度和速度是恒定的,并且忽略喷雾对环境气体的夹带和冷却作用。喷雾特性仅由与单个液滴有关的过程确定。8.4.3 小节中给出了这种类型模型的更详细的描述。从分布函数 f_j 的定义以及 f_j 的输运方程可以清楚地看出,使用式(8.20)可以很方便地处理多分散喷射喷雾。这类模型的一个例子是 8.4.4 小节中提到的 Probert(1946)的开创性分析,这一分析是在环境气体和燃料滴之间没有相对运动的假设下考虑了单颗液滴尺寸分布的演化。Natarajan 和 Ghosh(1975)研究了单分散喷射喷雾的对流和阻力作用。Westbrook(1976)为喷雾方程式(8.20)开发了一种数值求解技术,并将其应用于喷射到燃烧室的薄喷雾。研究了大量系统参数的独立变化的影响。这些参数包括初始喷雾分散度、气体涡旋的量和类型、气体密度、喷射时间、燃烧室的几何形状、初始液滴尺寸分布、喷射速度、阻力系数、汽化速率、喷头孔径尺寸、液滴比重和喷射方向。计算时忽略了式(8.20)中的源项 Q_j 和 Γ_j,在三维和瞬态条件下进行。尽管这是一个有用的计算,但忽略喷雾对改变气体温度和速度的作用,会限制结果应用在一般喷雾燃烧问题上。Bracco(1974)使用这类模型研究了恒定横截面积火箭发动机中乙醇液滴在氧气中的喷雾燃烧。他的模型采用了初始液滴半径的 Nukiyama-Tanasawa 分布函数、Stokes 阻力方程,以及改进的 Priem-Heidmann(1960)的液滴蒸发速率方程或改进的 Spalding(1953)的液滴蒸发速率方程。Bracco 发现他的计算结果准确地再现了所测试发动机的稳态数据。建议用于单一燃料液滴在无限氧化介质中蒸发和燃烧的 Priem-Heidmann 蒸发速率方程和 Spalding 蒸发速率方程被认为高估了喷雾中液滴的蒸发速率。

8.6.3 一维模型

在一维模型中考虑了液相和气相之间的相互作用,但通常忽略了湍流气流中液滴扩散的复杂性。如前所述,对于采用细喷雾的液体燃料火箭发动机,一维喷雾燃烧模型得到了广泛使用,尤其是在较早的研究中。Dickinson 和 Marshall(1968)在其对喷雾干燥过程的研究中,使用了一维模型来确定喷雾尺寸分布函数的作用。他们认为阻力和液滴蒸发对气体速度的影响可以忽略,且液滴温度不变。在后来的研究中,Law(1975)通过考虑由蒸发引起的气体速度和温度的变化,改进了这一分析。

在一项转子发动机(Wankel engine)中液滴蒸发的模拟中,Bracco(1973)假设没有空间压力梯度,求解了瞬态一维喷雾方程以及气相能量方程。在他的分析中,考虑了蒸发过程中液滴的对流加热。但是忽略了液滴的瞬时加热作用。这些模型都没有进行与实验数据的比较而得到严格的评估。为了研究各种火箭发动机的燃烧效率,Priem 和 Heidmann(1960)通过假设气体温度恒定建立了一个一维模型。模型考虑了液滴加热过程和阻力,但是忽略了单个液滴周围的燃烧。尽管在模型中未考虑液滴破碎,但当超过一个临界韦伯数 We_c 时,发现了液滴破碎的条件。Mador 和 Roberts(1974)将流管法应用于燃气轮机燃烧室的分析。在他们的分析中,允许通过湍流混合来交换质量和热量。尽管该模型在预测废气排放上给出了一些令人振奋的结果,但将此模型用于预测喷雾燃烧其他特性的有效性仍需检验。

一般来说,一维模型是全面的,但仍然需要涉及大量的经验。应用这些模型需要对物理性质和经验参数进行优化选择。这些模型在设计上可能会有所帮助,但这绝不意味着一维模型在预测喷雾燃烧过程的所有方面都令人满意。

8.6.4 搅拌反应器模型

为了辅助设计用于燃料液滴蒸发和燃烧的某些燃烧室,一些工程师使用了基于搅拌反应器概念的简化分析。在这种方法中,通过考虑均匀搅拌反应器或推流反应器,大大简化了对回流流型和许多详细的两相反应流现象的处理。Swithenbank,Poli 和 Vincent(1973)基于互联反应器和部分搅拌反应器开发了一个这种类型的模型,其个体性能是利用能量平衡原理计算出来的。他们的模型开发用来预测性能变量,如吹脱的稳定极限、燃烧效率、燃烧强度和总压力损失。他还计算了燃烧室内的湍流程度来确定噪声输出、着火条件和传热速率。

Swithenbank et al.[①] 取得了高强度燃气轮机式燃烧器整体稳定回路预测结果和实测结果间的令人满意的一致性。Courtney(1960)应用搅拌反应器分析来研究火箭发动机的燃烧过程。Munz 和 Eisenklam(1976)根据搅拌反应器和推流反应器单元的流动结构,对高强度喷雾燃烧室内的燃烧过程进行了建模。为了确定 NO 排放的趋势,计算了具有多尺寸液滴的喷雾的蒸发,及其紧随的均相热解和复杂的化学反应。

尽管很多研究人员和设计人员已将这种类型的模型用作指导其燃烧室设计的工具,但搅拌反应器的概念和应用仍存在严重的局限性。液滴和气态物质的扩散过程与燃烧过程强烈耦合。同样,来自液滴表面的燃料蒸气在有意义的化学反应可能发生之前必须与氧化剂充分混合。因此,在应用此类型的模型之前必须仔细分析考查。

8.6.5 局部均匀流模型

在 Thring 和 Newby(1953)较早期的工作中,建议通过假设忽略凝聚相和气相间滑移效应的局部均匀流(locally homogeneous flow,LHF)来估计湍流喷雾火焰的长度。在此假设下,两相被假设都处于动态和热力学平衡中(在流动中的每一点,它们都具有相同的速度和温度,并且都处于相平衡)。喷雾基本上等同于具有相同动量和化学计量条件的气体射流。注意:LHF 条件可以看作是喷雾含有无限小液滴的极限情况。

Newman 和 Brzustowski(1971)在其对超临界条件下液体喷雾蒸发的研究中,采用了局部均匀流动的假设进行分析。雾化、平均速度和温度预测得很好。Khalil 和 Whitelaw(1976)在研究煤油喷雾火焰时使用了二阶湍流闭合和 LHF 近似。如 8.5 节所述,他们发现,即使对于 SMD = 45μm 的小喷雾液滴,他们的解也不完全令人满意。8.7 节将对 LHF 模型进行更广泛的讨论。

8.6.6 两相流(分散流)模型

两相流(分散流)模型是研究喷雾燃烧的最合乎逻辑的方法,因为在分析中包括了两相间的有限输运速率的影响。考虑浓度、温度和速度梯度的两相流湍流模型的系统开发始于 20 世纪 70 年代后期。两相流模型的开发非常重要,因为当喷雾中的液滴极小时,LHF 模型将严格受限于条件。已经提出并求解了多种分散流模型。8.8 节将对分散流模型进行更广泛的讨论。

8.7 局部均匀流模型

LHF 模型的基本前提是相间输运速率与整个流场的发展速率相比要快。

---

① 原文缺少"(1980)"。——译者注

这种近似要求流动中的每一点、所有相都具有相同的速度并都处于热力学平衡状态。由于气泡相对较低的惯性和热容量，分散在连续液相中的气相最容易满足 LHF 的要求，如 Avery 和 Faeth(1974) 的实验所示。对喷雾(分散液相和连续气相)而言，当液滴尺寸较小、各相密度几乎相同且过程自身的发展速度较慢时，LHF 近似最为合适(Faeth,1983)。

Onuma 和 Ogasawara(1974)、Onuma, Ogasawara 和 Inoue(1976)、Komiyama, Flagan 和 Heywood(1976)，以及 Styles 和 Chigier(1976) 的观察结果给出了 LHF 模型对一些喷雾燃烧过程的合理性。他们证明，在以气体为燃料的火焰结构和以具有最大液滴数密度为 $10\mu m < SMD < 20\mu m$ 的雾化良好的喷雾火焰结构之间存在惊人的相似。

LHF 模型有几个优点：①由于初始液滴尺寸和速度分布在计算中不起作用，它们所需的有关喷头特性的信息最少。众所周知，由于稠密喷雾中液体射流的破碎和液滴形成的过程仍远未被理解，由此喷头特性很难得到。②节省计算机时间。喷雾计算几乎与单相流计算相同。③所需的经验常数比起分散流中的离散液滴模型要少得多。

根据 Faeth(1983)，LHF 模型为喷雾过程的程度和特征提供了合理的初步估计。它们在给出喷雾尺寸的下限时很有用。LHF 模型还可以通过在试验之前增强雾化来为潜在的过程改进给出指示。

8.7.1 LHF 模型的分类

喷雾燃烧的 LHF 模型有很多种，有一些是用积分法建模的(例如：Thring 和 Newby,1953;Newman 和 Brzustowskl,1971;Shearer 和 Faeth,1977)，还有一些采用了燃烧和非燃烧气流中的测量结果校准的高阶湍流模型(例如：Khalil 和 Whitelaw,1976;Khalil,1978;Mao, Szekely 和 Faeth,1980,1981;Shearer, Tamura 和 Faeth,1979)。Faeth(1983) 对 LHF 喷雾模型进行了整理总结，如表 8.5 所列。

表 8.5 喷雾的局部均匀流模型汇总[①]

日期	研究者	流动结构	模型	实验	评价
1953	Thring 和 Newby	轴对称、边界层燃烧	积分、EQ、抛物线	雾化流喷雾在空气中的燃烧,0.1MPa	与火焰长度定性吻合
1971	Newman 和 Brzustowski	轴对称、边界层蒸发	积分、EQ、抛物线	压力雾化液体在其临界点的蒸发,6~9MPa	与喷雾边界吻合很好

(续)

日期	研究者	流动结构	模型	实验	评价
1977	Shearer 和 Faeth	轴对称、边界层燃烧	积分、EQ、抛物线	压力雾化喷雾的燃烧,没有漩涡,SMD=30μm(估计),0.1~9MPa	低估喷雾和火焰边界30%~50%,对流动宽度预估较差
1976	Khalil 和 Whitelaw	轴对称、带有回流和燃烧的漩涡流	$k-\varepsilon-g$、EQP、椭圆形	压力雾化喷雾的燃烧,漩涡,SMD=45μm、100μm,0.1MPa	过高估计了过程发展速率
1978	Khalil	轴对称、带有回流和燃烧的漩涡流	$k-\varepsilon-g$、MEBU、椭圆形	压力雾化喷雾的燃烧,没有漩涡,SMD=45μm、100μm,0.1MPa	改进了某些情况下的预测结果
1979	Shearer, Tamura 和 Faeth	轴对称、边界层蒸发	$k-\varepsilon-g$、EQP、抛物线	空气雾化喷雾的蒸发,没有漩涡,在静止空气中,SMD=29μm,0.1MPa	过高估计了过程发展速率,预估的平均速度和混合分数比喷头附近的测试值低20%~40%
1980	Mao, Szekely 和 Faeth	轴对称、边界层燃烧	$k-\varepsilon-g$、EQP、抛物线	空气雾化喷雾的燃烧,没有漩涡,在静止空气中,SMD=35μm,0.1MPa	过高估计了过程发展速率,火焰长度低估20%
1981	Mao, Wakamatsu 和 Faeth	轴对称、边界层燃烧	$k-\varepsilon-g$、EQP、抛物线	压力雾化喷雾的燃烧,没有漩涡,在静止空气中,SMD=30μm(估计),3~9MPa	过高估计了过程发展速率,喷雾长度低估20%

①改自 Faeth,1977。
②表中所列的所有情况都是稳态的。
③EQ 表示局部热平衡;EBU 表明使用涡破碎模型并结合了局部热平衡来估计燃料浓度;MEBU 与 EBU 相同,只是对液滴燃烧进行了经验修正;EQP 表示使用了局部热平衡,其采用的平均性能使用了 PDF。
④压力为喷雾环境的压力。

根据 Reynolds(1980)，除积分模型以外，还有两大类湍流模型，即全场建模(full-field modeling，FFM)和大涡模拟(large-eddy simulation，LES)。FFM 法使用偏微分方程来描述某些平均量的变化。这些平均量或变量可以分为两类：

(1) 平均流动特性，如速度、混合分数和温度。

(2) 湍流参数，如湍流动能 k，耗散速率 ε，混合分数波动的平方 g 和湍流应力分量。

如第 4 章~第 6 章所述，为使湍流闭合，必须为控制方程中出现的各个项构建湍流模型。在构建这些模型时，必须考虑来自所有尺度湍流运动的贡献。这个过程带来了一些困难，这是因为大尺度的湍流通常是各向异性的，而小尺度的过程趋于各向同性。LES 方法涉及完成在指定初始条件下随时间变化的湍流三维结构的计算，以此反映随机性。在这种方法中，仅对小于计算网格间距的湍流尺度才需要建模。众所周知，小尺度的湍流在性质上几乎是相同的，对其建模比必须对整个尺度范围的湍流进行建模的情况更为可靠(Reynolds，1980)。大多数 LHF 喷雾模型都采用了 FFM 法。

雷诺(时间)平均或 Favre(质量加权)平均都可用于 FFM 喷雾模型。后者甚至更适合于可压缩流。第 4 章给出了这些平均过程的详细讨论。通常，当使用雷诺平均时，只有在忽略一些可能并不能忽略的涉及密度波动的项时，控制方程才能达到 Favre 平均形式。然后，雷诺平均方程的解才对应于 Favre 平均解，而无需通过涉及密度和其他变量的相关关系的方程的解来计算质量平均值。由于这只是湍流模型中许多近似中的一种，因此雷诺平均因其计算方便而通常用于 LHF 喷雾模型，尽管这两种方法都可以应用。本节的讨论仅限于雷诺平均模型方程。

8.7.2 LHF 模型的数学公式

理论模型有几个主要组成部分，包括基本假设、状态方程、守恒方程、湍流输运方程、边界条件以及物理输入相关关系和常数。

8.7.2.1 基本假设

为得到理论公式的简单形式，通常对 LHF 模型进行 6 个假设：

(1) 所有物质和热量的输运系数都相同($D_t = \alpha_t = v_t$)。

(2) 燃烧过程是绝热的。

(3) 辐射、黏性耗散和动能可忽略不计。

(4) 分子反应速率无限快，因此可以维持局部热力学平衡。

(5) 平均流稳定且轴对称。

(6) 出于计算的便利和对双方程模型的广泛有效性，假设以下各向同性湍流黏度表达式成立：

$$\mu_t = C_\mu \bar{\rho} \frac{k^2}{\varepsilon} \tag{8.31}$$

当与物质扩散系数相等的假设结合使用时,局部热力学平衡意味着混合物的当地状态完全由压力、速度、混合分数、温度或总焓确定。相等扩散系数假设与辐射、黏性耗散和动能可忽略不计的假设相结合时,意味着混合物的当地状态可以完全仅由压力和混合分数来确定。

8.7.2.2 状态方程

可认为混合物焓、组成、温度、密度和混合分数之间的关系是状态方程。所考虑的每一种喷雾都需要单独的状态方程。在足够低的压力下,可以假设所有气体都是理想气体。假设流动中有 N_s 种物质,混合物中第 i 种物质的质量分数可写为

$$Y_i = Y_{i0} f + Y_{i\infty}(1-f), i=1,\cdots,N_s \tag{8.32}$$

式中:下标 0 和 ∞ 分别为喷头出口和远场条件。

由于每种物质可能以气态和(或)液态存在,因此,有

$$Y_i = Y_{fi} + Y_{gi} \tag{8.33}$$

混合物的焓可以表示为

$$h = h_0 f + h_\infty (1-f) \tag{8.34}$$

用处于可能状态的所有物质的质量分数,焓也可以写为

$$h = \sum_{i=1}^{N_s} (Y_{fi} h_{fi} + Y_{gi} h_{gi}), i=1,\cdots,N_s \tag{8.35}$$

当所用的混合物温度为适当值时,这两个焓表达式应该会得到相等的值。混合物的密度为

$$\rho = \sum_{i=1}^{N_s} (Y_{fi} v_{fi} + Y_{gi} v_{gi})^{-1}, i=1,\cdots,N_s \tag{8.36}$$

式中:v_{fi} 和 v_{gi} 为物质 i 在液相和气相的微分比容。

给定每种物质焓和密度的关系、局部温度和每种物质的分压,式(8.32)~式(8.36)足以描述指定混合物组成的组分、温度和密度。第 i 种物质的气相和液相的相对质量分数可从式(8.33)以及每种物质的化学势在两相中都必须相同的要求中得到。

> **例 8.1**
> 详细给出对于纯空气射流注入 298K 的静止水浴,注入平面压力为 101kPa 情况下所需的状态方程关系式。
> **解:**
> 空气-水两相系统的状态方程可以用如下方式构建。可以认为喷雾是等温的,并且可以假设空气表现为理想气体。水蒸气的影响可忽略。同样,可以

假设没有空气溶解在水中。在这些假设下,空气和水的质量分数可从式(8.32)得到:

$$Y_A = f \tag{1}$$

$$Y_W = 1 - f \tag{2}$$

射流中两相混合物的密度可以从式(8.36)得到:

$$\rho = \left(\frac{f}{\rho_A} + \frac{1-f}{\rho_W}\right)^{-1} \tag{3}$$

式中:水和空气的密度可以假设是恒定的。可以通过假设空气是理想气体来计算空气密度。Y_A,Y_W 和 ρ 与混合分数 f 的关系如图 8.10 所示。有趣的是注意到空气和水的质量分数随混合分数线性变化。但是,密度随混合分数的变化是非线性的。

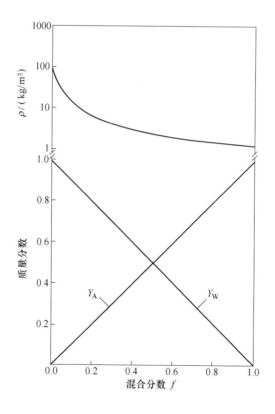

图 8.10 空气和水的密度和质量分数对混合分数的依赖关系
(空气-水体系的状态方程,据 Shearer 和 Faeth,1977;转载自 Kuo,1986)

例 8.2

详细给出空气雾化氟利昂-11(Freon-11)射流作为蒸发喷雾注入 298 K 和 101 kPa 滞止空气情况下所需的状态方程关系式。

解:

氟利昂-11 的质量分数可从式(8.32)得到:

$$Y_F = Y_{F0} f \tag{1}$$

其中从喷头出口条件可以知道 Y_{F0}。空气质量分数是与氟利昂-11 互补的部分,显然有

$$Y_A = 1 - Y_F \tag{2}$$

两相混合物的焓可以从式(8.34)确定为

$$h = h_0 f + h_{A\infty}(1-f) \tag{3}$$

空气的焓给出为

$$h_A = C_{p,A}(T - T_{\text{ref}}) \tag{4}$$

其中:参考温度 T_{ref} 为 298K。氟利昂-11 在液相和气相中的焓可以表示为

$$h_{F_f} = C_{p,F_f}(T - T_{\text{ref}}) \tag{5}$$

$$h_{F_g} = C_{p,F_g}(T - T_{\text{ref}}) + h_{F,fg(T_{\text{ref}})} \tag{6}$$

式中:$h_{F,fg(T_{\text{ref}})}$ 为在参考温度 T_{ref} 下氟利昂-11 的汽化热。喷头出口处的焓是由氟利昂-11 和注入的空气带来的贡献之和:

$$h_0 = Y_{A0} h_{A0} + Y_{F0} h_{F0} \tag{7}$$

气相由氟利昂-11 蒸气和空气组成。假设理想气体行为,总压力等于各组分的分压之和:

$$p = \sum p_i = p_A + p_{F_g} \tag{8}$$

当液体存在于喷雾中并与蒸气保持平衡时,气相中氟利昂-11 的分压必须等于蒸气压。氟利昂-11 的蒸气压可以通过下述表达式关联:

$$\lg p_{F_g} = A' - \frac{B'}{T} \tag{9}$$

如果 T 的单位为 K,p 的单位为 kPa,那么式中 $A' = 6.7828$,$B' = 1416.1$。那么,由于气相中的摩尔分数与分压成正比,因此氟利昂-11 在气相中的质量分数为

$$Y_{F_g} = \frac{Y_A p_{F_g} Mw_F}{p_A Mw_A (1 - p_{F_g}/p_A)} \tag{10}$$

于是

$$Y_{F_f} = Y_F - Y_{F_g} \tag{11}$$

从式(8.35)也可以确定混合物的焓：

$$h = Y_A h_A + Y_{F_f} h_{F_f} + Y_{F_g} h_{F_g} \tag{12}$$

只要混合物是饱和的,就可以使用式(1)~式(12)计算任何混合分数下的混合物温度和组成。估算一个温度,根据式(9)确定氟利昂蒸气的分压。然后从式(10)~式(12)计算质量分数和混合物焓。将以这种方式计算出的焓与直接从式(3)确定的焓进行比较。可以采用区间分半程序来调节温度,直到混合物焓的两个计算值一致为止。

一旦所有液体蒸发,$Y_{F_f} = 0$,且空气和氟利昂-11 蒸气的质量分数可以直接从下式确定：

$$Y_{F_g} = Y_{F0} f \tag{13}$$

$$Y_A = 1 - Y_{F_g} \tag{14}$$

然后可以从式(3)、式(4)、式(6)和式(12)确定混合物温度。

混合物密度可以从下式确定：

$$\rho = \left(\frac{Y_{F_f}}{\rho_{F_f}} + \frac{Y_{F_g}}{\rho_{F_g}} + \frac{Y_A}{\rho_A} \right)^{-1} \tag{15}$$

氟利昂-11 液体的密度可以取作温度的线性函数。空气密度和蒸气密度可以从混合物温度和总压力下的理想气体表达式中得到。空气雾化射流中的氟利昂-11 喷雾蒸发进入停滞空气中的状态方程关系如图 8.11 所示。空气和氟利昂-11 的总质量分数呈线性关系,如图所示。然而,液体的存在会导致混合物温度和密度的非线性行为。计算中的物理性质为

$Mw_F = 137.37 \text{kg}/(\text{kg} \cdot \text{mol})$, $C_{p,F_g} = 0.674 \text{kJ}/(\text{kg} \cdot \text{K})$, $C_{p,F_f} = 0.879 \text{kJ}/(\text{kg} \cdot \text{K})$, $h_{F,f_g} = 171.17 \text{kJ/kg}$, $\rho_{F_f} = 2143.7 - 2.235T \text{ kg/m}^3$

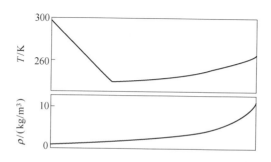

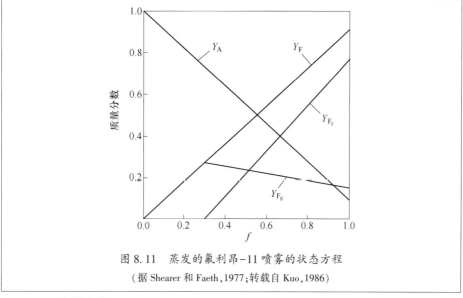

图 8.11 蒸发的氟利昂-11 喷雾的状态方程

(据 Shearer 和 Faeth,1977;转载自 Kuo,1986)

8.7.2.3 守恒方程

利用为两相混合物定义的状态方程,接下来的 LHF 模型公式简化为与单相流相同的守恒方程。对于喷雾直接喷入无限滞止介质的情况,可以假设流动是轴对称的,并且可适用边界层近似。下面的守恒方程仅适用于具有轴对称几何形状的稳定平均流的情况。

连续性方程的一般形式为

$$\frac{\partial}{\partial x_i}(\overline{\rho}\ \overline{u_i} + \overline{\rho' u_i'}) = 0 \tag{8.37}$$

对厚度与轴向距离相比很小的边界层考虑数量级分析时,假设

$$x, \overline{u}, \overline{\rho} \sim O(l) \text{ 且 } r \sim O(\delta) \tag{8.38}$$

式中:符号 O 表示数量级。

对二维轴对称流动,通用连续性方程式(8.37)可以表示为

$$\overbrace{\frac{\partial}{\partial x}(\overline{\rho}\overline{u})}^{(a)} + \overbrace{\frac{\partial}{\partial x}(\overline{\rho' u'})}^{(b)} + \overbrace{\frac{1}{r}\frac{\partial}{\partial r}(r\overline{\rho}\ \overline{v})}^{(c)} + \overbrace{\frac{1}{r}\frac{\partial}{\partial r}(r\overline{\rho' v'})}^{(d)} = 0 \tag{8.39}$$

可以用 Boussinesq 近似来模拟项(b)和(d)出现的密度-速度相关关系:

$$-\overline{\rho}\ \overline{\rho' u'} = \frac{\mu_t}{\sigma_\rho} \frac{\partial \overline{\rho}}{\partial x} \tag{8.40}$$

$$-\overline{\rho}\ \overline{\rho' v'} = \frac{\mu_t}{\sigma_\rho} \frac{\partial \overline{\rho}}{\partial r} \tag{8.41}$$

式中:μ_t 为"湍流黏度";σ_ρ 为湍流普朗特/施密特数。

将式(8.40)和式(8.41)代入式(8.39),应用式(8.38)使用的量级分析,并令 $\sigma_\rho = 1$,有

$$\underbrace{\frac{\partial}{\partial x}(\overline{\rho}\,\overline{u})}_{1}{}^{(a)} - \underbrace{\frac{\partial}{\partial x}\left(\frac{\mu_t}{\overline{\rho}}\frac{\partial \overline{\rho}}{\partial x}\right)}_{\mu_t}{}^{(b)} + \underbrace{\frac{1}{r}\frac{\partial}{\partial r}(r\overline{\rho}\,\overline{v})}_{\overline{v}/\delta}{}^{(c)} - \underbrace{\frac{1}{r}\frac{\partial}{\partial r}\left(r\frac{\mu_t}{\overline{\rho}}\frac{\partial \overline{\rho}}{\partial r}\right)}_{\mu_t/\delta^2}{}^{(d)} = 0 \quad (8.42)$$

式中标出了每个项的数量级。为使式(8.42)变为非平凡,必须保留(c)项和(d)项。这意味着

$$\overline{v} \sim O(\delta) \quad (8.43)$$
$$\mu_t \sim O(\delta^2) \quad (8.44)$$

因此,相对于其他项,项(b)可以忽略,式(8.42)简化为

$$\frac{\partial}{\partial x}(\overline{\rho}\,\overline{u}) + \frac{1}{r}\frac{\partial}{\partial r}(r\overline{\rho}\,\overline{v}^\circ) = 0 \quad (8.45)$$

式中

$$\overline{\rho}\,\overline{v}^\circ = \overline{\rho}\,\overline{v} + \overline{\rho'v'} \quad (8.46)$$

式(8.46)给出的均值和波动项的组合对余项分析是一个方便的公式。

动量方程适用于非均匀性质流动的时间平均动量方程的通用形式可以表示为

$$\overbrace{[\overline{\rho u_j} + (\overline{\rho' u_j'})]\frac{\partial \overline{u_i}}{\partial x_j}}^{(a)} = (\overline{\rho}_\infty - \overline{\rho})g_{ai} - \frac{\partial \overline{p}}{\partial x_i} - \frac{\partial}{\partial x_j}[\overbrace{\overline{\rho}\,\overline{u_i'u_j'}}^{(b)} + \overbrace{\overline{\rho'u_i'u_j'}}^{(c)} + \overbrace{\overline{u}_j\overline{\rho'u_i'}}^{(d)}]$$

$$+ \frac{\partial}{\partial x_j}\left[\overbrace{-\frac{2}{3}\overline{\mu}\frac{\partial \overline{u_i}}{\partial x_j}\delta_{ij}}^{(e)} + \overbrace{\overline{\mu}\left(\frac{\partial \overline{u_i}}{\partial x_j} + \frac{\partial \overline{u_j}}{\partial x_i}\right)}^{(f)} - \overbrace{\frac{2}{3}\overline{\mu'\frac{\partial u_i'}{\partial x_j}}\delta_{ij}}^{(g)} + \overbrace{\overline{\mu'\left(\frac{\partial u_i'}{\partial x_j} + \frac{\partial u_j'}{\partial x_i}\right)}}^{(h)}\right]$$

$$(8.47)$$

(详细推导见 Hinze,1975)对湍流自由射流,所有涉及分子黏度的项都可以忽略。对二维轴对称的情况,轴向动量方程可以表示为

$$\overbrace{\overline{\rho}\,\overline{u}\frac{\partial \overline{u}}{\partial x}}^{(a)} + \overbrace{\overline{\rho}\,\overline{v}\frac{\partial \overline{u}}{\partial r}}^{(b)} = \overbrace{g_{ax}(\overline{\rho}_\infty - \overline{\rho})}^{(c)} - \overbrace{\frac{\partial}{\partial x}(\overline{\rho}\,\overline{u'u'})}^{(d)} - \overbrace{\frac{1}{r}\frac{\partial}{\partial r}(r\overline{\rho}\,\overline{u'v'})}^{(e)} - \overbrace{\frac{\partial}{\partial x}(\overline{u}\,\overline{\rho'u'})}^{(f)}$$

$$- \overbrace{\frac{1}{r}\frac{\partial}{\partial r}(r\overline{v}\,\overline{\rho'v'})}^{(g)} - \overbrace{\frac{\partial}{\partial x}(\overline{\rho'u'u'})}^{(h)} - \overbrace{\frac{1}{r}\frac{\partial}{\partial r}(r\overline{\rho'u'v'})}^{(i)} - \overbrace{\overline{\rho'u'}\frac{\partial \overline{u}}{\partial x}}^{(j)} - \overbrace{\overline{\rho'v'}\frac{\partial \overline{u}}{\partial r}}^{(k)}$$

$$(8.48)$$

如前所述,可以用 Boussinesq 近似(式(8.40)和式(8.41))来对项(f)、项

(g)、项(j)和项(k)建模。Gosman, Lockwood 和 Syed(1976)为雷诺应力项提出了这些表达式:

$$\bar{\rho}\,\overline{u'u'} = -2\mu_t \frac{\partial \bar{u}}{\partial x} + \frac{2}{3}\frac{\mu_t}{\bar{\rho}}u\frac{\partial \bar{\rho}}{\partial x} \tag{8.49}$$

$$\bar{\rho}\,\overline{u'v'} = -\mu_t\left(\frac{\partial \bar{u}}{\partial r} + \frac{\partial \bar{v}}{\partial x}\right) \tag{8.50}$$

只有式(8.49)右侧第一项有意义,因此为简化公式,只考虑这一项。同样,很明显式(8.50)右侧的第一项大于第二项,因此可以忽略后者。式(8.48)中的三重相关项(h)和项(i)不可忽略;然而,由丁缺少合适的相关关系表达式,在此分析中忽略了它们。根据前面的讨论,式(8.48)可以用标注有数量级的项写为

$$\underbrace{\bar{\rho}\,\bar{u}\frac{\partial \bar{u}}{\partial x}}_{1}^{(a)} + \underbrace{\bar{\rho}\bar{v}\frac{\partial \bar{u}}{\partial r}}_{1}^{(c)} = \underbrace{g_{ax}(\bar{\rho}_\infty - \bar{\rho})}_{1}^{(c)} + \underbrace{2\frac{\partial}{\partial x}\left(\mu_t\frac{\partial \bar{u}}{\partial x}\right)}_{\delta^2}^{(d)}$$

$$+ \underbrace{\frac{1}{r}\frac{\partial}{\partial r}\left(r\mu_t\frac{\partial \bar{u}}{\partial r}\right)}_{1}^{(e)} + \underbrace{\frac{\partial}{\partial x}\left(\bar{u}\frac{\mu_t}{\sigma_\rho}\frac{\partial \bar{\rho}}{\partial x}\right)}_{\delta^2}^{(f)} + \underbrace{\frac{1}{r}\frac{\partial}{\partial r}\left(r\bar{v}\frac{\mu_t}{\sigma_\rho}\frac{\partial \bar{\rho}}{\partial r}\right)}_{\delta}^{(g)}$$

$$+ \underbrace{\frac{\mu_t}{\sigma_\rho}\frac{\partial \bar{\rho}}{\partial x}\frac{\partial \bar{u}}{\partial x}}_{\delta^2}^{(j)} + \underbrace{\frac{\mu_t}{\sigma_\rho}\frac{\partial \bar{\rho}}{\partial r}\frac{\partial \bar{u}}{\partial r}}_{1}^{(k)} \tag{8.51}$$

项(d)、项(f)、项(g)和项(j),由于它们更高阶,可以略去,等式简化为

$$\bar{\rho}\bar{u}\frac{\partial \bar{u}}{\partial x} + \bar{\rho}\bar{v}^\circ\frac{\partial \bar{u}}{\partial r} - \frac{1}{r}\frac{\partial}{\partial r}\left(r\mu_t\frac{\partial \bar{u}}{\partial r}\right) = g_{ax}(\bar{\rho}_\infty - \bar{\rho}) \tag{8.52}①$$

混合分数的守恒。在第2章中定义了混合分数 Z(有时表示为 f),因此 Z 在纯氧化剂流中值为零,在纯燃料流中值为 1。f 的平衡方程(Gosman, Lockwood 和 Syed, 1976)可以表示为

$$\overbrace{(\bar{\rho}\,\bar{u}_j + \overline{\rho'u'_j})}^{(a)}\frac{\partial \bar{f}}{\partial x_j} = -\frac{\partial}{\partial x_j}\left[\overbrace{\bar{\rho}\,\overline{u'_j f'}}^{(b)} + \overbrace{\overline{\rho'u'_j f'}}^{(c)} + \overbrace{\bar{u}_j\overline{\rho'f'}}^{(d)}\right] + \overbrace{\frac{\partial}{\partial x_j}\left(\rho D_f\frac{\partial f}{\partial x_j}\right)}^{(e)}$$

$$\tag{8.53}$$

对于二维轴对称情况,忽略项(e)并将等式置于圆柱坐标系可得

---

① 根据式(8.46)、式(8.59)和其他式子,应将原式第一项改为$\bar{\rho}\,\bar{u}$。——译者注

$$\overbrace{\bar{\rho}\,\bar{u}\frac{\partial \bar{f}}{\partial x}}^{(a)} + \overbrace{\bar{\rho}\,\bar{v}\frac{\partial \bar{f}}{\partial r}}^{(b)} = -\overbrace{\frac{\partial}{\partial x}(\bar{\rho}\,\overline{u'f'})}^{(c)} - \overbrace{\frac{1}{r}\frac{\partial}{\partial r}(r\bar{\rho}\,\overline{v'f'})}^{(d)} - \overbrace{\frac{\partial}{\partial x}(\bar{u}\,\overline{\rho'f'})}^{(e)} - \overbrace{\frac{1}{r}\frac{\partial}{\partial r}(r\bar{v}\,\overline{\rho'f'})}^{(f)}$$
$$-\overbrace{\frac{\partial}{\partial x}(\overline{\rho'u'f'})}^{(g)} - \overbrace{\frac{1}{r}\frac{\partial}{\partial r}(r\overline{\rho'v'f'})}^{(h)} - \overbrace{\overline{\rho'u'}\frac{\partial \bar{f}}{\partial x}}^{(i)} - \overbrace{\overline{\rho'v'}\frac{\partial \bar{f}}{\partial r}}^{(j)} \tag{8.54}$$

与动量方程一样,再次忽略三重相关项(g)和项(h)。Gosman,Lockwood et al. (1976)和其他研究者已经证明,$\overline{\rho'f'}$这一项可以通过以下积分近似:

$$\overline{\rho'f'} = \int_0^1 \left(\frac{d\rho}{df}\right)_{\bar{f}} (f-\bar{f})^2\,\mathcal{P}(f)\,df \tag{8.55}$$

其中:$\mathcal{P}(f)$为PDF,是未知的。因此忽略此项,就像前面的分析一样。这个假设通常是可以接受的。然而,对于空气射流注入水中的情况,在射流边缘($\bar{f} \approx 0$处)可能会出现较大的$(d\rho/df)_{\bar{f}}$值,从而$\overline{\rho'f'}$不可忽略。简单起见,不考虑该项。任何标量ϕ的Boussinesq近似都可以写为

$$\bar{\rho}\,\overline{\phi'u'} = \frac{-\mu_t}{\sigma_\phi}\frac{\partial \bar{\phi}}{\partial x} \tag{8.56}$$

和

$$\bar{\rho}\,\overline{\phi'v'} = \frac{-\mu_t}{\sigma_\phi}\frac{\partial \bar{\phi}}{\partial r} \tag{8.57}$$

$\phi = f$时,可以用以上等式对式(8.54)中的项(c)和项(d)建模。式(8.40)和式(8.41)可用来对项(i)和项(j)建模。因此,式(8.54)可以重写为

$$\overbrace{\underbrace{\bar{\rho}\bar{u}\frac{\partial \bar{f}}{\partial x}}_{1}}^{(a)} + \overbrace{\underbrace{\bar{\rho}\bar{v}\frac{\partial \bar{f}}{\partial r}}_{1}}^{(b)} = \overbrace{\underbrace{\frac{\partial}{\partial x}\left(\frac{\mu_t}{\sigma_f}\frac{\partial \bar{f}}{\partial x}\right)}_{\delta^2}}^{(c)} + \overbrace{\underbrace{\frac{1}{r}\frac{\partial}{\partial r}\left(r\frac{\mu_t}{\sigma_f}\frac{\partial \bar{f}}{\partial r}\right)}_{1}}^{(d)}$$
$$+ \overbrace{\underbrace{\frac{\mu_t}{\sigma_\rho}\frac{\partial \bar{\rho}}{\partial x}\frac{\partial \bar{f}}{\partial x}}_{\delta^2}}^{(i)} + \overbrace{\underbrace{\frac{\mu_t}{\sigma_\rho}\frac{\partial \bar{\rho}}{\partial r}\frac{\partial \bar{f}}{\partial r}}_{1}}^{(j)} \tag{8.58}$$

忽略高阶项并合并项(b)和项(j),我们可以将式(8.58)表达为

$$\bar{\rho}\,\bar{u}\frac{\partial \bar{f}}{\partial x} + \bar{\rho}\bar{v}^\circ\frac{\partial \bar{f}}{\partial r} - \frac{1}{r}\frac{\partial}{\partial r}\left(r\frac{\mu_t}{\sigma_f}\frac{\partial \bar{f}}{\partial r}\right) = 0 \tag{8.59}$$

8.7.2.4　湍流输运方程

为实现湍流闭合,必须考虑几个湍流输运方程。

湍流动能(k)。在4.3节讨论的基础上,湍流动能方程的通用形式可以写为

$$\bar{\rho}\bar{u}\frac{\partial k}{\partial x} + \bar{\rho}\nu^{\circ}\frac{\partial k}{\partial r} - \frac{1}{r}\frac{\partial}{\partial r}\left(r\frac{\mu_t}{\sigma_k}\frac{\partial k}{\partial r}\right) = \mu_t\left(\frac{\partial \bar{u}}{\partial r}\right)^2 - \bar{\rho}\varepsilon \quad (8.60)$$

耗散率(ε)和混合分数波动的平方(g)的方程。这些湍流输运方程是根据 Faeth(1983),在采用与前面所讨论的守恒方程相似的处理方法后提出的:

$$\bar{\rho}\bar{u}\frac{\partial \varepsilon}{\partial x} + \bar{\rho}\nu^{\circ}\frac{\partial \varepsilon}{\partial r} - \frac{1}{r}\frac{\partial}{\partial r}\left(r\frac{\mu_t}{\sigma_\varepsilon}\frac{\partial \varepsilon}{\partial r}\right) = C_{\varepsilon 1}\frac{\varepsilon}{k}\mu_t\left(\frac{\partial \bar{u}}{\partial r}\right)^2 - C_{\varepsilon 2}\bar{\rho}\frac{\varepsilon^2}{k} \quad (8.61)$$

$$\bar{\rho}\bar{u}\frac{\partial g}{\partial x} + \bar{\rho}\nu^{\circ}\frac{\partial g}{\partial r} - \frac{1}{r}\frac{\partial}{\partial r}\left(r\frac{\mu_t}{\sigma_g}\frac{\partial g}{\partial t}\right) = C_{g1}\mu_t\left(\frac{\partial \bar{f}}{\partial r}\right)^2 - C_{g2}\bar{\rho}\frac{\varepsilon g}{k} \quad (8.62)$$

式中:$C_{\varepsilon 1}$,$C_{\varepsilon 2}$,C_{g1},C_{g2}是湍流模型的常数。

注意:符号g不应与重力加速度混淆。它在数学上定义为

$$g \equiv \overline{f'^2} \text{ 或 } g \equiv \widetilde{f''^2} \quad (8.63)$$

可以看出,所有这些湍流输运方程和守恒方程的最终形式比较相似,因此可以定义一个算子$D(\phi)$,其中:$\phi = f, u, k, \varepsilon$ 或 g,即

$$D(\phi) = \bar{\rho}\bar{u}\frac{\partial \phi}{\partial x} + \bar{\rho}\nu^{\circ}\frac{\partial \phi}{\partial r} - \frac{1}{r}\frac{\partial}{\partial r}\left(r\frac{\mu_t}{\sigma_\phi}\frac{\partial \phi}{\partial r}\right) \quad (8.64)$$

使用该算子,守恒方程和湍流输运方程可以表示为

$$\frac{\partial \bar{\rho}\bar{u}}{\partial x} + \frac{1}{r}\frac{\partial}{\partial r}(r\bar{\rho}\nu^{\circ}) = 0 \quad (8.65)$$

$$D(\bar{u}) = g_{ax}(\rho_\infty - \bar{\rho}) \quad (8.66)$$

$$D(\bar{f}) = 0 \quad (8.67)$$

$$D(k) = \mu_t\left(\frac{\partial \bar{u}}{\partial r}\right)^2 - \bar{\rho}\varepsilon \quad (8.68)$$

$$D(\varepsilon) = C_{\varepsilon 1}\frac{\varepsilon}{k}\mu_t\left(\frac{\partial \bar{u}}{\partial r}\right)^2 - C_{\varepsilon 2}\bar{\rho}\frac{\varepsilon^2}{k} \quad (8.69)$$

$$D(g) = C_{g1}\mu_t\left(\frac{\partial \bar{f}}{\partial r}\right)^2 - C_{g2}\bar{\rho}\frac{\varepsilon g}{k} \quad (8.70)$$

湍流常数指定为这些值:

$$C_\mu = 0.09, C_{\varepsilon 1} = 1.44, C_{g1} = 2.8, \sigma_k = 1.0,$$
$$\sigma_\varepsilon = 1.3, \sigma_f = 0.7, \sigma_g = 0.7, \sigma_{Y_i} = 0.7$$

对于定密度流:$C_{\varepsilon 2} = C_{g2} = 1.89$。对于变密度流:$C_{\varepsilon 2} = C_{g2} = 1.84$。

8.7.2.5 边界条件

这些方程的边界条件为

$$r = 0, \frac{\partial \phi}{\partial r} = 0 \tag{8.71}$$

且

$$r = \infty, \phi = 0 \tag{8.72}$$

除了这些,还必须指定其他几个条件以给出:(a)所注入物质的质量流速,(b)喷头处的热力学状态和推力;(c)喷头出口处的 k 和 ε 的分布。

8.7.2.6 求解步骤

根据 Faeth(1983),稳态和轴对称条件下的控制方程总结在表 8.6 中。这种情况下将 ϕ 作为通用因变量,控制方程可以写作以下一般形式:

$$\frac{\partial}{\partial x}(\bar{\rho}\,\bar{u}\phi) + \frac{1}{r}\frac{\partial}{\partial r}(r\bar{\rho}\,\bar{v}\phi) = \frac{\partial}{\partial x}\left(\frac{\mu_t}{\sigma_\phi}\frac{\partial \phi}{\partial x}\right) + \frac{1}{r}\frac{\partial}{\partial r}\left(r\frac{\mu_t}{\sigma_\phi}\frac{\partial \phi}{\partial r}\right) + S_\phi \tag{8.73}$$

表 8.6　式(8.73)中旋流的源项

ϕ	S_ϕ	备注
1	0	—
$\bar{u}$	$\frac{\partial}{\partial x}\left(\mu_t \frac{\partial \bar{u}}{\partial x}\right) + \frac{1}{r}\frac{\partial}{\partial r}\left(\mu_t r \frac{\partial \bar{v}}{\partial x}\right) - \frac{\partial \bar{p}}{\partial x} \mp a_g \bar{\rho}$	+号为垂直向上的流动
$\bar{v}$	$\frac{\partial}{\partial x}\left(\mu_t \frac{\partial \bar{u}}{\partial r}\right) + \frac{1}{r}\frac{\partial}{\partial r}\left(\mu_t r \frac{\partial \bar{v}}{\partial r}\right) - \frac{2\mu_t \bar{v}}{r^2} + \frac{\bar{\rho}\,\overline{w^2}}{r} - \frac{\partial \bar{p}}{\partial r}$	—
$\bar{w}$	$-\left(\frac{\mu_t}{r^2} + \frac{\bar{\rho}\,\bar{v}}{r} + \frac{1}{r}\frac{\partial \mu_t}{\partial r}\right)\bar{w}$	—
k	$G_k - \bar{\rho}\varepsilon$	—
ε	$\frac{\varepsilon}{k}(C_{\varepsilon 1} G_k - C_{\varepsilon 2}\bar{\rho}\varepsilon)$	—
$\bar{f}$	0	—
$\bar{H}$	S_{rad}	忽略膨胀和剪切功项
g	$C_{g1}\mu_t\left[\left(\frac{\partial \bar{f}}{\partial x}\right)^2 + \left(\frac{\partial \bar{f}}{\partial r}\right)^2\right] - C_{g2}\bar{\rho}\frac{\varepsilon}{k}g$	—
$\bar{Y}_i$	$C_i R_f$	—

注:1. $G_k = \mu_t\left[2\left(\left(\frac{\partial \bar{u}}{\partial x}\right)^2 + \left(\frac{\partial \bar{v}}{\partial r}\right)^2 + \left(\frac{\bar{v}}{r}\right)^2\right) + \left(\frac{\partial \bar{w}}{\partial x}\right)^2 + \left(r\frac{\partial}{\partial r}\left(\frac{\bar{w}}{r}\right)\right)^2 + \left(\frac{\partial \bar{u}}{\partial r} + \frac{\partial \bar{v}}{\partial x}\right)^2\right]$

2. 湍流模型常数指定为这些值:

$C_\mu = 0.09, C_{\varepsilon 1} = 1.44, C_{\varepsilon 2} = 1.92, C_{g1} = 2.8, C_{g2} = 2.0,$

$\sigma_k = 0.9, \sigma_\varepsilon = 1.22, \sigma_{\bar{f}} = \sigma_{\bar{H}} = \sigma_g = \sigma_{\bar{Y}_i} = 0.9$。

3. a_g 为重力加速度。

4. 改自 Faeth,1983。

变量 H 为包含显能、化学能和动能的混合物总焓：

$$H \equiv \sum Y_i h_i + \frac{1}{2}(u^2 + v^2 + w^2) \tag{8.74}$$

其中

$$h_i \equiv \Delta h_{\text{f},i}^\circ + \int_{T_{\text{ref}}}^{T} C_{p,i} \mathrm{d}T \tag{8.75}$$

表 8.6 和表 8.7 中的源项 S_{rad} 表示辐射对 H 的增加的贡献。源项 $\overline{Y}_i$ 中的项 R_f 表示反应速率，后面将进行讨论。

表 8.7　式(8.76)中非旋流的源项

ϕ	S_ϕ	备注
1	0	—
$\overline{u}$	$\pm a_g (\rho_\infty - \overline{\rho})$	+号为垂直向上的流动
k	$\mu_t \left(\dfrac{\partial \overline{u}}{\partial r}\right)^2 - \overline{\rho}\varepsilon$	—
ε	$\dfrac{\varepsilon}{k}\left(C_{\varepsilon 1}\mu_t \left(\dfrac{\partial \overline{u}}{\partial r}\right)^2 - C_{\varepsilon 2}\overline{\rho}\varepsilon\right)$	—
$\overline{f}$	0	—
$\overline{H}$	S_{rad}	忽略膨胀和剪切功项
g	$C_{g1}\mu_t \left(\dfrac{\partial \overline{f}}{\partial x}\right)^2 - C_{g2}\overline{\rho}\dfrac{\varepsilon}{k}g$	—
$\overline{Y}_i$	$C_i R_f$	—

注：1. 湍流模型常数指定为这些值：

　　$C_\mu = 0.09$，$C_{\varepsilon 1} = 1.44$，$C_{g1} = 2.8$，$\sigma_k = 1.0$，$\sigma_\varepsilon = 1.3$，$\sigma_{\overline{f}} = \sigma_g = \sigma_{\overline{Y}_i} = 0.7$。

　　对于定密度流：$C_{\varepsilon 2} = C_{g2} = 1.89$；对于变密度流：$C_{\varepsilon 2} = C_{g2} = 1.84$。

2. 改自 Faeth,1987。

在许多实际情况下，可以根据表 8.6 列出的信息来简化控制方程和源项。表 8.8 中定义了 3 种不同的所感兴趣的情况。在情况 1 中，假设局部化学平衡没有热损失（Khalil 和 Whitelaw,1976；Mao, Szekely 和 Faeth,1980；Mao, Wakamatsu 和 Faeth,1981；Shearer, Tamura 和 Faeth,1979）。守恒方程和输运方程中求解出的量为 $\overline{u}$、$\overline{v}$、$\overline{w}$、$\overline{f}$、k、ε 和 g。

对于非旋流，控制方程式(8.73)可以简化为

$$\frac{\partial}{\partial x}(\overline{\rho}\,\overline{u}\phi) + \frac{1}{r}\frac{\partial}{\partial r}(r\overline{\rho}\overline{v}\phi) = \frac{1}{r}\frac{\partial}{\partial r}\left(r\frac{\mu_t}{\sigma_\phi}\frac{\partial \phi}{\partial r}\right) + S_\phi \tag{8.76}$$

表 8.8 LHF 模型近似的总结

主要假设			
（1）LHF 流动假设；			
（2）所有物质和热量的交换系数相等；			
（3）高雷诺数,忽略层流输运的贡献；			
（4）k-ε 湍流模型,浮力对湍流性质没有影响；			
（5）忽略密度波动项的雷诺平均,即使用 Favre 平均型的方程,而无需计算质量平均性质；			
其他假设	情况 1	情况 2	情况 3
（6）绝热流；	√	√	
（7）忽略辐射；	√	√	
（8）低马赫数；	√	√	
（9）局部化学平衡。	√		√
求解的输运方程			
平均量	$\bar{u}$、$\bar{v}$、$\bar{w}$、$\bar{f}$	$\bar{u}$、$\bar{v}$、$\bar{w}$、$\bar{f}$、$\bar{Y}_f$	$\bar{u}$、$\bar{v}$、$\bar{w}$、$\bar{f}$、$\bar{H}$，辐射输运方程
湍流量	k、ε、g	k、ε、g 或 g_{Y_F}	k、ε、g

来源：改自 Faeth,1983。

表 8.7 给出了式（8.76）的源项。

其他标量性质,如 $\bar{\rho}$、$\bar{T}$、$\bar{Y}_i$,是通过随机过程获取的,其中涉及对混合分数 PDF 一般形式的选择。由于 PDF 的指定需要有关 g 的信息,因此这种方法通常称为 k-ε-g 程序。如第 4 章所述,该方法最初由 Spalding(1971,1976)提出,随后由 Lockwood 和 Naguib(1975)、Bilger(1976)及其他研究人员进一步发展并应用于火焰。一旦从控制方程中解出了 $\bar{f}$、g、k 和 ε 的当地值,就可以从以下积分确定任意标量性质 θ 的平均值。

$$\bar{\theta} = \int_0^1 \theta(f)\,\mathcal{P}(f)\,\mathrm{d}f \tag{8.77}$$

式中：$\mathcal{P}(f)$ 为 f 的概率密度函数。Bilger(1976),Kent 和 Bilger(1977),Kennedy 和 Kent(1979),以及 Moreau(1981)已经对许多流动测量了该函数。对这些测量结果已经提出了许多函数,包括截短高斯函数、beta 函数、不完整 beta 函数和矩形波以及其他函数等。

Richardson、Howard 和 Smith(1953)以及 Jones 和 McGuirk(1980)使用了 β-PDF。对于 $0<f<1$,它可以写为

$$\mathcal{P}(f,x_i) = \frac{f^{a-1}(1-f)^{b-1}}{B(a,b)} = \frac{f^{a-1}(1-f)^{b-1}}{\int_0^1 f^{a-1}(1-f)^{b-1}\mathrm{d}f} \tag{8.78}$$

式中：a,b 可以通过使用从式(8.67)和式(8.70)求得的 $\bar{f}$ 和 g 的值,分别从接下来将讨论的式(8.81)和式(8.82)明确地确定。分母中的积分称为 beta 函数 $B(a,b)$，它可以用几个 gamma 函数表示,如 $B(a,b) = \Gamma(a)\Gamma(b)/\Gamma(a+b)$，其中：$\Gamma(a) \equiv (a-1)!$。

Gosman、Lockwood 和 Salooja(1979)指出,尽管不完整的 beta 函数提供了计算上简便的公式,但其结果对所使用的函数形式并不特别敏感。下面定义的不完整 beta 函数是广义 beta 函数：

$$B(\xi;a,b) = \int_0^\xi f^{a-1}(1-f)^{b-1} \mathrm{d}f \tag{8.79}$$

$\xi = 1$ 时,不完整 beta 函数与 beta 函数一致。

Lockwood 和 Naguib(1975)提出并使用了一个截短高斯分布：

$$\mathcal{P}(f,x_i) = \begin{cases} \int_{-\infty}^0 \dfrac{1}{\sigma(2\pi)^{1/2}} \exp\left[-\dfrac{1}{2}\left(\dfrac{f-\mu}{\sigma}\right)^2\right] \mathrm{d}f & (f=0) \\ \dfrac{1}{\sigma(2\pi)^{1/2}} \exp\left[-\dfrac{1}{2}\left(\dfrac{f-\mu}{\sigma}\right)^2\right] & (0<f<1) \\ \int_1^\infty \dfrac{1}{\sigma(2\pi)^{1/2}} \exp\left[-\dfrac{1}{2}\left(\dfrac{f-\mu}{\sigma}\right)^2\right] \mathrm{d}f & (f=1) \end{cases} \tag{8.80}$$

在 $0<f<1$ 的区间的分布用高斯函数表示,但在 $f=0$ 和 1 的两端处的分布用 δ 函数表示。分布的最或然值 μ 和方差 σ^2 由式(8.81)和式(8.82)的 f(或 $\tilde{f}$)和 g(或 $\tilde{g}$)的值确定。f 和 g 的雷诺平均量和 Favre 平均量定义为

$$\bar{f} \equiv \int_0^1 f \mathcal{P}(f,x_i) \mathrm{d}f \quad 或 \quad \tilde{f} \equiv \int_0^1 f \widetilde{\mathcal{P}}(f,x_i) \mathrm{d}f \tag{8.81}$$

$$g \equiv \bar{g} \equiv \overline{f''^2} = \int_0^1 (f-\bar{f})^2 \mathcal{P}(f,x_i) \mathrm{d}f \quad 或 \quad \tilde{g} \equiv \widetilde{f''^2} = \int_0^1 (f-\tilde{f})^2 \widetilde{\mathcal{P}}(f,x_i) \mathrm{d}f \tag{8.82}$$

对于给定的系统压力, $\theta(f)$ 表示 8.7.2.2 小节中所描述的已知状态关系。图 8.12 为 Mao、Szekely 和 Faeth(1980)获得的大气压下的丙烷射流和正戊烷喷雾在空气中燃烧的状态关系。这些图给出了主要物质的温度、密度和质量分数与混合分数的函数关系。性质随 f 的非线性变化比较明显。为了确定各种性质的平均值,随机方法是比较好的。各研究中所使用的 PDF 大多用两个参数来表征,通常与截短高斯分布函数的最或然值(μ)和方差(σ),或与不完整 beta PDF 的 a 和 b 有关。式(8.81)和式(8.82)是两个隐式方程,可以求解这些方程来确定预选 PDF 中的两个参数。然后可以使用式(8.77)中的状态关系对 $\bar{\theta}(f)$ 进行积分,以此得到 $\bar{\rho}$、$\bar{T}$、Y_i 等。

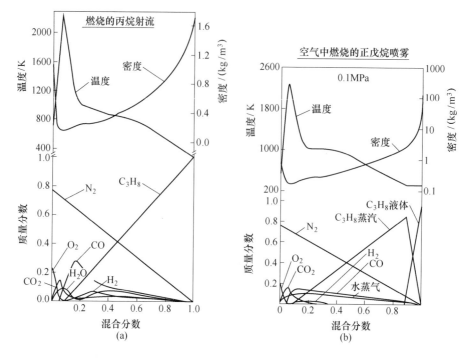

图 8.12 大气压下在空气中燃烧的(a)丙烷气体射流和
(b)正戊烷喷雾的标量性质与混合分数的函数关系
(据 Mao,Szekely 和 Faeth,1980;转载自 Kuo,1986)

对于表 8.8 的情况 2,放宽了局部化学平衡的假设。由于这种放宽,混合物的状态不再只能由混合分数 f 来固定。必须求解一个附加的标量输运方程。这个方程通常是选 $\overline{Y}_i$ 的偏微分方程,其中:i 表示化学反应中涉及的一种重要物质。为了求解 $\overline{Y}_i$,必须指定物质 i 的反应速率。第 5 章中阐述的湍流反应的 Spalding 涡破碎模型就是为了给出燃料物质的反应速率而精准开发的。根据 Spalding(1971),反应速率可以写为

$$R_\mathrm{f} = -C_\mathrm{R}\overline{\rho}\sqrt{g_{\overline{Y}_\mathrm{F}}}\frac{\varepsilon}{k} \tag{8.83}$$

式中:C_R 为一个数量级为 1 的常数;$g_{\overline{Y}_\mathrm{F}}$ 为燃料混合分数波动的平方。$g_{\overline{Y}_\mathrm{F}}$ 的控制方程与表 8.6 中的 g 方程相同。沿着相同的思路,Magnussen 和 Hjertager(1977) 为 R_f 提出了下面的表达式,该表达式已用于对炉内预混燃烧的各种研究中:

$$R_\mathrm{f} = \min\left\{A\overline{\rho}\,\overline{Y}_\mathrm{F}, A\overline{\rho}\frac{\overline{Y}_{\mathrm{O}_2}}{(\mathrm{O/F})_\mathrm{st}}, A'\frac{\overline{\rho}\,\overline{Y}_\mathrm{P}}{1+(\mathrm{O/F})_\mathrm{st}}\right\}\frac{\varepsilon}{k} \tag{8.84}$$

式中：$A \approx 4$, $A' \approx 2$; min 表示括号内参数组之间的最小值。许多研究者提出了 R_f 的其他表达形式，这些研究人员包括 Borghi(1974)；Bray 和 Moss(1977)；Khalil (1978)；Gosman, Lockwood 和 Salooja(1979)；以及 Libby 和 Bray(1980,1981)。

在获得控制方程的解之后，可以通过随机平均程序来计算各种标量的平均值，如 $\overline{T}$、$\overline{\rho}$、$\overline{Y_i}$。对化学非平衡过程(有限速率化学)，除了混合分数以外，还需要一个描述反应程度的参数来构建公式，以获得所列标量的平均值。Lockwood(1977)将反应程度参数 $ε$ 定义为

$$ε \equiv \frac{Y_i - Y_{i,u}}{Y_{i,b} - Y_{i,u}} \quad (i = \text{F, O 或 P}) \tag{8.85}$$

式中：u，b 为完全未燃烧和已燃烧的状态。Kuo(2005：图 6.9)中引入了反应程度参数。对于单步正向化学反应，$ε$ 与所选的主要物质无关。但是，它可以扩展到更复杂的化学反应。局部平均性质与 f 的波动和 $ε$ 的波动均有关。为了简化模型，假设 f 的波动和 $ε$ 的波动是不相关的($\overline{f'ε'} = 0$)。然后给出流体性质 $θ(f,ε)$ 在任意空间点的时间平均值为

$$\overline{θ} = \int_0^1 \int_0^1 θ(f,ε) \, \mathcal{P}(f) \, \mathcal{P}(ε) \, \mathrm{d}f \mathrm{d}ε \tag{8.86}$$

式中：$\mathcal{P}(f)$ 是在使用如同情况 1 中所描述的 PDF 的假定函数形式，由 $\overline{f}$ 和 g 获得的。$\mathcal{P}(z)$ 的值由 $\overline{z}$ 确定：

$$\mathcal{P}(\overline{z}) = (1 - \overline{z})δ(z) + \overline{z}δ(1 - z) \tag{8.87}$$

其中：δ 表示 Dirac δ 函数。注意，前面用来获得平均标量性质的计算过程涉及忽略 f 波动和 z 波动的作用这一基本假设。当性质变化在 f 和 $ε$ 中不是线性时，这种简化就有问题了。在 LHF 模型的情况 3 中，假设局部化学平衡，但辐射输运不可忽略。为考虑辐射热损失，还必须求解辐射输运方程来获得总焓方程中的源项 S_{rad}(见表 8.6)。正如 Faeth(1983)所指出的，由于辐射输运涉及复杂的积分微分方程，因此在求解辐射输运方程时必须使用许多近似。读者可参考 Elghobashi 和 Pun(1974)；Bilger(1976)；以及 Gosman, Lockwood 和 Salooja(1979)的工作。

8.7.2.7 LHF 模型预测结果与实验数据的比较

将 LHF 模型与几种燃烧和不燃烧的两相流进行了比较。对于不燃烧流，将许多研究人员的模型解与各种单相和两相流进行比较，如下所示：

(1) 定密度单相射流。与 Becker, Hottel 和 Williams(1967)；Hetsroni 和 Sokolov(1971)；Shearer, Tamura 和 Faeth(1979)[①]；Wygnanski 和 Fiedler(1969) 的数据进行了比较。

---

① 原文有误。——译者注

(2) 变密度单相射流。与 Corrsin 和 Uberoi(1950);以及 Shearer,Tamura 和 Faeth(1979)的数据进行了比较。

(3) 注入水中的空气射流。与 Tross(1974)的数据进行了比较。

(4) 空气中蒸发的氟利昂-11 喷雾。与 Shearer,Tamura 和 Faeth(1979)的数据进行了比较。

发现预测的 $\overline{u}/\overline{u}_c$、$\overline{f}/\overline{f}_c$ 和 $\overline{u'v'}/\overline{u}_c^2$ 的径向分布与数据吻合得都很好(图 8.13~图 8.15)。模型在数据区间上的这些坐标上的预测很相似,因此每

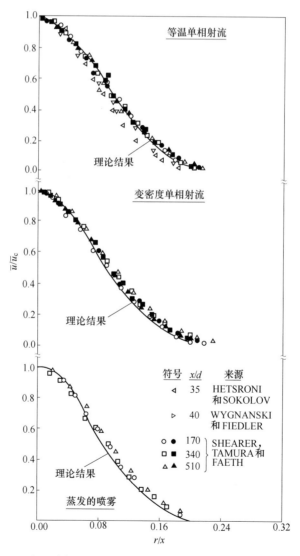

图 8.13　各种单相和两相非燃烧射流的平均轴向速度的径向分布

(改自 Faeth,1983)

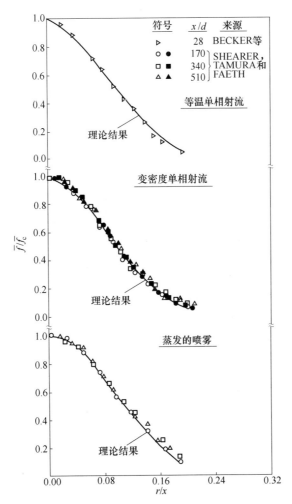

图 8.14　各种单相和两相非燃烧射流的平均混合分数的径向分布
(改自 Faeth,1983)

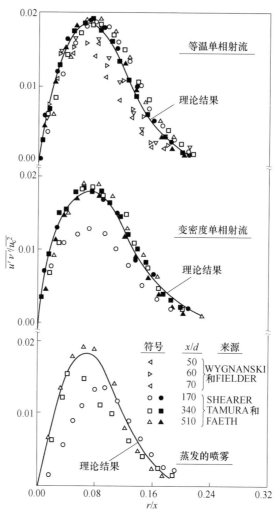

图 8.15　各种单相和两相非燃烧射流的雷诺应力的径向分布
(改自 Faeth,1983)

种情况只展示了一条理论曲线。$\bar{u}_c/\bar{u}_0$ 和 $\bar{f}_c/\bar{f}_0$ 对 x/d 的理论值和实验值之间比较如图 8.16 和图 8.17 所示。如预期的那样,沿中心线的平均轴向速度和混合分数的实验数据和理论预测结果随着轴向距离的增加均减小。这些图中显示的数据涵盖的初始射流流体密度与环境流体密度的比值范围从 0.0012 到 6.88。可以看出,预测的中心线速度比测量值低 10%~20%,而预测的中心线混合分数比测量值低 40%。温度测量也比预测的更慢地接近环境条件。根据 Faeth(1983),发现喷雾的密度比与变密度射流类似,这一点预测得极好;因此,变密度效应不是误差的主要来源。有限相间输运速率是主要的难题,这将在稍后通过该流动中的液滴寿命历史预测的方法展现出来。

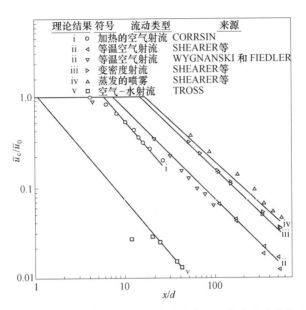

图 8.16　各种单相和两相非燃烧射流的平均中心线轴向速度的轴向变化

（改自 Faeth, 1983）

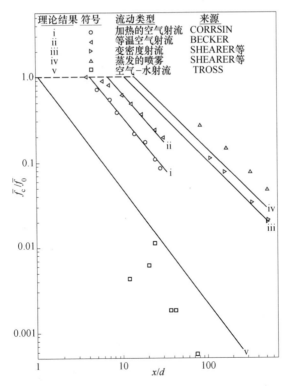

图 8.17　各种单相和两相非燃烧射流的平均中心线混合分数的轴向变化

（改自 Faeth, 1983）

对于燃烧的喷雾,使用 Mao,Szekely 和 Faeth(1980)的模型来预测 3 种燃烧的喷雾:

(1) 1atm 下在空气中燃烧的正丙烷气体射流;
(2) 1atm 下在空气中燃烧的空气雾化的液态正戊烷喷雾;
(3) 3~9MPa 压力下在空气中燃烧的压力雾化的液态正戊烷喷雾。

如图 8.18 所示,沿中心线的平均轴向速度与温度的预测结果和测量结果之间的一致性非常好。速度和雷诺应力的预测结果与测量结果都非常吻合(图 8.19 和图 8.20)。有趣的是,由于在燃烧的喷雾中密度变化很大,各个轴向位置的速度和雷诺应力的径向分布并不相似。各轴向位置的 $\bar{T}$ 的径向分布预测结果与实验数据高度吻合,如图 8.21 所示。如图 8.22 所示,预测的物质浓度分布与实验数据吻合较好。

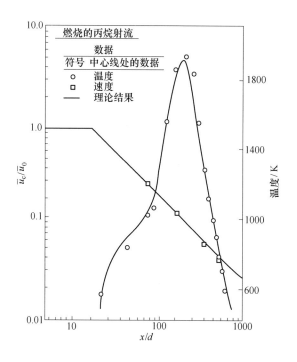

图 8.18 大气压下在空气中燃烧的正丙烷气体射流的
平均轴向速度和温度的轴向变化

(改自 Mao,Szekely 和 Faeth,1980)

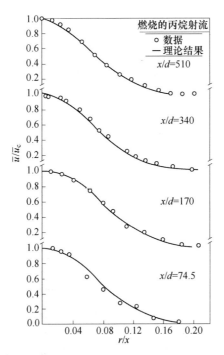

图 8.19　大气压下在空气中燃烧的正丙烷气体射流的平均轴向速度的径向变化
（改自 Mao, Szekely 和 Faeth, 1980）

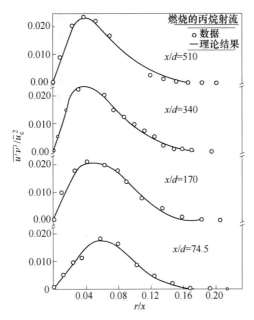

图 8.20　大气压下在空气中燃烧的正丙烷气体射流的雷诺应力的轴向变化
（改自 Mao, Szekely 和 Faeth, 1980）

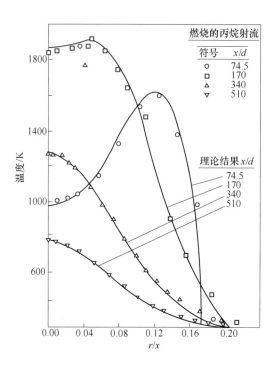

图 8.21 大气压下在空气中燃烧的正丙烷气体射流的平均温度的径向变化
(据 Mao, Szekely 和 Faeth, 1980; 转载自 Kuo, 1986)

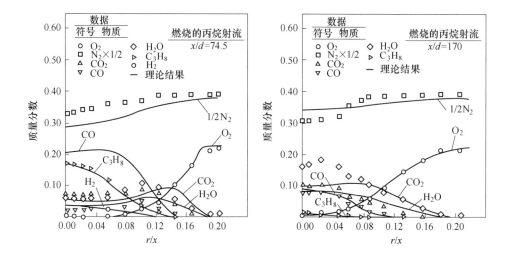

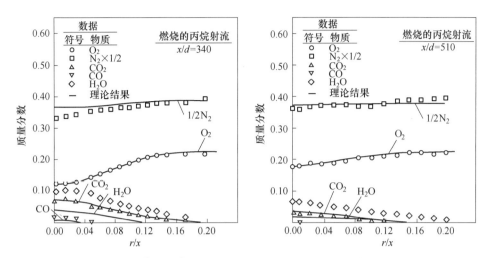

图 8.22 大气压下在空气中燃烧的正丙烷气体射流的平均物质浓度的径向变化

(改自 Mao,Szekely 和 Faeth,1980)

图 8.23~图 8.25 给出了理论结果与 Mao,Szekely 和 Faeth(1980)得到的在空气中燃烧的空气雾化正戊烷(液体)喷雾数据的比较。结果表明:

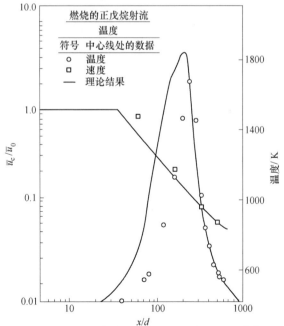

图 8.23 大气压下在空气中燃烧的正戊烷液体喷雾的
平均轴向速度和温度的轴向变化

(据 Mao,Szekely 和 Faeth,1980;转载自 Kuo,1986)

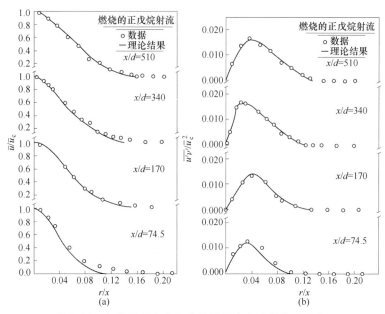

图 8.24 大气压下在空气中燃烧的液态正戊烷喷雾的
(a)平均轴向速度和(b)雷诺应力的径向变化
(据 Mao,Szekely 和 Faeth,1980;转载自 Kuo,1986)

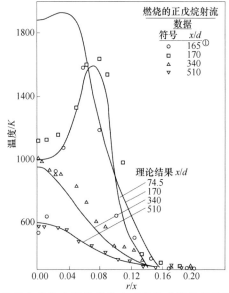

图 8.25 大气压下在空气中燃烧的液态正戊烷喷雾的平均温度的径向变化
(据 Mao,Szekely 和 Faeth,1980;转载自 Kuo,1986)

---

① 根据上下文,此处可能应为 74.5。——译者注

(1) 喷雾发展得比预期的慢。

(2) 计算出的 $\overline{T}_{max}$ 点比测量结果更接近喷头。

(3) $x/d > 300$ 时,得到了很好的一致性,因为它超出了存在液滴的区域。

(4) 在 $\overline{u}/\overline{u}_c$ 和 $\overline{u'v'}/\overline{u}_c^2$ 的径向分布的预测结果和实测结果之间得到了良好的一致性。

(5) 喷头附近的平均温度分布的预测结果和实测结果之间存在较大差异,在那里对流动增长速率的高估最为明显。

图 8.26 为在 p = 3MPa、6MPa 和 9MPa 时在空气中燃烧的压力雾化的液态正戊烷喷雾的喷雾边界的预测结果和测量结果的比较。预测结果和测量结果均表明,随着燃烧器压力的增加,喷雾边界的范围减小。但是,理论高估了减少的幅度。预测的喷雾长度比测量值短 10%～20%。

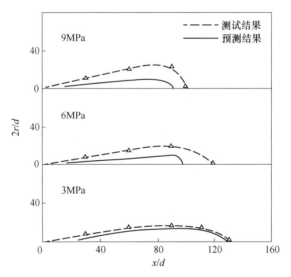

图 8.26 在高压空气中燃烧的压力雾化的液态正戊烷喷雾的
喷雾边界的预测结果和测量结果

(据 Mao,Wakamatsu[①]和 Faeth,1981;转载自 Kuo,1986)

Khalil 和 Whitelaw(1976)将他们的预测结果与开放环境燃烧的带有涡旋的液体煤油喷雾的测量结果进行了比较。图 8.6 和图 8.7 给出的结果表明:

(1) 沿喷雾中心线的 $\overline{u}$ 分布的预测结果和测量结果较为一致。

(2) 预测的沿中心线的最高温度的位置比测量结果更接近喷头,这也表明 LHF 模型对流动发展的高估。

---

① 原文有误。——译者注

（3）SMD 为 45μm 的喷雾火焰的理论结果比 SMD 较大的为 100μm 的火焰的理论结果更接近实验结果。

Khalil(1978)通过使用涡破碎(EBU)模型对一部分数据得到了更好的预测结果。他为液滴的非均匀燃烧引入了额外的经验参数。由于该方法不能真正考虑液滴与气体间相对速度的影响，因此该扩展的实用性有限。

8.8 两相流(分散流)模型

如 8.6.6 小节所述，两相流模型是模拟喷雾燃烧问题的最合逻辑的模型，因为这种模型专门处理了液相和气相之间质量、动量和能量的有限交换速率。但是，由于计算机存储空间和计算成本的限制，开发喷雾离散液滴模型的研究人员对模拟围绕单个液滴的流场细节进行了有限的尝试。因此，相间的交换过程必须独立建模。通常需使用液滴阻力与热和质量输运的一组经验相关关系。总的来说，在蒸发和燃烧喷雾的分散流分析中有 3 种不同的方法，下面将简要介绍。

（1）单元内颗粒源模型(particle-source-in-cell model, PSICM)或离散液滴模型(discrete-droplet model, DDM)。使用有限数量的颗粒群表示整个喷雾。使用拉格朗日公式在流场中跟踪离散液滴代表性样本的运动和输运，同时使用欧拉公式求解气相的控制方程。通过在气相守恒方程中引入适当的源项，考虑了液滴对气相的影响。

（2）连续液滴模型(continuous droplet model, CDM)。如 8.4.2 小节所述，分布函数 $f_j(r, \boldsymbol{x}, \boldsymbol{v}, t)$ 可用于评估液滴温度、浓度等的统计分布。f_j 的输运方程式(8.20)与气相守恒方程一起求解来提供喷雾的所有性质。与 DDM 一样，气相控制方程式也必须包括适当的源项。

（3）连续体公式模型(continuum-formulation model, CFM)。将液滴和气体的运动都作为互穿连续体处理。使用两相守恒方程的连续公式来模拟喷雾燃烧和蒸发问题。在此方法中，两相的控制方程式相似；然而，在描述液滴加热过程、湍流应力和液滴的湍流分散方面存在许多困难。

每一种方法将在以下章节中阐述。

8.8.1 单元内颗粒源模型(离散液滴模型)

在 PSICM 或 DDM 方法中，将整个喷雾分成了许多离散颗粒的代表性样本，这些样本在流场中的运动和输运使用了拉格朗日公式来确定液滴寿命历程，同时使用了欧拉公式来求解气相的控制方程。代表性的工作有 Crowe(1974,1978)；Crowe Sharma 和 Stock(1977)；Jurewicz, Stock 和 Crowe(1977)关于飞机燃气轮机燃烧器的研究；Alpert 和 Mathews(1979)关于消防安全的商用喷淋系统研究；El Banhawy 和 Whitelaw(1980)关于模拟燃烧炉中喷雾燃烧的研究；Gosman 和 Johns(1980)和 Butler et al. (1980)关于往复式直喷分层燃烧(direct-injection stratified-charge, DISC)发动机的研究;Bruce, Mongia 和 Reynolds(1979);Mongia 和 Smith(1978);Swithenbank, Turan, Felton(1980)关于燃气轮机燃烧器的研究;Anderson et al. (1980)关于预混预蒸发通道中的喷雾蒸发的研究;Gosman 及其同事(1980,1981)关于圆柱形燃烧炉中的喷雾燃烧的研究;Solomon(1984)关于蒸发喷雾的研究;以及 Shuen, Chen 和 Faeth(1983)和 Shuen(1984)关于稀薄颗粒载流湍流气体射流的研究。

全面的理论模型应包括气相分析和液滴相分析。为了给读者提供一幅全面的 DDM 的结构图,图 8.27 和图 8.28 分别展示了气相和液相分析的框图。图 8.27 显示,气相分析所需的基本元素包括基本假设、平均流变量的输运方程、湍流闭合考虑和辐射输运方程。对于这些元素中的每一个,还描述了子元素及其组成。图 8.28 描述了液相分析所需的基本元素:基本假设、液滴类型分类和液滴寿命历程。子元素也作为主要元素的分支显示。根据湍流波动对颗粒运动的影响以及处理相间速度差异方法的考虑,DDM 进一步细分为确定性离散液滴模型(deterministic discrete-droplet model, DDDM)和随机离散液滴模型(stochastic discrete-droplet model, SDDM)。

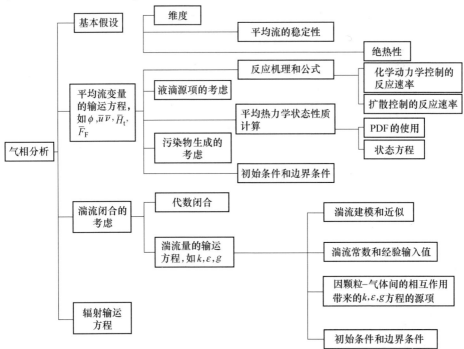

图 8.27　离散液滴模型中气相分析结构框图

(据 Kuo,1986)

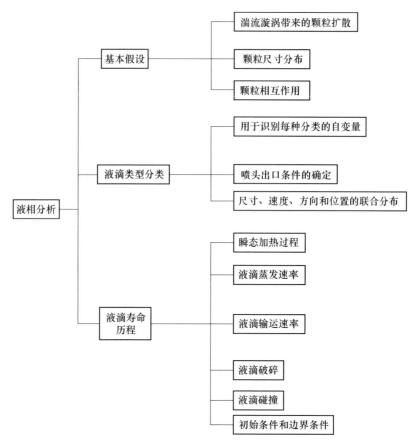

图 8.28　离散液滴模型中液相分析结构框图
（据 Kuo,1986）

8.8.1.1　单液滴行为模型

假设如图 8.28 所示,必须考察喷雾中单个液滴的行为,以确定单个液滴的大小、速度、温度和组成与其在喷雾中位置的函数关系。本节介绍了一个液滴过程的基本模型,该模型采用了分散流形式喷雾(图 7.1 中定义)DDM 最常用的特征,并已进行了实验评估。较少探究的一些作用效果(如稠密喷雾现象、液滴着火、液滴分散等)将在后面讨论。

首先讨论在大多数液滴模型中使用的 15 个常见假设。

(1) 假设液滴为球形。众所周知,运动中的液滴会变形;但是,现有的阻力和对流传热的相关关系隐含了这个效应,因此将液滴作为等效球体。

(2) 假设喷雾较稀薄。在此假设下,可忽略液滴碰撞效应和相邻液滴对液滴输运速率的影响(对具有无限间距的液滴采用了阻力和对流传热的相关关系,而不进行校正)。

(3) 假设液滴周围的流动是准稳态的(流动可以在每个时刻立即适应当地边界条件和液滴大小)。气相流场发展的适当的特征时间为 $d_p/|\boldsymbol{v}_p - \bar{v}|$ 或 $d_p^2/(\alpha 或 D)$ 中的较小者。第一特征时间通常控制运动中的液滴,产生的特征时间约为 $0.1 \sim 10\mu s$(对于液滴直径为 $10 \sim 100\mu m$,相对速度为 $10 \sim 100 m/s$)。相反,喷雾中的液滴寿命约为 $1 \sim 10 ms$,比特征时间高 2~3 个数量级,证明了准稳态流动假设是正确的。对于静止的液滴,第二特征时间控制它,表明流动发展时间可与高压($10 \sim 100$ atm)下的液滴寿命相媲美。但是,对于实际喷雾而言,静止液滴很少受到关注,准稳态流动假设的效用有待证明。

(4) 忽略由液体蒸发引起的液体表面的径向退行速率。这个假设与假设(3)相关。对于运动中的液滴,只要液体表面的退行速率与液滴的相对速度相比较小,假设就是成立的。通常情况就是这样的,除了液滴非常接近热力学临界点的情况。这种情况并不经常遇到。表面退行速率对静止的液滴更为重要,当对这种情况感兴趣时,应该重新检验假设。

(5) 阻力和强制对流的影响由经验相关关系表示。这是必要的,因为由于过多的计算需求,精确地处理球体周围的流动是不切实际的。

(6) 气相输运基于平均环境特性,并且通常忽略湍流波动的影响。只要波动的强度很小并且计算输运速率所需的所有波动参数线性变化,这个假设就足够了。例如:混合分数是燃烧的喷雾的主要波动量,而液滴传热的主要变量温度,在化学计量混合比附近随 f 呈非线性变化(见图 8.12)。由于实际的应用场景范围较大,采用这种假设已较普遍。研究人员应该重新检验该假设在其模拟中的有效性。

(7) 液体表面假设处于热力学平衡状态,由有限的蒸发速率引起的跨界面温度跳跃可忽略。此外,当确定液体表面的相平衡时,可以忽略表面张力的影响。这些假设对喷雾分析通常是令人满意的(例如:对于直径大于 $1\mu m$ 的液滴,压力在大气压及以上)。Bellan 和 Summerfield(1978)给出了有关小液滴表面平衡特性的大量结果。

(8) 假设压力是恒定的且等于当地平均环境压力。除了低压下的小液滴,这种近似也是令人满意的。

(9) 忽略 Soret 效应,忽略热通量方程中的 Dufour 效应。由这些近似引起的误差约为 10%。因此,很少需要通过包含这些现象来使模型复杂化。

(10) 忽略液滴与其周围环境之间的辐射。喷雾中液滴的对流传热速率较高,这降低了辐射的相对重要性。另一个有助于证明该近似的因素是,气体辐射带通常与大多数液体燃料的吸收带不一致(Berlad 和 Hibbard,1952)。当从热的表面和烟灰产生大量连续的辐射时,或者在液体中存在吸收颗粒的场合(如煤浆),辐射尤为重要。但是,当必须考虑辐射时,模型模拟的扩展简单且直接。

(11) 忽略在液滴周围的相邻流场中的氧化和分解过程。氧化性氛围中的液滴可以：(a) 被完全围绕液滴的氧化区点燃(包络火焰)；(b) 被稳定在尾流中的氧化区点燃(尾流火焰)；或 (c) 不被点燃，但完全在气相中完成反应。对于后两种情况，这种近似可以精确地表示；但是，包络火焰的存在增强了燃料蒸气的分解。如果液滴是液体单元推进剂(如肼或硝酸酯)，分解速率会提高；这导致输运速率增加。但是，对于非单元推进剂，分解会导致输运速率降低。反应效应的重要性可以用当地达姆科勒数(Da)表征。液滴通常局限在喷雾流较冷的部分，倾向于产生相对较长的化学反应时间和较低的 Da。因此，假设液滴流场附近的反应可忽略是合理的第一近似。

(12) 通常假设液滴模型中的气相路易斯数 $Le = 1$。然而，已知高压下液滴行为的预测结果受 Le 值的影响。此外，在喷雾分析中经常遇到的高相对分子质量材料的 Le 大大偏离 1。因此，在分析中应该使用恰当的 Le 值。

(13) 假设气流场的属性在每个瞬态时间都是恒定的。所有物质均使用有效的二元扩散率、比热容和相对分子质量。评估了平均条件下的属性，定义为

$$Y_{i,\text{avg}} = \xi Y_{i,\text{surf,gas}} + (1-\zeta)\overline{Y}_i \quad 且 \quad T_{\text{avg}} = \xi T_{\text{surf,gas}} + (1-\zeta)\overline{T}$$

(8.88)

式中：ξ 为平均性质因子，它是为获得吻合模型预测结果与现有测量结果而选择的经验参数。由于性质变化较大，尤其是在燃烧的喷雾中，在开发出可靠的方法来处理液滴周围流动的变化性质的影响之前，以这种方式校准 ξ 可减少液滴计算的不确定性。根据 Faeth (1983)，通过详细的液滴模型校准过程，将 ξ 的值确定为 0.9。当使用此值时，从预测湿球条件下液滴寿命历程的模型中计算出的液滴气化速率与测得数据非常匹配。在湿球状态下，所有到达液滴的热量都用于蒸发液体的汽化热，并且液滴温度基本保持恒定(除了在 $Le \neq 1$ 时，因对流对传热和传质速率的影响差异导致湿球温度轻微变化之外)。

(14) 忽略液相中的化学反应。这个近似类似于气相的低 Da 假设，不同之处在于更合适的停留时间变为了比气相停留时间更长的液滴寿命。由于液滴温度通常低于沸点或临界温度，因此低 Da 条件占主导。但有例外情况(例如，Masdin 和 Thring, 1962 在重油液滴中观察到的液态反应)。但是，这种近似对于大多数喷雾模型模拟都是可以接受的。

(15) 液相中的输运过程具有特征时间 $d_\text{p}^2/(\alpha 或 D)$ 和 $\text{d}p/u_{循环}$。这些时间与液滴寿命相当，这是因为液体的扩散率和循环速度都比较低。因此，类似于气相的准稳态近似是不合适的。Prakash 和 Sirignano (1980) 已经表明，运动液滴内的内部循环对于混合而言是一种相对无效的因素，并会使对液相输运的估计变得非常复杂。

气相分析。Bird, Stewart 和 Lightfoot(1960), F. A. Williams(1985)和 Kuo (2005)讨论了传质和传热的控制方程。对于球对称和准稳态条件,具有 N 种物质的系统,方程具有以下形式:

质量守恒:
$$\frac{\mathrm{d}}{\mathrm{d}r}(r^2\rho v) = 0 \tag{8.89}$$

物质守恒:
$$\frac{\mathrm{d}}{\mathrm{d}r}\left[r^2\left(\rho v Y_i - \rho D \frac{\mathrm{d}Y_i}{\mathrm{d}r}\right)\right] = 0 \ (i = 1, 2, \cdots, N_s) \tag{8.90}$$

能量守恒:
$$\frac{\mathrm{d}}{\mathrm{d}r}\left[r^2\left(\rho v C_p(T - T_{\mathrm{ref}}) - \lambda \frac{\mathrm{d}T}{\mathrm{d}r}\right)\right] = 0 \tag{8.91}$$

式中
$$\sum_{i=1}^{N_s} Y_i = 1 \tag{8.92}$$

式(8.89)积分,得
$$r^2\rho v = \dot{m}/4\pi = 常数 \tag{8.93}$$

式中:$\dot{m}$ 为来自液滴表面的净质量流速。这包括了由混合物在表面的整体速度带来的燃料物质的质量通量,和因燃料物质在液滴表面向外扩散带来的燃料质量通量(见 Kuo,2005:第 6 章)。每种物质的传质速率可以方便地用质量通量分数表示,定义为(F. A. Williams,1985)
$$\dot{m}_i = \varepsilon_i \dot{m}\ (i = 1, 2, \cdots, N_s) \tag{8.94}$$

根据定义:
$$\sum_{i=1}^{N_s} \varepsilon_i = 1 \tag{8.95}$$

但是,ε_i 的值可以大于或小于零,这取决于物质 i 在液滴表面是蒸发还是凝结。ε_i 的指定取决于所使用的液体输运模型,这将在稍后讨论。气相侧的液滴表面传热系数定义为
$$h = \left(\lambda \frac{\mathrm{d}T}{\mathrm{d}r}\right)_{s,g} \Big/ (\overline{T} - T_s) \tag{8.96}$$

边界条件为
$$r = r_p: T = T_s,\ Y_i = Y_{i,s,g}, i = 1, 2, \cdots, N_s$$
$$r = \infty: T = \overline{T},\ Y_i = \overline{Y}_i, i = 1, 2, \cdots, N_s \tag{8.97}$$

式中:当地流动条件用平均值表示。对式(8.90)积分并应用式(8.97)的边界条

件,得到净质量输运速率的表达式为

$$\frac{\dot{m}}{2\pi d_p \rho D} = \ln\left(\frac{\overline{Y}_i - \varepsilon_i}{Y_{i,s,g} - \varepsilon_i}\right), \quad i = 1, 2, \cdots, N_s, Re_{d_p} \approx 0 \quad (8.98)$$

用同样的方式积分式(8.91),得到传热系数表达式如下:

$$\frac{h d_p}{\lambda} = \left(\frac{\dot{m} C_p}{\pi d_p \lambda}\right) \Big/ \left[\exp\left(\frac{\dot{m} C_p}{2\pi d_p \lambda}\right) - 1\right] \quad (Re_{d_p} \approx 0) \quad (8.99)$$

式(8.99)左侧的量为努塞尔(Nusselt)数,当 $\dot{m} \to 0$ 时,由式(8.99)可得 $Nu = h d_p/\lambda \to 2$,这是在没有对流和传质情况下的球体的常见值。净向外传质速率会降低努塞尔数的值,类似于吹扫的影响。

单液滴行为的控制方程和相间关系。在对流中,必须考虑动量方程或颗粒运动方程。同样,也必须确定阻力系数和对流修正的合适表达式。为了研究颗粒运动的动力学并确定颗粒的轨迹,球形颗粒的颗粒运动的一般方程可以写成如式(8.100)(Faeth,1983)所示那样。该方程也称为 B-B-O 方程,因为它包含了 Soo(1967)所描述的由 Bassett, Boussinesq 和 Oseen 所研究的效应。

$$\underbrace{\frac{\pi}{6} d_p^3 \rho_p \frac{D \boldsymbol{v}_p}{Dt_p}}_{\text{球的惯性力}} = \underbrace{\frac{\pi}{8} d_p^2 \rho C_D |\boldsymbol{v} - \boldsymbol{v}_p|(\boldsymbol{v} - \boldsymbol{v}_p)}_{\text{球的阻力,包括表面摩擦力和形状阻力}}$$

$$\underbrace{- \frac{\pi}{6} d_p^3 \frac{\partial p}{\partial r} \boldsymbol{n}_r}_{\substack{\text{静压力梯度} \\ \text{作用在球上的力}}} + \underbrace{\frac{\pi}{12} d_p^3 \rho C_I \frac{\mathrm{d}}{\mathrm{d}t_p}(\boldsymbol{v} - \boldsymbol{v}_p)}_{\substack{\text{由于相邻流体被其运动所置换的} \\ \text{惯性而作用在球上的力}}}$$

$$+ \underbrace{\frac{3}{2} d_p^2 (\pi\rho\mu)^{1/2} C_B \int_{t_{p0}}^{t_p} \frac{(\mathrm{d}/\mathrm{d}\tau)(\boldsymbol{v} - \boldsymbol{v}_p)}{(t_p - \tau)^{1/2}} \mathrm{d}\tau}_{\substack{\text{考虑到球周围流动与稳定流型间偏差影响的} \\ \text{Bassett力}}} + \underbrace{\boldsymbol{F}_e}_{\substack{\text{外力或} \\ \text{体积力} \\ (\text{如,重力})}} \quad (8.100)$$

式中: $\boldsymbol{n}_r$ 为沿径向正方向的单位矢量,时间导数是在颗粒运动后取的。

$$\frac{D}{Dt_p} = \frac{\partial}{\partial t} + v_p \frac{\partial}{\partial r} \quad (8.101)$$

在大多数情况下,忽略虚拟质量的作用。同样,在考虑运动方程时,忽略由液滴旋转而产生的 Magnus 升力。在低雷诺数下,加速的颗粒周围流动的阻力系数(C_D)与 Re_{d_p} 的关系为

$$C_D = \frac{24}{Re_{d_p}}; \quad \text{式中:} Re_{d_p} \equiv \frac{\rho|\boldsymbol{v} - \boldsymbol{v}_p|d_p}{\mu} = \frac{|\boldsymbol{v}_{\text{rel}}|d_p}{\nu} \quad (8.102)$$

固体球的标准阻力系数通常用于稀薄喷雾的计算(Faeth,1983)。Putnam(1961)提出的表达式可以给出为

$$C_{\mathrm{D}} = \begin{cases} \dfrac{24}{Re_{d_{\mathrm{p}}}}\left[1 + \dfrac{Re_{d_{\mathrm{p}}}^{2/3}}{6}\right] & (Re_{d_{\mathrm{p}}} < 1000) \\ 0.44 & (Re_{d_{\mathrm{p}}} > 1000) \end{cases} \qquad (8.103)$$

以下 Dickerson 和 Schuman(1960)的表达式具有更大的雷诺数范围,其得出的结果与式(8.103)类似:

$$C_{\mathrm{D}} = \begin{cases} 27/Re_{d_{\mathrm{p}}}^{0.84} & (Re_{d_{\mathrm{p}}} < 80) \\ 0.271\, Re_{d_{\mathrm{p}}}^{0.217} & (80 \leqslant Re_{d_{\mathrm{p}}} \leqslant 10^{4}) \end{cases} \qquad (8.104)$$

根据 Soo(1967),式(8.100)中的系数 C_{I} 和 C_{B} 在低雷诺数下可以设为 1($C_{\mathrm{I}} = C_{\mathrm{B}} = 1$)。因此,低雷诺数下加速的颗粒具有与加速速率无关的阻力系数,而虚拟质量项的系数与在球体周围的无黏流的值相同。在较高的雷诺数下,大多数研究人员都采用保留 B-B-O 方程原始形式的做法;但是将系数假设为雷诺数和加速度数的函数(参见 Hamilton 和 Lindell,1971 或 Odar 和 Hamilton,1964)。

$$C_{j} = C_{j}\left(\dfrac{\rho|\boldsymbol{v}_{\mathrm{rel}}|d_{\mathrm{p}}}{\mu}, \underbrace{\dfrac{d_{\mathrm{p}}}{|\boldsymbol{v}_{\mathrm{rel}}|^{2}}\dfrac{\mathrm{d}}{\mathrm{d}t_{\mathrm{p}}}|\boldsymbol{v}_{\mathrm{rel}}|}_{\text{加速度数}}\right) \quad (j = \mathrm{I}, \mathrm{B}) \qquad (8.105)$$

液滴寿命历史的计算表明,喷雾中的 $Re_{d_{\mathrm{p}}}$ 通常小于 10^{4}。如果考虑一个注入到静止的气体中的液滴,并忽略式(8.100)中除阻力项之外的所有项,就可以估计液滴加速度数的典型值,得

$$\dfrac{d_{\mathrm{p}}}{|\boldsymbol{v}_{\mathrm{rel}}|^{2}}\dfrac{\mathrm{D}|\boldsymbol{v}_{\mathrm{rel}}|}{\mathrm{D}t_{\mathrm{p}}} = 0.75(\rho/\rho_{\mathrm{p}})C_{\mathrm{D}} \qquad (8.106)$$

式中:对于大多数喷雾的密度比(ρ/ρ_{p})约为 10^{-3}。对于 $Re_{d_{\mathrm{p}}} > 1$,式(8.106)暗示的加速度值小于 10,在低雷诺数和高压下会出现最大值。对于这个雷诺数和加速度数的范围,已经发现 C_{D} 可以用围绕球体的稳态流动的标准阻力曲线表示。C_{I} 和 C_{B} 相对独立于加速度数,并且可以用其低雷诺数下的值($C_{\mathrm{I}} = C_{\mathrm{B}} = 1$)来近似。

建立运动方程后,现在关注的是检验以下给出的 B-B-O 方程的常用简化形式对喷雾液滴能够适用的条件。

$$m\dfrac{\mathrm{D}\boldsymbol{v}_{\mathrm{p}}}{\mathrm{D}t_{\mathrm{p}}} = -\dfrac{\pi}{8}d_{\mathrm{p}}^{2}\rho C_{\mathrm{D}}|\boldsymbol{v}_{\mathrm{p}} - \boldsymbol{v}|(\boldsymbol{v}_{\mathrm{p}} - \boldsymbol{v}) + \boldsymbol{F}_{\mathrm{g}}, \text{式中}: m = \dfrac{\pi}{6}\rho_{\mathrm{bf}}d_{\mathrm{p}}^{3}$$
$$(8.107)$$

液体颗粒 m 的质量基于液体总密度 ρ_{bf} 来估算,该液体总密度由液体总温度和组成的状态方程确定。在式(8.107)中,$\boldsymbol{F}_{\mathrm{g}}$ 是由重力引起的体积力。式(8.107)是由 B-B-O 方程简化得到的。首先,式(8.100)中出现的压力梯度项可以忽略不计,这是因为对于喷雾过程而言,平均静压力梯度通常很小。湍流

波动也会对压力梯度项有贡献,但在上述假设下这一作用可以忽略。Faeth(1983)检验了式(8.100)中项的数量级,并报道称在大气压下虚拟质量和Bassett项对阻力仅有很小的贡献。在较高的压力下,系数C_I和C_B接近于1,表明更有必要包含它们。但是,一个缓解的因素是喷雾中的雷诺数也趋于随压力而增加,从而导致阻力项的系数在喷雾液滴的大部分寿命期中变得更大。因此,对于大多数喷雾射流,无需在式(8.100)中包括虚拟质量和Bassett项。但是,仍需要对每种情况进行单独评估。

Faeth和Lazar(1971)对传热和传质提出的乘性校正公式为

$$\frac{h_c}{(h_c)_{Re_{d_p}=0}} = 1 + \frac{0.278 Re_{d_p}^{1/2} Pr^{1/3}}{[1 + 1.232/(Re_{d_p} Pr^{4/3})]^{1/2}} \quad (8.108)①$$

$$\frac{\dot{m}}{(\dot{m})_{Re_{d_p}=0}} = 1 + \frac{0.278 Re_{d_p}^{1/2} Sc^{1/3}}{[1 + 1.232/(Re_{d_p} Sc^{4/3})]^{1/2}} \quad (8.109)$$

式中:$(h_c)_{Re_{d_p}=0}$来自②:

$$\frac{(h_c)_{Re_{d_p}=0} d_p}{\lambda} = \frac{\dot{m} C_p / \pi d_p \lambda}{\exp(\dot{m} C_p / 2\pi d_p \lambda) - 1} \quad (8.110)$$

$(\dot{m})_{Re_{d_p}=0}$可以从式(8.98)计算得到,式(8.98)中的ε_i从式(8.94)确定。

然后,计算每一类在整个流场中的寿命历史。颗粒群中给定颗粒的液滴位置可以从下式计算:

$$\boldsymbol{x}_p = \boldsymbol{x}_{p0} + \int_0^t \boldsymbol{v}_p dt \quad (8.111)$$

式中:$\boldsymbol{x}_{p0}$为液滴的初始位置,用式(8.107)给出的运动方程的解确定瞬时速度。

就液滴内部的温度和浓度分布而言,存在3种极限情况,如图8.29所示。情况A对应于薄皮模型,该模型利用了以下假设:只有无限薄的表层被加热,并具有相平衡所需的组分变化,而大部分液体仍保持其初始状态。情况B对应于均匀温度模型,它涉及无限热扩散的假设。在这种情况下,液滴温度在空间上是均匀的,但是随时间变化。情况C对应于均匀状态模型,它将温度均匀的概念扩展到了物质浓度。在这种情况下,温度和组成在空间上都是均匀的,但也都随时间变化。

情况A:薄皮模型。在这种情况下,液相的温度和组成保持在注入的状态,而液体表面具有不同的性质和组成,这是由平衡和输运需求所决定的。输运速

---

① 原式有误。——译者注

② 原文有误。——译者注

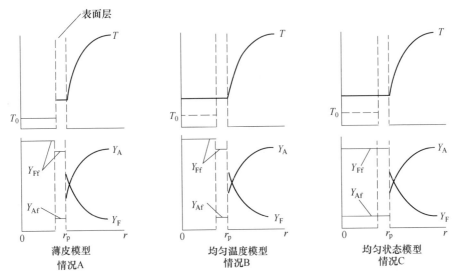

图 8.29 3 种不同液滴表面层的情况及对应的 T 和 Y_i 分布的图示

(改自 Faeth,1983)

率的预测涉及 $3N_s + 3$ 个未知数:$Y_{i,s,f}$、$Y_{i,s,g}$ 和 ε_i,其中:$i = 1, 2, \cdots, N_s$,以及 T_s、h 和 $\dot{m}$。这些量知道以后,得到液滴的质量守恒:

$$\frac{dm}{dt} = -\dot{m} \tag{8.112}$$

主体液体的组成是固定的;因此,主体液体物质的质量通量分数必须等于其主体液体的质量分数。此外,非主体液体物质(空气或环境气体混合物)仅穿透了一个无限薄的表面层,其质量通量分数为零。因此

$$\varepsilon_i = Y_{i,b,f}, i = 1, 2, \cdots, N_s - 1 \tag{8.113}$$

在这种情况下不存在整体加热;因此,所有到达液滴表面的能量都被用来提供使蒸发的材料气化所需的能量,即

$$\pi d_p^2 h(\overline{T} - T_s) = \sum_{i=1}^{N_s} \varepsilon_i \dot{m}(h_{i,s,g} - h_{i,b,f}) \tag{8.114}$$

如果辐射可以忽略,那么总传热系数 h 等于 h_c,如式(8.108)和式(8.110)所示。液体表面相平衡的要求为

$$\sum_{i=1}^{N_s} Y_{i,s,f} = \sum_{i=1}^{N_s} Y_{i,s,g} = 1 \tag{8.115}$$

$$F_{i,s,f} = F_{i,b,g}, i = 1, 2, \cdots, N_s - 1 \tag{8.116}$$

式(8.116)的逸度是根据状态方程确定的。式(8.95)、式(8.98)、式(8.99)、式(8.108)、式(8.109)和式(8.113)~式(8.116)提供了定义表面条件和输运速

率所需的 $3N_s + 3$ 个方程。给定初始条件和流动的平均性质,通过式(8.107)、式(8.111)和式(8.112)的数值积分进行求解。如果主体液体是纯物质并且溶解度可以忽略,就可以大大简化此分析。将主体液体燃料物质记为 F,式(8.98)变为

$$\frac{\dot{m}_{Re_{d_p}=0}}{2\pi d_p \rho D} = \ln\left(\frac{1-\overline{Y}_F}{1-Y_{F,s,g}}\right) \tag{8.117}$$

式(8.114)也简化为

$$\pi d_p^2 h(\overline{T} - T_s) = \dot{m}(h_{F,s,g} - h_{F,s,f}) \tag{8.118}$$

而 $Y_{F,s,g}$ 是这样确定的,在已知液体表面温度和压力时,从液体蒸气压特性得到:

$$Y_{F,s,g} = f(T_s, p) \tag{8.119}$$

式(8.88)的性质预估需要液体表面上剩余物质的浓度。注意式(8.98)的对数对所有物质都必须相同这个论点,就可得到这些浓度。因此,由于 $i \neq F$ 时 $\varepsilon_i = 0$,有

$$Y_{i,s,g} = \overline{Y}_i(1-Y_{F,s,g})/(1-\overline{Y}_F), i \neq F \tag{8.120}$$

情况 B:均匀温度模型。在这种情况下,只有主体液体的组成保持为注入状态,而表面组成随当地条件的要求而变化。表面和主体液体的温度相同,并且在每个瞬间都是已知的。输运速率的预测涉及 $3N_s + 2$ 个未知数:$Y_{i,s,f}$, $Y_{i,s,g}$ 和 ε_i,其中 $i = 1, 2, \cdots, N_s$,以及 h 和 $\dot{m}$(或 $\dot{m}'' = \dot{m}/\pi d_p^2$)。均匀温度模型的公式与薄皮模型非常相似。主要区别在于式(8.114)被液滴能量守恒方程所取代:

$$(\rho_f C_{p,f} d_p/6)\frac{\mathrm{d}T_p}{\mathrm{d}t} = h(\overline{T} - T_p) - \sum_{i=1}^{N_s} \varepsilon_i \dot{m}''(h_{i,s,g} - h_{i,b,f}) \tag{8.121}$$

式(8.95)、式(8.98)、式(8.99)、式(8.108)、式(8.109)、式(8.113)、式(8.115)和式(8.116)保持不变,足以确定 $3N_s + 2$ 个输运参数。在这种情况下,式(8.107)、式(8.111)、式(8.112)和式(8.121)必须进行数值积分。当液体中仅存在一种燃料物质时,均匀温度模型的公式也类似于薄皮模型,只是式(8.114)由下式替代:

$$(\rho_f C_{p,f} d_p/6)\frac{\mathrm{d}T_p}{\mathrm{d}t} = h(\overline{T} - T_p) - \dot{m}''(h_{F,s,g} - h_{F,s,f}) \tag{8.122}$$

情况 C:均匀状态模型。在这种情况下,主体液体和表面的组成和温度相同,并且在每个瞬间都是已知的。输运速率的预测涉及 $2N_s + 2$ 个未知数:$Y_{i,s,g}$ 和 ε_i,其中 $i = 1, 2, \cdots, N_s$,以及 h 和 $\dot{m}$。式(8.95)、式(8.98)、式(8.99)、式(8.108)、式(8.115)和式(8.116)足以确定所有这些未知数。由液相中的物质守恒得到:

$$\frac{\mathrm{d}m_i}{\mathrm{d}t} = -\varepsilon_i \dot{m}, (i = 1, 2, \cdots, N_s) \tag{8.123}$$

式(8.121)正确地给出了能量守恒。已知 m_i 的值,以常规方式计算液相中每种物质的质量分数。在这种情况下,式(8.107)、式(8.111)、式(8.121)和式(8.123)必须进行数值积分。当液体燃料中仅存在单一物质时,均匀状态模型与均匀温度模型相同。

喷雾中的液滴寿命历程。Faeth(1983)预测的沿在 3MPa 空气中燃烧的空气雾化正丁烷喷雾中心线的液滴寿命历程如图 8.30 所示。由于在液滴表面的薄皮液相输运模型和均匀温度液相输运模型这两种极限情况的预测中存在显

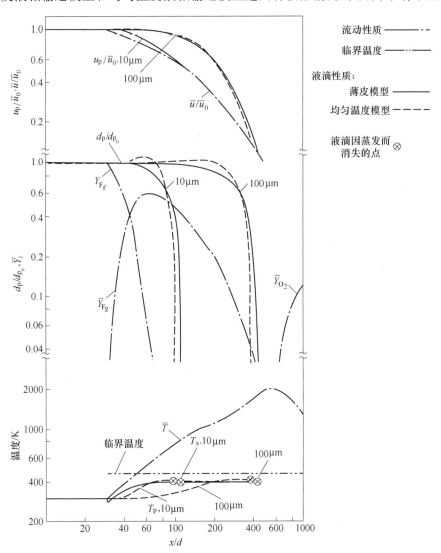

图 8.30 预测的沿在 $p=$ 3MPa 的空气中燃烧的正丁烷喷雾中心线的液滴寿命历程
(据 Faeth,1983)

著差异,因此对这两个模型都进行了说明。因为是高压条件,所示在计算中考虑了真实气体效应和环境气体在液滴中的溶解度。图中显示了初始直径为 10μm 和 100μm 的液滴的液滴速度、直径和体积(均匀温度模型)温度或表面(薄皮模型)温度。图中还说明了从 LHF 模型得到的流动性质,包括平均速度、温度、液体燃料质量分数、燃料蒸气质量分数和氧气质量分数。图 8.30 所示的两个预测都表明,只有初始直径小于 10μm 的液滴的速度和温度基本等于流动的速度和温度,并且在 LHF 模型预估的喷雾边界附近消失(见图 8.26)。由于所测试的喷雾包含直径大于 10μm 的液滴,因此这些发现表明有限的液滴输运速率对于测试条件而言非常重要,并且 LHF 模型可能会高估流动的发展速率。

  图 8.30 中所示的两个液滴表面模型的液滴速度预测结果相似。相对较小的喷头直径会带来较大的流动减速度;因此,对于处于势核正下游区域内直径为 100μm 的液滴,$|v_p - v|$ 的值较显著。与速度相反,对于两个液体扩散极限,液滴温度和直径的预测差异很大。对于薄皮模型,液滴表面温度相对独立于液滴尺寸;因此,对于这种情况,只显示了一条表面温度线。但是,均匀温度模型表明,对于较大的液滴尺寸,加热速率会降低。对两种液相模型的预测结果都表明,液滴温度趋向于跟随喷头附近的流体温度,而更下游的液滴温度接近于一个恒定值,尽管流动的温度在增加。但是,由于流动特性在不断变化,因此无法实现在恒定的湿球温度下的稳定蒸发。均匀温度模型对势核正下游区域预测出了较低的液体表面温度。在这个区域中燃料蒸气浓度相对较高,导致燃料蒸气在液滴上凝结。由加热而产生的凝结和液体密度降低的综合作用会使均匀温度模型预测的液滴直径增大一段时间。相反,薄皮模型不提供整体加热,并产生足够高的表面温度,因此不会发生凝结,这使得液滴直径随着与喷头距离的增加而单调减小。

  由于流动成分的变化,液体的临界温度随距喷头的距离变化而略有变化。两种液体模型的预测液滴温度仍远低于当地临界温度。两种模型间的这些差异表明,为准确处理高压喷雾,需要更好的方法来处理液相输运。图 8.30 所示的结果表明,只有初始直径大于 100μm 的大液滴会穿透火焰区并到达氧浓度很高的区域。通常,液滴仅在喷雾的冷核中蒸发,产生的燃料蒸气在更下游的火焰区被氧化。对在 6MPa 空气中燃烧的压力雾化的正戊烷喷雾进行的计算给出了与图中所示相似的结果。尽管这个压力几乎是纯正戊烷的临界压力(3.369MPa;见 Kuo,2005)的两倍,但液滴并未达到热力学临界点。观察到此行为是因为即使在整体加热几乎完成时,液滴表面的燃料蒸气的摩尔分数也明显小于 1。此外,溶解气体的存在倾向于提高液体的临界压力。以往对单个液滴临界条件的工作,无论是在加热的气体中蒸发还是在氧化环境中燃烧,都表明要达到临界点,需要的压力约为纯液体临界压力的两倍(Canada 和 Faeth,1975;

Reid,Prausnitz 和 Sherwood,1977)。

8.8.2 液滴破碎过程和机制

8.8.2.1 液滴破碎过程

本节中,我们考虑了液滴破碎的各个方面,特别是对图 8.30 中所示的燃烧的高压喷雾。如 Kuo(2005:第 6 章)所述,几个无量纲参数对控制液滴变形和破碎过程很重要。由于液滴与周围气流间的相对速度与液滴变形密切相关,因此基于相对速度的雷诺数绝对与液滴破碎有关。此外,另一个控制参数,韦伯数(We)定义为

$$We_g = \frac{\rho_g |\boldsymbol{v}_p - \overline{\boldsymbol{v}}|^2 d_p}{2\sigma_s} = \frac{气动力}{表面张力} \quad (8.124)①$$

式中:σ_s 为液滴的表面张力。注意 We 的这个定义在分母上有因数 2,这与许多其他研究中使用的 We_g 不同。式(8.124)中 We 的定义在物理上更有意义,因为动压用了 $\rho |\boldsymbol{v}_p - \overline{\boldsymbol{v}}|^2/2$ 来表示,表面张力用了 $\sigma_s/(d_p/4)$ 来表示。因此,它们对应的力之比给出了以上 We 的表达式。据 Borisov et al.(1981)报道,根据他们对各研究人员所报道模式的汇编,存在 3 种液滴破碎机制:降落伞型(袋型)、剥离型、爆炸型。这些状态不仅由 We 的范围定义,还由表 8.9 所列 $We_g Re_d^{-0.5}$ 的乘积定义。

表 8.9 3 种液滴破碎模式

液滴破碎机制	控制参数的范围	物理过程
降落伞型(袋型)	$4 \leqslant We_g \leqslant 20$ $0.1 \leqslant We_g Re_d^{-0.5} \leqslant 0.8$	液滴垂直于流动展平,形成一个罩或一个袋子(或一个降落伞); 液滴前滞止点附近的液体因流动穿透效应而偏转; 袋子膨胀并最终因袋状不稳定性而破碎成许多小液滴(见图 8.31、图 8.32 和图 8.34)
剥离型	$10 \leqslant We_g \leqslant 10^4$ $0.5 \leqslant We_g Re_d^{-0.5} \leqslant 10$	表面层从液滴上撕下(通过剥离或剪切); 出现一大部分非常细小的液滴(见图 8.33 和图 8.34)
爆炸型	$10^3 \leqslant We_g \leqslant 10^5$ $10 \leqslant We_g Re_d^{-0.5} \leqslant 100$	形成的液滴的尺寸明显比原始液滴小

过去对液滴破碎的研究通常使液滴经受相对速度 $|\boldsymbol{v}_p - \overline{\boldsymbol{v}}|$ 的突变,观察

---

① 原式有误。——译者注

破碎的发生、模式和所需时间。图8.31(a)中的两张照片显示了由于气体渗透而从原始球形液滴形成袋状的液态磷酸三丁酯。图8.31(b)显示,在更高的We_g下,球形液滴变形为降落伞状的主体,在中心附近有一个短的圆柱状液体区(称为"伞柄"[①])。稍后,由于特征性的袋状不稳定性,薄袋和薄降落伞都破碎成了细小的液滴。降落伞形主体也称为伞形主体或袋和伞柄形主体。图8.32所示为降落伞形水滴在从左向右流动的气流中因其特征性的袋状不稳定性而破碎成细小液滴之前的形成过程。图8.33所示为液体质量主要重新分布成为具有明显径向速度向外延伸的破碎薄片的情况。从液体薄片边缘剥离的颗粒非常明显。

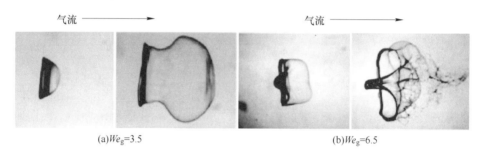

(a)We_g=3.5   (b)We_g=6.5

图8.31 从初始直径为3.5mm的孤立液滴向(a)袋型和(b)降落伞型液态磷酸三丁酯的发展
(据Theofanous et al.,2007修改)

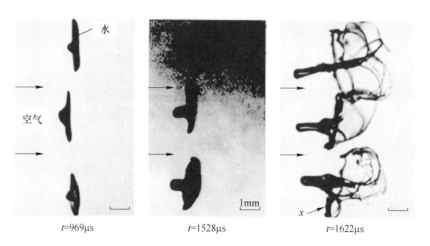

t=969μs t=1528μs t=1622μs

图8.32 水滴注入从左向右流动的、We_g= 32.5 的空气流后在969μs、1528μs 和1622μs时的照片;这些图片显示了从展平的液滴向降落伞型主体的发展
(改自 Van Dyke,1982)

---

① 原文为"stamen",意为"雄蕊",为对应上下文"降落伞"一词,意译作"伞柄"。——译者注

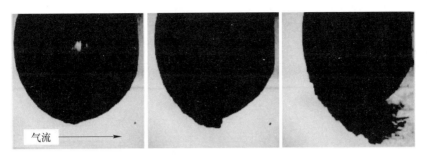

图 8.33 照片显示,因在马赫数为 3 的超声速流中高韦伯数
(We_g = 1250)下的剥离(或剪切)作用,导致的液体磷酸三丁酯液滴的破碎

(改自 Theofanous et al.,2007)

Pilch 和 Erdman(1987)对加速引起的液滴破碎过程进行了大量的研究。他们为加速引起的液滴破碎定义了 5 种不同的机理。从文献中收集了由加速引起的液滴破碎的数据,并汇总在图 8.34 中。该图包含有对每种机理所涉及的主要物理过程的简要描述。Pilch 和 Erdman(1987)定义了一个临界 $We(We_c)$,该 We_c 与接下来定义的奥内佐格(Ohnesorge)数(Oh)相关。显然,液体黏度的影响由 Oh 数反映:

$$Oh = \frac{\mu_l}{(\rho_l \sigma_s d_p)^{0.5}} = \frac{黏性力}{表面张力} \qquad (8.125)$$

式中:μ_l,ρ_l 为液体的黏度和密度。文献中通常用术语"临界韦伯数(We_c)"来表示袋型破碎开始(袋型破碎发生)的条件。这意味着 We_c 是足够完成袋型破碎的 We 的最小值。We_c 通过下式与 Oh 数相关:

$$We_c = 6(1 + 1.077\ Oh^{1.6}) \qquad (8.126)$$

这个相关关系称为 Brodkey 相关关系,如图 8.35 所示。读者必须认识到,式(8.124)定义的 We 与 Brodkey(1969)以及 Pilch 和 Erdman(1987)所使用的 We 是不同的,它们相差 2 倍。因此,式(8.126)中的系数为 6 而不是原始相关关系中的 12。由 Rayleigh-Taylor 或 Kelvin-Helmholtz 不稳定性引起的液滴破碎的无量纲特征时间为

$$\tau_{bk} = \frac{t_{bk}\ |\boldsymbol{v}_p - \overline{\boldsymbol{v}}|}{d_p}\sqrt{\frac{\rho}{\rho_l}} \qquad (8.127)$$

对于固定的 Oh 数,引发液滴破碎所需的时间随着 We 的增加而连续减少。Wolfe 和 Anderson(1964)发现,较大的液滴黏度($Oh > 0.1$)会延迟破碎的开始,而不会改变观察到的分解机理。他们提出了一个简单的经验相关关系式来充分表示引发液滴破碎所需的时间。

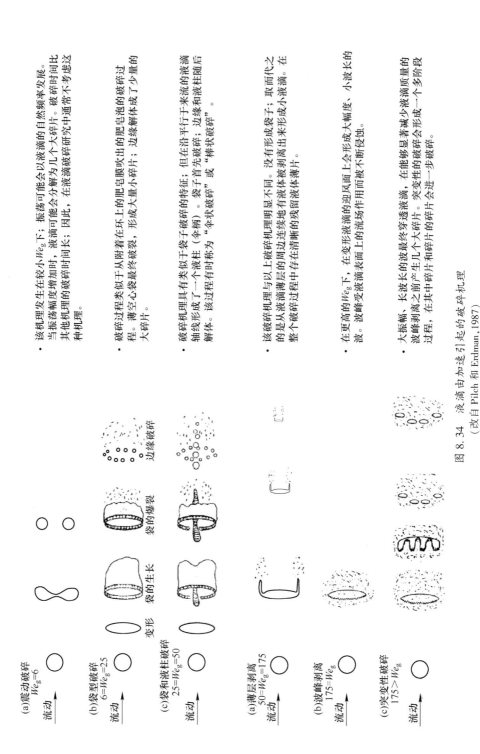

图 8.34 液滴由加速引起的破碎机理
(改自 Pilch 和 Erdman, 1987)

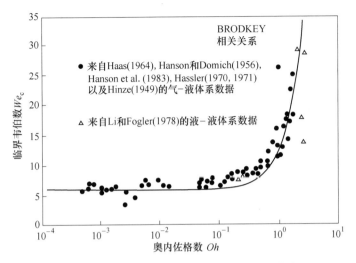

图 8.35 临界韦伯数和奥内佐格数之间的关系
(改自 Pilch 和 Erdman,1987)

$$\tau_{bk} = 1.598 (We_g - 6)^{-0.25}(1 + 2.2Oh^{1.6}) \quad (8.128)$$

同样地,已修正了式(8.128)中的系数来匹配式(8.124)中给出的 We 的定义。Gel'fand, Gubin, Kogarko et al.(1975) 也提出了一个类似的相关关系。

Ranger 和 Nicholls(1969)对剥离模式下的破碎时间提出了以下表达式:

$$\tau_{bk} = t_{bk} |\boldsymbol{v}_p - \overline{\boldsymbol{v}}| \frac{\sqrt{\rho/\rho_l}}{d_p} = 3.5 \sim 5.5 \quad (8.129)$$

式中:τ_{bk} 的范围由不同的测试条件得出,在没有其他信息的情况下建议值为4.0。从式(8.129)和各种液滴破碎机理可以看到,燃烧的喷雾包含有很大的不确定性。对于破碎现象,尤其是高压下的燃烧,还没有很好地建立性质选择规则。

图 8.36 所示为由 Terashima 和 Tryggvason(2009)数值模拟的水滴在空气中被冲击波冲击而破碎的现象。冲击波通过后,在液滴后面形成了较大的回流区。液滴面向上游的部分和尾流之间的压力差将液滴展平,最终导致从侧面拉出了薄的系带。尽管系带首先是被直接向外拉伸,但最终被流动带到了下游,从而从原始液滴中剥离了水。值得一提的是,由冲击波扰动引起的液滴破碎现象与加速引起的机理有很大不同。如果在给定的燃烧器中存在冲击波,可能需要考虑这两种类型的破碎机理。一般而言,We 在燃烧的喷雾中的变化要比在冲击波扰动情况下更为缓慢,它常用来建立经验表达式。

8.8.2.2 微爆炸引起的多组分液滴破碎

如 Law(1982,2006)所指出的,突然的剧烈破碎是一种可能发生在多组分

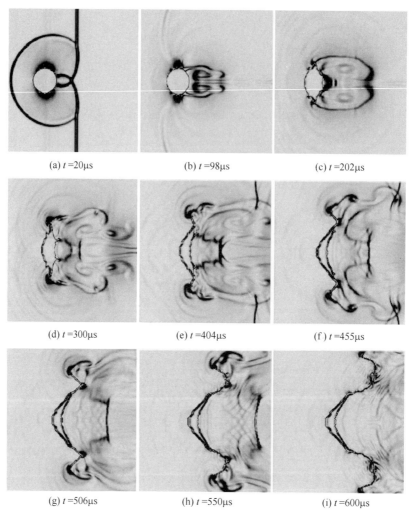

图 8.36 由冲击波撞击引起的空气中水液滴的演化
(据 Terashima 和 Tryggvason,2009)

液滴(如癸烷-十二烷液滴)燃烧期间的有趣现象。这种称为微爆炸的爆炸性燃烧事件的发生,为优化燃料加注准备提供了令人感兴趣的潜在可能。例如:目前雾化系统的设计强调产生最佳的液滴尺寸分布,以使液滴既足够大至能穿入到燃烧器内部,又足够小至能快速汽化。然而,如果可以控制微爆炸在完成穿入后发生,那么快速气化就不必是设计雾化系统的主要考虑因素。以这种方式,可以用较大的液滴通过雾化和穿入来实现高程度的混合,之后紧随着瞬时气化和通过微爆炸实现的局部混合。微爆炸也可以提高合成燃料和精炼程度稍低的燃料的利用率,这些燃料通常具有较高的沸点。因此,通过微爆炸,燃料挥发性对于影响燃烧器内的完全汽化变得不再那么关键。

导致这种混相多组分混合微爆炸事件的基本机理是在液滴内核区中挥发性组分的扩散截留。Law 发现在气化开始后不久,多组分液滴表面上低挥发、高沸点(如 T_b 为 216.3℃ 的十二烷)的组分变得更为富集。实质上,液滴表面发展起来的浓度边界层是由挥发性较小的燃料组分形成的。由于液滴温度由其表面组分控制,因此液滴温度可以达到一个更高的值,该值对应于表面上更为丰富、更高沸点的组分。因此,它可以达到更高挥发性燃料组分 T_b 之上的更高值。同时,液滴核具有更易挥发、低沸点(如 T_b 为 174.2℃ 的癸烷)组分的较高浓度。因此,可以想到液滴内部的挥发性组分可以被加热到表面区当地的沸点以上,从而开始聚集大量过热燃料蒸气,如图 8.37(a)所示。因此,如果液滴温度足够高,那么由于均匀成核的开始和由此带来的液滴剧烈破碎,这种条件会导致强烈的内压积聚。

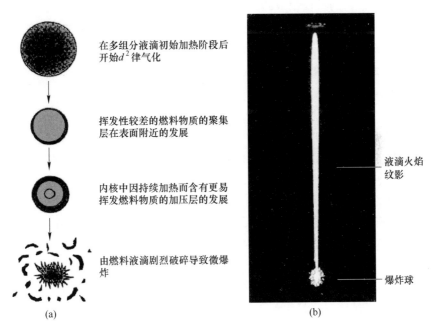

图 8.37 多组分燃料液滴的微爆炸

(a)主要过程的物理解释;(b)展现微爆炸现象的自由下落液滴的纹影照片

(改自 Law,2006a,2006b)

实验上经常观察到微爆炸(Lasheras, Fernandez-Pello 和 Dryer, 1980;C. H. Wang 和 Law,1985;C. H. Wang,Liu 和 Law,1984)。Lasheras et al.(1980)表明,这个事件将在液滴被引入燃烧室后不到 0.2ms 发生。由于该机理极为依赖陡峭浓度梯度的存在,因此具有最小内循环量的液滴最有可能发生微爆炸。

图8.37(b)所示为由微爆炸终止的自由下落液滴流的火焰纹影。由于液滴尺寸通常比火焰尺寸小得多,因此纹影末端附近的"爆炸球"显然显示的是微爆炸事件。Law(1978)通过对液滴内温度和物质分布的解对微爆炸的潜在发生进行了理论评估,他发现均匀成核起始在温度超过过热物质当地浓度加权极限的径向位置上。他的理论研究显示出3个独特性质。

(1) 只有当组分的挥发性的差别足够大且其初始浓度均在最佳范围内时,才可能发生微爆炸。必需要有沸点温度高而挥发性较差的组分以提高液滴温度,并且使挥发性组分有助于内部成核。

(2) 其次,由于液滴中心具有较易挥发组分的最高浓度,而液滴表面具有最高温度,因此均匀成核应该起始在这两个位置之间的某个位置。

(3) 由于T_b随p增加,因此微爆炸的出现更可能发生在高压下。

这3个独特性质都已被实验所验证。特别地,结果表明为获得增强微爆炸,两组分混合物的最佳组成约为1:1,且成核作用在液滴中心附近开始,从而其在破碎液滴方面具有最大作用。注意,根据Blander和Katz(1975),许多液体的过热极限约为其各自临界温度的90%。

8.8.3 确定性离散液滴模型

多相流的分散流模型专门处理两相之间质量、动量和能量的有限速率交换。大多数现有模型通常对发生在与液滴大小相当的尺度上的过程进行平均(由于计算机存储和计算成本的实际限制,对各个液滴周围或内部流场细节的精确建模所做的尝试非常有限)。因此,相间交换过程必须独立建模,通常对液滴阻力以及传热和传质使用经验公式。液相内的过程也采用图8.29中描述的一种极限情况(通常为情况B)来简化。蒸发喷雾和燃烧喷雾的大多数分散流分析都采用了8.8.1小节开头简要描述的单元内颗粒源模型(PSICM)或离散液滴模型(DDM)。该模型涉及使用一个类似于前面讨论过的液滴寿命历史计算的拉格朗日公式,将喷雾划分为通过流场跟踪其运动和输运的离散液滴的代表性样本。这个过程对应于液体性质的统计(蒙特卡罗)计算,这是因为使用了有限数量的颗粒来表示整个喷雾。采用欧拉公式来求解气相的控制方程。通过在气相运动方程中引入适当的源项,考虑了液滴对气相的影响。通常会发现获得令人满意的喷雾表述所需颗粒种类的数量并不多,公式对考虑液滴输运过程的相对完整表述也很方便。

在确定性离散液滴模型(DDDM)公式中,考虑了气体和颗粒间的相对速度和有限相间输运速率的影响,但忽略了由湍流引起的液滴分散的影响以及湍流对相间输运速率的影响。假设液滴仅与平均气体运动相互作用。正如Shuen、Chen和Faeth(1983)所述,在DDDM公式中,颗粒遵循求解其拉格朗日运动方程时发现的确定性轨迹。这种类型的喷雾模型通常对球使用标准阻力系数,而忽略虚拟质量和巴塞特力。这些近似对高空隙率和高液/气密度比是适用的。通常假设喷雾在这些模型中较稀薄,这意味着尽管颗粒与气相相互作用,但它们彼此间不会相互作用。因此,忽略了液滴碰撞,并使用对无限介质中的单个液滴确定的经验相关关系来估计相间输运速率。在大多数模型中假设液相的体积分数小至可以忽略。由于实验限制,大多数对液滴尺寸和速度分布的测量通常是在距喷头一定距离的地方进行的。这个初始位置通常位于喷雾中较稀薄的部分。因此,模型的实际应用局限于喷雾的稀薄区。需要对稠密喷雾区进行实验和理论研究,以此理解射流破碎过程并准确指定喷头出口附近所选位置的流动条件。

在 DDDM 结构中,将喷头出口下游位置处的液滴流划分为有限数量的液滴类别。为每个液滴类别指定了注入的初始直径、速度、方向、温度、浓度、位置和时间。表 8.10 所列为喷雾 DDDM 的基本假设和一般结构。对各种喷雾的 DDDM 的详细比较感兴趣的读者可以参考 Faeth(1983)的综述文章。分散流模型实际应用的主要限制包括获得有关它们的经验并正确校准它们的众多本质特征和喷头特性,以便获得可靠的预测结果。模型考虑的应用包括蒸发喷雾和燃烧喷雾。蒸发喷雾的情况包括飞机燃气轮机燃烧器的管道和预蒸发器管道中的液滴蒸发、控制火灾用的商用喷淋系统以及注入到往复式直喷分层燃烧(direct-injection-stratified-charge,DISC)发动机中的喷雾的蒸发阶段。已经构建了用于燃气轮机燃烧器、DISC 发动机和燃烧炉的燃烧喷雾模型。所开发的大多数模型都是针对于稳态流动条件下的二维轴对称情况。也开发出了数量有限的三维模型。原理上,将这些模型扩展到三维瞬态流没有本质困难。通常假设在这些模型中的喷雾较稀薄,这意味着尽管颗粒与气相相互作用,但它们彼此间不会相互作用。因此,在大多数 DDDM 中忽略了液滴碰撞。在无限介质中对单个液滴而确定的输运表达式(见式(8.103)~式(8.110))用来估计相间输运速率(将液滴间距视为无限大)。与这些假设相匹配,在大多数模型中也假设液相的体积分数小至可以忽略。

表 8.10 喷雾的确定性离散液滴模型(DDDM)的基本假设和一般结构

基本假设	气相变量	辐射模型	液相变量	液滴类别的数量	相间输运考虑	应用
稳态、2D、稀薄喷雾、没有液滴破碎	$\bar{u}$、$\bar{v}$、$\bar{T}$、$\bar{Y}_i$、k、ε、g	无、4通量或6通量	x_p、v_p、T_p、d_p 或 $\dot{m}_p$	5~1200	阻力修正、传质速率和能量传递速率	燃气轮机燃烧器、DISC 发动机、燃烧炉等

8.8.3.1 DDDM 中的气相处理

所有 DDDM 均对气体运动采用了欧拉公式,对颗粒运动采用了统计拉格朗日公式。这种方法涉及将喷头出口处(或假设液滴特性已知的某一其他位置)

的液流划分为有限数量的液滴类别。每个液滴类别都被分配了初始直径、速度、方向、温度、浓度、位置和喷射时间（对瞬时喷雾）。然后，通常按照与8.8.1.1 小节中所描述的类似的步骤，计算出整个流场中每个类别的寿命历程。对于任意类别液滴的计算，当其由于气化而消失或离开流场时，即行终止。大多数气相模型通常仅限于稀薄喷雾，并采用了 $k\text{-}\varepsilon$ 或 $k\text{-}\varepsilon\text{-}g$ 湍流模型。气相控制方程与8.7.2.6 小节给出的方程相同（见式(8.73)~式(8.75)和表 8.6），不同之处在于必须添加新的源项来表示与液相的相互作用。气相控制方程的求解采用计算单元的有限差分网格。通过计算液滴性质在穿越每一个计算单元时的变化，来确定欧拉气相求解中由于液滴带来的源项。对于第 k 个液滴类别，由喷头出口处的边界条件可知单位时间沿该类别轨迹前进的液滴的数量 $\dot{n}_k$。然后，对于任意通用属性 ϕ，相间交换速率为

$$S_{\phi_{i,j}} = \sum_{k=1}^{N_d} \dot{n}_k \left[(m_k\phi_k)_{\text{in}} - (m_k\phi_k)_{\text{out}} \right]_{i,j} \tag{8.130}$$

式中：N_d 为液滴类别的总数量；m_k 为第 k 个液滴类别中液滴的质量；i,j 为计算单元。

对应于不同的具有液滴源项的因变量的参数 ϕ 汇总在表 8.6 中。通常，守恒方程中含有液滴源项，如质量守恒方程（$\phi=1$）、动量守恒方程（$\boldsymbol{v}$）、能量守恒方程（$\overline{H}$）以及注入物质的守恒方程（$\overline{Y}_F$ 或 $\overline{f}$）。

大多数 DDDM 使用 $k\text{-}\varepsilon$ 湍流模型。当使用高阶湍流模型时，液滴源项也应该出现在 k、ε 和 g 的控制方程中。大多数 DDDM 忽略了这些效应，主要是因为尚未很好地开发出预测由颗粒运动引起的湍流生成和耗散的模型。在因颗粒密度较低而使这些效应较小的稀薄喷雾的限制下，这个步骤是可以接受的。通常通过假设液滴只是蒸发而没有包络火焰出现来模拟燃烧喷雾。假设燃料蒸气随后在气相中以与确定气体火焰反应速率相同的方式所确定的速率反应。因此，假设喷雾内的液滴仅充当了燃料蒸气的分布源。El Banhawy 和 Whitelaw (1980)在对混合分数给予一个假设的 PDF 下，对使用 $k\text{-}\varepsilon\text{-}g$ 湍流模型的湍流反应采用了一个统计公式。Mongia 和 Smith (1978)，Boyson 和 Swithenbank (1979)以及 Gosman 和 Johns(1980)所采用的速率是取全局阿伦尼乌斯速率或涡破碎湍流反应速率中的较小者。Gosman 和 Johns (1980)对涡破碎反应速率采用了式(8.84)所给出的 Magnussen 和 Hjertager(1977)表达式，而其他模型则使用了式(8.83)表示的 Spalding(1971,1976)表达式。Mongia 和 Smith (1978)使用了已提及的情况中最复杂的反应机理，涉及考虑 CO 形成作为中间体的两步反应。通过将预测结果拟合到燃气轮机燃烧室中的测量结果，获得了该模型的全局动力学参数。只有 Butler et al. (1980)尝试在 DDDM 中进行污染物预

测。这涉及了一氧化氮(NO)的预测,使用了带有阿伦尼乌斯速率常数的扩展 Zel'dovich 机理,并忽略了湍流的影响。如今,用于预测湍流火焰污染物的方法已得到了高度发展,这些方法可以轻松应用于 DDDM。有几种 DDDM 用来处理辐射,它们遵循为湍流气流所开发的步骤。通常采用 Gosman 和 Lockwood(1973)所开发的多通量法(特别是 4 通量和 6 通量)。通常忽略液滴吸收和散射的影响;这种近似仅适用于稀薄喷雾。与在反应模型中使用阿伦尼乌斯表达式相似,在辐射输运方程中采用了平均性质,而忽略了湍流的影响。当然,由于辐射热通量的非线性特性,这种做法值得怀疑。用于求解 DDDM 中气相运动方程的计算机算法通常改编自单相流模型。在英国帝国理工学院开发的稳流椭圆曲线码 TEACH 和 SIMPLE(Patankar,1975;Pun 和 Spalding,1977)广泛可用。在 Los Alamos 开发的 ICED-ALE 代码(Amsden 和 Hirt,1973;Hirt,Amsden 和 Cook,1974①;Norton 和 Ruppel,1976)以及由 Gosman et al.(1980)所开发的 RPM 为往复式发动机中喷雾所遇到的具有移动边界的瞬时回流提供了一种欧拉-拉格朗日网格方案。

8.8.3.2　DDDM 中的液相处理

研究人员将为计算液滴行为所采用的液滴模型分为两类,即瞬态加热模型和两阶段模型。瞬态加热模型与 8.8.1.1 小节中所讨论的液滴寿命历程计算公式和图 8.28 中的框图类似。液相是通过假设在每个时间点的液体温度是均匀相同的来处理(图 8.29 中的情况 B)。然后将液滴表面与其当地环境间的燃料蒸气浓度差作为驱动势来确定传质速率。这个过程正确地表示了这一事实:由于喷雾中的液滴其周围环境性质的连续变化,该液滴没有固定的湿球温度。通常会忽略包络火焰的存在,并使用单液滴的经验表达式来表示液滴阻力以及强制对流对液滴传热和传质速率的影响。一些研究人员考虑两阶段模型是包含了将液滴加热到固定湿球温度而没有任何蒸发的计算作为第一阶段。在第二阶段,蒸发过程受液滴与其周围环境间的温度差驱动。湿球温度取作喷雾在燃烧室压力下的燃料沸点。使用与更完整的瞬态加热模型相似的单液滴经验相关关系来估算阻力和强制对流的影响。两阶段液滴模型简化了计算,但是它们能否准确表示喷雾中的液滴过程却令人质疑。在燃料蒸气浓度较低的高温环境中,液滴湿球温度接近大气压附近的沸腾温度。然而,液滴在喷雾较冷的核心区耗用了其大部分寿命,那里气体温度相对较低,而燃料蒸气浓度较高。在这个区域中,通过传热控制的驱动势来估算传质速率相对不太准确。当喷雾压力超过燃料的临界压力时,这种方法还需要有关湿球温度的特别假设。根据不同研究人员的发现,在预混燃烧不主导过程的情况下,忽略包络火焰似乎是

---

① 原文有误。——译者注

最现实的近似方法。液滴输运速率受确定平均性质所使用的选择规则的强烈影响。这个过程应该通过使用单个液滴的测量结果对计算进行校准来建立。不幸的是,大多数喷雾建模者没有这样做。许多 DDDM 都通过忽略湍流引起的颗粒扩散来假设液滴遵循其固定的轨迹。Gosman 和 Ioannides(1981)发现,与有关喷雾适当初始条件的不确定性相比,液滴扩散对喷雾预测的影响很小。Anderson et al.(1980)考虑了对喷雾液滴动力学较为重要的其他特征,其中包括液滴破碎和液滴碰撞。

使用 DDDM 方法时,会对多个液滴类别进行液滴轨迹计算。每个类别都用其在喷头出口处的初始尺寸、速度、方向和位置来标识,如果过程是瞬态的,还标识注入时间。在许多 DDDM 模拟中,已知的喷雾性质仅限于 SMD 和喷雾角度,这不足以正确指定喷头的出口条件,这是因为还需要尺寸、速度、方向和位置的联合分布。在给定 SMD 情况下,Simmons(1977)提出了一个有用的关系式来确定各种喷头类型的液滴尺寸分布。但是,对初始速度和方向的恰当预估并未令人满意地得到解决,还需要使用相对特定的假设。适当地指定喷头出口条件构成了正确使用和评估喷雾 DDDM 的主要障碍。

8.8.3.3　DDDM 的结果

Butler et al.(1980)报道了对往复式内燃机中所遇到的瞬态喷雾过程的预测结果。图 8.38 所示为预测的喷雾顶端位置与单孔喷头喷射的时间函数关系。将预测结果与 Hiroyasu 和 Kadota(1974)的测量结果进行了比较,吻合程度的结果令人鼓舞。然而,这些计算在喷头出口条件的指定上存在很大的不确定性,数字网格也过于粗糙以至于无法正确地求解喷头附近的区域。

图 8.39 所示为 Boyson et al.(1981)的一些典型计算结果。从定位于轴向的燃料喷嘴引入夹角为 60°的空心锥形燃料喷雾。使用 Rosin-Rammler 方程 $[M_D = \exp(-D/D^*)^n]$ 来表示不同尺寸组的具有不同质量分数的典型燃料喷雾,其中取 $D^* = 60\mu m, n = 2.2$。D^* 值是使用 Malvern 粒度仪通过实验获得的。在燃烧器燃烧室有代表性的 60°扇区内总共有 20 个液滴尺寸范围和 18 个角喷射位置用来构造完整的喷雾锥。这张图汇总了燃烧器工作条件的细节。在燃烧器 x-y 平面和径向平面上的横截面视图中均显示了预测的平均速度分布和液滴轨迹。入口区附近的流场显示为一个较强的回流区。计算网格能够求解稀薄射流的主要特征,但是对说明喷头出口附近喷雾的冷却效果却太粗糙了。在这种计算条件下,大量的液滴撞击燃烧室壁面,一些液滴受稀薄射流作用会经历偏转,如图 8.39(b)所示。Boyson et al.(1981)还研究了注进热流中的 45°夹角喷雾。他们发现,只有很少的液滴被观察到撞击了燃烧室的壁面。他们证明燃烧器中的三维流场对单个液滴的轨迹有很大影响,反之亦然。

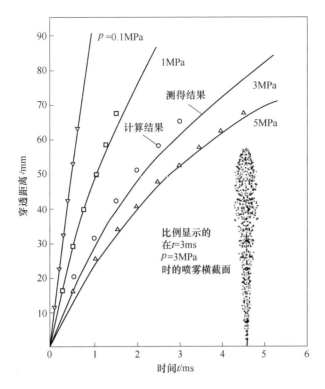

图 8.38 不同压力下喷雾顶端的穿透距离与时间的函数关系。
预测结果来自 Butler et al.(1980),测量结果来自 Hiroyasu 和 Kadota(1974)
(改自 Butler et al.,1980)

8.8.4 随机离散液滴模型

尽管前面章节中所描述的 DDDM 考虑了颗粒和连续相之间的相对速度(相间滑移)效应,却忽略了湍流波动对颗粒运动的影响。Yuu et al.(1978);Gosman 和 Ioannides(1981);以及 Shuen,Chen 和 Faeth(1983a,b)开发出了几种初始的随机离散液滴模型(SDDM)来处理滑移和由湍流涡旋带来的液滴分散的影响。Yuu et al.(1978)采用了湍流强度和长度尺度的经验相关关系来计算射流中的颗粒分散。Gosman 和 Ioannides(1981)用了一种更为全面的方法,并使用 $k\text{-}\varepsilon$ 模型来预测流动性质和分散。Shuen,Chen 和 Faeth(1983a,b)使用了类似 Gosman 和 Ioannides(1981)的方法,并修改了他们的方法用来评估湍流-涡旋寿命。他们还将理论结果与由 Laats 和 Frishman(1970a,b),Yuu et al.(1978)以及 Levy 和 Lockwood(1981)得到的多组带粒射流的数据进行了详细的比较。Shuen,Chen 和 Faeth(1983a,b)发现,SDDM 的解与湍流圆形射流中颗粒分散的实验数据非常吻合。8.8.5 小节在给出他们的 SDDM 后,将讨论这些模型的比较结果。

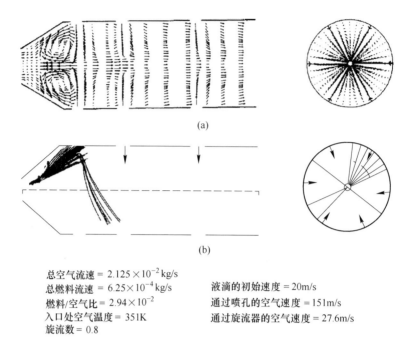

总空气流速 = 2.125×10^{-2} kg/s
总燃料流速 = 6.25×10^{-4} kg/s
燃料/空气比 = 2.94×10^{-2}
入口处空气温度 = 351K
旋流数 = 0.8

液滴的初始速度 = 20m/s
通过喷孔的空气速度 = 151m/s
通过旋流器的空气速度 = 27.6m/s

图 8.39 预测的圆柱形燃气轮机燃烧室中燃烧的空心锥喷雾的(a)速度分布和(b)液滴轨迹
(改自 Boyson, Ayers, Swithenbank et al., 1981)

在考虑连续相的控制方程时,在某些流动条件下可以引入几个基本假设。例如,当射流中负载的颗粒质量足够小(小于 0.5%)时,可以假设这些颗粒对平均和湍流气相性能的影响忽略不计。在喷头出口处马赫数较低(小于 0.3)时,密度变化、平均流的动能以及黏性耗散可以忽略,这样做所带来的误差很小。同样地,对于较高的射流雷诺数(大于等于 10^4),与湍流输运相比,分子输运可以忽略。在这些假设下,连续相的控制方程与 DDDM 相同,只是必须包括附加源项来说明来自分散颗粒的输运。表 8.11 所列为这些最早在式(8.76)中所描述的连续相控制方程的附加源项。

表 8.11 因分散颗粒的输运带来的连续相控制方程中的源项

ϕ	$s_{p\phi}$	备注
1	$\overline{S}_{pm} = \sum_{i=1}^{N_d} \dot{n}_i \Delta m_i / V_j$	$\overline{S}_{pm}$ 表示对从第 i 个颗粒组通过第 j 个体积为 V_j 的计算单元的贡献的加和所带来的气态质量的增加速率,$\dot{n}_i$ 为每次的颗粒数目

(续)

ϕ	$s_{p\phi}$	备注
$\tilde{u}$	$\overline{S}_{pu} = \sum_{i=1}^{N_d} \dot{n}_i \begin{pmatrix} \Delta(m_i u_{pi}) + \\ m_{im} a_g (1 - \overline{\rho}/\rho_p) \Delta t_{pi} \end{pmatrix} / V_j$	$\overline{S}_{pu}$ 表示对从第 i 个颗粒组通过第 j 个体积为 V_j 的计算单元的贡献的加和所带来的气态动量的增加速率
$\tilde{f}$	$\overline{S}_{pm}$	因颗粒蒸发带来的混合分数的增加速率
k	$\overline{u \overline{S}_{pu}} - \overline{u}\, \overline{S}_{pu}$	k 方程的源项与在流向动量方程中的颗粒源项相关
ε	$-2C_{\varepsilon 3}\mu_t \dfrac{\varepsilon}{k} \dfrac{\partial \overline{S}_{pu}}{\partial r}$	ε 方程的源项也与在流向动量方程中的颗粒源项相关
g	$2(\widetilde{fS}_{pm} - \tilde{f}\, \overline{S}_{pm})$	g 方程的源项与连续性方程中的颗粒质量源项相关

注:改自 Faeth,1987。

在 $\rho_p/\rho > 200$ 的稀薄喷雾模拟中,Shuen,Chen 和 Faeth(1983)认为虚拟质量、Bassett 力和 Magnus 力可以忽略。除某些特殊情况外,他们还忽略了重力。用使用二阶 Runge-Kutta 算法的颗粒轨迹方程对简化的 B-B-O 液滴运动方程进行了积分。计算了至少 1000 个颗粒的轨迹并对其取平均值来获得分散性质。Shuen,Chen 和 Faeth 使用了类似于 Gosman 和 Ioannides(1981)的方法来跟踪颗粒与一系列湍流涡旋相互作用时的相互作用,假设每个涡流都具有恒定的流动性质。假设颗粒与涡旋相互作用的时间为涡旋寿命 t_e 或颗粒横穿涡旋所需的通过时间 t_t 中的较小者。通过假设涡旋特征尺寸为耗散长度尺度来估算这些时间:

$$\ell_e = \frac{C_\mu^{3/4} k^{3/2}}{\varepsilon} \tag{8.131}$$

Shuen,Chen 和 Faeth(1983a)使用的特征时间尺度为

$$t_e = \frac{\ell_e}{\left(\dfrac{2}{3}k\right)^{1/2}} \tag{8.132}$$

只要单元相对于涡旋的相对位移不超过特征涡流尺寸 ℓ_e,并且相互作用时间不超过特征涡流寿命 t_e,就可以假设分散相单元与涡流相互作用。因此,关于涡旋尺寸的限制也包含了各向同性湍流的概念(例如:只评估总的相对位移来确定相互作用时间,而不考虑不同坐标方向上的不同涡旋维度)。

对均匀流动中的颗粒使用线性化运动方程获得该颗粒的通过时间,即

$$t_t = -\tau_r \ln\left(1 - \frac{\ell_e}{\tau_r |\boldsymbol{v} - \boldsymbol{v}_p|}\right) \tag{8.133}$$

式中：$\boldsymbol{v} - \boldsymbol{v}_p$ 为相互作用开始时的速度；τ_r 为颗粒弛豫时间，定义如下：

$$\tau_r \equiv \frac{4\rho_p d_p}{3\rho C_D |\boldsymbol{v} - \boldsymbol{v}_p|} \tag{8.134}$$

当 $\ell_e > \tau_r |\boldsymbol{v} - \boldsymbol{v}_p|$ 时，式(8.133)无解。这种条件可以解释为涡旋已经捕获了一个颗粒，因此相互作用时间变为 t_e (Faeth,1983; Gosman 和 Ioannides, 1981)。随机方法通常需要估计连续相的平均性质和湍流性质。然后使用随机采样计算颗粒轨迹，用以确定连续相的瞬时特性，这种做法类似于随机游走计算。通过对统计上数量可观的颗粒轨迹取平均来得到平均分散速率。Faeth(1987)为喷雾中的输运和燃烧过程给出了详细综述。

8.8.5 DDDM 和 SDDM 之间结果的比较

对于带粒的圆形射流，Yuu et al. (1978)将含有飞灰颗粒($d_p = 20\mu m$, $\rho_p = 2000kg/m^3$)的空气射流注入静止空气中。尚未报道预估 DDM 模拟初始条件所需的信息，因此必须进行估计。设计的射流喷嘴能提供均匀的出口性能。因此，除了具有厚度=通道壁面处射流出口半径1%的剪切层外，Shuen, Chen 和 Faeth(1983a, 1983b)和 Faeth(1987)假设初始条件为段塞流。在均匀区，属性按这种方式指定为：$\bar{u}_0 = 4\dot{m}_0/(\rho_0/\pi d^2)$，$\bar{f}_0 = 1$，$k_0 = (0.02\bar{u}_0)^2$，$\varepsilon_0 = 2.84 \times 10^{-5} \bar{u}_0^3/d$，且 $g_0 = 0$。假设量 $\bar{u}_0$ 和 $\bar{f}_0$ 在剪切层中是线性的，剪切层中的 k、ε 和 g 的初始值是通过求解它们的输运方程而忽略对流和扩散项而得到的。使用基于颗粒/气体混合系统的颗粒轨迹计算和喷头的几何形状计算出射流出口处的平均颗粒性质。假设颗粒在射流出口截面处均匀分布。

从图 8.40 中来自 Shuen, Chen 和 Faeth(1983b)的结果可以看出湍流分散在带粒射流中的重要性。Yuu et al. (1978)的一部分颗粒浓度测量结果与流动的 LHF、DDDM 和 SDDM 预测结果一起显示在图中。报道的只有测得数据的流向位置范围；因此显示的是对该范围的极限的预测。图中也显示了预估的初始颗粒速度。由于忽略了相间相对速度 $|\boldsymbol{v} - \boldsymbol{v}_p|$ 的影响，使用 LHF 分析会高估颗粒扩散速率。忽略相对速度使得颗粒对湍流波动的响应这一湍流分散机理被高估。它还会降低流场中流向颗粒的速度，停留时间的增加会导致进一步高估颗粒扩散速率。

从图 8.40 可以看到 DDDM 分析低估了颗粒扩散速率。在这种情况下，颗粒扩散仅由颗粒的初始径向速度和来自气相平均径向速度的径向阻力引起。与引起湍流扩散的波动的气相径向速度相比，这两个速度都较小。此外，由于颗粒的径向速度最终由气相径向速度控制，因此颗粒趋于在 $\bar{v} = 0$ 的区域聚集。

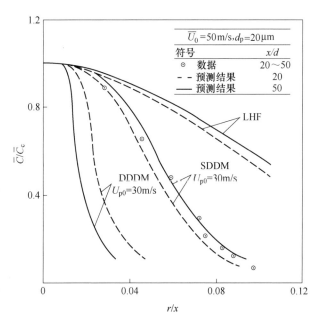

图 8.40 Yuu et al.(1978)在带粒圆形射流中测得的颗粒浓度与
Shuen,Chen 和 Faeth(1983b)计算结果的比较
(改自 Faeth,1987)

与 LHF 和 DDDM 预测结果相比，SDDM 的预测结果与图中所显示的测试结果吻合较好。可以在 Shuen,Chen 和 Faeth(1983b)中找到预测结果和这些测量结果间的其他比较，这些比较得出了相同的结论。这种吻合表明，有限相间输运速率和湍流分散对这种流动都很重要。

刚刚讨论的结果仅限于相对较低的颗粒负载。这个条件意味着当气流影响颗粒分散时，颗粒对连续相结构的作用较小（例如：测试条件强调了从气体到颗粒的一种耦合方式）。相比之下，Laats 和 Frishman(1970a,1970b)的测试涉及相对较大的颗粒负载，造成颗粒对连续相的结构有重大影响。没有测量这些流动的初始条件，因此必须进行估计。喷头使用了恒定面积的管道。在没有其他信息的情况下，Shuen,Chen 和 Faeth(1983b)假设在管道出口处为完全发展的管道流。根据定义将 $\overline{f}_0$ 值取作 1，而 $\overline{u}_0$ 由管道的常规指数定律表达式得到，这一指数可随雷诺数而变化。对于与实验相同雷诺数区间的完全发展的管道流，可以从 Hinze(1975)得到 k_0 和 ε_0 的初始值。根据定义将量 g_0 设为零。由于缺乏其他信息，假设在射流出口处相间的相对速度可忽略不计。假设在射流出口处颗粒浓度均匀。图 8.41 和图 8.42 分别所示为 Laats 和 Frishman 测试的中心线气体速度分布和平均颗粒质量通量分布预测结果和测试结果。如前所述，非

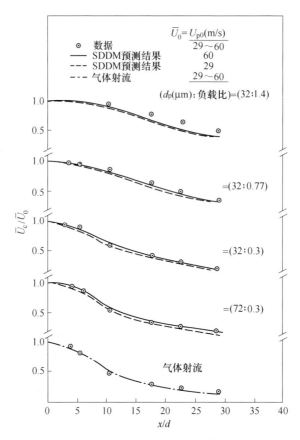

图 8.41 Laats 和 Frishman(1970a,1970b)对带粒圆形射流气体速度的测得结果与 Shuen,Chen 和 Faeth(1983b)使用非线性 SDDM 分析的预测结果的比较
(改自 Faeth,1987)

线性 SDDM 的名称指的是当前的 SDDM 分析。线性 SDDM 的名称指的是 DDM 分析的初级版本,它基于 Gosman 和 Ioannides(1981)的颗粒/涡旋相互作用时间的描述。如图 8.41 所示,对空气射流和带粒射流沿轴线的预测和实测的平均气体速度与实测数据一致,并且初始速度变化的作用较小。气流仅受较高负载(大于 0.3)颗粒的影响,这种负载下颗粒的存在趋向降低中心线(CL)速度的衰减速率。颗粒质量通量的预测结果和测量结果如图 8.42 所示。这些是 $x/d=$ 28.5 时的结果。这些测试中使用的大颗粒具有明显的惯性;因此,有限相间输运速率非常重要,并且 LHF 分析表现不佳。与图 8.41 相似,除了在最高颗粒负载下,SDDM 的预测结果更加令人满意。有人认为这可能是因为忽略了大颗粒的初始相对速度所致。例如:将射流出口处的颗粒速度从气体速度降低 30%,所得速度基本上将与图 8.42 中颗粒负载量为 1.4 的预测结果和测量结果相匹

配。注意：在 Shuen,Chen 和 Faeth(1983b)的预测中并未考虑 Magnus 力和湍流变动的影响。这些影响可能是高负载比下预测结果和测量结果间差异的潜在来源。

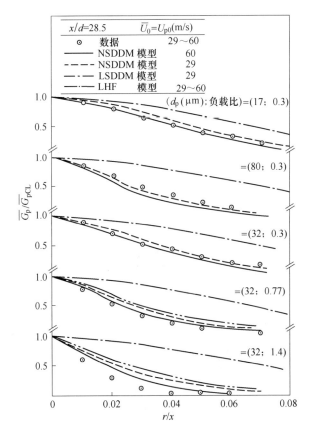

图 8.42 Laats 和 Frishman(1970a,1970b)对带粒圆形射流平均
颗粒质量通量的测得结果与 Shuen,Chen 和 Faeth(1983b)使用非线性(N)
和线性(L)SDDM 分析以及 LHF 模型的预测结果的比较
(改自 Faeth,1987)

Levy 和 Lockwood(1981)对恒定面积管道中的带粒射流的测量包括平均相速度和波动相速度，这些相速度是根据激光多普勒风速仪(LDA)的数据推导出来的，如图 8.43 所示。未报道这些测试的初始条件，因此 Shuen,Chen 和 Faeth(1983b)不得不在其预测工作中对这些条件进行预估。在假设为充分发展的流动下，遵循与刚刚所描述的 Laats 和 Frishman(1970a,1970b)测试中所用的相同的步骤，估计了初始条件。这些测试涉及相当大的颗粒。因此，通过对管道中的流动进行颗粒轨迹计算，估算出了射流出口处颗粒的初始平均速度。横跨管

道出口的颗粒浓度假设是恒定的。在图 8.43 和图 8.44 中对使用 SDDM 分析得到的预测结果与测量数据进行了比较。流向速度波动的预测结果通过假设流动为各向同性湍流（如 $\overline{u'^2} = 2k/3$）得到。如果假设了通常在射流中观察到的各向异性的程度（如 $\overline{u'^2} = k$），那么预测结果将高出 20%。预测结果和测量结果都表明，粒径和负载比对气体性质的影响相对较小，如图 8.43 所示。

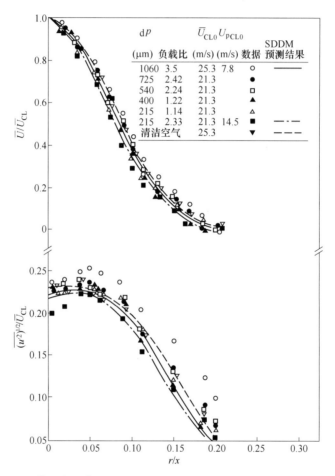

图 8.43　带粒射流中（由 Shuen, Chen 和 Faeth, 1983b）预测的平均气体速度及波动气体速度与（由 Levy 和 Lockwood, 1981）所测数据的比较
（改自 Faeth, 1987）

图 8.44 表明，在所有条件下，平均颗粒速度的预测值与测量值吻合良好。但是，除了最小的颗粒以外，对颗粒速度波动的预测结果都被低估了。这种行为归因于颗粒/气体混合和注入系统的影响，该系统有一个蜗旋颗粒进料器，其

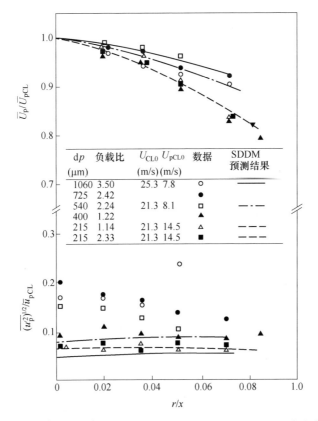

图 8.44 带粒射流中(由 Shuen,Chen 和 Faeth,1983b)预测的平均
颗粒速度及波动颗粒速度与(由 Levy 和 Lockwood,1981)所测数据的比较
(改自 Faeth,1987)

后为一段较短的管道。这样的配置可以在射流出口处引入相对较高的颗粒速度波动。由于在该流动中大颗粒通过测试位置时交换相对较少的动量,这些波动将得以保留。相反,小颗粒更大程度地与流场相互作用,从而减弱了注入系统的影响。由于缺乏其他信息,Shuen,Chen 和 Faeth(1983b)在计算中忽略了初始颗粒速度波动,因此结果仅对于初始条件影响不那么明显的小颗粒才令人满意。

Shuen,Solomon 和 Faeth(1986)的燃烧喷雾实验涉及整个流动中的超稀薄条件。最初,单分散的甲醇液滴是在静止空气中燃烧的以甲烷为燃料的扩散火焰的底部垂直向上注入。Jeng 和 Faeth(1984)对甲烷火焰进行了深入研究,他们使用守恒标量形式和层流-小火焰近似建立了一种预测流动的方法。甲醇液滴只对这一流动产生扰动。因此,它们的环境在整个火焰中都是已知的。使用 LDA 来测量平均液滴速度和波动液滴速度,使用闪光摄影来测量液滴尺寸,使用米氏散射来测量液滴数通量。由于湍流的作用,液滴到达流动中任意点的历程都有所不同;因此,液滴尺寸在除出口之外的任何地方都不是单分散的。在测量中没有考虑这样一个影响:液滴性质只是简单地对每一点处的所有尺寸的液滴进行平均。用相同的方式对计算进行了平均,以使预测结果和测试结果可以进行比较。这里只报道了SDDM的预测结果。对于这种超稀薄流动,液滴性质完全由相间输运控制,而不是在整体上将流动的混合作为控制。SDDM分析的初始条件是在距燃烧器出口一个喷头直径处测得的。测量了连续相的平均流向速度和速度波动的所有3个分量。测得的k的衰减速率和$\bar{u}$值可得到ε。在出口处,根据定义,$\tilde{f}=1$且$g=0$。测量了平均流向、波动流向和径向液滴速度以及液滴数通量分布;但平均径向液滴速度很小,且是估算的。根据火焰稳定性考虑,在氧化环境中蒸发的燃料液滴可能有3种火焰构型:

(1) 包络火焰构型。在这种构型下液滴完全被消耗其蒸气的扩散火焰所包围。

(2) 侧焰构型或尾焰构型。在这种构型下火焰不存在于前滞止点附近,但稳定在沿液滴外围的某一点或液滴尾迹中的某一点。

(3) 蒸发条件。在这种情形下完全不存在液滴扩散火焰。

在包络火焰条件下,液滴的输运速率最高。由于稳定范围有限,因此很少观察到侧焰,而尾焰和蒸发构型所产生的液滴输运速率几乎相同。因此,需要确认包络火焰存在或不存在,以此来估计燃烧喷雾中的液滴输运速率。

在每个液滴周围是否可能存在包络火焰是分析燃烧喷雾的一个有争议的问题。包络火焰显然不可能出现在富燃区,但当液滴与贫燃的涡旋相互作用时,它可能会出现。Szekely和Faeth(1983)研究了在湍流扩散火焰中支撑在各个不同位置的液滴来了解此问题。他们发现,蒸发液滴与燃烧液滴间输运速率的差相对较小(小于10%~20%),直至火焰环境的平均燃料当量比(当地燃料-空气比除以化学计量的燃料-空气比)下降至低于$\phi=0.9$。

由于遇到的输运性质差异很大,所以对火焰中液滴寿命历程的计算存在很大的不确定性。因此,用基于支撑在平焰燃烧器后火焰区的液滴的测量结果对SDDM分析中所用的计算进行了校准(Shuen,Solomon和Faeth,1986)。图8.45给出了沿稀薄燃烧喷雾轴的平均气相(时间平均)速度和平均(颗粒平均)液滴速度的测量结果。两个所测喷雾的液滴速度与SDDM预测结果在一起显示。预测的气体速度是Favre平均的;但是,时间平均和Favre平均的平均速度间的差不是很大。在燃烧器出口处气体速度大于液滴速度,但由于与周围流体混合而迅速下降。在喷头附近,液滴具有较大的惯性,并且由于与周围气体的动量交换,其速度只会逐渐增加。在焰尖附近($x/d\approx120$),液滴变小并迅速接近气体速度。SDDM 分析可以很好地预测这些趋势。

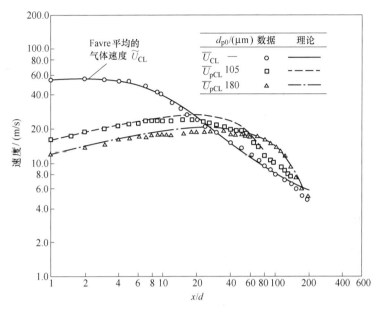

图 8.45　沿非常稀薄的圆形燃烧喷雾轴向的(Favre 平均)
气相速度和颗粒速度的计算结果与测试数据的比较

(改自 Faeth,1987)

预测的(DDDM 和 SDDM 分析)和测得的平均液滴数通量(均为时间平均值)如图 8.46 所示。最初较大的液滴具有较宽的分布曲线,即使它们对湍流扩散的响应较小。这种较大液滴的较宽计算分布曲线是由这些液滴在蒸发之前能更深穿入火焰区的能力导致的。SDDM 预测提供了与测量结果数量级相同的传播速率,并且吻合很好。DDDM 预测得到的传播速率的数量级不正确,预测效果欠佳,这类似于之前考虑的流动。测得的(时间和颗粒平均)和预测的(SDDM 分析)沿轴的相速度波动如图 8.47 所示。如所讨论的,它们的气体速度波动是使用湍流射流轴附近的各向异性的正常水平计算的,而液滴速度的预测结果则直接来自 SDDM 分析。预测的气相速度波动是 Favre 平均的,而测量结果是时间平均量。Favre 平均在焰尖附近低估了火焰中的时间平均波动速度多达 50%(Faeth 和 Samuelsen,1986)。这种影响再加上对湍流/浮力相互作用的忽略,可能是造成图 8.47 中气相速度波动被低估的原因,尤其是在焰尖附近。图中所绘的颗粒速度波动显示出非常高的各向异性,远大于预测结果。尽管在图 8.46 中径向颗粒速度波动预测得相当不错,但流向液滴速度波动却被大大低估了,如图 8.47 所示。这可能是由于在选择用于 SDDM 分析的涡旋性质时采用了各向同性湍流的假设。如前所述,在模拟中采用 Favre 平均速度也会导致对时间平均速度波动的低估。在燃烧器出口附近，由于液滴惯性，液滴速度波动与气相相比较小。然而，在液滴寿命结束处（x/d 约为 90~120），剩余的小液滴可以快速响应并接近火焰性质。

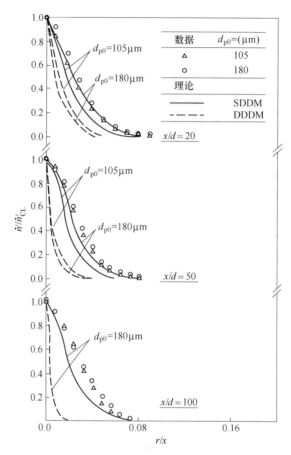

图 8.46　在非常稀薄的圆形燃烧喷雾中计算（Favre 平均）
的液滴数通量分布与测试数据的比较

（改自 Faeth，1987）

Apte，Gorokhorski 和 Moin（2003）利用大涡模拟（large-eddy simulation，LES）技术预测实际燃烧器中的反应多相流，此反应多相流涉及湍流混合和燃烧动力学的复杂物理现象。他们开发了一种基于颗粒跟踪方案的计算工具，该方案能够使用模型来执行高保真的多相流模拟，以此捕捉液体薄层破碎、液滴蒸发、液滴变形和阻力。使用一个任意形状的非结构化网格上的欧拉低马赫数公式来计算气相。通过跟踪非结构化网格上的大量颗粒来求解拉格朗日框架中的分散液滴相。使用网格点和颗粒处的气相解的双向耦合来对相间质量、动量和能

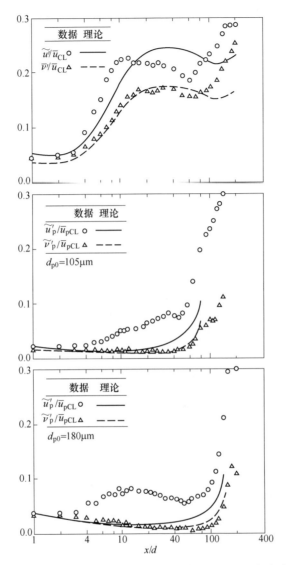

图 8.47 沿非常稀薄的圆形燃烧喷雾轴向的波动相速度

(改自 Shuen,Solomon 和 Faeth,1986)

量输运建模。他们将预测结果与 Sommerfeld 和 Qiu(1998)的喷雾蒸发数据进行了比较。在他们的实验装置中,通过安装在喷头中央的环形空心锥喷雾喷嘴来供应加热空气。由于异丙醇的高蒸发速率,它被用作液体。通过改变空气流速、空气温度和液体流速,对不同流动条件进行了测试。使用相位多普勒风速仪(phase-Doppler anemometry,PDA)来获得流场中液滴尺寸谱的空间变化,并测量了液滴尺寸-速度的相关关系。从这些局部测试中,通过对所有液滴尺寸类别取平均,获得了液滴平均速度、均方根速度波动和液滴平均直径的分布曲线。在紧邻的下游区域($x = 0$ 和 25mm 处),液滴质量通量的分布曲线显示了与空心锥喷嘴相关的两个峰,且喷雾按 60°的锥角扩散。由于回流区在中心体的下游,液滴质量通量在 $x = 25$mm 处的喷雾核中变为负值。在更远的下游,由于环形空气射流的夹带,喷雾扩散被阻碍了,且液滴质量通量最大值向中心线移动。下游 $x = 50$mm 处,液滴的质量通量不断降低,在 $x = 400$mm 时,大部分液体已蒸发。

图 8.48 所示为计算液相统计结果与实验数据的比较。液滴尺寸分布显示在喷头附近为一个典型的空心圆锥形喷雾,大尺寸液滴聚集在喷雾的外边缘,而小液滴则位于中央核心区。这些液滴蒸发,其平均直径向下游减小。他们预测得到的轴向速度平均值和均方根值、平均轴向液体质量通量,以及液滴直径

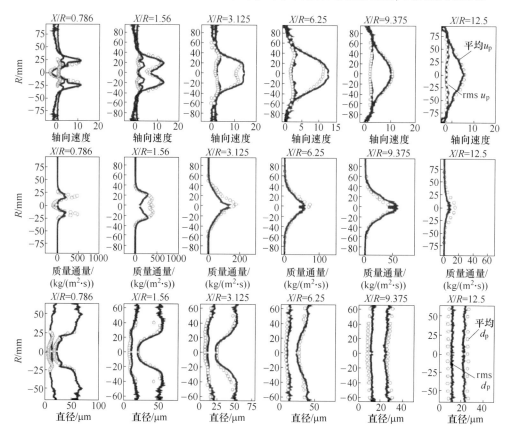

图 8.48 模拟结果与 Sommerfeld 和 Qiu(1998)的喷雾蒸发实验数据的比较,实验中 $T = 373$K 的热空气通过环形注入,液体异丙醇通过安装在同轴喷头中心的喷嘴注入; 比较的数据有:液滴轴向速度平均值和均方根值、液体燃料的轴向质量通量, 液滴直径均值和均方根值

(改自 Apte et al.,2004)

在不同轴向位置的均值和均方根值与Sommerfeld和Qiu(1998)的实验数据非常吻合。在他们的模拟中,液体的初始温度为313K,低于异丙醇的沸点(355K)。由于周围热空气的温度仅比液体的初始温度高60K,因此在该喷雾中不涉及任何反应。

8.8.6 稠密喷雾

8.8.6.1 简介

迄今为止,稠密喷雾(或称为稠密分散射流)的某些方面主要是基于对稀薄分散射流边界附近的观察结果来考虑的。在本节中,通过直接观察和分析稠密分散射流而获得的其他信息来加以考虑。对稠密分散射流各个方面的详细讨论见 Griffen 和 Muraszew (1953); Harrje 和 Reardon (1972); Lefebvre (1980, 1986); Elkotb(1982); Bracco(1983,1985); Drew(1983); Faeth(1983); Sirignano (1983); Chigier 和 Reitz(1996);以及 S. P. Lin(1996)的综述。其中一些文章已经在 Kuo(1996a,b)所编辑的两卷本的 AIAA Progress Series 中得以出版。这里的讨论范围主要局限于由圆形压力雾化喷头所产生的稠密喷雾。Bracco 及其同事(Bracco,1985;Reitz 和 Bracco,1982;Wu,Santavicca 和 Bracco,1984)研究了这种流动构型;因此,本节中的大部分材料都是取自他们的工作。自然地,这忽略了对实际中所遇到的变化丰富的压力雾化和空气雾化喷头的直接考虑。但是,对于所有喷射系统而言,喷头附近喷雾稠密区的许多基本方面都是相似的。在本节内容中,我们首先处理有关稠密喷雾过程的通用背景,这涉及破碎模式、流动方式、破碎过程以及液滴间的碰撞。

8.8.6.2 背景

图 8.49 为全锥柴油喷头的示意图。柴油喷头是压力雾化喷头,喷射压力高达 200MPa。喷头出口处的液体射流速度可能高于 500m/s。在这种情况下,射流破碎通过雾化机理发生。一旦射流离开喷头,它就开始破碎成圆锥形喷雾。破碎有两个阶段:初级阶段和次级阶段。初级破碎会生成较大的液带和液滴,在喷嘴附近形成稠密喷雾。在高压射流中,空化和湍流(在喷射孔内产生)是初级破碎的主要机理(见图 8.49 中的插图)。次级破碎发生在初级破碎区之后,导致已有液滴紧接着破碎成更小的液滴和液带。因液滴与周围环境间的相对速度而产生的气动力是该区域破碎的主要原因。

液体稳态注入停滞气体的破碎模式。对于多相流,首先必须确定的其中一件事是破碎模式。雾化器流动涉及液体射流的破碎模式以及各种流型。图 8.50 所示为 Chigier 和 Reitz(1996)的 4 种主要的液体射流破碎模式。这些模式包括:(a)瑞利模式,(b)一次风致破碎模式,(c)二次风致破碎模式,以及(d)雾化模式。瑞利破碎由表面张力作用引起,它发生在距喷头出口几倍射流直径的地方,产生直径大于射流直径的液滴流。一次和二次风致破碎是由于气体和液

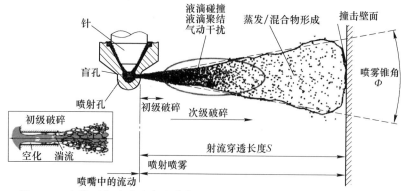

图 8.49 全锥形柴油喷头中的喷雾形成和导致射流破碎的各种物理过程
(改自 Baumgarten,2006)

体相对运动所引起的不稳定性所导致的,并通过表面张力在一定程度上稳定下来。一次风致破碎发生在距射流出口的几倍直径处,产生的液滴直径范围从射流直径到约小一个数量级。在二次风致模式下,液滴尺寸小于射流直径,且破碎在喷嘴出口下游较短距离处开始。雾化模式由在射流出口即刻的射流破碎情况来表征。雾化模式下的流动会产生平均直径比射流直径小得多的液滴。除非使用一系列喷头,否则只有风致破碎模式和雾化破碎模式会产生稠密喷雾区。描述 4 种破碎模式特征行为如图 8.51 所示。

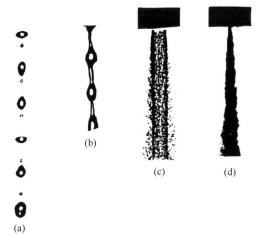

图 8.50 (注入静止气体中的)4 种射流破碎模式
(a)瑞利模式;(b)一次风致模式;(c)二次风致模式;(d)雾化模式。
(改自 Chigier 和 Reitz,1996)

最大液体完整芯核长度与液体注入速度的关系如图 8.52(a)所示。在这张图上,也标注出了 4 种破碎模式。如图 8.52(b)所示,这 4 种模式也可以用由雷

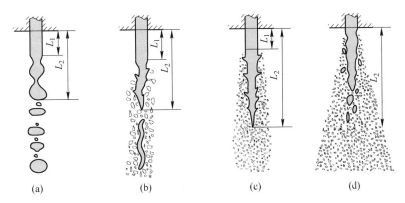

L_1—液体射流未受扰动的长度；L_2—液体芯核射流的最大长度。

图8.51 对于稳态射入滞止空气的情况,描述射流在4种
不同破碎模式下的破碎特征行为的示意图
(a)瑞利模式;(b)一次风致破碎;(c)二次风致破碎;(d)雾化模式。
(改自 Leipertz,2005;基于 Fath,Munch 和 Leipertz,1997;Badock,Worth 和 Tropea,1999 的原始工作)

诺数和奥内佐格数构成的图来表示。Ranz(1958)在式(8.1)定义的液体或气体流动的韦伯数的基础上为圆形液体射流的这些破碎模式制定了判据。风致破碎的判据为 $We_l \geqslant 8, 0.4 < We_g < 13$,而雾化模式的判据为 $We_l > 8, We_g > 13$。这些估计仅是近似的;例如:Miesse(1955)在 $We_g > 40$ 时发现向雾化模式的过渡。确定流动模式也是一个研究个体对物理过程表象的主观意见。因此,一些研究人员(如 Chigier 和 Reitz,1996)识别出了两种风致破碎模式,而其他人认为只有一种就够了。最终,发现了除 We_l 和 We_g 以外其他影响破碎模式界限的因素(例如:喷头雷诺数、环境流动[错流]性质、喷头长径比、相密度比以及喷头内的空化作用等)。

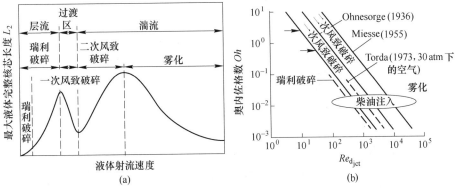

图8.52 (a)最大液体完整芯核长度与注入速度的关系以及(b) Oh-Re_d
图上的液体射流稳定注入滞止空气的破碎模式
(改自 Fath,Munch 和 Leipertz,1997)

图 8.53 所示的过程以通道中的全液流开始,流动在稠密喷雾区中发展之后,最终演变成下游区的稀薄喷雾。当液体离开喷头时,它发展为搅拌流型。该区域包括全液核和流动轴附近的其他不规则形状的液体组元。术语"搅拌流"取自多相流在管道中的应用,在这种场合下它指的是涉及在轴附近的最终分散流的大量不规则体积的一种流型。从这个意义上讲,搅拌流的说法是合适的。但是,流动模式向管道流的搅拌流型转变,或流动模式转变自管道流的搅拌流型,两者的判据有着本质上的不同。O'Rourke 和 Bracco(1980)将喷雾的搅拌流描述为液体体积分数大于气体体积分数的一个区域,因此不能认为液体分散在气相中,而是大液体组元存在于搅拌流中,包括全液核。由于气体密度及其体积分数都很小,因此该区域中气相动量交换的能力相对有限;因此,在流向压力梯度可以忽略的正常情况下,相间相对速度较小。因此,大液体组元在该区域相对稳定。随着空隙率通过混合持续增加,大液体组元进入运动较慢的气体中,在那里它们变得不稳定并破碎成液带和液滴。这标志着稠密喷雾流型的开始。在稠密喷雾区,液体体积分数相对较高;液滴尺寸、形状和速度差别很大;且碰撞作用可能很重要。随着空隙率沿轴向距离不断增加,碰撞的潜在影响变小,且液体组元变得足够小,可以近似为球形。然后就进入了稀薄喷雾区。

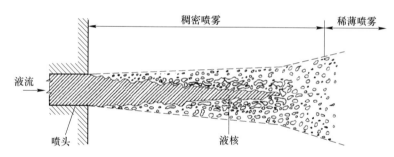

图 8.53　雾化破碎条件下压力雾化喷雾近喷头区的示意图
(改自 Faeth,1987)

对雾化模式下压力雾化喷雾的观察并未揭示搅拌流和稠密喷雾流形式的特征,因为这些区域被稀薄区中存在的液滴遮盖了。但是,已经获得了其他证据,表明自喷头处延伸的一段距离上存在一个连续的液核。

Hiroyasu,Shimizu 和 Arai(1982)以及 Arai,Shimizu 和 Hiroyasu(1985)测量了喷头出口与横跨流动且可以沿流向来回移动的筛网之间的电阻。假设由流动的一个不相连区域所携带的电流较小,能够得到连续液核的长度。Chehroudi et al.(1985)为找到连续核的末端,使用外推法进行了重复测试。这两个结果的相关关系产生以下表达式:

$$L_{lc}/d_{jet} = C_c(\rho_l/\rho_g)^{1/2} \qquad (8.135)$$

式中：L_{lc}为连续液核的长度；C_c为7～16的常数，较低的值来自最近的测量结果。

Hiroyasu，Arai 和 Shimizu(1991)为宽喷雾模式下柴油发动机喷头中的液体射流破碎长度提出以下表达式：

$$\frac{L_{lc}}{d_{jet}} = 7\left(1 + 0.4\frac{r_c}{d_{jet}}\right)\left(\frac{p_{amb}}{\rho_l V_{jet}^2}\right)^{0.05}\left(\frac{L_{pa}}{d_{jet}}\right)^{0.13}\left(\frac{\rho_l}{\rho_g}\right)^{0.5} \quad (8.136)$$

式中：r_c为喷头角半径；L_{pa}为喷头通道长度；v_{jet}为射流出口速度。

液体稳态注入协流气体的破碎模式。在双流体喷头中经常使用协流气体来增强雾化过程并在很一个较宽的液体流速范围内保持雾化的质量。高压气体通过围绕在中心的液体射流周围的坏形空间米产生较高的气体速度。协流气体速度将动量传递到液体界面。气流和液流间的相对速度会引起液体射流的拉伸、失稳和拍动。Chigier 和 Reitz(1996)对在较宽气体和液体质量流速($Re_{d_{jet}} \approx 200 \sim 20000$；$We_g \approx 0.001 \sim 600$)下运行的几种同轴气-液射流进行了全面的综述。根据他们的研究，同轴射流破碎可以分为3种主要模式：①瑞利型，②膜型，③纤维型。这3种模式的一些代表性照片及其描述分别如图8.54～图8.56所示。如图8.54所示，瑞利型射流破碎模式可分为两个亚组：轴对称模式($We_g < 15$)和非轴对称模式($15 < We_g < 25$)。所有这3种模式都可以分为两个子模式：(a)作为正常雾化子模式的脉冲射流破裂和(b)与喷雾中低密度区和高密度区之间($150 < We_g < 500$)极高的周期性变化有关的超脉冲射流破裂。

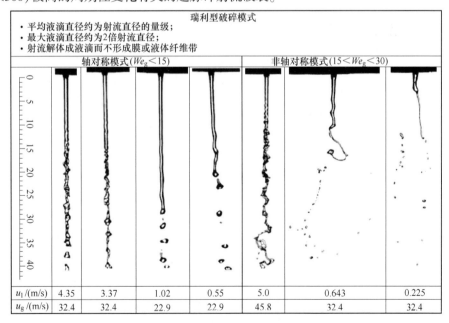

图8.54 瑞利型破碎模式的同轴空气和液体射流破碎的图像

(改自 Chigier 和 Reitz,1996)

膜型液带破碎模式

- 在较高的流速下，圆形射流发展成为一个薄液体层(即膜)，非常类似于薄的液膜；
- 形成Kelvin-Helmholtz波，它们破碎成液滴；
- 射流在一个或两个波长内完成解体；
- 液滴直径(包括最大液滴直径)比射流直径小得多

($25 < We_g < 70$)

u_l/(m/s)	0.946	1.4
u_g/(m/s)	45.8	45.8

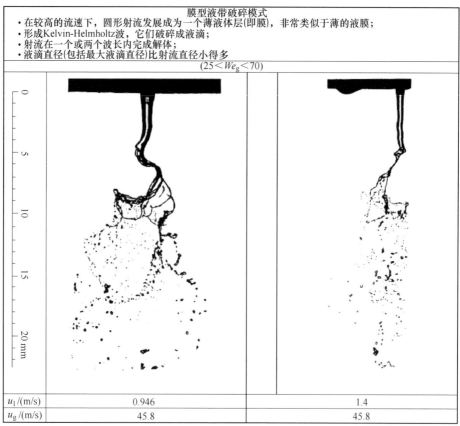

图 8.55　膜型破碎模式的同轴空气和液体射流破碎的图像

(改自 Chigier 和 Reitz,1996)

图 8.57 将各种同轴射流破碎模式与液体雷诺数和空气动力学韦伯数函数关系进行了汇总。液体雷诺数定义为

$$Re_{d_{jet}} = \frac{\rho_l \nu_{jet,l} d_{jet}}{\mu_l} \tag{8.137}$$

空气动力学韦伯数定义为

$$We_g = \frac{\rho_g d_{jet} \left| \nu_{jet,l} - \nu_{jet,g} \right|^2}{2\sigma_s} \tag{8.138}$$

如图 8.57 所示,纤维型破碎模式发生在很高的气相中。如果雷诺数与韦伯数平方根的比小于 100($Re_{d_{jet}} / \sqrt{We_g} < 100$),那么超脉冲子模式将主导射流破碎过程。实现具有细小液滴的高度雾化需要这种破碎模式。例如:航天飞机主发动机(space shuttle main engine,SSME)中的液氧(liquid oxygen,LOX)通过纤维型液体射流破碎模式发生雾化。

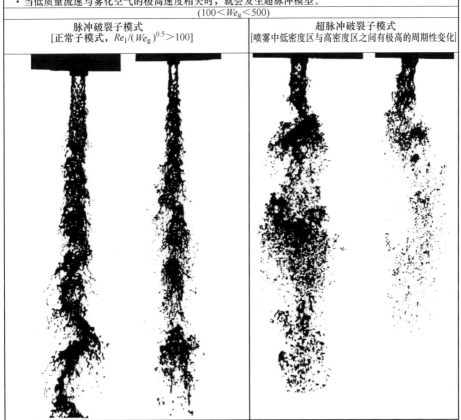

图 8.56 纤维型破碎模式的同轴空气和液体射流破碎的图像
(改自 Chigier 和 Reitz,1996)

Eroglu 和 Chigier(1991)研究了同轴射流的完整液核长度,并得出了以下相关关系:

$$\frac{L_{lc}}{d_{jet}} = 0.5 (Re_{d_{jet}})^{0.6} \left(\frac{We_g}{2}\right)^{-0.4} \quad (8.139)$$

Woodward et al.(1996)(见 Kuo,1996:第 8 章)利用实时 X 射线照相技术研究了同轴喷头的射流破碎过程,该同轴喷头具有与单个 SSME 喷头元件类似的几何外形,液体位于中心处,气体位于环形空间。气流与液流的出口面积比为 2.5。他们从 X 射线图像观察到了连续的核心区,建立了以下相关关系:

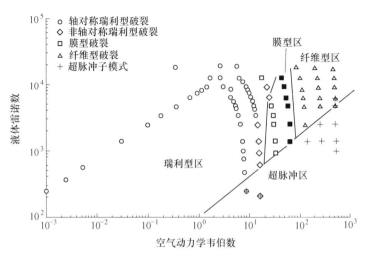

图 8.57　同轴空气和液体射流破碎模式的不同区域图示
(改自 Chigier 和 Reitz,1996)

$$\frac{L_{lc}}{d_{\text{jet}}} = 0.0095(Re_{d_{\text{jet}}})^{0.68}(We_g)^{-0.22/Z}\left(\frac{\rho_l}{\rho_g}\right)^{0.36/Z} \quad (8.140)$$

式中:d_{jet} 为液体射流的直径;Z 为气态燃料模拟物与氮气的声速之比,即

$$Z \equiv (\sqrt{\gamma R})_{\text{气态燃料}}/(\sqrt{\gamma R})_{\text{N}_2} \quad (8.141)$$

图 8.58 所示为 Apte,Gorokhovski 和 Moin(2003)为模拟 Sommerfeld 和 Qiu (1998)所进行的实验而进行的稠密喷雾区数值模拟的例子,从计算得到的解中也可以看到核破碎区。

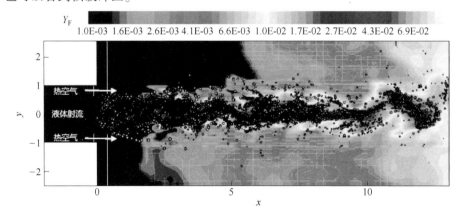

图 8.58　叠加在瞬时燃料质量分数等浓度轮廓线上的液滴快照,
条件对应于 Sommerfeld 和 Qiu(1998)的气-液协流射流破碎实验
(改自 Apte et al.,2003)

8.8.6.3 射流破碎模型

目前,有多种柴油燃料喷雾的雾化模型被广泛用于破碎模拟。破碎模型可以分为两组:

(1) 发生在喷头附近区域的初级破碎。

① 基于空化和湍流的模型;

② 波破碎模型(或 Kelvin-Helmholz(KH)破碎模型);

③ 液团(blob)注入模型;

④ 空心锥喷雾的薄层雾化模型。

(2) 因气动力而发生在喷雾较下游的次级破碎。

① Reitz-Diwakar(RD)模型;

② 泰勒类比破碎(Taylor-analogy breakup,TAB)模型;

③ Kelvin-Helmholtz(KH)破碎模型;

④ Rayleigh-Taylor(RT)破碎模型。

经典破碎模型,如 TAB、RD 和波破碎模型无法区分这两个过程(Dukowicz,1979)。通常调整这些模型的参数来匹配次级破碎区中更下游的实验数据。最初这些参数被认为只取决于喷嘴的几何形状,而实际上它们也影响数值效应。其他模型,例如:KH 和 RT,对初级破碎区进行了单独处理(Dukowicz,1979)。因此,在原则上它们为独立模拟两个破碎过程提供了可能性。但是,由于缺少初级破碎区的实验数据,很难确定其他参数集的正确值。尽管有时对这些模型参数的调整很繁琐,但相比于对喷嘴孔处测得的液滴分布的初始化,使用破碎模型通常还是有优势的。在第一种方法中,液滴是直接用直径等于喷嘴孔径初始化(液团注入),且液滴尺寸分布会自动从随后的破碎过程演变而来。后一种方法考虑了详细的破碎过程,只要注入压力和液滴韦伯数较低就能给出令人满意的结果。

喷嘴的几何形状和注入压力影响喷嘴内的空化区和湍流的发展,这会影响高速射流的雾化(图 8.49)。这些影响是基于空化和湍流的现象学模型捕捉到的。空化气泡和湍流会导致在稠密液核中出现大量气泡(图 8.59)。读者可以参考 Stiesch(2003;第 5 章)来获得有关该模型的更多信息。

泰勒类比破碎(TAB)模型。最初的 TAB 模型是由 O'Rourke 和 Amsden(1987)在 G. I. Taylor 模型(1963)的基础上开发的。该模型将振荡变形的液滴与弹簧-质量系统进行比较,将液滴上的空气动力、液体表面张力和液体黏性力分别类比为作用在质量上的外力、弹簧的恢复力和阻尼力。通过求解以下形式的弹簧-质量方程,可以计算出变形参数 y,它表示液滴与其球形形状的偏离除以液滴半径的商:

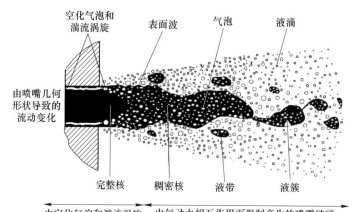

图 8.59 与雾化模式中喷雾破碎模型有关的物理过程
(改自 Fath,Munch 和 Leipertz,1997 或 Badock,Wirth,Fath et al.,1999)

$$\frac{\rho_1}{\rho_g}\frac{d^2 y}{dt^2} + \frac{5}{Re_{d_{jet},1}}\frac{dy}{dt} + \frac{8}{We_g} = \frac{2}{3} \quad (8.142)$$

式中：ρ_1 为液体密度；ρ_g 为气体密度。

如果 y 的值超过 1,那么液滴将破碎成为较小的液滴,其半径为给定分布中所指定的半径。Ibrahim,Yang 和 Przekwas(1993)使用 TAB 模型的改进版来预测液滴破裂和变形。这种改进的 TAB 模型的预测结果与 Krzeczkowski(1980)的液滴破碎实验结果吻合。A. B. Liu,Mather 和 Reitz(1993)以及 Kong 和 Reitz(1996)还使用 TAB 模型来说明液滴变形对液滴阻力系数的影响。

波破碎模型。波破碎模型考虑了由于 KH 不稳定性而导致的 Kelvin-Helmholtz(KH)波在液-气界面处的不稳定增长,这种不稳定性是在两种流体并排流动产生强烈的剪切运动时发生的。在图 8.60 的初级破碎区也显示了这种现象和所产生的表面波。波破碎模型也称为 Kelvin - Helmholtz 模型。Reitz 和 Diwakar(1986)对该模型的发展做出了重要贡献。图 8.60 和图 8.61 显示了具有表面波的一个液团。波破碎模型包括液体惯性、表面张力以及黏性力和空气动力对液体射流的作用。该理论为低速液体射流的破碎机理提供了一个合理完整的描述。但是对于高速射流,喷嘴出口处的射流初始状态似乎更为重要,而且对其了解程度较低,因而"波"模型中所涉及的线性稳定性分析可能并不足够。

KH 不稳定性破碎模型假设在从圆形孔出发流入静止不可压缩气体的方向上有一无限长的液柱。经过"波"破碎理论检验的液体表面对线性扰动的稳定

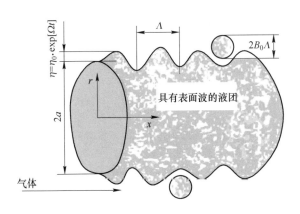

图 8.60 波破碎模型中表面扰动的生长示意
(改自 Rietz 和 Diwakar,1987)

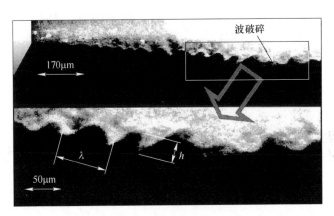

图 8.61 显示表面波和由其引起的破碎的照片
(改自 Leipertz,2005)

性会带来一个色散方程。从一般色散方程的解中,表面波的可忽略幅度的初始扰动的最大增长速率及其波数给出为

$$\Omega_{KH} \cdot \left(\frac{\rho_1 a^3}{\sigma_s}\right) = \frac{(0.34 + 0.38 \cdot We_g^{1.5})}{(1 + Oh)(1 + 1.4 \cdot T_P^{0.6})} \quad (8.143a)$$

$$\frac{\Lambda_{KH}}{a} = 9.02 \frac{(1 + 0.45 Oh^{0.5})(1 + 0.4 T_P^{0.7})}{(1 + 0.87 We_g^{1.67})^{0.6}} \quad (8.143b)$$

其中

$$Oh = \frac{We_l^{0.5}}{Re_l}, \text{泰勒参数 } T_P = Oh \times We_l^{0.5} \quad (8.144)$$

具有最高频率假设 $\Omega_{KH}/2\pi$ 的增长最快的波将是液体表面上最可能的波。

半径为 $r_子$ 的新液滴是从半径为 a 的母液滴或液团形成的,对液体破碎进行了建模。该定义包含一个常数 B_0,其值等于 0.61。

$$r_子 = \begin{cases} B_0 \Lambda_{KH} & (B_0 \Lambda_{KH} \leq a) \\ \min \begin{bmatrix} \left(\dfrac{3\pi a^2 \nu_g}{2\Omega_{KH}}\right)^{1/3} \\ \left(\dfrac{3a^2 \Lambda_{KH}}{4}\right)^{1/3} \end{bmatrix} & (B_0 \Lambda_{KH} > a, 仅一次) \end{cases} \quad (8.145)$$

在式(8.145)中,假设形成的小液滴的液滴尺寸与增长最快或最可能出现的不稳定表面波的波长成正比;还假设射流扰动的频率为 $\Omega_{KH}/2\pi$(在每一个等于 $\Omega_{KH}/2\pi$ 的周期形成一个液滴)。

液团注入模型。使用 Reitz 和 Diwakar(1987)的"液团"注入法对液体注入进行了模拟,在该法中,特征直径等于喷嘴出口直径的液体以团块形式在喷嘴出口处被引入(图 8.62)。新液团加入的频率通过质量守恒和假设液体燃料密度恒定而与燃料注入速率相关联。在注入后,由波模型描述的 KH 不稳定性立即开始在液团表面生长,从而使小的次级液滴从液团表面上剪切下来。液团注入法没有区分在喷嘴附近稠密喷雾中的雾化和液滴破碎。

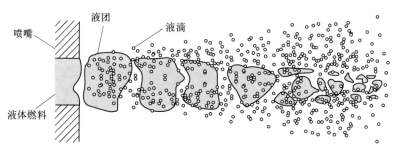

图 8.62 Reitz 和 Diwakar(1987)开发的液团注入模型的示意图
(改自 Jiang et al.,2010)

因破裂而在包含有 N_0 个液滴的母液团中液滴半径的变化速率由以下子模型描述。初始时间的初始半径为 $a(t_0) = a_0$。液滴破碎时间 τ 的相关关系描述如下。

$$\frac{da}{dt} = -\frac{(a - r_子)}{\tau} \quad (r_子 \leq a) \quad (8.146)$$

$$\tau_{KH} = 3.726 \frac{B_1 a}{\Lambda_{KH} \Omega_{KH}} \quad (8.147)$$

将产物液滴的新液团(一旦累积了足够的液滴)添加到计算中,以进行进一步破碎。如果从母液团中移除的液体质量至少为注入液团平均质量的 3%,且在新生成的液团中液滴数至少与母液团中的液滴数相等,那么就达到了"液滴足够"的条件。这种设置是令人满意的,因为新生成液团中的液滴较小。随着尺寸的减小,母液团中质量是守恒的,但是一旦形成了新液团,母液团中的原始液滴数就会恢复。

对于液滴半径定义的第二部分,波具有接近液团尺寸的波长或超过液团特征尺寸的值。母液团被包含具有由液滴半径定义所给出尺寸的液滴的新液团所完全替代。在质量守恒的基础上,包括了适当数量的液滴。这发生在时间 τ 之后。对每个注入的液体包只能发生一次该过程,以防止尺寸不切实际的增加。新生成液团的条件和速度大小仍保持与母液团条件相同。基于高速无黏液体破碎条件下的最佳拟合图来选择式(8.147)中时间常数中的 B_1 值。数据是较高相对流速条件下的。将 B_1 作为一个可调模型常数,在其他射流破碎模式下其值可变,这是因为某些量会产生不同的影响,例如初始幅度扰动的程度、流动湍流和喷嘴设计效果。在这些公式中使用的破碎时间常数的确切值上存在一些不确定性。几种模型使用的各个 B_1 值在 1.73 到 20 之间。

一个名为 KIVA 的计算机代码对喷雾建模进行了模拟。KIVA 是一个多维发动机燃烧的计算机代码,用于计算喷雾液滴与气体之间的相互作用,并解释液滴破碎、液滴碰撞和聚结现象以及液滴对气体湍流的影响。它求解瞬态化学反应流体动力学以及蒸发液体喷雾动力学的三维方程。

KH 和 RT 次级破碎的结合模型。许多研究人员发现波破碎或 KH 破碎模型不足以预测液体射流的次级破碎。次级破碎发生在距喷头顶端较远的地方,位于射流破碎长度的一定长度之后。为了解决这个问题,在常用的 Rayleigh-Taylor 线性不稳定性理论的基础上,将 KH 模型与 RT 破碎模型进行结合。许多研究人员尝试开发混合模型,使模型包括次级破碎的两种解体机理。Patterson 和 Reitz(1998)提出液滴破碎的原因是 KH 不稳定性和 RT 不稳定性间竞争的结果,并用 KH-RT 混合模型改进了 KIVA 代码。

Hwang,Liu 和 Reitz(1996)对柴油喷雾中灾难性的破碎模式进行了双脉冲摄影。他们发现在很高的空气速度下,液滴因阻力会经历剧烈的减速。这些条件有利于 RT 不稳定性的发展,如果流体加速的方向与密度梯度相反,那么 RT 不稳定性就会发展。通过使用双脉冲摄影,他们能够确定液滴的加速度,并评估 RT 理论预测的波长和增长速率来进行比较。预估波长与从它们的照片中测得的波长之间的比较表明,在灾难性模式下看到的较长波长的波是 RT 波。由 KH 不稳定性预测的波长往往要短得多。

当液-气界面(密度不连续)向低密度气体加速时,出现 RT 不稳定性(C. F. Taylor,1960)。通过考虑不可压缩流体界面上的无限小表面扰动的不稳定增长来分析此问题。求解线性化流体动力学方程会产生一个色散方程,可以求解该方程来得到最不稳定表面波的波长和增长速率：

$$\Omega_{RT} = \left(\frac{2}{3\sqrt{3}\sigma_s} \frac{[-g_t(\rho_l - \rho_g)]^{3/2}}{\rho_l + \rho_g} \right)^{1/2} \quad (8.148)$$

式中：

$$g_t = \boldsymbol{g} \cdot \boldsymbol{n}_j + \boldsymbol{a}_{cc} \cdot \boldsymbol{n}_j \quad (8.149)$$

式中：$\boldsymbol{g}$ 为重力加速度；$\boldsymbol{a}_{cc}$ 为液滴加速度；$\boldsymbol{n}_j$ 为与液滴轨迹相切的单位矢。

注意到实际上液滴因阻力而减速，因此 $\boldsymbol{a}_{cc}$ 与 $\boldsymbol{n}_j$ 的方向相反，有

$$\Lambda_{RT} = \frac{2\pi C_{RT}}{\kappa_{RT}} \quad (8.150)$$

$$\kappa_{RT} = \left(\frac{-g_t(\rho_l - \rho_g)}{3\sigma_s} \right)^{1/2} \quad (8.151)$$

式中：κ_{RT} 为波数；C_{RT} 为可调整的常数，它由测量结果间的比较确定，C_{RT} 也称为破碎时间常数。

将波长 Λ_{RT} 与变形液滴的直径进行比较，如果波长小于液滴直径，那么就认为 RT 波正在液滴表面上生长。

跟踪波生长的时间，并将其与破碎时间进行比较，假定破碎时间为

$$\tau_{RT} = \frac{C_\tau}{\Omega_{RT}} \quad (8.152)$$

式中：C_τ 在破碎长度区域内被确定为 1.0，而在次级破碎区域内增加到 9.0。在破碎时间过去之后，母液滴被分解为具有以下半径的较小液滴的集合：

$$r_子 = \frac{\pi C_{RT}}{\kappa_{RT}} \quad (8.153)$$

Xin et al.(1998)对 C_{RT} 使用 0.3 的值。Su et al.(1996)描述了该模型的更多细节。在液滴速度最高的喷嘴附近，KH 破碎通常是控制机理；在更下游，RT 破碎变得更为主导，或两种机理都更加重要。

次级破碎(在灾难性破碎模式下)的 KH-RT 组合模型如图 8.63 所示。作用在液滴上的气动力将液滴碾平为液体薄层。减速的薄层通过 RT 不稳定性破碎成大碎片。显然，波长较短的 KH 波源于这些碎片的边缘，这些波被拉伸从而产生液带，然后分裂成微米级大小的液滴(Liu 和 Reitz，1993)。

8.8.6.4 冲击射流雾化

在许多应用中使用冲击射流来雾化液体燃料或液体氧化剂，特别是用于火箭发动机。已经设计和利用了多种冲击射流喷头，包括三联的、类双联的以及非双联的喷头。当两个具有相同速度的液体射流以角度 2θ 撞击时，就会发生图 8.64 所示的破碎过程。Przekwas(1996)指出，对于类双联喷头，由两个相等的圆柱状射流冲击而形成的液体薄层的破碎是由于低韦伯数下的心形波造成

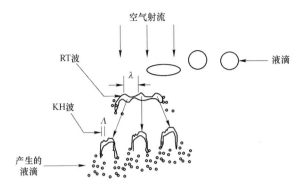

图 8.63 在同时包含有 Rayleigh-Taylor(RT) 波和 Kelvin-Helmholtz(KH) 波的灾难性破碎模式中的破碎机理示意图
(改自 Hwang,Liu 和 Reitz,1996)

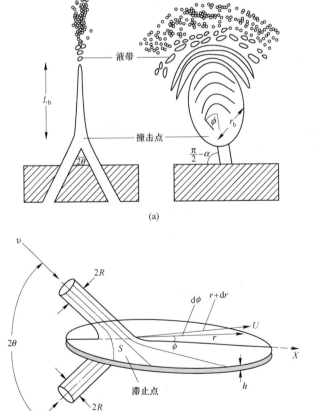

图 8.64 (a)典型冲击射流喷雾示意图和(b)由冲击射流形成的薄层的破碎示意图和符号
(改自 Przekwas,1996)

613

的,该韦伯数根据 J. C. Huang(1970)的工作定义为 $We_l = \rho_l U^2 R/\sigma_s$,其中 R 为射流半径。在高 We_l 下,薄层破碎是由 KH 不稳定波的增长造成的。Huang 报道称低 We 和高 We 破碎模式间的过渡大致位于 $500 < We_l < 2000$ 之间。初始薄层厚度 h_i 作为角位置 ϕ 的函数以这种形式给出为

$$h_i = \left[\frac{\beta_d R \sin\theta}{e^{\beta_d} - 1}\right] e^{\beta_d(1-\phi/\pi)} \qquad (8.154)$$

式中:θ 为所形成的撞击角度的一半(图 8.64b)。式(8.154)中的波衰减因子 β_d 可通过以下公式估算:

$$\cos\theta = \left[\frac{e^{\beta_d} + 1}{e^{\beta_d} - 1}\right] \frac{1}{1 + (\pi/\beta_d)^2} \qquad (8.155)$$

Ibrahim 和 Przekwas(1991)提出,厚度 h_i 应按 $1/r$ 减小,其中:r 为到撞击点的距离。在任意径向位置 r 角度 ϕ 处的衰减薄层的厚度 h 可以用下式计算:

$$\frac{h}{h_i} = \frac{R/\sin\theta}{r} \qquad (8.156)$$

8.9 Chiu 的群燃烧模型

在非常稀薄的低挥发性燃料喷雾中,极有可能出现单独液滴的燃烧。Kuo(2005,第 6 章)给出了单个燃料液滴燃烧的公式和求解,本章前面的部分给出了稀薄喷雾的燃烧模型。在本节中,将介绍液滴云的群燃烧概念。该概念对于燃气轮机、工业燃烧炉和柴油发动机中的稠密喷雾燃烧特别有用。在具有稠密喷雾的燃烧器中,特别是在稠密喷雾区中,跟踪所有存在的颗粒是不切实际的。因此考虑了与液滴有关的平均量。这些量包括了在特定体积内所存在的颗粒的平均数(数密度、液滴间的平均距离和平均液滴直径)。已经提出了不同的模型。

Chiu 和同事(1977,1978,1981,1982,1983a,1983b)为研究液体燃料喷雾颗粒云的燃烧行为开发出了一系列群燃烧模型。他们的模型部分基于 Onuma 和 Ogasawara(1974)的实验观察结果,即在两个不同的火焰间存在结构相似性:一个是燃烧液态煤油的火焰,另一个是气态燃料火焰。Onuma 和 Ogasawara 提出,煤油喷雾燃烧的速率确定步骤是燃料蒸气和空气之间的混合,而不像传统观点那样是单个液滴的蒸发(但是请注意,对于较低挥发性和较大液滴的燃料,液滴的蒸发仍然是喷雾燃烧的控制因素之一)。群燃烧模型实验证据的第二个主体来自 Chigier(1981)和其同事的研究。在他们对压力雾化射流喷雾火焰和鼓风雾化喷雾火焰的研究中,他们在喷雾中观察到了低氧气浓度区和低温度区。这些区域的存在导致了火焰向喷雾外边界的位移。根据 Chiu 及其同事的群燃烧理论,液体喷雾中液滴的集体行为在喷雾的核心区形成了一个富燃混合物。由于空气渗透不足,这个混合物在喷雾核心处是不可燃的。气体燃料通过对流和

扩散的径向输运导致在距喷雾中心线一定距离处形成了易燃混合物。在那里易燃混合物像气态扩散火焰般燃烧。

随着液滴移动到喷雾稠密核心区之外,液滴间的分离距离增加,液滴尺寸减小,因此空气浓度增加。在这些条件下,某些液滴可能会在喷雾边界内单独燃烧并带有火焰,而另一些液滴可能会成群燃烧。通常,核心区由在低氧气浓度的气氛中蒸发的液滴组成,而外部区域可能包含以多滴火焰燃烧的液滴(Chigier, Okpala 和 Green, 1983)。在群燃烧模型中,液滴的集体行为是通过同时分析内部非均匀区和外部均匀气相区来说明的。这里没有给出液滴群燃烧的详细公式。有兴趣的读者可以查阅 Chiu 及其同事的原始论文。

8.9.1 群燃烧数

根据群燃烧数对喷雾燃烧模型进行分类。第二类群燃烧数 G 定义为两相间的总传热速率与扩散的燃料蒸汽有关的蒸发热速率之比,即

$$G \equiv \frac{两相间的换热速率}{蒸发热速率} \tag{8.157}$$

$$G \equiv \frac{D_\infty}{R_\infty U_\infty} G_1 \tag{8.158}$$

其中:第一类的群燃烧数 G_1 定义为

$$G_1 \equiv \frac{2\pi\lambda_1 r_{10} n_0 R_\infty^2 T_0}{\rho_\infty D_\infty L_v} [2 + 0.6 Re_{d_{10}}^{1/2} Pr^{1/3}] \tag{8.159}$$

式中: D_∞, ρ_∞ 为不受干扰环境中的气体质量扩散率和密度; R_∞ 为两相区边界半径; L_v 为单位质量蒸发潜热; λ_1 为液体的热导率; r_{10} 为液滴参考半径。

参考条件下液滴的数密度 n_0 为

$$n_0 \equiv \frac{N}{\frac{4}{3}\pi R_\infty^3} \tag{8.160}$$

其中: N 为云中存在的液滴总数。

将式(8.160)代入式(8.159),有

$$G_1 = \frac{3}{2} N \left(\frac{r_{10}}{R_\infty}\right) \frac{\lambda_1 T_0}{\rho_\infty D_\infty L_v} [2 + 0.6 Re_{d_{10}}^{1/2} Pr^{1/3}] \tag{8.161}$$

在 Chiu 和 Liu(1997)论文中重新定义无量纲参数 G_1 为

$$G_1 \equiv \frac{4\pi\lambda_1 r_{10} n_0 R_\infty^2}{\rho_\infty D_\infty C_p} [1 + 0.276 Re_{d_{10}}^{1/2} Sc^{1/3}] \tag{8.162}$$

这一新的第一类无量纲数对 G 给出了以下物理意义:

$$G \equiv \frac{两相间的换热速率}{由对流引起的能量输运速率} \tag{8.163}$$

使用式(8.162)和 n_0 的表达式,可以证明:

$$G_1 = 3(1 + 0.276Re_{d_{l0}}^{1/2} Sc^{1/3})LeN\left(\frac{r_{l0}}{R_\infty}\right) \quad (8.164)$$

或

$$G_1 = 3(1 + 0.276Re_{d_{l0}}^{1/2} Sc^{1/3})LeN^{2/3}\left(\frac{r_{l0}}{d_i}\right) \quad (8.165)$$

式中:Le 为路易斯数;d_i 为液滴间的距离。无量纲参数 G 或 G_1 表示两相间相互作用的程度,用于区分强相互作用和弱相互作用。

8.9.2 喷雾火焰中群燃烧的模式

如图 8.65 所示,液滴云可能有 4 种群燃烧模式。在 $G > 10^2$ 的喷雾中,发生外部鞘层燃烧,它由被蒸发液滴层围绕的内部未蒸发的液滴云组成,蒸发液滴

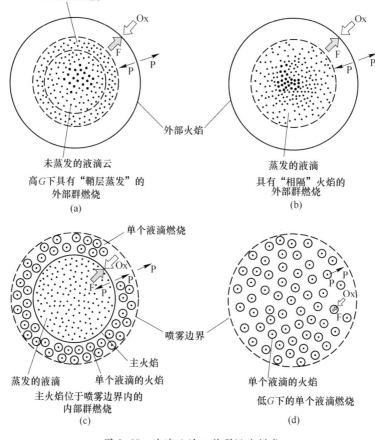

图 8.65 液滴云的 4 种群燃烧模式

(改自 Chiu,Kim 和 Croke,1982)

层的火焰距离喷雾边界有一个"相隔"距离。高 G 喷雾通常具有较高的群燃烧速率和较低的核芯温度。对于 G 略高的喷雾($G > 1$),主要是外部群燃烧。喷雾区由内部蒸发云组成,该蒸发云具有到液滴边界有相隔间距的扩散火焰。当 $10^{-2} < G < 1$ 时,燃烧模式为内部群燃烧。在这种模式下,主火焰位于喷雾边界内,而单个液滴燃烧发生在喷雾的外部区域。对于非常低的 G 值(小于 10^{-2}),该模式变为单个液滴燃烧。

图 8.66 为液体燃料喷雾群燃烧的示意图。在该图中,Chiu 和 Croke(1981) 将喷雾火焰细分为许多区域:势核、带蒸发液滴的外部群燃烧区、喷雾核边界处的湍流包络扩散火焰、具有内部群燃烧行为的多液滴燃烧区和湍流刷状焰。他们使用他们的群燃烧理论对 $C_{10}H_{14}$ 喷雾火焰进行了预测计算。预测的温度和浓度分布曲线表明火焰在喷雾边界附近是稳定的。他们还报告说,温度分布曲线的相对最小值出现在喷雾的轴线上,在该轴线上燃料蒸气浓度最大。G 较小的喷雾具有较小的火焰相隔距离,因此喷雾核中的平均气体温度较高。富燃核中较高的温度反过来增加了重质烃热解为轻质烃的速率,从而导致石油焦化形成烟灰和颗粒。

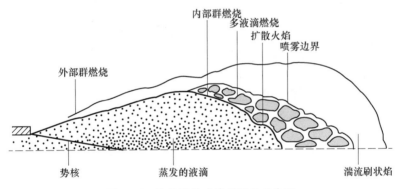

图 8.66 液体燃料喷雾群燃烧示意图
(转载自 Chiu 和 Croke,1981 和 Kuo,1986)

除了群燃烧数 G,燃料-空气质量密度比对于确定包络火焰与喷雾边界的相对位置也很重要。燃料空气质量密度比可以定义为

$$\beta \equiv \left(\frac{4}{3}\pi r_{10}^3 n_0 \rho_1\right)/\rho_\infty \tag{8.166}$$

式中:ρ_1 为液滴的密度。在固定的 G 下,β 的增加会导致火焰向喷雾边界移动,这主要是由于平均群燃烧速率降低所致。根据 Chiu 和 Croke(1981)的计算,对于 $G \approx 10^{-2}$,$\beta \approx 0.1$,火焰在喷雾边界附近是稳定的。对于 $G = 0.5$,为使火焰接近喷雾边界,必须将 β 增加到 100。他们发现,要进行外部燃烧,G 的值必须大于临界群燃烧数 G_c,G_c 值随 β 以这种方式变化,如下:

β(质量密度比)	G_c(临界群燃烧数)
1	9×10^{-3}
10	6×10^{-2}
100	7×10^{-1}

按照 Chigier(1983)给出的解释,高 β 喷雾以高喷射速度、大液滴为特征,这导致对于固定的空间距离,停留时间较短且蒸发特征较差,结果形成更低的群燃烧速率。对于固定的 β,高 G 喷雾具有更高的群燃烧速率,且以相对密集分布的易于蒸发的小液滴为特征。高 G 喷雾具有更大的火焰半径,因此具有更大的火焰面积,从而具有更高的燃烧速率。Chiu 和 Croke(1981)在其对 $C_{10}H_{14}$ 云的研究中发现,对于 $G = 1.36$,群包络火焰在液滴云边界上是稳定的。随着 G 减小,包络火焰穿透到液滴云中,并将云分为两个区域,一个位于群包络火焰内部的强相互作用区(图 8.65(c)),以及一个在群包络火焰与云边界之间建立的弱相互作用区。在强相互作用区中,液滴蒸发,产生的蒸汽在群包络火焰处被消耗。弱相互作用区中的液滴与围绕每个液滴的包络火焰一同燃烧。他们计算出的群燃烧模式如图 8.67 所示,其中液滴总数 N 被绘制为图中所示的 4 种不

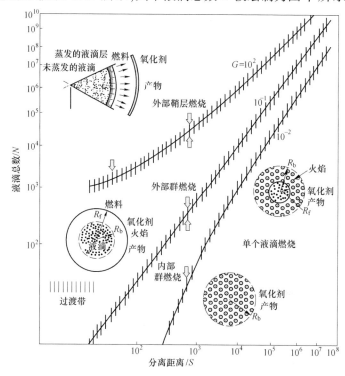

图 8.67 液滴云的群燃烧模式
(改自 Chiu, Kim 和 Croke, 1982)

同群燃烧模式的无量纲分离距离 S 的函数。分离距离 S 定义为

$$S = 0.05 \frac{d_i/r_1}{1 + 0.276 Re_{d_{10}}^{1/2} Pr^{1/3}} \tag{8.167}$$

式中:d_i 为相邻液滴间的平均间距。

尽管到目前为止,所开发的群燃烧模型包括喷雾燃烧的许多重要方面,但这些模型可以进行许多改进,例如包络火焰的有限厚度、辐射传热作用、湍流引起的颗粒分散、液滴协同现象和喷雾蒸发。Chiu 及其同事对其中的一些领域正在进行积极研究。

Sirignano(2010)列举了群燃烧理论中两个主要缺陷。第一个缺陷是理论没有考虑到每个液滴的努塞尔数和蒸发定律取决于液滴间的间距这一事实(也有例外)。第二个缺陷是假设了准稳态过程,该过程未考虑瞬态液滴加热或跨越颗粒云的不稳定气相传导。由于液滴加热的时间尺度和跨云传导的时间及长度尺度之间存在很大差异,因此不稳定作用会变得明显。应该将当前的群燃烧理论看作是进一步研究的基础,而不是完整的理论。到目前为止,所有关于群燃烧理论的方法都基于无限化学动力学速率。显然,有限速率应该会产生明显的数量差异。

8.10 液滴碰撞

在第 7 章已经介绍了一些液滴碰撞的背景材料。液滴碰撞可以是液滴-液滴或液滴-壁面碰撞形式。碰撞过程涉及能量、动量和角动量守恒的考虑。液滴变形时会失去动能。应变导致黏性耗散,并将一部分机械能转化为热能。由于变形,液滴表面能增加。表面能可以认为是一种势能。碰撞早期阶段的表面能增加会通过表面能向动能转换而导致后期阶段表面的回缩和反弹。动量平衡通过在碰撞中由其他液滴或壁面在液滴上施加力来实现,而液滴失去其速度并向不同方向反弹。当两个液滴以一定角度碰撞(不是正面碰撞)时,在碰撞的瞬间会有扭矩施加其上。在这种情况下,必须考虑角动量守恒。类似地,当液滴以 90°以外的角度与壁面碰撞时,会有一个扭矩作用在液滴上,应该考虑角动量守恒。

8.10.1 液滴-液滴碰撞

Sirignano(2010)详细讨论了液滴-液滴碰撞。在本节中,我们总结一下颗粒-颗粒碰撞的某些方面。在液滴以平行方向或沿发散路径移动的喷雾中,液滴间的碰撞似乎具有较低的概率。此外,O'Rourke 和 Bracco(1980)提出,在喷孔附近的稠密喷雾区,液滴聚并可能是一个重要的过程。基于这一论点,他们开发了一个考虑了液滴的碰撞和聚并的综合模型。Bracco(1985)和 Reitz

(1987)使用了该模型。这些研究结果表明,平均液滴尺寸随距喷头的下游距离而增加。除了液滴聚并,有多种机理也会导致液滴直径随下游距离而增加。这些机理包括:①较小的液滴蒸发较快,留下了较大的液滴;②凝聚发生在喷头附近的冷的、富含蒸气的稠密喷雾区;③射流上较长波长的扰动将花费较长的拉格朗日时间来生长并产生更大尺寸的液滴。

在液滴流被定向在相交方向的其他喷雾环境中,两个液滴间可能会发生碰撞。可能会发生弱碰撞,如相擦。较强的碰撞会导致永久聚并;带有振动的合并会导致进一步破碎成两个最小的液滴,或粉碎成许多个较小的液滴,或甚至出现反弹。这里没有考虑3个或更多个液滴碰撞的模型。

对两个液滴的碰撞构型已经进行了许多基础实验研究。Qian 和 Law (1997)在 $2R\rho U^2/\sigma$ 对碰撞参数 $\chi/2R$ 的图中确定了 5 种不同的碰撞模式。其中,两个半径为 R、相对速度为 U、表面张力系数为 σ 的液滴碰撞时轨迹正切线之间的最短距离为 χ。显然,只有 $\chi \leqslant 2R$ 才令人感兴趣,结果如图 8.68 所示。

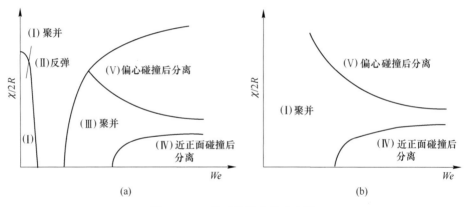

图 8.68　几种碰撞模式的示意图

(a)1atm 下的烃液滴和加压下的水液滴;(b)1atm 下的水液滴和减压下的烃液滴。

(改自 Qian 和 Law,1997)

模式 I 涉及两个液滴在轻微变形后的聚并。在相互接近的最终情况,两个液滴间的气体薄膜在一定时间内被挤压并排出,该时间足够两个液滴在表面张力的作用下合并。在模式 II 中,基于液滴直径的 We 较高,排出气体膜的允许时间较短。由于排出时间不足,表面张力无法起到聚并液滴的作用,因此发生了液滴反弹或弹开。在模式 III 中,较高的接近速度迫使气膜的排出在足够的时间内发生,从而导致液滴聚并。与模式 I 相比,模式 III 中液滴在聚并之前发生了很大变形。模式 IV 发生在碰撞参数值较小(正面碰撞和近正面碰撞)的情况下,其特征是暂时聚并然后分离。We 和碰撞参数很高,内部液体流中保留了足够的能量来克服表面张力,并分成两个较大的液滴和一个较小的卫星滴。模式 V 发生在偏心碰撞中,涉及暂时合并,然后最终分离。聚并分子因角动量守恒而发生旋转。分离产生了一个卫星滴和两个较大的液滴。Nobari,Jan 和 Tryggvason(1996)考虑了具有平面对称条件的正面碰撞,而 Nobari 和 Tryggvason(1996)测试了三维碰撞。他们展示了预测结果,与图 8.69(a)具有相同的现象。

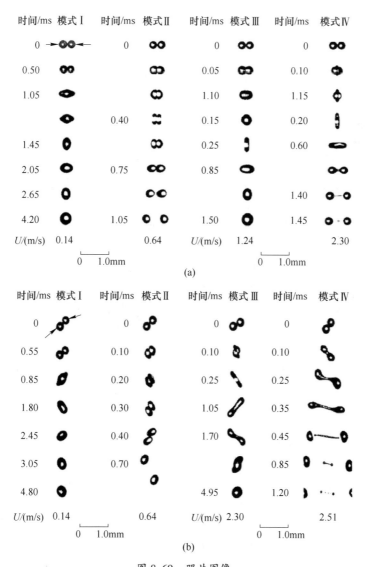

图 8.69　照片图像
(a)模式Ⅰ~模式Ⅳ下的代表性正面碰撞;(b)模式Ⅰ~模式Ⅲ和模式Ⅴ下的代表性偏心碰撞。
(改自 Law,2006a)

8.10.2 液滴-壁面碰撞

在液滴-壁面碰撞中令人振奋的应用是材料加工,因为该过程中,液滴中熔融材料的凝固是至关重要的因素。与液滴-液滴碰撞的情况不同,液滴-壁面的计算从液滴粘附壁面开始。Fukai et al. (1995)对初始为球形的液滴以直角撞击表面进行了实验和计算研究。他们使用了可润湿性程度不同的水滴和壁面。液体的可润湿性定义为处于热平衡状态的该种液体的液滴与平整的水平平面之间的接触角。他们的结果对润湿模型很敏感(Mittal, 2009)。他们还指定了在环形衬里上的接触角,以代表液体、周围气体和固体壁面三相的交汇。接触角是液-气界面(在固体壁面表面)的切线与固体壁面之间的夹角。结果显示,接触线在过程中随时间而移动。其半径在碰撞的早期阶段增加,后来可能随着随后的振荡而减小。显然,在早期碰撞中,动能转化为表面能,并通过黏性耗散转化为热。随后,表面能引起了一些(表面)回缩,并转换回了动能。当扩展阶段增加时,液体饼(splat)的最大半径(这里"液体饼"指的是在表面碰撞后的液滴结构)随着接触角的减小而减小。早期碰撞中液体饼高度的变化速率与碰撞速度直接成正比。H. Liu, Lavernia 和 Rangel(1994)考虑了一个撞击壁面且在撞击过程中发生凝固的液滴。他们证明在凝固阶段,液体流动可能会暂时与壁面表面分离,产生气泡从而导致固化材料中出现气孔。Zhao, Poulikakis 和 Fukai (1996)考虑在饼状液滴中通过对流和传导来进行传热;但没有考虑固化。通过在系统中增加轴对称能量方程,他们扩展了 Fukai et al. (1993, 1995)的工作。他们发现温度分布曲线确实是二维的,而且还发现液体质量趋于积聚在饼的外围。Delplanque 和 Rangel(1998)比较了实验数据和较简单模型的计算结果。在有或没有凝固的两种情况下,实验和数值模拟之间的一致性令人满意。简化模型是假设液体饼瞬间形成,并保持为半径和高度随时间变化的圆柱盘形状。

8.10.3 多液滴系统中相互作用的液滴

实际喷雾包含有统计意义上的大量液滴,并且由于界面交换的性质不同,它们的行为与稀薄喷雾不同。随着液滴间距减小,液滴的集体相互作用会带来蒸气云积聚,从而阻碍与周围气体的传热和动量交换,进而改变液滴即时环境的热、化学和动态条件。集体相互作用归类为短程相互作用,它改变界面交换的规律和液滴状态。远程相互作用的变化并不决定界面交换的规律,但却决定液滴的状态。与没有受到短程相互作用的"孤立的液滴"相反,在短程相互作用影响下的液滴被归类为"相互作用的液滴"。Tishkoff(1980)提出了这种液滴的早期模型,他研究了无限液滴阵列中液滴相互作用的影响。

8.11 用于粒度测量的光学技术

液滴尺寸分布的表征已用于诸如燃烧系统中燃料喷雾研究之类的应用中。

光学方法非常有用,因为可以测量粒径(可能还有速度),并且这些方法是非侵入式的,这意味着没有物理探针插入喷雾中。

8.11.1 光学粒度测量方法的类型

如图 8.70 所示,成像技术包括摄影、全息照相和自动图像分析。这些技术相对简单,并可以在一般文献中找到。基于光散射的非成像技术包括单颗粒计数器和集成技术。Koo 和 Hirleman(1996)总结了用于粒度分布测量的多种非成像光学技术。接下来简要讨论一些非成像技术。

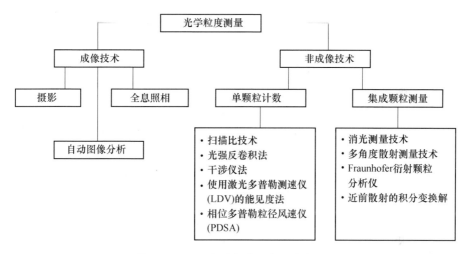

图 8.70　不同类型光学粒度测量的分类

8.11.2 单颗粒计数法

对于稀薄喷雾,可以使用散射光来对在激光束照射下通过小采样体积的单个颗粒进行计数。从各单一颗粒的测量结果中可以得到离散的尺寸分布。这些计数器也可以用于速度测量。为使颗粒被单颗粒计数器(single particle counting,SPC)检测到,SPC 应该产生超过仪器噪声阈值限制的散射信号,这意味着检测到的散射功率(P_{sca})必须超过仪器的某个最小阈值信号($P_{sca} > P_{min}$)。通常,激光束强度在焦点周围具有高斯分布。这一要求产生了两个基本问题:轨迹模糊和尺寸选择采样偏差问题。

(1) 轨迹模糊。通过光焦点附近的小颗粒的散射功率可能与穿越光束的一个离轴点的较大颗粒的散射功率相同。因此,为了保证精确的尺寸测量结果,必须解决此问题。早期的颗粒计数器将流动限制在光束焦点附近的一个几乎均匀的区域,但是这种解决方案对现场应用是不可接受的。

(2) 尺寸选择采样偏差。具有较大散射横截面的颗粒具有较大的被光学采样的概率,这是因为它们可以从激光束焦点通过的距离更远并仍然散射出足以被检测到的功率。因此,产生了有利于具有较大散射截面积的颗粒的固有采样偏差。

通过已知采样概率与直径的函数关系,可以估算出对测得分布的校正量。

(3) 采样概率。颗粒群可以用分布函数 $F(D)$ 来表征。理想情况下,分布函数 $F(D)$ 是在无限时间上构建的。基于有限(采样的 $F(D)$ 的准确性取决于群的代表性、无偏差样本和有限样本中颗粒的精确尺寸测量结果。

8.11.2.1 扫描比技术

扫描比技术是由 Gravatt(1973)所开发的,使用散射进入两个处于不同角度的检测孔中的功率比。这种方法避免了轨迹模糊问题,但仍受到选择采样偏差问题的困扰。这个问题可以通过对检测器的检测概率建模并校正测得的分布来解决。

Hirleman 和 Moon(1982)用于解决轨迹模糊问题的设备示意图如图 8.71 所示。通过对比率计数器建模来处理尺寸选择样本偏差问题,在建模中,计算了光学采样面积并使用它从测得的给定尺寸颗粒的出现率回推出粒度分布函数 $F(D)$。

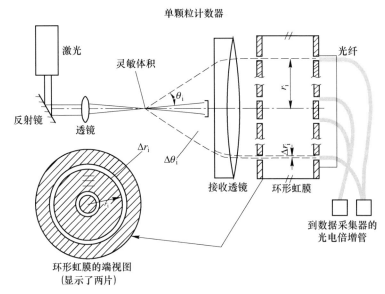

图 8.71 用作单颗粒计数器技术之一的多比率计数器示意图
(改自 Hirleman 和 Moon,1982)

8.11.2.2 光强反卷积法

光强反卷积技术是由 Holve 和 Self(1979)所开发的。这种方法也称为颗粒计数粒径测速仪(particle counting sizing velocimeter, PCSV)。通过实验收集完整的散射信号频谱,然后对其进行数学反卷积来得到 $F(D)$。也就是说,永远不会明确知道实际粒径,只知道辐照度和横截面的乘积。

8.11.2.3 干涉仪法(相移法)

干涉仪技术是由 Taubenblatt 和 Batchelder(1991)开发的。不使用散射光的总光或角度分布,而使用特殊的干涉仪来测量相移来代替。相移与粒径有关,但与激光束中的位置无关;从而该方法避免了轨迹模糊问题。如果一同测量了相移和消光,就可以确定粒径和折射率。

8.11.2.4 使用激光多普勒测速仪的能见度法

Farmer(1972)开发了使用激光多普勒测速仪(laser Doppler velocimeter, LDV)的能见度技术。本质上是对 LDV 进行了改造,以产生粒度信息和速度数据。该技术使用 LDV 信号中的对比度或能见度来为颗粒尺寸提供度量。能见度法的优点是可以同时测量颗粒速度和尺寸。但是,由于粒径动态范围带来的困难,该方法的使用受到了限制。

8.11.2.5 相位多普勒粒径风速仪

相位多普勒粒径风速仪(phase Doppler sizing anemometer, PDSA)技术是由许多研究人员所开发的,包括 Farmer(1972),Durst 和 Zare(1976),Flögel(1981)以及 Bachalo 和 Houser(1984)。该方法类似于 LDV 系统。通过颗粒散射两个共聚焦的激光束产生干涉条纹图案。当颗粒(如液滴)通过探针体积时,条纹被扫过检测器。检测器信号间的相位滞后是条纹间距的度量,因此也是颗粒尺寸的度量。Durst 和 Zare(1976)使用组件间隔距离为 2mm 的双组件光电二极管(图 8.72 中的 PDSA 装置),使用两个检测到的信号之间的相位测量结果来获得球体的直径信息。本质上,粒径与两个检测器之间的相移有关。所关注的一个领域是测量小颗粒(如 $0.5 \sim 1 \mu m$ 的颗粒)的精度。

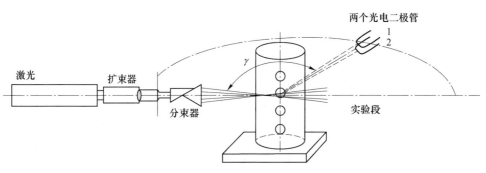

图 8.72 相位多普勒粒径风速仪示意图

(改自 Durst 和 Zare,1976)

8.11.3 集成粒度测量技术

通过分析大量液滴聚集的光散射或消光特性来确定粒度分布。通常该方法所需系统比 SPC 所需的简单。集成测量中的这些数据固有地包含比 SPC 少的信息,这是因为数据是对大体积中的许多液滴采集的(没有速度数据)。在大多数情况下,会假设一个尺寸分布的形式,并通过测量结果估计最佳的拟合参数。

8.11.3.1 消光测量技术

Dobbins 和 Jizmagian(1966)开发了一种消光测量技术。该方法基于以下事实,即从入射光束中去除的光量与路径中液滴的消光横截面直接相关。在某些假设下可以从单次测量结果中确定索特平均直径(SMD 或 D_{32})。使用多种波长能够确定折射率和浓度。理想地,所使用的波长必须大致将液滴尺寸包括在内。

8.11.3.2 多角度散射技术

多角散射技术是由 Dobbins(1963)开发的。它测量因颗粒存在而导致的折射率的变化所引起的散射的光。散射角引起的强度变化可以通过下式估算:

$$I(\theta)/I_{\text{inc}} = d_p^2/16\{\alpha^2 [J_1(\alpha\theta)/\alpha\theta]^2 + [4m_I^2/(m_I^2-1)(m_I+1)]^2 + 1\}$$
(8.168)

式中:I_{inc} 为入射辐照度;$I(\theta)$ 为散射角 θ 的光强函数;d_p 为颗粒直径;α 为 $\pi d_p/\lambda$;λ 为入射束的波长;m_I 为颗粒相对于周围介质的折射率;J_1 为第一类一阶 Bessel 函数。

$I(\theta)$ 与 $(\pi D_{32}\theta/\lambda)$ 之间存在简便的关系,如图 8.73 所示。该技术对 10~250μm 的粒径范围比较有用,而且具有简单和低成本的优点。

Dobbins,Crocco 和 Glassman(1963)所开发的用于多角度散射测量技术的原始光学系统如图 8.74 所示。Rizkalla 和 Lefebre(1975)使用该技术在喷雾中进行了粒径测量。

8.11.3.3 Fraunhofer 衍射颗粒分析仪

Fraunhofer 衍射颗粒分析仪是最常用的仪器之一。Swithenbank et al.(1976)和许多其他研究人员利用它来测量液滴尺寸。为液滴尺寸分布而开发的 Fraunhofer 基于衍射的 Malvern 颗粒分析仪是测量喷雾整体特性使用最为广泛的非侵入式技术。该方法以德国科学家 Joseph Fraunhofer(1787—1826)所开发的衍射理论为基础,当粒径与光束波长相比较大时,此理论成立。将一束几毫瓦的 He-Ne 激光扩展并准直成一束直径为几毫米的光束。激光束通过颗粒场后,傅里叶变换透镜将角位移 θ 转换为空间位移 r。所形成的干涉环的间距取决于粒径。

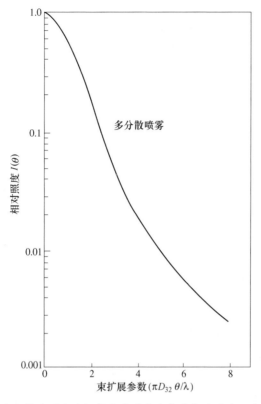

图 8.73 具有粒径按上限分布函数分布的多分散喷雾的平均理论照度分布曲线
（改自 Dobbins，Crocco 和 Glassman，1963）

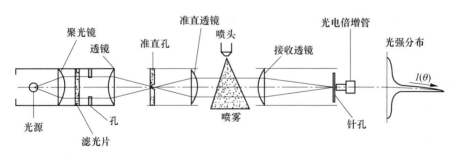

图 8.74 光散射系统的示意图
（改自 Dobbins，Crocco 和 Glassman，1963）

激光衍射粒度仪的通用示意图，如图 8.75 所示。当平行光束与液滴相互作用时，会形成取决于液滴大小的衍射图样。

Malvern 系统。光电探测器由 31 个半圆形光电二极管环组成，用于检测光分布。每个环都对液滴尺寸的特定小范围敏感。这种方法可以进行快速数据

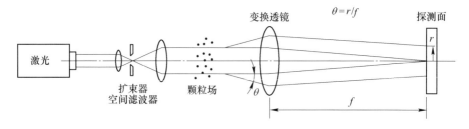

图 8.75　激光衍射粒径仪示意图

(源自 Koo,1987)

分析。液滴尺寸范围取决于仪器配置,但总测量范围为 0.1~2000μm。

8.11.3.4　近前散射的积分变换解

本质上,近前散射的更精确数学模型为

$$i_a(\theta) = I_{\text{inc}}/k^2 \int_0^\infty J_1^2(\alpha\theta)/(\theta^{2-a}\alpha^{b-2}) F_b(\alpha) \mathrm{d}\alpha \tag{8.169}$$

式中:a、b 为仪器参数。

积分变换方法首先检测近前光特征标记 $i_a(\theta)$,然后将数据转换来确定粒径分布 $F_b(\alpha)$。Koo 和 Hirleman(1996)建议使用积分变换解来为 $F_b(\alpha)$ 提供解析表达式。

这些技术的基本问题是已知尺寸和浓度的单分散球形液滴的生成。通过使用聚苯乙烯乳液球、玻璃微球、液滴发生器、光掩模校准分划板、多分散喷雾剂等,可以获得许多不同的校准标准。综上所述:

(1) 没有适用于所有应用的单一技术。

(2) PDSA 已被广泛用于喷雾燃烧中的液滴测径。

(3) Fraunhofer 衍射分析仪(如来自 Malvern 公司)在整体粒径表征中很常用。

(4) 近前散射的积分变换解比较有效。

8.12　液滴间距对喷雾燃烧的影响

8.12.1　滴液阵列的蒸发和燃烧

为了研究液滴间的间隔对阻力系数、传热速率和传质速率的影响,对特定的液滴组进行了研究。Sirignano(1983)给出了气态环境中液滴相互作用的 3 种类别。

(1) 液滴阵列。与特定的周围气体环境一起,考虑少数有相互作用的液滴。

(2) 液滴群。考虑许多液滴,指定远离云的气态条件但不与液滴计算耦合在一起。

(3) 喷雾。考虑许多液滴,但与液滴群相反,将域中的气体场计算耦合到液滴计算。

要了解阵列、群和喷雾之间的区别,必须将液滴云或液滴集合可视化为占据一定体积,将主要环境气体条件定义为液滴云周围气体中的条件。每个液滴周围都有一层气体膜,当地环境条件定义为膜边缘但在云体积内的气体性质。当液滴重叠时,该定义变得不精确。在这种情况下,用液滴附近气体的平均性质代替当地环境条件。

在 Sirignano et al. (1996) 的工作中,液滴的单一流或少数几个相邻的流可以认为是从阵列到群的过渡。实际上,这种流是阵列的一种特殊情况,这是因为它的几何构型可以在实验中精确测量或在计算中指定。与群不同,没有必要对平均间距进行统计描述。特别地,对于液滴群理论,考虑了液滴的数密度。如果流中表现出了周期性行为,有时就可以研究仅包含少量液滴的阵列来预测流的行为。

液滴阵列和流对研究很有用,因为通过研究它们可以得到液滴间隔尺度上的数据启示和现象理解,这些信息很难通过实验或计算得到。在液滴行为主要受最近的相邻液滴影响的假设下,从阵列研究中获得的信息与理解群和喷雾的更复杂行为非常相关。

关于液滴相互作用的最早工作是由 Twardus 和 Brzustowski(1977) 进行的,他们分析了两个尺寸相等的燃烧液滴。没有考虑 Stefan 对流和强制对流,并将液滴中心之间的间距($D_s = 2h$)作为一个研究参数。如图 8.76 所示,存在一个液滴中心之间的距离与液滴半径之比的临界值,超过该比率,两个液滴燃烧时只有一个包络火焰。临界值取决于特定的化学计量。蒸发速率仍受扩散控制,扩散速率以及因此导致的蒸发速率随着液滴间距的减小而降低。在液滴达到接触的极限情况下,蒸发速率变为两个远距离孤立液滴的蒸发速率值的 ln2(= 0.693)倍。

Chiang 和 Sirignano(1993) 在对两个串联排列的、移动中的蒸发液滴使用具有网格生成格式的瞬态轴对称有限差分分析,并在考虑了可变热物理性质的基础上,扩展了双串联液滴的计算。图 8.77 所示为气相速度矢量、液相流函数和两相的等涡度线。

Chiang 和 Sirignano(1993) 得到了瞬时阻力系数、努塞尔数、Sherwood 数(Sh)和其他无量纲参数的相关关系。使用了一个线性回归模型拟合了超过 3000 个数据点。用孤立液滴的相关关系对这些相关关系作了归一化。

对于上游液滴:

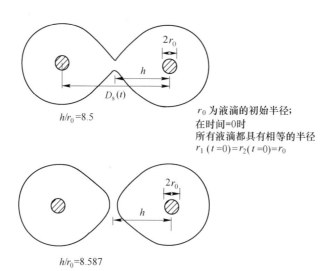

图 8.76 液滴间距对燃烧的两个液滴的作用
(改自 Sirignano,1983,依据 Twardus 和 Brzustowski,1977 重新作图)

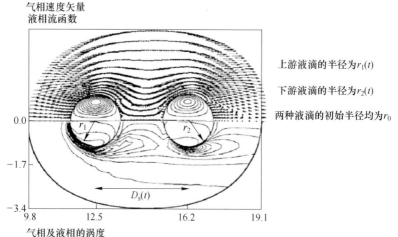

图 8.77 双串联液滴情况下的气相速度矢量、液相流函数和两相的等涡度线;
时间 = 3.00, Re_1 = 80.31, Re_2 = 85.84,
初始 $R_1[= r_1(0)/r_0] = 1.00$,初始无量纲间隔$[D_s(0)/r_0] = 3.71$
(改自 Sirignano,2010)

$$\frac{C_{D1}}{C_{D\,\text{iso}}} = 0.877 Re_m^{0.003} (1 + B_H)^{-0.040} (D_s/r_0)^{0.048} (r_2/r_1)^{-0.098}$$

$$\frac{Nu_1}{Nu_{iso}} = 1.245 Re_m^{-0.073} Pr_m^{0.150} (1+B_H)^{-0.122} (D_s/r_0)^{0.013} (r_2/r_1)^{-0.056}$$

$$\frac{Sh_1}{Sh_{iso}} = 0.367 Re_m^{0.048} Sc_m^{0.730} (1+B_M)^{0.709} (D_s/r_0)^{0.057} (r_2/r_1)^{-0.018}$$

(8.170)

其中: $0 \leq B_H \leq 1.06, 0 \leq B_M \leq 1.29, 11 \leq Re_m \leq 160, 0.68 \leq Pr_m \leq 0.91$, $1.47 \leq Sc_m \leq 2.50, 2.5 \leq (D_s/r_0) \leq 32, 0.17 \leq [r_2(t)/r_1(t)] \leq 2.0$。

在这些等式中，Re_m 为基于液滴-气体相对速度、液滴半径、自由流气体密度和平均气膜黏度的雷诺数。

对于下游液滴：

$$\frac{C_{D2}}{C_{D\,iso}} = 0.549 Re_m^{-0.098} (1+B_H)^{0.132} (D_s/r_0)^{0.275} (r_2/r_1)^{0.521}$$

$$\frac{Nu_2}{Nu_{iso}} = 0.528 Re_m^{-0.146} Pr_m^{-0.768} (1+B_H)^{0.356} (D_s/r_0)^{0.262} (r_2/r_1)^{0.147}$$

$$\frac{Sh_2}{Sh_{iso}} = 0.974 Re_m^{0.127} Sc_m^{-0.318} (1+B_M)^{-0.363} (D_s/r_0)^{-0.064} (r_2/r_1)^{0.857}$$

(8.171)

其中: $0 \leq B_H \leq 2.52, 0 \leq B_M \leq 1.27, 11 \leq Re_m \leq 254, 0.68 \leq Pr_m \leq 0.91$, $1.48 \leq Sc_m \leq 2.44$。

这些相关关系对于考虑相邻液滴间的间隔效应应该很有用。

习题

1. 在估计行进在稀薄喷雾火焰中的液滴直径减小速率时，通常可以作出这些假设：

a. 喷雾中温度变化较小和氧气浓度较低。

b. 液滴之间不发生相互作用。

c. $Le = Sc = Pr = 1$。

d. 液滴的初始速度 U_{d0} 等于燃料的排出速度。

e. 燃料的初始温度接近其沸点。

使用这些假设和 d^2 蒸发定律，建立两个描述液滴速度和液滴直径变化速率的常微分方程。

2. 对含有大量分散燃料液滴的连续相的湍流动能 k 推导以下输运方程。

$$\frac{\partial}{\partial x}(\bar{\rho}\,\bar{u}k) + \frac{1}{r}\frac{\partial}{\partial r}(r\bar{\rho}\bar{v}°k) = \frac{1}{r}\frac{\partial}{\partial r}\left(r\frac{\mu_t}{\sigma_k}\frac{\partial k}{\partial r}\right) + \mu_t\left(\frac{\partial\bar{u}}{\partial r}\right)^2 - \bar{\rho}\varepsilon + \overline{u\,S_{pu}} - \bar{u}\,\overline{S_{pu}}$$

提示：以气相动量方程开始：

$$\frac{\partial}{\partial x_j}(\overline{u}_i\,\overline{u}_j) = \nu\frac{\partial^2 \overline{u}_i}{\partial x_j \partial x_j} + \frac{\overline{S}_{pu_i}}{\overline{\rho}}$$

式中：$\overline{S}_{pu_i}$ 表示流向动量方程中的颗粒源项。

在得到指数形式的 k 方程后，将其转换为圆柱坐标并使用 Gosman et al. (1981) 或 Sheun et al. (1983) 对薄剪切层近似的建模方法。

3. 对于包含大量分散燃料液滴的连续相的湍流耗散率 ε，推导以下输运方程。

$$\frac{\partial}{\partial x}(\overline{\rho}\,\overline{u}\,\varepsilon) + \frac{1}{r}\frac{\partial}{\partial r}(r\overline{\rho}\overline{\nu^\circ \varepsilon}) = \frac{1}{r}\frac{\partial}{\partial r}\left(r\frac{\mu_t}{\sigma_k}\frac{\partial \varepsilon}{\partial r}\right) + C_{\varepsilon 1}\mu_t\frac{\varepsilon}{k}\left(\frac{\partial \overline{u}}{\partial r}\right)^2$$

$$- C_{\varepsilon 2}\overline{\rho}\frac{\varepsilon^2}{k} - 2C_{\varepsilon 3}\mu_t\frac{\varepsilon}{k}\frac{\partial \overline{S}_{pu}}{\partial r}$$

除了对速度波动考虑输运方程之外，可使用与习题 2 相同的提示。

4. 考虑夹带许多分散不混溶液滴的连续液体的各向同性湍流。令分散液体的液滴直径为 d，液滴内的压力为 P_d，连续流体的压力为 p。

a. 证明该混合物的静态平衡条件为

$$P_d - p = \frac{4\sigma}{d}$$

式中：σ 为驻留在连续液体中的液滴的表面张力。

b. 考虑惯性力支配黏性力条件下的液滴破碎过程。稳态液滴的(湍流引起的)动压波动、表面张力和最大直径之间有什么关系？

5. 使用习题 4 的题干，但考虑由黏性力而不是由惯性力引起的液滴破碎。两种液体的波动速度、表面张力和黏度之间有什么关系？

6. 对轴向对称射流的质量、动量和混合分数守恒方程进行量级分析。提示：参见 8.7.2 小节中局部均匀流假设成立的部分。

附录 A 相关矢量与张量的运算

熟悉矢量和张量运算对本书的读者是有益的。在本附录中,标量用斜体表示,矢量用黑体字表示。矢量由其大小和其在空间中的特定方向两者共同定义。矢量可以用 x_1, x_2 和 x_3 方向上的 3 个线性独立分量表示。这 3 个方向的单位矢量分别为 e_1, e_2 和 e_3。因此,矢量 V 表示为 3 个分量矢量的和,即

$$V = v_1 e_1 + v_2 e_2 + v_3 e_3 = V_1 + V_2 + V_3 \tag{A-1}$$

矢量具有大小,可以从其分量来确定

$$V = |V| = \sqrt{v_1^2 + v_2^2 + v_3^2} \tag{A-2}$$

矢量方向由 v_1、v_2 和 v_3 的相对大小决定,如图 A-1 所示。

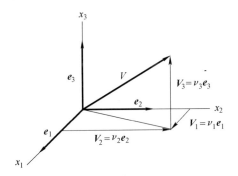

图 A-1 笛卡儿坐标系中的矢量分量

矢量 A 方向的任何单位矢量都可以用下面的式子定义:

$$e_A \equiv \frac{A}{|A|}$$

两个矢量 A 和 B 的点积(也称为标量积)定义为

$$A \cdot B = |A||B|\cos\theta_{AB}$$

两个矢量 A 和 B 的叉积(也称为矢量积)定义为

$$A \times B = |A||B|\sin\theta_{AB}\, e_{\perp A \& B}$$

A.1 矢量代数

$$A + B = B + A \tag{A-3}$$

$$sA = As \tag{A-4}$$

$$(s + p)A = sA + pA \tag{A-5}$$

$$s(A + B) = sA + sB \tag{A-6}$$

$$A \cdot B = B \cdot A \tag{A-7}$$

$$(A \cdot B)C \neq A(B \cdot C) \tag{A-8}$$

$$s(A \cdot B) = (sA) \cdot B = A \cdot (sB) = (A \cdot B)s \tag{A-9}$$

$$A \cdot (B + C) = A \cdot B + A \cdot C \tag{A-10}$$

$$A \times B = -B \times A = \begin{vmatrix} e_1 & e_2 & e_3 \\ A_1 & A_2 & A_3 \\ B_1 & B_2 & B_3 \end{vmatrix} \tag{A-11}$$

$$s(A \times B) = (sA) \times B = A \times (sB) = (A \times B)s \tag{A-12}$$

$$(A + B) \times C = (A \times C) + (B \times C) \tag{A-13}$$

$$A \times (B + C) = (A \times B) + (A \times C) \tag{A-14}$$

$$A \times (B \times C) = B(A \cdot C) - C(A \cdot B) \tag{A-15}$$

$$(A \times B) \times C = B(A \times C) - A(B \cdot C) \tag{A-16}$$

因此,有

$$A \times (B \times C) \neq (A \times B) \times C$$

$$A \cdot (B \times C) = B \cdot (C \times A) = C \cdot (A \times B) = \begin{vmatrix} A_1 & A_2 & A_3 \\ B_1 & B_2 & B_3 \\ C_1 & C_2 & C_3 \end{vmatrix} \tag{A-17}$$

$$(A \times B)^2 = |A|^2 |B|^2 - (A \cdot B)^2 \tag{A-17a}$$

如果 A 和 B 是非零矢量且彼此平行,则

$$A \times B = 0 \tag{A-18}$$

如果 A 和 B 是非零矢量且彼此垂直,则

$$A \cdot B = 0 \tag{A-19}$$

A.2 单位矢量代数

在正交坐标系中,单位矢量 e_1, e_2, e_3 彼此垂直,则

$$e_1 \cdot e_1 = e_2 \cdot e_2 = e_3 \cdot e_3 = 1 \tag{A-20}$$

$$e_1 \cdot e_2 = 0, \ e_2 \cdot e_3 = 0, e_3 \cdot e_1 = 0 \tag{A-21}$$

$$e_1 \times e_1 = e_2 \times e_2 = e_3 \times e_3 = 0 \tag{A-22}$$

$$e_1 \times e_2 = e_3, e_2 \times e_3 = e_1, e_3 \times e_1 = e_2 \tag{A-23}$$

A.3 单位矢量的导数

A.3.1 笛卡儿(Cartesian)坐标系

$$\begin{cases} \dfrac{\partial \boldsymbol{e}_x}{\partial x} = 0, \dfrac{\partial \boldsymbol{e}_x}{\partial y} = 0, \dfrac{\partial \boldsymbol{e}_x}{\partial z} = 0 \\ \dfrac{\partial \boldsymbol{e}_y}{\partial x} = 0, \dfrac{\partial \boldsymbol{e}_y}{\partial y} = 0, \dfrac{\partial \boldsymbol{e}_y}{\partial z} = 0 \\ \dfrac{\partial \boldsymbol{e}_z}{\partial x} = 0, \dfrac{\partial \boldsymbol{e}_z}{\partial y} = 0, \dfrac{\partial \boldsymbol{e}_z}{\partial z} = 0 \end{cases} \quad (\text{A-24})$$

A.3.2 圆柱坐标系

$$\boldsymbol{e}_r = \boldsymbol{e}_x \cos\theta + \boldsymbol{e}_y \sin\theta, \boldsymbol{e}_\theta = -\boldsymbol{e}_x \sin\theta + \boldsymbol{e}_y \cos\theta, \boldsymbol{e}_z = \boldsymbol{e}_z$$

圆柱坐标系中的单位矢量见图 A-2。

$$\begin{cases} \dfrac{\partial \boldsymbol{e}_z}{\partial z} = 0, \dfrac{\partial \boldsymbol{e}_z}{\partial r} = 0, \dfrac{\partial \boldsymbol{e}_z}{\partial \theta} = 0 \\ \dfrac{\partial \boldsymbol{e}_r}{\partial z} = 0, \dfrac{\partial \boldsymbol{e}_r}{\partial r} = 0, \dfrac{\partial \boldsymbol{e}_r}{\partial \theta} = \boldsymbol{e}_\theta \\ \dfrac{\partial \boldsymbol{e}_\theta}{\partial z} = 0, \dfrac{\partial \boldsymbol{e}_\theta}{\partial r} = 0, \dfrac{\partial \boldsymbol{e}_\theta}{\partial \theta} = -\boldsymbol{e}_r \end{cases} \quad (\text{A-25})$$

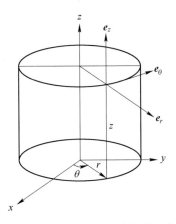

图 A-2 圆柱坐标系中的矢量分量

A.3.3 球面坐标系

球面坐标系中的单位矢量,见图 A-3。

$$\begin{cases} \boldsymbol{e}_r = \boldsymbol{e}_x\sin\theta\cos\phi + \boldsymbol{e}_y\sin\theta\sin\phi + \boldsymbol{e}_z\cos\theta \\ \boldsymbol{e}_\theta = \boldsymbol{e}_x\cos\theta\cos\phi + \boldsymbol{e}_y\cos\theta\sin\phi - \boldsymbol{e}_z\sin\theta \\ \boldsymbol{e}_\phi = -\boldsymbol{e}_x\sin\phi + \boldsymbol{e}_y\cos\phi \end{cases}$$

式中

$$0 \leqslant \theta \leqslant \pi \quad \text{且} \quad 0 \leqslant \phi \leqslant 2\pi$$

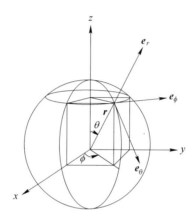

图 A-3 球面坐标系中的矢量分量

$$\begin{cases} \dfrac{\partial \boldsymbol{e}_r}{\partial \boldsymbol{r}} = 0, \dfrac{\partial \boldsymbol{e}_r}{\partial \theta} = \boldsymbol{e}_\theta, \dfrac{\partial \boldsymbol{e}_r}{\partial \phi} = \boldsymbol{e}_\phi\sin\theta \\ \dfrac{\partial \boldsymbol{e}_\theta}{\partial \boldsymbol{r}} = 0, \dfrac{\partial \boldsymbol{e}_\theta}{\partial \theta} = -\boldsymbol{e}_r, \dfrac{\partial \boldsymbol{e}_\theta}{\partial \phi} = \boldsymbol{e}_\phi\cos\theta \\ \dfrac{\partial \boldsymbol{e}_\phi}{\partial \boldsymbol{r}} = 0, \dfrac{\partial \boldsymbol{e}_\phi}{\partial \theta} = 0, \dfrac{\partial \boldsymbol{e}_\phi}{\partial \phi} = -\boldsymbol{e}_r\sin\theta - \boldsymbol{e}_\theta\cos\theta \end{cases} \quad (\text{A-26})$$

A.3.4 曲线坐标系

$$\mathrm{d}\boldsymbol{r} = \dfrac{\partial \boldsymbol{r}}{\partial u_1}\mathrm{d}u_1 + \dfrac{\partial \boldsymbol{r}}{\partial u_2}\mathrm{d}u_2 + \dfrac{\partial \boldsymbol{r}}{\partial u_3}\mathrm{d}u_3 = h_1\mathrm{d}u_1\boldsymbol{e}_1 + h_2\mathrm{d}u_2\boldsymbol{e}_2 + h_3\mathrm{d}u_3\boldsymbol{e}_3$$

曲线坐标系中矢量 $\mathrm{d}\boldsymbol{r}$ 的分量见图 A-4。

$$\begin{cases} \dfrac{\partial \boldsymbol{e}_1}{\partial x_1} = -\dfrac{\boldsymbol{e}_2}{h_2}\dfrac{\partial h_1}{\partial x_2} - \dfrac{\boldsymbol{e}_3}{h_3}\dfrac{\partial h_1}{\partial x_3}, & \dfrac{\partial \boldsymbol{e}_1}{\partial x_2} = \dfrac{1}{h_1}\dfrac{\partial h_2}{\partial x_1}\boldsymbol{e}_2, & \dfrac{\partial \boldsymbol{e}_1}{\partial x_3} = \dfrac{1}{h_1}\dfrac{\partial h_3}{\partial x_1}\boldsymbol{e}_3 \\ \dfrac{\partial \boldsymbol{e}_2}{\partial x_1} = \dfrac{1}{h_2}\dfrac{\partial h_1}{\partial x_2}\boldsymbol{e}_1, & \dfrac{\partial \boldsymbol{e}_2}{\partial x_2} = -\dfrac{\boldsymbol{e}_3}{h_3}\dfrac{\partial h_2}{\partial x_3} - \dfrac{\boldsymbol{e}_1}{h_1}\dfrac{\partial h_2}{\partial x_1}, & \dfrac{\partial \boldsymbol{e}_2}{\partial x_3} = \dfrac{1}{h_2}\dfrac{\partial h_3}{\partial x_2}\boldsymbol{e}_3 \\ \dfrac{\partial \boldsymbol{e}_3}{\partial x_1} = \dfrac{1}{h_3}\dfrac{\partial h_1}{\partial x_3}\boldsymbol{e}_1, & \dfrac{\partial \boldsymbol{e}_3}{\partial x_2} = \dfrac{1}{h_3}\dfrac{\partial h_2}{\partial x_3}\boldsymbol{e}_2, & \dfrac{\partial \boldsymbol{e}_3}{\partial x_3} = -\dfrac{\boldsymbol{e}_1}{h_1}\dfrac{\partial h_3}{\partial x_1} - \dfrac{\boldsymbol{e}_2}{h_2}\dfrac{\partial h_3}{\partial x_2} \end{cases} \quad (\text{A-27})$$

式中:h_1,h_2,h_3 为比例因子。

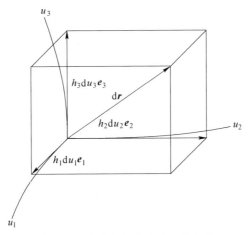

图 A-4 曲线坐标系中的矢量分量

A.4 点积

两个矢量的标量积(点积)是一个标量。

A.4.1 笛卡儿坐标系

$$\boldsymbol{A} \cdot \boldsymbol{B} = |\boldsymbol{A}||\boldsymbol{B}|\cos\theta_{AB} = A_x B_x + A_y B_y + A_z B_z \tag{A-28}$$

A.4.2 圆柱坐标系

$$\boldsymbol{A} \cdot \boldsymbol{B} = A_z B_z + A_r B_r + A_\theta B_\theta \tag{A-29}$$

A.4.3 球面坐标系

$$\boldsymbol{A} \cdot \boldsymbol{B} = A_r B_r + A_\theta B_\theta + A_\phi B_\phi \tag{A-30}$$

A.4.4 曲线坐标系

$$\boldsymbol{A} \cdot \boldsymbol{B} = A_1 B_1 + A_2 B_2 + A_3 B_3 \tag{A-31}$$

A.5 叉积

两个矢量的矢量积(叉积)还是一个矢量。通常情况下,对一个三维正交坐标系而言,有

$$\boldsymbol{A} \times \boldsymbol{B} = \begin{vmatrix} \boldsymbol{e}_1 & \boldsymbol{e}_2 & \boldsymbol{e}_3 \\ A_1 & A_2 & A_3 \\ B_1 & B_2 & B_3 \end{vmatrix} \quad \text{式中}: \boldsymbol{A} \equiv A_1 \boldsymbol{e}_1 + A_2 \boldsymbol{e}_2 + A_3 \boldsymbol{e}_3 \\ \text{和} \boldsymbol{B} \equiv B_1 \boldsymbol{e}_1 + B_2 \boldsymbol{e}_2 + B_3 \boldsymbol{e}_3$$

A.5.1 笛卡儿坐标系

$$\boldsymbol{A} \times \boldsymbol{B} = (A_y B_z - A_z B_y)\boldsymbol{e}_x - (A_x B_z - A_z B_x)\boldsymbol{e}_y + (A_x B_y - A_y B_x)\boldsymbol{e}_z \tag{A-32}$$

A.5.2 圆柱坐标系

$$A \times B = (A_r B_\theta - A_\theta B_r) e_z - (A_z B_\theta - A_\theta B_z) e_r + (A_z B_r - A_r B_z) e_\theta \tag{A-33}$$

A.5.3 球面坐标系

$$A \times B = (A_\theta B_\phi - A_\phi B_\theta) e_r - (A_r B_\phi - A_\phi B_r) e_\theta + (A_r B_\theta - A_\theta B_r) e_\phi \tag{A-34}$$

A.5.4 曲线坐标系

$$A \times B = (A_2 B_3 - A_3 B_2) e_1 - (A_1 B_3 - A_3 B_1) e_2 + (A_1 B_2 - A_2 B_1) e_3 \tag{A-35}$$

A.6 矢量的微分

$$\frac{\partial}{\partial x}(A + B) = \frac{\partial A}{\partial x} + \frac{\partial B}{\partial x} \tag{A-36}$$

$$\frac{\partial}{\partial x}(A \cdot B) = B \cdot \frac{\partial A}{\partial x} + A \cdot \frac{\partial B}{\partial x} \tag{A-37}$$

$$\frac{\partial}{\partial x}(A \times B) = \frac{\partial A}{\partial x} \times B + A \times \frac{\partial B}{\partial x} \tag{A-38}$$

链式法则可应用于作为空间坐标 x_1, x_2 和 x_3 的函数的任何矢量 A，即 $A = A(x_1, x_2, x_3)$。因此，有

$$dA = \frac{\partial A}{\partial x_1} dx_1 + \frac{\partial A}{\partial x_2} dx_2 + \frac{\partial A}{\partial x_3} dx_3 \tag{A-39}$$

A.7 标量的梯度

当一个标量场 S 是独立空间坐标 x_1, x_2 和 x_3 的函数，即 $S = S(x_1, x_2, x_3)$ 时，这种标量场的梯度是一个矢量。在不同的坐标系中这一运算如下所示。

A.7.1 笛卡儿坐标系

$$\nabla S = \frac{\partial S}{\partial x} e_x + \frac{\partial S}{\partial y} e_y + \frac{\partial S}{\partial z} e_z \tag{A-40}$$

A.7.2 圆柱坐标系

$$\nabla S = \frac{\partial S}{\partial z} e_z + \frac{\partial S}{\partial r} e_r + \frac{1}{r} \frac{\partial S}{\partial \theta} e_\theta \tag{A-41}$$

A.7.3 球面坐标系

$$\nabla S = \frac{\partial S}{\partial r} e_r + \frac{1}{r} \frac{\partial S}{\partial \theta} e_\theta + \frac{1}{r\sin\theta} \frac{\partial S}{\partial \phi} e_\phi \tag{A-42}$$

A.7.4 曲线坐标系

$$\nabla S = \operatorname{grad} S = \frac{1}{h_1}\frac{\partial S}{\partial x_1}\boldsymbol{e}_1 + \frac{1}{h_2}\frac{\partial S}{\partial x_2}\boldsymbol{e}_2 + \frac{1}{h_3}\frac{\partial S}{\partial x_3}\boldsymbol{e}_3 \qquad (\text{A}-43)$$

A.8 矢量的梯度

矢量的梯度是一个二阶张量。速度是一个矢量,其梯度称为应变速率,是一个二阶张量。应变速率是 Navier-Stokes 方程解的重要参数。

A.8.1 笛卡儿坐标系

$$\nabla V = \begin{pmatrix} \dfrac{\partial V_x}{\partial x} & \dfrac{\partial V_y}{\partial x} & \dfrac{\partial V_z}{\partial x} \\ \dfrac{\partial V_x}{\partial y} & \dfrac{\partial V_y}{\partial y} & \dfrac{\partial V_z}{\partial y} \\ \dfrac{\partial V_x}{\partial z} & \dfrac{\partial V_y}{\partial z} & \dfrac{\partial V_z}{\partial z} \end{pmatrix} \qquad (\text{A}-44)$$

A.8.2 圆柱坐标系

$$\nabla V = \begin{pmatrix} \dfrac{\partial V_z}{\partial z} & \dfrac{\partial V_r}{\partial z} & \dfrac{\partial V_\theta}{\partial z} \\ \dfrac{\partial V_z}{\partial r} & \dfrac{\partial V_r}{\partial r} & \dfrac{\partial V_\theta}{\partial r} \\ \dfrac{1}{r}\dfrac{\partial V_z}{\partial \theta} & \left(\dfrac{1}{r}\dfrac{\partial V_r}{\partial \theta} - \dfrac{V_\theta}{r}\right) & \left(\dfrac{1}{r}\dfrac{\partial V_\theta}{\partial \theta} + \dfrac{V_r}{r}\right) \end{pmatrix} \qquad (\text{A}-45)$$

A.8.3 球面坐标系

$$\nabla V = \begin{pmatrix} \dfrac{\partial V_r}{\partial r} & \dfrac{\partial V_\theta}{\partial r} & \dfrac{\partial V_\phi}{\partial r} \\ \left(\dfrac{1}{r}\dfrac{\partial V_r}{\partial \theta} - \dfrac{V_\theta}{r}\right) & \left(\dfrac{1}{r}\dfrac{\partial V_\theta}{\partial \theta} + \dfrac{V_r}{r}\right) & \left(\dfrac{1}{r}\dfrac{\partial V_\phi}{\partial \theta}\right) \\ \left(\dfrac{1}{r\sin\theta}\dfrac{\partial V_r}{\partial \phi} - \dfrac{V_\phi}{r}\right) & \left(\dfrac{1}{r\sin\theta}\dfrac{\partial V_\phi}{\partial \phi} - \dfrac{V_\phi}{r}\cot\theta\right) & \left(\dfrac{1}{r\sin\theta}\dfrac{\partial V_\phi}{\partial \phi} + \dfrac{V_r}{r} + \dfrac{V_\theta}{r}\cot\theta\right) \end{pmatrix}$$

$$(\text{A}-46)$$

A.9 矢量的旋度

矢量 V 的旋度是这个矢量在给定坐标系中的旋转程度。矢量 V 的旋度也是矢量,其中:V 是独立空间坐标 x_1, x_2, x_3 的函数,即 $V = V(x_1, x_2, x_3)$。

A.9.1 笛卡儿坐标系

$$\nabla \times \boldsymbol{V} = \left(\frac{\partial V_z}{\partial y} - \frac{\partial V_y}{\partial z}\right)\boldsymbol{e}_x - \left(\frac{\partial V_z}{\partial x} - \frac{\partial V_x}{\partial z}\right)\boldsymbol{e}_y + \left(\frac{\partial V_y}{\partial x} - \frac{\partial V_x}{\partial y}\right)\boldsymbol{e}_z \quad (\text{A-47})$$

A.9.2 圆柱坐标系

$$\nabla \times \boldsymbol{V} = \frac{1}{r}\left(\frac{\partial(rV_\theta)}{\partial r} - \frac{\partial V_r}{\partial \theta}\right)\boldsymbol{e}_z - \left(\frac{\partial V_\theta}{\partial z} - \frac{1}{r}\frac{\partial V_z}{\partial \theta}\right)\boldsymbol{e}_r + \left(\frac{\partial V_r}{\partial z} - \frac{\partial V_z}{\partial r}\right)\boldsymbol{e}_\theta$$

$$(\text{A-48})$$

A.9.3 球面坐标系

$$\nabla \times \boldsymbol{V} = \frac{1}{r\sin\theta}\left(\frac{\partial(V_\phi\sin\theta)}{\partial \theta} - \frac{\partial V_\theta}{\partial \phi}\right)\boldsymbol{e}_r - \frac{1}{r}\left(\frac{\partial(rV_\phi)}{\partial r} - \frac{1}{\sin\theta}\frac{\partial V_r}{\partial \phi}\right)\boldsymbol{e}_\theta + \frac{1}{r}\left(\frac{\partial(rV_\theta)}{\partial r} - \frac{\partial V_r}{\partial \theta}\right)\boldsymbol{e}_\phi$$

$$(\text{A-49})$$

A.9.4 曲线坐标系

$$\nabla \times \boldsymbol{V} = \text{curl } \boldsymbol{V} = \frac{1}{h_1 h_2 h_3}\begin{vmatrix} h_1\boldsymbol{e}_1 & h_2\boldsymbol{e}_2 & h_3\boldsymbol{e}_3 \\ \frac{\partial}{\partial x_1} & \frac{\partial}{\partial x_2} & \frac{\partial}{\partial x_3} \\ h_1 V_1 & h_2 V_2 & h_3 V_3 \end{vmatrix} \quad (\text{A-50})$$

$$\nabla \times \boldsymbol{V} = \frac{1}{h_2 h_3}\left(\frac{\partial(h_3 V_3)}{\partial x_2} - \frac{\partial(h_2 V_2)}{\partial x_3}\right)\boldsymbol{e}_1 - \frac{1}{h_1 h_3}\left(\frac{\partial(h_3 V_3)}{\partial x_1} - \frac{\partial(h_1 V_1)}{\partial x_3}\right)\boldsymbol{e}_2$$
$$+ \frac{1}{h_1 h_2}\left(\frac{\partial(h_2 V_2)}{\partial x_1} - \frac{\partial(h_1 V_1)}{\partial x_2}\right)\boldsymbol{e}_3 \quad (\text{A-51})$$

A.10 矢量的散度

矢量的散度是标量。

A.10.1 笛卡儿坐标系

$$\nabla \cdot \boldsymbol{V} = \frac{\partial V_x}{\partial x} + \frac{\partial V_y}{\partial y} + \frac{\partial V_z}{\partial z} \quad (\text{A-52})$$

A.10.2 圆柱坐标系

$$\nabla \cdot \boldsymbol{V} = \frac{\partial V_z}{\partial z} + \frac{1}{r}\frac{\partial(rV_r)}{\partial r} + \frac{1}{r}\frac{\partial V_\theta}{\partial \theta} \quad (\text{A-53})$$

A.10.3 球面坐标系

$$\nabla \cdot \boldsymbol{V} = \frac{1}{r^2}\frac{\partial(r^2 V_r)}{\partial r} + \frac{1}{r\sin\theta}\frac{\partial(V_\theta\sin\theta)}{\partial \theta} + \frac{1}{r\sin\theta}\frac{\partial V_\phi}{\partial \phi} \quad (\text{A-54})$$

A.10.4 曲线坐标系

$$\nabla \cdot \boldsymbol{V} = \mathrm{div}\boldsymbol{V} = \frac{1}{h_1 h_2 h_3}\left(\frac{\partial(h_2 h_3 V_1)}{\partial x_1} + \frac{\partial(h_3 h_1 V_2)}{\partial x_2} + \frac{\partial(h_1 h_2 V_3)}{\partial x_3}\right)$$

(A-55)

A.11 张量的散度

一个二阶张量的散度产生一个矢量。在张量标记法(或上标标记法)中,张量写为

$$\boldsymbol{\tau} \equiv \bar{\bar{\boldsymbol{\tau}}} = \tau_{ij}\boldsymbol{e}_i\boldsymbol{e}_j$$

散度运算符写为

$$\nabla = \boldsymbol{e}_i \frac{\partial}{\partial x_i}$$

因此,在张量标记法中,张量的散度为

$$\nabla \cdot \bar{\bar{\boldsymbol{\tau}}} = \boldsymbol{e}_i \frac{\partial}{\partial x_i} \cdot \tau_{ij}\boldsymbol{e}_i\boldsymbol{e}_j = \boldsymbol{e}_i \cdot \boldsymbol{e}_i \frac{\partial \tau_{ij}}{\partial x_i}\boldsymbol{e}_j = \frac{\partial \tau_{ij}}{\partial x_i}\boldsymbol{e}_j$$

使用爱因斯坦(Einstain)求和约定,上式可写为

$$\nabla \cdot \bar{\bar{\boldsymbol{\tau}}} = \frac{\partial \tau_{ij}}{\partial x_i}\boldsymbol{e}_j = \left(\frac{\partial \tau_{1j}}{\partial x_1} + \frac{\partial \tau_{2j}}{\partial x_2} + \frac{\partial \tau_{3j}}{\partial x_3}\right)\boldsymbol{e}_j$$

矩阵形式中,上式可写为

$$\nabla \cdot \boldsymbol{\tau} \equiv \nabla \cdot \bar{\bar{\boldsymbol{\tau}}} = \begin{pmatrix} \boldsymbol{e}_1 \frac{\partial}{\partial x_1} & \boldsymbol{e}_2 \frac{\partial}{\partial x_2} & \boldsymbol{e}_3 \frac{\partial}{\partial x_3} \end{pmatrix} \begin{pmatrix} \tau_{11} & \tau_{12} & \tau_{13} \\ \tau_{21} & \tau_{22} & \tau_{23} \\ \tau_{31} & \tau_{32} & \tau_{33} \end{pmatrix}$$

$$= \left[\frac{\partial \tau_{11}}{\partial x_1} + \frac{\partial \tau_{12}}{\partial x_2} + \frac{\partial \tau_{13}}{\partial x_3}\right]\boldsymbol{e}_1 + \left[\frac{\partial \tau_{21}}{\partial x_1} + \frac{\partial \tau_{22}}{\partial x_2} + \frac{\partial \tau_{23}}{\partial x_3}\right]\boldsymbol{e}_2$$

$$+ \left[\frac{\partial \tau_{31}}{\partial x_1} + \frac{\partial \tau_{32}}{\partial x_2} + \frac{\partial \tau_{33}}{\partial x_3}\right]\boldsymbol{e}_3$$

张量标记法:

$$\nabla \cdot \boldsymbol{\tau} = \frac{\partial \tau_{ij}}{\partial x_i}\boldsymbol{e}_j = \left(\frac{\partial \tau_{1j}}{\partial x_1} + \frac{\partial \tau_{2j}}{\partial x_2} + \frac{\partial \tau_{3j}}{\partial x_3}\right)\boldsymbol{e}_j$$

A.11.1 笛卡儿坐标系

$$\nabla \cdot \boldsymbol{\tau} = \left[\frac{\partial \tau_{xx}}{\partial x} + \frac{\partial \tau_{xy}}{\partial y} + \frac{\partial \tau_{xz}}{\partial z}\right]\boldsymbol{e}_x + \left[\frac{\partial \tau_{yx}}{\partial x} + \frac{\partial \tau_{yy}}{\partial y} + \frac{\partial \tau_{yz}}{\partial z}\right]\boldsymbol{e}_y + \left[\frac{\partial \tau_{zx}}{\partial x} + \frac{\partial \tau_{zy}}{\partial y} + \frac{\partial \tau_{zz}}{\partial z}\right]\boldsymbol{e}_z$$

(A-56)

A.11.2 圆柱坐标系

$$\nabla \cdot \boldsymbol{\tau} = \left[\frac{\partial \tau_{zz}}{\partial z} + \frac{1}{r}\frac{\partial}{\partial r}(r\tau_{rz}) + \frac{1}{r}\frac{\partial \tau_{\theta z}}{\partial \theta}\right]\boldsymbol{e}_z + \left[\frac{\partial \tau_{rz}}{\partial z} + \frac{1}{r}\frac{\partial}{\partial r}(r\tau_{rr}) + \frac{1}{r}\frac{\partial \tau_{r\theta}}{\partial \theta} - \frac{\tau_{\theta\theta}}{r}\right]\boldsymbol{e}_r$$
$$+ \left[\frac{\partial \tau_{\theta z}}{\partial z} + \frac{\partial \tau_{r\theta}}{\partial r} + \frac{1}{r}\frac{\partial \tau_{\theta\theta}}{\partial \theta} + \frac{2\tau_{r\theta}}{r}\right]\boldsymbol{e}_\theta$$

(A-57)

A.11.3 球面坐标系

$$\nabla \cdot \boldsymbol{\tau} = \left[\frac{1}{r^2}\frac{\partial}{\partial r}(r^2 \tau_{rr}) + \frac{1}{r\sin\theta}\frac{\partial}{\partial \theta}(\tau_{r\theta}\sin\theta) + \frac{1}{r\sin\theta}\frac{\partial \tau_{r\phi}}{\partial \phi} - \frac{\tau_{\theta\theta} + \tau_{\phi\phi}}{r}\right]\boldsymbol{e}_r$$
$$+ \left[\frac{1}{r^2}\frac{\partial}{\partial r}(r^2 \tau_{r\theta}) + \frac{1}{r\sin\theta}\frac{\partial}{\partial \theta}(\tau_{\theta\theta}\sin\theta) + \frac{1}{r\sin\theta}\frac{\partial \tau_{\theta\phi}}{\partial \phi} + \frac{\tau_{r\theta}}{r} - \frac{\tau_{\phi\phi}\cot\theta}{r}\right]\boldsymbol{e}_\theta$$
$$+ \left[\frac{1}{r^2}\frac{\partial}{\partial r}(r^2 \tau_{r\phi}) + \frac{1}{r}\frac{\partial \tau_{\theta\phi}}{\partial \theta} + \frac{1}{r\sin\theta}\frac{\partial \tau_{\phi\phi}}{\partial \phi} + \frac{\tau_{r\phi}}{r} + \frac{2\tau_{\theta\phi}\cot\theta}{r}\right]\boldsymbol{e}_\phi$$

(A-58)

A.11.4 曲线坐标系

$$\nabla \cdot \boldsymbol{\tau} = \left\{\frac{1}{h_1 h_2 h_3}\left[\frac{\partial}{\partial x_1}(h_2 h_3 \tau_{11}) + \frac{\partial}{\partial x_2}(h_3 h_1 \tau_{21}) + \frac{\partial}{\partial x_3}(h_1 h_2 \tau_{31})\right]\right.$$
$$\left. + \frac{\tau_{12}}{h_1 h_2}\frac{\partial h_1}{\partial x_2} + \frac{\tau_{31}}{h_1 h_3}\frac{\partial h_1}{\partial x_3} - \frac{\tau_{22}}{h_1 h_2}\frac{\partial h_2}{\partial x_1} - \frac{\tau_{33}}{h_1 h_3}\frac{\partial h_3}{\partial x_1}\right\}\boldsymbol{e}_1$$
$$+ \left\{\frac{1}{h_1 h_2 h_3}\left[\frac{\partial}{\partial x_1}(h_2 h_3 \tau_{12}) + \frac{\partial}{\partial x_2}(h_3 h_1 \tau_{22}) + \frac{\partial}{\partial x_3}(h_1 h_2 \tau_{32})\right]\right.$$
$$\left. + \frac{\tau_{23}}{h_2 h_3}\frac{\partial h_2}{\partial x_3} + \frac{\tau_{12}}{h_2 h_1}\frac{\partial h_2}{\partial x_1} - \frac{\tau_{33}}{h_2 h_3}\frac{\partial h_3}{\partial x_2} - \frac{\tau_{11}}{h_2 h_1}\frac{\partial h_1}{\partial x_2}\right\}\boldsymbol{e}_2$$
$$+ \left\{\frac{1}{h_1 h_2 h_3}\left[\frac{\partial}{\partial x_1}(h_2 h_3 \tau_{13}) + \frac{\partial}{\partial x_2}(h_3 h_1 \tau_{23}) + \frac{\partial}{\partial x_3}(h_1 h_2 \tau_{33})\right]\right.$$
$$\left. + \frac{\tau_{31}}{h_1 h_3}\frac{\partial h_3}{\partial x_1} + \frac{\tau_{23}}{h_3 h_2}\frac{\partial h_3}{\partial x_2} - \frac{\tau_{11}}{h_3 h_1}\frac{\partial h_1}{\partial x_3} - \frac{\tau_{22}}{h_3 h_2}\frac{\partial h_2}{\partial x_3}\right\}\boldsymbol{e}_3$$

(A-59)

A.12 标量的拉普拉斯(Laplace)算子

拉普拉斯算子符号定义为

$$\nabla^2 \equiv \nabla \cdot \nabla = \boldsymbol{e}_i \frac{\partial}{\partial x_i} \cdot \boldsymbol{e}_i \frac{\partial}{\partial x_i} = \boldsymbol{e}_i \cdot \boldsymbol{e}_i \frac{\partial^2}{\partial x_i^2} = \frac{\partial^2}{\partial x_i^2} = \frac{\partial^2}{\partial x_i \partial x_i} = \frac{\partial^2}{\partial x_1^2} + \frac{\partial^2}{\partial x_2^2} + \frac{\partial^2}{\partial x_3^2}$$

标量的拉普拉斯算子也是标量。

A.12.1 笛卡儿坐标系

$$\nabla^2 S = \frac{\partial^2 S}{\partial x^2} + \frac{\partial^2 S}{\partial y^2} + \frac{\partial^2 S}{\partial z^2} \quad (A-60)$$

A.12.2 圆柱坐标系

$$\nabla^2 S = \frac{\partial^2 S}{\partial z^2} + \frac{1}{r} \frac{\partial}{\partial r}\left(r \frac{\partial S}{\partial r}\right) + \frac{1}{r^2} \frac{\partial^2 S}{\partial \theta^2} \quad (A-61)$$

A.12.3 球面坐标系

$$\nabla^2 S = \frac{1}{r^2} \frac{\partial}{\partial r}\left(r^2 \frac{\partial S}{\partial r}\right) + \frac{1}{r^2 \sin\theta} \frac{\partial}{\partial \theta}\left(\sin\theta \frac{\partial S}{\partial \theta}\right) + \frac{1}{r^2 \sin^2\theta} \frac{\partial^2 S}{\partial \phi^2} \quad (A-62)$$

A.12.4 曲线坐标系

$$\nabla^2 S = \frac{1}{h_1 h_2 h_3}\left[\frac{\partial}{\partial x_1}\left(\frac{h_2 h_3}{h_1} \frac{\partial S}{\partial x_1}\right) + \frac{\partial}{\partial x_2}\left(\frac{h_3 h_1}{h_2} \frac{\partial S}{\partial x_2}\right) + \frac{\partial}{\partial x_3}\left(\frac{h_1 h_2}{h_3} \frac{\partial S}{\partial x_3}\right)\right]$$
$$(A-63)$$

A.13 矢量的拉普拉斯算子

矢量的拉普拉斯算子是矢量，它可以用矢量恒等式表示为

$$\nabla^2 \boldsymbol{V} = \nabla(\nabla \cdot \boldsymbol{V}) - \nabla \times (\nabla \times \boldsymbol{V}) \quad (A-64)$$

A.13.1 笛卡儿坐标系

$$\nabla^2 \boldsymbol{V} = \left[\frac{\partial^2 V_x}{\partial x^2} + \frac{\partial^2 V_x}{\partial y^2} + \frac{\partial^2 V_x}{\partial z^2}\right] \boldsymbol{e}_x + \left[\frac{\partial^2 V_y}{\partial x^2} + \frac{\partial^2 V_y}{\partial y^2} + \frac{\partial^2 V_y}{\partial z^2}\right] \boldsymbol{e}_y + \left[\frac{\partial^2 V_z}{\partial x^2} + \frac{\partial^2 V_z}{\partial y^2} + \frac{\partial^2 V_z}{\partial z^2}\right] \boldsymbol{e}_z$$
$$(A-65)$$

A.13.2 圆柱坐标系

$$\nabla^2 \boldsymbol{V} = \left[\frac{\partial^2 V_z}{\partial z^2} + \frac{1}{r} \frac{\partial}{\partial r}\left(r \frac{\partial V_z}{\partial r}\right) + \frac{1}{r^2} \frac{\partial^2 V_z}{\partial \theta^2}\right] \boldsymbol{e}_z$$
$$+ \left[\frac{\partial^2 V_r}{\partial z^2} + \frac{\partial}{\partial r}\left(\frac{1}{r} \frac{\partial(r V_r)}{\partial r}\right) + \frac{1}{r^2} \frac{\partial^2 V_r}{\partial \theta^2} - \frac{2}{r^2} \frac{\partial V_\theta}{\partial \theta}\right] \boldsymbol{e}_r \quad (A-66)$$
$$+ \left[\frac{\partial^2 V_\theta}{\partial z^2} + \frac{\partial}{\partial r}\left(\frac{1}{r} \frac{\partial(r V_\theta)}{\partial r}\right) + \frac{1}{r^2} \frac{\partial^2 V_\theta}{\partial \theta^2} + \frac{2}{r^2} \frac{\partial V_r}{\partial \theta}\right] \boldsymbol{e}_\theta$$

A.13.3 球面坐标系

$$\nabla^2 \boldsymbol{V} = \left[\frac{\partial}{\partial r}\left(\frac{1}{r^2}\frac{\partial(r^2 V_r)}{\partial r}\right) + \frac{1}{r^2\sin\theta}\frac{\partial}{\partial \theta}\left(\sin\theta\frac{\partial V_r}{\partial \theta}\right) + \frac{1}{r^2\sin^2\theta}\frac{\partial^2 V_r}{\partial \phi^2} \right.$$
$$\left. - \frac{2}{r^2\sin\theta}\frac{\partial(V_\theta \sin\theta)}{\partial \theta} - \frac{2}{r^2\sin\theta}\frac{\partial V_\phi}{\partial \phi} \right]\boldsymbol{e}_r$$

$$+ \left[\frac{1}{r^2}\frac{\partial}{\partial r}\left(r^2\frac{\partial V_\theta}{\partial r}\right) + \frac{1}{r^2}\frac{\partial}{\partial \theta}\left(\frac{1}{\sin\theta}\frac{\partial(V_\theta \sin\theta)}{\partial \theta}\right) + \frac{1}{r^2\sin^2\theta}\frac{\partial^2 V_\theta}{\partial \phi^2} \right.$$
$$\left. + \frac{2}{r^2}\frac{\partial V_r}{\partial \theta} - \frac{2}{r^2}\frac{\cos\theta}{\sin^2\theta}\frac{\partial V_\phi}{\partial \phi} \right]\boldsymbol{e}_\theta$$

$$+ \left[\frac{1}{r^2}\frac{\partial}{\partial r}\left(r^2\frac{\partial V_\phi}{\partial r}\right) + \frac{1}{r^2}\frac{\partial}{\partial \theta}\left(\frac{1}{\sin\theta}\frac{\partial(V_\phi \sin\theta)}{\partial \theta}\right) + \frac{1}{r^2\sin^2\theta}\frac{\partial^2 V_\phi}{\partial \phi^2} \right.$$
$$\left. + \frac{2}{r^2\sin^2\theta}\frac{\partial V_r}{\partial \phi} + \frac{2}{r^2}\frac{\cos\theta}{\sin^2\theta}\frac{\partial V_\theta}{\partial \phi} \right]\boldsymbol{e}_\phi$$

(A-67)

A.13.4 曲线坐标系

$$\nabla^2 \boldsymbol{V} = \left[\frac{1}{h_1}\frac{\partial}{\partial x_1}(\nabla \cdot \boldsymbol{V}) + \frac{1}{h_2 h_3}\left(\begin{array}{l}\frac{\partial}{\partial x_3}\left\{\frac{h_2}{h_1 h_3}\left[\frac{\partial(h_1 V_1)}{\partial x_3} - \frac{\partial(h_3 V_3)}{\partial x_1}\right]\right\} \\ - \frac{\partial}{\partial x_2}\left\{\frac{h_3}{h_1 h_2}\left[\frac{\partial(h_2 V_2)}{\partial x_1} - \frac{\partial(h_1 V_1)}{\partial x_2}\right]\right\}\end{array}\right) \right]\boldsymbol{e}_1$$

$$+ \left[\frac{1}{h_2}\frac{\partial}{\partial x_2}(\nabla \cdot \boldsymbol{V}) + \frac{1}{h_1 h_3}\left(\begin{array}{l}\frac{\partial}{\partial x_1}\left\{\frac{h_3}{h_2 h_1}\left[\frac{\partial(h_2 V_2)}{\partial x_1} - \frac{\partial(h_1 V_1)}{\partial x_2}\right]\right\} \\ - \frac{\partial}{\partial x_3}\left\{\frac{h_1}{h_2 h_3}\left[\frac{\partial(h_3 V_3)}{\partial x_2} - \frac{\partial(h_2 V_2)}{\partial x_3}\right]\right\}\end{array}\right) \right]\boldsymbol{e}_2$$

$$+ \left[\frac{1}{h_3}\frac{\partial}{\partial x_3}(\nabla \cdot \boldsymbol{V}) + \frac{1}{h_1 h_2}\left(\begin{array}{l}\frac{\partial}{\partial x_2}\left\{\frac{h_1}{h_2 h_3}\left[\frac{\partial(h_3 V_3)}{\partial x_2} - \frac{\partial(h_2 V_2)}{\partial x_3}\right]\right\} \\ - \frac{\partial}{\partial x_1}\left\{\frac{h_2}{h_1 h_3}\left[\frac{\partial(h_1 V_1)}{\partial x_3} - \frac{\partial(h_3 V_3)}{\partial x_1}\right]\right\}\end{array}\right) \right]\boldsymbol{e}_3$$

(A-68)

A.14 矢量恒等式

在下面的等式中,假设 ϕ 和 ψ 是连续、可微分的标量。矢量 $\boldsymbol{V}$、$\boldsymbol{A}$ 和 $\boldsymbol{B}$ 也假设是连续和可微分的。

$$\nabla(\phi + \psi) = \nabla\phi + \nabla\psi \qquad (\text{A-69})$$

$$\nabla(\phi\psi) = \psi(\nabla\phi) + \phi(\nabla\psi) \qquad (\text{A-70})$$

$$\nabla(\boldsymbol{A} \cdot \boldsymbol{B}) = (\boldsymbol{B} \cdot \nabla)\boldsymbol{A} + (\boldsymbol{A} \cdot \nabla)\boldsymbol{B} + \boldsymbol{B} \times (\nabla \times \boldsymbol{A}) + \boldsymbol{A} \times (\nabla \times \boldsymbol{B}) \qquad (\text{A-71})$$

$$\nabla \cdot (\boldsymbol{A} + \boldsymbol{B}) = \nabla \cdot \boldsymbol{A} + \nabla \cdot \boldsymbol{B} \qquad (\text{A-72})$$

$$\nabla \cdot (\phi \boldsymbol{V}) = (\nabla\phi) \cdot \boldsymbol{V} + \phi(\nabla \cdot \boldsymbol{V}) \qquad (\text{A-73})$$

$$\nabla \cdot (\boldsymbol{A} \times \boldsymbol{B}) = \boldsymbol{B} \cdot \nabla \times \boldsymbol{A} - \boldsymbol{A} \cdot \nabla \times \boldsymbol{B} \qquad (\text{A-74})$$

或 $$\nabla \cdot (\boldsymbol{A} \times \boldsymbol{B}) = \boldsymbol{B} \cdot (\nabla \times \boldsymbol{A}) - \boldsymbol{A} \cdot (\nabla \times \boldsymbol{B}) \qquad (\text{A-75})$$

$$\nabla \times (\phi \boldsymbol{V}) = (\nabla\phi) \times \boldsymbol{V} + \phi(\nabla \times \boldsymbol{V}) \qquad (\text{A-76})$$

$$\nabla \times (\boldsymbol{A} + \boldsymbol{B}) = \nabla \times \boldsymbol{A} + \nabla \times \boldsymbol{B} \qquad (\text{A-77})$$

$$\nabla \times (\boldsymbol{A} \times \boldsymbol{B}) = (\boldsymbol{B} \cdot \nabla)\boldsymbol{A} - \boldsymbol{B}(\nabla \cdot \boldsymbol{A}) - (\boldsymbol{A} \cdot \nabla)\boldsymbol{B} + \boldsymbol{A}(\nabla \cdot \boldsymbol{B}) \qquad (\text{A-78})$$

$$\nabla \cdot (\nabla \times \boldsymbol{V}) = 0 \qquad (\text{A-79})$$

$$\nabla \times \nabla\phi = 0 \qquad (\text{A-80})$$

$$\nabla^2 \phi = \nabla \cdot \nabla\phi \qquad (\text{A-81})$$

$$\nabla^2 \boldsymbol{V} = (\nabla \cdot \nabla)\boldsymbol{V} \qquad (\text{A-82})$$

$$\nabla \times (\nabla \times \boldsymbol{V}) = \nabla(\nabla \cdot \boldsymbol{V}) - (\nabla^2 \boldsymbol{V}) \qquad (\text{A-83})$$

$$(\boldsymbol{V} \cdot \nabla)\boldsymbol{V} = \frac{1}{2}\nabla(\boldsymbol{V} \cdot \boldsymbol{V}) - \boldsymbol{V} \times (\nabla \times \boldsymbol{V}) \qquad (\text{A-84})$$

$$(\boldsymbol{A} \cdot \nabla \boldsymbol{B}) = \frac{1}{2}[\nabla(\boldsymbol{A} \cdot \boldsymbol{B}) - \nabla \times (\boldsymbol{A} \times \boldsymbol{B}) - \boldsymbol{B} \times (\nabla \times \boldsymbol{A}) - \boldsymbol{A} \times (\nabla \times \boldsymbol{B}) - \boldsymbol{B}(\nabla \cdot \boldsymbol{A}) + \boldsymbol{A}(\nabla \cdot \boldsymbol{B})] \qquad (\text{A-85})$$

$$\boldsymbol{A} \cdot \nabla \boldsymbol{A} = \nabla\left(\frac{|\boldsymbol{A}|^2}{2}\right) + (\nabla \times \boldsymbol{A}) \times \boldsymbol{A} \qquad (\text{A-86})$$

$$\nabla(\boldsymbol{A}\boldsymbol{B}) \equiv \nabla \cdot (\boldsymbol{A};\boldsymbol{B}) = \boldsymbol{B}(\nabla \cdot \boldsymbol{A}) + \boldsymbol{A} \cdot (\nabla \boldsymbol{B}) \qquad (\text{A-87})$$

单位张量 $\boldsymbol{I}$ 及其矢量运算有如下的特性：

$$\mathrm{d}\boldsymbol{s} \cdot \boldsymbol{I} = \mathrm{d}\boldsymbol{s} \qquad (\text{A-88})$$

$$\nabla \cdot (p\boldsymbol{I}) = \nabla p \qquad (\text{A-89})$$

$$\nabla \boldsymbol{r} = \boldsymbol{I} \qquad (\text{A-90a})$$

式中：r 为位置矢量：

$$\boldsymbol{r} = x_1\boldsymbol{e}_1 + x_2\boldsymbol{e}_2 + x_3\boldsymbol{e}_3 \qquad (\text{A-90b})$$

$$\nabla \cdot \boldsymbol{r} = 3 \qquad (\text{A-91})$$

$$\nabla \times \boldsymbol{r} = \nabla \times \nabla\left(\frac{r^2}{2}\right) = 0 \qquad (\text{A-92})$$

$$\nabla \cdot (\boldsymbol{\tau} \times \boldsymbol{r}) = (\nabla \cdot \boldsymbol{\tau}) \times \boldsymbol{r} + \boldsymbol{\tau} \times \nabla \boldsymbol{r} \qquad (\text{A-93})$$

$$I : \nabla q = \nabla \cdot q \qquad (A\text{-}94)$$

表 A-1 所列为一些矢量和张量的符号。

表 A-1 有用的矢量和张量的符号

矢量符号	张量符号	量
a 或 $\vec{a}$ 或 $\underset{\rightarrow}{a}$	$a_i e_i$	矢量
τ 或 $\overline{\overline{\tau}}$ 或 $\underset{=}{\tau}$	$\tau_{ij} e_i e_j$	张量
$a \cdot b$	$a_i b_i$	标量
$a \times b$	$\varepsilon_{ijk} a_i b_j e_k$	矢量
∇	$\dfrac{\partial}{\partial x_i} e_i$	矢量
∇s	$\dfrac{\partial s}{\partial x_i} e_i$	矢量
∇a	$\dfrac{\partial a_j}{\partial x_i} e_i e_j$	张量
$\nabla \cdot a$	$\dfrac{\partial a_i}{\partial x_i}$	标量
$\nabla \times a$	$\varepsilon_{ijk} \dfrac{\partial a_k}{\partial x_j} e_i$	矢量
∇^2	$\dfrac{\partial^2}{\partial x_i \partial x_i}$	标量
$\nabla \cdot \tau$	$\dfrac{\partial \tau_{ij}}{\partial x_i} e_j$	矢量
$a \cdot \nabla$	$a_j \dfrac{\partial}{\partial x_j}$	标量
$a \cdot \nabla b$	$a_j \dfrac{\partial b_i}{\partial x_j} e_i$	矢量
$a \cdot \nabla s$	$a_j \dfrac{\partial s}{\partial x_j}$	标量
$a \times \nabla s$	$\varepsilon_{ijk} a_j \dfrac{\partial s}{\partial x_k} e_i$	矢量
$a \times \nabla b$	$\varepsilon_{ijk} a_j \dfrac{\partial b_l}{\partial x_k} e_i e_l$	并矢量或张量
$\dfrac{\partial b}{\partial t} + a \cdot \nabla b$	$\left(\dfrac{\partial b_i}{\partial t} + a_j \dfrac{\partial b_i}{\partial x_j} \right) e_i$	矢量
$a \cdot (\nabla \cdot \tau)$	$a_j \dfrac{\partial \tau_{ij}}{\partial x_i}$	标量
$\tau : \nabla a$	$\tau_{ij} \dfrac{\partial a_i}{\partial x_j}$	标量

A.15 高斯(Gauss)散度定理

考虑由控制面(CS)包围的控制体积(CV),并由向外的单位矢量 n 描述了那一处面的方向。高斯散度定理由下面的等式将体积分与面积分关联起来：

$$\iiint_{CV} \nabla \cdot (\rho U) \mathrm{d}V = \oiint_{CS} \rho U \cdot n \mathrm{d}s = \oiint_{CS} \rho U \cdot \mathrm{d}S \quad (A-95)$$

式中：ρ 是标量；U 是矢量。

散度定理的物理解释：在没有源或汇的情况下，控制体积内的矢量场 ρU 只能经由其边界控制面进入或离开控制体积而改变。因此，控制体积内矢量散度的体积分等于通过其控制面上的 ρU 的净通量。

标量场 ψ 的高斯定理为

$$\iiint_{CV} (\nabla \psi) \mathrm{d}V = \oiint_{CS} \psi n \mathrm{d}A \quad (A-96)$$

高斯定理也适用于二阶张量场，如应力张量场：

$$\iiint_{CV} \nabla \cdot (\rho \tau) \mathrm{d}V = \oiint_{CS} \rho \tau \cdot n \mathrm{d}A \quad (A-97)$$

A.16 全导数或物质导数或随体导数

随体导数也称为全导数或物质导数。它被称为物质导数，是因为它用于描述拉格朗日（Lagrangian）参照系中遵循流体颗粒运动的流体或物质颗粒的性质随时间的变化率。它被称为全导数，是因为它包含了对时间和所有空间变量的导数。

A.16.1 笛卡儿坐标系

$$\frac{\mathrm{D}}{\mathrm{D}t} = \frac{\partial}{\partial t} + v_x \frac{\partial}{\partial x} + v_y \frac{\partial}{\partial y} + v_z \frac{\partial}{\partial z} \quad (A-98a)$$

或

$$\frac{\mathrm{D}}{\mathrm{D}t} = \frac{\partial}{\partial t} + v_1 \frac{\partial}{\partial x_1} + v_2 \frac{\partial}{\partial x_2} + v_3 \frac{\partial}{\partial x_3} = \frac{\partial}{\partial t} + v_i \frac{\partial}{\partial x_i} \quad (A-98b)$$

A.16.2 圆柱坐标系

$$\frac{\mathrm{D}}{\mathrm{D}t} = \frac{\partial}{\partial t} + v_z \frac{\partial}{\partial z} + v_r \frac{\partial}{\partial r} + \frac{v_\theta}{r} \frac{\partial}{\partial \theta} \quad (A-99)$$

A.16.3 球面坐标系

$$\frac{\mathrm{D}}{\mathrm{D}t} = \frac{\partial}{\partial t} + v_r \frac{\partial}{\partial r} + \frac{v_\theta}{r} \frac{\partial}{\partial \theta} + \frac{v_\phi}{r\sin\theta} \frac{\partial}{\partial \phi} \quad (A-100)$$

A.16.4 曲线坐标系

$$\frac{\mathrm{D}}{\mathrm{D}t} = \frac{\partial}{\partial t} + \frac{v_1}{h_1} \frac{\partial}{\partial x_1} + \frac{v_2}{h_2} \frac{\partial}{\partial x_2} + \frac{v_3}{h_3} \frac{\partial}{\partial x_3} \quad (A-101)$$

A.17 矢量的随体导数

在矢量形式中,矢量的随体导数定义为

$$\frac{D\boldsymbol{V}}{Dt} \equiv \frac{\partial \boldsymbol{V}}{\partial t} + (\boldsymbol{V} \cdot \nabla)\boldsymbol{V} \equiv \frac{\partial \boldsymbol{V}}{\partial t} + \boldsymbol{V} \cdot (\nabla \boldsymbol{V}) \quad (\text{A-102a})$$

在指标标记法或张量标记法中,式(A-102a)可写为

$$\frac{Dv_i}{Dt}\boldsymbol{e}_i \equiv \frac{\partial v_i}{\partial t}\boldsymbol{e}_i + \left(v_j\boldsymbol{e}_j \cdot \boldsymbol{e}_j \frac{\partial}{\partial x_j}\right)v_i\boldsymbol{e}_i = \frac{\partial v_i}{\partial t}\boldsymbol{e}_i + v_j \frac{\partial v_i}{\partial x_j}\boldsymbol{e}_j \quad (\text{A-102b})$$

A.18 对称张量

一个常见的二阶对称张量是应力张量,可写为

$$\boldsymbol{\tau} \equiv \begin{pmatrix} \tau_{11} & \tau_{12} & \tau_{13} \\ \tau_{21} & \tau_{22} & \tau_{23} \\ \tau_{31} & \tau_{32} & \tau_{33} \end{pmatrix} \quad \text{或} \quad \boldsymbol{\tau} \equiv \begin{pmatrix} \tau_{ii} & \tau_{ij} & \tau_{ik} \\ \tau_{ji} & \tau_{jj} & \tau_{jk} \\ \tau_{ki} & \tau_{kj} & \tau_{kk} \end{pmatrix} \quad (\text{A-103a})$$

式中:i,j,k 为单位矢量 $\boldsymbol{e}_i, \boldsymbol{e}_j$ 和 $\boldsymbol{e}_k$ 对应的下标。

上述张量分量中的每一个都有与其相关联的两个单位矢量,其形式见下式,但这种标记方法很少使用。

$$\boldsymbol{\tau} = \begin{pmatrix} \tau_{ii}\boldsymbol{e}_i\boldsymbol{e}_i & \tau_{ij}\boldsymbol{e}_i\boldsymbol{e}_j & \tau_{ik}\boldsymbol{e}_i\boldsymbol{e}_k \\ \tau_{ji}\boldsymbol{e}_j\boldsymbol{e}_i & \tau_{jj}\boldsymbol{e}_j\boldsymbol{e}_j & \tau_{jk}\boldsymbol{e}_j\boldsymbol{e}_k \\ \tau_{ki}\boldsymbol{e}_k\boldsymbol{e}_i & \tau_{kj}\boldsymbol{e}_k\boldsymbol{e}_j & \tau_{kk}\boldsymbol{e}_k\boldsymbol{e}_k \end{pmatrix} \quad (\text{A-103b})$$

作用在无穷小平面上的力的增量可以通过将该平面向外的单位法向矢量与应力张量的点积来确定,表示为

$$d\boldsymbol{F} = (dA\boldsymbol{n}) \cdot \boldsymbol{\tau} \quad (\text{A-104})$$

或

$$d\boldsymbol{F} = dA(\boldsymbol{n} \cdot \boldsymbol{\tau}) = dA(n_i\boldsymbol{e}_i \quad n_j\boldsymbol{e}_j \quad n_k\boldsymbol{e}_k)\begin{pmatrix} \tau_{ii}\boldsymbol{e}_i\boldsymbol{e}_i & \tau_{ij}\boldsymbol{e}_i\boldsymbol{e}_j & \tau_{ik}\boldsymbol{e}_i\boldsymbol{e}_k \\ \tau_{ji}\boldsymbol{e}_j\boldsymbol{e}_i & \tau_{jj}\boldsymbol{e}_j\boldsymbol{e}_j & \tau_{jk}\boldsymbol{e}_j\boldsymbol{e}_k \\ \tau_{ki}\boldsymbol{e}_k\boldsymbol{e}_i & \tau_{kj}\boldsymbol{e}_k\boldsymbol{e}_j & \tau_{kk}\boldsymbol{e}_k\boldsymbol{e}_k \end{pmatrix}$$

$$(\text{A-105a})$$

或

$$d\boldsymbol{F} = dA[(n_i\tau_{ii} + n_j\tau_{ji} + n_k\tau_{ki})\boldsymbol{e}_i (n_i\tau_{ij} + n_j\tau_{jj} + n_k\tau_{kj})\boldsymbol{e}_j (n_i\tau_{ik} + n_j\tau_{jk} + n_k\tau_{kk})\boldsymbol{e}_k]$$

$$(\text{A-105b})$$

在笛卡儿坐标系中,$d\boldsymbol{F}$ 也称为应力矢量。

在圆柱坐标系中,应力张量表示为

$$\boldsymbol{\tau} \equiv \begin{pmatrix} \tau_{rr} & \tau_{r\theta} & \tau_{rz} \\ \tau_{\theta r} & \tau_{\theta\theta} & \tau_{\theta z} \\ \tau_{zr} & \tau_{z\theta} & \tau_{zz} \end{pmatrix} \quad (\text{A-106})$$

任何平面向外的法向单位矢量可写为

$$\boldsymbol{n} = n_r \boldsymbol{e}_r + n_\theta \boldsymbol{e}_\theta + n_z \boldsymbol{e}_z \quad (\text{A-107})$$

因此无穷小的应力矢量 d$\boldsymbol{F}$ 可写为

$$\mathrm{d}\boldsymbol{F} = \mathrm{d}A \begin{pmatrix} n_r \boldsymbol{e}_r & n_\theta \boldsymbol{e}_\theta & n_z \boldsymbol{e}_z \end{pmatrix} \cdot \begin{pmatrix} \tau_{rr}\boldsymbol{e}_r\boldsymbol{e}_r & \tau_{r\theta}\boldsymbol{e}_r\boldsymbol{e}_\theta & \tau_{rz}\boldsymbol{e}_r\boldsymbol{e}_z \\ \tau_{\theta r}\boldsymbol{e}_\theta\boldsymbol{e}_r & \tau_{\theta\theta}\boldsymbol{e}_\theta\boldsymbol{e}_\theta & \tau_{\theta z}\boldsymbol{e}_\theta\boldsymbol{e}_z \\ \tau_{zr}\boldsymbol{e}_z\boldsymbol{e}_r & \tau_{z\theta}\boldsymbol{e}_z\boldsymbol{e}_\theta & \tau_{zz}\boldsymbol{e}_z\boldsymbol{e}_z \end{pmatrix} \quad (\text{A-108})$$

应力矢量可以以列矢量形式表示为

$$\mathrm{d}\boldsymbol{F}^{\mathrm{T}} = (\mathrm{d}A\boldsymbol{n} \cdot \boldsymbol{\tau})^{\mathrm{T}} = \boldsymbol{\tau}^{\mathrm{T}} \cdot \boldsymbol{n}^{\mathrm{T}} \mathrm{d}A \quad (\text{A-109})$$

由于应力张量是对称的,$\boldsymbol{\tau}^{\mathrm{T}} = \boldsymbol{\tau}$。因此,应力矢量可以以列矢量的形式表示为

$$\begin{pmatrix} \mathrm{d}F_r \boldsymbol{e}_r \\ \mathrm{d}F_\theta \boldsymbol{e}_\theta \\ \mathrm{d}F_z \boldsymbol{e}_z \end{pmatrix} = \mathrm{d}A \begin{pmatrix} \tau_{rr}\boldsymbol{e}_r\boldsymbol{e}_r & \tau_{r\theta}\boldsymbol{e}_r\boldsymbol{e}_\theta & \tau_{rz}\boldsymbol{e}_r\boldsymbol{e}_z \\ \tau_{\theta r}\boldsymbol{e}_\theta\boldsymbol{e}_r & \tau_{\theta\theta}\boldsymbol{e}_\theta\boldsymbol{e}_\theta & \tau_{\theta z}\boldsymbol{e}_\theta\boldsymbol{e}_z \\ \tau_{zr}\boldsymbol{e}_z\boldsymbol{e}_r & \tau_{z\theta}\boldsymbol{e}_z\boldsymbol{e}_\theta & \tau_{zz}\boldsymbol{e}_z\boldsymbol{e}_z \end{pmatrix} \cdot \begin{pmatrix} n_r \boldsymbol{e}_r \\ n_\theta \boldsymbol{e}_\theta \\ n_z \boldsymbol{e}_z \end{pmatrix} \quad (\text{A-110})$$

在任一情况下,进行矩阵矢量乘法为应力矢量提供了下面的表达式:

$$\mathrm{d}\boldsymbol{F} = [(n_r \tau_{rr} + n_\theta \tau_{\theta r} + n_z \tau_{zr})\boldsymbol{e}_r + (n_r \tau_{r\theta} + n_\theta \tau_{\theta\theta} + n_z \tau_{z\theta})\boldsymbol{e}_\theta \\ + (n_r \tau_{rz} + n_\theta \tau_{\theta z} + n_z \tau_{zz})\boldsymbol{e}_z] \mathrm{d}A \quad (\text{A-111})$$

A.19 方向余弦

方向余弦用于定义正交坐标系中矢量的方向。它们在坐标变换中发挥着重要作用。如图 A-5 所示,笛卡尔坐标系 (x_1, x_2, x_3) 中的点 P 的位置矢量 $\boldsymbol{r}$ 在每个方向上都有三个分量。

位置矢量 $\boldsymbol{r}$ 可以用 3 个方向的单位矢量表示:

$$\boldsymbol{r} = \boldsymbol{r}_1 + \boldsymbol{r}_2 + \boldsymbol{r}_3 = r_1 \boldsymbol{e}_1 + r_2 \boldsymbol{e}_2 + r_3 \boldsymbol{e}_3 \quad (\text{A-112})$$

在使用毕达哥拉斯(Pythagorean)定理(勾股定理)后,我们得到了矢量 $\boldsymbol{r}$ 的大小:

$$|\boldsymbol{r}| = \sqrt{r_1^2 + r_2^2 + r_3^2} \quad (\text{A-113})$$

在这个位置矢量方向的单位矢量为

$$\frac{\boldsymbol{r}}{|\boldsymbol{r}|} = \frac{r_1}{|\boldsymbol{r}|}\boldsymbol{e}_1 + \frac{r_2}{|\boldsymbol{r}|}\boldsymbol{e}_2 + \frac{r_3}{|\boldsymbol{r}|}\boldsymbol{e}_3 = \boldsymbol{e}_1 \cos\alpha + \boldsymbol{e}_2 \cos\beta + \boldsymbol{e}_3 \cos\gamma \quad (\text{A-114})$$

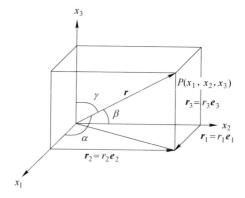

图 A-5 笛卡儿坐标系中位置矢量的方向余弦

式中:α,β,γ 三个角描述了该矢量相对于 3 个正交坐标轴的方向。方向余弦定义为这几个角的余弦。

r 的长度可投影到每个坐标轴上,得

$$r_1 = |\boldsymbol{r}|\cos\alpha , \quad r_2 = |\boldsymbol{r}|\cos\beta , \quad r_3 = |\boldsymbol{r}|\cos\gamma \tag{A-115}$$

使用式(A-113),在方向余弦之间存在以下的三角恒等式:

$$\cos^2\alpha + \cos^2\beta + \cos^2\gamma = 1 \tag{A-116}$$

任意两个矢量(如 $\boldsymbol{A}$ 和 $\boldsymbol{B}$)之间夹角的余弦可以用两个矢量的方向余弦的成对乘积来表示:

$$\cos\theta_{AB} = \cos\alpha_A\cos\alpha_B + \cos\beta_A\cos\beta_B + \cos\gamma_A\cos\gamma_B \tag{A-117}$$

因此,如果 $\boldsymbol{A}$ 和 $\boldsymbol{B}$ 正交,则

$$\cos\alpha_A\cos\alpha_B + \cos\beta_A\cos\beta_B + \cos\gamma_A\cos\gamma_B = 0 \tag{A-118}$$

这在坐标变换中通常被证明是个有用的关系。

当 $\boldsymbol{A}$ 具有单位长度(单位矢量 $\boldsymbol{n}$)时,方向余弦是单位矢量的分量:

$$\boldsymbol{n} = n_1\boldsymbol{e}_1 + n_2\boldsymbol{e}_2 + n_3\boldsymbol{e}_3 \tag{A-119}$$

式中

$$n_1 = \cos\alpha, n_2 = \cos\beta, n_3 = \cos\gamma \tag{A-120}$$

当然,也必须遵循

$$n_1^2 + n_2^2 + n_3^2 = 1 \tag{A-121}$$

对于圆柱坐标系,如果我们关心 θ 方向上的小位移,则在确定方向余弦时不需要考虑 θ 轴的曲率。因此,有

$$n_r^2 + n_\theta^2 + n_z^2 = 1 \tag{A-122}$$

A.20 坐标变换

考虑正交坐标系 $O(x_1, x_2, x_3)$ 进行任意刚性旋转。如图 A-6 所示,新的

坐标系为 $O^*(x_1^*, x_2^*, x_3^*)$。在坐标系 $O(x_1, x_2, x_3)$ 中,点 P 的坐标为 (r_1, r_2, r_3);在新的坐标系 $O^*(x_1^*, x_2^*, x_3^*)$ 中,点 P 的坐标为 (r_1^*, r_2^*, r_3^*)。O 的第 i 轴和 O^* 的第 j 轴之间夹角的余弦为 n_{ij},其中 $i, j = 1, 2, 3$。因此,n_{i1}、n_{i2}、n_{i3} 是 Oi 在新坐标系 O^* 中的方向余弦,而 n_{1j}、n_{2j}、n_{3j} 是 O^*j 在原坐标系中的方向余弦。因此,9 个方向余弦构成了这个矩阵:

$$\bm{N} = n_{ij} = \begin{pmatrix} n_{11} & n_{12} & n_{13} \\ n_{21} & n_{22} & n_{23} \\ n_{31} & n_{32} & n_{33} \end{pmatrix} \tag{A-123}$$

矢量 $\bm{r}_j$(它是矢量 $\bm{r}$ 在原始坐标系中第 j 轴上的投影)与新坐标系的关系为

$$\bm{r}_j = n_{1j}\bm{e}_1^* + n_{2j}\bm{e}_2^* + n_{3j}\bm{e}_3^* \tag{A-124}$$

因此位置矢量 $\bm{r}$ 可写为

$$\bm{r} = \bm{N} \cdot \bm{r}^* \tag{A-125}$$

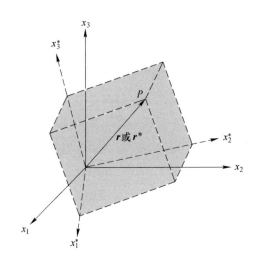

图 A-6　由旋转变换的坐标系

或者,矢量 $\bm{r}_i^*$(矢量 $\bm{r}^*$ 在新坐标系 O^* 中第 i 轴上的投影)与原始坐标系的关系为

$$\bm{r}_i^* = n_{i1}\bm{e}_1 + n_{i2}\bm{e}_2 + n_{i3}\bm{e}_3 \tag{A-126}$$

坐标系中点 P 的坐标由位置矢量 $\bm{r}^*$ 表示,它们与原始坐标系的关系如下:

$$\bm{r}^* = \bm{N}^{\mathrm{T}} \cdot \bm{r} \tag{A-127}$$

将式(A-125)代入式(A-127),通过观察下式可以看出,方向余弦矩阵的转置矩阵也是其逆矩阵,即 $\bm{N}^{\mathrm{T}} = \bm{N}^{-1}$,

$$\bm{r}^* = \bm{N}^{\mathrm{T}} \cdot \bm{r} = \bm{N}^{\mathrm{T}} \cdot (\bm{N} \cdot \bm{r}^*) = (\bm{N}^{\mathrm{T}} \cdot \bm{N}) \cdot \bm{r}^* \tag{A-128}$$

或

$$N^\mathrm{T} \cdot N = I \quad \text{或} \quad N^\mathrm{T} = N^{-1} \quad (A\text{-}129)$$

由式(A-128)和式(A-129)可以给出方向余弦间的下述恒等式。从 $N^\mathrm{T} \cdot N$ 积的对角元素,得到:

$$\begin{cases} n_{i1}^2 + n_{i2}^2 + n_{i3}^2 = 1 \\ n_{1j}^2 + n_{2j}^2 + n_{3j}^2 = 1 \end{cases} \quad (A\text{-}130)$$

从 $N^\mathrm{T} \cdot N$ 积的非对角线相,得

$$\begin{cases} n_{i1}n_{p1} + n_{i2}n_{p2} + n_{i3}n_{p3} = 0 \quad (i \neq p) \\ n_{1j}n_{1l} + n_{2j}n_{2l} + n_{3j}n_{3l} = 0 \quad (j \neq l) \end{cases} \quad (A\text{-}131)$$

这个条件表示在原始坐标系中轴之间相互正交,新坐标系中的轴也是如此。

除了在旋转的坐标系中表示矢量之外,方向余弦的矩阵还可以用来将张量(如黏性应力张量)变换至新的坐标系,有

$$\boldsymbol{\tau}^* = \boldsymbol{N}^\mathrm{T} \boldsymbol{\tau} \boldsymbol{N} \quad (A\text{-}132)$$

假设在原始坐标系和新坐标系中的应力张量分别由 $\boldsymbol{\tau}$ 和 $\boldsymbol{\tau}^*$ 表示。考虑有一个面,其在原始坐标系中有一个向外的法向单位矢量 $\boldsymbol{n}$,而在新坐标系中这个矢量表示为 $\boldsymbol{n}^*$。在这种情况下,这个面上的应力矢量可以表示为

$$\boldsymbol{F} = \boldsymbol{\tau} \cdot \boldsymbol{n} \quad \text{和} \quad \boldsymbol{F}^* = \boldsymbol{\tau}^* \cdot \boldsymbol{n}^* \quad (A\text{-}133)$$

使用式(A-127),通过方向余弦矩阵可将两个应力矢量关联起来:

$$\boldsymbol{F}^* = \boldsymbol{N}^\mathrm{T} \cdot \boldsymbol{F} \quad (A\text{-}134)$$

将 $\boldsymbol{F} = \boldsymbol{\tau} \cdot \boldsymbol{n}$ 代入式(A-134),并使用式(A-133)中的 $\boldsymbol{F}^* = \boldsymbol{\tau}^* \cdot \boldsymbol{n}^*$,得

$$\boldsymbol{F}^* = \boldsymbol{N}^\mathrm{T} \cdot (\boldsymbol{\tau} \cdot \boldsymbol{n}) = \boldsymbol{\tau}^* \cdot \boldsymbol{n}^* \quad (A\text{-}135)$$

将关系 $\boldsymbol{n}^* = \boldsymbol{N}^\mathrm{T} \cdot \boldsymbol{n}$ 代入式(A-135)并重新排列该式中的项,有

$$(\boldsymbol{N}^\mathrm{T} \cdot \boldsymbol{\tau}) \cdot \boldsymbol{n} = (\boldsymbol{\tau}^* \cdot \boldsymbol{N}^\mathrm{T}) \cdot \boldsymbol{n}^* \quad \text{或} \quad \boldsymbol{N}^\mathrm{T} \cdot \boldsymbol{\tau} = \boldsymbol{\tau}^* \cdot \boldsymbol{N}^\mathrm{T} \quad (A\text{-}136)$$

在式两端分别右乘矩阵 $\boldsymbol{N}$,并使用式(A-129),得

$$\boldsymbol{\tau}^* = \boldsymbol{N}^\mathrm{T} \boldsymbol{\tau} \boldsymbol{N} \quad (A\text{-}137)$$

在式两端分别左乘矩阵 $\boldsymbol{N}$,并使用式(A-129),得

$$\boldsymbol{\tau} = \boldsymbol{N} \boldsymbol{\tau}^* \boldsymbol{N}^\mathrm{T} \quad (A\text{-}138)$$

A.21 主要的应力轴以及同向性的概念

作用在流体颗粒上的总应力张量有两部分:一部分是垂直于所有面的流体静压力;另一部分是由于流体黏度产生的应力,可以表示为

$$\sigma_{ij} = -p\delta_{ij} + \tau_{ij} \quad (A\text{-}139)$$

应力张量的对角线分量(σ_{11},σ_{22},σ_{33})称为正应力,非对角线分量(σ_{12},σ_{13},σ_{21},σ_{23},σ_{31},σ_{32})称为剪切应力。对于线性或牛顿流体,由于应力的大小与应变率成比例,总应力张量(σ_{ij})是对称的。因此,应力张量中只有 6 个独立的应力分量,且 $\sigma_{ij} = \sigma_{ji}$。对于非牛顿流体,存在非线性效应,如应力耦合,这将导致形成某一点上不对称的应力张量。

通过旋转原始坐标轴可以找到新的正交坐标系,使得总应力张量中的剪切应力在新坐标系中消失,只有对角线分量保持非零。这种旋转后的坐标系的轴称为主轴,对角线分量称为主应力。垂直于每个主轴的平面称为主平面,其中相应的应力矢量 F 平行于相应的主轴 n,并且没有剪切应力。因此,有

$$F = \lambda n \tag{A-140}$$

式中:λ 为比例常数,在这种特定情况下对应于正应力矢量或主应力的大小。应力矢量可以表示为 $F = \boldsymbol{\sigma} \cdot n$;因此,有

$$\boldsymbol{\sigma} \cdot n = \lambda n \tag{A-141}$$

这个表达式可以改写为

$$(\boldsymbol{\sigma} - \lambda I) \cdot n = 0 \tag{A-142}$$

式中:I 为单位矩阵。

这是一个 3 个线性方程的齐次组(右侧等于零),其中 n 是未知数。为了获得 n 的非平凡(非零)解,系数的矩阵行列式必须等于零。从而,有

$$|\boldsymbol{\sigma} - \lambda I| = \begin{vmatrix} \sigma_{11} - \lambda & \sigma_{12} & \sigma_{13} \\ \sigma_{21} & \sigma_{22} - \lambda & \sigma_{23} \\ \sigma_{31} & \sigma_{32} & \sigma_{33} - \lambda \end{vmatrix} = 0 \tag{A-143}$$

扩展行列式,得到了下面的特征方程:

$$|\boldsymbol{\sigma} - \lambda I| = \lambda^3 - I_1 \lambda^2 - I_2 \lambda - I_3 = 0 \tag{A-144}$$

式中

$$I_1 = \sigma_{11} + \sigma_{22} + \sigma_{33} = \sigma_{kk} \tag{A-145}$$

$$I_2 = (\sigma_{12}^2 + \sigma_{23}^2 + \sigma_{31}^2) - (\sigma_{11}\sigma_{22} + \sigma_{22}\sigma_{33} + \sigma_{33}\sigma_{11}) \tag{A-146}$$

$$I_3 = \det \boldsymbol{\sigma} = \begin{vmatrix} \sigma_{11} & \sigma_{12} & \sigma_{13} \\ \sigma_{21} & \sigma_{22} & \sigma_{23} \\ \sigma_{31} & \sigma_{32} & \sigma_{33} \end{vmatrix} \tag{A-147}$$

I_1,I_2 和 I_3 分别是应力张量的第一、第二和第三不变量,这意味着无论坐标轴的方向如何,它们的值保持不变。特征方程式(A-144)有 3 个实根,这是因为对称的应力张量由实元素构成。这 3 个实根(也称为应力张量的特征值)称为主应力。对于每个特征值,可以通过对式(A-148)在 3 个方向上求解来获得对应的法向矢量 n 的非平凡解:

$$(\boldsymbol{\sigma} - \lambda_i \boldsymbol{I}) \cdot \boldsymbol{n}_i = 0, i = 1, 2, 3 \tag{A-148}$$

式(A-148)的解将给出一个矢量 $\boldsymbol{n}_i$，它的大小可能不是1。由于 $\boldsymbol{n}_i$ 是一个方向余弦矢量，它必须是一个单位矢量，这为式(A-148)的解增加了一个额外的约束。为了使式(A-148)的解是单位矢量，可以采用单纯形法(simple method)。我们任意选择矢量 $\boldsymbol{n}_i$ 的一个分量作为1；例如，选择 $n_{1i} = 1$，然后将矢量 $\boldsymbol{n}_i$ 的每一个分量的大小进行归一化。这样处理后产生了一个新的矢量 $\boldsymbol{n}_i'$，它具有与 $\boldsymbol{n}_i$ 相同的方向，但其大小为1。这个法向矢量的分量为

$$n_{1i}' = \frac{1}{\sqrt{1^2 + n_{2i}^2 + n_{3i}^2}}, n_{2i}' = \frac{n_{2i}}{\sqrt{1^2 + n_{2i}^2 + n_{3i}^2}}, n_{3i}' = \frac{n_{3i}}{\sqrt{1^2 + n_{2i}^2 + n_{3i}^2}} \tag{A-149}$$

这些法向矢量的分量 $(n_{1i}', n_{2i}', n_{3i}')$ 满足

$$n_{1i}'^2 + n_{2i}'^2 + n_{3i}'^2 = 1 \tag{A-150}$$

因此，单位矢量 $\boldsymbol{n}_i'$ 是主轴的方向余弦矢量。由于与这些主轴对应的新坐标系也必须是正交系统，因此单位矢量的解之间必须进一步满足下述关系：

$$\boldsymbol{n}_i' \cdot \boldsymbol{n}_j' = 0 \quad \text{和} \quad \boldsymbol{n}_i' \times \boldsymbol{n}_j' = \boldsymbol{n}_k' \tag{A-151}$$

式中：i,j 和 k 对应于3个坐标方向。如果这3个方向是分别确定的，则可以通过上述关系式(A-151)来检查这些解是否构成了正交坐标系。或者，一旦确定了两个方向，第三个方向应满足上述关系。

在与主轴对应的坐标系中，应力张量具有以下形式：

$$\boldsymbol{\sigma} = \begin{pmatrix} \lambda_1 & 0 & 0 \\ 0 & \lambda_2 & 0 \\ 0 & 0 & \lambda_3 \end{pmatrix} \tag{A-152}$$

式中：$\lambda_1, \lambda_2, \lambda_3$ 的值由式(A-152)求解确定。

由于不变量不依赖于坐标系的取向，它们可以写为

$$I_1 = \lambda_1 + \lambda_2 + \lambda_3 \tag{A-153}$$

$$I_2 = -(\lambda_1 \lambda_2 + \lambda_2 \lambda_3 + \lambda_3 \lambda_1) \tag{A-154}$$

$$I_3 = \begin{vmatrix} \lambda_1 & 0 & 0 \\ 0 & \lambda_2 & 0 \\ 0 & 0 & \lambda_3 \end{vmatrix} = \lambda_1 \lambda_2 \lambda_3 \tag{A-155}$$

牛顿流体的总应力张量与应变率之间的一般本构关系为

$$\sigma_{ij} = -p\delta_{ij} + \tau_{ij} = -p\delta_{ij} + \left(\mu' - \frac{2}{3}\mu\right)\frac{\partial u_k}{\partial x_k}\delta_{ij} + \mu\left(\frac{\partial u_i}{\partial x_j} + \frac{\partial u_j}{\partial x_i}\right) \tag{A-156}$$

式中：μ', μ 分别为流体的体积黏度和动态黏度。

对于不可压缩流体中的法向应力，式(A-156)可简化为

$$\sigma_{ii} = -p\delta_{ii} \quad \text{或} \quad \frac{1}{3}(\sigma_{11} + \sigma_{22} + \sigma_{33}) = -p \tag{A-157}$$

在有主轴的坐标系中，式(A-157)可以写为

$$\lambda_1 + \lambda_2 + \lambda_3 = -3p \tag{A-158}$$

对于各向同性流体，作用其间的简单的方向应力不产生剪切变形。各向同性意味着流体颗粒内没有内部方向感，因此法向应力不应在与其作用线平行的平面上产生任何差动。

A.22 雷诺(Reynolds)输运定理

考虑一个与包含在控制体积 $V(t)$ 中的流体相关的连续函数 $F(\boldsymbol{x}, t)$，该控制体积与流体一同移动，并将 $Q(t)$ 定义为

$$Q(t) = \iiint_{CV} F(\boldsymbol{x}, t) \mathrm{d}V \tag{A-159}$$

在计算 $Q(t)$ 的物质导数时，由于体积也随时间而变化，因此不能在体积积分中取微分。假设在时间 $t=0$ 时，流体颗粒在矢量 $\boldsymbol{\xi}$ 描述的位置，在时间 t 时其位置矢量可以用 $\boldsymbol{x}(\boldsymbol{\xi}, t)$ 表示。在时间 $t=0$ 时，流体颗粒的体积为 $\mathrm{d}V_0$，在时间 t 时，体积为 $\mathrm{d}V$。这两个体积可以通过式(A-160)关联起来：

$$\mathrm{d}V = \underbrace{\frac{\partial(x_1, x_2, x_3)}{\partial(\xi_1, \xi_2, \xi_3)}}_{J} \underbrace{\mathrm{d}\xi_1 \mathrm{d}\xi_2 \mathrm{d}\xi_3}_{\mathrm{d}V_0} = J \mathrm{d}V_0 \tag{A-160}$$

雅可比(Jacobian)矩阵 $\boldsymbol{J}$ 也可写为

$$\boldsymbol{J} \equiv \begin{vmatrix} \dfrac{\partial x_1}{\partial \xi_1} & \dfrac{\partial x_1}{\partial \xi_2} & \dfrac{\partial x_1}{\partial \xi_3} \\ \dfrac{\partial x_2}{\partial \xi_1} & \dfrac{\partial x_2}{\partial \xi_2} & \dfrac{\partial x_2}{\partial \xi_3} \\ \dfrac{\partial x_3}{\partial \xi_1} & \dfrac{\partial x_3}{\partial \xi_2} & \dfrac{\partial x_3}{\partial \xi_3} \end{vmatrix} \tag{A-161}$$

可以看出，$\boldsymbol{J}$ 对时间的物质导数与速度矢量 $\boldsymbol{v}$ 的转移有关：

$$\frac{\mathrm{D}\boldsymbol{J}}{\mathrm{D}t} = (\nabla \cdot \boldsymbol{v}) \boldsymbol{J} \tag{A-162}$$

记物质导数的定义为

$$\frac{\mathrm{D}}{\mathrm{D}t} \equiv \frac{\partial}{\partial t} + \boldsymbol{v} \cdot \nabla \tag{A-163}$$

现在可以对式(A-159)取物质导数了，并在接下来的运算中使用上述关系

式(A-163):

$$\frac{D}{Dt}Q(t) = \frac{D}{Dt}\iiint_{V(t)} F(\boldsymbol{x},t)dV = \frac{D}{Dt}\iiint_{V_0} F[\boldsymbol{x}(\boldsymbol{\xi},t),t]\boldsymbol{J}dV_0$$

$$= \iiint_{V_0}\left[\boldsymbol{J}\frac{DF}{Dt} + F\frac{D\boldsymbol{J}}{Dt}\right]dV_0$$

$$= \iiint_{V_0}\left[\frac{DF}{Dt} + F(\nabla\cdot\boldsymbol{v})\right]\boldsymbol{J}dV_0$$

$$= \iiint_{V(t)}\left[\frac{DF}{Dt} + F(\nabla\cdot\boldsymbol{v})\right]dV \tag{A-164}$$

使用式(A-164)中物质导数的定义,有

$$\frac{D}{Dt}\iiint_{V(t)} F(\boldsymbol{x},t)dV = \iiint_{V(t)}\left[\frac{\partial F}{\partial t} + \nabla\cdot(F\boldsymbol{v})\right]dV \tag{A-165}$$

通过对式(A-165)右侧第二个积分应用格林(Green)定理,有

$$\frac{D}{Dt}\iiint_{V(t)} F(\boldsymbol{x},t)dV = \iiint_{V(t)}\frac{\partial F}{\partial t}dV + \iint_{S(t)} F\boldsymbol{v}\cdot\boldsymbol{n}ds \tag{A-166}$$

式(A-166)中,右侧第一项表示瞬时控制体积内属性 F 的时间变化率,第二项表示控制体积表面处与属性 F 相关的通量。所以,第二项中的速度 $\boldsymbol{v}$ 是当地表面速度。因此,由式(A-166)表示的雷诺输运定理表明,控制体积中流体的任何广度性质 F 的变化率等于控制体积内 F 的变化速率和通过控制面的性质 F 的净通量变化率之和。

附录 B 燃烧中常用的常量与转换因子

普适气体常数：

$$\bar{R}_u = 8.3144 \frac{\text{kJ}}{\text{kmol} \cdot \text{K}} = 1545.4 \frac{\text{ft} \cdot \text{lb}_f}{\text{lb}_m \cdot \text{mol} \cdot \text{R}} = 1.9872 \frac{\text{Btu}}{\text{lb}_m \cdot \text{mol} \cdot \text{R}}$$

$$= 1.9872 \frac{\text{cal}}{\text{g} \cdot \text{mol} \cdot \text{K}} = 0.08206 \frac{\text{atm} \cdot \text{L}}{\text{g} \cdot \text{mol} \cdot \text{K}} = 8.3144 \times 10^7 \frac{\text{erg}}{\text{g} \cdot \text{mol} \cdot \text{K}}$$

$$= 83.144 \frac{\text{bar} \cdot \text{cm}^3}{\text{mol} \cdot \text{K}} = 82.057 \frac{\text{atm} \cdot \text{cm}^3}{\text{g} \cdot \text{mole} \cdot \text{K}} = 84786.85 \frac{\text{g}_f \cdot \text{cm}}{\text{g} \cdot \text{mol} \cdot \text{K}}$$

$$= 0.729 \frac{\text{atm} \cdot \text{ft}^3}{\text{lb}_m \cdot \text{mol} \cdot \text{R}} = 10.716 \frac{\text{psia} \cdot \text{ft}^3}{\text{lb}_m \cdot \text{mol} \cdot \text{R}} = 8.3144 \frac{\text{J}}{\text{g} \cdot \text{mol} \cdot \text{K}}$$

重力的尺度转换因子：

$$g_c = 32.174 \frac{\text{lb}_m \cdot \text{ft}}{\text{lb}_f \cdot \text{s}^2} = 1 \frac{\text{g} \cdot \text{cm}}{\text{dyn} \cdot \text{s}^2} = 1 \frac{\text{kg}_m \cdot \text{m}}{\text{N} \cdot \text{s}^2}$$

$$= 1 \frac{\text{slug} \cdot \text{ft}}{\text{lb}_f \cdot \text{s}^2} = 980.665 \frac{\text{g} \cdot \text{cm}}{\text{g}_f \cdot \text{s}^2} = 9.80665 \frac{\text{kg}_m \cdot \text{m}}{\text{kg}_f \cdot \text{s}^2}$$

重力加速度：

$$g = 9.80665 \text{m/s}^2 = 32.17405 \text{ft/s}^2$$

阿伏伽德罗(Avogadro[①])常数：

$$N_A = \widetilde{N} = 6.02252 \times 10^{23} \frac{\text{分子}}{\text{g} \cdot \text{mol}}$$

普朗克(Planck)常数：

$$h = 6.625 \times 10^{-34} \frac{\text{J} \cdot \text{s}}{\text{分子}}$$

斯忒藩-波耳兹曼(Stefan-Boltzmann)常数：

$$\sigma = 5.6699 \times 10^{-8} \frac{\text{W}}{\text{m}^2 \cdot \text{K}^4} = 5.6699 \times 10^{-5} \frac{\text{erg}}{\text{cm}^2 \cdot \text{s} \cdot \text{K}^4}$$

$$= 0.1714 \times 10^{-8} \frac{\text{Btu}}{\text{ft}^2 \cdot \text{h} \cdot \text{R}^4} = 1.35514 \times 10^{-12} \frac{\text{cal}}{\text{cm}^2 \cdot \text{s} \cdot \text{K}^4}$$

---

① 原文有误。——译者注

波耳兹曼(Boltzmann)常数：

$$k = 1.38 \times 10^{-23} \frac{J}{K \cdot 分子}$$

原子质量单位：

$$m_a = 1.660540 \times 10^{-27} kg$$

质子质量：

$$m_p = 1.672623 \times 10^{-27} kg$$

电子质量：

$$m_e = 9.109389 \times 10^{-31} kg$$

电子电荷：

$$e = 1.602177 \times 10^{-19} C$$

光速：

$$c = 2.997925 \times 10^8 m/s$$

功/能量转换因子：

$$J = 778 \frac{ft \cdot lb_f}{Btu} = 42664.9 \frac{g_f \cdot cm}{cal}$$

质量单位①：

$$1kg = 2.2046226 lb_m$$
$$1t(短) = 2000 lb_m = 907.185 kg$$
$$1t(长) = 2240 lb_m = 1.016 t(公制)$$
$$1t(公制) = 1000 kg = 2204.62 lb_m$$

能量单位：

$$1cal = 4.18400 J = 4.184 \times 10^7 erg = 0.003968 Btu$$
$$1J = 1N \cdot m = 1W \cdot s = 10^7 erg = 0.737562 lb_f \cdot ft$$
$$1Btu = 1054.4355 J$$

压力单位：

$$1Pa = 1N/m^2 = 1.4504 \times 10^{-4} psi = 9.8692 \times 10^{-6} atm$$
$$= 1.0197 \times 10^{-5} kg_f/cm^2$$
$$1atm = 1.01325 \times 10^5 N/m^2 = 760 mm\, Hg② = 760 torr$$
$$1bar = 10^5 N/m^2 = 0.1 MPa$$
$$1psi = 0.0689476 bar = 0.00689476 MPa$$

温度单位：

---

① 长吨(long ton)：英制吨；短吨(short ton)：美制吨；公制吨(metric ton)。——译者注
② 原文有误。——译者注

$$T(K) = T(R)/1.8$$
$$T(F) = T(R) - 459.67$$
$$T(°C) = [T(°F) - 32]/1.8 = T(K) - 273.15$$

对于温度差，ΔT，1K = 1℃ = 1.8 R = 1.8°F

力单位：

$$1N = 1kg_m \cdot m/s^2 = 100000dyn = 0.2248089 \ lb_f = 0.10197162kg_f$$

长度单位：

$$1m = 39.370079 \text{ 英寸} = 3.2808399 \text{ 英尺} = 1.0936133 \text{ 码}$$

$$1m = 100cm = 1 \times 10^6 \mu m = 1 \times 10^{10} Å$$

$$1 \text{ 英尺} = 30.48cm$$

速度单位：

$$1m/s = 3.6km/h = 3.28084ft/s = 2.23694mile/h$$

比体积单位：

$$1m^3/kg = 16.01846ft^3/lb_m$$

$$1cm^3/g = 1L/kg$$

密度单位：

$$1kg/m^3 = 0.06242797lb_m/ft^3$$

热导率单位：

$$1W/(m \cdot K) = 1J/(s \cdot m \cdot K) = 0.577789Btu/(h \cdot \text{英尺} \cdot R)$$

热通量单位：

$$1W/m^2 = 0.316998Btu/(h \cdot \text{英尺}^2)$$

热容或比熵单位：

$$1kJ/(kg \cdot K) = 0.238846Btu/(lb_m \cdot R)$$

传热系数单位：

$$1W/(m^2 \cdot K) = 0.17611Btu/(h \cdot \text{英尺}^2 \cdot R)$$

黏度单位：

$$1cp = 0.001N \cdot s/m^2$$

B.1 前缀

10^{18}	艾 exa	E
10^{15}	拍 peta	P
10^{12}	太 tera	T

10^9	吉 giga	G
10^6	兆 mega	M
10^3	千 kilo	k
10^2	百 hetro	h
10^1	十 deka	da
10^{-1}	分 deci	d
10^{-2}	厘 centi	c
10^{-3}	毫 milli	m
10^{-6}	微 micro	μ
10^{-9}	纳 nano	n
10^{-12}	皮 pico	p
10^{-15}	飞 femto	f
10^{-18}	阿 atto	a

附录 C 烃类的命名

表 C-1 前十个饱和直链烃

—C—	methane 甲烷	英文名源自希腊语"树木"
—C—C—	ethane 乙烷	英文名源自希腊语"燃烧"
—C—C—C—	propane 丙烷	英文名源自希腊语"脂肪"
—C—C—C—C—	n-butane 正丁烷	英文名源自拉丁语"黄油"
—C—C—C—C—C—	n-pentane 正戊烷	英文名词头"penta",表示"五",如 pentagon(五角形)
—C—C—C—C—C—C—	n-hexane 正己烷	英文名词头"hexa",表示"六",如 hexagon(六角形)
—C—C—C—C—C—C—C—	n-heptane 正庚烷	英文名词头"hepta",表示"七"
—C—C—C—C—C—C—C—C—	n-octane 正辛烷	英文名词头"octa",表示"八",如 octopus(八爪鱼),octave(八度音)
—C—C—C—C—C—C—C—C—C—	n-nonane 正壬烷	英文名词头"nona",表示"九"
—C—C—C—C—C—C—C—C—C—C—	n-decane 正癸烷	英文名词头"deca",表示"十",如 decade(十年)

表 C-2 链、基团的命名以及基团倍数前缀

示例	有机烃的命名			
	数量 N①	具有 n 个碳原子的烃的名称	具有 n 个碳原子的烃基的名称	倍数前缀
	1	methane 甲烷	methyl	mono(很少使用)
	2	ethane 乙烷	ethyl	di
	3	propane 丙烷	propyl	tri
	4	n-butane 正丁烷	butyl	tetra
	5	n-pentane 正戊烷	pentyl	penta
	6	n-hexane 正己烷	hexyl	hexa
	7	n-heptane 正庚烷	heptyl	hepta
	8	n-octane 正辛烷	octyl	octa
	9	n-nonane 正壬烷	nonyl	nona
	10	n-decane 正癸烷	decyl	deca

注:倍数前缀可以用于任何基团——不仅用于与 N 值相同的基团。因此,四甲基和二己基都是命名的有效部分。

① 此处原文中为"n",为避免与链烃名称中的 n 造成混淆,在翻译时将此处"n"改为"N"。——译者注

表 C-3 有机化合物的一些典型官能团家族

	烷烃 Alkanes	烯烃 Alkenes	炔烃 Alkynes	芳烃 Aromatics	甲苯 Toluenes	醇 Alcohols	酯 Esters	胺 Amines	醛 Aldehydes	酮 Ketones	羧酸 Carboxylic Acids
具体例子	a. CH_3-CH_3 b. $CH_3-CH_2-CH_3$ c. $CH_2=CHCH_3$	a. $CH_2=CH_2$ b. $CH_3CH=CHCH_3$ c. $CH_2=CHCH=CH_2$	$HC\equiv CH$	a. (benzene ring) b. (naphthalene)	a. $C_6H_5CH_3$ b. $C_6H_2(NO_2)_3CH_3$	a. CH_3OH b. CH_3CH_2OH	a. $C_3H_6O_2$ b. $C_4H_8O_2$	a. CH_3NH_2 b. $CH_3CH_2NH_2$	a. $HCHO$ b. CH_3CHO	CH_3COCH_3	a. CH_3COOH b. C_6H_5COOH
IUPAC① 名称	a. ethane 乙烷 b. propane 丙烷	a. ethene 乙烯 b. 2-butene 2-丁烯 c. 1,3-butadiene 1,3-丁二烯	ethyne 乙炔	a. benzene 苯 b. naphthalene 萘	a. toluene 甲苯 b. trinitrotoluene 三硝基甲苯	a. methanol 甲醇 b. ethanol 乙醇	a. methyl acetate 乙酸甲酯 b. ethyl acetate 乙酸乙酯	a. methylamine 甲胺 b. ethylamine 乙胺	a. formaldehyde 甲醛 b. ethanal 乙醛	propanone 丙酮	a. ethanoic acid 乙酸 b. benzoic acid 苯甲酸
通用名	a. ethane 乙烷 b. propane 丙烷	a. ethene 乙烯 b. 2-butene 2-丁烯 c. 1,3-butadiene 1,3-丁二烯	acetylene 电石气	a. benzene 苯 b. naphthalene 萘	a. toluene 甲苯 b. TNT	a. methyl alcohol 甲醇 b. ethyl alcohol 酒精	a. methyl acetate 乙酸甲酯 b. ethyl acetate 乙酸乙酯	a. methylamine 甲胺 b. ethylamine 乙胺	a. formaldehyde 甲醛 b. acetaldehyde 醋醛	acetone 丙酮	a. acetic acid 醋酸 b. benzoic acid 苯甲酸

(续)

	烷烃 Alkanes	烯烃 Alkenes	炔烃 Alkynes	芳烃 Aromatics	甲苯 Toluenes	醇 Alcohols	酯 Esters	胺 Amines	醛 Aldehydes	酮 Ketones	羧酸 Carboxylic Acids
通式	C_nH_{2n+2} a. $n=2$ b. $n=3$	C_nH_{2n} a. $n=2$ b. $n=4$	C_nH_{2n-2}	a. C_6H_6 b. $C_{10}H_8$	a. C_7H_8 b. $C_7H_5N_3O_6$	a. CH_3OH b. C_2H_5OH	a. CH_3COCH_3 b. $CH_3COC_2H_5$	a. CH_3NH_2 b. $C_2H_5NH_2$	a. HCHO b. CH_3CHO	$CH_3COCH_3$①	a. CH_3COOH b. C_6H_5COOH
使用剩余物质(R)和官能团的表达式	RH	$H_2C=CH_2$ $RCH=CH_2$ $RCH=CHR$ $R_2C=CR_2$	$RC\equiv CH$ $RC\equiv CR$	⬡-R	⬡-CH₃ / R	R—OH	R—C(=O)—OR'	RNH_2 R_2NH R_3N H—N(H)—R	R—CH(=O)—H	R—C(=O)—R	R—C(=O)—OH
官能团	单个C-H键和单个C-C键	$\rangle C=C\langle$	$-C\equiv C-$	⬡	⬡-CH₃	$-\overset{\|}{\underset{\|}{C}}-OH$	$-\overset{O}{\underset{\|}{C}}-O-$	H—N(H)—H	$-\overset{O}{\underset{\|}{C}}-H$	$-\overset{O}{\underset{\|}{C}}-$	$-\overset{O}{\underset{\|}{C}}-OH$

注:IUPAC:国际纯粹与应用化学联合会。

① 原式有误。——译者注

附录 D 芳烃形成的详细气相反应机理

详细反应机理包括 527 个反应和 99 种化学物质。表 D-1 给出了反应及其正向速率系数。对于有限数量的 PAH(多环芳烃)物质,存在基团异构体,其自由基位点在芳族结构中的位置不同。因为这样的基团异构体通常具有不同的热化学性质并表现出不同的反应性,它们在本附录中给出的反应机理上有所区别。在这种情况下,在物质名称上附加了一个额外的整数,用来指定基团的位置。例如:A_3-i 为第 i 个碳原子上带有未配对电子的菲基。编号体系遵循 IUPAC 命名法。通过平衡常数计算得到反向速率系数。热力学数据取自 GRI-Mech 1.2。

读者学习 Troe 的衰减公式将非常有用。单分子反应的比速率常数(k)与温度和压力都有关。已经观察到,k 值在较高压力时变得与压力无关,并在较低压力时下降。在较低压力下,k 与压力成正比。在两个极限压力下的速率常数称为高压极限速率常数(k_∞)和低压极限常数(k_0)。为了求解较低压力下的衰减效应,Troe(1983)提出下式:

$$k(T,p) = F(T,p) \div \left[\frac{1}{k_0(T,p)} + \frac{1}{k_\infty(T)} \right] \quad (D\text{-}1)$$

式中:$F(T,p)$ 为展宽因子。这个展宽因子表示为

$$\log_{10} F(T,p) = \log_{10} F_c(T) \div \left\{ 1 + \left[\frac{\log_{10}\langle k_0(T,p)/k_\infty(T)\rangle + c}{N - d[\log_{10}\langle k_0(T,p)/k_\infty(T)\rangle + c]} \right]^2 \right\} \quad (D\text{-}2)$$

式中:c、N 和 d 为经验表达式和常数,如下:

$$c = -0.4 - 0.67 \log_{10} F_c(T),\ N = 0.75 - 1.27 \log_{10} F_c(T),\ d = 0.14 \quad (D\text{-}3)$$

参数 F_c 为中心展宽因子,如下:

$$F_c(T) = (1-a)\exp[-T/T^{***}] + a\exp[-T/T^*] + \exp[-T^{**}/T] \quad (D\text{-}4)$$

式中:a、T^{***}、T^{**} 和 T^* 为式(D-4)的拟合参数。

为了指定特定反应速率常数 k_0 和 k_∞ 的数学表达式,让我们考虑反应物 R 通过两步化学反应转化为产物 P 的过程。在第一步中,反应物 R 与另一个分子 M 碰撞形成一个激发分子 R^*;在第二步中,激发分子 R^* 可能通过单分子反应

形成产物 P。这些反应可以表示为

$$R + M \underset{k_{2,f}}{\overset{k_{1,f}}{\rightleftarrows}} R^* + M$$

$$R^* \overset{k_2}{\longrightarrow} P$$

在高压极限下,

$$k_\infty = k_2 \left(\frac{k_{1,f}}{k_{1,b}} \right) \quad (D-5)$$

在低压极限时,

$$k_0 = k_{1,f} \left(\frac{P_M}{R_u T} \right) \quad (D-6)$$

式中:P_M 为分子 M 的分压。

表 D-1 反应机理

序号	反应[a]	$k = AT^n \exp(-E_a/R_u T)$ [b]			—
		A	n	E_a	
H_2/O_2 的反应					
1	$H+O_2 \rightleftharpoons O+OH$	8.30(+13)	—	14.413	Frenklach et al.,1995
2	$O+H_2 \rightleftharpoons H+OH$	5.00(+04)	2.67	6.29	Frenklach et al.,1995
3	$OH+H_2 \rightleftharpoons H+H_2O$	2.16(+08)	1.51	3.43	Frenklach et al.,1995
4	$OH+OH \rightleftharpoons O+H_2O$	3.57(+04)	2.40	-2.11	Frenklach et al.,1995
5	$H+H+M \rightleftharpoons H_2+M$	1.00(+18)	-1.0	—	c,Frenklach et al.,1995
6	$H+OH+M \rightleftharpoons H_2O+M$	2.20(+22)	-2.0	—	d,Frenklach et al.,1995
7	$O+H+M \rightleftharpoons OH+M$	5.00(+17)	-1.0	—	e,Frenklach et al.,1995
8	$O+O+M \rightleftharpoons O_2+M$	1.20(+17)	-1.0	—	f,Frenklach et al.,1995
9	$H+O_2+M \rightleftharpoons HO_2+M$	2.80(+18)	-0.86	—	g,Frenklach et al.,1995
10	$OH+OH(+M) \rightleftharpoons H_2O_2+(+M)$	7.40(+13)	-0.37	—	k_∞,Frenklach et al.,1995
		2.30(+18)	-0.9	-1.7	$k_0/[M']$,h
		$a = 0.7346, T^{***} = 94,$ $T^* = 1756, T^{**} = 5182$ ||		i
HO_2 的反应					
11	$HO_2+H \rightleftharpoons O+H_2O$	3.97(+12)	—	0.671	Frenklach et al.,1995
12	$HO_2+H \rightleftharpoons O_2+H_2$	2.80(+13)	—	1.068	Frenklach et al.,1995
13	$HO_2+H \rightleftharpoons OH+OH$	1.34(+14)	—	0.635	Frenklach et al.,1995

(续)

序号	反应[a]	$k=AT^n\exp(-E_a/R_uT)$ [b]			—
		A	n	E_a	
14	$HO_2+O \rightleftharpoons OH+O_2$	2.00(+13)	—	—	Frenklach et al.,1995
15	$HO_2+OH \rightleftharpoons O_2+H_2O$	2.90(+13)	—	-0.5	Frenklach et al.,1995
16	$HO_2+HO_2 \rightleftharpoons O_2+H_2O_2$	1.30(+11)	—	-1.63	Frenklach et al.,1995
17	$HO_2+HO_2 \rightleftharpoons O_2+H_2O_2$	4.20(+14)	—	12.0	Frenklach et al.,1995
	H_2O_2 的反应				
18	$H_2O_2+H \rightleftharpoons HO_2+H_2$	1.21(+07)	2.0	5.2	Frenklach et al.,1995
19	$H_2O_2+H \rightleftharpoons OH+H_2O$	1.00(+13)	—	3.6	Frenklach et al.,1995
20	$H_2O_2+O \rightleftharpoons OH+HO_2$	9.63(+06)	2.0	4.0	Frenklach et al.,1995
21	$H_2O_2+OH \rightleftharpoons HO_2+H_2O$	1.75(+12)	—	0.32	Frenklach et al.,1995
22	$H_2O_2+OH \rightleftharpoons HO_2+H_2O$	5.80(+14)	—	9.56	Frenklach et al.,1995
	CO/CO_2 的反应				
23	$CO+O+M \rightleftharpoons CO_2+M$	6.02(+14)	—	3.0	j,Frenklach et al.,1995
24	$CO+OH \rightleftharpoons CO_2+H$	4.76(+07)	1.228	0.07	Frenklach et al.,1995
25	$CO+H_2(+M) \rightleftharpoons CH_2O(+M)$	4.30(+07)	1.5	79.6	k_∞,Frenklach et al.,1995
		5.07(+27)	-3.42	84.35	$k_0/[M']$,h
		$a=0.9320,T^{***}=197$, $T^*=1540,T^{**}=10.3$			i
26	$CO+O_2 \rightleftharpoons CO_2+O$	2.50(+12)	—	47.8	Frenklach et al.,1995
27	$CO+HO_2 \rightleftharpoons CO_2+OH$	1.50(+14)	—	23.6	Frenklach et al.,1995
	C 的反应				
28	$C+OH \rightleftharpoons CO+H$	5.00(+13)	—	—	Frenklach et al.,1995
29	$C+O_2 \rightleftharpoons CO+O$	5.80(+13)	—	0.576	Frenklach et al.,1995
	CH 的反应				
30	$CH+H \rightleftharpoons C+H_2$	1.10(+14)	—	—	Frenklach et al.,1995
31	$CH+O \rightleftharpoons CO+H$	5.70(+13)	—	—	Frenklach et al.,1995
32	$CH+OH \rightleftharpoons HCO+H$	3.00(+13)	—	—	Frenklach et al.,1995

667

(续)

序号	反应[a]	$k=AT^n\exp(-E_a/R_uT)$ [b]			—
		A	n	E_a	
33	$CH+H_2 \rightleftharpoons CH_2+H$	1.10(+08)	1.79	1.67	Frenklach et al.,1995
34	$CH+H_2O \rightleftharpoons CH_2O+H$	5.71(+12)	—	-0.755	Frenklach et al.,1995
35	$CH+O_2 \rightleftharpoons HCO+O$	3.30(+13)			Frenklach et al.,1995
36	$CH+CO(+M) \rightleftharpoons HCCO(+M)$	5.00(+13)	—	—	k_∞,Frenklach et al.,1995
		2.69(+28)	-3.74	1.936	$k_0/[M']$,h
		$a=0.5757, T^{***}=237,$ $T^*=1652, T^{**}=5069$			i
37	$CH+CO_2 \rightleftharpoons HCO+CO$	3.40(+12)	—	0.69	Frenklach et al.,1995
	HCO 的反应				
38	$HCO+H(+M) \rightleftharpoons CH_2O(+M)$	1.09(+12)	0.48	-0.26	k_∞,Frenklach et al.,1995
		1.35(+24)	-2.57	1.425	$k_0/[M']$,h
		$a=0.7824, T^{***}=271,$ $T^*=2755, T^{**}=6570,$			i
39	$HCO+H \rightleftharpoons CO+H_2$	7.34(+13)	—	—	Frenklach et al.,1995
40	$HCO+O \rightleftharpoons CO+OH$	3.00(+13)	—	—	Frenklach et al.,1995
41	$HCO+O \rightleftharpoons CO_2+H$	3.00(+13)	—	—	Frenklach et al.,1995
42	$HCO+OH \rightleftharpoons CO+H_2O$	5.00(+13)	—	—	Frenklach et al.,1995
43	$HCO+M \rightleftharpoons CO+H+M$	1.87(+17)	-1.0	17.0	e,Frenklach et al.,1995
44	$HCO+O_2 \rightleftharpoons CO+HO_2$	7.60(+12)	—	0.4	Frenklach et al.,1995
	CH_2(三重态亚甲基)的反应				
45	$CH_2+H(+M) \rightleftharpoons CH_3(+M)$	2.50(+16)	-0.8	—	k_∞,Frenklach et al.,1995
		3.20(+27)	-3.14	1.23	$k_0/[M']$,h
		$a=0.68, T^{***}=78,$ $T^*=1995, T^{**}=5590$			i
46	$CH_2+O \rightleftharpoons HCO+H$	8.00(+13)	—	—	Frenklach et al.,1995
47	$CH_2+OH \rightleftharpoons CH_2O+H$	2.00(+13)	—	—	Frenklach et al.,1995
48	$CH_2+OH \rightleftharpoons CH+H_2O$	1.13(+07)	2.0	3.0	Frenklach et al.,1995
49	$CH_2+H_2 \rightleftharpoons H+CH_3$	5.00(+05)	2.0	7.23	Frenklach et al.,1995

(续)

序号	反应[a]	$k=AT^n\exp(-E_a/R_uT)$ [b]			—
		A	n	E_a	
50	$CH_2+O_2 \rightleftharpoons CO_2+H+H$	1.32(+13)	—	1.5	k, Frenklach et al.,1995
51	$CH_2+HO_2 \rightleftharpoons CH_2O+OH$	2.00(+13)	—	—	Frenklach et al.,1995
52	$CH_2+C \rightleftharpoons C_2H+H$	5.00(+13)	—	—	Frenklach et al.,1995
53	$CH_2+CO(+M) \rightleftharpoons CH_2CO(+M)$	8.10(+11)	0.5	4.51	k_∞, Frenklach et al.,1995
		2.69(+33)	-5.11	7.095	$k_0/[M']$, h
—	—	$a=0.5907, T^{***}=275,$ $T^*=1226, T^{**}=5185$			i
54	$CH_2+CH \rightleftharpoons C_2H_2+H$	4.00(+13)	—	—	Frenklach et al.,1995
55	$CH_2+CH_2 \rightleftharpoons C_2H_2+H_2$	3.20(+13)	—	—	Frenklach et al.,1995
	CH_2^* 的反应				
56	$CH_2^*+N_2 \rightleftharpoons CH_2+N_2$	1.50(+13)	—	0.6	Frenklach et al.,1995
57	$CH_2^*+Ar \rightleftharpoons CH_2+Ar$	9.00(+12)	—	0.6	Frenklach et al.,1995
58	$CH_2^*+H \rightleftharpoons CH+H_2$	3.00(+13)	—	—	Frenklach et al.,1995
59	$CH_2^*+O \rightleftharpoons CO+H_2$	1.50(+13)	—	—	Frenklach et al.,1995
60	$CH_2^*+O \rightleftharpoons HCO+H$	1.50(+13)	—	—	Frenklach et al.,1995
61	$CH_2^*+OH \rightleftharpoons CH_2O+H$	3.00(+13)	—	—	Frenklach et al.,1995
62	$CH_2^*+H_2 \rightleftharpoons CH_3+H$	7.00(+13)	—	—	Frenklach et al.,1995
63	$CH_2^*+O_2 \rightleftharpoons H+OH+CO$	2.80(+13)	—	—	Frenklach et al.,1995
64	$CH_2^*+O_2 \rightleftharpoons CO+H_2O$	1.20(+13)	—	—	Frenklach et al.,1995
65	$CH_2^*+H_2O(+M) \rightleftharpoons CH_3OH(+M)$	2.00(+13)	—	—	k_∞, Frenklach et al.,1995
		2.70(+38)	-6.300	3.1	$k_0/[M']$, l
		$a=0.1507, T^{***}=134,$ $T^*=2383, T^{**}=7265$			i
66	$CH_2^*+H_2O \rightleftharpoons CH_2+H_2O$	3.00(+13)	—	—	Frenklach et al.,1995
67	$CH_2^*+CO \rightleftharpoons CH_2+CO$	9.00(+12)	—	—	Frenklach et al.,1995
68	$CH_2^*+CO_2 \rightleftharpoons CH_2+CO_2$	7.00(+12)	—	—	Frenklach et al.,1995
69	$CH_2^*+CO_2 \rightleftharpoons CH_2O+CO$	1.40(+13)	—	—	Frenklach et al.,1995

(续)

序号	反应[a]	$k=AT^n\exp(-E_a/R_uT)$ [b]			—
		A	n	E_a	
CH$_2$O 的反应					
70	CH$_2$O+H (+M) $\rightleftharpoons$ CH$_2$OH (+M)	5.40(+11)	0.454	3.6	k_∞, Frenklach et al., 1995
		1.27(+32)	-4.820	6.53	$k_0/[M']$, l
		$a=0.7187, T^{***}=103, T^*=1291, T^{**}=4160$			i
71	CH$_2$O+H (+M) $\rightleftharpoons$ CH$_3$O (+M)	5.40(+11)	0.454	2.6	k_∞, Frenklach et al., 1995
		2.20(+30)	-4.8	5.56	$k_0/[M']$, l
		$a=0.758, T^{***}=94, T^*=1555, T^{**}=4200$			i
72	CH$_2$O+H $\rightleftharpoons$ HCO+H$_2$	2.30(+10)	1.05	3.275	Frenklach et al., 1995
73	CH$_2$O+O $\rightleftharpoons$ HCO+OH	3.90(+13)	—	3.54	Frenklach et al., 1995
74	CH$_2$O+OH $\rightleftharpoons$ HCO+H$_2$O	3.43(+09)	1.18	-0.447	Frenklach et al., 1995
75	CH$_2$O+O$_2$ $\rightleftharpoons$ HCO+HO$_2$	1.00(+14)	—	40.0	Frenklach et al., 1995
76	CH$_2$O+HO$_2$ $\rightleftharpoons$ HCO+H$_2$O$_2$	1.00(+12)	—	8.0	Frenklach et al., 1995
77	CH$_2$O+CH $\rightleftharpoons$ CH$_2$CO+H	9.46(13)	—	-0.515	Frenklach et al., 1995
CH$_3$ 的反应					
78	CH$_3$+H (+M) $\rightleftharpoons$ CH$_4$ (+M)	1.27(+16)	-0.63	0.383	k_∞, Frenklach et al., 1995
		2.477(+33)	-4.760	2.44	$k_0/[M']$, h
		$a=0.783, T^{***}=74, T^*=2941, T^{**}=6964$			i
79	CH$_3$+O $\rightleftharpoons$ CH$_2$O+H	8.43(+13)	—	—	Frenklach et al., 1995
80	CH$_3$+OH (+M) $\rightleftharpoons$ CH$_3$OH (+M)	6.30(+13)	—	—	k_∞, Frenklach et al., 1995
		2.70(+38)	-6.3	3.1	$k_0/[M']$, l
		$a=0.2105, T^{***}=83.5, T^*=5398, T^{**}=8370$			i
81	CH$_3$+OH $\rightleftharpoons$ CH$_2$+H$_2$O	5.60(+07)	1.6	5.42	Frenklach et al., 1995
82	CH$_3$+OH $\rightleftharpoons$ CH$_2^*$+H$_2$O	2.50(+13)	—	—	Frenklach et al., 1995
83	CH$_3$+O$_2$ $\rightleftharpoons$ O+CH$_3$O	2.68(+13)	—	28.8	Frenklach et al., 1995
84	CH$_3$+O$_2$ $\rightleftharpoons$ OH+CH$_2$O	3.60(+10)	—	8.94	Frenklach et al., 1995
85	CH$_3$+HO$_2$ $\rightleftharpoons$ CH$_4$+O$_2$	1.00(+12)	—	—	Frenklach et al., 1995

(续)

序号	反应[a]	$k=AT^n\exp(-E_a/R_uT)$ [b]			—
		A	n	E_a	
86	$CH_3+HO_2 \rightleftharpoons CH_3O+OH$	2.00(+13)	—	—	Frenklach et al.,1995
87	$CH_3+H_2O_2 \rightleftharpoons CH_4+HO_2$	2.45(+04)	2.47	5.18	Frenklach et al.,1995
88	$CH_3+C \rightleftharpoons C_2H_2+H$	5.00(+13)	—	—	Frenklach et al.,1995
89	$CH_3+CH \rightleftharpoons C_2H_3+H$	3.00(+13)	—	—	Frenklach et al.,1995
90	$CH_3+HCO \rightleftharpoons CH_4+CO$	2.65(+13)	—	—	Frenklach et al.,1995
91	$CH_3+CH_2O \rightleftharpoons CH_4+HCO$	3.32(+03)	2.81	5.86	Frenklach et al.,1995
92	$CH_3+CH_2 \rightleftharpoons C_2H_4+H$	4.00(+13)	—	—	Frenklach et al.,1995
93	$CH_3+CH_2^* \rightleftharpoons C_2H_4+H$	1.20(+13)	—	-0.57	Frenklach et al.,1995
94	$CH_3+CH_3(+M) \rightleftharpoons C_2H_6(+M)$	2.12(+16)	-0.97	0.62	k_∞,Frenklach et al.,1995
		1.77(+50)	-9.67	6.22	$k_0/[M']$,h
		$a=0.5325, T^{***}=151,$ $T^*=1038, T^{**}=4970$			i
95	$CH_3+CH_3 \rightleftharpoons H+C_2H_5$	4.99(+12)	0.1	10.6	Frenklach et al.,1995
CH_3O/CH_2OH 的反应					
96	$CH_3O+H(+M) \rightleftharpoons CH_3OH(+M)$	5.00(+13)	—	—	k_∞,Frenklach et al.,1995
		8.60(+28)	-4.0	3.025	$k_0/[M']$,l
		$a=0.8902, T^{***}=144,$ $T^*=2838, T^{**}=45569$			i
97	$CH_3O+H \rightleftharpoons CH_2OH+H$	3.40(+06)	1.6	—	Frenklach et al.,1995
98	$CH_3O+H \rightleftharpoons CH_2O+H_2$	2.00(+13)	—	—	Frenklach et al.,1995
99	$CH_3O+H \rightleftharpoons CH_3+OH$	3.20(+13)	—	—	Frenklach et al.,1995
100	$CH_3O+H \rightleftharpoons CH_2^*+H_2O$	1.60(+13)	—	—	Frenklach et al.,1995
101	$CH_3O+O \rightleftharpoons CH_2O+OH$	1.00(+13)	—	—	Frenklach et al.,1995
102	$CH_3O+OH \rightleftharpoons CH_2O+H_2O$	5.00(+12)	—	—	Frenklach et al.,1995
103	$CH_3O+O_2 \rightleftharpoons CH_2O+HO_2$	4.28(-13)	7.6	-3.53	Frenklach et al.,1995
104	$CH_2OH+H(+M) \rightleftharpoons CH_3OH(+M)$	1.80(+13)	—	—	k_∞,Frenklach et al.,1995
		3.00(+31)	-4.8	3.3	$k_0/[M']$,l
		$a=0.7679, T^{***}=338,$ $T^*=1812, T^{**}=5081$			i

(续)

序号	反应^a	$k=AT^n\exp(-E_a/R_uT)$ ^{b}			—
		A	n	E_a	
105	$CH_2OH+H \rightleftharpoons CH_2O+H_2$	2.00(+13)	—	—	Frenklach et al.,1995
106	$CH_2OH+H \rightleftharpoons CH_3+OH$	1.20(+13)	—	—	Frenklach et al.,1995
107	$CH_2OH+H \rightleftharpoons CH_2^*+H_2O$	6.00(+12)	—	—	Frenklach et al.,1995
108	$CH_2OH+O \rightleftharpoons CH_2O+OH$	1.00(+13)	—	—	Frenklach et al.,1995
109	$CH_2OH+OH \rightleftharpoons CH_2O+H_2O$	5.00(+12)	—	—	Frenklach et al.,1995
110	$CH_2OH+O_2 \rightleftharpoons CH_2O+HO_2$	1.80(+13)	—	0.9	Frenklach et al.,1995
	CH_4 的反应				
111	$CH_4+H \rightleftharpoons CH_3+H_2$	6.60(+08)	1.62	10.84	Frenklach et al.,1995
112	$CH_4+O \rightleftharpoons CH_3+OH$	1.02(+09)	1.5	8.6	Frenklach et al.,1995
113	$CH_4+OH \rightleftharpoons CH_3+H_2O$	1.00(+08)	1.6	3.12	Frenklach et al.,1995
114	$CH_4+CH \rightleftharpoons C_2H_4+H$	6.00(+13)	—	—	Frenklach et al.,1995
115	$CH_4+CH_2 \rightleftharpoons CH_3+CH_3$	2.46(+06)	2.0	8.27	Frenklach et al.,1995
116	$CH_4+CH_2^* \rightleftharpoons CH_3+CH_3$	1.60(+13)	—	-0.57	Frenklach et al.,1995
	CH_3OH 的反应				
117	$CH_3OH+H \rightleftharpoons CH_2OH+H_2$	1.70(+07)	2.1	4.87	Frenklach et al.,1995
118	$CH_3OH+H \rightleftharpoons CH_3O+H_2$	4.20(+06)	2.1	4.87	Frenklach et al.,1995
119	$CH_3OH+O \rightleftharpoons CH_2OH+OH$	3.88(+05)	2.5	3.1	Frenklach et al.,1995
120	$CH_3OH+O \rightleftharpoons CH_3O+OH$	1.30(+05)	2.5	5.0	Frenklach et al.,1995
121	$CH_3OH+OH \rightleftharpoons CH_2OH+H_2O$	1.44(+06)	2.0	-0.84	Frenklach et al. 1995
122	$CH_3OH+OH \rightleftharpoons CH_3O+H_2O$	6.30(+06)	2.0	1.5	Frenklach et al.,1995
123	$CH_3OH+CH_3 \rightleftharpoons CH_2OH+CH_4$	3.00(+07)	1.5	9.94	Frenklach et al.,1995
124	$CH_3OH+CH_3 \rightleftharpoons CH_3O+CH_4$	1.00(+07)	1.5	9.94	Frenklach et al.,1995
	C_2H 的反应				
125	$C_2H+H\,(+M) \rightleftharpoons C_2H_2\,(+M)$	1.00(+17)	-1.0	—	k_∞,Frenklach et al.,1995
		3.75(+33)	-4.8	1.9	$k_0/[M']$,h
		$a=0.6464, T^{***}=132,$ $T^*=1315, T^{**}=5566$			i
126	$C_2H+O \rightleftharpoons CH+CO$	5.00(+13)	—	—	Frenklach et al.,1995

(续)

序号	反应[a]	$k=AT^n\exp(-E_a/R_uT)$ [b]			—
		A	n	E_a	
127	$C_2H+OH \rightleftharpoons H+HCCO$	2.00(+13)	—	—	Frenklach et al.,1995
128	$C_2H+O_2 \rightleftharpoons HCO+CO$	5.00(+13)	—	1.5	Frenklach et al.,1995
129	$C_2H+H_2 \rightleftharpoons H+C_2H_2$	4.90(+05)	2.5	0.56	m
	HCCO 的反应				
130	$HCCO+H \rightleftharpoons CH_2^*+CO$	1.00(+14)	—	—	Frenklach et al.,1995
131	$HCCO+O \rightleftharpoons H+CO+CO$	1.00(+14)	—	—	Frenklach et al.,1995
132	$HCCO+O_2 \rightleftharpoons OH+CO+CO$	1.60(+12)	—	0.854	Frenklach et al.,1995
133	$HCCO+CH \rightleftharpoons C_2H_2+CO$	5.00(+13)	—	—	Frenklach et al.,1995
134	$HCCO+CH_2 \rightleftharpoons C_2H_3+CO$	3.00(+13)	—	—	Frenklach et al.,1995
135	$HCCO+HCCO \rightleftharpoons C_2H_2+CO+CO$	1.00(+13)	—	—	Frenklach et al.,1995
	C_2H_2 的反应				
136	$C_2H_2+H(+M) \rightleftharpoons C_2H_3(+M)$	5.60(+12)	—	2.4	k_∞, Frenklach et al.,1995
		3.80(+40)	-7.27	7.22	$k_0/[M']$, h
		$a=0.7507, T^{***}=98.5,$ $T^*=1302, T^{**}=4167$			i
137	$C_2H_2+O \rightleftharpoons HCCO+H$	1.02(+07)	2.0	1.9	Frenklach et al.,1995
138	$C_2H_2+O \rightleftharpoons C_2H+OH$	4.60(+19)	-1.41	28.95	Frenklach et al.,1995
139	$C_2H_2+O \rightleftharpoons CH_2+CO$	1.02(+07)	2.0	1.9	Frenklach et al.,1995
140	$C_2H_2+OH \rightleftharpoons CH_2CO+H$	2.18(-04)	4.5	-1.0	Frenklach et al.,1995
141	$C_2H_2+OH \rightleftharpoons HCCOH+H$	5.04(+05)	2.3	13.5	Frenklach et al.,1995
142	$C_2H_2+OH \rightleftharpoons C_2H+H_2O$	3.37(+07)	2.0	14.0	Frenklach et al.,1995
143	$C_2H_2+OH \rightleftharpoons CH_3+CO$	4.83(-04)	4.0	-2.0	Frenklach et al.,1995
	$CH_2CO/HCCOH$ 的反应				
144	$CH_2CO+H \rightleftharpoons HCCO+H_2$	5.00(+13)	—	8.0	Frenklach et al.,1995
145	$CH_2CO+H \rightleftharpoons CH_3+CO$	1.13(+13)	—	3.428	Frenklach et al.,1995
146	$CH_2CO+O \rightleftharpoons HCCO+OH$	1.00(+13)	—	8.0	Frenklach et al.,1995
147	$CH_2CO+O \rightleftharpoons CH_2+CO_2$	1.75(+12)	—	1.35	Frenklach et al.,1995
148	$CH_2CO+OH \rightleftharpoons HCCO+H_2O$	7.50(+12)	—	2.0	Frenklach et al.,1995
149	$HCCOH+H \rightleftharpoons CH_2CO+H$	1.00(+13)	—	—	Frenklach et al.,1995

(续)

序号	反应[a]	\multicolumn{3}{c}{$k=AT^n \exp(-E_a/R_u T)$ [b]}	—
		A	n	E_a	
\multicolumn{6}{c}{C_2H_3 的反应}
150	$C_2H_3+H(+M) \Longleftrightarrow C_2H_4(+M)$	6.08(+12)	0.27	0.28	k_∞, Frenklach et al., 1995
		1.40(+30)	-3.86	3.32	$k_0/[M']$, h
		$a=0.7820, T^{***}=207.5,$ $T^*=2663, T^{**}=6095$			i
151	$C_2H_3+H \Longleftrightarrow C_2H_2+H_2$	3.00(+13)	—	—	Frenklach et al., 1995
152	$C_2H_3+O \Longleftrightarrow CH_2CO+H$	3.00(+13)	—	—	Frenklach et al., 1995
153	$C_2H_3+OH \Longleftrightarrow C_2H_2+H_2O$	5.00(+12)	—	—	Frenklach et al., 1995
154	$C_2H_3+O_2 \Longleftrightarrow C_2H_2+HO_2$	1.66(+14)	-0.83	2.54	Bozzelli 和 Dean, 1993
155	$C_2H_3+O_2 \Longleftrightarrow C_2H_3O+O$	2.50(+12)	0.057	0.95	20torr, 90torr, Bozzelli 和 Dean, 1993
		1.24(+13)	-0.120	1.696	760torr
156	$C_2H_3+O_2 \Longleftrightarrow HCO+CH_2O$	1.64(+21)	-2.780	2.523	20torr, 90torr, Bozzelli 和 Dean, 1993
		8.60(+21)	-2.970	3.32	760torr
\multicolumn{6}{c}{C_2H_4 的反应}
157	$C_2H_4(+M)+H_2 \Longleftrightarrow C_2H_2(+M)$	8.00(+12)	0.44	88.77	k_∞, Frenklach et al., 1995
		7.00(+50)	-9.31	99.86	$k_0/[M']$, h
		$a=0.7345, T^{***}=180,$ $T^*=1035, T^{**}=5417$			i
158	$C_2H_4+H(+M) \Longleftrightarrow C_2H_5(+M)$	1.08(+12)	0.454	1.82	k_∞, Frenklach et al., 1995
		1.20(+42)	-7.62	6.97	$k_0/[M']$, h
		$a=0.9753, T^{***}=210,$ $T^*=984, T^{**}=4374$			i
159	$C_2H_4+H \Longleftrightarrow C_2H_3+H_2$	1.33(+06)	2.53	12.24	Frenklach et al., 1995
160	$C_2H_4+O \Longleftrightarrow CH_3+HCO$	1.92(+07)	1.83	0.22	Frenklach et al., 1995
161	$C_2H_4+OH \Longleftrightarrow C_2H_3+H_2O$	3.60(+06)	2.0	2.5	Frenklach et al., 1995
162	$C_2H_4+CH_3 \Longleftrightarrow C_2H_3+CH_4$	2.27(+05)	2.0	9.2	Frenklach et al., 1995

(续)

序号	反应[a]	$k=AT^n\exp(-E_a/R_uT)$ [b]			
		A	n	E_a	
	C_2H_5 的反应				
163	$C_2H_5+H(+M) \rightleftharpoons C_2H_6(+M)$	5.21(+17)	-0.99	1.58	k_∞, Frenklach et al.,1995
		1.99(+41)	-7.08	6.685	$k_0/[M']$, h
		$a=0.8422, T^{***}=125,$ $T^*=2219, T^{**}=6882$			i
164	$C_2H_5+H \rightleftharpoons C_2H_4+H_2$	2.00(+12)	—	—	Frenklach et al.,1995
165	$C_2H_5+O \rightleftharpoons CH_3+CH_2O$	1.32(+14)	—	—	Frenklach et al.,1995
166	$C_2H_5+O_2 \rightleftharpoons C_2H_4+HO_2$	8.40(+11)	—	3.875	Frenklach et al.,1995
	C_2H_6 的反应				
167	$C_2H_6+H \rightleftharpoons C_2H_5+H_2$	1.15(+08)	1.9	7.53	Frenklach et al.,1995
168	$C_2H_6+O \rightleftharpoons C_2H_5+OH$	8.98(+07)	1.92	5.69	Frenklach et al.,1995
169	$C_2H_6+OH \rightleftharpoons C_2H_5+H_2O$	3.54(+06)	2.12	0.87	Frenklach et al.,1995
170	$C_2H_6+CH_2^* \rightleftharpoons C_2H_5+CH_3$	4.00(+13)	—	-0.55	Frenklach et al.,1995
171	$C_2H_6+CH_3 \rightleftharpoons C_2H_5+CH_4$	6.14(+06)	1.74	10.45	Frenklach et al.,1995
	C_2O 的反应				
172	$HCCO+OH \rightleftharpoons C_2O+H_2O$	3.00(+13)	—	—	Miller 和 Melius,1992
173	$C_2O+H \rightleftharpoons CH+CO$	5.00(+13)	—	—	Miller 和 Melius,1992
174	$C_2O+O \rightleftharpoons CO+CO$	5.00(+13)	—	—	Miller 和 Melius,1992
175	$C_2O+OH \rightleftharpoons CO+CO+H$	2.00(+13)	—	—	Miller 和 Melius,1992
176	$C_2O+O_2 \rightleftharpoons CO+CO+O$	2.00(+13)	—	—	Miller 和 Melius,1992
	C_2H_3O 的反应				
177	$CH_2CO+H \rightleftharpoons C_2H_3O$	5.40(+11)	0.454	1.82	$k_{177}=0.5\times k_{\infty,158}$
178	$C_2H_3O+H \rightleftharpoons CH_2CO+H_2$	1.00(+13)	—	—	n
179	$C_2H_3O+O \rightleftharpoons CH_2O+HCO$	9.60(+06)	1.83	0.22	$k_{179}=0.5\times k_{160}$
180	$C_2H_3O+O \rightleftharpoons CH_2CO+OH$	1.00(+13)	—	—	n
181	$C_2H_3O+OH \rightleftharpoons CH_2CO+H_2O$	5.00(+12)	—	—	n
	C_1H_x 和 C_2H_x 物质的加成反应				
182	$CH_3+HCCO \rightleftharpoons C_2H_4+CO$	5.00(+13)	—	—	n
183	$CH_3+C_2H \rightleftharpoons C_3H_3+H$	2.41(+13)	—	—	Tsang 和 Hampson,1986
184	$CH_4+C_2H \rightleftharpoons C_2H_2+CH_3$	1.81(+12)	—	—	Tsang 和 Hampson,1986

(续)

序号	反应[a]	$k=AT^n\exp(-E_a/R_uT)$ [b]			—
		A	n	E_a	
185	$C_2H_2+CH \rightleftharpoons C_3H_2+H$	3.00(+13)	—	—	Warnatz et al.,1982
186	$C_2H_2+CH_2 \rightleftharpoons C_3H_3+H$	1.20(+13)	—	6.62	Bohland et al.,1986
187	$C_2H_2+CH_2^* \rightleftharpoons C_3H_3+H$	2.00(+13)	—	—	n
188	$C_2H_2+CH_3 \rightleftharpoons a\text{-}C_3H_4+H$	2.87(+21)	-2.74	24.8	20torr,90torr,Dean 和 Westmoreland,1987
		5.72(+20)	-2.36	31.5	760torr
189	$C_2H_2+CH_3 \rightleftharpoons p\text{-}C_3H_4+H$	1.00(+13)	-0.53	13.4	20torr,90torr,Dean 和 Westmoreland,1987
		2.72(+18)	-1.97	20.2	760torr
190	$C_2H_2+C_2H \rightleftharpoons C_4H_2+H$	9.60(+13)	—	—	o
191	$C_2H_2+C_2H \rightleftharpoons n\text{-}C_4H_3$	1.10(+30)	-6.30	2.79	20torr,Wang,1992
		1.30(+30)	-6.12	2.51	90torr
		4.50(+37)	-7.68	7.10	760torr
192	$C_2H_2+C_2H \rightleftharpoons i\text{-}C_4H_3$	4.10(+33)	-7.31	4.60	20torr,Wang,1992
		1.60(+34)	-7.28	4.83	90torr
		2.60(+44)	-9.47	14.65	760torr
193	$C_2H_2+C_2H_3 \rightleftharpoons C_4H_4+H$	5.00(+14)	-0.71	6.7	20torr,Wang 和 Frenklach,1994
		4.60(+16)	-1.25	8.4	90torr
		2.00(+18)	-1.68	10.6	760torr
194	$C_2H_2+C_2H_3 \rightleftharpoons n\text{-}C_4H_5$	1.00(+32)	-7.33	6.2	20torr,Wang 和 Frenklach,1994
		2.40(+31)	-6.95	5.6	90torr
		9.30(+38)	-8.76	12.0	760torr
195	$C_2H_2+C_2H_3 \rightleftharpoons i\text{-}C_4H_5$	2.10(+36)	-8.78	9.1	20torr,Wang 和 Frenklach,1994
		1.00(+37)	-8.77	9.8	90torr
		1.60(+46)	-10.98	18.6	760torr

(续)

序号	反应[a]	$k=AT^n\exp(-E_a/R_uT)$ [b]			—
		A	n	E_a	
196	$C_2H_4+C_2H \Longleftrightarrow C_4H_4+H$	1.20(+13)	—	—	Tsang 和 Hampson, 1986
197	$C_2H_4+C_2H_3 \Longleftrightarrow 1,3-C_4H_6+H$	7.40(+14)	-0.66	8.42	20torr, p
		1.97(+17)	-1.32	10.60	90torr
		2.80(+21)	-2.44	14.72	760torr
198	$C_2H_2+HCCO \Longleftrightarrow C_3H_3+CO$	1.00(+11)		3.0	Miller 和 Bowman, 1989
199	$C_2H_4+O_2 \Longleftrightarrow C_2H_3+CO$	4.22(+13)	—	60.8	q
200	$C_2H_3+H_2O_2 \Longleftrightarrow C_2H_4+HO_2$	1.21(+10)	—	-0.596	Tsang 和 Hampson, 1986
201	$C_2H_3+HCO \Longleftrightarrow C_2H_4+CO$	2.50(+13)	—		n
202	$C_2H_3+CH_3 \Longleftrightarrow C_2H_2+CH_4$	3.92(+11)	—		Tsang 和 Hampson, 1986
203	$C_2H_3+C_2H_3 \Longleftrightarrow 1,3-C_4H_6$	7.00(+57)	-13.82	17.6	20torr, p
		1.50(+52)	-11.97	16.1	90torr
		1.50(+42)	-8.84	12.5	760torr
204	$C_2H_3+C_2H_3 \Longleftrightarrow i-C_4H_5+H$	1.50(+30)	-4.95	13.0	20torr, p
		7.20(+28)	-4.49	14.3	90torr
		1.20(+22)	-2.44	13.7	760torr
205	$C_2H_3+C_2H_3 \Longleftrightarrow n-C_4H_5+H$	1.10(+24)	-3.28	12.4	20torr, p
		4.60(+24)	-3.38	14.7	90torr
		2.40(+20)	-2.04	15.4	760torr
	C_3H_x的反应				
206	$C_3H_2+O \Longleftrightarrow C_2H_2+CO$	6.80(+13)	—	—	Warnatz et al., 1982
207	$C_3H_2+OH \Longleftrightarrow HCO+C_2H_2$	6.80(+13)	—	—	Warnatz et al., 1982
208	$C_3H_2+O_2 \Longleftrightarrow HCCO+CO+H$	5.00(+13)	—	—	Miller 和 Melius, 1992
209	$C_3H_2+CH \Longleftrightarrow C_4H_2+H$	5.00(+13)	—	—	n
210	$C_3H_2+CH_2 \Longleftrightarrow n-C_4H_3+H$	5.00(+13)	—	—	n
211	$C_3H_2+CH_3 \Longleftrightarrow C_4H_4+H$	5.00(+12)	—	—	n
212	$C_3H_2+HCCO \Longleftrightarrow n-C_4H_3+CO$	1.00(+13)	—	—	n

(续)

序号	反应[a]	$k=AT^n\exp(-E_a/R_uT)$ [b]			—
		A	n	E_a	
213	$C_3H_3+H(+M) \rightleftharpoons a\text{-}C_3H_4(+M)$	3.00(+13)	—	—	k_∞, r
		1.40(+31)	-5.0	-6.0	$k_0/[M']$, e
		$a=0.5, T^{***}=2000,$ $T^*=10, T^{**}=10000$			i
214	$C_3H_3+H(+M) \rightleftharpoons p\text{-}C_3H_4(+M)$	3.00(+13)	—	—	k_∞, r
		1.40(+31)	-5.0	-6.0	$k_0/[M']$, e
		$a=0.5, T^{***}=2000,$ $T^*=10, T^{**}=10000$			i
215	$C_3H_3+O \rightleftharpoons CH_2O+C_2H$	2.00(+13)	—	—	Miller 和 Bowman, 1989
216	$C_3H_3+OH \rightleftharpoons C_3H_2+H_2O$	2.00(+13)	—	—	Miller 和 Bowman, 1989
217	$C_3H_3+OH \rightleftharpoons C_2H_2+HCO$	4.00(+13)	—	—	n
218	$C_3H_3+O_2 \rightleftharpoons CH_2CO+HCO$	3.00(+10)	—	2.878	Slagle 和 Gutman, 1988
219	$C_3H_3+HO_2 \rightleftharpoons a\text{-}C_3H_4+O_2$	1.00(+12)	—	—	n
220	$C_3H_3+HO_2 \rightleftharpoons p\text{-}C_3H_4+O_2$	1.00(+12)	—	—	n
221	$C_3H_3+HCO \rightleftharpoons a\text{-}C_3H_4+CO$	2.50(+13)	—	—	n
222	$C_3H_3+HCO \rightleftharpoons a\text{-}C_3H_4+CO$	2.50(+13)	—	—	n
223	$C_3H_3+CH \rightleftharpoons i\text{-}C_4H_3+H$	5.00(+13)	—	—	n
224	$C_3H_3+CH_2 \rightleftharpoons C_4H_4+H$	2.00(+13)	—	—	n
225	$i\text{-}C_4H_5+H \rightleftharpoons C_3H_3+CH_3$	2.00(+13)	—	2.0	n
226	$C_3H_3+CH_3(+M) \rightleftharpoons 1,2\text{-}C_4H_6(+M)$	1.50(+13)	—	—	k_∞, s
		2.60(+58)	-11.94	9.77	$k_0/[M']$
		$a=0.175, T^{***}=1340,$ $T^*=60000, T^{**}=9770$			i
227	$C_3H_3+C_3H_3 \rightleftharpoons A_1$[†]	1.00(+11)	—	—	20torr, 见相应文献
		1.00(+12)	—	—	90torr
		2.00(+12)	—	—	760torr
228	$a\text{-}C_3H_4+H \rightleftharpoons C_3H_3+H_2$	1.15(+08)	1.9	7.53	$k_{228}=k_{232}$
229	$a\text{-}C_3H_4+O \rightleftharpoons CH_2CO+CH_2$	2.00(+07)	1.8	1.0	t
230	$a\text{-}C_3H_4+OH \rightleftharpoons C_3H_3+H_2O$	5.30(+06)	2.0	2.0	u
231	$a\text{-}C_3H_4+C_2H \rightleftharpoons C_2H_2+C_3H_3$	1.00(+13)	—	—	n

(续)

序号	反应^a	$k=AT^n\exp(-E_a/R_uT)^b$			—
		A	n	E_a	
232	$p\text{-}C_3H_4+H \rightleftharpoons C_3H_3+H_2$	1.15(+08)	1.9	7.53	$k_{232}=k_{167}$
233	$p\text{-}C_3H_4+H \rightleftharpoons CH_3+C_2H_2$	1.30(+05)	2.5	1.0	Hidaka et al.,1989
234	$p\text{-}C_3H_4+OH \rightleftharpoons C_3H_3+H_2O$	3.54(+06)	2.12	0.87	$k_{234}=k_{169}$
235	$p\text{-}C_3H_4+C_2H \rightleftharpoons C_2H_2+C_3H_3$	1.00(+13)	—	—	n
	C_4H 和 C_4H_2 的反应				
236	$C_4H+H(+M) \rightleftharpoons C_4H_2(+M)$	1.00(+17)	-1.0	—	$k_\infty,k_{236}=k_{125}$
		3.75(+33)	-4.8	1.9	$k_0/[M'],e$
		$a=0.6464,T^{***}=132,$ $T^*=1315,T^{**}=5566$			i
237	$C_4H+C_2H_2 \rightleftharpoons C_6H_2+H$	9.60(+13)	—	—	$k_{237}=k_{190}$
238	$C_4H+O \rightleftharpoons C_2H+C_2O$	5.00(+13)	—	—	$k_{238}=k_{126}$
239	$C_4H+O_2 \rightleftharpoons HCCO+C_2O$	5.00(+13)	—	1.5	$k_{239}=k_{128}$
240	$C_4H+H_2 \rightleftharpoons H+C_4H_2$	4.90(+05)	2.5	0.56	$k_{240}=k_{129}$
241	$C_4H_2+H \rightleftharpoons n\text{-}C_4H_3$	1.70(+49)	-11.67	12.80	20torr,p
		3.30(+50)	-11.80	15.01	90torr
		1.10(+42)	-8.72	15.30	760torr
242	$C_4H_2+H \rightleftharpoons i\text{-}C_4H_3$	4.30(+45)	-10.15	13.25	20torr,p
		2.60(+46)	-10.15	15.50	90torr
		1.10(+30)	-4.92	10.80	760torr
243	$C_4H_2+O \rightleftharpoons C_3H_2+CO$	2.70(+13)	—	1.72	Homann 和 Wellmann,1983
244	$C_4H_2+OH \rightleftharpoons H_2C_4O+H$	6.60(+12)	—	-0.41	Perry,1984
245	$C_4H_2+OH \rightleftharpoons C_4H+H_2O$	3.37(+07)	2.0	14.0	$k_{245}=k_{142}$
246	$C_4H_2+CH \rightleftharpoons C_5H_2+H$	5.00(+13)	—	—	n
247	$C_4H_2+CH_2 \rightleftharpoons C_5H_3+H$	1.30(+13)	—	6.62	$k_{247}=k_{186}$
248	$C_4H_2+CH_2^* \rightleftharpoons C_5H_3+H$	2.00(+13)	—	—	n
249	$C_4H_2+C_2H \rightleftharpoons C_6H_2+H$	9.60(+13)	—	—	$k_{249}=k_{190}$
250	$C_4H_2+C_2H \rightleftharpoons C_6H_3$	1.10(+30)	-6.30	2.79	20torr,$k_{250}=k_{191}$
		1.30(+13)	-6.12	2.51	90torr
		4.50(+37)	-7.68	7.10	760torr

(续)

序号	反应[a]	$k=AT^n\exp(-E_a/R_uT)$ [b]			—
		A	n	E_a	
251	$H_2C_4O+H \rightleftharpoons C_2H_2+HCCO$	5.00(+13)	—	3.0	Miller 和 Melius,1992
252	$H_2C_4O+OH \rightleftharpoons CH_2CO+HCCO$	1.00(+07)	2.0	2.0	Miller 和 Melius,1992
253	$H_2C_4O+O \rightleftharpoons CH_2CO+C_2O$	2.00(+07)	1.9	0.2	n
	C_4H_3 和 C_4H_4 的反应				
254	$n\text{-}C_4H_3 \rightleftharpoons i\text{-}C_4H_3$	3.70(+61)	-15.81	54.89	20torr,p
		1.00(+51)	-12.45	51.00	90torr
		4.10(+43)	-9.49	53.00	760torr
255	$n\text{-}C_4H_3+H \rightleftharpoons i\text{-}C_4H_3+H$	2.40(+11)	0.79	2.41	20torr,p
		9.20(+11)	0.63	2.99	90torr
		2.50(+20)	-1.67	10.80	760torr
256	$n\text{-}C_4H_3+H \rightleftharpoons C_2H_2+C_2H_2$	1.60(+19)	-1.60	2.22	20torr,p
		1.30(+20)	-1.85	2.96	90torr
		6.30(+25)	-3.34	10.01	760torr
257	$i\text{-}C_4H_3+H \rightleftharpoons C_2H_2+C_2H_2$	2.40(+19)	-1.60	2.80	20torr,p
		3.70(+22)	-2.50	5.14	90torr
		2.80(+23)	-2.55	10.78	760torr
258	$n\text{-}C_4H_3+H \rightleftharpoons C_4H_4$	1.10(+42)	-9.65	7.00	20torr,p
		1.10(+42)	-9.65	7.00	90torr
		2.00(+47)	-10.26	13.07	760torr
259	$i\text{-}C_4H_3+H \rightleftharpoons C_4H_4$	4.20(+44)	-10.27	7.89	20torr,p
		5.30(+46)	-10.68	9.27	90torr
		3.40(+43)	-9.01	12.12	760torr
260	$n\text{-}C_4H_3+H \rightleftharpoons C_4H_2+H_2$	1.50(+13)	—		$k_{260}=0.5\times k_{151}$
261	$i\text{-}C_4H_3+H \rightleftharpoons C_4H_2+H_2$	3.00(+13)	—	—	$k_{261}=k_{151}$
262	$n\text{-}C_4H_3+OH \rightleftharpoons C_4H_2+H_2O$	2.50(+12)	—		$k_{262}=0.5\times k_{153}$
263	$i\text{-}C_4H_3+OH \rightleftharpoons C_4H_2+H_2O$	5.00(+12)	—		$k_{263}=0.5\times k_{153}$
264	$i\text{-}C_4H_3+O_2 \rightleftharpoons HCCO+CH_2CO$	7.86(+16)	-1.80	—	Slagle et al.,1989

（续）

序号	反应[a]	$k=AT^n\exp(-E_a/R_uT)$ [b]			—
		A	n	E_a	
265	$n\text{-}C_4H_3+C_2H_2 \rightleftharpoons l\text{-}C_6H_4+H$	3.70(+16)	-1.21	11.1	20torr, Wang 和 Frenklach, 1994
		1.80(+19)	-1.95	13.2	90torr
		2.50(+14)	-0.56	10.6	760torr
266	$n\text{-}C_4H_3+C_2H_2 \rightleftharpoons n\text{-}C_6H_5$	6.00(+33)	-7.37	13.7	20torr, Wang 和 Frenklach, 1994
		4.10(+33)	-7.12	13.7	90torr
		2.70(+36)	-7.62	16.2	760torr
267	$n\text{-}C_4H_3+C_2H_2 \rightleftharpoons A_1\text{-}‡$	2.30(+68)	-17.65	24.4	20torr, Wang 和 Frenklach, 1994
		9.80(+68)	-17.58	26.5	90torr
		9.60(+70)	-17.77	31.3	760torr
268	$n\text{-}C_4H_3+C_2H_2 \rightleftharpoons c\text{-}C_6H_4+H$	1.90(+36)	-7.21	17.9	20torr, Wang 和 Frenklach, 1994
		3.50(+41)	-8.63	23.0	90torr
		6.90(+46)	-10.01	30.1	760torr
269	$C_4H_4+H \rightleftharpoons n\text{-}C_4H_5$	4.20(+50)	-12.34	12.5	20torr, Wang 和 Frenklach, 1994
		1.10(+50)	-11.94	13.4	90torr
		1.30(+51)	-11.92	16.5	760torr
270	$C_4H_4+H \rightleftharpoons i\text{-}C_4H_5$	9.60(+52)	-12.85	14.3	20torr, Wang 和 Frenklach, 1994
		2.10(+52)	-12.44	15.5	90torr
		4.90(+51)	-11.92	17.7	760torr
271	$C_4H_4+H \rightleftharpoons n\text{-}C_4H_3+H_2$	6.65(+05)	2.53	12.24	$k_{271}=0.5\times k_{159}$
272	$C_4H_4+H \rightleftharpoons i\text{-}C_4H_3+H_2$	3.33(+05)	2.53	9.24	v
273	$C_4H_4+OH \rightleftharpoons n\text{-}C_4H_3+H_2O$	3.10(+06)	2.0	3.43	$k_{273}=0.5\times k_{293}$
274	$C_4H_4+OH \rightleftharpoons i\text{-}C_4H_3+H_2O$	1.55(+06)	2.0	0.43	$k_{274}=0.5\times k_{294}$
275	$C_4H_4+O \rightleftharpoons p\text{-}C_3H_4+CO$	2.70(+13)	—	1.72	$k_{275}=k_{243}$
276	$C_4H_4+C_2H_3 \rightleftharpoons l\text{-}C_6H_6+H$	7.40(+14)	-0.66	8.42	20torr, $k_{276}=k_{197}$
		1.90(+17)	-1.32	10.60	90torr
		2.80(+21)	-2.44	14.72	760torr

(续)

序号	反应[a]	$k=AT^n\exp(-E_a/R_uT)$ [b]			—
		A	n	E_a	
C_4H_5 和 1,3-C_4H_6 的反应					
277	n-$C_4H_5 \rightleftharpoons i$-$C_4H_5$	1.30(+62)	-16.38	49.6	20torr,Wang 和 Frenklach,1994
		4.90(+66)	-17.26	55.4	90torr
		1.50(+67)	-16.89	59.1	760torr
278	n-C_4H_5+H $\rightleftharpoons i$-C_4H_5+H	1.00(+36)	-6.26	17.5	20torr,p
		1.00(+34)	-5.61	18.5	90torr
		3.10(+26)	-3.35	17.4	760torr
279	1,3-$C_4H_6 \rightleftharpoons i$-$C_4H_5$+H	8.20(+51)	-10.92	118.4	20torr,p
		3.30(+45)	-8.95	115.9	90torr
		5.70(+36)	-6.27	112.4	760torr
280	1,3-$C_4H_6 \rightleftharpoons n$-$C_4H_5$+H	3.50(+61)	-13.87	129.7	20torr,p
		8.50(+54)	-11.78	127.5	90torr
		5.30(+44)	-8.62	123.6	760torr
281	n-C_4H_5+H $\rightleftharpoons C_4H_4+H_2$	1.50(+13)	—	—	$k_{281}=0.5\times k_{151}$
282	i-C_4H_5+H $\rightleftharpoons C_4H_4+H_2$	3.00(+13)	—	—	$k_{282}=k_{151}$
283	n-C_4H_5+OH $\rightleftharpoons C_4H_4+H_2O$	2.50(+12)	—	—	$k_{283}=0.5\times k_{153}$
284	i-C_4H_5+OH $\rightleftharpoons C_4H_4+H_2O$	5.00(+12)	—	—	$k_{284}=k_{153}$
285	n-C_4H_5+$O_2 \longrightarrow C_2H_4$+CO+HCO	4.16(+10)	—	2.5	Gutman et al.,1991
286	i-C_4H_5+$O_2 \rightleftharpoons CH_2CO+C_2H_3O$	7.86(+16)	-1.8	—	$k_{286}=k_{264}$
287	n-C_4H_5+C_2H_2+M $\rightleftharpoons n$-C_6H_7+M	4.50(+26)	-3.28	10.2	20torr,90torr,Wang 和 Frenklach,1994
	n-C_4H_5+$C_2H_2 \rightleftharpoons n$-$C_6H_7$	1.10(+14)	-1.27	2.9	760torr
288	n-C_4H_5+C_2H_2+M $\rightleftharpoons c$-C_6H_7+M	5.20(+25)	-4.21	4.0	20torr,90torr,Wang 和 Frenklach,1994
	n-C_4H_5+$C_2H_2 \rightleftharpoons c$-$C_6H_7$	5.00(+24)	-5.46	4.6	760torr
C_4H_5 和 1,3-C_4H_6 的反应					
289	n-C_4H_5+$C_2H_2 \rightleftharpoons l$-$C_6H_6$+H	5.80(+08)	1.02	10.9	20torr,90torr,760torr,Wang 和 Frenklach,1994
290	n-C_4H_5+$C_2H_2 \rightleftharpoons A_1$+H	2.10(+15)	-1.07	4.8	20torr,90torr,Wang 和 Frenklach,1994
		1.60(+16)	-1.33	5.4	760torr

（续）

序号	反应^a	$k=AT^n\exp(-E_a/R_uT)^b$			—
		A	n	E_a	
291	$1,3\text{-}C_4H_6+H \rightleftharpoons n\text{-}C_4H_5+H_2$	1.33(+06)	2.53	12.24	$k_{291}=k_{159}$
292	$1,3\text{-}C_4H_6+H \rightleftharpoons i\text{-}C_4H_5+H_2$	6.65(+05)	2.53	9.24	w
293	$1,3\text{-}C_4H_6+OH \rightleftharpoons n\text{-}C_4H_5+H_2O$	6.20(+06)	2.0	3.43	x
294	$1,3\text{-}C_4H_6+OH \rightleftharpoons i\text{-}C_4H_5+H_2O$	3.10(+06)	2.0	0.43	y
295	$1,3\text{-}C_4H_6+C_2H_3 \rightleftharpoons C_6H_8+H$	7.40(+14)	-0.66	8.42	20torr, $k_{295}\text{-}k_{197}$
		1.90(+17)	-1.32	10.60	90torr
		2.80(+21)	-2.44	14.72	760torr
	$1,2\text{-}C_4H_6$ 的反应				
296	$1,2\text{-}C_4H_6+H \rightleftharpoons 1,3\text{-}C_4H_6+H$	2.00(+13)	—	4.0	n
297	$1,2\text{-}C_4H_6+H \rightleftharpoons i\text{-}C_4H_5+H_2$	1.70(+05)	2.5	2.49	z
298	$1,2\text{-}C_4H_6+H \rightleftharpoons a\text{-}C_3H_4+CH_3$	2.00(+13)	—	2.0	n
299	$1,2\text{-}C_4H_6+O \rightleftharpoons CH_2CO+C_2H_4$	1.20(+08)	1.65	0.327	z
300	$1,2\text{-}C_4H_6+O \rightleftharpoons i\text{-}C_4H_5+OH$	1.80(+11)	0.7	5.88	z
301	$1,2\text{-}C_4H_6+OH \rightleftharpoons i\text{-}C_4H_5+H_2O$	3.10(+06)	2.0	-0.298	z
	C_5H_2 和 C_5H_3 的反应				
302	$C_5H_2+OH \rightarrow C_4H_2+H+CO$	2.00(+13)	—	—	n
303	$C_5H_2+CH \rightleftharpoons C_6H_2+H$	5.00(+13)	—	—	n
304	$C_5H_2+O_2 \rightleftharpoons H_2C_4O+CO$	1.00(+12)	—	—	n
305	$C_5H_3+OH \rightleftharpoons C_5H_2+H_2O$	1.00(+13)	—	—	n
306	$C_5H_3+CH \rightleftharpoons C_6H_2+H+H$	5.00(+13)	—	—	n
307	$C_5H_3+CH_2 \rightleftharpoons l\text{-}C_6H_4+H$	5.00(+13)	—	—	n
308	$C_5H_3+O_2 \rightleftharpoons H_2C_4O+HCO$	1.00(+12)	—	—	n
	C_6H 和 C_6H_2 的反应				
309	$C_6H+H\ (+M) \rightleftharpoons C_6H_2\ (+M)$	1.00(+17)	-1.0	—	$k_\infty, k_{309}=k_{125}$
		3.75(+33)	-4.8	1.9	$k_0/[M']^h, e$
		$a=0.6464, T^{***}=132,$ $T^*=1315, T^{**}=5566$			i
310	$C_6H_2+H \rightleftharpoons C_6H_3$	4.30(+45)	-10.15	13.25	20torr, $k_{310}=k_{242}$
		2.60(+46)	-10.15	15.50	90torr
		1.10(+30)	-4.92	10.80	760torr

683

(续)

序号	反应[a]	$k=AT^n\exp(-E_a/R_uT)$ [b]			—
		A	n	E_a	
311	$C_6H+O \rightleftharpoons C_4H+C_2O$	5.00(+13)	—	—	$k_{311}=k_{126}$
312	$C_6H+H_2 \rightleftharpoons H+H_6C_2$	4.90(+05)	2.5	0.56	$k_{312}=k_{129}$
313	$C_6H_2+O \rightleftharpoons C_5H_2+CO$	2.70(+13)	—	1.72	$k_{313}=k_{243}$
314	$C_6H_2+OH \rightarrow C_2H+C_2H_2+C_2O$	6.60(+12)	—	-0.41	$k_{314}=k_{244}$
315	$C_6H_2+OH \rightleftharpoons C_6H+H_2O$	3.37(+07)	2.0	14.0	$k_{315}=k_{142}$
	C_6H_3 和 C_6H_4 的反应				
316	$C_6H_3+H \rightleftharpoons C_4H_2+C_2H_2$	2.40(+19)	-1.60	2.80	20torr, $k_{316}=k_{257}$
		3.70(+22)	-2.50	5.14	90torr
		2.80(+23)	-2.55	10.78	760torr
317	$C_6H_3+H \rightleftharpoons l\text{-}C_6H_4$	4.20(+44)	-10.27	7.89	20torr, $k_{317}=k_{259}$
		5.30(+46)	-10.68	9.27	90torr
		3.40(+43)	-9.01	12.12	760torr
318	$C_6H_3+H \rightleftharpoons C_6H_2+H_2$	3.00(+13)	—	—	$k_{318}=k_{151}$
319	$C_6H_3+OH \rightleftharpoons C_6H_2+H_2O$	5.00(+12)	—	—	$k_{319}=k_{153}$
320	$C_6H_3+O_2 \rightarrow CO+C_3H_2+HCCO$	5.00(+11)	—	—	n
321	$l\text{-}C_6H_4+H \rightleftharpoons n\text{-}C_6H_5$	3.30(+44)	-10.04	18.8	20torr, Wang 和 Frenklach, 1994
		2.60(+43)	-9.53	18.1	90torr
		5.90(+39)	-8.25	15.6	760torr
322	$l\text{-}C_6H_4+H \rightleftharpoons A_1-$	3.60(+77)	-20.09	28.1	20torr, Wang 和 Frenklach, 1994
		4.70(+78)	-20.10	29.5	90torr
		1.70(+78)	-19.72	31.4	760torr
323	$l\text{-}C_6H_4+H \rightleftharpoons c\text{-}C_6H_4+H$	2.20(+47)	-9.98	24.0	20torr, Wang 和 Frenklach, 1994
		9.70(+48)	-10.37	27.0	90torr
		1.40(+54)	-11.70	34.5	760torr
324	$l\text{-}C_6H_4+H \rightleftharpoons C_6H_3+H_2$	6.65(+06)	2.53	9.24	$k_{324}=k_{292}$
325	$l\text{-}C_6H_4+OH \rightleftharpoons C_6H_3+H_2O$	3.10(+06)	2.0	0.43	$k_{325}=k_{294}$

(续)

序号	反应[a]	$k=AT^n\exp(-E_a/R_uT)$ [b]			—
		A	n	E_a	
326	$c\text{-}C_6H_4+H \rightleftharpoons A_1-$	1.20(+77)	-18.77	36.3	20torr,Wang 和 Frenklach,1994
		1.00(+71)	-16.88	34.2	90torr
		2.40(+60)	-13.66	29.5	760torr
	C_6H_5 和 $l\text{-}C_6H_6$ 的反应				
327	$n\text{-}C_6H_5 \rightleftharpoons A_1-$	1.30(+62)	-15.94	35.8	20torr,Wang 和 Frenklach,1994
		1.30(+59)	-14.78	35.6	90torr
		5.10(+54)	-13.11	35.7	760torr
328	$n\text{-}C_6H_5 \rightleftharpoons c\text{-}C_6H_4+H$	2.70(+65)	-15.93	59.7	20torr,Wang 和 Frenklach,1994
		1.50(+64)	-15.32	61.5	90torr
		1.30(+59)	-13.56	62.0	760torr
329	$n\text{-}C_6H_5+H \rightleftharpoons i\text{-}C_6H_5+H$	2.40(+11)	0.79	2.41	20torr,$k_{329}=k_{255}$
		9.20(+11)	0.63	2.99	90torr
		2.50(+20)	-1.67	10.80	760torr
330	$n\text{-}C_6H_5+H \rightleftharpoons C_4H_4+C_2H_2$	1.60(+19)	-1.60	2.22	20torr,$k_{330}=k_{256}$
		1.30(+20)	-1.85	2.96	90torr
		6.30(+25)	-3.34	10.01	760torr
331	$i\text{-}C_6H_5+H \rightleftharpoons C_4H_4+C_2H_2$	2.40(+19)	-1.60	2.80	20torr,$k_{331}=k_{257}$
		3.70(+22)	-2.50	5.14	90torr
		2.80(+23)	-2.55	10.78	760torr
332	$n\text{-}C_6H_5+H \rightleftharpoons l\text{-}C_6H_6$	1.10(+42)	-9.65	7.00	20torr,$k_{332}=k_{258}$
		1.10(+42)	-9.65	7.00	90torr
		2.00(+47)	-10.26	13.07	760torr
333	$i\text{-}C_6H_5+H \rightleftharpoons l\text{-}C_6H_6$	4.20(+44)	-10.27	7.89	20torr,$k_{333}=k_{259}$
		5.30(+46)	-10.68	9.27	90torr
		3.40(+43)	-9.01	12.12	760torr
334	$n\text{-}C_6H_5+H \rightleftharpoons l\text{-}C_6H_4+H_2$	1.50(+13)	—	—	$k_{334}=0.5\times k_{151}$

(续)

序号	反应^a	$k=AT^n\exp(-E_a/R_uT)$ ^{b}			—
		A	n	E_a	
335	i-C_6H_5+H $\rightleftharpoons$ l-C_6H_4+H_2	3.00(+13)	—	—	$k_{335}=k_{151}$
336	n-C_6H_5+OH $\rightleftharpoons$ l-C_6H_4+H_2O	2.50(+12)	—	—	$k_{336}=0.5\times k_{153}$
337	i-C_6H_5+OH $\rightleftharpoons$ l-C_6H_4+H_2O	5.00(+12)	—	—	$k_{337}=k_{153}$
338	n-C_6H_5+O_2 $\rightarrow$ C_4H_4+CO+HCO	4.16(+10)	—	2.5	$k_{338}=k_{285}$
339	i-C_6H_5+O_2 $\rightarrow$ CH_2CO+CH_2CO+C_2H	7.86(+16)	-1.80	—	$k_{339}=k_{264}$
340	l-C_6H_6+H+M $\rightleftharpoons$ n-C_6H_7+M	2.90(+17)	-0.52	1.0	20torr,90torr,Wang 和 Frenklach,1994
	l-C_6H_6+H $\rightleftharpoons$ n-C_6H_7	1.50(+16)	-1.69	1.6	760torr
341	l-C_6H_6+H+M $\rightleftharpoons$ c-C_6H_7+M	1.70(+28)	-4.72	2.8	20torr,90torr,Wang 和 Frenklach,1994
	l-C_6H_6+H $\rightleftharpoons$ c-C_6H_7	4.70(+27)	-6.11	3.8	760torr
342	l-C_6H_6+H $\rightleftharpoons$ A_1+H	8.70(+16)	-1.34	3.5	20torr,90torr,Wang 和 Frenklach,1994
		2.00(+18)	-1.73	4.5	760torr
343	l-C_6H_6+H $\rightleftharpoons$ n-C_6H_5+H_2	6.65(+05)	2.53	12.24	$k_{343}=0.5\times k_{159}$
344	l-C_6H_6+H $\rightleftharpoons$ i-C_6H_5+H_2	3.33(+05)	2.53	9.24	$k_{344}=0.5\times k_{292}$
345	l-C_6H_6+OH $\rightleftharpoons$ n-C_6H_5+H_2O	6.20(+06)	2.0	3.43	$k_{345}=k_{293}$
346	l-C_6H_6+OH $\rightleftharpoons$ i-C_6H_5+H_2O	3.10(+06)	2.0	0.43	$k_{346}=k_{294}$
C_6H_7 和 C_6H_8 的反应					
347	n-C_6H_7 $\rightleftharpoons$ c-C_6H_7	4.10(+24)	-7.11	3.9	20torr,Wang 和 Frenklach,1994
		3.60(+27)	-7.54	5.8	90torr
		1.20(+31)	-7.95	8.9	760torr
348	n-C_6H_7 $\rightleftharpoons$ A_1+H	8.40(+21)	-4.22	11.3	20torr,Wang 和 Frenklach,1994
		8.80(+24)	-4.86	13.4	90torr
		3.20(+26)	-4.99	15.5	760torr
349	n-C_6H_7+H $\rightleftharpoons$ i-C_6H_7+H	4.00(+41)	-8.09	19.2	20torr
		1.60(+42)	-8.18	21.8	90torr
		2.40(+49)	-10.72	15.1	760torr

(续)

序号	反应[a]	$k=AT^n\exp(-E_a/R_uT)$ [b]			—
		A	n	E_a	
350	$i\text{-}C_6H_7+H \Longleftrightarrow C_6H_8$	1.20(+60)	-13.86	21.0	20torr
		1.40(+55)	-12.32	19.3	90torr
		1.80(+39)	-7.62	11.0	760torr
351	$n\text{-}C_6H_7+H \Longleftrightarrow C_6H_8$	8.70(+69)	-17.01	24.0	20torr
		6.70(+65)	-15.64	23.2	90torr
		5.60(+48)	-10.54	14.7	760torr
352	$n\text{-}C_6H_7+H \Longleftrightarrow l\text{-}C_6H_6+H_2$	1.50(+13)	—	—	$k_{352}=0.5\times k_{151}$
353	$i\text{-}C_6H_7+H \Longleftrightarrow l\text{-}C_6H_6+H_2$	3.00(+13)	—	—	$k_{353}=k_{151}$
354	$n\text{-}C_6H_7+OH \Longleftrightarrow l\text{-}C_6H_6+H_2O$	2.50(+12)	—	—	$k_{354}=0.5\times k_{153}$
355	$i\text{-}C_6H_7+OH \Longleftrightarrow l\text{-}C_6H_6+H_2O$	5.00(+12)	—	—	$k_{355}=k_{153}$
356	$n\text{-}C_6H_7+O_2 \longrightarrow 1,3\text{-}C_4H_6+CO+HCO$	4.16(+10)	—	2.5	$k_{356}=k_{285}$
357	$i\text{-}C_6H_7+O_2 \longrightarrow CH_2CO+CH_2CO+C_2H_3$	7.86(+16)	-1.80	—	$k_{357}=k_{264}$
358	$C_6H_8+H \Longleftrightarrow n\text{-}C_6H_7+H_2$	1.33(+06)	2.53	12.24	$k_{358}=k_{159}$
359	$C_6H_8+H \Longleftrightarrow i\text{-}C_6H_7+H_2$	6.65(+05)	2.53	9.24	$k_{359}=k_{292}$
360	$C_6H_8+OH \Longleftrightarrow n\text{-}C_6H_7+H_2O$	6.20(+06)	2.0	3.43	$k_{360}=k_{293}$
361	$C_6H_8+OH \Longleftrightarrow i\text{-}C_6H_7+H_2O$	3.10(+06)	2.0	0.43	$k_{361}=k_{294}$
	苯(A_1)和苯基(A_1-)的反应				
362	$A_1+H \Longleftrightarrow c\text{-}C_6H_7$	6.60(+35)	-5.41	-5.3	20torr,Wang 和 Frenklach,1994
		4.80(+30)	-6.54	-0.9	90torr
		2.00(+38)	-8.32	6.4	760torr
363	$A_1+H \Longleftrightarrow A_1\text{-}+H_2$	2.50(+14)	—	16.0	Kiefer et al.,1985
364	$A_1+OH \Longleftrightarrow A_1\text{-}+H_2O$	1.60(+08)	1.42	1.45	Baulch et al.,1992
365	$A_1\text{-}+H(+M) \Longleftrightarrow A_1(+M)$	1.00(+14)	—	—	k_∞,p
		6.60(+75)	-16.3	7.0	$k_0/[M'],e$
		$a=1.0,T^{***}=0.1,$ $T^*=585,T^{**}=6113$			i

(续)

序号	反应[a]	$k=AT^n\exp(-E_a/R_uT)$ [b]			—
		A	n	E_a	
苯乙炔(A_1C_2H)的形成和反应					
366	$n\text{-}C_4H_3+C_4H_2 \rightleftharpoons A_1C_2H\text{-}$	2.30(+68)	-17.65	24.4	20torr, $k_{366}=k_{267}$
		9.80(+68)	-17.58	26.5	90torr
		9.60(+70)	-17.77	31.3	760torr
367	$A_1+C_2H \rightleftharpoons A_1C_2H+H$	5.00(+13)	—	—	n
368	$A_1\text{-}+C_2H_2 \rightleftharpoons n\text{-}A_1C_2H_2$	7.70(+40)	-9.19	13.4	20torr, Wang 和 Frenklach, 1994
		9.90(+41)	-9.26	15.7	90torr
		7.00(+38)	-8.02	16.4	760torr
369	$A_1\text{-}+C_2H_2 \rightleftharpoons A_1C_2H+H$	7.50(+26)	-3.96	17.1	20torr, Wang 和 Frenklach, 1994
		9.90(+30)	-5.07	21.1	90torr
		3.30(+33)	-5.70	25.5	760torr
370	$A_1C_2H+H \rightleftharpoons n\text{-}A_1C_2H_2$	1.00(+54)	-12.76	17.2	20torr, Wang 和 Frenklach, 1994
		1.20(+51)	-11.69	17.3	90torr
		3.00(+43)	-9.22	15.3	760torr
371	$A_1C_2H+H \rightleftharpoons i\text{-}A_1C_2H_2$	1.00(+54)	-12.76	17.2	20torr, $k_{371}=k_{370}$
		1.20(+51)	-11.69	17.3	90torr
		3.00(+43)	-9.22	15.3	760torr
372	$A_1C_2H+H \rightleftharpoons A_1C_2H^*+H_2$	2.50(+14)	—	16.0	$k_{372}=k_{363}$
373	$A_1C_2H+H \rightleftharpoons A_1C_2H\text{-}+H_2$	2.50(+14)	—	16.0	$k_{373}=k_{363}$
374	$A_1C_2H+OH \rightleftharpoons A_1C_2H^*+H_2O$	1.60(+08)	1.42	1.45	$k_{374}=k_{364}$
375	$A_1C_2H+OH \rightleftharpoons A_1C_2H\text{-}+H_2O$	1.60(+08)	1.42	1.45	$k_{375}=k_{364}$
376	$A_1C_2H\text{-}+H\,(+M) \rightleftharpoons A_1C_2H\,(+M)$	1.00(+14)	—	—	k_∞, $k_{376}=k_{365}$
		6.60(+75)	-16.3	7.0	$k_0/[M']$, e
		$a=1.0, T^{***}=0.1,$ $T^*=585, T^{**}=6113$			i

(续)

序号	反应[a]	$k=AT^n\exp(-E_a/R_uT)$ [b]			
		A	n	E_a	
377	$A_1C_2H^* + H(+M) \Longleftrightarrow A_1C_2H \ (+M)$	1.00(+14)	—	—	$k_\infty, k_{377}=k_{365}$
		6.60(+75)	-16.3	7.0	$k_0/[M'], e$
		$a=1.0, T^{***}=0.1,$ $T^*=585, T^{**}=6113$			i
	苯乙烯基($A_1C_2H_7$)和苯乙烯($A_1C_2H_3$)的形成和反应				
378	$A_1 + C_2H_3 \Longleftrightarrow A_1C_2H_3 + H$	7.90(+11)	—	6.4	Fahr 和 Stein,1989
379	$A_1- + C_2H_4 \Longleftrightarrow A_1C_2H_3 + H$	2.51(+12)	—	6.19	Fahr 和 Stein,1989
380	$A_1- + C_2H_3 \Longleftrightarrow A_1C_2H_3$	1.90(+48)	-10.52	17.5	20torr, p
		3.90(+38)	-7.63	12.9	90torr
		1.20(+27)	-4.22	7.2	760torr
381	$A_1- + C_2H_3 \Longleftrightarrow i\text{-}A_1C_2H_2 + H$	1.80(+31)	-4.63	31.7	20torr, p
		5.80(+18)	-1.00	26.8	90torr
		8.50(-02)	4.71	18.4	760torr
382	$A_1- + C_2H_3 \Longleftrightarrow n\text{-}A_1C_2H_2 + H$	1.50(+32)	-4.91	35.5	20torr, p
		5.10(+20)	-1.56	31.4	90torr
		9.40(+00)	4.14	23.2	760torr
383	$A_1C_2H_3 \Longleftrightarrow i\text{-}A_1C_2H_2 + H$	1.20(+46)	-9.07	118.3	20torr, p
		3.80(+37)	-6.55	114.2	90torr
		5.30(+27)	-3.63	109.3	760torr
384	$A_1C_2H_3 \Longleftrightarrow n\text{-}A_1C_2H_2 + H$	1.90(+54)	-11.39	130.2	20torr, p
		1.30(+44)	-8.36	125.4	90torr
		1.10(+32)	-4.77	119.5	760torr
385	$A_1C_2H_3 + H \Longleftrightarrow A_1C_2H_3^* + H_2$	2.50(+14)	—	16.0	$k_{385}=k_{363}$
386	$A_1C_2H_3 + OH \Longleftrightarrow A_1C_2H_3^* + H_2O$	1.60(+08)	1.42	1.45	$k_{386}=k_{364}$
387	$A_1C_2H_3^* + H(+M) \Longleftrightarrow A_1C_2H_3 \ (+M)$	1.00(+14)	—	—	$k_\infty, k_{387}=k_{365}$
		6.60(+75)	-16.3	7.0	$k_0/[M'], e$
		$a=1.0, T^{***}=0.1,$ $T^*=585, T^{**}=6113$			i

689

(续)

序号	反应^a	$k=AT^n\exp(-E_a/R_uT)$ ^{b}			—
		A	n	E_a	
388	$A_1C_2H_3+H \rightleftharpoons n\text{-}A_1C_2H_2+H_2$	6.65(+06)	2.53	12.24	$k_{388}=0.5\times k_{159}$
389	$A_1C_2H_3+H \rightleftharpoons i\text{-}A_1C_2H_2+H_2$	3.33(+05)	2.53	9.24	$k_{389}=0.5\times k_{292}$
390	$A_1C_2H_3+OH \rightleftharpoons n\text{-}A_1C_2H_2+H_2O$	3.10(+06)	2.0	3.43	$k_{390}=k_{294}$
391	$A_1C_2H_3+OH \rightleftharpoons i\text{-}A_1C_2H_2+H_2O$	1.55(+06)	2.0	0.43	$k_{391}=k_{295}$
392	$n\text{-}A_1C_2H_2+H \rightleftharpoons A_1C_2H+H_2$	1.50(+13)	—	—	$k_{392}=0.5\times k_{151}$
393	$i\text{-}A_1C_2H_2+H \rightleftharpoons A_1C_2H+H_2$	3.00(+13)	—	—	$k_{393}=k_{151}$
394	$n\text{-}A_1C_2H_2+H \rightleftharpoons i\text{-}A_1C_2H_2+H$	2.30(+37)	-6.00	35.2	20torr, p
		1.20(+25)	-2.42	30.5	90torr
		9.90(+04)	3.37	22.0	760torr
395	$n\text{-}A_1C_2H_2+OH \rightleftharpoons A_1C_2H+H_2O$	2.50(+12)	—	—	$k_{395}=0.5\times k_{153}$
396	$i\text{-}A_1C_2H_2+OH \rightleftharpoons A_1C_2H+H_2O$	5.00(+12)	—	—	$k_{396}=k_{153}$
萘(A_2)的形成和反应					
397	$A_1C_2H^*+C_2H_2 \rightleftharpoons A_2-1$	5.20(+72)	-18.11	33.9	20torr, Wang 和 Frenklach, 1994
		2.00(+72)	-17.74	36.6	90torr
		1.10(+62)	-14.56	33.1	760torr
398	$A_1C_2H^*+C_2H_2 \rightleftharpoons A_1C_2H)_2$①$+H$	5.50(+32)	-5.46	27.6	20torr, Wang 和 Frenklach, 1994
		4.80(+29)	-4.59	26.0	90torr
		1.80(+19)	-1.67	18.8	760torr
399	$A_1C_2H^*+C_2H_2 \rightleftharpoons$ 萘炔(naphthyne)$+H$	2.30(+58)	-12.87	44.6	20torr, Wang 和 Frenklach, 1994
		5.20(+64)	-14.54	52.2	90torr
		5.70(+64)	-14.41	57.0	760torr

① 原文及原始参考文献中,反应式(398)、反应式(400)、反应式(403)、反应式(486)、反应式(502)、反应式(508)、反应式(510)和反应式(511)中的 $A_1C_2H)_2$,根据化学平衡应为 $A_1(C_2H)_2$。——译者注

(续)

序号	反应^a	$k=AT^n\exp(-E_a/R_uT)^b$			—
		A	n	E_a	
400	$A_1C_2H)_2+H \Longleftrightarrow A_2-1$	2.00(+82)	-20.23	36.9	20torr, Wang 和 Frenklach, 1994
		2.00(+75)	-18.06	34.5	90torr
		6.90(+63)	-14.57	29.9	760torr
401	$A_1C_2H)_2+H \Longleftrightarrow$ 萘炔+H	3.90(+74)	-16.91	53.7	20torr, Wang 和 Frenklach, 1994
		2.70(+76)	-17.32	58.2	90torr
		1.90(+73)	-16.30	60.9	760torr
402	萘炔+H $\Longleftrightarrow A_2-1$	3.30(+65)	-16.79	37.4	20torr, Wang 和 Frenklach, 1994
		5.90(+61)	-15.42	36.5	90torr
		4.90(+52)	-12.43	33.0	760torr
403	$A_1C_2H+C_2H \Longleftrightarrow A_1C_2H)_2+H$	5.00(+13)	—	—	n
404	$A_1C_2H_3{}^*+C_2H_2 \Longleftrightarrow A_2+H$	2.10(+15)	-1.07	6.0	20torr, 90torr, aa
		1.60(+16)	-1.33	5.4	760torr
405	$n-A_1C_2H_2+C_2H_2 \Longleftrightarrow A_2+H$	2.10(+15)	-1.07	4.8	20torr, 90torr, $k_{405}=k_{290}$
		1.60(+16)	-1.33	5.4	760torr
406	$A_2+H \Longleftrightarrow A_2-1+H_2$	2.50(+14)	—	16.0	$k_{406}=k_{363}$
407	$A_2+H \Longleftrightarrow A_2-2+H_2$	2.50(+14)	—	16.0	$k_{407}=k_{363}$
408	$A_2+OH \Longleftrightarrow A_2-1+H_2O$	1.60(+08)	1.42	1.45	$k_{408}=k_{364}$
409	$A_2+OH \Longleftrightarrow A_2-2+H_2O$	1.60(+08)	1.42	1.45	$k_{409}=k_{264}$
410	$A_2-1+H(+M) \Longleftrightarrow A_2(+M)$	1.00(+14)	—	—	k_∞, p
		3.8(+127)	-31.434	18.7	$k_0/[M'], e$
		$a=0.2, T^{***}=123,$ $T^*=478, T^{**}=5412$			i
411	$A_2-2+H(+M) \Longleftrightarrow A_2(+M)$	1.00(+14)	—	—	k_∞, p
		9.5(+129)	-32.132	18.8	$k_0/[M'], e$
		$a=0.87, T^{***}=493,$ $T^*=118, T^{**}=5652$			i

(续)

序号	反应^a	$k=AT^n\exp(-E_a/R_uT)^b$			—
		A	n	E_a	
412	A_2-1+H $\rightleftharpoons$ A_2-2+H	8.80(+58)	-11.68	61.0	20torr, p
		6.50(+45)	-7.90	55.5	90torr, p
		2.40(+24)	-1.81	45.3	760torr, p
	萘乙炔(A_2C_2H)的形成和反应				
413	$A_2+C_2H \rightleftharpoons A_2C_2HA+H$	5.00(+13)	—	—	n
414	$A_2+C_2H \rightleftharpoons A_2C_2HB+H$	5.00(+13)	—	—	n
415	A_2-1+$C_2H_2 \rightleftharpoons A_2C_2H_2$	4.50(+39)	-8.71	14.3	20torr, Wang 和 Frenklach, 1994
		3.40(+43)	-9.56	18.2	90torr
		1.70(+43)	-9.12	21.1	760torr
416	A_2-1+$C_2H_2 \rightleftharpoons A_2C_2HA+H$	1.40(+22)	-2.64	17.4	20torr, Wang 和 Frenklach, 1994
		9.10(+24)	-3.39	20.4	90torr
		1.30(+24)	-3.06	22.6	760torr
417	$A_2C_2HA+H \rightleftharpoons A_2C_2H_2$	1.90(+50)	-11.63	16.2	20torr, Wang 和 Frenklach, 1994
		3.30(+51)	-11.72	18.9	90torr
		5.90(+46)	-10.03	19.1	760torr
418	$A_2C_2H_2+H \rightleftharpoons A_2C_2HA+H_2$	1.50(+13)	—	—	n
419	$A_2C_2H_2+OH \rightleftharpoons A_2C_2HA+H_2O$	2.50(+12)	—	—	n
420	$A_2C_2HA+H \rightleftharpoons A_2C_2HA^*+H_2$	2.50(+14)	—	16.0	$k_{420}=k_{363}$
421	$A_2C_2HB+H \rightleftharpoons A_2C_2HB^*+H_2$	2.50(+14)	—	16.0	$k_{421}=k_{363}$
422	$A_2C_2HA+OH \rightleftharpoons A_2C_2HA^*+H_2O$	1.60(+08)	1.42	1.45	$k_{422}=k_{364}$
423	$A_2C_2HB+OH \rightleftharpoons A_2C_2HB^*+H_2O$	1.60(+08)	1.42	1.45	$k_{423}=k_{364}$
424	$A_2C_2HB^*+H(+M) \rightleftharpoons A_2C_2HB(+M)$	1.00(+14)	—	—	$k_\infty, k_{424}=k_{410}$
		3.8(+127)	-31.434	18.7	$k_0/[M'], e$
		$a=0.2, T^{***}=123,$ $T^*=478, T^{**}=5412$			i

692

(续)

序号	反应^a	$k=AT^n\exp(-E_a/R_uT)^b$			—
		A	n	E_a	
425	$A_2C_2HA^*+H(+M) \rightleftharpoons A_2C_2HA(+M)$	1.00(+14)	—	—	$k_\infty, k_{425}=k_{411}$
		9.5(+129)	-32.132	18.8	$k_0/[M'], e$
		$a=0.87, T^{***}=493,$ $T^*=118, T^{**}=5652$			i
	菲(A_3)的形成和反应				
426	$A_2C_2HB^*+C_2H_2 \rightleftharpoons A_3-1$	5.20(+72)	-18.11	33.9	20torr, $k_{426}=k_{397}$
		2.00(+72)	-17.74	36.6	90torr
		1.10(+62)	-14.56	33.1	760torr
427	$A_2C_2HB^*+C_2H_2 \rightleftharpoons A_2C_2H)_2^①+H^{ab}$	5.50(+32)	-5.46	27.6	20torr, $k_{427}=k_{398}$
		4.80(+29)	-4.59	26.0	90torr
		1.80(+19)	-1.67	18.8	760torr
428	$A_2C_2H)_2+H \rightleftharpoons A_3-1$	2.00(+82)	-20.23	36.9	20torr, $k_{428}=k_{400}$
		2.00(+75)	-18.06	34.5	90torr
		6.90(+63)	-14.57	29.9	760torr
429	$A_2C_2HA^*+C_2H_2 \rightleftharpoons A_3-4$	5.20(+72)	-18.11	33.9	20torr, $k_{429}=k_{397}$
		2.00(+72)	-17.74	36.6	90torr
		1.10(+62)	-14.56	33.1	760torr
430	$A_2C_2HA^*+C_2H_2 \rightleftharpoons A_2C_2H)_2+H$	5.50(+32)	-5.46	27.6	20torr, $k_{430}=k_{398}$
		4.80(+29)	-4.59	26.0	90torr
		1.80(+19)	-1.67	18.8	760torr
431	$A_2C_2H)_2+H \rightleftharpoons A_3-4$	2.00(+82)	-20.23	36.9	20torr, $k_{431}=k_{399}$
		2.00(+75)	-18.06	34.5	90torr
		6.90(+63)	-14.57	29.9	760torr
432	$A_2C_2HA+C_2H \rightleftharpoons A_2C_2H)_2+H$	5.00(+13)	—	—	n
433	$A_2C_2HB+C_2H \rightleftharpoons A_2C_2H)_2+H$	5.00(+13)	—	—	n
434	$A_3+H \rightleftharpoons A_3-1+H_2$	2.50(+14)	—	16.0	$k_{434}=k_{363}$
435	$A_3+H \rightleftharpoons A_3-4+H_2$	2.50(+14)	—	16.0	$k_{435}=k_{363}$

① 原文及原始参考文献中,反应式(427)、反应式(428)、反应式(430)、反应式(431)、反应式(432)和反应式(433)中的 $A_2C_2H)_2$,根据化学平衡应为 $A_2(C_2H)_2$。——译者注

(续)

序号	反应[a]	$k=AT^n\exp(-E_a/R_uT)$ [b]			—
		A	n	E_a	
436	$A_3+OH \rightleftharpoons A_3-1+H_2O$	1.60(+08)	1.42	1.45	$k_{436}=k_{364}$
437	$A_3+OH \rightleftharpoons A_3-4+H_2O$	1.60(+08)	1.42	1.45	$k_{437}=k_{364}$
438	$A_3-1+H(+M) \rightleftharpoons A_3(+M)$	1.00(+14)	—	—	k_∞,p
		4.0(+148)	-37.51	20.6	$k_0/[M'],e$
		$a=1, T^{***}=1,$ $T^*=145, T^{**}=5633$			i
439	$A_3-4+H(+M) \rightleftharpoons A_3(+M)$	1.00(+14)	—	—	k_∞,p
		2.1(+139)	-34.80	18.4	$k_0/[M'],e$
		$a=1, T^{***}=1,$ $T^*=171, T^{**}=4993$			i
440	$A_3-1+H \rightleftharpoons A_3-4+H$	1.70(+72)	-15.22	77.2	20torr,p
		9.30(+58)	-11.45	71.1	90torr
		3.80(+40)	-6.31	61.8	760torr
	芘(A_4)的形成和反应				
441	$A_3+C_2H \rightleftharpoons A_3C_2H+H$	5.00(+13)	—	—	n
442	$A_3-4+C_2H_2 \rightleftharpoons A_3C_2H_2$	6.70(+45)	-10.55	21.2	20torr, Wang 和 Frenklach, 1994
		6.50(+53)	-12.59	26.9	90torr
		8.00(+61)	-14.50	34.8	760torr
443	$A_3-4+C_2H_2 \rightleftharpoons A_3C_2H+H$	8.00(+17)	-1.21	22.6	20torr, Wang 和 Frenklach, 1994
		3.40(+12)	0.34	19.7	90torr
		1.20(+26)	-3.44	30.2	760torr
444	$A_3-4+C_2H_2 \rightleftharpoons A_4+H$	4.00(+23)	-3.20	14.4	20torr, Wang 和 Frenklach, 1994
		8.90(+24)	-3.56	15.9	90torr
		3.30(+24)	-3.36	17.8	760torr
445	$A_3C_2H+H \rightleftharpoons A_3C_2H_2$	5.20(+47)	-11.05	14.7	20torr, Wang 和 Frenklach, 1994
		1.40(+56)	-13.21	21.0	90torr
		1.90(+64)	-15.12	29.3	760torr

(续)

序号	反应[a]	$k=AT^n\exp(-E_a/R_uT)$ [b]			—
		A	n	E_a	
446	$A_3C_2H+H \rightleftharpoons A_4+H$	6.80(+26)	-4.07	9.5	20torr,Wang 和 Frenklach,1994
		4.20(+27)	-4.25	10.9	90torr
		9.00(+38)	-7.39	20.7	760torr
447	$A_3C_2H_2 \rightleftharpoons A_4+H$	7.30(+48)	-11.86	28.1	20torr,Wang 和 Frenklach,1994
		6.30(+59)	-14.70	36.9	90torr
		2.00(+63)	-15.28	43.2	760torr
448	$A_4+H \rightleftharpoons A_4-+H_2$	2.50(+14)	—	16.0	$k_{448}=k_{363}$
449	$A_4+OH \rightleftharpoons A_4-+H_2O$	1.60(+08)	1.42	1.45	$k_{449}=k_{364}$
450	$A_4-+H \rightleftharpoons A_4$	1.00(+14)	—	—	n
	联苯(P_2)的形成和反应				
451	$A_1+A_1- \rightleftharpoons P_2+H$	5.60(+12)	-0.074	7.55	20torr,p
		1.50(+14)	-0.45	8.92	90torr
		1.10(+23)	-2.92	15.89	760torr
452	$A_1+A_1- \rightleftharpoons P_2-H$	8.10(+36)	-8.62	9.13	20torr,p
		2.20(+36)	-8.21	9.92	90torr
		3.70(+32)	-6.74	9.87	760torr
453	$P_2+H \rightleftharpoons P_2-H$	1.16(+41)	-9.51	10.83	20torr,p
		2.40(+40)	-9.06	11.57	90torr
		6.82(+35)	-7.37	11.23	760torr
454	$A_1-+A_1- \rightleftharpoons P_2$	3.80(+31)	-5.75	7.95	20torr,p
		6.10(+25)	-4.00	5.59	90torr
		2.00(+19)	-2.05	2.90	760torr
455	$A_1-+A_1- \rightleftharpoons P_2-+H$	7.00(+23)	-2.33	38.54	20torr,p
		8.60(+13)	0.50	34.82	90torr
		2.30(-01)	4.62	28.95	760torr
456	$P_2 \rightleftharpoons P_2-+H$	9.00(+37)	-6.63	119.58	20torr,p
		8.10(+31)	-4.79	117.12	90torr
		1.10(+25)	-2.72	114.27	760torr

(续)

序号	反应^a	$k=AT^n\exp(-E_a/R_uT)^b$			—
		A	n	E_a	
457	$P_2+H \rightleftharpoons P_2-+H_2$	2.50(+14)	0.0	16.0	$k_{457}=k_{363}$
458	$P_2+OH \rightleftharpoons P_2-+H_2O$	1.60(+08)	1.42	1.45	$k_{458}=k_{364}$
459	$P_2-+C_2H_2 \rightleftharpoons A_3+H$	4.60(+06)	1.97	7.3	$k_{459}=k_{\infty,442}$
苯的氧化					
460	$A_1+O \rightleftharpoons C_6H_5O+H$	2.20(+13)	—	4.53	Baulch et al.,1992
461	$A_1+OH \rightleftharpoons C_6H_5OH+H$	1.30(+13)	—	10.6	Baulch et al.,1992
462	$A_1-+O_2 \rightleftharpoons C_6H_5O+O$	2.10(+12)	—	7.47	Lin 和 Lin,1986,见相应文献
463	$C_6H_5O \rightleftharpoons CO+C_5H_5$	2.50(+11)	—	43.9	Lin 和 Lin,1986
464	$C_6H_5O+H(+M) \rightleftharpoons C_6H_5OH(+M)$	2.50(+14)	—	—	k_∞,Davis et al.,1996
		1.00(+94)	-21.84	13.9	$k_0/[M']$,e
		$a=0.043, T^{***}=304,$ $T^*=60000, T^{**}=5896$			i
465	$C_6H_5O+H \rightleftharpoons CO+C_5H_6$	3.00(+13)	—	—	n
466	$C_6H_5O+O \longrightarrow HCO+2C_2H_2+CO$	3.00(+13)	—	—	n
467	$C_6H_5OH+H \rightleftharpoons C_6H_5O+H_2$	1.15(+14)	—	12.4	He,Mallard 和 Tsang,1988
468	$C_6H_5OH+O \rightleftharpoons C_6H_5O+OH$	2.80(+13)	—	7.35	Emdee,1992
469	$C_6H_5OH+OH \rightleftharpoons C_6H_5O+H_2O$	6.00(+12)	—	—	He,Mallard 和 Tsang,1988
470	$C_5H_5+H(+M) \rightleftharpoons C_5H_6(+M)$	1.00(+14)	—	—	k_∞,Davis et al.,1996
		4.40(+80)	-18.28	13.0	$k_0/[M']$,e
		$a=0.068, T^{***}=401,$ $T^*=4136, T^{**}=5502$			i
471	$C_5H_5+O \rightleftharpoons n\text{-}C_4H_5+CO$	1.00(+14)	—	—	Emdee,Brezinsky 和 Glassman,1992
472	$C_5H_5+OH \rightleftharpoons C_5H_4OH+H$	5.00(+12)	—	—	n
473	$C_5H_5+HO_2 \rightleftharpoons C_5H_5O+OH$	3.00(+13)	—	—	Emdee,Brezinsky 和 Glassman,1992
苯的氧化					
474	$C_5H_6+H \rightleftharpoons C_5H_5+H_2$	2.20(+08)	1.77	3.0	Emdee,Brezinsky 和 Glassman,1992

(续)

序号	反应^a	$k=AT^n\exp(-E_a/R_uT)$ ^{b}			—
		A	n	E_a	
475	$C_5H_6+O \rightleftharpoons C_5H_5+OH$	1.80(+13)	—	3.08	Emdee, Brezinsky 和 Glassman, 1992
476	$C_5H_6+OH \rightleftharpoons C_5H_5+H_2O$	3.43(+09)	1.18	−0.447	Emdee, Brezinsky 和 Glassman, 1992
477	$C_5H_5O \rightleftharpoons n\text{-}C_4H_5+CO$	2.50(+11)	—	43.9	Emdee, Brezinsky 和 Glassman, 1992
478	$C_5H_5O+H \rightleftharpoons CH_2O+2C_2H_2$	3.00(+13)	—	—	n
479	$C_5H_5O+O \rightleftharpoons CO_2+n\text{-}C_4H_5$	3.00(+13)	—	—	n
480	$C_5H_4OH \rightleftharpoons C_5H_4O+H$	2.10(+13)	—	48.0	Emdee, 1992
481	$C_5H_4OH+H \rightleftharpoons CH_2O+2C_2H_2$	3.00(+13)	—	—	n
482	$C_5H_4OH+O \rightleftharpoons CO_2+n\text{-}C_4H_5$	3.00(+13)	—	—	n
483	$C_5H_4O \rightleftharpoons CO+C_2H_2+C_2H_2$	1.00(+15)	—	78.0	Emdee, 1992
484	$C_5H_4O+O \rightleftharpoons CO_2+2C_2H_2$	3.00(+13)	—	—	n
	PAH 被 OH 氧化				
485	$A_1C_2H+OH \longrightarrow A_1\text{-}+CH_2CO$	2.18(−04)	4.5	−1.0	$k_{485}=k_{139}$
486	$A_1C_2H)_2+OH \longrightarrow A_1C_2H\text{-}+CH_2CO$	2.18(−04)	4.5	−1.0	$k_{486}=k_{139}$
487	$A_2C_2HA+OH \longrightarrow A_2\text{-}1+CH_2CO$	2.18(−04)	4.5	−1.0	$k_{487}=k_{139}$
488	$A_2C_2HB+OH \longrightarrow A_2\text{-}2+CH_2CO$	2.18(−04)	4.5	−1.0	$k_{488}=k_{139}$
489	$A_3C_2H+OH \longrightarrow A_3\text{-}4+CH_2CO$	2.18(−04)	4.5	−1.0	$k_{489}=k_{139}$
490	$A_1C_2H+OH \longrightarrow C_6H_5O+C_2H_2$	1.30(+13)	—	10.6	$k_{490}=k_{461}$
491	$A_1C_2H_3+OH \longrightarrow C_6H_5O+C_2H_4$	1.30(+13)	—	10.6	$k_{491}=k_{461}$
492	$A_1C_2H)_2+OH \longrightarrow C_4H_2+C_6H_5O$	1.30(+13)	—	10.6	$k_{492}=k_{461}$
493	$A_2+OH \longrightarrow A_1C_2H+CH_2CO+H$	1.30(+13)	—	10.6	$k_{493}=k_{461}$
494	$A_2C_2HA+OH \longrightarrow A_1C_2H+H_2C_4O+H$	1.30(+13)	—	10.6	$k_{494}=k_{461}$
495	$A_2C_2HB+OH \longrightarrow A_1C_2H+H_2C_4O+H$	1.30(+13)	—	10.6	$k_{495}=k_{461}$
496	$A_3+OH \longrightarrow A_2C_2HB+CH_2CO+H$	6.50(+12)	—	10.6	$k_{496}=0.5\times k_{461}$
497	$A_3+OH \longrightarrow A_2C_2HA+CH_2CO+H$	6.50(+12)	—	10.6	$k_{497}=0.5\times k_{461}$
498	$A_3C_2H+OH \longrightarrow A_2C_2HA+H_2C_4O+H$	6.50(+12)	—	10.6	$k_{498}=0.5\times k_{461}$
499	$A_3C_2H+OH \longrightarrow A_2C_2HB+H_2C_4O+H$	6.50(+12)	—	10.6	$k_{499}=0.5\times k_{461}$
500	$A_4+OH \longrightarrow A_3\text{-}4+CH_2CO$	1.30(+13)	—	10.6	$k_{500}=k_{461}$

(续)

序号	反应[a]	$k=AT^n\exp(-E_a/R_uT)$ [b]			—
		A	n	E_a	
PAH 被 O 氧化					
501	$A_1C_2H+O\longrightarrow HCCO+A_1-$	2.04(+07)	2.0	1.9	$k_{501}=k_{137}+k_{139}$
502	$A_1C_2H)_2+O\longrightarrow HCCO+A_1C_2H-$	2.04(+07)	2.0	1.9	$k_{502}=k_{137}+k_{139}$
503	$A_1C_2H_3+O\longrightarrow A_1-+CH_3+CO$	1.92(+07)	1.83	0.22	$k_{503}=k_{160}$
504	$A_2C_2HA+O\longrightarrow HCCO+A_2-1$	2.04(+07)	2.0	1.9	$k_{504}=k_{137}+k_{139}$
505	$A_2C_2HB+O\longrightarrow HCCO+A_2-2$	2.04(+07)	2.0	1.9	$k_{505}=k_{137}+k_{139}$
506	$A_1C_2H+O\longrightarrow C_2H+C_6H_5O$	2.20(+13)	—	4.53	$k_{506}=k_{460}$
507	$A_1C_2H_3+O\longrightarrow C_2H_3+C_6H_5O$	2.20(+13)	—	4.53	$k_{507}=k_{460}$
508	$A_1C_2H)_2+O\longrightarrow C_6H_5O+C_4H$	2.20(+13)	—	4.53	$k_{508}=k_{460}$
509	$A_2+O\longrightarrow CH_2CO+A_1C_2H$	2.20(+13)	—	4.53	$k_{509}=k_{460}$
510	$A_2C_2HA+O\longrightarrow A_1C_2H)_2+CH_2CO$	2.20(+13)	—	4.53	$k_{510}=k_{460}$
511	$A_2C_2HB+O\longrightarrow A_1C_2H)_2+CH_2CO$	2.20(+13)	—	4.53	$k_{511}=k_{460}$
512	$A_3+O\longrightarrow A_2C_2HA+CH_2CO$	1.10(+13)	—	4.53	$k_{512}=0.5\times k_{460}$
513	$A_3+O\longrightarrow A_2C_2HB+CH_2CO$	1.10(+13)	—	4.53	$k_{513}=0.5\times k_{460}$
514	$A_3C_2H+O\longrightarrow A_2C_2HA+H_2C_4O$	1.10(+13)	—	4.53	$k_{514}=0.5\times k_{460}$
515	$A_3C_2H+O\longrightarrow A_2C_2HB+H_2C_4O$	1.10(+13)	—	4.53	$k_{515}=0.5\times k_{460}$
516	$A_4+O\longrightarrow A_3-4+HCCO$	2.20(+13)	—	4.53	$k_{516}=k_{460}$
PAH 被 O_2 氧化					
517	$A_1C_2H^*+O_2\longrightarrow l-C_6H_4+CO+HCO$	2.10(+12)	—	7.47	$k_{517}=k_{462}$
518	$A_1C_2H-+O_2\longrightarrow l-C_6H_4+CO+HCO$	2.10(+12)	—	7.47	$k_{518}=k_{462}$
519	$A_1C_2H_3^*+O_2\longrightarrow l-C_6H_6+CO+HCO$	2.10(+12)	—	7.47	$k_{519}=k_{462}$
520	$n-A_1C_2H_2+O_2\longrightarrow A_1-+CO+CH_2O$	1.00(+11)	—	—	n
521	$A_2-1+O_2\longrightarrow A_1C_2H+HCO+CO$	2.10(+12)	—	7.47	$k_{521}=k_{462}$
522	$A_2-2+O_2\longrightarrow A_1C_2H+HCO+CO$	2.10(+12)	—	7.47	$k_{522}=k_{462}$
523	$A_2C_2HA^*+O_2\longrightarrow A_2-1+CO+CO$	2.10(+12)	—	7.47	$k_{523}=k_{462}$
524	$A_2C_2HB^*+O_2\longrightarrow A_2-2+CO+CO$	2.10(+12)	—	7.47	$k_{524}=k_{462}$
525	$A_3-4+O_2\longrightarrow A_2C_2HB+HCO+CO$	2.10(+12)	—	7.47	$k_{525}=k_{462}$
526	$A_3-1+O_2\longrightarrow A_2C_2HA+HCO+CO$	2.10(+12)	—	7.47	$k_{526}=k_{462}$
527	$A_4-+O_2\longrightarrow A_3-4+CO+CO$	2.10(+12)	—	7.47	$k_{527}=k_{462}$

注：† A_1 表示苯。

‡ A_1- 表示苯基(苯减去一个氢原子)。

^{a} 具有符号"⇌"的反应可逆,那些具有"→"的反应不可逆。

^{b} 单位为 mol、cm、s 和 kcal。括号中的数字表示 10 的幂次。通过平衡常数计算反向速率系数。

^{c} 第三体增强因子：$H_2 = 0.0967T^{0.4}$, $H_2O = 60T^{-0.25}$, $CH_4 = 2$, $CO_2 = 550T^{-1.0}$, $C_2H_6 = 3$ 以及 $Ar = 0.63$。

^{d} 第三体增强因子：$H_2 = 0.73$, $H_2O = 3.65$, $CH_4 = 2.0$, $C_2H_6 = 3.0$ 以及 $Ar = 0.38$。

^{e} 第三体增强因子：$H_2 = 2$, $H_2O = 6$, $CH_4 = 2$, $CO = 1.5$, $CO_2 = 2$, $C_2H_6 = 3$ 以及 $Ar = 0.7$。

^{f} 第三体增强因子：$H_2 = 2.4$, $H_2O = 15.4$, $CH_4 = 2$, $CO = 1.75$, $CO_2 = 3.6$, $C_2H_6 = 3$ 以及 $Ar = 0.83$。

^{g} 第三体增强因子：$O_2 = 107T^{-0.86}$, $H_2O = 3.35T^{0.1}$, $CO = 0.75$, $CO_2 = 1.5$, $C_2H_6 = 1.5$, $N_2 = 134T^{-0.86}$ 以及 $Ar = 0.25T^{0.06}$。

^{h} $[M'] = \Sigma_i \beta_i C_i$,其中:$\beta_i$ 为第三体增强因子,其值在注释 e 中给出,C_i 为物质 i 的浓度。

^{i} Troe 展宽因子,$F_c(T) = (1-a)\exp(-T/T^{***}) + a\exp(-T/T^*) + \exp(-T^{**}/T)$。

^{j} 第三体增强因子：$H_2 = 2$, $O_2 = 6$, $H_2O = 6$, $CH_4 = 2$, $CO = 1.5$, $CO_2 = 3.5$, $C_2H_6 = 3$ 以及 $Ar = 0.5$。

^{k} 在 Frenklach et al. (1995) 中将产物从 HCO+OH 改为 CO+H+H(见相应文献)。

^{l} $[M']$ 在注释 h 中定义。第三体增强因子：$H_2 = 2$, $H_2O = 6.0$, $CH_4 = 2$, $CO = 1.5$, $CO_2 = 2$ 以及 $C_2H_6 = 3.0$。

^{m} 基于 Koshi et al. (1992) 和 Farhat et al. (1993) 所报道的速率数据估计得到。

^{n} 估计值。

^{o} Koshi et al. (1992) 和 Farhat et al. (1993) 所报道的速率系数的平均值。

^{p} 见 Wang 和 Frenklach(1997) 的附录。

^{q} 速率系数表达式取自 Tsang 和 Hampson(1986),为解释现有研究和 Tsang 和 Hampson(1986) 之间在 C_2H_3 的 $\Delta_f H°$ 上的差异,将活化能加了 3.2kcal/mol。

^{r} 通过将 Homann 和 Wellman(1983) 以及 Braun 和 Unkohoff(1989) 所报道的速率系数取平均而得到 k_∞。通过拟合 Wu 和 Kern(1987) 和 Hidaka et al. (1989) 所报道的高温数据而得到 k_0 和 F_c。

^{s} 假设等于 $C_2H_3 + CH_3(+M) \rightleftharpoons C_3H_6(+M)$ 的有关数据。通过用 $<E_{down}> = 600cm^{-1}$ 对 Tsang 和 Hampson(1986) 的 RRKM 结果进行拟合,得到 k_∞、k_0 和衰减参数。$[M']$ 在注释 h 中定义。第三体增强因子在注释 e 中给出。

^{t} 基于理论研究(Hammond et al. ,1990) 估计得到。

^{u} 假设温度指数等于 2(见相应文献),通过拟合 Liu et al. (1988) 所报道的速率数据得到速率系数表达式。

^{v} 为解释 n-C_4H_3 和 i-C_4H_3 之间的能量差,假设 A 因子等于 k_{271} 的相应因子的一半,E 降低 3kcal/mol (见相应文献)。

^{w} 为解释 n-C_4H_5 和 i-C_4H_5 之间的能量差,假设 A 因子等于 k_{291} 的相应因子的一半,E 降低 3kcal/mol (见相应文献)。

^{x} 为解释 n-C_4H_5 和 i-C_4H_5 之间的能量差,假设 A 因子等于 k_{294} 的相应因子,E 增加 3 kcal/mol(见相应文献)。

^{y} 速率系数表达式是通过拟合 Liu et al. (1988) 报道的速率数据,并假设温度指数等于 2 获得的。(见相应文献)。

^{z} 假定速率系数等于 C_3H_6 的类似反应的速率系数。后者的系数来自 Tsang(1991)。

^{aa} 速率系数表达式与类似反应 290 的速率系数表达式相同,但为解释 C_2H_2 向 n-C_4H_5 加成和向苯基加成之间的能垒差,在活化能中增加了 1.2kcal/mol(Wang 和 Frenklach,1994)。

^{ab} 分子 A_2C_2H)[①] 由一个萘分子组成,该萘分子的两个相邻的氢原子被·C≡CH 官能团取代。改自 Wang 和 Frenklach,1997。

---

① 标注 ab 出现在反应 427,根据前文,A_2 表示萘,因此将原文该句中的"苯"改为"萘"。——译者注

表 D-2 热化学性质

物质[a]	$\Delta_f H^\circ_{298}$/ (kcal/mol)	S°_{298}/ (cal/mol·K)	$C^\circ_p(T)$/(cal/mol·K)						参考文献/备注
			300	500	1000	1500	2000	2500	
C_2O	68.5	55.68	10.3	11.7	13.7	14.6	15.2	15.4	Kee et al., 1987
C_2H_3O	6.1	64.28	13.9	20.5	23.4	26.4	28.2	29.1	Burcat et al., 1990
C_3H_2	106.5	56.22	13.2	17.0	21.6	24.1	25.8	26.7	Kee et al., 1987
C_3H_3	83.1	61.48	15.8	19.5	25.0	27.5	29.2	30.1	Kee et al., 1987
$\alpha\text{-}C_3H_4$	45.2	54.89	14.1	19.8	28.0	32.0	34.2	35.3	Kee et al., 1987
$p\text{-}C_3H_4$	44.0	49.49	14.6	19.7	27.7	31.8	34.0	35.2	Kee et al., 1987
C_4H	192.9	63.47	16.0	18.9	22.4	24.1	25.2	25.7	b
C_4H_2	112.0	61.18	17.7	21.9	26.6	29.0	30.5	31.2	c
H_2C_4O	54.6	66.43	17.3	21.8	28.7	31.5	33.3	34.2	Kee et al., 1987
$n\text{-}C_4H_3$	127.1	67.98	17.7	23.3	30.1	33.4	35.0	35.9	Wang 和 Frenklach, 1994
$i\text{-}C_4H_3$	119.1	70.18	19.9	24.5	30.6	33.6	35.2	36.0	d
C_4H_4	68.0	66.57	17.5	24.5	33.7	38.0	40.2	41.3	Wang 和 Frenklach, 1994
$n\text{-}C_4H_5$	85.4	69.46	18.8	26.5	37.1	42.3	45.1	46.4	Wang 和 Frenklach, 1994
$i\text{-}C_4H_5$	77.4	68.46	18.1	26.0	37.0	42.2	45.2	46.5	Wang 和 Frenklach, 1994
$1,3\text{-}C_4H_6$	26.3	66.40	18.3	27.3	40.5	46.8	50.2	51.8	Wang 和 Frenklach, 1994
$1,2\text{-}C_4H_6$	39.3	69.71	19.3	27.5	40.1	45.6	49.5	51.3	Burcat et al., 1990
C_5H_2	165.3	63.69	19.9	26.0	32.8	35.4	36.9	37.6	Kee et al., 1987

(续)

物质[a]	$\Delta_f H^\circ_{298}$ / (cal/mol)	S°_{298} / (cal/mol·K)	$C_p^\circ(T)$ / (cal/mol·K)							参考文献/备注
			300	500	1000	1500	2000	2500		
C_5H_3	135.4	70.53	21.0	27.0	34.9	38.5	40.6	41.7		Kee et al.,1987
C_5H_4O	11.0	67.14	18.4	28.9	43.3	49.0	51.8	53.4		Burcat et al.,1990
C_5H_5	63.5	66.79	18.4	29.6	42.8	48.1	51.1	52.7		Burcat et al.,1990
C_5H_5O	19.3	73.53	21.6	33.5	48.1	53.7	57.0	58.7		Burcat et al.,1990
C_5H_4OH	19.2	74.08	23.0	34.5	47.6	52.9	55.9	57.6		Burcat et al.,1990
C_5H_6	31.9	65.49	18.2	30.2	45.8	52.1	55.8	57.7		Burcat et al.,1990
C_6H	250.4	75.97	22.0	27.0	32.1	34.2	35.5	36.3		e
C_6H_2	169.5	74.35	24.8	30.7	37.0	39.8	41.5	42.4		f
C_6H_3	174.7	78.76	24.9	32.3	41.1	44.9	46.7	47.8		d
l-C_6H_4	123.5	76.82	25.2	34.0	44.8	49.5	52.0	53.1		Wang 和 Frenklach,1994
c-C_6H_4	106.0	67.85	19.3	30.0	43.3	48.7	51.6	52.7		Wang 和 Frenklach,1994
n-C_6H_5	140.9	80.50	26.2	35.9	48.3	53.9	57.0	58.3		Wang 和 Frenklach,1994
i-C_6H_5	132.9	78.77	24.9	35.0	48.0	53.8	57.2	58.2		d
C_6H_5O	11.4	73.56	22.7	35.7	52.2	58.5	62.3	64.3		Kee et al.,1987
C_6H_5OH	−23.0	75.24	24.9	38.6	55.6	62.4	66.5	68.7		Kee et al.,1987
l-C_6H_6	81.8	78.91	25.8	36.9	51.7	58.4	62.2	63.6		Wang 和 Frenklach,1994
c-C_6H_7	49.9	72.00	21.7	35.7	54.5	62.6	67.2	68.7		Wang 和 Frenklach,1994

(续)

物质[a]	$\Delta_f H^\circ_{298}$/ (cal/mol)	S°_{298}/ (cal/mol·K)	$C^\circ_p(T)$/(cal/mol·K)						参考文献/备注
			300	500	1000	1500	2000	2500	
$n\text{-}C_6H_7$	99.3	82.08	27.3	39.0	55.2	62.7	67.2	68.7	Wang 和 Frenklach,1994
$i\text{-}C_6H_7$	91.3	79.57	25.5	37.7	54.7	62.6	67.1	68.7	d
C_6H_8	40.2	79.83	26.7	39.7	58.5	67.2	72.4	74.0	Wang 和 Frenklach,1994
A_1-	78.6	68.62	18.5	30.6	46.3	52.8	56.4	57.8	Wang 和 Frenklach,1993,1994
A_1	20.0	64.40	19.6	32.7	50.1	57.5	61.7	63.2	Wang 和 Frenklach,1993,1994
$A_1C_2H^*$	133.2	78.03	26.5	40.4	57.5	64.4	68.5	69.5	Wang 和 Frenklach,1993,1994
A_1C_2H-	132.7	78.06	26.5	40.5	57.6	64.6	68.1	69.8	Wang 和 Frenklach,1993,1994
A_1C_2H	73.8	76.41	27.9	43.1	61.8	69.5	73.7	75.2	Wang 和 Frenklach,1993,1994
$n\text{-}A_1C_2H_2$	94.5	86.02	28.0	43.6	63.9	72.5	77.7	79.1	Wang 和 Frenklach,1993,1994
$i\text{-}A_1C_2H_2$	86.5	81.30	28.0	43.8	64.6	73.5	78.5	80.2	d
$A_1C_2H_3^*$	92.4	84.52	26.5	42.3	63.4	72.5	77.1	79.3	g
$A_1C_2H_3$	35.4	81.33	28.5	45.4	68.2	78.0	83.8	85.4	g
$(A_1C_2H)_2$	129.0	84.50	35.5	52.5	72.7	80.8	85.7	86.7	Wang 和 Frenklach,1993,1994
萘炔(naphthyne)	119.7	82.17	30.6	48.4	70.9	79.8	85.1	86.2	Miller 和 Melius,1992
A_2-1	94.7	83.13	30.4	49.7	74.5	84.4	90.2	91.6	Wang 和 Frenklach,1993,1994
A_2-2	94.3	83.33	30.8	49.8	74.5	84.4	90.2	91.6	g
A_2	35.8	80.26	31.8	52.1	78.4	89.2	95.4	97.1	Wang 和 Frenklach,1993,1994

(续)

物质[a]	$\Delta_f H^\circ_{298}/$ (cal/mol)	$S^\circ_{298}/$ (cal/mol·K)	$C^\circ_p(T)/$(cal/mol·K)						参考文献/备注
			300	500	1000	1500	2000	2500	
$A_2C_2HA^*$	149.6	91.34	38.5	59.7	85.8	96.1	101.9	105.6	h,i
$A_2C_2HB^*$	149.2	91.68	38.5	59.8	85.8	96.1	102.1	105.4	h,j
A_2C_2HA	90.6	91.21	39.7	62.1	89.7	100.8	107.4	108.8	h,k
A_2C_2HB	89.6	91.28	39.9	62.1	89.7	101.0	106.6	109.3	h,l
$A_2C_2H_2$	112.3	100.77	40.1	62.9	92.1	104.2	111.1	113.2	Wang 和 Frenklach, 1994
$(A_2C_2H)_2$[①]	176.2	102.67	49.2	73.0	101.6	113.1	118.7	121.3	h
A_3-1	108.5	97.30	42.9	69.2	102.8	116.1	123.8	125.6	g
A_3-4	107.5	97.05	42.7	69.2	102.8	116.1	123.9	125.5	g
A_3	49.6	95.74	43.9	71.4	106.7	120.8	129.1	130.9	Wang 和 Frenklach, 1993, 1994
A_3C_2H	109.1	105.28	52.2	81.5	118.1	132.5	140.7	142.9	Wang 和 Frenklach, 1993, 1994
$A_3C_2H_2$	130.4	112.84	52.0	82.1	120.4	135.9	144.5	147.2	Wang 和 Frenklach, 1994
A_4-	112.4	99.56	46.8	76.1	113.0	127.4	134.4	137.7	g
A_4	53.9	95.79	48.7	79.2	117.3	132.2	140.7	142.7	Wang 和 Frenklach, 1993, 1994
P_2-1	102.0	96.70	37.1	61.0	91.6	103.9	111.1	113.0	g
P_2	43.4	93.75	38.2	63.1	95.4	108.6	116.5	118.3	g

① 原文有误。——译者注

（续）

物质[a]	$\Delta_f H°_{298}/$ (cal/mol)	$S°_{298}/$ (cal/mol·K)	$C°_p(T)/$(cal/mol·K)						参考文献/备注
			300	500	1000	1500	2000	2500	
P$_2$-H	79.0	100.12	39.7	65.9	99.8	113.7	121.6	124.1	h

注:[a] $O、O_2、H、H_2、OH、H_2O、HO_2、H_2O_2、C、CH、CH_2、CH_2^*$、$CH_3、CH_4、CO、CO_2、HCO、CH_2O、CH_2OH、CH_3O、CH_3OH、C_2H、C_2H_2、C_2H_3、C_2H_4、C_2H_5、C_2H_6、CH_2CO、$HCCO 和 HCCOH 的热力学数据取自 GRI-Mech1.2(Frenklach et al.,1995)。

[b] 用132.9kcal/mol 的 C—H 烯键解离能(298K 下)计算得到 $\Delta_f H°_{298}$,该解离能与 C_2H 和 C_2H 的烯键解离能赋值一致。$S°_{298}$ 和 $C°_p$ 数据取自 Wang(1992)。

[c] $\Delta_f H°_{298}$ 取自 Stull et al.(1969)。$S°_{298}$ 和 $C°_p$ 数据取自 Burcat et al.(1990)。

[d] 共振稳定基团的 $\Delta_f H°_{298}$ 值是以111.1kcal/mol 的 C—H 烯键解离能(298K 下)(与 C_2H_3 和 C_2H_4 的烯键解离能赋值一致)减去 8kcal/mol 的共振稳定能为基础计算得到的(见相应文献)。$S°_{298}$ 和 $C°_p$ 数据是使用 Wang 和 Frenklach(1994)中所描述的方法得到的。

[e] 从 C_2H 和 C_4H 的数据和一个"完全可加"的关系,推导出 $P(C_6H)=2P(C_4H)-P(C_2H)$。

[f] 从 C_2H_2 和 C_4H_2 的数据和一个"完全可加"的关系,推导出 $P(C_6H_2)=2P(C_4H_2)-P(C_2H_2)$。

[g] $\Delta_f H°_{298}$ 取自 Wang(1993)。$S°_{298}$ 和 $C°_p$ 数据是使用 Wang 和 Frenklach(1994)中所描述的方法得到的。

[h] $\Delta_f H°_{298}$ 是使用 Wang 和 Frenklach(1994)中所描述的 AM1-GC 法计算得到的。$S°_{298}$ 和 $C°_p$ 数据是使用 Wang 和 Frenklach(1994)中所描述的方法得到的。

[i] 1-乙炔基-2-萘基。

[j] 2-乙炔基-1-萘基。

[k] 1-乙炔基苯。

[l] 2-乙炔基萘。

$A_1、A_2、A_3$ 和 A_4 在附录 D 表 D-1 中已说明过。

改自 Wang 和 Frenklach,1997。

附录 E 粒度——U.S. 筛孔尺寸与 Tyler 筛目的对照

在多相燃烧领域,我们经常遇到不同大小的未燃烧和部分燃烧的颗粒。在美国,这些大小常用 U.S. 筛孔尺寸或 Tyler 筛目的标准测量值来表示。筛分或过筛是将颗粒(或药粒)混合物分离为两个或更多尺寸大小的方法(见表 E-1 和表 E-2[①])。超过筛目大小的颗粒留在筛子上,而小于筛目的颗粒能穿过筛子。可将筛孔叠加使用,将样本分成不同大小的部分,从而确定粒度分布。筛孔和筛目通常用于较大的颗粒尺寸,$d_p \geqslant 37 \mu m (0.037 mm)$。

表 E-1 标准 U.S 筛孔尺寸和 Tyler 筛目尺寸

U.S. 筛孔尺寸	Tyler 筛目(mesh)尺寸/目	筛孔大小/mm	筛孔大小/英寸
—	2½	8.00	0.312
—	3	6.73	0.265
No. 3½	3½	5.66	0.233
No. 4	4	4.76	0.187
No. 5	5	4.00	0.157
No. 6	6	3.36	0.132
No. 7	7	2.83	0.111
No. 8	8	2.38	0.0937
No. 10	9	2.00	0.0787
No. 12	10	1.68	0.0661
No. 14	12	1.41	0.0555
No. 16	14	1.19	0.0469
No. 18	16	1.00	0.0394

---

① 原文有误。——译者注

(续)

U.S. 筛孔尺寸	Tyler 筛目(mesh)尺寸/目	筛孔大小/mm	筛孔大小/英寸
No. 20	20	0.841	0.0331
No. 25	24	0.707	0.0278
No. 30	28	0.595	0.0234
No. 35	32	0.500	0.0197
No. 40	35	0.420	0.0165
No. 45	42	0.354	0.0139
No. 50	48	0.297	0.0117
No. 60	60	0.250	0.0098
No. 70	65	0.210	0.0083
No. 80	80	0.177	0.0070
No. 100	100	0.149	0.0059
No. 120	115	0.125	0.0049
No. 140	150	0.105	0.0041
No. 170	170	0.088	0.0035
No. 200	200	0.074	0.0029
No. 230	250	0.063	0.0025
No. 270	270	0.053	0.0021
No. 325	325	0.044	0.0017
No. 400	400	0.037	0.0015

表 E-2 不同大小颗粒的特性

参 考 文 献

Abdel-Gayed, R. G., and Bradley, D. (1977). Dependence of Turbulent Burning Velocity on Turbulent Reynolds Number and Ratio of Laminar Burning Velocity to R. M. S. Turbulent Velocity. *Symposium (International) on Combustion*, 16, pp. 1,725 - 1,735. Pittsburgh, PA: The Combustion Institute.

———. (1985). Criteria for Turbulent Propagation Limits of Premixed Flames. *Combustion and Flame*, 62 (1), pp. 61-68.

Abdel-Gayed, R. G., Bradley, D., and Al-Khishali, K. J. (1984). Turbulent Burning Velocities and Flame Straining in Explosions. *Proceedings of the Royal Society*, 391, pp. 393-414. London: Royal Society.

Abdel-Gayed, R. G., Bradley, D., Hamid, M. N., and Lawes, M. (1984). Lewis Number Effects on Turbulent Burning Velocity. *Twentieth Symposium (International) on Combustion*, pp. 505 - 512. Pittsburgh, PA: The Combustion Institute.

Abdel-Gayed, R. G., Bradley, D., and Lawes, M. (1987). Turbulent Burning Velocities: A General Correlation in Terms of Strain Rates. *Proceedings of the Royal Society of London. Series A, Mathematical and Physical Sciences*, 414, pp. 389-413.

Addecott, K., and Nutt, C. (1969). Mechanism of Smoke Reduction by Metal Compounds. *Amer. Chem. Soc. Div. Petrochem*, 14(3-4), pp. A69-A80.

Aldred, J. W., Patel, J. C., and Williams, A. (1971). The Mechanism of Combustion of Droplets and Spheres of Liquid N-Heptane. *Combustion and Flame*, 17(2), pp. 139-148.

Alpert, R. L., and Mathews, M. K. (1979). *Calculation of Large-Scale Flow Fields Induced by Droplet Sprays*. Technical Report No. FMRC J. 1. OEOJ4. BU, Factory Mutual Research Corp, Norwood, MA.

Altman, D., Carter, J. M., Penner, S. S., and Summerfield, M. (1960). *Liquid Propellant Rockets*. Princeton, NJ: Princeton University Press.

Amsden, A. A., and Hirt, C. W. (1973). *YAQUI: An Arbitrary Lagrangian-Eulerian Computer Program for Fluid Flow at all Speeds*. Los Alamos Scientific Laboratory Report LA-5100.

Anand, M. S., and Pope, S. B. (1985). Diffusion behind a Line Source in Grid Turbulence. In F. D. L. J. S. Bradbury, and F. W. B. E. Lauder, *Turbulent Shear Flows*. pp. 46 - 61. Berlin: Springer-Verlag.

———. (1987). Calculations of Premixed Turbulent Flames by PDF Methods. *Combustion and Flame*, 67, pp. 127-142.

Anderson, O. L., Chiappetta, L. M., Edwards, D. E., and McVey, J. B. (1980). *Analytical Modeling of Operating Characteristics of Premixing Prevaporizing Fuel Air Mixing Passages*. Report No. UTRC 80 102, vols. 1, 11, United Technologies Research Center, East Hartford, CT.

Anderson, T. B., and Jackson, R. (1967). Fluid Mechanical Description of Fluidized

Beds. Equations of Motion. *Industrial and Engineering Chemistry Fundamentals*, 6 (4), pp. 527–539.

Appel, J., Bockhorn, H., and Frenklach, M. (2000). Kinetic Modeling of Soot Formation with Detailed Chemistry and Physics. Laminar Premixed Flames of C_2 Hydrocarbons. *Combustion and Flame*, 121(1-2), pp. 122–136.

Appel, J., Bockhorn, H., and Wulkow, M. (2001). A Detailed Numerical Study of the Evolution of Soot Particle Size Distributions in Laminar Premixed Flames. *Chemosphere*, 42, pp. 635–645.

Apte, S. V., Gorokhovski, M., and Moin, P. (2003). LES of Atomizing Spray with Stochastic Modeling of Secondary Breakup. *International Journal of Multiphase Flow*, 29(9), pp. 1,503–1,522.

Apte, S. V., Mahesh, K., Gorokhovski, M., and Moin, P. (2009). Stochastic Modeling of Atomizing Spray in a Complex Swirl Injector Using Large-Eddy Simulation. *Proceedings of the Combustion Institute*, 32(2), 2009, pp. 2,257–2,266.

Apte, S. V., Mahesh, K., Ham, F., Iaccarino, G., Constantinescu, G., and Moin, P. (2004). Large-eddy Simulation of Multiphase Flows in Complex Combustors. *Advances in Fluid Mechanics*, 37, pp. 53–62.

Arai, M., Shimizu, M., and Hiroyasu, H. (1985). Break-up Length and Spray Angle of High Speed Jet. *Proc. 3rd Int. Conf. on Liquid Atomization and Spray Systems* (pp. IB/4/1–IB/4/10). London.

Arnold, G. S., Drew, D. A., and Lahey Jr., R. T. (1989). Derivation of Constitutive Equations for Interfacial Force and Reynolds Stress for a Suspension of Spheres Using Ensemble Cell Averaging. *Chemical Engineering Communications*, 86, 43–54.

Arthur, J. R., and Napier, D. H. (1955). Formation of Carbon and Related Materials in Diffusion Flames. *Proceedings of the Combustion Institute*, 5, pp. 303.

Ashurst, W. T. (1994). Modeling Turbulent Flame Propagation. *Proceedings of the Combustion Institute*, 25(1), pp. 1,075–1,089.

Ashurst, W. T., Peters, N., and Smooke, M. D. (1987). Numerical Simulation of Turbulent Flame Structure with Non-Unity Lewis Number. *Combustion Science and Technology*, 53, 339–375.

Aung, K., Hassan, M., and Faeth, G. (1997). Flame Stretch Interactions of Laminar Premixed Hydrogen/Air Flames at Normal Temperature and Pressure. *Combust. And Flame*, 109(1-2), pp. 1–24.

Aupoix, B. (2004). Modelling of Compressibility Effects in Mixing Layers. *Journal of Turbulence*, 5(7), pp. 1–17.

Avery, J. F., and Faeth, G. M. (1974). Combustion of a Submerged Gaseous Oxidizer Jet in a Liquid Metal. *Fifteenth Symposium (International) on Combustion*, 15, pp. 501–512. Pittsburgh, PA: The Combustion Institute.

Azzazy, M., Daily, J. W., and Namazian, M. (1986). The Effect of Reactive Intermediates on the Propagation of Turbulent Premixed Flames: Comparison of Experiment and Theory. *Combustion and Flame*, 63, pp. 165–176.

Bachalo, W. D., and Houser, M. J. (1984). Phase/Doppler Spray Analyzer for Simultaneous Measurements of Drop Size and Velocity Distributions. *Optical Engineering*, 23(5), pp. 583–590.

Badock, C., Wirth, R., Fath, A., and Leipertz, A. (1999). Investigation of Cavitation in Real Size Diesel Injection Nozzles. *International Journal of Heat and Fluid Flow*, 20(5), pp. 538–544.

Badock, C., Wirth, R., and Tropea, C. (1999). The Influence of Hydro-grinding on Cavitation Inside a Diesel Injection Nozzle and Primary Break-up Under Unsteady Pressure Conditions. *Proceedings of the Fifteenth ILASS-Europe*, 99, pp. 5–7. Toulouse.

Bahr, W. (1953). *Evaporation and Spreading of Iso octane Sprays in High Velocity Air Streams*. NACA RM E 53114, Washington.

Bailly, P., Champion, M., and Garreton, D. (1997). Counter-Gradient Diffusion in a Confined Turbulent Premixed Flames. *Physics of Fluids*, 9, pp. 766–775.

Bailly, P., Karmed, D., and Champion, M. (1997). Numerical Studies of Counter-Gradient Diffusion in Turbulent Premixed Flames. In G. D. Roy, S. M. Frolov, and P. Givi, *Advanced Computation and Analysis of Combustion*, pp. 435–449. Moscow: ENAS Publication.

Bakosi, J., Franzese, P., and Boybeyi, Z. (2008). A Non-Hybrid Method for the PDF Equations of Turbulent Flows on Unstructured Grids. *Journal of Computational Physics*, 227(11), pp. 5,896–5,935.

Ballal, D. R. (1978). An Experimental Study of Flame Turbulence. *Acta Astronautica*, 5, pp. 1,095–1,112.

———. (1979). Further Development of the Three-Region Model of a Premixed Turbulent Flame I. Turbulent Diffusion Dominated Region 2. *Proceedings of the Royal Society*, A368, pp. 267–282. London: Royal Society.

Ballal, D. R., and Lefebvre, A. H. (1976). Ignition and Flame Quenching in Flowing Gaseous Mixtures. *Proceedings of the Royal Society*, 357, pp. 163–181. London: The Royal Society.

Balthasar, M., Heyl, A., Mauss, F., Schmitt, F., and Bockhorn, H. (1996). Flamelet Modeling of Soot Formation in Laminar Ethylene Air Diffusion Flames. *Proc. Comb. Inst.*, 26, pp. 2,369–2,377.

Balzer, G., and Simonin, O. (1993). Extention of Eulerian Gas-Solid Flow Modelling to Dense Fluidized Bed. In P. Viollet, ed., *Proceedings of the 5th International Symposium on Refined Flow Modelling and Turbulence Measurements*, pp. 417–424. Paris, France.

Barlow, R. S., and Carter, C. D. (1996). Relationships among Nitric Oxide, Temperature, and Mixture Fraction in Hydrogen Jet Flames. *Combustion and Flame*, 104(3), pp. 288–299.

Barlow, R. S., and Chen, J.-Y. (1992). On Transient Flamelets and Their Relationship to Turbulent Methane-Air Jet Flames. *Twenty-Fourth Symposium (International) on Combustion*. 24, pp. 231–237. Pittsburgh, PA: The Combustion Institute.

Barlow, R. S., and Frank, J. H. (1998). Effects of Turbulence on Species Mass Fractions in Methane/Air Jet Flames. *Twenty-Seventh Symposium (International) on Combustion*, 27, pp. 1,087–1,095. Pittsburgh, PA: The Combustion Institute.

Barlow, R. S., Frank, J. H., Karpetis, A. N., and Chen, J.-Y. (2005). Piloted Methane/Air Jet

Flames: Transport Effects and Aspects of Scalar Structure. *Combustion and Flame*, 143(4), pp. 433-449.

Barlow, R. S., and Karpetis, A. N. (2004). Measurements of Scalar Variance, Scalar Dissipation, and Length Scales in Turbulent Piloted Methane/Air Jet Flames. *Flow, Turbulence and Combustion*, 72(2-4), pp. 427-448.

Barlow, R. S., Karpetis, A. N., Frank, J. H., and Chen, J. Y. (2001). Scalar Profiles and NO Formation in Laminar Opposed-Flow Partially Premixed Methane/Air Flames. *Combustion and Flame*, 127(3), pp. 2,102-2,118.

Barr, P. K., Keller, J. O., Bramlette, T. T., Westbrook, C. K., and Dec, J. E. (1990). Pulse Combustor Modeling Demonstration of the Importance of Characteristic Times. *Combustion and Flame*, 82(3-4), pp. 252-269.

Barrere, M., Jaumotte, A., DeVeubeke, B. F., and Vandenkerekhove, J. (1960). *Rocket Propulsion*. Amsterdam: Elsevier.

Batchelor, G. K., and Townsend, A. A. (1949). The Nature of Turbulent Motion at Large Wave-Numbers. *Proceedings of the Royal Society of London. Series A, Mathematical and Physical Sciences*, 199, No. 1057, pp. 238-255. The Royal Society.

Baulch, D. L., Cobos, C. J., Cox, R. A., Frank, P., Hayman, G., Just, T., et al. (1992). Evaluated Kinetic Data for Combustion Modelling. *Journal of Physical Chemistry Ref. Data*, 21(3), pp. 411-736.

Baum, M., Poinsot, T. J., Haworth, D. C., and Darabiha, N. (1994). Direct Numerical Simulation of $H_2/O_2/N_2$ Flames with Complex Chemistry in Two-Dimensional Turbulent Flows. *Journal of Fluid Mechanics*, 281, pp. 1-32.

Baumgarten, C. (2006). *Mixture Formation in Internal Combustion Engines*. Berlin: Springer-Verlag.

Bechtold, J., and Matalon, M. (2001). The Dependence of the Markstein Length on Stoichiometry. *Combust. and Flame*, 127, pp. 1,906-1,913.

Becker, H. A., Hottel, H. C., and Williams, G. C. (1967). The Nozzle-Fluid Concentration Field of the Round Turbulent Free Jet. *Journal of Fluid Mechanics*, 30(2), 285-303.

Beckstead, M. W., Davidson, J. E., and Jing, Q. (1997). A Comparison of Solid Monopropellant Combustion and Modeling. *International Journal of Energetic Materials and Chemical Propulsion*, 4(1-6), pp. 1,116-1,132.

Beckstead, M. W., and McCarty, K. P. (1976). Calculated Combustion Characteristics of Nitramine Monopropellants. *13th JANNAF Combustion Meeting*, pp. 57-68.

Bedat, B., and Cheng, R. K. (1995). Experimental Study of Premixed Flames in Intense Isotropic Turbulence. *Combustion and Flame*, 100, pp. 485-494.

Bell, J., Brown, N., Day, M., Frenklach, M., Grcar, J., Propp, R., et al. (2000). Scaling and Efficiency of PRISM in Adaptive Simulations of Turbulent Premixed Flames. *Proc. Comb. Inst.*, 28, pp. 107-113.

Bellan, J., and Cuffel, R. (1983). A Theory of Non-Dilute Spray Evaporation Based Upon Multiple Drop Interaction. *Combustion and Flame*, 51(1), pp. 55–67.

Bellan, J., and Harstad, K. (1988). Turbulence Effects During Evaporation of Drops in Clusters. *International Journal of Heat and Mass Transfer*, 31(8), pp. 1,655–1,668.

Bellan, J., and Summerfield, M. (1978). Theoretical Examination of Assumptions Commonly Used for the Gas Phase Surrounding a Burning Droplet. *Combustion and Flame*, 33, pp. 107–122.

Benyahia, S., Syamlal, M., and O'Brien, T. J. (2005). Evaluation of Boundary Conditions Used to Model Dilute, Turbulent Gas/Solids Flows in a Pipe. *Powder Technology*, 156(2–3), pp. 62–72.

Bergmann, V., Meier, W., Wolff, D., and Stricker, W. (1998). Application of Spontaneous Raman and Rayleigh Scattering and 2D LIF for the Characterization of a Turbulent $CH_4/H_2/N_2$ Jet Diffusion Flame. *Applied Physics B: Lasers and Optics*, 66(4), pp. 489–502.

Berlad, A., and Hibbard, R. (1952). *Effect of Radiant Energy on Vaporization and Combustion of Liquid Fuels*. NACA RME-52109.

Bigot, P., Champion, M., and Garreton-Bruguieres, D. (2000). Modeling a Turbulent Reactive Flow with Variable Equivalence Ratio: Application to a Flame Stabilized by a Two-Dimensional Sudden Expansion. *Combustion Science and Technology*, 158, pp. 299–320.

Bilger, R. W. (1976a). Probe Measurements in Turbulent Combustion. *Combustion Measurements: Modern Techniques and Instrumentation*, Proceedings of the SQUID Workshop, Purdue University, West Lafayette, IN. May 22–23, 1975, pp. 333–348. Washington, DC: Hemisphere Publishing Corp.

———. (1976b). Reaction Zone Thickness and Formation of Nitric Oxide in Turbulent Diffusion Flames. *Combustion and Flame*, 26, pp. 115–123.

———. (1976c). The Structure of Diffusion Flames. *Combustion Science and Technology*, 13(1–6), pp. 155–170.

———. (1976d). Turbulent Jet Diffusion Flames. *Progress in Energy and Combustion Science*, 1(2–3), pp. 87–109.

———. (1980a). Perturbation Analysis of Turbulent, Non Premixed Combustion. *Comb. Sci. Tech.*, 22, pp. 251.

———. (1980b). Turbulent Flows with Nonpremixed Reactants. In *Turbulent Reacting Flows*, pp. 65–113. Berlin: Springer-Verlag.

———. (1988a). *Four-Step Kinetics for Methane and Implications for Turbulent Combustion*. Summary of Discussions at the Eleventh Meeting of the Sandia Cooperative Group on the Aerothermochemistry of Turbulent Combustion, Sandia National Labs.

———. (1988b). The Structure of Turbulent Nonpremixed Flames. *Twenty-Second Symposium (International) on Combustion*, 22, pp. 475–488. Pittsburgh, PA: The Combustion Institute.

———. (1989). Turbulent Diffusion Flames. *Annual Review of Fluid Mechanics*, 21, pp. 101–135.

———. (2000). Future Progress in Turbulent Combustion Research. *Progress in Energy and Combustion Science*, 26, pp. 367–380.

_____. (2004). Some Aspects of Scalar Dissipation. *Flow Turb Combustion*, 72, pp. 93-114.

Bilger, R. W., Pope, S. B., Bray, K., and Driscoll, J. F. (2005). Paradigms in Turbulent Combustion Research. *Proceedings of the Combustion Institute*, 30, pp. 21-42.

Bilger, R. W., Yip, B., Long, M. B., and Masri, A. R. (1990). An Atlas of QEDR Flame Structures. *Combustion Science and Technology*, 72(4-6), pp. 137-155.

Bill, R. G., Naimer, I., Talbot, L., Cheng, R. K., and Robben, F. (1981). Flame Propagation in Grid-Induced Turbulence. *Combustion and Flame*, 43, pp. 229-242.

Bill, R. G., Talbot, L., and Robben, F. (1982). Density Fluctuations of Flames in Grid-induced Turbulence. *Combustion and Flame*, 44, pp. 277-285.

Bird, R. B., Stewart, W. E., and Lightfoot, E. M. (1960). *Transport Phenomena*. New York: John Wiley and Sons.

Bittner, J. D., and Howard, J. B. (1981). Composition Profiles and Reaction Mechanisms in a Near-Sooting Premixed Benzene/Oxygen/Argon Flame. *Eighteenth Symposium (International) on Combustion*, 18, pp. 1,105-1,116. Pittsburgh, PA: The Combustion Institute.

Blackburn, P. E. (1965). *Thermodynamics of Condensed and Vapor Phases in the Binary and Ternary Systems of BE-B-O, AL-B-O, SI-O, AL-BE-O AND AL-B-F*. Arthur D. Little Final Report, ARPA Project Code No. 9100, ARPA Order No. 315-62.

Blander, M., and Katz, J. L. (1975). Bubble Nucleation in Liquids. *Aiche Journal*, 21(5), pp. 833-848.

Blanquart, G., and Pitsch, H. (2009). Analyzing the Effects of Temperature on Soot Formation with a Joint Volume-Surface-Hydrogen Model. *Combustion and Flame*, 156(8), pp. 1,614-1,626.

Blint, R. J. (1986). The Relationship of the Laminar Flame Width to Flame Speed. *Combustion Science and Technology*, 49, pp. 79-92.

Bockhorn, H. (1994). *Detailed Mechanism and Modeling of Soot Particle Formation*. Heidelberg: Springer-Verlag.

Bockhorn, H., Fetting, F., and Heddrich, A. (1988). Investigation of Particle Inception in Sooting Premixed Hydrocarbon Oxygen Low Pressure Flames. *Twenty-First Symposium (International) on Combustion*, 21, pp. 1,001-1,012. Pittsburgh, PA: The Combustion Institute.

Bockhorn, H., Fetting, F., Heddrich, A., Meyer, U., Wannemacher, G. (1988). Particle Sizing of Soot in Flat Premixed Hydrocarbon Oxygen Flames by Light Scattering. *Journal of Aerosol Science*, 19(5), pp. 591-602.

Bockhorn, H., Fetting, F., and Wenz, H. -W. (1983). Investigation of the Formation of High Molecular Hydrocarbons and Soot in Premixed Hydrocarbon-Oxygen Flames. *Ber. Bunsenges. Phys. Chem.*, 87(11), pp. 1,067-1,073.

Boger, M., Veynante, D., Egolfopoulous, F., and Poinsot, T. (1998). Large Eddy Simulation of Combustion Instabilities in Turbulent Premixed Flames. *Proceedings of the Summer Program*, pp. 61-82. Center for Turbulence Research, NASA-Ames, Stanford Univ.

Bohland, T., Temps, F., and Wagner, H. G. (1986). Kinetics of the Reactions of CH_2(X-3B1)-

Radicals With C_2H_2 and C_4H_2 in the Temperature Range 296K $\leq$ T $\leq$ 700K. *Twenty-First Symposium (International) on Combustion.* 21, pp. 841-850. Pittsburgh, PA: The Combustion Institute.

Bollinger, L. M., and Williams, D. T. (1948). Technical Notes Natn. Advis. Comm. Aeronaut., Washington.

Borghi, R. (1974a). Chemical Reactions Calculations in Turbulent Flows: Application to a Co-Containing Turbojet Plume. In F. N. Frenkiel, and R. E. Munn, *Turbulent Diffusion in Environmental Pollution*, vol. 18B, pp. 349-363. New York: Academic Press.

_____ . (1974b). Chemical Reaction Calculations in Turbulent Flows: Application to a Co-containing Turbojet Flame. *Advances in Geophysics*, 18B, p. 349.

_____ . (1985). On the Structure and Morphology of Turbulent Flame Propagation in Premixed Gases. In C. Bruno, and S. Casci, eds., *Recent Advances in Aerospace Science*, pp. 117-138. New York: Plenum Press.

_____ . (1988). Turbulent Combustion Modeling. *Progress in Energy and Combustion Science*, 14, pp. 245-292.

Borghi, R., and Dutoya, D. (1978). On the Scales of the Fluctuations in Turbulent Combustion. *Proceedings of the Combustion Institute*, 17, pp. 235-244.

Boris, J. P., and Book, D. L. (1973). Flux-corrected Transport. I: SHASTA, a Fluid Transport Algorithm That Works. *Journal of Computational Physics*, 11, pp. 38-69.

Borisov, A. A., Gel'fand, B. E., Natanzon, M. S., and Kossov, O. M. (1981). Droplet Breakup Regimes and Criteria for Their Existence. *Journal of Engineering Physics and Thermophysics*, 40(1), pp. 44-49.

Bornemann, F. (1991). An Adaptive Multilevel Approach to Parabolic Equations. II. Variable-order Time Discretization based on a Multiplicative Error CBorrection. *IMPACT of Computing in Science and Engineering*, 3(2), pp. 93-122.

Boukhalfa, A., and Gokalp, I. (1988). The Scales of Scalar Field in Turbulent Premixed Conical Flames. *Proceedings of the Combustion Institute*, 22, pp. 755-761.

Boyson, A. F., Ayers, W. H., Swithenbank, J., and Pan, Z. (1981). *Three-Dimensional Model of Spray Combustion in Gas Turbine Combustors*, AIAA Paper No. 81-0324.

Boyson, F., and Swithenbank, J. (1979). Spray Evaporation in Recirculating Flow. *Seventeenth Symposium (International) on Combustion.* 17, pp. 443-453. Pittsburgh, PA: The Combustion Institute.

Bozzelli, J. W., and Dean, A. M. (1993). Hydrocarbon Radical Reactions with Oxygen: Comparison of Allyl, Formyl, and Vinyl to Ethyl. *Journal of Physical Chemistry*, 97(17), pp. 4,427-4,441.

Bracco, F. V. (1973). Theoretical Analysis of Stratified, Two-Phase Wankel Engine Combustion. *Combustion Science and Technologypages*, 8(1-2), pp. 69-84.

_____ . (1974). Applications of Steady State Spray Equations to Combustion Modeling. *AIAA Journal*, 12(11), pp. 1,534-1,540.

———. (1976). Modeling of Two-Phase, Two-Dimensional, Unsteady Combustion for Internal Combustion Engines. *Institution of Mechanical Engineers International Conference on Stratified Charge Engines*.

———. (1983). "Structure of High-speed Full-cone Sprays." In *Recent Advances in Gas Dynamics*, C. Casci, ed. New York: Plenum Publishing Corp.

———. (1985). *Modeling of Engine Sprays*. Technical Report, Princeton University Department of Mechanical and Aerospace Engineering.

Bradley, D. (1992). How Fast Can We Burn. *Proceedings (International) on Combustion*, 24(1), pp. 247–262.

———. (2002). Problems of Predicting Turbulent Burning Rates. *Combustion Theory and Modelling*, 6, pp. 361–382.

Bradley, D., Gaskell, P., and Gu, X. (1994). Application of a Reynolds Stress, Stretched Flamelet, Mathematical Model to Computations of Turbulent Burning Velocities and Comparison with Experiments. *Combustion and Flame*, 96(3), pp. 221–248.

———. (1996). Burning Velocities, Markstein Lengths, and Flame Quenching for Spherical Methane-Air Flames: A Computational Study. *Combustion and Flame*, 104(1–2), pp. 176–198.

Bradley, D., Lawes, M., Scott, M. J., Sheppard, C. G., Greenlagh, D. A., and Porter, F. M. (1992). Measurement of Temperature PDFs in Turbulent Flames by the CARS Technique. *Proceedings of the Combustion Institute*, 24, pp. 527–535.

Brasseur, J. G., and Wei, T. (1994). Interscale Dynamics and Local Isotropy in High Reynolds Number Turbulence within Triadic Interactions. *Physics of Fluids*, 6(2), pp. 842–870.

Braun-Unkhoff, M., Frank, P., and Just, T. (1989). A Shock Tube Study on the Thermal Decomposition of Toluene and of the Phenyl Radical at High Temperatures. *Twenty-Second Symposium (International) on Combustion*, 22, pp. 1,053–1,061. Pittsburgh, PA: The Combustion Institute.

Bray, K. N. (1990). Studies of the Turbulent Burning Velocity. *Proceedings: Mathematical and Physical Sciences*, 431, pp. 315–335. London: The Royal Society.

———. (1995). Turbulent Transport in Flames. *Proceedings of Royal Society*, A451, pp. 231–256. London: Royal Society Publishing.

———. (1996). The Challenge of Turbulent Combustion. *Twenty-Sixth Symposium (International) on Combustion*, 26(1), pp. 1–26. Pittsburgh, PA: The Combustion Institute.

Bray, K. N., Libby, P. A., Masuya, G., and Moss, J. B. (1981). Turbulence Production in Premixed Turbulent Flames. *Combustion Science and Technology*, 25, pp. 127–140.

Bray, K. N., and Moss, J. B. (1977). A Unified Statistical Model of the Premixed Turbulent Flame. *Acta Astronautica*, 4(3–4), pp. 291–319.

Bray, K. N., Moss, J. B., and Libby, P. A. (1982). Turbulent Transport in Premixed Flames. In: J. Zierep, and J. H. Oertel, eds., *Convective Transport and Instability Phenomena*. Karlsruhe: Braun.

———. (1985). Unified Modeling Approach for Premixed Turbulent Combustion—Part I: General

Formulation, *Combustion and Flame*, 61(1), pp. 87-102.

Bray, K. N., and Peters, N. (1994). Laminar Flamelets in Turbulent Flames. In P. A. Libby and F. A. Williams (eds.), *Turbulent Reacting Flows*, pp. 63-113. London: Academic Press.

Broadwell, J. E., Dahm, W., and Mungal, M. G. (1984). Blowout of Turbulent Diffusion Flames. *Twentieth Symposium (International) on Combustion*, 20, pp. 303-310. Pittsburgh, PA: The Combustion Institute.

Brodkey, R. S. (1969). *The Phenomena of Fluid Motions*. Reading, MA: Addison Wesley.

Brotherton, R. J. (1964). *Progress in Boron Chemistry*, vol. 1. H. Steinberg, and A. L. McCloskey, eds. New York: MacMillan Co.

Brouwer, L., Cobos, C., Troe, J., Dubal, H., and Crim, F. (1985). *Journal of Chemical Physics*, 86, pp. 6,171-6,182.

Brown, G. L., and Roshko, A. (1974). Large Scales in the Developing Mixing Layer. *Journal of Fluid Mechanics*, 64(4), pp. 775-816.

Brown, R. C., Kolb, C. E., Cho, S. Y., Yetter, R. A., Dryer, F. L., and Rabitz, H. (1994). Kinetic Model for Hydrocarbon-assisted Particulate Boron Combustion. *International Journal of Chemical Kinetics*, 26(3), pp. 319-332.

Brown, R. C., Kolb, C. E., Rabitz, H., Cho, S. Y., Yetter, R. A., and Dryer, F. L. (1991). Kinetic Model of Liquid B_2O_3 Gasification in a Hydrocarbon Combustion Environment: I. Heterogeneous Surface Reactions. *International Journal of Chemical Kinetics*, 23(11), pp. 957-970.

Brown, R. C., Kolb, C. E., Yetter, R. A., Dryer, F. L., and Rabitz, H. (1995). Kinetic Modeling and Sensitivity Analysis for B/H/O/C/F Combination Systems. *Combustion and Flame*, 101(3), pp. 221-238.

Browning, J. A. (1958). Production and Measurement of Single Drops, Sprays, and Solid Suspensions. In *Advances in Chemistry*, vol. 20, pp. 136-154. Washington, DC: American Chemical Society.

Bruce, T. W., Mongia, H. C., and Reynolds, R. S. (1979). *Combustor Design Criteria Validation*. Volume I. Element Tests and Model Validation. Final report, Airesearch MFG Co., Phoenix, AZ.

Buckendahl, W. (1970). Diplom. Thesis, Gottingen University, Germany.

Buckmaster, J. (1979). The Quenching of a Deflagration Wave held in Front of a Bluff Body. *17th Symposium (International) on Combustion*, 17, pp. 835-842. Pittsburgh, PA: The Combustion Institute.

_____. (2002). Edge-flames. *Progress in Energy Combustion Science*, 28, pp. 435-475.

Buckmaster, J., Nachman, A., and Taliaferro, S. (1983). The Fast-Time Instability of Diffusion Flames. *Physica D: Nonlinear Phenomena*, 9(3), pp. 408-424.

Buevich, I. (1969). A Hydrodynamic Model of Disperse Systems. *Journal of Applied Mathematics and Mechanics*, 33, pp. 466-479.

Burcat, A., McBride, B., and Rabinowitz, M. J. (1990). *Ideal Gas Thermodynamic Data for Com-*

pounds Used in Combustion. Technion Report No. T. A. E. 657.

Burgoyne, J. H. , and Cohen, L. (1954) . The Effect of Drop Size on Flame Propagation in Liquid Aerosols. *Proceedings of the Royal Society of London*. Series A, Mathematical and Physical Sciences, 225(1162) , pp. 375-392.

Burke, S. P. , and Schumann, T. (1928) . Diffusion Flames. *Ind. Eng. Chem.* , 20, pp. 998-1004.

Buschmann, A. , Dinkelacker, F. , Schaefer, T. , Schaefer, M. , and Wolfrum, J. (1996) . Measurement of the Instantaneous Detailed Flame Structure in Turbulent Premixed Combustion. *Proceedings of the Combustion Institute*, 26, pp. 437-445.

Butler, T. D. , Cloutman, L. D. , Dukowicz, J. K. , Ramshaw, J. D. , and Krieger, R. B. (1980) . *Combustion Modeling in Reciprocating Engines*. (J. N. Mattari, and C. A. Amann, eds.) New York: Plenum Press.

Buyevich, Y. (1972) . Statistical Hydrodynamics of Disperse Systems. Part. I. Physical Background and General Equations. *Journal of Fluid Mechanics*, 49, pp. 489-507.

Calcote, H. F. (1981) . Mechanisms of Soot Nucleation in Flames—a Critical Review. *Combustion and Flame*, 42, pp. 215-242.

Calcote, H. , and Manos, D. (1983) . Effect of Molecular Structure on Incipient Soot Formation. *Combustion and Flame*, 49(1-3) , pp. 289-304.

Cambray, P. , Joulain, K. , and Joulin, G. (1994) . Mean Evolution of Wrinkle Wavelengths in a Model of Weakly-Turbulent Premixed Flame. *Combustion Science and Technology*, 103(1-6) , 265-282.

Canada, G. S. , and Faeth, G. M. (1975) . Combustion of Liquid Fuels in a Flowing Combustion Gas Environment at High Pressures. *Fifteenth Symposium (International) on Combustion*, 15, pp. 419-428. Pittsburgh, PA: The Combustion Institute.

Candel, S. M. , and Poinsot, T. J. (1990) . Flame Stretch and the Balance Equation for the Flame Area. *Combustion Science and Technology*, 70, pp. 1-15.

Candel, S. , Th'evenin, D. , Darabiha, N. , and Veynante, D. (1999) . Progress in Numerical Combustion. *Combustion Science and Technology*, 149, pp. 297-337.

Cant, R. S. , and Bray, K. N. (1989) . A Theoretical Model of Premixed Turbulent Combustion in Closed Vessels. *Combustion and Flame*, 76, pp. 243-263.

Cantwell, B. J. (1986) . Viscous Starting Jets. *Journal of Fluid Mechanics*, 173, pp. 159-189.

Cao, J. , and Ahmadi, G. (1995) . Gas-particle Two-phase Turbulent Flow in a Vertical Duct. *International Journal of Multiphase Flow*, 21(6) , pp. 1,203-1,228.

Caretto, L. S. (1973) . Modelling Pollutant Formation in Combustion Processes. *Fourteenth Symposium (International) on Combustion*, pp. 803-817. Pittsburgh, PA: The Combustion Institute.

_____ . (1976) . Mathematical Modeling of Pollutant Formation. *Progress in Energy and Combustion Science*, 1(2-3) , pp. 47-71.

Carrier, G. F. (1958) . Shock Waves in Dusty Gas. *Journal of Fluid Mechanics*, 4, pp. 376-382.

Catris, S., and Aupoix, B. (2000). Density Corrections for Turbulence Models. *Aerospace Science and Technology*, 4(1), pp. 1–11.

Cavaliere, A., and Ragucci, R. (2001). Gaseous Diffusion Flames: Simple Structures and their Interaction. *Progress in Energy and Combustion Science*, 27(5), pp. 547–585.

Cercignani, C. (1988). *The Boltzmann Equation and its Applications*. New York: Springer-Verlag.

Chakraborty, B. B., and Long, R. (1968a). The Formation of Soot and Polycyclic Aromatic Hydrocarbons in Diffusion Flames—Part I. *Combustion and Flame*, 12(3), pp. 226–236.

———. (1968b). The Formation of Soot and Polycyclic Aromatic Hydrocarbons in Diffusion Flames—Part II. *Combustion and Flame*, 12(3), pp. 469–476.

Chakraborty, N., and Cant, R. S. (2004). Unsteady Effects of Strain Rate and Curvature on Turbulent Premixed Flames in an Inflow-Outflow Configuration. *Combustion and Flame*, 137, pp. 129–147.

———. (2005). Effects of Strain Rate and Curvature on Surface Density Function Transport in Turbulent Premixed Flames in the Thin Reaction Zones Regime. *Physics of Fluids*, 17, pp. 1–15.

———. (2006). Statistical Behavior and Modeling of the Flame Normal Vector in Turbulent Premixed Flames. *Numerical Heat Transfer, Part A Applications*, 50, pp. 623–643.

———. (2009a). Effects of Lewis Number on Scalar Transport in Turbulent Premixed Flames. *Physics of Fluids*, 21(3), pp. 035110–035110–11.

———. (2009b). Effects of Lewis Number on Turbulent Scalar Transport and Its Modelling in Turbulent Premixed Flames. *Combustion and Flame*, 156, pp. 1,427–1,444.

———. (2009c). Physical Insight and Modelling for Lewis Number Effects on Turbulent Heat and Mass Transport in Turbulent Premixed Flames. *Numerical Heat Transfer, Part A Applications*, 55, pp. 762–779.

Chakraborty, N., and Klein, M. (2008). Influence of Lewis Number on the Surface Density Function Transport in the Thin Reaction Zone Regime for Turbulent Premixed Flames. *Physics of Fluids*, 20(6), 065102–065102–24.

Chakrabarty, R. K., Moosmüller, H., Arnott, W. P., Garro, M. A., Tian, G., Slowik, J. G., Cross, E. S., Han, J-H, Davidovits, P., Onasch, T. B., and Worsnop, D. R. (2008). Morphology Based Particle Segregation by Electrostatic Charge. *Journal of Aerosol Science*, 39(9), pp. 785–792.

———. (2009). Low Fractal Dimension Cluster-Dilute Soot Aggregates from a Premixed Flame. *Physical Review Letters*, 102, pp. 235–504.

Chan, C. K., Lau, K. S., Chin, W. K., and Cheng, R. K. (1992). Freely Propagating Open Premixed Turbulent Flames Stabilized by Swirl. *Proceedings of the Combustion Institute*, 24, pp. 511–518.

Chan, W. Y., and T'ien, J. S. (1978). Experiment on Spontaneous Flame Oscillation Prior to Extinction. *Combustion Science and Technology*, 18(3–4), pp. 139–143.

Chandran, S. B., Komerath, N. M., and Strahle, W. C. (1984). Scalar Velocity Correlations in a Turbulent Premixed Flame. *Symposium (International) on Combustion*, 20(1), pp. 429–435.

Chapman, S., and Cowling, T. (1970). *The Mathematical Theory of Non-Uniform Gases* (3rd ed.). Cambridge: Cambridge University Press.

Charentenay, J. de., and Ern, A. (2002) Multicomponent Transport Impact on Turbulent Premixed H_2/O_2 Flames. *Combust. Theory and Modelling*, 6, pp. 439–462.

Cheatham, S., and Matalon, M. (1996a). Heat Loss and Lewis Number Effects on the Onset of Oscillations in Diffusion Flames. *Twenty-Sixth Symposium (International) on Combustion*, 26, pp. 1,063–1,070. Pittsburgh, PA: The Combustion Institute.

———. (1996b). Near-Limit Oscillations of Spherical Diffusion Flames. *AIAA Journal*, 34, pp. 1,403–1,409.

Chehroudi, B., Chen, S. H., Bracco, F. V., and Onuma, Y. (1985). *On the Intact Core of Full-Cone Sprays*. SAE Paper 850126.

Chen, C. S., Mrksich, M., Huang, S., Whitesides, G. M., and Ingber, D. E. (1997). Geometric Control of Cell Life and Death. *Science*, 30(5317), pp. 1,425–1,428.

Chen, H., Chen, S., and Kraichnan, R. H. (1989). Probability Distribution of a Stochastically Advected Scalar Field. *Physical Review Letters*, 63(24), pp. 2,657–2,660.

Chen, H., Herring, J. R., Kerr, R. M., and Kraichnan, R. H. (1989). Non-Gaussian Statistics in Isotropic Turbulence. *Physics of Fluids*, 1(11), pp. 1,844–1,854.

Chen, J., Blasco, J., Fueyo, N., and Dopazo, C. (2000). an Economical Strategy for Storage of Chemical Kinetics: Fitting in Situ Adaptice Tabulation with Artificial Neural Networks. *Procedings of the Combustion Institute*, 28, pp. 115–21.

Chen, J. -L., Dobashi, R., and Hirano, T. (1996). Mechanisms of Flame Propagation through Combustible Particle Clouds. *Journal of Loss Prevention in the Process Industries*, 9(3), 225–229.

Chen, J. -Y., and Kollmann, W. (1989a). Mixing Models for Turbulent Flows with Exothermic Reactions. *7th Symposium on Turbulent Shear Flows*. Stanford, CA.

———. (1989b). PDF Modeling of Chemical Nonequilibrium Effects in Turbulent Nonpremixed Hydrocarbon Flames. *Twenty-Second Symposium (International) on Combustion*, 22, pp. 645–653. Pittsburgh, PA: The Combustion Institute.

———. (1989c). Personal communication.

———. (1992). PDF Modeling and Analysis of Thermal NO Formation in Turbulent Nonpremixed Hydrogen-Air Jet Flames. *Combustion and Flame*, 88(3–4), pp. 397–412.

Chen, J. -Y., Kollmann, W., and Dibble, R. W. (1989). PDF Modeling of Turbulent Nonpremixed Methane Jet Flames. *Combustion Science and Technology*, 64(4–6), pp. 315–346.

Chen, L. -D., and Roquemore, W. M. (1986). Visualization of Jet Flames. *Combustion and Flame*, 66, pp. 81–86.

Chen, L. -D., Seaba, J. P., Roquemore, W. M., and Goss, L. P. (1989). Buoyant Diffusion Flames. *Twenty-Second Symposium (International) on Combustion*, 22, pp. 677–684. Pittsburgh, PA: The Combustion Institute.

Chen, R. -H., Mitchell, G. B., and Ronney, P. D. (1992). The Surface Marker and Micro Cell

Method. *International Journal for Numerical Methods in Fluids*, 25, pp. 749–778.

Chen, S., and Kraichnan, R. H. (1989). Sweeping Decorrelation in Isotropic Turbulence. *Physics of Fluids*, 1(12), pp. 857475–857481.

Chen, S., Cowan, C. F., and Grant, P. M. (1991). Orthogonal Least Squares Learning Algorithm for Radial Basis Function Networks. *IEEE Transactions on Neural Networks*, 2, pp. 302–309.

Chen, T. H., and Goss, L. P. (1989). Flame Lifting and Flame/Flow Interactions of Jet Diffusion Flames. *27th Aerospace Sciences Meeting*, 9–12 January 1989, Reno, NV.

Chen, T. H., Goss, L. P., Talley, D., and Mikolaitis, D. (1989). Stabilization Zone Structure in Jet Diffusion Flames from Liftoff to Blowout. *27th Aerospace Sciences Meeting*, January 9–12 1989, Reno, NV.

Chen, Y.-C., and Bilger, R. W. (2000). Turbulence and Scalar Transport in Premixed Bunsen Flames of Lean Hydrogen/Air Mixtures. *Proceedings of the Combustion Institute*, 28, pp. 521–528.

_____. (2001). Simultaneous 2-D Imaging Measurements of Reaction Progress Variable and OH Radical Concentration in Turbulent Premixed Flames: Instantaneous Flame-Front Structure. *Combustion Science and Technology*, 167, pp. 187–222.

_____. (2002). Experimental Investigation of Three-Dimensional Flame-Front Structure in Premixed Turbulent Combustion-I: Hydrocarbon/Air Bunsen Flames. *Combustion and Flame*, 131, pp. 400–435.

_____. (2004). Experimental Investigation of Three-Dimensional Flame-front Structure in Premixed Turbulent Combustion-II: Lean Hydrogen/Air Bunsen Flames. *Combustion and Flame*, 138, pp. 155–174.

_____. (2005). Detailed Measurements of Local Scalar-Front Structures in Stagnation-Type Turbulent Premixed Flames. *Proceedings of the Combustion Institute*, 30, pp. 801–808.

Chen, Y.-C., and Mansour, M. S. (1996). Measurements of the Detailed Flame Structure in Turbulent H_2-Ar Jet Diffusion Flames with Line-Raman/Rayleigh/LIPF-OH Technique. *Twenty-Sixth Symposium (International) on Combustion*, 26, pp. 97–103. Pittsburgh, PA: The Combustion Institute.

_____. (1998). Investigation of Flame Broadening in Turbulent Premixed Flames in the Thin Reaction Zone Regime. 27, pp. 811–818.

_____. (1999). Topology of Turbulent Premixed Flame Fronts Resolved by Simultaneous Planar Imaging of LIPF of OH Radical and Rayleigh Scattering. *Proceedings of the Combustion Institute*, 26, pp. 277–287.

Chen, Y. C., Kalt, P. A., Bilger, R. W., and Swaminathan, N. (2002). Effects of Mean Flow Divergence on Turbulent Scalar Flux and Local Flame Structure in Premixed Turbulent Combustion. *Proceedings of the Combustion Institute*, 29, pp. 1,863–1,871.

Chen, Y. C., Kim, M., Han, J., Yun, S., and Yoon, Y. (2008). Measurements of the Heat Release Rate Integral in Turbulent Premixed Stagnation Flames with Particle Image Velocimetry. *Combustion and Flame*, 154, pp. 434–447.

Chen, Y. -C. , Peters, N. , Schneemann, G. A. , Wruck, N. , Renz, U. , and Mansour, M. S. (1996). The Detailed Flame Structure of Highly Stretched Turbulent Premixed Methane-Air Flames. *Combustion and Flame*, 107(3) , pp. 223–226.

Cheng, R. K. (1984) . Conditional Sampling of Turbulence Intensities and Reynolds Stresses in Premixed Turbulence Flames. *Combustion Science and Technology*, 41, pp. 109–142.

———. (1995) . Velocity and Scalar Characteristics of Premixed Turbulent Flames Stabilized by Weak Swirl. *Combustion and Flame*, 101, pp. 1–14.

———. (2004). http://eetd. lbl. gov/aet/combustion/workshop/Intro. pdf. Retrieved from 9th International Workshop on Premixed Turbulent Flames, July 31-August 1, 2004.

Cheng, R. K. , and Ng, T. T. (1983) . Velocity Statistics in Premixed Turbulent Flames. *Combustion and Flame*, 52, pp. 185–202.

Cheng, R. K. , and Shepherd, I. G. (1987) . Intermittency and Conditional Velocities in Premixed Conical Turbulent Flames. *Combustion Science and Technology*, 52, pp. 353–375.

Cheng, R. K. , Shepherd, I. G. , Bedat, B. , and Talbot, L. (2002) . Premixed Turbulent Flame Structure in Moderate and Intense Isotropic Turbulence. *Combustion Science and Technology*, 174, pp. 3–26.

Cheng, R. K. , Shepherd, I. G. , and Goix, P. J. (1991) . The Spatial Scalar Structure of Premixed Turbulent Stagnation Point Flames. *Symposium (International) on Combustion*, 23 (1) , pp. 781–787.

Cheng, R. K. , Talbot, L. , and Robben, F. (1984) . Conditional Velocity Statics in Premixed CH_4-air and C_2H_4-air Turbulent Flames. *Proceedings of the Combustion Institute*, 20, pp. 453–461.

Cheng, T. S. , Wehrmeyer, J. A. , and Pitz, R. W. (1991) . *Laser Raman Diagnostics in Subsonic and Supersonic Turbulent Jet Diffusion Flames. Final Report*. Technical Progress Report, Vanderbilt University, Nashville, Tn.

Cheng, T. S. , Wehrmeyer, J. A. , Pitz, R. W. , Jarret, J. O. , and Northam, G. B. (1991a) . Uv Raman Scattering Measurements in a Mach 2 H_2-Air Flame for Assessment of Cfd Models. *Combustion Institute, Central States Meeting*. Nashville, Tn.

———. (1991b) . Finite-Rate Chemistry Effects in a Mach 2 Reacting Flow. *27th AIAA, SAE, ASME, and ASEE, Joint Propulsion Conference*. Sacramento, CA.

Cheng, W. K. , Lai, M. C. , and Chue, T. H. (1991) . Multi-Dimensional Modelling of Gas Turbine Combustion Using a Flame Sheet Model in KIVA II. *29th Aerospace Sciences Meeting*. January, 1991, Reno, NV.

Chiang, C. H. , and Sirignano, W. A. (1993) . Interacting, Convecting, Vaporizing Fuel Droplets with Variable Properties. *International Journal of Heat and Mass Transfer*, 36, pp. 875–886.

Chigier, N. A. (1977) . Instrumentation Techniques for Studying Heterogeneous Combustion. *Progress in Energy and Combustion Science*, 3(3) , pp. 175–189.

———. (1981) . *Energy, Combustion and the Environment*. New York: McGraw Hill.

———. (1983) . Group Combustion Models and Laser Diagnostic Methods in Sprays: A Review.

Combustion and Flame, 51, pp. 127–139.

Chigier, N. A., Okpala, K. O., and Green, A. R. (1983). Entrained Coal Flow Gasification Studies in Low Oxygen Atmospheres. *Central States Meeting*. Lexington, Kentucky: Combustion Institute.

Chigier, N., and Reitz, R. D. (1996). Regimes of Jet Breakup and Breakup Mechanisms (Physical Aspects). In K. K. Kuo, ed., *Recent Advances in Spray Combustion: Spray Atomization and Drop Burning Phenomena Volume* 1 (vol. 166, p. 109). Progress in Astronautics and Aeronautics, Inc.

Chiu, H. H., Ahluwalia, R. H., Koh, B., and Croke, E. J. (1978). *Spray Group Combustion*. AIAA Paper 78-75, presented at AIAA 16th Aerospace Sciences Meeting.

Chiu, H. H., and Croke, E. J. (1981). *Group Combustion of Liquid Fuel Sprays*. Energy and Technology Lab Report 81-2, University of Illinois at Chicago.

Chiu, H. H., Kim, H. Y., and Croke, E. J. (1982). Internal Group Combustion of Liquid Droplets. *Nineteenth Symposium (International) on Combustion*, 19, pp. 971–980. Pittsburgh, PA: the Combustion Institute.

Chiu, H. H., and Liu, T. M. (1977). Group Combustion of Liquid Droplets. *Combustion Science and Technology*, 17, pp. 127–142.

Chiu, H. H., and Zhou, X. Q. (1983a). *Turbulent Spray Group Vaporization and Combustion-Part I*. Energy Technology Lab Report, University of Illinois at Chicago, Chicago.

———. (1983b). *Turbulent Spray Group Vaporization and Combustion-Part II*. Energy Technology Lab Report, University of Illinois at Chicago, Chicago.

Cho, P., Law, C. K., Cheng, R. K., and Shepherd, I. G. (1988). Velocity and Scalar Fields of Turbulent Premixed Flames in Stagnation Flow. *Proceedings of the Combustion Institute*. 22, pp. 739–745.

Cho, P., Law, C. K., Hertzberg, J. R., and Cheng, R. K. (1986). Structure and Propagation of Turbulent Premixed Flames Stabilized in a Stagnation Flow. *Proceedings of the Combustion Institute*, 21, pp. 1,493–1,499.

Chomiak, J. (1979). Basic Considerations in the Turbulent Flame Propagation in Premixed Gases. *Progress in Energy and Combustion Science*, 5(3), pp. 207–221.

———. (1990). Combustion: *A Study in Theory, Fact and Application*. New York: Gordon and Breach.

Chomiak, J., and Jarosinski, J. (1982). Flame Quenching by Turbulence. *Combustion and Flame*, 48, pp. 241–249.

Chung, S. H., and Law, C. K. (1984). An Invariant Derivation of Flame Stretch. *Combustion and Flame*, 55(11), pp. 123–125.

Clavin, P. (1985). Dynamic Behavior of Premixed Flame Fronts in Laminar and Turbulent Flows. *Progress in Energy and Combustion Science*, 11(1), pp. 1–59.

———. (1994). Premixed Combustion and Gas Dynamics. *Annual Review of Fluid Mechanics*, 26, pp. 321–352.

———. (2000). Dynamics of Combustion Fronts in Premixed Gases: from Flame to Detonation.

Proceedings of the Combustion Institute, 28, pp. 569–585.

Clavin, P., and Joulin, G. (1983). Premixed Flames in Large Scale and High Intensity Turbulent Flow. *J. Phys. Letters*, 44(1), pp. 1–12.

Clavin, P., and Williams, F. A. (1979). Theory of Premixed-Flame Propagation in Large-Scale Turbulence. *Journal of Fluid Mechanics*, 90(3), pp. 589–604.

Cobos, C., Hippler, H., and Troe, J. (1985). High-Pressure Falloff Curves and Specific Rate Constants for the Reactions $H + O_2 \rightleftharpoons HO_2 \rightleftharpoons HO + O$. *Journal of Physical Chemistry*, 89, pp. 342–349.

Cole, D. J., and Minkoff, G. J. (1957). Carbon Formation in Diffusion Flames and the Role of Acetylene. *Proceedings of the Royal Society*. 239, pp. 280–287. London: Royal Society.

Coleman, G. N., and Mansour, N. N. (1991a). Simulation and Modeling of Homogeneous Compressible Turbulence Under Isotropic Mean Compression. *Eighth Symposium on Turbulent Shear Flows*, pp. 21-3-1 to 21-3-6. Munich.

———. (1991b). Modeling the Rapid Spherical Compression of Isotropic Turbulence. *Physics of Fluids*, 3, pp. 2,255–2,259.

Colket, M. B., and Hall, R. J. (1994). Successes and Uncertainties in Modeling Soot Formation in Laminar, Premixed Flames. In H. Bockhorn, *Soot Formation in Combustion*, pp. 442–468. Berlin: Springer-Verlag.

Collin, O. D. (2000). A Thickened Flame Model for Large-Eddy Simulation of Turbulent Reacting Flows. *Physics of Fluids*, 12, pp. 1,843–1,863.

Cook, A. W., and Riley, J. J. (1996). Direct Numerical Simulation of a Turbulent Reactive Plume on a Parallel Computer. *Journal of Computational Physics*, 129(2), pp. 263–283.

Corke T. C., and Nagib, N. H. (1979). Wind Loads on a Building Model in a Family of Surface Layers. *Journal of Wind Engineering and Industrial Aerodynamics*, 5(1–2), pp. 159–177.

Corrsin, S. (1943). *Investigation of Flow in an Axially Symmetrical Heated Jet of Air*. NACA.

Corrsin, S., and Kistler, A. L. (1955). *The Free Stream Boundaries of Turbulent Flows*. NACA Report, Washington.

Corrsin, S., and Uberoi, M. S. (1950). *Further Experiments on Flow and Heat Transfer in a Heated Turbulent Air Jet*. NACA Report No. 988, Washington.

Cotton, D., Friswell, N., and Jenkins, D. (1971). The Suppression of Soot Emission from Flames by Metal Additives. *Combustion and Flame*, 17, pp. 87–98.

Coulomb, C. (1776). Essai sur une application des règles de maximis et minimis à quelques problèmes de statique, relatifs à l'architecture, . *Acad. R. Sci. Mèm. Math, Phys. Par Divers Savants*, 7, pp. 343–382.

Courtney, W. G. (1960). Combustion Intensity in a Heterogeneous Stirred Reactor. *ARS Journal*, 30(4), pp. 356–357.

Coward, F., and Woodhead, D. W. (1949). The Luminosities of the Flames of Some Individual Chemical Compounds, Alone and Mixed. *Third Symposium (International) on Combustion*.

Baltimore, MD: The Williams and Wilkins Company.

Cramer, F. B., and Baker, P. D. (1967). *Combustion Processes in a Bi-Propellant Liquid Rocket Engine— A Critical Review (Injection and Stream Breakup, Drop Mass Evaporation, Flow, Mixing, and Dispersion in Combustion Model)*. NASA Technical Report, NASA.

Crowe, C. T. (1974). *A Computational Model for the Gas Droplet Flow in the Vicinity of an Atomize*. Paper No. 74-25, The Combustion Institute, Western States Section,.

——. (1978). A Numerical Model for the Gas Droplet Flow Field Near an Atomizer. *First International Conference on Liquid Atomization and Spray Systems*. Tokyo, Japan.

Crowe, C. T., Sharma, M. P., and Stock, D. E. (1977) The Particle-Source-in-Cell (PSIcell) Model for Gas-Droplet Flows. *Journal of Fluids Engineering*, 99, pp. 325-332.

Crowe, C., Sommerfeld, M., and Tsuji, Y. (1998). *Multiphase Flows with Droplets and Particles*. Boca Raton, FL: CRC Press.

Cuenot, B., and Poinsot, T. (1996). Asymptotic and Numerical Study of Diffusion Flames with Variable Lewis Number and Finite Rate Chemistry. *Combustion and Flame*, 104(1-2), pp. 111-137.

Cuenot, B., and Poinsot, T. J. (1994). Effects of Curvature and Unsteadiness in Diffusion Flames. Implications for Turbulent Diffusion Combustion. *Twenty-Fifth Symposium (International) on Combustion*, 25, pp. 1,383-1,390. Pittsburgh, PA: The Combustion Institute.

Culick, F. (1964). Boltzman Equation Applied to a Problem of Two-Phase Flow. *Physics of Fluids*, 7, pp. 1,898-1,904.

Cundall, P., and Strack, O. (1979). A Discrete Numerical Method for Granular Assemblies. *Geotechnique*, 29, pp. 47.

Curl, R. L. (1963). Dispersed Phase Mixing: I. Theory and Effects in Simple Reactors. *AIChE Journal*, 9, pp. 175-181.

Daly, B. J. (1696). A Technique for Including Surface Tension Effects In Hydrodynamic Calculations. *Journal of Computational Physics*, 4(1), pp. 97-117.

Damköhler, G. (1940). Der Einfluss der Turbulenz auf die Flammengeschwindigkeit in Gasgemischen. *Zs Electrochemie*, 6, pp. 601-652.

Dandekar, K. V., and Gouldin, F. C. (1982). Velocity and Temperature Measurements in Premixed Turbulent Flames. *AIAA Journal*, 20, pp. 652-659.

Daneshyar, H., and Hill, P. G. (1987). The Structure of Small-Scale Turbulence and its Effect on Combustion in Spark Ignition Engines. *Progress in Energy and Combustion Science*, 13, pp. 47-73.

Davidson, J. E., and Beckstead, M. W. (1997). Improvements to Steady-State Combustion Modeling of Cyclotrimethylenetrinitramine. *Journal of Propulsion and Power*, 13(3), pp. 375-383.

Davies, R. A., and Scully, D. B. (1966). Carbon Formation from Aromatic Hydrocarbons II. *Combustion and Flame*, 10(2), pp. 165-170.

Davis, S. G., Wang, H., Brezinsky, K., and Law, C. K. (1996). Laminar Flame Speeds and Oxidation Kinetics of Benene-Air and Toluene-Air Flames. *Twenty-Sixth Symposium (International) on Combustion*, 26, pp. 1,025-1,033. Pittsburgh, PA: Combustion Institute.

De Charentenay, J., and Ern, A. (2002). Multicomponent Transport Impact on Premixed Turbulent H_2/O_2 Flames. *Combustion Theory and Modeling*, 6(3), pp. 463–478.

De Juhasz, K. J., ed. (1969). *Spray Literature Abstracts*. vol. 4. New York: American Society of Mechanical Engineers.

Dean, A. M., and Westmoreland, P. R. (1987). Bimolecular QRRK Analysis of Methyl Radical Reactions. *International Journal of Chemical Kinetics*, 19(3), pp. 207–228.

Dearden, P., and Long, R. (1968). Soot Formation in Ethylene and Propane Diffusion Flames. *Journal of Applied Chemistry*, 18(8), pp. 243–251.

Deardorff, J. W. (1973). The Use of Subgrid Transport Equations in a Three-Dimensional Model of Atmospheric Turbulence. *ASME Journal of Fluids Engineering*, 95, pp. 429–438.

Delhaye, J. M. (1968). *Equations of Fondamentales des Ecoulements Diphasiques*, Part 1 and 2. CEA.

———. (1969). General Equations of Two-phase Systems and their Application to Airwater Bubble Flow and to Steam-Water Flashing Flow. *11th Heat Transfer Conference. Minneapolis*.

———. (1970). *Contrubution a, L' etude des Ecoulements Diphasiques Eau-air et Eauvapeur*. Ph. D. Thesis, University of Grenoble.

———. (1974). Jump Conditions and Entropy Sources in Two-phase Systems. Local Instant Formulation. *International Journal of Multiphase Flow*, 1, pp. 395–409.

———. (1981). *Thermohydraulics of Two-phase Systems for Industrial Design and Nuclear Engineering*. Washington, DC: Hemisphere Publishing Corp.

Delplanque, J. P., and Rangel, R. H. (1998). A Comparison of Models, Numerical Simulation and Experimental Results in Droplet Deposition Processes. *Acta Materiala*, 46(14), pp. 4,925–4,933.

Denniston, D. W., Wells, F. E., and Karlovitz, B. (1951). Investigation of Turbulent Flames. *Journal of Chemical Physics*, 19, pp. 541–547.

Derevyaga, M. E., Stesik, L. N., and Fedorin, E. A. (1979). Ignition and Combustion of High-Melting Metals (Tungsten, Molybdenum, Boron). *Combustion, Explosion, and Shock Waves*, 15(4), pp. 438–446.

Deschamps, B., Boukhalfa, A., Chauveau, C., Gökalp, I., Shepherd, I. G., and Cheng, R. K. (1992). An Experimental Estimation of Flame Surface Density and Mean Reaction Rate in Turbulent Premixed Flames. *Proceedings of the Combustion Institute*, 24, pp. 469–475.

Deuflhard, P. (1985). Recent Progress in Extrapolation Methods for Ordinary Differential Equations. *SIAM Review*, 27(4), pp. 505–535.

Dibble, R. W., Long, M. B., and Masri, A. (1986). Two-Dimensional Imaging of C_2 in Turbulent Nonpremixed Jet Flames. *Dynamics of Reactive Systems; 10th International Colloquium on Dynamics of Explosions and Reactive Systems*, 4–9 August 1985, pp. 99–109. Berkeley, CA.

Dibble, R. W., and Lucht, R. P. (1989). *Summary of Discussions at the 12th Meeting of the Sandia Cooperative Group on the Aerothermochemistry of Turbulent Combustion*, 1988, Schenectady, NY,

Sandia Report SAND89-8220. Livermore, CA: Sandia National Laboratories.

Dibble, R. W., Rambach, G. D., and Hollenbach, R. E. (1981). *Simultaneous Measurement of Velocity and Temperature in Flames Using LDV and cw Laser Rayleigh Thermometry*. Sandia National Labs., Livermore, CA: Western States Section Meeting of the Combustion Institute.

Dickerson, R. A., and Schuman, M. D. (1960). Rate of Aerodynamic Atomization of Droplets. *J. Spacecraft and Rockets*, 2(1), pp. 99–100.

Dickinson, D. R., and Marshall Jr., W. R. (1968). The Rates of Evaporation of Sprays. *AIChE Journal*, 14(4), pp. 541–552.

Ding, J., and Gidaspow, D. (1990). A Bubbling Fluidization Model using Theory of Granular Flow. *AIChE Journal*, 36(4), pp. 523–538.

Dinkelacker, F. (2003). Experimental Validation of Flame Regimes for Highly Turbulent Premixed Flames. *Proc. European Combustion Meeting (ECM 2003)*, October 25–28, Orleans, France.

Dinkelacker, F., Soika, A., Most, D., Hofmann, D., Leipertz, A., Polifke, W., et al. (1998). Structure of Locally Quenched Highly Turbulent Lean Premixed Flames. *Proceedings of the Combustion Institute*, 27, pp. 857–865.

Diunin, A. K. (1963). On the Mechanics of Snow Storms. *Siberian Branch, Akademii Nauk*.

Dobbins, R. A. (1963). Measurement of Mean Particle Size in a Gas-Particle Flow. *AIAA Journal*, 1(8), pp. 1,940–1,942.

Dobbins, R. A., and Jizmagian, G. S. (1966a). Optical Scattering Cross Sections for Polydispersions of Dielectric Spheres. *Journal of the Optical Society of America*, 56(10), pp. 1,345–1,349.

———. (1966b). Particle Size Measurements Based on Use of Mean Scattering Cross Sections. *Journal of the Optical Society of America*, 56(10), pp. 1,351–1,352.

Dobbins, R. A., Crocco, L., and Glassman, I. (1963). Measurement of Mean Particle Sizes of Sprays from Diffractively Scattered Light. *AIAA Journal*, 1(8), pp. 1,882–1,886.

Dombrowski, N., Horne, W., and Williams, A. (1974). The Formation and Combustion of Isooctane Sprays in Hot Gases. *Combustion Science and Technology*, 9(5–6), pp. 247–254.

Domingo, P., and Bray, K. N. (2000). Laminar Flamelet Expressions for Pressure Fluctuation Terms in Second Moment Models of Premixed Turbulent Combustion. *Combustion and Flame*, 121, pp. 555–574.

Domingo, P., Vervisch, L., Payet, S., and Hauguel, R. (2005). DNS of a Premixed Turbulent V Flame and LES of a Ducted Flame Using a FSD-PDF Subgrid Scale Closure with FPI-Tabulated Chemistry. *Combustion and Flame*, 143, pp. 566–586.

Dongworth, M. R., and Melvin, A. (1976). The Transition to Instability in a Steady Hydrogen-Oxygen Diffusion Flame. *Combustion Science and Technology*, 14(4–6), pp. 177–182.

Dopazo, C. (1979). Relaxation of Initial Probability Density Function in the Turbulent Convection of Scalar Fields. *Physics of Fluids*, 22, pp. 20–30.

———. (1994). Recent Developments in PDF Methods. In P. A. Libby, and F. A. Williams (eds.), *Turbulent Reactive Flows*. New York: Academic Press.

Dopazo, C., and O' Brien, E. E. (1974a). An Approach to the Autoignition of a Turbulent Mixture. *Acta Astronaut*, 1, pp. 1, 239–1, 266.

———. (1974b). Functional Formulation of Nonisothermal Turbulent Reactive Flows. *Physics of Fluids*, 17, pp. 1, 968–1, 975.

———. (1976). Statistical Treatment of Nonisothermal Chemical Reactions in Turbulence. *Combustion Science and Technology*, 13, pp. 99–122.

Dowdy, D. R., Smith, D. B., and Taylor, S. C. (1990). The Use of Expanding Spherical Flames to Determine Burning Velocities and Stretch Effects in Hydrogen/Air Mixtures. *23rd Symposium (International) on Combustion*, pp. 325–332. Pittsburgh, PA: The Combustion Institute.

Drake, M. C., Bilger, R. W., and Starner, S. H. (1982). Raman Measurements and Conserved Scalar Modeling in Turbulent Diffusion Flames. *19th Symposium (International) on Combustion*, 19, pp. 459–467. Pittsburgh, PA: The Combustion Institute.

Drake, M. C., Lapp, M., and Penney, C. M. (1982). Use of the Raman Effect for Gas Temperature Measurements. In J. F. Schooley, ed., *Temperature: Its Measurement and Control in Science and Industry* (vol. 5, pp. 631–638). New York: American Institute of Physics.

Drake, M. C., Lapp, M., Penney, C. M., Warshaw, S., and Gerhold, B. W. (1981). Measurements of Temperature and Concentration Fluctuations in Turbulent Diffusion Flames Using Pulsed Raman Spectroscopy. *18th Symposium (International) on Combustion*. 18, pp. 1, 521–1, 531. Pittsburgh, PA: The Combustion Institute.

Drake, M. C., Pitz, R. W., and Shyy, W. (1986). Conserved Scalar Probability Density Functions in a Turbulent Jet Diffusion Flame. *Journal of Fluid Mechanics*, 171, pp. 27–51.

Drew, D. A. (1971). Averaged Field Equations for Two-Phase Media. *Studies in Applied Mathematics*, 1, pp. 133–166.

———. (1983). Mathematical Modeling of Two-Phase Flow. *Annual Review of Fluid Mechanics*, 15, pp. 261–291.

Drew, D., and Lahey, R. (1993). *Particulate Two-Phase Flow*. Oxford: Butterworth-Heinemann.

Drew, D. A., and Passman, S. L. (1999). *Theory of Multicomponent Fluids* (vol. 135). New York: Springer.

———. (2005). *Theory of Multicomponent Fluids*. New York: Springer.

Driscoll, J. F. (2008). Turbulent Premixed Combustion: Flamelet Structure and its Effect on Turbulent Burning Velocities. *Progress in Energy and Combustion Science*, 34, pp. 91–134.

Driscoll, J. F., and Gulati, A. (1988). Measurement of Various Terms in the Turbulent Kinetic Energy Balance within a Flame and Comparison with Theory. *Combustion and Flame*, 72(2), pp. 131–152.

Duclos, J. M., Veynante, D., and Poinsot, T. (1993). A Comparison of Flamelet Models for Premixed Turbulent Combustion. *Combustion and Flame*, 95, pp. 101–117.

Dukowicz, J. K. (1979). A Particle-Fluid Numerical Model for Liquid Sprays. *Journal of Computational Physics*, 35(2), pp. 229–253.

Dumont, J. P., Durox, D., and Borghi, R. (1993). Experimental Study of the Mean Reaction Rates in a Turbulent Premixed Flame. *Combustion Science and Technology*, 89, pp. 219-251.

Durst, F., and Zare, M. (1976). Laser Doppler Measurements in Two-Phase Flows. *Proceedings of the LDA-Symposium*, pp. 403-429. Copenhagen.

Echekki, T., and Chen, J. (2003). Direct Numerical Simulations of Auto-Ignition in Nonhomogeneous Hydrogen-Air Mixtures. *Combustion and Flame*, 134(3), pp. 169-191.

Echekki, T., and Chen, J. H. (1996). Unsteady Strain Rate and Curvature Effects in Turbulent Premixed Methane-Air Flames. *Combustion and Flame*, 106(1-2), pp. 184-190.

Edelman, R. B., and Harsha, P. T. (1978). Laminar and Turbulent Gas Dynamics in Combustors—Current Status. *Progress in Energy and Combustion Science*, 4(1), pp. 1-62.

EGLIB Code, webpage: http://www.dii.uchile.cl/~daespino/EGlib_doc/main.html, Date: July 2011.

El Banhawy, Y., and Whitelaw, J. H. (1980). Calculation of the Flow Properties of a Confined Kerosene-Spray Flame. *AIAA Journal*, 18(12), pp. 1,503-1,510.

El Tahry, S. H., Rutland, C., and Ferziger, J. (1991). Structure and Propagation Speeds of Turbulent Premixed Flames. *Combustion and Flame*, 83, pp. 155-173.

Elgobashi, S., and Abou-Arab, T. (1983). Two-Equation Turbulence Model for Two-Phase Flows. *Physics of Fluids*, 26(4), pp. 931-938.

Elghobashi, S. E., and Pun, W. M. (1974). A Theoretical and Experimental Study of Turbulent Diffusion Flames in Cylindrical Furnaces. *15th Symposium (International) on Combustion*, 15, pp. 1,353-1,365. Pittsburgh, PA: The Combustion Institute.

Elkotb, M. M. (1982). Fuel Atomization for Spray Modelling. *Progress in Energy and Combustion Science*, 8(1), pp. 61-91.

Emdee, J. L., Brezinsky, K., and Glassman, I. (1992). A Kinetic Model for the Oxidation of Toluene Near 1200 K. *Journal of Physical Chemistry*, 96(5), pp. 2,151-2,161.

Emmons, H. W. (1956). Z. "The Film Combustion of Liquid Fuel." *Angew. Math. Mech.*, 36(1-2), pp. 60-71.

Enwald, H., Peirano, E., and Almstedt, A. E. (1996). Eulerian Two-Phase Flow Theory Applied to Fluidization. *International Journal of Multiphase Flow*, 22, pp. 21-66.

Ergun, S. (1952). Fluid Flow Through Packed Columns. *Chemical Engineering Progress*, 48, pp. 89-94.

Ermolin, N. E., Korobeinichev, O. P., Tereshchenko, A. G., and Fomin, V. M. (1982). Kinetic Calculations and Mechanism Definition for Reactions in an Ammonium Perchlorate Flame. *Combustion, Explosion and Shock Waves*, 18(2), pp. 61-70.

Ern, A., and Giovangigli, V. (1994). *Multicomponent Transport Algorithms: Lecture Notes in Physics* (vol. 24). New York: Springer.

———. (1995). Fast and Accurate Multicomponent Transport Property Evaluation. *Journal of Computational Physics*, 120, pp. 105-116.

_____. (1996a). *EGlib server with user's manual*. Retrieved from www.cmap.polytechnique.fr/www.eglib/home.html

_____. (1996b). Optimized Transport Algorithms for Flame Codes. *Combustion Science and Technology*, 118, pp. 387–395.

_____. (1998). Thermal Diffusion Effects in Hydrogen-Air and Methane-Air Flames. *Combustion Theory and Modeling*, 2, pp. 349–372.

Eroglu, H., and Chigier, N. (1991). Initial Drop Size and Velocity Distributions for Airblast Coaxial Atomizers. *Journal of Fluids Engineering*, 113, pp. 453–459.

Escudie, D., Haddar, E., and Brun, M. (1999). Influence of Strain Rate on a Premixed Turbulent Flame Stabilized in a Stagnating Flow. *Experiments in Fluids*, 27, pp. 533–541.

Everest, D. A., Driscoll, J. F., Dahm, W., and Feikema, D. A. (1995). Images of the Two-Dimensional Field and Temperature Gradients to Quantify Mixing Rates within a Non-Premixed Turbulent Jet Flame. *Combustion and Flame*, 101(1–2), pp. 58–60.

Faeth, G. M. (1977). Current Status of Droplet and Liquid Combustion. *Progress in Energy and Combustion Science*, 3(4), pp. 191–224.

_____. (1979). *Spray Combustion Model: A Review*. Presented at 17th Aerospace Sciences Meeting, AIAA.

_____. (1983). Evaporation and Combustion of Sprays. *Progress in Energy and Combustion Science*, 9, pp. 1–76.

_____. (1987). Mixing Transport and Combustion in Sprays. *Progress in Energy and Combustion Science*, 13, pp. 293–345.

Faeth, G. M., and Lazar, R. S. (1971). Fuel Droplet Burning Rates in a Combustion Gas Environment. *AIAA Journal*, 9(11), pp. 2,165–2,171.

Faeth, G. M., and Samuelsen, G. S. (1986). Fast Reaction Nonpremixed Combustion. *Progress in Energy and Combustion Science*, 12(4), pp. 305–372.

Fahr, A., and Stein, S. E. (1989). Reactions of Vinyl and Phenyl Radicals with Ethyne, Ethene and Benzene. *Twenty-Second Symposium (International) on Combustion.* 22, pp. 1,023–1,029. Pittsburgh, PA: The Combustion Institute.

Fairweather, M., Jones, W. P., Ledin, H. S., and Lindstedt, R. P. (1992). Predictions of Soot Formation in Turbulent Non-Premixed Propane Flames. *Twenty-Fourth Symposium (International) on Combustion*, pp. 1,067–1,074.

Farhat, S. K., Morter, C. L., and Glass, G. P. (1993). Temperature Dependence of the Rate of Reaction of C_2H with H_2. *Journal of Physical Chemistry*, 97(49), pp. 12,789–12,792.

Farmer, W. M. (1972). Measurement of Particle Size, Number Density, and Velocity Using a Laser Interferometer. *Applied Optics*, 11(11), pp. 2,603–2,612.

Fath, A., Munch, K.-U., and Leipertz, A. (1997). Spray Break-Up Process of Diesel Fuel Investigated Close to the Nozzle. *International Journal of Fluid Mechanics Research* (1–3), pp. 251–260.

Favre, A. (1965). Equations des gaz turbulents compressibles. *Journal de Mecanique*, 4, pp. 361.

Fendell, F. E. (1965). Finite-Rate Burning of a Monopropellant Droplet in a Stagnant Atmosphere (Quasi-Steady Spherically Symmetric Burning of Monopropellant Liquid Droplet in Stagnant Atmosphere). *Astronautica Acta*, 11, pp. 418–421.

Fenimore, C. P., and Jones, G. W. (1967). Oxidation of Soot by Hydroxyl Radicals. *Journal of Physical Chemistry*, 71, pp. 593–597.

Fenimore, C. P., Jones, G. W., and Moore, G. W. (1957). Carbon Formation in Quenched Flat Flames at 1600 K. *Sixth Symposium (International) on Combustion*, pp. 242–247. New York: Rheinhold Publishing Corp.

Fick, A. (1855). Uber Diffusion. *Ann. Der Phys.*, 94, pp. 59–86.

Filatyev, S. A., Driscoll, J. F., and Carter, C. D. (April 2005). Measured Properties of Turbulent Premixed Flames For Model Assessment, Including Burning Velocities, Stretch Rates, And Surface Densities. *Combustion and Flame*, 141(1–2), pp. 1–21.

Flogel, H. (1981). *Investigation of Particle Velocity and Particle Size with a Laser-Doppler Anemometer*. Diploma Thesis in Physics, University of Bremen, Bremen, Germany.

Foelsche, R. O., Burton, R. L., and Krier, H. (1999). Boron Particle Ignition and Combustion at 30–150 atm. *Combustion and Flame*, 117(1–2), pp. 32–58.

Fox, R. O. (1996a). Computational Methods for Turbulent Reacting Flows in the Chemical Process Industry. *Rev. Inst. Français du Pétrole*, 51, pp. 215–243.

———. (1996b). On Velocity-Conditioned Scalar Mixing in Homogeneous Turbulence. *Physics of Fluids*, 8(10), pp. 2,678–2,691.

Frank, J. H., Barlow, R. S., and Lundquist, C. (2000). Radiation and Nitric Oxide Formation in Turbulent Non-Premixed Jet Flames. *Proceedings of the Combustion Institute*, 28, pp. 447–454.

Frank, J. H., Kalt, P. A., and Bilger, R. W. (1999). Measurements of Conditional Velocities in Turbulent Premixed Flames by Simultaneous OH PLIF and PIV. *Combustion and Flame*, 116, pp. 220–232.

Frankl, F. I. (1953). On the Theory of Motion of Sediment Suspensions. *Soviet Physics Doklady*, 92, pp. 247–250.

Fraser, R. P. (1957). Liquid Fuel Atomization. *Sixth Symposium (International) on Combustion*, pp. 687–701. Reinhold, New York: Reinhold Publishing Corporation.

Frenklach, M. (2002). Reaction Mechanism of Soot Formation in Flames. *Phys. Chem. Chem. Phys.*, 4, pp. 2,028–2,037.

Frenklach, M., and Carmer, C. S. (1999). Molecular Dynamics Using Combined Quantum and Empirical Forces: Application to Surface Reactions. *Advances in Classical Trajectory Methods*, 4, pp. 27–64.

Frenklach, M., Clary, D. W., Gardiner Jr., W. C., and Stein, S. E. (1985). Detailed Kinetic Modeling of Soot Formation in Shock-Tube Pyrolysis of Acetylene. *Proceedings of the Combustion Institute*, 20, pp. 887–901.

Frenklach, M., and Harris, S. J. (1987). Aerosol Dynamics Modeling Using the Method of Moments. *Journal of Colloid and Interface Science*, 118(1), pp. 252–261.

Frenklach, M., Moriarty, N. W., and Brown, N. J. (1998). Hydrogen Migration in Polyaromatic Growth. *Twenty-Seventh Symposium (International) on Combustion*, 27, pp. 1, 655 – 1, 661. Pittsburgh, PA: The Combustion Institute.

Frenklach, M., and Wang, H. (1990). Detailed Modeling of Soot Particle Nucleation and Growth. (T. C. Institute) *Twenty-Third Symposium (International) on Combustion*, 1, 559–1, 566.

———. (1991). Detailed Modeling of Soot Particle Nucleation and Growth. *23rd Symposium (International) on Combustion*, pp. 1, 559–1, 566. Pittsburgh, PA: The Combustion Institute.

———. (1994). Detailed Mechanism and Modeling of Soot Particle Formation. In H. Bockhorn, *Soot Formation in Combustion: Mechanisms and Models*, pp. 165–192. Berlin: Springer-Verlag.

Frenklach, M., Wang, H., Goldenberg, M., Smith, G. P., Golden, D. M., Bowman, C. T., et al. (1995). *GRI-Mech—An Optimized Detailed Chemical Reaction Mechanism for Methane Combustion*. GRI Technical Report No. GRI-95/0058.

Frenklach, M., and Warnatz, J. (1987). Detailed Modeling of PAH Profiles in a Sooting Low-Pressure Acetylene Flame. *Combustion Science and Technology*, 51, pp. 265–283.

Friswell, N. J. (1972). Emissions from Gas-Turbine-Type Combustors (Gas Turbine Combustion Rig Simulation of Pollutant Carbon and Nitrogen Oxide Emissions as Function of Air-Fuel Mixing, Metallic Additions and Chamber Design). In W. Cornelius, ed., *Emissions from Continuous Combustion Systems: Proceedings of the Symposium on Emissions from Continuous Combustion Systems*, pp. 175–182. Warren, MI, Sept. 27–28, 1971. New York: Plenum Press.

Fukai, J., Shiba, Y., Yamamoto, T., Miyata, O., Poulikakos, D., and Megaridis, C. M. (1995). Wetting Effects on the Spreading of a Liquid Droplet Colliding with a Flat Surface: Experiment and Modeling. *Physics of Fluids*, 7, pp. 236–247.

Fukai, J., Zhao, Z., Poulikakos, D., Megaridis, C. M., and Miyatake, O. (1993). Modeling of the Deformation of a Liquid Droplet Impinging Upon a Flat Surface. *Physics of Fluids A*, 5, pp. 2,588–2,599.

Füri, M., Papas, P., and Monkewitz, P. A. (2000). Non-Premixed Jet Flame Pulsations Near Extinction. *Proceedings of the Combustion Institute*, 28(1), pp. 831–838. Pittsburgh, PA: The Combustion Institute.

Furukawa, J., Noguchi, Y., and Hirano, T. (2000). Investigation of Flame Generated Turbulence in a Large-Scale and Low-Intensity Turbulent Premixed Flame with a 3-Element Electrostatic Probe and a 2-D LDV. *Combustion Science and Technology*, 154, pp. 163–178.

Furukawa, J., Noguchi, Y., Hirano, T., and Williams, F. A. (2002). Anisotropic Enhancement of Turbulence in Large-Scale, Low-Intensity Turbulent Premixed Propane-Air Flames. *The Journal of Fluid Mechanics*, 462, pp. 209–243.

Furukawa, J., Okamoto, K., and Hirano, T. (1996). Turbulence Characteristics Within the Local Reaction Zone Thickness of a High-Intensity Turbulent Premixed Flame. *Proceedings of the Combustion Institute*. 26, pp. 405–412.

Fussey, A. J., Gosling, A. J., and Lampard, D. (1978). A Shock-Tube Study of Induction Times in the Formation of Carbon Particles by Pyrolysis of the C_2 Hydrocarbons. *Combustion and Flame*, 32, pp. 181-192.

Gagnepain, L., Chauveau, C., and Gokalp, I. (1998). A Comparison Between Dynamic and Scalar Timescales in Lean Premixed Turbulent Flames. *Proceedings of the Combustion Institute*, 27, pp. 775-787.

Ganji, A. R., and Sawyer, R. F. (1980). Experimental Study of the Flowfield of a Two-Dimensional Premixed Turbulent Flame. *AIAA Journal*, 18(7), pp. 817-824.

Gao, F., and O'Brien, E. E. (1993). A Large-Eddy Simulation Scheme for Turbulent Reacting Flows. *Physics of Fluids*, 5, pp. 1,282-1,284.

Garner, F., Long, R., Graham, A., and Badakshan, A. (1957). The Effect of Certain Halogenated Methanes on Pre-Mixed and Diffusion Flames. *Sixth Symposium (International) on Combustion*, 6(1), pp. 802-806.

Garnier, E., Mossi, M., Sagaut, P., and Comte, P. D. (1999). On the Use of Shock-Capturing Schemes for Large-Eddy Simulations. *Journal of Computational Physics*, 153(2), pp. 273-311.

Garside, J. E., and Jackson, B. (1951). Polyhedral Diffusion Flames. *Nature*, 168, p. 1,085.

Gatski, T., and Bonnet, J.-P. (2009). *Compressibility, Turbulence and High Speed Flow*. Oxford: Elsevier.

Geck, C. (1975). Diplomarbeit (Thesis), Göttingen University, Germany.

Gelbard, F., and Seinfeld, J. H. (1978). Numerical Solution of the Dynamic Equation for Particulate Systems. *Journal of Computational Physics*, 28(3), pp. 357-375.

Gelfand, B. E., Gubin, S. A., Kogarko, S. M., and Palamarchuk, B. I. (1975). Special Characteristics of the Breakup of Liquid Drops with a High Gas Pressure. *Journal of Applied Mechanics and Technical Physics*, 16(4), pp. 523-527.

Germain, P. (1964). Conditions de choc et structure des ondes de choc lorsqu'on tient compte des effets de dissipation dans le fluide. (W. FISZDON, ed.) *Fluid Dynamics Transactions*, 1, pp. 287-296.

Germain, P., and Guiraud, J. P. (1960). Conditions de choc dans un fluide dou de coefficients de viscosit et de conductibilit thermique faibles mais non nuls. *C. R. Acad. Sci.*, 250.

――――. (1961). Conditions de chocs dans un fluide faiblement dissipatif en movement non stationnaire. *C. R. Acad. Sci.*, 252, 1, 101-1, 102.

Germano, M., Piomelli, U., Moin, P., and Cabot, W. H. (1991). A Dynamic Subgrid-Scale Eddy Viscosity Model. *Physics of Fluids*, 3(7), pp. 1,760-1,765.

Ghenai, C., Chauveau, C., and Gökalp, I. (1996). Spatial and Temporal Dynamics of Flamelets in Turbulent Premixed Flames. *Proceedings of the Combustion Institute*, 26, pp. 331-337.

Ghenai, C., Gouldin, F. G., and Gökalp, I. (1998). Mass Flux Measurements for Burning Rate Determination of Premixed Turbulent Flames. *Proceedings of the Combustion Institute*. 27, pp. 979-987.

Gidaspow, D. (1994). *Multiphase Flow and Fluidization.* San Diego, CA: Academic Press.

Giffen, E., and Muraszew, A. (1953). *The Atomization of Liquid Fuels.* London: Chapman and Hall.

Gill, R. J., and Olson, D. B. (1984). Estimation of Soot Thresholds for Fuel Mixtures. *Combustion Science and Technology*, 40(5–6), pp. 305–315.

Giovangigli, V. (1999). *Multicomponent Flow Modeling, MESST Series.* Boston: Birkhauser.

Givi, P. (1989). Model-Free Simulations of Turbulent Reactive Flows. *Progress in Energy and Combustion Science*, 15(1), pp. 1–107.

Glassman, I. (1977). *Combustion.* New York: Academic Press.

———. (1979). Report No. 1450, Princeton University, Mechanical and Aerospace Engineering.

———. (1988). Soot Formation in Combustion Processes. *Twenty-Second Symposium (International) on Combustion*, pp. 295–311. Pittsburgh, PA: The Combustion Institute.

Glassman, I., and Yaccarino, P. (1980). The Effect of Oxygen Concentration on Sooting Diffusion Flames. *Combustion Science and Technology*, 24, pp. 107–114.

Gökalp, I., Shepherd, I. G., and Cheng, R. K. (1988). Spectral Behavior of Velocity Fluctuations in Premixed Turbulent Flames. *Combustion and Flame*, 71, pp. 313–323.

Goldschmidt, M. J., Kuipers, J. A., and Swaaij, W. (2001). Hydrodynamic Modeling of Dense Gas-Fluidized Beds Using the Kinetic Theory of Granular Flow: Effect of Coefficient of Restitution on Bed Dynamics. *Chemical Engineering Science*, 56, pp. 571–578.

Gollahalli, S. R., and Brzustowski, T. A. (1973). Experimental Studies on the Flame Structure in the Wake of a Burning Droplet. *Fourteenth Symposium (International) on Combustion*, pp. 1,333–1,344. Pittsburgh, PA: The Combustion Institute.

Golovanevsky, B., Levy, Y., Greenberg, J. B., and Matalon, M. (1999). On the Oscillatory Behavior of Laminar Spray Diffusion Flames: Experiment and Theory. *Combustion and Flame*, 117(1–2), pp. 373–383.

Gomez, A., Littman, M. G., and Glassman, I. (1987). Comparative Study of Soot Formation on the Centerline of Axisymmetric Laminar Diffusion Flames: Fuel and Temperature Effects. *Combustion and Flame*, 70(2), pp. 225–241.

Gopala, V. R., and van Wachem, B. G. (2008). Volume of Fluid Methods for Immiscible-Fluid and Free-Surface Flows. *Chemical Engineering Journal*, 141, pp. 204–221.

Gordon, A. S., Smith, S. R., and McNesby, J. R. (1958). Study of the Chemistry of Diffusion Flames. *Symposium (International) on Combustion*, 7, pp. 317–324. Pittsburgh, PA: The Combustion Institute.

Gorski, J., and Bernard, P. (1996). Modeling of the Turbulent Enstrophy Equation. *International Journal of Engineering Science*, 34(6), pp. 699–714.

Gosman, A. D., and Ioannides, E. (1981). *Aspects of Computer Simulation of Liquid Fueled Combustors.* AIAA Paper No. 81 0323.

Gosman, A. D., Ioannides, E., Lever, D. A., and Cliffe, K. A. (1980). *A Comparison of Continuum* and Discrete Droplet Finite Difference Models Used in the Calculation of Spray Combustion in Swirling Turbulent Flows. AERE Harwell Report TP865.

Gosman, A. D., and Johns, R. J. (1980). Computer Analysis of Fuel-Air Mixing in Direct-Injection Engines. SAE Paper No. 800091.

Gosman, A. D., and Lockwood, F. C. (1973). Incorporation of a Flux Model for Radiation into a Finite-Difference Procedure for Furnace Calculations. *Fourteenth Symposium (International) on Combustion*, 14, pp. 661–671. Pittsburgh, PA: The Combustion Institute.

Gosman, A. D., Lockwood, F. C., and Salooja, A. P. (1979). The Prediction of Cylindrical Furnaces Gaseous Fueled with Premixed and Diffusion Burners. *Seventeenth Symposium (International) on Combustion*, 17, pp. 747–760. Pittsburgh, PA: The Combustion Institute.

Gosman, A. D., Lockwood, F. C., and Syed, S. A. (1976). Prediction of a Horizontal Free Turbulent Diffusion Flame. *Sixteenth Symposium (International) on Combustion*, 16, pp. 1, 543 – 1, 555. Pittsburgh, PA: The Combustion Institute.

Gouldin, F. C. (1987). An Application of Fractals to Modeling Premixed Turbulent Flames. *Combustion and Flame*, 68(3), pp. 249–266.

Gouldin, F. C., and Dandekar, K. V. (1984). Time-Resolved Density Measurements in Premixed Turbulent Flames. *AIAA Journal*, pp. 655–663.

Goussis, D. A., and Lam, S. H. (1992). A Study of Homogeneous Methanol Oxidation Kinetics Using CSP. *Symposium (International) on Combustion*, 24, 1, pp. 113–120.

Graham, S., and Robinson, A. (1976). A Comparison of Numerical Solutions to the Self-Preserving Size Distribution for Aerosol Coagulation in the Free-Molecule Regime. *Journal of Aerosol Science*, 7(3), pp. 261–273.

Gravatt Jr., C. C. (1973). Real Time Measurement of the Size Distribution of Particulate Matter by a Light Scattering Method. *Journal of the Air Pollution Control Association*, 23(12), pp. 1,035–1,038.

Gremyachkin, V. M., Istratov, A. G., and Leipunskii, O. I. (1979). Theory of Combustion of a Boron Particle in Oxygen in High-Temperature Environment. *Combustion, Explosion, and Shock Waves*, 15(6), pp. 691–698.

Griffen, E., and Muraszew, A. (1953). *The Atomisation of Liquid Fuels*. New York: John Wiley and Sons.

Gross, R. (1955). Flame Quenching by Turbulence. *Jet Propulsion*, 25, pp. 716.

Gu, X. J., Haq, M. Z., Lawes, M., and Woolley, R. (2000). Laminar Burning Velocity and Markstein Lengths of Methane–Air Mixtures. *Combust. and Flame*, 121, pp. 41–58.

Gulati, A., and Driscoll, J. F. (1986). Velocity-Density Correlations and Favre Averages Measured in a Premixed Turbulent Flame. *Combustion Science and Technology*, 48(5–6), pp. 285–307.

———. (1988). Flame-Generated Turbulence and Mass Fluxes: Effect of Varying Heat Release. *Twenty-First Symposium (International) on Combustion*, pp. 1, 367 – 1, 375. Pittsburgh, PA: The Combustion Institute.

Gulder, O. L. (1990). Turbulent Premixed Flame Propagation Models for Different Combustion Regimes. *Proceedings of the Combustion Institute*, 23, pp. 743-750.

Gulder, O. L., and Smallwood, G. J. (2007). Flame Surface Densities in Premixed Combustion at Medium to High Turbulence Intensities. *Combustion Science and Technology*, 179, pp. 191-206.

Gulder, O. L., Smallwood, G. J., Wong, R., Snelling, D. R., Smith, R., Deschamps, B. M., et al. (2000). Flame Front Surface Characteristics in Turbulent Premixed Propane/Air Combustion. *Combustion and Flame*, 120, pp. 407-416.

Gutman, D., Slagle, A., Bencsura, A., and Xing, S. B. (1991). *Kinetics and Thermochemistry of the Oxidation of Unsaturated Radicals*: $n\text{-}C_4H_5 + O_2$. ACS Preprints, Div. Fuel Chem.

Gutmark, E., Parr, T. P., Parr, D. M., and Schadow, K. C. (1987). Vortex Dynamics in Diffusion Flames. *Sixth Symposium on Turbulent Shear Flows*, pp. 7-3-1 to 7-3-7. September 7-9, 1987. Toulouse, France.

Gutmark, E., Schadow, K. C., Parr, T. P., Parr, D. M., and Wilson, K. J. (1987). Combustion Enhancement by Axial Vortices. *23rd Joint Propulsion Conference*, June 29-July 2, 1987, San Diego.

Gutmark, E., Schadow, K. C., and Wilson, K. J. (1987). Noncircular Jet Dynamics in Supersonic Combustion. *23 rd Joint Propulsion Conference*, June 29-July 2, 1987, San Diego.

Gutmark, E., Schadow, K. C., Wilson, K. J., and Bicker, C. J. (1987). Acoustic Radiation and Flow Characteristics in Low Supersonic Circular and Elliptic Jets. *11th Aeroacoustics Conference*, Oct. 19-21, 1987. Sunnyvale, CA.

Haas, F. C. (1964). Stability of Droplets Suddenly Exposed to a High Velocity Gas Stream. *AIChE Journal*, 10(6), pp. 920-924.

Hall, R. J., Smooke, M. D., and Colket, M. B. (1997). Predictions of Soot Dynamics in Opposed Jet Diffusion Flames. In *Physical and Chemical Aspects of Combustion: A Tribute to Irvin Glassman* (F. L. Dryer and R. Sawyer, eds.). Amsterdam: Gordon and Breach Science Publishers.

Hamilton, W. S., and Lindell, J. E. (1971). Fluid Force Analysis and Accelerating Sphere Tests. *ASCE Journal of the Hydraulics Division*, 97, pp. 805-817.

Hammond, B. L., Huang, S. Y., Lester, W. A., and Dupuis, M. (1990). Theoretical Study of the O (sup 3 P) + Allene Reaction. *Journal of Physical Chemistry*, 94, pp. 7,969-7,972.

Hancock, R. D., Schauer, F. R., Lucht, R. P., Katta, V. R., and Hsu, K. Y. (1996). Thermal Diffusion Effects and Vortex-Flame Interactions in Hydrogen Jet Diffusion Flames. *Twenty-Sixth Symposium (International) on Combustion*, 26, pp. 1,087-1,093. Pittsburgh, PA: The Combustion Institute.

Hanson, A. R., and Domich, E. G. (1956). *The Effect of Viscosity on the Breakup of Droplets by Air Blasts—A Shock Tube Study*. Research Report No. 130, University of Minnesota, Dept. of Aerospace Engineering, Minneapolis.

Hanson, A. R., Domich, E. G., and Adams, H. S. (1983). Shock Tube Investigation of the Breakup of Drops by Air Blasts. *Physics of Fluids*, 6, pp. 1,070-1,080.

Harlow, F. H., and Welch, J. E. (1965). Numerical Calculation of Time-Dependent Viscous Incompressible Flow of Fluid with Free Surface. *Physics of Fluids*, 8(12), pp. 2,182-2,189.

Harris, S., and Kennedy, I. (1988). The Coagulation of Soot Particles with Van Der Waals Forces. *Combustion Science and Technology*, 59(4-6), pp. 443-454.

Harrje, D. T., and Reardon, F. (1972a) (eds.). *Stream and Droplet Breakup by Shock Waves*. NASA SP-194, Nasa Lewis Research Center, Washington, D. C.

____. (1972b). *Liquid Propellant Rocket Combustion Instability*. Report No. NASA SP-194.

Hartung, G., Hult, J., Kaminski, C., Rogerson, J., and Swaminathan, N. (2008). Effect of Heat Release on Turbulence and Scalar-Turbulence Interaction in Premixed Combustion. *Physics of Fluids*, 20(3), pp. 035110.

Hassler, G. (1970). Breakup of Large Water Drops Under the Influence of Aerodynamic Forces in a Steady Stream of Stream and Stream at Subsonic Velocities. Presented at *the 3rd Int. Conf. on Rain Erosion and Related Phenomena*. Hampshire, England.

____. (1971). *Untersuchungen zur Verformung und Auflösung von Wassertropfen durch aerodynamische Kräfte im stationären Luft- und Wasserstrom für Unterschallgeschwindigkeit* (3rd ed.). Dissertation, Universität Karlsruhe.

Hawkes, E. R., and Chen, J. H. (2006). Comparison of Direct Numerical Simulation of Lean Premixed Methane-Air Flames with Strained Laminar Flame Calculations. *Combustion and Flame*, 144, pp. 112-125.

Hawkes, E. R., Sankaran, R., Sutherland, J. C., and Chen, J. H. (2005). Direct Numerical Simulation of Turbulent Combustion: Fundamental Insights Towards Predictive Models. *Journal of Physics: Conference Series*, 16(1), pp. 65-79.

Haworth, D. (2009). Applications of Turbulent Combustion Modeling. In: L. Vervisch, D. Veynante, and J. Van Beeck (eds.), *Turbulent Combustion*, von Karman Institute for Fluid Dynamics Lecture Series 2009-07. (25-29 May 2009). Rhode-Saint-Genèse, Belgium.

Haworth, D. C. (2010). Progress in Probability Density Function Methods for Turbulent Reacting Flows. *Progress in Energy and Combustion Science*, 36(2), pp. 168-259.

Haworth, D. C., Drake, M. C., and Blint, R. J. (1988). Stretched Laminar Flamelet Modeling of a Turbulent Jet Diffusion Flame. *Combustion Science and Technology*, 60(4-6), pp. 287-318.

Haworth, D. C., Drake, M., Pope, S. B., and Blint, R. J. (1988). The Importance of Time-Dependent Flame Structures in Stretched Laminar Flamelet Models for Turbulent Jet Diffusion Flames. *Twenty-Second Symposium (International) on Combustion*, 22, pp. 589 – 597. Pittsburgh, PA: The Combustion Institute.

Haworth, D. C., and Pope, S. B. (1986a). A Generalized Langevin Model for Turbulent Flows. *Physics of Fluids*, 29, pp. 387-405.

____. (1986b). A Second-Order Monte Carlo Method for the Solution of the Ito Stochastic Differential Equation. *Stochastic Analysis and Applications*, 4(2), pp. 151-186.

Hawthorne, W. R., Weddell, D. S., and Hottel, H. C. (1949). Mixing and Combustion in Turbulent Gas Jets. *Third Symposium on Combustion and Flame and Explosion Phenomena*, 3, pp. 266 –

288. Baltimore, MD: Williams and Wilkins.

Haynes, B. S., and Wagner, H. G. (1980). Sooting Structure in a Laminar Diffusion Flame. *Ber. Bunsenges. Phys. Chem*, 84, pp. 499.

____. (1981). Soot Formation. *Progress in Energy and Combustion Science*, 7(4), pp. 229-273.

He, Y. Z., Mallard, W. G., and Tsang, W. (1988). Kinetics of Hydrogen and Hydroxyl Radical Attack on Phenol at High Temperatures. *Journal of Physical Chemistry*, 92(8), pp. 2,196-2,201.

Heddrich, A. (1986). PhD Thesis, Technische Hochschule Darmstadt.

Hedley, A. D., Nuruzzaman, A. S., and Martin, G. F. (1971). Prog. review No. 62: combustion of single droplets and simplified sprays system. *J. Inst. Fuel*, pp. 38-41.

Heinz, S. (2003a). A Model for the Reduction of the Turbulent Energy Redistribution by Compressibility. *Physics of Fluids*, 15(11), pp. 3,580-3,583.

____. (2003b). On Fokker-Planck Equations for Turbulent Reacting Flows. Part 1. Probability Density Function for Reynolds-Averaged Navier-Stokes Equations. *Flow, Turbulence and Combustion*, 70(1-4), pp. 115-152.

____. (2003c). On Fokker-Planck Equations for Turbulent Reacting Flows. Part 2. Filter Density Function for Large Eddy Simulation. *Flow, Turbulence and Combustion*, 70(1-4), pp. 153-181.

Heitor, M. V., Taylor, A. M., and Whitelaw, J. H. (1987). The Interaction of Turbulence and Pressure Gradients in a Baffle-Stabilized Premixed Flame. *Journal of Fluid Mechanics*, 181, pp. 387-413.

Henein, N. A. (1976). Analysis of Pollutant Formation and Control and Fuel Economy in Diesel Engines. *Progress in Energy and Combustion Science*, 1(4), pp. 165-207.

Hetsroni, G., and Sokolov, M. (1971). Distribution of Mass, Velocity and Intensity of Turbulence in a Two-Phase Turbulent Jet. *Trans. ASME Journal of Applied Mechanics.*, 38, pp. 315-327.

Heywood, J. B. (1994). Combustion and its Modeling in Spark Ignition Engines. *Proceedings of the Third International Symposium on Diagnostics and Modeling of Combustion in Internal Combustion Engines-COMODIA94*, pp. 1-15. Tokyo: JSME.

Hibiki, T., and Ishii, M. (2003). One-Dimensional Drift-flux Model and Constitutive Equations. *International Journal of Heat and Mass Transfer*, 46, pp. 4,935-4,948.

Hibiki, T., Takamasa, T., and Ishii, M. (2004). One-Dimensional Drift-flux Model and Constitutive Equations for Relative Motion between Phases in Various Two-phase Flow Regimes at Microgravity Conditions. In *12th International Conference on Nuclear Engineering*, vol. 3. New York: ASME.

Hidaka, Y., Nakamura, T., Miyauchi, A., Shiraishi, T., and Kawano, H. (1989). Thermal Decomposition of Propyne and Allene in Shock Waves. *International Journal of Chemical Kinetics*, 21(8), pp. 643-666.

Higuera, F. J., and Garcia-Ybarra, P. L. (1998). Steady and Oscillatory Flame Spread over Liquid Fuels. *Combustion Theory and Modelling*, 2(1), pp. 43-56.

Higuera, F. J., and Moser, R. D. (1994). Effect of Chemical Heat Release in a Temporally Evolving Mixing Layer. *Studying Turbulence Using Numerical Simulation Databases, Proceedings of the 1994*

Summer Program, 5, pp. 19–40. Stanford University.

Hilbert, R., Tap, F., El-Rabii, H., and Thévenin, D. (2004). Impact of Detailed Chemistry and Transport Models on Turbulent Combustion Simulations. *Progress in Energy and Combustion Science*, 30(1), pp. 61–117.

Hinze, J. O. (1949a). Critical Speeds and Sizes of Liquid Globules. *Applied Scientific Research*, 1(1), pp. 273–288.

———. (1949b). Forced Deformations of Viscous Liquid Globules. *Applied Scientific Research*, 1(1), pp. 263–272.

———. (1975). Turbulence (2nd ed.). New York: McGraw Hill. Hippler, H., and Troe, J. (1992). Rate Constants of the Reaction $HO+H_2H_2O_2 \rightarrow HO_2+H_2O$ at $T \geqslant 1000$ K. *Journal of Physical Chemistry Letters*, 4, pp. 333–337.

Hippler, H., Troe, J., and Willner, J. (1990). Shock Wave Study of the Reaction $HO_2+HO_2 \rightarrow H_2O_2+O_2$: Confirmation of a Rate Constant Minimum Near 700 K. *Journal of Chemical Physics*, 90, pp. 1,755–1,760.

Hirleman, E. D., and Moon, H. K. (1982). Response Characteristics of the Multiple-Ratio Single-Particle Counter. *Journal of Colloid and Interface Science*, 87(1), pp. 124–139.

Hiroyasu, H., Arai, M., and Shimizu, M. (1991). Breakup Length of a Liquid Jet and Internal Flow in a Nozzle. *Proc. ICLASS-91*, pp. 123–133.

Hiroyasu, H., and Kadota, T. (1974). Fuel Droplet Size Distribution in Diesel Combustion Chamber. *SAE Trans.*, 83, pp. 2,615–2,624.

Hiroyasu, H., Shimizu, M., and Arai, M. (1982). The Breakup of High Speed Jet in a High Pressure Gaseous Atmosphere. *Proceedings of 2nd International Conference on Liquid Atomization and Spray Systems*, pp. 69–74. Madison: University of Wisconsin.

Hirschfelder, J., and Curtiss, C. (1949). Flame Propagation in Explosive Gas Mixtures. *Third Symposium (International) on Combustion*, pp. 121–127. Pittsburgh, PA: The Combustion Institute.

Hirschfelder, J. V., Curtiss, C. F., and Bird, R. B. (1954). *Molecular Theory of Gases and Liquids*. New York: John Wiley and Sons.

Hirt, C. W., Amsden, A. A., and Cook, J. L. (1974). An Arbitrary Lagrangian-Eulerian Computing Method for all Flow Speeds. *Journal of Computational Physics*, 14(3), pp. 227–253.

Hirt, C. W., and Nichols, B. D. (1981). Volume of Fluid (VOF) Method for the Dynamics of Free Boundaries. *Journal of Computational Physics*, 39, pp. 201–225.

Holve, D., and Self, S. A. (1979). Optical Particle Sizing for In Situ Measurements Part 1. *Applied Optics*, 18(10), pp. 1,632–1,645.

Homan, H. S. (1978). *An Experimental Study of Reciprocating Internal Combustion*. Ithaca, NY: Cornell University.

Homann, K. H., and Wellmann, C. (1983a). Arrhenius Parameters for the Reactions of O Atoms with Some Alkynes in the Range 300–1300 K. *Ber. Bunsenges. Phys. Chem.*, 87, pp. 527–532.

———. (1983b). Kinetics and Mechanism of Hydrocarbon Formation in the System $C_2H_2/O/H$ at

Temperatures up to 1300 K. *Ber. Bunsenges. Phys. Chem.* ,87(7) ,pp. 609−616.

Honnery, D. R. , and Kent, J. H. (1992) . Soot Mass Growth Modelling in Laminar Diffusion Flames. *Twenty-Fourth Symposium(International) on Combustion* ,pp. 1,041−1,047.

Hoomans, B. ,Kuipers,J. , Briels, W. , and van Swaaij, W. (1996). Discrete Particle Simulation of Bubble and Slug Formation in a Two-Dimensional Gas-Fluidized Bed: A Hard-Sphere Approach. *Chem. Eng. Sci.* ,51(1) ,pp. 99−118.

Howarth, L. (July 28,1948). Concerning the Effect of Compressibility on Laminar Boundary Layers and Their Separation. *Proceedings of the Royal Society of London. Series A.* 194, pp. 16 − 42. London: The Royal Society.

Howe, N. M. ,Shipman, C. W. , and Vranos, A. (1963). Turbulent Mass Transfer and Rates of Combustion in Confined Turbulent Flames. *Symposium (International) on Combustion*, 9, pp. 36 − 47. Pittsburgh, PA: The Combustion Institute.

Hrenya, C. , and Sinclair, J. (1997). Effects of Particle-Phase Turbulence in Gas-Solid Flows. *Aiche Journal* ,43 ,pp. 853−869.

Hsieh, W. H. , and Yeh, C. L. (1993) . Approach to the Measurement of Burning-Surface Temperature of Boron. *Journal of Propulsion and Power* ,9(1) ,pp. 157−160.

Hsu, A. T. , and Chen, J. Y. (1991). A Continuous Mixing Model for PDF Simulations and its Applications to Combusting Shear Flows. *8th Symposium on Turbulent Shear Flows*, September 9−11, 1991. Munich, Germany.

Hsu, A. T. ,Tsai, Y. -L. P. , and Raju, M. S. (1993). PDF Approach for Compressible Turbulent Reacting Flows. *31st Aerospace Sciences Meeting and Exhibit*, Jan. 11−14,1993. Reno, NV.

Hsu, K. Y. ,Chen, L. D. , Katta, V. R. , Goss, L. P. , and Roquemore, W. M. (1993) . *Experimental and Numerical Investigations of the Vortex-Flame Interactions in a Driven Jet Diffusion Flame.* AIAA Paper 93−0455, Jan. 11−16, 1993. Reno, NV.

Huang, J. C. (1970). The Breakup of Axisymmetric Liquid Sheets. *Journal of Fluid Mechanics* ,43 (2) ,pp. 305−319.

Huang, P. G. , Bradshaw, P. , and Coakley, T. J. (1992). *Assessment of Closure Coefficients for Compressible-Flow Turbulence Models.* NASA TM 103882.

─── . (1994) . Turbulence Models for Compressible Boundary Layers. *AIAA Journal*, 32 (4), pp. 735−740.

Huang, P. G. , Coleman, G. N. , and Bradshaw, P. (1995). Compressible Turbulent Channel Flows: DNS Results and Modelling. *Journal of Fluid Mechanics* ,305 ,pp. 185−218.

Hudson, J. L. , and Heicklen, J. (1968). Theory of Carbon Formation in Vapor-Phase Pyrolysis— I. Constant Concentration of Active Species. *Carbon* ,6(3) ,pp. 405−418.

Hulek, T. , and Lindstedt, R. P. (1996). Modelling of Unclosed Nonlinear Terms in a PDF Closure for Turbulent Flames. *Mathematical and Computer Modelling* ,24(8) ,pp. 137−147.

Huzel, D. K. , and Huang, D. H. (1992). *Modern Engineering for Design of Liquid-Propellant Rocket Engines.* Washington, DC: American Institute of Aeronautics and Astronautics, Inc.

Hwang, S. S., Liu, Z., and Reitz, R. D. (1996). Breakup Mechanisms and Drag Coefficients of High-Speed Vaporizing Liquid Drops. *Atomization and Sprays*, 6(3), pp. 353–376.

Ibiricu, A., and Gaydon, M. (1964). Spectroscopic Studies of the Effect of Inhibitors on Counterflow Diffusion Flames (Emission spectra of counterflow diffusion flames of ethylene, methane and hydrogen burning in air with inhibitors added). *Combustion and Flame*, 8, pp. 51–62.

Ibrahim, E. A., and Przekwas, A. J. (1991). Impinging Jet Atomization. *Physics of Fluids*, 3(12), pp. 2,981–2,987.

Ibrahim, E. A., Yang, H. Q., and Przekwas, A. J. (1993). Modeling of Spray Droplets Deformation and Breakup. *Journal of Propulsion and Power*, 9(4), pp. 651–654.

Iijima, T., and Takeno, T. (1986). Effects of Temperature and Pressure on Burning Velocity. *Combustion and Flame*, 65(1), pp. 35–43.

Im, H. G., Trouve, A., Rutland, C. J., and Chen, J. H. (2009). *Terascale High-Fidelity Simulations of Turbulent Combustion with Detailed Chemistry*. Technical Report, University of Michigan, Ann Arbor; University of Maryland, College Park; University of Wisconsin, Madison.

Inghram, M. G., Porter, R. F., and Chupka, W. A. (1956). Mass Spectrometric Study of Gaseous Species in the B-B_2O_3 System. *Journal of Chemical Physics*, 25(3), pp. 498–502.

International Workshop on Measurement and Computation of Turbulent Nonpremixed Flames. (n. d.). Retrieved from Sandia: http://www.sandia.gov/TNF/abstract.html

Ishii, M. (1971). *Thermally Induced Flow Instabilities in Two-phase Mixture in Thermal Equilibrium*. Ph. D. Thesis, Georgia Institute of Technology.

———. (1975). Thermo-fluid Dynamic Theory of Two-phase Flow. *Collection de la Direction des Etudes et Researches d'Electricite de France*, 22. Eyrolles, Paris, France.

———. (1977). *One-dimensional Drift-flux Model and Constitutive Equations for Relative Motion between Phases in Various Two-phase Flow Regimes*. Argonne National Lab. Report, ANL 77–47 (October).

Ishii, M., and Hibiki, T. (2006). *Thermo-Fluid Dynamics of Two-Phase Flow*. New York: Springer.

Ishii, M., and Mishima, K. (1984). Two-Fluid Model and Hydrodynamic Constitutive Relations. *Nuclear Engineering and Design*, 82, pp. 107–126.

Ishizuka, S., and Tsuji, H. (1981). An Experimental Study of Effect of Inert Gases on Extinction of Laminar Diffusion Flames. *Eighteenth Symposium (International) on Combustion*, 18, pp. 695–703. Pittsburgh, PA: The Combustion Institute.

Janicka, J., Kolbe, W., and Kollmann, W. (1979). Closure of the Transport Equation for the Probability Density Function of Turbulent Scalar Fields. *Journal of Non-Equilibrium Thermodynamics*, 4, pp. 47–66.

Janicka, J., and Sadiki, S. (2005). Large Eddy Simulation of Turbulent Combustion Systems. *Proceedings of the Combustion Institute*, 30, pp. 537–547.

Jeng, S. M., and Faeth, G. M. (1984). Species Concentrations and Turbulence Properties in Buoyant Methane Diffusion Flames. *Journal of Heat Transfer*, 106(4), pp. 721–728.

Jenkins, J. T., and Savage, S. B. (1983). A Theory for the Rapid Flow of Identical, Smooth, Nearly Elastic, Spherical Particles. *Journal of Fluid Mechanics*, 130, pp. 187–202.

Jenkins, K. W., Klein, M., Chakraborty, N., and Cant, R. S. (2006). Effects of Strain Rate and Curvature on the Propagation of a Spherical Flame Kernel in the Thin-Reaction-Zones Regime. *Combustion and Flame*, 145, pp. 415–434.

Jensen, D. E., and Wilson, A. S. (1975). Prediction of Rocket Exhaust Flame Properties. *Combustion and Flame*, 25, pp. 43–55.

Jensen, W. P. (1956). Flame Generated Turbulence. *Jet Propulsion*, 26, pp. 499–500.

Jiang, X., Siamas, G. A., Jagus, K., and Karayiannis, T. G. (2010). Physical Modelling and Advanced Simulations of Gas-Liquid Two-Phase Jet Flows in Atomization and Sprays. *Progress in Energy and Combustion Science*, 36(2), pp. 131–167.

Johansson, K., van Wachem, B. G., and Almstedt, A. E. (2006). Experimental Validation of CFD Models for Fluidized Beds: Influence of Particle Stress Models, Gas Phase Compressibility and Air in Flow Models. *Chemical Engineering Science*, 61, pp. 1,705–1,717.

John, R. R., and Mayer, E. (1957). A Theory of Flame Propagation Limits. *Combustion and Flame*, 1, pp. 438–452.

Johnson, P., and Jackson, R. (1987). Frictional-Collisional Constitutive Relations for Granular Materials, with Application to Plane Shearing. *Journal of Fluid Mechanics*, 167, pp. 67–93.

Jones, J., and Rosenfeld, J. (1972). A Model for Sooting in Diffusion Flames. *Combustion and Flame*, 19(3), pp. 427–434.

Jones, W. P. (1980). *Prediction Methods for Turbulent Flows*. Washington, DC: Hemisphere Publishing Corp.

———. (1994). Turbulence Modelling and Numerical Solution Methods for Variable Density and Combusting Flows. In P. Libby, and F. Williams, eds., *Turbulent Reacting Flows*. London: Academic Press.

Jones, W. P., and McGuirk, J. J. (1980a). Computation of a Round Turbulent Jet Discharging into a Confined Crossflow. In L. J. Bradbury, *Turbulent Shear Flow II* (4th ed.). Berlin: Springer.

———. (1980b). *Mathematical Modelling of Gas Turbine Combustion Chambers*. AGARD – CP – 275.

Jones, W., and Kakhi, M. (September 16 – 17, 1996). Mathematical Modeling of Turbulent Flames. *Proceedings of the NATO Advanced Study Institute*, pp. 411–491. Praia da Granja, Portugal.

Jurewicz, J. T., Stock, D. T., and Crowe, C. T. (1977). The Effect of Turbulent Diffusion on Gas Particle Flow in an Electric Field. *First Symposium on Turbulent Shear Flows*, pp. 12.27–12.33. University Park, PA.

Kadowaki, S., and Hasegawa, T. (2005). Numerical Simulation of Dynamics of Premixed Flames: Flame Instability and Vortex-Flame Interaction. *Progress in Energy and Combustion Science*, 31, pp. 193–241.

Kalinin, A. V. (1970). Derivation of Fluid Mechanics Equations for a Two-phase Medium with Phase Changes. *Heat Transfer Soviet Res.*, 2, pp. 83–96.

Kalt, P. A., Chen, Y. C., and Bilger, R. W. (2002). Experimental Investigation of Turbulent Scalar Flux in Premixed Stagnation-Type Flames. *Combustion and Flame*, pp. 401–415.

Kalt, P. A., Frank, J. H., and Bilger, R. W. (1998). Laser Imaging of Conditional Velocities in Premixed Propane-Air Flames by Simultaneous OH PLIF and PIV. *Proceedings of the Combustion Institute*. 27, pp. 751–758.

Kanda, F. A., King, A. J., Russell, V. A., and Katz, W. (1956). Preparation of Boron Monoxide at High Temperatures. *Journal of the American Chemical Society*, 78(7), pp. 1,509–1,510.

Karagozian, A. R., and Nguyen, T. T. (1988). Effects of Heat Release and Flame Distortion in the Transverse Fuel Jet. *Twenty-First Symposium (International) on Combustion*. 21, pp. 1,271–1,279. Pittsburgh, PA: The Combustion Institute.

Karagozian, A. R., Suganuma, Y., and Strom, B. D. (1988). Experimental Studies in Vortex Pair Motion Coincident with a Liquid Reaction. *Physics of Fluids*, 31(7), pp. 1,862–1,871.

Karlovitz, B. (1953). Open Turbulent Flames. *Symposium (International) on Combustion*, 4, pp. 60–67.

Karlovitz, B., Denniston, D. W., and Wells, F. E. (1951). Investigation of Turbulent Flames. *The Journal of Chemical Physics*, 19(5), pp. 541–547.

Karmed, D., Champion, M., and Bruel, P. (1999). Two-Dimensional Numerical Modeling of a Turbulent Premixed Flame Stabilized in a Stagnation. *Combustion and Flame*, 119, pp. 335–345.

Karpov, V. P., and Severin, E. S. (1980). Effects of Molecular-Transport Coefficients on the Rate of Turbulent Combustion. Combustion, *Explosion and Shock Waves*, 16, pp. 41–46.

Katsuki, M., Mizutani, Y., Yasuda, T., Kurosawa, Y., Kobayashi, K., and Takahashi, T. (1988). The Effect of Initial Conditions on the Propagation of a Premixed Flame in a Mixing Layer. *Combustion and Flame*, 74, pp. 9–18.

———. (1990). Local Fine Flame Structure and its Influence on Mixing Processes in Turbulent Premixed Flames. *Combustion and Flame*, 82, pp. 93–105.

Kazakov, A., Wang, H., and Frenklach, M. (1995). Detailed Modeling of Soot Formation in Laminar Premixed Ethylene Flames at a Pressure of 10 bar. *Combustion and Flame*, 100, pp. 111–120.

Kee, R. J., Dixon-Lewis, G., Warnatz, J., Coltrin, M., and Miller, J. A. (1986). *A Fortran Computer Code Package for the Evaluation of Gas-Phase, Multicomponent Transport Properties*. Sand86-8246, Sandia National Laboratories.

Kee, R. J., Grcar, J. F., Smooke, M. D., and Miller, J. A. (1985). *PREMIX: A Fortran Program for Modeling Laminar One-Dimensional Premixed Flames*. Sand85-8240, Sandia National Laboratories.

Kee, R. J., Rupley, F. M., and Miller, J. A. (1987). *The Chemkin Thermodynamic Database*. Sandia National Laboratories. Report No. SAND 87-8215.

_____. (1989). *Chemkin-II: A Fortran Chemical Kinetics Package for the Analysis of Gas-Phase Chemical Kinetics*. Technical Report Sand80-8003, Sandia National Laboratories.

Keil, D. G., Dreizin, E. D., Calcote, H. F., Feider, W., and Hoffman, V. K. (1995). Magnesium Coating Effects in Boron Combustion. *Eastern States Section Meeting*, pp. 329–332. Pittsburgh, PA: The Combustion Institute.

Keil, D. G., Dreizin, E. L., Hoffman, V. K., and Calcote, H. F. (1997). Enhanced Combustion of Boron Clouds Using Mixed O_2/NF_3 Oxidizers. *JANNAF Meeting*. West Palm Beach, FL.

Keller, J. O., Vaneveld, L., Korschelt, D., Hubbard, G. L., Ghoniem, A. F., Daily, J. W., et al. (1982). Mechanisms of Instabilities in Turbulent Combustion Leading to Flashback. *AIAA Journal*, 20(2), pp. 254–262.

Kelly, F. D. (1964). A Reacting Continuum. *Int. J. Engng. Sci*, 2, pp. 129–153.

Kempf, A., Lindstedt, R. P., and Janicka, J. (2006). Large-Eddy Simulation of a Bluff-Body Stabilized Nonpremixed Flame. *Combustion and Flame*, 144(1–2), pp. 170–189.

Kennedy, I. M. (1997). Models of Soot Formation and Oxidation. *Progress in Energy and Combustion Science*, 23, pp. 95–132.

Kennedy, I. M., and Kent, J. H. (1979). Measurements of a Conserved Scalar in Turbulent Jet Diffusion Flames. *Seventeenth Symposium (International) on Combustion*. 17, pp. 279–287. Pittsburgh, PA: The Combustion Institute.

Kennedy, I., Kollmann, W., and Chen, J.-Y. (1990). A Model for Soot Formation in a Laminar Diffusion Flame. *Combustion and Flame*, 81(1), pp. 73–85.

Kennedy, I., Yam, C., Rapp, D., and Santoro, R. (1996). Modeling and Measurements of Soot and Species in a Laminar Diffusion Flame. *Combustion and Flame*, 107(4), pp. 368–382.

Kent, J. H., and Bilger, R. W. (1973). Turbulent Diffusion Flames. *Fourteenth Symposium (International) on Combustion*. 14, pp. 615–625. Pittsburgh, PA: The Combustion Institute.

_____. (1977). The Prediction of Turbulent Diffusion Flame Fields and Nitric Oxide Formation. *Sixteenth Symposium (International) on Combustion*. 16, pp. 1,643–1,656. Pittsburgh, PA: The Combustion Institute.

Kent, J. H., Jander, H., and Wagner, H. G. (1981). Soot Formation in a Laminar Diffusion Flame. *Eighteenth Symposium (International) on Combustion*. 18, pp. 1,117–1,126. Pittsburgh, PA: The Combustion Institute.

Kent, J. H., and Williams, F. A. (1975). Extinction of Laminar Diffusion Flames for Liquid Fuels. *Fifteenth Symposium (International) on Combustion*, pp. 315–325. Pittsburgh, PA: The Combustion Institute.

Kern, J., and Spengler, G. (1970). Untersuchungen an Diffusionsflammen-Reaktionsprodukte in der Achse einer Hexan-Flame. *Erdol Kohle-Erdgas-Petrochem*, 23, pp. 813–817.

Kerstein, A. R. (2002). Turbulence in Combustion Processes: Modeling Challenges. *Proceedings of the Combustion Institute*. 29, pp. 1,763–1,773.

Kerstein, A. R., and Ashurst, W. T. (1992). Propagation Rate of Growing Interfaces in Stirred Fluids. *Physical Review Letters*, 68(7), pp. 934–937.

———. (1994). Passage Rates of Propagating Interfaces in Randomly Advected Media and Heterogeneous Media. *Phys. Rev. E*, 50(2), pp. 1,100–1,113.

Kerstein, A. R., Ashurst, W. T., and Williams, F. A. (1988). Field Equation for Interface Propagation in an Unsteady Homogeneous Flow Field. *Phys. Rev. A*, 37(7), pp. 2,728–2,731.

Khalil, E. E. (1978). *A Simplified Approach for the Calculation of Free and Confined Spray Flames.* AIAA Paper No. 78029.

Khalil, E. E., and Whitelaw, J. H. (1976). Aerodynamic and Thermodynamic Characteristics of Kerosene Spray Flames. *Sixteenth Symposium (International) on Combustion.* 16, pp. 569–576. Pittsburgh, PA: Combustion Institute.

Khan, I. M., Greeves, G., and Probert, D. M. (1971). Air Pollution Control in Transport Engines. pp. 205–217.

Kido, H., and Huang, S. (1994a). A Discussion of Premixed Turbulent Burning Velocity Models Based on Burning Velocity Diagrams. *Combustion Science and Technology*, 96(4–6), pp. 409–418.

———. (1994b). Diagrammatic Representation of Models for the Burning Velocity and Flame Structure of Premixed Turbulent Flames. *JSME International Journal, Series B: Fluids*, 37(3), pp. 618–629.

Kiefer, J. H., Mizerka, L. J., Patel, M. R., and Wei, H. C. (1985). A Shock Tube Investigation of Major Pathways in the High-Temperature Pyrolysis of Benzene. *Journal of Physical Chemistry*, 89(10), pp. 2,013–2,019.

Kikuta, S., Nada, Y., and Miyauchi, T. (2004) Private communication.

Kim, J. S. (1997). Linear Analysis of Diffusional-Thermal Instability in Diffusion Flames with Lewis Numbers Close to Unity. *Combustion Theory and Modelling*, 1(1), pp. 13–40.

Kim, J. S., and Lee, S. R. (1999). Diffusional-Thermal Instability in Strained Diffusion Flames with Unequal Lewis Numbers. *Combustion Theory and Modelling*, 3(1), pp. 123–146.

Kim, J. S., and Williams, F. A. (1997). Extinction of Diffusion Flames with Nonunity Lewis Numbers. *Journal of Engineering Mathematics*, 31(2–3), pp. 101–118.

Kioni, P. N., Rogg, B., Bray, K. N., and Liñán, A. (1993). Flame Spread in Laminar Mixing Layers: The Triple Flame. *Combustion and Flame*, 95(3), pp. 276–290.

Klimenko, A., and Bilger, R. (1999). Conditional Moment Closure for Turbulent Combustion. *Progress in Energy and Combustion*, 25, pp. 595–687.

Klimov, A. M. (1963). Laminar Flame in a Turbulent Flow. *Zhournal Prikladnoi Mekchaniki i Tekhnicheskoi Fiziki*, 3, pp. 49–58.

———. (1983). Premixed Turbulent Flames-Interplay of Hydrodynamic and Chemical Phenomena. *Progress in Astronautics and Aeronautics*, 88, pp. 133–146.

Knaus, D. A., Sattler, S. S., and Gouldin, F. C. (2005). Three-Dimensional Temperature Gradients in Premixed Turbulent Flamelets via Crossed-Plane Rayleigh Imaging. *Combustion and Flame*,

141, pp. 253-270.

Kobayashi, H., and Kawazoe, H. (2000). Flame Instability Effects on the Smallest Wrinkling Scale and Burning Velocity of High-Pressure Turbulent Premixed Flames. *Proceedings of the Combustion Institute*. 28, pp. 375-382. Pittsburgh, PA: The Combustion Institute.

Kobayashi, H., Tamura, T., Maruta, K., Niioka, T., and Williams, F. A. (1996). Burning Velocity of Turbulent Premixed Flames in a High Pressure Environment. *Twenty- Sixth Symposium (International) on Combustion*, pp. 389-396. Pittsburgh, PA: The Combustion Institute.

Kocamustafaogullari, G. (1971). *Thermo-fluid Dynamics of Separated Two-phase Flow*. Ph.D. thesis, Georgia Institute of Technology.

Kolev, N. I. (2002). *Multiphase Flow Dynamics: Fundamentals. Volume 2: Mechanical and Thermal Interactions*. Berlin: Springer-Verlag.

_____. (2005). *Multiphase Flow Dynamics: Thermal and Mechanical Interactions* (2nd ed.). Berlin: Springer-Verlag.

_____. (2007). *Multiphase Flow Dynamics: Fundamentals*, vol. 1 (2nd ed.). Berlin: Springer-Verlag.

Kollmann, W., Kennedy, I., Metternich, M., and Chen, J.-Y. (1994). Application of a Soot Model to a Turbulent Ethylene Diffusion Flame. In H. Bockhorn, *Soot Formation in Combustion-Mechanisms and Models*, pp. 503-526. Berlin: Springer-Verlag.

Komiyama, K., Flagan, R. C., and Heywood, J. B. (1976). The Influence of Droplet Evaporation on Fuel-Air Mixing Rate in a Burner. *Sixteenth Symposium (International) on Combustion*, . 16, pp. 549-560. Pittsburgh, PA: The Combustion Institute.

Kong, S. C., and Reitz, R. D. (1996). Spray Combustion Processes in Internal Combustion Engines. In: K. K. Kuo, ed., *Recent Advances in Spray Combustion: Spray Atomization and Drop Burning Phenomena Volume* 1 (vol. 166, p. 395). Progress in Astronautics and Aeronautics, Inc.

Koo, J. H. (1987). *Particle Size Analysis Using Integral Transform Techniques on Fraunhofer Diffraction Patterns*. D. Sc. dissertation, George Washington University, Washington, DC.

Koo, J. H., and Hirleman, E. D. (1996). Review of Principles of Optical Techniques for Particle Size Measurements. In: K. K. Kuo, ed., *Recent Advances in Spray Combustion: Spray Atomization and Drop Burning Phenomena Volume* 1 (vol. 166, p. 3). Progress in Astornautics and Aeronautics, Inc.

Kortschik, C., Plessing, T., and Peters, N. (2004). Laser Optical Investigation of Turbulent Transport of Temperature Ahead of the Preheat Zone in a Premixed Flame. *Combustion and Flame*, 136, pp. 43-50.

Koshi, M., Nishida, N., and Matsui, H. (1992). Kinetics of the Reactions of Ethynyl Radical with Acetylene, Hydrogen, and Deuterium. *Journal of Physical Chemistry*, 96(14), pp. 5,875-5,880.

Kotchine, N. E. (1926). Sur la Theorie des Ondes De-choc dans un Fluide. *Bend. Circ. Mat. Palermo*, 50, pp. 305-344.

Kouremenos, D. A., Rakopoulos, C. D., Hountalas, D., and Kotsiopoulos, P. (1990). A Digital Simulation of the Exhaust Nitric Oxide and Soot Formation Histories in the Combustion Chambers of a Swirl Chamber Diesel Engine. *Forschung im Ingenieruwesen*, 56, pp. 22–32.

Kovasznay, L. S. (1970). The Turbulent Boundary Layer. *Annu. Rev. Fluid Mech.*, 2, pp. 95–112.

Kozachenko, L. S. (1962). The Combustion Mechanism and Burning Velocity in a Turbulent Flow. *Eighth International Symposium on Combustion*, pp. 567–573.

Kreuzinger, J., Friedrich, R., and Gatski, T. B. (2006). Compressibility Effects in the Solenoidal Dissipation Rate Equation: A Priori Assessment and Modeling. *International Journal of Heat and Fluid Flow*, 27(4), pp. 696–706.

Krier, H., Burton, R. L., Pirman, S. R., and Spalding, M. J. (1996). Shock Initiation of Crystalline Boron in Oxygen and Fluorine Compounds. *Journal of Propulsion and Power*, 12(4), pp. 672–679.

Krishnamurty, V. S., and Shyy, W. (1997). Study of Compressibility Modifications to the k-å Turbulence Model. *Physics of Fluids*, 9(9), pp. 2,769–2,788.

Kronenburg, A., and Bilger, R. W. (2001). Modelling Differential Diffusion in Nonpremixed Reacting Turbulent Flow: Application to Turbulent Jet Flames. *Combustion Science and Technology*, 166(1), pp. 175–194.

Krzeczkowski, S. A. (1980). Measurement of Liquid Droplet Disintegration Mechanisms. *International Journal of Multiphase Flow*, 6(3), pp. 227–239.

Kühne, J., Klewer, C., and Janicka, J. (2009). Sensitivities of an Isothermal and Reacting Bluff Body Configuration in Terms of Artificial Inflow Turbulence and Mixture Fraction PDF Modeling. *European Combustion Meeting*. Vienna, Austria.

Kukuck, S., and Matalon, M. (2001). The Onset of Oscillations in Diffusion Flames. *Combustion Theory and Modelling*, 5(2), pp. 217–240.

Kumagai, S. (1957). Evaporation and Combustion of Droplets and Sprays. *Sixth Symposium (International) on Combustion*, pp. 668–674. Rheinhold, New York.

Kuo, A. Y.-S., and Corrsin, S. (1971). Experiments on Internal Intermittency and Fine-Structure Distribution Functions in Fully Turbulent Fluid. *Journal of Fluid Mechanics*, 50(2), pp. 285.

Kuo, K. K. (1986). *Principles of Combustion*. New York: John Wiley and Sons.

———. (1996a). *Recent Advances in Spray Combustion: Spray Atomization and Drop Burning Phenomena, Volume I* (vol. 166). Progress in Astronautics and Aeronautics.

———. (1996b). *Recent Advances in Spray Combustion: Spray Combustion Measurements and Model Simulation, Volume II* (vol. 171). Progress in Astronautics and Aeronautics.

———. (2005). *Principles of Combustion* (2nd ed.). Hoboken, NJ: John Wiley and Sons.

Kutateladze, S. S. (1952). *Heat Transfer in Condensation and Boiling*. Moscow: State Scientific and Technical Publishers of Literature on Machinery.

Kuznetsov, V. R., and Sabel'nikov, V. A. (1990). *Turbulence and Combustion*. New York: Hemisphere.

Kwon, S., Tseng, L.-K., and Faeth, G. (1992). Laminar Burning Velocities and Transition to Unstable Flames in $H_2/O_2/N_2$ and $C_3H_8/O_2/N_2$ Mixtures. *Combustion and Flame*, 90(3-4), pp. 230-246.

Kyriakides, S. C., Dent, J. C., and Mehta, P. S. (1986). Phenomenological Diesel Combustion Model Including Smoke and No Emission. *SAE Technical Paper Series 860330*, pp. 477-502.

Laats, M. K., and Frishman, F. A. (1970a). Assumptions Used in Calculating the Two Phase Jet. *Fluid Dynamics*, 5, pp. 333-338.

_____. (1970b). Scattering of an Inert Admixture of Different Grain Size in a Two Phase Axisymmetric Jet. *Heat Transfer Soviet Res.*, 2, pp. 7-12.

Lam, S. H., and Goussis, D. A. (1994). The CSP Method for Simplifying Kinetics. *International Journal of Chemical Kinetics*, 26, pp. 461-486.

Lamb, H. (1932). *Hydrodynamics*. Cambridge University Press.

Lambiris, S., Combs, L. P., and Levine, R. S. (1963). Stable Combustion Processes in Liquid Propellant Rocket Engines. *Combustion and Propulsion*, *Fifth AGARD Colloquium: High Temperature Phenomena*, pp. 596-634. New York: Macmillan.

Lasheras, J. C., Fernandez-Pello, A. C., and Dryer, F. L. (1980). Experimental Observations on the Disruptive Combustion of Free Droplets of Multicomponent Fuels. *Combustion Science and Technology*, 22(5-6), pp. 195-209.

Laufer, J., and Ludloff, K. (1970). *Conservation Equations in a Compressible Turbulent Fluid and a Numerical Scheme for their Solution*. McDonnell Douglas Paper WD.

Launder, B. E., Reece, G. J., and Rodi, W. (1975). Progress in the Development of a Reynolds Stress Turbulence Model. *Journal of Fluid Mechanics*, 68(3), pp. 537-566.

Launder, B. E., and Sandham, N. D. (2001). *Closure Strategies for Turbulent and Transitional Flows*. Cambridge University Press.

Lautenberger, C. W., and Zhou, Y. Y. (2005). Numerical Modeling Of Convective Effects On Piloted Ignition Of Composite Materials. *Combustion Science and Technology*, 177(5-6), pp. 1,231-1,252.

Lautenberger, C. W., de Ris, J. L., Dembsey, N. A., Barnett, J. R., and Baum, H. R. (2005). A Simplified Model for Soot Formation and Oxidation in CFD Simulation of Non-Premixed Hydrocarbon Flames. *Fire Safety Journal*, 40(2), pp. 141-176.

Law, C. K. (1975). A Theory for Monodisperse Spray Vaporization in Adiabatic and Isothermal Systems. *International Journal of Heat and Mass Transfer*, 18(11), pp. 1,285-1,292.

_____. (1978). Theory of Thermal Ignition in Fuel Droplet Burning. *Combustion and Flame*, 31, pp. 285-296.

_____. (1982). Recent Advances in Droplet Vaporization and Combustion. *Progress in Energy and Combustion Science*, 8(3), pp. 171-201.

_____. (1988). Dynamics of Stretched Flames. *22nd Symposium (International) on Combustion* pp. 1,381-1,402. Pittsburgh, PA: The Combustion Institute.

_____. (2006a). *Combustion Physics*. Cambridge, New York: Cambridge University Press.

____. (2006b). Ignition Kinetics in Fuels Oxidation. *Army Research Office and Air Force Office of Scientific Research Contractors' Meeting in Chemical Propulsion*, Arlington, VA (June 12-14, 2006), pp. 43-46.

____. (2006c). Propagation, Structure, and Limit Phenomena of Laminar Flames at Elevated Pressures. *Combustion Science and Technology*, 178, 335-360.

Law, C. K., and Sung, C. J. (2000). Structure, Aerodynamics, and Geometry of Premixed Flames. *Progress in Energy and Combustion Science*, 26, pp. 459-505.

Lee, T.-W. (1994). Scaling of Vortex-Induced Flame Stretch Profiles. *Combustion Science and Technology*, 102(1-6), pp. 301-307.

Lee, Y. Y. (1994). *Direct Numerical Simulations on Non-Premixed Turbulent Reacting Flows*. Ithaca, NY: Ph. D. Thesis, Cornell University.

Lefebvre, A. H. (1964). Progress and Problems in Gas-Turbine Combustion. *Tenth Symposium (International) on Combustion*, pp. 1,129-1,137. Pittsburgh, PA: The Combustion Institute.

____. (1980). Airblast Atomization. *Progress in Energy and Combustion Science*, 6(3), pp. 233-261.

____. (1986). Atomization Performance of Gas Turbine Fuel Injectors. *Proceedings of Central States Meeting*, The Combustion Institute. Pittsburgh.

Leibu, I., Gany, A., and Netzer, D. W. (1995). Diffusion Paths in Boron/Titanium Reaction Systems. *Proceedings of the 8th International Symposium on Transport Phenomena in Combustion (ISTP8)*, pp. 1,485-1,496. San Francisco, CA.

Leipertz, A. (2005). Spray and Atomization. *Workshop "Clean I. C. Engines and Fuels"*. Louvaine-la-Neuve.

Lele, S. K. (1994). Compressibility Effects on Turbulence. *Annual Review of Fluid Mechanics*, 26, pp. 211-254.

Leonard, A. (1974). Energy Cascade in Large-Eddy Simulations of Turbulent Fluid Flows. In *Advances in Geophysics* (vol. 18A, pp. 237-248). New York: Academic Press.

Lesieur, M. (1990). *Turbulence in Fluids: Stochastic and Numerical Modeling* (2nd ed.). Dordrecht, Kluwer Academic Publishers.

Leung, K. M., Lindstedt, R. P., and Jones, W. P. (1991). A Simplified Reaction Mechanism for Soot Formation in Nonpremixed Flames. *Combustion and Flame*, 87(3-4), pp. 289-305.

Levich, V. G. (1962). *Physicochemical Hydrodynamics*. Englewood Cliffs, NJ: Prentice-Hall.

Levy, S. (1960). Steam Slip-theoretical Prediction from Momentum Model. *J. Heat Transfer*, 82, pp. 113-124.

Levy, Y., and Lockwood, F. C. (1981). Velocity Measurements in a Particle Laden Turbulent Free Jet. *Combustion and Flame*, 40, pp. 333-339.

Lewis, B., and von Elbe, G. (1961). *Combustion, Flames, and Explosions of Gases*. New York: Academic Press.

Lewis, J. D. (1963). Studies of Atomization and Injection Processes in Liquid Propellant Rocket

Engines. In *Combustion and Propulsion*, pp. 141–169. New York: Macmillan.

Lewis, K. J., and Moss, J. B. (1979). Time-Resolved Scalar Measurements in a Confined Turbulent Premixed Flame. *Proceedings of the Combustion Institute*, 17, pp. 267–277.

Li, M. K., and Fogler, H. S. (1978a). Acoustic Emulsification. Part 1. The Instability of the Oil-Water Interface to Form the Initial Droplets. *Journal of Fluid Mechanics*, 88, pp. 499–511.

——. (1978b). Acoustic emulsification. Part 2. Breakup of the large primary oil droplets in a water medium. *Journal of Fluid Mechanics*, 88, pp. 513–528.

Li, S. C., Libby, P. A., and Williams, F. A. (1994). Experimental Investigation of a Premixed Flame in an Impinging Turbulent Stream. *Proceedings of the Combustion Institute*, 25, pp. 1,207–1,214.

Li, S. C., Williams, F. A., and Takahashi, F. (1988). An Investigation of Combustion of Boron Suspensions. *Twenty-second Symposium (International) on Combustion*, 22, pp. 1,951–1,960. Pittsburgh, PA: The Combustion Institute.

Liau, Y. C., and Yang, V. (1995). Analysis of RDX Monopropellant Combustion with Two-Phase Subsurface Reactions. *Journal of Propulsion and Power*, 11(4), pp. 729–739.

Libby, P. A. (1985). Theory of Normal Premixed Turbulent Flames Revisited. *Progress in Energy and Combustion*, 11, pp. 83–96.

——. (1989). Theoretical Analysis of the Effect of Gravity on Premixed Turbulent Flames. *Combustion Science and Technology*, 68(1–3), pp. 15–33.

Libby, P. A., and Bray, K. N. (1977). Variable Density Effects in Premixed Turbulent Flames. *AIAA Journal*, 15, pp. 1,186–1,193.

——. (1980). Implications of the Laminar Flamelet Model in Premixed Turbulent Combustion. *Combustion and Flame*, 39(1), pp. 33–41.

——. (1981). Countergradient Diffusion in Premixed Turbulent Flames. *AIAA Journal*, 19(2), pp. 205.

Libby, P. A., Bray, K. N., and Moss, J. B. (1979). Effects of Finite Reaction Rate and Molecular Transport in Premixed Turbulent Combustion. *Combustion and Flame*, 34, pp. 285–301.

Libby, P. A., and Williams, F. A. (eds.). (1994). *Turbulent Reacting Flows*. London: Academic Press.

Lilly, D. (1967). The Representation of Small-Scale Turbulence in Numerical Simulation Experiments. *IBM Scientific Computing Symposium on Environmental Sciences*. Yorktown Heights, USA.

——. (1992). A Proposed Modification of the Germano Subgrid-Scale Closure Model. *Phys. Fluids A.*, 4, pp. 633.

Lin, C. Y., and Lin, M. C. (1986). Thermal Decomposition of Methyl Phenyl Ether in Shock Waves: The Kinetics of Phenoxy Radical Reactions. *Journal of Physical Chemistry*, 90(3), pp. 425–431.

Lin, S. C., and Teare, J. D. (1962). *Rate of Ionization Behind Shock Waves in Air—II. Theoretical Interpretation*. AVCO-Everett Research Lab. Rept. 115, AVCO Res. Lab.

Lin, S. P. (1996). Regimes of Jet Breakup Mechanisms—Mathematical Aspects. in K. K. Kuo, Ed., *Recent Advances in Spray Combustion: Spray Atomization and Drop Burning Phenomena. Vol. 1* (Vol. 166, pp. 137–160). Reston, Va: American Institute of Aeronautics and Astronautics.

Liñán, A. (1974). The Asymptotic Structure of Counterflow Diffusion Flames for Large Activation Energies. *Acta Astronautica*, 1(7–8), pp. 1,007–1,039.

Liñán, A., and Williams, F. A. (1993a). *Fundamental Aspects of Combustion*. New York: Oxford University Press.

———. (1993b). Ignition in an Unsteady Mixing Layer Subject to Strain and Variable Pressure. *Combustion and Flame*, 95(1–2), pp. 31–46.

Liñán, A., Orlandi, P., Verzicco, R., and Higuera, F. J. (1994). Effects of Non-Unity Lewis Numbers in Diffusion Flames. *Studying Turbulence Using Numerical Simulation Databases*, Proceedings of the 1994 Summer Program, 5, pp. 5–18. Stanford University.

Lind, D. C., and Whitson, J. C. (1977). *Explosion Hazards Associated with Spills of Large Quantities of Hazardous Materials*. Technical Report, Naval Weapons Center, China Lake, California.

Lindstedt, R. P. (1994). Formation and Destruction of Aromatic-Compounds and Soot in Flames. *Abstr Pap Am Chem S.*, 207, 22–Fuel.

———. (1998). Modeling of the Chemical Complexities of Flames. *Proceedings of the Combustion Institute*, 27, pp. 269–285.

Lindstedt, R. P., Louloudia, S. A., and Váos, E. M. (2000). Joint Scalar Probability Density Function Modeling of Pollutant Formation in Piloted Turbulent Jet Diffusion Flames with Comprehensive Chemistry. *Proceedings of the Combustion Institute*, 28(1), pp. 149–156. Pittsburgh.

Lindstedt, R. P., and Váos, E. M. (1998). Second Moment Modeling of Premixed Turbulent Flames Stabilized in Impinging Jet Geometries. *Proceedings of the Combustion Institute*, 27, pp. 957–962.

———. (2006). Transported PDF Modeling of High-Reynolds-number Premixed Turbulent Flames. *Combustion and Flame*, 145, pp. 495–511.

Lipatnikov, A. N., and Chomiak, J. (2002). Turbulent Flame Speed and Thickness: Phenomenology, Evaluation, and Application in Multi-dimensional Simulations. *Progress in Energy and Combustion Science*, 28, pp. 1–74.

———. (2005). Molecular Transport Effects on Turbulent Flame Propagation and Structure. *Progress in Energy and Combustion Science*, 31, pp. 1–73.

———. (2010). Effects of Premixed Flames on Turbulence and Turbulent Scalar Transport. *Progress in Energy and Combustion Science*, 36, pp. 1–102.

Liu, A., Mulac, W., and Jonah, C. D. (1988). Rate Constants for the Gas-Phase Reactions of Hydroxyl Radicals with 1, 3-Butadiene and Allene at 1 atm in Argon and Over the Temperature Range 305–1173 K. *Journal of Physical Chemistry*, 92(1), pp. 131–134.

Liu, A. B., Mather, D., and Reitz, R. D. (1993). *Modeling the Effects of Drop Drag and Breakup on Fuel Sprays*. Technical paper, Wisconsin Univ-Madison Engine Research Center.

Liu, A. B., and Reitz, R. D. (1993). Mechanisms of Air-Assisted Liquid Atomization. *Atomization and Sprays*, 1, pp. 55–75.

Liu, H., Lavernia, E. J., and Rangel, R. H. (1994). Numerical Investigation of Micropore Formation During Substrate Impact of Molten Droplets in Plasma Spray Processes. *Atomization and Sprays*, 4, pp. 369–384.

Liu, T. K., Shyu, I. M., and Hsia, Y. S. (1996). Effect of Fluorinated Graphite on Combustion of Boron and Boron-Based Fuel-Rich Propellants. *Journal of Propulsion and Power*, 12(1), pp. 26–33.

Liu, Y., and Lenze, B. (1989). The Influence of Turbulence on the Burning Velocity of Premixed CH_4-H_2 Flames with Different Laminar Burning Velocities. *Twenty-Second Symposium (International) on Combustion*, 22, pp. 747–754. Pittsburgh, PA: The Combustion Institute.

Ljus, C. (2000). *On Particle Transport and Turbulence Modification in Air-Particle Flows*. Ph. D. Thesis, Chalmers University of Technology, Göteborg, Sweden.

Lo Jacono, D., Papas, P., and Monkewitz, P. A. (2003). Cell Formation in Non-Premixed, Axisymmetric Jet Flames Near Extinction. *Combustion Theory and Modelling*, 7(4), pp. 635–644.

Lockwood, F. C. (1977). The Modeling of Turbulent Premixed and Diffusion Combustion in the Computation of Engineering Flows. *Combustion and Flame*, 29, pp. 111–122.

Lockwood, F. C., and Naguib, A. S. (1975). The Prediction of the Fluctuations in the Properties of Free, Round-Jet, Turbulent, Diffusion Flames. *Combustion and Flame*, 24, pp. 109–124.

Louge, M., Mastorakos, E., and Jenkins, J. (1991). The Role of Particle Collisions in Pneumatic Transport. *J. Fluid Mech*, 231, pp. 345–359.

Lundgren, T. S. (1967). Distribution Functions in the Statistical Theory of Turbulence. *Physics of Fluids*, 10, pp. 969–975.

―――. (1969). Model Equation for Nonhomogeneous Turbulence. *Physics of Fluids*, 12, pp. 485–497.

Maas, U., and Warnatz, J. (1989). Simulation of Chemically Reacting Flows in Two-Dimensional Geometries. *Impact of Computational Science on Engineering*, 1, pp. 394–420.

Maček, A. (1971). *Combustion of Boron Carbide Particles*. Combustion Institute. [Western States Section] Paper, Atlantic Research, Kinetics and Combustion Group, Alexandria, VA.

―――. (1972). Combustion of Boron Particles: Experiment and Theory. *Fourteenth Symposium (International) on Combustion*. 14, pp. 1,401–1,411. Pittsburgh, PA: The Combustion Institute.

Mador, R. J., and Roberts, R. (1974). A Pollutant Emissions Prediction Model for Gas Turbine Combustors. *10th American Institute of Aeronautics and Astronautics and Society of Automotive Engineers, Propulsion Conference*. San Diego, Calif.

Magel, H. C., Schneider, R., Risio, B., Schnell, U., and Hein, K. R. (1995). Numerical Simulation of Utility Boilers with Advanced Combustion Technologies. *Eighth International Symposium on Transport Phenomena in Combustion*. San Fransisco.

Magel, H. C., Schnell, U., and Hein, K. R. (1996). Simulation of Detailed Chemistry in a Turbulent Combustor Flow. *Twenty-Sixth Symposium (International) on Combustion*, pp. 67–

74. Pittsburgh, PA: The Combustion Institute.

Magnussen, B. F., and Hjertager, B. W. (1977). On Mathematical Modeling of Turbulent Combustion with Special Emphasis on Soot Formation and Combustion. *Sixteenth Symposium (International) on Combustion*, 16, pp. 719-729. Pittsburgh, PA: The Combustion Institute.

Magre, P., Moreau, P., Collin, G., Borghi, R., and Pealat, M. (1988). Further Studies by CARS of Premixed Turbulent Combustion in a High Velocity Flow, *Combustion and Flame*, 71, pp. 147-168.

Makel, D. B., and Kennedy, I. M. (1994). Soot Formation In Laminar Inverse Diffusion Flames. *Combustion Science and Technology*, 97(4-6), pp. 303-314.

Makino, A., and Law, C. K. (1988). A Simplified Model for the Combustion of Uncoated Boron Particles. *Combustion Science and Technology*, 61(4-6), pp. 155-168.

Mallard, E. F., and Le Chatelier, H. (1883). Combustion of Explosive Gas Mixtures. *Ann. Mine*.

Mansour, M. S., Chen, Y. C., and Peters, N. (1992). The Reaction Zone Structure of Turbulent Premixed Methane-Helium-Air Flames Near Extinction. *Proceedings of the Combustion Institute*, 24, pp. 461-468.

Mansour, M. S., Peters, N., and Chen, Y. C. (1998). Investigation of Scalar Mixing in the Thin Reaction Zone Regime Using a Simultaneous CH-LIF/Rayleigh Laser Technique. *Proceedings of the Combustion Institute*, 27, pp. 767-773.

Mao, C. P., Szekely, G. A., and Faeth, G. M. (1980). Evaluation of Locally Homogeneous Model of Spray Combustion. *J. Energy*, 4, pp. 78-87.

Mao, C. P., Wakamatsu, Y., and Faeth, G. M. (1981). A Simplified Model of High Pressure Spray Combustion. *Eighteenth Symposium (International) on Combustion*. 18, pp. 337-347. Pittsburgh, PA: The Combustion Institute.

Marble, F. E. (1994). Gasdynamic Enhancement of Nonpremixed Combustion. *Twenty-Fifth Symposium (International) on Combustion*, 25(1), pp. 1-12.

Markatou, P., Wang, H., and Frenklach, M. (1993). A Computational Study of Sooting Limits in Laminar Premixed Flames of Ethane, Ethylene, and Acetylene. *Combustion and Flame*, 93(4), pp. 467-482.

Markstein, G. H. (1964a). Analysis of a Dilute Diffusion Flame Maintained by Heterogeneous Reaction. In H. G. Wolfhard, I. Glassman, and L. J. Green (Eds.), *Heterogeneous Combustion*, pp. 177-202. New York, London: Academic Press.

_____. (1964b). *Non-Steady Flame Propagation*. New York: Pergamon Press.

Martinelli, R. C., and Nelson, D. B. (1948). Prediction of Pressure Drop during Forced Circulation Boiling of Water. *Trans. ASME*, 70, pp. 695-702.

Mar yasin, I. L., and Nabutovskii, Z. A. (1969). Investigation of the Kinetics of the Pyrolysis of Acetylene in a Shock Wave. *Kinetics and Catalysis*, 10, pp. 800-806.

Masdin, E. G., and Thring, M. W. (1962). Combustion of Single Droplets of Liquid Fuel. *J Inst Fuel*, 41, pp. 251-260.

Masri, A. R., Bilger, R. W., and Dibble, R. W. (1988a). Conditional Probability Density Functions Measured in Turbulent Nonpremixed Flames of Methane Near Extinction. *Combustion and Flame*, 74(3), pp. 267–282.

———. (1988b). Turbulent Nonpremixed Flames of Methane Near Extinction: Mean Structure from Raman Measurements. *Combustion and Flame*, 71(3), pp. 245–266.

———. (1988c). Turbulent Nonpremixed Flames of Methane Near Extinction: Probability Density Functions. *Combustion and Flame*, 73(3), pp. 261–285.

Masri, A. R., Starner, S. H., and Bilger, R. W. (1984). Transition and Transport in the Initial Region of a Turbulent Diffusion. *Prog. Astronaut. Aeronaut*, 95, pp. 293–304.

Masri, A. R., Al-Abdeli, Y. M., Marquez, G. R., and Starner, S. H. (2004). Modes of Instability in Turbulent Swirling Flames and Isothermal Jets. *International Conference on Thermal Engineering: Theory and Applications*. Beirut, Lebanon: Ryerson University, Université Libanaise.

Mass, U., and Pope, S. (1992). Implementation of Simplified Chemical Kinetics Based on Intrinsic Low Dimensional Manifold. *Proceedings of the Combustion Institute*, 24, pp. 103–112.

Mass, U., and Warnatz, J. (1988). Ignition Processes in Hydrogen-Oxygen Mixtures. *Combustion and Flame*, 74, pp. 53.

Masuya, G., and Libby, P. A. (1981). Nongradient Theory for Oblique Turbulent Flames with Premixed Reactants. *AIAA Journal*, 19, 1,590–1,599.

Matalon, M. (1983). On Flame Stretch. *Combust. and Flame*, 31(3), pp. 169–181.

———. (2007). Intrinsic Flame Instabilities in Premixed and Non-premixed Combustion. *Annual Review of Fluid Mechanics*, 39, pp. 163–191.

———. (2009). Flame Dynamics. *Proceedings of the Combustion Institute*. 32 (1), pp. 57–82. Pittsburgh, PA: The Combustion Institute.

Matalon, M., and Matkowsky, B. J. (1982). Flames as Gasdynamic Discontinuities. *J. of Fluid Mech.*, 124, pp. 239–259.

Mathieu, J. (1959). Etude d'un Jet Plan Frappant Sous Une Incidence de 7 deg Une Plaque Plane Lisse. *C. R. Acad. Sci. Paris*, 248, pp. 2,713–2,715.

Mathieu, J., and Scott, J. (2000). *An Introduction to Turbulent Flow*. Cambridge University Press.

Mauss, F., and Bockhorn, H. (1995). Soot Formation in Premixed Hydrocarbon Flames, Prediction of Temperature and Pressure Dependence. *Z. Phys. Chem.*, 188, pp. 45.

Mauss, F., Keller, D., and Peters, N. (1990). A Lagrangian Simulation of Flamelet Extinction and Re-Ignition in Turbulent Jet Diffusion Flames. *Twenty-Third Symposium (International) on Combustion*, 23, pp. 693–698. Pittsburgh, PA: The Combustion Institute.

Mauss, F., Schäfer, T., and Bockhorn, H. (1994). Inception and Growth of Soot Particles in Dependence on the Surrounding Gas Phase. *Combustion and Flame*, 99(3–4), pp. 697–705.

Mauss, F., Trilken, B., Breitbach, H., and Peters, N. (1994). Soot Formation in Partially Premixed Diffusion Flames at Atmospheric Pressure. In H. Bockhorn, *Soot Formation in Combustion*, pp. 325–349. Berlin: Springer Verlag.

Maxwell, J. (1867). On the Dynamical Theory of Gases. *Philosophical Transactions of the Royal Society of London*, 157, 49–88.

McBride, B. J., and Gordon, S. (1996). *Computer Program for Calculation of Complex Chemical Equilibrium Compositions and Applications II. User's Manual and Program Description*. NASA Reference Publication-1311, Lewis Research Center, National Aeronautics and Space Administration, Cleveland, Ohio.

McCloskey, A. L., Brotherton, R. J., and Boone, J. L. (1961). The Preparation of Boron Monoxide and its Conversion to Diboron Tetrachloride. *Journal of the American Chemical Society*, 83(23), pp. 4,750–4,754.

McLintock, I. S. (1968). The Effect of Various Diluents on Soot Production in Laminar Ethylene Diffusion Flames. *Combustion and Flame*, 12, pp. 217–225.

Mebel, A., Diau, E., Lin, M., and Morokuma, K. (1996). Ab Initio and RRKM Calculations for Multichannel Rate Constants of the $C_2H_3+O_2$ Reaction. *Journal of the American Chemical Society*, 118(40), pp. 9,759–9,771.

Mehta, D. S., and Das, S. (1992). A Correlation for Soot Concentration in Diesel Exhaust Based on Fuel-Air Mixing Parameters. *Fuel*, 71(6), pp. 689–692.

Meier, W., Barlow, R. S., Chen, Y. L., and Chen, J. Y. (2000). Raman/Rayleigh/LIF Measurements in a Turbulent $CH_4/H_2/N_2$ Jet Diffusion Flame: Experimental Techniques and Turbulence-Chemistry Interaction. *Combustion and Flame*, 123(3), pp. 326–343.

Meier, W., Duan, X. R., and Weigand, P. (2005). Reaction Zone Structures and Mixing Characteristics of Partially Premixed Swirling CH_4/Air Flames in a Gas Turbine Model Combustor. *Proceedings of the Combustion Institute*, 30, pp. 835–842.

Meier, W., Keck, O., Noll, B., Kunz, O., and Stricker, W. (2000). Investigations in the TECFLAM Swirling Diffusion Flame: Laser Raman Measurements and CFD Calculations. *Applied Physics B: Lasers and Optics*, 71(5), pp. 725–731.

Meier, W., Prucker, S., Cao, M. H., and Stricker, W. (1996). Characterization of Turbulent $H_2/N_2/Air$ Jet Diffusion Flames by Single-Pulse Spontaneous Raman Scattering. *Combustion Science and Technology*, 118(4–6), pp. 293–312.

Meier, W., Vyrodov, A. O., Bergmann, V., and Stricker, W. (1996). Simultaneous Raman/LIF Measurements of Major Species and NO in Turbulent H_2/Air Diffusion Flames. *Applied Physics B: Lasers and Optics*, 63(1), pp. 79–90.

Mellor, A. M. (1976). Gas Turbine Engine Pollution. *Progress in Energy and Combustion Science*, 1(2–3), pp. 111–133.

Mellor, R., Chigier, N. A., and Beer, J. M. (1970). *Pressure Jet Spray in Air Stream*. ASME Paper 70 GT 101.

Meneveau, C., Lund, T., and Cabot, W. (1996). A Lagrangian Dynamic Subgrid-Scale Model of Turbulence. *Journal of Fluid Mechanics*, 319, pp. 352–385.

Menon, S. (2004). *Modeling and Computational Constraints for LES of Turbulent Reacting*

Flows. Georgia Institute of Technology, Computational Combustion Laboratory, Aerospace Engineering.

Metghalchi, M., and Keck, J. C. (1980). Laminar Burning Velocity of Propane-Air Mixtures at High Temperature and Pressure. *Combustion and Flame*, 38, pp. 143-154.

Meyer, D. W., and Jenny, P. (2009a). A Mixing Model Providing Joint Statistics of Scalar and Scalar Dissipation Rate. *Proceedings of the Combustion Institute*, 32 (1), pp. 1, 613 - 1, 620. Pittsburgh, PA: The Combustion Institute.

———. (2009b). Micromixing Models for Turbulent Flows. *Journal of Computational Physics*, 228 (4), pp. 1,275-1,293.

Michael, J., and Sutherland, J. (1988). Rate Constant for the Reaction of H with H_2O and OH With H_2 by The Flash Photolysis—Shock Tube Technique Over The Temperature Range 1246-2297 K. *Journal of Physical Chemistry*, 92, pp. 2,853-3,857.

Miesse, C. C. (1955). Correlation of Experimental Data on the Disintegration of Liquid Jets. *Ind. Eng. Chem.*, 47(9), pp. 1,690-1,701.

Milberg, M. E. (1959). Carbon Formation in an Acetylene-Air Diffusion Flame. *Journal of Physical Chemistry*, 63, pp. 578-582.

Miller, J. A., and Bowman, C. T. (1989). Mechanism and Modeling of Nitrogen Chemistry in Combustion. *Progress in Energy and Combustion Science*, 15(4), 287-338.

Miller, J. A., and Melius, C. F. (1992). Kinetic and Thermodynamic Issues in the Formation of Aromatic Compounds in Flames of Aliphatic Fuels. *Combustion and Flame*, 91(1), 21-39.

Miller, J. H., Smyth, K. C., and Mallard, W. G. (1985). Calculations of the Dimerization of Aromatic Hydrocarbons: Implications for Soot Formation. *Twentieth Symposium (International) on Combustion*. 20, pp. 1,139-1,147. Pittsburgh, PA: The Combustion Institute.

Mindlin, R., and Deresiewicz, H. (1953). Elastic Spheres in Contact Under Varying Oblique Forces. *Journal of Applied Mechanics.*, 20, pp. 327-344.

Mitani, T. (1980). Propagation Velocities of Two-Reactant Flames. *Combustion Science and Technology*, 21(3), pp. 175-177.

Mitarai, S., Riley, J. J., and Kosály, G. (2005). Testing of Mixing Models for Monte Carlo Probability Density Function Simulations. *Physics of Fluids*, 17(4), pp. 47,101-47,115.

Mittal, K. S. (2009). *Development of Dual Functional Polymeric Textile Materials Using Atmospheric Plasma Treatments*. M. S. Thesis, North Carolina State University, Raleigh.

Mizutani, Y., Yasuma, G., and Katsuki, M. (1976). Stabilization of Spray Flames in a High-Temperature Stream. *Sixteenth Symposium (International) on Combustion*, 16, pp. 631-639. Pittsburgh, PA: Combustion Institute.

Mongia, H. C., and Smith, K. (1978). *An Empirical/Analytical Design Methodology for Gas Turbine Combustors*. AIAA Paper No. 78 998.

Monin, A. S., and Yaglom, A. M. (1975). *Statistical Fluid Mechanics: Mechanics of Turbulence* (vol. 2). Cambridge, Massachusetts: The MIT Press.

Moreau, P. (1981). Experimental Determination of Probability Density Functions within a Turbulent High Velocity Premixed Flame. *Eighteenth Symposium (International) on Combustion*, 18, pp. 993–1000. Pittsburgh, PA: The Combustion Institute.

Moreau, P., and Boutier, A. (1977). Laser Velocimeter Measurements in a Turbulent Flame. *Symposium (International) on Combustion*, 16, pp. 1,747–1,756.

Moriarty, N. W., Brown, N. J., and Frenklach, M. (1999). Hydrogen Migration in the Phenylethen-2-yl Radical. *Journal of Physical Chemistry A*, 103(13), pp. 7,127–7,135.

Moriarty, N. W., and Frenklach, M. (2000). Ab Initio Study of Naphthalene Formation by Addition of Vinylacetylene to Phenyl. *Proceedings of the Combustion Institute*, 28, pp. 2,563–2,568.

Moss, A. J. (1966). Origin, Shaping and Significance of Quartz Sand Grains. *Australian Journal of Earth Sciences*, 13(1), pp. 97–136.

Moss, J. B. (1980). Simultaneous Measurements of Concentration and Velocity in an Open Premixed Turbulent Flame. *Combustion Science and Technology*, 22, pp. 119–29.

———. (1995). Turbulent Diffusion Flames. In G. Cox, ed., *Combustion Fundamentals of Fire*, pp. 221–272. London: Academic Press.

Moss, J. B., Stewart, C. D., and Young, K. J. (1995). Modeling Soot Formation and Burnout in a High Temperature Laminar Diffusion Flame Burning Under Oxygen-Enriched Conditions. *Combustion and Flame*, 101(4), pp. 491–500.

Most, D., Dinkelacker, F., and Leipertz, A. (2002). Direct Determination of the Turbulent Flux by Simultaneous Application of Filtered Rayleigh Scattering Thermometry and Particle Image Velocimetry. *Proceedings of the Combustion Institute*, 29, pp. 2,669–2,677.

Mueller, C. J., and Schefer, R. W. (1998). Coupling of Diffusion Flame Structure to an Unsteady Vortical Flow-Field. *Twenty-Seventh Symposium (International) on Combustion*, 27, pp. 1,105–1,112. Pittsburgh, PA: The Combustion Institute.

Mueller, D. C., Scott, M. J., and Turns, S. R. (1991). Secondary Atomization of Aluminum/RP-1 Liquid Rocket Slurry Fuels. *AIAA/NASA/OAI Conference on Advanced SEI Technologies*. Cleveland, OH.

Mueller, M. A., Kim, T. J., Yetter, R. A., and Dryer, F. L. (1999). Flow Reactor Studies and Kinetic Modeling of the H_2/O_2 Reaction. *Int. J. of Chem. Kinetics*, 31, pp. 113–125.

Mugele, R. A., and Evans, H. D. (1951). Droplet Size Distribution in Sprays. *Ind. Eng. Chem*, 43(6), pp. 1,317–1,324.

Müller, C. M., Breitbach, H., and Peters, N. (1994). Partially Premixed Turbulent Flame Propagation in Jet Flames. *Twenty-Fifth Symposium (International) on Combustion*, 25, pp. 1,099–1,106. Pittsburgh, PA: The Combustion Institute.

Munz, N., and Eisenklam, P. (1976). The Modelling of a High Intensity Spray Combustion Chamber. *Sixteenth Symposium (International) on Combustion*, 16, pp. 593–604. Pittsburgh, PA: Combustion Institute.

Murray, S. O. (1954). On the Mathematics of Fluidization I, Fundamental Equations and Wave

Propagation. *Journal of Fluid Mechanics*, 21, 465–493.

Nada, Y., Kikuta, S., Tanahashi, M., and Miyauchi, T. (2003). Effects of Equivalence Ratio and Reynolds Number on Local Flames Structure in H_2/Air Turbulent Premixed Flames. *Proc. 41st Symp. (Jpn) on Combust.*, pp. 27–28. Japan.

Nada, Y., Tanahashi, M., and Miyauchi, T. (2004). Effect of Turbulence Characteristics on Local Flame Structure of H_2-Air Premixed Flames. *Journal of Turbulence*, 5, pp. 16.

Namazian, M., Shepherd, I. G., and Talbot, L. (1986). Characterization of the Density Fluctuations in Turbulent V-Shaped Flames. *Combustion and Flame*, 64, pp. 299–308.

Namazian, M., Talbot, L., and Robben, F. (1984). Density Fluctuations in Premixed Turbulent Flames. *Proceedings of the Combustion Institute.* 20, pp. 411–419.

Natarajan, R., and Ghosh, A. K. (1975a). Penetration Histories of Vaporizing Fuel Drops Injected Vertically into Stagnant Gas. *Fuel*, 54(4), pp. 253–255.

———. (1975b). Velocity Histories of Vaporizing Fuel Drops Moving through Stagnant Gas. *Fuel*, 54(3), pp. 153–161.

Nayagam, V., and Williams, F. A. (1998). Dynamics of Diffusion Flame Oscillations Prior to Extinction During Low-Gravity Droplet Combustion. *Seventh International Conference on Numerical Combustion.* Society of Industrial and Applied Mathematics.

Neoh, K., Howard, J., and Sarofim, A. (1981). Soot Oxidation in Flames. In D. Siegla, and G. Smith, *Particulate Carbon Formation During Combustion*, p. 261. New York: Plenum Press.

Newman, J. A., and Brzustowski, T. A. (1971). Behavior of a Liquid Jet near the Thermodynamic Critical Region. *AIAA Journal*, 9(8), pp. 1,595–1,602.

Nguyen, Q. -V., and Paul, P. H. (1996). The Time Evolution of a Vortex-Flame Interaction Observed Via Planar Imaging of CH and OH. *Twenty-Sixth Symposium (International) on Combustion*, 26, pp. 357–364. Pittsburgh, PA: The Combustion Institute.

Nguyen, V. T., and Nestmann, F. (2004). Applications of CFD in Hydraulics and River Engineering. *International Journal of Computational Fluid Dynamics*, 18(2), pp. 165–174.

Nies N. P. and Campbell G. W. (1964). Inorganic Boron-Oxygen Chemistry: Boron, Metallo-Boron Compounds, and Boranes. *Interscience*, pp. 53–232.

Nishiki, S. (2003) *DNS and Modeling of Turbulent Premixed Combustion.* Ph. D. thesis, Nagoya Institute of Technology.

Nishiki, S., Hasegawa, T., Borghi, R., and Himeno, R. (2002). Modeling of Flame-Generated Turbulence Based on Direct Numerical Simulation Databases. *Proceedings of the Combustion Institute*, 29, pp. 2,017–2,022.

———. (2006). Modeling of Turbulent Scalar Flux in Turbulent Premixed Flames Based on DNS Databases. *Combustion Theory and Modelling*, 10, pp. 39–55.

Nobari, M. R., Jan, Y. J., and Tryggvason, G. (1996). Head-on Collision of Drops—A Numerical Investigation. *Physics of Fluids*, 8(1), pp. 29–42.

Nobari, M. R., and Tryggvason, G. (1996). Numerical Simulations of Three-Dimensional Drop Collisions. *AIAA Journal*, 34(4), pp. 750.

Noh, W. F., and Woodward, P. (1976). SLIC (Simple Line Interface Calculations). *Lecture Notes Phys.*, 59, pp. 330–340.

Nomura, K. K., and Elghobashi, S. E. (1992). Mixing Characteristics of an Inhomogeneous Scalar in Isotropic and Homogeneous Sheared Turbulence. *Physics of Fluids*, 4(3), pp. 606–625.

Nooren, P. A., Wouters, H. A., Peeters, T., Roekaerts, D., Maas, U., and Schmidt, D. (1997). Monte Carlo PDF Modeling of a Turbulent Natural-Gas Diffusion Flame. *Combustion Theory and Modelling*, 1(1), pp. 79–96.

Norris, A. T., and Pope, S. B. (1991a). Application of PDF Methods to Piloted Diffusion Flames-Sensitivity to Model Parameters. *Symposium on Turbulent Shear Flows*, 8th, 9 – 11 Sept. 1991. Munich.

———. (1991b). Turbulent Mixing Model Based on Ordered Pairing. *Combustion and Flame*, 83(1-2), pp. 27–42.

Norton, J. L., and Ruppel, H. M. (1976). YAQUI User's Manual for Fireball Calculations. Los Alamos Scientific Laboratory Report LA-6261-M.

Nukiyama, S., and Tanasawa, A. (1940). An Experiment on the Atomisation of Liquids in an Air Stream. *Trans. Soc. Mech. Engrs. (Japan)*, 5, pp. 1–4.

O Conaire, M., Curran, H., Simmie, J., and Pitz, W. (2004). A Comprehensive Modeling Study of Hydrogen Oxidation. *Int. J. of Chem. Kinetics*, 36(11), pp. 603–622.

Oberlack, M. (1998). Symmetries in Turbulent Flows. In N. N. Ibragimov, K. R. Naqvi, and E. Straume, *Modern Group Analysis VII*. Trondheim: Norwegian University of Science and Technology (NTNU).

O'Brien, E. E. (1980). The Probability Density Function (pdf) Approach to Reacting Turbulent Flows. In P. A. Libby, and F. A. Williams (eds.), *Turbulent Reacting Flows*, pp. 185–218. Topics in Applied Physics. New York: Springer.

Odar, F., and Hamilton, W. S. (1964). Forces on a Sphere Accelerating in a Viscous Fluid. *Journal of Fluid Mechanics*, 18(2), pp. 302–314.

Odgers, J. (1975). Current Theories of Combustion within Gas Turbine Chambers. *Fifteenth Symposium (International) on Combustion*. Pittsburgh, PA: The Combustion Institute.

Oefelein, J. C., Chen, J. H., and Sankaran, R. (2009). High-fidelity Simulations for Clean and Efficient Combustion of Alternative Fuels. *Journal of Physics: Conference Series*, 180(1), pp. 012033.

O'Neil, T. M., Driscoll, C. F., and Malmberg, J. H. (1997). *Final Technical Report on Studies of Plasma Transport*. Technical Report, California Univ.

Onuma, Y., and Ogasawara, M. (1974). Studies of the Structure of a Spray Combustion Flame. *Fifteenth Symposium (International) on Combustion*, 15, pp. 453–465. Pittsburgh, PA: The Combustion Institute.

Onuma, Y., Ogasawara, M., and Inoue, T. (1976). Further Experiments on the Structure of a Spray Combustion Flame. *Sixteenth Symposium (International) on Combustion*, 16, pp. 561 –

567. Pittsburgh, PA: The Combustion Institute.

Oran, E. S., and Boris, J. P. (1987). *Numerical Simulation of Reactive Flow*. Cambridge University Press.

O'Rourke, P. J., and Amsden, A. A. (1987). Three Dimensional Numerical Simulations of the UPS-292 Stratified Charge Engine. *Society of Automotive Engineers International Congress and Expo*, Detroit, MI.

O'Rourke, P. J., and Bracco, E. V. (1980). Modeling of Drop Interactions in Thick Sprays and a Comparison With Experiments. *Stratified Charge Automotive Engines Conference*. The Institution of Mechanical Engineers.

Orr, C. J. (1966). *Particulate Technology*. New York: Macmillan.

Osher, S., and Sethian, J. A. (1988). Fronts Propagating with Curvature-Dependent Speed: Algorithms Based on Hamilton-Jacobi Formulations. *Journal of Computational Physics*, 79, pp. 234-246.

Otsuka, Y., and Niioka, T. (1972). On the Deviation of the Flame from the Stagnation Point in Opposed-Jet Diffusion Flames. *Combustion and Flame*, 19(2), pp. 171-179.

O'Young, F., and Bilger, R. W. (1997). Scalar Gradient and Related Quantities in Turbulent Premixed Flames. *Combustion and Flame*, 109, pp. 682-700.

Pai, S. I. (1971). Fundamental Equations of a Mixture of Gas and Small Spherical Solid Particles from Simple Kinetic Theory. *Int. Sym. on Two-phase Systems*. Haifa, Israel.

Pain, C., Mansoorzadeh, S., and de Oliveira, C. R. (2001). A Study of Bubbling and Slugging Fluidized Beds Using the Two-fluid Granular Temperature Model. *International Journal of Multiphase Flow*, 27, pp. 527-551.

Palmer, H. B., and Cullis, C. F. (1965). In: P. L. Walker, and M. Dekker (eds.), *Chemistry and Physics of Carbon* (p. 265). New York.

Pandya, T. P., and Weinberg, F. J. (1963). The Study of the Structure of Laminar Diffusion Flames by Optical Methods. *Ninth Symposium (International) on Combustion*, pp. 587-596. New York and London: Academic Press.

Panton, R. (1968). Flow Properties for the Continuum View-point of a Non-Equilibrium Gas-Particle Mixture. *J. Fluid Mech*, 31, pp. 273-303.

Papas, P., Rais, R. M., Monkewitz, P. A., and Tomboulides, A. G. (2003). Instabilities of Diffusion Flames Near Extinction. *Combust. Theory Model.*, 7, pp. 603-633.

Park, N., and Lee, S. L. (2006). A Dynamic Subgrid-Scale Eddy Viscosity Model with a Global Model Coefficient. *Physics of Fluids*, 18, pp. 125-109.

Parker, W. G., and Wolfhard, H. G. (1950). Carbon Formation in Flames. *Journal of the Chemical Society*.

Pasternack, L. (1992). Gas-phase Modeling of Homogeneous Boron/Oxygen/Hydrogen/Carbon Combustion. *Combustion and Flame*, 90(3-4), pp. 259-268.

Patankar, S. V. (1975). Numerical Prediction off Three-Dimensional Flows. In B. E. Launder, ed.,

Studies in Convection, pp. 1-78. New York: Academic Press.

Patil, D., van Sint Annaland, M., and Kuipers, J. A. (2005a). Critical Comparison of Hydrodynamic Models for Gas-Solid Fluidized Beds—Part I: Bubbling Gas-Solid Fluidized Beds Operated with a Jet. *Chemical Engineering Science*, 60, pp. 57-72.

——. (2005b). Critical Comparison of Hydrodynamic Models for Gas-Solid Fluidized Beds—Part II: Freely Bubbling Gas-Solid Fluidized Bed. *Chemical Engineering Science*, 60, pp. 73-84.

Patterson, M. A., and Reitz, R. D. (1998). *Modeling the Effects of Fuel Spray Characteristics on Diesel Engine Combustion and Emission*. SAE Technical Paper 980131, Detroit.

Pels Leusden, C., and Peters, N. (2000). Experimental and numerical analysis of the influence of oxygen on soot formation in laminar counterflow flames of acetylene. *Proceedings of the Combustion Institute* 28, pp. 2,619-2,625. The Combustion Institute.

Penn, A., Murphy, G., Barker, S., Henk, W., and Penn, L. (2005). Combustion-Defined Ultrafine Particles Transport Organic Toxicants to Target Respiratory Cells. *Environmental Health Perspectives*, 113(8), pp. 956-964.

Penner, S. S. (1957). *Chemistry Problems in Jet Propulsion*. New York: Pergamon Press, Macmillan.

Perry, R. A. (1984). Absolute Rate Measurements for the Reaction of the OH Radical with Diacetylene Over the Temperature Range of 296-688K. *Combustion and Flame*, 58(3), pp. 221-227.

Peskin, C. S. (1977). Numerical Analysis of Blood Flow in the Heart. *Journal of Computational Physics*, 25, pp. 220-252.

Peters, N. (1984). Laminar Diffusion Flamelet Models in Non-Premixed Turbulent Combustion. *Progress in Energy and Combustion Science*, 10(3), pp. 319-339.

——. (1985). Numerical and Asymptotic Analysis of Systematically Reduced Reaction Schemes for Hydrocarbon Flames. *Lecture Notes in Physics*, 241, pp. 90-109.

——. (1986). Laminar Flamelet Concepts in Turbulent Combustion. *Proceedings of the Combustion Institute*. 21, pp. 1,231-1,249.

——. (1991). Flame Calculations with Reduced Mechanisms. In *Lecture Notes in Physics Monographs* (vol. 15/1993). Berlin.

——. (1992). Fifteen Lectures on Laminar and Turbulent Combustion, September 14-28.

——. (1999). Modelling of Production, Kinematic Restoration and Dissipation of Flame Surface Area in Turbulent Combustion. *Proceedings of the 4th International Symposium on Engineering Turbulence Modelling and Measurements* (May 24 - 26, 1999), pp. 49 - 62. Ajaccio, Corsica, France: Elsevier.

——. (1999). The Turbulent Burning Velocity for Large-Scale and Small-Scale Turbulence. *Journal of Fluid Mechanics*, 384, pp. 107-132.

——. (2000). *Turbulent Combustion*. Cambridge: Cambridge University Press.

——. (2009). Multiscale Combustion and Turbulence. *Proceedings of the Combustion Institute*, 32(1), pp. 1-25.

Peters, N., and Kee, R. J. (1987). The Computation of Stretched Laminar Methane-Air Diffusion Flames Using a Reduced Four-Step Mechanism. *Combustion and Flame*, 68(1), pp. 17-29.

Peters, N., and Rogg, B. (1993). *Reduced Kinetic Mechanisms for Applications in Combustion Systems*. New York: Springer.

Peters, N., and Williams, F. A. (1983a). Effects of Chemical Equilibrium on the Structure and Extinction of Laminar Diffusion Flames. *9th Int. Colloquium on Dynamics of Explosions and Reactive Systems*.

―――. (1983b). Liftoff Characteristics of Turbulent Jet Diffusion Flames. *AIAA Journal*, 21(3), pp. 423-429.

―――. (1987). The Asymptotic Structure of Stoichiometric Methane-Air Flames. *Combustion and Flame*, 68(2), pp. 185-207.

Pfadler, S., Leipertz, A., and Dinkelacker, F. (2008). Systematic Experiments on Turbulent Premixed Bunsen Flames Including Turbulent Flux Measurements. *Combustion and Flame*, 152, pp. 616-631.

Pfadler, S., Loffler, M., Dinkelacker, F., and Leipertz, A. (2005). Measurement of the Conditioned Turbulence and Temperature Field of a Premixed Bunsen Burner by Planar Laser Rayleigh Scattering and Stereo Particle Image Velocimetry. *Experiments in Fluids*, 39, pp. 375-384.

Pfadler, S., Leipertz, A., Dinkelacker, F., Wasle, J., Winkler, A., and Sattelmayer, T. (2007). Two-Dimensional Direct Measurement of the Turbulent Flux in Turbulent Premixed Swirl Flames. *Proceedings of the Combustion Institute*, 31, pp. 1,337-1,344.

Pilch, M., and Erdman, C. A. (1987). Use of Breakup Time Data and Velocity History Data to Predict the Maximum Size of Stable Fragments for Acceleration-Induced Breakup of a Liquid Drop. *International Journal of Multiphase Flow*, 13(6), pp. 741-757.

Pirozzoli, S., and Grasso, F. (2004). Direct Numerical Simulations of Isotropic Compressible Turbulence: Influence of Compressibility on Dynamics and Structures. *Physics of Fluids*, 16(12), pp. 4,386-4,407.

Pirraglia, A., Michael, J., Sutherland, J., and Klemm, R. (1989). A Flash Photolysis-Shock Tube Kinetic Study of the H Atom Reaction with O_2: $H+O_2 \Longleftrightarrow OH+O$ ($962K \leqslant T \leqslant 1705$ K) and $H+O_2+Ar \Longleftrightarrow HO_2+Ar$ ($746K \leqslant T \leqslant 987K$). *Journal of Physical Chemistry*, 93, pp. 282-291.

Pita, J., and Sundaresan, S. (1991). Gas-Solid Flow in Vertical Tubes. *AIChE Symp. Ser.*, 37(7), pp. 1,009-1,018.

Pitsch, H. (2000a). *Extended Flamelet Model for LES of Non-Premixed Combustion*. Centre for Turbulence Research, NASA Ames Research Centre, Stanford University.

―――. (2000b). Unsteady Flamelet Modeling of Differential Diffusion in Turbulent Jet Diffusion Flames. *Combustion and Flame*, 123(3), pp. 358-374.

―――. (2006). Large-Eddy Simulation of Turbulent Combustion. *Annual Review of Fluid Mechanics*, 38, 453-482.

Pitsch, H., Chen, M., and Peters, N. (1998). Unsteady Flamelet Modeling of Turbulent Hydrogen-

Air Diffusion Flames. *Twenty-Seventh Symposium(International) on Combustion.* 27, pp. 1,057-1, 064. Pittsburgh, PA: The Combustion Institute.

Pitts, W. M. (1988). Assessment of Theories for the Behavior and Blowout of Lifted Turbulent Jet Diffusion Flames. *Twenty-Second Symposium (International) on Combustion.* 22, pp. 809 - 816. Pittsburgh, PA: The Combustion Institute.

Plessing, T., Kortschik, C., Peters, N., Mansour, M. S., and Cheng, R. K. (2000). Measurements of the Turbulent Burning Velocity and of the Structure of Premixed Flames on a Low-Swirl Burner. *Proceedings of the Combustion Institute.* 28, pp. 359-368.

Poinsot, T. (1996). Using Direct Numerical Simulations to Understand Premixed Turbulent Combustion. *Proceedings of the Combustion Institute.* 26, pp. 219-232.

Poinsot, T., Candel, S., and Trouvé, A. (1995). Applications of Direct Numerical Simulations to Premixed Turbulent Combustion. *Progress in Energy and Combustion Science*, 21, pp. 531-576.

Poinsot, T., Trouvé, A., Veynante, D., Candel, S., and Esposito, E. (1987). Vortex Driven Acoustically Coupled Combustion Instabilities. *Journal of Fluid Mechanics*, 177, pp. 265-292.

Poinsot, T., and Veynante, D. (2005). *Theoretical and Numerical Combustion* (2nd ed.). Philadelphia: R. T. Edwards, Inc.

Pope, S. B. (1982a). An Improved Turbulent Mixing Model. *Combustion Science and Technology*, 28 (3-4), pp. 131-145.

_____. (1982b). Calculations of Velocity-Scalar Joint PDF's. *Turbulent Shear Flows, International Symposium*, 3rd. 3, pp. 113-123. New York: Springer-Verlag.

_____. (1983a). A Lagrangian Two-Time Probability Density Function Equation for Inhomogeneous Turbulent Flows. *Physics of Fluids*, 26(12), pp. 400-408.

_____. (1983b). Consistent Modeling of Scalars in Turbulent Flows. *Physics of Fluids*, 26(2), pp. 404-408.

_____. (1984). Monte Carlo Calculations of Turbulent Diffusion Flames. *Combustion Science and Technology*, 42(1-2), pp. 13-45.

_____. (1985). PDF Methods for Turbulent Reacting Flows. *Progress in Energy and Combustion Science*, 11(2), pp. 119-192.

_____. (1990). Computations of Turbulent Combustion: Progress and Challenges. *Twentythird Symposium(International) on Combustion*, pp. 591-612. Pittsburgh, PA: The Combustion Institute.

_____. (1994). Lagrangian PDF Methods for Turbulent Flows. *Annual Reviews of Fluid Mechanics*, 26, 23-63.

_____. (1997). Computationally Efficient Implementation of Combustion Chemistry Using In Situ Adaptive Tabulation. *Combustion Theory and Modelling*, 1(1), pp. 41-63.

_____. (1998a). The Implied Filter in Large-Eddy Simulations of Turbulence. Philadelphia: American Physical Society, *Division of Fluid Dynamics Meeting*, November 22-24, 1998.

_____. (1998b). The Vanishing Effect of Molecular Diffusivity on Turbulent Dispersion: Implications for Turbulent Mixing and the Scalar Flux. *Journal of Fluid Mechanics*, 359, 299-312.

———. (2000). *Turbulent Flows*. Cambridge: Cambridge University Press.

Pope, S. B., and Anand, M. S. (1984). Flamelet and Distributed Combustion in Premixed Turbulent Flames. *Twentieth Symposium (International) on Combustion*, 20, pp. 403–410. Pittsburgh, PA: The Combustion Institute.

Potter, A. E., and Butler, J. N. (1959). A Novel Combustion Measurement Based on the Extinguishment of Diffusion Flames. *ARS Journal*, 29(1), pp. 54–56.

Povinelli, L. A., and Fuhs, A. E. (1960). The Spectral Theory of Turbulent Flame Propagation. *Eighth Symposium (International) on Combustion*, pp. 554–566. California Institute of Technology.

Prakash, S., and Sirignano, W. A. (1980). Theory of Convective Droplet Vaporization with Unsteady Heat Transfer in the Circulating Liquid Phase. *International Journal of Heat and Mass Transfer*, 23(3), pp. 253–268.

Price, E. W. (1984). Fundamentals of Solid-Propellant Combustion. In K. K. Kuo, and M. Summerfield (Eds.). *Progress in Astronautics and Aeronautics*.

Priem, R. J., and Heidmann, M. F. (1960). *Propellant Vaporization as a Design Criterion for Rocket Engine Combustion Chambers*. NASA TR R-6.

Prigogine, I., and Defay, R. (1954). *Chemical Thermodynamics*. London: Longmans.

Prigogine, I., and Mazur, P. (1951). On Two-phase Hydrodynamic Formulations and the Problem of Liquid Helium II. *Physica*, 17, pp. 661–679.

Probert, R. P. (1946). The Influence of Spray Particle Size and Distribution in the Combustion of Oil Droplets. *Philosophical Magazine Series 7*, 37(265), pp. 94–105.

Prosperetti, A. (1999). Some Considerations on the Modeling of Disperse Multiphase Flows by Averaged Equations. *JSME Intl J.*, 42, pp. 573–585.

Prudnikov, A. G. (1960a). Flame Propagation and Detonation in Gas Mixtures. In: *The Third All Union Congress on Combustion Theory*, vol. 1, p. 100. Moscow.

———. (1960b). Hydrodynamics Equations in Turbulent Flames. In A. E. In: Prudnikov, ed., *Combustion in a Turbulent Flow*, pp. 7–29 (in Russian).

———. (1967). Combustion of Homogeneous Fuel-Air Mixtures in Turbulent Flows. In: E. B. V. Raushenbakh, *Physical Principles of the Working Process in Combustion Chambers of Jet Engines*, pp. 244–336. Washington, DC: U. S. Department of Commerce, Clearing House for Federal Scientific and Technical Information.

Prudnikov, A. G., Volynskii, M. S., and Sagalovich, V. N. (1971). *Mixing and Combustion Processes in Jet Engines*. (In Russian). Moscow: Machinostroenie.

Przekwas, A. J. (1996). Theoretical Modeling of Liquid Jet and Sheet Breakup Processes. In: K. K. Kuo, ed., *Recent Advances in Spray Combustion: Spray Atomization and Drop Burning Phenomena*, Volume 1 (vol. 166, p. 211). Progress in Astronautics and Aeronautics, Inc.

Pun, W. M., and Spalding, D. B. (1977). *A General Computer Program for Two-Dimensional Elliptic Flows*. Report HTS 176/2, Imperial College, Mechanical Engineering Department, London.

Puri, R., Santoro, R., and Smyth, K. (1994). The Oxidation of Soot and Carbon Monoxide in Hydrocarbon Diffusion Flames. *Combustion and Flame*, 97, pp. 125–144.

Putnam, A. (1961). Integratable Form of Droplet Drag Coefficient. *ARS J.*, 31, pp. 1,467–1,468.

Putnam, A. A., Bennington, F., Einbinder, H., Hazard, H. R., Kettelle, J. D., Levy, A., et al. (1957). *Injection and Combustion of Liquid Fuels*. Wright Air Development Centre Technical Report.

Qian, J., and Law, C. K. (1997). Regimes of Coalescence and Separation in Droplet Collision. *Journal of Fluid Mechanics*, 331, pp. 59–80.

Rajan, S., Smith, J. R., and Rambach, G. D. (1984). Internal Structure of a Turbulent Premixed Flame Using Rayleigh Scattering. *Combustion and Flame*, 57, pp. 95–107.

Ranger, A. A., and Nicholls, J. A. (1969). Aerodynamic Shattering of Liquid Drops. *AIAA Journal*, 7(2), pp. 285–290.

Ranz, W. E. (1956). On Sprays and Spraying. *Engineering Research Bulletin 65*. The Pennsylvania State University.

_____. (1958). Some Experiments on Orifice Sprays. *Canadian Journal of Chem. Eng.*, 36, pp. 175–181.

Rao, K. L., and Lefebvre, A. H. (1976). Minimum Ignition Energies in Flowing Kerosine-Air Mixtures. *Combustion and Flame*, 27, pp. 1–20.

Rao, K. V., and Lefebvre, A. H. (1976). Evaporation Characteristics of Kerosine Sprays Injected into a Flowing Air Stream. *Combustion and Flame*, 26, pp. 303–309.

Ray, S. K., and Long, R. (1964). Polycyclic Aromatic Hydrocarbons from Diffusion Flames and Diesel Engine Combustion. *Combustion and Flame*, 8(2), pp. 139–151.

Reid, R. C., Prausnitz, J. M., and Sherwood, T. K. (1977). *The Properties of Gases and Liquids* (3rd ed.). New York: McGraw-Hill.

Reif, F. (1965). *Fundamentals of Statistical and Thermal Physics*. McGraw-Hill.

Reitz, R. D. (1987). Modeling Atomization Processes in High-Pressure Vaporizing Sprays. *Atomisation Spray Technol.*, 3, pp. 309–337.

Reitz, R. D., and Bracco, F. V. (1976a). Studies Toward Optimal Charge Stratification in a Rotary Engine. *Combustion Science and Technology*, 12(1–3), pp. 63–74.

_____. (1976b). *Breakup Regimes of a Single Liquid Jet*. Fall Technical Meeting, Eastern Section of the Combustion Institute, Philadelphia.

_____. (1982). Mechanism of Atomization of a Liquid Jet. *The Physics of Fluids*, 25, 1,730–1,742.

Reitz, R. D., and Diwakar, R. (1986). *Effect of Droplet Breakup on Fuel Sprays*. SAE Paper 860469.

_____. (1987). *Structure of High-Pressure Fuel Sprays*. SAE Paper 870598.

Ren, Z., and Pope, S. B. (2004). An Investigation of the Performance of Turbulent Mixing Models. *Combustion and Flame*, 136(1–2), pp. 208–216.

Renard, P. H., Rolon, J. C., Thévenin, D., and Candel, S. (1998). Wrinkling, Pocket Formation, and Double Premixed Flame Interaction Processes. *Twenty-Seventh Symposium (International) on Combustion.* 27, pp. 659–666. Pittsburgh, PA: The Combustion Institute.

———. (1999). Investigations of Heat Release, Extinction, and Time Evolution of the Flame Surface, for a Nonpremixed Flame Interacting with a Vortex. *Combustion and Flame*, 117(1–2), pp. 189–205.

Renard, P. H., Thévenin, D., Rolon, J. C., and Candel, S. (2000). Dynamics of Flame/Vortex Interactions. *Progress in Energy and Combustion Science*, 26, pp. 225–282.

Reuge, N., Cadoret, L., Coufort-Saudejaud, C., Pannala, S., Syamlal, M., and Caussat, B. (2008). Multifluid Eulerian modeling of dense gas-solids fluidized bed hydrodynamics: Influence of the dissipation parameters. *Chemical Engineering Science*, 63(22), pp. 5,540–5,551.

Reynolds, W. C. (1980). Combustion Modeling in Reciprocating Engines. *Proceedings of General Motors research symposium*, J. N. Mattavi and C. A. Amann, eds. New York: Plenum Press.

Richardson, J. F., and Zaki, W. N. (1954). Sedimentation and Fluidisation. Part I. *Transactions of the Institution of Chemical Engineers*, 32, pp. 35–52.

Richardson, J. M., Howard Jr., H. C., and Smith Jr., R. W. (1953). The Relation between Sampling-Tube Measurements and Concentration Fluctuations in a Turbulent Gas Jet. *Fourth Symposium (International) on Combustion.* 4, pp. 814–817. Pittsburgh, PA: The Combustion Institute.

Richmond, J. K., Singer, J. M., Cook, E. B., Oxendine, J. R., Grumer, J., and Burgess, D. S. (1957). Turbulent Burning Velocities of Natural Gas-Air Flames with Pipe-Flow Turbulence. *Proceedings of the Combustion Institute.* 6, pp. 303–311.

Richter, H., and Howard, J. B. (2000). Formation of Polycyclic Aromatic Hydrocarbons and Their Growth to Soot—A Review of Chemical Reaction Pathways. *Prog. in Energy and Comb. Sci.*, 26 (4–6), pp. 565–608.

Ristow, G. H. (2000). *Pattern Formation in Granular Materials* (vol. 164). New York: Springer.

Rizk, N. K., and Mongia, H. C. (1990). Three-Dimensional Combustor Performance Validation with High-Density Fuels. *Journal of Propulsion and Power*, 6(5), pp. 660–667.

———. (1991). Three-dimensional analysis of gas turbine combustors. *Journal of Propulsion and Power*, 7(3), pp. 445–451.

Rizkalla, A. A., and Lefebvre, A. H. (1975a). Influence of Liquid Properties on Airblast Atomizer Spray Characteristics. *Trans Asme J Eng Power*, 97, pp. 173–179.

———. (1975b). the Influence of Air and Liquid Properties on Airblast Atomization. *Trans Asme J Fluids Eng.*, 97, pp. 316–320.

Robin, V., Mura, A., Champion, M., Degardin, O., Renou, B., and Boukhalfa, M. (2008). Experimental and Numerical Analysis of Stratified Turbulent V-Shaped Flames. *Combustion and Flames*, 288–315.

Rodi, W. (1975). A Review of Experimental Data of Uniform Density Free Turbulent Boundary Layers. In B. E. Launder, ed., *Studies in Convection: Theory, Measurement and Applications*, pp. 79–165. London: Academic.

Rodi, W., and Mansour, N. N. (1993). Low Reynolds Number k-°a Modelling With the Aid of Direct Simulation Data. *Journal of Fluid Mechanics*, 250, pp. 509-529.

Rodi, W., and Spalding, D. (1970). A Two-Parameter Model of Turbulence, and Its Application to Free Jets. *Heat and Mass Transfer*, 2, pp. 85-95.

Rogers, D. E., and Marble, F. E. (1956). A Mechanism for High Frequency Oscillations in Ramjet Combustors and Afterburners. *Jet Propulsion*, pp. 456-462.

Rogg, B., Behrendt, F., and Warnatz, J. (1986a). Modeling of Turbulent Methane-Air Diffusion Flames: The Laminar Flameter Model. *Berichte der Bunsengesellschaft/Physical Chemistry Chemical Physics*, 90(11), pp. 1,005-1,010.

———. (1986b). Turbulent Non-Premixed Combustion in Partially Premixed Diffusion Flamelets with Detailed Chemistry. *Twenty-First Symposium(International) on Combustion*. 21, pp. 1,533-1,541. Pittsburgh, PA: The Combustion Institute.

Rogg, B., Li~nan, A., and Williams, F. A. (1986). Deflagration Regimes of Laminar Flames Modeled after the Ozone Decomposition Flame. *Combustion and Flame*, 65(1), pp. 79-101.

Rolon, J. C., Aguerre, F., and Candel, S. (1995). Experiments on the Interaction Between a Vortex and a Strained Diffusion Flame. *Combustion and Flame*, 100(3), pp. 422-426.

Roomina, M. R., and Bilger, R. W. (2001). Conditional Moment Closure (CMC) Predictions of a Turbulent Methane-Air Jet Flame. *Combustion and Flame*, 125(3), pp. 1,176-1,195.

Roper, F., Smith, C., and Cuningham, A. (1977). The prediction of Laminar Jet Diffusion Flame Sizes: Part-II. Experimental Verification. *Combustion and Flame*, 29, pp. 227-234.

Rosenband, V., Natan, B., and Gany, A. (1995). Ignition of Boron Particles Coated by a Thin Titanium Film. *Journal of Propulsion and Power*, 11(6), pp. 1,125-1,131.

Rosin, P., and Rammler, E. (1933). Laws Governing the Distribution of Particle Sizes of Cement. *Zement*, 22, pp. 427.

Ross, H. D. (1994). Ignition of and Flame Spread Over Laboratory-Scale Pools of Pure Liquid Fuels. *Progress in Energy and Combustion Science*, 20(1), pp. 17-63.

Ross, H. D., Sotos, R. G., and T'ien, J. S. (1991). Observations of Candle Flames Under Various Atmospheres in Microgravity. *Combustion Science and Technology*, 75(1-3), pp. 155-160.

Rothe, E. (1930). Zweidimensionale parabolisehe Randwertaufgaben als Grenzfall eindimensionaler Randwertaufgaben. *Mathematische Annalen*, 102(1), pp. 650-670.

Rotta, J. C. (1951a). Statistical Theory Inhomogencous Turbulence—Part I. *Zeitschrift für Physik*, 129, pp. 257-572.

———. (1951b). Statistical Theory of Non-Homogeneous Turbulence—Part 2. *Zeitschrift für Physik*, 131, pp. 51-77.

Rotta, J. (1972). Turbulente Stromungen. In *Teubner*, B. G. Stuttgart.

Ruetsch, G. R., Vervisch, L., and Liñán, A. (1995). Effects of Heat Release on Triple Flame. *Physics of Fluids*, 7(6), pp. 1,447-1,454.

Rutland, C. J., and Cant, R. S. (1994). Turbulent Transport in Premixed Flames. *In: Studying Tur-*

bulence Using Numerical Simulation Databases, pp. 75-94.

Sachsse, H., and Bartholome, Å. (1949). Beitrage zur Frage der Flamrnengeschwindigkeit (Contribution to the question of the Flame Speed). *Z. Elektrochem.*, 53, pp. 183.

Sagaut, P. (1998). *Large Eddy Simulation for Incompressible Flows* (2nd ed.). Berlin Heidelberg: Springer.

Said, R., Garo, A., and Borghi, R. (1997). Soot Formation Modeling for Turbulent Flames. *Combustion and Flame*, 108(1-2), pp. 71-86.

Saito, H., and Scriven, L. E. (1981). Study of Coating Flow by the Finite Element Method. *J. Comput. Phys*, 42, pp. 53-76.

Salooja, K. C. (1972). Burner Fuel Additives. *Combustion Science and Technology*, 5(1), pp. 243-249.

Sanders, J. P., Chen, J.-Y., and Gökalp, I. (1997). Flamelet-Based Modeling of NO Formation in Turbulent Hydrogen Jet Diffusion Flames. *Combustion and Flame*, 111(1-2), pp. 1-15.

Sanders, J. P., Sarh, B., and Gokalp, I. (1997a). Variable-Density Effects in Axisymmetric Isothermal Turbulent Jets-A Comparison Between a First-Order and a 2nd-Order Turbulence Model. *International Journal of Heat and Mass Transfer*, 40(4), pp. 823-842.

____. (1997b). Variable Density Effects in Axisymmetric Turbulent Jets and Diffusion Flames. *Proceedings of the IUTAM Symposium*, pp. 205-208. Marseille, France.

Sankaran, R., Hawkes, E. R., Chen, J. H., Lu, T., and Law, C. K. (2007). Structure of a Spatially Developing Turbulent Lean Methane-Air Bunsen Flame. *Proceedings of the Combustion Institute*. 31, pp. 1,291-1,298.

Santoro, R., Semerjian, H., and Dobbins, R. (1983). Soot Particle Measurements in Diffusion Flames. *Combustion and Flame*, 51, pp. 203-218.

Saxena, P., and Williams, F. A. (2006). Testing a Small Detailed Chemical-Kinetic Mechanism for the Combustion of Hydrogen and Carbon Monoxide. *Combustion and Flame*, 145, pp. 316-323.

Schaeffer, D. (1987). Instability in the Evolution Equations Describing Incompressible Granular Flow. *J. Differ. Equat.*, 66, pp. 19-50.

Schalla, R. L., and McDonald, G. E. (1955). Mechanism of Smoke Formation in Diffusion Flames. *Fifth Symposium (International) on Combustion*, pp. 316. New York: Rheinhold.

Scheer, M. D. (1957). The Gas Phase Constitution of Boric Oxide. *Journal of Physical Chemistry*, 61(9), pp. 1,184-1,188.

____. (1958). The Molecular Weight and Vapor Pressure of Gaseous Boron Suboxide. *Journal of Physical Chemistry*, 62(4), pp. 490-493.

Schefer, R. W., Namazian, M., and Kelly, J. (1991). CH, OH and CH_4 Concentration Measurements in a Lifted Turbulent-Jet Flame. *Twenty-Third Symposium (International) on Combustion*. 23, pp. 669-676. Pittsburgh, PA: The Combustion Institute.

Schelkin, K. L. (1947). Occurrence of Detonation in Gases in Rough-walled Tubes. *Soviet Journal of Technical Physics*, 17(5). pp. 513.

Schiller, D. N., Ross, H. D., and Sirignano, W. A. (1996). Computational Analysis of Flame Spread Across Alcohol Pools. *Combustion Science and Technology*, 118(4–6), pp. 203–255.

Schiller, D. N., and Sirignano, W. A. (1996). Opposed-Flow Flame Spread Across n-Propanol Pools. *Twenty-Sixth (International) Symposium on Combustion.* 26 (1), pp. 1, 319 – 1, 325. Pittsburgh, PA: The Combustion Institute.

Schmotolocha, S. N., and Edelman, R. B. (1972). *The Effect of Additives on High Speed Ignition and Combustion Characteristics of Storable Fuels.* AFOSR–TR–73–1082.

Schneider, C., Dreizler, A., and Janicka, J. (2005). Fluid Dynamical Analysis of Atmospheric Reacting and Isothermal Swirling *Flows. Flow, Turbulence, and Combustion*, 74, pp. 103–127.

Schneider, C., Dreizler, A., Janicka, J., and Hassel, E. P. (2003). Flow Field Measurements of Stable and Locally Extinguishing Hydrocarbon-Fuelled Jet Flames. *Combustion and Flame*, 135, pp. 185–190.

Schug, K. P., Manheimer-Timnat, Y., and Yaccarino, P. (1980). Sooting Behavior of Gaseous Hydrocarbon Diffusion Flames and the Influence of Additives. *Combustion Science and Technology*, 22(5–6), pp. 235–250.

Scriven, L. E. (1960). Dynamics of Fluid Interface, Equation of Motion for Newtonian Surface Fluids. *Chemical Engineering Science*, 2, pp. 98–108.

Scully, D. B., and Davies, R. A. (1965). Carbon Formation from Aromatic Hydrocarbons. *Combustion and Flame*, 9, pp. 185–191.

Scurlock, A. C., and Grover, J. H. (1953). Propagation of Turbulent Flames. *Fourth Symposium (International) on Combustion*, pp. 645–673. Baltimore, MD: Elsevier.

Seinfeld, J. H. (ed.). (1986). *Atmospheric Chemistry and Physics of Air Pollution.* New York: John Wiley and Sons.

Serrin, J. (1959). *Handbuch der Physik* (vol. 8/1). Berlin: Springer-Verlag.

Seshadri, K. (1996). Multistep Asymptotic Analyses of Flame Structures (plenary lecture). *Proceedings of the Combustion Institute*, 26, pp. 831–846.

Seshadri, K., and Peters, N. (1988). Asymptotic Structure and Extinction of Methane-Air Diffusion Flames. *Combustion and Flame*, 73(1), pp. 23–44.

Sethian, F. A. (1996). *Level Set Methods, Cambridge Monographs on Applied and Computational Mathematics.* Cambridge: Cambridge University Press.

Sethian, J. A. (1999). *Level Set Methods and Fast Marching Methods: Evolving Interfaces in Computational Geometry, Fluid Mechanics, Computer Vision, and Materials Science.* Cambridge University Press.

———. (1982). *An Analysis of Flame Propagation.* PhD. Dissertation, Dept. of Mathematics, University of California, Berkeley.

Shchetinkov, E. S. (1965). *Physics of Combustion of Gases.* Moscow: National Technical Information Service, 327 pages.

Shchelkin, K. I. (1943). Combustion in Turbulent Flow. *Zhournal Tekhnicheskoi Fiziki*, 13,

520-530.

———. (1947). Initiation of Detonation of Gases in Rough Tubes. *Technical Physics*, 17, pp. 613-618.

Shearer, A. J., and Faeth, G. M. (1977). *Combustion of Liquid Sprays at High Pressures*. NASA CR-135210, NASA.

Shearer, A. J., Tamura, H., and Faeth, G. M. (1979). Evaluation of a Locally Homogeneous Flow Model of Spray Evaporation. *J. of Energy*, 3(5), 271-278.

Shepherd, I. G., and Kostiuk, L. W. (1994). The Burning Rate of Premixed Turbulent Flames in Divergent Flows. *Combustion and Flame*, 96(4), 371-380.

Shepherd, I. G., and Moss, J. B. (1982). Measurements of Conditioned Velocities in a Turbulent Premixed Flame. *AIAA Journal*, 20(4), pp. 566-569.

———. (1983). Characteristic Scales for Density Fluctuations in a Turbulent Premixed Flame. *Combustion Science and Technology*, 33(5-6), pp. 231-243.

Shepherd, I. G., Cheng, R. K., and Goix, P. J. (1990). The Spatial Scalar Structure of Premixed Turbulent Stagnation Point Flames. *Proceedings of the Combustion Institute*, 23, pp. 781-787.

Shepherd, I. G., Cheng, R. K., Plessing, T., Kortschik, C., and Peters, N. (2002). Premixed Flame Front Structure in Intense Turbulence. *Proceedings of the Combustion Institute*, 29, pp. 1,833-1,840.

Shepherd, I. G., Cheng, R. K., and Talbot, L. (1992). Experimental Criteria for the Determination of Fractal Parameters of Premixed Turbulent Flames. *Experiments in Fluids*, 13, pp. 386-392.

Shepherd, I. G., Moss, J. B., and Bray, K. N. (1982). Turbulent Transport in a Confined Premixed Flame. *Proceedings of the Combustion Institute*. 19, pp. 423-431.

Shuen, J. S. (1984). *A Theoretical and Experimental Investigation of Dilute Particle-Laden Turbulent Gas Jets*. Ph. D. Thesis, The Pennsylvania State University.

Shuen, J. S., Chen, L. D., and Faeth, G. M. (1983a). Evaluation of a Stochastic Model of Particle Dispersion in a Turbulent Round Jet. *AIChE Journal*, 29(1), pp. 167-170.

———. (1983b). Predictions of the Structure of Turbulent Particle Laden Round Jets. *AIAA Journal*, 21(11), pp. 1,483-1,484.

Shuen, J. S., Solomon, A. S., and Faeth, G. M. (1986). Drop-Turbulence Interactions in a Diffusion Flame. *AIAA Journal*, 24(1), pp. 101-108.

Shuen, J. S., Solomon, A. S., Zhang, Q. F., and Faeth, G. M. (1983). *A Theoretical and Experimental Study of Turbulent Particle-Laden Jets*. NASA CR-168293.

Simmons, H. C. (1977). The Correlation of Drop-Size Distributions in Fuel Nozzle Sprays. *J. Engng Power*, 99, pp. 309-319.

Simmons, R. F., and Wolfhard, H. G. (1957). Some Limiting Oxygen Concentrations for Diffusion Flames in Air Diluted with Nitrogen. *Combustion and Flame*, 1(2), pp. 155-161.

Simonin, O., Deutsch, E., and Minier, J. P. (1993). Eulerian Prediction of the Fluid/Particle Correlated Motion in Turbulent Two-phase Flows. *Applied Scientific Research*, 51 (1-2), pp.

275-283.

Sinclair, J., and Jackson, R. (1989). Gas-Particle Flow in a Vertical Pipe with Particle-Particle Interactions. *AIChE J.*, 35, pp. 1473.

Sirignano, W. A. (1999). *Fluid Dynamics and Transport of Droplets and Sprays*. Cambridge: Cambridge University Press.

———. (2010). *Fluid Dynamics and Transport of Droplets and Sprays* (2nd ed.). Cambridge: Cambridge University Press.

———. (1983). Fuel Droplet Vaporization and Spray Combustion Theory. *Progress in Energy and Combustion Science*, 9, pp. 291-322.

Sirignano, W. A., Elghobashi, S. E., Kim, I., and Masoudi, M. (1996). *Droplet-Turbulence Interactions Over a Wide Spectral Range*. Final technical report, California University Irvine Dept. of Mechanical and Aerospace Engineering.

Sirignano, W. A., and Law, C. K. (1978). Transient Heating and Liquid-Phase Mass Diffusion in Fuel Droplet Vaporization. In: Zung JT editor. *Evaporation-Combustion of Fuels. Advances in Chemistry Series*, 166. Washigton, DC. American Chemical Society, pp. 1-26.

Slagle, I. R., Bernhardt, J. R., and Gutman, D. (1989). Kinetics of the Reactions of Unsaturated Free Radicals (Methylvinyl and i-C_4H_3) with Molecular Oxygen. *Twenty-Second Symposium (International) on Combustion*. 22, pp. 953-962. Pittsburgh, PA: The Combustion Institute.

Slagle, I. R., and Gutman, D. (1988). Kinetics of the Reaction of C_3H_3 with Molecular Oxygen from 293 - 900 K. *Twenty-First Symposium (International) on Combustion*. 21, pp. 875 - 883. Pittsburgh, PA: The Combustion Institute.

Slattery, J. C. (1967). Flow of Viscoelastic Fluids through Porous Media. *AIChE Journal*, 13, pp. 1066.

———. (1972). *Momentum, Energy and Mass Transfer in Continua*. New York: McGraw-Hill.

———. (1990). *Interfacial Transport Phenomena*. New York: Springer.

———. (1964). Surface—1. Momentum and Moment-of-Momentum Balance for Moving Surfaces. *Chemical Engineering Science*, 19, pp. 379-385.

Smagorinsky, J. (1963). General Circulation Experiments with the Primitive Equations I: the Basic Experiment. *Monthly Weather Review*, 91(3), pp. 99-165.

Smallwood, G. J., Gulder, O. L., Snelling, D., Deschamps, B. M., and Gökalp, I. (1995). Characterization of Flame Front Surfaces in Turbulent Premixed Methane/Air Combustion. *Combustion and Flame*, 101, pp. 461-470.

Smith, C. E., Nickolaus, D., Leach, T., Kiel, B., and Garwick, K. (2007). LES Blowout Analysis of Premixed Flow Past V-gutter Flameholder. *45th AIAA Aerospace Sciences Meeting and Exhibit*.

Smith, L. L., Dibble, R. W., Talbot, L., Barlow, R. S., and Carter, C. D. (1995). Laser Raman Scattering Measurements of Differential Molecular Diffusion in Turbulent Nonpremixed Jet Flames of H_2/CO_2 Fuel. *Combustion and Flame*, 100(1-2), pp. 153-160.

Smith, S. R., and Gordon, A. S. (1954). Precombustion Reactions in Hydrocarbon Diffusion

Flames: The Paraffin Candle Flame. *The Journal of Chemical Physics*, 22, p. 1, 150.

———. (1956). The Methane Diffusion Flame. *J. Phys. Chem*, 60, pp. 756.

Smolanoff, J. , Sowa-Resat, M. , Lapicki, A. , Hanley, L. , Ruatta, S. , Hintz, P. , et al. (1996). Kinetic Parameters for Heterogenous Boron Combustion Reactions via the Cluster Beam Approach. *Combustion and Flame*, 105(1-2), pp. 68-79.

Smoluchowski, M. (1917). Mathematical Theory of the Kinetics of the Coagulation of Colloidal Solutions. *Z. Phys. Chem.*, 92, pp. 129.

Smooke, M. D. , Xu, Y. , Zurn, R. M. , Lin, P. , Frank, J. H. , and Long, M. B. (1992). Computational and Experimental Study of OH and CH Radicals in Axisymmetric Laminar Diffusion Flames. *Twenty-Fourth Symposium (International) on Combustion*, 24, pp. 813-821. Pittsburgh, PA: The Combustion Institute.

Soika, A. , Dinkelacker, F. , and Leipertz, A. (1998). Measurement of the Resolved Flame Structure of Turbulent Premixed Flames with Constant Reynolds Number and Varied Stoichiometry. *Proceedings of the Combustion Institute*. 27, pp. 785-792.

Sokolik, A. S. (1960). *Self-Ignition, Flame and Detonation in Gases*. Available from the Office of Technical Services, US Dept. of Commerce, Washington, D. C.

Solin, P. , Segeth, K. , Dolezel, I. (2003). *Higher-Order Finite Element Methods*. Chapman and Hall/CRC Press.

Solntsev, Y. K. (1961). Estimating the Mixed Derivative in Lp (G). *Trudy Mat. Inst.*, 64, pp. 221-238.

Solomon, A. S. (1984). *A Theoretical and Experimental Investigation of Turbulent Sprays*. Ph.D.Thesis, The Pennsylvania State University.

Sommerfeld, M. , and Qiu, H. H. (1998). Experimental Studies of Spray Evaporation in Turbulent Flow. *International Journal of Heat and Fluid Flow*, 19(1), pp. 10-22.

Song, J. , Alam, M. , Boehman, A. , and Kim, U. (2006). Examination of the Oxidation Behavior of Biodiesel Soot. *Combustion and Flame*, 146(4), pp. 589-604.

Soo, S. L. (1967). *Fluid Dynamics of Multiphase Systems*. Blaisdell Publishing Co.

Soulen, J. R. , Sthapitanonda, P. , and Margrave, J. L. (1955). Vaporization of Inorganic Substances: B_2O_3, TeO_2 and Mg_3N_2. *Journal of Physical Chemistry*, 59(2), pp. 132-136.

Spalding, D. B. (1953). The Combustion of Liquid Fuels. *Fourth Symposium (International) on Combustion*. 4, pp. 847-864. Pittsburgh, PA: The Combustion Institute.

———. (1955). Some Fundamentals of Combustion Processes. *Gas Turbine Series*, vol. 2. Academic Press, New York.

———. (1971a). Concentration Fluctuations in a Round Turbulent Free Jet. *Chemical Engineering Science*, 26(1), pp. 95-107.

———. (1971b). Mixing and Chemical Reaction in Steady Confined Turbulent Flames. *Thirteenth Symposium (International) on Combustion*, 13, pp. 649-657. Pittsburgh, PA: The Combustion Institute.

_____. (1976). Mathematical Models of Turbulent Flames: A Review. *Combustion Science and Technology*, 13(1-6), 3-25.

Speiser, R., Naiditch, S., and Johnston, H. L. (1950). The Vapor Pressure of Inorganic Substances. II. B_2O_3. *Journal of the American Chemical Society*, 72(6), pp. 2,578-2,580.

Spengler, G., and Kern, J. (1969). *Brennst. Chemie*, 50, pp. 321.

Sreenivasan, K. R. (2004). Possible Effects of Small-Scale Intermittency in Turbulent Reacting Flows. *Flow Turb Combust*, 72, pp. 115-31.

Standart, G. (1964). The Mass, Momentum and Energy Equations for Heterogeneous Flow Systems. *Chem. Eng. Sci.*, 19, pp. 227-236.

Starner, S. H. (1983). Joint Measurements of Radial Velocity and Scalars in a Turbulent Diffusion Flame. *Combustion Science and Technology*, 30, pp. 145-169.

Starner, S. H., Bilger, R. W., Dibble, R. W., and Barlow, R. S. (1992). Measurements of Conserved Scalars in Turbulent Diffusion Flames. *Combustion Science and Technology*, 86(1-6), pp. 223-236.

Stefan, J. (1871). Uber das Gleichgewicht und die Bewegung, Insbesondere die Diffusion von Gasmengen. *Sitzgsber, Akad. Wiss. Wien*, 63, pp. 63-124.

Stein, S. E., and Fahr, A. (1985). High-Temperature Stabilities of Hydrocarbons. *Journal of Physical Chemistry*, 89(17), pp. 3,714-3,725.

Steinberg, A. M., Driscoll, J. F., and Ceccio, S. L. (2008). Measurements of Turbulent Premixed Flame Dynamics Using Cinema Stereoscopic PIV. *Experiments in Fluids*, 44, pp. 985-999.

Stevens, E. J., Bray, K. N., and Lecordier, B. (1998). Velocity and Scalar Statistics for Premixed Turbulent Stagnation Flames Using PIV. *Proceedings of the Combustion Institute*, 27, pp. 949-955.

Stewart, W., and Sorenson, J. P. (1976). Sensitivity and Regression of Multicomponent Reactor Models. *nt. Symp. on Chem. Reaction Eng.* I, p. 12. Frankfurt: DECHEMA.

Stewartson, K. (1964). *The Theory of Laminar Boundary Layers in Compressible Fluids* (Oxford Mathematical Monographs). Oxford: Clarendon Press.

Stiesch, G. (2003). *Modeling Engine Spray and Combustion Processes*. Springer.

Strawa, A. W., and Cantwell, B. J. (1985). Visualization of the Structure of a Pulsed Methane-Air Diffusion Flame. *Physics of Fluids*, 28(8), pp. 2,317-2,320.

Street, J. C., and Thomas, A. (1955). Soot Formation in Premixed Flames. *Fuel*, 34, pp. 4-36.

Stull, D. R., Westrum, E. F., and Sinke, G. C. (1969). *The Chemical Thermodynamics of Organic Compounds*. New York: John Wiley and Sons.

Styles, A. C., and Chigier, N. A. (1976). Combustion of Air Blast Atomized Spray Flames. *Sixteenth Symposium (International) on Combustion*. 16, pp. 619-630. Pittsburgh, PA: The Combustion Institute.

Subramaniam, S. V., and Haworth, D. C. (2000). A PDF Method for Turbulent Mixing and Combustion on Three-Dimensional Unstructured Deforming Meshes. *International Journal of Engine Research*, 1, pp. 171-190.

Subramaniam, S. V., and Pope, S. B. (1998). A Mixing Model for Turbulent Reactive Flows Based on Euclidean Minimum Spanning Trees. *Combustion and Flame*, 115, pp. 487–514.

Summerfield, M., Reiter, S., Kebely, V., and Mascolo, R. (1955). The Structure and Propagation Mechanism of Turbulent Flames in High Speed Flow. *Jet Propulsion*, 26, pp. 377–354.

Sun, J., and Battaglia, F. (2006). Hydrodynamic Modeling of Particle Rotation for Segregation in Bubbling Gas-Fluidized Beds. *Chemical Engineering Science*, 61(5), pp. 1,470–1,479.

Sutherland, J., Michael, J., Pirraglia, A., Nesbitt, F., and Klemm, R. (1986). Rate Constant for the Reaction $O(_3P)$ with H_2 obtained by the Flash Photolysis-Shock Tube-Resonance Fluoroscence Techniques over the Temperature Range $504K \leqslant T \leqslant 2495K$ *Symposium (International) on Combustion*, 21(1), pp. 929–941.

Sutherland, J., Patterson, P., and Klemm, R. (1991). Rate Constants for the Reaction, $O(_3P) + H_2O \leftrightarrow OH + OH$, over the Temperature Range 1053K to 2033K Using Two Direct Techniques. *Proceedings of the Combustion Institute*, 23, pp. 51–57.

Swithenbank, J., Beer, J. M., Taylor, M., Abbot, D., and McCreath, G. C. (1976). A Laser Diagnostic Technique for the Measurement of Droplet and Particle Size Distributions. *Progress in Astronautics and Aeronautics*, 53, pp. 421–447.

Swithenbank, J., Poli, I., and Vincent, M. W. (1973). Combustion Design Fundamentals. *Fourteenth Symposium (International) on Combustion*, 14, pp. 627–638. Pittsburgh, PA: The Combustion Institute.

Swithenbank, J., Turan, A., and Felton, P. G. (1980). "Mathematical Modelling of Gas Turbine Combustors." In *Gas Turbine Combustor Design Problems*, A. H. Lefebvre, ed. Washington: Hemisphere Publishing.

Syed, K. J., Stewart, C. D., and Moss, J. B. (1990). Modelling Soot Formation and Thermal Radiation in Buoyant Turbulent Diffusion Flames. *Twenty-Third Symposium (International) on Combustion*, pp. 1,533–1,541.

Szekely, G. A. Jr., and Faeth, G. M. (1983a). Combustion Properties of Carbon Slurry Drops. *AIAA Journal*, 20(3), pp. 422–429.

_____. (1983b). Effects of Envelope Flames on Drop Gasification Rates in Turbulent Diffusion Flames. *Combustion and Flame*, 49(1–3), pp. 255–259.

Tacina, K. M., and Dahm, W. (2000). Effects of Heat Release on Turbulent Shear Flows. Part 1. A General Equivalence Principle for Non-Buoyant Flows and its Application to Turbulent Jet Flames. *Journal of Fluid Mechanics*, 415, pp. 23–44.

Taing, S., Masri, A. R., and Pope, S. B. (1993). PDF Calculations of Turbulent Nonpremixed Flames of H_2/CO_2 Using Reduced Chemical Mechanisms. *Combustion and Flame*, 95(1–2), pp. 133–150.

Takagi, T., Shin, H.-D., and Ishio, A. (1980). Local Laminarization in Turbulent Diffusion Flames. *Combustion and Flame*, 37, pp. 163–170.

Takahashi, F., and Glassman, I. (1984). Sooting Correlations for Premixed Flames. *Combustion Sci-*

ence and Technology, 37, pp. 1-19.

Takahashi, F. , and Goss, L. (1992). Near-field Turbulent Structures and the Local Extinction of Jet Diffusion Flames. *Twenty-Fourth Symposium (International) on Combustion*, 24, pp. 351-359. Pittsburgh, PA: The Combustion Institute.

Takahashi, F. , Mizomoto, M. , and Ikai, S. (1983). Laminar Burning Velocities of Hydrogen/Oxygen/Inert Gas Mixtures. *Alternative Energy Sources III: Proceedings of the Miami International Conference on Alternative Energy*, 5, pp. 447-457.

Tanahashi, T. , Nada, Y. , Ito, Y. , and Miyachii, Y. (2002). Local Flame Structure in the Well-Stirred Reactor Regime. *Proceedings of the Combustion Institute*, pp. 2,041-2,049.

Tanaka, H. , and Yanagi, T. (1983). Cross-correlation of Velocity and Temperature in a Premixed Turbulent Flame. *Combustion and Flame*, 52, pp. 183-191.

Tanasawa, Y. (1954). "*On the Combustion Rate of a Group of Fuel Particles Injected Through a Swirl Nozzle*". The Technology Reports of the Tohoku University.

Tanasawa, Y. , and Tesima, T. (1958). On the Theory of Combustion Role of Liquid Fuel Spray. *Bulletin of JSME*, 1, pp. 36.

Tang, Q. , Xu, J. , and Pope, S. B. (2000). Probability Density Function Calculations of Local Extinction and No Production in Piloted-Jet Turbulent Methane/Air Flames. *Proceedings of the Combustion Institute*, 28(1), pp. 133-139. Pittsburgh.

Tate, R. W. (1969). Sprays. *Encyclopedia of Chemical Technology*, 18, pp. 634-654.

Taubenblatt, M. A. , and Batchelder, J. S. (1991). Measurement of the Size and Refractive Index of a Small Particle using the Complex Forward-Scattered Electromagnetic Field. *Applied Optics*, 30 (33), pp. 4,972-4,979.

Taylor, C. F. (1960). *The Internal-Combustion Engine in Theory and Practice* (vol. 1). New York: Technology Press of the Massachusetts Institute of Technology and John Wiley and Sons.

Taylor, G. I. (1963). The Shape and Acceleration of a Drop in a High Speed Air Stream. In G. K. Batchelor, ed. , *The Scientific Papers of G. I. Taylor*, vol. 3, pp. 457-464. Cambridge: Cambridge University Press.

Teletov, S. G. (1945). The Equations of the Hydrodynamics of Two-Phase Fluids. *Dokl. Akad. Nauk SSSR*, 50, pp. 99-102.

———. (1957). On the Problem of Fluid Dynamics of Two-Phase Mixtures, I. Hydrodynamic and Energy Equations. *Bulletin of the Moscow University*, 2, p. 15.

Tennekes, H. , and Lumley, J. (1972). *A First Course in Turbulence*. Cambridge, MA: MIT Press.

Terashima, H. , and Tryggvason, G. (2009). A Front-Tracking/Ghost-Fluid Method for Fluid Interfaces in Compressible Flows. *Journal of Computational Physics*, 228(11), pp. 4,012-4,037.

Tesner, P. A. , Snegiriova, T. D. , and Knorre, V. G. (1971). Kinetics of Dispersed Carbon Formation. *Combustion and Flame*, 17, pp. 253.

Tesner, P. A. , Tsygankova, E. I. , Guilazetdinov, L. P. , Zuyev, V. P. , and Loshakova, G. V. (1971). The Formation of Soot from Aromatic Hydrocarbons in Diffusion Flames of Hydrocarbon-

Hydrogen Mixtures. *Combustion and Flame*, 17, p. 279.

Theofanus, T. G., Li, G. J., Dinh, T. N., and Chang, C. H. (2007). Aerobreakup in Disturbed Subsonic and Supersonic Flow Fields. *Journal of Fluid Mechanics*, 593, pp. 131–170.

Thermophysical Properties of Fluid Systems. (2008). Retrieved from National Institute of Standards and Technology: http://webbook.nist.gov/chemistry/fluid/.

Thévenin, D., Behrendt, F., Maas, U., Przywara, B., and Warnatz, J. (1996). Development of a Parallel Direct Simulation Code to Investigate Reactive Flows. *Computers and Fluids*, 25(5), 485–496.

Thévenin, D., Gicquel, O., Charentenay, J. D., Hilbert, R., and Veynante, D. (2002). Two-Versus Three-Dimensional Direct Simulations of Turbulent Methane Flame Kernels Using Realistic Chemistry. *Proceedings of the Combustion Institute*, 29, pp. 2,031–2,039.

Thévenin, D., Renard, P. H., Fiechtner, G. J., Gord, J. R., and Rolon, J. C. (2000). Regimes of Non-Premixed Flame-Vortex Interactions. *Proceedings of the Combustion Institute*, 28(2), pp. 2,101–2,108.

Thring, M. W., and Newby, M. P. (1953). Combustion Length of Enclosed Turbulent Jet Flames. *Fourth Symposium (International) on Combustion*. 4, pp. 789–796. Pittsburgh, PA: Combustion Institute.

Tishkoff, J. M. (1980). A Model for the Effect of Droplet Interactions on Vaporization. *International Journal of Heat and Mass Transfer*, 22, pp. 1,407–1,415.

Tomiyama, A., Tamai, H., Zun, I., and Hosokawa, S. (2002). Transverse Migration of Single Bubbles in Simple Shear Flows. *Chem. Eng. Sci.*, 57, pp. 1,849–1,858.

Townsend, A. A. (1949). Local Isotropy in the Turbulent Wake of a Cylinder. *A Australian Journal of Scientific Research, Series A: Physical Sciences*, 2, pp. 451.

——. (1980). *The Structure of Turbulent Shear Flow* (2nd ed.). Cambridge: Cambridge University Press.

Treurniet, T. C., Nieuwstadt, F. T., and Boersma, B. J. (2006). Direct Numerical Simulation of Homogeneous Turbulence in Combination with Premixed Combustion at Low Mach Number Modelled by the G-equation. *Journal of Fluid Mechanics*, 565, pp. 25–62.

Troiani, G., Marrocco, M., Gimmartini, S., and Casciola, C. M. (2009). Counter-Gradient Transport in the Combustion of a Premixed CH_4/air Annular Jet by Combined PIV/OHLIF. *Combustion and Flame*, 156, pp. 608–620.

Tross, S. R. (1974). *Characteristics of a Submerged Two Phase Free Jet*. M. S. thesis, Pennsylvania State University.

Trouvé, A., and Poinsot, T. (1994). Evolution Equation for Flame Surface Density in Turbulent Premixed Combustion. *Journal of Fluid Mechanics*, 278, pp. 1–31.

Trouvé, A., Veynante, D., Bray, K. N., and Mantel, T. (1994). The Coupling Between Flame Surface Dynamics and Species Mass Conservation in Premixed Turbulent Combustion. In *Studying Turbulence Using Numerical Simulation Databases-V. Proceedings of the 1994 Summer Program*, pp. 79-124. NASA Ames Research Center/Stanford University, Center for Turbulence Research.

Truesdell, C. (1969). *Rational Thermodynamics*. New York: McGraw-Hill.

Truesdell, C., and Toupin, R. (1960). *The Classical Field Theories*, Handbuch der Physic (vol. 3/1). Berlin: Springer-Verlag.

Tsang, W. (1991). Chemical Kinetic Data Base for Combustion Chemistry Part V. Propene *Journal of Physical and Chemical Reference Data*, 20, pp. 221-273.

Tsang, W., and Hampson, R. F. (1986). Chemical Kinetic Data Base for Combustion Chemistry. Part I. Methane and Related Compounds. *Journal of Physical and Chemical Reference Data*, 15(3), pp. 1,087-1,279.

Tse, S. D., Zhu, D. L., and Law, C. K. (2000). Morphology and Burning Rates of Expanding Spherical Flames in H_2/O_2/Inert Mixtures up to 60 Atmospheres. *Proceedings of the Combustion Institute*, 28, pp. 1,793-1,800. Pittsburgh, PA: The Combustion Institute.

Tseng, L.-K., Ismail, M., and Faeth, G. (1993). Laminar Burning Velocities and Markstein Numbers of Hydrocarbon/Air Flames. *Combustion and Flame*, 95(4), pp. 410-426.

Tsuboi, K., Nishiki, S., and Hasegawa, T. (2008). An Analysis of Local Quantities of Turbulent Premixed Flames Using DNS Databases. *Journal of Thermal Science and Technology*, 3(1), pp. 103-111.

Tsuji, H. (1982). Counterflow Diffusion Flames. *Progress in Energy and Combustion Science*, 8(2), pp. 93-119.

Tsuji, H., and Yamaoka, I. (1967). The Counterflow Diffusion Flame in the Forward Stagnation Region of a Porous Cylinder. *Eleventh Symposium (International) on Combustion*, pp. 979-984. Pittsburgh, PA: The Combustion Institute.

____. (1969). Structure Analysis of Counterflow Diffusion Flames in the Forward Stagnation Region of a Porous Cylinder. *Twelfth Symposium (International) on Symposium*, 3, pp. 997-1,005. Pittsburgh, PA: The Combustion Institute.

____. (1971). Structure Analysis of Counterflow Diffusion Flames in the Forward Stagnation Region of a Porous Cylinder. *Thirteenth Symposium (International) on Combustion*, pp. 723-731.

Tsuji, Y., Kawaguchi, T., and Tanaka, T. (1993). Discrete Particle Simulation of Two-Dimensional Fluidized Bed. *Powder Technology*, 77, pp. 79-87.

Tura'nyi, T. (1994). Parameterisation of Reaction Mechanisms using Orthonormal Polynomials. *Computational Chem.*, 18, pp. 45-54.

Turns, S. R. (1995a). *An Introduction to Combustion: Concepts and Applications*. New York: McGraw-Hill.

____. (1995b). Understanding NOx Formation in Nonpremixed Flames: Experiments and Modeling. *Progress in Energy and Combustion Science*, 21(5), pp. 361-385.

____. (1996). *An Introduction to Combustion*. New York: McGraw-Hill.

Twardus, E. M., and Brzustowski T., T. A. (1977). The Interaction Between Two Burning Fuel Droplets. *Archiwum Termodynamiki i Spalania*, 8(3), pp. 347-358.

Ubbink, O. (1997). *Numerical Prediction of Two Fluid Systems with Sharp Interfaces*. Ph. D. thesis, Imperial College of Science, Technology and Medicine, London.

Ulas, A., Kuo, K. K., and Gotzmer, C. (2001). Ignition and Combustion of Boron Particles in Fluorine-Containing Environments. *Combustion and Flame*, 127(1-2), pp. 1,935-1,957.

Unverdi, S. O., and Tryggvason, G. (1992). A Front-Tracking Method for Viscous, Incompressible Multifluid Flows. *Journal of Computational Physics*, 100, pp. 25-37.

Valiño, L., and Dopazo, C. (1991). A Binomial Langevin Model for Turbulent Mixing. *Physics of Fluids*, 3(12), pp. 3,034-3,037.

van der Hoef, M. A., Beetstra, R., and Kuipers, J. A. (2005). Lattice-Boltzmann Simulations of Low-Reynolds-number Flow Past Mono- and Bidisperse Arrays of Spheres: Results for the Permeability and Drag Force. *Journal of Fluid Mechanics*, 528, pp. 233-254.

van der Hoef, M. A., van Sint Annaland, M., and Kuipers, J. A. (2004). Computational Fluid Dynamics for Dense Gas-Solid Fluidized Beds: A Multiscale Modeling Strategy. *Chemical Engineering Science*, 59(22-23), pp. 5,157-5,165.

van der Hoef, M. A., Ye, M., Annaland, M. V., Andrews IV, A. T., Sundaresan, S., and Kuipers, J. A. (2006). Multiscale Modeling of Gas-Fluidized Beds. *Advances in Chemical Engineering*, 31, pp. 65-149.

Van Dyke, M. (1982). *An Album of Fluid Motion*. Stanford, CA: Parabolic Press.

van Oijen, J. A., Bastiaans, R. J., Groot, G. R., and de Goey, L. P. (2005). Direct Numerical Simulations of Premixed Turbulent Flames with Reduced Chemistry: Validation and Flamelet Analysis. *Flow, Turbulence and Combustion*, 75, pp. 67-84.

van Oijen, J. A., Groot, G. R., Bastiaans, R. J., and de Goey, L. P. (2005). A Flamelet Analysis of the Burning Velocity of Premixed Turbulent Expanding Flames. *Proceedings of the Combustion Institute*, 30, pp. 657-664.

van Wachem, B. G., and Almstedt, A. E. (2003). Methods for Multiphase Computational Fluid Dynamics. *Chemical Engineering Journal*, 96(1-3), pp. 81-98.

van Wachem, B. G., and Schouten, J. C. (2002). Experimental Validation of 3-D Lagrangian VOF Model: Bubble Shape and Rise Velocity. *AIChE*, 48(12), pp. 2,744-2,753.

van Wachem, B. G., van der Schaaf, J., Schouten, J., Krishna, R., and de Bleek, C. (2001). Experimental Validation of Lagrangian-Eulerian Simulation of Fluidized Beds. *Powder Technology*, 116, pp. 155-165.

Vandooren, J., and Bian, J. (1990). Validation of H_2/O_2 Reaction Mechanisms by Comparison with the Experimental Structure of a Rich Hydrogen/Oxygen flame. *Proceedings of the Combustion Institute*, 23, pp. 341-346.

Vanquickenborne, L., and Van Tiggelen, A. (1966). The Stabilization Mechanism of Lifted Diffusion Flames. *Combustion and Flame*, 10(1), 59-69.

Vernier, P., and Delhaye, J. M. (1968). General Two-phase Flow Equations Applied to the Thermohydrodynamics of Boiling Nuclear Reactors. *Energie Primaire*, 4(1).

Vervisch, L., and Poinsot, T. (1998). Direct Numerical Simulation of Non-Premixed Turbulent Flames. *Annual Review of Fluid Mechanics*, 30, pp. 655–691.

Vervisch, L., and Veynante, D. (1999). Turbulent Combustion Modeling. In *Lecture Series— Van Kareman Institute for Fluid Dynamics* (vol. 4, pp. A1–A177). Rhode-Saint-Genèse, Belgium: Van Kareman Institute.

Veynante, D., Piana, J., Duclos, J., and Martel, C. (1996). Experimental Analysis of Flame Surface Density Models for Premixed Turbulent Combustion. *Proceedings of the Combustion Institute*, 26, pp. 413–420.

Veynante, D., and Poinsot, T. (1997a). Effects of Pressure Gradients on Turbulent Premixed Flames. *Journal of Fluid Mechanics*, 353, pp. 83–114.

———. (1997b). Reynolds Averaged and Large Eddy Simulation Modeling for Turbulent Combustion. In *New Tools in Turbulence Modeling*, Les Houches School. (O. Metais and J. Ferziger, eds.), pp. 105–135. Berlin: Springer Verlag.

Veynante, D., Trouv'e, A., Bray, K. N., and Mantel, T. (1997). Gradient and Counter-Gradient Scalar Transport in Turbulent Premixed Flames. *Journal of Fluid Mechanics*, 332, pp. 263–293.

Veynante, D., and Vervisch, L. (2002). Turbulent Combustion Modeling. *Progress in Energy and Combustion Science*, 28, pp. 193–266.

Videto, B. D., and Santavicca, D. A. (1990). Flame-Turbulence Interactions in a Freely-Propagating, Premixed Flame. *Combustion Science and Technology*, 70, pp. 47–73.

Villermaux, J., and Devillon, J. C. (1972). Representation de la Coalescence et de la Redispersion des Domaines de Segregation dans un Fluide per un Modele D' interaction Phenomenologique. *Proceedings of the 2nd International Symposium on Chemical Reaction Engineering*, pp. B1–B13. Amsterdam: Elsevier.

Viswanathan, S., and Pope, S. B. (2008). Study of Scalar Fluctuations Downstream of a Mandoline in Grid Turbulence. American Physical Society, *61st Annual Meeting of the APS Division of Fluid Dynamics*, November 23–25, 2008.

———. (2008). Turbulent Dispersion from Line Sources in Grid Turbulence. *Physics of Fluids*, 20 (10), pp. 101514.

von Kármán, T. (1950). *Unpublished Lectures (1950–1951) at Sorbonne*, 7 (43). Sorbonne: Nachbar et al. *Vortex Worms*. (n. d.). Retrieved November 1, 2010, from Warwick Turbulence Symposium 2005–2006: www.warwick.ac.uk/~masbu/turb_symp/worms3.jpg.

Vreman, A. (2004). An Eddy-Viscosity Subgrid-Scale Model for Turbulent Shear Flow: Algebraic Theory and Applications. *Physics of Fluids*, 16, pp. 3670.

Waldherr, G. A., de Groot, W. A., and Strahle, W. C. (1991). Pressure-Density Correlation in a Turbulent Reacting Flow. *Combustion and Flame*, 83, pp. 17–26.

Wallis, G. B. (1969). *One-Dimensional Two-Phase Flow*. New York: Mcgraw-Hill.

Wang, C. H., and Law, C. K. (1985). Microexplosion of Fuel Droplets Under High Pressure. *Combustion and Flame*, 59(1), pp. 53–62.

Wang, C. H., Liu, X. Q., and Law, C. K. (1984). Combustion and Microexplosion of Freely Falling Multicomponent Droplets. *Combustion and Flame*, 56(2), pp. 175-197.

Wang, H. (1992). *Detailed Kinetic Modeling of Soot Particle Formation in Laminar Premixed Hydrocarbon Flames*. Ph. D. thesis, The Pennsylvania State University, University Park, PA.

Wang, H., and Frenklach, M. (1993). Enthalpies of Formation of Benzenoid Aromatic Molecules and Radicals. *Journal of Physical Chemistry*, 97(15), pp. 3,867-3,874.

———. (1994). Calculations of Rate Coefficients for the Chemically Activated Reactions of Acetylene with Vinylic and Aromatic Radicals. *Journal of Physical Chemistry*, 98(44), pp. 11,465-11,489.

———. (1997). A Detailed Kinetic Modeling Study of Aromatics Formation in Laminar Premixed Acetylene and Ethylene Flames. *Combustion and Flame*, 110(1-2), pp. 173-221.

Wang, H., Du, D. X., Sung, C. J., and Law, C. K. (1996). Experiments and numerical simulation on soot formation in opposed-jet ethylene diffusion flames. *Proceedings of the Combustion Institute*, 26, pp. 2,359-2,368. The Combustion Institute.

Warnatz, J. (1981). The Structure of Laminar Alkane-, Alkene-, and Acetylene Flames. *Eighteenth Symposium (International) on Combustion*, 18, pp. 369-384. Pittsburgh, PA: The Combustion Institute.

———. (1985). Critical Survey of Elementary Rate Coefficients in the C/H/O System. In W. Gardiner, ed., *Combustion Chemistry*. New York: Springer-Verlag.

———. (1992). Resolution of the Gas Phase and Surface Combustion into Elementary Reactions. *Proceedings of the Combustion Institute*, 24, pp. 553-580.

Warnatz, J., Bockhorn, H., Moser, A., and Wenz, H. W. (1982). Experimental Investigations and Computational Simulation of Acetylene-Oxygen Flames From Near Stoichiometric to Sooting Conditions. *Nineteenth Symposium (International) on Combustion*. 19, pp. 197-209. Pittsburgh, PA: The Combustion Institute.

Warnatz, J., Maas, U., and Dibble, R. (1996). *Combustion: Physical and Chemical Fundamentals, Modeling and Simulation, Experiments, Pollutant Formation* (2nd ed.). Berlin: Springer-Verlag.

———. (2006). *Combustion: Physical and Chemical Fundamentals, Modeling and Simulation, Experiments, Pollutant Formation* (4th ed.). Berlin: Springer-Verlag.

Wartik, T., and Apple, E. F. (1955). A New Modification of Boron Monoxide. *Journal of the American Chemical Society*, 77(23), pp. 6,400-6,401.

Watanabe, H., Kurosez, R., Komoriz, S., and Pitsch, H. (2006). A Numerical Simulation of Soot Formation in Spray Flames. *Proceedings of the Summer Program*, Center for Turbulence Research, pp. 325-336.

Wen, C., and Yu, Y. (1966). Mechanics of Fluidization. *Chemical Engineering Progress Symposium*, pp. 100-111.

Wenz, H. W. (1983). *Untersuchung zur Bildung von hohermolekularen Kohlenwasserstoffen in Brennerstabilisierten Flammen unterschiedlicher Brennstoff und Gemischzusammensetzungen*. PhD

Thesis, Technische Hochschule Darmstadt.

Werle, H., and Gallon, M. (1972). Flow Control by Cross Jet. *Aeronaut. Astronaut*, 34, pp. 21–33.

Westbrook, C. K. (1976). Three Dimensional Numerical Modeling of Liquid Fuel Sprays. *Sixteenth Symposium (International) on Combustion*, 16, pp. 1,517–1,526. Pittsburgh, PA: The Combustion Institute.

Westbrook, C. K., and Dryer, F. L. (1981). Simplified Reaction Mechanisms for the Oxidation of Hydrocarbon Fuels in Flames. *Combustion Science and Technology*, 27, pp. 31–43.

Westbrook, C. K., Mizobuchi, Y., Poinsot, T. J., Smith, P. J., and Warnatz, J. (2005). Computational Combustion. *Proceedings of the Combustion Institute*, 30, pp. 125–157.

Whitaker, S. (1967). Diffusion and Dispersion in Porous Media. *AIChE Journal*, 13, pp. 20.

———. (1968). *Introduction to Fluid Mechanics*. Englewood Cliffs, NJ: Prentice-Hall.

Williams, A. (1968). The Mechanism of Combustion of Droplets and Sprays of Liquid Fuels. *Oxidation and Combustion Review*, 3, pp. 1–45.

———. (1973). Combustion of Droplets of Liquid Fuels: A Review. *Combustion and Flame*, 21(1), pp. 1–31.

———. (1976). Fundamentals of Oil Combustion. *Progress in Energy and Combustion Science*, 2(3), pp. 167–179.

Williams, F. A. (1958). Spray Combustion and Atomization. *Physics of Fluids*, 1(6), 541.

———. (1959). Spray Combustion Theory. *Combustion and Flame*, 3, 215–228.

———. (1962). Progress in Spray-Combustion Analysis. *Eighth Symposium (International) on Combustion*, pp. 50–69. Baltimore, MD: Williams and Wilkins.

———. (1975). A Review of Some Theoretical Considerations of Turbulent Flame Structure. *Analytical and Numerical Methods for Investigation of Flow Fields with Chemical Reactions, Especially Related to Combustion*, pp. III–1–III–25.

———. (1985a). *Combustion Theory* (2nd ed.). Menlo Park, CA: Benjamin/Cummings.

———. (1985b). Ignition and Burning of Single Liquid Droplets. *Acta Astronautica*, 12(7–8), pp. 547–553.

———. (1985c). Some Theoretical Aspects of Spray Combustion. *ASME Pap. No. 85-WA/HT-44*.

———. (1985d). Turbulent Combustion. In J. D. Buckmaster, ed., *The Mathematics of Combustion*, pp. 116–151. Philadelphia, PA: SIAM.

———. (2000). Progress in Knowledge of Flamelet Structure and Extinction. *Progress in Energy and Combustion Science*, 26, pp. 657–682.

———. (2005). *Combustion Theory* (2nd ed.). Reading, MA: Addison-Wesley.

Williams, G. C., Hottel, H. C., and Scurlock, A. C. (1949). Flame Stabilization and Propagation in High Velocity Gas Streams. *Third Symposium on Combustion and Flame and Explosion Phenomena*, pp. 21–40.

Wohl, K., Gazley, C., and Kapp, N. (1949). Diffusion Flames. *Third Symposium on Combustion, Flame and Explosion Phenomena*. 3, pp. 288–300. Baltimore, MD: Williams and Wilkins.

Wohl, K., Kapp, N. M., and Gazley, C. (1949). The Stability of Open Flames. *Third Symposium on Combustion, Flame and Explosion Phenomena*, 3, pp. 3 – 21. Baltimore, MD: Williams and Wilkins.

Wohl, K., Shore, L., Von Rosenberg, H., and Weil, C. W. (1953). The Burning Velocity of Turbulent Flames. *Fourth Symposium (International) on Combustion (Combustion and Detonation Waves)*, pp. 620–635. Baltimore, MD: Williams and Wilkins.

Wolfe, H. E., and Anderson, W. H. (1964). *Kinetics, Mechanism and Resulting Droplet Sizes of the Aerodynamic Breakup of Liquid Drops*. Aerojet General Rept. No. 0395-04(18) SP.

Wolfhard, H. (1952). A Spectroscopic Investigation into the Structure of Diffusion Flames. *Proceedings of the Physical Society, Section A*, 65(1), pp. 2–19.

Wolfhard, H. G., and Parker, W. G. (1950a). A New Technique for the Spectroscopic Examination of Flames at Normal Pressures. *Proceedings of the Physical Society, Section A*, 62 (11), pp. 722–730.

———. (1950b). Carbon Formation in Flames. *Journal of the Chemical Society*, pp. 2,038–2,049.

Won, S. H., Kim, J., Shin, M. K., Chung, S. H., Fujita, O., Mori, T., et al. (2002). Normal and Microgravity Experiment of Oscillating Lifted Flames in Coflow. *Proceedings of the Combustion Institute*, 29(1), pp. 37–44. Pittsburgh, PA: The Combustion Institute.

Woodward, R. D., Pal, S., Santoro, R. J., and Kuo, K. K. (1996). Measurement of Core Structure of Coaxial Jets under Cold-Flow and Hot-Fire Conditions. In K. K. Kuo, ed., *Recent Advances in Spray Combustion: Spray Atomization and Drop Burning*, Volume 1 (vol. 166, pp. 185). Progress in Astronautics and Aeronautics, Inc.

Wright, F. J. (1974). Effect of Oxygen on the Carbon-Forming Tendencies of Diffusion Flames. *Fuel*, 53(4), p. 232.

Wright, F. M., and Zukoski, E. E. (1962). Flame Spreading From Bluff-Body Flame Holders. *Symp. (Int.) Combustion*, 8, pp. 933–943. Pittsburgh, PA: The Combustion Institute.

Wu, C. H., and Kern, R. D. (1987). Shock-Tube Study of Allene Pyrolysis. *Journal of Physical Chemistry*, 91(24), pp. 6,291–6,296.

Wu, C., and Law, C. (1985). On the Determination of Laminar Flame Speeds from Stretched Flames. *Proceedings of the Combustion Institute*, 20, pp. 1,941–1,949.

Wu, K. J., Santavicca, D. A., and Bracco, F. V. (1984). LDV Measurements of Drop Velocity in Diesel-Type Sprays. *AIAA Journal*, 22(9), pp. 1,263–1,270.

Wulkow, M. (1996). The Simulation of Molecular Weight Distributions in Polyreaction Kinetics by Discrete Galerkin Methods. *Macromol. Theory Simul.*, 5, pp. 393–416.

Wundt, H. (1967). *Basic Relationships in n-Component Diabatic Flow*. Brussels, Belgium: European Atomic Energy Community.

Wygnanski, I., and Fiedler, H. E. (1969). Some Measurements in the Self Preserving Jet. *Journal of Fluid Mechanics*, 38, pp. 577.

Xu, J., and Pope, S. B. (2000). PDF Calculations of Turbulent Nonpremixed Flames with Local Extinction. *Combustion and Flame*, 123(3), pp. 281-307.

Yakhot, V. (1988). Propagation Velocity of Premixed Turbulent Flames. *Combustion Science and Technology*, 60, pp. 191-214.

Yamaoka, I., and Tsuji, H. (1985). Determination of Burning Velocity Using Counterflow Flames. *Symposium (International) on Combustion*, 20, pp. 1,883-1,892.

Yanagi, T., and Mimura, Y. (1981). Velocity-Temperature Correlation in Premixed Flame. *Eighteenth Symposium (International) on Combustion*, pp. 1,031-1,039. The Combustion Institute.

Yeh, C. L. (1955). *Ignition and Combustion of Boron Particles*. Ph. D. thesis, Pennsylvania State University.

Yeoh, G. H., and Tu, J. (2010). *Computational Techniques for Multiphase Flows: Basics and Applications*. Waltham, MA: Butterworth-Heinemann.

Yetter, R. A., Cho, S. Y., Rabitz, H., Dryer, F. L., Brown, R. C., and Kolb, C. E. (1988). Chemical Kinetic Modeling and Sensitivity Analyses for Boron Assisted Hydrocarbon Combustion. *Twenty-second Symposium (International) on Combustion*, 22, pp. 919-929. Pittsburgh, PA: The Combustion Institute.

Yetter, R. A., Rabitz, H., Dryer, F. L., Brown, R. C., and Kolb, C. E. (1991). Kinetics of High-Temperature B/O/H/C Chemistry. *Combustion and Flame*, 83(1-2), pp. 43-62.

Yeung, P. K., Brasseur, J. G., and Wang, Q. (1995). Dynamics of Direct Large-Small Scale Couplings in Coherently Forced Turbulence: Concurrent Physical- and Fourier-Space Views. *Journal of Fluid Mechanics*, 283, pp. 43-95.

Yoshida, A. (1981). An Experimental Study of Wrinkled Laminar Flame. *Proceedings of the Combustion Institute*, 18, pp. 931-939.

———. (1986). Characteristic Time Scale Distributions and Mean and Most Probable Length Scales of Flamelets in Turbulent Premixed Flames. *Proceedings of the Combustion Institute*, 21, pp. 1,393-1,401.

———. (1989). Structure of Opposed Jet Premixed Flame and Transition of Turbulent Premixed Flame Structure. *Symposium (International) on Combustion*, 22, pp. 1,471-1,478.

Yoshida, A., and Gunther, R. (1980). Experimental Investigation of Thermal Structure of Turbulent Premixed Flames. *Combustion and Flame*, 38, pp. 249-258.

Yoshida, A., and Tsuji, H. (1979). Measurements of Fluctuating Temperature and Velocity in a Turbulent Premixed Flame. *Seventeenth Symposium (International) on Combustion*, 17, pp. 945-956.

———. (1982). Characteristics Time Scale of Wrinkles in Turbulent Premixed Flames. *Proceedings of the Combustion Institute*, 19, pp. 403-411.

Yoshihara, Y., Kazakov, A., Wang, H., and Frenklach, M. (1994). Reduced Mechanism of Soot Formation-Application to Natural Gas-Fueled Diesel Combustion. *Twenty-Fifth Symposium (International) on Combustion*, pp. 941-948. Pittsburgh, PA: The Combustion Institute.

You, D., and Moin, P. (2007). A Dynamic Global-Coefficient Subgrid-Scale Eddy-Viscosity Model for Large-Eddy Simulation in Complex Geometries. *Physics of Fluids*, 19, pp. 065110

Young, K. J., and Moss, J. B. (1995). Modelling Sooting Turbulent Jet Flames Using an Extended Flamelet Technique. *Combustion Science and Technology*, pp. 33–53.

Youngs, D. L., Morton, K. W., and Baines, M. J. (1982). *Time-Dependent Multi-material Flow with Large Fluid Distortion: Numerical Methods for Fluid Dynamics*. New York: Academic Press.

Yousefian, V. (1998). A Rate-Controlled Constrained-Equilibrium Thermochemistry Algorithm for Complex Reacting Systems. *Combustion and Flame*, 115(1–2), pp. 66–80.

Yu, K., Trouve, A., and Candel, S. (1991). Combustion Enhancement of a Premixed Flame by Acoustic Forcing with Emphasis on Role of Large-Scale Vortical Structures. *29th AIAA Aerospace Sciences Conference*, Reno, NV: AIAA Paper.

Yuu, S., Yasukouchi, N., Hirosawa, Y., and Jotaki, T. (1978). Particle Turbulent Diffusion in a Dust Laden Round Jet. *AIChE Journal*, 24(3), pp. 509–519.

Zalesak, S. T. (1979). Fully Multi-Dimensional Flux Corrected Transport Algorithm for Fluid Flow. *Journal of Computational Physics*, 31, pp. 335–362.

Zang, Y., Street, R. L., and Koseff, J. R. (1993). A Dynamic Mixed Subgrid-Scale Model and its Application to Turbulent Recirculating Flows. *Physics of Fluids*, 5(12), pp. 3,186–3,196.

Zel'dovich, Y. B., Barenblatt, G. I., Librovich, V. B., and Makhviladze, G. M. (1985). *The Mathematical Theory of Combustion and Explosions*. New York: Plenum.

Zenin, A. (1995). Combustion Mechanism and Influence on Modern Double-Base Propellant Combustion. *J. of Propulsion and Power*, 11(4), pp. 752–758.

Zhang, D. Z. (1993). *Ensemble Phase Averaged Equations for Multiphase Flows*. Ph D. Thesis, Johns Hopkins University.

Zhang, D. Z., and Prosperetti, A. (1994a). Averaged Equations for Inviscid Disperse Two-phase Flow. *Journal of Fluid Mechanics*, 267, pp. 185–219.

———. (1994b). Ensemble Phase-averaged Equations for Bubbly Flows. *Phys. Fluids*, 6, pp. 2,956–2,970.

Zhang, D. Z., and Rauenzahn, R. (1997). A Viscoelastic Model for Dense Granular Flows. *J. Rheol*, 41, pp. 1,275–1,298.

Zhang, S., and Rutland, C. (1995). Premixed Flame Effects on Turbulence and Pressure-Related Terms. *Combustion and Flame*, 102, pp. 447–461.

Zhang, Y. (2004). *Reduced Kinetic Measurements for Premixed Hydrogen-Air-CF$_3$Br Flames*. Thesis, University of Central Florida, Department of Mechanical, Materials and Aerospace Engineering, Orlando.

Zhao, Z., Poulikakis, D., and Fukai, J. (1996). Heat Transfer and Fluid Dynamics During the Collision of a Liquid Droplet on a Substrate-I. Modeling. *International Journal of Heat and Mass Transfer*, 39, pp. 2,771–2,789.

Zhou, W. (1998). *Numerical Study of Multiphase Combustion: Ignition and Combustion of an Isola-

ted Boron Particle in Fluorinated Environments. Ph. D. thesis, Princeton University Department of Mechanical and Aerospace Engineering.

Zhou, W., Yetter, R. A., Dryer, F. L., Rabitz, H., Brown, R. C., and Kolb, C. E. (1996). A Comprehensive Physical and Numerical Model of Boron Particle Ignition. *Twenty-Sixth Symposium (International) on Combustion*, 26, pp. 1,909–1,917. Pittsburgh, PA: The Combustion Institute.

——. (1998). Effect of Fluorine on the Combustion of "Clean" Surface Boron Particles. *Combustion and Flame*, 112(4), pp. 507–521.

——. (1999). Multiphase Model for Ignition and Combustion of Boron Particles. *Combustion and Flame*, 117(1-2), 227–243.

Zhou, Y., Brasseur, J. G., and Juneja, A. (2001). A Resolvable Subfilter-Scale Model Specific to Large-Eddy Simulation of Under-Resolved Turbulence. *Physics of Fluids*, 13(9), 2,602–2,610.

Zimont, V. L. (1979). Theory of Turbulent Combustion of a Homogeneous Fuel Mixture at High Reynolds Number. *Combust Explos Shock Waves*, 15, pp. 305–311.

Zuber, N. (1964). On the Dispersed Two-phase Flow in the Laminar Flow Regime. *Chemical Engineering Science*, 19(11), pp. 897–917.

——. (1967). Flow Excursions and Oscillations in Boiling, Two-Phase Flow Systems with Heat Addition. *Proc. Symp. Two-phase Flow Dynamics*, 1, pp. 1071.

Zuber, N., Staub, F. W., and Bijwaard, G. (1964). *Steady State and Transient Void Fraction in Two-phase Flow Systems*. GEAP.

索　引

加速度数(acceleration number)567
活化能(activation energy)1
空气动力学时间(aerodynamic time) 250,261
Anderson 和 Jackson (Anderson and Jackson)463,469,476
角(或旋转)速度矢量(angular (or rotational) velocity vector)211
各向异性(anisotropy)204,226
烟灰的形貌(appearance of soot) 151,152
阿伦尼乌斯因子或参数(Arrhenius factor or parameter)37,48
阿伦尼乌斯定律(Arrhenius law)48
渐近分析(asymptotic analysis)63,66, 67,69
原子质量单位(atomic mass unit)658
平均方法(averaging methods)456, 459-470,472
阿伏伽德罗数(Avogadro's number) 2,13,20,657

斜压项(baroclinic term)207,209
B-B-O 方程(Bassett, Boussinesq and Oseen (B-B-O) Eq.)566,567,587
二元质量扩散(binary mass diffusivity)1,19
双元推进液体发动机(bipropellant liquid rocket)4,6
液团注入模型(blob injection model) 610
BML 模型(BML (Bray-Moss-Libby) model)301,302,315-318
玻尔兹曼常数(Boltzmann constant)1, 20,658
玻尔兹曼统计平均(Boltzmann statistical averaging)461,463, 467,468
Borghi 图(Borghi diagram)273-278
Boussinesq 近似(Boussinesq approximation)190,216,237
盒滤波(box filter)234,235
Bray 数(Bray number)248,313
破碎时间常数(breakup time constant) 611,612
展宽因子(broadening factor)665,699
体积黏度(bulk viscosity)2,11,26
Burke-Schumann 解(Burke-Schumann solution)125,130

典型火焰几何(canonical flame geometries)263
离心力(centrifugal force)28
CFD 和多相模拟(CFD and multiphase simulation)457-469
Chapman-Rubesin 参数(Chapman-

Rubesin parameter)140,146

特征时间法(characteristic time approach)261

湍流的特征(characteristics of turbulent flows)182-185

化学平衡(chemical equilibrium)10

化学反应时间(chemical reaction time)250,253,261,275,303

燃煤炉(coal-fired burner)3

同轴射流破碎(coaxial jet breakup)603

 轴对称模式(axisymmetric mode)603

 纤维型(fiber-type)604-606

 膜型(membrane-type)604,606

 非轴对称模式(non-axisymmetric mode)603

 瑞利型(Rayleigh-type)603,606

协流扩散火焰(coflow diffusion flame)144-148

燃烧效率(combustion efficiency)520-522,530

完整机理(complete mechanism)50,51

综合反应机制(comprehensive reaction scheme)48

可压缩混合层(compressible mixing layer)209

条件平均值(conditional mean)361

守恒方程(conservation equations)3,10,14,21,36,41,44-48,59,83

本构关系(constitutive relationship)26,27

连续方程(continuity equation)183,190,194,197

连续液滴模型(continuous droplet model)560

连续体公式模型(continuum-formulation model)560

重力转换因子(conversation factor of gravity)657

卷积(convolution)178,233,234

坐标变换,坐标旋转(coordinate transformations,rotational)650

科里奥利力(Coriolis force)29

校正速度(correction velocity)24,36,38,44-47

相关函数(correlation functions)

 单点相关关系(single-point correlation)179,192

 两点相关关系(two-point correlation)179,192,225,227,228

波纹小火焰(corrugated flamelets)273,278,281,327,331

逆流扩散火焰(counterflow diffusion flames)132,134-139,141-143,170

逆梯度扩散(countergradient diffusion)301,312,325

临界群燃烧数(critical group combustion number)617

临界压力(critical pressure)12

临界标量耗散率(critical scalar dissipation rate)127-130

临界温度(critical temperature)12

临界韦伯数(critical Weber number)530,575

矢量的叉积(cross products of vectors)637,638

交叉项应力(cross-term stresses)178,236,237

矢量的旋度(curl of a vector)639,640

截止波数(cutoff wavenumber) 231

d^2 蒸发定律(d^2 evaporation law) 521,631

达姆科勒数(Damköhler number) 108,110,111,125,129,130,143,247,273,276,303,305,349,352

Damköhler 的分析(Damköhler's analysis) 256

达姆科勒范例(Damköhler's paradigm) 252,255

Darrieus-Landau 不稳定性(Darrieus-Landau instability) 282,283

爆燃-爆炸转化(deflagration-to-detonation transition, DDT) 7

密相流化床(dense fluidized beds) 463,476

稠密颗粒流(dense particle flows) 482

密度单位(density units) 659

柴油发动机(diesel engines) 3,4,508,511-513,529,614

扩散速度(diffusion velocity) 42-45,117

第 k 种物质的扩散速度(diffusion velocity of the kth species) 36,42-45,47,97

扩张湍流耗散率(dilatation turbulent dissipation rates) 207

稀疏颗粒流(dilute particle flows) 483

稀薄喷雾(dilute spray) 514,566,581-583,587,602,614,622,623,631

稀薄喷雾区(dilute-spray region) 602

无量纲分离距离(dimensionless separation distance) 619

直接数值模拟(direct numerical simulation, DNS) 9,188,210,243-245

方向余弦(directional cosines) 649

离散颗粒法(discrete particle methods) 504

离散液滴模型(或单元内颗粒源法)(discrete-droplet model (or particle-source-in-cell method))

确定性离散液滴模型(deterministic discrete-droplet models, DDDM) 561,580-585,588,595

随机离散液滴模型(stochastic discrete-droplet models, SDDM) 561,585-592,594,595

位移速度(displacement speed) 248,266,328,329

湍流动能的耗散(dissipation of turbulence kinetic) 180,223

耗散尺度(dissipative scales) 226

分布式反应区和模型(distributed reaction zone and model) 253,261,273,278,279,284

分布函数(distribution function) 217,244

张量的散度(divergence of a tensor) 641,642

矢量的散度(divergence of a vector) 640,641

供体-受体法(donor-acceptor methods) 502

Dorodnitsyn-Howarth 变换(Dorodnitsyn-Howarth transformation) 140

矢量的点积(dot products of vectors) 637

阻力系数(drag coefficient) 529,566,567,580,608,628,629

787

液滴表面层处理方法(drop surface layer treatment)569

薄皮模型(thin skin model)568-572

均匀状态模型(uniform state model)568,570

均匀温度模型(uniform temperature model)568,570-572

液滴由加速引起的破碎(droplet acceleration-induced breakup)576

液滴阵列(droplet arrays)628,629

液滴破碎过程和机制(droplet breakup process and regimes)573-580

  爆炸型(explosion type)514,573

  降落伞型(或袋型)(parachute type (or bag type))514,573,574

  剥离型(stripping type)514,573

液滴破碎机制(droplet breakup regimes)514,573

液滴破碎类型(droplet breakup type)514,573

液滴碰撞(droplet collision)514,581,600,619-622

  液滴-液滴(droplet-droplet)619-621

  液滴-壁面(droplet-wall)619,622

喷雾中液滴寿命历史(droplet-life histories in sprays)571

Dufour 热通量(Dufour heat flux)29

动态亚网格尺度模型(dynamic subgrid scale model)238,241

动态黏度(dynamic viscosity)2,26

涡流级串假设(eddy cascade hypothesis)216

涡流周转时间(eddy turnover time)225

涡流黏度(eddy viscosity)190,191,205,215,216,237,238

涡流黏度模型(eddy viscosity models)237

涡流消散模型(EBU 模型)(eddy-breakup model, EBU model)247,294-297

  Magnussen 和 Hjertager(Magnussen and Hjertager)296,297

  Spalding 的(Spalding's)247,251,295,296

湍流对火焰结构和速度的影响(effect of turbulence on flame structure and speed)253,275

电子电荷(electron charge)658

电子质量(electron mass)658

元素质量分数(element mass fractions)115-119

能量级串(energy cascade)212,222,225,245

能量守恒方程(energy conservation equation)29,31,32,34

含能区(energy containing range)179,181,224,225

能量方程(energy equation)197,199,201

能量单位(energy units)658

系综平均(ensemble averaging)185,241

系综单元平均(ensemble cell averaging)469

涡度拟能方程(enstrophy equation)213,214

生成焓(enthalpy of formation)15

包络火焰(envelope flames)251,263, 264,300

状态方程(equations of state)9-13,35

 三次状态方程(cubic equation of state)12

 高压修正(high pressure correction)11

 理想气体定律(ideal gas law)11

 Nobel-Abel 状态方程(Nobel-Abel equation of state)11

 Peng-Robinson 状态方程(Peng-Robinson equation of state)12

 Redlich-Kwong 状态方程(Redlich-Kwong equation of state)12

 Soave-Redlich-Kwong 状态方程(Soave-Redlich-Kwong equation of state)12

 范德华状态方程(Van der Waals equation of state)11,12

当量比(equivalence ratio)14

误差函数(error function)131,133

欧拉平均(Eulerian averaging)461,462

欧拉统计平均(Eulerian statistical averaging)468

欧拉时间平均(Eulerian time averaging)468

欧拉体积平均(Eulerian volumetric averaging)467

欧拉-欧拉建模(Eulerian-Eulerian modeling)472-484

欧拉-拉格朗日建模(Eulerian-Lagrangian modeling)485-488

熄灭极限(extinction limit)143

有机化合物家族(families of organic compounds)663

Favre 平均(Favre averaging)188,194, 210,214,215,221,245

Favre 滤波(Favre filtering)234

FavrePDF221

菲克定律(Fick's law)45-47

物质质量扩散的菲克定律(Fick's law of species mass diffusion)10,19, 22,24,35

滤后动量方程(filtered momentum equations)235

密度函数滤波(filtered-density function)350

滤波操作(filtering operation)232-234

一阶矩(或平均性质)(first moment (or mean property))218

由火焰生成的湍流(flame generated turbulence)254,259,300,301

火焰薄层(flame sheet)111,112, 125,138

火焰拉伸(flame stretch)38,73,77, 79,81-88

火焰表面密度(flame surface density)38,80

小火焰(flamelet)249-251,261,264-266,273-284,297,325,327,331-334,350

小火焰结构(flamelet structure)122-125

小火焰(flamelets)122,133

火焰稳定性图(flame-stability diagrams)136

波动的压力梯度项(fluctuating pressure-gradient term)210

流体-流体建模（fluid-fluid modeling）473

流体-固体建模（fluid-solid modeling）476，485

通量修正输运（flux-corrected transport）502

力的单位（force units）659

芳烃的形成（formation of aromatics）93

正向或逆向反应常数（forward and backward constants of reactions）48

分子碰撞频率（frequency of molecular collision）2，20

锋面跟踪法（front tracking method）458，495，496

燃料-氧化剂比（fuel-oxidation ratio）14

实心锥（full cone）513，513，523

全场建模（full-field modeling，FFM）534

G-1 火焰（G-1 flame）267-272

G-4 火焰（G-4 flame）267，268，271，272

燃气轮机（gas turbine engines）5

燃气轮机燃烧器（gas-turbine combustors）511，527，530，561

高斯散度定理（Gauss divergence theorem）646，647

高斯滤波（Gaussian filter）234

广义 beta 函数（generalized beta function）547

广义郎之万模型（generalized Langevin model）346

G-方程（G-equation）248，299，324，325，327-331，352

Germano 等式（Germano identity）179，240

Germano 模型（Germano model）238，239

Germano-Lilly 步骤（Germano-Lilly procedure）242

Gibson 尺度（Gibson scale）248，262，333，334

梯度扩散模型（gradient diffusion model）216

标量的梯度（gradient of a scalar）638，639

矢量的梯度（gradient of a vector）639

梯度输运（gradient transport）311-314，317，348，352

Grashof 数（Grashof number）178，181

重力加速度（gravitational acceleration）657

网格滤波（grid filter）234，239，240，242

群燃烧模型（group-combustion models）614-619

第二类群燃烧数（group-combustion number of the second kind）615

芳烃的生长（growth of aromatics）94

夺 H-C_2H_2 加成（HACA）机理（H-abstraction-C_2H_2-addition（HACA）mechanism）92-94，97，150，167，171，172

硬球法（hard-sphere approach）485，486

热容（heat capacity）15，16

定压（constant-pressure）15，16

定容（constant-volume）16

热容单位（heat capacity units）659

热通量单位(heat flux units)659
化学反应的放热(heat release by chemical reactions)30
放热因子(heat release factor)250,299,305
传热系数单位(heat transfer coefficient units)659
Hirschfelder 和 Curtiss 近似(Hirschfelder and Curtiss approximation)24,25,35,36
Hirschfelder-Curtiss(或零阶)近似(Hirschfelder-Curtiss (or zeroth-order) approximation)43,47
空心锥(hollow cone)512,513,523,524,584,586,597,598,607
均匀湍流(homogeneous turbulence)187,188,206,218,226,243
均质混合物与多组分/多相混合物(homogeneous versus multi-component/multiphase mixtures)456
碳氢化合物燃料(hydrocarbon fuels)3,12

惯性子区(inertial subrange)179,181,216,223,225,228,229
κ-5/3 定律(κ-5/3 law)228,229
安全气囊充气(inflation of airbags)7
非均匀湍流耗散率(inhomogeneous turbulent dissipation rates)206,207
喷头系统(injector systems)512
外部混合(external mixing)513
冲击射流(impinging jet)513,612,613
内部混合(internal mixing)513
轴针式喷嘴(pintle nozzle)512
平口喷嘴(plain orifice)512

压力雾化的(pressure-automizing)512,599
旋流喷嘴(swirl nozzle)513
双流体(twin-fluid)512,513,603
瞬时耗散速率(instantaneous dissipation rate)298
完整芯核长度(intact-core length)600,601,605
积分长度尺度(integral length scale)179,193,194,208,216,227-229,248,252-254,256,266,272,276,284,321,332,347,352
相互扩散热通量(interdiffusion heat flux)29
界面捕捉(interface-capturing)493,499,502,505
界面跟踪(interface-tracking)493-502
界面输运(跳跃条件)(interfacial transport (jump conditions))489-493
间歇性(intermittency)270,296-298,301-304
内能(iInternal energy)
　显式(sensible)14,17,30
　显式+化学(sensible plus chemical)15,17,30-32
　总(total)15,17,30,31
　总非化学(total non-chemical)15,17,30,31
相间动量传递(interphase momentum transfer)474,475,477,484-486
本征低维流型(ILDM)法(intrinsic low-dimensional manifolds (ILDM) method),
各向同性湍流(isotropic turbulence)

791

188,192,194,210,226,227,231,241,242,245

射流火焰(jet flames)144-148
联合概率密度函数(joint probability density function)219

K41理论(K41 theory)223,226
Karlovitz数(Karlovitz number)37,73,79,83,86,107,247,276-278
Karlovitz,Denniston,Well的分析(Karlovitz,Denniston,Well's analysis)256,259,300
Kelvin-Helmholtz(KH)破碎模型(Kelvin-Helmholtz(KH) breakup mode)607
Kelvin-Helmholtz不稳定性(Kelvin-Helmholtz instability)222,223
动能方程(kinetic energy equation)30
动能谱(kinetic energy spectrum)228,229
颗粒流的动力学理论(kinetic theory of granular flow)476,478,481,485,504
$k\text{-}l$模型($k\text{-}l$ model)216
Klimov-Williams准则(Klimov-Williams criterion)276,277
Kolmogorov假设(Kolmogorov hypotheses)224-226
Kolmogorov长度尺度(Kolmogorov length scale)180,224,228,242-244,250,254,273,276,277,284,332-334
Kovasznay数(Kovasznay number)247,261

峰度(或扁平度)(kurtosis (or flatness))187,218

拉格朗日平均(Lagrangian averaging)461,469
拉格朗日PLIC(Lagrangian PLIC)502
层流火焰速度(Laminar flame speed)38-40,56,58,59,61,65-86,248,250,252,258,261,262,282,320,327-333
层流小火焰(laminar flamelets)261,277,284,350
层流向湍流的转变(laminar-to-turbulent flow transition)182
郎之万方程(Langevin equations)346
标量的拉普拉斯算子(Laplacian of a scalar)642,643
矢量的拉普拉斯算子(Laplacian of a vector)643,644
大涡模拟(large eddy simulation,LES)231,232,237,243,244
长度单位(length units)659
Leonard应力(Leonard stresses)178,236,237
Leonard分解(Leonard's decomposition)232
l-方程(l-equation)216
水平集函数(level set function)247,325-327,330
水平集法(level-set method)495
路易斯数(Le)(lewis number(Le))10,21,24,37,45-47,59,82-84
局限性(limitations)263,297
线性马尔可夫模型(linear Markov model),346

792

液体射流破碎模式(liquid jet break up regimes)510,528,603-606

 雾化模式(atomization regimes)600

 一次风致破碎模式(first wind-induced breakup regime)600,601

 瑞利破碎模式(Rayleigh breakup regimes)600,601

 二次风致破碎模式(second wind-induced breakup regime)600,601

液体火箭发动机(liquid rocket engines),

液体燃料火箭发动机(liquid-fueled rocket engines)509,511

当地瞬时表达式/当地瞬态建模(local instant formulation)461,470-472

局部各向同性(local isotropy)188,224-226

局部均匀流(locally-homogeneous flow,LHF)528,531-534,539,546,549,559,572,588,590,591

局部-非局部三元相互作用(local-to-nonlocal triadic interactions)225

低通滤波(low-pass filtering)231

Magnus 升力(Magnus lift force)566

流体标记法(MAC 法)(markers in fluid(MAC formulation))499

界面标记法(markers on interface)496

马克斯坦等式(Markstein's equation)283

质量浓度(mass concentration)13

质量守恒方程(或连续性方程)(mass conservation equation(or continuity equation))10,21,22,24,25,35

质量扩散速度(mass diffusion velocity)2,17,18

质量通量矢量(mass flux vector)22

质量分数(mass fraction)2,13,14,31

第 k 种物质的质量生成速率(mass production rate of the kth species)49

生成物质 i 的质量速率(mass rate of production of species i)2

质量单位(mass units)658

质量加权守恒方程(mass weighted conservation equations)197-199

质量加权输运方程(mass weighted transport equations)199-210

烟灰形成模型的数学公式(mathematical formulation of soot formation model)97

液滴平均直径(mean diameter of a droplet)

 索特平均直径(Sauter mean diameter)515,516,524,626

 体积中值直径(volume median diameter)518

平均自由程(mean free path)1,22

平均动能方程(mean kinetic energy equation)200

预混湍流火焰的测量(measurements in premixed turbulent flames)284

混合长度(mixing length)179,191,194,210,215

混合长度尺度(mixing length scale)248,334

混合分数(mixture fraction)108,109,112-127,130,132-148,168,173-177

摩尔浓度(molar concentration)1,13,14,19,20,23

摩尔扩散速度(molar diffusion velocity)2,17,18

摩尔通量矢量(molar flux vector)1,18-20,23

物质 i 的摩尔生成速率(molar rate of production of species i)2,23

摩尔平均速度(molar-average velocity)1,2,17,18

摩尔分数(mole fraction)2,13,14,19

动量平流(momentum advection)182

动量守恒方程(momentum conservation equation)26-28,30,35

动量扩散(momentum diffusion)181,182

动量方程(momentum equation)182,185,189,197-201,211,221,232,235,236,239,244,245

多组分扩散系数(multicomponent diffusion coefficient)43

多组分扩散速度(一阶近似)(multicomponent diffusion velocities (first-order approximation))42

多相流系统(multiphase flow system)453,460

链、基团的命名以及基团倍数前缀(name of chain, group, and multipliers)662

纳米尺寸的含能颗粒(nanosize energetic particles)7

天然气(natural gas)3,5

Navier-Stokes 方程(Navier-Stokes equation)182,183,185,197,214,219,221

中点波数(neutral wave number)283

非 Kolmogorov 直接相互作用(non-Kolmogorov direct interactions)226

非预混层流火焰(non-premixed laminar flames)110

数值模拟(numerical simulation, DNS)188,243-245

倾斜(oblique)263,264,291,292,294,315

Obukhov-Corrsin 尺度(Obukhov-Corrsin scale)247,334

奥内佐格数(Oh)(Ohnesorge number (Oh))575

一维预混 H_2/O_2 层流火焰求解(one-dimensional premixed H_2/O_2 laminar flame solution)52

总火焰厚度(overall flame thicknesses)332

颗粒初现(particle inception)150,154,174,175

粒径(particle size)705

粒度测量方法(particle sizing methods)623

峰值(peakedness)218

均匀搅拌反应器(perfectly stirred reactor)262

普朗克常数(Planck's constant)657

污染物排放控制(Pollutant emission control)3

多环芳烃(PAH)(polycyclic aromatic hydrocarbons, PAHs)148,150,170-173

形成(formation)89,92-94,98,99,101-105
普朗特数(Pr)(Prandtl number (Pr))10,21,37,46
前缀释义(prefix definitions)659
预混火焰(premixed flame)251,252,261,263,264,266,273,279,280,283,285,294-299,301,303,307,308,318,320,322,325-327,332,352
预混层流火焰厚度(premixed laminar flame thickness)38,70-72
预混层流火焰(premixed laminar flames)39-41,58,59,61,64,65,67,73,76
压力单位(pressure units)658
初级破碎(primary breakup)599,607,608
主要应力轴(principal axes of stress)652
概率(probability),179,185,187,217,218
概率密度函数(probability density function,PDF)10,179,187,217,219,244
 贝叶斯定理(Bayes' theorem)220
 条件PDF(conditional PDF)220
 高斯分布(或正态分布)(Gaussian distribution (or normal distribution))187,218-220
 联合正态分布(joint normal distribution)219,220
 边缘PDF(marginal PDFf)219,220
 n阶中心矩(n^{th} central moments),219

生成项(production term,202,204,209,214
进度变量(progress variable)247,302-307,319,325,335
质子质量(proton mass)658
脉冲破裂子模式(pulsating disintegration submode)605

淬熄反应区(quenched reaction zone)273

冲压喷气发动机(ramjets)5
随机事件(random event)182
随机运动分子速度(random motion molecular velocity)19,20
RANS方程(RANS equations)210,214
快速畸变理论(rapid distortion theory)208
速率控制约束平衡(rate controlled constrained equilibrium,RCCE)法51
Rayleigh-Taylor(RT)破碎(Rayleigh-Taylor(RT) breakup)607
Rayleigh-Taylor(RT)不稳定性(Rayleigh-Taylor(RT) instability)223
已反应物(reactedness)266
反应程度参数(reactedness parameter)549
芳烃形成的反应机理(reaction mechanisms for aromatics formation)665
第i个基元反应的反应速率(reaction rate of the ith elementary reaction)33,48
往复式发动机(reciprocating engines)5

795

简化机理(reduced mechanism)50,51
模式图(regime diagrams)273,278,279
Reitz-Diwakar(RD)模型(Reitz-Diwakar(RD) model)607
相对质量扩散速度(relative mass diffusion velocity)17-19
相对摩尔扩散速度(relative molar diffusion velocity)17-19
残余张量(residual tensor)180,241
解析尺度(resolved-scale)243
雷诺平均Navier-Stokes(RANS)模拟(Reynolds average Navier-Stokes(RANS) simulation)9
雷诺平均(Reynolds averaging)188-190,194,196,197,202,214,219,221,244,245
雷诺算子(Reynolds operator)237
雷诺应力和输运(Reynolds stresses and transport)190,197,198,201-205,214,216
雷诺输运定理(Reynolds transport theorem(RTT))655,656
雷诺分解法(Reynolds' decomposition method)219
Richtmyer-Meshkov 不稳定性(richtmyer-Meshkov instability)223
均方根(rms)速度波动(root-mean-square(rms) velocity fluctuation)227
RSFS 模型(RSFS model)243

样本空间变量(sample space variable)218,220
饱和直链烃(saturated straight chain hydrocarbons)661
标量耗散率(scale dissipation rate)109,124-127,129-133,140,143,144,174,175
皱褶尺度(Scale of wrinkles)248,250,266,267,270,271
扫描比技术(scattering ratio techniques)624
纹影摄影实验(schlieren photography)266,267
施密特数,Sc(Schmidt number, Sc)10,21
次级破碎(secondary breakup)599,607,611,612
半全局机理(semiglobal mechanism)50,51
敏感度分析(sensitivity analysis)50,51,56-58
SFS 模型(SFS models)231,243
SGS 模型(SGS models)231
锐截止滤波(sharp cut-off filter)234
冲击-爆炸转化(shock-to-detonation transition, SDT)7
简化的郎之万模型(simplified Langevin model)348
单颗粒计数(SPC)法(single particle counting(SPC) methods)623,626
单步机理(single-step mechanism)50,51
偏度(skewness)187,218
Smagorinsky 模型(Smagorinsky-Lilly 模型)(Smagorinsky model(Smagorinsky-Lilly model))237
软球法(soft-sphere approach)485-487
螺线湍流耗散率(solenoidal turbulent dissipation rate)206

固体推进剂火箭发动机(solid propellant rocket motors)5
烟灰形成(soot formation)88-106
层流扩散火焰中的烟灰形成(soot formation in laminar diffusion flames)149-175
烟灰形成模型(soot formation model)149
烟灰氧化(soot oxidation)88,97
烟灰体积分数(soot volume fraction)108,151,155-157,162-170,174,175
成烟火焰(sooting flames)154,156
太空推进器(space thrusters)5
空间平均(spatial averaging)186
典型官能团(special function groups)663
物质质量守恒方程(species mass conservation equation)21,25,210
比耗散率(specific dissipation rate)210
比焓(specific enthalpy)16
　　显式(sensible)14,15,17,30
　　显式+化学(sensible plus chemical)14,17,30-32
　　总(total)14,17,30-32
　　　总非化学(total non-chemical)14,17,30-32
比熵单位(specific entropy units)659
比冲量,I_{sp}(specific impulse,I_{sp})5
比体积单位(specific volume units)659
光速(speed of light)658
分流板(splitter plate)132,141
喷雾燃烧(spray combustion)507-512,514,516,520,522-531,547,559,560,614,615,618,628,629
喷雾液滴分布函数(spray drop distribution function)
　　对数概率分布函数(logarithmic probability distribution function)517-519
　　Nukiyama-Tanasawa 分布(Nukiyama-Tanasawa distribution)517,518
　　Rosin-Rammler 分布(Rosin-Rammler distribution)517-519
　　上限分布函数(upper-limit distribution function)518,519,627
T_{max} 与 Da 的 S 形曲线(S-shaped curve of T_{max} vs. Da)126
标准偏差(standard deviation)180,186,192
静止湍流(stationary turbulent flow)183,186,188,192,218
统计矩(statistical moments)186,187,217,218
统计理解(statistical understanding)185
Stefan-Boltzmann 常数(Stefan-Boltzmann constant)657
搅拌反应器模型(Stirred-reactor models)530
应变率(strain rate)108,131,139,141-143
应变率张量(strain rate tensor)1,26
流函数(stream function)108,109,139,140,144,146
应力张量(stress tensor)179,180,189-191,196-198,200,204,205,214-216,232,237,246
　　总(total)2,36

黏性(viscous) 2,36

拉伸因子(Stretch factor) 73,77,79-82,84,86

亚滤波尺度(subfilter scales) 231

亚网格尺度应力(subgrid scale stresses) 237

亚网格尺度(subgrid scales) 231-233,235-242

Summerfield 的分析(Summerfield's analysis) 260

超脉冲破裂子模式(superpulsating disintegration submode) 605

表面生长和氧化(surface growth and oxidation) 150,175

表面标记技术(surface marker techniques) 496

表面法(surface methods) 494,495

表面拟合法(surface-fitted method) 498

泰勒类比破碎(Taylor analogy breakup) 607

泰勒长度尺度(或泰勒微尺度)(Taylor length scale (or Taylor microscale)) 180,227,228,245

泰勒微尺度(Taylor microscale) 250,261,276,332,352

温度单位(temperature units) 658

温度-混合分数间的关系(temperature-mixture fraction relationship) 119

测试滤波(test filter) 239-242

热导率单位(thermal conductivity units) 659

热扩散系数(thermal diffusion coefficient) 2

第 k 种物质的热扩散系数(thermal diffusion coefficient of kth species) 37,42,45

厚火焰(thick flames) 275,276,279,280,284

薄反应区(thin reaction zone) 248,265,273,279,284,327,330-332,334

阈值烟灰指数(TSI)(threshold soot index, TSI) 90-92

扩散火焰中的时间和长度尺度(time and length scales in diffusion flames) 130

时间平均(time averaging) 186,188,194-196,212

全(物质)导数(total (material) derivative) 647

总解析耗散(total resolved dissipation) 241

输运方程(transport equations) 10,35

概率密度函数的输运方程(transport equation for probability density function) 340

输运 PDF 法(transported PDF method) 336

三重相关(triple-correlation) 210

Troe 的衰减公式(Troe's falloff formula) 665

湍流(turbulence) 3,8-11,178-195,198-229,238-246

强(strong) 260,262,283,351

弱(weak) 260,261,274,279-283

湍流闭合(turbulence closure) 8,9

湍流耗散率(turbulence dissipation

rate)10

湍流强度(turbulence intensity),178,194

湍流动能(TKE)方程(turbulence kinetic energy(TKE) equation)203,204,216,245

湍流动能,k(turbulence kinetic energy,k)10

湍流模型(turbulence models)193,214,217,243

 湍流模型,单方程模型(turbulence models,one-equation model)215

 湍流模型,Prandtl-Kolmogorov双方程模型(turbulence models,two-equation model of Prandtl-Kolmogorov)208,215

 湍流模型,零方程模型(或普朗特混合长度模型)(turbulence models,zero-equation model (or Prandtl mixing length model))215

湍流-火焰相互作用(turbulence-flame interaction)283,333

湍流燃烧速度(turbulent burning velocity)256,257,259,263,265-267,272,299

湍流耗散率方程(turbulent dissipation rate equation)205-210,214,216

湍流涡黏度(turbulent eddy viscosity)190,191,215,216

湍流火焰刷(turbulent flame brush)249,263-265,298,303,305,316,320,321

湍流火焰速度(turbulent flame speed)250,252,255,257,262-265,273,279,281-283,300,301,318,320,321

湍流Karlovitz数(turbulent Karlovitz number)278

湍流普朗特数(turbulent Prandtl number)248,258

湍流普朗特/施密特数(turbulent Prandtl/Schmidt number)539

湍流雷诺应力(turbulent Reynolds stresses)10

湍流尺度(turbulent scales)212,222-230

湍流输运(turbulent transport)183,199,202-205,207-209,216

湍流输运性质(turbulent transport properties)252

两相流模型(或分散流模型)(two-phase-flow model (or dispersed-flow models))531,560-614

两阶段滤波(two-stage filtering)239

U.S.筛孔尺寸(Tyler筛目)(U.S. sieve size (Tyler screen mesh))705,706

无附着(unattached)264

普适气体常数(universal gas constant)657

非稳态混合层(unsteady mixing layer)132,141

方差(二阶统计矩)(variance (2nd statistical moment))186,192,218,219

矢量代数(vector algebra)633,634

矢量和张量的符号(vector and tensor notations)646

矢量恒等式(vector identities)644,645

速度单位(velocity units)659
虚拟质量作用(virtual mass effect)566-568,581,587
黏度单位(viscosity units)659
黏性扩散(viscous diffusion)202,204,205
黏性应力梯度(viscous stress gradient)209
VOF,457,458,494,500,501,503
挥发性有机化合物(VOC)(volatile organic compounds,VOCs)4,5
体积法(volume methods)494,495,499
流体体积(volume of fluid)457,494,500,502
涡旋拉伸(vortex stretching)208,211
涡流管(蠕虫)(vortex tubes(worms))212
涡量方程(vorticity equation)211,244
涡量波动(vorticity fluctuation)212,213
涡量矢量(vorticity vector)211,212

波数(wvenumber)178,180,222,225,228-231
韦伯数,We(Weber number,We)514,530,573,575,601,604-605,608,614
Wiener 过程(Wiener process)346,348
Wolfhard-Parker 槽式燃烧器(Wolfhard-Parker slot burner)144
功/能量转换因子(work/energy conversion factor)658
褶皱火焰(wrinkled flames)252-254,273-276,278-281,284,294,333,334,353

Zel'dovich 数(Zel'dovich number)249,328
零迹亚网格黏度模型(Zero-trace subgrid viscosity model)240
Zimont 模型(Zimont model)284
β-PDF,546